H. Kleinhempel, K. Naumann und D. Spaar

Bakterielle Erkrankungen der Kulturpflanzen

Mit Beiträgen von

W. Ficke, W. Fritzsche, Erika Griesbach, H. Henniger, Heidrun Herrmann, F. Mach, H. Malke, H. Prauser, J. Richter, H.-J. Schaefer und R. Zielke

Mit 141 Abbildungen, 10 farbigen Tafeln und 36 Tabellen

Springer-Verlag
Berlin Heidelberg New York
London Paris Tokyo

Prof. Dr. sc. agr. Helmut Kleinhempel
Dr. sc. nat. Klaus Naumann

Institut für Phytopathologie der
Akademie der Landwirtschaftswissenschaften der DDR
Theodor-Roemer-Weg
DDR-4320 Aschersleben

Prof. Dr. agr. Drs. h. c. Dieter Spaar

Akademie der Landwirtschaftswissenschaften der DDR
Krausenstraße 38/39
DDR-1086 Berlin

Die Originalausgabe erscheint im VEB Gustav Fischer Verlag, Jena
Vertrieb ausschließlich für die DDR und die sozialistischen Länder

Lizenzausgabe für alle übrigen Länder im
Springer-Verlag Berlin Heidelberg New York London Paris Tokyo

ISBN-13: 978-3-642-73529-5 e-ISBN-13: 978-3-642-73528-8
DOI: 10.1007/978-3-642-73528-8

CIP-Titelaufnahme der Deutschen Bibliothek
Bakterielle Erkrankungen der Kulturpflanzen / H. Kleinhempel
... (Hrsg.). Mit Beitr. von W. Ficke ... – Berlin ; Heidelberg ;
New York ; London ; Paris ; Tokyo : Springer, 1989
ISBN 3-540-19069-4 (Berlin ...) Gb.
ISBN 0-387-19069-4 (New York ...) Gb.
NE: Kleinhempel, Helmut [Hrsg.]; Ficke, Werner [Mitverf.]

Softcover reprint of the hardcover 1st edition 1989
Gesamtherstellung: Druckerei „Thomas Müntzer", Bad Langensalza
2131/3140-543210

Mitarbeiterverzeichnis

FICKE, Werner, Dr. sc. agr., wiss. Mitarbeiter am Institut für Phytopathologie der Akademie der Landwirtschaftswissenschaften der DDR, Aschersleben.

FRITSCHE, Wolfgang, Professor Dr. rer. nat. habil. Hochschullehrer an der Sektion Biologie der Friedrich-Schiller-Universität Jena.

GRIESBACH, Erika, Dr. rer. nat., wiss. Mitarbeiter am Institut für Phytopathologie der Akademie der Landwirtschaftswissenschaften der DDR, Aschersleben.

HENNIGER, Hans, Dr. rer. nat. habil., wiss. Mitarbeiter am Institut für Kartoffelforschung der Akademie der Landwirtschaftswissenschaften der DDR, Groß Lüsewitz.

HERRMANN, Heidrun, Dr. sc. nat., Dozent an der Sektion Biologie der Ernst-Moritz-Arndt-Universität Greifswald.

KLEINHEMPEL, Helmut, Professor Dr. sc. agr., Direktor des Instituts für Phytopathologie der Akademie der Landwirtschaftswissenschaften der DDR, Aschersleben.

MACH, Fritz, Professor Dr. sc. nat., Hochschullehrer an der Sektion Biologie der Ernst-Moritz-Arndt-Universität Greifswald.

MALKE, Horst, Professor Dr. rer. nat. habil., Abteilungsleiter am Zentralinstitut für Mikrobiologie und Experimentelle Therapie der Akademie der Wissenschaften, Jena.

NAUMANN, Klaus, Dr. sc. nat., wiss. Abteilungsleiter am Institut für Phytopathologie der Akademie der Landwirtschaftswissenschaften der DDR, Aschersleben.

PRAUSER, Helmut, Dr. rer. nat., Abteilungsleiter am Zentralinstitut für Mikrobiologie und Experimentelle Therapie der Akademie der Wissenschaften, Jena.

RICHTER, Johannes, Professor Dr. sc. nat., wiss. Abteilungsleiter am Institut für Phytopathologie der Akademie der Landwirtschaftswissenschaften der DDR, Aschersleben.

SCHAEFER, Hans-Jürgen, Dr. agr., wiss. Mitarbeiter am Institut für Phytopathologie der Akademie der Landwirtschaftswissenschaften der DDR, Aschersleben.

SPAAR, Dieter, Professor Dr. agr., Drs. h. c., Präsident der Akademie der Landwirtschaftswissenschaften der DDR, Berlin.

ZIELKE, Rudi, Dr. agr., wiss. Mitarbeiter am Institut für Phytopathologie der Akademie der Landwirtschaftswissenschaften der DDR, Aschersleben.

Vorwort

Fast 30 Jahre sind vergangen, seit die letzte zusammenfassende deutschsprachige Darstellung der Phytobakteriologie erschienen ist, die wir Carl Stapp zu verdanken haben. Seitdem hat sich die Bakteriologie in ungeahnter Weise entwickelt und sind die Kenntnisse über die Entstehung von Pflanzenkrankheiten erheblich gewachsen. Dies ist einerseits auf die gewaltigen Fortschritte der Molekularbiologie und andererseits auf die enorme Erweiterung der methodischen Möglichkeiten zurückzuführen.

Die aktuelle Bedeutung der Phytobakteriologie wird dadurch offensichtlich, daß allein in den letzten drei Jahrzehnten mehrere Bakterienkrankheiten zu gefährlichen Epidemien geführt oder eine vorher nicht gekannte ökonomische Bedeutung erlangt haben. Das trifft z. B. für die Seuchenzüge des Feuerbrands in Europa, das Aufflackern der Kartoffelringfäule in einigen Ländern unseres Kontinents und der *Citrus*-Bakteriose in Nordamerika oder die beträchtliche Zunahme der bakteriellen Lagerkrankheiten bei Kartoffeln und Gemüse zu.

Diese Gründe haben uns veranlaßt, den Versuch zu unternehmen, die Phytobakteriologie als Wissenschaft in ihrer Gesamtheit darzustellen. Das nunmehr vorliegende Ergebnis unserer Bemühungen ist als Fachbuch für Studenten der Biologie, des Gartenbaus und der Landwirtschaft sowie als nützliche Informationsquelle für Phytopathologen, Pflanzenschutzfachleute und Mikrobiologen gedacht.

Bei der Abfassung des Stoffes kam es uns darauf an, soweit wie möglich gesicherte aktuelle Erkenntnisse zu berücksichtigen. Dieses Vorhaben wurde dadurch erleichtert, daß es uns gelang, anerkannte Spezialisten als Autoren für die einzelnen Abschnitte zu gewinnen.

Das Buch ist in zwei Hauptteile gegliedert. Im Allgemeinen Teil wird ein zusammenfassender Überblick über den gegenwärtigen Wissensstand zur Morphologie, Physiologie, Genetik, Taxonomie und Pathologie (für Pflanzen) der Bakterien und über die Bedingungen für die Entstehung und den Ablauf von bakteriell bedingten Krankheitsprozessen gegeben. Dies konnte — entsprechend dem Gesamtcharakter des Buches — nur in knapper Form geschehen. Für weitergehende Informationen stehen verschiedene Handbücher, Monographien und Übersichtsarbeiten zur Verfügung, auf die am Ende der jeweiligen Abschnitte ausdrücklich verwiesen wird.

Der Spezielle Teil enthält eine Auswahl von Beschreibungen der wichtigsten Bakterienkrankheiten landwirtschaftlicher und gärtnerischer Kulturpflanzen, die für den europäischen Raum Bedeutung haben. Berücksichtigung fanden dabei auch *Mycoplasma*- und *Rickettsia*-ähnliche Organismen, die neuerdings vielfach nach den von ihnen bevorzugt befallenen Pflanzengeweben als phloem- oder xylembesiedelnde Bakterien bezeichnet werden. Aufgrund der jeweiligen geographischen Verbreitung war es nicht immer möglich, die Krankheitsnamen durchgängig in Russisch, Französisch und Spanisch anzugeben. Hinweise, die eine spätere Ergänzung ermöglichen könnten, würden wir sehr begrüßen.

Selbstverständlich konnten auch in diesem Teil bei weitem nicht alle bekannten Merkmale und Fakten angeführt werden. Ergänzende Informationen sind den entsprechenden Spezialwerken zu entnehmen.

Die verwendeten Erregernamen entsprechen der seit 1. 1. 1980 gültigen Bakteriennomenklatur, die in den „Approved Lists of Bacterial Names“ und ihren Ergänzungslisten dokumentiert sind, und den analogen Empfehlungen für pflanzenpathogene Bakterien, die vom Exekutivkomitee der Internationalen Gesellschaft für Pflanzenpathologie ausgearbeitet wurden und ihren Niederschlag auch in der neuesten Ausgabe von „Bergey's Manual of Systematic Bacteriology“, Vol. 1 (1984) und 2 (1986), gefunden haben.

Im Kapitel 16 wurde eine Zusammenstellung aller phytopathologisch bedeutsamen Bakterien mit ihren derzeit korrekten (validierten) Namen aufgenommen. Aus diesem Grunde haben wir auf die sonst üblichen Angaben der jeweiligen Autoren sowie Jahreszahlen der Beschreibung bzw. Benennung bei der erstmaligen Erwähnung dieser Organismen im Text verzichtet.

Bei der Abfassung des Manuskriptes haben uns der Rat und die Hinweise zahlreicher Fachkollegen viel geholfen, denen wir an dieser Stelle unseren Dank aussprechen möchten. Für die freundliche Überlassung von Abbildungsvorlagen danken wir neben mehreren Kollegen aus dem Institut für Phytopathologie Aschersleben (s. a. das Bildquellenverzeichnis am Schluß des Buches) vor allem Zenaida Amat (Havanna), H. Bröther (Potsdam), W. Bryner (Wädenswil), M. Cirulli (Bari), E. J. Cother (Yanco, N. S. W.), H. Granzow (Groß Lüsewitz), Mária Hevesi (Budapest), Marthe Jakob (Berlin), S. Klaus (Jena), S. Köhn (Berlin-West), J. Németh (Pécs), A. Plescher (Artern), Régine Samson (Beaucouze-Angers), Dorothea Schmidt (Nyon), U. Taubeneck (Jena), Y. Tsuchiya (Yatabe), K. Wiesner (Klein Wanzleben), Paula Wilkie (Auckland), J. M. Young (Auckland) und I. Zimmermann (Jena). Durch ihr Entgegenkommen war es unter anderem möglich, Symptombilder auch bei Krankheiten zu demonstrieren, die in Mitteleuropa selten oder gar nicht vorkommen.

Für alle Anregungen und Hinweise, die den Inhalt und die Darstellung des behandelten Stoffes im allgemeinen bzw. einzelner Aspekte desselben betreffen oder die uns auf mögliche Irrtümer und neue Erkenntnisse aufmerksam machen, sind wir jederzeit dankbar.

Unser herzlicher Dank gilt dem VEB Gustav Fischer Verlag und insbesondere seiner Leitenden Lektorin, Frau J. Schlüter, die unser Vorhaben von Anfang an mit Rat und Tat gefördert hat und auf alle unsere Wünsche verständnisvoll eingegangen ist.

Möge dieses Buch einem größeren Leserkreis den Zugang zur Phytobakteriologie als einer wichtigen Teildisziplin der Phytopathologie erleichtern!

Die Herausgeber

Inhaltsverzeichnis

Vorwort 6

Teil I: Grundlagen der Phytobakteriologie 17

1. Einleitung (SPAAR & KLEINHEMPEL) 17

Literatur 19

2. Allgemeine Bakteriologie 20

2.1. Funktionelle Cytologie (MACH) 20
2.1.1. Charakterisierung der Bakterienzelle 20
2.1.2. Zellwand 25
2.1.3. Cytoplasmatische Membran 28
2.1.4. Nucleoid oder Zellkernäquivalent 30
2.1.5. Geißel 32
2.1.6. Sporen und andere Dauerorgane 34
2.1.7. Ribosomen 36
2.1.8. Zelleinschlüsse 36
2.2. Physiologie und Biochemie (FRITSCHE) 37
2.2.1. Grundlagen des Stoffwechsels 37
2.2.2. Dissimilation: Energie- und Intermediärstoffwechsel 39
2.2.3. Biosynthesen der bakteriellen Zellbestandteile 48
2.2.4. Wachstum 56
2.2.5. Sekundärstoffwechsel 58
2.3. Genetik (HERRMANN) 59
2.3.1. Bedeutung der Bakteriengenetik 59
2.3.2. Organisation des genetischen Materials 59
2.3.3. Verdopplung und Verteilung des genetischen Materials 63
2.3.4. Realisierung der genetischen Information 64
2.3.5. Regulation der Genaktivität 65
2.3.6. Mutation 68
2.3.7. Rekombination 72
2.3.8. Genetik phytopathogener Eigenschaften 80
2.4. Bakteriophagen und Bakteriocine (MALKE) 81
2.4.1. Hauptmerkmale der Bakteriophagen 81
2.4.2. Morphologie 84
2.4.3. Quantitative Aspekte der Infektion und Phagenassay 86
2.4.4. Vermehrungscyclus 86
2.4.5. Lysogenie 89
2.4.6. Evolution der Bakteriophagen 91
2.4.7. Bakteriocine 91
2.4.8. Bakteriophagen und Bakteriocine in der Phytopathologie 92
2.5. Serologie (RICHTER) 94
2.5.1. Grundlagen der Bakterienserologie 94
2.5.2. Herstellung von Antiseren 94
2.5.3. Serologische Methoden 95
2.5.4. Anwendung serologischer Methoden in der Phytobakteriologie 101
2.6. Taxonomie (PRAUSER & NAUMANN) 103

2.6.1. Allgemeine Grundlagen . . . 103
2.6.2. Klassifizierung . . . 104
2.6.2.1. Klassische Taxonomie und ihre Übergänge . . . 104
2.6.2.2. Numerische Taxonomie . . . 105
2.6.2.3. Chemotaxonomie . . . 105
2.6.2.4. Genotaxonomie . . . 105
2.6.2.5. Die Urreiche und die Hauptgruppen der Bakterien . . . 106
2.6.2.6. Die taxonomische Stellung phytopathogener Bakterien . . . 107
2.6.3. Nomenklatorik . . . 109
2.6.4. Die Identifizierung phytopathogener Bakterien . . . 111
2.7. Literatur . . . 118
2.7.1. Verzeichnis der zitierten Literatur . . . 118
2.7.2. Weiterführende Literatur . . . 120

3. Merkmale phytopathogener Bakterien (Naumann & Henniger) . . . 123

3.1. Für die Pathogenität von Pflanzen entscheidende Eigenschaften . . . 123
3.2. Zellwandabbauende Enzyme . . . 124
3.2.1. Die Bedeutung bakterieller Fäulen . . . 124
3.2.2. Struktur und Biochemie der pflanzlichen Zellwand . . . 125
3.2.3. Pectinolytische Enzyme (Pectinasen) . . . 128
3.2.4. Cellulasen, Hemicellulasen und andere Enzyme . . . 131
3.2.5. Induktion und Regulation der Enzymbildung . . . 132
3.2.6. Die wichtigsten naßfäuleinduzierenden Bakterienarten . . . 134
3.3. Hypertrophien und Wachstumsanomalien auslösende Faktoren . . . 135
3.3.1. Wuchsanomalien bei Pflanzen . . . 135
3.3.2. Die wichtigsten Phytohormongruppen . . . 135
3.3.3. Von pflanzenpathogenen Bakterien gebildete Wuchsstoffe . . . 137
3.3.4. Auf die Entstehung der Hexenbesenkrankheit einwirkende Faktoren und deren Auswirkung auf die Wirtspflanze . . . 139
3.3.5. Bildung der Wurzelkropf und Haarwurzelsyndrom auslösenden Faktoren . . . 140
3.4. Chlorosen und Nekrosen auslösende Toxine . . . 142
3.4.1. Definition und Bedeutung von Phytotoxinen . . . 142
3.4.2. Die wichtigsten niedermolekularen Phytotoxine bakteriellen Ursprungs . . . 146
3.4.3. Weitere niedermolekulare Phytotoxine bakteriellen Ursprungs . . . 149
3.4.4. Vererbung der Toxigenität . . . 149
3.4.5. Toxinbildung und Pathogenität . . . 150
3.5. Welke auslösende Toxine und extracelluläre Polysaccharide . . . 151
3.5.1. Ausscheidung hochmolekularer Verbindungen durch Krankheitserreger . . . 151
3.5.2. Charakterisierung der bakteriellen Welketoxine . . . 151
3.5.3. Angriffsorte und Wirkungsweise bakterieller Welketoxine . . . 154
3.5.4. Hochmolekulare bakterielle Ausscheidungsprodukte mit speziellen pathophysiologischen Wirkungen . . . 159
3.5.5. Schlußbemerkungen . . . 161
3.6. Eiskernbildungsaktivität . . . 162
3.6.1. Eiskernbildungsaktive Bakterien . . . 162
3.6.2. Mögliche Ursachen der Eiskernbildungsfähigkeit . . . 162
3.6.3. Verbreitung der eiskernaktiven Bakterien . . . 163
3.6.4. Ökologische Rolle der eiskernaktiven Bakterien . . . 163
3.6.5. INA-Bakterien und Frostschutz . . . 163
3.7. Literatur . . . 164
3.7.1. Verzeichnis der zitierten Literatur . . . 164
3.7.2. Weiterführende Literatur . . . 166

4. Charakterisierung der Krankheitserscheinungen und -prozesse . . . 168

4.1. Symptomatologie (Griesbach) . . . 168
4.1.1. Charakterisierung bakteriell bedingter Krankheitserscheinungen . . . 168
4.1.2. Kennzeichnung der einzelnen Symptomtypen . . . 168

4.1.2.1. Chlorosen 168
4.1.2.2. Nekrosen 169
4.1.2.3. Fäulen 172
4.1.2.4. Welken 172
4.1.2.5. Abstoßen von Pflanzenorganen 174
4.1.2.6. Bildung von Oberflächenbelägen 174
4.1.2.7. Teratologische Veränderungen 176
4.1.3. Verwechslungsmöglichkeiten 177
4.2. Krankheitsübertragung (ZIELKE) 177
4.2.1. Voraussetzungen und Möglichkeiten der Krankheitsübertragung 177
4.2.2. Übertragung in Form einer geschlossenen Infektkette 180
4.2.3. Übertragung in Form einer unterbrochenen Infektkette 181
4.2.3.1. Mechanische Übertragung 182
4.2.3.2. Übertragung durch den Boden 182
4.2.3.3. Übertragung durch Vektoren 182
4.2.4. Übertragung über große Entfernungen 183
4.2.5. Abhängigkeit der Übertragung von äußeren Faktoren 183
4.3. Die Wirt/Pathogen-Beziehungen (HENNIGER & NAUMANN) 183
4.3.1. Allgemeine Voraussetzungen und Grundlagen 183
4.3.2. Der Infektionsprozeß 185
4.3.2.1. Präinfektionelle Bedingungen 186
4.3.2.2. Eindringungsweise 186
4.3.2.3. Prädisposition als Voraussetzung des Infektionsprozesses 188
4.3.2.4. Die Inokulumdichte 190
4.3.3. Vermehrung und Ausbreitung nach der Infektion 191
4.3.4. Der Krankheitsprozeß 193
4.3.4.1. Zerstörung des Wirtsgewebes 193
4.3.4.2. Störung des Wasserhaushalts 196
4.3.4.3. Veränderungen des Stoffwechsels 197
4.3.4.4. Veränderungen der Morphogenese 198
4.3.5. Resistenz- und Abwehrmechanismen 199
4.3.5.1. Präformierte Resistenzmechanismen 200
4.3.5.2. Induzierte Schutzreaktion 201
4.3.5.3. Hypersensibilitätsreaktion 203
4.3.5.4. Erkennungsreaktion 205
4.3.5.5. Resistenz gegenüber Naßfäuleerregern 209
4.4. Literatur 210
4.4.1. Verzeichnis der zitierten Literatur 210
4.4.2. Weiterführende Literatur 214

5. Wirtschaftliche Bedeutung, Verbreitung und Schadwirkung phytopathogener Prokaryoten (SPAAR & KLEINHEMPEL) 215

5.1. Zusammenhang zwischen geographischer Verbreitung und Schadwirkung 215
5.2. Befallsstärke und Schadensumfang 215
5.3. Infektionszeitpunkt und Schadensumfang 217
5.4. Resistenzverhalten und Schadwirkung 217
5.5. Einfluß der Produktionstechnologie auf das Schadensausmaß 218
5.6. Durch *Mycoplasma*- und *Rickettsia*-ähnliche Organismen sowie Spiroplasmen ausgelöste Epidemien 219
5.7. Durch zellwandbesitzende phytopathogene Bakterien verursachte Epidemien 220
5.8. Schadensumfang im Bereich der Saat- und Pflanzgutproduktion 222
5.9. Qualitätsminderung durch Bakterienkrankheiten 223
5.10. Gesamtumfang der durch Bakterienkrankheiten verursachten finanziellen Verluste 224
5.11. Verzeichnis der zitierten Literatur 225

6. Bekämpfung bakterieller Pflanzenkrankheiten 228

6.1. Notwendigkeit und Grundlagen (KLEINHEMPEL) 228
6.2. Quarantäne (KLEINHEMPEL) 228
6.3. Weitere phytohygienische Maßnahmen (ZIELKE) 229

6.3.1. Standortwahl . . . 231
6.3.2. Fruchtfolgemaßnahmen . . . 232
6.3.3. Düngungsmaßnahmen . . . 233
6.3.4. Bodenbearbeitungsmaßnahmen . . . 234
6.3.5. Verwendung erregerfreien Saat- und Pflanzgutes . . . 235
6.3.6. Anbaumaßnahmen . . . 236
6.3.7. Pflegemaßnahmen im Bestand . . . 236
6.3.8. Bewässerungsmaßnahmen . . . 238
6.4. Resistenzzüchtung (FICKE) . . . 239
6.4.1. Aufgaben und Ziele der Resistenzzüchtung . . . 239
6.4.2. Voraussetzungen und Verfahren der Resistenzprüfung . . . 240
6.4.3. Grundlagen der Züchtung von resistenten Kulturpflanzen . . . 241
6.4.4. Züchtungsmethoden . . . 243
6.4.5. Schlußbemerkungen . . . 244
6.5. Biologische Bekämpfung (SCHAEFER) . . . 244
6.5.1. Allgemeine Grundlagen . . . 244
6.5.2. Applikation von Antagonisten . . . 245
6.5.3. Behandlung mit Bakteriocinbildnern . . . 246
6.5.4. Einsatz von Antagonisten mit der Fähigkeit zur Nährstoffkonkurrenz und Bakteriocinbildung . . . 246
6.6. Physikalische Bekämpfungsmaßnahmen (SCHAEFER) . . . 247
6.6.1. Allgemeine Grundlagen . . . 247
6.6.2. Saatgutbehandlung . . . 247
6.6.3. Pflanzgutbehandlung . . . 248
6.6.4. Entnahme gesunden Pflanzenmaterials zur Weitervermehrung über Meristemkulturen . . . 248
6.6.5. Anwendung physikalischer Methoden zur Boden- und Materialdesinfektion . . . 248
6.7. Chemische Bekämpfungsmaßnahmen (SCHAEFER) . . . 248
6.7.1. Allgemeine Grundlagen . . . 248
6.7.2. Samenbehandlung . . . 250
6.7.3. Pflanzgutbehandlung . . . 251
6.7.4. Behandlung im Bestand . . . 251
6.8. Literatur . . . 253
6.8.1. Verzeichnis der zitierten Literatur . . . 253
6.8.2. Weiterführende Literatur . . . 255

Teil II: Bakteriosen der Kulturpflanzen

7. Bakteriosen der Getreide- und Gräserarten (GRIESBACH)

7.1. Schwarzspelzigkeit oder Bakterielle Streifenkrankheit des Weizens und anderer Getreide- bzw. Grasarten (*Xanthomonas campestris* pv. *translucens* u. a.) . . . 256
7.2. Basale Spelzenfäule des Weizens und anderer Getreidearten (*Pseudomonas syringae* pv. *atrofaciens*) . . . 259
7.3. Ovale Blattfleckigkeit bzw. Bakterielle Blattdürre des Hafers und anderer Gramineen-Arten (*Ps. syringae* pv. *coronafaciens*) . . . 262
7.4. Bakterielle Streifenkrankheit des Hafers und der Gerste (*Ps. syringae* pv. *striafaciens*) . . . 264
7.5. Gelbschleimigkeit des Weizens und der Futtergräser (*Clavibacter rathayi*, *C. tritici*, *C. iranicus*) . . . 265
7.6. Bakterielle Welke der Futtergräser (*X. campestris* pv. *graminis*) . . . 268
7.7. Bakterielle Stengelfäule des Maises (*Erwinia chrysanthemi* pv. *zeae*) . . . 271
7.8. Literatur . . . 274

8. Bakteriosen der Beta-Rübe (KLEINHEMPEL)

8.1. Wurzelkropf der Beta-Rübe (*Agrobacterium tumefaciens*) . . . 277
8.2. Tuberkulose der Beta-Rübe (*Xanthomonas „beticola“*) . . . 282
8.3. Bakterielle Gefäßnekrose und Fäule der Zuckerrübe (*Erwinia carotovora* subsp. *betavasculorum*) . . . 282
8.4. Bakterielle Blattfleckenkrankheit der Zuckerrübe (*Pseudomonas syringae* pv. *syringae*) . . . 284

8.5. Silberblättrigkeit der Roten Bete (*Curtobacterium flaccumfaciens* subsp. *betae*) 285
8.6. Weitere Rüben-Bakteriosen (*Rickettsia*-, *Mycoplasma*-ähnliche Organismen, *Streptomyces* „*scabies*") 286
8.7. Literatur 287

9. Bakteriosen der Kartoffel (ZIELKE)

9.1. Durch *Mycoplasma*-ähnliche Organismen hervorgerufene Erkrankungen 288
9.1.1. Stolburkrankheit der Kartoffel 288
9.1.2. Hexenbesenkrankheit der Kartoffel 290
9.1.3. Weitere durch *Mycoplasma*-ähnliche Organismen bedingte Krankheiten der Kartoffel . . . 291
9.2. Bakterielle Naßfäulen der Kartoffel 292
9.2.1. Schwarzbeinigkeit und Knollennaßfäule der Kartoffel (*Erwinia carotovora* subsp. *atroseptica*) 292
9.2.2. Stengel- und Knollennaßfäule der Kartoffel (*Erwinia carotovora* subsp. *carotovora*) 296
9.2.3. Durch *Erwinia chrysanthemi* pv. *chrysanthemi* hervorgerufene Knollennaßfäule 299
9.2.4. Weitere bakterielle Naßfäuleerreger der Kartoffel 301
9.2.4.1. Pectinolytische *Pseudomonas* spp. 301
9.2.4.2. Pectinolytische *Bacillus* spp. 302
9.2.4.3. Pectinolytische *Clostridium* spp. 302
9.2.4.4. Sonstige bakterielle Naßfäuleerreger (*Enterobacter, Klebsiella, Alcaligenes, Aeromonas, Aerobacter, Flavobacterium*) 303
9.3. Bakterielle Gefäßerkrankungen der Kartoffel 303
9.3.1. Bakterienringfäule (*Clavibacter michiganensis* subsp. *sepedonicus*) 303
9.3.2. Bakterielle Schleimkrankheit der Kartoffel (*Pseudomonas solanacearum*) 306
9.4. Bakterielle Schorferkrankungen der Kartoffel 309
9.4.1. Gewöhnlicher Kartoffelschorf (*Streptomyces „scabies"*) 309
9.4.2. Weitere schorferzeugende Bakterien (andere *Streptomyces* spp.) 311
9.5. Sonstige Kartoffelbakteriosen (Keimröte) 312
9.6. Literatur 312
9.6.1. Verzeichnis der zitierten Literatur 312
9.6.2. Weiterführende Literatur 313

10. Bakteriosen an Futterleguminosen (Zielke)

10.1. Bakteriell bedingte Erkrankungen des Klees 314
10.1.1. Kleeverzwergung 314
10.1.2. Kleephylloidie (Vergrünung, Verlaubung) 315
10.1.3. Bakteriell bedingte Welken (*Clavibacter michiganensis* subsp. *insidiosus, Pseudomonas viridiflava, Xanthomonas campestris* pv. *lespedezae*) 316
10.1.4. Bakteriell bedingte Blattflecke (*Pseudomonas stizolobii, Ps. andropogonis, Ps. syringae* pv. *syringae, Xanthomonas campestris* pv. *alfalfae*) 316
10.1.5. Bakteriell bedingte Mischinfektionen (*Bacillus „mesentericus"*, *Erwinia carotovora* subsp. *atroseptica, E. carotovora* subsp. *carotovora, Pseudomonas fluorescens* u. a.) 317
10.2. Bakteriosen der Luzerne 317
10.2.1. Bakterielle Luzernewelke (*Clavibacter michiganensis* subsp. *insidiosus*) 317
10.2.2. Bakterielle Blattfleckenkrankheit der Luzerne (*Xanthomonas campestris* pv. *alfalfae*) . . . 319
10.2.3. Weitere Bakteriosen der Luzerne 321
10.2.3.1. Stengelbrand (*Pseudomonas „medicaginis"*) 321
10.2.3.2. Wurzelbrand (*Clavibacter michiganensis* subsp. *insidiosus*) 321
10.2.3.3. Saatgutbefall 321
10.3. Bakteriosen der Sojabohne 321
10.3.1. Bakterienbrand bzw. Eckige Fleckigkeit der Sojabohne (*Pseudomonas syringae* pv. *glycinea*) 321
10.3.2. Weitere Bakteriosen der Sojabohne 323
10.3.2.1. Pustelkrankheit (*Xanthomonas phaseoli* var. *sojensis*) 323
10.3.2.2. Wildfeuer (*Pseudomonas syringae* pv. *tabaci*) 323
10.3.2.3. Verbräunung (tan spot) (*Curtobacterium flaccumfaciens* subsp. *flaccumfaciens*) 324
10.3.2.4. Blattfleckenkrankheit (*Pseudomonas andropogonis*) 324
10.3.2.5. Bakteriell bedingte Welke (*Pseudomonas solanacearum*) 324

10.3.2.6. Bakteriell bedingte Naßfäule (*Erwinia carotovora* subsp. *atroseptica*) 324
10.3.2.7. Bakteriose der Keimblätter (*Bacillus subtilis, B. „mesentericus"*) 324
10.4. Bakteriosen der Ackerbohne 324
10.4.1. Schwarzbeinigkeit der Ackerbohne (*Erwinia carotovora*) 325
10.4.2. Bakterielle Stengelfäule oder Bakterieller Stengelbrand der Ackerbohne (*Pseudomonas* sp.) 326
10.5. Bakteriosen der Lupine 327
10.5.1. Weiche graubraune Lupinenfäule (*Erwinia carotovora* subsp. *carotovora*) 327
10.5.2. Wäßrige Lupinenfäule (*Pseudomonas „xanthochlora"*) 328
10.6. Literatur 329

11. Bakteriosen der Gemüsearten (Griesbach, Naumann, Schaefer & Zielke)

11.1. Bakteriosen der Bohne 330
11.1.1. Fettfleckenkrankheit der Bohne (*Pseudomonas syringae* pv. *phaseolicola*) 330
11.1.2. Bakterielle Braunfleckigkeit der Bohne (*Pseudomonas syringae* pv. *syringae*) 332
11.1.3. Bakterieller Bohnenbrand (*Xanthomonas campestris* pv. *phaseoli*) 334
11.1.4. Bakterielle Welkekrankheit der Bohne (*Curtobacterium flaccumfaciens* subsp. *flaccumfaciens*) 336
11.2. Bakteriosen der Erbse 338
11.2.1. Bakterieller Stengelbrand der Erbse (*Pseudomonas syringae* pv. *pisi*) 338
11.2.2. Bakterielle Fleckenkrankheit der Erbse (*Pseudomonas syringae* pv. *syringae*) 341
11.2.3. Wurzelkropf der Erbse (*Agrobacterium tumefaciens*) 342
11.2.4. Verbänderung der Erbse (*Rhodococcus fascians*) 343
11.3. Bakteriosen der Gurke 345
11.3.1. Bakterielle Gurkenwelke (*Erwinia tracheiphila*) 345
11.3.2. „Eckige Blattflecken"-Krankheit der Gurke (*Pseudomonas syringae* pv. *lachrymans*) . . . 347
11.3.3. Naßfäule der Gurke (*Erwinia carotovora* subsp. *carotovora*) 352
11.4. Bakteriosen des Kohls und kohlartiger Gewächse 353
11.4.1. Adernschwärze des Kohls (*Xanthomonas campestris* pv. *campestris*) 353
11.4.2. Bakterielle Naßfäule des Kohls (*Erwinia carotovora* subsp. *carotovora*) 356
11.4.3. Blattfleckenkrankheit des Blumenkohls (*Pseudomonas syringae* pv. *maculicola*) 358
11.5. Bakteriosen der Möhre 359
11.5.1. Möhrennaßfäule (*Erwinia carotovora* subsp. *carotovora*) 359
11.5.2. Bakterieller Möhrenbrand (*Xanthomonas campestris* pv. *carotae*) 361
11.5.3. Weitere Bakteriosen der Möhre 362
11.5.3.1. Markfäule (*Erwinia carotovora* subsp. *atroseptica, E. chrysanthemi* pv. *chrysanthemi* u. a.) 362
11.5.3.2. Kavernenfäule (*Clostridium* spp.) 363
11.5.3.3. Möhrenschorf (*Streptomyces „scabies"*) 363
11.5.3.4. Wurzelkropf der Möhre (*Agrobacterium tumefaciens, A. rhizogenes*) 364
11.6. Bakteriosen des Salats, der Endivie und des Chicorées 364
11.6.1. Bakterielle Blattrandkrankheit des Salats (*Pseudomonas marginalis* pv. *marginalis*) 364
11.6.2. Bakterielle Salatkrankheit (*Xanthomonas campestris* pv. *vitians*) 366
11.6.3. Bakterielle Fleckenkrankheit des Salats (*Pseudomonas cichorii*) 367
11.6.4. Adernchlorose bzw. Breitadrigkeit des Salats (*Rickettsia*-ähnliches Bakterium) 369
11.7. Bakteriosen der Tomate 369
11.7.1. Bakterielle Tomatenwelke (*Clavibacter michiganensis* subsp. *michiganensis*) 369
11.7.2. Stengelmarknekrose der Tomate (*Pseudomonas corrugata*) 373
11.7.3. Schleimkrankheit der Tomate (*Pseudomonas solanacearum*) 375
11.7.4. Bakterielle Blatt- und Fruchtfleckenkrankheit der Tomate (*Pseudomonas syringae* pv. *tomato*) 376
11.7.5. Bakterielle Fleckenkrankheit der Tomate (*Xanthomonas campestris* pv. *vesicatoria*) 378
11.7.6. Naßfäule der Tomate (*Erwinia carotovora* subsp. *carotovora, Pseudomonas marginalis* pv. *marginalis, Ps. aeruginosa*) 380
11.8. Bakteriosen des Paprikas 382
11.8.1. Bakterielle Fleckenkrankheit des Paprikas (*Xanthomonas campestris* pv. *vesicatoria*) . . . 382
11.8.2. Naßfäule des Paprikas (*Erwinia carotovora* subsp. *carotovora*) 383
11.8.3. Blatt- und Fruchtfleckenkrankheit des Paprikas (*Clavibacter michiganensis* subsp. *michiganensis*) 385

11.9. Bakteriosen der Eierfrucht 386
11.9.1. Kleinblättrigkeit der Eierfrucht (*Mycoplasma*-ähnliches Bakterium) 386
11.9.2. Bakterielle Welke der Eierfrucht (*Pseudomonas solanacearum*) 387
11.9.3. Weitere Bakteriosen der Eierfrucht 388
11.9.3.1. Bakterienringfäule (*Clavibacter michiganensis* subsp. *sepedonicus*) 388
11.9.3.2. Bakteriennaßfäule (*Erwinia carotovora* subsp. *carotovora*) 388
11.10. Bakteriosen der Zwiebel und des Porrees 389
11.10.1. Naßfäule der Speisezwiebel (*Erwinia carotovora* subsp. *carotovora*) 389
11.10.2. Bakterielle Zwiebelfäule (*Pseudomonas gladioli* pv. *alliicola*) 390
11.10.3. Sauerschaligkeit der Zwiebel (*Pseudomonas cepacia*) 392
11.10.4. Bakterielle Blattfleckenkrankheit der Zwiebel und Porree-Bakteriose (*Pseudomonas syringae* pv. *syringae*, *Ps. syringae* pv. *„porri“*) 394
11.10.5. Weitere bakteriell bedingte Krankheitserscheinungen 394
11.10.5.1. *Mycoplasma*-ähnliche Organismen 394
11.10.5.2. Innere Braunfäule und „Milchkaffee“-Krankheit der Zwiebel (*Pseudomonas aeruginosa*, *Ps. fluorescens*) 395
11.10.5.3. Unspezifische Bakterielle Lagerfäule der Zwiebel (*Erwinia herbicola*, *Lactobacillus*-ähnliche Organismen) 397
11.11. Bakteriosen des Kulturchampignons 397
11.11.1. Bakterielle Fleckenkrankheit des Champignons (*Pseudomonas tolaasii*) 397
11.11.2. Weitere Bakteriosen des Kulturchampignons (*Pseudomonas fluorescens*) 398
11.12. Literatur 398

12. Bakteriosen des Tabaks und anderer Sonderkulturen (Schaefer)

12.1. Bakteriosen des Tabaks 406
12.1.1. Wildfeuer des Tabaks (*Pseudomonas syringae* pv. *tabaci*) 406
12.1.2. Weitere Bakteriosen des Tabaks 408
12.1.2.1. Stengelweichfäule des Tabaks (*Erwinia carotovora* subsp. *carotovora*) 408
12.1.2.2. Wurzelkropf des Tabaks (*Agrobacterium tumefaciens*) 409
12.1.2.3. Bakterielle Welke des Tabaks (*Pseudomonas solanacearum*) 409
12.1.2.4. Anmerkungen zu einigen früher beschriebenen Bakteriosen des Tabaks (*Pseudomonas „angulata“*, *Ps. „mellea“*) 409
12.2. Bakteriosen der Gewürzpflanzen 409
12.2.1. Doldenbrand bei Kümmel, Fenchel, Dill und Koriander (*Pseudomonas fluorescens*, *Erwinia carotovora* subsp. *carotovora*, *Xanthomonas campestris* pv. *carotae*) 409
12.2.2. Bakterielle Fleckenkrankheit des Dills (*Pseudomonas viridiflava*) 411
12.3. Naßfäule der Sonnenblume (*Erwinia carotovora* subsp. *carotovora*) 412
12.4. Literatur 413

13. Bakteriosen der Obstkulturen (Ficke)

13.1. Feuerbrand des Kernobstes (*Erwinia amylovora*) 414
13.2. Bakterienbrand des Kern- und Steinobstes (*Pseudomonas syringae* pv. *syringae*) 420
13.3. Bakterienbrand des Steinobstes (*Pseudomonas syringae* pv. *morsprunorum*) 425
13.4. Wurzelkropf der Obstgehölze (*Agrobacterium tumefaciens*) 427
13.5. Haarwurzelkrankheit der Obstgehölze (*Agrobacterium rhizogenes*) 428
13.6. Bakterielle Blattfleckenkrankheit des Steinobstes (*Xanthomonas campestris* pv. *pruni*) 430
13.7. Bakterieller Walnußbrand (*Xanthomonas campestris* pv. *juglandis*) 432
13.8. Tuberkelkrankheit des Ölbaums (*Pseudomonas syringae* pv. *savastanoi*) 434
13.9. Bakterienbrand der Weinrebe (*Xanthomonas campestris* pv. *„ampelina“*) 435
13.10. Eckige Blattfleckenkrankheit der Erdbeere (*Xanthomonas fragariae*) 437
13.11. Weitere Bakteriosen der Obstkulturen (Birnen-Verfall, Apfelproliferation, *Rubus*-Stauche oder Verzwergungskrankheit der Himbeere, *Rickettsia*-ähnliche Organismen, Piercesche Krankheit der Rebe, Phony disease des Pfirsichs, Gummiholzkrankheit des Apfels, Verbräunung und Fäulnis an Apfel- und Birnenfrüchten) 438
13.12. Literatur 440

14. Bakteriosen der Zierpflanzen (SCHAEFER)

14.1. Bakterienkrankheiten der Monocotyledonen 442
14.1.1. Gelbpocken der Tulpe (*Curtobacterium flaccumfaciens* subsp. *oortii*) 442
14.1.2. Gelbfäule der Hyazinthe (*Xanthomonas campestris* pv. *hyacinthi*) 444
14.1.3. Lackschorf der Gladiole (*Pseudomonas gladioli* pv. *gladioli*) 445
14.1.4. Bakteriose der Dieffenbachie (*Erwinia chrysanthemi* pv. *chrysanthemi*) 447
14.2. Bakterienkrankheiten der Dicotyledonen 449
14.2.1. Bakterielle Erkrankungen der Pelargonie 449
14.2.1.1. Bakterielle Pelargonienwelke (*Xanthomonas campestris* pv. *pelargonii*) 449
14.2.1.2. Verbänderung der Pelargonie (*Rhodococcus fascians*) 451
14.2.1.3. Wurzelkropf der Pelargonie (*Agrobacterium tumefaciens*) 453
14.2.2. Ölfleckenkrankheit der Begonie (*Xanthomonas campestris* pv. *begoniae*) 454
14.2.3. Bakterielle Erkrankungen der Nelke 456
14.2.3.1. Bakterienstauche und -welke der Nelke (*Erwinia chrysanthemi* pv. *chrysanthemi*) 456
14.2.3.2. Bakterielle Welke und Wurzelfäule der Nelke (*Pseudomonas caryophylli*) 457
14.2.4. Bakterienstauche und -welke der Chrysantheme (*Erwinia chrysanthemi* pv. *chrysanthemi*) 458
14.2.5. Naßfäule der Saintpaulie (*Erwinia chrysanthemi* pv. *chrysanthemi*) 459
14.2.6. Schwarzfleckigkeit des Rittersporns (*Pseudomonas syringae* pv. *delphinii*) 461
14.3. Literatur 462

15. Bakteriosen der Ziergehölze (FICKE)

15.1. Feuerbrand der Ziergehölze (*Erwinia amylovora*) 464
15.2. Fliederseuche (*Pseudomonas syringae* pv. *syringae*) 466
15.3. Efeukrebs (*Xanthomonas campestris* pv. *hederae*) 467
15.4. Wurzelkropf der Ziergehölze (*Agrobacterium tumefaciens*) 469
15.5. Literatur 470

16. Zusammenstellung der validierten Namen pflanzenpathogener Bakterien 471

17. Zusammenstellung der häufig genannten Nährmedien 478

Zitierte Literatur 479

18. Bildquellennachweis 480

Farbtafeln 481

19. Register

19.1. Register der Bakteriennamen 493
19.2. Sachregister (incl. Pflanzen- und Vektornamen) 501

Teil I: Grundlagen der Phytobakteriologie

1. Einleitung

In der zweiten Hälfte des neunzehnten Jahrhunderts hatte die Entwicklung der mikroskopischen Technik und der axenischen Kultivierung von Mikroorganismen den Weg für die grundlegenden Arbeiten Robert Kochs geebnet, der im Jahre 1876 den Nachweis erbrachte, daß spezifische Bakterien Krankheiten des tierischen Organismus hervorrufen können. Längere Zeit mußte aber noch bis zur Herausbildung des Wissenschaftszweiges der Bakteriologie innerhalb der sich entwickelnden Phytopathologie verstreichen. Bereits im Jahre 1866 hatte der russische Botaniker und Phytopathologe M. S. Woronin (1836—1902) aufgrund seiner Untersuchungen an den von Bakterien verursachten Knöllchen an den Wurzeln von *Alnus glutinosa* und *Lupinus mutabilis* entschieden den Standpunkt vertreten, daß nicht nur Pilze, sondern auch Bakterien Pflanzen infizieren und bei ihnen Krankheiten verursachen können. Solche Auffassungen vertrat 1889 auch der russische Botaniker G. A. Nadson. In Europa wurden aber insgesamt die ersten Untersuchungen über bakterielle Krankheiten bei Pflanzen sehr skeptisch aufgenommen (Migula 1892; Prillieux 1895; Frank 1896). Diese ablehnende Haltung kam insbesondere in den 1897 erschienenen „Vorlesungen über Bakterien" von A. Fischer (1858—1913) zum Ausdruck, der ausführte, daß bei Pflanzen „Bakterien nur metatrophe Verunreinigungen, nicht selbsterobernde Parasiten" sind. In dieser Zeit hatte sich aber in den USA mit den Arbeiten zur Aufklärung der Ätiologie des Feuerbrandes der Birnen bereits die Phytobakteriologie etabliert. 1878 kam T. J. Burrill (1839—1916) aufgrund seiner Untersuchungen zu der Auffassung, daß der Feuerbrand von Bakterien verursacht wird und folgerte: „Soweit ich weiß, ist die Vorstellung völlig neu — daß Bakterien Krankheiten bei Pflanzen verursachen können — obwohl das häufig bei Tieren nachgewiesen wurde". 1883 veröffentlichte er eine erste Beschreibung des Erregers und bezeichnete ihn als *Micrococcus amylovorus*. Eine hervorragende Rolle bei der Herausbildung der neuen phytopathologischen Arbeitsrichtung und bei der Überwindung der Vorbehalte gegenüber der Bakterienätiologie von Pflanzenkrankheiten spielte der amerikanische Phytopathologe Erwin F. Smith (1854—1927). Er leistete mit seinen Arbeiten nicht nur einen großen Beitrag zur Beschreibung phytopathogener Bakterien und zur Ausarbeitung der Methodik bakteriologischer Untersuchungen in der Phytopathologie, sondern setzte sich um die Jahrhundertwende (Smith 1899) sehr beweiskräftig mit allen Auffassungen auseinander, die die Bakterienätiologie von Pflanzenkrankheiten anzweifelten. Mit dem 1903 von O. Appel (1867—1952) veröffentlichten Nachweis, daß die Naßfäule und die Schwarzbeinigkeit der Kartoffel von einem Bakterium verursacht werden, dem er den Namen *Bacillus phytophthorus* gab, wurde nach H. Braun (1965) der letzte Widerstand gegen die Anerkennung pflanzlicher Bakteriosen gebrochen und der vor allem durch E. F. Smith gebahnte Weg zu ihrer Erforschung freigemacht. Im Jahre 1905 erschien mit dem ersten Band des Werkes von E. F. Smith „Bacteria in Relation to Plant Diseases" die erste monografische Bearbeitung pflanzenpathogener Bakterien, der 1911 und 1914 zwei weitere Bände folgten. Bemerkenswert war, daß fast dem gesamten dargelegten Wissensstand eigene experimentelle Ergebnisse des Autors und seiner Schüler zugrunde lagen. Die Untersuchung phytopathogener Bakterien nahm nun einen großen Aufschwung. 1920 erscheint die „Introduction to Bacterial Diseases of Plants" von E. F. Smith. 1928 bearbeitet C. Stapp den Teil „Bakteriosen" in der 5. Auflage des von P. Sorauer herausgegebenen „Handbuches der Pflanzenkrankheiten"; schon zu diesem Zeitpunkt gelangt er zu der Feststellung: „Die Zahl der einwandfrei festgestellten bakteriellen Pflanzenkrankheiten ist bereits so groß, daß sie nicht nur den zur Zeit bekannten bakteriellen Krankheiten der Tiere und Menschen nicht nachsteht, sondern sie noch übertreffen dürfte". Weitere Standardwerke über Bakterienkrankheiten der Pflanzen folgen, von denen hier lediglich das „Manual of Bacterial Plant Pathogens" von Ch. ELLIOTT (1930) und die „Bakteriosen der Pflanzen" (1935) von A. A. JAČEVSKIJ (1863—1932) Erwähnung finden sollen.

In der 1956 erschienenen 6. Auflage des „Handbuches der Pflanzenkrankheiten" umfassen die von C. STAPP bearbeiteten Bakterienkrankheiten einen eigenen Band. Das ist Ausdruck der gewachsenen Kenntnisse über Bakteriosen der Pflanzen, aber auch der von C. STAPP 1928 vorausgesagten Entwicklung, „daß mit der weiteren Intensivierung der landwirtschaftlichen und gärtnerischen Betriebe und der weiteren Hochzucht unserer Kulturgewächse sich die Zahl (der Bakterienkrankheiten der Pflanzen) ständig vergrößern wird".

In praktischer Hinsicht bestimmten in der Folgezeit insbesondere Arbeiten zur Diagnose und zur Entwicklung von Bekämpfungsverfahren sowie zur Resistenzzüchtung das Forschungsgebiet. Heute kennt man weit über 400 bakteriell bedingte Pflanzenkrankheiten mit z. T. erheblicher wirtschaftlicher Bedeutung.

Von nachhaltigem Einfluß auf die weitere Entwicklung der Phytobakteriologie waren die Ende der 40er Jahre von der Biochemie, Molekularbiologie und Genetik ausgehenden Impulse, deren Auswirkungen jedoch erst nach 1960 in der Breite des Arbeitsgebietes deutlich spürbar wurden (STARR 1984). Dies förderte ganz entscheidend wesentliche Teildisziplinen, wie beispielsweise die Diagnostik und die Taxonomie phytopathogener Bakterien.

Als im Jahre 1967 japanische Wissenschaftler (DOI et al. 1967; ISHIE et al. 1967) eine größere Gruppe von Pflanzenkrankheiten als *Mycoplasma*-bedingt beschrieben, wurden schlagartig rund 100 unterschiedliche, bislang den Virosen zugeordnete Schadbilder bzw. Pflanzenkrankheiten zum Objekt der Phytobakteriologie. Für diese, häufig mit Vergilbungs- und Vergrünungserscheinungen verbundene Krankheitsgruppe wurden Mycoplasmen als Erreger nachgewiesen oder zumindest mit Berechtigung vermutet. In einigen wenigen Fällen wurden die Erreger isoliert und der Gattung *Spiroplasma* zugeordnet; in der Mehrzahl der Fälle gelang lediglich der elektronenmikroskopische Nachweis der *Mycoplasma*-ähnlichen oder auch *Rickettsia*-ähnlichen Mikroorganismen in den erkrankten Pflanzen bzw. in ihren Vektoren. Die phytopathologisch orientierten Arbeiten mit Mycoplasmen machen wiederum die Notwendigkeit einer gesamtheitlichen, ökologischen Betrachtungsweise deutlich: *Acholeplasma*-Species konnten von Pflanzen ohne Krankheitserscheinungen isoliert werden (KLEINHEMPEL & MÜLLER 1977), sind jedoch auch häufig in tierischen und menschlichen Organen — z. T. auch mit pathologischen Effekten — nachgewiesen worden. Ähnliche Befunde kennt man von verschiedenen *Pseudomonas*-, *Serratia*- und *Erwinia*-Arten. Dieses auch als „ambilateral harmfulness" beschriebene Phänomen erregt in jüngerer Zeit besondere Aufmerksamkeit (STARR 1984) und weckt auch in der medizinischen Bakteriologie Interesse an pflanzenpathogenen oder mit Pflanzen assoziierten Bakterien.

In erster Linie bestimmen die erheblichen wirtschaftlichen Schäden, die Bakterien in der Pflanzenproduktion und bei der Lagerung pflanzlicher Produkte verursachen, Inhalt und Ziele der Phytobakteriologie. In jüngster Zeit gewinnen phytopathogene bzw. pflanzenassoziierte Bakterien auch aus ganz anderen Gründen ökonomisches Interesse. Zunehmend werden pflanzenpathogene Bakterien als Stoffproduzenten genutzt, so z. B. *Xanthomonas*-Arten zur Gewinnung extracellulärer Polysaccharide und *Erwinia*-Arten zur Enzymproduktion. Bestimmte Saprophyten werden als Antagonisten zur Unterdrückung pilzlich oder bakteriell bedingter Pflanzenkrankheiten geprüft. Kulturfiltrate einiger Species erscheinen aussichtsreich als Resistenzinduktoren, die möglicherweise zukünftig biotechnologisch zu produzieren und kommerziell zu verwerten sind. Schließlich sei auch an die Rolle von Pseudomonaden bei der Eiskernbildung, an ihre gentechnische Veränderung und nicht zuletzt an die breite Nutzung von *Agrobacterium tumefaciens* beim „genetic engineering" erinnert.

Mit Sicherheit werden diese, sich eher am Rande des Arbeitsgebietes vollziehenden Entwicklungen Einfluß auf die Dynamik der Phytobakteriologie nehmen. Das zweite Jahrhundert in der Geschichte der Phytobakteriologie wird entscheidend durch vertiefte interdisziplinäre Arbeit und Impulse aus der Grundlagenforschung geprägt sein.

Literatur

APPEL, O.: Untersuchungen über die Schwarzbeinigkeit und die durch Bakterien hervorgerufene Knollenfäule der Kartoffel. Arb. biol. Abt. Land- u. Forstwirtsch. **3** (1903): 364—435.

BRAUN, H.: Geschichte der Phytomedizin. Parey, Berlin u. Hamburg 1965.

BURRILL, T. J.: Pear blight. Trans. Illinois State horticult. Soc. (1878): 114—116.

— New Species of Micrococcus (Bacteria), Micrococcus amylovorus. Amer. Naturalist **17** (1883): 319.

DOI, Y. M., TERANAKA, M., YORA, T. K., & ASUYAMA, H.: Mycoplasma — or PLT group-like microorganisms found in the phloem elements of plants infected with mulberry dwarf, potato witches' broom, aster yellows, or Paulownia witches' broom. Ann. Phytopathol. Soc. Japan **33** (1967): 259—266.

ELLIOTT, Ch.: Manual of Bacterial Plant Pathogens. Williams & Wilkins, Baltimore 1930.

FISCHER, A.: Vorlesungen über Bakterien. Fischer, Jena 1897.

FRANK, A. B.: Die Krankheiten der Pflanzen. 2. Aufl., Trewendt, Breslau 1895.

JAČEVSKIJ, A. A.: Bakteriosy rastenij. Sel'khozgiz., Moskau, Leningrad 1935.

ISHIE, T., DOI, Y. M., YORA, T. K., & ASUYAMA, H.: Suppressive effects of antibiotics of tetracycline group on symptom development of mulberry dwarf disease. Ann. Phytopathol. Soc. Japan **33** (1967): 267—275.

KLEINHEMPEL, H., & MÜLLER, H. M.: Mykoplasmen in der Phytopathologie. Dissertation B, Akademie der Landwirtschaftswissenschaften der DDR, Berlin 1977.

KOCH, R.: Die Ätiologie der Milzbrand-Krankheit, begründet auf die Entwicklungsgeschichte des Bacillus anthracis. Beitr. Biol. Pflanzen **2** (1876): 277—310.

MIGULA, W.: Kritische Übersicht derjenigen Pflanzenkrankheiten, welche angeblich durch Bakterien verursacht werden. Meded. Proefstat. „Midden-Java", Semarang 1892.

NADSON, G. A.: Bakterii kak vozbuditeli boleznej rastenij. Vestnik rossijskogo obščestva sadovodstva, Petersburg, 1889.

PRILLIEUX, E.: Maladies des plantes agricoles et des abres fruitiers et forestiers par des parasites végétaux. Paris 1895.

SMITH, E. F.: Are there Bacterial Diseases of Plants? A Consideration of some Statements in Dr. Alfred Fischer's Vorlesungen über Bakterien. Cbl. Bakteriol., Abt. II, **5** (1899): 271—278.

— Introduction to Bacterial Diseases of Plants. W. B. Saunders, Philadelphia 1920.

— Bacteria in Relation to Plant Diseases, vols. 1, 2, 3. Carnegie Inst., Washington 1905—1914.

STAPP, C.: Die pflanzlichen Parasiten. In: SORAUER, P.: Handbuch der Pflanzenkrankheiten. Bd. 2, 5. Aufl., Parey, Berlin 1928.

— Bakterielle Krankheiten 1956. In: SORAUER, P.: Handbuch der Pflanzenkrankheiten. Bd. 2, 6. Aufl., Parey, Berlin 1956.

STARR, M. P.: Landmarks in the development of phytopathology. Annu. Rev. Phytopathol. **22** (1984): 169—188.

WORONIN, M. S.: zit. nach: GORLENKO, M. V.: Bakterial'nye bolezny rastenij. Moskva, Vysšaja škola, 1961.

2. Allgemeine Bakteriologie

2.1. Funktionelle Cytologie

2.1.1. Charakterisierung der Bakterienzelle

Die Bakterien gehören zu den kleinsten, in der Regel einzelligen Organismen und sind — von Ausnahmen abgesehen — morphologisch wenig differenziert. Der Durchmesser der Zellen liegt bei 1 µm. Ihre Form läßt sich entweder auf eine Kugel bzw. auf einen Zylinder zurückführen (Abb. 2.1.).

Unter den kugelförmigen Bakterien unterscheidet man die einzelligen Kokken, in Paaren vorkommende Diplokokken, die in Trauben vorliegenden Staphylokokken und die kettenförmig angeordneten Streptokokken. Eine Ausnahme bilden die — nach der senkrecht aufeinander ablaufenden Zellteilung — in Paketen zusammenbleibenden Sarcinen. Unter den stäbchenbildenden Formen, z. B. *Escherichia coli* (Migula 1895) Castellani & Chambers 1919, *Bacillus*- und *Pseudomonas*-Arten, kommen solche mit endogenen Sporen vor (Bacillen, Clostridien), kommaartig gekrümmte Stäbchen (*Vibrio*-Arten) und Bakterien mit spiraliger Grundform (Spirillen). Eine extreme Verlängerung eines Stäbchens führt zu Filamenten (*Beggiatoa*), wobei auch gelegentlich Verzweigungen auftreten können (*Mycobacterium*). *Streptomyces*-Arten wachsen mycelartig (Abb. 2.2.). Einige Bakterien-Arten zeigen unter extremen physiologischen Bedingungen Abweichungen von diesen „Normalformen". Sie treten z. B. als Y-Zellen bei *Rhizobium*-Arten in den Wurzelknöllchen der Fabaceae (Leguminosen) auf bzw. als endständige keulenförmige Verdickungen bei der Gattung *Corynebacterium* und weiteren coryneformen Bakterien und werden als Involutionsformen oder Bacteroide bezeichnet. (Abb. 2.3.). Morphologisch stark differenziert sind die Scheidenbakterien, Schleimbakterien usw. Durch das permanente Fehlen einer Zellwand unterscheiden sich die Mycoplasmatales und die übrigen Vertreter aus der Klasse der Mollicutes auffallend von anderen Bakterien. Die Grundform dieser Organismen ist — entsprechend ihrer Plastizität — die Kugel, wobei deren Durchmesser zwischen 160 und 1000 nm variieren kann (Abb. 2.4.). Unter bestimmten Bedingungen werden auch langgestreckte Filamente sowie Übergangsformen zwischen fädigen und kugelförmigen Zellen gebildet. Für Species der — auch pflanzen-

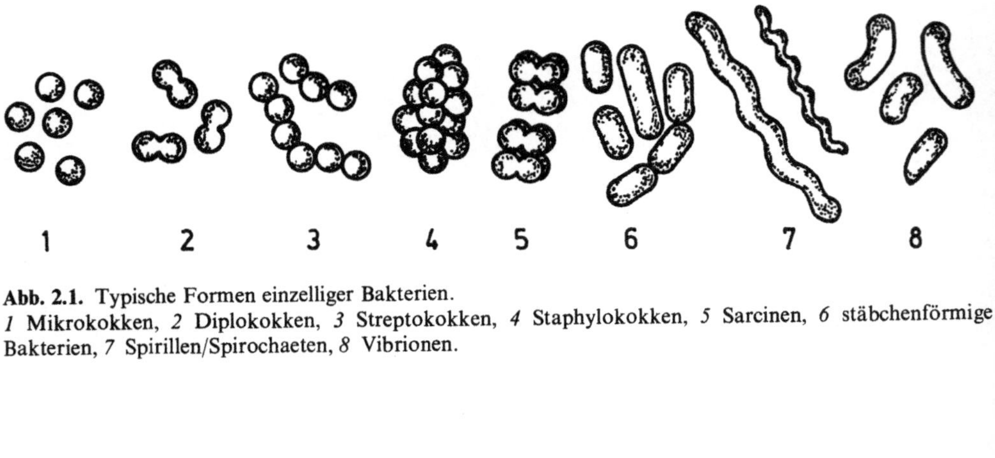

Abb. 2.1. Typische Formen einzelliger Bakterien.
1 Mikrokokken, *2* Diplokokken, *3* Streptokokken, *4* Staphylokokken, *5* Sarcinen, *6* stäbchenförmige Bakterien, *7* Spirillen/Spirochaeten, *8* Vibrionen.

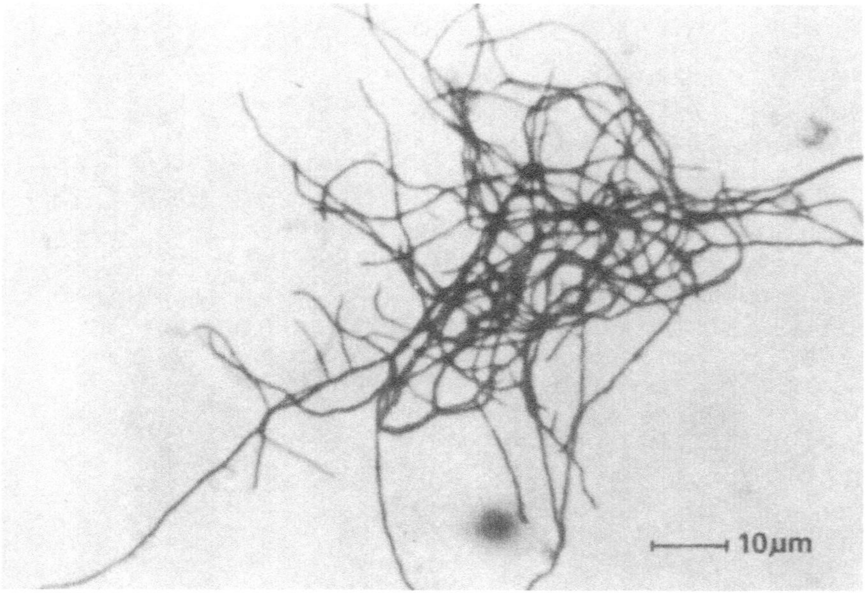

Abb. 2.2. Vegetatives oder Substrat-Mycel von *Streptomyces „scabies"*. Färbung mit Carbolfuchsin.

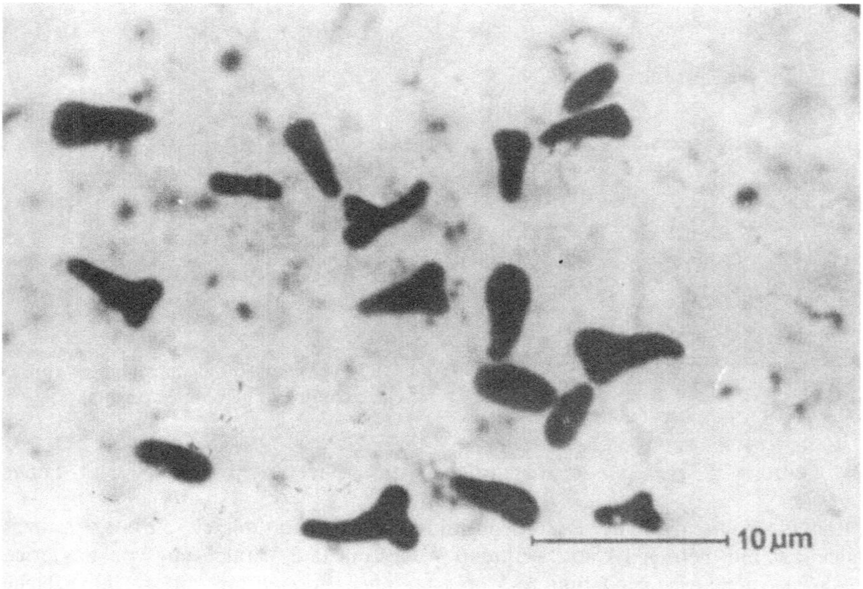

Abb. 2.3. Involutionsformen oder Bacteroide aus Knöllchen von *Trifolium repens*. Färbung mit Carbolfuchsin.

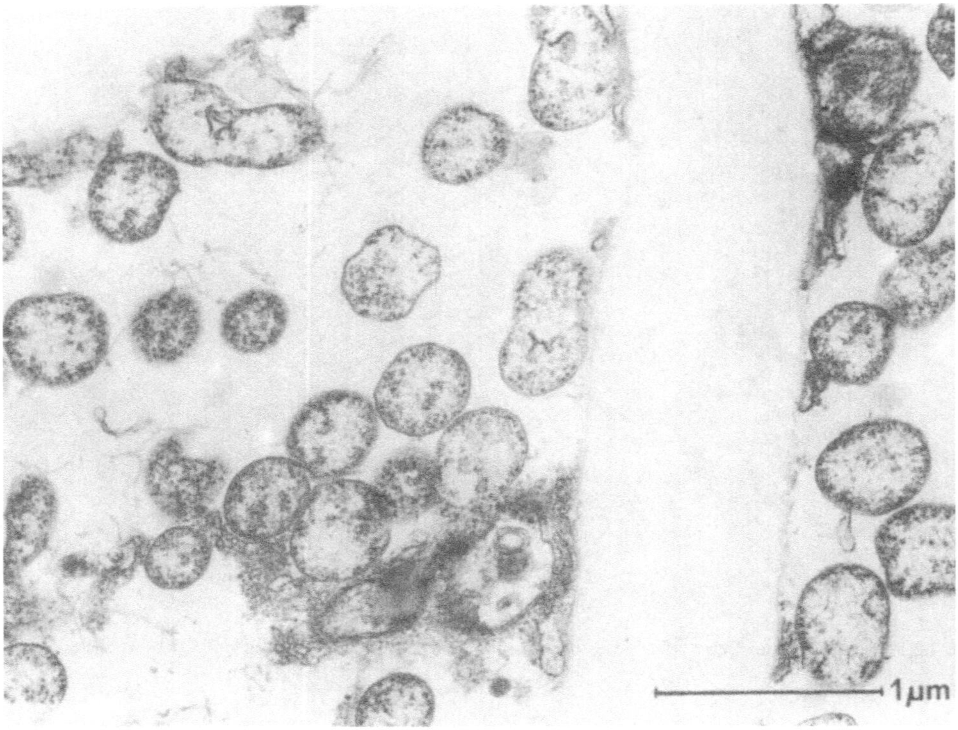

Abb. 2.4. Dünnschnitt durch Zellen von *Mycoplasma*-ähnlichen Organismen (MLO) in der Siebröhre einer Wirtspflanze.

Abb. 2.5. Typische Koloniemorphologie (links) und Querschnitte von Kolonien (rechts).

pathogenen — Gattung *Spiroplasma* sind schraubenartige Fäden von 200—400 nm Länge typisch.

Charakteristisch für die Mehrzahl der Bakterien ist ihre kurze Generationszeit, die unter optimalen Bedingungen <20 min betragen kann. Während Wachstum und Vermehrung von Bakterien in Nährlösungen zu einer Suspension führen, kommt es nach Vermehrung auf der Oberfläche fester Nährböden (z. B. Agar- oder Gelatinenährmedien) zur Bildung von Kolonien (Tafel I, 1.). Darunter ist eine natürlich gewachsene Anhäufung von Bakterienzellen zu verstehen, die in der Regel aus einer Einzelzelle hervorgegangen ist und in dieser Form als Reinkultur vorliegt.

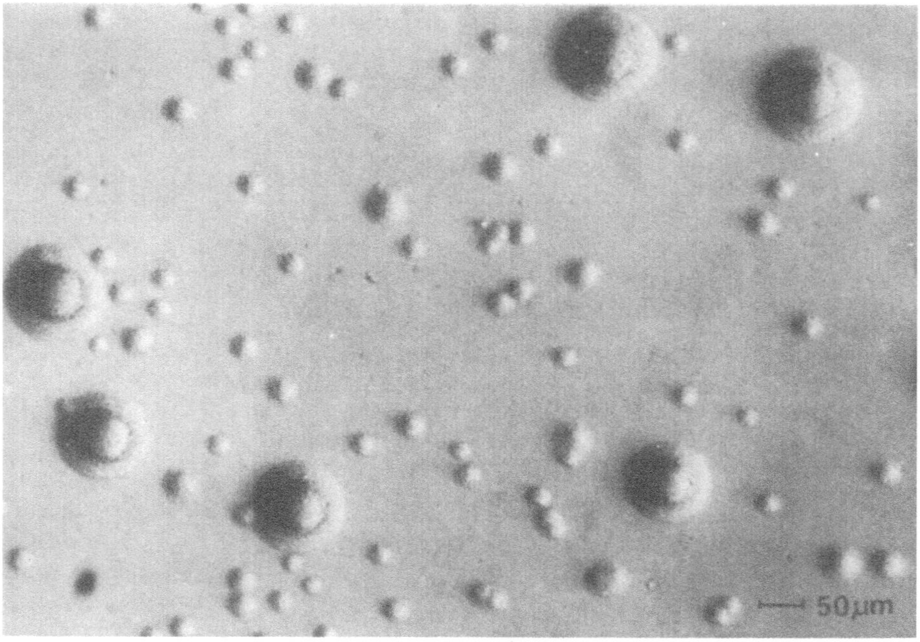

Abb. 2.6. Typische „Spiegelei"-Kolonien eines Vertreters der Mycoplasmatales (*Acholeplasma*).

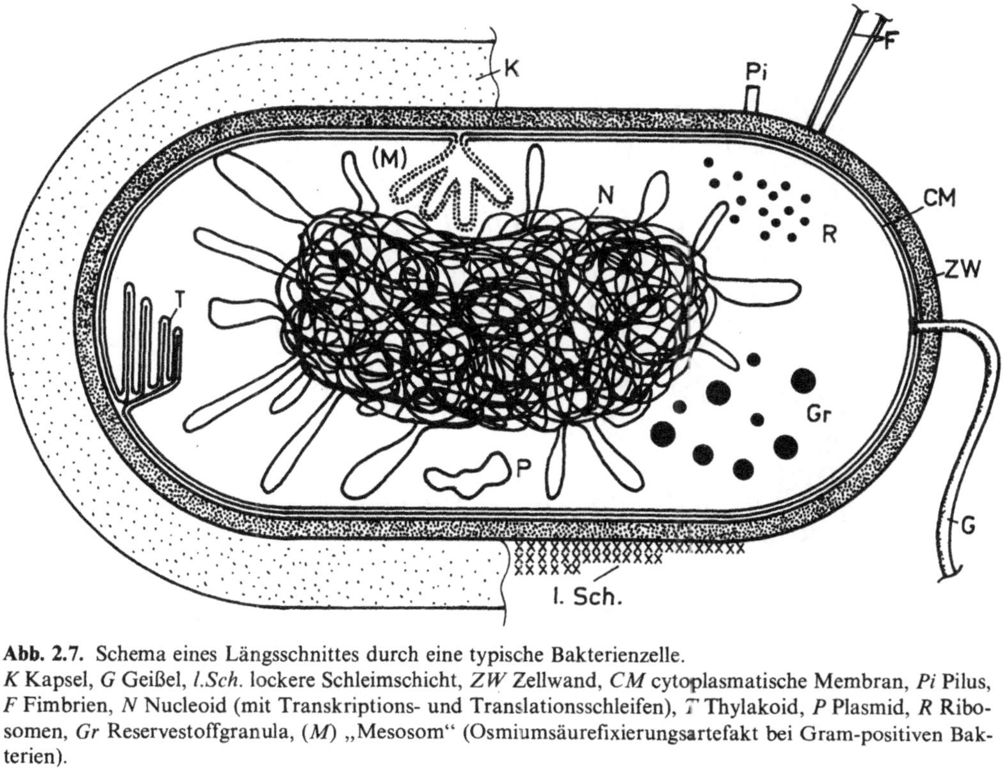

Abb. 2.7. Schema eines Längsschnittes durch eine typische Bakterienzelle.
K Kapsel, *G* Geißel, *l.Sch.* lockere Schleimschicht, *ZW* Zellwand, *CM* cytoplasmatische Membran, *Pi* Pilus, *F* Fimbrien, *N* Nucleoid (mit Transkriptions- und Translationsschleifen), *T* Thylakoid, *P* Plasmid, *R* Ribosomen, *Gr* Reservestoffgranula, (*M*) „Mesosom" (Osmiumsäurefixierungsartefakt bei Gram-positiven Bakterien).

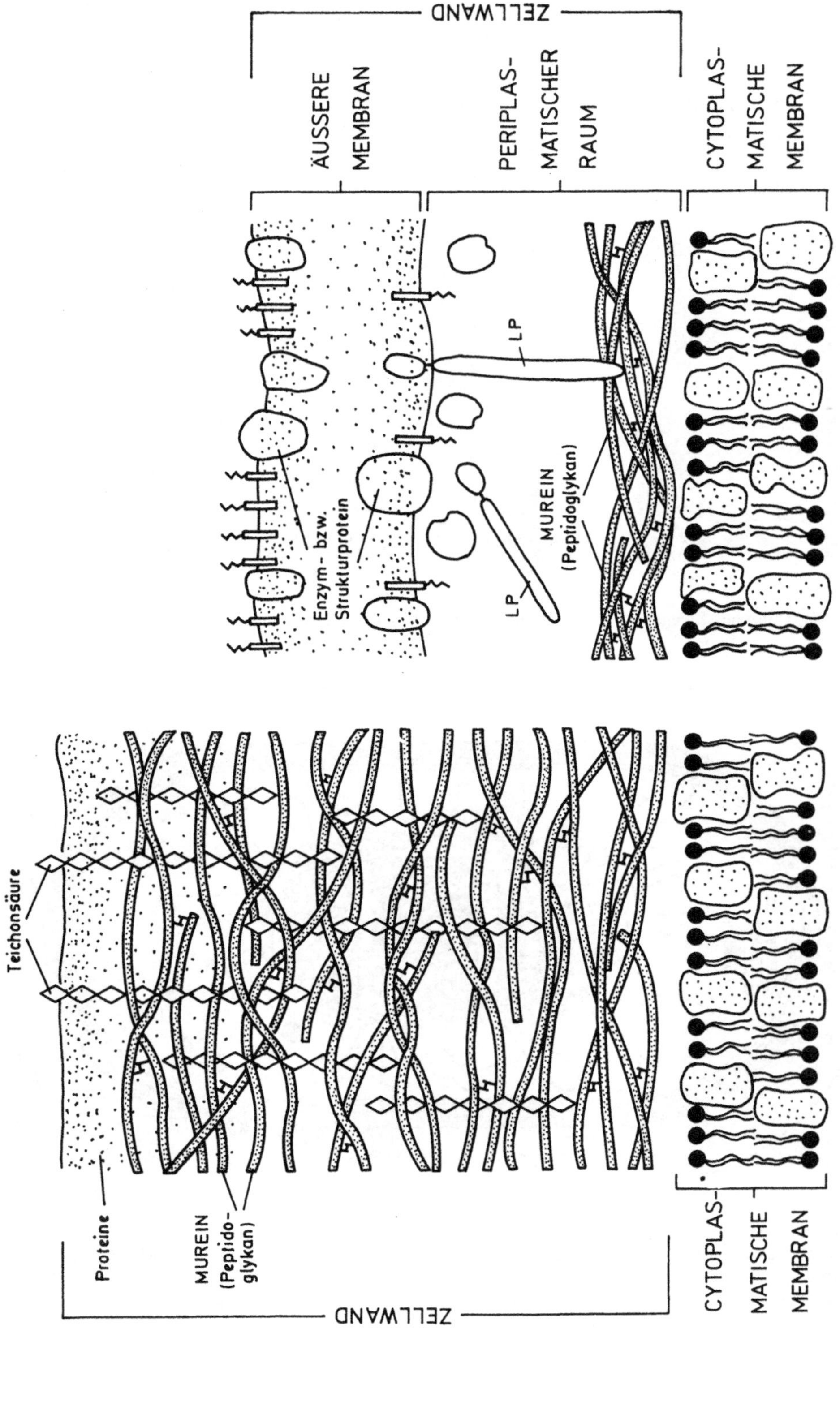

Abb. 2.8. Schematischer Aufbau der Gram-positiven (links) und Gram-negativen Zellwand (rechts). *LP* Braunsches Lipoprotein.

Die Morphologie der Kolonien ist zwar von den äußeren Faktoren, wie chemischer Zusammensetzung des Mediums, Oberflächen- oder Tiefenwachstum, abhängig, stellt aber unter Standardbedingungen ein brauchbares taxonomisches Merkmal dar. Die Kolonien der Bakterien unterscheiden sich in Größe, Farbe, Ausprägung des Kolonierandes und in der Konsistenz (Abb. 2.5.). Die Oberfläche von Kolonien kann kreidig bzw. mehlartig (*Streptomyces*-Stämme), glänzend (S-Typ; engl. *smooth* = glatt) oder rauh sein (R-Typ; engl. *rough* = rauh). Sogenannte „Spiegelei"-Kolonien (Abb. 2.6.) werden häufig durch Mycoplasmatales ausgebildet, wobei der zentrale Teil der Kolonie tiefer in den Agar eingebettet ist.

2.1.2. Zellwand

Form und Stabilität einer Bakterienzelle werden im wesentlichen von der **Zellwand** bestimmt (Abb. 2.7.). Sie beträgt ca. 8—12% des Trockengewichts einer Zelle, besitzt einen Durchmesser von ca. 10—300 nm und ist bei Gram-positiven und Gram-negativen Bakterien (Tafel I, 2.) unterschiedlich aufgebaut (Abb. 2.8.). Die eigentliche formgebende Struktur innerhalb bakterieller Zellwände ist ein heteropolymeres Makromolekül, das Murein oder Peptidoglykan, das nur in den Zellwänden von Eubakterien und Cyanobakterien vorkommt.

Das **Murein** ist aus Glykan-Strängen aufgebaut, die durch kurze Peptide miteinander verknüpft sind und einen geschlossenen Sacculus bilden. Das Glykan besteht aus den alternierenden Aminozuckern N-acetylglucosamin (NAG) und N-acetyl-muraminsäure (NAM), die 1,4-β-glykosidisch verknüpft sind, wobei die Länge zwischen 30 und >500 Disaccharid-Einheiten schwanken kann. NAM wird nur in Bakterien und Cyanobakterien gefunden und ist als ein 3-O-D-Milchsäureether des NAG aufzufassen. Die Zellwandpeptide — in der Regel Tetrapeptide — sind an die NAM gebunden und aus alternierend angeordneten L- und D-Aminosäuren aufgebaut. An der Position 3 befindet sich fast immer eine Diaminosäure, wie z. B. meso-Diaminopimelinsäure, L-Lysin, L-Diaminobuttersäure.

Bei der Verknüpfung von Zellwandpeptiden lassen sich zwei prinzipielle Typen unterscheiden: Die Quervernetzung zwischen der distalen Aminogruppe der Diaminosäure in Position 3 der einen Peptid-Untereinheit mit der Carboxylgruppe von D-Alanin in Position 4 der benachbarten Untereinheit. Bei dem anderen, selteneren Typ erfolgt die Vernetzung zwischen der γ-Carboxylgruppe von D-Glutaminsäure in Position 2 der einen Untereinheit mit der Carboxylgruppe von D-Alanin in Position 4 der anderen Untereinheit. Diese Verknüpfung wird über Peptid-Untereinheiten vermittelt und kommt bei Gram-positiven Bakterien vor.

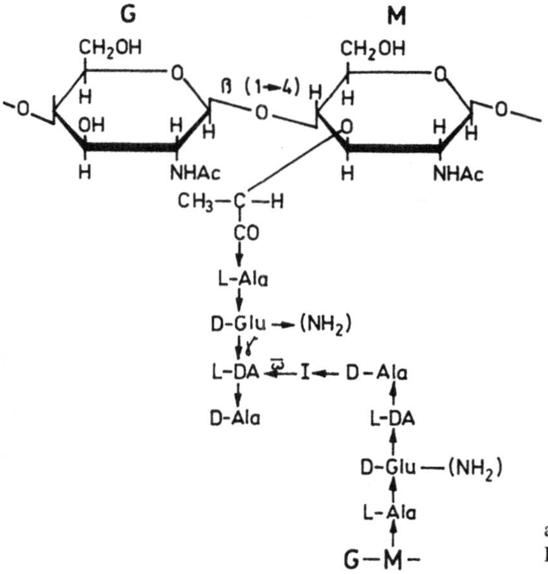

a) Verknüpfungstyp A des Mureins zwischen Position 3 und 4.

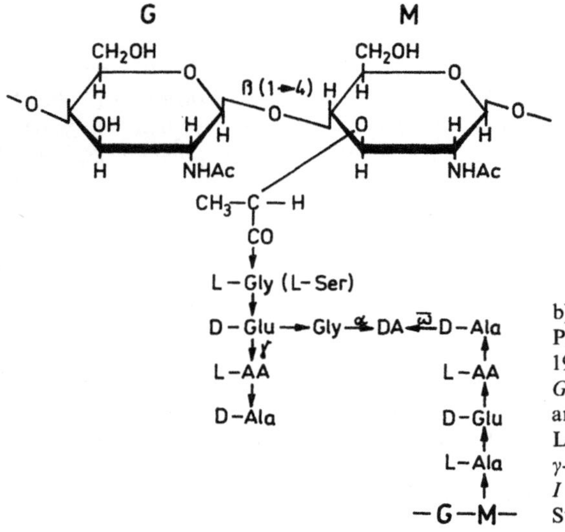

b) Verknüpfungstyp B des Mureins zwischen Position 2 und 4 (SCHLEIFER & STACKEBRANDT 1983).
G = N-Acetylglucosamin; *M* = N-Acetylmuraminsäure; *L-DA* = L-Diaminosäure; *L-AA* = L-Aminosäure; *Ac* = Acetyl-Rest; γ bzw. ω = γ- bzw. ω-Carboxylgruppe der Diaminosäure; *I* = Interpeptidbrücke; α = α-Aminogruppe; Substituenten in Klammer können fehlen.

Gram-negative Bakterien besitzen lediglich eine monomolekulare Mureinschicht, die z. B. bei *E. coli* 12% des Trockengewichts der Zellwand beträgt, während bei Gram-positiven Bakterien mit ihren sehr unterschiedlichen, taxonomisch nutzbaren Verknüpfungstypen eine mächtige Mureinschicht ausgebildet ist, die z. B. bei manchen Arten der Gattung *Bacillus* mehr als 80% der Zellwand betragen kann. Bisher sind >60 verschiedene Mureintypen beschrieben worden. Mit dem Murein in der Gram-positiven Zellwand ist ein weiteres unverzweigtes, antigenes, heteropolymeres Makromolekül, die **Teichonsäure**, verknüpft, die in pflanzenpathogenen Arten der Gattung *Clavibacter* und anderer coryneformer Genera allerdings bisher nicht nachgewiesen werden konnte. Es wird eine Zellwand-Teichonsäure von einer Membran-Teichonsäure (= Lipoteichonsäure) unterschieden.

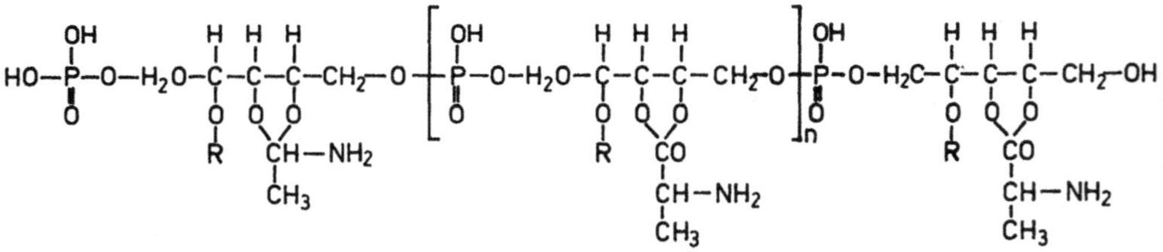

Ribitol-Teichonsäure aus der Zellwand von *Bacillus subtilis*. Nach BADDILEY 1964. *R* = β-Glucose-Rest; $n = 7$.

Die Teichonsäuren bestehen entweder aus alternierenden Ribitol-Phosphat-, Glycerol-Phosphat- oder Mannitol-Phosphat-Resten und werden daher als Ribitol-, Glycerol- oder Mannitol-Teichonsäure bezeichnet. Die Verknüpfung der Untereinheiten erfolgt über 1,3- oder 1,5-Phosphodiesterbindungen. Auffallend ist die Substitution mehrerer OH-Gruppen der Polyol-Monomere in den Teichonsäuren mit D-Alanylresten oder mit Mono- bzw. Oligosacchariden.

Die Zellwand-Teichonsäure ist direkt oder indirekt über Phosphodiesterbindungen mit dem C-Atom 6 der NAM verknüpft, während die Membran-Teichonsäure kovalent an Lipide der cytoplasmatischen Membran gebunden ist. Gelegentlich finden sich in der Gram-positiven Zellwand Teichuronsäure und/oder neutrale bzw. saure Polysaccharide (*Staphylococcus*) und selten auch Proteine, z. B. in der Gruppe der A-Streptokokken.

Die komplizierter aufgebaute Gram-negative Zellwand wird nach außen von einem wichtigen Organell, der **„äußeren Membran"**, begrenzt (Abb. 2.8. u. 2.9.). Darunter befindet sich der periplasmatische Raum, der nach dem Zellinneren von der Mureinschicht und der cytoplasmatischen Membran begrenzt wird. Die äußere Membran, die als eine Penetrationsbarriere bezeichnet werden kann, besteht aus **Lipopolysacchariden** und **Lipoproteinen** und verfügt über eine Reihe von Enzym- und Strukturproteinen, z. B. über die für erleichterte Transportvorgänge bekannten Porine. Eine wichtige Substanz ist das „Braunsche Lipoprotein", das mit einem Diglycerid in der äußeren Membran verankert ist, den periplasmatischen Raum durchdringt und über eine kovalente Bindung mit der Mureinschicht in Kontakt ist (s. Abb. 2.8. u. 2.35.). Nicht unerwähnt bleiben darf, daß die in der äußeren Membran vorkommenden und bei Enterobakterien chemisch gut charakterisierten Lipopolysaccharide mit ihrer großen Mannigfaltigkeit für die serologische Art- bzw. Gruppenspezifität verantwortlich sind (s. a. 2.2.3. u. 2.5.2.). Ein typisches Lipopolysaccharid besteht aus dem Lipid A, einem Glucosamindisaccharid, dessen OH-Gruppen mit C_{12}-, C_{14}- und C_{16}-Fettsäuren verestert sind. Es folgen die relativ einheitlich zusammengesetzten Kernpolysaccharide, die die „Kernzone" darstellen, mit 2-Keto-3-desoxy-octonsäure, Heptosen und einer verzweigten Kette aus Glucose, Galactose und N-Acetylglucosamin. Den Abschluß bilden die O-spezifischen Seitenketten aus Oligosacchariden, in denen die seltenen 3,6-Didesoxyhexosen vorkommen. Lipopolysaccharide aus *Pseudomonas solanacearum* induzieren Resistenzphänomene gegen dieses phytopathogene Bakterium (s. a. 4.3.5.4.).

Diese äußere Membran ist in der Lage, größere Moleküle — etwa vom Molekulargewicht eines Pentalysyl-Restes ab — zurückzuhalten, woraus sich unter anderem erklärt, daß Gram-negative Bakterien gegenüber Antibiotica weniger empfindlich sind als die Gram-positiven Bakterien. Außerdem ist die äußere Membran Träger verschiedener Receptoren z. B. für Bakteriophagen und Bakteriocine.

Bei einigen Gram-positiven und Gram-negativen Bakterien befinden sich außerhalb der Zellwand **Schleimhüllen** oder **Kapseln**. Es sind in den meisten Fällen genetisch bedingte, von den C- und

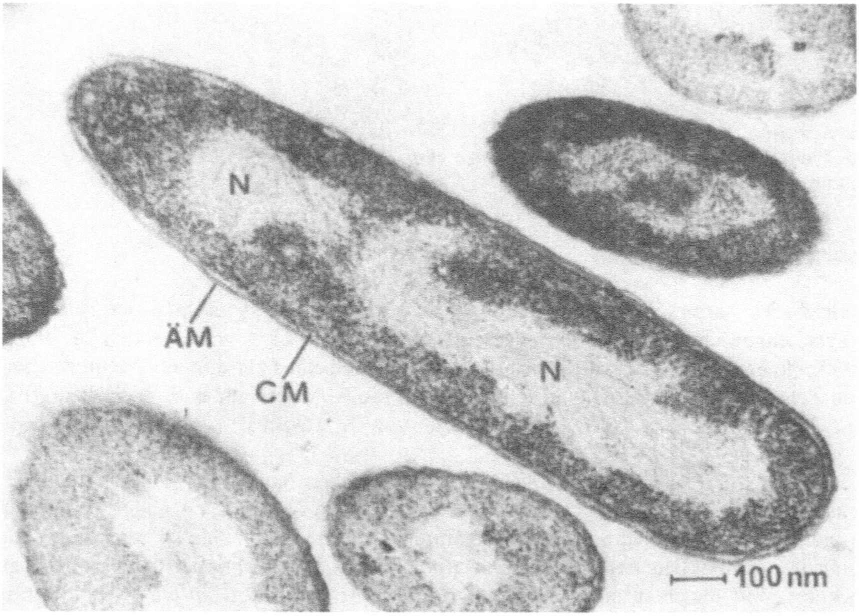

Abb. 2.9. Ultradünnschnitte durch Zellen von *Pseudomonas* spec., Ryter/Kellenberger-Fixierung. *N* Nucleoid, *ÄM* äußere Membran, *CM* cytoplasmatische Membran.

N-Quellen abhängige, meist strukturlose Polysaccharide mit Antigencharakter (Abb. 2.10.). Die Dicke der Kapsel kann den Durchmesser einer Bakterienzelle übertreffen. Zur Funktion dieser Struktur gehört der Schutz solcher Bakterien vor Austrocknung, Phagenbefall und Phagocytose. Eine besondere Bedeutung scheinen die Schleimsubstanzen phytopathogener Bakterien für das Überleben außerhalb des Wirts im Erdboden zu besitzen (s. 4.2.1.), und außerdem können sie durch ein Verstopfen der Leitgefäße Welkephänomene induzieren (s. 3.5. u. 4.3.4.2.).

Der Vollständigkeit halber sei lediglich erwähnt, daß Archaebakterien über einen völlig anderen Aufbau der Zellbegrenzung verfügen. Hierbei reicht das Spektrum von Pseudomurein über Polysaccharidsacculi bis zu Zellwänden, die aus reinen Proteinen bestehen.

Den Mycoplasmen fehlt eine Zellwand vollständig.

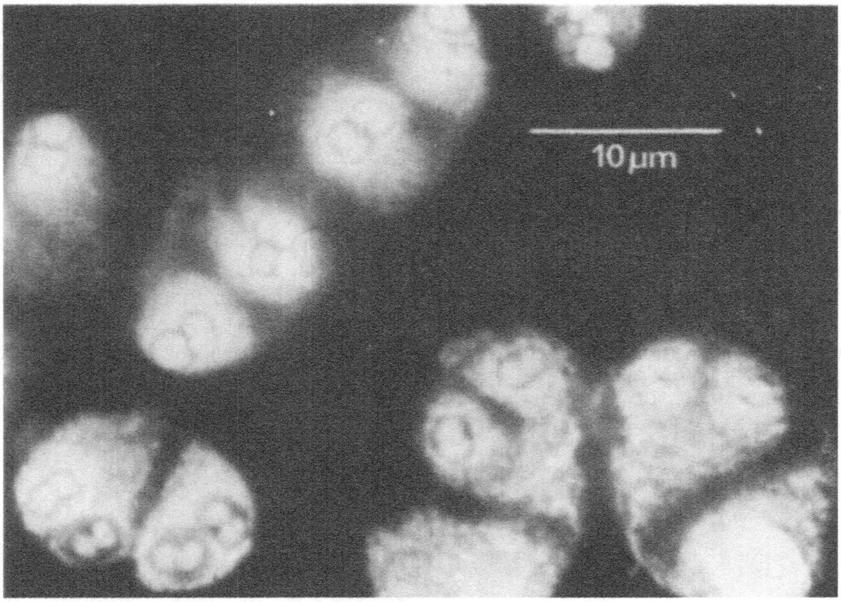

Abb. 2.10. Kapsel oder Schleimschicht von *Azotobacter chroococcum* Beijerinck 1901. Negativfärbung mit Tusche.

2.1.3. Cytoplasmatische Membran

Die **cytoplasmatische Membran** (CM) stellt die äußere Begrenzung des Cytoplasmas der Zelle dar. Ihr Anteil am Trockengewicht der Bakterienzelle beträgt lediglich 8—15%, wobei jedoch 70—90% der zelleigenen Lipide in dieser Struktur lokalisiert sind. Im Unterschied zur äußeren Membran der Gram-negativen Zellwand stellt die CM eine echte Permeabilitätsbarriere dar und regelt die aktive Aufnahme von Nährstoffen bzw. die Ausschleusung von Stoffwechselzwischen- bzw. -endprodukten.

Der Aufbau der CM folgt bei allen lebenden Zellen dem gleichen Bauprinzip, so daß von einer **„Elementarmembran“** („unit membran“) gesprochen werden kann (Abb. 2.11.). Die CM besteht aus einer Phospholipid-Doppelschicht, wobei diese amphipathischen Moleküle so orientiert sind, daß sich die langen hydrophoben Fettsäurereste als apolare Gruppen gegenüberstehen. Zwischen den Lipidmolekülen sind die integralen (oder integrierten) Membranproteine eingelagert (Abb. 2.12.). Sie ragen entweder nur bis in das hydrophobe Innere der Membran hinein oder zeigen eine „Transmembran-Anordnung“, d. h. sie durchdringen beide Lipidschichten und werden als Transmembranproteine bezeichnet. Ein weiterer in der CM vorkommender Proteintyp, die peripheren

Membranproteine, ist entweder durch polare Wechselwirkungen an die äußeren Bereiche einiger integraler Membranproteine gebunden oder an die polaren Gruppen der Lipide. Nach dem weitgehend akzeptierten, von SINGER & NICOLSON (1972) vorgeschlagenen Fluid-Mosaic-Modell der CM muß man sich diese wichtige Struktur als ein ungewöhnlich dynamisches Gebilde vorstellen. In einer fast flüssigen Lipidphase befinden sich die Membranproteine in einer ausgeprägten lateralen Diffusion, d. h., sie verändern ihre Lage in der jeweiligen Lipidschicht. Während der Biosynthese von Membranbausteinen und des Wachstums der Membran kommt es zum Wechsel der an der Innenseite der Membran zunächst eingebauten Lipidmolekülschichten.

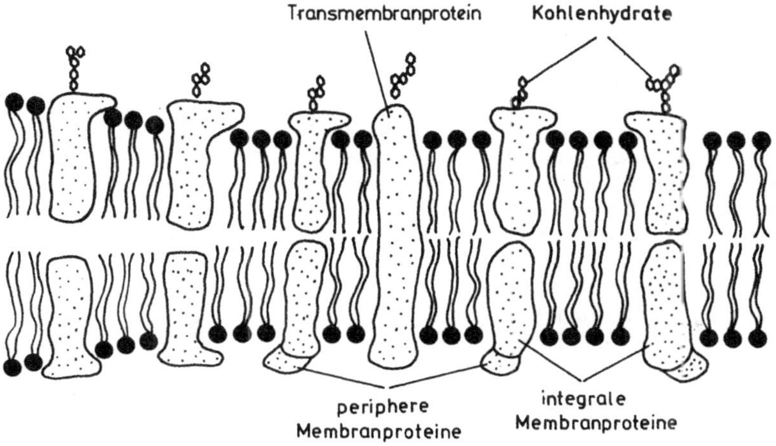

Abb. 2.11. Schematischer Aufbau der cytoplasmatischen Membran. (Links ist der Bruch angedeutet, der zwischen den Lipidschichten nach der Gefrierätztechnik entsteht.)

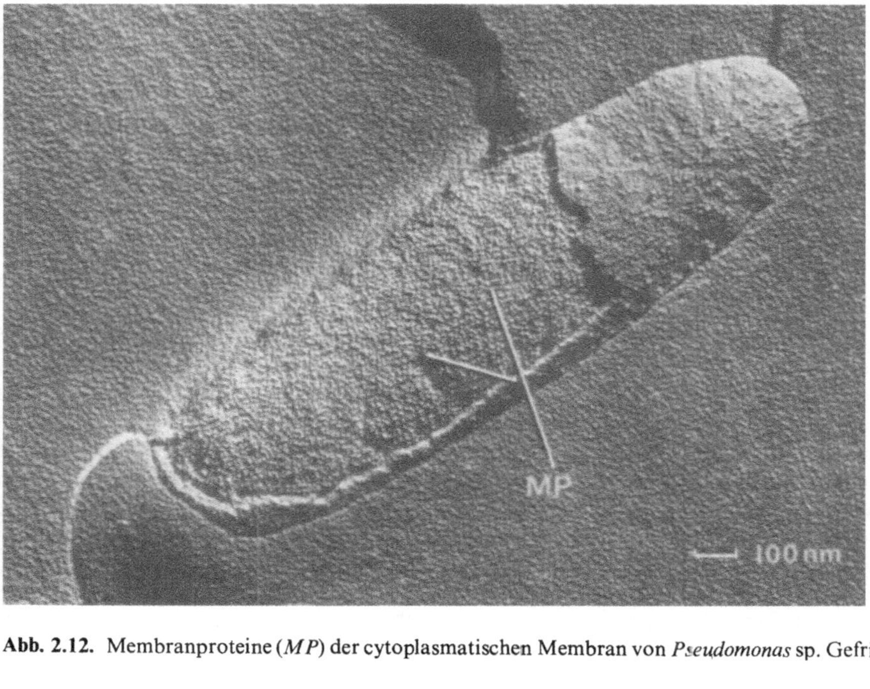

Abb. 2.12. Membranproteine (*MP*) der cytoplasmatischen Membran von *Pseudomonas* sp. Gefrierätztechnik.

Die CM der Bakterien fungiert nicht nur als eine osmotische **Schranke zur Kontrolle des Stoffaustausches** in beiden Richtungen durch Systeme des aktiven Transports, sondern sie ist Träger wichtiger Enzyme der Zelle. Komponenten des Elektronentransports sind in der CM ebenso lokalisiert wie Enzyme für die Synthese von Zellwand- und Kapselbausteinen. Außerdem ist die CM verantwortlich für die Ausschleusung von Exoenzymen. Nicht zuletzt muß daran erinnert werden, daß Sequenzen der DNS an die Membran gebunden sind, die daher auch für die DNS-Replikation und Separation große Bedeutung hat (s. 2.3.3.). Der Basalkörper der Bakteriengeißel ist z. T. in der CM inseriert.

Wiederum weicht der chemische Aufbau der CM bei Archaebakterien durch das Vorkommen von ethergebundenen, verzweigten aliphatischen Ketten, z. B. das Dihydrophytol, von dem der Eubakterien ab.

In den meisten Gram-positiven Bakterien sind nach einer Osmiumsäurefixierung (Ryter & Kellenberger 1958) scheinbare Abkömmlinge der CM als Einstülpungen an Ultradünnschnitten der Bakterien zu beobachten, die als Mesosomen oder Mitochondrienäquivalente bezeichnet werden. Ihr häufiger Kontakt mit dem Nucleoid und mit Orten der beginnenden Querwandbildung hat früher dazu geführt, die Mesosomen mit der Genom-Separation während des Zellteilungsprozesses in Verbindung zu bringen bzw. regulatorische Funktionen bei der Zelldifferenzierung, z. B. Zellteilung und Sporenbildung, zu vermuten. Es besteht jedoch der dringende Verdacht, daß es sich herbei um komplexe Fixierungsartefakte handelt.

In photoautotrophen Bakterien sind membranöse Strukturen als Membranstapel vorhanden, die als **Thylakoide** bezeichnet werden und Träger von photosynthetischen Pigmenten sind.

Bei chemolithotrophen und methanophilen Bakterien (s. 2.2.1.) sind häufig entweder parallel oder senkrecht zur Zellbegrenzung liegende Einstülpungen der CM zu beobachten, über deren Funktion noch keine Klarheit besteht. Wahrscheinlich sind hier spezielle Enzyme lokalisiert.

Bei einigen, auch phytopathologisch bedeutsamen Bakterien der Gattung *Mycoplasma* ist die CM die alleinige Zellbegrenzung. Ihre Lipidzusammensetzung, z. B. das Verhältnis von gesättigten zu ungesättigten Fettsäuren, hängt weitgehend von den angebotenen C-Quellen im Medium ab.

2.1.4. Nucleoid oder Zellkernäquivalent

Der Nachweis der DNS oder DNS-haltigen Bezirke in Bakterien gelang erst 1938 mit Hilfe der damals bereits etablierten und zuverlässigen Feulgen-Technik. Ursache für diese späte Entdeckung waren neben der geringen Größe einer Bakterienzelle der äußerst niedrige DNS-Gehalt, der pro Bakterium zwischen 0,002—0,6 pg schwankt und außerdem von den Vermehrungsbedingungen abhängig ist.

Da diese DNS-Areale funktionell dem Zellkern höherer Lebewesen entsprechen, ihnen jedoch wichtige Attribute eines echten Zellkerns fehlen, z. B. die Kernmembran, hat man für diese Struktur bei Bakterien die Bezeichnung **Nucleoid** oder Zellkernäquivalent gewählt (s. a. 2.3.2.).

In den meisten stäbchenförmigen Bakterien befinden sich in der logarithmischen Phase des Wachstums 2—4 Nucleoide (multinucleoid), während die Kokken — unabhängig vom wachstumsphysiologischen Zustand — jeweils nur über ein Nucleoid verfügen (mononucleoid).

Die gesamte DNS einer Bakterienzelle liegt in einem Nucleoid als ein einziges DNS-Molekül vor. Der Gehalt an Guanin + Cytosin (= G + C-Wert), ein wichtiges molekularbiologisches Merkmal, schwankt bei Bakterien zwischen 20,4—74,5 Mol-% und ist ein taxonomisch verwertbares Kriterium (s. a. 2.2.3. u. 2.6.2.3.).

Eine radioaktive Markierung mit ^{3}H-Thymidin, vorsichtige Isolation über Protoplasten oder Sphäroplasten und anschließende Spreitung der DNS zeigt bei *E. coli* — und wahrscheinlich bei den meisten anderen Bakterien auch — ein ringförmiges, geschlossenes DNS-Molekül mit einer Länge von 1400 µm. Das entspricht ca. $3—4 \cdot 10^6$ Basenpaaren, d. h. ungefähr $1 \cdot 10^6$ Tripletts. Wenn man die „Ein-Gen/Ein-Polypeptid"-Beziehung zugrundelegt und ein Protein mit 250—420 Aminosäuren annimmt, so würden sich auf einem solchen Molekül, das — wie bereits erwähnt — funktionell dem Chromosom höherer Organismen entspricht, ca. 4000 Gene unterbringen lassen. Bei *E. coli*, dem am besten untersuchten Lebewesen, sind gegenwärtig „nur" ca. 1000 Gene näher bekannt.

Zur Aufklärung der **Struktur eines Nucleoids** in einer Bakterienzelle haben zunächst elektronenmikroskopische Untersuchungen von Ultradünnschnitten Entscheidendes beigetragen. Nach einer speziellen Osmiumsäure-Fixierung in Anwesenheit von Aminosäuren und Ca^{2+}-Ionen erscheint das Nucleoid-Areal mit einer fibrillären Struktur (Abb. 2.9.).

Über die makromolekulare Ultrastruktur eines Nucleoids liegen bisher lediglich Hypothesen vor. Es wird entweder ein hochgeordnetes Wendelsystem oder eine bündelförmige Aggregation von DNS-Fibrillen mit zollstockähnlicher Faltung angenommen. Fest steht, daß dieses DNS-Molekül in hochkondensierter Form vorliegt und durch Assoziation von geringen Mengen RNS und Histon-ähnlichen basischen Proteinen bzw. Protamin (= DNS-Bindungsproteine) stabilisiert wird. Es sind bisher bei *E. coli* 4 dieser speziellen Proteine nachgewiesen worden. Das Gesamtverhältnis DNS : RNS : Protein in einem Nucleoid beträgt ca. 1 : 0,1 : 1.

Der Proteinanteil, dem echte Histone fehlen, setzt sich zusammen

- aus den schon erwähnten Histon-ähnlichen basischen Proteinen HU, H und HLP 1
- aus einem Protamin P
- aus Strukturproteinen zur Aufrechterhaltung der Tertiärstruktur des Moleküls
- aus Enzymproteinen, z. B. für die Replikation, Transkription und Reparatur.

Bemerkenswert ist ferner das Vorhandensein von ca. 100—200 Transkriptions- und Translations-Schleifen, die vom Rand des Nucleoids bis weit ins Innere der Zelle reichen und elektronenmikroskopisch im aktiven Zustand nachgewiesen wurden, d. h. mit mRNS-Molekülen und Polyribosomen (s. 2.3.4.).

Außerdem erscheint die bereits erwähnte Anheftung bestimmter DNS-Sequenzen an die cytoplasmatische Membran eine wesentliche Voraussetzung für die DNS-Replikation zu sein, ebenso wie für die Verteilung der DNS auf die Tochterzellen nach deren Verdopplung (s. 2.3.3.).

Neben der chromosomalen DNS im Nucleoid kommen bei vielen Bakterien extrachromosomale, autonom replizierende, ringförmige DNS-Moleküle vor, die als **Plasmide** bezeichnet werden (Abb. 2.13.) (s. a. 2.3.2.). Ihr Anteil an der Gesamt-DNS der Zelle beträgt 1—3%, und sie enthalten lediglich 10^3—10^5 Basenpaare. Die Anzahl der Plasmide pro Zelle beträgt bei großen Plasmiden 1—2 Kopien und bei den kleinen 10—100 Kopien. Mit subletalen Konzentrationen von Chloramphenicol kann man experimentell die Kopienzahl einiger kleiner Plasmide signifikant erhöhen (Amplifikation).

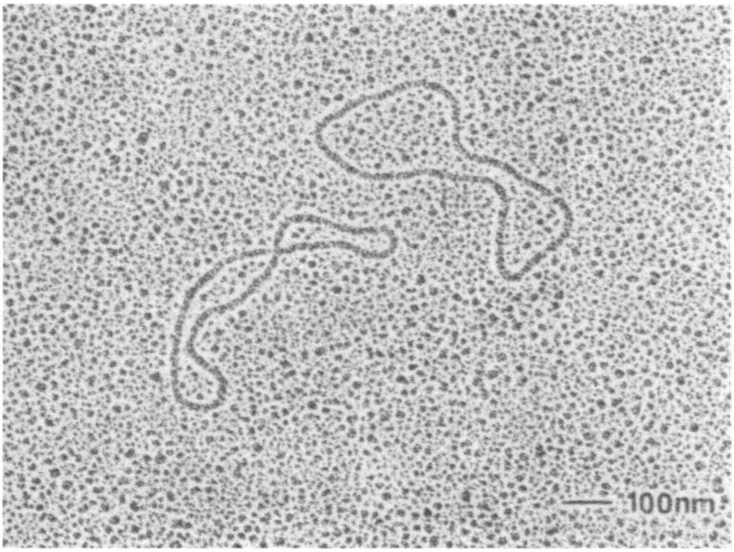

Abb. 2.13. *Escherichia coli*-Plasmid pBR 322. Spreitung mit Cytochrom c. Aufnahme Ch. Matthes.

Es lassen sich 2 große Gruppen von Plasmiden unterscheiden: die konjugierenden Plasmide, z. B. der Fertilitätsfaktor oder F-Faktor, der eine Übertragung von DNS über Zellkontakt bewirkt, und die nichtkonjugierenden Plasmide, z. B. einige Resistenz- oder R-Plasmide (s. 2.3.2.).

Plasmide können sehr unterschiedliche Marker tragen: Gene für die Synthese von Bakteriocinen, für den Abbau von ungewöhnlichen Substraten (degradative Plasmide) und solche, die Pflanzentumore induzieren können (Ti-Plasmide), während die Plasmidkodierung von anderen Virulenzgenen, z. B. bei phytopathogenen *Pseudomonas* spp., noch nicht mit Sicherheit nachgewiesen werden konnte (s. 2.3.8.).

Ganz besondere Bedeutung haben in den letzten Jahren Plasmide für die Gentechnik erlangt (s. 2.3.2.). Mit Hilfe von Restriktionsendonucleasen lassen sich Plasmide spezifisch spalten und fremde DNS-Abschnitte in ein Plasmid einbauen, die dann mit dem Plasmid in einer Bakterienzelle vermehrt werden (Gen-Klonierung). Das diesbezüglich am häufigsten verwendete und für diesen Zweck eigens konstruierte Plasmid ist das *E. coli*-Plasmid pBR 322, das über zwei Resistenz-Marker (Penicillin und Tetracyclin) verfügt.

Da das Ti-Plasmid von *Agrobacterium tumefaciens* nach Einbau in das Genom verschiedener Angiospermen für die Tumorbildung verantwortlich ist, gehört es zu den aussichtsreichsten Kandidaten für die Übertragung von Bakteriengenen, z. B. solche für die Luftstickstoffbindung, auf die höhere Pflanze (s. a. 2.3.8.).

2.1.5. Geißel

Viele phytopathogene Bakterien verfügen über Geißeln und sind daher zu einer aktiven Ortsveränderung befähigt. Die Geißeln sind flexibel, haben einen Durchmesser von 15—20 nm und sind ca. 10—20 µm lang, d. h. um ein Vielfaches länger als ein stäbchenförmiges Bakterium. Ihre lichtmikroskopische Darstellung ist in der Regel nur nach spezieller Vorbehandlung (Beizung z. B. mit Gerbsäure) und anschließender Färbung möglich. Je nach dem Ort der Insertion und der Geißelzahl lassen sich vier verschiedene Begeißlungstypen unterscheiden (Abb. 2.14.):

1. monopolar-monotrich, d. h. Vorhandensein einer Geißel an einem Zellpol (*Xanthomonas*, manche *Pseudomonas* spp.)
2. monopolar-polytrich oder lophotrich, d. h. Insertion mehrerer Geißeln an einem Pol (*Pseudomonas*, *Thiospirillum*)
3. bipolar-polytrich oder amphitrich, d. h. mehrere Geißeln an beiden Polen (*Spirillum*)
4. peritrich, d. h. die Geißeln sind auf der gesamten Oberfläche der Bakterienzelle verteilt (*Erwinia*, *Proteus*, bewegliche *Bacillus*-Zellen) (Abb. 2.15.).

Die Geißeln wirken entweder als Schub- oder als Zuggeißeln und rotieren mit ca. 3000 Umdrehungen/min. Die Umdrehungsrichtung gegen den Uhrzeigersinn ist bei peritrich begeißelten Bakterien mit einer Vorwärtsbewegung verbunden, während eine Umschaltung der Rotation im Uhrzeigersinn eine kurzzeitige

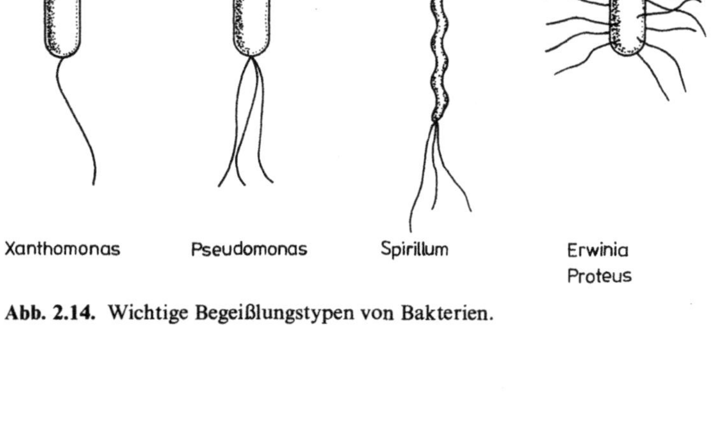

Abb. 2.14. Wichtige Begeißlungstypen von Bakterien.

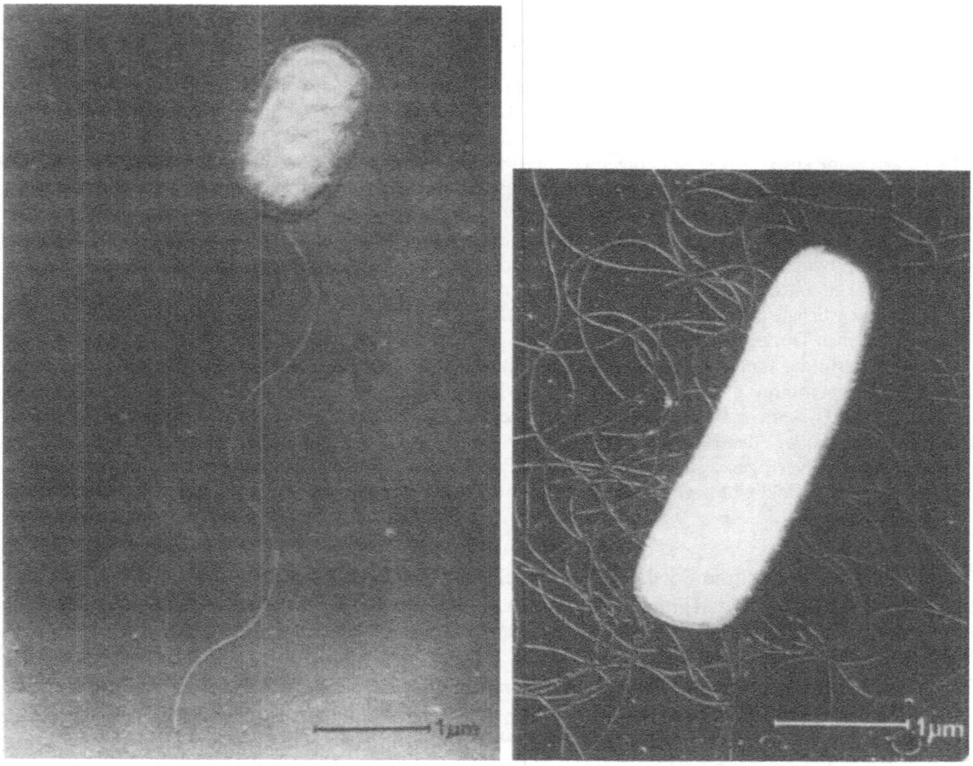

Abb. 2.15. Monopolar-monitriche Begeißlung von *Curtobacterium flaccumfaciens* subsp. *flaccumfaciens* (links) und peritriche Begeißlung von *Bacillus subtilis* (rechts). Schrägbedampfung mit Pt/Ir.

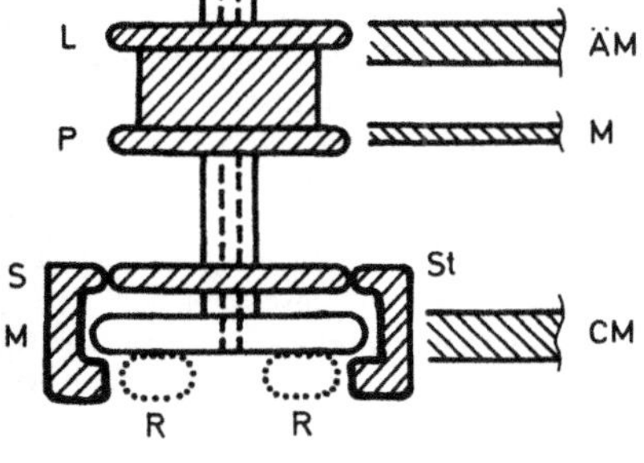

Abb. 2.16. Aufbau einer Bakteriengeißel und deren Verankerung mit dem Basalkörper in der Gram-negativen Zellwand unter Berücksichtigung des hypothetischen Geißelmotors.
ÄM äußere Membran, *M* Murein, *CM* cytoplasmatische Membran, L-, P-, S- und M-Ring, *H* Haken, *F* Filament, *St* Statorkomplex, *R* Rotorkomplex. Die gestrichelten Linien deuten einen Hohlraum an, die schraffierten Teile sind feststehend. Nach MACNAB & AIZAWA 1984.

(0,1—0,2 s) Taumelbewegung einleitet, die zu einer zufälligen Richtungsänderung führt. Begeißelte Bakterien sind zu positiven bzw. negativen Taxien befähigt. Sie bewegen sich mit einer Geschwindigkeit von 20—60 µm/s, was bis zum 30fachen ihrer Länge entspricht. Je nach den auslösenden Faktoren spricht man von einer Chemotaxis, einer Aerotaxis, einer Phototaxis oder einer Magnetotaxis. Die chemotaktischen Bewegungen wurden gründlich untersucht, sowohl die Receptoren als auch die Reizübertragung sind näher bekannt. Übrigens haben begeißelte phytopathogene Bakterien bei der Infektion des Wirtes unter bestimmten Bedingungen Vorteile gegenüber den unbegeißelten Stämmen (s. 4.3.2.).

Die **Feinstruktur einer Geißel** läßt folgende Einzelheiten erkennen (Abb. 2.16.): Ein Basalkörper, der aus zwei (Gram-positive Bakterien) oder vier (Gram-negative Bakterien) scheibenförmigen Strukturen besteht, fungiert als Verankerung der gesamten Geißel in der cytoplasmatischen Membran bzw. in Teilen der Zellwand. Ein Teil des Basalkörpers (M-Scheibe) stellt wahrscheinlich den Geißelmotor dar, der für die Rotation der Geißel verantwortlich ist. An den Basalkörper schließt der leicht gekrümmte, nur aus einem Proteintyp bestehende Haken an, der eine Gelenkfunktion zu haben scheint und Ausgangspunkt für das Filament, die dritte und wesentlichste Struktur einer Geißel, ist. Das Filament ist flexibel, besitzt von der Basis bis zur Spitze den gleichen Durchmesser und ist innen hohl. Es besteht aus einem speziellen Protein, dem Flagellin, das an das Myosin der kontraktilen Muskelfaser erinnert. Die Flagellin-Untereinheiten sind schraubenartig (helical) um den Hohlraum angeordnet, wobei ca. 20000 von ihnen eine normale Geißel aufbauen. Das Flagellin wird als H-Antigen bezeichnet und unterscheidet sich aufgrund der anderen chemischen Zusammensetzung von den bakteriellen oder O-Antigenen bzw. den somatischen Antigenen (s. a. 2.5.2.).

Die Spirochaeten verfügen zwar auch über eine Geißel, sie ist aber um den Zelleib geschlungen und von einer Hüllmembran eingeschlossen. Man bezeichnet dieses Fortbewegungselement als **Achsialfilament** oder Endogeißel.

Schließlich soll ein dritter Fortbewegungsmechanismus erwähnt werden, der bei den gleitenden Bakterien realisiert ist. Mit Hilfe von rhythmisch austretenden und quellenden **Schleimen** wird die Zelle auf einer festen Unterlage vorwärtsgeschoben. Dabei werden Geschwindigkeit von 1—10 µm/s erreicht.

Oft können bei verschiedenen Bakterien neben den Geißeln starre Anhänge beobachtet werden, die als **Fimbrien** oder **Pili** bezeichnet werden (Abb. 2.7.). Sie sind in der Regel dünner (3—20 nm) und kürzer (max. 12 nm) als die Geißeln. Ihre Zahl schwankt von 1 bis zu mehreren Tausend/Zelle. Ihre Funktionen sind mannigfaltig. Als sogenannte Geschlechts- oder F-Pili bei F^+- und Hfr-Zellen bilden sie die strukturelle Voraussetzung für Zellkontakt und Transfer der DNS von der Spender- auf die Empfängerzelle (s. 2.3.7.). Sind Zellen mit vielen Fimbrien besetzt, so bilden sie leichter Aggregate, die ernährungsphysiologisch Einzelzellen überlegen sind. Schließlich befinden sich an den Pili bzw. Fimbrien Receptoren für RNS-Phagen (s. a. 2.4.4.).

2.1.6. Sporen und andere Dauerorgane

Die Fähigkeit, **Sporen** zu bilden, ist ein wesentliches Merkmal der Gattungen *Bacillus* (aerob) und *Clostridium* (anaerob). Darüber hinaus findet man Sporen in den Gattungen *Sporolactobacillus*, *Sporosarcina* und *Desulfotomaculum*. Sporen lassen sich nur mit heißen Farblösungen anfärben, wobei der Farbstoff trotz einer Alkohol- oder Säurebehandlung nicht mehr abgegeben wird (Tafel I, 3.).

Sporen entstehen in der Regel bei Nährstofflimitation während eines komplizierten, genetisch gesteuerten Differenzierungsprozesses in der Zelle, die biologisch gesehen als Sporangium fungiert. Durch eine inäquale Zellteilung wird ein komplettes Genom vom übrigen Zellinhalt meist an einem Zellpol abgeschnürt und durch die Umwachsung mit der cytoplasmatischen Membran als „Vorspore" eingeschlossen. Danach erfolgt die Differenzierung im Inneren durch Wasserentzug, die Bildung von zusätzlichen Innenstrukturen (Rindenschicht oder Cortex) und weiteren Sporenhüllen zur reifen, stark lichtbrechenden Spore (Abb. 2.17.). Da pro Zelle nur eine Spore entsteht, dienen die Sporen nicht als Vermehrungseinheiten, sondern als typische Dauerorgane. Sie sind hitze- und strahlenresistent, ferner widerstandsfähig gegen toxische Substanzen.

Auffallend ist die ausgeprägte Rindenschicht (Cortex), die im wesentlichen aus schwach quervernetzten Peptidoglykanen besteht. Außerdem fallen die äußere und innere Sporenhülle auf sowie das bei manchen Sporen vorkommende Exosporium, das die Spore als eine lockere Hülle umschließt.

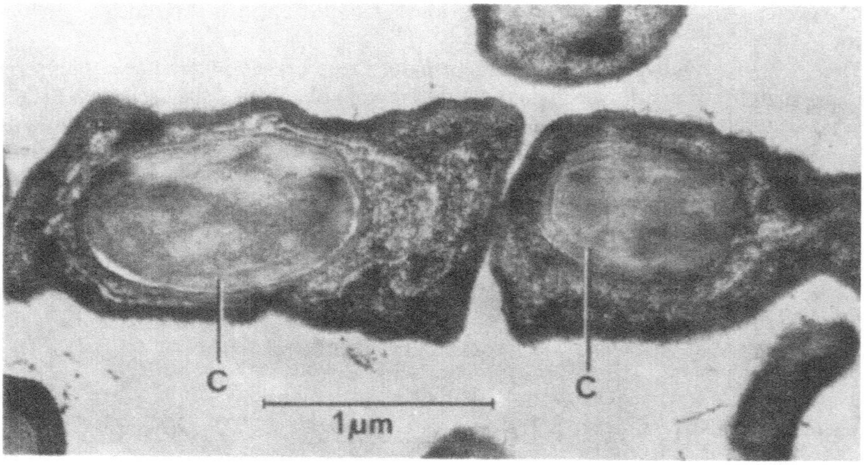

Abb. 2.17. Sporenbildung bei *Bacillus subtilis*. Ultradünnschnitt nach Ryter/Kellenberger-Fixierung. *C* Cortex oder Rindenschicht

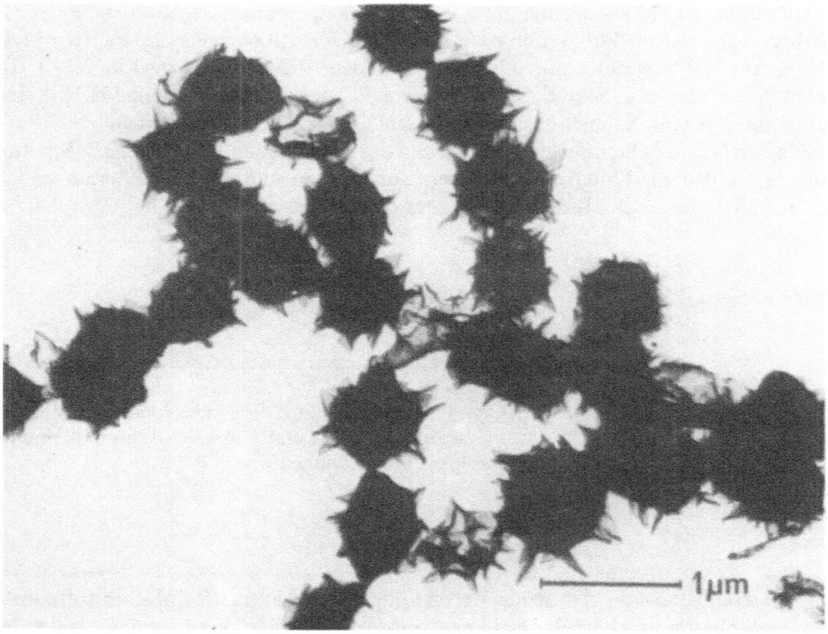

Abb. 2.18. Sporen von *Streptomyces* sp. Elektronenmikroskopische Aufnahme.

Die ausgeprägte Widerstandsfähigkeit der Sporen beruht auf dem geringen Wassergehalt (15%!), einer hohen Konzentration an S-haltigen Aminosäuren (UV-Resistenz) und einem hohen Calcium-Gehalt in Form des Ca-Dipicolinats (Hitzeresistenz) sowie auf den bereits erwähnten zusätzlichen Sporenhüllen.

Andere Dauerorgane finden sich bei Bakterien als **Cysten** oder Mikrocysten, z. B. bei *Azotobacter vinelandii* Lipman 1903 und als Myxosporen bei den Schleimbakterien. Im Unterschied zu den echten Sporen entstehen diese Dauerorgane nicht im Ergebnis eines Differenzierungsprozesses, sondern durch Auflagerung von zusätzlichen Schichten auf die vorher abgekugelte Zelle. Ausgeprägt ist ihre

Widerstandsfähigkeit gegen Austrocknung und gegen ionisierende Strahlen, nicht jedoch gegen hohe Temperaturen.

Arthrobacter-Arten sind ohne die Bildung nachweisbarer Dauerorgane in der Lage, ungünstige Lebensbedingungen zu überdauern. Neben dem Auftreten von kokkoiden Zellen scheinen bei diesen Bakterien im Bedarfsfalle SOS-Funktionen wirksam zu werden, die zu einer Umschaltung des Stoffwechsels auf eine Minimalaktivität („Sparflamme") führen. Ähnliches trifft zweifellos auch für verschiedene phytopathogene Bakterienarten zu, die in oder auf Pflanzenresten, im Samen oder im Erdboden über oft sehr lange Zeiträume überdauern können (s. 4.2.).

Erwähnenswert sind die Konidien oder **Sporen der Streptomyceten**, die in den Lufthyphen durch Abschnürung gebildet werden und ausgesprochene Vermehrungs- und Verbreitungsorgane darstellen (Abb. 2.18.). Ihre Widerstandsfähigkeit ist im Vergleich zu der des vegetativen Mycels kaum erhöht. Bei der Gattung *Streptosporangium* entstehen diese Sporen in besonderen Zellen, den Sporangien, und bei der Gattung *Actinoplanes* kommen bewegliche Sporen vor.

2.1.7. Ribosomen

Die **70S-Ribosomen** der Bakterien sind als granuläre Strukturen an Ultradünnschnitten wahrzunehmen. Je nach dem physiologischen Zustand enthält eine Bakterienzelle zwischen 5000—50000 Ribosomen, in denen ca. 80% der bakteriellen RNS (rRNS) untergebracht sind. Während hoher Stoffwechselaktivitäten liegen die Ribosomen an der mRNS perlenschnurartig aufgereiht vor und werden als Polyribosomen oder als Polysomen bezeichnet. Die 70S-Ribosomen sind ca. 16 × 18 nm groß und bestehen aus 2 Untereinheiten, den 30S- und den 50S-Partikeln (Abb. 2.19.). Die größere 50S-Untereinheit ist aus 23S- und 5S-RNS sowie 32 spezifischen ribosomalen Proteinen aufgebaut, während die 30S-Untereinheit aus einer 16S-RNS und 21 Proteinen besteht.

Die vergleichende Analyse der Oligonucleotidsequenzen der ribosomalen 16S-RNS nach Spaltung mit T 1-Ribonuclease führte zur Unterscheidung von Eubakterien und Archaebakterien und zu ersten Hinweisen auf phylogenetische Beziehungen unter den Prokaryoten.

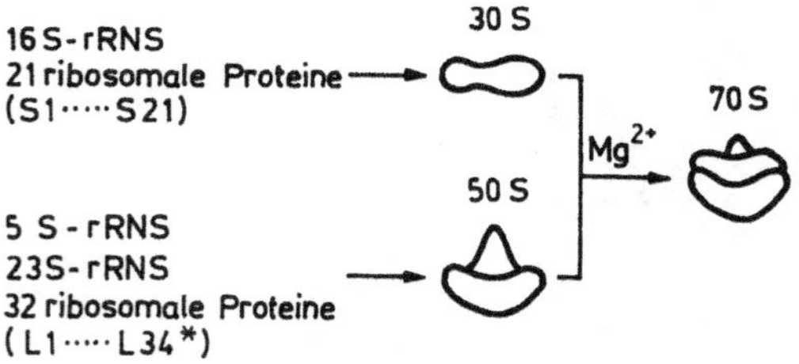

Abb. 2.19. Schema eines 70S-Ribosoms. Nach RÖHL 1983.
*) Nach Etablierung der Nomenklatur ist festgestellt worden, daß L8 und L26 keine Einzelproteine der großen Untereinheit sind.

2.1.8. Zelleinschlüsse

Hierzu zählen die unterschiedlichen chemischen Verbindungen, die häufig als Speicherstoffe unter bestimmten ernährungsphysiologischen Bedingungen intracellulär abgelagert werden. Unter gewissen Voraussetzungen sind sie wieder in den Stoffwechsel einzubeziehen.

Im einzelnen handelt es sich um **Polysaccharide**, d. h. Stärke oder Glykogen, aufgebaut aus α-D-Glucose, unter α-1,4-glykosidischer Verknüpfung. Sie können z. B. bei *Clostridium*- und *Acetobacter*-Arten beobachtet werden.

Außerdem kommen **lipidhaltige Granula** in Bakterienzellen vor, die durch eine stärkere Lichtbrechung bereits lichtmikroskopisch sichtbar sind. Zu den bei der Gattung *Bacillus* am häufigsten anzutreffenden Lipiden gehört die Poly-β-hydroxybuttersäure, die in hoher Konzentration in der Zelle vorliegen kann. Es ist ein Polyester, der aus ca. 60 β-Hydroxybuttersäure-Molekülen besteht, sich — wie alle übrigen Lipide auch — mit Sudanfarbstoffen anfärben läßt und im Bedarfsfall als Energie- und Kohlenstoffquelle wieder in den Stoffwechsel einbezogen werden kann (s. Abb. 2.33.).

Neutralfette lassen sich bei Bakterien kaum nachweisen, sie sind dagegen unter Hefen und Pilzen weit verbreitet. Erwähnt seien ferner die sogenannten D-Wachse, Ester langkettiger Fettsäuren, in der Zellwand der säurefesten Mycobakterien (Tafel I, 4.).

Polyphosphate kommen bei vielen Bakterien vor und sind mit Methylen- bzw. Toluidinblau anzufärben. Sie werden auch als Volutinkörperchen — oder aufgrund einer charakteristischen Farbänderung — als metachromatische Granula bezeichnet, üben die Funktion eines Phosphatspeichers aus und werden daher bei Phosphatmangel wieder in den Stoffwechsel einbezogen.

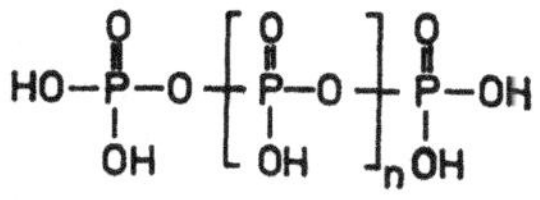

Polyphosphat (n = 2— >1000).

Schwefel in molekularer Form ist im wesentlichen bei phototrophen Bakterien nachzuweisen.

Der Vollständigkeit halber sollen die **Protein-Einschlußkörper** von *Bacillus thuringiensis* BERLINER 1915 genannt werden, ebenso die von einer Proteinmembran begrenzten **Gasvakuolen** phototropher Bakterien der Gewässer.

Schließlich sind die **Carboxysomen** zu erwähnen, die neben DNS vor allem Ribulosebiphosphat-Carboxylase enthalten und bei chemolithotrophen Bakterien vorkommen.

2.2. Physiologie und Biochemie

2.2.1. Grundlagen des Stoffwechsels

Kennzeichen der physiologischen Leistungsfähigkeit von Bakterien

Die Bakterienzellen haben im Verlaufe der Evolution eine Optimierung als System erfahren. Im Wechselspiel mit der Umwelt veränderten sich nicht einzelne Leistungen, sondern wurde das Ensemble aller Funktionselemente des organismischen Systems optimiert. Die Evolutionsstrategie des prokaryotischen Systems führte zu folgenden Charakteristika:

- **Einzelligkeit** und **geringe Abmessung.** Die Größe der Bakterienzellen liegt im Bereich von 1—3 µm.
- **Große relative Oberfläche** (Verhältnis Oberfläche zu Volumen), verbunden mit einer großen Kontaktfläche zur Umwelt, die wiederum einen intensiven Stoffaustausch ermöglicht.
- **Hohe Stoffwechselleistungen und Wachstumsraten.**
- Ausgeprägtes **Adaptationsvermögen** an wechselnde Umweltbedingungen und äußerst effektive Ökonomie des Stoffwechsels aufgrund hoch entwickelter Regulationsmechanismen.

Die genannten Charakteristika sind der Ausdruck für die Einheitlichkeit der prokaryotischen Organismen. Während der Evolution fand zugleich eine fortlaufende Differenzierung und Spezialisierung statt. Sie führte zu der großen **stoffwechselphysiologischen Mannigfaltigkeit** der Bakterien. Sie vermögen ein außerordentlich breites Spektrum anorganischer und organischer chemischer Verbindungen als Energie- und Nährstoffquelle zu nutzen. Die Einteilung erfolgte bisher vielfach nur nach der Art der genutzten C-Quelle, **autotrophe** Organismen bauen die Zellsubstanz aus CO_2, **heterotrophe** aus organischen Verbindungen auf. Diese Einteilung reicht bei der Mannigfaltigkeit der bakteriellen Stoffwechselleistungen nicht aus. Daher werden jetzt zumeist die Energiequelle und die Art des Wasserstoff-Donators für die Typisierung der Ernährungsweise herangezogen. Bakterien, die Licht als Energiequelle nutzen, werden als **phototroph** bezeichnet. Für die Nutzung chemischer Verbindungen als Energiequelle wird der Begriff **chemotroph** verwendet. Ist die chemische Verbindung, aus welcher der Wasserstoff bzw. die Elektronen zur Energiegewinnung mittels Reduktions-Oxidations-Reaktionen stammt, anorganischer Natur, so spricht man von **lithotropher** Ernährung. Die Nutzung organischer Verbindungen als H-Donatoren wird als **organotrophe** Ernährungsweise bezeichnet.

Die phytopathogenen Bakterien nutzen ausschließlich organische Verbindungen als Energie- und Kohlenstoffquelle, sie haben eine **chemoorganotrophe Ernährung**, hinsichtlich der Art der C-Quelle leben sie **heterotroph**. Zum überwiegenden Teil erfolgt die Energiegewinnung mit Hilfe von Sauerstoff durch den oxidativen Prozeß der Atmung, sie sind **aerob**. Einige Vertreter, z. B. *Erwinia*-Arten, vermögen unter **anaeroben** Bedingungen durch Energiegewinnung mittels Gärung zu leben.

Grundprozesse des Stoffwechsels

Das Grundschema des chemoorganotrophen Stoffwechsels ist in Abbildung 2.20. dargestellt. Die Zellen sind auf eine dauernde Energiezufuhr angewiesen, um den Ordnungszustand der lebenden Materie aufrechtzuerhalten und um neue Zellbestandteile zu synthetisieren. Dazu dient der Stoffwechsel, der die geordnete und regulierte Umsetzung von Stoffen in der Zelle bewirkt. Der Gesamtstoffwechsel stellt eine Einheit von **dissimilatorischen oder katabolen** und **assimilatorischen oder anabolen** Prozessen dar. Die Gewinnung von Energie (ATP = Adenosintriphosphat) erfolgt durch den Abbau der Kohlenstoff- und Energiequelle, z. B. von Glucose. Das Kohlenstoffgerüst wird durch enzymatische Reaktionen schrittweise abgebaut. Dabei werden neben Energie und Reduktionsäquivalenten Zwischenprodukte gebildet. Sie gehen in den **Intermediärstoffwechsel** oder **Amphibolismus** ein, der den Ausgangspunkt für weitere auf- und abbauende Stoffwechselwege darstellt. Diese Prozesse werden unter 2.2.2. eingehender behandelt. Beim Aufbau der Zellsubstanz durch den Synthesestoffwechsel erfolgt zunächst die Synthese der niedermolekularen Bausteine (**Monomeren** wie Aminosäuren, Nucleotide, Fettsäuren und Zucker) aus den Zwischenprodukten des Intermediärstoffwechsels unter Einbeziehung der N-, P- und S-Quellen des Nährmediums. Die Monomeren dienen dem Aufbau der **polymeren Makromoleküle**, wie Proteine, Nucleinsäuren, Lipide und Polysaccharide, die als Bestandteile der Zellsubstanz vorliegen (s. Abb. 2.20). Die Biosynthese der Gesamtheit aller Polymere führt zum **Wachstum** als dem Zustand der irreversiblen Zunahme von Zellsubstanz. Das Wachstum der Bakterien ruft eine Vergrößerung und Teilung der Zellen hervor (s. 2.2.4.).

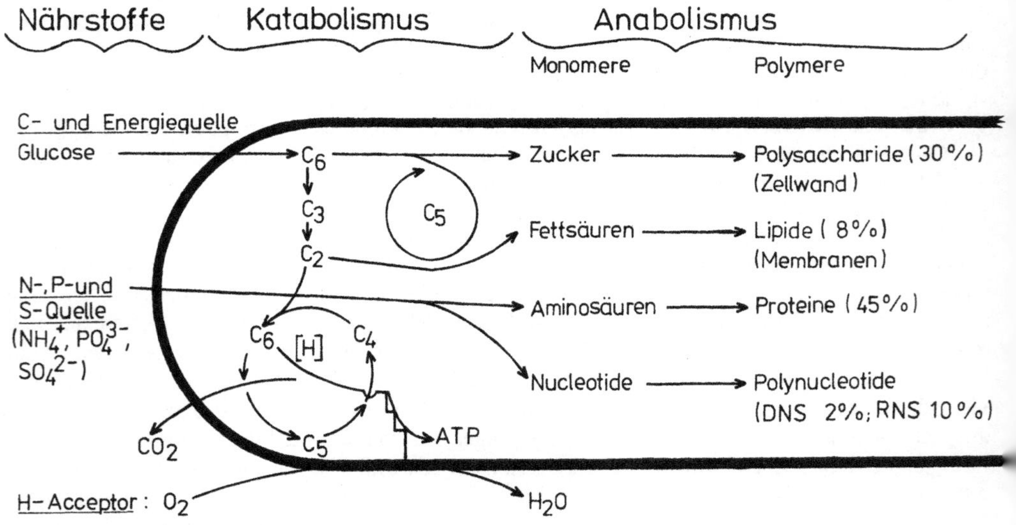

Abb. 2.20. Grundschema des Stoffwechsels chemoorganotropher aerober Bakterien. Erklärungen s. Text. Die starke Linie stellt die Zellbegrenzung dar. Die Zahl der C-Atome der Intermediärmetabolite ist durch die Indexzahl gekennzeichnet. Die Prozentzahlen geben den durchschnittlichen Anteil an der Trockensubstanz wachsender Zellen an.

2.2.2. Dissimilation: Energie- und Intermediärstoffwechsel

Energieumwandlung

Die Lebensprozesse sind stets an Energieumwandlungen gebunden.

Durch die im folgenden behandelten dissimilatorischen Stoffwechselwege werden organische Verbindungen wie Zucker zu CO_2 und Wasser oxidiert. Die Oxidation organischer Verbindungen erfolgt durch Elektronenabgabe. Elektronen werden von einem Elektronen-Donator auf einen -Acceptor übertragen. Bei biologischen Oxidationen werden im Prozeß der **Dehydrogenierung** zwei Protonen (H^+) von einem Substrat abgespalten. Die dabei beteiligten Enzyme bezeichnet man als Dehydrogenasen. Sie übertragen den Wasserstoff auf eines von zwei Coenzymen, NAD (Nicotinamidadenin-dinucleotid) oder NADP (Nicotinamidadenin-dinucleotid-phosphat), die dabei zu $NADH_2$ bzw. $NADPH_2$ reduziert werden (Abb. 2.2.1.). Die beiden Coenzyme sind frei dissoziierbar, sie haben die Funktion von Wasserstoff-Transportmetaboliten bzw. Reduktionsäquivalenten. $NADH_2$ überträgt den Wasserstoff auf Intermediäre der Gärungsprozesse oder auf die Atmungskette und spielt damit bei der Energiegewinnung eine Rolle. $NADPH_2$ dient vor allem reduktiven Biosyntheseprozessen.

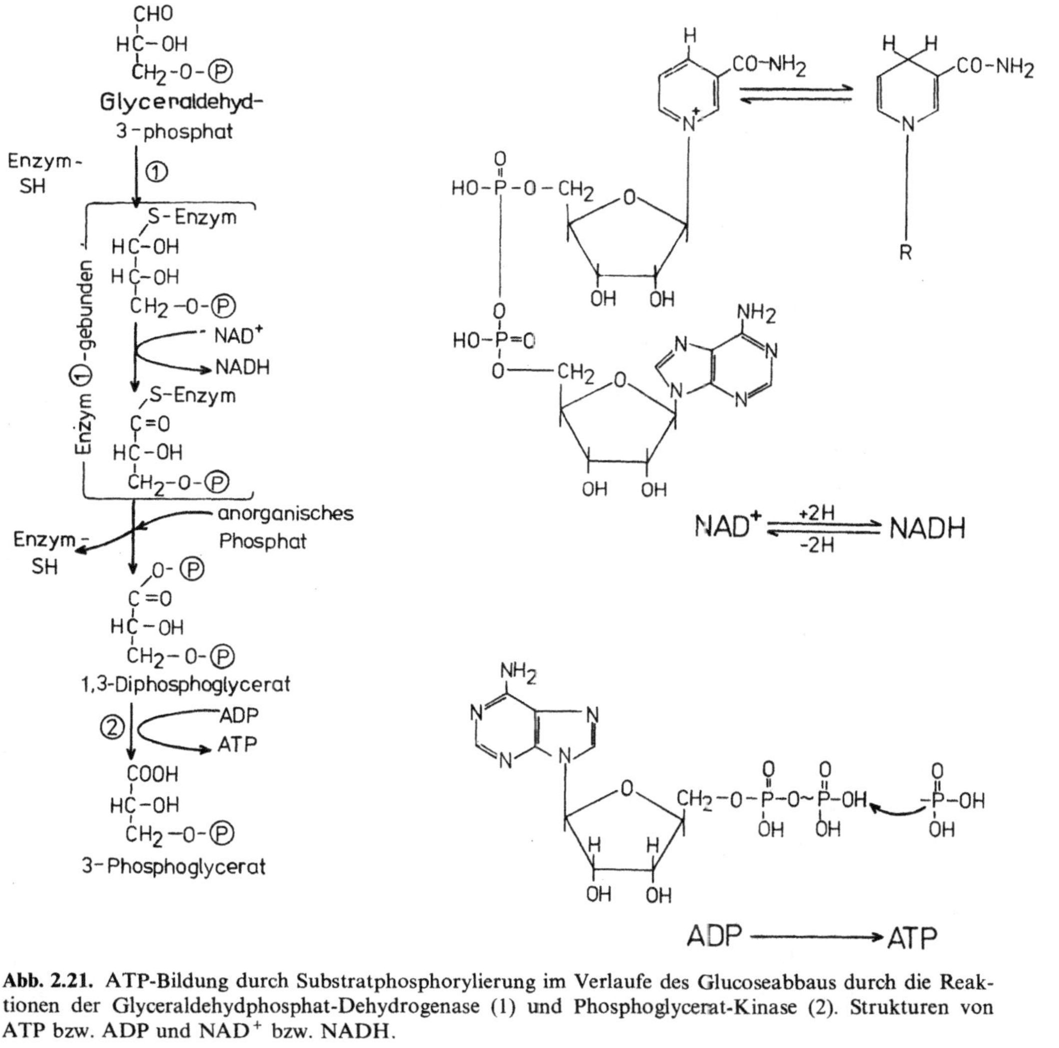

Abb. 2.21. ATP-Bildung durch Substratphosphorylierung im Verlaufe des Glucoseabbaus durch die Reaktionen der Glyceraldehydphosphat-Dehydrogenase (1) und Phosphoglycerat-Kinase (2). Strukturen von ATP bzw. ADP und NAD^+ bzw. NADH.

Die bei der Oxidation organischer Stoffe freigesetzte Energie wird in eine **energiereiche Verbindung** überführt. Die wichtigste Verbindung dieser Art ist das ATP (Abb. 2.21.). Zwischen den Phosphatgruppen liegt eine energiereiche Bindung vor. Bei energieverbrauchenden Reaktionen wird diese Energie ($G^{0\prime}$ = 30,6 kJ/mol) verwertet, durch Abspaltung einer Phosphatgruppe entsteht ADP. ATP ist der Überträger chemischer Energie zwischen energieerzeugenden und -verbrauchenden Reaktionen.

Bei phytopathogenen Bakterien gibt es zwei Wege der ATP-Bildung, die Substratkettenphosphorylierung bei Gärungen und die Atmungskettenphosphorylierung bei der Atmung. Bei **Gärungen** wird ATP in einem Stoffwechselprozeß gebildet, in dem organische Verbindungen als Elektronen-Donatoren und -Acceptoren dienen. Gärungen stellen anaerob ablaufende unvollständige Oxidationen dar; das Endprodukt, z. B. Ethanol, enthält noch Energie. Bei der aerob ablaufenden **Atmung** fungiert in der Regel Sauerstoff als Elektronen-Acceptor, der zu Wasser reduziert wird. Die Oxidation des organischen Substrats verläuft vollständig bis zu CO_2. Bei der Veratmung von 1 mol Glucose werden 38 mol ATP gebildet, bei der Vergärung zu Ethanol nur zwei.

Als Beispiel für eine Substratphosphorylierung sei die in Abbildung 2.21. dargestellte Reaktion der Glykolyse, die Oxidation von Glyceraldehyd-3-phosphat zu 3-Phosphoglycerat, angeführt. Die Aldehydgruppe des Glyceraldehyd-3-phosphats wird an eine SH-Gruppe der Glyceraldehydphosphat-Dehydrogenase gebun-

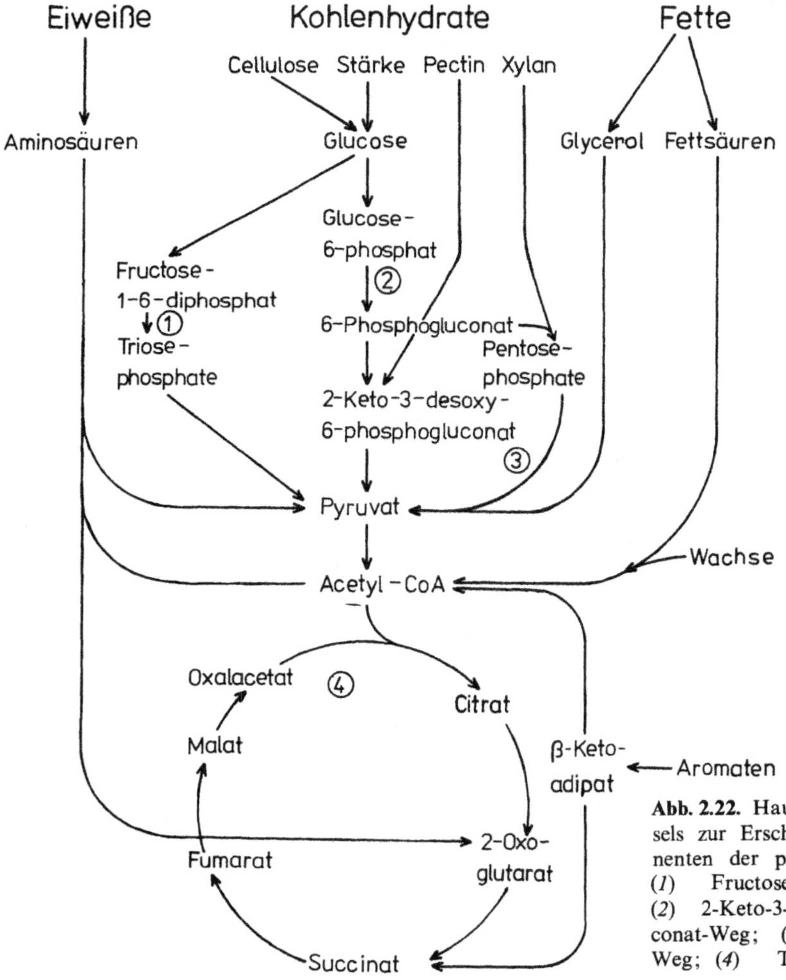

Abb. 2.22. Hauptwege des Stoffwechsels zur Erschließung der Komponenten der pflanzlichen Biomasse. (*1*) Fructose-1,6-diphosphat-Weg; (*2*) 2-Keto-3-desoxy-6-phosphogluconat-Weg; (*3*) Pentosephosphat-Weg; (*4*) Tricarbonsäure-Cyclus.

den. In dieser enzymatisch gebundenen Form wird Wasserstoff abgespalten und auf NAD^+ übertragen. Gleichzeitig entsteht eine energiereiche Bindung (Thioester der Acyl-S-Enzym-Bindung). Bei der phosphorolytischen Abspaltung des Enzyms wird an dieser energiereichen Bindung anorganisches Phosphat gebunden, es entsteht 1,3-Di-phosphoglycerat. In der folgenden durch Phosphoglycerat-Kinase katalysierten Reaktion wird die energiereiche Phosphatgruppe des Substrats auf ADP unter Bildung von ATP übertragen. Das Ergebnis dieser in Abwesenheit von Sauerstoff verlaufenden Oxidation ist die Bildung von Reduktionsäquivalenten und Energie.

Periphere Abbauwege organischer Substrate

Phytopathogene Bakterien vermögen ein breites Spektrum organischer Verbindungen der pflanzlichen Biomasse als C- und Energiequelle zu nutzen. Einen Überblick vermittelt Abbildung 2.22. Gleichzeitig geht aus der Abbildung die Einmündung der peripheren Abbauwege in den Energie- und Intermediärstoffwechsel hervor. Als periphere Stoffwechselwege werden die dem Intermediärstoffwechsel vorgelagerten Abbauwege bezeichnet.

Hochmolekulare polymere Komponenten der pflanzlichen Zellsubstanz können durch die Bakterienzellen nicht aufgenommen werden. Sie werden durch extracelluläre Enzyme, die von den Bakterien ausgeschieden werden, in niedermolekulare Bausteine zerlegt.

Ein wichtiges Substrat phytopathogener Bakterien sind **Pectine**. Sie sind wesentliche Bestandteile der pflanzlichen Mittellamellen. Der Pectinabbau führt zur Auflösung des pflanzlichen Gewebes und ist daher für die Erschließung der Pflanze als Substrat von wesentlicher Bedeutung. Die Hauptschritte des Pectinabbaus sind in Abbildung 2.23. vereinfacht dargestellt. Pectine sind Polygalacturonide (s. a. 3.2.). Sie bestehen aus unverzweigten Ketten von α-1,4-glykosidisch verknüpften D-Galacturonsäuren. Zum großen Teil sind die Ketten miteinander vernetzt. Die Carboxylgruppen der Galacturonsäurereste sind ganz oder teilweise mit Methanol verestert. Die Makromoleküle werden extracellulär in oligomere Bausteine zerlegt, die in die Zelle aufgenommen werden. Intracellulär erfolgt die weitere enzymatische Hydrolyse zu D-Galacturonsäuren. Diese werden über mehrere Zwischenstufen in 2-Keto-3-desoxy-6-phosphogluconat (KDPG), den Schlüsselmetaboliten des KDPG-Weges, metabolisiert. Der KDPG-Weg ist der Hauptabbauweg von Zuckern durch Pseudomonaden (s. Abb. 2.27.). Die folgenden metabolischen Reaktionen sind mit dem Intermediär- und Energiestoffwechsel eng verknüpft. Kommt es infolge einer Versorgung der Zellen mit leicht assimilierbaren C-Quellen wie Glucose zu einer Erniedrigung des intracellulären Spiegels an cyclischem Adenosinmonophosphat (cAMP), so setzt der Regulationsmechanismus der Katabolitrepression

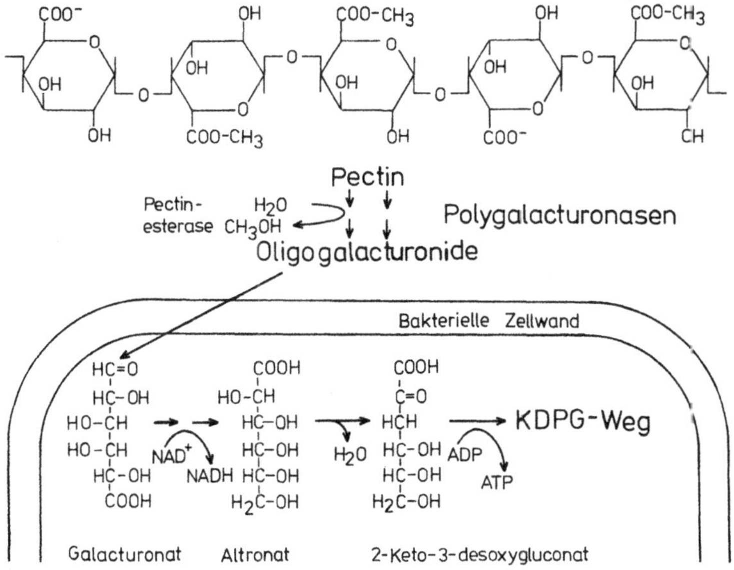

Abb. 2.23. Abbauweg der Pectine.

ein, der unter anderem die Synthese der Pectinasen reprimiert. Ein weiterer Regulationsmechanismus, die Induktion der Pectinasesynthese durch Monomere des Pectinabbaus, ist wahrscheinlich.

Weitere wichtige polymere Substrate von phytopathogenen Bakterien sind **Xylane**, die Hauptbestandteile der Hemicellulosen. Xylane sind Kohlenhydrate, die vor allem aus 1,4-glykosidisch verknüpften Xylosen aufgebaut sind (s. a. 3.2.). Daneben enthalten sie Arabinose, Galactose und Glucuronsäure. Der Abbau erfolgt durch den Enzymkomplex der Xylanasen. Als Abbauprodukte treten Xylobiose und Xylose auf, die über den Pentosephosphat-Weg (s. Abb. 2.26) assimiliert werden. **Cellulosen** werden von den meisten phytopathogenen Bakterien nicht oder nur schwach abgebaut, da von dem aus drei Enzymen bestehenden Cellulase-System meist nur die Cellobiase vorliegt, die die Cellobiose in Glucose spaltet (s. a. 3.2.4.). Sehr verbreitet ist die Fähigkeit zum **Stärke- und Proteinabbau**; die Degradation dieser Polymere erfolgt über die üblichen katabolischen Stoffwechselwege. Als Beispiel für die Nutzung niedermolekularer Substrate sei auf die Fähigkeit vieler Pseudomonaden zum Abbau von **phenolischen Substanzen** verwiesen. Diese Verbindungen kommen in vielen Pflanzen in freier oder glykosidisch gebundener Form vor und wirken häufig antimikrobiell. Als Beispiele seien Hydrochinon, Benzoesäure und Glucogallin (β-1-O-Gallolyl-D-glucose) genannt. Der zuletzt genannten Substanz schreibt man eine Bedeutung für die Resistenz von Erdbeeren gegen *Pseudomonas solanacearum* zu. Die Fähigkeit zum Abbau phenolischer Substrate ist weniger für die Nährstofferschließung, sondern mehr für die Detoxifikation von mikrobiellen Hemmstoffen von Bedeutung. Der Hauptabbauweg aromatischer Substanzen wird in Abbildung 2.24. dargestellt. Nach der Einführung von Hydroxyl-

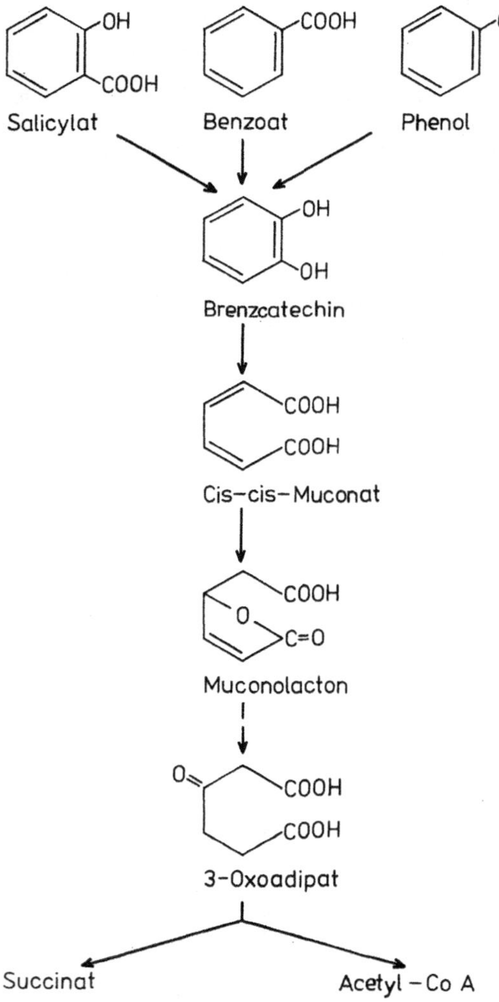

Abb. 2.24. Hauptabbauweg phenolischer Verbindungen durch Pseudomonaden.

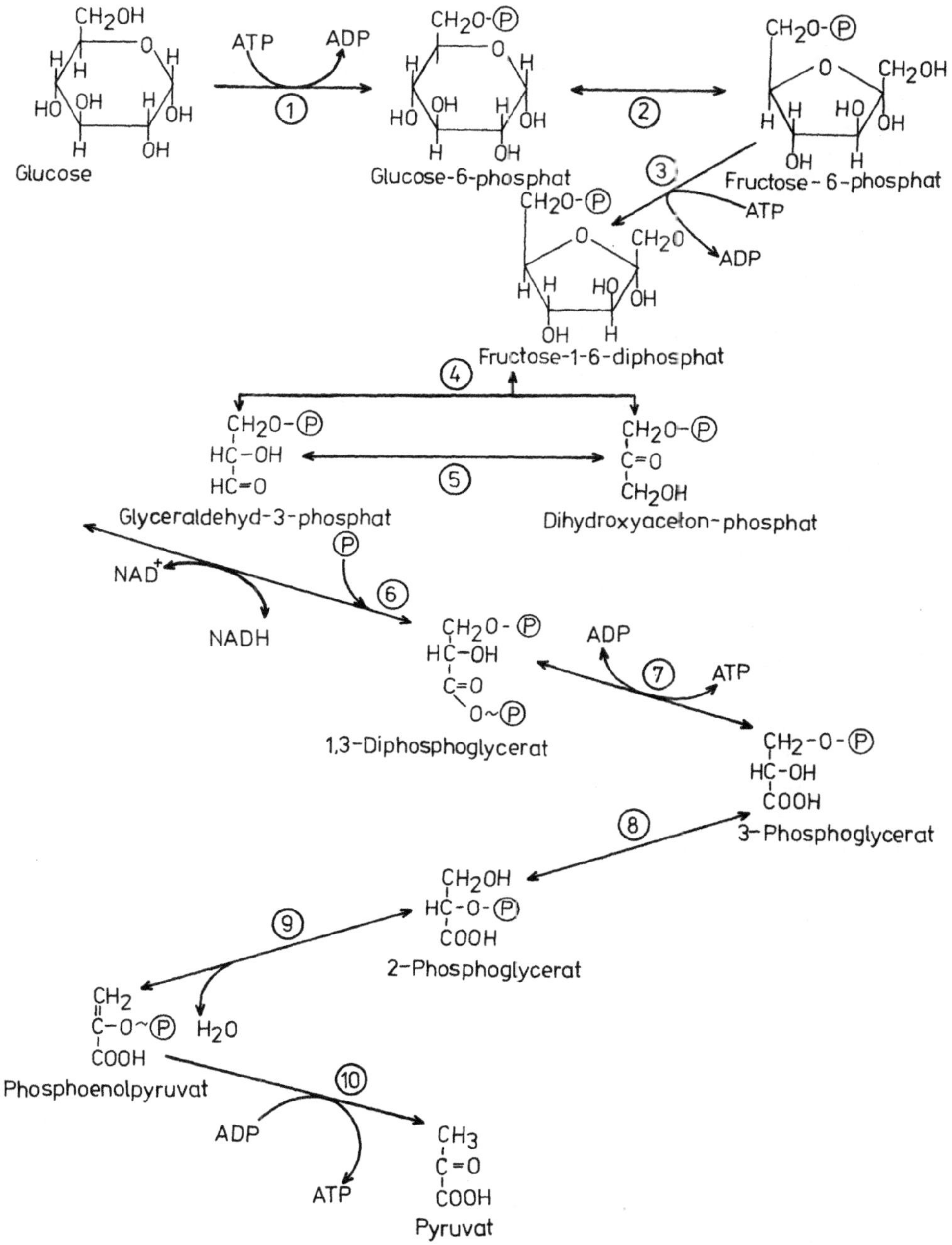

Abb. 2.25. Der Fructose-1,6-diphosphat-Weg des Glucoseabbaus (Glykolyse). (*1*) Hexokinase, (*2*) Glucosephosphat-Isomerase, (*3*) 6-Phosphofructokinase, (*4*) Fructosephosphat-Aldolase, (*5*) Triosephosphat-Isomerase, (*6*) Glyceraldehydphosphat-Dehydrogenase, (*7*) Phosphoglycerat-Kinase, (*8*) Phosphoglyceromutase, (*9*) Enolase, (*10*) Pyruvat-Kinase.

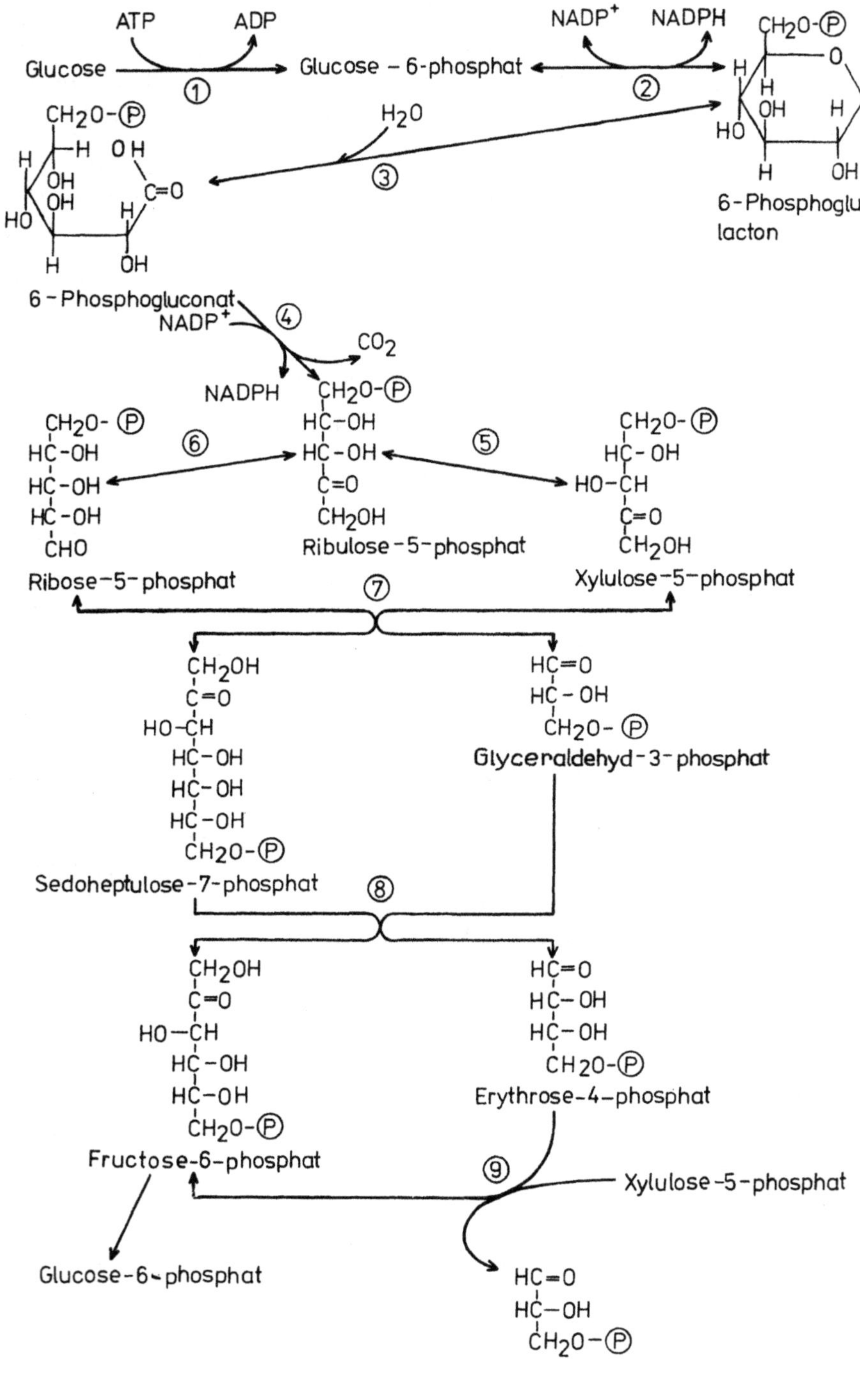

Abb. 2.26. Der Pentosephosphatweg des Glucoseabbaus. (*1*) Hexokinase, (*2*) Glucose-6-phosphat-Dehydrogenase, (*3*) Lactonase, (*4*) Phosphogluconat-Dehydrogenase, (*5*) Ribulosephosphat-Isomerase, (*6*) Ribulosephosphat-Epimerase, (*7*) Transketolase, (*8*) Transaldolase, (*9*) Transketolase.

gruppen in den aromatischen Ring erfolgt die oxidative Ringspaltung durch eine weitere Oxidasereaktion, der sich der Abbau zu Intermediären des Grundstoffwechsels anschließt. Phytopathogene Pseudomonaden führen vor allem die Ringspaltung zwischen zwei Hydroxylgruppen durch, die als intradiole oder ortho-Spaltung bezeichnet wird.

Aerober Energie- und Intermediärstoffwechsel

Glucose und andere Monosaccharide können über verschiedene Wege zu den zentralen Intermediären Pyruvat und Acetyl-Coenzym A abgebaut werden. Der bei Bakterien verbreitetste Weg ist der Fructose-1,6-diphosphat-Weg, der mit den Eingangsreaktionen der Glykolyse identisch ist. Bei phytopathogenen Pseudomonaden erfolgt jedoch der Abbau vor allem über den KDPG-Weg (s. Abb. 2.27.). Schließlich kommt bei vielen Bakterien noch der Pentosephosphatweg vor.

Die Hauptreaktionen des **Fructose-1,6-diphosphat-Weges** sind in Abbildung 2.25. zusammengefaßt. Entscheidende Schritte sind die Aktivierung der Monosaccharide durch Phosphorylierung mittels ATP, die Spaltung der Hexose in zwei Triosephosphate, die bereits S. 40f. behandelte Dehydrogenierung des Glyceraldehyd-3-phosphats, bei der anorganisches Phosphat in eine energiereiche Phosphatbindung überführt wird. Bei der Folgereaktion wird diese energiereiche Phosphatgruppe auf ADP unter Bildung von ATP übertragen. Ein zweites Mol ATP wird bei der durch die Pyruvat-Kinase katalysierten Phosphoenolpyruvat-Umwandlung zu Pyruvat gebildet.

Der Pentosephosphat-Weg (Hexosemonophosphat-Weg), der in der Zelle weitaus komplizierter abläuft, als in Abbildung 2.26. dargestellt ist, dient vor allem der Bereitstellung wichtiger Intermediärprodukte wie Pentosephosphate für die Nucleotidsynthese und von NADPH für reduktive Biosynthesen. Die entscheiden-

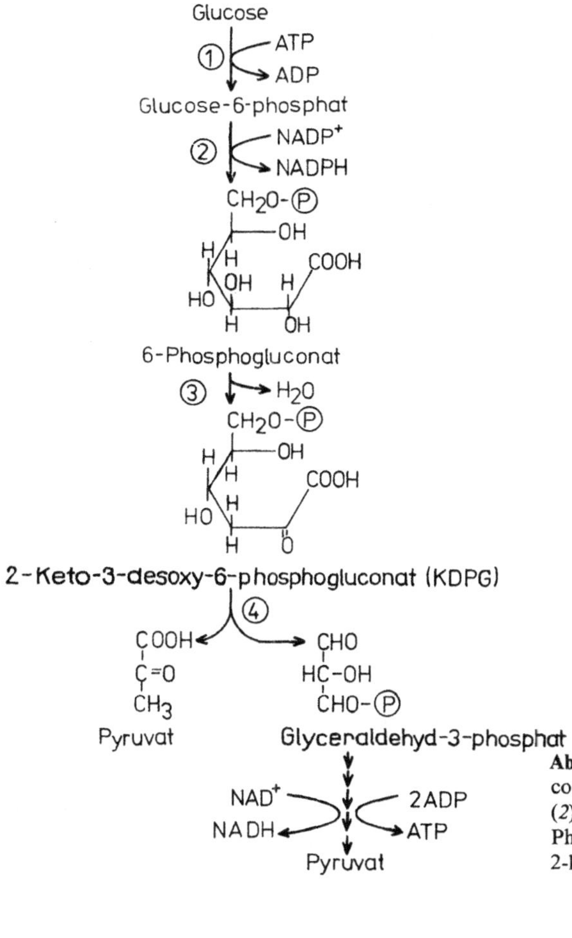

Abb. 2.27. Der 2-Keto-3-desoxy-6-phosphogluconat-Weg des Glucoseabbaus. (*1*) Hexokinase, (*2*) Glucose-6-phosphat-Dehydrogenase, (*3*) Phosphogluconat-Dehydrogenase, (*4*) Phospho-2-keto-3-desoxygluconat-Aldolase.

den oxidativen Schritte sind die einleitenden Dehydrogenierungen, die zur Bildung von NADPH führen. Das durch oxidative Decarboxylierung gebildete Ribulose-5-phosphat unterliegt in den Folgereaktionen Umwandlungen, die zu einer Regenerierung von Glucose-6-phosphat führen, welches wieder in den Cyclus einmündet. Setzt man in den Prozeß 6 Glucosephosphatmoleküle ein, so wird eines zu CO_2 abgebaut, aus den 6 Pentosen werden 5 Hexosen zurückgebildet. Bei der Oxidation der 6 Glucosephosphate entstehen 12 Mol NADPH. Diese können nach Transhydrogenierung zu NADH über die im folgenden behandelte Atmungskette auch zur Energiegewinnung genutzt werden.

Beim **2-Keto-3-desoxy-6-phosphogluconat-Weg (Enter-Doudoroff-Weg)** wird wie beim Pentosephosphat-Weg einleitend 6-Phosphogluconolacton gebildet (Abb. 2.27). Daraus entsteht unter Wasserabspaltung das für

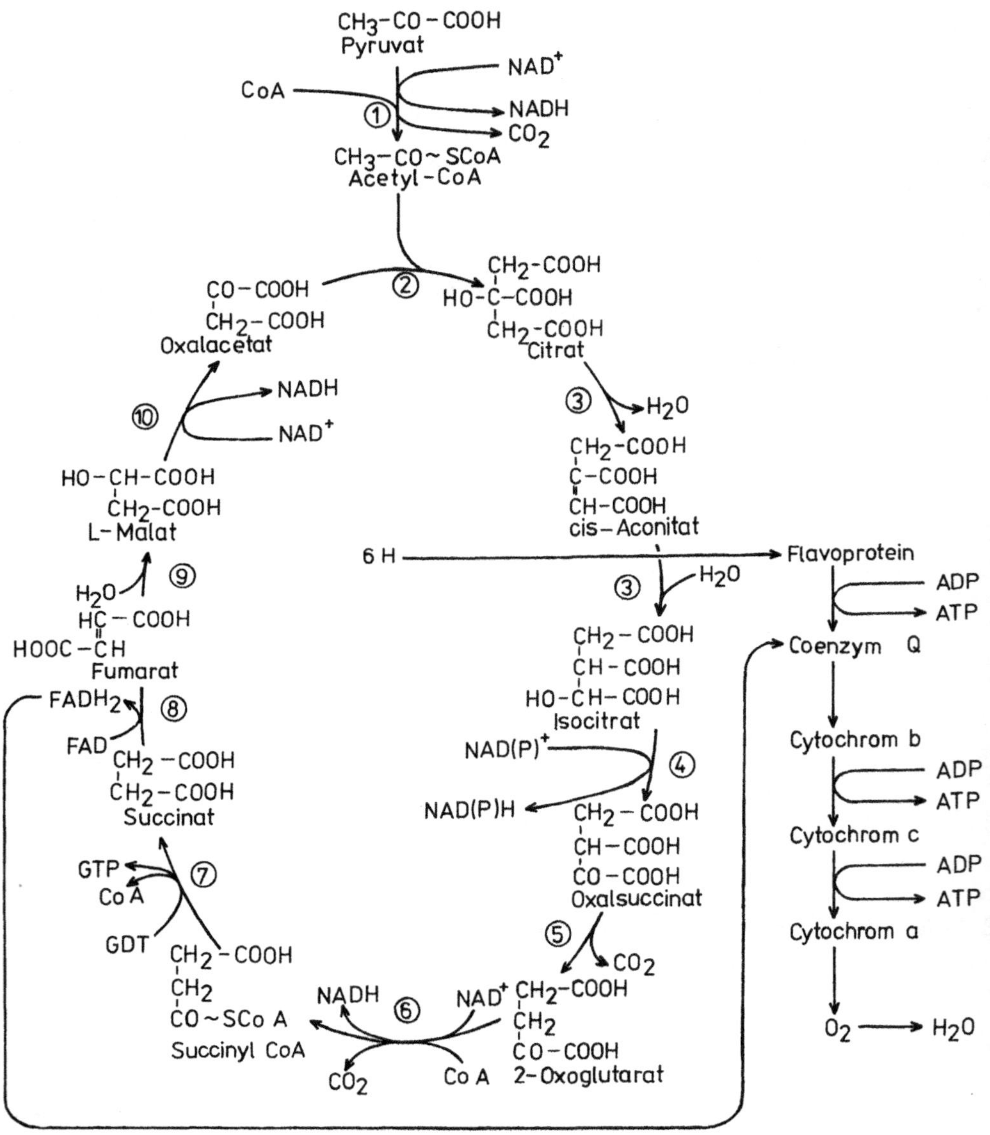

Abb. 2.28. Pyruvatoxidation über den Tricarbonsäure-Cyclus und die Atmungskette. (*1*) Pyruvat-Dehydrogenase, (*2*) Citrat-Synthetase, (*3*) Aconitase, (*4* und *5*) Isocitrat-Dehydrogenase, (*6*) α-Ketoglutarat-Dehydrogenase, (*7*) Succinat-Thiokinase, (*8*) Succinat-Dehydrogenase, (*9*) Fumarase, (*10*) Malat-Dehydrogenase.

diesen Weg charakteristische 2-Keto-3-desoxy-6-phosphogluconat. Durch eine spezifische Aldolase erfolgt die Spaltung in Pyruvat und Glyceraldehydphosphat, welches wie beim Fructose-diphosphat-Weg zu Pyruvat oxidiert wird. Wie eingangs bemerkt, erfolgt bei Pseudomonaden der Abbau über diesen Weg, da ihnen die Phosphofructokinase, ein Schlüsselenzym des Fructose-1,6-diphosphat-Weges, fehlt.

Bei den drei angeführten Abbauwegen fällt Pyruvat als zentraler Intermediärmetabolit an. Die verbreitetste Reaktion zur weiteren Oxidation unter aeroben Bedingungen ist die Dehydrogenierung unter CO_2-Abspaltung zu Acetyl-Coenzym A. Diese Reaktion wird durch den Pyruvatdehydrogenase-Multienzymkomplex katalysiert.

Zum weiteren Abbau wird Acetyl-CoA in einen cyclischen Prozeß, den **Tricarbonsäure-Cyclus**, eingeschleust (Abb. 2.28.). Dieser Kreislauf hat zwei Funktionen: die schrittweise Oxidation des Acetats zu CO_2 unter Bildung von Reduktionsäquivalenten und die Bereitstellung von Intermediärmetaboliten wie 2-Oxoglutarat und Succinyl-CoA für Biosynthesen.

Von den reduzierten Pyridinnucleotiden, die im Tricarbonsäure-Cyclus und den vorgeschalteten Oxidationsprozessen gebildet werden, erfolgt die Übertragung von Wasserstoff bzw. Elektronen auf die Atmungskette (Abb. 2.28.). NAD^+ bzw. $NADP^+$ wird dabei zurückgebildet. Über eine Kaskade von hintereinander geschalteten Redoxsystemen, die dabei jeweils vom oxidierten in den reduzierten Zustand übergehen, werden die Elektronen auf Sauerstoff als terminalem Acceptor weitergeleitet. Sauerstoff wird an der terminalen Cytochrom-a-Oxidase zu Wasser reduziert. Bei diesem Prozeß entsteht wie bei der Verbrennung von Wasserstoff Energie. Während des stufenweisen Elektronentransports wird jeweils eine Energiemenge freigesetzt, welche die Knüpfung einer energiereichen Phosphatbindung im ATP im Verlauf der mit der Atmungskette gekoppelten Phosphorylierungsreaktionen ermöglicht. Aus zwei Wasserstoffäquivalenten (2 H) werden über die Atmungskette drei ATP gebildet. Die vollständige Oxidation organischer Substrate zu CO_2 und H_2O stellt eine sehr effektive Verwertung der in diesen Verbindungen enthaltenen Energie dar.

Anaerober Energiestoffwechsel: Gärungen

Einige phytopathogene Bakterien, z. B. die *Erwinia*-Arten, können auch unter anaeroben Bedingungen leben, sie sind fakultativ anaerob. Die Energiegewinnung erfolgt durch **Gärung**, bei der statt des nicht zur Verfügung stehenden Sauerstoffs organische Substrate, die im Verlaufe des Abbauweges gebildet werden, als Wasserstoff-Acceptoren fungieren. Der Energiegewinn ist wesentlich geringer, da es nicht zur vollständigen Oxidation der Substrate kommt, doch ermöglichen die Gärungen ein Leben ohne Sauerstoff. Zur Aufrechterhaltung des Stoffwechsels wird ein wesentlich größerer Anteil des Substrats zur Energiegewinnung verbraucht als bei der Atmung.

Die häufig als Beispiel einer Gärung angeführte alkoholische Gärung kommt bei phytopathogenen Bakterien nicht vor. Für die Enterobakterien, zu denen die Gattung *Erwinia* gehört, ist die **gemischte Säuregärung** charakteristisch, bei der als Endprodukte unter anderem mehrere Säuren gebildet werden. Bei *Erwinia* und einigen weiteren Vertretern der Enterobacteriaceae tritt eine modifizierte Gärungsform mit **Butandiolbildung** auf. Die einleitenden Reaktionen der gemischten Säuregärung sind mit denen des Fructose-1,6-diphosphat-Weges identisch (s. Abb. 2.25.). Über die dort dargestellten Reaktionen werden ATP und NADH gebildet. Um aus NADH wieder NAD^+ zu regenerieren, wird der Wasserstoff auf einen oder mehrere organische Wasserstoff-Acceptoren übertragen. Bei den Enterobakterien wird ein großes Spektrum organischer Substrate gebildet, das als H-Acceptor fungiert. In vereinfachter Form sind diese Reaktionen in Abbildung 2.29. zusammengefaßt. Die Lactatbildung aus Pyruvat veranschaulicht die Funktion des Pyruvats als Wasserstoff-Acceptor. Je nach Umweltbedingungen wechselt das Verhältnis der Gärungsendprodukte.

Tritt Sauerstoff auf, so wird der Gärungsstoffwechsel eingestellt. Dabei spielt der ATP-Spiegel in der Zelle eine entscheidende Rolle. Das durch die Atmung vermehrt anfallende ATP hemmt die Aktivität der Phosphofructokinase und vorgeschalteter Reaktionen der Glucose-Verwertung. Die Phosphofructokinase ist ein sogenanntes allosterisches Protein, das über eine Bindungsstelle für Effektoren wie ATP verfügt. Durch die Bindung mit diesen Effektoren wird die katalytische Aktivität beeinflußt. Die Umstellung von Gärung auf Atmung bewirkt eine hohe Ökonomie der Substratverwertung.

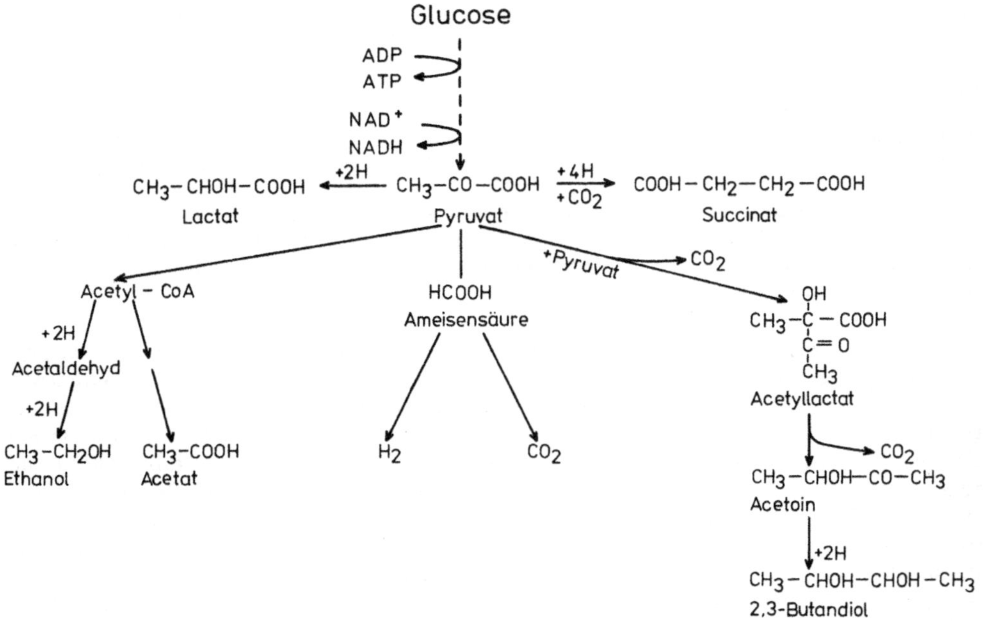

Abb. 2.29. Die gemischte Säuregärung und 2,3-Butandiol-Gärung der Enterobakterien.

2.2.3. Biosynthese der bakteriellen Zellbestandteile

Die Hauptkomponenten der Trockensubstanz bakterieller Zellen sind Nucleinsäuren, Proteine, Polysaccharide und Lipide. Wie aus Abbildung 2.20. zu entnehmen ist, werden diese Makromoleküle aus niedermolekularen Bausteinen aufgebaut, die wiederum aus dem Intermediärstoffwechsel hervorgehen. Neben diesen für die Makromolekülsynthese gebildeten Bausteinen enthält die Zelle etwa zwanzig verschiedene niedermolekulare Komponenten mit katalysatorischen Funktionen. Dazu gehören die Coenzyme wie ATP und NADH. In die Synthese der Makromoleküle gehen insgesamt etwa 150 verschiedene niedermolekulare Bausteine ein. Es sind dies je 4 Nucleotide für die RNS und DNS, 20 Aminosäuren für die Proteine, 15 Monosaccharide für die Polysaccharide und maximal 20 verschiedene Lipidbausteine.

Nucleotid- und Nucleinsäuresynthese

Bausteine der Nucleinsäuren sind **Purin- und Pyrimidinnucleosidtriphosphate**. In diesen Verbindungen ist eine Purin- oder Pyrimidinbase über N-Atome an eine Pentose gebunden, an welcher in 5'-Position Phosphatgruppen substituiert sind. Ausgangspunkt der Purinribonucleotidsynthese ist eine mehrfach phosphorylierte Pentose (5-Phosphoribosylpyrophosphat), an der durch eine Sequenz von Biosyntheseschritten der neungliedrige Purinring vor allem aus Bestandteilen von Aminosäuren aufgebaut wird. Die Pyrimidinribonucleotide werden im Prinzip durch die Kondensation der phosphorylierten Pentose mit Asparaginsäure und Carbamylphosphat aufgebaut. Die Hauptbausteine der DNS sind Abbildung 2.30. zu entnehmen.

DNS ist der Träger der genetischen Information der Zelle. Ihre Synthese erfordert, daß eine identische Reduplikation oder **Replikation** der Struktur erfolgt (s. dazu 2.3.3.). Das Prinzip dieser Replikation besteht darin, daß die beiden Stränge der DNS auseinanderweichen und die Nucleotidbausteine, die eine komplementäre Struktur aufweisen, sich anlagern und durch die DNS-Polymerase miteinander verknüpft werden (Abb. 2.30.). Jeweils eine Purin- und Pyrimidinbase, Adenosin (A)

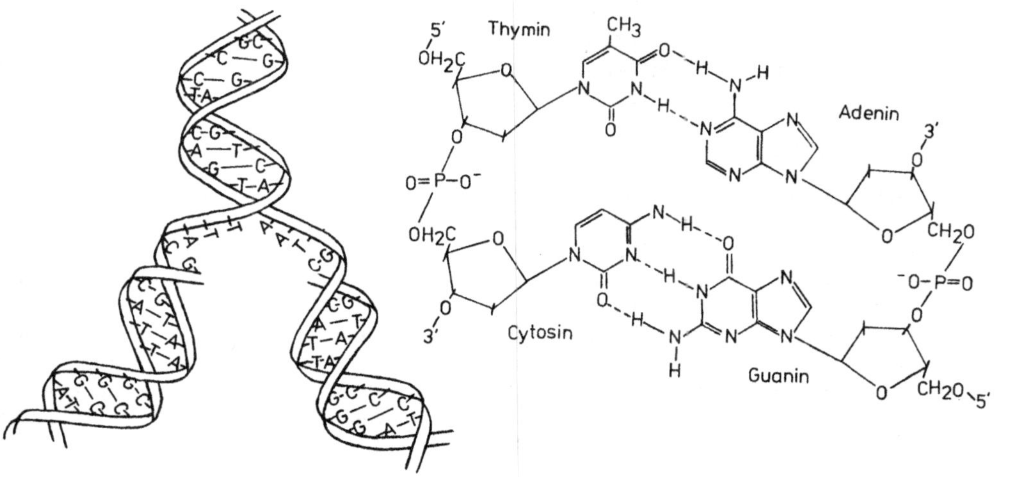

Abb. 2.30. Aufbau der Desoxyribonucleinsäure (DNS). Erklärung s. Text.

und Thymin (T), Guanin (G) und Cytosin (C), sind komplementär. Sie liegen daher in gleichen Mengen im DNS-Molekül vor, die Summe der Purin- und Pyrimidinbasen ist gleich. Das Basenverhältnis von G + C zu A + T variiert bei den einzelnen Bakterienarten, für eine Art ist es konstant. Das ist für die Taxonomie von großer Bedeutung (s. a. 2.1.4. u. 2.6.2.3.).

RNS kommt in der Zelle in drei Klassen vor (mRNS, tRNS und rRNS), auf deren Funktion im Zusammenhang mit der Proteinsynthese (s. u.) hingewiesen wird. Der Grundmechanismus der Biosynthese aller drei Klassen stimmt überein. Eine DNS-abhängige RNS-Polymerase polymerisiert die vier Ribonucleosidtriphosphate (ATP, GTP, CTP und UTP) zu einer einsträngigen RNS, wobei die Sequenz von der Struktur eines DNS-Stranges „abgelesen" wird. Bei der RNS tritt als komple-

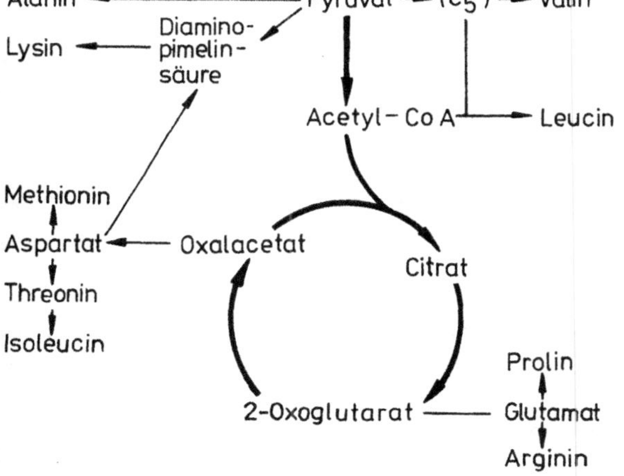

Abb. 2.31. Beziehungen der Hauptwege des Intermediärstoffwechsels zur Synthese der am Aufbau der Proteine beteiligten Aminosäuren.

mentäre Base an die Stelle des Adenins das Uracil (U). Bei der Polymerisation wird Pyrophosphat abgespalten. Das bei der RNS-Synthese gebildete einsträngige Makromolekül kann sich auffalten, indem zwischen komplementären Basen Wasserstoffbrücken ausgebildet werden. Das erfolgt z. B. bei der tRNS, die Doppelstrangregionen aufweist.

Aminosäuren und Proteine

Aminosäuren gehen aus Intermediärprodukten des Fructose-1,6-diphosphat- und Pentosephosphat-Weges sowie des Tricarbonsäure-Cyclus hervor. Die Stoffwechselbeziehungen sind aus Abbildung 2.31. zu ersehen. So werden die aromatischen Aminosäuren durch Kondensation von Phosphoenolpyruvat und Erythrose-4-phosphat gebildet, die Aminosäuren der Serinfamilie aus 3-Phosphoglycerat, die Derivate der Glutaminfamilie aus 2-Oxoglutarat. Die Einführung des Stickstoffs aus Ammonium erfolgt vor allem durch Aminierungsreaktionen in den Schlüsselaminosäuren Glutamin bzw. Glutamat und Alanin. Von diesen werden die Aminogruppen durch Transaminierung auf andere Aminosäuren übertragen. Nitrat wird zur Nutzung als N-Quelle über die assimilatorische Nitratreduktion zu Ammonium abgebaut. Die Assimilation von Sulfat zur Synthese schwefelhaltiger Aminosäuren erfordert eine ATP-abhängige Aktivierung und anschließende Reduktion zu Sulfid.

Stehen z. B. aus dem Proteinabbau Peptide oder Aminosäuren als Nährstoffe zur Verfügung, so werden die Aminosäuren direkt zur Proteinsynthese genutzt. Das für die Synthese der entsprechenden Aminosäuren verantwortliche Enzymsystem wird nicht aktiviert. Über den Regulationsmechanismus der Enzymrepression ist die Synthese anaboler Enzyme unterdrückt.

Bei den **Proteinen** der Bakterienzelle handelt es sich zu über 80% um Enzymproteine, der verbleibende Anteil sind Strukturproteine der Zellmembran und Zellwand. Die Funktion der Proteine erfordert eine bestimmte Struktur, die durch die Aminosäuresequenz zustande kommt. Die Information der Aminosäuresequenz ist in der DNS codiert. Jeweils drei aufeinanderfolgende Nucleotide (Triplett, Codon) codieren für eine Aminosäure. Zur Übertragung der genetischen Information von der DNS des Kerns an die Ribosomen des Cytoplasmas, an denen die Proteinsynthese erfolgt, wird die Information auf eine Boten-RNS (messenger-RNS, mRNS) umgeschrieben (s. a. 2.3.4.). Diese **Transkription** erfolgt bei der Synthese der mRNS. Das mRNS-Molekül lagert sich mit mehreren Ribosomen zu einem Polysom zusammen, an dem die **Proteinsynthese** vor sich geht. Die Hauptreaktionen der Proteinsynthese sind in Abbildung 2.32. zusammengestellt. Sie umfassen die Schritte Aminosäureaktivierung mittels ATP, Bildung eines für jede Aminosäure spezifischen Komplexes mit einer Transfer-RNS (tRNS), Bindung der Aminoacyl-tRNS an das komplementäre Triplett der mRNS, Knüpfung der Peptidbindung mit der an der benachbarten tRNS ausgebildeten Peptidkette. Dieser stichpunktartig skizzierte Prozeß wird als **Translation** bezeichnet. Er gewährleistet, daß die Information der mRNS in die Aminosäuresequenz des Proteinmoleküls übersetzt wird. Die Triplettsequenz der mRNS determiniert die Sequenz, in der die eine bestimmte Aminosäure tragende tRNS am Polysom zur Bindung kommt.

Die DNS eines Bakteriums besteht aus etwa $4 \cdot 10^6$ Nucleotiden (s. a. 2.1.4.). Für ein Gen sind ca. 1000 Nucleotide erforderlich. Die Bakterienzelle besitzt demnach etwa 4000 Gene. Nicht alle Gene kommen gleichzeitig zur Expression, viele haben Regulationsfunktionen. Es ist anzunehmen, daß in Abhängigkeit von den Umweltbedingungen stets nur etwa 1000 Gene simultan exprimiert werden. Die Bakterienzelle enthält damit etwa 1000 verschiedene Proteine. Von diesen Proteinspecies werden einige in mehreren tausend Kopien gebildet, z. B. Enzyme des Grundstoffwechsels, bei anderen sind dagegen nur wenige Einzelmoleküle vorhanden (z. B. Repressionsproteine).

Fettsäure- und Lipidsynthese

Lipide kommen bei phytopathogenen Bakterien vor allem als Phospholipide der Membran, Lipopolysaccharide der Zellbegrenzung und Speicherstoffe (Poly-β-hydroxybuttersäure, PHB) vor (s. a. 2.1.8.).

Die **Fettsäuresynthese** geht von Acetyl-CoA aus. Durch die Kondensation von aktivierten Acetyleinheiten kommt es zum schrittweisen Aufbau von C_{16}- und C_{18}-Fettsäuren. Zur Kondensation wird

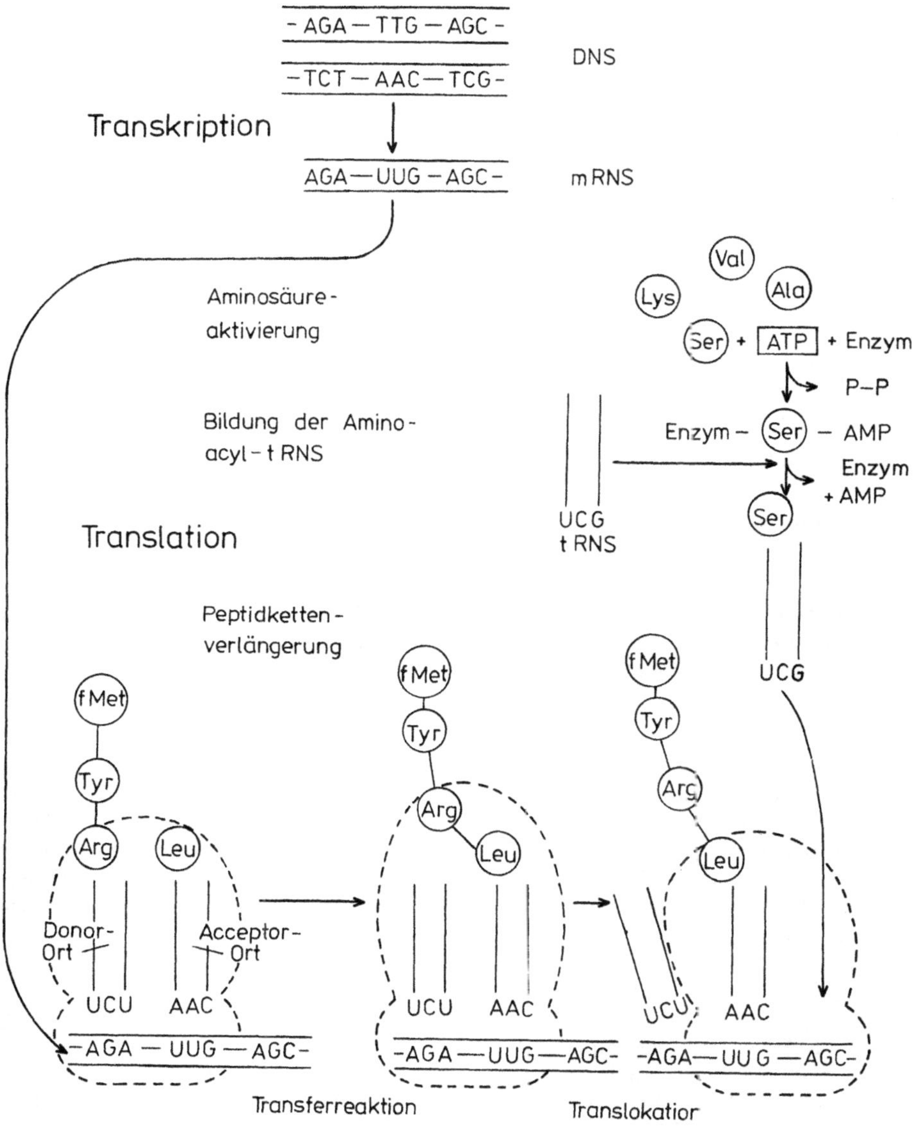

Abb. 2.32. Schema der Proteinsynthese. Erklärung s. Text.

Acetyl-CoA in einer ATP- und biotinabhängigen Reaktion zu Malonyl-CoA carboxyliert. Bei der während der Fettsäuresynthese ablaufenden Kondensation erfolgt die Decarboxylierung. Es entsteht Acetoacetyl-CoA, das anschließend mit NADPH zu Butyryl-CoA reduziert wird. Dieses Prinzip wiederholt sich mehrere Male bei der Kettenverlängerung.

Bei der Synthese der **Phospholipide** werden zwei Fettsäuren über Carrierproteine mit Glycerol-3-phosphat verestert. An die Phosphatgruppe wird Serin angelagert, das decarboxyliert wird. Das entstehende Phosphatidylethanolamin (Abb. 2.33.) ist ein Hauptbestandteil bakterieller **Zellmembranen**.

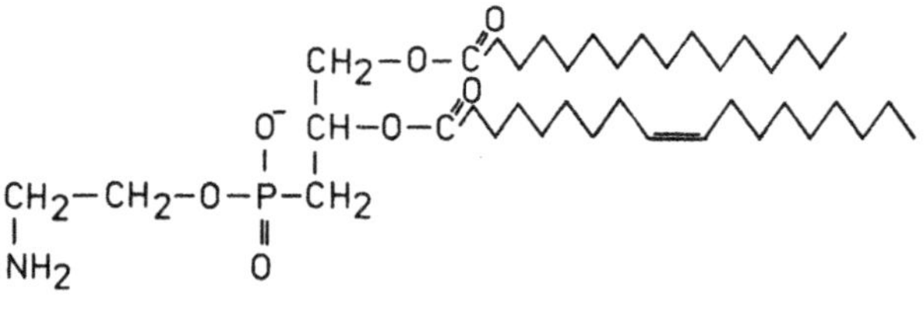

Phosphatidylethanolamin

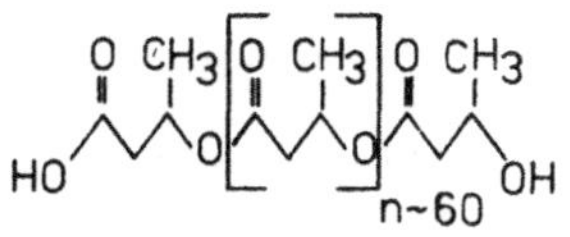

Poly-β-hydroxybuttersäure

Abb. 2.33. Struktur von Lipidderivaten.

Poly-β-hydroxybuttersäure (Abb. 2.33.), die Speichersubstanz einiger phytopathogener Bakterien (s. a. 2.1.8.), wird ebenfalls aus Acetoacetyl-Einheiten aufgebaut. Sie werden zu Hydroxybutyrat reduziert und als aktivierte C_4-Einheiten polymerisiert.

Die Zellwandsynthese

Die überwiegende Zahl der phytopathogenen Bakterien ist Gram-negativ. Die Gram-negativen Bakterien besitzen eine sehr komplex aufgebaute Zellwand (s. 2.1.2.). Charakteristisch ist der mehrschichtige Aufbau. Das aus Peptidoglykan aufgebaute **Murein**-Stützskelett stellt ein Makromolekül dar, welches die Zelle wie ein Sack umgibt. Das Peptidoglykan ist ein Heteropolymer aus Aminozuckern und Aminosäuren (Abb. 2.34.). Die Aminozucker N-Acetylmuraminsäure und N-Acetylglucosamin sind β-1,4-glykosidisch verbunden. Die Muraminsäureglieder sind über die Lactylgruppe mit Aminosäuren peptidisch verknüpft (Abb. 2.35.).

Die Synthese des Peptidoglykans erfolgt über folgende Schritte:

- Fructose-6-phosphat wird zu Glucosamin aminiert und mit Acetyl-CoA acetyliert und anschließend mit UTP zu UDP-N-Acetylglucosamin umgesetzt.
- Von UDP-N-Acetylglucosamin ausgehend, erfolgt die UDP-gebundene N-Acetylmuraminsäuresynthese; der Lactylrest wird durch Reaktion mit Phosphoenolpyruvat gebildet. Schrittweise-Aminosäuresubstitution führt zum Muraminsäurepentapeptid.
- Das UDP-Muraminsäurepentapeptid wird an der Zellmembran auf einen Lipidcarrier (C_{55}-Polyisoprenoid) übertragen.
- An dieses lipophile Molekül wird der zweite Aminozucker N-Acetylglucosamin angefügt.
- Die komplette Peptidoglykaneinheit tritt durch die Membran und wird in das Mureinmolekül eingefügt. Dabei erfolgen eine glykosidische Bindung und eine Quervernetzung der Peptidketten durch Peptidbindung.

Mit der Peptidoglykanschicht ist die **äußere Membran** (s. 2.1.2.) durch Lipoproteine verbunden. Von besonderem Interesse für die Pathogenität sind die **Lipopolysaccharide**, die in die aus Phospholipiden und Proteinen aufgebaute äußere Membran eingefügt sind und aus ihr herausragen. Die Lipopolysaccharide sind aus drei Teilen aufgebaut, dem Lipid A, der Kernzone und der O-spezifischen Seitenkette (Abb. 2.34.). Die O-spezifischen Seitenketten sind art- und stammspezifisch, sie weisen eine große Mannigfaltigkeit auf.

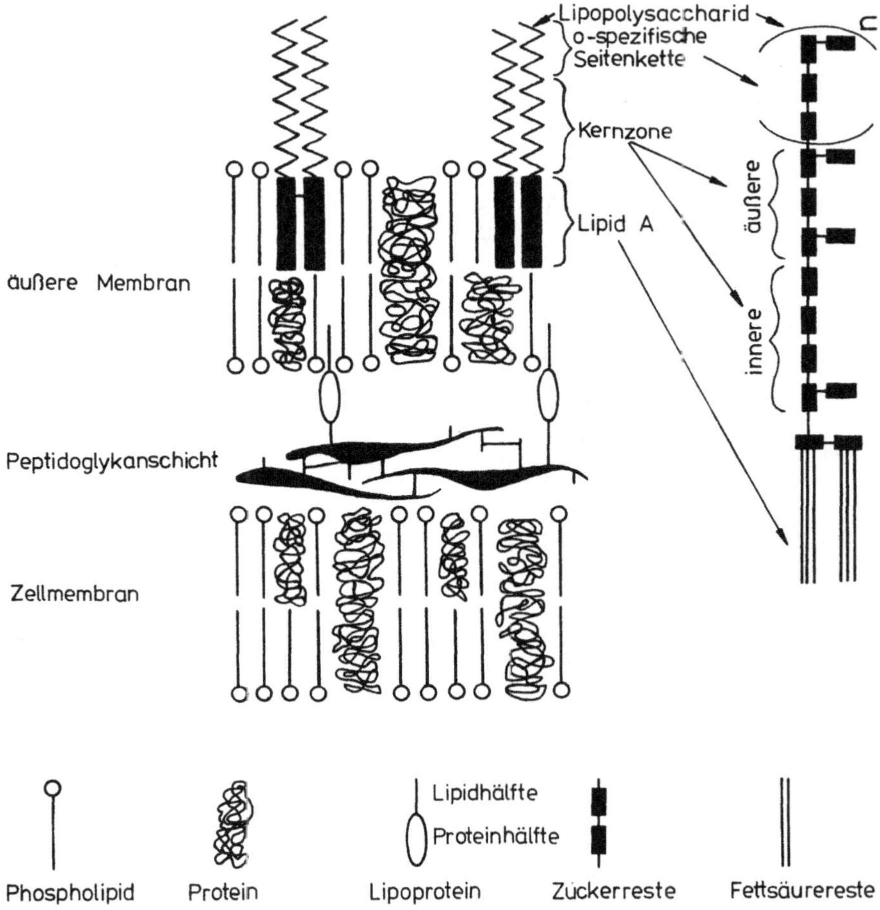

Abb. 2.34. Chemische Zusammensetzung der Zellbegrenzung Gram-negativer Bakterien (s. a. Abb. 2.8.). Rechts: Die Lipopolysaccharidstruktur der äußeren Membran (Detaildarstellung).

Die O-spezifischen Seitenketten sind sehr wasserhaltig. Kolonien auf Agarnährböden erhalten dadurch eine glatte, glänzende Oberfläche, sie werden als S-Form bezeichnet. Die S-Formen können zu R-Formen mutieren, die rauh aussehen, außerdem sind die Kolonien in der Regel kleiner (s. a. 2.1.1.). Bei den Mutationen treten Änderungen und Verlust der Seitenketten ein. Bei phytopathogenen Pseudomonaden lassen sich als Bestandteile des Lipids A phosphorylierte Glucosamine nachweisen, deren Hydroxylgruppen mit C_{10}- und C_{12}-Fettsäuren verestert sind. Die Kernregion besteht aus 2-Keto-3-desoxy-octonsäure, Glucosamin, Galactosamin, Rhamnose, Glucose, Alanin, Ethanolamin und Phosphat. Die Seitenkette enthält unter anderem Glucose und Rhamnose, in einigen Gram-negativen Bakterien wurden in der Seitenkette weiterhin Galactose, Mannose, Fucose und Colitose nachgewiesen. Schon geringfügige Unterschiede im Aufbau der O-spezifischen Seitenkette lassen sich mit immunologischen Methoden erkennen (s. a. 2.5.4.). Auch die der Phagentypisierung zugrunde liegende Spezifität ist mit der Struktur der Lipopolysaccharide verbunden (s. a. 2.4.4.). Die Lipopolysaccharide spielen für Wirt-Parasit-Erkennungsreaktionen die entscheidende Rolle (s. a. 4.3.5.4.). Für *Pseudomonas syringae* pv. *morsprunorum* wurde nachgewiesen, daß der Verlust oder Änderungen der Seitenkette mit Verlust der Virulenz korrelieren.

In die lipophile äußere Membran sind Proteine eingelagert, die als hydrophile Poren (Porine) den Transport niedermolekularer Substanzen ermöglichen.

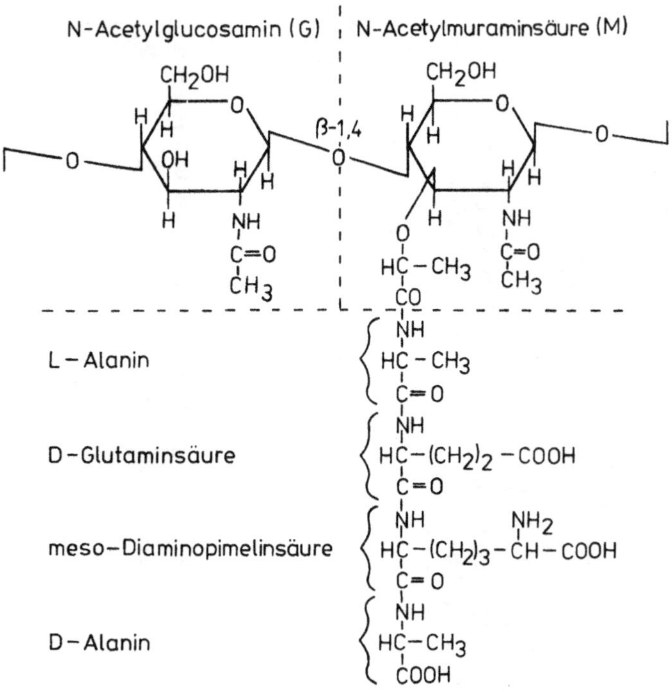

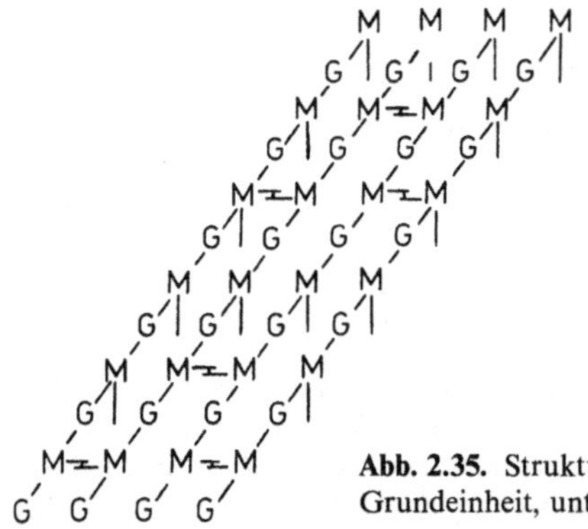

Abb. 2.35. Struktur des Mureins Gram-negativer Bakterien. Oben: Grundeinheit, unten: Schema des Makromoleküls.

Kapseln und Schleime

Viele phytopathogene Bakterien bilden **extracelluläre Polysaccharide** (s. a. 2.1.2.). Sie sind entweder als **Kapseln** an der Zelloberfläche angeheftet oder werden als **Schleime** oder **Schleimhüllen** in die extracelluläre Umwelt ausgeschieden. Sie sind für die Zellen zwar nicht lebensnotwendig, spielen jedoch für die Überdauerung und Virulenz eine wesentliche Rolle (s. a. 3.5.1.). Die extracellulären Polysaccharide sind stark wasserhaltig und ziehen Wasser und Nährstoffe an. Sie sind bei Wirt-Parasit-Erkennungsreaktionen beteiligt, die unter anderem in der pflanzlichen Hypersensibilitätsreaktion ihren Ausdruck finden (s. a. 4.3.5.4.). Bei einigen Exopolysacchariden, z. B. den Glykopeptiden von *Clavibacter michiganensis* subsp. *sepedonicus*, wurde ein spezifischer toxischer Effekt nachgewiesen (s. a. 3.5.2.).

Die Exopolysaccharide können einheitlich zusammengesetzt sein (Homopolysaccharide); der überwiegende Teil jedoch enthält verschiedene Komponenten, die aus sich wiederholenden Oligosacchariden aufgebaut sind (Heteropolysaccharide). Als Bausteine kommen vor allem D-Glucose, D-Mannose, D-Galactose und Glucuronsäure vor, daneben L-Rhamnose, L-Fucose, D-Mannuronsäure und Guluronsäure. Weiterhin sind Substitutionen von Acetat und Pyruvat nachweisbar (s. a. 3.5.4.).

Xanthan, das bei *Xanthomonas*-Arten verbreitete Exopolysaccharid, besteht aus einem β-1,4-verknüpften D-Glucosyl-Grundgerüst; an jeder zweiten Glucoseeinheit ist eine Seitenkette aus D-Mannose und D-Glucuronsäure substituiert. Die Grundeinheit bildet ein Pentapeptid.

Die **Synthese** der Exopolysaccharide läuft nach zwei Mechanismen ab. Einige, z. B. die Dextrane und Lävane, werden mit Hilfe extracellulärer Enzyme aufgebaut. Die überwiegende Zahl der Exopolysaccharide phytopathogener Bakterien wird in den Hauptschritten intracellulär gebildet, nur

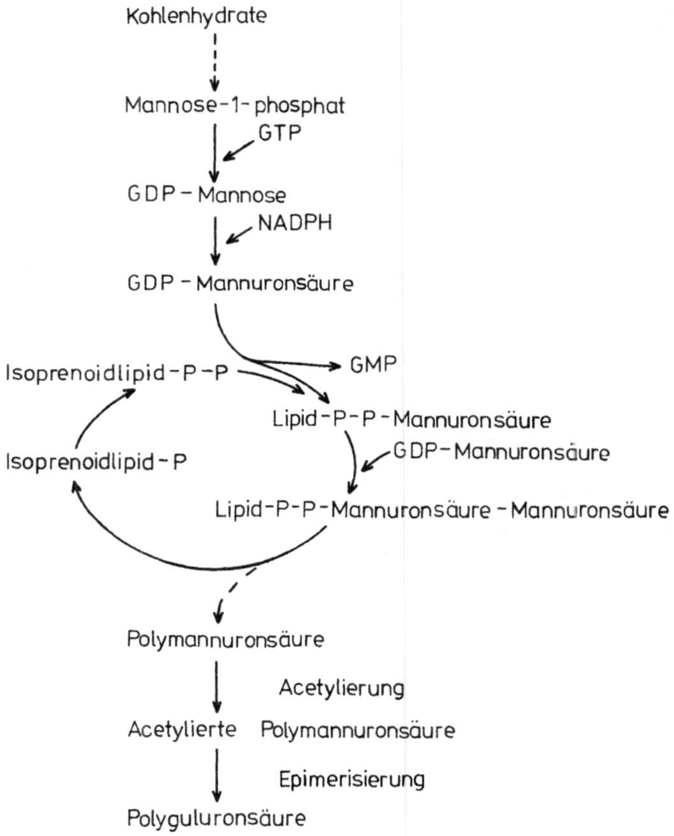

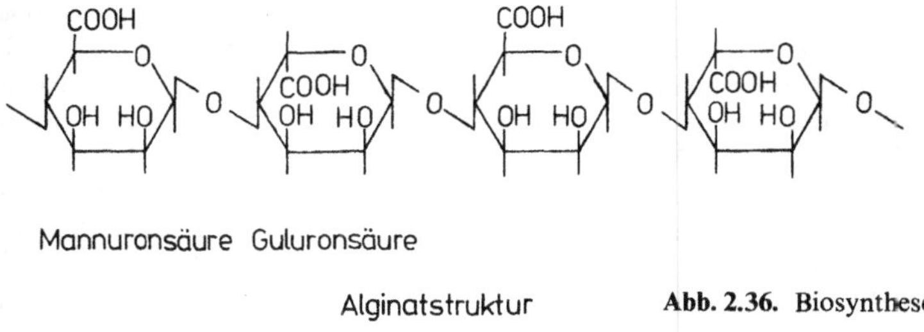

Abb. 2.36. Biosyntheseweg eines Exopolysaccharids.

die letzten Schritte der Makromolekülbildung gehen in den Außenschichten der Zellwand vor sich. Als Beispiel sei die bei phytopathogenen Pseudomonaden verbreitete Synthese der **Alginate** angeführt (Abb. 2.36.). Sie erfolgt ähnlich der Murein- und auch Lipopolysaccharidsynthese. Guanosintriphosphat (GTP)-aktivierte Zucker werden auf ein C_{55}-Polyisoprenoidlipid-diphosphat übertragen; durch schrittweise Polymerisation und anschließende Acetylierung und Epimerisierung der Zuckerbausteine kommt es zur Synthese des Heteropolysaccharids aus Mannuronsäure und Guluronsäure. Im Falle der Alginate ist die Sequenz irregulär, es gibt Bereiche aus Polymannuronsäure und auch Polyguluronsäure.

2.2.4. Wachstum

Wachstum ist der irreversible Zuwachs der lebenden Zellsubstanz. Es ist mit der **Vergrößerung** der Zelle und mit einer **Vermehrung** der Zellzahl verbunden. Die Zunahme der Zellmasse erfolgt nicht immer gleichartig. Parameter des Wachstums sind die **Verdopplungs-** bzw. **Generationszeit** (Zeitintervall der Verdopplung der Masse bzw. Zahl in min oder Std.) und die **Wachstums-** bzw. **Teilungsrate** (Verdopplungen der Masse bzw. Zahl pro Std.). Die Wachstumsparameter sind artspezifisch und von den Umweltbedingungen abhängig.

Ernährung und Umwelteinflüsse

Wie im Abschnitt 2.2.1. dargestellt wurde, ernähren sich die phytopathogenen Bakterien chemoorganotroph bzw. heterotroph. Die elementaren Nährstoffansprüche sind Abbildung 2.20. zu entnehmen. **Kohlenstoff-** und **Energiequellen** sind vor allem Kohlenhydrate und organische Säuren, daneben auch Aminosäuren. Die Verwertung von Polymeren wie Polysacchariden und Proteinen setzt die Ausscheidung extracellulärer hydrolytischer Enzyme voraus, zu deren Bildung viele phytopathogene Bakterien befähigt sind. Als **Stickstoffquelle** können sowohl anorganische Verbindungen wie Nitrat und Ammonium als auch organische Stoffe wie Proteine und Aminosäuren genutzt werden. Schwefelhaltige Aminosäuren fungieren ebenso wie Sulfate als **Schwefel**quelle. **Phosphor**quelle ist in der Regel Phosphat, welches auch durch phosphorolytische Enzymreaktionen aus Nucleinsäuren und Nucleotiden freigesetzt werden kann. Weitere essentielle **Makroelemente** sind Kalium, Calcium, Magnesium und Eisen. Für die Aufnahme von Eisen, das unter natürlichen Bedingungen häufig in wachstumslimitierender Menge vorliegt, bilden die Bakterien Siderophore, die das Fe^{3+} komplex binden und in dieser Form transportieren. Essentielle **Mikroelemente** für viele Bakterien sind Mangan, Molybdän, Zink, Kupfer, Cobalt, Nickel, Bor und Natrium. Das Wachstum einer Reihe von phytopathogenen Bakterien wird durch **Vitamine** und andere organische Ergänzungsstoffe gefördert bzw. ist von ihnen abhängig. So benötigen die Xanthomonaden B-Vitamine. Auf die Rolle des Sauerstoffs als Substrat für aerobe Bakterien wurde bereits unter 2.2.1. hingewiesen. Schließlich sei angeführt, daß auch heterotrophe Bakterien CO_2 für Carboxylierungsreaktionen benötigen.

In komplexen natürlichen Substraten wie Pflanzen- und Fleischextrakten liegen die Nährstoffe in einem für Bakterien ausgewogenen Verhältnis vor. Bei synthetischen Nährmedien, die aus definierten chemischen Verbindungen zusammengesetzt werden, ist auf ein ausgewogenes C:N:P:S-Verhältnis zu achten. Das Wachstum ist vom Wasserangebot abhängig. Hohe Konzentrationen an gelösten Stoffen setzen dessen Verfügbarkeit herab, sehr hohe Stoffkonzentrationen führen aufgrund osmotischer Effekte zu lytischen Schädigungen. Eine optimale **Wasserstoffionenkonzentration** spielt eine entscheidende Rolle für das Wachstum. Bakterien bevorzugen einen neutralen bis schwach alkalischen pH-Wert. Nur wenige Gruppen sind säuretolerant. Pseudomonaden, die Säure produzieren, aber in höherer Konzentration nicht tolerieren, müssen daher in gepufferten Medien kultiviert werden. Phosphate erfüllen in synthetischen Medien diese Funktion.

Hinsichtlich der **Temperatur** zeigen die meisten phytopathogenen Bakterien ein **mesophiles** Verhalten. Die maximale Wachstumsrate der Mesophilen liegt zwischen 20 und 40 °C. Einige Pseudomonaden, zu denen die Eiskeime bildenden (engl. „ice nucleation active" = INA) *Pseudomonas syringae*-Stämme gehören (s. 3.6.), vermögen noch gut bei Temperaturen um den Gefrierpunkt zu wachsen. Insgesamt besitzen die phytopathogenen Bakterien ein weites Temperaturspektrum, sie sind **eurytherm** und zeigen eine Tendenz zum psychrotrophen Verhalten, d. h. sie wachsen auch bei niederen Temperaturen. Kältegrade, die zum Gefrieren führen, ermöglichen kein Wachstum mehr, sie bewirken jedoch keine Abtötung. Daher ist das Einfrieren eine der wichtigsten Methoden der Stammkonservierung (Lagerung unter flüssigem Stickstoff). Andererseits führen Temperaturen > 50 °C zur Abtötung der meisten phytopathogenen Bakterien, da sie nicht zur Bildung thermostabiler Sporen befähigt sind.

Wachstumskinetik

Bakterien vermehren sich durch Zweiteilung. Die Vermehrung folgt damit einer geometrischen Reihe, bei welcher der Exponent der Zahl der Teilungen entspricht: $2^0 \rightarrow 2^1 \rightarrow 2^2 \rightarrow 2^3 \rightarrow \rightarrow \rightarrow 2^n$. Bei der graphischen Darstellung des zeitlichen Wachstumsverlaufs trägt man entweder die Zellzahl logarithmisch auf, oder es wird der Logarithmus der Zellzahl eingetragen, wodurch sich eine ansteigende Gerade ergibt. Die in dieser Weise ablaufende Populationszunahme bezeichnet man daher als exponentielles Wachstum.

Wenn Bakterienzellen in ein Wachstumsmedium gelangen, beginnt in der Regel die Vermehrung erst nach einer unterschiedlich langen **Anlauf-** oder **lag-Phase**. In dieser Anpassungszeit werden unter anderem Enzyme neu synthetisiert, die für die Nutzung der vorliegenden Substrate benötigt werden. Wie aus dem in Abbildung 2.37. dargestellten typischen Kurvenverlauf einer Bakterienpopulation zu ersehen ist, schließt sich an die lag-Phase die schon erwähnte **exponentielle** oder **logarithmische (log) Wachstumsphase** an. Die Teilungsrate ist eine art- und milieuspezifische Größe. Beispielsweise teilen sich *Pseudomonas*-Arten je nach Milieubedingungen im Abstand von 30—120 min. Mit abnehmender Konzentration einer essentiellen Nährstoffkomponente tritt eine Abnahme der Teilungsrate ein, und die Kultur geht in die **stationäre Phase** über. Als wachstumsverzögernde und -hemmende Faktoren können auch Stoffwechselprodukte der Bakterien (z. B. Säuren) wirken, die sich im Kulturmedium anhäufen. In der stationären Phase vermehren sich die Zellen nicht mehr, sie können jedoch noch stoffwechselaktiv sein. Nach einiger Zeit beginnt die **Absterbephase**, in der zunächst nur wenige Zellen zugrunde gehen; im weiteren Verlauf kann die Lebendkeimzahl exponentiell abnehmen. Wenn das Absterben mit einer Auflösung der Zellsubstanz durch zelleigene Enzyme (Autolyse) verbunden ist, wird der Absterbevorgang in der Kulturlösung auch äußerlich durch Rückgang der Trübung sichtbar.

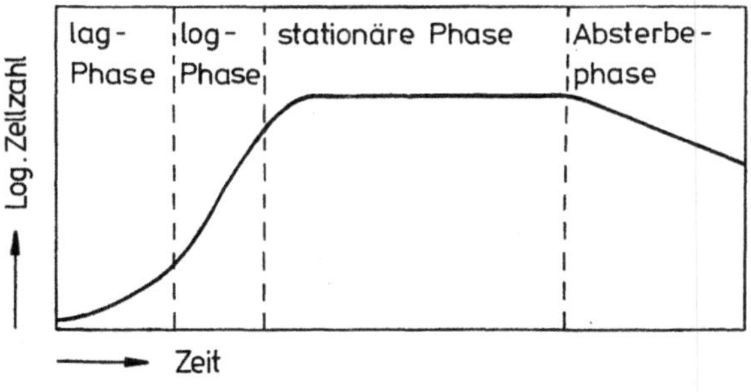

Abb. 2.37. Wachstumsphasen einer Bakterienkultur.

In der Pflanze verläuft das Wachstum in ähnlicher Weise wie in einer Nährlösung (s. a. 4.3.3.). Die inhomogene Verteilung im infizierten Pflanzengewebe bewirkt jedoch Besonderheiten. Häufig bilden sich Mikrokolonien, in denen die Zellindividuen nicht gleichmäßig mit Nährstoffen versorgt sind. Dadurch kommt es zu Abweichungen vom exponentiellen Verlauf. Weiterhin führen die von der Pflanze gebildeten Hemmstoffe zu einem veränderten Wachstumsverlauf.

Wachstumshemmung

Chemische Substanzen, die das Wachstum hemmen, spielen sowohl bei natürlichen Abwehrreaktionen als auch für die Bekämpfung von Bakteriosen eine Rolle (s. 4.3.5.). Pflanzeneigene Hemmstoffe können bereits vor der Infektion vorliegen (praeinfektionelle Substanzen) oder durch die Infektion bedingt neu synthetisiert werden (postinfektionelle Substanzen). Zu den **praeinfektionellen Substanzen** gehören vor allem phenolische Verbindungen wie Brenzkatechin, Protocatechusäure und Chlorogensäure. Phenolische Verbindungen greifen an den Zellgrenzschichten an und zerstören die Semipermeabilität der Cytoplasmamembran. Zu den **postinfektionellen inhibitorischen Substanzen** gehören die Phytoalexine. Dabei handelt es sich um niedermolekulare antimikrobielle Substanzen, z. B. Isoflavonoide, Sesquiterpene, Polyacetylene, Dihydrophenanthrene und andere Stoffklassen. Entsprechend der strukturellen Mannigfaltigkeit gibt es keinen einheitlichen Wirkungsmechanismus; Membranschädigungen dürften vorherrschen.

Das Spektrum der zur Bekämpfung phytopathogener Bakterien entwickelten **Baktericide** ist sehr begrenzt (s. 6.7.). Die vor allem als Fungicide eingesetzten Kupferverbindungen und andere **Schwermetalle** wie Quecksilber sind starke Enzymgifte, die mit den SH-Gruppen der Proteine reagieren. Unter den **Antibiotica** haben in einigen Ländern Streptomycin und Oxytetracyclin eine gewisse Bedeutung bei der Bekämpfung von Bakteriosen. Streptomycin und andere Aminoglykosid-Antibiotica greifen in die Proteinsynthese ein, indem sie an die 30S-Untereinheiten der Ribosomen gebunden werden und die Verlängerung der Polypeptidkette hemmen. In ähnlicher Weise, aber durch einen anderen Mechanismus, wirken auch die Tetracycline auf die Proteinsynthese. Sie blockieren die Aminoacyl-tRNS-Bindung an der 30S-Untereinheit der Ribosomen.

2.2.5. Sekundärstoffwechsel

Sekundärstoffe sind niedermolekulare Stoffwechselprodukte, die meist nur durch eine begrenzte Anzahl von Organismen oder -gruppen und unter bestimmten Kulturbedingungen gebildet werden und vielfach keine nachweisbare Funktion im Stoffwechsel der sie produzierenden Organismen haben. Zu den bekanntesten von bestimmten Bakterienarten, namentlich vielen Streptomyceten, gebildeten sekundären Naturstoffen zählen zweifellos die **Antibiotica** wie Streptomycin, Chloramphenicol, Kasugamycin u. a. Für sie und einige Sekundärmetabolite der phytopathogenen Bakterien ist eine ökologische Funktion unter natürlichen Existenzbedingungen wahrscheinlich bzw. sicher nachgewiesen worden. Dazu gehören die schon erwähnten Siderophore, die Antibiotica und eine Reihe von **Phytotoxinen**. Phytotoxine sind Sekundärmetabolite, die vom Pathogen gebildet werden und zur Ausbildung von Krankheitssymptomen beitragen oder sie verursachen (s. dazu 3.4. u. 4.3.4.). Sie gehen zum überwiegenden Teil aus dem Aminosäure- und Peptidstoffwechsel hervor. Bemerkenswert ist, daß ihre Bildung im Gegensatz zu den meisten anderen Sekundärmetaboliten wachstumsassoziiert ist, die Synthese erfolgt während des Wachstums und nicht erst in der stationären Phase.

Produkte des Sekundärstoffwechsels besonderer Art sind die als Wachstumsregulatoren wirkenden **Auxine** und **Cytokinine** (s. a. 3.3.).

Für andere Sekundärmetabolite, z. B. den für die Xanthomonaden charakteristischen gelben **Farbstoff**, ein bromiertes Derivat des Oryloctans, ist die Funktion ungeklärt.

Auch die übrigen bei bestimmten Bakteriengattungen und -arten anzutreffenden Pigmente, die teils löslich, teils nicht wasserlöslich sind, stammen ausnahmslos aus dem Sekundärstoffwechsel. Die Farbstoffe der photosynthetisch aktiven Bakterien haben eine Schlüsselfunktion bei der Lichtabsorption. Die physiologische Bedeutung der meisten anderen Pigmente ist unbekannt.

Die für viele coryneforme Bakterien (Gattungen *Clavibacter*, *Curtobacterium*, *Rhodococcus* u. a.) charakteristische Gelbfärbung rührt von zelleigenen Carotinoiden her, während der Farbstoff der *Flavobacterium* spp. eine Flexirubin-Struktur besitzt.

Auch die als Siderophore (s. 2.2.4.) wirksamen fluorescierenden Farbstoffe vieler *Pseudomonas* spp. sind Sekundärmetabolite; sie gehören offenbar verschiedenen Stoffklassen an, teils handelt es sich um Pterin-Abkömmlinge oder aminosäurehaltige Verbindungen mit geringem Mol.-Gewicht, teils ist ihre Struktur, wie z. B. beim Pyoverdin, noch nicht aufgeklärt (Krieg & Holt 1984). Daneben kommen in der Gattung *Pseudomonas* noch andere, nicht fluorescierende Farbstoffe vor. So sind z. B. die *Ps. chloroaphis* (Guignard & Savaugeau 1894) Bergey et al. 1930 (Chlororaphin) und *Ps. aeruginosa* (Pyocyanin) produzierten grünen bzw. blau-grünen Pigmente Phenazin-Körper.

Rote Farbstoffe enthalten — von den Purpurbakterien abgesehen — vor allem *Serratia marcescens* und bestimmte Vertreter der Gattungen *Erwinia* und *Pseudomonas*; bei *S. marcescens* BIZIO 1923 wird die Pigmentierung durch das Prodigiosin hervorgerufen, das eine Kombination von 3 Pyrrolringen darstellt, und bei den *Pseudomonas* spp. ist das Pyorubin als roter Farbstoff bekannt.

Blaue Pigmente findet man nur bei wenigen Bakterienarten, häufiger sind sie lediglich bei den Streptomycetales. Diagnostischen Wert besitzen sie bei *Clavibacter michiganensis* subsp. *insidiosus* und für manche Isolate von *Erwinia chrysanthemi* pv. *chrysanthemi*. Diese Färbung wird durch das Indigoidin hervorgerufen, das eine Azachinon-Struktur besitzt.

2.3. Genetik

2.3.1. Bedeutung der Bakteriengenetik

Das Studium der Vererbung bei Bakterien hat wesentliche Einsichten in Natur, Organisation, Verdopplung und Funktion des genetischen Materials gebracht. Bevorzugtes Objekt war und ist dabei *Escherichia coli* K-12. Viele Ergebnisse können jedoch — zumindest für Prokaryoten — verallgemeinert werden. So verlaufen z. B. Replikation der DNS oder Transkription und Translation in allen Bakterien in gleicher Weise. Auch die molekularen Mechanismen von Mutation und Rekombination sind identisch. Unterschiede bestehen demgegenüber z. B. in den anabolen und katabolen Leistungen der verschiedenen Bakterienspecies und deren genetischer Determinierung, oder in den Prozessen, die zu einer Zusammenführung verschiedenen genetischen Materials und zu dessen Rekombination führen.

Zu den nur auf einige Bakterienarten beschränkten Charakteristika gehört die Phytopathogenität. Die Genetik phytopathogener Bakterien ist bisher wenig entwickelt und die genetische Determinierung phytopathogener Eigenschaften nur in einigen wenigen Fällen bekannt.

2.3.2. Organisation des genetischen Materials

Nucleoid

Hauptträger der genetischen Information einer Bakterienzelle ist das **Kernäquivalent** (Nucleoid). Es ist ein DNS-Doppelstrang-Molekül (bei *E. coli* aus 4×10^6 Basenpaaren [bp]), das ringförmig geschlossen ist. Obgleich die molekulare Organisation des Nucleoids sehr viel einfacher ist als die der Chromosomen der Eukaryoten, hat sich auch hier der Begriff (Bakterien-)Chromosom eingebürgert.

In der Regel trägt die Nucleoid-DNS die „Grundausstattung" an genetischer Information eines Bakteriums. So codiert sie für die Verwertung üblicher (für die entsprechende Art typischer) Substrate als Kohlenstoff- und Energie- und/oder Stickstoffquelle und für die Synthese aller essentiellen Zellbestandteile einschließlich der für eine (vegetative) Replikation des Chromosoms notwendigen Enzyme und Proteinfaktoren.

Von einer Reihe von Bakterienspecies sind **Chromosomenkarten** aufgestellt worden, in die die Lage der Gene eingetragen ist. Diese Karten sind fast immer in Transferminuten eingeteilt, da die Lage der Gene vorwiegend mit Hilfe der Konjugation (s. 2.3.7.) ermittelt worden ist. Die Zeit, die für den Transfer eines Gens notwendig ist, wurde als Kriterium für seine Lage auf dem Chromosom gewählt. Bei *Escherichia coli* z. B. ist die Chromosomenkarte 100 Transferminuten lang, und es sind >1000 Gene bekannt und kartiert. Sie sind nicht gleichmäßig über das Chromosom verteilt. In einigen Regionen sind sehr viele Gene nachgewiesen worden, in anderen (kleineren) Chromosomenabschnitten konnte man bisher keine Gene finden. Gene, die für die verschiedenen Schritte eines Biosynthese- oder Abbauweges codieren, liegen zum Teil in einer Chromosomenregion hintereinander (sie sind „geklustert") und werden dann häufig gemeinsam reguliert und transkribiert.

Plasmide

Zusätzlich zum Chromosom können Bakterienzellen weitere DNS-Strukturen, die **Plasmide**, enthalten. Plasmide (bei Bakterien) sind Doppelstrang-Ringe von einer Größe zwischen ca. 3×10^3 bis $>5 \times 10^5$ bp; ihr DNS-Molekül ist noch einmal aufgeschraubt, es liegt als „Superknäuel" (Supercoil, CC-Form) vor (Abb. 2.38.)[1]. Sie zeichnen sich dadurch aus, daß sie autonom (d. h. vom Nucleoid physikalisch getrennt) existieren und sich replizieren können. Ein Plasmid ist — wie das Chromosom — ein **Replicon**.

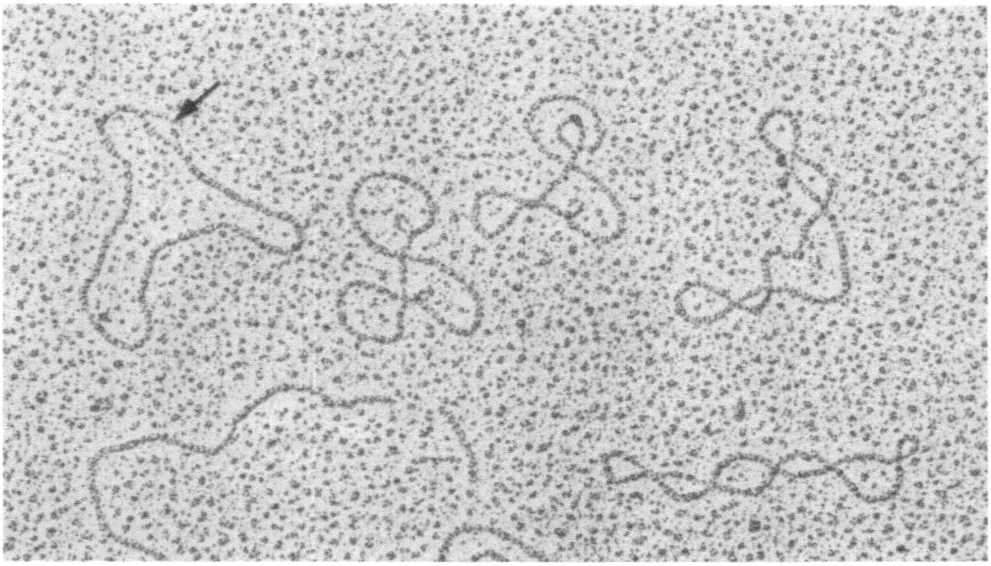

Abb. 2.38. Das Plasmid pBR 322 in der Supercoil-Form (CC-Form) (links) und als replizierendes Molekül. Verdoppelter Bereich mit Pfeil angegeben. Aufnahme S. Klaus.

Plasmide kommen fast immer in mehreren Kopien pro Zelle (und Chromosom) vor. Wie hoch die Anzahl ihrer Kopien ist, hängt vom Plasmidtyp ab. Sie liegt bei großen Plasmiden ($\geqq 3 \times 10^4$ bp) nur selten > 5, häufig nur bei 1—2; ihre Replikation wird durch eigene Genprodukte streng („stringent") kontrolliert. Kleine Plasmide sind in vielen (10—100) Kopien vorhanden; sie werden unter weniger strenger („relaxed") Kontrolle repliziert. Bei vielen von ihnen kann darüber hinaus die Kopieanzahl unter verschiedenen physiologischen Bedingungen (späte stationäre Phase und/oder Hemmung der Proteinsynthese durch Chloramphenicol) noch weiter erhöht werden.

Ein durch den Repliconcharakter bedingtes Phänomen ist die **Inkompatibilität**, die Unfähigkeit von Plasmiden (ohne ständigen Selektionsdruck), in einer Zelle zu koexistieren. Inkompatibel sind Plasmide, die für ihre Replikation (und Verteilung) die gleichen Membrananheftungsstellen benötigen und/oder deren Replikation in gleicher oder sehr ähnlicher Weise kontrolliert wird (s. 2.3.3.).

Neben den Genen, die für die autonome Replikation und die Verteilung der Plasmide während der Zellteilung verantwortlich sind, können auf einem Plasmid weitere Gene lokalisiert sein, die dem Wirtsbakterium zusätzliche Eigenschaften verleihen. So sind Plasmide beispielsweise häufig für die **Resistenz** von Bakterien gegenüber Antibiotica, anderen Drogen, Schwermetallsalzen usw. zuständig, indem sie entweder für Enzyme codieren, die diese Substanzen inaktivieren, oder für Proteine, die in

[1]) Die meisten molekularbiologischen Methoden zur Isolation und zum Nachweis von Plasmiden beruhen darauf, daß man die physikalischen Eigenschaften solcher CC-Formen ausnutzt.

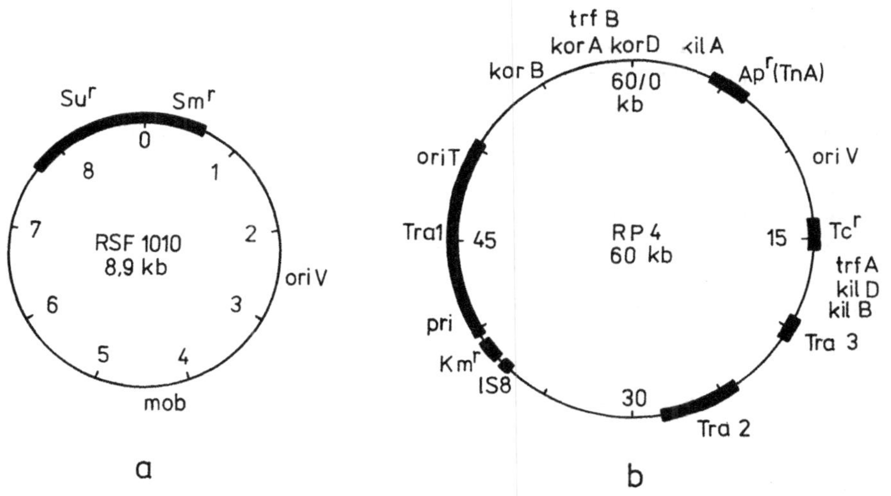

Abb. 2.39. Vereinfachte genetische Karten von Plasmiden.
a) RSF1010, ein nicht konjugierendes (mobilisierbares) Plasmid mit großem Wirtsbereich. Es trägt Gene für die Resistenz gegen Streptomycin (Sm^r) und Sulfonamide (Su^r). Am *oriV* beginnt die vegetative Replikation; die Region *mob* ist für die Mobilisierung des Plasmids notwendig.
b) RP4, ein konjugierendes Plasmid mit großem Wirtsbereich. Es trägt Gene für die Resistenz gegen Tetracyclin (Tc^r), Kanamycin/Neomycin (Km^r) und Ampicillin/Carbenicillin (Ap^r). *Tra*: Gene für den konjugativen Transfer; *trfA* und *trfB*: Gene, die für die stabile Weitervererbung (Replikation) zuständig sind; *pri*: Gen für die Primase; die *kil*-Gene codieren für Proteine, die zum Abtöten der Wirtszelle führen; ihre Wirkung wird durch die entsprechenden *kor*-Gene kompensiert.

die Membran eingebaut werden und dadurch die Penetration dieser Substanzen in die Zelle erschweren. Andere codieren für den **Abbau ungewöhnlicher Substrate** und ermöglichen damit ihrem Wirtsbakterium deren Nutzung als Kohlenstoff- und Energie- und/oder Stickstoffquelle. Weiterhin kann die Bildung von Bakteriocinen durch Plasmide determiniert werden (s. a. 2.4.7.). Für die Phytopathologie haben insbesondere Plasmide Bedeutung, die für die Induktion von Tumoren bei Pflanzen verantwortlich sind.

Große Plasmide tragen in der Regel noch weitere genetische Information, die ihre Wirtszelle zur **Konjugation** (s. u.) befähigt. Die genetische Organisation eines konjugierenden und eines nichtkonjugierenden Plasmides zeigt die Abbildung 2.39.

Für viele Plasmide ist beschrieben, daß sie nicht völlig stabil vererbt werden. Sie gehen — bei fehlendem Selektionsdruck für das durch sie codierte Merkmal — schnell verloren. Darüber hinaus haben häufig Zellen ohne (oder mit weniger) Plasmide(n) einen Selektionsvorteil. Andererseits werden häufig Plasmide durch Konjugation (s. u.) mit hoher Frequenz erworben. Das hat zur Folge, daß sich plasmidtragende Zellen, begünstigt durch die hohe Vermehrungsrate der Bakterien, schnell in einer Population anreichern können oder weitestgehend ausverdünnt werden, je nachdem, ob das plasmidcodierte Merkmal für das Überleben der Zelle notwendig ist oder nicht.

Eine **Einteilung der Plasmide** kann auf der Basis unterschiedlicher Kriterien vorgenommen werden. So ist es z. B. üblich, nach dem Merkmal, das sie der Bakterienzelle verleihen, von Resistenzplasmiden, degradativen (katabolen, metabolen) Plasmiden, bacteriocinogenen Plasmiden usw. zu sprechen. Plasmide, die für kein (bekanntes) Merkmal codieren, werden als „kryptische Plasmide" bezeichnet. Außerdem wird zwischen konjugierenden und nichtkonjugierenden Plasmiden unterschieden. Eine wichtige Klassifizierung erfolgt auf der Basis der Inkompatibilität: Plasmide, die inkompatibel sind, werden in die gleiche Inkompatibilitätsgruppe eingeordnet.

Wie die meisten Bakterien tragen auch die phytopathogenen Arten Plasmide. So wurde sowohl bei den Gram-positiven coryneformen Bakterien (z. B. *Clavibacter* spp.) als auch bei den Gram-negativen phytopathogenen Arten von *Erwinia*, *Pseudomonas*, *Xanthomonas* usw. eine Vielzahl von Plasmiden mit unterschiedlicher Molekülmasse nachgewiesen. Mit wenigen Ausnahmen (vgl. 2.3.8.) gibt es noch keine Hinweise auf die Funktion dieser Plasmide bzw. auf Merkmale, die durch sie codiert werden. Sie werden daher als kryptische Plasmide betrachtet.

Große Bedeutung haben Plasmide in den letzten Jahren für die Gentechnik erlangt. Eine Reihe von — in der Regel „künstlichen", in vitro konstruierten — Plasmiden wird als Trägerstruktur **(Klonierungsvektoren)** für die DNS benutzt, die die Information für das erwünschte Merkmal trägt. Der Replikationsbereich dieser Plasmide stammt sehr häufig von einem relaxed kontrollierten Plasmid. Dadurch wird erreicht, daß — bedingt durch die hohe Kopieanzahl solcher Plasmide — die klonierte DNS in vielen Kopien pro Zelle (und Chromosom) vorliegt und so auch unter günstigen Voraussetzungen (Regulation!) viel Genprodukt gebildet werden kann.

Transposable Elemente

Seit dem Ende der sechziger Jahre sind DNS-Elemente bekannt, die — obgleich natürlicher Bestandteil des Chromosoms und von Plasmiden vieler Bakterienspecies — eine Sonderstellung einnehmen. Sie sind transponierbar **(transposabel)**, d.h. sie können an verschiedenen Stellen ins Genom integrieren. (Der Prozeß wird Transposition genannt.) Zu ihnen gehören die **Insertionssequenzen** (IS), die **Transposons** (Tn) und einige **zur Transposition befähigte Bakteriophagen** (z. B. Mu). Ihnen allen gemeinsam ist, daß sich eine DNS-Sequenz von mindestens 15 bp des einen Endes (nahezu) perfekt in umgekehrter Orientierung am anderen Ende wiederholt (**inverted repeats** = IR) und daß sie für den Transpositionsprozeß zuständig sind.

IS haben eine Länge zwischen ca. 800 und 1500 bp und tragen nur Gene, die den Transpositionsprozeß kontrollieren. Transposons sind >2000 bp und codieren für mindestens ein zusätzliches Merkmal, häufig für eine Antibioticum-Resistenz.

In bezug auf ihre Organisation kann man zwei Typen unterscheiden. Der eine Typ (die Tn3-Familie) hat IR (~ 40 bp) an den Enden, und im internen Teil liegen die Gene für die Transposition und für das (die) Merkmal(e). Bei dem anderen Typ wird der interne Teil, der nur das (die) Gen(e) für das (die) zusätzliche(n) Merkmal(e) trägt, zu beiden Seiten von einer IS flankiert (in gleicher oder umgekehrter Orientierung), die für die Transpositionsfähigkeit verantwortlich ist. Vertreter dieses Typs sind Tn5 (mit invertierten IS50), Tn9 (mit IS1 in gleicher Orientierung) und Tn10 (mit invertierten IS10) (Abb. 2.40.).

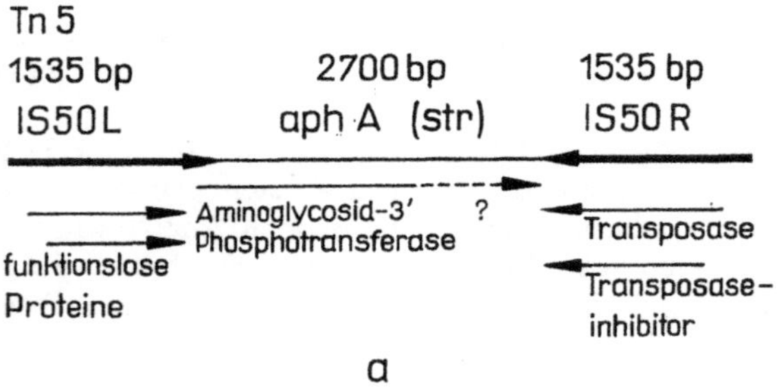

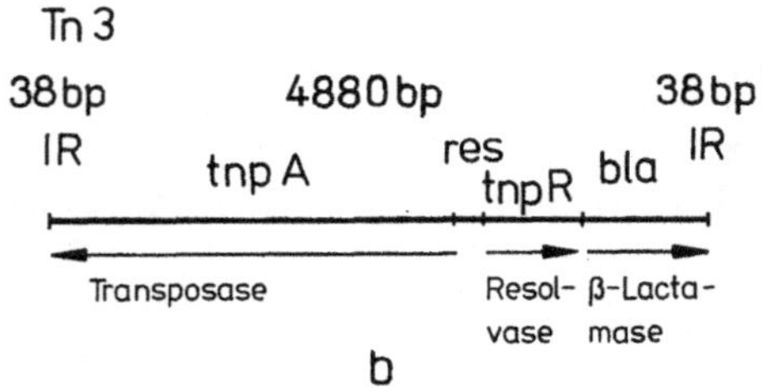

Abb. 2.40. Organisation von Transposons.
a) Tn5, das für Neomycin/Kanamycin-Resistenz (*aphA*) und für Streptomycin-Resistenz (*str*) codiert (die Streptomycin-Resistenz wird in *Escherichia coli* nicht exprimiert) und von invertierten IS50 flankiert wird.
b) Tn3 mit dem Gen für die Ampicillin/Carbenicillin-Resistenz (*bla*) und den für die Transposition zuständigen Genen *tnpA* und *tnpR*.

Während IS und Tn nur im integrierten Zustand existieren, können die zur Transposition befähigten Phagen auch frei vorliegen. Am besten untersucht ist der Phage Mu[1]).

Für den Transpositionsprozeß werden gegenwärtig verschiedene Mechanismen diskutiert. Bei einer Reihe von transposablen Elementen (z. B. Tn3) ist mit großer Wahrscheinlichkeit die Transposition mit einer Replikation des Elements und einer kurzen Region an dem neuen Integrationsort verbunden. Nach der Transposition liegt das Element an seinem ursprünglichen Platz und einer neuen Stelle vor. Andere (z. B. Tn5) scheinen wirklich „springen" zu können (so wie das ursprünglich angenommen wurde). Verschiedene Ergebnisse sprechen dafür, daß sie sich präzise an ihrem alten Platz ausschneiden und an einer neuen Stelle wieder integrieren können. Es kann auch nicht ausgeschlossen werden, daß ein und dasselbe Element zur Transposition mit und ohne Replikation in der Lage ist.

Durch transposable Elemente kann die Variabilität, die durch Erwerb, Besitz oder Verlust der Plasmide bedingt ist, noch erhöht werden.[2]) Darüber hinaus sind transposable Elemente spezifische Regionen für rekombinative Prozesse (s. Rekombination), durch die das genetische Material einer Bakterienzelle neu kombiniert werden kann.

2.3.3. Verdopplung und Verteilung des genetischen Materials

Die **Replikation** (Verdopplung) der DNS ist eine wesentliche Voraussetzung für die Zellteilung. Sie läuft — wie bei allen anderen Organismen — semikonservativ ab, d. h. an jedem der beiden vorhandenen DNS-Stränge wird (nach dem Prinzip der Basenpaarung) ein komplementärer neuer Strang synthetisiert. Die Synthese erfolgt mit Hilfe von DNS-Polymerasen[3]), die neben der Polymerisierung auch das Paaren der komplementären Basen kontrollieren und „falsche", nicht komplementäre Nucleotide wieder entfernen können. Abbildung 2.41 zeigt ein Schema vom Ablauf der Replikation an einem Ausschnitt des *E. coli*-Chromosoms. Die erste Phase der Replikation ist die **Initiation.** Sie stellt einen repliconspezifischen Prozeß dar, d. h. die Initiation der Replikation des Chromosoms, der verschiedenen Plasmide und der Prophagen wird durch unterschiedliche, in der Regel von dem entsprechenden Replicon codierte Genprodukte kontrolliert. Auf der Stufe der Initiation fällt die Entscheidung über die Syntheserate des Chromosoms bzw. der Kopieanzahl der Plasmide; die auf die Initiation folgenden Phasen der Replikation werden nicht reguliert.

Unmittelbar nach der Initiation werden eine Reihe von Enzymen und Proteinfaktoren wirksam, die für die Strangtrennung, das Stabilisieren des Einzelstrangzustandes und für die Reduktion des erhöhten Windungsgrades in der Nachbarschaft der Strangtrennung verantwortlich sind. Im Chromosom erfolgt die DNS-Replikation vom Startpunkt („Origin") nach beiden Seiten (bidirektional), Plasmide werden häufig unidirektional repliziert.

Zuerst wird ein kurzes (ca. 4 Nucleotide) RNS-Stück, der **Primer**, synthetisiert. An diesem beginnt die eigentliche DNS-Synthese. Bedingt durch die Syntheserichtung vom 5'- zum 3'-Ende kann nur ein Strang kontinuierlich mit dem Auseinanderweichen der DNS-Stränge synthetisiert werden. Die Replikation des anderen Stranges wird in Form von Teilstücken **(„Okazaki-Fragmenten")** von etwa 1000—2000 Nucleotiden Länge nachgeholt.[4]) Bei *E. coli* nimmt man an, daß ein großer Teil der Replikationsenzyme in einem — der Membran ansitzenden — Komplex **(dem Replisom)** vereinigt ist. Der sich replizierende Teil des Chromosoms läuft durch das Replisom. Die Membrananheftungs-

---

[1]) Die Bezeichnung Mu, für Mutator-Phage, beruht darauf, daß der Phage, wenn er in ein Gen integriert — wie IS und Tn auch —, zur Mutation führt, weil er dessen Kontinuität zerstört (s. a. Mutation).

[2]) Ein Transposon als Bestandteil eines Plasmides muß bei dessen Verlust nicht notwendigerweise mit verloren gehen. Nach Transposition auf eine andere genetische Struktur kann es erhalten bleiben und bei Transposition auf ein anderes Plasmid sogar weiter verbreitet werden.

[3]) Hauptenzym bei *E. coli* ist die Polymerase III.

[4]) Jedes Okazaki-Fragment beginnt mit einem Primer von 1—2 Nucleotiden. Wenn das nächste Okazaki-Fragment synthetisiert ist, kann er (durch Polymerase I) wieder herausgeschnitten und durch DNS ersetzt werden. Danach werden die Fragmente durch Ligase verbunden.

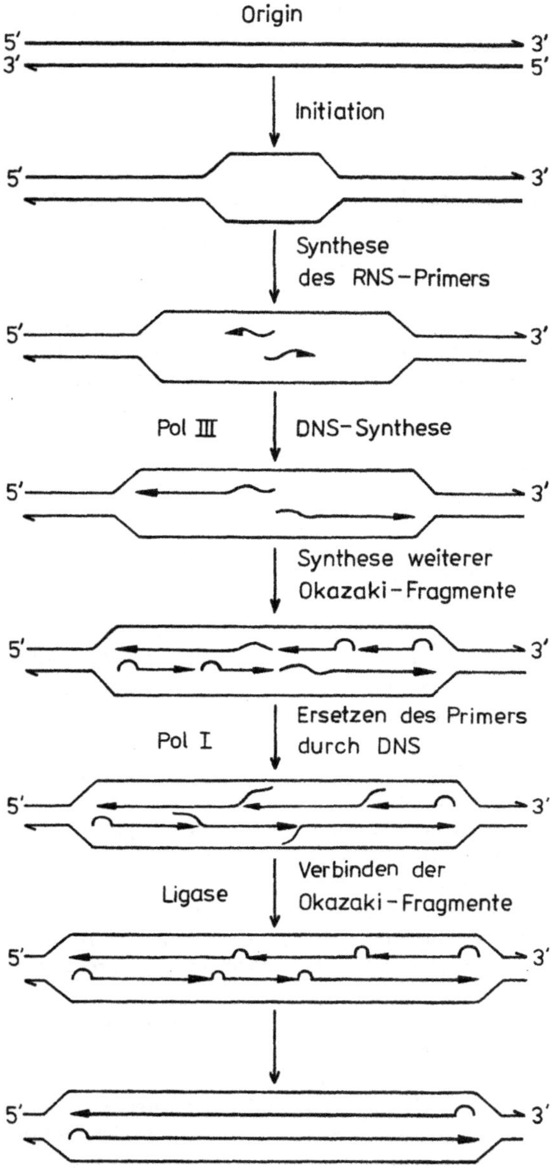

Abb. 2.41. Schema des Ablaufs der Replikation bei *Escherichia coli* (vgl. Text).

stelle ist wahrscheinlich auch für die Verteilung zuständig. Durch ein Trennen dieser Strukturen (infolge Membranwachstum) erfolgt auch ein Auseinanderweichen der beiden DNS-Moleküle. Ein ähnlicher Mechanismus wird auch für die großen, in niedriger Kopieanzahl vorliegenden Plasmide angenommen. Die kleinen Plasmide (mit hoher Kopieanzahl) werden wahrscheinlich zufällig verteilt.

2.3.4. Realisierung der genetischen Information

Die Realisierung der genetischen Information erfolgt über die **Transkription**, bei der nach der Basensequenz der DNS mit Hilfe der RNS-Polymerase eine einsträngige RNS synthetisiert wird. Viele der so gebildeten RNS-Typen sind, z. B. Bestandteile der Ribosomen (ribosomale RNS=rRNS), notwendig für die Funktionsfähigkeit einer Zelle. Die Transkripte der Strukturgene (messenger RNS = mRNS) werden in einem weiteren Prozeß, der **Translation**, in Protein übersetzt (s. a. 2.2.3.). Dabei bestimmt die Basensequenz der mRNS die Aminosäuresequenz des Proteins. (Durch jeweils drei aufeinanderfolgende Nucleotide, ein Codon, wird eine Aminosäure verschlüsselt.) Die Proteine steuern als Enzyme die Synthese oder den Abbau von Substanzen oder werden als Strukturbestandteile (Strukturproteine) in die Zelle eingebaut.

Für den Start der Transkription (d. h. Startpunkt, Strang, Richtung) ist eine Erkennungsregion für die RNS-Polymerase, der **Promoter**, notwendig. Dieser wiederum wird durch eine bestimmte Untereinheit der Polymerase, den **σ-Faktor**, erkannt.[1]) Die Transkription erfolgt kontinuierlich. Noch bevor eine RNS fertig synthetisiert ist, beginnt die Synthese der nächsten.

Eine mRNS wird bei den Bakterien entweder nur an einem Gen (monocistronische Messenger) oder an mehreren (funktionell zusammengehörigen) Genen (polycistronische Messenger) gebildet. In jedem Fall ist aber eine Transkriptionseinheit größer, als für die Codierung der Aminosäuresequenz notwendig ist. Am 5'-Ende einer mRNS befindet sich eine Sequenz, der **Leader**, der in der Regel nicht translatiert wird.

Da bei den Bakterien das genetische Material nicht vom Cytoplasma getrennt ist, kann noch während der Synthese einer mRNS am 5'-Ende deren Translation beginnen. Zuerst bildet sich ein Initiationskomplex, indem sich die kleine (30S-) Untereinheit eines Ribosoms an die mRNS anlagert.[2])

Nachdem sich die Start-transfer-RNS und die große Untereinheit des Ribosoms angelagert haben, beginnt der **Elongationsprozeß** der Translation. Die Vermittlung zwischen der Basensequenz der mRNS und der Aminosäuresequenz des Proteins übernehmen die verschiedenen aminosäurespezifischen transfer-RNS (tRNS)-Typen. Jede tRNS bindet (unter Mitwirkung von aminosäurespezifischen Enzymen, den Synthetasen) ihre spezifische Aminosäure und ordnet sie in das Protein ein. Die richtige Position findet die tRNS mit Hilfe ihres Anticodons, das zu dem jeweiligen Codon der mRNS komplementär ist und mit ihm paaren kann. Der Abbruch der Translation **(Termination)** erfolgt an einem Terminatorcodon (Nonsense-Codon), für das es keine tRNS gibt; danach wird das Protein abgelöst. Bei monocistronischen Messengern zerfallen die Ribosomen wieder in ihre Untereinheiten; bei polycistronischen Messengern beginnt am nächsten Startcodon erneut der Translationsprozeß. Ein Messenger wird in der Regel von mehreren Ribosomen nacheinander translatiert (polysomale Messenger).

2.3.5. Regulation der Genaktivität

Eine Reihe von Genen ist — zumindest unter „normalen" Lebensbedingungen — **konstitutiv**; ihre Aktivität (die Transkriptionshäufigkeit) hängt davon ab, wie gut der Promoter erkannt wird. Die Aktivität anderer Gene kann darüber hinaus je nach physiologischem Zustand oder Umweltbedingungen **reguliert** werden. Diese Regulation ist eine wichtige Voraussetzung für die Koordinierung des Stoffwechsels einer Bakterienzelle, ermöglicht aber auch die Ausnutzung spezifischer Substrate und damit eine phänotypische Anpassung an unterschiedliche Umweltbedingungen.

Bei den Bakterien spielt vor allem die Regulation auf der Transkriptionsebene eine große Rolle. Die Transkription wird kontrolliert, indem der Start begünstigt (oder ermöglicht) bzw. erschwert wird oder indem eine vorzeitige Termination erfolgt.

Eine Aktivität von Genen in Abhängigkeit vom physiologischen Zustand der Zelle kann durch verschiedene σ-Faktoren erreicht werden, die unterschiedliche Promotoren erkennen. Bei *Bacillus*

---

[1]) Für die Erkennung sind insbesondere zwei kurze Nucleotidsequenzen des Promoters wichtig, die um zehn (—10 Region oder Pribnow-Box) bzw. um 35 Nucleotide (—35 Region oder Entrybox) vor dem Nucleotid liegen, an dem die Transkription beginnt. Je nach Basensequenz dieser Bereiche wird der Promoter gut oder weniger gut erkannt und dadurch das Gen häufig oder weniger häufig transkribiert.

[2]) Für das Auffinden des Startcodons ist eine korrekte Anlagerung notwendig, die durch das Paaren einer spezifischen Sequenz des Leaders („Ribosomen-Bindungsort" oder „Shine-Dalgarno-Sequenz") mit dem Ende einer rRNS in der 30S-Untereinheit gewährleistet wird.

subtilis z. B. ist bekannt, daß während der Sporulation andere σ-Faktoren zum Einsatz kommen als während des vegetativen Wachstums, wodurch sporulationsspezifische Gene aktiviert werden. Auch bei anderen Bakterienarten sind zusätzliche σ-Faktoren beschrieben worden, die z. B. für die Aktivierung von Genen bei Streßsituationen (etwa bei Hitzeeinwirkung) verantwortlich sind.

Positive Kontrolle ist insbesondere bei Genen mit schwer erkennbaren Promotoren von Bedeutung. Gut untersucht ist sie bei den Genen, die der sog. C-Kataboliten-Repression unterliegen. Bei vielen Bakterienarten einschließlich *E. coli* ist Glucose die bevorzugte C-Quelle. Die Gene, die für den Abbau anderer Substrate codieren, besitzen schwer erkennbare Promotoren. Ihre Aktivierung erfolgt durch cyclisches Adenosin-monophosphat (cAMP), das zusammen mit einem Protein (CAP = „Catabolite gene activator protein“) an diese Promotoren binden kann. Der cAMP-Spiegel in einer

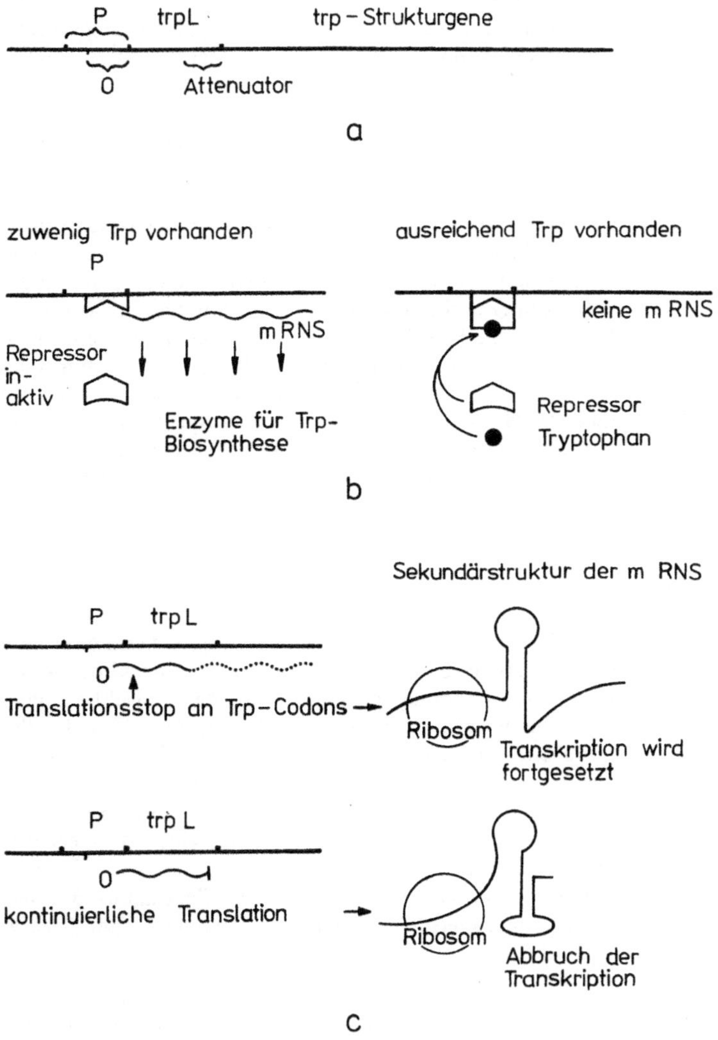

Abb. 2.42. Regulation des Tryptophan-Operons von *Escherichia coli*.
a) genetische Organisation des *trp*-Operons; b) Regulation am Operator; c) zusätzliche Regulation durch Attenuierung (rechts Sekundärstruktur der Leader-RNS in Abhängigkeit von der Position des Ribosoms). *P* Promoter, *O* Operator.

Zelle ist von der Glucosekonzentration abhängig. Steht ausreichend Glucose zur Verfügung, ist der cAMP-Spiegel niedrig, und eine Aktivierung der Gene, die für den Abbau anderer Substrate codieren, unterbleibt. Sinkt der Glucosegehalt — müssen andere Substrate genutzt werden —, erhöht sich der cAMP-Spiegel, und die entsprechenden Gene werden aktiviert.

Bei einer **negativen Kontrolle** wird die (aufgrund des Promoters mögliche) Transkriptionsaktivität herabgesetzt. Ein gut untersuchtes Beispiel negativer Kontrolle ist die Regulation der Lactose-Region, in der sich die Gene befinden, die für den Abbau der Lactose codieren (und die gemeinsam in einen polycistronischen Messenger umgeschrieben werden). Ihre Aktivität hängt von einem **Promoter** (der der C-Kataboliten-Repression unterliegt) und einem **Operator** ab. Die Regulation am Promoter und Operator erfolgt unabhängig. Der Operator liegt zwischen Promoter und den Strukturgenen (bei anderen Genen ist der Operator ein Teil des Promoters). Die gesamte funktionelle Einheit aus Promoter, Operator und den Strukturgenen wird als **Operon** bezeichnet. Die Regulation am Operator erfolgt mit Hilfe eines allosterischen Proteins, des **Repressors**, das vom Regulator-Gen codiert wird. Ist keine Lactose im Medium vorhanden — werden also die Genprodukte für ihren Abbau nicht benötigt —, lagert sich der Repressor an den Operator an und blockiert so die Transkription. Enthält das Medium Lactose, so bindet der Repressor die Lactose (die Affinität ist größer). Dadurch wird der Repressor so verändert, daß er den Operator nicht mehr zu binden vermag; die Folge ist, daß das *Lac*-Operon transkribiert werden kann.

Ähnlich wie bei dieser induzierbaren Enzymsynthese (das Substrat, das abgebaut werden soll, induziert die Gene, die für diesen Abbau codieren) werden auch Gene mit reprimierbarer Enzymsynthese reguliert. Bei diesen unterdrückt das Endprodukt einer Biosynthese, wenn es im Überschuß vorliegt, die Aktivität der für diesen Produktbildungsprozeß codierenden Gene. Das Endprodukt bildet dazu mit einem Repressor einen Komplex, und dieser blockiert den Operator. Auf diese Weise werden unter anderem einige Operons reguliert, die die Information für die Synthese von Aminosäuren tragen (Abb. 2.42.a, b).

Neben dieser beim Start der Transkription erfolgenden Kontrolle besteht für die Regulation von Genen für die Aminosäuresynthese eine weitere Möglichkeit durch die sog. **Attenuierung**.

Darunter versteht man den Abbruch der Transkription noch vor dem eigentlichen Genanfang. Die Leader dieser Operons zeichnen sich durch zwei Besonderheiten aus: 1. Aufgrund der Basensequenz sind Paarungen zwischen verschiedenen Bereichen möglich, so daß die Leader unterschiedlich gefaltet werden können. 2. Die Leader sind translatierbar und enthalten im Anfangsteil z. T. mehrere Codons für die Aminosäure, für deren Synthese das Operon codiert. Liegt die Aminosäure im Überschuß vor — d. h. kann reibungslos translatiert werden —, wird bevorzugt die Konfiguration gebildet, die zum Entstehen eines Transkriptions-Terminations-Signals führt. Stoppt dagegen die Translation an den Codons für die Aminosäure, für deren Biosynthese codiert wird (weil diese nicht in ausreichender Menge vorhanden ist), liegt der Leader in der alternativen Sekundärstruktur vor. In dieser Konfiguration wird das Terminationssignal nicht erkannt und die Transkription fortgesetzt (Abb. 2.42.c).[1])

Über die Translationshäufigkeit eines Messengers wird bei der Bildung des Initiationskomplexes entschieden. Von Bedeutung dafür sind die Basenfolge im Ribosomen-Bindungsort und ihr Abstand zum Startcodon.

Für eine Regulation auf der Ebene der Translation liegen bisher nur einige wenige Beispiele vor. Dafür scheinen insbesondere Paarungen zwischen verschiedenen Bereichen der mRNS oder der mRNS mit einer anderen (zur mRNS komplementären) RNS von Bedeutung zu sein, durch die der Ribosomen-Bindungsort und/oder das Startcodon verdeckt werden.

---

[1]) Eine Regulation durch vorzeitige Termination ist auch von anderen Operons bekannt. Solche Operons besitzen zwischen den Stukturgenen Terminationssignale. Diese Signale führen entweder zum Abbruch der Transkription, oder sie werden (mit Hilfe von Antiterminationsproteinen) überlesen. Auf diese Weise wird eine unterschiedliche Transkriptionshäufigkeit von Genen erreicht, die gemeinsam in eine polycistronische mRNS umgeschrieben werden.

2.3.6. Mutation

Als Mutationen bezeichnet man **erbliche Veränderungen**. Während die Replikation der DNS und ihre gleichmäßige Verteilung auf die Tochterzellen eine (relative) Konstanz der genetischen Information gewährleisten und im Prozeß der Proteinbiosynthese dafür gesorgt wird, daß bei gleicher Information auch das gleiche Merkmal ausgebildet wird, tragen Mutationen zur (genotypischen) Variabilität bei. Sie können bei Bakterien in einem Gen erfolgen (Genmutationen) oder andere (auch größere) Bereiche der DNS betreffen. **Genmutationen** können größere oder kleinere Veränderungen in einem Gen sein. Betrifft die Veränderung nur ein (oder wenige) Nucleotidpaar(e), bezeichnet man das als **Punktmutation** oder Mikroläsion. Sie sind die Folge des Austauschs einer Base durch eine andere (Basensubstitution) oder eines Einschubs oder Wegfalls eines Nucleotids oder weniger Nucleotide („Rasterschub-“ oder „Frameshift-Mutation“). Von Mutationen können Strukturgene, Gene für die verschiedenen RNS-Typen und Regulationsbereiche betroffen sein.

Die Auswirkungen einer **Basensubstitution** in einem Strukturgen auf den Phänotyp sind unterschiedlich und hängen davon ab, inwieweit das synthetisierte Protein noch funktionsfähig ist, nachdem die Basensequenz sich verändert hat. Da die meisten Aminosäuren durch mehrere Tripletts verschlüsselt werden, führt nicht jede Basensubstitution auch zu einer Veränderung in der Aminosäuresequenz. Nur geringe Auswirkungen auf den Phänotyp haben auch die Basensubstitutionen, die zum Einbau von solchen Aminosäuren führen, die der ursprünglichen ähnlich sind und so deren Funktion im Protein (zumindest teilweise; möglich wäre aber auch besser) erfüllen können. Ist dagegen im Mutantenprotein eine Aminosäuresequenz im reaktiven Zentrum verändert, führt das in der Regel zur Funktionsunfähigkeit. Auch Teilpeptide, die durch Mutation zu Terminatorcodons (Nonsense-Mutanten) entstehen, sind in der Regel inaktiv. Durch **Frameshift-Mutation** wird — wie diese Bezeichnung besagt — das Leseraster in denjenigen Messengern verändert, die nach den mutierten Genen gebildet werden; diese Rasterverschiebung beginnt am Mutationsort. Das danach synthetisierte Protein ist in der Regel funktionslos. Sehr häufig entstehen durch die Verschiebung auch Terminatorcodons. Sind von einer Mutation Gene für eine am Stoffwechsel beteiligte RNS (z. B. eine tRNS) betroffen, kann die Minderung ihrer Nucleotidsequenz den Prozeß der Proteinbiosynthese beeinflussen (vgl. auch Reversion).

Wenn Regulationsbereiche (z. B. Promotoren oder Operatoren) mutieren, kann sich deren Erkennbarkeit positiv oder negativ ändern. Da bei Bakterien ein großer Teil der Gene nur mit einer Kopie pro Zelle vorkommt und nur selten verschiedene Gene für die gleiche oder eine sehr ähnliche Leistung codieren, wirkt sich eine Mutation, wenn sie zu einem defekten Genprodukt führt, schon in der mutierten Zelle aus.

Die Konsequenz, die eine Mutation für eine Bakterienpopulation hat, d. h. ob und wie schnell sich eine Mutante in einer Population etablieren kann, hängt von ihrem Selektionswert unter den jeweiligen Umweltbedingungen ab. Bedeutet die Mutation für ihren Träger einen Selektionsnachteil (negative Mutation), werden diese Organismen sehr schnell und weitestgehend eliminiert werden. Mutationen, die unter den vorliegenden Bedingungen einen Selektionsvorteil bieten (positive Mutationen), aber auch neutrale Mutationen (Mutationen, die weder einen Selektionsvor- noch -nachteil mit sich bringen) können sich, bedingt durch die vergleichsweise hohe Vermehrungsrate der Bakterien, in einer Population schnell anreichern.

Entstehung von Mutationen

Mutationen treten spontan auf oder lassen sich experimentell durch Strahlen oder chemische Mutagene auslösen. Für die Entstehung spontaner Mutanten haben Fehler bei der DNS-Replikation eine große Bedeutung. Bedingt durch tautomere Umlagerungen der Basen sind Fehlpaarungen möglich. Durch die Fähigkeit der DNS-Polymerasen zur Basenselektion während der Synthese und durch verschiedene Reparaturprozesse wird die Fehlerrate bei der Replikation auf etwa 10^{-10} herabgesetzt.

Strahlen oder chemische Mutagene können direkt (indem sie zu falschen Basenpaarungen beitragen) oder indirekt (durch Induzieren von Schäden, die fehlerhaft repariert werden) Mutationen auslösen.

Vorwiegend direkt mutagen wirken z. B. Salpetrige Säure und die Basenanaloga (Bromuracil, Aminopurin u. a.). Nitrit führt zu einer Desaminierung, dadurch entstehen aus Cytosin Uracil, das wie Thymin „gelesen" wird, und aus Adenin Hypoxanthin, das sich in der nächsten Replikationsrunde mit Cytosin paart.

Die mutagene Wirkung der Basenanaloga besteht darin, daß sie häufigen tautomeren Umlagerungen unterliegen und dadurch an falscher Stelle eingebaut werden oder den Einbau von Nucleotiden mit falscher Base bewirken.

Eine weitere Gruppe hochwirksamer Mutagene sind die alkylierenden Substanzen.[1]) Sie wirken sowohl direkt (vor allem durch Alkylierung des Guanins, wodurch eine Substitution des Guanins durch Adenin erfolgt) als auch indirekt.

Bei den prämutativen Schäden sind das Entfernen von Purinbasen, Strangbrüche und Deletionen (= Verlust genetischen Materials) am häufigsten. Auch Reparaturprozesse können zur Entstehung von Mutationen führen (s. u.).

Zur Mutationsauslösung sind weiterhin ionisierende Strahlen (Röntgenstrahlen und Strahlung radioaktiver Isotope) und nichtionisierende Strahlen (UV-Licht) in der Lage. Sie wirken fast ausschließlich indirekt. Einige Bakterienarten bzw. -stämme (z. B. *Proteus mirabilis* Häuser 1885, Isolate von *Pseudomonas aeruginosa*) und bestimmte Mutanten sind durch UV-Licht nicht mutierbar; sie reparieren die UV-Schäden stets fehlerfrei.

Reparaturprozesse

Die durch indirekt wirkende Mutagene induzierten Primärschäden blockieren häufig die DNS-Replikation und führen so zur Inaktivierung (Teilungsunfähigkeit) der Bakterienzelle. Dem wirken verschiedene Reparaturprozesse entgegen. Bei einem großen Teil dieser Reparaturvorgänge werden die Schäden so beseitigt, daß anschließend der Normalzustand wiederhergestellt ist; die Reparatur erfolgt fehlerfrei („error-free"). Einige können jedoch auch fehlerhaft („error-prone") ablaufen und so zu Mutationen führen. Gut untersucht ist bei Bakterien die Reparatur von Schäden, die durch UV-Licht entstehen.

Durch **Photoreaktivierung** werden Thymin- oder andere Pyrimidin-Dimere, die am häufigsten als prämutative Schäden nach UV-Einwirkung vorkommen, monomerisiert, was den Ausgangszustand wiederherstellt. Das Photoreaktivierungsenzym wird konstitutiv gebildet, und seine Wirkung ist von sichtbarem Licht abhängig.

Andere Reparatursysteme sind lichtunabhängig **(Dunkelreparatur).** Bei der **Excisionsreparatur** wird ein DNS-Einstrangstück, das eine Primärläsion (z. B. ein Thymin-Dimer) enthält, herausgeschnitten und durch Reparatursynthese am intakten Strang (als Muster) durch ein fehlerfreies Stück ersetzt. Bei *E. coli* erfolgt diese Reparatur unter der Kontrolle von *uvr*-Genen, die unter anderem für das Einschneiden des DNS-Strangs, in dem der Schaden vorliegt, verantwortlich sind. Für das Herausschneiden des fehlerhaften DNS-Abschnitts und die Synthese eines intakten DNS-Stückes ist eine Polymerase zuständig. Durch Ligase wird die Lücke geschlossen (Abb. 2.43a.). Die DNS-Replikation kann beginnen, selbst wenn (noch) einige Schäden vorliegen. In der Regel kann die schadhafte Stelle (z. B. das Thymin-Dimer) nicht als Muster benutzt werden, so daß in den neusynthetisierten Strängen Lücken bleiben. Durch **Rekombinationsprozesse** zwischen den entsprechenden Einstrang-DNS-Molekülen der beiden Doppelstränge kann erreicht werden, daß jeweils gegenüber der ursprünglichen Schadstelle bzw. der bei der DNS-Replikation entstandenen Lücke ein intakter Strangbereich vorliegt, mit dessen Hilfe der Schaden dann durch Excisionsreparatur beseitigt wird (Abb. 2.43b.).

Es kann aber auch die sogenannte **SOS-Reparatur** induziert werden (wenn z. B. in beiden DNS-Strängen benachbart Primärschäden vorlagen und nach der Replikation Schadstelle und Lücke überlappen). Bei der SOS-Reparatur werden die Lücken auch dann gefüllt, wenn der komplementäre Strang nicht als Muster genutzt werden kann. Dadurch werden häufig Nucleotide mit „falschen", nichtkomplementären Basen eingebaut, und es entstehen Mutationen (Abb. 2.43c.).

Makroläsionen

Als größere Veränderungen innerhalb eines Gens sind Verdopplungen **(Duplikationen)**, Verluste **(Deletionen)** und **Inversionen** längerer Nucleotidsequenzen möglich. Sie können spontan ent-

---

[1]) Das bei den Bakterien am häufigsten angewendete alkylierende Mutagen ist N-Methyl-N'-nitro-N-nitrosoguanidin. Es wirkt insbesondere auf DNS, die gerade repliziert wird.

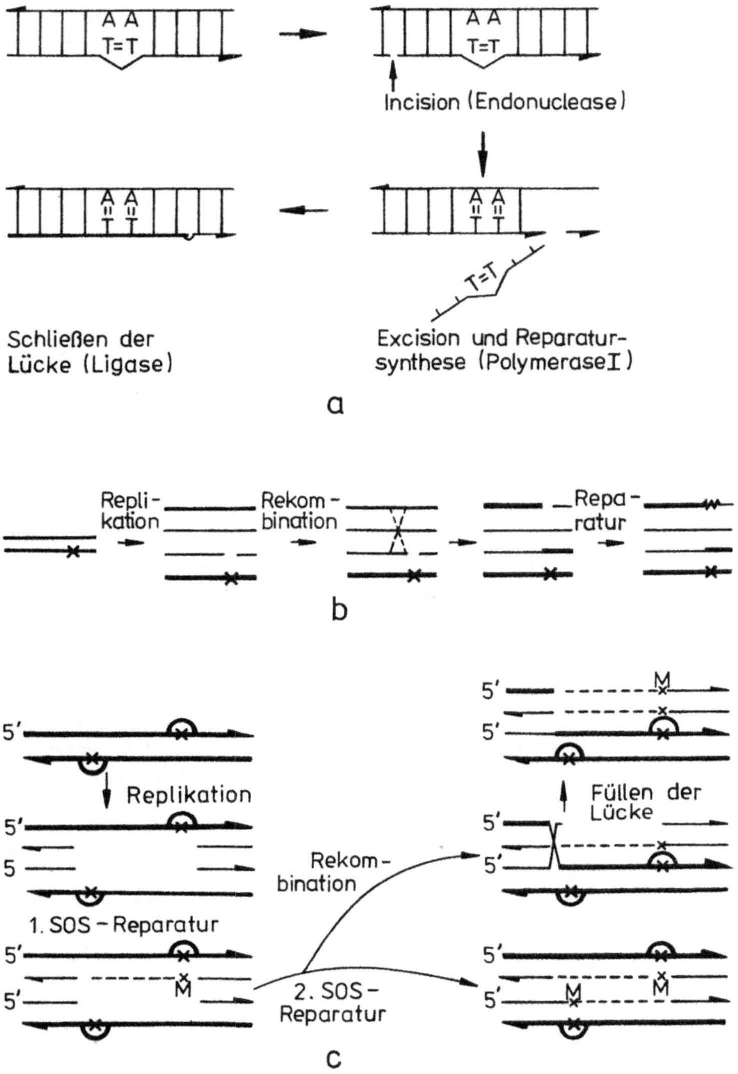

Abb. 2.43. Reparaturprozesse.
a) Excisionsreparatur; b) und c) Postreplikationsreparatur; (b) durch Rekombination, (c) SOS-Reparatur.

stehen (verantwortlich sind dafür häufig transposable Elemente), werden aber häufig durch dieselben Mutagene induziert, die auch für die Punktmutationen verantwortlich sind. Für die genetische Forschung, insbesondere für die Kartierung von Mutationsorten eines Gens, haben die Deletionen Bedeutung.

Eine weitere Form der Makroläsionen sind die **Insertionsmutanten**. Sie entstehen durch Einbau von fremder DNS (IS, Tn, Plasmide, Bakteriophagen) in ein Gen. Dadurch wird dessen Kontinuität zerstört und so kein funktionsfähiges Genprodukt gebildet.

Häufig enthalten die integrierten Elemente Sequenzen, die zur Termination bei Transkription und Translation führen. Erfolgt die Integration in ein Gen, das zusammen mit anderen in einen polycistronischen Messenger transkribiert wird, sind daher auch die folgenden Gene nicht funktionsfähig. Dieses Phänomen bezeichnet man als **polare Mutation.** Insertionsmutagenese, vor allem durch Transposons, ist eine in der genetischen Forschung häufig verwendete Methode. Der Vorteil der durch Transposons induzierten Mutanten gegenüber den klassisch entstandenen liegt insbesondere darin, daß mit dem (in der Regel nicht direkt selektierbaren) Mutantenphänotyp die durch das Transposon vermittelte Resistenz (für die direkt selektiert werden kann) gekoppelt ist. (Die Insertion von Transposons in die Nähe von Genen — ohne sie zu mutieren — kann ebenfalls zu deren Markierung genutzt werden.)

Mutanten-Phänotypen

Viele Merkmale (z. B. die Fähigkeit, eine bestimmte Aminosäure synthetisieren oder eine bestimmte Substanz abbauen zu können und als Kohlenstoffquelle zu nutzen) kommen durch das Zusammenwirken vieler Gene zustande. Durch die Mutation eines dieser Gene wird der gesamte Synthese- oder Abbauweg blockiert. Solch ein **genetischer Block** wirkt sich auf das betroffene Bakterium vor allem deshalb negativ aus, weil das Endprodukt nicht mehr gebildet wird, seltener, weil ein (in hohen Konzentrationen toxisches) Zwischenprodukt angereichert wird (Abb. 2.44.).

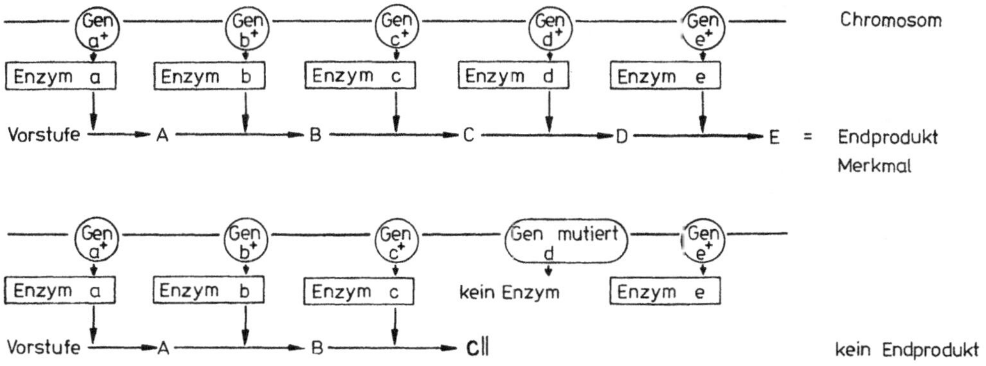

Abb. 2.44. Abhängigkeit eines Stoffwechselweges von Genen und Wirkung der Blockierung eines Gens durch Mutation.

Viele Bakterienarten sind prototroph, sie benötigen zum Wachstum nur anorganische Salze sowie eine (organische) C- und Energiequelle und können Aminosäuren, Nucleinsäurebausteine, Vitamine u. a. zelleigene organische Bestandteile selbst synthetisieren. Wird durch einen genetischen Block ein für eine Biosynthese zuständiger Stoffwechselweg unterbrochen, entsteht eine **auxotrophe Mutante**. Durch die Analyse dieser Mutanten war es möglich, die jeweiligen Stoffwechselwege aufzuklären. Eine weitere Gruppe stellen die **Resistenzmutanten** dar. Sie sind dadurch gekennzeichnet, daß sie bestimmte Substanzen in Konzentrationen tolerieren, die für eine Bakterienzelle normalerweise toxisch sind. Solche chromosomal codierten Resistenzen kommen durch unterschiedliche Mechanismen zustande. Durch Mutation im Gen für ein Protein, das der Angriffsort („Target") z. B. eines Antibioticums ist, kann dieses Protein so verändert werden, daß es auch bei Anwesenheit des Antibioticums funktionsfähig bleibt. Es ist aber auch möglich, daß die Zellumhüllung (in der Regel die innere Membran) so verändert wird, daß dadurch für die toxische Substanz eine Penetrationsbarriere entsteht. Eine dritte Möglichkeit konnte z. B. bei der Resistenz gegenüber Penicillinen festgestellt werden: das Aktivwerden eines normalerweise „stummen" Gens, dessen Genprodukt (eine β-Lactamase) die Penicilline unwirksam macht. Durch Mutation wird ein sehr schwer erkennbarer Promoter so verändert, daß die Transkriptionshäufigkeit beträchtlich ansteigt.

Die Mutation von Genen, die für essentielle Lebens- und Entwicklungsprozesse einer Bakterienzelle codieren, führt zur Letalität oder zumindest zur Inaktivierung. Um auch diese Prozesse genetisch analysieren zu können, benutzt man **konditionale Mutanten**. Bei diesen sind die entsprechenden Gene unter bestimmten Bedingungen zu normaler Genwirkung in der Lage, unter anderen Bedingungen aber nicht. Ein Beispiel dafür sind ts-Mutanten, bei denen das Produkt des mutierten Gens nur in einem bestimmten Temperaturbereich funktionsfähig ist, bei höherer oder niedrigerer Temperatur jedoch nicht.

Reversion

In einer Mutantenpopulation treten in der Regel einige Zellen auf, die den ursprünglichen Phänotyp (z. B. die Prototrophie) wiedererworben haben. Man bezeichnet sie als Revertanten. Bei einem Teil von ihnen ist die **Reversion** das Resultat einer **Rückmutation**, einer Mutation, bei der die ursprüngliche, die gentypische Basensequenz wiederhergestellt worden ist. Bei anderen wird der Mutantenphänotyp durch eine zweite Mutation an einer bisher noch nicht betroffenen Stelle kompensiert. Letzteres bezeichnet man als **Suppression**. Die Suppression kann durch eine weitere Mutation im gleichen Gen erfolgen oder durch eine Mutation an anderer Stelle im Genom.

Gut untersucht ist z. B. die Suppression von Nonsense-Mutanten. Durch Mutation in einem tRNS-Gen kann eine tRNS entstehen, die ein Terminatorcodon erkennt und an dieser Stelle eine Aminosäure einbaut, die sich ± gut als Ersatz für die ursprünglich vorhandene eignet. Da dadurch der Abbruch der Translation verhindert und ein komplettes Protein gebildet wird, kommt es zumindest teilweise wieder zur Ausprägung des ursprünglichen Merkmals.

2.3.7. Rekombination

In einer Bakterienzelle kann das genetische Material durch unterschiedliche Prozesse neu kombiniert werden. Bei Zellen in einer wachsenden Bakterienkultur spielen dabei insbesondere Vorgänge eine Rolle, bei denen nicht (oder wenig) homologes (nichtalleles) Material in ein

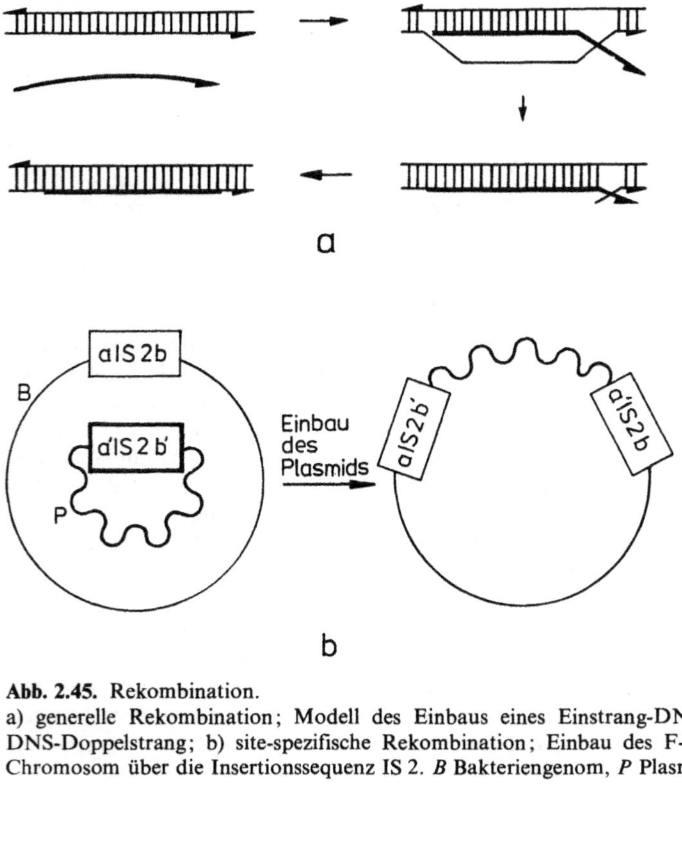

Abb. 2.45. Rekombination.
a) generelle Rekombination; Modell des Einbaus eines Einstrang-DNS-Moleküls in einen homologen DNS-Doppelstrang; b) site-spezifische Rekombination; Einbau des F-Plasmids in das *Escherichia coli*-Chromosom über die Insertionssequenz IS 2. *B* Bakteriengenom, *P* Plasmid.

Replicon eingefügt oder wieder (± präzis) ausgeschnitten wird. Ein Rearrangement genetischen Materials dieser Art führt häufig zunächst zu keiner erkennbaren Veränderung des Phänotyps (vgl. aber Mutationen!). Es kann aber in Kombination mit Transferprozessen von Bedeutung sein (vgl. vor allem spezialisierte Transduktion und Konjugation). Damit tragen diese Prozesse ganz erheblich zur Variabilität der Bakterien bei. Für die Neukombination nichtallelen Materials sind orts-(site-)spezifische Rekombination, Transposition und illegitime Rekombination verantwortlich.

Bei einer **ortsspezifischen Rekombination** werden spezifische DNS-Sequenzen (z. B. IS) in Kontakt gebracht und so genetisches Material von unterschiedlichen Replicons oder verschiedenen Bereichen eines Replicons neu verknüpft (Abb. 2.45. b). Die Proteine, die diese Sequenzen erkennen und den Prozeß katalysieren, sind nur in Einzelfällen bekannt.[1]) Als ortsspezifische Rekombination erfolgt z. B. die Integration von Plasmiden und Bakteriophagen in das Bakterienchromosom (Abb. 2.45. b). Auch einige Plasmide können auf diese Weise (reversibel) miteinander rekombinieren und eine aus beiden Plasmiden bestehende Struktur, ein Cointegrat, bilden.

Die **Transposition** (s. transposable Elemente) ist nicht nur ein Prozeß, bei dem ein transposables Element an einen anderen Ort (auf dem gleichen oder einem anderen Replicon) gebracht wird. Bei der mit Replikation verbundenen Transposition kann auch als Zwischenschritt ein Cointegrat (Plasmid-Plasmid, Plasmid-Chromosom, Plasmid-Phage usw.) entstehen. Dabei sind das Replicon, das das transposable Element schon trug, und das, in das es hineinrepliziert wurde, über je eine Kopie dieses Elements miteinander verbunden.

Bei der **illegitimen Rekombination** wird, ähnlich wie bei der ortsspezifischen Rekombination, genetisches Material, das nicht allel ist, neu verknüpft. Diese Verknüpfung erfolgt jedoch nicht an spezifischen Stellen. Als illegitime Rekombination betrachtet man z. B. die nicht präzise Excision von Plasmiden oder Phagen aus dem Chromosom; es entstehen Prime-Plasmide (Plasmide, die zusätzliche, meist chromosomale DNS tragen) oder transduzierende Phagen (s. spezialisierte Transduktion). Auch Deletionen können das Resultat einer illegitimen Rekombination sein. Rekombinationsprozesse werden auch für die Amplifikationen (Erhöhung der Kopieanzahl) von DNS-Bereichen innerhalb eines Replicons verantwortlich gemacht. Durch Amplifikation von plasmidalen aber auch chromosomalen Sequenzen, die Resistenzgene enthalten, kann der Grad der jeweiligen Resistenz erhöht werden (Gendosis-Effekt). Unter selektiven Bedingungen reichern sich die Träger der jeweiligen Amplifikationen an, unter nicht selektiven Bedingungen werden sie wieder „ausverdünnt", so daß eine durch Amplifikation entstandene Resistenz instabil ist.

Der Transfer von genetischem Material in eine neue Wirtszelle (Recipient) erfolgt mit Hilfe von Konjugation, Transduktion, Transformation oder bei Zellfusion. Handelt es sich bei der transferierten DNS um ein Plasmid, muß sich diese wieder als Replicon etablieren. Allele Regionen (d. h. homologe Bereiche von einer Mindestgröße von ~50 bp) können durch **generelle Rekombination** ausgetauscht werden. Abhängig vom Transfermechanismus wird dabei ein Strang oder werden beide Stränge des Recipienten-DNS-Moleküls durch Donor-DNS ersetzt. Neben der Homologie der DNS ist für diesen Typ der Rekombination ein funktionsfähiges Rekombinationssystem erforderlich (Abb. 2.45 a.).

Konjugation

Die Konjugation bei Bakterien ist eine Übertragung von genetischem Material von einer Donor- auf eine Recipientenzelle bei Zellkontakt. Der **Donorstatus**, die Fähigkeit zum konjugativen Transfer, ist in allen bisher untersuchten Systemen Plasmid-codiert. Plasmide, die zum konjugativen Transfer befähigen, bezeichnet man daher als **konjugierende Plasmide**. Determiniert wird die Aufnahme des Zellkontakts und dessen Stabilisierung sowie der konjugative DNS-Metabolismus, als dessen Ergebnis der DNS-Transfer erfolgt. Transferiert werden können Plasmide, seltener das Bakterienchromosom oder Teile davon. Plasmide müssen wieder ein Replicon bilden, um sich in der Exreci-

[1]) Beispiele hierfür sind die Produkte der λ-Gene *int* und *xis*, die in Kooperation mit Wirtsenzymen für die Integration bzw. Excision des Phagen λ verantwortlich sind, oder die Transposon-codierten Resolvasen, die eine site-spezifische Rekombination zwischen identischen Transposons bewirken.

pientenzelle zu etablieren. Als Ergebnis eines Plasmidtransfers entsteht eine (Plasmid-)**Transkonjugante**. Chromosomale DNS kann nach dem Transfer durch generelle Rekombination in das Recipientenchromosom eingebaut werden. Es entsteht dabei eine **Rekombinante**.

Am besten untersucht ist die Konjugation bei *Escherichia coli* K-12, doch können neben *E. coli* noch andere Enterobacterien und eine große Zahl von weiteren Gram-negativen und einige Gram-positive Arten konjugieren. Die Konjugation wird dabei entweder von eigenen konjugierenden Plasmiden vermittelt, oder es werden Plasmide anderer Bakterienarten genutzt.

Am effektivsten ist eine Konjugation zwischen Vertretern einer Art oder eines Stammes, doch können (beim Einsatz von Plasmiden mit großem Wirtsbereich) auch Bakterien unterschiedlicher Familien miteinander konjugieren.

Bei fast allen Plasmiden wird die Transferfähigkeit durch Plasmid-codierte Genprodukte reprimiert, so daß nur ein geringer Prozentsatz von Zellen einer Population (in natürlichen Populationen um 1 %) zu einem bestimmten Zeitpunkt zur Konjugation befähigt ist.

Konjugativer Transfer von Plasmiden

Konjugierende Plasmide besitzen die gesamte genetische Information für den Konjugationsvorgang. Die entsprechenden Gene werden mit „*tra*" (für Transfer) bezeichnet und bilden ein (oder wenige) Operon(s). Mehrere *tra*-Gene (bei F sind es 12) codieren für spezifische Oberflächenstrukturen, die **Pili**, die zum Auffinden eines potentiellen Konjugationspartners notwendig sind. Der Zellkontakt wird nach dem Auffinden durch weitere *tra*-Gen-Produkte in Kombination mit Bestandteilen der äußeren Membran der Recipientenzelle stabilisiert. Tragen Donor und Recipient das gleiche (oder ein in Bezug auf den *tra*-Bereich sehr ähnliches) Plasmid, wird die Stabilisierung durch andere *tra*-Gen-Produkte verhindert, ein Phänomen, das man als „surface (oder „entry") exclusion" bezeichnet und das den unproduktiven Transfer eines Plasmids in eine Zelle, die das Plasmid schon besitzt, verhindert. Durch den Zellkontakt wird der für den Transfer notwendige DNS-Metabolismus ausgelöst. Es erfolgt — wiederum durch Produkte der *tra*-Gene — an einer spezifischen Stelle des Plasmids, im Transferorigin (*oriT*), ein Einstrangbruch. Danach wird der geschnittene Strang des Plasmids — mit dem (durch den Bruch entstandenen) freien 5'-Ende voran — in den Recipienten

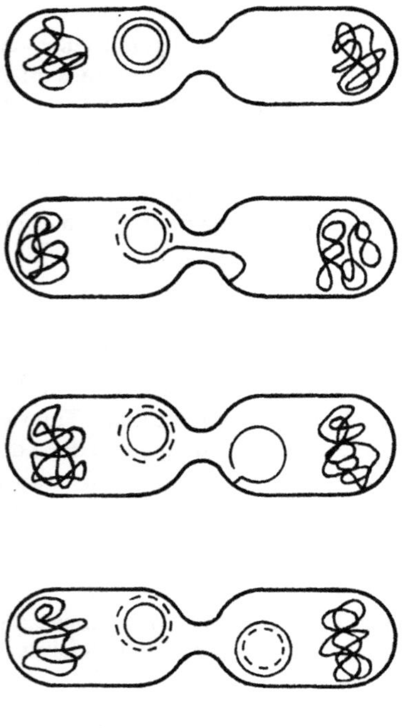

Abb. 2.46. Plasmid-Transfer. Nach Herstellen des Zellkontaktes tritt ein Strang des Plasmids am *oriT*-Codon beginnend in den Recipienten über. Im Donor und im Recipienten wird durch Neusynthese je ein Strang ergänzt.

transferiert. Im Donor wird während des Transfers der verbleibende DNS-Einzelstrang mit Hilfe von chromosomal codierten Enzymen zum Doppelstrang ergänzt. Im Recipienten muß der transferierte Strang zum Ring geschlossen und zum Doppelstrang ergänzt werden. Für beide Prozesse ist wahrscheinlich eine Anheftung an die Membran notwendig. Nach Abschluß des Transfers enthalten beide Zellen, der Donor und der Recipient, das Plasmid (Abb. 2.46.).

Kleine, natürlich vorkommende, nicht konjugierende Plasmide können oft durch einen oder verschiedene Typen konjugierender Plasmide mit großer Effizienz als autonome Strukturen mobilisiert werden.

Für ihre Mobilisierung ist die Konjugations-Paar-Bildung durch das ebenfalls in der Zelle befindliche konjugierende Plasmid notwendig. Zusätzlich muß wahrscheinlich eine spezifische Interaktion zwischen beiden Plasmiden erfolgen. Mobilisierbare Plasmide besitzen ein *oriT* und codieren für (alle?) die Genprodukte, die es erkennen und an ihm den einen Strang einschneiden. Ihr Transfer entspricht dem konjugierender Plasmide. Dagegen gelangen nichtkonjugierende Plasmide, die von dem in der Zelle befindlichen konjugierenden Plasmid nicht mobilisiert werden können, mit Hilfe der Konjugation nur sehr selten in eine Recipientenzelle. Dieser Fall tritt nur ein, wenn das nichtkonjugierende Plasmid mit dem konjugierenden ein Cointegrat gebildet hat.

Transfer des Bakterienchromosoms

Durch die Integration eines konjugierenden Plasmids kann auch das Chromosom zum konjugativen Transfer befähigt werden. Er beginnt ebenfalls am *oriT* des (integrierten) Plasmids. Anschließend an den Teil des Plasmids, der zwischen *oriT* und dem Integrationsort liegt, wird chromosomale DNS übertragen. Da der Transfer des Gesamtchromosoms viel Zeit erfordert (bei *E. coli* K-12 90—100 min) und eine Konjugationspaarung nur in wenigen Fällen so lange aufrechterhalten wird, werden in der Regel nur Teile des Chromosoms transferiert. Schon während des Transfers erfolgt eine Paarung zwischen dem Donor-DNS-Molekül und der dazu homologen Recipienten-DNS. Über generelle Rekombination kann Donor-DNS in das Recipientengenom eingebaut werden. Unterscheiden sich Donor und Recipient in diesen Abschnitten, wird eine DNS mit unterschiedlicher Information auf den beiden Strängen, eine Heteroduplex, gebildet. Nach Replikation sind sowohl Zellen mit Donor- als auch solche mit Recipienteninformation vorhanden (die Nachkommenschaft ist ein Gemisch beider Typen). Häufig wird die Heteroduplex jedoch von Reparaturenzymen erkannt und zur Homoduplex — entweder mit Recipienten- oder mit Donorinformation — verändert („mis-match-Reparatur"). Dadurch entsteht eine einheitliche Nachkommenschaft.

Die Integration eines natürlich vorkommenden Plasmids in das Bakterienchromosom ist ein seltenes Ereignis. Die meisten Plasmide können daher das Chromosom nur mit sehr niedriger oder nicht nachweisbarer Frequenz mobilisieren. Plasmide mit Chromosomen-Mobilisierungs-Fähigkeit werden gewöhnlich unter der Bezeichnung **Fertilitätsfaktoren** zusammengefaßt. Am besten untersucht ist der Fertilitätsfaktor F von *Escherichia coli* K-12 und das durch ihn determinierte Konjugationssystem.

F kann an mehreren Stellen in das Bakterienchromosom integrieren; dies erfolgt über ortsspezifische Rekombination mit Hilfe von Insertionssequenzen. In einer F^+-Population liegt das Plasmid in der Regel autonom vor, nur in wenigen Zellen ist es ($\pm$ stabil) an jeweils verschiedenen Stellen in das Chromosom integriert. Daraus resultiert, daß bei einer Konjugation von F^+-Donoren chromosomale Gene mit niedriger Frequenz (10^{-5} pro Donorzelle) transferiert und rekombiniert werden.

Selten wird F stabil in das Chromosom integriert. Donorkulturen, die nur aus solchen Zellen bestehen, bei denen das Plasmid an einer der möglichen Stellen stabil in das Chromosom eingebaut ist, transferieren die Gene, die dem Einbauort benachbart sind und während des Transfers früh in den Recipienten gelangen, mit hoher Frequenz (bis zu 5×10^{-1} pro Donorzelle). Man hat diese Stämme deshalb als Hfr (high frequency of recombination)-Donoren bezeichnet (s. a. 2.1.5.). Durch den spontanen Abbruch der Konjugation nimmt die Häufigkeit des Transfers mit zunehmendem Abstand vom Einbauort ab. Man spricht von polarem Transfer. Für andere Fertilitätsfaktoren ist beschrieben, daß sie entweder an beliebigen Stellen integrieren können oder daß sie nur einen oder sehr wenige (bevorzugte) Integrationsorte besitzen. Außer von F sind bisher keine spontan entstandenen stabilen Hfr-Formen gefunden worden. Es stehen jedoch für die genetische Analyse eine Reihe von Hfr-Stämmen verschiedener Plasmide und unterschiedlicher Bakterienstämme zur Verfügung. Sie sind unter Anwendung genetischer oder molekularbiologischer Methoden (in letzter Zeit häufig unter Verwendung von transposablen Elementen) konstruiert worden.

Der konjugative Transfer des Bakterienchromosoms wird in der mikrobengenetischen Forschung vor allem zur Kartierung chromosomaler Gene genutzt. Besonders die Hfr-Stämme bieten sich aufgrund des polaren Transfers und der hohen Rekombinantenfrequenzen für früh transferierte Gene dazu an. Es lassen sich mit ihnen zeitlich begrenzte Konjugationen („interrupted matings") durchführen.

Dazu mischt man genetisch unterschiedlich markierte Donor- und Recipientenkulturen, unterbricht den Transfer zu verschiedenen Zeiten (entweder mechanisch oder durch Substanzen, die den DNS-Transfer hemmen) und überprüft, welche Gene nach einer bestimmten Zeit transferiert worden sind. Auf diese Weise kann man die Transferzeit eines Gens bei Verwendung eines bestimmten Hfr-Stammes festlegen. Durch die Kombination der Ergebnisse bei Verwendung unterschiedlicher Hfr-Donoren läßt sich eine Chromosomenkarte zusammenstellen.

Eine andere Möglichkeit der Kartierung besteht in der Bestimmung der Häufigkeit, mit der ein bestimmtes Gen mit einem anderen zusammen in den Recipienten gelangt (Cokonjugations- oder Cotransferhäufigkeit). Am aussagekräftigsten sind diese Werte, wenn man Donoren verwendet, die nur relativ kurze DNS-Stücke transferieren.

Für die konjugative Analyse einer Reihe von Gram-negativen Bakterien kann auf diese Weise das Plasmid R68.45 genutzt werden, ein Derivat von R68, einem Resistenzplasmid mit großem Wirtsbereich. Die Chromosomenmobilisierung erfolgt mit Hilfe einer sehr häufig zur Transposition kommenden Insertionssequenz (wodurch wahrscheinlich vorübergehend ein Plasmid-Chromosom-Cointegrat gebildet wird). Bei *Pseudomonas aeruginosa* PAO (für dessen konjugative Analyse es ursprünglich selektiert worden ist) mobilisiert das Plasmid einen beliebigen Chromosomenabschnitt mit einer Frequenz um 10^{-4} pro Donorzelle; transferiert werden kurze Chromosomenabschnitte (ca. 10 Transferminuten lang). Ähnliche Ergebnisse sind auch für andere Arten beschrieben worden. Aufgrund dieser Charakteristika können mit R68.45-Donoren die Lagebeziehungen von Genen, die nicht weiter als zehn Transferminuten entfernt liegen, relativ genau ermittelt werden. Darüber hinaus zeigen R68.45 und eine Reihe weiterer Plasmide der Inkompatibilitätsgruppe P1, die von anderen Bakterienarten stammen und einen großen Wirtsbereich haben, auch Chromosomenmobilisierungsaktivität bei den Gram-negativen phytopathogenen Arten. Sie können daher auch bei diesen Arten zu einer Kartierung des Chromosoms über Cotransferanalyse eingesetzt werden.

Hfr-Konjugation ist auch bei *Erwinia amylovora* und *E. chrysanthemi* beschrieben worden. Bei den *Erwinia*-Arten kann F'lac (ein F-Prime-Plasmid, das die Gene für den Lactose-Abbau von *E. coli* trägt) in das Chromosom integrieren. Die dadurch entstehenden Hfr-Donoren lassen sich zur Kartierung nutzen.

Transduktion

Als Transduktion bezeichnet man die Übertragung von Bakteriengenen mit Hilfe von Phagen (s. a. 2.4.6.). Einige Phagen (z. B. λ) liegen als Prophagen an einer (oder wenigen) spezifischen Stelle(n) ins Bakterienchromosom integriert vor. Solche Phagen können nur die Regionen transduktiv übertragen, die ihrem Einbauort benachbart sind. Man bezeichnet sie als spezialisiert transduzierende Phagen.

Andere temperente Phagen werden als Prophagen nicht (oder nicht an spezifischen Stellen) in das Chromosom eingebaut. Diese temperenten und eine Reihe von virulenten Phagen können beliebige Teile des Chromosoms und Plasmide übertragen. Man spricht von genereller (allgemeiner) Transduktion.

Spezialisierte Transduktion

Das bestuntersuchte Beispiel einer spezialisierten Transduktion ist die Übertragung der Galactose- (oder Biotin-)region von *Escherichia coli* K-12 durch den Phagen λ. Der Einbau des Phagen —

als site-spezifische Rekombination — erfolgt über einen spezifischen Bereich des Chromosoms, den Attachment-Site (λ att), der sich zwischen der Galactose- und der Biotinregion befindet. Wird der Phage induziert, so entstehen neben vielen „normalen" λ-Phagen sehr selten Phagengenome, die — durch illegitime Rekombination — nicht korrekt ausgeschnitten worden sind. Sie enthalten ein Stück ehemals benachbarter chromosomaler DNS, die Gal- (oder Bio-) Region. Da nur eine bestimmte Menge DNS in die Phagenhülle paßt, fehlt den zur Vermehrung kommenden transduzierenden Partikeln in der Regel ein Stück ihrer eigenen DNS. Sie sind defekt. Nach Infektion eines Bakteriums kann die DNS des transduzierenden Partikels autonom vermehrt werden (es ist ein Replicon) und ihre Genwirkung entfalten. Häufiger wird sie jedoch ins Chromosom integriert (in der Regel in der Gal- oder Bio-Region, sehr viel seltener im Attachment-Site).

Nur einer von 10^6 Phagen eines Lysats, das man durch Induktion eines für λ lysogenen Stammes erhält, ist transduzierend; man bezeichnet es daher als LFT-Lysat („low frequency of transduction"). Die wenigen Transduktanten, die man mit einem LFT-Lysat erhält, sind häufig gleichzeitig durch einen „normalen" und einen defekten transduzierenden λ-Phagen infiziert worden. Werden solche Bakterien zur Phageninduktion benutzt, entsteht ein Lysat, das zur Hälfte aus transduzierenden Partikeln besteht, ein HFT („high frequency of transduction")-Lysat.

Einige Phagen (z. B. P2, P22) können (z. T. vom Wirtsstamm abhängig) an mehreren, aber spezifischen Orten in das Chromosom integrieren. Diese Phagen übertragen transduktiv die jeweils benachbarten Regionen. Einige von ihnen können neben diesen speziell transduzierenden Partikeln auch generell transduzierende bilden.

Generelle Transduktion

Generell transduzierende Phagen entstehen während des lytischen Cyclus eines lysogenen Phagen oder während der Vermehrung eines lytischen Phagen. Beim Verpacken der DNS gelangen nicht nur die vermehrte Phagen-DNS, sondern auch etwa auf Phagen-Genom-Größe zerschnittene DNS des Chromosoms oder von Plasmiden in die Phagenhüllen („wrapping-choice-Mechanismus"). Generell transduzierende Partikeln enthalten daher (nahezu ausnahmslos) nur bakterielle DNS. Das Zerschneiden und Verpacken scheint meistens zufallsgemäß zu erfolgen, d. h., es wird an beliebigen Stellen geschnitten, und beliebige Stücke geeigneter Größe werden verpackt.

Nachdem ein Bakterienchromosomenstück durch den Phagen in die Recipientenzelle gelangt ist, gibt es zwei Möglichkeiten seiner Etablierung: Das Donorgenomstück paart mit dem homologen Bereich des Recipientengenoms und wird über generelle Rekombination in das Recipientengenom eingebaut. Es findet eine **rekombinative (vollständige) Transduktion** statt. In anderen Zellen entfaltet das DNS-Stück des Donors nur eine Genwirkung, ohne rekombinativ eingebaut zu werden. Da es kein Replicon ist, kann es nicht vermehrt werden und wird daher bei Zellteilung nur an eine der beiden Tochterzellen weitergegeben. Diese Form bezeichnet man als **abortive Transduktion.**

Plasmide von einer Größe, die ungefähr der des jeweiligen transduzierenden Phagen entspricht, können als komplette Replicons transduziert werden. Zu kleine, vor allem aber zu große Plasmide werden wahrscheinlich in zerschnittener Form transduziert. Die Chance, daß in der Recipientenzelle wieder ein funktionsfähiges Replicon entsteht, ist äußerst gering.

Die Transduktion wird in der mikrobengenetischen Forschung vorwiegend zur Stammkonstruktion und zur Feinkartierung benutzt. Bedingt durch die geringe Größe eines transduzierenden DNS-Stückes (1/100 bis 1/30 des Bakterienchromosoms) sind mit Hilfe der Transduktion sehr präzise Aussagen über die Lagebeziehungen eng benachbarter Marker, in einigen Fällen sogar über die relative Lage verschiedener Mutationsorte in einem Gen möglich (Abb. 2.47.). Für die Stammkonstruktion findet die Transduktion vor allem dann Anwendung, wenn ein bestimmtes Allel eines Gens in einen weitestgehend unveränderten genetischen Hintergrund gebracht werden soll. Obgleich bei den phytopathogenen Bakterien eine Reihe — auch temperenter — Phagen bekannt sind (s. 2.4.8.), blieb die Frage, ob auch Transduktion bei diesen Arten stattfindet, lange Zeit unbeantwortet. Inzwischen liegen aber auch hier erste Hinweise dafür vor, daß bei einigen Arten (*Erwinia*

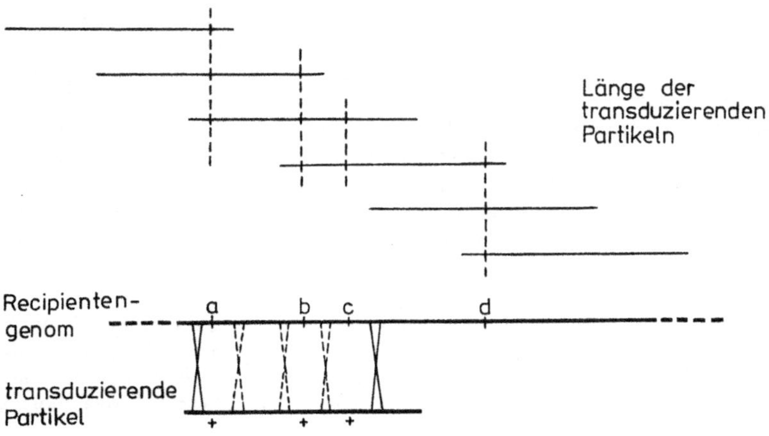

Abb. 2.47. Co-Transduktion. Die dünnen Striche im oberen Teil der Darstellung geben die Längen der transduzierenden Partikeln an. Ob und mit welcher Häufigkeit zwei Gene cotransduziert werden, hängt von ihrem Abstand ab. Je enger benachbart zwei Gene sind, um so größer ist die Wahrscheinlichkeit, daß sie gemeinsam auf einer transduzierenden Partikel übertragen werden.

Im unteren Teil des Schemas ist die Rekombination zwischen der transduzierenden Partikel und dem Recipientengenom dargestellt. Um a, b und c einzurekombinieren, muß die Rekombination nahe den Enden der transduzierenden Partikel erfolgen. Für das Einrekombinieren einzelner Marker (+) ist der Austausch zwischen den Genen notwendig. Diese Rekombination ist um so wahrscheinlicher, je größer der Abstand der Gene ist.

Nach dem gleichen Prinzip erfolgen Co-Transformation und Co-Konjugation, wobei vor allem bei der Co-Konjugation die übertragenen DNS-Stücke bedeutend größer sind.

chrysanthemi, *Ps. syringae* pv. *syringae*) eine Übertragung von Genomteilen durch Phagen möglich ist und für die Feinkartierung genutzt werden kann.

Transformation

Die Übertragung von Merkmalsanlagen in Form von freier, isolierter DNS bezeichnet man als Transformation. Es ist im Gegensatz zu Transduktion und Konjugation weder ein Übertragungssystem noch ein spezieller Donorstatus notwendig; man kann jede Zelle als Donor (zur Isolation der DNS) oder als Recipient einsetzen. Es müssen prinzipiell zwei Typen der Transformation unterschieden werden, die natürliche (physiologische) und die artifizielle.

Bei Bakterien, die natürlicherweise transformierbar sind, werden die Zellen in bestimmten Phasen des Wachstumscyclus oder bei bestimmten Nährstoffbedingungen **kompetent**, d. h. fähig zur Aufnahme von DNS. Viele Bakterienarten (darunter die meisten Gram-negativen) können unter normalen Kulturbedingungen keine DNS aufnehmen, sie müssen artifiziell kompetent gemacht werden. Zwei Möglichkeiten werden dazu genutzt. Durch hohe Konzentrationen an bivalenten Kationen (am häufigsten verwendet man $CaCl_2$) wird wahrscheinlich die Zellumhüllung so verändert, daß die DNS binden und dann aufgenommen werden kann. Als weitere Möglichkeit bietet sich an, die Recipienten in Form von Proto- oder Sphaeroplasten einzusetzen und die DNS-Aufnahme durch Polyethylenglycol zu vermitteln.

Es können Fragmente des Bakterienchromosoms und Plasmide transformiert werden. Chromosomale DNS wird über generelle Rekombination ins Recipientenchromosom eingebaut. Plasmide werden entweder als komplette Replicons transformiert oder müssen wieder repliconisiert werden.

Natürliche Transformationssysteme

Einige Gram-positive Bakterienarten, *Streptococcus sanguis* White & Niven 1946, *S. pneumoniae* (Klein 1884) Chester 1901 und *Bacillus subtilis*, werden unter natürlichen Wachstumsbedingungen kompetent und können dann DNS der eigenen Art (homospezifisch) oder anderer Arten (heterospezifisch) aufnehmen. In einigen Fällen (z. B. *S. pneumoniae*) konnte man zeigen, daß die Kompetenz von einem diffusiblen Kompetenzfaktor abhängt.

Für die Transformation ist doppelsträngige DNS mit einer bestimmten Molekülmasse (10^5—10^7 Dalton) notwendig. Bei der Aufnahme wird jedoch einer der beiden Stränge durch Nucleasen abgebaut. In die Zelle gelangen DNS-Einstrang-Moleküle (von einem DNS-Doppelstrang hat jeder die gleiche Wahrscheinlichkeit, in die Zelle zu gelangen). Eine Zelle kann je nach Menge angebotener DNS mehrere Moleküle aufnehmen. Bei chromosomaler DNS paart das Donor-DNS-Fragment mit der homologen Region des Recipientengenoms und kann — wie nach Konjugation — in das Chromosom eingebaut werden. Es entsteht ebenfalls eine Heteroduplex, die entweder der mis-match-Reparatur unterliegt oder repliziert wird und so zu einer Misch-Nachkommenschaft führt.

Plasmidtransformation ist bei diesen Arten in der Regel wenig effektiv. Offensichtlich wird die Plasmid-DNS durch die Nucleasen so zerschnitten, daß mehrere DNS-Moleküle (des einen und des anderen Stranges, die sich teilweise überlappen) notwendig sind, um im Recipienten wieder das komplette Plasmid zu bilden.

Die Gram-negativen Arten *Haemophilus influenzae* (Lehmann & Neumann 1896) Winslow et al. 1917, *Neisseria meningitis* (Albrecht & Ghon 1901) Murray 1929 und *N. gonorrhoeae* (Zopf 1885) Trevisan 1885 können zwischen heterospezifischer und homospezifischer DNS unterscheiden und nehmen nur DNS nahe verwandter Arten auf.

Bei *H. influenzae* ist für die DNS-Aufnahme durch eine kompetente Zelle eine spezifische Nucleotidsequenz der DNS notwendig. Diese Sequenz kommt in der DNS von *H. influenzae* und verwandter Arten sehr häufig vor, bei anderen Arten ist sie selten. Die Sequenz wird wahrscheinlich durch einen Receptor erkannt, der sich an der Oberfläche der (kompetenten) Zellen befindet. Die DNS wird als Doppelstrang mit kurzen einsträngigen Enden aufgenommen.

N. gonorrhoeae-Zellen sind während aller Stadien des Wachstumscyclus kompetent; die Kompetenz hängt wahrscheinlich mit dem Vorhandensein von Pili zusammen.

Auch bei diesen natürlich transformierbaren Gram-negativen Arten ist die Plasmidtransformation wenig effektiv. Doch kann die Transformation mit Plasmid-DNS durch $CaCl_2$ stimuliert werden.

Artifizielle Transformation

Die Transformierbarkeit von Zellen nach $CaCl_2$-Behandlung wurde zuerst bei *E. coli* gefunden. Die Methoden sind in der Folge mehrfach modifiziert und bei anderen (Gram-negativen) Bakterienarten angewandt worden.

Zur Transformation werden die Bakterien zunächst in Anwesenheit von DNS mit hohen Konzentrationen von $CaCl_2$ (50—100 mM) bei 0 °C inkubiert. Anschließend setzt man sie einer kurzzeitigen Hitzebehandlung („Hitzepuls") (43 °C) aus. Die Effizienz der Transformation hängt außer vom verwendeten Recipientenstamm vor allem vom Wachstumsstadium der Zellen ab und ist in der Regel in der frühen exponentiellen Phase am höchsten. Einfluß hat auch die $CaCl_2$-Konzentration.

Im Gegensatz zu den natürlich transformierbaren Bakterien nehmen die künstlich kompetent gemachten Bakterien Plasmide als komplette Ringstrukturen auf. Mit kleinen Plasmiden werden Transformationsfrequenzen bis zu 5% erreicht, doch sinkt die Frequenz mit zunehmender Größe des Plasmids schnell ab. Lineare DNS (chromosomale DNS oder linearisierte Plasmide), die als Doppelstrang aufgenommen wird, ist wenig transformationsaktiv. Sie wird von Exonucleasen, vor allem der Exonuclease V, abgebaut. Stämme, die keine oder kaum funktionsfähige Exonuclease V bilden (*recB/C*-Mutanten), können auch mit linearer DNS effektiv transformiert werden.

Die Transformation mit chromosomaler DNS wird insbesondere bei den natürlich transformierbaren Arten zur Kartierung über die Cotransformationsanalyse genutzt.

Wenig ist über die Transformierbarkeit phytopathogener Bakterien bekannt. Es liegen jedoch einige Berichte über eine (artifizielle) Transformation chromosomaler Gene bei *Pseudomonas solanacearum* und deren Rekombination vor.

Große Bedeutung hat die Transformation für das Einbringen gentechnisch (in vitro) manipulierter DNS. Für die Transformation artifiziell transformierbarer Arten werden vorher der Klonierungsvektor und die klonierende DNS zu circulären Replicons verknüpft (ligiert), seltener werden *recB/C*-Mutanten verwendet. Für die Klonierung in den natürlich transformierbaren Bakterien (vor allem für *Bacillus subtilis*) sind Transformationsmethoden entwickelt worden, die auch in diesen Arten eine effektive Etablierung der zu klonierenden DNS erlauben. Bewährt hat sich z. B. die Verwendung von Recipienten, die ein Plasmid tragen, das zu dem Klonierungsvektor weitgehend homolog ist. Nach Transformation kann die zu klonierende DNS über Rekombination in dieses schon vorhandene Plasmid eingebaut werden.

2.3.8. Genetik phytopathogener Eigenschaften

Mit der genetischen Bearbeitung phytopathogener Bakterienarten wurde erst etwa Mitte der 70er Jahre begonnen. Bedingt dadurch sind die Kenntnisse zur genetischen Determinierung der Phytopathogenität noch immer lückenhaft.

Für einige phytopathologisch bedeutsame Enzyme (Pectinasen, Cellulasen, Proteasen u. a.) verschiedener *Erwinia*-Arten wurde mit Hilfe unterschiedlicher Methoden (Transposon-Mutagenese, Kartierung durch Konjugation, Klonieren chromosomaler DNS-Fragmente) eine chromosomale Codierung nachgewiesen oder aber zumindest sehr wahrscheinlich gemacht. Die Toxine phytopathogener Pseudomonaden sind entweder plasmidcodiert (Coronatin) oder werden durch chromosomale Gene determiniert (Phaseolotoxin oder Syringomycin). Am besten untersucht sind die crown-gall-Tumoren bzw. die Wurzelproliferation, die durch verschiedene *Agrobacterium*-Arten induziert werden, und die durch *Pseudomonas syringae* pv. *savastanoi* verursachten Gallen bei Olive oder Oleander. In allen diesen Fällen ist die phytopathogene Wirkung plasmidcodiert.

Ti- und Ri-Plasmide von Agrobacterium

Die crown-gall-Tumoren dicotyler Pflanzen werden durch Vertreter der Art *Agrobacterium tumefaciens* ausgelöst (s. a. 8.1.). Dabei ist die tumorinduzierende Kapazität eines Bakteriums immer korreliert mit dem Besitz eines großen Plasmids, eines Ti- („tumor inducing") Plasmids. Die Ti-Plasmide sind konjugierend und liegen in geringer Kopieanzahl pro Zelle und Chromosom vor. Es sind inzwischen eine Reihe von Ti-Plasmiden bekannt, die aufgrund ihrer Größe und ihrer Zugehörigkeit zu einer bestimmten Inkompatibilitätsgruppe sowie nach phänotypischen Eigenschaften, die sie determinieren, unterschieden werden können. Sie zeigen untereinander eine ± große Homologie. Die genetische Organisation eines Ti-Plasmids wird in Abbildung 2.48. dargestellt.

Der Zusammenhang zwischen Ti-Plasmid und Tumorinduktion ist ebenfalls weitgehend aufgeklärt: *Agrobacterium*-Zellen, die eine verwundete Pflanzenzelle infiziert haben, transferieren in einem Prozeß, der bisher nicht bekannt ist (aber Ähnlichkeit mit einer Konjugation hat) einen Teil

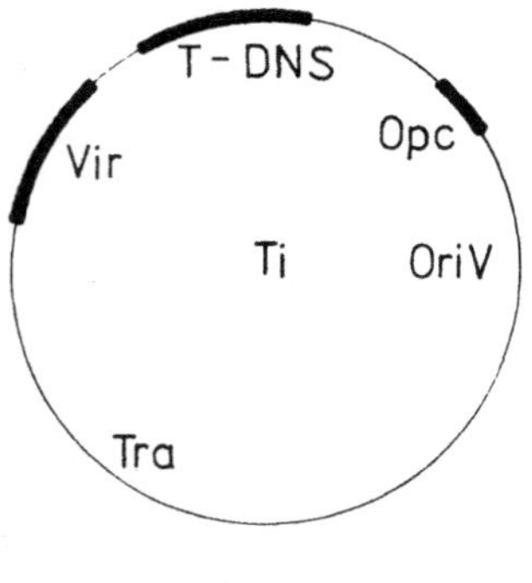

Abb. 2.48. Vereinfachte Karte eines Nopalin-Ti-Plasmids. Die T-DNS ist der Teil des Plasmids, der in das genetische Material der Pflanzenzelle integriert wird. Die *Vir*-Region codiert für die Übertragung der T-DNS auf die Pflanzenzelle. *Opc* (Opin-Katabolismus) codiert für den Abbau der spezifischen Opine. Die Tra-Region enthält die Information, die für den konjugativen Transfer notwendig ist. *OriV* ist die Startstelle für die (vegetative) Replikation.

ihres Ti-Plasmids, die T-DNS, in die Pflanzenzelle. Für den Transfer der T-DNS ist eine Region des Plasmids notwendig, die mit *vir* (für Virulenz) bezeichnet wird (ist die *vir*-Region mutiert, sind die *Agrobacterium*-Zellen trotz intakter T-DNS nicht onkogen). Nach dem Transfer wird die T-DNS stabil in die DNS des pflanzlichen Zellkerns eingebaut, dort transkribiert und die gebildete (polyA-) mRNS in Protein translatiert. Die durch T-DNS codierten Proteine sind für zwei Charakteristika der transformierten Pflanzenzelle verantwortlich:

Enzyme für eine Phytohormon (Indolylessigsäure- und Cytokinin-)-Synthese machen die Zellen von der Zufuhr dieser Phytohormone unabhängig und lösen ein unkontrolliertes Wachstum aus, als dessen Ergebnis der Tumor entsteht. Andere T-DNS-Genprodukte veranlassen die Pflanzenzelle zur Synthese ungewöhnlicher Arginin- bzw. Lysinderivate, der Opine (Octopin bzw. Nopalin). Diese Opine können von den Agrobacterien, die die Pflanzenzelle transformiert haben, mit Hilfe eines Ti-plasmidcodierten Abbauwegs als N-, C- und Energiequelle genutzt werden. Dabei codieren die Plasmide, die für die Induktion octopinsynthetisierender Tumoren verantwortlich sind, für den Abbau der Octopine; die Plasmide, die nopalinsynthetisierende Tumoren induzieren, codieren für den Abbau der Nopaline.

Ganz ähnlich der Transformation der Pflanzenzellen durch die Ti-Plasmide von *Agrobacterium tumefaciens* erfolgt die Transformation durch die Ri-Plasmide von *Agrobacterium rhizogenes* (s. a. 13.5.). Auch in diesem System wird nur ein Teil des Plasmids — der auch hier T-DNS genannt wird — in die Pflanzenzelle transferiert und dort integriert. Wie die T-DNS der Ti-Plasmide kann die T-DNS der Ri-Plasmide eine Opin-Synthese induzieren. Im Gegensatz zur Transformation mit Ti-DNS wird jedoch kein undifferenziertes (und mit Differenzierung nicht zu vereinbarendes) Tumorwachstum induziert. Die durch die T-DNS der Ri-Plasmide transformierten Wurzeln wachsen schneller, verzweigen sich öfter (verminderte apikale Dominanz) und tendieren dazu, verstärkt horizontal und nicht in die Tiefe zu wachsen. Diese Transformation begünstigt also in gewissem Umfang des Pflanzenwachstum, da unter anderem durch das verstärkte Wurzelwachstum die Biomassebildung erhöht ist.

Indolylessigsäureproduktion und Virulenz von Pseudomonas syringae pv. savastanoi

Pseudomonas syringae pv. *savastanoi* induziert bei Olive und Oleander ein tumorähnliches Wachstum in Form von Gallen. Obgleich eine Ähnlichkeit mit den durch die Ti-Plasmide von *Agrobacterium* induzierten Tumoren besteht, handelt es sich in diesem Falle nicht um das Resultat einer Transformation der Pflanzenzelle. Es konnte vielmehr gezeigt werden, daß die Gallen durch Phytohormone hervorgerufen werden (Indolylessigsäure und Cytokinine), die von der infizierenden Bakterienzelle stammen (s. a. 3.3.3.). Indolylessigsäure entsteht (wie bei den Ti- bzw. Ri-plasmidinduzierten Tumoren) als Abbauprodukt des Tryptophans.

Wie viele ungewöhnliche katabole Leistungen bei *Pseudomonas* spp. ist auch die Bildung von Indolylessigsäure durch *Ps. syringae* pv. *savastanoi* — und damit die Tumorinduktion — plasmidcodiert. Für einige Stämme konnte nachgewiesen werden, daß nur die Derivate onkogen wirken, die ein etwa 53 kb großes Plasmid (pIAA) besitzen.

2.4. Bakteriophagen und Bakteriocine

2.4.1. Hauptmerkmale der Bakteriophagen

Bakteriophagen, oder kurz Phagen, sind eine Klasse von Viren, die in Bakterien vorkommen und vermehrt werden. Obgleich sie auch außerhalb ihrer Wirtsorganismen als freie Partikeln existieren können, ist ihre Vermehrung ausschließlich von metabolisch aktiven Wirtszellen abhängig — Phagen sind somit obligat intracelluläre Parasiten.

Sie sind kleiner als die kleinsten Bakterien und passieren demzufolge bakteriendichte Filter. Komplette Phagenpartikeln bestehen aus genetischem Material, DNS oder RNS, und einer Protein-

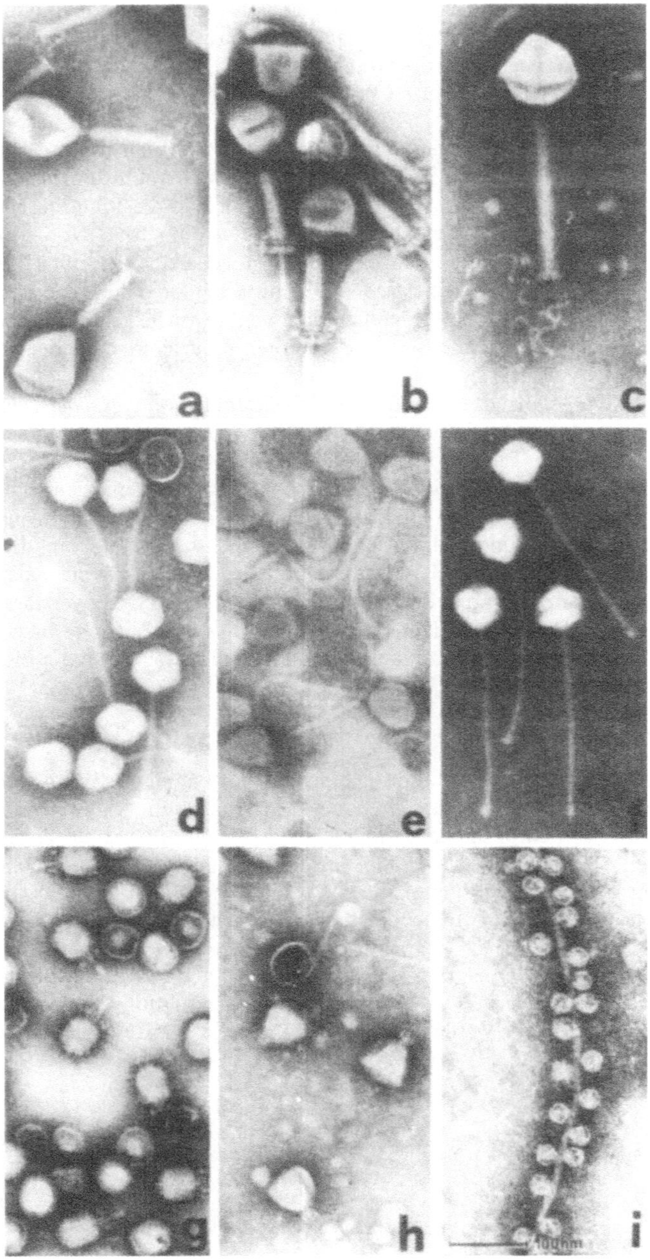

Abb. 2.49. Elektronenmikroskopische Darstellung repräsentativer morphologischer Typen von Bakteriophagen nach Negativfärbung mit Phosphorwolframsäure.
a) Phage T4 von *Escherichia coli*, b, c) Phagen von *Bacillus subtilis*, d) Phage λ von *E. coli*, e) Phage A25 von *Streptococcus pyogenes*, f) Phage S3 von *Streptomyces albus*, g) Phage SPP1 von *B. subtilis*, h) Phage π1 von *Proteus mirabilis*, i) Phage M12 von *E. coli*. Aufnahmen (außer e)) U. Taubeneck und I. Zimmermann.

hülle, die gleichermaßen als Schutz und als Vehikel für die Übertragung der Erbinformation dient. Das genetische Material stellt die wesentliche Phagenkomponente dar; es dringt beim Infektionsvorgang in die Wirtszelle ein und ist dort zu autonomer Replikation befähigt.

Die einfachsten Phagenpartikeln enthalten sehr kleine Chromosomen mit < 10 Genen und hängen in hohem Maße von Funktionen ihrer Wirtszellen ab. Kompliziert gebaute Phagen haben dagegen relativ große Genome, die für mehrere Hundert verschiedener Proteine codieren und bewirken, daß die Vermehrung der eingedrungenen Phagenpartikeln weniger stark vom Wirt abhängig ist. Allerdings benötigen alle bekannten Phagen Aminosäuren und weitere Faktoren der Proteinsynthese sowie das energieerzeugende System ihrer Wirtszellen.

Die Vermehrung dieser Bakterienviren läuft nicht über die Phasen Größenwachstum und Teilung (wie die der Bakterien), sondern ist durch eine separate Synthese der Strukturkomponenten (Nucleinsäuren und Bestandteile der Hülle) und deren intracelluläre Assemblierung (= Zusammenfügung) zu kompletten Viruspartikeln (= „Virionen") gekennzeichnet.

Die Entdeckung der Bakteriophagen, die 1917 unabhängig durch d'HERELLE in Frankreich und TWORT in England erfolgte, hatte große Bedeutung für die Entwicklung der Virologie als Wissenschaftsdisziplin und lieferte wichtige Modellsysteme zur Aufklärung grundlegender Probleme der Molekularbiologie.

Tabelle 2.1. Eigenschaften ausgewählter Bakteriophagen

Phage	Wirt	Nucleinsäure[1]) Typ	Größe (kb)	Topologie	Virionmorphologie
T4	*E. coli*	2-DNS	167	linear, circulär permutiert, terminal redundant	icosaedrischer Kopf (80 × 120 nm), kontraktiler Schwanz (113 × 20 nm)
T1	*E. coli*	2-DNS	50	linear, unikale Sequenz, terminal redundant	octaedrischer Kopf (50 nm) nichtkontraktiler Schwanz (150 × 10 nm)
λ	*E. coli*	2-DNS	48	linear, unikale Sequenz, kohäsive Enden	icosaedrischer Kopf (62 nm), nichtkontraktiler Schwanz (152 × 17 nm)
PM 2	*Ps. aeruginosa*	2-DNS	9	circulär	icosaedrisch
ϕX 174	*E. coli*	1-DNS	5.2	circulär	icosaedrisch (25 nm), schwanzlos
M13	*E. coli* (F^+)	1-DNS	7.4	circulär	filamentös (800 × 5 nm)
Φ6	*Ps. syringae* pv. *phaseolicola*	2-RNS	3.45+ 4.65+ 7.50	segmentiert 3 lineare Moleküle	icosaedrisch schwanzlos
R_{17}	*E. coli*	1-RNS	4	linear, unikale Sequenz	icosaedrisch (25 nm)

[1]) 2-DNS, 2-RNS = Doppelsträngige DNS bzw. RNS; 1-DNS, 1-RNS = einsträngige DNS bzw. RNS; kb = Kilobasen bzw. Kilobasenpaare

2.4.2. Morphologie

Die Morphologie der Phagenpartikeln kann durch die elektronenoptische Untersuchung von gereinigten Aufarbeitungen aus virusbefallenen Bakterienzellen ermittelt werden. Dabei zeigte es sich, daß verschiedene morphologische Typen von Phagen existieren (Abb. 2.49.; Tab. 2.1.). Die drei Haupttypen lassen sich folgendermaßen beschreiben:

- **schwanzlose Icosaeder** (= quasi-sphärische Polyeder mit 20 Dreiecksflächen und 12 Ecken)
- **icosaedrische Köpfe mit kontraktilen oder nichtkontraktilen Schwänzen** und
- **filamentöse Partikeln.**

Auch die Phagen von zellwandlosen Bakterien, z. B. *Spiroplasma citri*, besitzen teils den typischen Kopf-Schwanz-Aufbau, teils sind sie stäbchenförmig; auch quasi-sphärische Viruspartikeln wurden intracellulär beobachtet (STANARIUS 1977). Bei den *Mycoplasma*-ähnlichen Organismen (MLO), wie den Erregern der Asternvergilbung oder des SM Stolbur, sind stäbchenförmige Virionen nachgewiesen worden (VIDAVER 1976; NIENHAUS 1985).

Der Kopf (oder das **Nucleocapsid**) der geradzahligen T-Phagen von *Escherichia coli* setzt sich aus zwei Icosaederhälften zusammen, die durch ein hexagonales Prisma miteinander verbunden sind. Ihr **Schwanz** besteht aus einer zentralen starren Röhre, durch die der Inhalt des Kopfes (DNS) beim Infektionsvorgang entleert wird. Dieses Schwanzkernstück ist von einer kontraktilen helicalen (schraubenartigen) Scheide umgeben, die am Kopfende mit einem scheibenförmigen Kragen und am Schwanzende mit einer hexagonalen Basisplatte versehen ist. Letztere trägt an jeder ihrer 6 Ecken einen Schwanzstift und eine Schwanzfaser, die für die Anheftung des Virions an die Wirtszelle (als Adsorptionsorganelle) notwendig sind.

Die einzelnen Bakteriophagenspecies enthalten als **genetische Informationsträger** entweder DNS oder RNS. Diese Nucleinsäuren sind ein- oder doppelsträngig, die RNS ist linear, die DNS kann lineare oder circuläre Konformation besitzen; gewöhnlich liegen diese Makromoleküle in Einzahl vor (Haploidie).

Eine Reihe von Phagengenomen weist Besonderheiten in der Basensequenz auf; Beispiele hierfür sind
— circuläre Permutation (= die Termination erfolgt an beliebigen Punkten der Basensequenz),

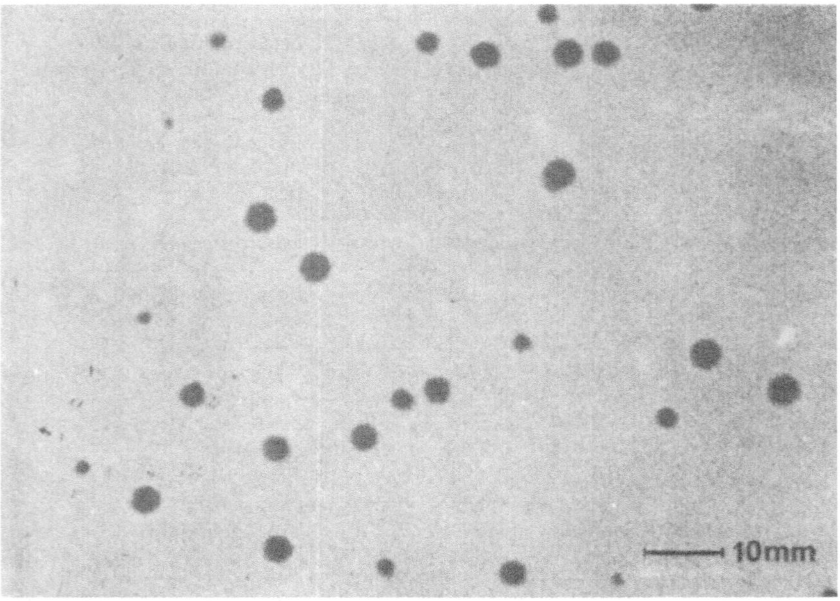

Abb. 2.50. Plaques des virulenten Phagen A25 im Indikatorrasen von *Streptococcus pyogenes* SM27.

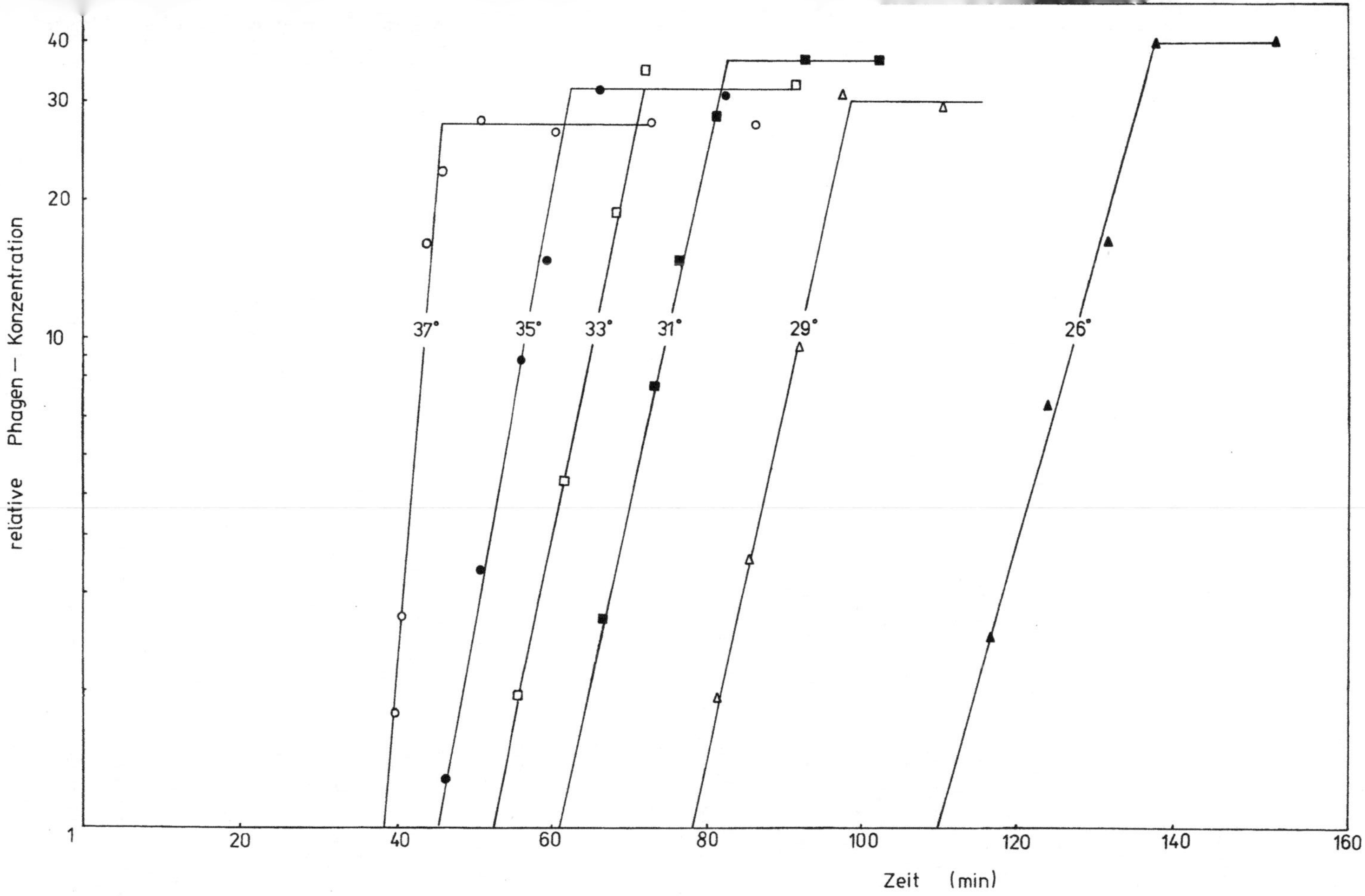

Abb. 2.51. Einstufenwachstumskurven des virulenten *Streptococcus pyogenes*-Phagen A25 in Abhängigkeit von der Temperatur (in °C). Die Startpunkte der Kurven auf der Zeitachse geben die minimale Latenzzeit und ihre Plateauwerte die durchschnittlichen Wurfgrößen an. Der Verlauf der Kurven zeigt, daß die Latenzzeit mit steigender Temperatur systematisch verringert, die Wurfgröße aber nicht sichtbar von der Bebrütungstemperatur beeinflußt wird.

— terminale Redundanz (= Wiederholung einer bestimmten Basensequenz an den Genomtermini (Genomenden)),
— kohäsive Enden (= die Genomtermini besitzen komplementäre einsträngige Regionen) u. a. (s. Tab. 2.1.).

2.4.3. Quantitative Aspekte der Infektion und Phagenassay

Zur Bestimmung des Gehalts an infektiösen Partikeln in einer Phagensuspension (Titer) wird die **Plaquetechnik** angewendet: Aliquote (= gestaffelte) Mengen einer phagenhaltigen Probe werden mit 50—100 µl einer dichten Wirtszellensuspension und ca. 4 ml geschmolzenem Weichagar (0,7%) gemischt und über eine feste Agargrundschicht (1,5% Agar) ausgeplattet. Nach der Inkubation entsteht auf diesem Medium ein dichter opaker Bakterienrasen, in dem Phagenlöcher („Plaques"), die jeweils von einer einzigen Phagenpartikel herrühren, als Lysiszonen sichtbar sind (Abb. 2.50.).

Mit diesem Verfahren lassen sich verschiedene wichtige Kennwerte zur **Charakterisierung eines Phagen** bzw. einer phagenhaltigen Suspension ermittelt, so z. B.
— die Anzahl nichtinfizierter Wirtszellen
— die Anzahl nichtadsorbierter Phagen
— die Anzahl infizierter Bakterien (infektiöse Zentren)
— die Größe der Phagennachkommenschaft und
— die sogenannte „Wurfgröße" (= Anzahl der pro infektiösem Zentrum freigesetzten Phagenpartikeln).

Die Bestimmung der einzelnen Größen erfolgt auf der Basis von Einstufenwachstumsversuchen („one step growth experiments") (Abb. 2.51.).

Einzelwürfe (= Phagenfreisetzung durch Einzelzellen, „single bursts") können mit diesem Phagentest nachgewiesen werden, indem man geeignet verdünnte Kulturen (mit einzelnen infizierten Zellen) verwendet. Vom Mengenverhältnis von Zellen und Phagenpartikeln in einer Suspension hängt ab, wie groß der Anteil von Zellen ist, der von einer bestimmten Zahl von Phagen infiziert wird. Diese sogenannte **„Infektionsmultiplizität"** läßt sich ebenfalls mit Hilfe des Plaqueassays und bestimmter statistischer Kennzahlen (Poisson-Verteilung) ermitteln.

2.4.4. Vermehrungscyclus

Adsorption

Die Infektion der Bakterienzelle durch Phagen wird durch eine hochspezifische Wechselwirkung zwischen den **Adsorptionsorganellen** der Phagenpartikeln und **Receptoren** auf der Oberfläche der Wirtszelle eingeleitet. Phagen können gewöhnlich nur an den Zellen einer einzigen Bakterienart und oft nur an Zellen bestimmter Stämme dieser Art adsorbieren. Bakterien, die durch Mutation phagenresistent geworden sind, weisen veränderte Receptoren auf. Dichte Phagenpopulationen enthalten ihrerseits Mutanten, die solche abgewandelten Zellreceptoren erkennen und damit einen erweiterten Wirtsbereich („extended host range") besitzen. Während den kompliziert gebauten geradzahligen T-Phagen in Gestalt ihrer Schwanzfasern und -stifte sehr spezialisierte Strukturen für die Adsorption zur Verfügung stehen, dient z. B. den RNS-Phagen nur ein einfaches Proteinmolekül als Adsorptionsort. Die Wirtsreceptoren sind oft komplexe Polysaccharide bzw. Lipopolysaccharide, die auch serologisch spezifisch reagieren (s. a. 2.2.3. und 2.5.4.). So beruht die Typisierung von pathogenen *Salmonella* spp. mit Hilfe eines Satzes von Bakteriophagen („Lysotypie") auf der Fähigkeit der einzelnen Testphagen, an verschiedenen Typen des O-Antigens (s. 2.5.2.) zu adsorbieren.

Bei Wirtszellen, die von einer Schleimkapsel umgeben sind, kommt es vor der eigentlichen Phagenadsorption zu einer lokalisierten Hydrolyse der Kapsel. So trägt die Schwanzspitze von *Streptococcus*-Phagen Hyaluronidase-Moleküle, die die Hyaluronsäure der Kapsel lösen und auf diese Weise dem Phagenschwanz Zugang zu den Receptoren auf der Zellwand verschaffen.

Einige *E. coli*-Phagen vermögen nur an männlichen, das F-Plasmid enthaltenden Zellen (s. 2.3.7.) zu haften, die Sexpili tragen („male-specific phages"). Dabei adsorbiert z. B. der Phage M12 lateral an den gesamten Pilus (Abb. 2.49.i), während sich M13 (Tab. 2.1.) nur der Pilusspitze anheftet.

Injektion der Nucleinsäure

Nach der (irreversiblen) Adsorption der Phagenpartikeln wird die Nucleinsäure aus dem Nucleocapsid (Kopf) in die Wirtszelle eingeschleust. Dieser **Infektionsvorgang** erfordert offenbar keine Zellenergie, da die Ejakulation der Nucleinsäure aus den Capsiden auch dann stattfindet, wenn die Phagen an Zellwandfragmente adsorbiert werden.

Einige Phagen (T5, T7) injizieren ihre DNS mit konstanter Polarität, d. h. in einer festgelegten Reihenfolge, so daß in der Wirtszelle zuerst ganz bestimmte spezifische Phagengene exprimiert werden. Bei T7 handelt es sich dabei um ein Gen (in Position 0,3 auf der Genkarte), dessen Produkt die Phagenvermehrung möglich macht, indem es sich mit einer sonst blockierend wirkenden Restriktionsendonuclease der Wirtszelle verbindet und sie damit ausschaltet. Der Phage T5 injiziert nur einen Teil (ca. 8%) seiner DNS in die Wirtszelle, was zunächst zu einer Imprägnierung der Wirtszellmembran mit T5-codiertem Protein führt; erst nach dieser Membranumstrukturierung penetriert die Hauptmenge der Phagen-DNS die Zellhülle des Wirtes. Die gesamte DNS-Injektion dauert bei diesen Coliphagen deshalb etwa 10 Minuten. Im Unterschied zu diesem langsamen Einschleusungsvorgang injiziert T4 sein gesamtes Genom in 1 min (nachdem die Adsorption irreversibel geworden ist). Der Infektionsprozeß läuft nach einem hochspezialisierten Mechanismus ab, der nach Adsorption über eine Kette konformationeller Veränderungen zu einer Kontraktion und Verdickung des Schwanzscheidenproteins führt; dadurch wird der Kern des Schwanzes wie eine Injektionsnadel in die Zelle getrieben.

Experimentell können Bakterien nach Ca^{2+}-Behandlung oder Umwandlung in Sphäroplasten auch mit gereinigter, nackter Phagen-DNS infiziert werden. Dieser Prozeß, der mit einer Mehrtrefferkinetik abläuft, wird als **„Transfektion"** bezeichnet. Wegen der Störung durch die Anwesenheit von Wirtsnucleasen ist diese Art der Einschleusung von Phagengenomen nicht sehr effizient.

Virusmakromolekülsynthesen

Unter den Bedingungen von „one-step growth experiments" lassen sich folgende Stadien der Virusvermehrung unterscheiden:

(1) **Eclipsezeit:** In dieser Phase (bei T4 ca. 12 min lang) unmittelbar nach der Injektion der DNS sind intracellulär keine infektiösen Phagenpartikeln nachweisbar.

(2) Intracelluläre **Akkumulationszeit:** In diesem Zeitraum sammelt sich die Phagennachkommenschaft in der Wirtszelle an, ohne daß es zur Freisetzung kommt. Diese Phase, die zusammen mit der Eclipseperiode auch als **„Latenzzeit"** bezeichnet wird, geht mit dem extracellulären Vorkommen von durchschnittlich einer infektiösen Partikel pro produktiver Zelle zu Ende.

(3) **Anstiegszeit:** Während dieses Stadiums steigt der extracelluläre Phagentiter in arithmetischer Rate bis zu einem konstanten Endwert an (s. Abb. 2.51.).

Die entscheidenden **Makromolekülsynthesen** vollziehen sich während der Latenzzeit. Wenige Minuten nach der Infektion von *E. coli* mit geradzahligen T-Phagen hören sämtliche wirtseigenen DNS-, RNS- und Proteinsynthesen auf; stattdessen laufen von diesem Zeitpunkt an nur noch virusbestimmte Makromolekülsynthesen ab. Darüber hinaus kommt es zu einem phageninduzierten Abbau der zelleigenen DNS und zur Wiederbenutzung der freigewordenen Nucleotide zur Virus-DNS-Synthese. Diese auf die Produktion neuer Phagenpartikeln gerichtete vollständige Umlenkung der Makromolekülsynthesen ist das entscheidende Charakteristikum eines Parasitismus auf genetischem Niveau. Es hängt allerdings sehr stark vom Virulenzgrad der verschiedenen Phagen ab, in welchem Ausmaß celluläre Funktionen durch virusinduzierte ersetzt werden. Die stärkste Virulenz besitzen Phagen mit großen Genomen, während sie bei einsträngigen DNS-Phagen (z. B. M13) so gering ist, daß die Virusfunktionen nur wenig mit dem Wirtszellmetabolismus interferieren und die Wirtsbakterien Phagen produzieren und ausschleusen, ohne selbst ihre Lebens- und Vermehrungsfähigkeit einzubüßen.

Die in die Bakterienzellen injizierten Phagengene werden in einer zeitlich geregelten Abfolge exprimiert. Dadurch wird eine perfekte Koordinierung aller Synthesen gewährleistet, die für die Produktion der Phagennachkommenschaft erforderlich sind. Diese **Regulation** findet hauptsächlich auf dem Niveau der Transkription (s. 2.3.4.) statt und kann wie folgt ablaufen:

(1) unmittelbare Transkription eines Phagen-DNS-Segments durch eine viruseigene RNS-Polymerase, die zusammen mit der DNS injiziert wird (N4 von *E. coli*);
(2) polare DNS-Injektion und sukzessive Transkription der Gene entsprechend ihrem zeitlichen Eintritt in die Zelle (T5, T7);
(3) fortlaufende Gentranskription in Abhängigkeit von der Genposition in einer Transkriptionseinheit;
(4) Modifikation der Wirts-RNS-Polymerase durch Phagenfaktoren, die die Initiation und Termination (s. 2.3.3. und 2.3.4.) in mehreren Schritten so umsteuern, daß bereits 8 min nach der Infektion die wirtsspezifische RNS-Synthese vollständig abgeschaltet ist.

Wie die **Transkription** der Phagen-DNS abläuft, zeigt das Beispiel von T4. Es lassen sich unter den verschiedenen Klassen von mRNS-Molekülen, die im Verlauf der Transkription gebildet werden, zwei Hauptgruppen unterscheiden, nämlich „frühe" und „späte" mRNS. Die frühen mRNS-Moleküle (> 10 verschiedene Species) werden von der Wirts-RNS-Polymerase synthetisiert; sie codieren für Enzyme und Proteinfaktoren, die die Wirtssynthesen blockieren (Modifikation der Wirts-RNS-Polymerase, Wirts-DNS-spaltende Nucleasen etc.) bzw. für die Virus-DNS-Synthese, die Regulation der mRNS-Synthese und die genetische Rekombination erforderlich sind. Die späten mRNS-Moleküle treten erst nach Abschluß der DNS-Replikation auf; sie enthalten Informationen für die Strukturproteine der Phagen, für deren Assemblierung (= Partikelbildung) und für die Zellyse.

Die Phagen-DNS-Synthese wird nach der Anheftung der DNS an die Zellmembran eingeleitet. Dabei erfolgt die **Initiation** an festgelegten Orten („origins"). Die Replikation beginnt — unter Vermittlung von Primase — mit der Synthese eines kurzen RNS-Segments, das durch DNS-Polymerase verlängert wird; sie schreitet bidirectional fort. Die DNS-Matrizen können in der ersten Phase der Replikation linear (T4, T7) oder circulär (λ) angeordnet sein. Nach mehreren solchen Replikationsrunden treten in den Molekülen Einstrangbrüche und einsträngige Regionen auf, die die zweite Replikationsphase auslösen. Diese ist durch die Bildung sehr langer **Concatemeren** (DNS-Ketten) gekennzeichnet, die durch Rekombination zwischen (redundanten) Enden unabhängiger Moleküle (T4) oder durch Replikation nach dem Modell des rollenden Rings (λ) zustandekommen. Diese Replikationsintermediate, die die Länge reifer Chromosomen um ein Vielfaches übertreffen können, bilden lineare und verzweigte Strukturen von großer Komplexität, aus denen nach nucleolytischer Spaltung die reifen Phagenchromosomen gebildet werden.

Reifung und Freisetzung

Der Prozeß der **Phagenreifung (Maturation)** umfaßt die **Assemblierung der Strukturkomponenten** des Capsids und die nachfolgende **Verpackung des genetischen Materials**. Während dieser Phase bilden die replizierenden Nucleinsäuren und die Precursorproteine des Capsids einen gemeinsamen Pool, dem beim Reifungsprozeß die erforderlichen Strukturelemente zufallsmäßig entzogen werden.

Das T4-Capsid wird auf drei unabhängigen morphogenetischen Wegen assembliert, wobei Kopf, Schwanz und Schwanzfasern gebildet werden. Bei manchen Strukturproteinen läuft der Prozeß spontan ab, während andere Teilvorgänge beim Strukturaufbau der Vermittlung durch morphogenetische Enzyme bedürfen. Die DNS tritt in den präformierten leeren Kopf ein. Bei T4 scheint dieser Vorgang damit zu beginnen, daß das freie Ende eines DNS-Moleküls an ein Protein im Innern des Kopfes angeheftet wird; danach läuft der Verpackungsprozeß unter Einbeziehung basischer Proteine ab, die zu einer dichten Faltung der DNS führen. Wenn der Kopf mit concatemerer DNS (s. oben) gefüllt ist, schneidet eine Endonuclease den nicht mehr verpackbaren Rest ab („headful mechanism"). Diese Nuclease arbeitet nicht sequenzspezifisch, was die Phänomene der circulären Permutation und terminalen Redundanz des T4-Chromosoms erklärt (s. 2.4.2. und Tab. 2.1.). T7-DNS und λ-Concatemeren werden dagegen durch sequenzspezifische Nuclease zerschnitten, wodurch einheitliche (d. h. nichtpermutierte) Chromosomen entstehen.

Für die **Freisetzung** der geradzahligen T-Phagen durch Zellyse sind mehrere Genprodukte erforderlich. Einige davon verändern die Plasmamembran so, daß sie schließlich für das Phagenlysozym (= e-Genprodukt) durchlässig wird. Der nicht zum Zelltod führende Phage M13 wird aus dem Wirtsbakterium ausgeschleust, indem ein bestimmtes Phagenprotein (= Gen-5-Produkt) die DNS abdeckt und dadurch ihre Passage durch die Membran möglich macht; danach verbindet sich die DNS mit membranständigen Hüllproteinmolekülen, die das Gen-5-Protein verdrängen. Daneben ist noch ein weiteres Protein (Gen-3-Produkt) an der Ausschleusung von M13 beteiligt, das ein Ende des M13-Filaments bedeckt und zugleich Adsorptionsfunktionen hat.[1]

2.4.5. Lysogenie

Im vorhergehenden Abschnitt (2.4.4.) wurden die einzelnen Phasen des lytischen Vermehrungscyclus bei Phagen beschrieben. Bakteriophagen, die nur diesen Entwicklungskreislauf durchlaufen, bezeichnet man als „virulent". Daneben gibt es die sogenannten „temperenten" Phagen; dieser

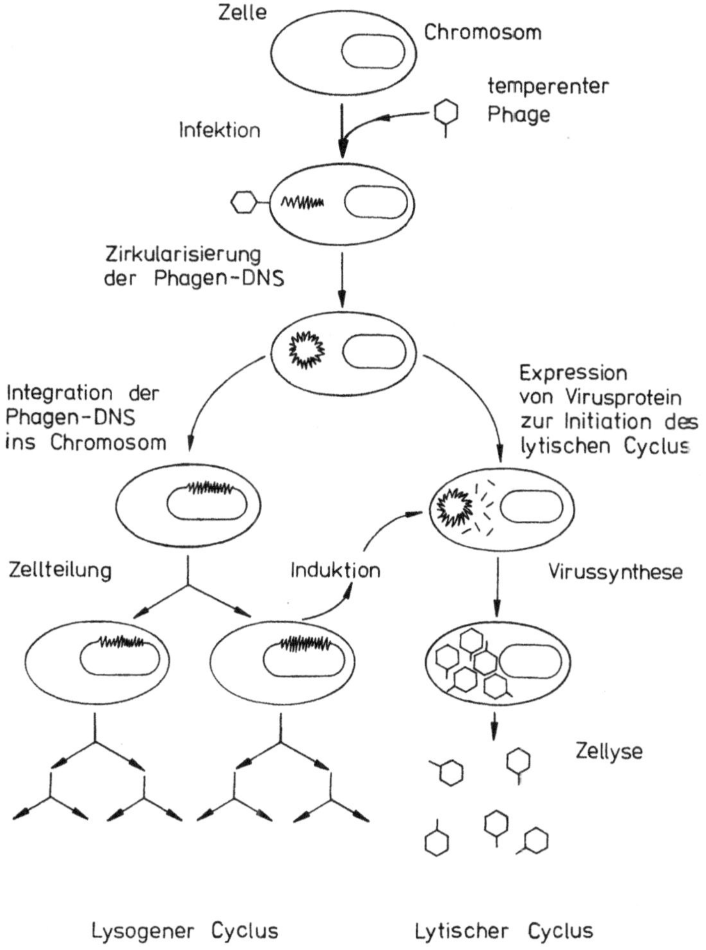

Abb. 2.52. Lytischer und lysogener Cyclus eines temperenten Bakteriophagen.

[1]) Die auch bei M13 nachweisbare Plaquebildung kommt nicht durch Zellysis, sondern durch die verringerte Wachstumsrate der infizierten Zellen zustande.

Phagentyp enthält stets doppelsträngige DNS und besitzt zusätzlich zum lytischen noch einen **„lysogenen" Cyclus.** Darunter versteht man den Verbleib (Persistenz) der Phagen-DNS in den Wirtszellen, ohne daß es zu einer Phagenproduktion (-vermehrung) kommt. In einer lysogenen Zelle kann die Phagen-DNS aber spontan oder experimentell zur Expression und Vermehrung gebracht („induziert") werden, wodurch dann der lytische Cyclus in Gang gesetzt wird (Abb. 2.52.).

Die in einer Wirtszelle persistierende Phagen-DNS bezeichnet man als **„Prophage"**. Solche Prophagen können entweder ins Wirtschromosom eingebaut (integriert) und als Teil desselben repliziert (weitervermehrt) werden (λ) oder als Plasmide (s. 2.3.2.) unabhängig vom Wirtschromosom weiterexistieren (P1).

Viele Bakterienstämme, insbesondere die aus natürlichen Habitaten isolierten, sind lysogen. Ihre Kulturen enthalten in der Regel durch Spontaninduktion freigesetzte Phagenpartikeln, die mit geeigneten Indikatorbakterien im Plaqueassay (s. 2.4.3.) erfaßt werden können. Allerdings sind die gebildeten Plaques gewöhnlich nicht klar, da die Infektion nicht bei allen Zellen zur Lysis führt, sondern bei einem kleinen Teil von ihnen auch den lysogenen Cyclus auslöst.

Lysogenisierte Zellen sind immun gegen den homologen Phagen, d. h., sie können zwar infiziert werden, doch wird die homologe Phagen-DNS nicht repliziert (= „Immunstatus"). Die während des lysogenen Cyclus ablaufenden Vorgänge sollen im folgenden anhand des am besten bekannten temperenten Coliphagen λ behandelt werden.

Immunität gegen Superinfektion

Das λ-Genom enthält ein **Repressor-Operator-System**, das in der infizierten Zelle die frühe Transkription unterbindet und den lysogenen Zustand stabilisiert. Wird eine lysogene Zelle durch einen homologen Phagen superinfiziert, blockieren überschüssige Repressormoleküle (cI-Genprodukt) die eingeschleusten Operatorsequenzen und verhindern so die Auslösung des lytischen Cyclus.

Prophagen-Integration und -Etablierung

λ-DNS wird bevorzugt zwischen den bakteriellen Galactose- und Biotin-Regionen (-Loci) linear ins Wirtschromosomen **integriert** (s. a. 2.3.7.). Dies geschieht durch einen (vom λ-Enzym „Integrase" katalysierten) reziproken und ortsspezifischen Bruch-Fusions-Prozeß in der bakteriellen (BOB') und Phagen-attachment-Region (POP') nach folgendem Reaktionsschema:

BOB' + POP' → BOP' + POB'

Die zur **Etablierung** des lysogenen Cyclus benötigten Genprodukte, Integrase und Repressor, werden durch das sogenannte „cII-Protein" reguliert, das die Transkription des Integrase- und Repressorgens auslöst. Die Regulation erfolgt in einzelnen aufeinander abgestimmten Teilschritten, auf die aber nicht näher eingegangen werden kann.

Induktion und Prophagen-Excision

Die **Induktion** der Prophagen (= Auslösung der Virulenz bzw. des lytischen Cyclus) läßt sich experimentell durch verschiedene Agenzien herbeiführen, die DNS-Schäden verursachen (UV-Strahlung, alkylierende Substanzen, Mitomycin etc.) (s. a. 2.3.6.). Dabei kommt es offenbar zu einer proteolytischen Zerstörung des oben erwähnten cI-Repressors durch ein bakteriell codiertes Protein (*recA*-Genprodukt). Dies ermöglicht die Transkription der für das Herausschneiden der Prophagen aus dem Wirtschromosom erforderlichen Gene[1]). Nach Beendigung dieses als „Excision" bezeichneten Prozesses liegen im Zellinnern wieder ein intaktes Wirtschromosom und ein (circuläres) λ-DNS-Molekül vor, das nunmehr zur Einleitung des lytischen Cyclus zur Verfügung steht.

Lytischer oder lysogener Cyclus

Nach jeder Infektion durch einen temperenten Phagen entscheidet es sich, ob der lytische oder der lysogene Cyclus in Gang gesetzt wird. Hierbei spielt ein **Proteinfaktor** (*cro*-Genprodukt) eine we-

---

[1]) Dies betrifft vor allem die sogenannte „Excisionase" (*xis*-Genprodukt), die mit der Integrase einen Komplex bildet, in dieser Form die Sequenzen BOP' und POB' erkennt und durch Erzeugung von Strangbrüchen die ursprünglichen BOB'- und POP'-attachment-Regionen wiederherstellt.

sentliche Rolle, der als Repressor und Antagonist des cI-Repressors wirkt; bei Überwiegen der *cro*-Genaktivität wird der cI-Repressor und damit der lysogene Cyclus ausgeschaltet.

Ob die infizierte Zelle in den lytischen oder in den lysogenen Kreislauf eintritt, hängt letzten Endes vom Anteil der von beiden konkurrierenden Repressorsynthesen gebildeten Produkte ab. Die Syntheseraten werden dabei von vielen Faktoren, z. B. auch von der Infektionsmultiplizität, bestimmt. Eine Schlüsselstellung bei der Entscheidung, welcher Cyclus abläuft, nimmt das cII-Protein ein.

2.4.6. Evolution der Bakteriophagen

Da selbst die Bakteriophagen mit der kompliziertesten Struktur in ihren Biosynthesen in hohem Maße von Wirtsfunktionen abhängen, sind die Wirtszellen sicher früheren Ursprungs als ihre Viren. Vorläufer der heutigen Bakteriophagen könnten kleine Nucleinsäure-Fragmente mit der Fähigkeit gewesen sein, sich unabhängig vom Chromosom ihrer Wirtszellen zu vermehren. In Gestalt der Viroide scheinen solche Vorstufen von RNS-Viren noch heute zu existieren. Diese phytopathogenen Agenzien — z. B. das Citrus-Exocortis-Viroid — sind kleine nackte RNS-Ringe (300—400 Nucleotide lang), die für kein Protein codieren und in Pflanzenzellen repliziert werden. Die Plasmide der Bakterienzellen ähneln den Viroiden darin, daß sie nicht für ein Capsid codieren und sich deshalb nicht wie Viren (Phagen) verbreiten können. Der Einbau von chromosomalen Genen, insbesondere von solchen, die für Capsidproteine codieren, in Plasmide könnte zur Entstehung von Bakteriophagen geführt haben.

Durch das geringe Fassungsvermögen des Capsids ist die Zahl der aufnehmbaren Gene stark limitiert. Eine optimale Nutzung dieser zwangsläufig kleinen Genome wird bei einigen Phagen (z. B. ϕX 174) durch die Existenz überlappender Gene erreicht, bei denen ein Teil einer Nucleotidsequenz, die für ein spezifisches Protein codiert, im selben oder verschobenen Leserahmen die genetische Information für ein zweites Protein liefert.

Bakteriophagen (und Viren allgemein) haben, indem sie sich in einer Wirtszellenpopulation ausbreiten und gelegentlich Wirtszellgene in ihr Genom aufnehmen und übertragen können (Transduktion), wahrscheinlich auch die Evolution ihrer Wirte beeinfußt (s. 2.3.7.).

2.4.7. Bakteriocine

Gratia entdeckte 1925 bei Untersuchungen mit *E. coli* eine diffusible Substanz, die auf andere Vertreter dieser Species bakterizid wirkte. Später wurde eine ganze Reihe weiterer solcher „Colicine" mit unterschiedlicher Spezifität und Wirkung identifiziert und hinsichtlich ihrer Sensitivität gegenüber proteolytischen Enzymen charakterisiert. Heute versteht man unter **Bakteriocinen** von bestimmten Bakterienstämmen produzierte Substanzen mit Proteincharakter, die keine Replikationsfähigkeit besitzen und gegenüber anderen Stämmen derselben Species oder eng verwandter Arten toxisch (baktericid) sind. Obwohl sich manche defekte Phagenpartikeln wie Bakteriocine verhalten, sollten Bakteriocine und Phagen sorgfältig unterschieden werden, da sie — schon aufgrund ihrer differenten Struktur und Genese — völlig verschiedenen biologischen Kategorien angehören.

Als Proteine werden die Bakteriocine von spezifischen DNS-Sequenzen codiert. In den am besten bekannten Fällen sind spezielle **„Col-Plasmide"** als **Träger der genetischen Information** für die Bakteriocinbildung ermittelt worden. Die großen unter diesen Plasmiden sind konjugativ, die kleinen nichtkonjugativ. Gelegentlich produziert ein *E. coli*-Stamm mehrere Colicine. Ein bakteriocinogenes Bakterium ist stets unempfindlich gegenüber der Wirkung seines eigenen Bakteriocins, aber sensitiv gegenüber anderen Typen von Bakteriocinen. Stämme, die Colicin E3 bilden, synthetisieren gleichfalls ein Immunitätsprotein, das dieses Colicin binden und damit inaktivieren kann.

Obwohl bakteriocinogene Kulturen immer Bakteriocin in der Nährlösung enthalten, ist die Bakteriocinsynthese in den Zellen gewöhnlich reprimiert. Gelegentliche spontane Derepression führt zur Colicinproduktion in einer kleinen Fraktion von Zellen, die danach durch Lysis zugrunde gehen. Die **Induktion der Bakteriocinsynthese** kann experimentell massiv durch dieselben Agenzien (z. B. UV-Licht) gesteigert werden, die auch zur Prophagen-Induktion geeignet sind (s. 2.4.5.).

Der Bakteriocintiter von Bakterienkulturen läßt sich mit einer Modifikation der **Doppelschichttechnik** (s. Plaqueassay; 2.4.3.) bestimmen: Im Rasen von sensitiven Indikatorbakterien verursachen aufgetropfte bakteriocinhaltige Kulturflüssigkeiten klare **Lysezonen („Lacunen")**, die sich aber im Unterschied zu den von Phagen hervorgerufenen Plaques nicht „fortzüchten" lassen.

Wie Bakteriophagen werden auch Bakteriocine an spezifische **Receptoren** auf der Zelloberfläche gekoppelt. Gelegentlich haben Phagen und Bakteriocine sogar gemeinsame Haftpunkte, wie aus der mutativen Veränderung des T6-Receptors zu schließen ist, die gleichzeitig zur Colicin K-Resistenz führt. Protoplasten oder Sphäroplasten solcher resistenter Zellen sind wieder bakteriocinsensitiv, was anzeigt, daß die Zellwand Schutzfunktionen ausübt und die Receptoren offensichtlich die Penetration der Bakteriocinmoleküle durch die Zellwand ermöglichen. Im Unterschied zu resistenten Mutanten besitzen tolerante Mutanten zwar normale Receptoren, aber eine für Bakteriocine undurchdringliche Cytoplasmamembran.

Aus kinetischen Untersuchungen geht hervor, daß die Abtötungswirkung einem Eintrefferprozeß entspricht, d. h., ein Bakteriocinmolekül reicht bereits aus, um eine Zelle abzutöten. Der **bactericide Wirkungsmechanismus** ist insbesondere für mehrere Colicine gut erforscht. Einige von ihnen sind Nucleasen. Colicin E3 spaltet vom 3'-Ende der 16S-ribosomalen RNS 49 Nucleotide ab, so daß die Ribosomen den mRNS-Bindungsort (Shine-Dalgarno-Sequenz) für die Proteinsynthese verlieren (s. 2.3.4.). Colcin E2 induziert den Abbau von DNS. Andere Colicine wirken auf die Cytoplasmamembran; so bildet Colicin I Kanäle, durch die K^+-Ionen nach außen abfließen. Diese Membran-Depolarisierung verhindert die weitere ATP-Bildung, was in der Folge zum Erliegen aller Makromolekülsynthesen und schließlich zum Zelltod führt. Ein Megacin, produziert von *Bacillus megaterium* De Bary 1884, wirkt wie eine Phospholipase und zerstört auf diese Weise empfindliche Membranen. Ebenfalls membranwirksam, aber auch hämolytisch aktiv, sind die Bakteriocine von *Streptococcus faecalis* „var. *zymogenes*" (Mac Callum & Hastings 1899) Mattick 1947[1]).

2.4.8. Bakteriophagen und Bakteriocine in der Phytopathologie

Für alle phytopathogenen Bakterienspecies lassen sich Bakteriophagen und Bakteriocine finden. Nachgewiesen wurde ihre Existenz bereits für sämtliche Gattungen, die phytopathogene Arten enthalten, nämlich *Pseudomonas*, *Xanthomonas*, *Agrobacterium*, *Erwinia* und *Clavibacter*. Aber auch bei den zellwandlosen Prokaryoten, wie den Spiroplasmataceae und den *Mycoplasma*-ähnlichen Organismen (MLO), konnten spezifische Phagen- bzw. Virusinfektionen beobachtet werden (s. 2.4.2.).

Das **Vorkommen von Phagen und Bakteriocinen** bei pflanzenpathogenen Bakterien ist aus mehreren Gründen von großer Bedeutung: Einmal stehen damit effektive Hilfsmittel zur Erforschung der Genetik und Pathogenität dieser Bakterienarten zur Verfügung. Zum anderen ergeben sich auf diese Weise erweiterte Möglichkeiten zur Klärung taxonomischer und epidemiologischer Probleme. So sind Bakteriophagen z. B. zur Identifizierung von *Clavibacter michiganensis* subsp. *nebraskensis* und *C. michiganensis* subsp. *michiganensis* sowie zur intraspezifischen Differenzierung verschiedener, auf bestimmte Wirtspflanzen spezialisierter Erregerherkünfte innerhalb der Pathovare *Pseudomonas syringae* pv. *syringae* bzw. pv. *morsprunorum* geeignet. Sie finden auch Verwendung zum Nachweis von *Pseudomonas syringae* pv. *phaseolicola* und *Xanthomonas campestris* pv. *phaseoli* an befallenem Bohnensaatgut, von *Ps. syringae* pv. *pisi* an Erbsen und *C. michiganensis* subsp. *michiganensis* an Tomatensamen.

Es gibt auch Beispiele für die Nutzung der unterschiedlichen Empfindlichkeit gegenüber bestimmten Bakteriocinen zur Typisierung von Bakterienarten, z. B. *Enterobacter* spp., die auch für die Phytopathologie Bedeutung haben.

---

[1]) Ursprünglich als Subspecies beschrieben, aber in „Approved Lists" nicht validiert.

Von besonderem Interesse sind Bakteriophagen und Bakteriocine aber auch als potentielle **Agenzien zur Biologischen Bekämpfung** phytopathogener Bakterien. Da die Anwendung von breit wirkenden Antibiotica und Chemikalien nicht ohne Risiken ist (s. 6.7.), besteht gegenwärtig eine starke Tendenz, selektivere, weniger persistierende und umweltfreundlichere Bekämpfungsmöglichkeiten ausfindig zu machen und zu erproben. So sind **Bakteriophagen** bereits in Modellversuchen zur Unterdrückung phytopathogener Bakterien angewendet worden. Wenn sie prophylaktisch, in die Stengel injiziert oder als Spray, appliziert werden, ist allgemein eine Hemmung der Symptomentwicklung festzustellen. Kommen Phagen allerdings gleichzeitig mit den Erregern oder postinfektionell zur Anwendung, ist der Schutzeffekt weit geringer, oder die Wirkung bleibt völlig aus. Obwohl Bakteriophagen also bei präinfektioneller Applikation eine gewisse Bedeutung haben könnten, spricht eine Reihe von Gründen gegen ihre praktische Anwendung in der Phytopathologie:

(1) Die Wirksamkeit von Phagen wird dadurch stark eingeschränkt, daß sie vom virulenten zum temperenten Zustand mutieren können und damit Lysogenie und Immunstatus der Bakterienzellen bewirken; ferner kommen Wirtsmutationen zur Phagenresistenz sehr häufig vor.

(2) Infektionen und Phagenentwicklung sind stark von Umweltfaktoren abhängig, der optimale Zeitpunkt zum Einsatz von Phagen ist daher schwer kalkulierbar.

(3) Transduzierende Bakteriophagen können Wirtsgene, auch solche, die für die Phytopathogenität der Bakterien verantwortlich sind, von Erregerzellen (Donoren) auf avirulente Zellen (Recipienten) übertragen (s. 2.3.7.).

(4) Bakteriophagen sind selbst zuweilen Träger unerwünschter Gene, z. B. solcher, die für Toxine codieren, und können damit zusätzliche Pathogenitätsfaktoren beisteuern (lysogene Konversion).

Auch **Bakteriocine** sind, entweder in Form bakteriocinogener nichtpathogener Bakterien oder als gereinigte Bakteriocinpräparate, in Modellversuchen auf ihre Wirksamkeit gegen phytopathogene Bakterien untersucht worden. Wenn Samen oder Wurzeln mit einem avirulenten bakteriocinogenen Isolat von *Agrobacterium radiobacter* vor der Inokulation eines pathogenen Stammes von *Agrobacterium tumefaciens* behandelt wurden, konnte mit 99 %iger Effektivität Tumorbildung verhindert werden. Als ähnlich wirksam hat sich unter analogen Bedingungen ein nichtpathogener bakteriocinogener Stamm von *Clavibacter michiganensis* subsp. *michiganensis* erwiesen. Die Effektivität der zur biologischen Bekämpfung eingesetzten Bakterien nahm aber ab oder war gleich Null, wenn die Erreger simultan oder früher als der Bakteriocinproduzent appliziert wurden. Trotz gewisser positiver Ergebnisse bleibt unklar, ob die Reduzierung bzw. Unterdrückung der Krankheiten allein durch die Bakteriocinproduktion erklärt werden kann, da Versuche zum Nachweis von Bakteriocinen in planta fehlgeschlagen sind.

Sprühanwendung gereinigter Syringacin-Präparate (Produzent ist *Pseudomonas syringae* pv. *syringae*) verhinderte die Entstehung von Blattläsionen nach Infektion mit *Pseudomonas syringae* pv. *phaseolicola* bei Bohnen und *Ps. syringae* pv. *glycinea* an Sojabohne. Auch die Behandlung von Sojabohnensamen mit Bakteriocin wirkte sich vorteilhaft auf die Keimfähigkeit und die Bekämpfung von *Ps. syringae* pv. *glycinea* aus.

Gegenwärtig ist einzuschätzen, daß Bakteriocine eine gewisse Bedeutung für die prophylaktische Bekämpfung von pathogenen Bakterien erlangen könnten, die entweder durch Samen oder Knollen verbreitet oder besonders leicht sekundär auf gesunde Nachbarpflanzen übertragen werden. Insgesamt ist aber weitere Forschungsarbeit erforderlich, um Bakteriophagen und Bakteriocine zu Präparaten gegen phytopathogene Bakterien zu entwickeln und Bedingungen zu definieren, unter denen sie sich praktisch anwenden lassen (s. 6.5.).

2.5. Serologie

2.5.1. Grundlagen der Bakterienserologie

Für die Serologie sind zwei Begriffe von grundlegender Bedeutung: Antigen und Antikörper. Unter einem **Antigen** versteht man eine körperfremde Substanz, die in einem Wirbeltierorganismus die Bildung von Antikörpern hervorruft und in spezifischer Weise mit diesen reagiert. Für die Antigene sind somit zwei Eigenschaften charakteristisch: die Immunogenität, d. h. die Fähigkeit, eine Antikörperbildung auszulösen bzw. eine Immunantwort zu induzieren, und die (antigene) Spezifität. Unter diesem Begriff wird die Fähigkeit verstanden, mit den Produkten der Immunantwort zu reagieren.

Die **Immunogenität** wird durch eine Reihe von Faktoren beeinflußt, unter denen das Molekulargewicht (ein hohes Molekulargewicht bewirkt im allgemeinen eine stärkere Immunogenität), die chemische Zusammensetzung (Proteine sind in der Regel stark immunogen, Polysaccharide mit hohem Molekulargewicht gleichfalls) sowie die Umstände der Applikation (s. 2.5.2.) eine Rolle spielen. Für die Spezifität sind bestimmte Molekülbereiche verantwortlich, die als **antigene Determinanten** oder **Epitope** bezeichnet werden. Natürlich vorkommende Antigene sind multivalent und heterogen, d. h., sie besitzen Sätze von Determinanten mit unterschiedlicher Spezifität. Substanzen, die mit Antikörpern reagieren können, allein aber nicht in der Lage sind, eine Immunantwort auszulösen, werden als **Haptene** bezeichnet. Hierbei handelt es sich zumeist um niedermolekulare und proteinfreie Verbindungen.

Antikörper sind demgegenüber Substanzen, die in Vertebraten nach entsprechendem Kontakt mit einem Antigen gebildet werden und spezifisch mit diesem reagieren.

Da es sich der chemischen Natur nach um Proteine vom Globulintyp handelt, werden sie neuerdings auch als Immunglobuline bezeichnet. Sie treten vor allem im Blutserum auf. Als **Antiserum** wird ein Serum mit Antikörpern gegen ein bestimmtes Antigen bezeichnet. Man unterscheidet fünf Klassen von Immunglobulinen (G, M, A, D, E), die ihrerseits auf vielfältige Weise weiter differenziert werden können (s. z. B. Friemel & Brock 1983). Jedes Immunglobulin-Molekül enthält Bereiche, die spezifisch mit den antigenen Determinanten reagieren und als Antideterminanten („combining sites") bezeichnet werden. Das im Serum mengenmäßig dominierende Immunglobulin G (IgG) besitzt beispielsweise zwei Antideterminanten, d. h., es ist bivalent. Im Ergebnis der Reaktion von multivalenten Antigenen und bivalenten Antikörpern entsteht ein unlöslicher Komplex, der aus einem Netzwerk von alternierenden Antigen- und Antikörpermolekülen besteht. Dieser Vorgang wird bei löslichen Antigenen (z. B. Proteinen) als **Präzipitation** und bei partikulären Antigenen, zu denen die Bakterien zu rechnen sind, als **Agglutination** bezeichnet. Für beide Reaktionstypen gelten die gleichen Gesetzmäßigkeiten; die Agglutination kann als Präzipitation aufgefaßt werden, die an der Oberfläche partikulärer Antigene abläuft.

Antigen-Antikörper-Reaktionen besitzen aufgrund ihrer **Spezifität** hohe diagnostische Bedeutung. Mittels serologischer Methoden (= Immunoassays) können deshalb bei Vorhandensein entsprechender Antiseren die unterschiedlichsten Antigene qualitativ oder quantitativ bestimmt werden, und zwar in vitro.

Im folgenden ist die Darstellung im wesentlichen auf phytopathogene Bakterien zugeschnitten. Hierbei ist zunächst noch einmal an die von Stapp (1958) getroffene Feststellung zu erinnern, wonach die Serologie in die Phytobakteriologie „bisher nur sehr zögernd und recht unvollkommen Eingang gefunden hat, obwohl ihr Wert für diese Disziplin außer Frage stehen dürfte." Erst in den 70er Jahren setzte eine deutliche Aufwärtsentwicklung ein, die gegenwärtig noch nicht abgeschlossen ist.

2.5.2. Herstellung von Antiseren

Als Versuchstiere dienen bevorzugt Kaninchen. Zur Immunisierung werden meist Bakterien eingesetzt, die in Schrägagarröhrchen angezogen und in physiologischer Kochsalzlösung (0,85%) suspendiert wurden. Die Immunogenität der Bakteriensuspensionen geht im wesentlichen auf die sogenannten Oberflächenantigene zurück. Bei relativ gut erforschten Gram-negativen Bakterien — z. B. den Enterobacteriaceae — können folgende drei Hauptgruppen von Oberflächenantigenen unterschieden werden:

1. **Somatische thermostabile O-Antigene**
Die chemische Basis bilden Lipopolysaccharide (LPS) als eine Hauptkomponente der äußeren Membran (s. 2.1.2.). Die O-Antigene sind im Polysaccharid-Anteil der LPS lokalisiert, der seinerseits covalent an Lipid gebunden ist. Substanzen, die an O-Antigene erinnern, spielen auch bei Grampositiven Bakterien eine Rolle.
2. **Thermostabile oder -labile Kapselantigene (K-Antigene)**
Hierbei handelt es sich um Kohlenhydrate (Polysaccharide).
3. **Thermolabile Geißelantigene (H-Antigene)**
Sie sind nur in beweglichen Stämmen vorhanden und ihrer chemischen Natur nach Proteine.

Die Bakterien können als lebende Suspensionen verimpft oder — wenn Antiseren gegen thermostabile Antigene gewünscht werden — nach Hitzeabtötung, beispielsweise durch Behandlung (1—2 1/2 Std.) bei 60° oder 100 °C. Die letztgenannte Methode wird für die Herstellung von O-Antiseren empfohlen. An dieser Stelle ist allerdings zu vermerken, daß eine Testung auf thermostabile Antigene auch mit Antiseren gegen lebende oder aldehydfixierte Zellen durchgeführt werden kann, wenn hitzebehandelte Testantigene zum Einsatz gelangen. Die Fixierung kann mit Formaldehyd oder Glutaraldehyd erfolgen. Eine Fixierung mit 0,3% Formaldehyd wird häufig dann angewendet, wenn Anti-H-Seren herzustellen sind.

Die Injektionsfolge richtet sich nach dem Verwendungszweck der Antiseren. Zur Herstellung der klassischen „agglutinierenden“ Antiseren werden in der Regel steigende Mengen lebender oder abgetöteter Bakterien in bestimmten Zeitabständen (3—5 Tage) intravenös appliziert, wobei insgesamt vier- bis sechsmal injiziert wird. Bei Verwendung von lebenden Suspensionen treten bei manchen phytopathogenen Bakterien (z. B. *Clavibacter*- und *Erwinia*-Arten) gelegentlich aufgrund toxischer Effekte hohe Tierverluste auf. Diese lassen sich umgehen, wenn 3—14 Tage vor der intravenösen Serie eine Vorimmunisierung auf intramuskulärem oder subcutanem Wege erfolgt (LAŽAR 1972).

Antiseren, die 20—30 Tage nach Start der Injektion gewonnen werden, weisen vielfach Titer von 1:2560 und darüber auf. Sie sind nicht nur für Agglutinationsteste gut geeignet, sondern auch für Präzipitationsteste und Teste mit markierten Antikörpern.

Die Verabreichung von Nachinjektionen im Abstand von einigen Wochen oder Monaten nach der intravenösen Startserie führt sehr oft nicht zu höhertitrigen und besser geeigneten Antiseren. Dies hängt damit zusammen, daß bei der erwähnten Injektionsart Oberflächenantigene von Polysaccharid-Natur Hauptträger der Immunogenität sind, die ihrerseits nur unzulänglich ein immunologisches Gedächtnis zu induzieren vermögen. Ansonsten besteht jedoch auch bei Bakterien die Möglichkeit, Qualität und Quantität der Antikörper über Injektionsart, injizierte Menge und Injektionsschema zu beeinflussen.

Erfahrungen mit Antiseren, die unter Verwendung von Antigenextrakten hergestellt wurden, sowie Antiseren gegen definierte und gereinigte Enzyme und Membranproteine liegen bisher nur in sehr begrenztem Umfange vor.

2.5.3. Serologische Methoden

Gegenwärtig werden im wesentlichen vier unterschiedliche serologische Methoden zum Nachweis phytopathogener Bakterien verwendet.

Bei der **Agglutination** werden die Bakterien durch spezifische Antiseren zu größeren Aggregaten zusammengeballt. Die Agglutination stellt in der medizinischen Bakteriologie auch heute noch die am häufigsten verwendete serologische Reaktion zur Identifizierung unbekannter Bakterienisolate dar.

Der Test wird mit 1-ml-Volumina in Röhrchen durchgeführt (0,5 ml Antiserum + 0,5 ml Bakteriensuspension) oder in einer Mikromodifikation als Objektträger-Agglutination mit den beiden Reagenzien in Tropfenform bzw. einem Tropfen Antiserum und einer kleinen Menge einer Bakterienkultur direkt vom Agarmedium (Abb. 2.53.). Bei der Agglutination sind unbedingt Normalserum- und Kochsalz-Kontrollen einzubeziehen. Der Test wird häufig zur Ermittlung der Titer von Antiseren herangezogen.

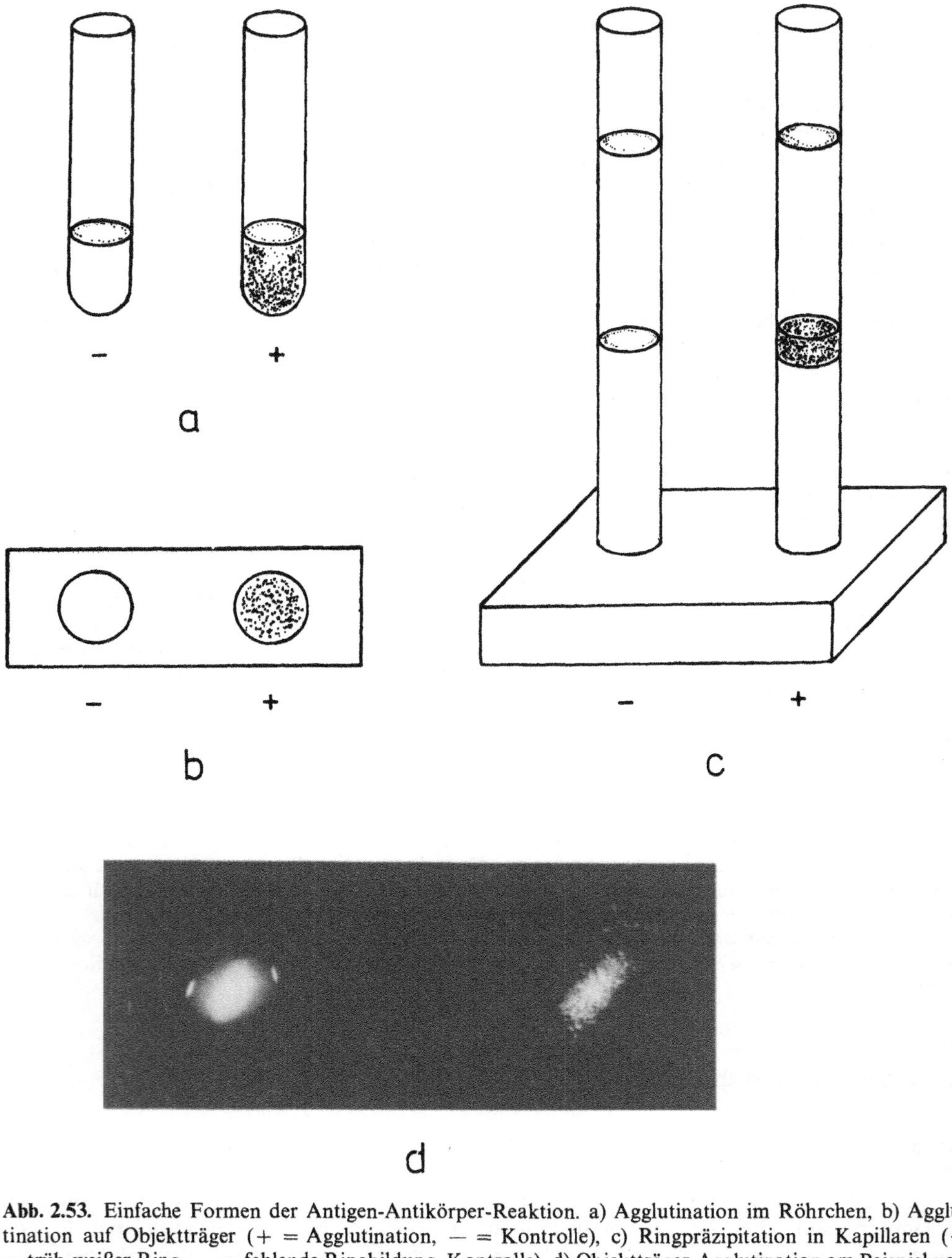

Abb. 2.53. Einfache Formen der Antigen-Antikörper-Reaktion. a) Agglutination im Röhrchen, b) Agglutination auf Objektträger (+ = Agglutination, — = Kontrolle), c) Ringpräzipitation in Kapillaren (+ = trüb-weißer Ring, — = fehlende Ringbildung, Kontrolle), d) Objektträger-Agglutination am Beispiel von *Clavibacter michiganensis* pv. *sepedonicus* (rechts; Kontrolle links).

Die **Präzipitation** besteht in der Ausfällung löslicher Antigene oder Haptene mit Hilfe von Antiseren. Früher dominierte der Ringpräzipitationstest. Das Antiserum wird in einem Reagenzglas oder einer Glaskapillare mit dem klaren antigenhaltigen Extrakt überschichtet. Eine positive Reaktion wird durch die Bildung eines Ringes an der Berührungsstelle beider Flüssigkeiten sichtbar (Abb. 2.53.). Heute sind Präzipitationsteste in flüssigem Medium weitestgehend durch die Präzipitation im Gelmedium (Immundiffusion) verdrängt worden. Es existiert eine Anzahl von Varianten, unter denen der Agargel-Doppeldiffusionstest (DDT) nach Ouchterlony die weiteste Verbreitung gefunden hat.

Bei diesem Test werden Antigene und Antiseren in Tropfenmengen in Höhlungen gegeben, die vorher in den Agar gestanzt wurden. Die beiden Reaktionspartner diffundieren aufeinander zu, an den Berührungsstellen bilden sich bei positivem Reaktionsausfall Präzipitationslinien aus. Bedeutungsvoll ist, daß der DDT bei einer bestimmten Anordnung der Reaktionspartner auf einfachste Weise direkte Antigenvergleiche ermöglicht, die Aussagen über Identität bzw. Kreuzreaktivität von Antigenen zulassen. Diffundieren zwei Antigene gegen ein Antiserum, so kann je nach dem Verlauf der Präzipitationslinien an deren Berührungspunkt zwischen „Identität", „partieller Identität" und „Nicht-Identität" unterschieden werden (Abb. 2.54.). Diese Art von Test spielt bei der Unterscheidung von Serovaren (früher meist als „Serotypen" bezeichnet) innerhalb vieler Bakterienarten eine wichtige Rolle.

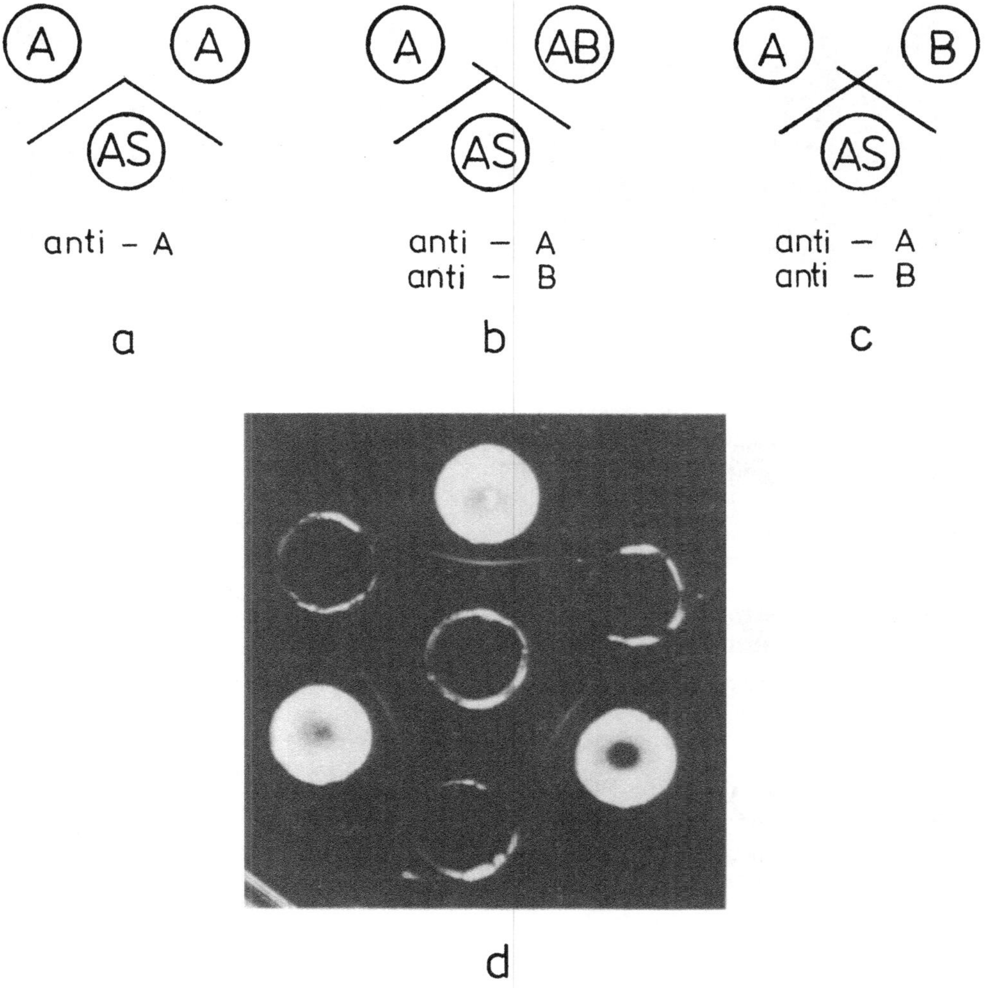

Abb. 2.54. Agargel-Doppeldiffusionstest nach Ouchterlony. a) Nachweis von Identität, b) partielle Identität, c) fehlende Identität. *AS* Antiserum, *A*, *B* Antigenspezifität; d) Anwendung des Testes zum Nachweis von *Erwinia carotovora* subsp. *atroseptica*.

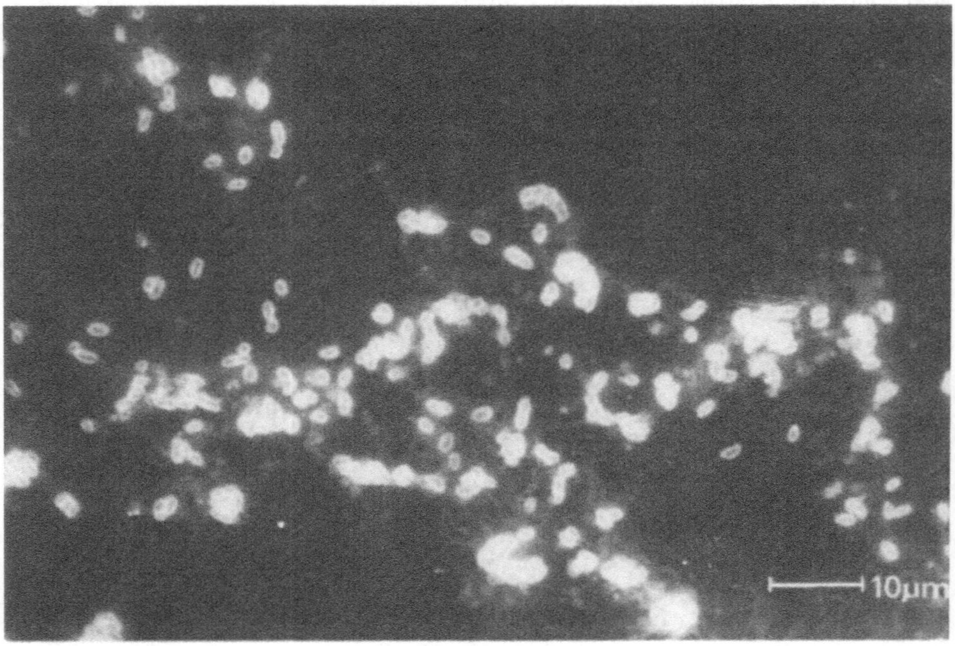

Abb. 2.55. Nachweis von *Erwinia amylovora*-Zellen mittels Indirekter Immunfluorescenztechnik (IFT). Aufnahme Anita Schmidt.

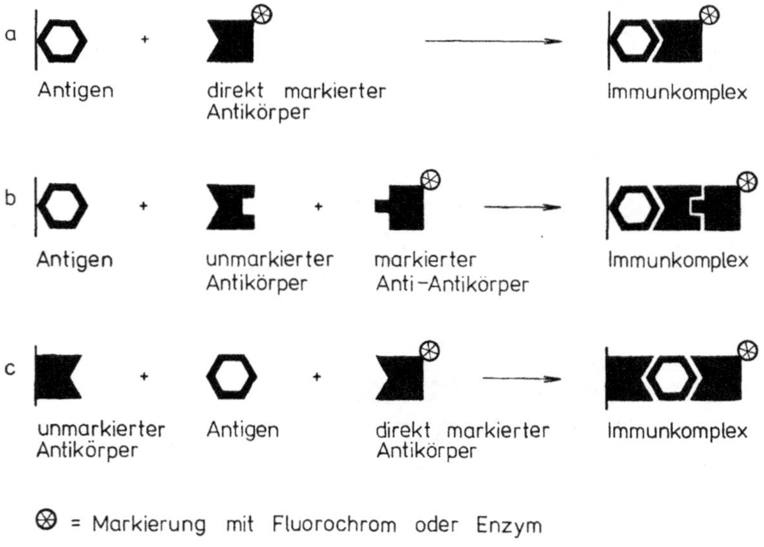

Immunoassays mit markierten Antikörpern: Schema der Reaktion.
a) (einfache) direkte Technik,
b) (einfache) indirekte Technik,
c) Doppelantikörper-Sandwich-Technik.

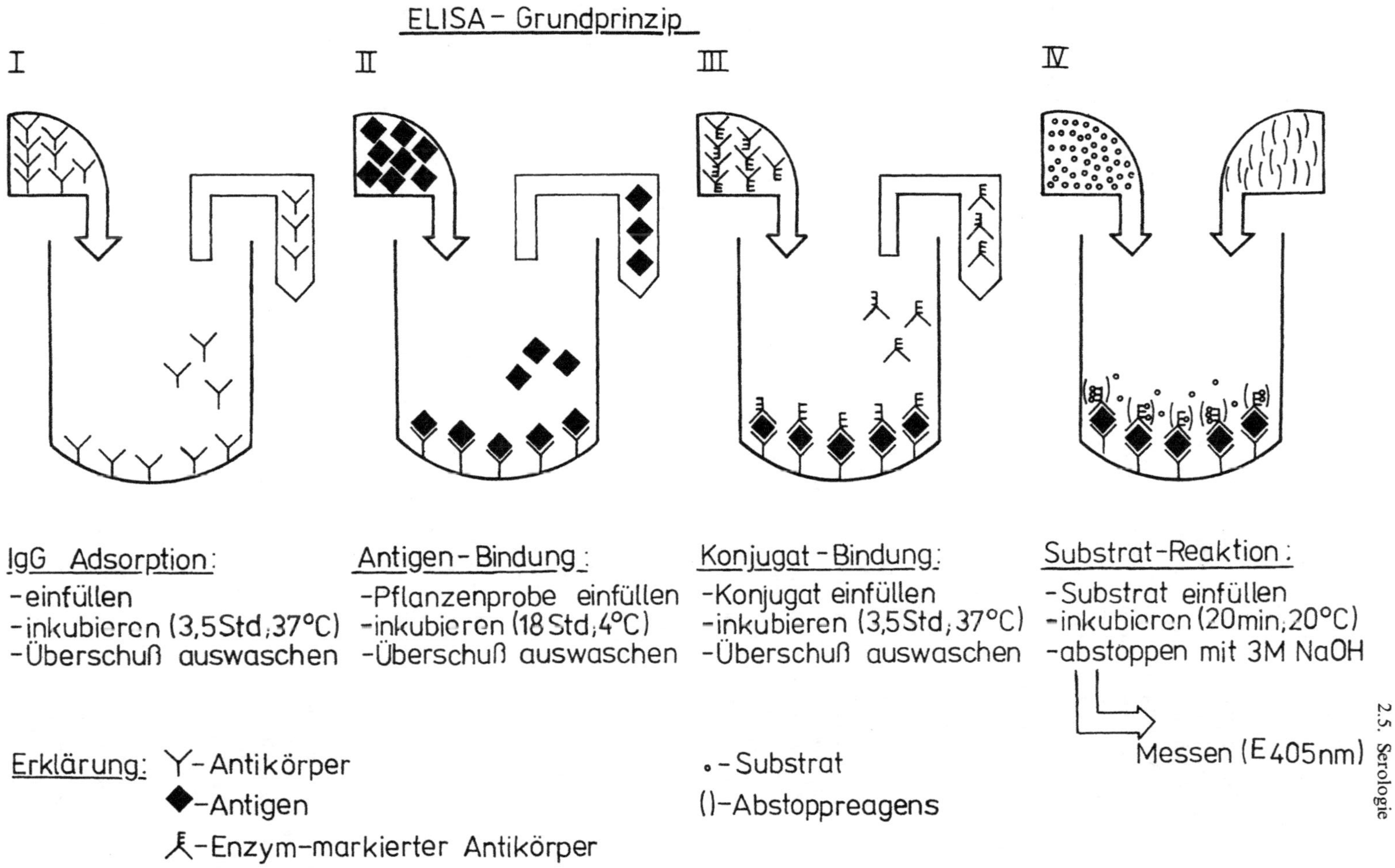

Abb. 2.56. Doppelantikörper-Sandwich-ELISA. Schema des Reaktionsablaufs.

7*

In jüngerer Zeit hat eine Kategorie von serologischen Testen zunehmende Bedeutung erlangt, bei denen die Antikörper (oder Antigene) mit bestimmten Substanzen markiert werden und der Nachweis der Antigen-Antikörper-Reaktion über die Bestimmung bzw. den Nachweis der Marker erfolgt.

Bei der **Immunfluorescenz** werden die Immunglobuline mit einem fluorescierenden Farbstoff (zumeist Fluoresceinisothiocyanat) markiert. Dadurch wird es möglich, Antigene im zellulären Bereich unter Zuhilfenahme eines Fluorescenzmikroskops direkt nachzuweisen bzw. zu lokalisieren (Abb. 2.55.). Als Ausgangsmaterial dienen Suspensionen aus Gewebeteilen, die an Objektträger hitzefixiert wurden. Bei der direkten Methode werden die spezifischen Antikörper markiert und mit den Antigenen zur Reaktion gebracht, während bei der indirekten Methode nicht die spezifischen Antikörper, sondern Anti-Antikörper gegen diese markiert werden (Schema S. 98).

Als vierte Methode ist der **enzyme-linked immunosorbent assay (ELISA)** zu nennen. Hier erfolgt die Markierung mit Enzymen (alkalische Phosphatase, Meerrettich-Peroxidase), wobei die Enzymaktivität mit Hilfe einer Farbreaktion gemessen wird. Für Untersuchungen mit Krankheitserregern von Pflanzen (Viren, Bakterien) erhält alkalische Phosphatase als Marker zumeist den Vorzug. Aus einer Reihe unterschiedlicher direkter und indirekter Techniken hat die Doppelantikörper-Sandwich-Variante des ELISA die weiteste Verbreitung gefunden (Abb. 2.56.).

Hierbei werden zunächst die Immunglobuline durch einfaches Inkubieren an die Oberfläche eines Reaktionsgefäßes (feste Phase) gebunden. Als feste Phase sind vielfach Mikrotitrationsplatten aus Kunststoff (Polystyrol, PVC) gebräuchlich. In einem zweiten Schritt reagieren die adsorbierten Antikörper mit den zu testenden Antigenen, in einem dritten werden die trägerfixierten Antikörper-Antigen-Komplexe mit weiteren, enzymmarkierten Antikörpern umgesetzt, welche an freie Determinanten des Antigenmoleküls bzw. des partikulären Antigens gebunden werden. Im vierten Reaktionsschritt schließlich erfolgt über ein geeignetes Enzymsubstrat der Nachweis bzw. die Bestimmung des Testantigens in Form von Farbreaktionen. Abbildung 2.56. gibt den Reaktionsablauf schematisch wieder.

Jede der genannten Methoden besitzt ihre Vor- und Nachteile. Bei einer vergleichenden Bewertung sind neben der Einfachheit und der Störanfälligkeit vor allem die **Empfindlichkeit**, die durch die Nachweisgrenze charakterisiert werden kann, und die Kreuzreaktivität von Interesse. Unter **Kreuzreaktivität** versteht man die spezifische Reaktionsfähigkeit eines gegen ein bestimmtes Antigen gerichteten Antiserums mit einem zweiten Antigen, das ähnliche oder identische Determinanten trägt. Von kreuzreagierenden Antigenen wird in der Bakteriologie auch im Falle von strukturell identischen, aber bei verschiedenen Stämmen vorkommenden Antigenen gesprochen. Die Kreuzreaktivität von Antiseren wird in hohem Umfange von der angewendeten Methode beeinflußt.

Agglutinationsteste zeichnen sich dadurch aus, daß sie bei sehr geringem apparativem Aufwand schnell durchführbar sind. Nachteilig ist die begrenzte Empfindlichkeit der Methode. Bei direkter Testung von Pflanzenproben kommt eine gewisse Störanfälligkeit hinzu. Die Kreuzreaktivität bei Agglutinationstesten ist hoch und demzufolge die Spezifität gering. Die Agglutination kann trotzdem auch zur Identifizierung eng verwandter Antigene herangezogen werden, die Prozedur wird jedoch dann zeit- und materialaufwendig. Als Paradebeispiel kann hier auf die Identifizierung von humanpathogenen *Salmonella*-Stämmen nach dem Kauffmann-White-Schema verwiesen werden. Hierbei setzt man zur Ermittlung der Haupt-O-Antigengruppe, zur Bestimmung der einzelnen O-Antigenfaktoren und schließlich zur H-Antigen-Analyse Referenzseren und absorbierte Antiseren (Faktorseren) ein, die nach konkreten Empfehlungen hergestellt werden. Es ist an dieser Stelle zu betonen, daß im Bereich der Phytopathologie vergleichbare aufwendige Identifizierungs- bzw. Differenzierungsschemata aus verschiedenen Gründen keine Verwendung finden.

Präzipitationsteste sind ähnlich einfach in der Handhabung und bezüglich der Ausrüstung. Ihre Empfindlichkeit ist noch geringer als diejenige der Agglutinationsteste, die Spezifität dagegen deutlich größer. Der DDT gilt daher als der am besten geeignete Test zur Differenzierung von Stämmen der gleichen Bakterienart bzw. von Nomenspecies. Als Antigene werden erhitzte oder phenolbehandelte Suspensionen eingesetzt. Dies besagt, daß auch hier thermostabile Antigene die Grundlage für die Identifizierung bilden.

Die **Immunfluorescenz** nimmt demgegenüber im Hinblick auf die Spezifität eine mittlere Position ein. Die Forderungen an die Ausrüstung liegen höher als bei den vorgenannten Methoden. Der entscheidende Vorteil der Methode liegt in der höheren Nachweisempfindlichkeit ($\geqq 10^3$ Zellen/ml). Im übrigen zeichnet sich die Immunfluorescenz gegenüber allen anderen genannten Methoden dadurch aus, daß eine exakte Lokalisation der Antigene im Gewebe möglich ist.

Auch der ELISA ist günstig einzuschätzen. Bestätigt hat sich die hohe Spezifität der Methode in der Doppelantikörper-Sandwich-Variante, die auch aus der Virologie bekannt ist. Die Nachweisempfindlichkeit ist größer als diejenige von Agglutinations- und Präzipitationstesten. Bezüglich der Nachweisgrenze schwanken die Angaben in den meisten Fällen zwischen 10^4 und 10^6 Zellen/ml (zum Vergleich: für Agglutinationsteste werden Werte von 10^7 bis 10^8 und für Präzipitationsteste solche von 10^9 Zellen/ml angegeben).

Im übrigen gibt es inzwischen auch in der Phytobakteriologie erste Ansätze (s. z. B. DeBoer & Wieczorek 1984), durch den Einsatz von monoklonalen Antikörpern anstelle der üblichen (polyklonalen) Antiseren die Spezifität serologischer Teste zu erhöhen.

2.5.4. Anwendung serologischer Methoden in der Phytobakteriologie

Zwei Komplexe, die in der Praxis miteinander kombiniert werden können, sollen in diesem Zusammenhang gesondert herausgestellt werden:

1. die Identifizierung von Bakterienisolaten, d. h. die Zuordnung zu akzeptierten Arten und die Differenzierung dieser Arten
2. der routinemäßige Nachweis von Bakterien in befallenen Geweben im Rahmen der Krankheitsdiagnose

Zur **Identifizierung von phytopathogenen Bakterienarten** werden neben Pathogenitätstesten im wesentlichen morphologische, mikroskopisch-cytologische und biochemisch-physiologische Kriterien herangezogen (s. 2.6.4.). Auch serologische Merkmale sind dafür sehr geeignet; sie dienten jedoch lange vor allem der endgültigen Bestätigung der mit Hilfe anderer Methoden getroffenen Schlußfolgerungen (Schaad 1979). Eine größere Bedeutung besitzen serologische Methoden zweifelsohne bei der weiteren Unterteilung von Arten. Leider wurde die Situation in der Vergangenheit durch die bekannten Schwierigkeiten bei der Definition von Arten kompliziert. Dies führte dazu, daß bei serologisch ermittelten Differenzen zwischen Isolaten etwa aus der Gattung *Pseudomonas* teils von „serotypes" oder „serovars" einer Art, teils von getrennten Arten gesprochen wurde. Günstiger ist die Situation, wenn für Untersuchungen zur Differenzierung einer größeren Anzahl von Isolaten aus der gleichen Bakteriengattung sowohl art- als auch typspezifische Antigene als Grundlage herangezogen werden können.

Versuche zum routinemäßigen — am besten direkten — Nachweis von Bakterien in kranken Pflanzen werden schon seit langem durchgeführt. Trotzdem kann von einer breiten **Anwendung der Serologie für diagnostische Zwecke** im Bereich der Phytobakteriologie noch nicht gesprochen werden. Viele Publikationen aus vergangenen Jahren sind zudem mit einer gewissen Vorsicht zu betrachten, vor allem wenn Agglutinationsteste zur Anwendung gelangten. Ein wesentlicher Fortschritt deutet sich erst in letzter Zeit in Verbindung mit dem Einsatz neuer Nachweismethoden an, die sowohl hinsichtlich ihrer Empfindlichkeit als auch in bezug auf die Spezifität höheren Anforderungen genügen (s. 2.5.3.).

Bevor abschließend der gegenwärtige Stand an Hand einiger Beispiele dargestellt wird, erscheint es zweckmäßig, einige allgemeine Ausführungen voranzustellen.

Generell ist es als großer Nachteil zu werten, daß auch heute noch bei phytopathogenen Bakterien wenig über die Natur der Antigene und die Brauchbarkeit spezifischer Antigene zur Identifizierung bakterieller Erreger bzw. zur Diagnose der entsprechenden Krankheiten bekannt ist. Ein Hauptproblem bei der Anwendung serologischer Methoden zur Erregeridentifizierung besteht im Ausschalten unerwünschter Kreuzreaktionen. Der Prüfung der Kreuzreaktivität von Antiseren kommt bei Bakterien große Bedeutung zu. Dies hängt damit zusammen, daß hier nicht wie etwa bei den einfacher gebauten Viren Proteine als Immunogene die Antikörperbildung auslösen, sondern Kohlenhydrate (z. B. die O-Antigene). Die Kreuzreaktivität derartiger Antikörper ist im Gegensatz zu Antikörpern gegen Proteine nicht auf phylogenetisch verwandte Antigene beschränkt; vielmehr muß mit unerwünschten Reaktionen gerechnet werden, die auf Antigene von nichtverwandten Bakterien zurückgehen. Naturgemäß stören derartige Reaktionen sowohl bei der Identifizierung als auch bei der Diagnose.

Maßnahmen zu ihrer Ausschaltung (s. z. B. SCHAAD 1979) beginnen mit der Wahl der Methode. Die Agglutination erweist sich insgesamt — ohne Vorabsättigung der Antiseren mit kreuzreagierenden Antigenen — als wenig geeignet, demgegenüber sind der Agargel-Doppeldiffusionstest und — nach ersten Erfahrungen — auch der ELISA zu empfehlen. Weiterhin ist wichtig, daß Antiseren gegen den gleichen Erreger sich in ihrer Spezifität deutlich unterscheiden können. Deshalb sollte zweckmäßigerweise eine größere Anzahl von Antiseren hergestellt und im Anschluß daran entsprechend dem vorgesehenen Verwendungszweck das am besten geeignete selektiert werden. Von großer Bedeutung ist die Kenntnis der Variabilität der Antigenstruktur innerhalb der Art bzw. Pathovar. Aus diesem Grunde sollten jeweils Antiseren gegen mehrere Stämme einer Art, Pathovar oder Nomenspecies sowie Antiseren gegen verwandte Isolate aus der gleichen Gattung in die Untersuchungen einbezogen werden.

Weitere Forderungen beziehen sich auf die zur serologischen Testung verwendeten Antigene. Es ist anzustreben, eine größere Anzahl von Stämmen der zu untersuchenden Art einzubeziehen sowie auch Vertreter anderer Arten und Gattungen. Diese können z. B. nach der Wahrscheinlichkeit ihres Auftretens im gleichen Lebensraum ausgewählt werden.

Die Verletzung einer oder mehrerer dieser Forderungen hat in der Vergangenheit dazu geführt, daß vielfach Vorbehalte gegenüber dem Einsatz serologischer Methoden bestanden und wohl auch noch bestehen. Schließlich ist im **Fehlen standardisierter Verfahren** ein weiterer Mangel zu sehen, der einer verstärkten Einführung der Serologie in die Phytobakteriologie und einer vollen Ausschöpfung ihrer Möglichkeiten hinderlich ist. Eine solche Standardisierung sollte sich von der Verwendung gut definierter Isolate bzw. Herkünfte des Erregers über einheitliche Methoden der Gewinnung der Immunogene und einheitliche Injektionsschemata bis zur Verwendung exakt einzuhaltender Methoden erstrecken. Es kann kein Zweifel darüber bestehen, daß eine derartige Standardisierung große Fortschritte mit sich bringen würde.

Relativ große Bedeutung hat seit LOVREKOVICH & KLEMENT (1961) die Differenzierung von Vertretern der Gattung *Pseudomonas* in Arten bzw. Typen mit Hilfe des DDT erhalten. Neuerdings ließ sich an Hand von umfangreichen Untersuchungen mit *Erwinia carotovora* zeigen, daß die subsp. *carotovora* mit Hilfe des DDT in eine Vielzahl von „serogroups" (nach dem neuen Nomenklaturcode wohl besser „serovars") unterteilt werden kann. Diese Unterteilung erfolgt auf der Grundlage somatischer O-Antigene, bei denen es sich chemisch um Lipopolysaccharide (LPS) handelt (s. a. 2.1.2. und 2.2.3.). In jüngster Zeit wurde gezeigt (DEBOER et al. 1985), daß diese „serogroups" — ähnlich wie bei Vertretern human- und tierpathogener Enterobacteriaceae (*Salmonella*, *Shigella* u. a.) — sich durch die qualitative Zusammensetzung der Zuckeranteile der LPS unterscheiden. Die einzelnen Gruppen stellen somit unterschiedliche „Chemotypen" dar. Damit wurde erstmals eine Brücke zum fortgeschrittenen Entwicklungsstand der serologischen Differenzierung im medizinischen Bereich geschlagen.

Im Gegensatz zu *E. carotovora* subsp. *carotovora* ist *E. carotovora* subsp. *atroseptica* relativ homogen. Letzteres eröffnet in Verbindung mit der Tatsache, daß in Mittel- und Nordeuropa diese Subspecies der dominierende Erreger von Knollennaß- und Stengelfäulen an Kartoffeln ist, in der DDR und anderen Ländern gute Möglichkeiten für die Durchführung von Routinetests auf latenten Befall von Kartoffelknollen mit *E. carotovora* subsp. *atroseptica* unter Verwendung nur eines Antiserums. Einer derartigen Testung wird in Zukunft Bedeutung zukommen, da latent belastetes Pflanzgut als wichtigste Ursache von späteren Beanstandungen anzusehen ist. Als Methode der Wahl bietet sich der ELISA an.

Ähnlich liegt die Situation bei *E. amylovora*, wo gegenwärtig die Einsatzmöglichkeiten der Immunfluorescenztechnik und des ELISA geprüft werden mit dem Ziel, den Erreger direkt im Pflanzenmaterial nachzuweisen, bevor die Symptome sichtbar werden (Abb. 2.55).

Auch bei *Clavibacter michiganensis* subsp. *sepedonicus* ist das Problem der Erkennung latenter Infektionen in Kartoffelknollen mit Hilfe von empfindlichen serologischen Verfahren aktuell. Schließlich besitzen derartige Teste unter Verwendung markierter Immunglobuline auch für den Nachweis samenübertragbarer Bakterien im Gemüsebau zunehmende Bedeutung.

Ihr Einsatz erfolgt meist im Rahmen komplexer diagnostischer Prozeduren parallel mit anderen Methoden (s. dazu 2.6.4.). Als Beispiel sei in diesem Zusammenhang auf den Latenznachweis von *Clavibacter michiganensis* subsp. *sepedonicus* verwiesen (ZIELKE & NAUMANN 1984). Ein solcher

Nachweis ist naturgemäß komplizierter und aufwendiger als die Erfassung eines akuten Befalls:

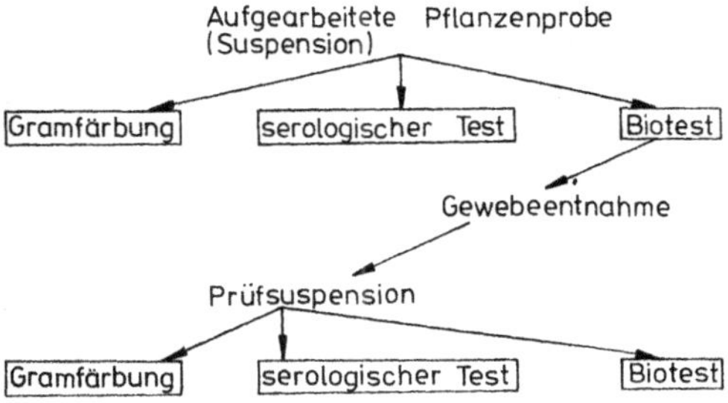

Ablaufschema zum Latenznachweis von *Clavibacter michiganensis* subsp. *sepedonicus*.

Dabei wird als Biotest eine (u. U. mehrfache) Anreicherung des Erregers mit Hilfe der hochempfindlichen Wirtspflanze *Solanum melongena* vorgenommen. Für den anschließenden serologischen Test wurde zunächst aufgrund seiner Spezifität der DDT vorgeschlagen, in der Zukunft dürfte jedoch empfindlicheren Verfahren größere Chancen einzuräumen sein. In westeuropäischen Ländern wird seit einigen Jahren routinemäßig ein indirekter Immunfluorescenztest (Zeller 1983) angewendet.

Generell eignen sich serologische Methoden (bei Beachtung der oben genannten Voraussetzungen) vor allem aufgrund ihrer Spezifität und ihrer schnellen Durchführbarkeit für diagnostische Zwecke besonders, wobei das letztere Kriterium in bestimmten Situationen (Zertifizierung von Saatgut, Testung von Quarantäneobjekten) entscheidend sein kann. In jüngster Zeit werden aber auch immer öfter serologische Techniken (ELISA!) allein zur Erregeridentifizierung eingesetzt.

Die kombinierte Anwendung von serologischen und anderen Methoden wird jedoch auch künftig noch eine große Rolle bei der Krankheitsdiagnose spielen. Im Hinblick auf das Spektrum der angewendeten Methoden werden dabei Teste mit markierten Antikörpern immer mehr in den Vordergrund treten. Diese Tendenz dürfte sich in Verbindung mit der Verwendung monoklonaler Antikörper noch weiter verstärken (s. Halk & DeBoer 1985).

2.6. Taxonomie

2.6.1. Allgemeine Grundlagen

Inhalt und Funktionen der Taxonomie werden unterschiedlich definiert. Hier wird sie als zusammenfassender Begriff für drei Prozesse einschließlich ihrer Ergebnisse verstanden und behandelt: Klassifizierung, Nomenklatorik und Identifizierung.

Im Prozeß der Klassifizierung werden Arten aufgestellt und beschrieben. Sie werden hierarchisch gestaffelten Gruppen zugeordnet. Das Ergebnis wird als **„Klassifizierung“** oder „System“ bezeichnet.

Mittels der **„Nomenklatorik“** werden die Arten und Gruppen gemäß internationalen Regeln benannt. Es resultieren „korrekte Namen“, die in ihrer Gesamtheit die „Nomenklatur der Bakterien“ repräsentieren. Während die Klassifizierung entsprechend der ständig fortschreitenden Erkenntnis ein dynamischer Prozeß ist und bleibt, bemüht sich das internationale nomenklatorische Regelwerk um die Stabilität der korrekten Namen. Da jedoch die Namensgebung den sich wandelnden Klassifizierungsvorschlägen entsprechen muß, entsteht für den Nichtspezialisten ein zuweilen chaotisches Bild der Taxonomie. Es kann jedoch keinem Zweifel unterliegen, daß auch der praktisch orientierte Mikrobiologe dem wissenschaftlichen Fortschritt auf taxonomischem Gebiet so rasch und präzise wie möglich folgen sollte, um aus seinen Literaturstudien, seinen Beobachtungen und Experimenten optimal wirksame Schlußfolgerungen ziehen und seine Ergebnisse in international adäquater und verständlicher Form mitteilen zu können.

Das vordringliche Anliegen des Praktikers ist der dritte taxonomische Prozeß, die **„Identifizierung“**. Im konkreten Fall gilt es, einen vorliegenden Bakterienstamm einer bekannten, klassifizierten und korrekt benannten Art zuzuordnen. Gelingt dies nicht, sind entweder die international geschaffenen klassifikatorischen Voraussetzungen unzulänglich, oder es handelt sich um einen bisher nicht bekannten und daher neu zu beschreibenden und zu klassifizierenden Organismus. Die häufigste Ursache für erfolglose Identifizierungsversuche sind jedoch ungenügende Informiertheit über die differenzierenden Merkmale sowie Fehler bei der Beobachtung und Untersuchung des vorliegenden Organismus.

2.6.2. Klassifizierung

Klassifizierung ist ein natürlicher, lebensnotwendiger Prozeß. Ein Reh zum Beispiel unterscheidet zwischen genießbaren und ungenießbaren Kräutern. Der Mensch ordnet Organismen im Zuge fortschreitender Abstraktion in Gruppen zunehmender Ranghöhe. Dabei geht er von der Art als der taxonomischen Grundeinheit aus. Ähnliche Stämme (Isolate) werden einer Art zugeordnet, ähnliche Arten einer Gattung und ähnliche Gattungen einer Familie. Die weiteren Ränge dieser Hierarchie sind die Ordnung, die Klasse, die Abteilung und schließlich das Reich. Im Ergebnis solcher Zuordnungen entstehen **Systeme**. Werden sie auf der Basis weniger bis sehr vieler phänotypischer Merkmale gebildet, sind sie künstlich und werden auch als künstliche Systeme bezeichnet. Ihr Wert ist in unterschiedlichem Maße beschränkt. Ein und derselbe Organismus kann unter diesen Bedingungen unterschiedlichen Gruppen zugeordnet werden. Demgegenüber hat er im natürlichen System nur einen Platz. Dieser resultiert aus unseren jeweiligen Vorstellungen zur evolutionären Vergangenheit des betreffenden Organismus und seiner Verwandten, d. h. aus unserer Einsicht in die Phylogenie der Bakterien.

Ohne Zweifel befinden wir uns auf dem Gebiet der Klassifizierung der Bakterien in einer Periode von Übergängen. Als Bezugsniveau für neue Entwicklungen wird die „klassische Taxonomie“ genommen, die mit „klassischen Merkmalen“ zu „klassischen Systemen“ führt. Im folgenden werden der Deutlichkeit halber vier Wege der Taxonomie unterschieden. Sie müssen einander in ihrer Anwendung und ihren Ergebnissen nicht ausschließen und werden in der gegenwärtigen klassifikatorischen Praxis nebeneinander verfolgt.

2.6.2.1. Klassische Taxonomie und ihre Übergänge

Das international meist genutzte, unikale Standardwerk der Klassifizierung und Identifizierung ist „der Bergey“, obwohl bis zur 8. Auflage (Buchanan & Gibbons 1974) im Titel nur die letztere Funktion genannt wird: „Bergey's Manual of Determinative Bacteriology“. Bis zur 7. Auflage wird jeweils ein **geschlossenes hierarchisches System** vermittelt, d. h. jede Art wird einer bestimmten Gattung, Familie, Ordnung, Klasse und Abteilung zugeordnet. Zunehmende Einsicht in die Willkürlichkeit eines solchen Vorgehens veranlaßte die Herausgeber und die zahlreichen Einzelautoren zum Bruch mit dieser Tradition. In der 8. Auflage wird das Reich der Bakterien (Prokaryoten) in 19 Teile („Parts“) gegliedert. Sie tragen meist beschreibende Vulgärnamen, wie z. B. „Gram-negative, aerobe Stäbchen und Kokken“, u. a. für die Organismen der Gattung *Pseudomonas*, Familie Pseudomonadaceae, die in früheren Auflagen der Ordnung Pseudomonadales zugeordnet wurde. Für die Gattungen der coryneformen Bakterien und für sehr viele andere Gattungen wird nicht einmal mehr eine Familie genannt. Diese Verfahrensweise wird im Band 1 (Krieg & Holt 1984) und im Band 2 (Sneath et al. 1986) des nunmehr vierbändig konzipierten Nachfolgewerkes „Bergey's Manual of Systematic Bacteriology“ beibehalten. Die Preisgabe der durchgehenden hierarchischen Klassifizierung erweist sich als notwendige Konsequenz aus progressiven, aber nicht abgeschlossenen taxonomischen Entwicklungen, deren wesentliche Grundlagen und Tendenzen im folgenden in gebotener Kürze und Vereinfachung vorgestellt werden.

2.6.2.2. Numerische Taxonomie

Im Jahre 1957 initiierte SNEATH die numerische Taxonomie der Bakterien. Er opponierte gegen die Subjektivität der bestehenden Systeme, die alle auf der Basis relativ weniger, subjektiv gewählter Merkmale entwickelt wurden, wie z. B. Zellform und -größe, Aggregatbildung, Beweglichkeit, Gramfärbungs-Verhalten, Verhalten gegenüber Sauerstoff, Verwertung von C- und N-Quellen, Stoffwechselendprodukte. SNEATH schlug vor, jeweils für eine relativ große Zahl von Bakterienarten bzw. -stämmen (50 bis mehrere hundert) eine große Zahl möglichst unterschiedlicher Merkmale (50—200) zu untersuchen, allen diesen Merkmalen gleiche Wertigkeit beizumessen, den Merkmalskatalog eines jeden Stammes mit dem eines jeden anderen zu vergleichen, mittels einfacher Formeln (z. B. Ähnlichkeit zweier Stämme = Zahl der übereinstimmenden Merkmalsausprägungen : Gesamtzahl der Merkmale) die mathematischen Ausdrücke für die Ähnlichkeiten aller Stammpaare zu bilden und schließlich unter Anwendung einer der bekannten mathematischen Gruppierungsstrategien ein Dendrogramm zu entwickeln. Solche Dendrogramme gleichen äußerlich Stammbäumen. In ihnen werden die untersuchten Organismen gemäß ihrer phänotypischen Gesamtähnlichkeit in Gruppen („Clustern“) unterschiedlicher Größe und Position dargestellt.

Diese numerisch-taxonomische Methodik, die wegen des notwendigen EDV-Einsatzes auch als Computertaxonomie bekannt wurde, erweist sich bis heute als wertvolle Hilfe zur Gruppierung von Organismen, die bekanntermaßen begrenzten Bereichen natürlicher Verwandtschaft angehören. Für die Ableitung umfangreicherer Systeme versagte die Methode.

2.6.2.3. Chemotaxonomie

Ein anderer Weg zur Klassifizierung von Bakterien wurde mit der Einführung teils zeit-, chemikalien- und geräteaufwendiger biochemischer Analysenverfahren beschritten. Es wurden chemische Strukturen gesucht und gefunden, die taxonspezifisch sind. Die Taxonspezifität erwies sich als um so höher, je weniger veränderlich die betreffende chemische Struktur sowohl im evolutionären Prozeß als auch gegenüber aktuellen Milieufaktoren war bzw. ist und je geringer der Selektionswert kleiner, mutativ bedingter Veränderungen ist. Auch derartige biochemische Merkmale sind phänotypischer Art.

Biochemische Merkmale haben für bestimmte, unterschiedlich große Verwandtschaftsbereiche von Bakterien klassifikatorischen Wert. (Zusammenstellungen der dazu genutzten Untersuchungsmethoden haben SCHLEIFER & STACKEBRANDT (1983) sowie GOODFELLOW & MINNIKIN (1985) publiziert.) Das gilt vor allem für die Zusammensetzung des Zellwandpeptidoglykans, insbesondere die Anwesenheit bestimmter Diaminosäuren, das Vorkommen von Mycolsäuren unterschiedlicher Kohlenstoffkettenlängen, die Zahl der Isoprenoideinheiten und der Hydrierungsgrad vorherrschender Menachinone sowie die Phospholipid-, Fettsäure-, Zellwandpolysaccharid- und Enzymmuster, namentlich jene von Esterasen und Dehydrogenasen. Als indirekter Nachweis undefinierter taxonspezifischer biochemischer Konstellationen ist die Sensibilität gegenüber taxonspezifischen Phagen anzusehen (PRAUSER 1984) (s. a. 2.4.8). Die serologische Spezifität von Lipopolysacchariden, Polysacchariden und anderen Substanzen kann im gleichen Sinne genutzt werden (s. a. 2.5.4.). Einen Übergang zur nächsten Kategorie von Merkmalen stellt der prozentuale Anteil von Guanin und Cytosin in der DNS (G + C-Wert) dar, wobei ähnliche Werte für zwei Organismen Verwandtschaft ausdrücken können, größere Differenzen (ca. $\geq 8\,\%$) diese aber ausschließen.

2.6.2.4. Genotaxonomie

Mit diesem Begriff sollen Methoden und Resultate in analog verkürzter Weise wie im Falle der Chemotaxonomie umrissen werden. Im Gegensatz zur Untersuchung und Nutzung phänotypischer Merkmale werden direkte oder indirekte **Vergleiche der Basensequenzen** des genetischen Materials — der DNS oder verschiedener Arten von RNS — zur Ermittlung phylogenetisch bedingter Verwandtschaften durchgeführt. Dieses Gebiet befindet sich in einer außerordentlich stürmischen Entwicklung. Es werden laufend neue Methoden aus der molekularbiologischen Grundlagenforschung übernommen. Dies führt zu neuartigen taxonomischen Erkenntnissen. Dabei werden auch unterschiedliche Interpretationen und Bewertungen objektiver molekularbiologischer und ultrastruktureller Untersuchungsergebnisse deutlich. Zum Zeitpunkt des Erscheinens des vorliegenden Buches werden dementsprechend nicht mehr alle Darlegungen aktuell sein. Es kann aber davon ausgegangen werden, daß die taxonomischen Positionen der phytopathogenen Bakterien im natürlichen System davon nur unwesentlich berührt sein werden. Mit Auf- und Umgliederungen bisheriger Taxa und mit der klassifikatorischen und nomenklatorischen Formalisierung neuer Taxa ist zu rechnen.

Zur DNS:DNS-Hybridisierung (s. SCHLEIFER & STACKEBRANDT 1983) wird von den zu vergleichenden Stämmen DNS isoliert, gereinigt, einsträngig gemacht und auf Membranfiltern immobilisiert. In vivo radioaktiv markierte, einsträngige, fragmentierte, gelöste DNS derselben Stämme oder einer Auswahl von ihnen wird bei definierten Bedingungen auf derartig vorbereitete Filter übertragen. Dort hybridisieren Bereiche komplementärer Basensequenzen. Nach Auswaschen nicht hybridisierter DNS und Trocknen der Filter wird die gebundene Radioaktivität gemessen. Die für homologe Hybridisierungen (aus einsträngigen DNS-Fragmenten jeweils ein und desselben Stammes) ermittelten Werte werden gleich 100% gesetzt. Relative Werte über 60% weisen Stämme als artidentisch, Werte von 15—20% und mehr als zu verschiedenen Arten einer Gattung gehörig aus. Diese Werte spiegeln die Ähnlichkeiten der Gesamtgenome der jeweils beteiligten beiden Stämme wider. Zur Erkennung und Unterscheidung verwandter Gattungen ist die DNS:RNS-Hybridisierung geeignet (DE LEY & DE SMEDT 1975).

Ein ideales Molekül für Sequenzanalysen wurde in der 16S-ribosomalen RNS (rRNS) gefunden (FOX et al. 1977, 1980). Sie ist universell verbreitet, funktionskonstant, leicht isolierbar, mit ihren ca. 1600 Basenpaaren experimentell noch zu bewältigen und enthält Sequenzabschnitte, die über die enormen Zeiträume der phylogenetischen Entwicklung hinweg konserviert wurden bis hin zu Abschnitten mit mäßigem Konservierungsgrad. Teilsequenzanalysen wurden für >400 Bakterienarten unterschiedlichster taxonomischer Stellung durchgeführt. Hierzu wird (STACKEBRANDT & WOESE 1979) die 16S-rRNS in vivo markiert, isoliert und mit T_1-Nuclease in Oligomere (110—120) unterschiedlicher Länge zerlegt. Diese werden mittels zweidimensionaler Hochspannungselektrophorese getrennt. Danach müssen die Positionen der Oligonucleotide autoradiographisch lokalisiert, die entsprechenden Flecke ausgeschnitten und aus ihnen die Oligonucleotide eluiert werden. Anschließend lassen sie sich einzeln unter Berücksichtigung ihrer Positionen im Elektropherogramm und der Anzahl der Uracil-Basen mittels geeigneter RNAsen sequenzieren. Auf diese Weise entstehen Oligonucleotid-Kataloge für die 16S-rRNS aller untersuchten Stämme. Um für die anschließenden Vergleiche zufällige Übereinstimmungen der Sequenzen kurzkettiger Oligonucleotide auszuschließen, werden nur solche von >5 Basen für die Kataloge berücksichtigt. Oligonucleotid-Kataloge sind ein Spezialfall von Merkmalskatalogen. Mit Methoden, wie sie in der numerischen Taxonomie gebräuchlich sind (s. 2.6.2.2.), werden zunächst durch Vergleich eines jeden Katalogs mit jedem anderen die Ähnlichkeitsgrade (S_{AB}-Werte) aller Katalogpaare ermittelt. Die Anwendung einfacher Clusterstrategien führt schließlich zu Dendrogrammen. Sie widerspiegeln evolutionär bedingte, d. h. natürliche Verwandtschaften der untersuchten Bakterien. Solche Dendrogramme entsprechen demnach Stammbäumen und sind eine geeignete Grundlage für die Ableitung des natürlichen Systems. Weitere Fortschritte mittels der Totalsequenzierung der 16S-rRNS und der vergleichenden Analyse ihrer Abschnitte sind bereits erkennbar. Die 16S-rRNS kann als zuverlässiges „inneres Fossil“ der Bakterien verstanden werden.

2.6.2.5. Die Urreiche und die Hauptgruppen der Bakterien

Auf der Basis von Sequenzanalysen der rRNS erwiesen sich die Eukaryoten als Chimären aus eukaryotischem Nucleo-Cytoplasma, in das Prokaryoten aus dem Bereich Gram-negativer Bakterien und — nur im Falle der Pflanzen — aus dem der Cyanobakterien (Blaualgen) invaginiert wurden. Die ersteren absolvierten einen Funktionswandel zu den Mitochondrien, aus den letzteren gingen die Plastiden hervor (FOX et al. 1980).

Weiterhin wurden einige seit langem bekannte Bakterien (z. B. *Halococcus morrhuae* (FARLOW 1880) KOCUR & HODGKISS 1973 *Methanosarcina methanica* (SMITH 1930) KLUYVER & VON NIEL 1936) zusammen mit später entdeckten sowie jüngst isolierten Vertretern zahlreicher neuer Taxa als Repräsentanten einer phylogenetisch sehr alten selbständigen Entwicklungslinie erkannt. Sie wurden als Archaebakterien bezeichnet (FOX et al. 1980).

Nunmehr werden **drei Urreiche** der lebenden Materie unterschieden (FOX et al. 1980): die prokaryotischen **Archaebakterien**, die prokaryotischen **Eubakterien** und die **Eukaryoten** (Pilze, Pflanzen, Tiere). Als gemeinsame evolutionäre Basis werden hypothetische Progenoten postuliert. Die

Archaebakterien, die heute nur noch „ökologische Nischen" bewohnen, werden derzeit zwei bis drei großen Gruppen zugeordnet, den methanogenen und extrem halophilen Archaebakterien einerseits und den schwefelabhängigen andererseits. Die aerobe, heterotrophe, thermophile, früher zu den Mycoplasmatales gestellte Gattung *Thermoproteus* kann als dritte selbständige Gruppe aufgefaßt werden. Im Bereich der Archaebakterien wurden alle morphologischen Grundtypen parallel zu denen der Eubakterien entwickelt einschließlich begeißelter Formen. Bei den Archaebakterien gibt es Gram-positive und Gram-negative, anaerobe und aerobe, mesophile und thermophile (maximale Wachstumstemperatur von *Pyrodictium occultum* STETTER et al. 1980 110 °C), lithoautotrophe, heterotrophe, fakultativ heterotrophe und photoautotrophe, acidophile und alkalophile Organismen, deren G + C-Gehalte der DNS in dem weiten Bereich zwischen 26 und 68% liegen. Die Archaebakterien unterscheiden sich von den Eubakterien in der Zusammensetzung der 16S-rRNS. Den sehr unterschiedlich zusammengesetzten archaebakteriellen Zellwänden — soweit vorhanden — fehlt stets das für die Eubakterien charakteristische muraminsäurehaltige Peptidoglykan. Hauptkomponente ihrer Membranen ist ein verzweigtkettiges, ethergebundenes Lipid im Gegensatz zu den Fettsäureglycerolestern der Eubakterien. Archaebakterielle RNS-Polymerasen sind nicht sensibel gegenüber Rifampicin und Streptolydigin. Es werden 7 Ordnungen mit insgesamt 15 Familien, 23 Gattungen und 41 Arten unterschieden (STETTER 1985). Nicht alle Taxa wurden bereits gültig beschrieben. Die Entdeckung weiterer Taxa gilt als sicher. Phytopathogene Bakterien sind unter den Archaebakterien bisher nicht bekannt und wohl auch nicht zu erwarten.

Mit alternativen Vorschlägen zur Phylogenie der Archaebakterien setzen sich WOESE et al. (1986) sowie WOESE & OLSEN (1986) auseinander.

Den **Eubakterien** werden 10 Hauptgruppen zugeordnet (WOESE 1985; WOESE et al. 1985a): 1. Gram-positive Bakterien, 2. photosynthetische Purpurbakterien und ihre heterotrophen Verwandten, 3. Spirochaeten und ihre Verwandten, 4. schwefelabhängige Eubakterien und ihre Verwandten, 5. *Bacteroides-Flavobacterium-Cytophaga*-Gruppe und ihre Verwandten, 6. Cyanobakterien (Blaualgen), 7. grüne Schwefelbakterien, 8. grüne Nichtschwefelbakterien, 9. strahlenresistente Mikrokokken, 10. *Planctomyces* und seine Verwandten.

2.6.2.6. Die taxonomische Stellung phytopathogener Bakterien

Obwohl bereits mehr als 400 Bakterienarten hinsichtlich ihrer 16S-ribosomalen RNS untersucht wurden, kann es noch kein in sich geschlossenes System der Bakterien auf dieser Basis geben. Auch in den vier Bänden von Bergey's Manual of Systematic Bacteriology (1984, 1986 und folgende Jahre) werden mit Ausnahme des dritten Bandes aus verschiedenen Gründen die neuen Erkenntnisse nur teilweise berücksichtigt sein können. Dies gilt auch für die Teilsysteme der beiden Hauptgruppen 1 und 2 (s. 2.6.2.5.), zu denen alle phytopathogenen Bakterien gehören.

Die **Gram-positiven Bakterien** (Hauptgruppe 1) bilden eine wohldefinierte Gruppe mit zwei gut unterscheidbaren Untergruppen, die „Clostridien" mit G + C-Gehalten von <55% und die „Actinomyceten" mit höheren G + C-Gehalten (STACKEBRANDT 1985) (Tab. 2.2.).

Fast alle Gram-positiven phytopathogenen Eubakterien sind Vertreter der „Actinomyceten-Gruppe". Sie umfaßt a) die Gattung *Micrococcus*, b) jene Gattungen, die gemeinhin als „coryneform" bezeichnet werden, c) die nocardioformen Bakterien, d) die Sporoactinomyceten sowie e) die entfernter stehenden Propionibakterien und Bifidobakterien. Einem besonders großen Wandel unterlag die Taxonomie der coryneformen Bakterien. Heute werden sie 19 Gattungen zugeordnet. Während die phytopathogenen coryneformen Bakterien früher fast ausschließlich in die Gattung *Corynebacterium* gestellt wurden, finden sie sich nunmehr in den Gattungen *Clavibacter* (DAVIS et al. 1984), *Curtobacterium* (COLLINS & JONES 1983), *Arthrobacter* (COLLINS et al. 1981) sowie der nocardioformen Gattung *Rhodococcus* (GOODFELLOW 1984) (Tab. 2.2.). Diese Gattungen unterscheiden sich untereinander und von den anderen coryneformen Gattungen im Aufbau des Zellwand-Peptidoglykans — insbesondere hinsichtlich seiner Diaminosäuren —, im Vorkommen bestimmter Zucker und Mycolsäuren sowie im Menachinontyp. Tabelle 2.3. enthält die für phytopathogene Bakterien dieser Gruppierung relevanten Daten. Die „Clostridien-Gruppe" ist sehr heterogen, insbesondere die Gattung *Clostridium* in ihrer jetzigen Fassung. WOESE et al. (1980)

Tabelle 2.2. Taxonomische Position phytopathogener Bakterien

Gram-positive Eubakterien (Hauptgruppe 1)[1])		Photosynthetische Purpurbakterien und ihre heterotrophen Verwandten, Gram-negativ (Hauptgruppe 2)[1])		
Clostridien-Gruppe[2])	Actinomyceten-Gruppe	α-Gruppe	β-Gruppe	γ-Gruppe
Endosporenbildende Stäbchen: *Clostridium* *Bacillus*	**Coryneforme:** *Clavibacter* *Curtobacterium* *Arthrobacter* (*Corynebacterium*)[3])	**Aerobe Stäbchen:** *Agrobacterium* *Acetobacter* *Gluconobacter*	**Aerobe Stäbchen:** *Pseudomonas solanacearum* und Verwandte	**Aerobe Stäbchen:** *Pseudomonas fluorescens* und Verwandte einschließlich *Ps. syringae* *Xanthomonas*
Mycoplasmen: *Spiroplasma*	**Nocardioforme:** *Rhodococcus*	*Rickettsia*-ähnliche Organismen[4])		
	Sporoactinomyceten: *Streptomyces*			**Fakultativ anaerobe Stäbchen:** *Erwinia*

[1]) nach WOESE (1985)
[2]) alle Gruppen nach STACKEBRANDT (1985)
[3]) Alle bekannten phytopathogenen Arten dieser Gattung wurden in die 4 coryneformen und nocardioformen Gattungen der Actinomyceten-Gruppe überführt (s. 2.6.2.6.).
[4]) Position wahrscheinlich gemacht durch Ergebnisse von WEISSBURG et al. (1985)

Tabelle 2.3. Wesentliche differenzierende Merkmale phytopathogener coryneformer Bakterien sowie der Gattungen *Rhodococcus* und *Corynebacterium*

Gattung	Diaminosäure des Zellwandpeptidoglykans	Zucker der Zellwand	Mycolsäure-Typ	Menachinon-Typ
Clavibacter	Diaminobuttersäure	—	—	MK-9 oder MK-10
Curtobacterium	Ornithin	—	—	MK-9
Arthrobacter	Lysin	—	—	MK-9(H_2), oder MK-8 und/oder MK-9, oder MK-9 und MK-10
Rhodococcus	meso-Diaminopimelinsäure	Arabinose, Galactose	Nocardomycolsäuren	MK-8(H_2) oder MK-9(H_2)
Corynebacterium[1])	meso-Diaminopimelinsäure	Arabinose, Galactose	Corynemycolsäuren	MK-8(H_2) und/oder MK-9(H_2)

[1]) Alle bekannten phytopathogenen Arten dieser Gattung wurden in die 4 coryneformen und nocardioformen Gattungen der Actinomyceten-Gruppe überführt (s. 2.6.2.6.).

konnten zeigen, daß nahezu alle Mycoplasmen dieser Gruppe angehören und nicht, wie zuvor angenommen wurde, eine sehr selbständige Gruppierung darstellen.

Die meisten der **als Gram-negativ bekannten Bakterien** finden sich in Hauptgruppe 2. Sie umfaßt drei Untergruppen, die mit α (Woese et al. 1984a), β (Woese et al. 1984b) und γ (Woese et al. 1985b) bezeichnet werden (Fox et al. 1980).

Es war eine der Überraschungen der Genotaxonomie zu zeigen, daß jede dieser drei Untergruppen sowohl photoautotrophe Purpurbakterien als auch heterotrophe Bakterien umfaßt, die unter anderem den großen, teils heterogenen Familien der Pseudomonadaceae und der Enterobacteriaceae angehören.

Vertreter der Gattung *Pseudomonas* wurden in allen drei Untergruppen der Hauptgruppe 2 mittels vergleichender 16S-rRNS-Sequenzanalyse gefunden (Fox et al. 1980; Stackebrandt 1985). Ergebnisse der DNS: RNS-Hybridisierung weisen den untersuchten Vertretern der Gattung *Pseudomonas* Plätze in vier verschiedenen RNS-Gruppen bzw. in zwei verschiedenen RNS-Superfamilien zu (de Vos & de Ley 1983). Daraus wird geschlußfolgert, daß die Unterschiede gegenwärtig zu *Pseudomonas* gestellter Arten mindestens im Gattungsniveau liegen. Auch phytopathogene *Pseudomonas*-Arten sind von den Untersuchungen zur Heterogenität der Gattung betroffen. So gehören *Pseudomonas solanacearum*, *Ps. cepacia* und *Ps. caryophylli* zu einer anderen RNS-Gruppe und einer anderen RNS-Superfamilie als *Pseudomonas syringae*, *Ps. cichorii* und *Ps. pseudoalcaligenes*. Letztere sind der *Pseudomonas fluorescens*-Gruppe zuzuordnen, die der *Pseudomonas*-Sektion 1 in Bergey's Manual (Krieg & Holt 1984) entspricht. Da bisher nur relativ wenige phytopathogene *Pseudomonas*-Arten mit den beiden genannten Methoden untersucht wurden, kann hier nur festgestellt werden, daß es nicht zulässig ist, beliebige *Pseudomonas*-Arten aufgrund ihres Gattungsnamens als relativ eng miteinander verwandt anzusehen.

Xanthomonas erwies sich — entgegen früheren Vorschlägen zur Vereinigung mit der Gattung *Pseudomonas* — als eine separate, in sich geschlossene Gattung.

Die Positionen der hier genannten sowie weiterer Gattungen, die phytopathogene Bakterien beherbergen, sind entsprechend den phylogenetisch bedingten Verwandtschaften in Tabelle 2.2. dargestellt.

2.6.3. Nomenklatorik

Die Benennung von Bakterien erfolgt gemäß den **Regeln des Internationalen Codes** der Nomenklatur der Bakterien (Lapage et al. 1975) — im folgenden „Code" genannt. Veränderungen werden von der Schiedskommission des Internationalen Komitees der Systematischen Bakteriologie (ICSB) erarbeitet und müssen von diesem Komitee bestätigt werden. Aufgabe des Codes ist es, den Fortschritt der Bakteriologie durch eine einheitliche und möglichst stabile Nomenklatur zu unterstützen. Die Regeln des Codes sind zuweilen schwierig zu handhaben. In Zweifelsfällen sollten Fachleute, gegebenenfalls auch die Schiedskommisson des ICSB, konsultiert werden. Hier können nur einige Grundregeln des Codes in Kürze dargelegt werden.

In der wissenschaftlichen Literatur, wie auch in der Patentliteratur, dürfen nur korrekte Namen („correct names") Verwendung finden. Es sind jene Namen, die gemäß dem Code angenommen werden müssen. Um korrekt zu sein, muß ein Name

— die Priorität der Publikation haben („priority of publication"; entscheidend im Falle der Vergabe zweier oder mehrerer gültiger Namen für ein und denselben Organismus),
— regelgemäß sein
  a) in lateinischer Sprache oder latinisierter Form vorliegen,
  b) im Falle eines Artnamens eine binäre Kombination sein, wobei das erste, großgeschriebene Wort die Gattung und das zweite, stets kleingeschriebene — das Beiwort (Epithet) — die Art innerhalb dieser Gattung bezeichnet,
  c) im Falle eines höheren taxonomischen Ranges die korrekte Endung haben (Familie: ...aceae, Ordnung: ...ales)
— wirksam publiziert sein („effectively published"), d. h. in gedruckter Form der wissenschaftlichen Allgemeinheit verfügbar gemacht sein (nicht wirksam publiziert sind neue Namen in Patentschriften, Abstracts, nichtwissenschaftlichen Zeitschriften usw.)
— gültig publiziert sein („validly published"):
  a) in der Liste der anerkannten Bakteriennamen (Approved Lists of Bacterial Names 1980 (Skerman et al. 1980))[1]) enthalten sein oder
  b) nach dem 1. 1. 1980 in einem Artikel des International Journal of Systematic Bacteriology (IJSB) als dem offiziellen Organ des ICSB publiziert sein oder
  c) nach dem 1. 1. 1978 wirksam und regelgemäß anderswo (oder im Zeitraum zwischen 1. 1. 1978 und 31. 12. 1979 im IJSB) publiziert sein und durch Zitation dieser Publikation in einer der Validierungslisten des IJSB gültig gemacht worden sein, wobei der letztere Zeitpunkt die Priorität begründet,
  d) anläßlich seiner effektiven Publikation mit einer Beschreibung des Taxons verbunden sein, wobei die Mitteilung eines Minimums von Merkmalen („minimal standards") empfohlen wird,
  e) zusammen mit einem Typus genannt werden, der im Falle einer neuen Art als Typusstamm in mindestens einer anerkannten Sammlung deponiert und auf diese Weise allgemein zugänglich gemacht werden soll (heute praktisch Pflicht).

Diese Regelungen zur gültigen Publikation von Namen bewirken, daß alle korrekten Namen jeglicher Bakterientaxa in **einer** Zeitschrift, d. h. im International Journal of Systematic Bacteriology (IJSB), zu finden sind, beginnend mit Band 30, Heft 1, des Jahres 1980 (Skerman et al. 1980).[1])

Die Regelungen bedeuten gleichzeitig, daß andere Namen nicht gültig („without standing in nomenclature") und nicht zu berücksichtigen sind. Werden solche Namen in einer Übergangsperiode dennoch in der wissenschaftlichen Literatur gebraucht, ist es allgemein üblich geworden, sie in Anführungszeichen zu setzen, wo immer sie auftauchen.

Die Nomenklatorik arbeitet mit nomenklatorischen Typen. Sie haben Bedeutung gemäß den Regeln des Codes, müssen aber nicht „typisch" für ein Taxon im landläufigen Sinne sein. Der Typus einer Art ist der vom Artautor deklarierte Typusstamm. Der Typus einer Gattung ist die von ihrem Autor deklarierte Typusart. Der Typus einer Familie ist die von ihrem Autor deklarierte Typusgattung, wobei die Familie ihren Namen von der Typusgattung ableitet (*Pseudomonas* — Pseudomonadaceae). Dieses Verfahren gilt analog für die Ordnung. Bei Umstellungen von Arten in andere Gattungen bleibt das Epithet erhalten. Bei Umstellungen, Aufteilungen, Vereinigungen von Taxa höherer Ordnung bleibt der Typus immer mit dem Namen des nächsthöheren Taxons verbunden. Im Falle von Vereinigungen entscheidet erforderlichenfalls die Priorität (s. o.).

Die Regeln des Codes gelten für die Klasse, Ordnung, Familie, Gattung, Art und Unterart. Alle Einheiten unterhalb des Niveaus der Unterart sind nicht Gegenstand der Regeln des Codes. In der Praxis wurden in den verschiedenen wissenschaftlichen und angewandten Disziplinen der Mikro-

---

[1]) Nach Approved Lists 1980 kam 1985 eine Zusammenfassung heraus, in der die voraufgehenden 13 Validierungslisten sowie die Namen jener Taxa enthalten sind, die seit den Approved Lists 1980 im IJSB in Originalarbeiten publiziert wurden (Moore et al. 1985). Zuvor erschien eine Liste mit Korrekturen zu Approved Lists 1980 (Hill et al. 1984).

biologie sehr unterschiedliche Bezeichnungen für solche Einheiten benutzt. Im Code wird empfohlen, für sie generell die Endung „. . . var", z. B. „Pathovar", „Serovar", „Biovar", anzuwenden bzw. einzuführen. Es wäre von großem Nutzen für alle, wenn diesem Vorschlag gefolgt würde.

Das Exekutivkomitee der Internationalen Gesellschaft für Pflanzenpathologie hat darüber hinaus empfohlen, alle relevanten Regeln des Codes sinngemäß auch auf die **Pathovar** anzuwenden, um auf diesem Gebiet die irrtums- und auslegungsfreie Verständigung zu gewährleisten (Dye et al. 1980) Eine solche verbindliche Regelung ist sehr zu begrüßen.

2.6.4. Die Identifizierung phytopathogener Bakterien

Grundlagen

Voraufgegangene Klassifizierung eines entsprechenden Taxons — meist einer Art — ist die Voraussetzung für erfolgreiche Identifizierung eines vorliegenden Mikroorganismenstammes zunächst unbekannter Zuordnung (s. 2.6.1.). Während der Klassifizierungsprozeß grundlegenden Charakter hat und weitgehend internationalen Konventionen folgt, hat die Identifizierung einen vordergründig pragmatischen Charakter. Jener Identifizierungsweg ist der optimale, der mit dem geringsten Aufwand zu einer eindeutig richtigen Zuordnung führt.

In der Regel besteht zu Beginn der Identifizierung eine ± entwickelte Vorstellung zur taxonomischen Position des zu bestimmenden Stammes, d. h. zu seiner Gattungs- oder Familienzugehörigkeit. Häufig liegt bereits ein Verdacht hinsichtlich einer bestimmten Art vor. Daraus resultiert, daß nur in seltenen Fällen alle für die Klassifizierung notwendigen Merkmale zur Identifizierung herangezogen werden müssen. Mitunter dient eine einfache Reaktion — eine Phagensensibilität, ein bestimmtes serologisches Verhalten, der Ablauf eines Biotests — zu einer vorläufigen Artbestimmung, die durch wenige ausgewählte Teste zu verifizieren ist. Es ist auch möglich, auf der Basis einer vorliegenden umfangreichen Datenbank, wie sie zur numerischen Taxonomie benötigt wird, mittels entsprechender Rechenprogramme einen minimal großen, optimal differenzierenden Satz von Merkmalen für die **Identifizierung** herauszufiltern. Identifizierungsergebnisse sollten nicht unkritisch hingenommen werden. In jedem Fall sind sie durch Überlegungen zu ihrem Wahrscheinlichkeitsgrad und gegebenenfalls durch zusätzliche Untersuchungen zu kontrollieren.

Verschiedene Bakterienarten besitzen die Fähigkeit, an anderen Organismen Krankheiten auszulösen. Mit Hilfe des **Differenzierungsmerkmals Pathogenität** lassen sich derartige Species meist sehr zuverlässig bestimmen, vorausgesetzt, daß es sich um virulente Vertreter handelt und geeignete anfällige Testorganismen vorhanden sind. Das trifft auch für die phytopathogenen Bakterien zu. Die von ihnen ausgelösten Krankheitserscheinungen an den Wirtspflanzen (Symptomanalyse) sind als Bestimmungsmerkmale sehr wesentlich. Gegenwärtig sind etwa 70 phytopathogene Species validiert worden. Einige von ihnen enthalten Gruppen von Stämmen, die durch ein ganz bestimmtes Wirtsspektrum gekennzeichnet sind. Für derartige infraspezifische Einheiten ist der Begriff **„Pathovar"** (Femin.; Plur. die „Pathovare") geschaffen worden (bisher nahezu 200). Eine Reihe von Arten, insbesondere *Pseudomonas syringae* (43) und *Xanthomonas campestris* (125), enthalten viele derartige Pathovare.

Zeigen sich in den Kulturpflanzenbeständen Krankheitserscheinungen, ist in den meisten Fällen eine Klärung der Ätiologie (Krankheitsursache) unerläßlich, um geeignete Gegenmaßnahmen ergreifen zu können. Dazu muß zunächst folgendes festgestellt werden:

- Handelt es sich um eine Infektionskrankheit, d. h. sind parasitische Organismen oder Viren nachweisbar, und — wenn das der Fall ist —
- welcher Erregergruppe sind sie zuzuordnen?

Um eine Antwort auf diese Fragen zu finden, ist es erforderlich,

- alle feststellbaren krankhaften Veränderungen an den betroffenen Pflanzen sorgfältig zu erfassen und
- die kranken Pflanzenorgane auf Vorhandensein von Mikroorganismen oder Viren zu untersuchen.

Dazu bedarf es ausnahmslos der Anwendung optischer Hilfsmittel (Lupe, Mikroskop, Elektronenmikroskop).

Durch Kombination läßt sich meist anhand
— der erkrankten Pflanzenart,
— des Krankheitsbildes und
— der mikroskopisch erfaßbaren Kriterien
entscheiden, ob eine Pilz- oder Bakterienkrankheit vorliegt oder nicht. Zur Differenzierung zwischen nichtparasitären und Viruskrankheiten bedarf es allerdings zumeist zusätzlicher Informationen über die Art der Krankheitsentwicklung bzw. spezieller Nachweisverfahren.

Ergibt sich aufgrund des Symptombildes und der mikroskopischen Untersuchung, daß es sich um einen Befall durch phytopathogene Bakterien handeln könnte (etwa durch starke Ansammlung von Bakterienzellen im kranken Pflanzenorgan), ist in vielen Fällen eine Isolierung und anschließende Identifizierung der vorliegenden Erregerart erforderlich. Hierfür stehen — je nach Pathogen — verschiedene Verfahren zur Verfügung. Meist muß eine große Anzahl von Kriterien herangezogen werden, um einen bakteriellen Erreger sicher identifizieren zu können. Einige der in Frage kommenden Arten lassen sich allerdings auch anhand ganz weniger Merkmale zuverlässig bestimmen.

In der Regel nimmt man die Identifizierung der phytopathogenen Bakterien so vor, daß nacheinander die einzelnen morphologischen und physiologischen Differentialmerkmale festgestellt werden. Das dabei übliche Vorgehen wird im folgenden erläutert (Abb. 2.57.).

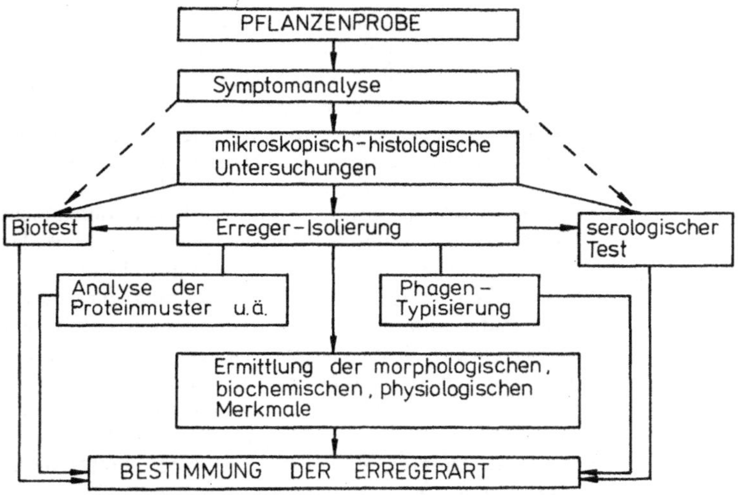

Abb. 2.57. Schematische Übersicht über die zur Identifizierung phytopathogener Bakterien geeigneten Teilschritte und Methoden.

Symptomanalyse

Die Bestimmung der Krankheitserreger beginnt — worauf schon hingewiesen wurde — mit einer gründlichen **Analyse der Symptome**, d h. der äußerlich und innerlich sichtbaren Veränderungen, die die erkrankte Pflanze zeigt. Wichtige Hinweise ergeben sich bereits aus dem Umstand, ob es sich um eine Blatt-, Stengel- bzw. Wurzelerkrankung handelt und ob Welkeerscheinungen oder Fäuleprozesse zu beobachten sind (s. hierzu 4.1.). Dabei ist es sehr nützlich, wenn man auch den Krankheitsablauf mit in Betracht zieht.

In bestimmten Fällen sind die Symptome so eindeutig, daß auf weitere Diagnoseschritte verzichtet werden kann. Als Beispiele seien hier einige besonders charakteristische Befallsstadien beim Feuerbrand des Kernobstes, die Schwarzadrigkeit des Kohls oder die Tumorbildung an Rosaceen (Wurzelkropf) genannt.

Mikroskopisch-histologische Untersuchungen

Bei der Mehrzahl der verdächtigen Krankheitserscheinungen schließt diese Symptomanalyse eine **mikroskopisch-histologische Untersuchung** ein, wie sie ohnehin zur Klärung der parasitären Natur einer Krankheit erforderlich ist (s. S. 111f.). Das betrifft vor allem Befallsbilder, die mit der Entstehung von Blatt- oder Stengelläsionen oder mit Welkeerscheinungen verbunden sind. Nur wenn eine große Konzentration von Bakterienzellen in den betroffenen Organen, vor allem in der Übergangszone zwischen geschädigtem und gesundem Gewebe, nachweisbar ist, besteht der Verdacht, daß es sich um eine bakteriell bedingte Erkrankung handelt (Abb. 2.58.). Allerdings ist dabei zu berücksichtigen, daß auch Pflanzenorgane, die durch andere biotische oder durch abiotische Schadfaktoren in Mitleidenschaft gezogen wurden, mit saprophytischen Bakterien besiedelt sein können. Daher ist der Nachweis von Bakterienansammlungen im Gewebe allein noch kein zuverlässiges Merkmal für eine Bakteriose. Eine derartige sekundäre Kolonisierung findet man vor allem an anderweitig erkrankten Wurzeln und Speicherorganen sowie an Pflanzenmaterial, das in Fäulnis übergeht.

Läßt sich anhand des Symptombildes und mikroskopischen Befundes nicht absolut zweifelsfrei feststellen, um welchen Erreger es sich handelt, sind weitere Untersuchungen unerläßlich. Das trifft auch für den Fall zu, daß an einer Wirtspflanze mehrere Bakterienkrankheiten mit ähnlichen Symptomen auftreten können, z. B. beim Getreide, bei der Kartoffel oder bei der Gartenbohne, die unterschiedliche Bekämpfungsmaßnahmen erfordern.

Die genaue Identifizierung des Erregers ist in solchen Fällen
— durch Anwendung von geeigneten Schnelldiagnoseverfahren oder
— die Isolierung und nachfolgende Bestimmung der beteiligten Bakterien
möglich. Dabei hängt das Vorgehen weitgehend von dem zu erwartenden Erreger ab. Bestehen hierüber keine Vorstellungen, d. h. ist unbekannt, welche Bakterienart die jeweilige Krankheitserschei-

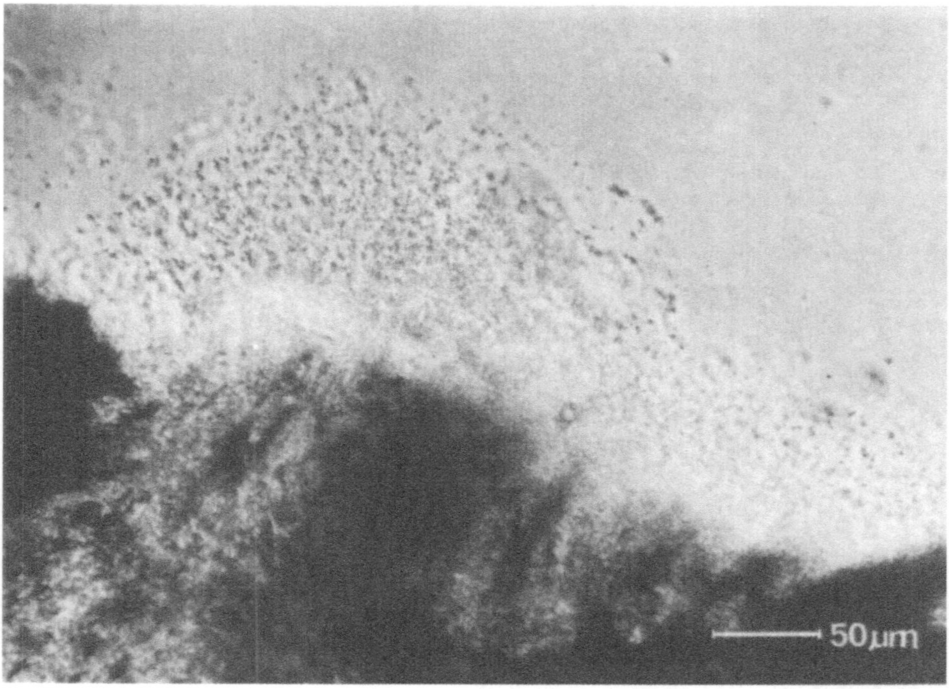

Abb. 2.58. Hervorquellen großer Mengen von Bakterienzellen (*Pseudomonas syringae* pv. *phaseolicola*) aus infiziertem Blattgewebe (Gemüsebohne). Aufnahme Anita Schmidt.

nung hervorrufen kann, ist eine Bestimmung des Schaderregers nur nach vorheriger Isolierung möglich.

Schnellteste zur Erregeridentifizierung

Sollen gezielt bestimmte Erregerspecies nachgewiesen werden, so ist die Verwendung von **Schnellnachweisverfahren** sehr hilfreich. Sie beruhen im wesentlichen auf der Nutzung folgender Charakteristika:

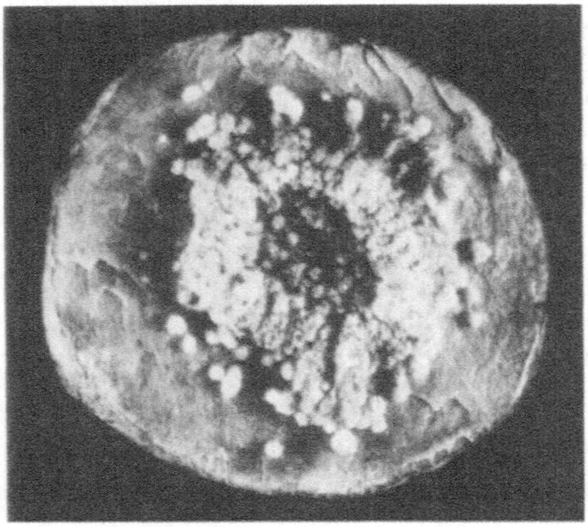

Abb. 2.59. Aus dem meristematischen Gewebe von Möhrenscheiben hervorgehende Wucherungen nach Aufstreichen von tumorinduzierenden *Agrobacterium tumefaciens*-Zellen (Möhrenscheibentest).

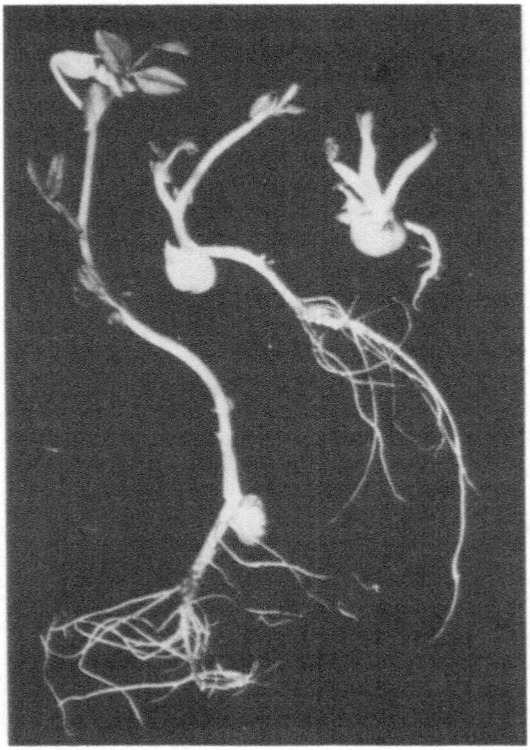

Abb. 2.60. An Erbsenkeimlingen auftretende Verbänderungen nach künstlicher Infektion mit *Rhodococcus fascians* (Erbsentest). Aufnahme S. Köhn.

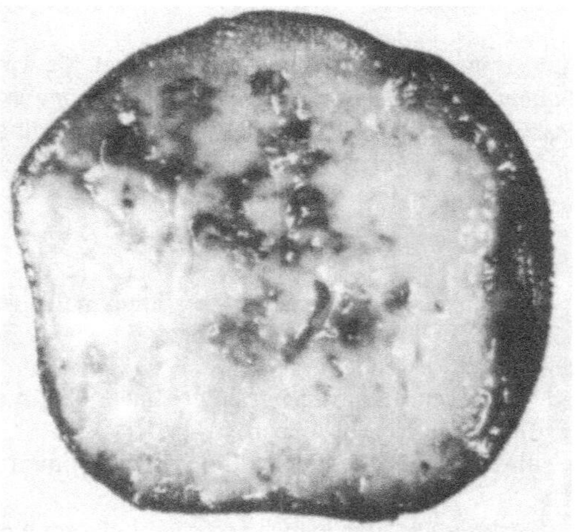

Abb. 2.61. Nach Bestreichen mit pectinolytisch aktiven Bakterien eintretende Maceration von Kartoffelscheiben (Naßfäuletest).

— dem Vorhandensein leicht nachweisbarer spezifischer oder unspezifischer Pathogenitätsmerkmale
— der antigenen Eigenschaften
— der Sensibilität für spezifische Bakteriophagen.

So erlauben Pathogenitätsteste in einigen Fällen eine rasche Entscheidung über die Identität von Erregerarten; zu nennen sind hier vor allem der Nachweis von tumorinduzierenden *Agrobacterium* spp. mittels Möhrenscheiben (Abb. 2.59.), der Erbsentest für *Rhodococcus fascians* (Abb. 2.60) und der Birnentest nach Billing et al. (1960) zur Identifizierung von *Erwinia amylovora*.

Daneben gibt es auch einige weniger spezifische biologische Teste, um die Zugehörigkeit zu bestimmten Erregergruppen festzustellen. Als Beispiele seien hier genannt:

— die **Auslösung von Hypersensibilitätsreaktionen** an Tabakblättern durch Blattfleckenerreger aus der Gattung *Pseudomonas* nach Klement (1963). Für den gleichen Test werden auch Bohnen-, *Vicia faba*- und *Pelargonium zonale*-Blätter empfohlen. (Allerdings können auch einige pflanzenpathogene Vertreter aus den Gattungen *Clavibacter*, *Erwinia* und *Xanthomonas* diese Reaktionen auslösen.)
— der **Nachweis von pectinolytischen Aktivitäten** im Kartoffel-, Möhren-, Gurken- oder Zwiebelscheibentest zur Erfassung von bakteriellen Naßfäuleerregern (Abb. 2.61.).

Große Verbreitung hat auch die schnelle Identifizierung der in den erkrankten Pflanzenteilen vorhandenen Erreger mit Hilfe **serologischer Techniken** erlangt. Der Nachweis erfolgt meist an Preßsäften oder in Anreicherungsmedien, seltener in planta. Zur Anwendung kommen dabei — neben der Objektträger-Agglutinationsmethode — Geldiffusionsverfahren und neuerdings vor allem der ELISA und die Immunfluorescenztechnik (IFT) in verschiedenen Versionen (s. 2.5.3.). Aus der Fülle der Beispiele seien die Identifizierung von *Clavibacter michiganensis* subsp. *sepedonicus* (Agargel-Doppeldiffusionstest, IFT), *Pseudomonas syringae* pv. *phaseolicola* (ELISA), *Xanthomonas campestris* pv. *pelargonii* (IFT) und *Erwinia amylovora* (ELISA, IFT) genannt.

Die Eignung solcher Verfahren hängt natürlich in erster Linie von der Qualität und Spezifität der verwendeten Antiseren bzw. ihrer Immunglobuline ab. Die serologische Identifizierung wird durch den zunehmenden Einsatz von monoklonalen Antikörpern — wegen der damit verbundenen Erhöhung der Spezifität — künftig auch größere Bedeutung für die Phytobakteriologie erlangen (s. 2.5.5.).

Für die in-situ-Bestimmung anderer phytopathogener Arten bzw. Pathovare ist auch die **Phagentechnik** im Gebrauch. Hierzu müssen monovalente Phagen zur Verfügung stehen. Bei dieser von Katznelson & Sutton (1951) beschriebenen Methode setzt man dem aus der kranken Pflanze gewonnenen Homogenisat eine definierte Menge von Testphagen zu, inkubiert und bestimmt danach den Phagentiter erneut. Ist eine Vermehrung der Phagenpartikeln eingetreten, so sind die gesuchten Wirtsbakterien in der Gewebeprobe vorhanden.

Diese Identifizierungsmethode hat Bedeutung in der Samenuntersuchungspraxis erlangt. Sie wird beispielsweise mancherorts zum Nachweis von *Xanthomonas campestris* pv. *phaseoli* an Bohnenproben und *Clavibacter michiganensis* subsp. *michiganensis* an Tomatensaatgut eingesetzt. Neuerdings ist diese Methode auch für die Erfassung von *Pseudomonas syringae* pv. *tomato* an Tomatenpflanzen empfohlen worden.

Isolierung

Ist der Einsatz der aufgeführten Spezialverfahren zur schnellen Identifizierung bestimmter Erreger nicht möglich oder wird dadurch nur die Zugehörigkeit zu einer Erregergruppe geklärt, so ist zur genauen Bestimmung ihre **Isolierung** erforderlich. Hierfür verwendet man

— entweder allgemeine, d. h. zur Erfassung möglichst vieler Organismenarten geeignete Nährmedien, wie Nähragar, Kartoffel-Dextrose-Agar, Bouillon-Glycerol-Agar u. a.,
— oder teilweise bzw. streng selektiv wirkende Substrate, die die gezielte Isolierung bestimmter Erreger(gruppen) erlauben.

In letzter Zeit wird die **Anwendung von** derartigen **Selektivsubstraten** immer weiter vervollkommnet, so daß man durch eine geeignete Kombination solcher Medien und anhand der Koloniemorphologie und -farbe bereits eine weitgehende Identifizierung der gesuchten Bakterien vornehmen kann (SCHAAD 1980).

In einer Reihe von Fällen (Vorkommen im Samen, im Boden, in der Phyllosphäre oder in Pflanzenresten u. a.) ist es erforderlich, die Vertreter pflanzenpathogener Arten aus der vorhandenen Mischpopulation soweit anzureichern, daß man sie über feste Nährböden isolieren oder auf eine andere Weise identifizieren kann, z. B. auf serologischem Wege. Als **Anreicherungssubstrate** lassen sich entweder $\pm$ selektiv wirkende unterschiedliche Flüssigkeiten bzw. Nährlösungen, wie steriles Wasser als Einquellmedium, Nährbouillon, Pepton-Wasser, Pectat-Mineralsalzlösung, oder Indikatorpflanzen bzw. deren Organe verwenden. Wenn man gezielt bestimmte Erregerarten sucht (und entsprechende Methoden vorhanden sind), lassen sich die gewonnenen Bakterienisolate in vielen Fällen mit Hilfe der oben erläuterten biologischen, serologischen oder phagentypologischen Schnellverfahren identifizieren. Ist deren Identität aber ungewiß, so nimmt man eine genaue Analyse der morphologischen und biochemisch-physiologischen Merkmale vor.

Erfassung morphologischer Merkmale

Für die Charakterisierung von Bakterien benötigt man zunächst Aussagen über
— die Morphologie der auf festen Medien gebildeten Kolonien und
— die Zellmorphologie.

Neben Angaben zur **Kolonieform, -oberfläche** usw. bildet die Pigmentbildung ein sehr wichtiges Kriterium, insbesondere bei den phytopathogenen Arten.

Um die **Zellmorphologie** beurteilen zu können, ist meist die Anwendung von Fixierungs- und Färbeverfahren notwendig; neben lichtmikroskopischen Untersuchungsmethoden (u. a. Phasenkontrast) werden dabei zunehmend elektronenoptische Verfahren eingesetzt.

Aufgrund der morphologischen Merkmale — vor allem in Zusammenhang mit dem Krankheitsbild — ist in den meisten Fällen bereits eine Aussage über die Zuordnung der untersuchten Organismen zu den in Frage kommenden Genera möglich.

Erfassung der biochemisch-physiologischen Merkmale

Die Klassifizierung der Bakterienarten ist im wesentlichen auf **biochemisch-physiologischen Merkmalen** aufgebaut. Dementsprechend bildet deren Analyse den Schwerpunkt bei der Identifizierung der einzelnen Species. Erfaßt werden müssen vor allem folgende Merkmale (z. T. allerdings nur bei bestimmten Bakteriengruppen):
— Anwesenheit spezifischer Zellwandbestandteile, z. B. der Diaminopimelinsäure,
— Ablagerung spezieller Reservestoffe, z. B. der Poly-β-hydroxybuttersäure,

— Fettsäurezusammensetzung
— der Stoffwechseltyp (= aerobe oder anaerobe Glucose-Verwertung), die Verwertung von
  Zuckern und anderen Kohlenhydraten,
  Aminosäuren, Peptiden oder Proteinen,
  Lipiden und anderen organischen Substraten,
— Vorhandensein verschiedener Enzyme und Proteine
— spezielle Stoffwechselaktivitäten, z. B. die Produktion fluorescierender bzw. nichtfluorescierender Farbstoffe,
— die Empfindlichkeit für Hemm- (Antibiotica, Bacteriocine) und Mineralstoffe (z. B. NaCl-Toleranz) u. a. m.

Zur Erfassung dieser Merkmale setzt man zumeist eine **„Bunte Reihe"** an (so genannt wegen der dabei verwendeten Indikatorfarbstoffe und farbigen Reagenzien). Neuerdings werden auch bereits konfektionierte Testkits für die biochemisch-physiologische Schnellanalyse bestimmter Stoffwechselleistungen angeboten, insbesondere auf dem Gebiet der medizinischen Mikrobiologie (Nachweis von Coliformen und anderen Enterobakterien).

Für die Identifizierung pflanzenpathogener Bakterien sind vor allem folgende physiologischen Aktivitäten als **Schlüsselmerkmale** anzusehen:

— Stoffwechseltyp (= Fähigkeit zur fermentativen Glucoseverwertung)	— für Enterobacteriaceae
— Oxidase-Aktivität (Cytochromoxidase)	— für *Pseudomonas* spp.[1])
— Arginin-dihydrolase-Aktivität	
— Lävanbildung (auf saccharosehaltigen Medien)	
— Phenylalanin-deaminase-Aktivität	— für Enterobacteriaceae
— Pectinase-Aktivität	— für alle Gattungen
— Katalase-Aktivität	— für Sporenbildner

Nachweis von Pathogenitätsmerkmalen

Für pflanzenpathogene Bakterien stellt — wie bereits betont wurde — die **Erfassung der Pathogenitätsmerkmale** ein besonders wichtiges Kriterium dar. Sofern das noch nicht im Rahmen der Schnellteste (Bioteste) geschehen ist, müssen die gewonnenen Isolate auf ihre Fähigkeit zur
— Auslösung der Hypersensibilitätsreaktion an Tabakpflanzen und zur
— Maceration von Kartoffel-, Möhren-, Zwiebel- oder Gurkenscheiben (zur Ermittlung der pectinolytischen Aktivität)

geprüft werden (s. a. S. 115).

Für den Nachweis, daß es sich bei den Isolaten um Krankheitserreger handelt, ist es von besonderer Bedeutung, daß sich das Krankheitsbild durch Inokulation der Wirtspflanzen, von denen sie stammen, reproduzieren läßt. Nur wenn das gelingt, hat man tatsächlich die gesuchte pathogene Art isoliert. Damit wird zugleich ein wesentliches **Kochsches Postulat** (Isolierung — Nachweis der Pathogenität — Reisolierung — Prüfung des Reisolats auf Pathogenität) erfüllt.

Molekularbiologische Merkmale

Neben den klassischen biochemisch-physiologischen und Pathogenitätsmerkmalen werden neuerdings auch bestimmte molekulargenetische Kriterien zur Kennzeichnung und Identifizierung von Bakterienarten herangezogen, auf die bereits eingegangen wurde (s. 2.6.2.). Es sind dies in erster Linie
— Angaben über den Anteil der Nucleinsäuren Guanin und Cytosin in der DNS der untersuchten Bakterien und
— die Feststellung genetischer Ähnlichkeiten mit definierten Arten anhand von DNS-Hybridisierungstesten.

[1]) Diese 3 Merkmale dienen häufig — zusammen mit der Pectinase-Aktivität und dem Tabakhypersensibilitätstest (s. u.) — zu einer ersten orientierenden Einordnung und Identifizierung von phytopathogenen fluorescierenden Pseudomonaden (Lopat-Teste) nach Lelliott et al. (1966).

Diese Merkmale werden allerdings in erster Linie zur Klassifizierung bisher nicht ausreichend beschriebener oder neuer Formen genutzt und sind sicher nur in Ausnahmefällen für die Identifizierung von Bakterienisolaten einsetzbar.

Auswertung der Merkmalserfassung

Wie eingangs dargelegt, werden für die genaue Identifizierung von Bakterienarten — vor allem beim Fehlen spezifischer Pathogenitätsmerkmale — u. U. sehr viele verschiedene Kriterien benötigt. Nach deren Ermittlung ist eine Zusammenstellung des umfangreichen Datenmaterials erforderlich. Hierfür werden in zunehmendem Maße entsprechend programmierte Rechner verwendet. Eine solche **computergestützte Identifizierung** erleichtert die Zuordnung zu eindeutig definierten Taxa ungemein bzw. läßt sofort erkennen, ob es sich bei dem untersuchten Organismus um eine bisher noch nicht beschriebene Species oder Pathovar handelt.

2.7. Literatur

2.7.1. Verzeichnis der zitierten Literatur

BADDILEY, J.: Teichonsäure und die bakterielle Zellwand. Endeavour **23** (1964): 33—37.

BILLING, Eve, CROSSE, J. E., & GARRETT, Constance M. E.: Laboratory diagnosis of fire blight and bacterial blossom blight of pear. Plant Pathol. **9** (1960): 19—25.

BOER, S. H. DE, BRADSHAW-ROUSE, J. J., SEQUEIRA, L., & MCNAUGHTON, M. E.: Sugar composition and serological specifity of *Erwinia carotovora* lipolysaccharides. Can. J. Microbiol. **31** (1985): 583—586.

— WIECZOREK, A.: Production of monoclonal antibodies to *Corynebacterium sepedonicum*. Phytopathology **74** (1984): 1431—1434.

BUCHANAN, R. E., & GIBBONS, N. E. (Eds.): Bergey's Manual of Determinative Bacteriology. VIII. ed. Williams & Wilkins Co., Baltimore 1974.

COLLINS, M. D., & JONES, D.: Reclassification of *Corynebacterium flaccumfaciens*, *Corynebacterium betae*, *Corynebacterium oortii* and *Corynebacterium poinsettiae* as *Curtobacterium flaccumfaciens* comb. nov. J. gen. Microbiol. **129** (1983): 3545—3548.

— — & KROPPENSTEDT, R. M.: Reclassification of *Corynebacterium ilicis* (Mandel, Guba and Litsky) in the genus *Arthrobacter*, as *Arthrobacter ilicis* comb. nov. Zbl. Bakteriol. Hyg., I. Abt. Orig. C**2** (1981): 318—323.

DAVIS, M. J., GILLASPIE, A. G., VIDAVER, A. K., & HARRIS, R. W.: *Clavibacter*: a new genus containing some phytopathogenic coryneform bacteria, including *Clavibacter xyli* subsp. *xyli* sp. nov., subsp. nov. and *Clavibacter xyli* subsp. *cynodontis* subsp. nov. pathogens that cause ratoon stunting disease of sugarcane and bermudagrass stunting disease. Int. J. syst. Bacteriol. **34** (1984): 107—117.

DYE, D. W., BRADBURY, J. F., GOTO, M., HAYWARD, A. C., LELLIOTT, R. A., & SCHROTH, M. N.: International standards for naming pathovars of phytopathogenic bacteria and a list of pathovar names and pathotype strains. Rev. Plant Pathol. **59** (1980): 153—168.

FOX, G. E., PECHMAN, K. R., & WOESE, C. R.: Comparative cataloging of 16S ribosomal ribonucleic acid: molecular approach to procaryotic systematics. Int. J. syst. Bacteriol. **27** (1977): 44—57.

— STACKEBRANDT, E., HESPELL, R. B., GIBSON, J., MANILOFF, J., DYER, T. A., WOLFE, R. S., BALCH, W. E., TANNER, R. S., MAGRUM, L. J., ZABLEN, L. B. BLAKEMORE, R., GUPTA, R., BONEN, L., LEWIS, B. J., STAHL, D. A., LUEHRSEN, K. R., CHEN, N. K., & WOESE, C. R.: The phylogeny of procaryotes. Science **209** (1980): 457—463.

FRIEMEL, H., & BROCK, J.: Grundlagen der Immunologie. 5. Aufl. Akademie-Verlag, Berlin 1983.

GOODFELLOW, M.: Reclassification of *Corynebacterium fascians* (Tilford) Dowson in the genus *Rhodococcus*, as *Rhodococcus fascians* comb. nov. Syst. Appl. Microbiol. **5** (1984): 225—229.

— & MINNIKIN, D. E.: Chemical Methods in Bacterial Systematics. Academic Press, London, Orlando, San Diego, New York, Toronto, Montreal, Sydney 1985.

HALK, E. L., & BOER, S. H. DE: Monoclonal antibodies in plant-disease research. Annu. Rev. Phytopathol. **23** (1985): 321—350.

HILL, L. R., SKERMAN, V. B. D., & SNEATH, P. H. A.: Corrigenda to the Approved Lists of bacterial names. Int. J. syst. Bacteriol. **34** (1984): 508—511.

KATZNELSON, H., & SUTTON, M. D.: A rapid phase plaque count method for detection of bacteria as applied to the demonstration of internally borne bacterial infections of seed. J. Bacteriol. **61** (1951): 689—701.

KLEMENT, Z.: Method for the rapid detection of the pathogenicity of phytopathogenic pseudomonads. Nature **199** (1963): 299—300.

KRIEG, N. R., & HOLT, J. G.: Bergey's Manual of Systematic Bacteriology. Vol. 1. Williams & Wilkins, Baltimore, London 1984.

LAPAGE, S. P., SNEATH, P. H. A., LESSEL, E. F., SKERMAN, V. B. D., SEELIGER, H. P. R., & CLARK, W. A. (Eds.): International Code of Nomenclature of Bacteria. American Society for Microbiology, Washington 1975.

LAŽAR, I.: Studies on the preparation of anti-*Erwinia* sera in rabbits. Proc. Third Int. Conf. Plant Pathog. Bacteria Wageningen, 14—21 April 1971. PUDOL, Wageningen 1972, pp. 125—130.

LELLIOTT, R. A., BILLING, Eve, & HAYWARD, A. C.: A determinative scheme for the fluorescent plant pathogenic pseudomonads. J. appl. Bacteriol. **29** (1966): 470—489.

LEY, J. DE, & SMEDT, J. DE: Improvement of the membrane filter method for DNA:rRNA hybridisation. Antonie van Leeuwenhoek, J. Microbiol. Serol. **41** (1975): 287—307.

LOVREKOVICH, L., & KLEMENT, Z.: Species-specific antigens of *Pseudomonas tabaci*. Acta Microbiol. Hung. **8** (1961): 303—310.

MACNAB, R. M., & AIZAWA, S. I.: Bacterial motility and the bacterial flagellar motor. Annu. Rev. Biophys. Bioeng. **13** (1984): 51—83.

MOORE, W. E. C., CATO, E. P., & MOORE, L. V. H.: Index of the bacterial and yeast nomenclatural changes published in the International Journal of Systematic Bacteriology since the Approved Lists of bacterial names (1 January 1980 to 1 January 1985). Int. J. Syst. Bacteriol. **35** (1985): 382—407.

NIENHAUS, F.: Viren, Mykoplasmen und Rickettsien, Parasiten an der Schwelle des Lebendigen. Eugen Ulmer, Stuttgart 1985.

PRAUSER, H.: Phage host ranges in the classification and identification of Gram-positive branched and related bacteria. In: ORTIZ-ORTIZ, L., BOJALIL, J. F., & YAKOLEFF, V. (Eds.): Biological, Biochemical and Biomedical Aspects of Actinomycetes. Academic Press, Orlando, San Diego, New York, London, Toronto, Montreal, Sydney, Tokyo 1984, pp. 617—633.

RÖHL, R.: The biosynthesis of bacterial ribosomes and its regulation. Naturwissenschaften **70** (1983): 288 bis 293.

RYTER, A., & KELLENBERGER, E.: Etude au microscope électronique de plasma contenant de l'acide désoxyribonucleique. I. Les nucléoides des bacteries en croissance active. Z. Naturforsch. **13b** (1958): 597—605.

SCHAAD, N. W.: Serological identification of plant pathogenic bacteria. Annu. Rev. Phytopathol. **17** (1979): 123—147.

— Laboratory Guide for Identifieation of Plant Pathogenic Bacteria. American Phytopathological Society, St. Paul, Minn., 1980.

SCHLEIFER, K. H., & STACKEBRANDT, E.: Molecular systematics of procaryotes. Annu. Rev. Microbiol. **37** (1983): 143—187.

SINGER, S. J., & NICOLSON, G. L.: The fluid mosaic model of the structure of cell membranes. Science **173** (1972): 720—731.

SNEATH, P. H. A.: Some thoughts on bacterial classification. J. gen. Microbiol. **17** (1957): 184—200.

— MAIR, N. S., SHAPRE, M. E., & HOLT, J. G.: Bergey's Manual of Systematic Bacteriology. Vol. 2. Williams & Wilkins, Baltimore, London, Los Angeles, Sydney 1986.

SKERMAN, V. B. D., MCGOWAN, V., & SNEATH, P. H. A. (Eds.): Approved lists of bacterial names. Int. J. syst. Bacteriol. **30** (1980): 225—420.

STACKEBRANDT, E.: Phylogeny and phylogenetic classification of procaryotes. In: SCHLEIFER, K. H., & STACKEBRANDT, E. (Eds.): Evolution of Procaryotes. Academic Press, London, Orlando, San Diego, New York, Toronto, Montreal, Sydney, Tokyo 1985, pp. 309—334.

— & WOESE, C. R.: Primärstruktur der ribosomalen 16S RNS — ein Marker der Evolution der Prokaryonten. Forum mikrobiologie **4** (1979): 183—190.

STANARIUS, A.: Elektronenmikroskopischer Nachweis von Mykoplasmen in der Zikade Euscelis plebejus Fall. und die Übertragung dieser Mikroorganismen durch Vektoren. Diss. Karl-Marx-Univ. Leipzig 1977.

STAPP, C.: Pflanzenpathogene Bakterien. Paul Parey, Berlin, Hamburg 1958.

STETTER, K. O.: Extrem thermophile Bakterien. Naturwissenschaften **72** (1985): 291—301.

VIDAVER, A. K.: Prospects for control of phytopathogenic bacteria by bacteriophages and bacteriocins. Annu. Rev. Phytopathol. **14** (1976): 451—465.

Vos, P. De, & Ley, J. De: Intra- and intergeneric similarities of *Pseudomonas* and *Xanthomonas* ribosomal ribonucleoid acid cistrons. Int. J. syst. Bacteriol. **33** (1983): 487—509.

Weisburg, W. G., Woese, C. R., Dobson, M. E., & Weiss, E.: A common origin of rickettsiae and certain plant pathogens. Science **230** (1985): 556—558.

Woese, C. R.: Why study evolutionary relationships among bacteria? In: Schleifer, K. H., & Stackebrandt, E. (Eds.): Evolution of Procaryotes. Academic Press, London, Orlando, San Diego, New York, Toronto, Montreal, Sydney, Tokyo 1985, pp. 1—30.

— & Olsen, G. J.: Archaebacterial phylogeny: perspectives of the urkingdoms. System. Appl. Microbiol. **7** (1986): 161—177.

— Maniloff, J., & Zablen, L. B.: Phylogenetic analysis of the mycoplasmas. Proc. Natl. Acad. Sci. **77** (1980): 494—498.

— Pace, N. R., & Olsen, G. J.: Are arguments against archaebacteria valid? Nature **320** (1986): 401—402.

— Stackebrandt, E., Macke, T. J., & Fox, G. E.: A phylogenetic definition of major eubacterial taxa. System. Appl. Microbiol. **6** (1985a): 143—151.

— Weisburg, W. G., Paster, B. J., Madigan, M. T., Fowler, V. J., Hahn, C. M., Blanz, P., Gupta, R., Nealson, K. H., & Fox, G. E.: The phylogeny of the purple bacteria: the alpha subdivision. System. Appl. Microbiol. **5** (1984a): 315—326.

— Weisburg, W. G., Hahn, C. M., Paster, B. J., Zablen, L. B., Lewis, B. J., Macke, T. J., Ludwig, W., & Stackebrandt, E.: The phylogeny of purple bacteria — the gamma subdivision. Syst. Appl. Microbiol. **6** (1985b): 25—33.

— — Paster, B., Hahn, C. M., Tanner, R. S., Krieg, N. R., Koops, H.-P., Harms, H., & Stackebrandt, E.: The phylogeny of purple bacteria: the beta subdivision. System. Appl. Microbiol. **5** (1984b): 327—336.

Zeller, W.: Zur Problematik der bakteriellen Ringfäule der Kartoffel (*Corynebacterium sepedonicum* (Spieck. et Kotth.) Skapt. et Burkh.), unter besonderer Berücksichtigung der Diagnose des Erregers. Nachrichtenbl. Dt. Pflanzenschutzdienst **35** (1983): 155—156.

Zielke, R., & Naumann, K.: Untersuchungen zur Erfassung des latenten Befallsstadiums von *Corynebacterium sepedonicum* (Spieck. et Kotth.) Skapt. et Burkh. im Kartoffelgewebe. Zbl. Mikrobiol. **139** (1984): 267—280.

2.7.2. Weiterführende Literatur

— *Zur funktionellen Cytologie (Morphologie)*

Bittner, M., & Vapnek, D.: Cloning vectors derived from bacterial plasmids. Basic Life Science **19** (1982): 29—50.

Boer, S. H. De: Survival of phytopathogenic bacteria in soil. In: Mount, M. S., & Lacy, G. H. (Eds.): Phytopathogenic Procaryotes, Vol. 1. Academic Press, New York 1982, pp. 285—305.

Ebersold, H. R., Cordier, J.-L., & Lüthy, P.: Bacterial mesosomes: method dependent artifacts. Arch. Microbiol. **130** (1981): 19—22.

Inouye, M.: Lipoproteins from the bacterial outer membranes. In: Martonosi, A. N. (Ed.): Membranes and Transport. Vol. 1. Plenum Publ. Corporation, 1982, pp. 289—297.

Greve, H. De, Hernalsteens, J. P., Shaw, C., Willmitzer, L., Otten, L. Montagu, M. van, & Schell, J.: Ti plasmids and directed genetic engineering. In: Kahl, G., & Schell, I. S. (Eds.): Molecular Biology of Plant Tumors. Academic Press, New York 1982, pp. 537—545.

Lewin, B.: Genes. 2. ed. J. Wiley & Sons, New York 1985.

Maniloff, J.: Evolution of wall-less prokaryotes. Annu. Rev. Microbiol. **37** (1983): 477—499.

Nanninga, N. (Ed.): Molecular Cytology of *Escherichia coli.* Academic Press, New York, London 1985.

Piwowarski, J. M., & Shaw, P. D.: Characterization of plasmids from plant pathogenic pseudomonads. Plasmid **7** (1982): 85—94.

Remsen, C. C.: Structural attributes of membranous organelles in bacteria. Int. Rev. Cytol. **76** (1982): 195 to 223.

Ryter, A., & Chang, A.: Localization of transcribing genes in the bacterial cell by means of high resolution autoradiography. J. Mol. Biol. **98** (1975): 797—810.

Sandermann, H.: Membranbiochemie. Springer, Berlin, Heidelberg, New York, Tokyo 1983.

Scherrer, R.: Gram's staining reaction, Gram types and cell walls of bacteria. Trend Biochem. Sci. **9** (1984): 242—245.

Schlegel, H. G.: Allgemeine Mikrobiologie. 5. Aufl. Thieme, Stuttgart, New York 1981.

Shockman, G. D., & Barrett, J. F.: Structure, function, and assembly of cell walls of gram-positive bacteria. Annu. Rev. Microbiol. **37** (1983): 501—527.

SLEYTR, U. B., & MESSNER, P.: Crystalline surface layers on bacteria. Annu. Rev. Microbiol. **37** (1983): 311—339.

VERMA, D. P., & LONG, S.: The molecular biology of *Rhizobium*-legume symbiosis. Int. Rev. Cytol., Suppl. **14** (1983): 211—245.

VIDAVER, A. K.: The plant pathogenic corynebacteria. Annu. Rev. Microbiol. **36** (1982): 495—517.

WARD, J. B.: Teichoic and teichuronic acids: biosynthesis, assembly, and location. Microbiol. Rev. **45** (1981): 211—243.

WEIDE, H., & AURICH, H.: Allgemeine Mikrobiologie. Fischer, Jena 1979.

WOESE, C. R.: Archaebacteria. Sci. American **244** (1981): 94—106.

— *Zur Biochemie und Physiologie*

BROCK, T. D.: Biology of Microorganisms. 3. ed. Prentice-Hall, Englewood Cliffs 1979.

DURBIN, R. D. (Ed.): Toxins in Plant Disease. Academic Press, New York, London 1981.

GOTTSCHALK, G.: Bacterial Metabolism. Springer, Berlin, Heidelberg, New York 1979.

Krieg, N. R., & HOLT, J. G. (Eds.): Bergey's Manual of Systematic Bacteriology. Vol. 1. Williams & Wilkins, Baltimore, London 1984.

MOUNT, M. S., & LACY, G. H. (Eds.): Phytopathogenic Prokaryotes. Vol. 1 u. 2. Academic Press, New York, London 1982.

SCHLEGEL, H. G.: Allgemeine Mikrobiologie. 6. Aufl. Georg Thieme, Stuttgart, New York 1985.

STANIER, R. Y., ADELBERG, E. A., & INGRAHAM, J. L.: General Microbiology. 4. ed. MacMillan, London 1978.

WEIDE, H., & AURICH, H.: Allgemeine Mikrobiologie. Fischer, Jena 1979.

— *Zur Bakteriengenetik*

BENNETT, P. M., & GRINSTEDT, J. (Eds.): Methods in Microbiology. Vol 17. Plasmid Technology. Academic Press, London 1984.

BIRGE, E. A.: Bakterien- und Phagengenetik. Springer, Berlin, Heidelberg, New York, Tokyo 1984.

CHATTERJEE, A. K., & STARR, M. P.: Genetics of *Erwinia* species. Annu. Rev. Microbiol. **34** (1980): 645—676.

LACY, G. H., & LEARY, J. V.: Genetic systems in phytopathogenic bacteria. Annu. Rev. Phytopathol. **17** (1979): 181—202.

PANOPOULOS, N. J., & PEET, R. C.: The molecular genetics of plant pathogenic bacteria and their plasmids. Annu. Rev. Phytopathol. **23** (1985): 381—419.

PÜHLER, A., & TIMMIS, K. N. (Eds.): Advanced Molecular Genetics. Springer, Berlin, Heidelberg, New York, Tokyo 1984.

— *Zu Bakteriophagen und Bakteriocinen*

ADAMS, M.: Bacteriophages. Interscience, New York 1959.

BARKSDALE, L., & ARDEN, S. B.: Persistent bacteriophage infection, lysogeny, and phage conversion. Annu. Rev. Microbiol. **28** (1976): 265—299.

BRADLEY, D. E.: Ultrastructure of bacteriophages and bacteriocins. Bacteriol. Rev. **31** (1967): 230—314.

DENHARDT, D. T., DRESSLER, D., & RAY, D. S. (Eds.): The Singlestranded DNA Phages. Cold Spring Harbor Laboratory, Cold Spring Harbor, N. Y., 1978.

EISERLING, F. A.: Bacteriophage Structure. In: FRAENKEL-CONRAT, H., & WAGNER, R. R. (Eds.): Comprehensive Virology. Vol. 13. Plenum Press, New York 1979, pp. 543—580.

FIERS, W.: Structure and function of RNA Bacteriophages. In: FRAENKEL-CONRAT, H., & WAGNER, R. R. (Eds.): Comprehensive Virology. Vol. 13. Plenum Press, New York 1979, pp. 69—204.

HERSHEY, A. D. (Ed.): The Bacteriophage Lambda. Cold Spring Harbor Laboratory, Cold Spring Harbor, N. Y., 1971.

KONISKY, J.: The bacteriocins. In: ORNSTON, L. N., & SOKATCH, J. R. (Eds.): The Bacteria. Vol. 6. Academic Press, New York 1978, pp. 21—136.

LANDY, A., & ROSS, W.: Viral integration and excision: structure of the Lambda att site. Science **197** (1977): 1147—1160.

MATHEWS, C. K.: Reproduction of large virulent bacteriophages. In: FRAENKEL-CONRAT, H., & WAGNER, R. R. (Eds.): Comprehensive Virology. Vol. 7. Plenum Press, New York 1977, pp. 179—294.

REEVES, P.: The Bacteriocins. Springer, Berlin, Heidelberg, New York 1972.

VIDAVER, A. K.: Bacteriocins: The lure and the reality. Plant Dis. **67** (1983): 471—475.

WEISSBERG, R. A., GOTTESMAN, S., & GOTTESMAN, M. E.: Bacteriophage Lambda: The lysogenic pathway. In: FRAENKEL-CONRAT, H., & WAGNER, R. R. (Eds.): Comprehensive Virology. Vol. 8. Plenum Press, New York 1977, pp. 197—258.

— *Zur Taxonomie*

BRADBURY, J. F.: Isolation and preliminary study of bacteria from plants. Rev. Plant Pathol. **49** (1970): 213—218.

— Bacterial plant pathogens. Methods in plant pathology Part 2. Rev. Plant Pathol. **60** (1981): 373—376.

KRIEG, N. R., & HOLT, J. G. (Eds.): Bergey's Manual of Systematic Bacteriology. IX. ed. Vol. 1. Williams & Wilkins Comp., Baltimore 1985.

FAHY, P. C., & PERSLEY, G. J.: Plant Bacterial Diseases. A Diagnostic Guide. Academic Press, Sydney, New York, London. Paris, San Diego, San Francisco, Sao Paulo, Tokyo, Toronto 1983.

MOUNT, M. S., & LACY, G. H.: Phytopathogenic Procaryotes. Vol. 1 & 2. Academic Press, New York 1982.

STAPP, C.: Pflanzenpathogene Bakterien. Paul Parey, Berlin, Hamburg 1958.

STARR, M. P., STOLP, H., TRUEPER, H. C., BALOWA, A., & SCHLEGEL, H. G.: The Procaryotes, a Handbook of Habitats, Isolation and Identification of Bacteria. Vol. 1 & 2. Springer, Berlin, Heidelberg, New York 1981.

3. Merkmale phytopathogener Bakterien

3.1. Für die Pathogenität von Pflanzen entscheidende Eigenschaften

Phytopathogene Bakterien besitzen spezifische Merkmale, die sie befähigen, in pflanzliche Organe und Gewebe einzudringen, um sich dort zur Erhaltung der Art auf Kosten der Wirtspflanze zu vermehren. Dazu muß das pflanzliche Gewebe angegriffen und so verändert werden, daß die für Wachstum und Vermehrung essentiellen Nährstoffe in ausreichender Qualität und Menge verfügbar werden und entsprechende Umgebungsbedingungen vorhanden sind. Als Folge dieses parasitären Angriffs treten im Verlauf der Pathogenese irreversible Schäden unterschiedlicher Stärke auf. Derzeitig bestehen kaum noch Zweifel darüber, daß die Wirtsspezifität, die Krankheitsentwicklung sowie die komplexen Wechselbeziehungen Resistenz — Anfälligkeit auf chemischen Mechanismen beruhen und letztendlich auf eine Wechselwirkung zwischen Molekülen des Erregers und des Wirtes zurückgeführt werden können, auch wenn die Aufklärung der Kausalverkettung bisher nur bei wenigen Teilprozessen möglich war (SCHEFFER 1983).

Der **Krankheitsprozeß** vollzieht sich in einer Folge von Teilschritten: Er beginnt mit der Aufnahme eines spezifischen Kontakts zwischen bakteriellem Erreger und Pflanzenoberfläche, dem eine Kaskade physiologisch-biochemischer Kettenreaktionen folgt, die schließlich zu den makroskopisch wahrnehmbaren Symptomen führen (GILCHRIST 1983).

In den nachfolgenden Abschnitten (3.2.—3.7.) werden bevorzugt die virulenzbestimmenden Produkte pflanzenpathogener Bakterien und diejenigen physiologisch-biochemischen Mechanismen behandelt, die für deren Bildung und Wirkungsweise entscheidende Bedeutung haben. Bei diesen ursächlich beteiligten und als Krankheitsdeterminanten wirkenden, von den Erregerzellen nach außen abgeschiedenen Verbindungen handelt es sich entweder um **phytotoxische Stoffe** oder um eine Gruppe verschiedenartigster Substanzen, die von GRANITI (1972) zusammenfassend als **„Aggressine“** bezeichnet wurden. Im Krankheitsprozeß werden die Bildung und die Wirkung dieser Aggressine durch komplexe und vielfältig wirkende wirtseigene Determinanten, aber auch durch Umweltfaktoren beeinflußt (s. 4.3.).

Zu den Aggressinen, die an der Ausprägung des Merkmals Pathogenität in unterschiedlicher Weise und Stärke beteiligt sind, gehören aufgrund ihrer Wirkungsweise folgende teils gut definierte, teils chemisch noch nicht aufgeklärte oder erst postulierte Substanzen:

- Nichttoxische Determinanten auf der äußeren Zellmembran der bakteriellen Erreger, z. B. polymere Kohlenhydratstrukturen, welche in der Wirtszelloberfläche fixierte Mechanismen einer Erkennungsreaktion beeinflussen können,
- zellwandabbauende und die Zellstruktur zerstörende Enzyme,
- Stoffe mit Phytohormonwirkung, die Differenzierungs- und Wachstumsprozesse beim Wirt zugunsten des Erregers verändern,
- vom Erreger abgegebene oder induzierte genetische Informationen, die den Wirtsstoffwechsel umprogrammieren.

Bei einer Reihe bakterieller Pflanzenkrankheiten werden der parasitäre Angriff und der Verlauf der Pathogenese durch vom Erreger ausgeschiedene Phytotoxine entscheidend beeinflußt, die teils schädigend in den Stoffwechsel der Wirtszellen eingreifen, teils den Wasser- und Nährstofftransport beeinträchtigen.

Die von den pflanzenpathogenen Bakterien synthetisierten und extracellulär ausgeschiedenen Aggressine (mit Ausnahme der an der Erkennungsreaktion beteiligten Determinanten (s. 4.3.5.4.)) sowie die bakteriellen Phytotoxine sollen im folgenden näher dargestellt werden.

3.2. Zellwandabbauende Enzyme

3.2.1. Die Bedeutung bakterieller Fäulen

Die meisten phytopathogenen Bakterien haben die Fähigkeit, Enzyme zu produzieren, welche alle bekannten glykosidischen Bindungen von Polysacchariden der primären Zellwand sprengen können. Infolge der Zellwandzerstörung können dann die Mikroorganismen diese natürliche Barriere überwinden und in das Gewebe vordringen (Abb. 3.1.). Die Abbauprodukte der Zellwände und die austretenden Zellinhaltsstoffe der angegriffenen Zellen werden größtenteils von den Bakterien verwertet und bilden die Grundlage für deren Wachstum und Vermehrung. Die enzymatische Zerstörung des pflanzlichen Gewebes wird auch als **„Maceration"** bezeichnet, und die daran beteiligten Enzyme nennt man macerierende Enzyme oder **Macerozyme.**

Besonders augenfällig ist ihre rasche und destruierende Wirkung bei den bakteriellen Naß- und Weichfäulen, wodurch deren Erreger unter der Vielfalt der pflanzenpathogenen Bakterien eine Sonderstellung einnehmen. Diese beruht auf

- ihrem sehr großen Wirtspflanzenkreis,
- der enormen wirtschaftlichen Bedeutung, besonders bei der Lagerhaltung pflanzlicher Produkte mit einem hohen Wassergehalt (z. B. Kartoffeln, Möhren, Lagergemüse, vegetative Vermehrungsorgane von Zierpflanzen usw.),
- dem ähnlichen Krankheitsbild an den betroffenen Pflanzenteilen, das durch gleiche, aber auch verschiedene Bakterienarten ausgelöst wird,
- einem analogen, meist sehr schnell verlaufenden pathologischen Prozeß, an dem vorrangig das Macerationsenzym Pectatlyase, ein extracelluläres Enzym mit ungewöhnlichen Wirk- und Regulationsmechanismen, beteiligt ist.

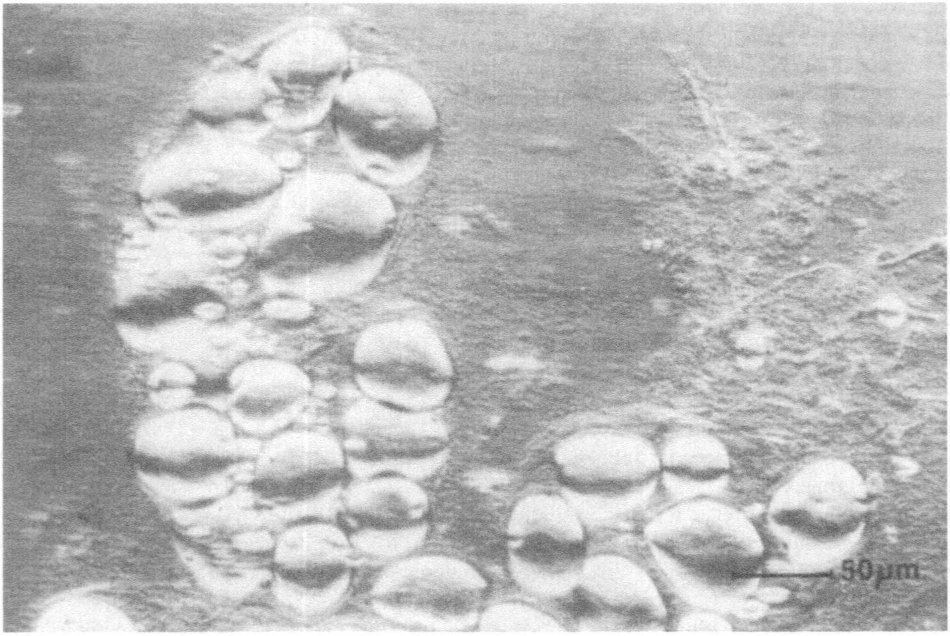

Abb. 3.1. Zersetzung von Kartoffelparenchymgewebe durch *Erwinia carotovora* subsp. *atroseptica.* Dichte Anhäufung von Bakterienzellen im Bereich der Intercellularen und an der Oberfläche der Parenchymzellen. (Differentielle Bildaufspaltung). Aufnahme Anita Schmidt.

Eine besondere Gefahr stellen die bakteriellen Naßfäulen unter warmen und feuchten Bedingungen, d. h. speziell in tropischen und subtropischen Gebieten, dar. Aber auch im gemäßigten Klima, in den europäischen Ländern und in Nordamerika, können beim Vorhandensein entsprechender prädispositioneller Faktoren wirtschaftlich außerordentlich gravierende Schäden durch bakterielle Fäuleerreger hervorgerufen werden.

3.2.2. Struktur und Biochemie der pflanzlichen Zellwand

Die Zelle der höheren Pflanzen ist durch eine feste Wand gekennzeichnet, welche als versteifendes Strukturelement den aus Protoplast und Plasmalemma bestehenden Zellinhalt nach außen abgrenzt. Die primäre **Zellwand** besteht aus einem Netzwerk von Polymeren, deren Verflechtung so dicht ist, daß keine Moleküle größer als 4 nm (entspricht globulären Proteinen mit einem Molgewicht von ca. 1700 Dalton) hindurchtreten können. Sie stellt daher gegenüber potentiellen bakteriellen Erregern eine Barriere dar, die nur durch eine enzymatische Destrukturierung überwunden werden kann. Zum besseren Verständnis dieses besonders für Naß- und Weichfäuleerreger typischen Merkmals scheint es daher angebracht, einen zusammengefaßten Überblick über die Struktur und Funktion der pflanzlichen Zellwand voranzustellen.

Die primäre Zellwand kann aufgrund ihrer funktionellen Bedeutung in drei charakteristische, mikroskopisch unterscheidbare Regionen untergliedert werden:
— die **Primordialwand** (Mittellamelle) enthält hauptsächlich Polygalacturonan (Pectin)
— die **Primärwand** besteht vorwiegend aus Pectinen und 8—14% Cellulosefibrillen
— die **Sekundärwand** besitzt einen hohen Anteil an gerichtet eingelagerten Cellulosemikrofibrillen.
Der strukturelle Aufbau und der Anteil dieser verschiedenen Wandbausteine ist schematisch in Abbildung 3.2. dargestellt.

An die Sekundärwand grenzt die semipermeable cytoplasmatische Membran, das sogenannte Plasmalemma, das ähnlich wie bei tierischen und bakteriellen Zellen hauptsächlich aus Lipiden, spezifischen Phospholipiden, Glykolipiden sowie Struktur-, Enzym- und Glykoproteinen gebildet wird. Primäre Zellwände besitzen eine dynamisch-plastische Struktur, welche das Streckungswachstum ermöglicht und sich während der Entwicklung bezüglich der Zusammensetzung und Eigenschaften verändert.

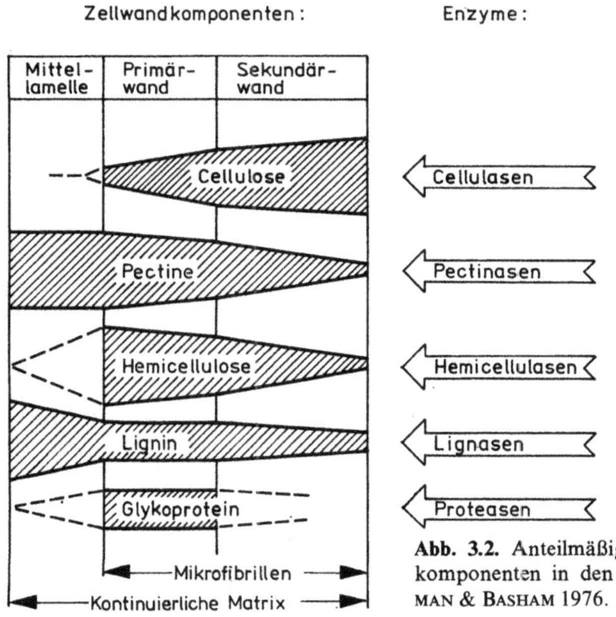

Abb. 3.2. Anteilmäßige Verteilung der wichtigsten Zellwandkomponenten in den verschiedenen Wandlagen. Nach BATEMAN & BASHAM 1976.

Die epidermalen Zellschichten sowie auch teilweise die an innere Hohlräume angrenzenden Zellen sind durch die Ausbildung einer Cuticula und Wachsablagerungen zusätzlich geschützt. Hierbei werden niedermolekulare Vorstufen (Fett-, Cutinsäuren u. a.) in der Zelle synthetisiert, durch die Wand nach außen transportiert, wo eine Polymerisation erfolgt. Diese wasserunlöslichen bzw. hydrophoben Substanzen werden im allgemeinen von bakteriellen Enzymen nicht attackiert.[1])

Die traditionelle Klassifizierung der am Aufbau der Primärwand beteiligten Substanzen in Pectine, Hemicellulosen und Cellulose basiert auf der unterschiedlichen Löslichkeit dieser Polysaccharide:
- Die **Pectine** bestehen primär aus Rhamnogalacturonanen, Galactanen und Arabinanen und können mit kaltem bzw. heißem Wasser und Chelatbildnern extrahiert werden.
- Die **Hemicellulosen** umfassen Xylane, Xyloglucane, Mannane und Heteropolymere der Glucose, Galactose und Mannose, sie sind mit alkalischen Lösungen extrahierbar.
- Die **Cellulosen** bilden den unlöslichen Rückstand nach den genannten Behandlungen.

In den primären Zellwänden beträgt der Polysaccharidanteil ca. 90%, davon entfallen 20—30% auf die Cellulose, während die restlichen 10% aus Proteinen bestehen. Pectine und Hemicellulosen werden auch unter dem Begriff „**Matrix**" zusammengefaßt. Nach ALBERSHEIM & DARVILL (1985) sind an der Zusammensetzung einer typischen Zellwand mindestens 8 verschiedene Polysaccharide beteiligt, von denen 6 gut bekannt sind: Homogalacturonan, Rhamnogalacturonan I und II, Xyloglucan, Arabinogalacturonan, Glucuronarabinoxylan (s. a. 2.1.2. u. 2.2.3.). Die molekulare Struktur dieser Polysaccharide ist teilweise außerordentlich kompliziert, z. B. besteht Rhamnogalacturonan II aus 10 verschiedenen Zuckern, und ein Molekül enthält 65 Monosaccharide.

Die **Pectine** bilden die primären Bestandteile der Mittellamelle sowie die Strukturelemente der Primärwand. Sie sind vorwiegend aus Homogalacturonan-Ketten aufgebaut, die in gewissen Abständen mit Rhamnogalacturonan durchsetzt sein können:

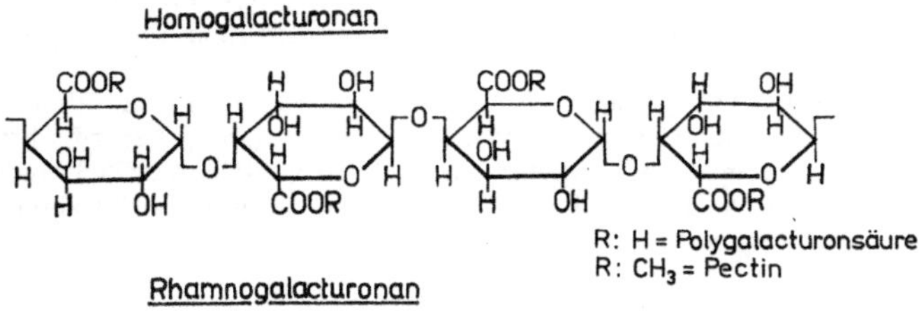

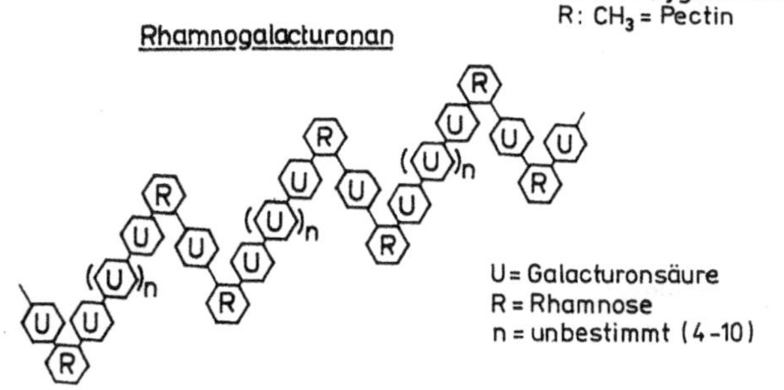

Strukturformel des geradkettigen Homogalacturonans und der „Sesselstruktur" des Rhamnogalacturonans infolge der 1,2-Bindung am Rhamnosemolekül.

Die Uronsäurecarboxyl-Gruppen können mit Methyl- oder Acetylresten verestert sein. Pectinsäuren sind nicht veresterte Polygalacturonsäuren, Pectine dagegen enthalten bis zu 90% veresterte Carboxyl-Gruppen. Weiterhin bilden einige neutrale Polysaccharide (wie α-1,3- oder -1,5-Arabinofuranose und lineare Polymere der β-1,4-D-Galactopyranose) Seitenketten, die vorwiegend als „Brückenbindung" zwischen dem Rhamnogalacturonan und den Hemicellulosekomponenten dienen.

Die Pectine fungieren in den Mittellamellen als Kittsubstanz zwischen den Zellen und verfestigen als Matrix die Primärwand. Die intercelluläre Kohäsion und die Festigkeit der Zellwand sind von den molekularen Parametern abhängig, wobei auch während des Wachstums die Pectinkomponenten einem mehr-

---

[1]) Kürzlich konnten BASHAN et al. (1985) allerdings eine konstitutive cutinolytische Aktivität bei *Pseudomonas syringae* pv. *tomato*, dem Erreger der Blatt- und Fruchtfleckenkrankheit an Tomate, nachweisen.

fachen „Umbau" unterliegen. Insbesondere werden auch die Fähigkeit zur Wasserbindung und die Wasserlöslichkeit durch den Polymerisations- und den Veresterungsgrad, aber auch die Einlagerung von Ca^{2+}, im Verlauf der Entwicklung verändert.

Die **Hemicellulosen** sind anteilmäßig gesehen die Hauptbestandteile der Primär- und Sekundärwand, sie setzen sich aus einer Gruppe von Polymeren unterschiedlicher Konstitution zusammen. Xyloglucan ist ein Bestandteil der Primärwand und besteht aus einer Kette von β-1,4-Glucopyranosen mit terminalen Seitenketten einer α-1,6-Xylanopyranose. Die Xylane sind im Pflanzenreich weit verbreitet und durch Xylanopyranose-Ketten charakterisiert. Meist sind Seitenketten aus Arabinofuranose und Glucuronopyranose vorhanden, deren Anzahl und Stellung als typische Merkmale bestimmter Pflanzengruppen gelten. Es wird postuliert, daß zwischen den Hemicellulosen und Pectinen kovalente Bindungen über deren Seitenketten existieren und die Hemicellulosen andererseits über Wasserstoffbrücken mit dem Glucan der Cellulosefibrillen in Verbindung stehen.

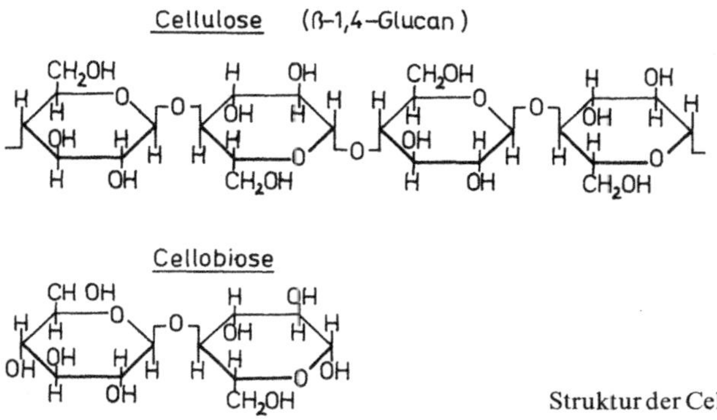

Struktur der Cellulose und des Spaltproduktes Cellobiose.

Abb. 3.3. Freilegung von Cellulosemikrofibrillen durch die Tätigkeit pectinolytischer Enzyme von *Erwinia carotovora* subsp. *atroseptica*. Anhäufung von Erregerzellen im Bereich der Intercellularen und auf der Zellwand der Parenchymzellen. (Rasterelektronenmikroskopische Darstellung). Aufnahme H. B. Schmidt.

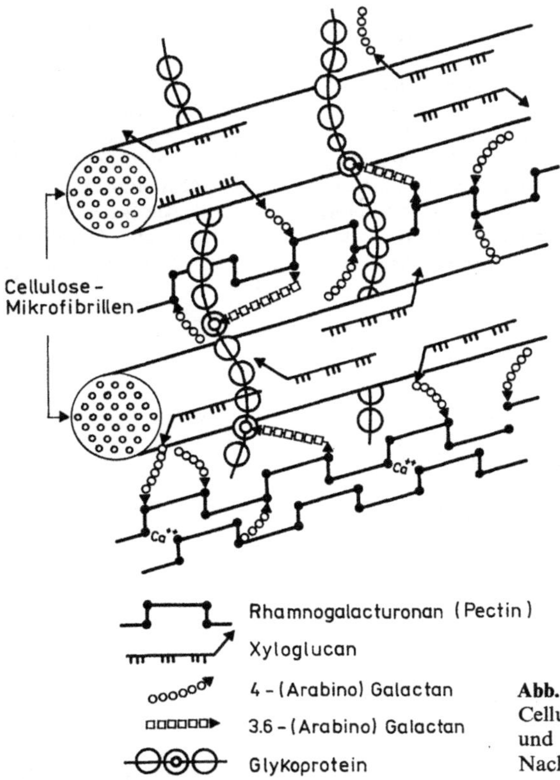

Abb. 3.4. Modell der molekularen Anordnungen von Cellulosefibrillen, Hemicellulosen, Pectinsubstanzen und Glykoproteinen in der primären Zellwand. Nach KEEGSTRA et al. 1973.

Die **Cellulose** ist ein β-1,4-Polyglucan und kommt in verschiedenen Formen vor, indem eine Zusammenlagerung einer Anzahl von Polyglucan-Ketten zu den sogenannten Mikrofibrillen erfolgt (Abb. 3.3.). Aus der Bildung von Wasserstoffbrücken zwischen den freien OH-Gruppen der Glucopyranose resultiert der kristalline Charakter. In der Primärwand sind die einzelnen Cellulosefibrillen zufallsmäßig orientiert, während sie in der Sekundärwandregion geordnet in parallelen Lamellen vorliegen. In einem Polyglucan-Molekül sekundärer Wände können 15000—30000 Glucosylreste vorhanden sein, in primären jedoch nur 2000—3000 (s. Formel S. 127).

Als **Protein** kommt in der Zellwand hauptsächlich Extensin vor. Es ist ein Glykoprotein und dient als Strukturprotein der primären Wand. Es enthält einen hohen Anteil von Hydroxyprolin und als Kohlenhydrate hauptsächlich Arabinose und Galactose.

Das weitgehend anerkannte Modell über die Verknüpfung der einzelnen Wandkomponenten zur typischen Zellwandstruktur von KEEGSTRA et al. (1973) wird zusammenfassend in Abbildung 3.4. wiedergegeben.

Nach Meinung von ALBERSHEIM & DARVILL (1985) hat die Zellwand nicht nur die Funktion als versteifendes Strukturelement zu erfüllen, sondern Bruchstücke aus derselben, die durch enzymatische oder sonstige Einwirkung entstehen, steuern als Regulatormoleküle auch Wachstums- und andere Prozesse und besonders die Infektionsabwehr. Diese hochspezifischen **Oligosaccharide** werden von den Autoren als Oligosaccharine bezeichnet. Noch in hoher Verdünnung induzieren sie z. B. als Signalstoffe die Synthese von Phytoalexinen.

3.2.3. Pectinolytische Enzyme (Pectinasen)

Die pectinolytischen Enzyme können als die **Schlüsselenzyme** des pathogenen Angriffs von Naßfäule-Bakterien angesehen werden. Ihre Bedeutung für die Pathogenese wurde bei pilzlichen Krankheitserregern schon frühzeitig durch DE BARY (1886) erkannt und für bakterielle Naßfäulen von JONES (1909) bestätigt.

Aufgrund ihrer verschiedenen Wirkungsmechanismen und der Spezifizierung auf verschiedene Pectinsubstrate können die pectinabbauenden Enzyme wie folgt klassifiziert werden:

- **Polygalacturonasen** bewirken eine hydrolytische Spaltung der α-1,4-Bindung der Rhamnogalacturonane,
- **Lyasen (Transeliminasen)** spalten die α-1,4-Bindung transeliminativ, wobei zwischen C-Atom 4 und 5 der Uronidhälfte eine ungesättigte Bindung resultiert,
- **endo-Pectinasen** spalten das polymere Rhamnogalacturonanmolekül an „zufälligen" Orten, wobei Oligouronide unterschiedlicher Kettenlänge entstehen,
- **exo-Pectinasen** bewirken eine Abspaltung der jeweils endständigen Gruppe, bei den exo-Pectatlyasen ist das ein Digalacturonsäure-Molekül,
- **Pectinesterasen** spalten aus Pectinen die Methoxyl- bzw. Acetylgruppe ab, wodurch Pectinsäuren entstehen,
- **extracelluläre Pectinasen** werden im Zellinneren synthetisiert und durch die innere und äußere Membran in das umgebende Medium abgeschieden,
- **intracelluläre Pectinasen** verbleiben und wirken im Zellinneren und bauen dort die von extracellulären Pectinasen gebildeten Oligouronide weiter ab.

Die bei den wichtigsten Fäuleerregern sicher nachgewiesenen pectinolytischen Enzyme sind in der Tabelle 3.1. als Übersicht zusammengestellt.

Tabelle 3.1. Die Hauptenzyme des Pectinabbaues bei Naß- und Weichfäule-Bakterien

Bildungsort	Substrat	empfohlene Bezeichnung	Abkürzung	EC-Nr.	Reaktionsprodukt
extracellulär	$(GalUA)_n$	endo-Polygalacturonase	endo-PG	3.2.1.15.	$(GalUA)_{2,3,4,...}$
	$(GalUA)_n$	exo-Poly-α-D-Galacturonosidase	exo-PG	3.2.1.82.	$(GalUA)_2$
	$(GalUA)_n$	endo-Pectatlyase	endo-PL	4.2.2.2.	$u(GalUA)_{2,3,4,...}$
	$(GalUAMeth)_n$	Pectinesterase	PE	3.1.1.11.	$(GalUA)_n$ + $Meth_n$
intracellulär	$(GalUA)_n$	exo-Polygalacturonatlyase	exo-PL	4.2.2.9.	$u(GalUA)_2$
	$u(GalUA)_2$, $(GalUA)_2$	Oligogalacturonidlyase	OGL	4.2.2.6.	2 DTH oder DTH + GalUA

GalUA: D-Galacturonsäure
$(GalUA)_n$: Galacturonan
$u(GalUA)_{2,3,4,...}$: ungesättigte Galacturonsäure
DTH: 4-Deoxy-L-threo-5-hexulose-uronsäure
Meth: Methanol

Nach COLLMER et al. (1982) ist die **Pectatlyase** von *Erwinia carotovora* und *E. chrysanthemi* als Enzym mit mehreren ungewöhnlichen Eigenschaften anzusehen. Es besitzt zwei unabhängige Funktionen: Seine Anwesenheit führt zur Zerstörung des Gewebes bis hin zum Zelltod und fördert den Abbau der Pectinpolymeren. Fernerhin resultiert aus der extracellulären Natur des Enzyms und seiner polymeren Substrate ein einzigartiges Regulationsproblem (s. 3.2.5.), wie es bisher bei der Regulation intracellulärer katabolischer Enzyme nicht bekannt geworden ist.

Der Spaltungsmechanismus der hydrolytischen Polygalacturonasen und der Pectatlyase ist aus der Formel S. 130 ersichtlich.

Die hydrolytisch wirkenden **Polygalacturonasen** haben ihre optimale Aktivität im sauren Bereich (pH 3,5—5,0). Die Pectatlyasen entfalten ihre optimale Wirkung im neutralen bis leicht alkalischen Milieu (pH 6,5—8,5). Während Ca^{2+} für die Funktion der endo-Pectatlyasen essentiell ist, werden einige Polygalacturonasen dadurch gehemmt. Endo- und exo-Pectinasen können durch die Trennung und den Nachweis der gebildeten Spaltprodukte differenziert werden. Für den Macerationsvorgang haben die endo-Enzyme eine größere Bedeutung, da in vitro zur Verminderung der Viskosität um 50% nur 0,5—3,0% Spaltungen der 1,4-Bindungen erforderlich sind, dagegen beim Einsatz von exo-Enzymen mehr als 20% Spaltungen. Die Spaltungsgeschwindigkeit bzw. der Pectinabbau wird

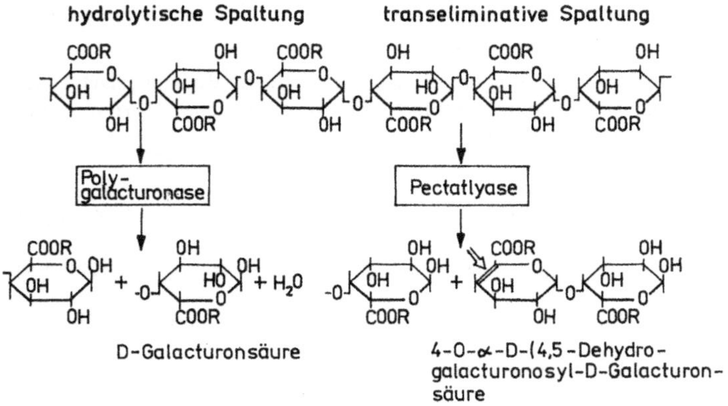

Hydrolytischer und transeliminativer enzymatischer Abbau von Pectinsubstanzen durch extracelluläre Pectinasen.

von dem jeweiligen Veresterungsgrad beeinflußt. Pectatlyase aus *E. carotovora* subsp. *atroseptica* baut Polygalacturonsäure am schnellsten ab, bei einem Veresterungsgrad von 35% wird die Geschwindigkeit um 30%, bei einem Veresterungsgrad von 90% um ca. 70% vermindert, und erst bei 98,5% wird das Pectin für die Pectatlyase unangreifbar (HENNIGER & GÖTZ 1983). Extracelluläre **Pectinlyasen**, die hochveresterte Pectine bevorzugen, wurden bei Fäulebakterien bisher nicht mit Sicherheit nachgewiesen.

Erwinia chrysanthemi bildet nach GARIBALDI & BATEMAN (1971) zwei bis vier verschiedene **Isoenzyme**, die auch serologisch unterschiedlich reagieren. Obgleich alle vier aus einem Stamm von *E. chrysanthemi* isolierten Isoenzyme Galacturonan sehr schnell abbauten, war eines davon nicht fähig, Pflanzengewebe zu macerieren. Bei *E. carotovora* subsp. *atroseptica* waren Isoenzyme, abhängig vom verwendeten Stamm, erst nach übermäßig langer Kulturdauer nachweisbar.

Die Bildung und der davon getrennte Vorgang der **Exkretion** in das umgebende Substrat werden bei den pectinolytischen Enzymen, besonders bei der Pectatlyase, von der Temperatur, der H^+-Konzentration, dem O_2-Partialdruck, dem CO_2-Gehalt und der Zusammensetzung des Kulturmediums bei künstlicher Kultur beeinflußt, wobei auch hier beträchtliche Unterschiede zwischen einzelnen Stämmen vorhanden sein können (s. a. 3.2.5. und 4.3.4.1.). Es scheint, daß Synthese und Exkretion der Pectatlyase besonders durch die Einwirkung bestimmter Streßfaktoren in definierten Phasen der Entwicklung und des Wachstums aktiviert werden. So besteht in Abhängigkeit von der Zusammensetzung des Kultursubstrates nur ein geringer Zusammenhang zwischen der gebildeten Bakterienmasse und der Pectatlyase-Aktivität im Kulturfiltrat (HENNIGER & GÖTZ 1983).

Pectatlyase wird gegenwärtig als konstitutiv gebildetes Enzym angesehen. Eine geringe Aktivität dieses Enzyms ist zur Freisetzung gesättigter und ungesättigter Di- oder Oligomeren aus Pectinen notwendig, welche wiederum eine verstärkte Induktion der Pectatlyase-Synthese und -Exkretion bewirken. Die durch Glucose hervorgerufene katabolische Repression der Pectatlyase-Bildung, auch in Gegenwart von Pectinsubstanzen, ist bei einzelnen Bakterienstämmen sehr unterschiedlich ausgeprägt.

Bemerkenswert ist die Mitteilung von STACK et al. (1980), wonach sich trotz Anwendung mehrerer Trennverfahren bei einem Enzympräparat aus *E. carotovora* subsp. *carotovora* die Pectatlyase-Aktivität bei pH 8,5 und die Polygalacturonase-Aktivität bei pH 6,0 nicht voneinander trennen ließen und eine Doppelfunktion dieses Enzyms in Betracht gezogen wird.

Obgleich die hydrolytischen Pectinasen zu einem extracellulären Abbau der Zellwandpectine und damit einer Maceration beitragen können, gelten die Pectatlyasen als die dominierenden extracellulären Enzyme der fäulnisinduzierenden Bakterien. Es ist wahrscheinlich, daß dieses Enzym besonders an die Attacke solcher Galacturonan-Bindungen angepaßt ist, die für die Integrität der pflanzlichen Zellwand und des Gewebes kritisch sind (COLLMER et al. 1982). Die transeliminativen Mechanismen des Pectinabbaues und die dafür verantwortlichen Enzyme wurden erst relativ spät von ALBERSHEIM et al. (1960) beschrieben. Frühere Publikationen über das Vorkommen und die Beteiligung von Polygalacturonasen am pathologischen Prozeß sollten daher kritisch bewertet werden.

Zum weiteren Abbau der Oligogalacturonide über den KDPG-Weg s. S. 41.

3.2.4. Cellulasen, Hemicellulasen und andere Enzyme

Die Bildung celluloseabbauender Enzyme ist bei einer Reihe phytopathogener Pilze beschrieben worden; für pflanzenpathogene Bakterien liegen darüber nur relativ wenige Mitteilungen vor. Für eine unmittelbare Beteiligung der **Cellulasen** am pathogenen Angriff durch eine Maceration des pflanzlichen Gewebes gibt es kaum Beweise, da hochgereinigte Pectatlyase auch ohne die Mitwirkung weiterer Enzyme die Maceration pflanzlicher Gewebe und den Zelltod bewirken kann (MOUNT et al. 1970).

Der Celluloseabbau durch Mikroorganismen erfolgt mit großer Wahrscheinlichkeit durch drei Komponenten eines komplex wirkenden Enzymsystems, wobei zum Abbau nativer kristalliner Cellulose bis zur Glucose die nachfolgend aufgeführten Enzyme erforderlich sind:

- **C_1-Cellulasen:** Sie besitzen die Fähigkeit zur Spaltung kristalliner Cellulose (wird auch als „Filterpapieraktivität" bezeichnet). Die C_1-Cellulase-Komponente soll jedoch lediglich eine Lockerung der nativen Cellulosestruktur durch eine Hydratisierung des Substrates bewirken, wonach die weitere hydrolytische Spaltung durch die sogenannte C_x-Cellulase erst ermöglicht wird.
- **C_x-Cellulasen:** Sie spalten hydrolytisch und greifen amorphe Cellulose und deren Derivate an (Carboxymethylcellulose = CMC). Die C_x-Cellulase setzt sich aus Endo-1.4- sowie Exo-1.4-β-Glucanase zusammen. Letztere greift die Cellulosekette vom nichtreduzierenden Ende her an und setzt Glucose frei, während das Endo-Enzym zufallsmäßig im Inneren der Kette spaltet. Die Endo-1.4-β-Glucanase sprengt die Celluloseketten bis zur Bildung des Doppelmoleküls Cellobiose.
- Die **β-Glucosidase** konvertiert die dimere Cellobiose zur Glucose; sie wird auch als Cellobiase oder Gentiobiase bezeichnet.

Das Zusammenwirken der verschiedenen Komponenten beim Celluloseabbau ist aus Abbildung 3.5. ersichtlich. C_x-Cellulasen wurden bei einer Reihe pflanzenpathogener Bakterien nachgewiesen (s. 3.2.6.). Im allgemeinen werden sie konstitutiv gebildet. Da die C_x-Cellulasen allein oder im Zusammenwirken mit Hemicellulasen keine macerierenden Eigenschaften gegenüber lebenden pflanzlichen Geweben besitzen, ist ihre Bedeutung für den Vorgang der Pathogenese unklar. Man kann aber vermuten, daß durch sie, im komplexen Zusammenwirken mit pectinolytischen Enzymen (besonders Pectatlyase), die Cellulosemoleküle infolge des Abbaus der Matrix angegriffen werden können.

Die Hemicellulosefraktion der pflanzlichen Zellwand wird von einer Reihe mikrobieller Enzyme bis zu den monomeren Bestandteilen abgebaut. Bei den aus verschiedenen Polysacchariden bestehenden Hemicellulosen sind dafür mehrere komplex wirkende **Hemicellulasen** notwendig, z. B. drei

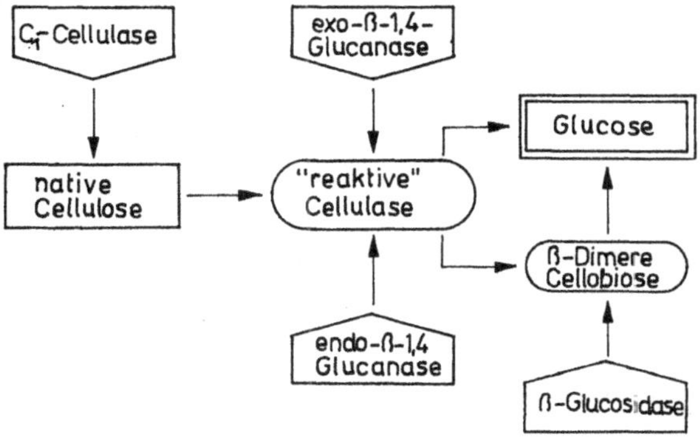

Abb. 3.5. Zusammenwirken der verschiedenen Komponenten des Cellulasesystems beim mikrobiellen Celluloseabbau.

Enzyme zur Hydrolyse des Galactomannans. Über die Bildung dieser Enzyme und deren Beteiligung am Macerationsprozeß liegen bisher kaum Mitteilungen vor.

Weiterhin wurden bei verschiedenen pflanzenpathogenen Bakterien **Proteasen** und **Phosphatidasen** nachgewiesen. Den offenbar vielfach konstitutiv gebildeten Proteasen wurde dabei unter anderem eine Rolle bei der Inaktivierung von Inhibitorproteinen der Pectatlyase zugeschrieben. Die Phosphatidasen könnten an der Zerstörung der Zellmembran durch den Abbau der Phospholipide beteiligt sein (Tseng & Bateman 1968).

In der Regel bilden die bakteriellen Naßfäuleerreger gleichzeitig mehrere macerierende Enzyme. So konnten im Kulturfiltrat eines hochvirulenten Stammes von *E. carotovora* subsp. *atroseptica*, durch welches Kartoffelknollen und anderes pflanzliches Gewebe in kurzer Zeit völlig maceriert wird, nachstehende Enzyme und Aktivitäten nachgewiesen werden (Henniger unveröffentl.):

Pectatlyase	25 U/ml[1])
Polygalacturonase	1 U/ml
Pectinmethylesterase	0,02 U/ml
C_x-Cellulase	12,5 U/ml
Protease	1,06 U/ml
Phosphatidase	Plattentest +

3.2.5. Induktion und Regulation der Enzymbildung

Während zu Beginn der 70er Jahre eine weitgehende Aufklärung der Natur der destruktiven Wirkung der Pectatlyase erfolgte, stehen seit einigen Jahren Fragen der Genetik und besonders der regulativen Faktoren für die Synthese und Exkretion der pectinolytischen Enzyme im Vordergrund der Forschung zur Aufklärung der Wirt/Pathogen-Beziehungen auf molekularer Ebene (Collmer et al. 1982). Die Pectatlyase gilt als Hauptenzym der beiden wichtigsten bakteriellen Naß- und Weichfäuleerreger *Erwinia carotovora* und *Erwinia chrysanthemi*.

Es wurde angenommen, daß der molekulare Mechanismus zur **Induktion** der Pectatlyase-Bildung in ähnlicher Weise wie beim bekannten klassischen Modell der β-Galactosidase abläuft (s. 2.3.5.). Daher sprach man bei einer Steigerung der Enzymaktivität in Gegenwart von Pectinen davon, daß die Synthese der Pectinasen „induziert" worden sei, obgleich kein direkter Beweis für eine de-novo-mRNA- bzw. Proteinsynthese vorlag. Die Pectatlyase-Sekretion erfolgt bereits sehr intensiv in der logarithmischen Wachstumsphase ohne Lysis der Bakterienzelle und ist als eine echte Proteinausschleusung anzusehen. Bei in-vitro-Kulturen mit Glycerol als C-Quelle wurde von *E. chrysanthemi* nur wenig Pectatlyase gebildet. Nach der Übertragung in Nährmedien mit Galacturonan (Pectin) begann bereits nach 2 Std. eine konzentrationsabhängige intensive Ausschüttung. Eine direkte Induktionswirkung des Pectins konnte ausgeschlossen werden, da ein Transport des kompletten Pectinmoleküls mit einem Mol.-Gewicht von 10000—20000 Dalton wenig wahrscheinlich ist. Dies wurde durch die Tatsache unterstützt, daß gereinigte wasserunlösliche Zellwandpräparate ebenfalls eine Pectatlyase-Induktion bewirkten. Eine weit höhere Induktionswirkung wiesen oligomere Spaltprodukte des Galacturonans auf, wobei eine 1000fach geringere Konzentration den gleichen Effekt wie das komplexe Pectinmolekül auslöste. Während bei *E. carotovora* subsp. *carotovora* die Induktion durch Galacturonan in Gegenwart des Pectatlyase-Inhibitors Ethyldiamintetraessigsäure (EDTA) gehemmt wird (Ca^{2+}-Chelatbildung), ist dies bei *E. chrysanthemi* nicht der Fall, da eine Ca^{2+}-unabhängige exo-Polygalacturonase bei diesem Erreger entsprechende Dimere freisetzt. Diese gesättigten bzw. ungesättigten Oligo- oder Dimeren können aber nicht als die eigentlichen Induktoren angesehen werden. Durch ein Besteck weiterer intracellulärer pectinolytischer und anderer Enzyme (Abb. 3.6.) erfolgt ein Abbau der eingeschleusten Galacturonoligomere, wobei die Metabolisierung bei *E. chrysanthemi* und *E. carotovora* teilweise unterschiedlich verläuft. Aufgrund der experimentellen

---

[1]) Eine U (Einheit) bedeutet die Enzymmenge, mit deren Hilfe 1 µM des Spaltprodukts/min bei 25 °C freigesetzt wird.

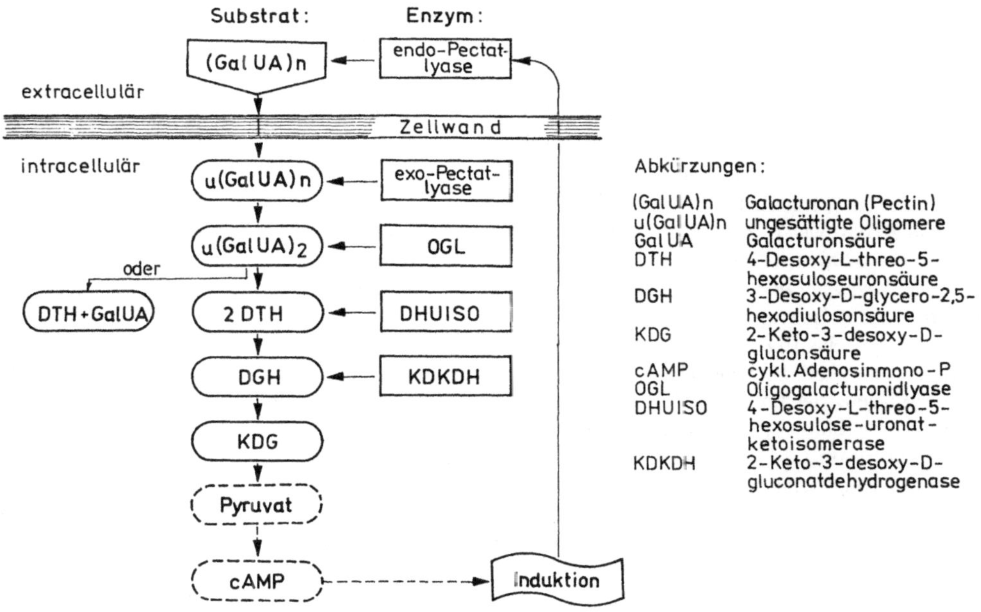

Abb. 3.6. Schema des postulierten Abbaus von Pectinen durch intracelluläre Enzyme im Zusammenhang mit der Regulation der Pectatlyase-Synthese.

Befunde ist anzunehmen, daß für die eigentliche Induktion Desoxyketuronsäuren verantwortlich sind. Die Repression der Pectatlyase-Synthese bei *E. carotovora* subsp. *carotovora* durch Glucose wird von einem verminderten Gehalt an cyclischem Adeninmonophosphat (cAMP) begleitet. Die Zugabe von cAMP zu Pectinmangelkulturen verursachte eine verstärkte Pectatlyase-Synthese. Daraus kann geschlossen werden, daß cAMP in Abhängigkeit vom Substrat die Bildung pectinolytischer Enzyme reguliert (s. a. 2.2.2.).

Außerdem ist die Enzymsynthese von spezifischen **Umgebungsbedingungen** abhängig, z. B. führen O_2-Mangel bzw. eine CO_2-Anreicherung in bestimmten Phasen des logarithmischen Wachstums zu einer verstärkten Pectatlyase-Synthese, dagegen eine reichliche Belüftung von in-vitro-Kulturen zu gutem Wachstum und geringer Pectatlyase-Produktion, wobei wiederum erhebliche Differenzen zwischen verschiedenen Stämmen vorhanden sein können.

Die dargestellten Prozeßabläufe besitzen teilweise noch Modellcharakter und wurden zumeist in vitro ermittelt; die Bestätigung der für die Pectatlyase-Induktion und -Regulation in planta maßgebenden Faktoren steht noch aus. Die vollständige Aufklärung dieser Problematik ist eine weitere Voraussetzung zum Verständnis der Wirt/Pathogen-Beziehungen.

Zusammengefaßt kann gesagt werden: Die Induktion und die cAMP-abhängige katabolische Repression bewirken die Regulation der Synthese extracellulärer Pectatlyase bei den naßfäuleinduzierenden Bakterien und sind ein charakteristisches Merkmal, welches dem klassischen Regulationsmechanismus der Bildung intracellulärer Enzyme entspricht, wovon jedoch in drei Punkten Abweichungen vorliegen:

— Der Induktor ist weder das Substrat noch ein typisches Stoffwechselprodukt, sondern ein weiterer Metabolit des Oligogalacturonid-Abbaus.
— Die Pectatlyase-Synthese wird durch ihre eigenen Produkte selbstkatabolisch reprimiert.
— Das Grundniveau der Pectatlyase-Bildung (Basalaktivität) liegt bei manchen Stämmen von *E. carotovora* subsp. *atroseptica* bemerkenswert hoch.

3.2.6. Die wichtigsten naßfäuleinduzierenden Bakterienarten

Die wichtigsten Bakterienarten, bei denen pectinolytische oder gewebemacerierende Eigenschaften beschrieben wurden und bei denen die beteiligten Enzyme charakterisiert werden konnten, sind in Tabelle 3.2. zusammengestellt.

Die Bedeutung der pectinolytischen *Pseudomonas*-, *Bacillus*- und *Clostridium*-Arten hat sich erst in den letzten Jahren deutlicher abgezeichnet, während die der Naß- und Weichfäule hervorrufenden *Erwinia*-Arten, wie *E. carotovora* und *E. chrysanthemi*, schon seit langem bekannt und eingehend untersucht worden ist. Aber auch nichttypische Fäuleerreger, wie der Welkekrankheiten verursachende *Clavibacter michiganensis* subsp. *michiganensis*, bilden in vitro und in planta unterschiedliche pectinolytische Enzyme.

Cellulolytische Eigenschaften sind bei *Xanthomonas campestris* pv. *campestris* Dowson 1939 und pv. *citri* und *Pseudomonas solanacearum* gefunden worden. Diese Arten bilden konstitutiv C_1-Cellulasen, die native Cellulose abbauen, und außerdem C_x-Cellulase, bewirken aber keine typischen Naßfäulen, obwohl teilweise auch pectinolytische Aktivitäten festgestellt wurden. Die Produktion von C_x-Cellulase ist weit verbreitet und für die Subspecies von *Erwinia carotovora*, *Clavibacter michiganensis* subsp. *sepedonicus* und andere Arten nachgewiesen. Bei *C. michiganensis* subsp. *michiganensis* läßt sich aus dem Krankheitsverlauf schließen, daß Hemicellulasen und Cellulasen in vivo gebildet und wirksam werden (Wallis 1977); auch in vitro sind diese Enzyme nachweisbar.

Tabelle 3.2. Beispiele für das Vorkommen gewebezersetzender Enzyme bei pflanzenpathogenen Bakterien

Bakterienspecies bzw. Pathovar	Polygalacturonasen		Pectatlyasen		Cellulasen		Pectinesterasen	Proteasen	Phosphatidasen
	endo	exo	endo	exo	C_1	C_x			
Erwinia carotovora	+	+	+	+		+	+	+	+
E. chrysanthemi			+			+		+	
E. cypripedii	+		+			+		+	
E. amylovora							+	+	
Xanthomonas campestris									
pv. *campestris*		+	+		+	+			
pv. *citri*		+			+	+			
pv. *vesicatoria*	+		+			+	+	+	
pv. *malvacearum*						+			
Pseudomonas solanacearum	+			+	+	+	+	+	
Ps. marginalis pv. *marginalis*	+		+						
Ps. fluorescens			+			+			
Clavibacter michiganensis									
subsp. *sepedonicus*						+			
subsp. *michiganensis*	+ bzw. —		+			+	+		
Streptomyces „scabies“			+			+			
S. ipomoeae			+			+			
Bacillus polymyxa			+						

3.3. Hypertrophien- und Wachstumsanomalien-auslösende Faktoren

3.3.1. Wuchsanomalien bei Pflanzen

Einige phytopathogene Bakterienarten induzieren in ihren Wirtspflanzen auffällige Wachstumsanomalien (s. hierzu 4.1.2.). Es handelt sich dabei teils um **Hypertrophien** (übermäßiges Zellwachstum), teils um **Hyperplasien** (abnorme Zellvermehrung); in vielen Fällen kommt es gleichzeitig zu außergewöhnlichem Größenwachstum der Zellen und zu vermehrten Zellteilungen. Derartige Veränderungen können an oberirdischen Pflanzenteilen oder an den Wurzeln auftreten.

Es steht außer Frage, daß in diesen Fällen der normale Wuchsstoffhaushalt der Wirtspflanzen durch den Parasiten erheblich gestört sein muß. Dabei sind verschiedene Möglichkeiten denkbar, die diese Störungen im Wuchsstoffmetabolismus bewirken könnten:

- Produktion zusätzlicher Wuchsstoffe durch die eingedrungenen Erreger,
- Induktion einer verstärkten Synthese von Phytohormonen in der Wirtspflanze,
- Hemmung der in gesunden Pflanzen ablaufenden Wuchsstoffdegradationsprozesse, z. B. der β-Indolylessigsäureoxidation,
- Akkumulation von wachstumsstimulierenden Verbindungen am Krankheitsherd als spezifische Folge des Krankheitsprozesses bei bestimmten Wirt-Parasit-Systemen.

An dieser Stelle soll zunächst auf die durch pflanzenpathogene Bakterienspecies gebildeten Wuchsstoffe näher eingegangen werden. Deren Rolle während der Pathogenese wird in den folgenden Abschnitten (3.3.3.—3.3.5. sowie 4.3.4.4.) behandelt.

3.3.2. Die wichtigsten Phytohormongruppen

In gesunden Pflanzen laufen Wachstums- und Differenzierungsvorgänge — modifiziert durch äußere Faktoren — streng nach der genetischen Konstitution ab. An diesen Prozessen wirken verschiedene wachstumsregulierende Substanzen oder Phytohormone mit. Derzeit kennt man die folgenden 6 Klassen derartiger Stoffe:

Auxine

Hierunter versteht man eine in höheren Pflanzen weitverbreitete Gruppe von Indol-Derivaten, die Pflanzenzellen zum Streckungswachstum veranlassen. Deren wichtigster Vertreter ist die **β-Indolylessigsäure** (IES; früher auch als „Heteroauxin", jetzt als „Auxin" bezeichnet). Diese Verbindung (Tab. 3.3.) wird vor allem in Sproßspitzen und jungen Blättern synthetisiert und in der Regel basipetal transportiert. Als Vorstufe dient das aus dem Aminosäurestoffwechsel herrührende Tryptophan. Die Konzentration der IES in grünen Pflanzen liegt im Bereich von 10—0,1 µg/ml.

Auxin bewirkt das Längswachstum der Pflanzenzellen, indem es eine Lockerung der Zellwandstruktur (s. 3.2.) und eine Neusynthese von Wandsubstanzen induziert; es veranlaßt aber auch Zellteilungen im Cambium sowie Wurzelneubildungen und sichert die Apikaldominanz (= Hemmung des Seitenknospenaustriebs), ist an Lignifizierungsprozessen beteiligt und greift auch in andere Stoffwechselvorgänge (Respiration, Permeabilität, Transpiration, Nucleinsäure-, Proteinsynthese u. a.) ein. Die IES hemmt außerdem den Blatt- und Fruchtfall und beeinflußt die Aktivität verschiedener Enzyme.

Diese zahlreichen ganz unterschiedlichen Stoffwechselabläufe, an denen die IES beteiligt ist, weisen darauf hin, daß der primäre Wirkungsort im zentralen Bereich des Stoffkreislaufs zu suchen ist, wahrscheinlich im RNS-Metabolismus oder in der Proteinsynthese (GOODMAN et al. 1967). In der Pflanze kommt die IES häufig in Form von Protein-Adsorptionskomplexen vor.

Gibberelline

Eine wichtige zweite Wirkstoffgruppe stellen die **Gibberelline** dar. Sie sind — im Gegensatz zum Auxin — erst seit wenigen Jahrzehnten bekannt. Zuerst fand man sie beim Erreger der Bakanae-Krankheit, *Gibberella fujikuroi*; inzwischen wurde eine große Anzahl (> 10) natürlich vorkommender Verbindungen mit

Tabelle 3.3. Zusammenstellung der wichtigsten Phytohormongruppen

Auxin	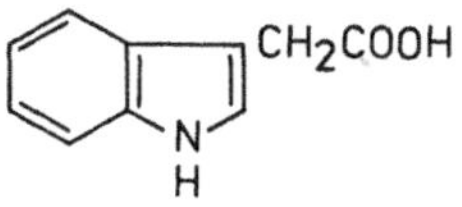	Auxine (Indolylessigsäure)	
Gibberelline	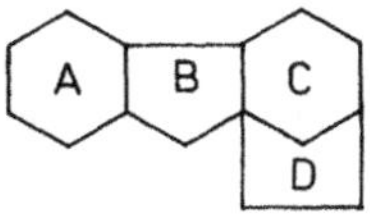	Gibberelline (Gibban - Skelett)	
Cytokinine	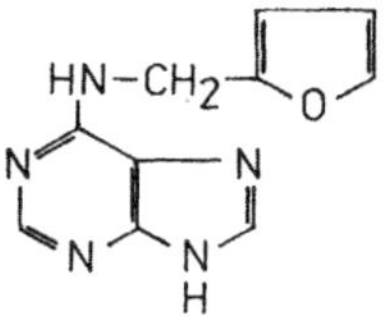 Kinetin	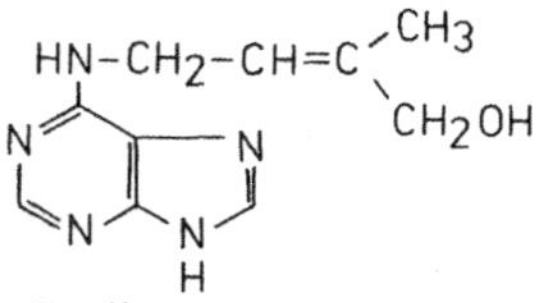 Zeatin	Cytokinine
Abscisinsäure	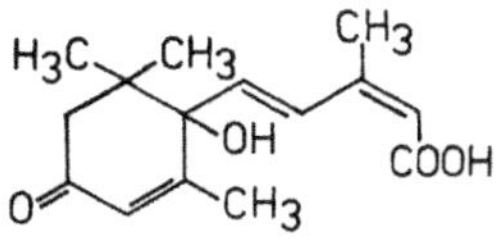	Abscisinsäure	
Ethylen	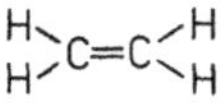 Ethylen		
Jasmonsäure	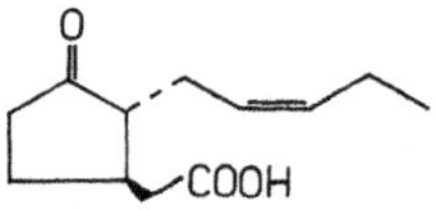	Jasmonsäure	

der in Tabelle 3.3. wiedergegebenen Grundstruktur in Mikroorganismen und höheren Pflanzen nachgewiesen. Sie werden allesamt unter der Bezeichnung „Gibberellin" zusammengefaßt.

In höheren Pflanzen findet die Synthese ebenfalls in den Sproßspitzen und jungen Blättern statt. Diese Phytohormone sind in sehr niedrigen Konzentrationen wirksam (beispielsweise wird der Stärkeabbau im Gerstenendosperm durch Dosen zwischen 1×10^{-5} und 1×10^{-2} µg/ml angeregt).

Gibberelline wirken als Induktoren für das Streckungswachstum, die Blütenbildung, die Zellteilung im subapikalen Bereich, bei der Umkehrung des Zwergwuchses und bei Auslösung der Parthenokarpie; außerdem stimulieren sie die α-Amylase-Synthese, z. B. im Gerstensamen.

Cytokinine

Als weitere bedeutsame Wuchsstoffklasse sind die **Cytokinine** zu nennen. Zu ihren bekanntesten Vertretern gehören das Kinetin und das Zeatin sowie dessen Derivate (Tab. 3.3.). Sie stammen aus dem Adeninstoffwechsel und induzieren hauptsächlich die Zellteilungsvorgänge bei Pflanzen, wobei allerdings gleichzeitig Auxin vorhanden sein muß. Je nach Konzentration (im Bereich von 0,02 bis >1 µg/ml) kann die Wirkung von einer Anregung der Zellvergrößerung und -teilung bis zur Neuanlage von Knospen führen. Außerdem bremst Kinetin die natürlichen Alterungsvorgänge in der Pflanze, was insbesondere bei pathologischen Prozessen von Bedeutung ist (s. 4.3.4.4.).

Abscisine

Zu den Wachstumsregulatoren rechnet man auch die **Abscisine**, deren wichtigster Vertreter die Abscisinsäure („Abscisin", „Dormin", ABS, ABA) ist. Hierbei handelt es sich um Sesquiterpene vom Typ der Jonone, die aus dem Sekundärstoffwechsel stammen und mit bestimmten Phytoalexinen (u. a. nach Befall durch Krankheitserreger gebildete pflanzeneigene Hemmstoffe, z. B. Orchinol) sowie pilzlichen Sexualhormonen verwandt sind (Tab. 3.3.).

Zum Unterschied von den bisher genannten Phytohormonen ist die Abscisinsäure maßgeblich an der Einleitung von Alterungs- und Dormanzprozessen beteiligt. So induziert sie das Abstoßen von Blättern und Blüten und die Entwicklung von Ruheknospen. Auch die Samenruhe wird durch Wuchsstoffe dieser Gruppe ausgelöst.

Ethylen

Erhebliche Auswirkungen auf die Wachstumsvorgänge der Pflanzen hat auch das **Ethylen** (Tab. 3.3.). Im Gegensatz zu den anderen Phytohormonen spielt bei dieser in fast allen Pflanzenzellen vorhandenen bzw. während des Stoffwechsels anfallenden Verbindung der Transport vom Synthese- zum Wirkungsort sicherlich keine Rolle. Allerdings kann es aufgrund seines gasförmigen Aggregatzustandes auch auf die dem Ethylenbildner benachbarten Pflanzen einwirken; d. h. das Ethylen entspricht in seinem Charakter weniger einem Hormon als einem Pheromon. In der höheren Pflanze geht es offenbar meist aus dem Methionin hervor, bei Pilzen dagegen aus dem Glykolyse-Endprodukt Ethanol.

Ethylen wirkt nur in geringen Dosen stimulierend, in hohen dagegen toxisch. In physiologischen Konzentrationen beeinflußt es das Pflanzenwachstum, die Wurzelbildung sowie den Blatt- und Fruchtfall und fördert die Fruchtreife. Das geschieht durch Mitosehemmung oder durch das Auslösen von Enzymaktivitäten sowie Hemmung der DNS-, aber Anregung der RNS- und Proteinsynthese; z. B. fungiert Ethylen auch als Antagonist der Auxinaktivität (Auxinsynthese-Hemmung bzw. Auxinabbau).

Synthetisch hergestellte Ethylen freisetzende Verbindungen werden verbreitet als Wachstumsregulatoren in der Landwirtschaft und im Gartenbau eingesetzt, z. B. unter den Handelsnamen Ethephon, Camposan sowie Flordimex.

Weitere natürliche Wachstumsregulatoren

Neben den genannten klassischen pflanzlichen Wuchsstoffen gibt es noch einige Verbindungen, die ebenfalls wachstumsregulatorische Eigenschaften besitzen. Hierzu gehört in erster Linie die **Jasmonsäure** (Tab. 3.3.). Ihre bemerkenswerten physiologischen Wirkungen sind erst in den letzten Jahren erkannt worden. Sie ist im Pflanzenreich sehr weit verbreitet. In ihrem Effekt auf das Pflanzenwachstum ähnelt sie der Abscisinsäure (s. S. 136), indem sie vor allem die Senescenz beschleunigt.

Als weitere Verbindungen mit Wuchstoffcharakter sind außerdem in letzter Zeit noch
— die sog. **Brassinosteroide** (z. B. Brassinolid), die als Auxinmodulatoren wirksam sind, und
— bestimmte **cyclische Peptide**
bekannt geworden.

3.3.3. Von pflanzenpathogenen Bakterien gebildete Wuchsstoffe

Eine Reihe von phytopathogenen Bakterien ist in der Lage, Phytohormone zu bilden. Sofern das auch in planta geschieht, wird der Wuchsstoffhaushalt der Wirtspflanze gestört; im Zusammenhang damit kann es zu typischen Wachstumsanomalien kommen (s. 4.1.2. und 4.3.4.4.).

Zur **Synthese und Ausscheidung von Auxin** (IES) sind daher verschiedene Bakterienarten befähigt, die Wucherungen, Pflanzentumoren und Verbänderungen hervorrufen können. Das trifft namentlich für *Agrobacterium tumefaciens*, *Ps. solanacearum*, *Ps. syringae* pv. *savastanoi*, *X. campestris* pv. *citri*, *Streptomyces „scabies"* sowie bei *Rhizobium* und *Frankia* spp. zu; auch *X. campestris* pv. *campestris* kann Tryptophan zu IES transformieren (Tab. 3.4.).

Bei allgemeiner Verwendung von Tryptophan als Grundbaustein sind im wesentlichen bisher 2 Biosynthesewege für das Auxin bei höheren Pflanzen festgestellt worden:
— einmal entstehen Indol-3-brenztraubensäure und Indol-3-acetaldehyd und
— zum anderen Tryptamin
als Zwischenprodukte. *A. tumefaciens* bildet IES über den ersten der beiden Stoffwechselwege, auch bei *Ps. syringae* pv. *savastanoi* wurde Indolacetaldehyd als Zwischenstufe nachgewiesen. Die Fähigkeit zur IES-Bildung ist plasmidcodiert, und Mutanten ohne IES-Syntheseaktivität sind avirulent; es wird bei diesem Erreger neuerdings ein Gen („Transcript 2 Gene") beschrieben, das für ein an der Auxinbiosynthese beteiligtes Enzym (Indolacetamidhydrolase?) codiert.

Besonders eingehend ist die Bedeutung des Auxinbildungsvermögens für den Ablauf des Krankheitsgeschehens bei *Ps. solanacearum* untersucht worden. Durch Fütterungsversuche mit seitenketten- bzw. ringmarkiertem Tryptophan konnte allerdings bewiesen werden, daß die in erkrankten

Tabelle 3.4. Zur Wuchsstoffbildung und -ausscheidung befähigte pflanzenpathogene Bakterien

Wuchsstoffe	Erregerart
β-Indolylessigsäure (IES; Auxin)	*Agrobacterium tumefaciens*
	Frankia spp.
	Pseudomonas solanacearum
	Ps. syringae pv. *savastanoi*
	Rhizobium meliloti
	Rh. trifolii
	Streptomyces „scabies"
	Xanthomonas campestris pv. *citri*
Gibberelline	*A. tumefaciens*
Cytokinine	*A. tumefaciens*
	Rhodococcus fascians
	Ps. syringae pv. *savastanoi*[1])
	Rhizobium spp.
Abscisinsäure (ABA)	*Ps. solanacearum*[1])
Ethylen	*A. rhizogenes*[1])
	A. tumefaciens[1])
	Erwinia carotovora subsp. *carotovora*[1])
	Ps. solanacearum
	X. campestris pv. *vesicatoria*

[1]) aktive Phytohormonfreisetzung durch den Erregerstoffwechsel bisher nicht sicher nachgewiesen

Pflanzen feststellbare Anhäufung von IES um das 100fache (auf 3,3 μg/100 g Frischgewicht) — mindestens in der Anfangsphase des Befalls — hauptsächlich auf einer erhöhten Syntheseleistung des Wirtes beruht, obwohl die Mitwirkung des Erregers nicht völlig auszuschließen ist. Bemerkenswerterweise wurde eine avirulente Mutante von *Ps. solanacearum* gefunden, die IES auf einem anderen Stoffwechselweg und in einer größeren Menge produziert als das pathogene Isolat K 60.

Daß es postinfektionell zu Anhäufungen von Auxin in der Pflanze infolge eines gestörten Phytohormonabbaus (durch Hemmung der IES-oxidase) kommen kann, sei am Rande vermerkt.

Über die **Bildung von Gibberellinen** durch pflanzenpathogene Bakterien ist bisher nichts Sicheres bekannt. Allerdings wurden gibberellinartige Verbindungen in Kulturfiltraten von *A. tumefaciens* gefunden (s. BEIDERBECK 1977).

Zweifelsfrei erwiesen ist dagegen, daß die tumorinduzierenden Agrobakterien und vor allem *Rhodococcus fascians* in vitro und in vivo **Cytokinine** produzieren (s. Tab. 3.4.). Da selbst schwach wachsende pflanzliche Tumoren bereits per se diese Phytohormone vom Gibberellintyp synthetisieren können, bleibt freilich die Bedeutung der bakteriell gebildeten Cytokinine für das Krankheitsgeschehen fraglich. Fest steht allerdings, daß Cytokinine den durch bestimmte Bakterientoxine (Tabtoxin) verursachten Proteinabbau und die dadurch bedingte Chlorose rückgängig machen können (s. 3.4.2.).

Inwieweit **Abscisinsäure** (ABA) oder deren Abkömmlinge an der Entstehung von bakteriell bedingten Wachstumsanomalien beteiligt sind, ist noch offen. Auch im Hinblick auf die Bedeutung der Abscisinsäure für die Entstehung von Wachstumsanomalien besteht noch keine Klarheit. Allerdings ließ sich im Zusammenhang mit dem Zwergwuchssyndrom an Tabak nach Befall mit *Ps. solanacearum* eine erhöhte Konzentration von (+)cis-ABA nachweisen. Dieser Wuchsstoff wird offenbar nur in der Wirtspflanze gebildet, wobei seine Herkunft aus dem Erregerstoffwechsel nicht zweifelsfrei geklärt werden konnte; in vitro konnte bei diesem Erreger keine ABA-Synthese festgestellt werden.

Immer mehr hat sich **Ethylen** als ein wichtiges Pflanzenhormon erwiesen. Allgemein wird angenommen, daß es in der Pflanze hauptsächlich aus dem Methionin-Abbau hervorgeht und zu seiner Entstehung Sauerstoff und energiehaltige Zwischenprodukte der Atmungskette erforderlich sind (HOFFMANN et al. 1976). Ethylen wird auch von sehr vielen Mikroorganismen (ca. 50% aller geprüften Arten) produziert, z. T. in hohen Konzentrationen. Bei diesen Organismen verläuft der Syntheseweg aber (anders als in höheren Pflanzen) über die **Glykolyse** (Glucose → Pyruvat → Acetaldehyd → Alkohol → Ethylen). 1-Amino-cyclopropan-1-carboxylsäure (ACC) spielt dabei als Ethylenvorstufe keine Rolle.

Da Pflanzenzellen unter Streßbedingungen, vor allem aber auch bei Erregerbefall, per se Ethylen produzieren können, ist es auch bei diesem Phytohormon schwer nachzuweisen, ob das während der Pathogenese nachweisbare gasförmige Ethylen aus dem Wirts- oder dem Erregerstoffwechsel stammt, oder ob beide Partner beteiligt sind. Erhebliche Konzentrationen dieses Wuchsstoffes waren beispielsweise bei verschiedenen bakteriellen Erkrankungen festzustellen.

So ließ sich zeigen, daß der Ethylengehalt von *Ps. solanacearum*-infizierten Bananenfrüchten bei weitem größer ist als in natürlich abreifenden und daß er während des parasitär bedingten Abreifeprozesses stark zunimmt. Es konnte dabei auch erstmalig der Nachweis erbracht werden, daß dieser Erreger auch in vitro Ethylen produziert (0,1 µl/Std./20 ml Suspension). Diese Fähigkeit zeigte sich besonders bei tabakinfizierenden Stämmen des Erregers. Aber auch bei anderen pflanzenpathogenen Bakterien ist dieses Merkmal weit stärker verbreitet, als man bisher annahm. So konnten bei einem Laborscreening noch weitere *Pseudomonas* sowie auch einige *Xanthomonas* und *Erwinia* spp. ermittelt werden, die zur in-vitro-Synthese von Ethylen befähigt sind (GOODMAN et al. 1967).

In gesunden Pflanzen wird das in allen Zellen ständig de novo gebildete Ethylen allerdings kontinuierlich mit dem Gasstrom abgeführt. Offenbar wird aber dieser natürliche Vorgang bei bestimmten Krankheiten — etwa durch extracellulär gebildete Polysaccharidschleime oder durch parasitär ausgelösten Stomataverschluß blockiert, so daß es zu der gemessenen gefährlichen Ethylenakkumulation kommt. Daß die bei Befall mit *X. campestris* pv. *vesicatoria* an Paprikablättern entstehende Chlorose durch eine Ansammlung dieses Gases zustande kommt, ist erst kürzlich festgestellt worden (s. Tab. 3.4.).

Bei *E. carotovora*-Infektion an Blumenkohl ist die Mitwirkung von Ethylen ebenfalls erwiesen (s. HOFFMANN et al. 1976). Auch bei Inokulation von Möhrenscheiben mit *A. tumefaciens* und insbesondere *A. rhizogenes* wird in beträchtlichem Umfang Ethylen freigesetzt. In beiden Fällen ist aber die Herkunft des Wuchsstoffs aus dem Erregerstoffwechsel nicht mit Sicherheit erwiesen.

Über die Bildung weiterer Phytohormone, z. B. der **Jasmonsäure**, durch phytopathogene Bakterien, liegen gegenwärtig keine Angaben vor.

3.3.4. Auf die Entstehung der Hexenbesenkrankheit einwirkende Faktoren und deren Auswirkung auf die Wirtspflanze

Die Infektion durch *Rhodococcus fascians* ruft ebenfalls eine Reihe von morphogenetischen Veränderungen in der Wirtspflanze hervor. Dabei wird die Apikaldominanz gebrochen, und es kommt zu einer übermäßigen Entwicklung der Seitensprosse (Hexenbesenbildung) und zu **Verbänderungserscheinungen** am Haupttrieb (Abb. 3.7. und 14.2.).

Zusatz von IES verstärkt die Stengelsymptome; andererseits wird durch die Inokulation von *Rh. fascians* sowie durch die direkte Anwendung von Kinetin (20 mg/l) die Wirkung von IES in der Erbsenpflanze aufgehoben; in befallenen Pflanzen verlieren auch pflanzeneigene α-Naphthylessigsäure und Kinetin ihren physiologischen Effekt.

Im Gegensatz zu früheren Annahmen konnte inzwischen geklärt werden, daß sich in befallenen Pflanzen der Auxingehalt erhöht. Es zeigte sich auch, daß höhere Kinetingaben denselben Verbänderungseffekt haben wie die Infektion durch *Rh. fascians*. Unter den Cytokininen hat am ehesten Benzyladenin einen der Erregerwirkung vergleichbaren Effekt. Vorherige Applikation von Gibberellinsäure stimuliert die Symptomausbildung ebenfalls, die Destruktion der Hauptknospe wird nicht verzögert.

Ein vorübergehender Kontakt zwischen Erreger und Wirtsgewebe reicht nicht aus, um eine Gewebetransformation von Dauer auszulösen.

Nährstoffe werden in erkrankten Pflanzen langsamer umgesetzt als in gesunden. Offenbar laufen während und nach der Infektion Stimulations- und Hemmungsprozesse nebeneinander ab; dabei

Abb. 3.7. Durch Befall mit *Rhodococcus fascians* entstandene hexenbesenartige Mißbildung an einer Dahlienpflanze.

kommt es — wie Untersuchungen mit ^{32}P-markierten Verbindungen zeigten — zu Umsteuerungen im Nährstoffhaushalt. Der Gesamtphospholipid-Gehalt wird nicht beeinflußt.

3.3.5. Bildung der Wurzelkropf und Haarwurzelsyndrom auslösenden Faktoren

Die **proliferationsauslösende Wirkung** vieler Bakterien, auch apathogener, beruht vermutlich — wie wir gesehen haben — auf der Synthese und Ausscheidung verschiedener Phytohormone. Darüber hinaus sind sicher noch weitere Einflußfaktoren wirksam; so können bei empfindlichen Pflanzen (*Datura* spp.) sogar tote Bakterienzellen Hypertrophien auslösen. Weitere Beispiele aus der älteren Literatur führt Beiderbeck (1977) an. Es handelt sich dabei aber immer um räumlich begrenzte Gewebeproliferationen, nicht um echte Tumoren, d. h. prinzipiell undifferenzierte und unbegrenzte Gewebewucherungen, wie sie durch die 3 pathogenen *Agrobacterium* spp. ausgelöst werden.

Vertreter der Gattung *Agrobacterium* sind weltweit verbreitet. Diese Gattung enthält neben einer saprophytischen Art (*A. radiobacter*) 3 pflanzenpathogene Species:

— *A. rubi*, das meist oberirdische Tumoren an *Rubus*-Sprossen und einigen anderen Wirtspflanzenarten auslösen kann,
— *A. rhizogenes*, das die Haarwurzelkrankheit an Rosaceae und Vertretern anderer Familien hervorruft,
— *A. tumefaciens*, der bekannte Wurzelkropferreger.

Durch eine Reihe von Merkmalen (Grad der Ähnlichkeit von DNS-Strukturen, im Zellwandaufbau, der Gesamtproteinmuster, der Isoenzympalette und Pflanzenpathogenität) ist eine nahe Verwandtschaft zum Genus *Rhizobium* gegeben, so daß jetzt allgemein diese Gattung und *Agrobacterium* zur Familie der Rhizobiaceae zusammengefaßt werden.

Die pflanzenpathogenen Vertreter der Gattung *Agrobacterium* produzieren neben den schon angeführten Phytohormonen eine Reihe weiterer Substanzen, die das Pflanzenwachstum beeinflussen können.

Es sind dies vor allem
— Vitamine, namentlich Biotin und Riboflavin
— extracelluläre Polysaccharide (EPS), beispielsweise ein Glucan mit einem Mol.-Gewicht von 3600 Dalton, das an Stecklingen von höheren Pflanzen Welkeerscheinungen auslöst und in vitro und in planta gebildet wird und

— Bacteriocine; derartige auf empfindliche Zellen hemmend wirkende Verbindungen werden von verschiedenen Agrobacterien-Stämmen ausgeschieden (s. 2.4.7.). Von ökologischer und diagnostischer Bedeutung ist vor allem das von dem *A. radiobacter*-Isolat K 84 gebildete Agrocin 84, das unter bestimmten Voraussetzungen zur biologischen Bekämpfung von *A. tumefaciens* geeignet ist. Zellen höherer Pflanzen werden dagegen durch Agrocine wohl kaum beeinflußt.

Alle diese in vitro synthetisierten Stoffe einschließlich der Phytohormone können freilich an Pflanzen keine Tumoren induzieren. Auch steht nicht immer fest, ob diese Substanzen auch in situ überhaupt (oder in ausreichender Menge) vom Erreger synthetisiert werden.

Tumorbildung können vielmehr nur solche *Agrobacterium*-Isolate auslösen, die über das entsprechende **Pathogenitätsmerkmal „Tumorinduzierende Fähigkeit"** verfügen (Abb. 3.8., s. a. Abb. 2.59). Diese Eigenschaft ist in den meisten Fällen mit einer Reihe anderer, im Labortest leichter feststellbarer Merkmale, korreliert (s. 2.3.8.):
— Fähigkeit zur Verwertung der Argininderivate Octopin und Nopalin
— Empfindlichkeit gegen das schon erwähnte Agrocin 84
— fehlende Reaktion mit dem Phagen AP 1.

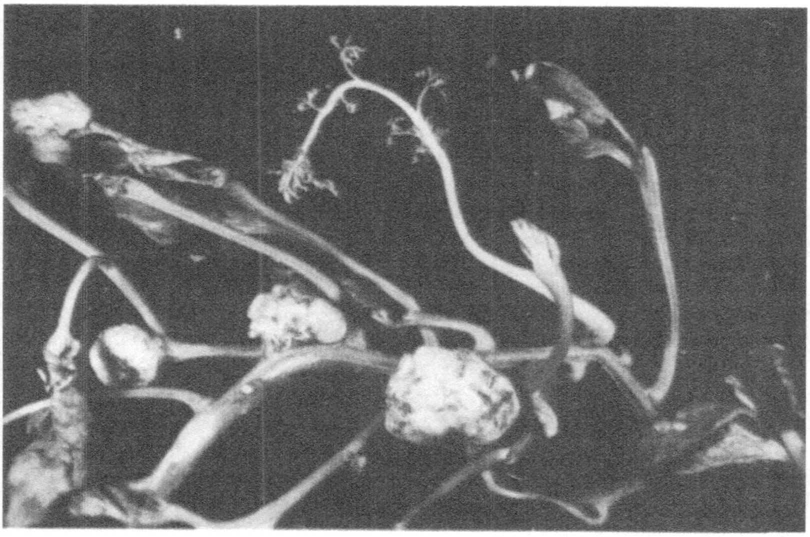

Abb. 3.8. Durch Infektion mit *Agrobacterium tumefaciens* hervorgerufene Tumorbildungen an Tomatenstengel.

Sichere Aussagen darüber, daß es sich um einen virulenten Vertreter der Gattung *Agrobacterium* handelt, sind aber nur möglich, wenn alle 3 genannten korrelierenden Merkmale zutreffen.

Avirulente Isolate lassen sich durch Mutagenbehandlung gewinnen; meist ist der Pathogenitätsverlust mit der Entstehung einer Auxotrophie verbunden; derartige Mutanten können bei Verabreichung der Mangelfaktoren ihre volle Virulenz wiedererlangen. Auch durch langjährige Kultivierung auf 0,1 % Glycin oder bei Zugabe von D-Aminosäuren kommt es zur Verminderung der Wachstumsgeschwindigkeit und der Virulenz, die mit einer Veränderung im Zellwandaufbau einhergeht.

Wie bereits unter 2.3.8. näher abgehandelt wurde, ist die Fähigkeit zur Tumorauslösung **plasmidcodiert**. Das Ausschleusen der entsprechenden Plasmide (Ti oder Ri) führt zum Pathogenitätsverlust. Damit verbunden sind aber häufig auch eine Veränderung in der RNS-Zusammensetzung, Abweichungen in der Zellwandstruktur oder Änderungen im Wachstumsverhalten bei avirulent gewordenen Stämmen.

Das Vorhandensein dieser beiden Plasmide geht einher mit der Fähigkeit zur Tumorinduktion und dem Besitz der oben angeführten 3 korrelierenden Merkmale. Dabei ist nur ein geringer Teil der beiden genannten Plasmide für die Expression der Pathogenität von Bedeutung (s. hierzu 2.3.8.). Daneben enthalten die pathogenen *Agrobacterium*-Zellen noch kleine Plasmide, die aber ohne Bedeutung für die Virulenz sind. Andererseits kommen bei dem saprophytischen *A. radiobacter* große Plasmide vor, deren Funktion unbekannt ist.

Neben den auf dem Ti- bzw. Ri-Plasmid lokalisierten sind mit Sicherheit noch andere Virulenzgene an der Tumorinduktion beteiligt. Dafür spricht unter anderem die Tatsache, daß eine Reihe weiterer Erregermerkmale realisiert sein und viele Lebensprozesse normal ablaufen müssen, damit es zur Entstehung eines Tumors kommt. Das trifft übrigens auch für die Prototrophie der *Agrobacterium*-Isolate zu (BEIDERBECK 1977).

Die in *A. tumefaciens*-Kulturen vielfach nachgewiesenen virulenten und temperenten Phagen stehen dagegen mit deren Pathogenität offensichtlich nicht im Zusammenhang.

Es ist allerdings zweifelsfrei bewiesen, daß die zunächst ausschließlich in den Intercellularen des Wirtsgewebes vorhandenen Erregerzellen eine Substanz abgeben, die bei Vorhandensein einer Wunde die Pflanzenzellen zu einem typischen Tumorwachstum veranlassen (Abb. 2.59.). Für dieses Agens wurde bereits vor Jahrzehnten die Bezeichnung **„Tumor-induzierendes Prinzip"** (TIP) geprägt (s. a. 4.3.4.4.). Es sind in der Vergangenheit sehr viele Versuche unternommen worden, um die Natur dieses Wirkprinzips aufzuklären.

Neben dem TIP wurde noch die Existenz eines **Tumor-transferierenden Prinzips** (TTP) angenommen, da bereits die Pfropfung von bakterienfreien Tumoren gesundes Gewebe umzustimmen und zur Wurzelkropfentstehung führen kann. Heute ist erwiesen, daß es zu einer Ausschleusung von genetischem Material, sei es DNS oder RNS, aus der Erreger- in die Wirtszelle kommt und deren Stoffwechsel umstimmt (s. 2.3.8.). Eine ständige Ausscheidung von nucleinsäurehaltigen Stoffen in das umgebende Medium durch *A. tumefaciens*-Zellen ist auch schon vor längerer Zeit festgestellt worden. Die vom Erreger gebildeten Phytohormone sind dagegen, wie bereits erwähnt, nicht direkt an der Tumorinduktion beteiligt. Das zeigen insbesondere die erregerfreien Sekundärtumoren.

Interessanterweise ist es in letzter Zeit gelungen, durch Behandlung von Baumschulmaterial (*Prunus amygdalus*) mit *A. rhizogenes* das Pflanzenwachstum (Wurzel und oberirdische Organe) zu stimulieren.

3.4. Chlorosen- und Nekrosen-auslösende Toxine

3.4.1. Definition und Bedeutung von Phytotoxinen

Vor nunmehr 100 Jahren hat der Botaniker und Mykologe Anton DE BARY (1886) als erster den Gedanken geäußert, daß Parasiten möglicherweise Stoffwechselprodukte ausscheiden, die das Wirtspflanzengewebe auch außerhalb der vom Erreger besiedelten Gewebebereiche schädigen können. Als Ausgangspunkt für diese Überlegung diente ihm allerdings eine durch *Sclerotinia* spp. hervorgerufene Pilzkrankheit, bei der nach den heutigen Kenntnissen nicht Toxine sensu stricto, sondern Enzyme wirksam sind. Die Toxinkonzeption wurde in den folgenden Jahrzehnten von mehreren Autoren wie H. M. WARD, J. KÜHN u. a. aufgegriffen und weiter ausgebaut (s. SCHEFFER 1983); naturgemäß wurde sie zumeist auf pilzparasitär bedingte Krankheiten angewandt.

Einen großen Einfluß auf die Weiterentwicklung der **Toxintheorie** hatten freilich auch die Untersuchungen von HUTCHINSON (1913), der hauptsächlich mit dem Erreger der Bakteriellen Schleimfäule, *Pseudomonas solanacearum*, experimentierte. Auch in diesem Falle erwies es sich später, daß es sich bei den nachgewiesenen krankheitsauslösenden Stoffwechselprodukten des Parasiten nicht eigentlich um ein Zellgift (= Toxin), sondern um extracelluläre Polysaccharide handelt.

Beim Ausbau der Toxinkonzeption spielte anfangs die Fähigkeit zur Ausscheidung toxischer Stoffe durch den Parasiten in Kulturmedien eine bedeutende Rolle. Bald erkannte man jedoch, daß Untersuchungen in vitro auch zu Fehlinterpretationen führen können und der Schlüssel zum Verständnis für die Beteiligung toxischer Produkte des Erregers in der Wirtspflanze selbst während der Pathogenese gesucht werden muß. Dieser Tatsache trägt die Definition von DURBIN (1981) Rechnung, der als Phytotoxine „nicht enzymatische Produkte von Mikroorganismen, die eine deutliche Schädigung von Pflanzengewebe verursachen und bei denen eine Beteiligung am Krankheitsprozeß bekannt ist" versteht.

Die Bedeutung der Toxine im Krankheitsverlauf wird unterschiedlich beurteilt. So war GÄUMANN (1954) der Ansicht, daß die Pathogenität in allen Fällen auf der Ausscheidung phytotoxischer Stoffe durch den Parasiten beruht, Krankheitserreger also zugleich Toxinbildner sind. Es wird aber auch gelegentlich die Auffassung vertreten, daß die Fähigkeit zur Toxinproduktion bei pathogenen Mikroorganismen nur eine Ausnahme darstellt.

Nach dem derzeitigen Erkenntnisstand unterscheidet man zwischen
— wirtsspezifischen bzw. (neuerdings auch oft wirtsselektiven) und
— nichtwirtsspezifischen bzw. nichtwirtsselektiven Toxinen (RUDOLPH 1976; SCHEFFER 1976, 1983).

Die **wirtsselektiven** Toxine sind dadurch gekennzeichnet, daß sie die typischen Krankheitserscheinungen an den jeweiligen Wirtspflanzen auslösen können. Sie sind mithin primäre Krankheitsdeterminanten (= Pathogenitätsfaktoren) im Sinne von PRINGLE & SCHEFFER (1964). Dagegen rufen die **nichtwirtsselektiven Toxine** nicht nur bei den spezifischen Wirtspflanzen ihrer Produzenten pathologische Veränderungen hervor, sie wirken also unspezifisch. Außerdem sind sie in der Regel auch nur modifizierend bzw. verstärkend an der Symptomentstehung beteiligt. Das heißt, während die spezifischen (bzw. selektiven) Toxine für die Pathogenität des jeweiligen Produzenten unabdingbar sind, hängt es von den nichtselektiven Toxinen ab, wie stark und in welcher Weise das Krankheitsbild ausgeprägt ist, sie sind also für die Virulenz (= Befallstärke) ausschlaggebend.

Bisher wurden erst 10 wirtsspezifische Toxine aufgefunden. Sie werden ausschließlich von bestimmten pflanzenpathogenen Pilzen — vor allem aus den Gattungen *Alternaria* und *Helminthosporium/Drechslera* — produziert. Die meisten der bei bakteriellen Erregern nachgewiesenen phytotoxischen Ausscheidungsprodukte gehören zur Kategorie der nichtwirtsselektiven Toxine. Das bedeutet, daß es sich um unspezifisch wirkende Verbindungen handelt, die lediglich als sekundäre Determinanten an der Pathogenese beteiligt sind. Neuerdings sind bei zwei bakteriellen Erregern, u. a. bei *Xanthomonas campestris* pr. *vasculorum*, auch wirtsspezifische Toxine nachgewiesen worden, die an den jeweiligen Wirtspflanzen Chlorosen und teilweise auch Wuchshemmungen induzieren.

Tabelle 3.5. Zusammenstellung der bisher exakt definierten Chlorosen und Nekrosen auslösenden Bakterientoxine. Nach MACKO 1983.

Toxin (wichtige Produzenten)	Strukturformel
Tabtoxin (*Pseudomonas syringae* pv. *tabaci*)	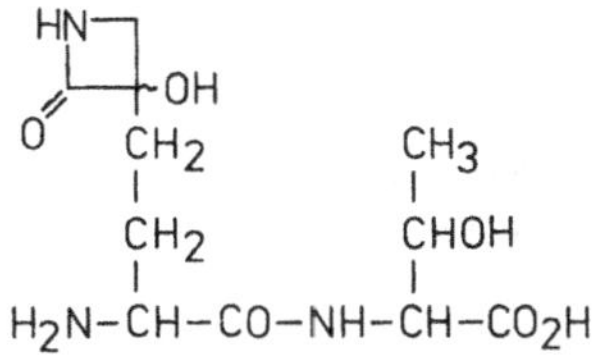
(2-Serin)-Tabtoxin (*Pseudomonas syringae* pv. *tabaci*)	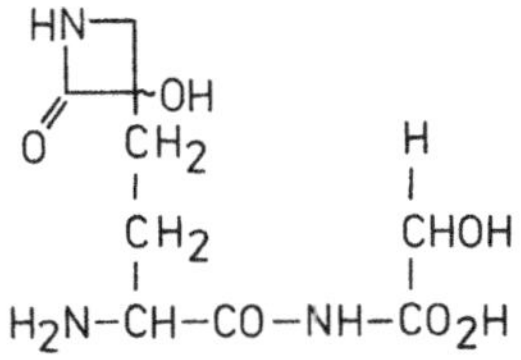
Phaseolotoxin (*Pseudomonas syringae* pv. *phaseolicola*)	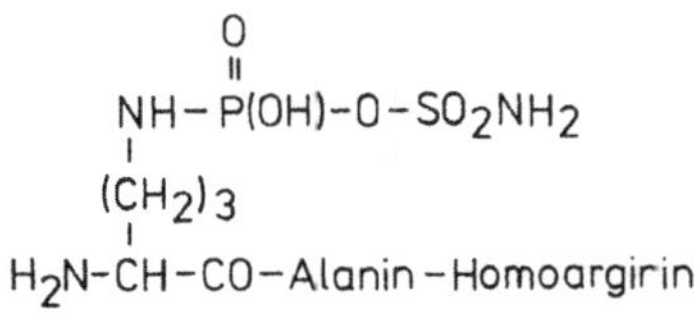

Fortsetzung Tabelle 3.5.

Toxin (wichtige Produzenten)	Strukturformel
(2-Serin)-Phaseolotoxin (*Pseudomonas syringae* pv. *phaseolicola*)	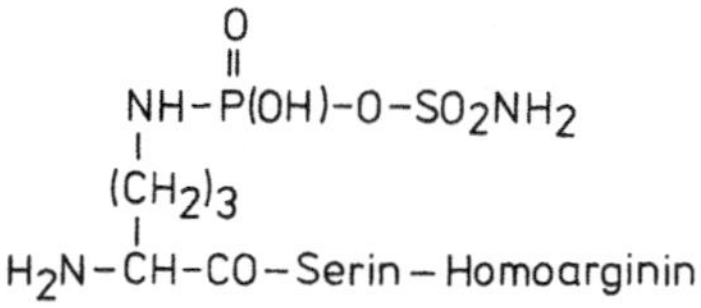
Coronatin (*Pseudomonas syringae* pv. *atropurpurea*)	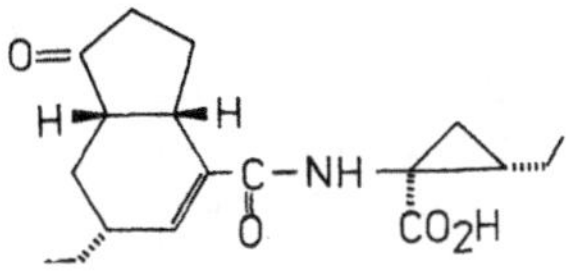
Tagetitoxin (*Pseudomonas syringae* pv. *tagetis*)	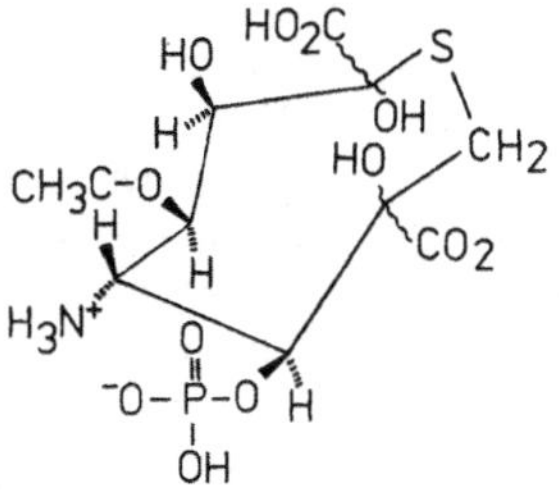
Syringomycin (*Pseudomonas syringae* pv. *syringae*)	Peptid unbekannter Struktur; Fe^{3+}-Siderophore
Syringotoxin (*Pseudomonas syringae* pv. *syringae*)	Peptid unbekannter Struktur
Rhizobitoxin (*Rhizobium japonicum*)	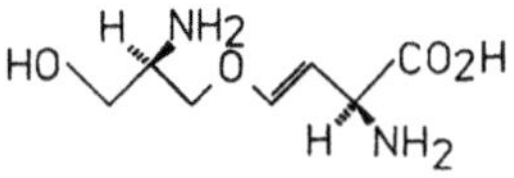

Nach ihrem chemischen Grundcharakter lassen sich 2 Klassen von phytotoxischen Stoffwechselprodukten pflanzenpathogener Bakterien unterscheiden, nämlich

— die **niedermolekularen Phytotoxine** und

— die **Toxine von Glykopeptidcharakter.**

Vielfach werden in neueren Arbeiten nur die giftigen niedermolekularen Verbindungen als eigentliche Phytotoxine angesehen (Straube & Fritsche 1978; Scheffer 1983). Nach der oben genannten Definition sind aber auch die an der Entstehung von Welkekrankheiten beteiligten Glykopeptide als Toxine zu charakterisieren. Auf diese wird unter 3.5. näher eingegangen.

Von der chemischen Struktur her handelt es sich bei den **niedermolekularen Toxinen phytopathogener Bakterien** im wesentlichen um Aminosäureabkömmlinge, die aus dem Sekundärstoffwechsel stammen, aber ganz unterschiedlich gebaut sind und verschiedenartige Angriffspunkte im pflanzlichen Stoffwechsel besitzen (Tab. 3.5.). Rudolph (1976) zählt 25 bakterielle Erreger aus allen wichtigen Gattungen auf, bei denen die Bildung nichtwirtsspezifischer Toxine nachgewiesen worden ist. Bisher sind allerdings nur 8 von ihnen eingehend untersucht und näher charakterisiert worden. Diese Experimente haben unter anderem zu der Erkenntnis geführt, daß

— einerseits mehrere Erreger dasselbe Toxin produzieren können, wie es z. B. bei dem wohlbekannten Tabtoxin der Fall ist,

Tabelle 3.6. Chlorosen und Nekrosen auslösende Toxine pflanzenpathogener Bakterien

Toxine	produzierende Erregerart	Wirtspflanze
Tabtoxine	*Pseudomonas syringae*	Tabak
	pv. *tabaci*	
	pv. *coronafaciens*	Mais, Hafer, Timotheegras
	pv. *garcae*	Kaffeestrauch
Coronatin	*Ps. syringae*	
	pv. *atropurpurea*	Gräser, Sojabohne, Tomate
	pv. *glycinea*	
	pv. *tomato*	
	andere Pathovare	
Phaseolotoxin und verwandte Verbindungen	*Ps. syringae*	
	pv. *phaseolicola*	Bohne
Rhizobitoxin	*Rhizobium japonicum*	Sojabohne
Syringomycin	*Ps. syringae*	
	pv. *syringae*	Steinobst, Birne, Gräser
	pv. *morsprunorum*	
Syringotoxin	*Ps. syringae*	
	pv. *syringae*	*Citrus*
Tagetitoxin	*Ps. syringae*	
	pv. *tagetis*	*Tagetes* spec.
	pv. *manihotis*	*Cassava* spp.
Polysaccharide	*Ps. syringae*	
	pv. *phaseolicola*	Bohne
	und andere Formen	

— andererseits von einem Erreger verschiedene giftige Substanzen synthetisiert und ausgeschieden werden können, so etwa von *Ps. syringae* pv. *syringae* (Tab. 3.6.).

Zur Produktion von nichtwirtsselektiven Toxinen sind auch Vertreter der Gattung *Rhizobium* befähigt. Es zeigt sich indessen, daß das Genus *Pseudomonas* besonders viele Vertreter (Arten bzw. Pathovare) mit der Fähigkeit zur Toxinbildung enthält. Dagegen kommen in den Gattungen *Agrobacterium*, *Clavibacter* (und anderen Coryneformen), *Erwinia* und *Xanthomonas* nur wenige Organismen vor, die niedermolekulare Phytotoxine herstellen und an ihr Substrat abgeben können. (Auf die coryneformen Krankheitserreger wird in anderem Zusammenhang im nachfolgenden Abschnitt näher eingegangen.)

Die niedermolekularen Phytotoxine rufen an den empfindlichen höheren Pflanzen vor allem 2 verschiedene Typen von Krankheitserscheinungen hervor, nämlich Chlorosen und Nekrosen.

- **Chlorosen** sind bei bakteriellen Erkrankungen allgemein sehr verbreitet. Sie treten in Form von Blattflecken oder als großflächige Vergilbungen an den Blättern und Trieben in Erscheinung. Ursachen sind (meist sekundäre) Hemmungen der Chlorophyllbiosynthese und/oder ein Chlorophyllabbau, der auf jeweils unterschiedliche Weise zustande kommen kann.
- **Nekrosen** treten bei den meisten Bakteriosen — mindestens im Endstadium der Erkrankung — als typische Symptome auf. Dieses Krankheitsbild ist mithin sehr unspezifisch. Es entsteht als Folge einer zum Zelltod führenden irreversiblen Schädigung der Plasmafunktionen. Die meisten bakteriellen Phytotoxine können in bestimmten Konzentrationen derartige Krankheitserscheinungen auslösen, jedoch werden in planta die dazu erforderlichen Toxindosen meist nicht erreicht.

Eine Ausnahme scheint allerdings das von *Erwinia amylovora* in vivo gebildete Nekrotoxin Amylovorin zu sein, das freilich aufgrund seiner Wirkungsweise auch als Welketoxin (s. 3.5.3.) aufgefaßt werden kann.

3.4.2. Die wichtigsten niedermolekularen Phytotoxine bakteriellen Ursprungs

Wildfeuertoxin bzw. Tabtoxin

Das vielleicht am besten untersuchte Phytotoxin eines bakteriellen Parasiten ist das **Tabtoxin**. Es wird von dem Erreger des Tabakwildfeuers, *Ps. syringae* pv. *tabaci* produziert. Der erste Nachweis für die Existenz dieses phytotoxischen Stoffes stammt von JOHNSON & MURWIN (1925). Neben dem eigentlichen Tabtoxin kommt noch ein Derivat dieser Verbindung vor, das 2-Serin-Tabtoxin (Tab. 3.5.). Giftstoffe von diesem Typ bilden auch *Ps. syringae* pv. *coronafaciens* und pv. *garcae*.

Sie diffundieren in das Blattgewebe und rufen den typischen Chlorosehof („halo") um die Infektionsstelle hervor (Abb. 3.9.).

Offensichtlich handelt es sich bei diesen Toxinen um sekundäre Metaboliten aus dem Aminosäurestoffwechsel der Bakterienzelle. Sie lassen sich unter geeigneten Bedingungen auch leicht in vitro gewinnen. Ein Teil der *Ps. syringae* pv. *tabaci*-Stämme produziert das Toxin in vitro und in planta nur in Gegenwart von Zn^{2+}-Ionen.

Mutanten von *Ps. syringae* pv. *tabaci*, die ihre Fähigkeit zur Tabtoxinproduktion eingebüßt haben, können sich dessen ungeachtet im Wirtsgewebe zunächst ebenso gut vermehren wie der Wildstamm; erst 4 Tage p. i. kommt es zu einem Populationsrückgang; andere tox^{-}-Mutanten sind sogar imstande, noch charakteristische Blattflecke auf Tabakblättern hervorzurufen (allerdings ohne Chlorosehof) (SCHEFFER 1983).

Die endgültige Strukturaufklärung — es handelt sich um einen threoninhaltigen β-Lactam-Ring — gelang erst 1971. Das Molekül enthält auch eine neuartige Aminosäure, das Tabtoxinin (SCHEFFER 1983). Nach neueren Erkenntnissen findet in planta eine Umwandlung des Tabtoxins in Tabtoxinin-β-Lactam statt, das als Enzyminhibitor wirkt; die Chloroseerscheinungen werden durch NH_3 ausgelöst, das infolge Glutaminsynthetase-Hemmung entsteht. Durch Zusatz von Methionin läßt sich die Chlorose wieder rückgängig machen.

Abb. 3.9. Durch Infektion von *Pseudomonas syringae* pv. *phaseolicola* an Bohnenblättern hervorgerufene Bildung von Chlorosehöfen (Halos).

Phaseolotoxin

Ein ebenfalls gut untersuchtes Objekt ist das **Phaseolotoxin**. Dies ist ein Zellgift, das in vitro und in planta vom Erreger der Fettfleckenkrankheit an der Bohne, *Ps. syringae* pv. *phaseolicola*, gebildet wird. Es wurde erstmals 1956 nachgewiesen. Maximale Toxinausbeuten werden in vitro durch Kultivierung bei ca. 20 °C und pH 6,5 erzielt, wobei sich Glycerol als die beste C- und L-Cystein als die wirkungsvollste N-Quelle erwiesen haben.

Neben dem eigentlichen Phaseolotoxin kommt bei demselben Erreger auch eine sehr verwandte Verbindung, das 2-Serin-Phaseolotoxin, als pflanzenschädigendes Produkt vor. Chemisch handelt es sich dabei um N-Phosphosulfamyl-ornithyl-alanyl-homoarginin (s. Tab. 3.5.).

Es konnte inzwischen festgestellt werden, daß Phaseolotoxin in der Pflanze zu N^{δ} (N-sulfodiphosphinyl)-L-ornithin metabolisiert wird (durch eine pflanzliche Peptidase), eine Verbindung, die als Inhibitor der Ornithincarbamyl-transferase wirkt (Abb. 3.10.). Dadurch kommt es zu einem Ornithinstau und zu einem Citrullinmangel in der Zelle. Wodurch die Chlorose direkt ausgelöst wird, konnte bisher noch nicht geklärt werden; bemerkenswert ist jedoch, daß die Chloroseerscheinungen nach einmaliger Applikation von Arginin (200 nmol) wieder verschwinden (Hemmung der Chlorophyllsynthese infolge von Arginin-Mangel?)

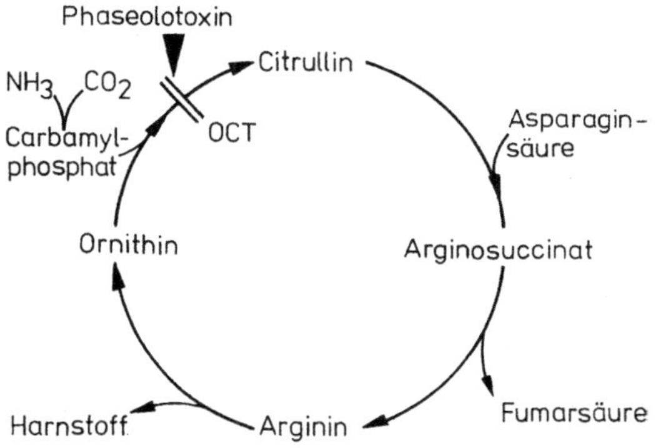

Abb. 3.10. Angriffsort des Phaseolotoxins im Ornithin-Cyclus. *OCT* Ornithincarbamyl-transferase.

Im Gegensatz zu lebenden Erregerzellen verursachen zellfreie Phaseolotoxinpräparationen keine Schädigungen der Chloroplastenmorphologie. Statt der sonst für Phytotoxine typischen verstärkten Elektrolytfreisetzung ist nach Phaseolotoxineinwirkung eine Verminderung der Permeabilität und eine Hemmung der Elektrolytabgabe festzustellen. Statt dessen werden die Respiration und die Aktivität oxidierender Enzyme gesteigert.

Für Phaseolotoxin sind auch verschiedene Bakterienarten empfindlich, z. B. *Escherichia coli.*

Coronatin

Ein cyclischer Aminosäureabkömmling mit phytotoxischen Eigenschaften ist das **Coronatin**. Es wird in vitro und in vivo von *Ps. syringae* pv. *atrofaciens*, pv. *glycinea*, pv. *tomato* sowie einigen verwandten Pathovaren gebildet, die Chlorosen an Gramineen, z. B. *Lolium multiflorum*, und an Sojabohne hervorrufen. Avirulente Mutanten der genannten Erreger sind nicht mehr zur Toxinsynthese befähigt.

Das Toxin wurde zuerst von japanischen Autoren untersucht, näher beschrieben und in seiner Struktur aufgeklärt (Tab. 3.5.). Die an empfindlichen Pflanzen hervorgerufenen Symptome entsprechen denen des Phaseolotoxins. 5 und 10 µg Coronatin können an Sojablättern typische Lokalläsionen oder an Sämlingen systemischen Befall, insbesondere Zwergwuchs, verursachen. Die Kenntnisse über die Biosynthese des Coronatin und seinen Wirkungsmechanismus sind gegenwärtig noch sehr begrenzt; sicher ist lediglich, daß es zu einer Anreicherung der Ethylen-Vorstufe 1-Aminocyclopropan-1-carboxylsäure und zu einer Stimulation der Ethylensynthese (über den Methionin-Syntheseweg) kommt und letztlich die Chlorophyllbildung gehemmt wird.

Niedrige Konzentrationen dieses Toxins (0,05—0,5 mM) führen interessanterweise zu Hypertrophieerscheinungen bei Kartoffelknollen und zu verstärktem Längenwachstum von Weizeninternodien.

Coronatin hat ebenso wie Phaseolotoxin eine antibakterielle Wirkung; hierfür kann *Micrococcus luteus* als Testorganismus dienen.

Tagetitoxin

Erst vor wenigen Jahren gelang der Nachweis, daß *Ps. syringae* pv. *tagetis* ebenfalls ein Phytotoxin bildet, das sich von den zuvor beschriebenen unterscheidet. Es verursacht an *Tagetes patula* und *Zinnia* spp. eine charakteristische Spitzenchlorose. Seine Struktur wurde 1983 aufgeklärt (s. Tab. 3.5.). Es handelt sich um eine cyclische Hemithioketal-Verbindung.

Ähnlich wie beim Tabtoxin findet beim **Tagetitoxin** in planta offenbar eine Umwandlung in einen besonders toxischen Metaboliten statt (entspr. dem Tabtoxinin-β-lactam). Zur in-vitro-Synthese des Toxins sind nur wenige Isolate des Produzenten imstande; die meisten Stämme produzieren es nur biotroph. Im Wirtsstoffwechsel blockiert es offenbar verschiedene Enzyme. Histologisch zeigen sich Schäden an den Mitochondrien sowie besonders an den Chloroplasten und am Plasmalemma.

Das Tagetitoxin besitzt eine außerordentlich hohe Phytotoxizität, die sonst nur von wenigen anderen derartigen Metaboliten von phytopathogenen Bakterien, z. B. dem Tabtoxin, erreicht wird. So rufen bereits 10 ng/20 µl Infektionsflüssigkeit (= 0,5 µg/ml) an *Zinnia*-Sämlingen die typischen Chlorosesymptome hervor.

Rhizobitoxin

Anfang der 70er Jahre wurden dann auch einige Stämme des Leguminosensymbionten *Bradyrhizobium japonicum* aufgefunden, die ein Phytotoxin produzieren können. Sie rufen an Sojabohnen die sogenannte Rhizobienchlorose hervor. Bei diesem Toxin handelt es sich um eine Enol-ether-Aminosäure (s. Tab. 3.5.).

Ein Angriffsort des **Rhizobitoxins** ist der Methioninstoffwechsel der Wirtspflanze: Es löst eine Blockierung der β-Cystathionase aus, wodurch es zu einer Akkumulation des Cystathions, zu einem Methioninmangel und zu Folgeschäden kommt. Man vermutet gegenwärtig, daß Rhizobitoxin darüber hinaus noch weitere Stoffwechselreaktionen der Wirtspflanze beeinflußt.

Syringomycin, Syringotoxin

Der bekannte und weit verbreitete Blattfleckenerreger *Ps. syringae* pv. *syringae* ist ebenfalls toxigen. Nach den bisherigen Kenntnissen können Stämme dieses Bakteriums verschiedene Phytotoxine synthetisieren und ausscheiden. Erregerisolate von *Citrus*-Arten bilden in vitro und in vivo **Syringotoxin**. Die Fähigkeit zur Produktion dieses Phytotoxins ist eng mit der Pathogenität der Isolate für *Citrus* (Nabelorangen) korreliert. Die von diesem Toxin an den Stielen von Nabelorangen hervorgerufenen Symptome sind weitgehend identisch mit dem vom Erreger selbst verursachten Krankheitsbild. Empfindlich reagieren verschiedene Pflanzenarten, darunter auch Mais (Blätter).

Die Struktur des Syringotoxins ist noch nicht aufgeklärt, es handelt sich aber mit Sicherheit um einen Aminosäureabkömmling (Peptid). Offensichtlich greift das Toxin in die oxidative Phosphorylierung ein. Erste morphologische Veränderungen nach Toxineinwirkung zeigen sich als Schwellung der inneren Mitochondrienmembran und durch die Entstehung von Ionenkanälen in den bimolekularen Lipidmembranen.

Aus entsprechenden Untersuchungen geht hervor, daß zwischen dem Vorkommen eines Plasmids in der Erregerzelle und ihrer Toxinbildung eine enge Korrelation besteht.

Isolate dieser Erregerart von Steinobst, Birnen und Gräsern produzieren eine andere phytotoxische Verbindung: das **Syringomycin**. Offenbar stellt es ebenfalls ein Peptid dar, dessen genaue Struktur aber auch noch nicht ermittelt werden konnte. Es wirkt auf mehrere Pflanzenarten toxisch; Sorten, die gegenüber dem Krankheitserreger resistent sind, besitzen noch immer eine hohe Empfindlichkeit für Syringomycin.

Die Fähigkeit zur Syringomycinsynthese ist bei den daraufhin untersuchten Erregerisolaten von verschiedenen Wirtspflanzen mit dem Vorhandensein eines Plasmids korreliert, das auch noch die Resistenz gegen verschiedene Phagen sowie Bacteriocine codiert. Neuere Befunde sprechen allerdings gegen einen Zusammenhang zwischen Plasmidgehalt und Toxigenität bei diesem Phytotoxin.

Zur Syringomycinbiosynthese ist die Anwesenheit von Fe^{3+}- und Phosphat-Ionen erforderlich; es hat den Charakter eines Antibioticums und eines Fe^{3+}-Siderophors und macht offenbar das Fe-Ion für die Erregerzelle permeabel. Für die in-vitro-Biosynthese erwies sich L-Histidin als die wirksamste N-Quelle.

Der Angriffspunkt des Syringomycins in der Wirtspflanzenzelle ist vermutlich ebenfalls der Atmungsstoffwechsel (oxidative Phosphorylierung). Es ist allerdings auch eine Hemmwirkung auf die DNS-abhängige RNS-Synthese nachgewiesen worden, ein für Antibiotica charakteristischer Wirkungsort. Das Syringotoxin führt zur Entstehung von Ionenkanälen in Lipid-Doppelmembranen und beeinflußt so die Leitfähigkeit der Wirtszellen.

Beide von *Ps. syringae* pv. *syringae* produzierten Toxine haben auch einen antifungalen Effekt (auf *Geotrichum candidum* als Testobjekt).

3.4.3. Weitere niedermolekulare Phytotoxine bakteriellen Ursprungs

Neben den hier genannten Toxinen mit völlig oder teilweise aufgeklärter Molekülstruktur werden in der Literatur noch zahlreiche weitere Erregerarten aufgeführt, die **phytotoxische Stoffwechselprodukte** bilden können. Erwähnt seien hier insbesondere noch einige Vertreter aus den Species *Ps. syringae* und *X. campestris*.

— So werden *Ps. syringae* pv. *syringae*-Isolate von Bohnen beschrieben, die ein weder mit Syringotoxin noch mit Syringomycin identisches Phytotoxin synthetisieren.

— Chlorose und Nekrose auslösende toxische Ausscheidungsprodukte werden in der Literatur auch für

Ps. syringae pv. *tomato* (neben dem Coronatin (s. S. 147))
Ps. tolaasii
X. campestris pv. *malvacearum*
X. campestris pv. *manihotis*
X. campestris pv. *phaseoli*
X. campestris pv. *vesicatoria*

belegt. Chlorose induzierende Isolate von *X. albilineans* produzieren bakterizid wirksame Metabolite (*E. coli* als Testorganismus).

— Bei *Ps. syringae* pv. *phaseolicola* wurden Isolate entdeckt, die ein für Paprikablätter hochwirksames Endotoxin enthalten, das an Bohnen kaum Schäden hervorruft; einer der Produzentenstämme erwies sich als unfähig zur Phaseolotoxinbildung.

— Wie bereits oben erwähnt, bildet *Erwinia amylovora* in vivo und in vitro ein Toxin, das Amylovorin, das an Apfeltrieben Welke- und Nekrosesymptome auslöst (s. 3.5.4.); daneben wurde auch ein toxischer Effekt durch das von diesem Erreger gebildete 2,5-Dihydrophenylalanin nachgewiesen.

— Auch verschiedene *Rickettsia*-ähnliche Organismen, so die Erreger der Pierceschen Rebenkrankheit, des Blattbrands am Mandelbaum und der Luzerneverzwergung, sind offenbar befähigt, phytotoxische Stoffe auszuscheiden. Experimentelle Beweise liegen auch für die Existenz eines Phytotoxins bei *Spiroplasma citri* vor.

3.4.4. Vererbung der Toxigenität

Über die Vererbung der Toxinbildungsfähigkeit (s. a. 2.3.8.) liegen nur recht spärliche Befunde vor. Die Lokalisierung eines *tox*$^{+}$-Gens auf dem Bakterienchromosom ist noch nicht gelungen. Bisher wurde auch kein Fall von Transduktion der Toxigenität, d. h. der Übertragung durch Phagen, festgestellt.

Verschiedentlich beobachtete man eine Korrelation zwischen dem Vorhandensein eines Plasmids in der Zelle und der Fähigkeit zur Toxinsynthese, z. B. beim Syringotoxin. Eingehende Nachprüfungen ergaben aber, daß Zweifel angebracht sind und dieser Umstand keinesfalls für alle Phytotoxine zutrifft; so konnte ein derartiger Zusammenhang für die Phaseolotoxin- und Syringomycinproduktion ausgeschlossen werden.

Die Empfindlichkeit für Toxine ist monogen vererbbar (dominant oder rezessiv), wobei der dominante Erbgang offenbar die Regel ist. Unempfindlichkeit ist danach die Ausnahme (SCHEFFER 1976; DURBIN 1981).

3.4.5. Toxinbildung und Pathogenität

Bereits weiter oben wurde erläutert, daß Toxine bei bakteriellen Pflanzenkrankheiten nicht als primäre Determinanten fungieren. Es hat sich aber auch gezeigt, daß die Beteiligung von Toxinen am Krankheitsgeschehen das Symptombild stark mitprägen kann und für die Virulenz der Produzenten von Bedeutung ist. Sie wirken als eine Art ‚chemical interface‘ zwischen Parasit und Wirtspflanze (MACKO 1983).

Unklar ist, auf welche Weise die bakteriellen Phytotoxine in die Pflanzenzellen gelangen. Gegenwärtig wird die Möglichkeit diskutiert, daß sie eine Bindung mit pflanzeneigenen Lektinen eingehen und so durch die Zellmembran geschleust werden. Ob diese Hypothese zutrifft, wird man abwarten müssen.

Hauptangriffsorte der Toxine auf der molekularen Ebene sind nach den jetzigen Erkenntnissen verschiedene Enzyme des Wirtsstoffwechsels. Lediglich beim Syringomycin ist eine Wirkung auf die (DNS-abhängige) RNS-Biosynthese nachgewiesen worden. Allgemeine physiologische Reaktionen, die in aller Regel nach einer Toxineinwirkung auftreten, z. B. die Freisetzung von elektrolytisch wirksamen Ionen, haben zu der verbreiteten Annahme geführt, daß diese primären Veränderungen auf der morphologischen Ebene zu einer Schädigung der äußeren und inneren Zellmembran führen. Daß sich daraus eine ganze Reihe von Folgeeffekten, wie Chloroplastendefekte u. a. bis hin zum Zelltod, ergeben, ist evident.

Dennoch fehlt bisher der schlüssige Beweis, daß die Zellmembranen die primären Wirkungsorte darstellen; es könnte sich ebensogut um Folgeeffekte handeln. Dafür spricht die Tatsache, daß die in planta feststellbaren Toxinkonzentrationen auch häufig niedriger liegen, als für die Auslösung letaler Effekte erforderlich wäre.

Hervorgehoben werden muß, daß

- Toxine völlig unterschiedlicher Molekülstruktur ganz ähnliche Folgeeffekte, nämlich Chlorosen und Nekrosen, auslösen und
- keine Kausalbeziehungen zwischen bestimmten Molekülkonfigurationen und dem unmittelbaren Toxinwirkungsort festgestellt wurden.

Schließlich ist darauf hinzuweisen, daß die Toxizität der von bakteriellen Erregern gebildeten Chlorose und Nekrose auslösenden Verbindungen erheblich geringer ist als diejenige von giftigen Ausscheidungsprodukten humanpathogener Bakterien. Auf diesen Umstand hat bereits GÄUMANN (1951) aufmerksam gemacht. Ein weiterer gravierender Umstand besteht darin, daß die für Mensch und Tiere gefährlichen Toxine bakterieller Erreger Proteine darstellen und aus mehreren Komponenten bestehen (darunter einem enzymatisch wirksamen Faktor). Dagegen wurde bisher kein Phytotoxin gefunden, das eine Eiweißstruktur besitzt.

Auf den menschlichen Organismus bzw. Tiere wirken die Toxine der spezifischen bakteriellen Erreger teils als Enzyme, teils als Enzyminhibitoren, was z. B. zur Proteinsynthesehemmung führen kann (wie beim Diphtherietoxin).

3.5. Welke-auslösende Toxine und extracelluläre Polysaccharide

3.5.1. Ausscheidung hochmolekularer Verbindungen durch Krankheitserreger

Neben den bereits behandelten Phytotoxinen gibt es einige von pflanzenpathogenen Bakterien gebildete Substanzen mit höherem Mol.-Gewicht, die an Pflanzen Schädigungen hervorrufen können. Außerdem kommen bei bestimmten bakteriellen Erregern makromolekulare Stoffwechselprodukte vor, die für den Krankheitsprozeß bedeutsam sind, ohne direkt als Toxine zu wirken.

Die betreffenden toxischen Verbindungen faßt man wegen der von ihnen meist verursachten Störung im Wasserhaushalt unter dem Begriff **„Welketoxine"** zusammen. Zu der zweiten Gruppe von Substanzen zählen in erster Linie einige für den Infektionsvorgang bzw. die Pathogenese wichtige **extracelluläre Polysaccharide** (EPS) bzw. **Lipopolysaccharide** (LPS). Beide Gruppen von physiologisch aktiven Verbindungen haben in der Geschichte der Phytotoxinforschung eine herausragende Bedeutung gehabt. Neben den pilzlichen Welketoxinen (Lycomarasmin, Fusarinsäure, Tentoxin u. a.) waren es insbesondere die Untersuchungen an den von *Ps. solanacearum* gebildeten EPS, die die Phytotoxinforschung entscheidend vorangebracht haben (s. 3.4.1.).

3.5.2. Charakterisierung der bakteriellen Welketoxine

Für viele saprophytische und parasitische Bakterienarten ist die Ausscheidung von **Schleimstoffen** ein charakteristisches Merkmal (s. a. 2.1.2. u. 2.2.3.). Es bietet offensichtlich für die Überdauerung unter ungünstigen Lebensbedingungen beachtliche Selektionsvorteile für den betreffenden Organismus. Ist der ausgeschiedene Schleim sehr konzentriert, entsteht eine regelrechte Schleimkapsel um die produzierenden Zellen. Ist er weniger konzentriert, diffundiert er in das umgebende Substrat, oder es bildet sich eine ± lockere Schleimlage. Die chemische Zusammensetzung der Kapselpolysaccharide und der diffundierenden Schleime ist allerdings in der Regel nicht identisch. Die von einigen parasitischen Bakterien gebildeten Schleimstoffe besitzen offenbar in vielen Fällen — neben der oben genannten Schutzfunktion — noch eine wesentliche Bedeutung für die Krankheitsentstehung. So verbessert sich die Haftung der Erregerzellen auf der Pflanzenoberfläche. Auch ist denkbar, daß sie in den Mechanismus der Wirtspflanze zur Erkennung des Pathogens durch Besetzung bzw. Ausschaltung bestimmter spezifischer Haftpunkte auf der Wirtszelloberfläche eingreifen (s. a. 2.2.3. und 4.3.5.4.). Außerdem wirken viele von ihnen phytotoxisch.

Die hochmolekularen toxischen Substanzen bakteriellen Ursprungs unterscheiden sich z. T. erheblich von den im vorangegangenen Kapitel besprochenen Chlorose und Nekrose auslösenden Toxinen. Das betrifft neben der Molekülgröße vor allem ihre chemische Zusammensetzung und die von ihnen hervorgerufenen Wirkungen. Es handelt sich bei ihnen entweder um **Glykopeptide** — mit

Tabelle 3.7. Überblick über einige näher untersuchte Welketoxine verschiedener *Clavibacter* spp. und von *Pseudomonas syringae*. Nach PATIL 1974.

Erregerart	Toxinname	Summenformel	Stoffklasse	Mol.-Gewicht	Wirkungsweise
Pseudomonas syringae	Syringomycin		Polypeptid	niedermolekular	Membranschädigung
Clavibacter michiganensis subsp.					
insidiosus	—	$C_{108}H_{126}O_{132}N$	Glykopeptid	5000000	?
michiganensis I	—	$C_{42}H_{82}O_{40}N$	Glykopeptid	200000	Membranschädigung
michiganensis II	-	$C_{473}H_{940}O_{449}N$	Glykopeptid	129700	
michiganensis III	—	$C_{27}H_{52}O_{25}N$	Glykopeptid	35280	
sepedonicus	—	$C_{48}H_{96}O_{48}N$	Glykopeptid	21450	

Tabelle 3.8. Chemische Zusammensetzung der Toxine mehrerer coryneformer Bakterienarten, modif. nach Strobel 1972; Anteil am Gesamtmolekül (%)

Toxin-bestandteile	*Clavibacter michiganensis* subsp.					*Clavibacter*		*Curtobacterium flaccumfaciens* subsp. *flaccumfaciens*	*Rhodococcus fascians*
	michiganensis			*insidiosus*	*sepedonicus*	*rathayi*	*tritici*		
	I	II	III						
Zucker									
L-Fucose	0		3	38,7	0,3			×	
Mannose	67	73	2	3,8	33,4	×	×	×	×
Glucose	32	26	18	20,0	18,8	×	×	×	×
Galactose	0,9	0,5	77	20,6	4,5				×
Rhamnose	0	0	0	Spur	1,1		×	×	
Arabinose	0	0	0	0	0,7				
Ribose	0	0	0	0	3,8				
unbekannte Hexose						×			
org. Säuren									
Keto-desoxygluconsäure				8,8	9,9				
Aldo-Biouronsäure						×	×	×	
Peptid	*)	*)	*)	2,6	5,0	×	×	×	
Kationen (Cu)				0,1	0				

× als Toxinbestandteil qualitativ nachgewiesen

*) keine exakten Angaben zum Anteil am Gesamtmolekül verfügbar

einem hohen Polysaccharid- und einem sehr geringen Peptidanteil — oder um **reine Polysaccharide**.

Geht man von den bereits auf S. 143 zitierten Definition von DURBIN (1981) aus, so entsprechen allerdings auch die welkeerzeugenden extracellulären Stoffwechselprodukte der Mikroorganismen voll den Kriterien von Phytotoxinen. Wie sich aus Untersuchungen mit verschiedenen Testpflanzen ergibt, handelt es sich dabei durchweg um nichtwirtsselektive Substanzen und damit um **sekundäre Determinanten des Krankheitsablaufs**.

Am besten bekannt sind die von verschiedenen *Clavibacter* spp., *Ps. solanacearum* und *X. campestris*-Pathovaren produzierten **Welketoxine**. Aus der Zusammenstellung einiger *Clavibacter*-Toxine, die zuweilen als „Corynetoxine" bezeichnet werden, in Tabelle 3.7. wird deutlich, daß auch in dieser Toxinklasse Verbindungen zusammengefaßt sind, die sich in ihrem Molekulargewicht und auch in ihrer Summenformel erheblich unterscheiden.

Es zeigt sich ferner, daß z. B. *C. michiganensis* subsp. *michiganensis* mehrere derartige toxische Glykopeptide nebeneinander synthetisiert und in das umgebende Substrat ausscheidet. Die Monosaccharide mit den größten Anteilen an den Gesamtmolekülen sind Glucose, L-Fructose, Mannose und Galactose. Dabei gibt es bei den einzelnen Toxinen erhebliche Unterschiede in deren Proportionen zueinander. So macht nach Angaben von STROBEL (1972) der Anteil der L-Fucose beim Welketoxin von *C. michiganensis* subsp. *insidiosus* fast 40% aus; weitere 20% entfallen auf Glucose und Galactose. Die Toxine der meisten anderen *Clavibacter* spp. bestehen dagegen zum großen Teil vor allem aus Mannose und Glucose (Tab. 3.8.). Das von *Rhodococcus fascians* gebildete Glykopeptid ähnelt in seiner Zusammensetzung weitgehend dem Toxin von *C. michiganensis* subsp. *sepedonicus*. Rhamnose ist zusätzlich in den Toxinen von *Curtobacterium flaccumfaciens* subsp. *flaccumfaciens* und *Clavibacter tritici* enthalten; eine bisher nicht identifizierte Hexose schließlich macht einen Bestandteil des Glykopeptids von *Clavibacter rathayi* aus.

Einige dieser Toxine weisen auch eine geringe Menge (<10%) von organischen Säuren (Aldobiouronsäuren) auf Bei *C. michiganensis* subsp. *sepedonicus* und *C. michiganensis* subsp. *insidiosus* handelt es sich um die 2-Keto-3-desoxygluconsäure (Tab. 3.8.). Die in den typischen Welketoxinen der *Clavibacter* spp. vorkommende Peptidkomponente macht beim *C. michiganensis* subsp. *sepedonicus*-Toxin etwa 5% des stark verzweigten Gesamtmoleküls aus, beim *C. michiganensis* subsp. *insidiosus*-Toxin nur 2,5%.

In dem von *C. michiganensis* subsp. *sepedonicus* stammenden Welketoxin ließen sich bisher 10 verschiedene Zuckerbindungen, aber nur 1 Peptidbindung (glykosidische Bindung von Threonin an einem terminalen Mannoserest) feststellen.

Als funktionelle Gruppe des *C. michiganensis* subsp. *sepedonicus*-Toxins wird die Carboxyl-Gruppe der 2-Keto-3-desoxygluconsäure angesehen. Der Peptidanteil des Moleküls scheint dagegen keine physiologische Wirkung auszuüben (PATIL 1974).

Die Polysaccharid-Toxine der *X. campestris*-Pathovare enthalten hauptsächlich Glucose und Mannose. So sind diese Monosaccharide die wesentlichen Bestandteile der 3 Toxinfraktionen (Mol.-Gewicht >200000, 153000 bzw. 147000 Dalton) des Erregers der Reiswelke, *X. campestris* pv *oryzae*. In dem EPS von *X. campestris* pv. *manihotis* kommt zusätzlich noch Glucuronsäure vor. Auf die Toxine weiterer Pathovare von *X. campestris* wird weiter unten eingegangen (s. S. 159f.).

Das Welke und Nekrose induzierende Toxin von *E. amylovora* hat ein Mol.-Gewicht von >165000 Dalton und setzt sich zu 98% aus Galactose-Monomeren zusammen; außerdem ist eine kleine Proteinkomponente (<0,5%) isoliert worden. Es wird häufig als „Amylovorin" bezeichnet. Inzwischen sind bei *E. amylovora* jedoch 2 verschiedene toxische EPS isoliert worden, wovon das eine aus Galactose (61—69%), Glucose (8—10%) und Mannose (2—6%) besteht; diese Komponente enthält aber auch einen Uronsäureteil (16—23%). Die andere Polysaccharid-Fraktion ist ausschließlich aus Fructose-Monomeren aufgebaut; sie ähnelt stark dem Kapselpolysaccharid.

Das Polysaccharid-Toxin von *E. stewartii*, dem Erreger der Bakteriellen Maiswelke, enthält neben Glucose ebenfalls Galactose; eine Peptidkomponente ist offenbar nicht vorhanden

Erstaunlicherweise ist bisher sehr wenig über die chemische Zusammensetzung des toxischen EPS von *Ps. solanacearum* bekannt geworden. Kürzlich konnte allerdings ein LPS dieses Erregers analysiert und beschrieben werden, das aus Rhamnose, Glucose, 2-Amino-2-deoxyglucose, Heptose und 2-Keto-3-deoxygluconat besteht.

Auch der Wurzelkropferreger, *Agrobacterium tumefaciens*, bildet ein welkeauslösendes Polysaccharid. Es ist relativ klein (Mol.-Gewicht 3600 Dalton) und aus 22 Glucose-Monomeren aufgebaut, die β-glykosidisch gebunden sind.

Die **in-vitro-Produktion** der meisten Glykopeptid- und Polysaccharid-Toxine bereitet im allgemeinen keine Schwierigkeiten. Die Produktsynthese läuft allerdings mit unterschiedlicher Geschwindigkeit ab. *C. michiganensis* subsp. *insidiosus* erreicht das Maximum der Toxinsynthese in Kulturlösungen bereits nach 4, *C. michiganensis* subsp. *sepedonicus* nach 7 und *C. michiganensis* subsp. *michiganensis* nach 24 Tagen.

Eine Ausnahme bildet das Toxin von *C. rathayi*. Es wirkt als Neurotoxin bei Säugern und läßt sich in vitro nur in Zellkulturen von bestimmten Grasarten (*Lolium multiflorum*) gewinnen. In der Natur konnte es in den sekundär von diesem Bakterium infizierten Nematodengallen an Raygras nachgewiesen werden. Auch das in infizierten Birnenzellkulturen nachgewiesene Toxin von *E. amylovora* wird bevorzugt biotroph, d. h. in Verbindung mit lebenden pflanzlichen Zellen, gebildet. Das geschieht in planta und gelingt im Labor bei Verwendung von Wirtszellkulturen (Strobel 1977). Neuerdings wird bezweifelt, daß es sich dabei tatsächlich um ein Produkt der beteiligten Organismen handelt, vielmehr konnte der Effekt experimentell (durch die Anhäufung von Mineralsalzen während der Aufarbeitungsprozedur) ausgelöst werden.

3.5.3. Angriffsorte und Wirkungsweise bakterieller Welketoxine

Die von parasitischen Mikroorganismen gebildeten Welketoxine wirken auf eine bisher noch nicht vollständig geklärte Weise auf den Wasserhaushalt der Wirtspflanzen ein. Die **Hauptangriffsorte** sind dabei die Zellmembranen und die Wasserleitungsbahnen der infizierten Pflanze (s. 4.3.4.2.).

Verbindungen vom Glykopeptid-Typ und toxische Polysaccharide sind charakteristische Produkte von bakteriellen Welkeerregern (Tab. 3.8.). Als Kriterien der essentiellen Bedeutung von toxischen Ausscheidungsprodukten für die Pathogenität eines Erregers haben Dimond & Waggoner (1953) einige Postulate aufgestellt (darunter die Isolierung des reinen Toxins aus dem Pflanzeninnern), die beim heutigen Stand der Forschung als zu weitgehend angesehen werden. Von Goodman et al. (1967) werden folgende Gesichtspunkte als wesentlich für die Beurteilung dieses Zusammenhangs angeführt, die wohl den gegenwärtigen Erkenntnissen voll entsprechen:

1. Ausbreitung des Erregers im Xylem
2. Bildung derartiger Substanzen nur durch virulente Isolate
3. Nachweis der toxischen Verbindungen auch in planta
4. Reproduzierbarkeit der typischen Symptome durch die ± gereinigten toxischen Stoffwechselprodukte des Erregers.

Die bakteriellen Welketoxine entsprechen in der Regel den ersten 3 Kriterien, während das vierte meist nur teilweise realisiert ist. Das gilt übrigens gleichermaßen für die Erreger von Tracheomykosen und deren Toxine (Scheffer 1983).

Über den modus operandi der Glykopeptid- und Polysaccharid-Toxine besteht trotz 100jähriger intensiver Forschung noch keine Klarheit. Es wurden jedoch bereits viele Einzelerkenntnisse gewonnen, die einige **Teilaspekte des Welkesyndroms** erhellt haben. So hat sich gezeigt (Durbin 1981; Scheffer 1983), daß

— bei welkekranken Pflanzen die Wasserleitfähigkeit eingeschränkt und die Wasserzufuhr für die Blätter stark gedrosselt ist,
— die Viskosität der Tracheenflüssigkeit deutlich ansteigt,
— dies mit einer auf verschiedene Weise realisierten Verstopfung der Leitungsbahnen einhergeht,
— die kritischen Bereiche offenbar in den Blattstielen bzw. Blattnerven zu suchen sind,
— es bei vielen Wirt-Parasit-Systemen nach Erreger- bzw. Toxineinwirkung häufig zu einer Schädigung der äußeren und inneren Zellmembranen kommt und
— vielfach auch bei Welkekrankheiten verstärkt Elektrolyte freigesetzt werden.

Die toxinbedingten Störungen im Wasserleitvermögen zeigen sich an mehreren Parametern. So konnten an Luzernepflanzen nach Infektion durch *C. michiganensis* subsp. *insidiosus*

— eine erhebliche Verminderung der Wasseraufnahme aus dem Substrat,
— eine weitere Verminderung des (negativen) Xylemdruckpotentials,
— eine Reduzierung des Stomatadurchflusses und
— eine Abnahme der Wasserleitfähigkeit im Wurzel- (schwach), Stengel- und Blattbereich

Abb. 3.11. Welkeeffekt der Glykopeptid-haltigen Kulturfiltrate von *Clavibacter michiganensis* subsp. *michiganensis* auf Tomatensproßspitzen (Oben: mit unbeimpften Kultursubstraten behandelte Schnittlinge). Abnehmende Kulturfiltratkonzentration von links nach rechts.

gefunden werden. In Blattstielen beträgt in diesem Falle die Leitfähigkeit nur noch $\frac{1}{60}$ der für gesunde Pflanzen normalen Werte. Bemerkenswert ist dabei, daß bei diesem Pathosystem weder eine Membranschädigung — wie man zunächst annahm — noch eine Xylemzerstörung eintritt (PATIL 1974).

Eine derartig starke Drosselung der Wasserzufuhr führt bei den befallenen oder toxinbehandelten Testpflanzen infolge des Turgorverlustes zu sichtbaren Welkeerscheinungen an den Blättern und Trieben sowie zu einer gut meßbaren Verringerung der Standfestigkeit (Abb. 3.11.). Derartige Veränderungen zeigten sich auch bei *Cotoneaster*-Pflanzen nach Einwirkung des *Erwinia amylovora*-Toxins, wobei der Effekt mit der Größe der Polysaccharidmoleküle zunimmt.

Die Untersuchungen über die morphologischen und physiologischen Auswirkungen von partiell oder hochgereinigten Toxinpräparaten aus in-vitro-Kulturen der Erreger haben eine Reihe von wertvollen Resultaten erbracht, die das Verständnis für die Pathogenese der Tracheobakteriosen sehr gefördert haben.

So hat sich am Beispiel des *C. michiganensis* subsp. *insidiosus*-Toxins
— eine deutliche Verminderung der Standfestigkeit,
— ein kritischer Grenzwert von 0,02% Toxingehalt und
— eine Maximalwirkung ab 0,2% Toxinanteil im Substrat für abgeschnittene Stengelspitzen der Tomate nachweisen lassen (Abb. 3.12.).

Dasselbe Toxin bewirkt eine Senkung der Standfestigkeit sowohl an Tomatensprossen als auch an der spezifischen Wirtspflanze des Erregers, der Luzerne. Dabei reagieren die Sproßspitzen der Tomate bedeutend empfindlicher als die der Luzerne (Abb. 3.13.).

Einen großen Einfluß auf die Welketoxinforschung haben die Ergebnisse von HODGSON et al. (1949) gehabt, die mit synthetisch hergestellten Makromolekülen von genügender Größe, z. B. Carbowachse (0,2%ige Lösungen) mit einem Mol.-Gewicht von 15000 Dalton, an Tomatensprossen ebensolche Welkeerscheinungen hervorrufen konnten wie mit bakteriellen Glykopeptiden. Eine derartige Wirkung besitzen vor allem schwerlösliche makromolekulare Verbindungen. Allerdings verursachen manche dieser Substanzen nur eine Blattdürre, ohne die typische Erschlaffung der Stengel

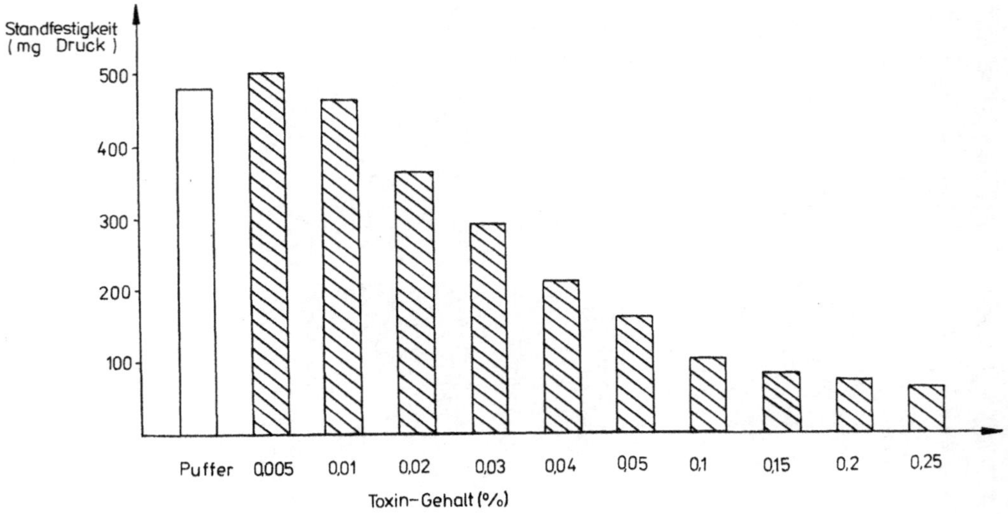

Abb. 3.12. Welkeeffekt unterschiedlicher Konzentrationen des Toxins von *Clavibacter michiganensis* subsp. *insidiosus* auf Tomatensprosse. Nach RIES & STROBEL 1972b.

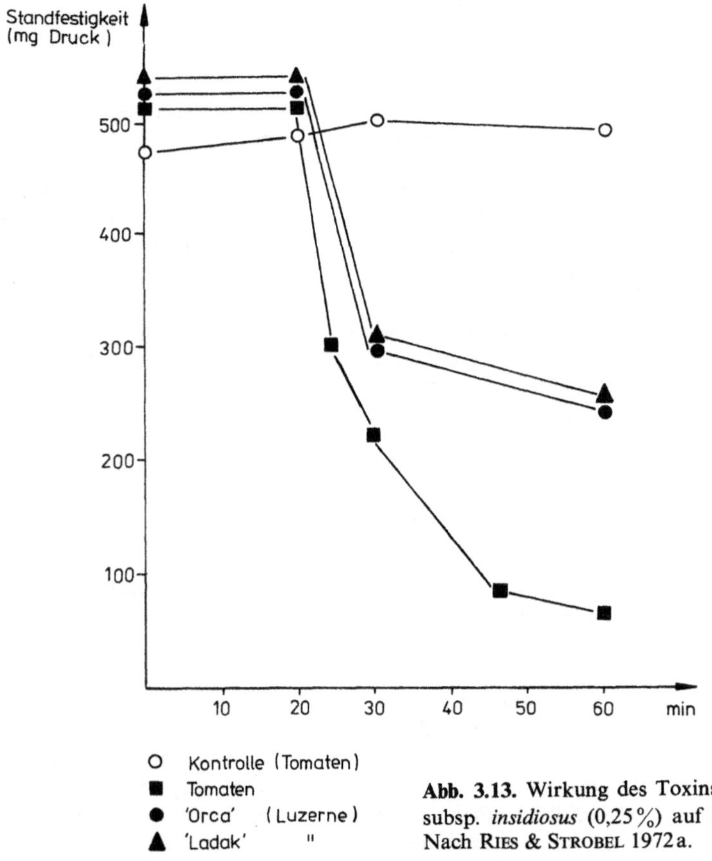

Abb. 3.13. Wirkung des Toxins von *Clavibacter michiganensis* subsp. *insidiosus* (0,25%) auf Luzerne- und Tomatensprosse. Nach RIES & STROBEL 1972a.

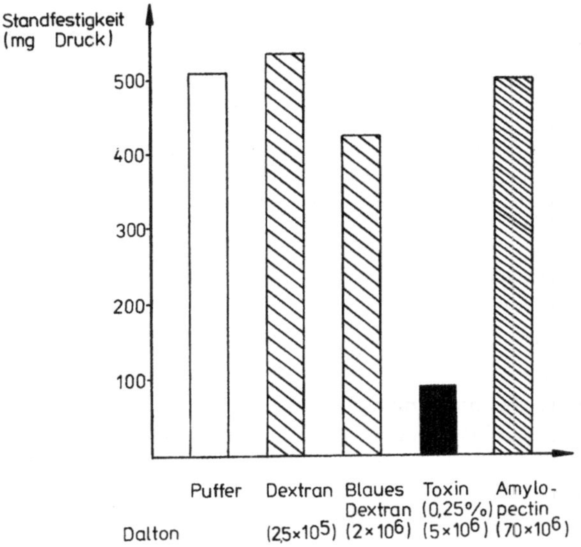

Abb. 3.14. Welkeeffekt einiger hochmolekularer Verbindungen (0,25%) auf Tomatensprosse. Nach RIES & STROBEL 1972a.

auszulösen, wie es unter anderem bei Rinderalbumin (Mol.-Gewicht 68000 Dalton) der Fall ist (KRÄMER & LEISTNER 1986).

Diese Feststellungen bilden die Basis für die vieldiskutierte **Theorie der physikalischen Verstopfung**, mit deren Hilfe sich eine Reihe von Phänomenen erklären läßt, die im Zusammenhang mit Gefäß- und Welkekrankheiten auftreten. Als wesentliche Argumente für diese Erklärung der Welkeerscheinungen können folgende Fakten ins Feld geführt werden:

1. Die Welketoxine besitzen — von der oben erwähnten Ausnahme der 2-Keto-3-desoxygluconsäure bei einigen *Clavibacter*-Toxinen abgesehen — keine spezifischen funktionellen Gruppen.
2. Vielmehr besteht offenbar keine positive Korrelation zwischen Molekülgröße und welkeauslösendem Effekt (Abb. 3.14.).
3. Die Testobjekte, z. B. Tomatensprosse (Abb. 3.11.), erlangen nach Abschneiden der unteren Stengelpartien und Überführen in reines Wasser ihre volle Turgescenz zurück; die Welke ist also reversibel.

Obgleich über die Wirkungsorte der Welketoxine in der Wirtspflanze keine Klarheit besteht, wird angenommen, daß die Polysaccharid- bzw. Glykopeptid-Moleküle sich je nach Größe und Konzentration und in Abhängigkeit von den verfügbaren Gefäßlumina in verschiedenen Bereichen des Wasserleitungssystems anhäufen (HODGSON et al. 1949; HUSAIN & KELMAN 1958; GOODMAN et al. 1967).

In der Literatur werden allerdings darüber hinaus noch weitere Erklärungsmöglichkeiten für die bei Welkekrankheiten eintretenden Blockierungen des Wasserstroms in der Pflanze diskutiert, vor allem, weil z. T. auch eine vom Mol.-Gewicht unabhängige toxische Wirkung bei bestimmten Glykopeptiden nachgewiesen werden konnte (s. a. 4.3.4.2.):

- Verstopfung durch massenhafte Ansammlung von Erregerzellen, was insbesondere bei Tracheobakteriosen die Ursache sein könnte (GRIEVE 1941; DIMOND 1970; DURBIN 1981)
- Verschluß der Gefäße durch Abbaustoffe der Wirtszellen, die infolge der Erregereinwirkung (Toxine, Enzyme) entstanden sind (s. WHEELER 1981; SCHEFFER 1983)
- befalls- bzw. toxinbedingte Thyllenbildung, wie sie vielfach bei pilzlichen Welkekrankheiten vorkommt (BECKMAN 1964) und
- fortschreitende Xylemzerstörung bei *Curtobacterium flaccumfaciens* subsp. *flaccumfaciens*.

Es ist in diesem Zusammenhang evident, daß die vielfach nach Befall mit bakteriellen Welkeerregern oder nach Einwirkung von deren toxischen Ausscheidungsprodukten nachgewiesenen **Schädigungen der äußeren und inneren Zellmembranen** ebenfalls zwanglos einige der beobachteten

Phänomene wie die Permeabilitätserhöhung und verstärkte Elektrolytfreisetzung, die Entstehung von Thyllen und die Ausschleussung von Zellabbauprodukten erklären könnte. Ein eindeutiger Beweis dafür, daß die Membranen tatsächlich die primären Angriffsorte der Erregerzellen und ihrer Toxine sind, oder ob es sich dabei lediglich um Folgeerscheinungen handelt, steht noch aus.

Einige Autoren vertreten die Auffassung, daß das Glykopeptid-Toxin von *C. michiganensis* subsp. *michiganensis* selbst an Tomaten keine Membranzerstörung oder Gefäßverstopfung verursacht, sondern daß in den nicht vollständig gereinigten Toxinpräparaten vorhandene Ektoenzyme (Cellulasen, Hemicellulasen) die Tracheenwände angreifen, wodurch deren Leitfähigkeit verlorengeht.

Curtobacterium flaccumfaciens subsp. *flaccumfaciens*, das an Bohnen eine Welkekrankheit hervorruft und auch in vitro EPS produziert, bewirkt in planta eine partielle oder totale Auflösung der Tracheenwände; gefäßverstopfende Materialien waren aber nicht nachweisbar.

Die dargestellten Ergebnisse machen deutlich, daß die Bildung der extracellulären Glykopeptide und Polysaccharide ein Merkmal ist, das mit der Virulenz der jeweiligen Produzenten in einem eindeutigen Zusammenhang steht. Es kommt aber nur dann zur Realisierung dieser Fähigkeit, wenn die in den Wirt eingedrungenen Toxinbildner im Pflanzengewebe die für die Polysaccharidsynthese erforderlichen Bausteine vorfinden. Ein reichliches Angebot von Glucose bzw. verschiedenen C-Quellen fördert die Toxinsynthese. Die Polysaccharidbildung und -ausscheidung während der Pathogenese hängt demnach von der genetischen Konstitution des Erregers und der Substrateignung der befallenen Pflanze ab.

Für die **Korrelation zwischen dem Glykopeptid- und Polysaccharidbildungsvermögen in vitro und der Fähigkeit zur Welkeauslösung** in höheren Pflanzen gibt es einige eindeutige Belege. So differiert die Viskosität der Kulturfiltrate von unterschiedlich virulenten *Ps. solanacearum*-Isolaten erheblich (Tab. 3.9.). Nur bei einer hohen Viskosität reagieren die Testpflanzen mit starker Welke. Eine gute Übereinstimmung zwischen der Schleimbildungsfähigkeit und der Intensität der induzierten Welkeerscheinungen zeigt sich ebenfalls bei *X. campestris* pv. *oryzae*.

Eine ähnliche Tendenz ist auch bei *X. campestris* pv. *phaseoli* im Hinblick auf Zahl und Größe der ausgelösten Blattläsionen an Bohnenpflanzen nachzuweisen. So lassen die 4 durch ein abgestuftes Polysaccharidproduktionsvermögen gekennzeichneten Kolonietypen dieses Erregers — trotz gleich hoher Vermehrungsrate in der Wirtspflanze — konzentrationsabhängige Virulenzunterschiede

Tabelle 3.9. Relative Viskosität und Welkeeffekt der Kulturfiltrate von *Pseudomonas solanacearum*-Isolaten. Nach GOODMAN et al. 1967.

Kultivierte Erregerisolate	rel. Viskosität	Welkeindex
hochvirulentes Isolat	83,0	5,0
schwach pathogenes Isolat	50,4	0
apathogenes Isolat	51,4	0

Tabelle 3.10. Polysaccharidschleimbildung und Pathogenität von *Xanthomonas campestris* pv. *phaseoli*-Isolaten. Nach GOODMAN et al. 1967.

Xanthomonas phaseoli-Kolonietyp	in-vitro-Polysaccharid-Bildung (mg/ml)	Läsions- größe (mm)	Läsions- zahl (pro cm²)
rauh	4,40	1,5	6
glatt	4,53	1,8	7
halb schleimig	4,70	2,1	19
schleimig	5,52	2,5	12

erkennen (Tab. 3.10). Übrigens sind bei diesem Erreger mucoide Zellen sogar noch im abgetöteten Zustand fähig, Krankheitserscheinungen an Bohnenblättern hervorzurufen.

3.5.4. Hochmolekulare bakterielle Ausscheidungsprodukte mit speziellen pathophysiologischen Wirkungen

Abschließend ist noch auf die Tatsache einzugehen, daß einige pflanzenpathogene Bakterien, die ebenfalls hochmolekulare Substanzen ausscheiden, keine typischen Welkekrankheiten, sondern eher Chlorosen, Nekrosen oder andere Krankheitserscheinungen verursachen (Tab. 3.11.). Das betrifft vor allem folgende Erreger:

X. campestris pv. *campestris*
X. campestris pv. *phaseoli*
E. amylovora
A. tumefaciens
Ps. syringae pv. *lachrymans*

Tabelle 3.11. Übersicht über die wichtigsten mit der Bildung von höhermolekularen toxischen Verbindungen im Zusammenhang stehenden bakteriellen Welke- und Gefäßkrankheiten

Erregerart	Wirtspflanze	Krankheitstyp
Clavibacter		
iranicus	Weizen	Gummikrankheit
michiganensis		
subsp. *michiganensis*	Tomate	Welke
subsp. *insidiosus*	Luzerne	Welke
subsp. *nebraskensis*	Mais	Welke
subsp. *sepedonicus*	Kartoffel	Welke und Fäule
rathayi	*Dactylis glomerata*	Gummikrankheit
tritici	Weizen	Gummikrankheit
Curtobacterium		
flaccumfaciens		
subsp. *flaccumfaciens*	Bohne	Welke
subsp. *betae*	Rote Rübe	Welke- und Blattfleckenkrankheit
subsp. *oortii*	*Tulipa* spp.	Gefäßkrankheit
Erwinia		
amylovora	Kernobst	Triebwelke u. -nekrose
stewartii	Mais	Welke
Pseudomonas		
solanacearum	Kartoffel, Tabak, Tomate, Banane	Welke und Schleimkrankheit
syringae		
pv. *lachrymans*[1])	Gurke	Wasserdurchtränkung des Gewebes
Xanthomonas		
campestris[2])		
pv. *campestris*	Kohlarten	Chlorose
pv. *malvacearum*	Baumwolle	Welke
pv. *oryzae*	Reis	Welke
pv. *phaseoli*	Bohne	Chlorose, Welke

[1]) von der physiologischen Wirkung her zu den Chlorose induzierenden Toxinen gehörig, aufgrund der Molekularstruktur (Lipopolysaccharid) aber hier eingeordnet

[2]) einige weitere Pathovare dieser Art liefern ebenfalls extracelluläre Polysaccharide; genauere Kenntnisse über deren Bedeutung für die Pathogenität fehlen bisher

Nieder- und hochmolekulare extracelluläre Polysaccharidschleime werden auch von *Erwinia carotovora* subsp. *carotovora*, *E. carotovora* subsp. *atroseptica* (bei beiden Unterarten sind sie aus Glucose- und Rhamnose-Monomeren aufgebaut) und *E. chrysanthemi* gebildet.

Es handelt sich dabei um Erregerarten, die sich — abgesehen von *X. campestris* pv. *campestris* und *E. amylovora* — nicht im Wasserleitungssystem ausbreiten, sondern teils die Intercellularen des Mesophylls (*X. campestris* pv. *phaseoli*), teils das Rindenparenchym des Stengels und der Wurzel (*A. tumefaciens*) oder zusätzlich das Phloem (*E. amylovora*) besiedeln. Dies dürfte der Grund dafür sein, daß deren toxische Ausscheidungsprodukte nicht primär das Wasserleitungssystem, sondern andere physiologische Schlüsselfunktionen beeinflussen. Bei der Schwarzadrigkeit des Kohls sind möglicherweise besondere morphologisch-anatomische oder physiologische Verhältnisse dafür verantwortlich, daß die EPS von *X. campestris* pv. *campestris* an Kohlpflanzen keine typischen Welkesymptome auslösen, z. B. eine hohe Toleranz gegenüber Störungen des Transpirationsstroms. Dieser Erreger und seine Ausscheidungsprodukte rufen vielmehr größere sektorartige Chlorosen und Adernverfärbungen an Kohlblättern hervor.

Das Toxin von *X. campestris* pv. *campestris* setzt sich — ebenso wie die typischen Welketoxine — aus Glucose und Mannose zusammen, enthält aber einen recht hohen Anteil (25 %) an Glucuronsäure (Rudolph 1976). Das weitgehend identische EPS von *X. campestris* pv. *glycines* ist offenbar nicht essentiell für die Pathogenese, da es auch von avirulenten Mutanten gebildet wird.

Das von *X. campestris* pv. *phaseoli*, dem Erreger des Bakteriellen Bohnenbrandes, produzierte Phytotoxin ist ebenfalls ein Glucomannan und ähnelt in seiner Zusammensetzung stark demjenigen von *X. campestris* pv. *campestris*; allerdings liegt der Anteil der Glucuronsäure in diesem Falle sogar bei 33 %, sein Mol.-Gewicht beträgt 19×10^6 Dalton (Rudolph 1976). Die Krankheit äußert sich durch typische Lokalläsionen an den Blättern, deren Stärke vom Toxinausstoß abhängt und die als Folge einer hyperergischen Reaktion der Wirtspflanzen in Verbindung mit einer erhöhten Phenolproduktion zu deuten sind (s. 11.1.3.).

Eine Sonderstellung nehmen die EPS von *Erwinia amylovora* ein (s. 3.4.3.). Sie führen nicht nur zu Welkeerscheinungen, sondern wirken auch nekrotisierend. Wie bereits erwähnt, hat man zunächst angenommen, daß die toxisch wirksamen Stoffe vom Erreger nur gebildet werden, wenn im Substrat Wirtszellen vorhanden sind.

Es wurde daraus geschlossen, daß das Wirtsgewebe möglicherweise bestimmte Toxinvorstufen liefert oder daß der Erreger gewisse Schlüsselmetabolite der Pflanze benötigt, um sich vermehren und pathogen werden zu können. Diese Annahmen sind aber aufgrund neuerer experimenteller Befunde mit künstlichen Medien wieder in Frage gestellt, wobei gegenwärtig als Ursache für den phytotoxischen Effekt von aufgearbeiteten Kulturfiltraten eine überhöhte Mineralsalzkonzentration in den gereinigten Fraktionen nachgewiesen werden konnte (Bauer & Beer 1985). Daß allerdings die Fähigkeit zur Bildung von typischem Polysaccharidschleim (Amylovorin) bei *E. amylovora* mit deren Pathogenität in Zusammenhang steht, darf als sicher angenommen werden. Das geht auch aus der recht spezifischen Empfindlichkeit der Feuerbrand-Wirtspflanzen hervor. Dagegen ist die gleichzeitige Produktion von Toxinen, die die Ausscheidung von Zellinhaltsstoffen induzieren, umstritten. Amylovorin selbst ruft bereits ultrastrukturelle und physiologische Veränderungen hervor, vor allem in den Xylemparenchymzellen; neben den übrigen Symptomen treten dann gleichfalls die für diese Krankheit typischen Störungen im Wasserhaushalt ein. Es hat sich aber gezeigt, daß synthetische Makromoleküle (Dextran) denselben Effekt auslösen können.

Schon lange ist bekannt, daß auch *Agrobacterium tumefaciens* ein Polysaccharid (s. 3.5.2.) produziert, das an Tomatensprossen eine typische Welke induzieren kann. Sowohl virulente als auch abgeschwächte Isolate sind zur Synthese dieses (jedoch relativ kleinen) Polysaccharids befähigt. Auch das als Antagonist wirksame, avirulente Isolat *A. radiobacter* B6 produziert ein Polysaccharid, das eine stimulierende Wirkung auf Pflanzenorgane (Wurzeln von Zuckerrübenpflanzen) ausübt. Inwieweit das von *A. tumefaciens* gebildete kleine extracelluläre Polysaccharid bei der Erkennungsreaktion eine maßgebliche Rolle spielt oder in die Tumorbildung eingreift, ist bisher ungeklärt (Goodman et al. 1967, 1986).

Auch Vertreter der mit der Gattung *Agrobacterium* eng verwandten *Rhizobium* spp. sind zur Bildung von EPS befähigt, die hauptsächlich aus Galactose, Glucose und Mannose aufgebaut sind, z. T. enthalten sie aber auch nur zwei oder eines dieser Monomere.

Ein weiterer spezieller Fall ist der Blattfleckenerreger *Ps. syringae* pv. *lachrymans*. Dieses Bakterium synthetisiert eine toxische Substanz, die bei Gurkenblättern einen Wasseraustritt in die Mesophyllintercellularen hervorruft. Es handelt sich dabei um ein LPS (Mol.-Gewicht $3-3{,}5 \times 10^6$ Dalton), das sich aus Kohlenhydrat- (27%), Protein- (12%), Lipid- (15%) und Aschebestandteilen (14%) zusammensetzt (s. RUDOLPH 1976).

Auch beim Erreger der Fettfleckenkrankheit der Bohne, *Ps. syringae* pv. *phaseolicola*, ist vor einigen Jahren ein spezifisches Polysaccharid nachgewiesen worden, das ebenfalls eine Wasseransammlung im Blattparenchym auslöst. Es handelt sich dabei sehr wahrscheinlich um ein bakterielles Alginat, das vor allem aus Poly-D-mannuronsäure-Monomeren besteht; es wird allerdings nicht von allen Stämmen gebildet. Zur Alginatsynthese (in vitro und in planta) sind auch die *Ps. syringae*-Pathovare (*glycinea*, *lachrymans*, *pisi* und *tomato*) befähigt. Außerdem produzieren viele *Pseudomonas* spp. in vitro das Fructosepolymer Lävan.

Die Bedeutung des von diesem Blattfleckenerreger produzierten spezifischen Polysaccharids ist noch nicht restlos aufgeklärt. Bisher hat sich lediglich gezeigt, daß die Empfindlichkeit für dieses Polysaccharid und die relative Anfälligkeit für bzw. Resistenz gegen die Fettfleckenkrankheit offensichtlich miteinander korreliert sind. Die betroffenen Gewebe können sich aber sehr bald wieder erholen, was den Toxincharakter dieses EPS fraglich erscheinen läßt (DALY & DEVERALL 1983). Andererseits hat sich gezeigt, daß die Vermehrung kompatibler Erregerisolate (*Ps. syringae* pv. *lachrymans* bzw. pv. *phaseolicola*) bei Vorhandensein bakterieller EPS im Blattgewebe von Gurken und Bohnen beschleunigt wird.

Erwähnt werden soll auch die Tatsache, daß *Spiroplasma citri*, der Erreger der Stubborn disease an *Citrus* spp., ein phytotoxisches Zuckerderivat bildet, was möglicherweise für die Entwicklung dieser Krankheit von Bedeutung ist. Sein Mol.-Gewicht ist gering (200—300 Dalton), wodurch es sich erheblich von den übrigen bakteriellen Polysaccharid-Toxinen unterscheidet.

Von zahlreichen pflanzenpathogenen Vertretern der Gattung *Xanthomonas* werden überdies in ihrer Zusammensetzung sehr einheitliche EPS produziert, die in keinem Zusammenhang mit der Virulenz und den hier behandelten Phytotoxinen stehen (MATYŠEVSKAJA et al. 1985).

3.5.5. Schlußbemerkungen

Während — wie gezeigt wurde — die meisten gefäßbesiedelnden *X. campestris*-Pathovare toxische Polysaccharide in das Substrat ausscheiden, konnte bei *X. campestris* pv. *vasculorum*, dem Erreger

Abb. 3.15. Wuchsdepressionen bei *Solanum melongena*-Jungpflanzen nach Inokulation unterschiedlicher Konzentrationen von *Clavibacter michiganensis* subsp. *sepedonicus* (Zellen/ml).

einer gefährlichen Zuckerrohrkrankheit, ein derartiger extracellulärer Schleimstoff noch nicht nachgewiesen werden (GOODMAN et al. 1967). Auf welche Weise die Erreger in diesen Fällen auf die Wirtspflanzen einwirken und die charakteristischen Welkeerscheinungen verursachen können, ist bisher noch eine offene Frage. Möglicherweise liefert die Klärung dieses Problems den Schlüssel für das Verständnis des Gesamtphänomens der pflanzlichen Welkekrankheiten.

Abschließend bleibt festzuhalten, daß die bisher isolierten und beschriebenen welkeauslösenden Glykopeptide und Polysaccharide im Gegensatz zu den jeweiligen Erregern — abgesehen von ihrem nicht wirtsselektiven Wirkungsspektrum — nur einen Teil der für Tracheobakteriosen charakteristischen Veränderungen in der Zellstruktur, im Wasserleitungssystem und im Stoffwechsel der erkrankten Pflanze auszulösen vermögen. Aus diesem Grunde sind sich derzeit die meisten Autoren darin einig, daß Toxine nicht die direkte Ursache der Welkeerscheinungen sind, die allgemein bei parasitären Gefäßkrankheiten auftreten. Diese Tatsache schließt aber nicht aus, daß die nachgewiesenen toxischen Substanzen als sekundäre Determinanten an der Entstehung des Welkesyndroms mitbeteiligt sind. Das auffällige Welkesymptom selbst stellt nur einen — allerdings sehr wesentlichen — Aspekt des vielschichtigen Krankheitsbildes dar. Andere damit verbundene Erscheinungen sind Zwergwuchs (Abb. 3.15.), Chlorosen, Gefäßwandverfärbungen und Elektrolytfreisetzung (SCHEFFER 1983).

3.6. Eiskernbildungsaktivität

3.6.1. Eiskernbildungsaktive Bakterien

Einige als Epiphyten auf krautigen Pflanzen oder auf Blättern von Bäumen und Sträuchern vorkommende Bakterienarten können zu einer erhöhten Frostgefährdung für die von ihnen besiedelten Pflanzen führen (ARNY et al. 1976; LINDOW 1982). Sie besitzen eine hohe **Eiskernbildungsaktivität** (INA = ice nucleation activity), d. h. sie wirken als Kristallisationspartikeln für die Eisbildung in einem Temperaturbereich nahe dem Nullpunkt. Dies zeigt sich darin, daß die Bakterien oft schon in sehr geringer Konzentration bereits bei Temperaturen zwischen —2 und —5 °C zur Bildung von Eiskristallen auf der Pflanzenoberfläche und in den Intercellularen führen, während eine derartige für die Pflanzen nachteilige Vereisung normalerweise erst bei Temperaturen $\leqq -5$ °C eintritt. Im Gegensatz zu diesen Bakterien wirken mineralische Partikeln (z. B. feine Staubteilchen) erst im Bereich < -10 °C als Kristallisationskerne.

PAULIN & LUISETTI (1978) haben einen Labortest (Prüfung von 2 Tage alten Flüssigkulturen in Röhrchen auf schlagartige Eisbildung bei —4 °C) entwickelt, um dieses Merkmal rasch und sicher erfassen zu können. Sie stellten fest, daß ein sehr hoher Prozentsatz (78 %) der von ihnen geprüften Vertreter von *Pseudomonas syringae* pv. *syringae* innerhalb von 5 min zur Eisbildung führte. Isolate dieses Erregers von Steinfrüchten besaßen die Fähigkeit sogar zu 100 %, während Vertreter von *Ps. syringae* pv. *morsprunorum* INA-negativ reagierten.

Außer *Ps. syringae* pv. *syringae*, *Ps. syringae* pv. *coronafaciens*, *Ps. syringae* pv. *pisi* und weiteren (etwa 50 % aller bekannten) Pathovaren von *Ps. syringae* besitzen vor allem noch verschiedene Stämme der häufig auf Blattoberflächen anzutreffenden saprophytischen Arten *Erwinia herbicola* (= *Enterobacter agglomerans*) und *Pseudomonas fluorescens* die Fähigkeit, als Kristallisationskerne für die Eisbildung zu fungieren. Bei den bisherigen Untersuchungen hat sich gezeigt, daß *E. herbicola* dabei weniger wirksam ist als die beiden Vertreter der Gattung *Pseudomonas*.

3.6.2. Mögliche Ursachen der Eiskernbildungsfähigkeit

Bei einer genauen Untersuchung solcher IN-aktiven Bakterien erwies sich nur jeweils ein bestimmter (geringer) Teil der Zellpopulation tatsächlich als eiskernwirksam. Man kann davon ausgehen, daß unter 300—1000 potentiell IN-aktiven Bakterienzellen nur jeweils 1 Eiskern induziert wird. Aus

Laborexperimenten ging ferner hervor, in welch beachtlichem Maße die Eiskernbildungsfähigkeit von den Kulturbedingungen abhängig ist; großen Einfluß haben vor allem das Nährsubstrat und die Inkubationstemperatur. Die INA ist nur kompletten Zellen eigen, und zwar unabhängig davon, ob sie lebend oder tot sind; Zellfragmente bewirken demgegenüber keine Eiskernbildung.

Gegenwärtig deutet einiges darauf hin, daß die INA mit dem **Vorhandensein bestimmter protease-empfindlicher Strukturen** (vermutlich ein Protein) in oder auf der äußeren Zellmembran der genannten Gram-negativen Bakterien in Zusammenhang gebracht werden kann (LINDOW 1982). Eine endgültige Klärung dieses Phänomens können erst weitere experimentelle Befunde bringen.

3.6.3. Verbreitung der eiskernaktiven Bakterien

Unter den Kulturpflanzen sind z. B. der Mais (ARNY et al. 1976), aber vor allem auch frostempfindliche Freilandgemüse- und Obstarten gefährdet. Die INA-Bakterien sind weltweit und auf sehr vielen Pflanzenarten nachgewiesen worden. Nur auf glattblättrigen Cruciferen und Coniferen konnten derartige eiskernaktive Epiphyten bisher noch nicht festgestellt werden.

Die **Besiedlungsdichte mit INA-Bakterien** ist bei den einzelnen Pflanzenarten sehr unterschiedlich; auf Walnußblättern und auf Mandelbäumchen wurden bis zu 10^7 INA-Zellen/g frische Blattmasse gezählt. Außerdem treten im Jahresverlauf große Konzentrationsänderungen ein: bei Birnen war die höchste INA-Bakteriendichte im Frühjahr nach dem Austrieb festzustellen, im Laufe des Sommers kam es zu einem Rückgang der Population (auf <100 Zellen/g Blattmasse).

3.6.4. Ökologische Rolle der eiskernaktiven Bakterien

Die große **ökologische Bedeutung** dieser Organismenarten wird darin deutlich, daß die Frostgefährdung der Kulturpflanzen hauptsächlich (mindestens zu 95%) von der INA-Bakterienbesiedlung der Pflanzenoberfläche abhängt. Dabei machen die Vertreter dieser Bakterienarten nur einen Anteil von ca. 0,1—10% der gesamten Epiphytenflora aus.

Die aufgezeigten Gefahren, die von der Besiedlung mit eiskernaktiven Bakterienzellen ausgehen, treffen nur für die frostempfindlichen Kulturpflanzen zu, die häufig aus warmen Regionen der Erde stammen (Mais, Tomaten, Bohnen, Tabak). Bei frosttoleranten Arten ist das Vorhandensein von derartigen INA-Bakterien insofern sogar ein Vorteil, als es bei Temperaturen nahe 0 °C dadurch häufig nur zu einer für sie unschädlichen Eisbildung auf der Pflanzenoberfläche und in den Intercellularen kommt; auf diese Weise werden diese Pflanzen vor der intracellulären Eiskernentstehung geschützt, die bei weiterer Unterkühlung eintreten und diesen Arten gefährlich werden kann.

Bei *Ps. syringae* pv. *syringae* und anderen Pathovaren von *Ps. syringae* besteht ein enger Zusammenhang zwischen **Eiskernbildungsaktivität und Krankheitsauftreten.** Offensichtlich wird z. B. durch eine vorhergehende Frostschädigung der Befall von Birnenblüten, Pfirsich, Aprikose oder auch — im Falle von *Ps. syringae* pv. *pisi* — bei Erbsen (s. 11.2.1.) erheblich verstärkt.

IN-aktive Bakterienzellen können als Aerosol oder mit Regenwasserstropfen im Bestand weiter verbreitet werden. Über große Entfernungen erfolgt die Verbreitung ebenfalls als Aerosol, wobei sie als Kristallisationspunkte für Niederschlagstropfen fungieren und abgeregnet werden, ohne daß sie dabei ihre Lebensfähigkeit einbüßen. Derartige in die Atmosphäre gelangte INA-Bakterien spielen offenbar bei der Niederschlagsentstehung eine größere Rolle als Staubpartikeln, ihre Bedeutung im Klimageschehen ist demnach größer, als bisher angenommen wurde (LINDOW 1982). Sollten künftige Forschungsergebnisse die globale, das Großklima beeinflussende Wirkung der auf Pflanzenoberflächen siedelnden eiskernaktiven Bakterien bestätigen, würde eine weitere bedeutsame Wechselwirkung zwischen Pflanzendecke und Wasserhaushalt der Atmosphäre deutlich werden.

3.6.5. INA-Bakterien und Frostschutz

Wie oben erläutert wurde, sind die eiskernaktiven Bakterien trotz ihres häufig relativ geringen Anteils an der Epiphytenflora für die Frostgefährdung empfindlicher Kulturen verantwortlich. Ihre Kontrolle stellt daher eine wirksame Voraussetzung für einen erfolgversprechenden **Frostschutz** dar. Hierfür kommen folgende Möglichkeiten in Betracht:

— **Prophylaktische Anwendung von Baktericiden** (s. a. 6.7.)
Hierfür wurde z. B. Streptomycin mit Erfolg eingesetzt. Bei einem derartigen Vorgehen muß allerdings mit der raschen Entstehung einer Antibiotica-Resistenz gerechnet werden.
— **Einsatz antagonistischer Mikroorganismen** (s. a. 6.5.2.)
Damit läßt sich freilich nur ein Effekt erzielen, wenn die eiskernaktiven Bakterien sich noch nicht zu stark vermehrt haben und bei der Applikation feucht-kühles Wetter herrscht. In solchen Fällen wurde ein Populationsrückgang bei den INA-Bakterien auf 1/10—1/1000 der Ausgangspopulation erreicht. Die Antagonistenbehandlung bleibt wegen der dadurch eingetretenen Veränderung in der Epiphytenflora relativ lange wirksam.

Die Wirkung einiger Antagonisten ist wirtsspezifisch, andere sind auf verschiedenen Wirtspflanzen eiskernaktiv.

Über den Mechanismus der antagonistischen Wirkung in der „residierenden" Blattmikroflora gibt es bisher keine Kenntnisse.

— **Anwendung von Eiskernaktivitäts-Inhibitoren**
Die Applikation von chemischen Verbindungen, die die Wirkung der IN-aktiven Bakterienzellen blockieren oder aufheben, wobei es allerdings keineswegs zu deren Abtötung kommen muß, ist nur unmittelbar vor einem zu erwartenden Frosteinbruch sinnvoll. Manche Inhibitoren sind jedoch phytotoxisch, so daß deren praktischer Einsatz nicht in Betracht kommt. Als wirksam hat sich beispielsweise — bei Versuchen mit Mais als Testpflanze — die Anwendung von Phosphorsäure (0,2 %) erwiesen (LINDOW 1982).

Viele Fragen, z. B. zum Mechanismus der Eiskernbildung, zu ihren Elicitoren, zu ihrem genetischen Hintergrund und ihrem Vererbungsmodus, sind z. Z. noch ungeklärt. Da es sich offenbar um ein Phänomen von großer ökologischer und auch meteorologischer Bedeutung handelt, sind weitere experimentelle Arbeiten, auch zum gezielten Frostschutz bis hin zum Einsatz gentechnischer Methoden, zu erwarten. Sicher werden sich dadurch unsere Kenntnissen ber diese spezifische Aktivität in nächster Zeit beträchtlich erweitern.

3.7. Literatur

3.7.1. Verzeichnis der zitierten Literatur

ALBERSHEIM, P., & DARVILL, A. G.: Oligosaccharine, Zucker als Pflanzenhormone. Spektrum der Wissenschaften 1985, H. 11: 86—93.

— NEUKOM, H., & DEUEL, H.: Über die Bildung von ungesättigten Abbauprodukten durch ein pektinabbauendes Enzym. Helv. Chim. Acta **43** (1960): 1422—1426.

ARNY, D. C., LINDOW, S. E., & UPPER, C. D.: Frost sensitivity of Zea mays increased by application of *Pseudomonas syringae*. Nature **262** (1976): 282—284.

BARY, A. De: Über einige Sclerotinien und Sclerotinienkrankheiten. Bot. Zeitg. **44** (1886): 377—474.

BASHAN, Y., OKON, Y., & HENIS, Y.: Detection of cutinases and pectic enzymes during infection of tomato by *Pseudomonas syringae* pv. *tomato*. Phytopathology **75** (1985): 940—945.

BATEMAN, D. F., & BASHAM, H. G.: Degradation of plant cell walls and membranes by microbial enzymes. In: HEITEFUSS, R., & WILLIAMS, P. H. (Eds.): Physiological Plant Pathology. Springer, Heidelberg, Berlin, New York 1976, pp. 316—355.

BAUER, D. W., & BEER, S. V.: Evidence that a putative necrotoxin of *Erwinia amylovora* is an artifact caused by the activity of inorganic salts. Physiol. Plant Pathol. **27** (1985): 289—298.

BECKMAN, C. H.: Host responses to vascular infection. Annu. Rev. Phytopathol. **2** (1964): 231—252.

BEIDERBECK, R.: Pflanzentumoren. Ein Problem der pflanzlichen Entwicklung. Eugen Ulmer, Stuttgart 1977.

COLLMER, A., BERGMAN, P., & MOUNT, M. S.: Pectat lyase regulation and bacterial soft — rot pathogenesis. In: MOUNT, M. S. & LACY, G. H. (Eds.): Phytopathogenic Procaryotes. Academic Press, New York 1982, Vol. **1**, pp. 395—422.

DALY, J. M., & DEVERALL, B. J. (Eds.): Toxins and Plant Pathogenesis. Academic Press, Sydney, New York, London, Paris, San Diego, San Francisco, Sao Paulo, Tokyo, Toronto 1983.

DIMOND, A. E.: Biophysics and biochemistry of the vascular wilt syndrome. Annu. Rev. Phytopathol. **8** (1970): 301—322.

— & WAGGONER, P. E.: On the nature and role of vivotoxins in plant disease. Phytopathology **43** (1953): 229—235.

DURBIN, R. D.: Toxins in Plant Disease. Academic Press, New York 1981.

GARIBALDI, A., & BATEMAN, D. F.: Pectic enzyme produced by *Erwinia chrysanthemi* and their effects of plant tissue. Physiol. Plant Pathol. **1** (1971): 25—40.

GÄUMANN, E.: Pflanzliche Infektionslehre. 2. Aufl. Birkhäuser, Basel 1951.

— Toxins and plant diseases. Endeavour **13** (1954): 198—204.

GILCHRIST, D. G.: Molecular modes of action. In: DALY, J. M., & DEVERALL, B. J. (Eds.): Toxins and Plant Pathogenesis. Academic Press, Sydney u. a. 1983, pp. 81—136.

GOODMAN, R. N., KIRÁLY, Z., & ZAITLIN, M.: The Biochemistry and Physiology of Infectious Plant Disease. D. van Nostrand Comp. Inc., Princetown, Toronto, London, Melbourne 1967.

— — & WOOD, K. R.: The Biochemistry and Physiology of Plant Disease Univ. Missouri Press, Columbia, Miss., 1986.

GRANITI, A.: The evolution of the toxin concept in plant pathology. In: WOOD, R. K. S., BALLIO, A., & GRANITI, A. (Eds.): Phytotoxins in Plant Disease. Academic Press, New York 1972, pp. 1—18.

GRIEVE, B. J.: Studies in the physiology of host parasite relations. I. The affect of *Bacterium solanacearum* on the water relations of plants. Proc. Roy. Soc. Victoria **53** (1941): 268—299.

HENNIGER, H., & GÖTZ, J.: Untersuchungen zur Aufklärung der Komplexität der Wirt-Parasit-Beziehungen bei der Bakteriellen Knollennaßfäule der Kartoffel (*Erwinia carotovora*). Tag.-Ber. Akad. Landwirtsch.-Wiss. DDR, Berlin **216** (1983): 365—380.

HODGSON, R., PETERSON, W. H., & RIKER, A. J.: The toxicity of polysaccharides and other large molecules to tomato cuttings. Phytopathology **39** (1949): 47—62.

HOFFMANN, G. M., NIENHAUS, F., SCHÖNBECK, F., WELTZIEN, H. C., & WILBERT, H.: Lehrbuch der Phytomedizin. Paul Parey, Berlin, Hamburg 1976.

HUSAIN, A., & KELMAN, A.: Relation of slime production to mechanism of wilting and pathogenicity of *Pseudomonas solanacearum*. Phytopathology **48** (1958): 155—165.

HUTCHINSON, C. M.: Rangpur tobacco wilt. Mem. Dep. Agric. India Bact. Ser. 1 (1913): 67—83.

JOHNSON, J., & MURWIN, H. F.: Experiments on the control of wildfire of tobacco. Wisconsin agric. Exp. Stat. Res. Bull. No. 62 (1925): 1—35.

JONES, L. R.: The bacterial soft rot of certain vegetables. II. Pectinase, the cytolytic enzyme produced by *Bacillus carotovorus* and certain other softrot organism. Vermont Univ. agr. Exp. Stat. techn. Bull. **147** (1909): 281—360.

KEEGSTRA, K., TALMADGE, K. W., BAUER, W. D., & ALBERSHEIM, P.: The structure of plant cell walls. III. A model of the walls of suspension-cultured sycamore cells based on interconnection of the macromolecular components. Plant Physiol. **51** (1973): 188—197.

KNÖSEL, D.: Untersuchungen zur cellulolytischen und pektinolytischen Aktivität pflanzenschädlicher Actinomyceten. Phytopath. Z. **67** (1970): 205—213.

KRÄMER, R., & LEISTNER, H.-U.: Physiologische und cytologische Aspekte der Wirkung des Toxins von *Corynebacterium michiganense* pv. *michiganense* (Smith) Jensen auf die Wirtspflanze. Zbl. Mikrobiol. **141** (1986): 437—451.

LANGE, E., & KNÖSEL, D.: Zur Bedeutung pektolytischer, cellulolytischer und proteolytischer Enzyme für die Virulenz phytopathogener Bakterien. Phytopath. Z. **69** (1970): 315—329.

LINDOW, S. E.: Epiphytic ice nucleation-active bacteria. In: MOUNT, M. S., & LACY, G. H. (Eds.): Phytopathogenic Procaryotes. Academic Press, New York, London, Paris, San Diego, San Francisco, Sao Paulo, Sydney, Tokyo, Toronto 1982. Vol. 1, pp. 335—362.

MACKO, V.: Structural aspects of toxin. In: DALY, J. M., & DEVERALL, B. J. (Eds.): Toxins and Plant Pathogenicity. Academic Press, Sydney, New York, London, Paris, San Diego, San Francisco 1983, pp. 41—80.

MATYŠEVSKAJA, M. S., GVOZDJAK, R. I., SIDORENKO, S. S., LIVINČUK, O. A., & PASIČNIK, L. A.: Monosacharidnyj stostav ekzopolisacharidov bakterij roda *Xanthomonas*. Mikrobiol. Žurn. **47** (1985), 2: 31—33.

MOUNT, M. S., BATEMAN, D. F., & BASHAM, H. G.: Induction of electrolyte loss, tissue maceration, and cellular death of potato tissue by an endopolygalacturonate trans-eliminase. Phytopathology **60** (1970): 924—931.

PATIL, S. S.: Toxins produced by phytopathogenic bacteria. Annu. Rev. Phytopathol. **12** (1974): 259—279.

PAULIN, J. P., & LUISETTI, J.: Ice nucleation among phytopathogenic bacteria. Proc. 4th Intern. Conf. on Plant Pathog. Bacteria Angers 1978, pp. 725—731.

PRINGLE, R. B., & SCHEFFER, R. P.: Host-specific toxins. Annu. Rev. Phytopathol. **2** (1964): 133—156.

RIES, S., & STROBEL, G. A.: Biological properties and pathological role of a phytotoxic glucopeptide from *Corynebacterium insidiosum*. Physiol. Plant Pathol. **2** (1972a): 133—142.

— — A phytotoxic glycopeptide from cultures of *Corynebacterium insidiosum*. Plant Physiol. **49** (1972b): 676—684.

ROMBOUTS, F. M., & PILNIK, W.: Research on pectin depolymerases in the sixties. A literature review. Critical Rev. in Food Technol. 3 (1972): 1—27.

RUDOLPH, K.: Non-specific toxins. In: HEITEFUSS, R. & WILLIAMS, P. H. (Eds.): Physiological Plant Pathology. Springer, Berlin, Heidelberg, New York 1976, pp. 270—315.

SCHEFFER, R. P.: Host-specific toxins in relation to pathogenesis and disease resistance. In: HEITEFUSS, R., & WILLIAMS, P. H. (Eds.): Physiological Plant Pathology. Springer, Berlin, Heidelberg, New York 1976, pp. 247—269.

— Toxins as chemical determinants of plant disease. In: DALY, J. M., & DEVERALL, B. J. (Eds.): Toxins in Plant Pathogenesis. Academic Press, Sydney, New York, London, Paris, San Diego, San Francisco 1983, pp. 1—40.

SMITH, W. K.: A survey of the production of pectic enzymes by plant pathogenic and other bacteria. J. Gen. Microbiol. **18** (1958): 33—41.

STACK, J. P., MOUNT, M. S., BERMAN, P. M., & HUBBARD, J. P.: Pectic enzyme complex from *Erwinia caratovora*: a model for degradation and assimilation of host pectic fractions. Phytopathology **70** (1980): 267—272.

STRAUBE, Gunhild, & FRITSCHE, W.: Phytopathogene Toxine. Struktur, Wirkungsweise und mögliche Bedeutung als Unkrautbekämpfungsmittel. Biol. Rdsch. **16** (1978): 232—243.

STROBEL, G. A.: Comparative biochemistry of the toxic glycopeptides produced by some plant pathogenic Corynebacteria. Proc. Intern. Conf. Plant Pathog. Bacteria Wageningen 14.—21. April 1971 (1972): 357—365.

— Bacterial phytotoxins. Annu. Rev. Microbiol. **31** (1977): 205—224.

TSENG, T., & BATEMAN, D. F.: Production of phosphatidases by phytopathogens. Phytopathology **58** (1968): 1437—1438.

WAAG, J. S., & KELMAN, A.: Injury to potato of *Pseudomonas fluorescens* (Biotype A). Phytopathology **72** (1982): 936.

WALLIS, F. M.: Ultrastructural histopathology of tomato plants infected with *Corynebacterium michiganense*. Physiol. Plant Pathol. **11** (1977): 333—343.

WHEELER, H.: Role in pathogenesis. In: DURBIN, R. D. (Ed.): Toxins in Plant Disease. Academic Press, New York 1981, pp. 477—494.

3.7.2. Weiterführende bzw. ergänzende Literatur

ALBERSHEIM, P., & ANDERSON-PROUTY, Anne J.: Carbohydrates, proteins, cell surfaces, and the biochemistry of pathogenesis. Annu. Rev. Plant Physiol. **26** (1975): 31—52.

— JONES, T. M., & ENGLISH, P. D.: Biochemistry of the cell wall in relation to infection process. Annu. Rev. Phytopathol. **7** (1969): 171—194.

BATEMAN, D. F.: Plant cell wall hydrolysis by pathogens. In: FRIEND, J., & THRELFALL, D. R. (Eds.): Biochemical Aspects of Plant Parasite Relationships. Academic Press, London, New York, San Francisco 1976, pp. 79—103.

— & MILLAR, R. L.: Pectic enzymes in tissue degradation. Annu. Rev. Phytopathol. **4** (1966): 119—146.

CHAHAL, D. S., & OVEREND, R. P.: Ethanol fuel from biomass. In: SUBBA RAO, N. S. (Ed.): Advances in Agricultural Microbiology. Butterworth Scientific, London, Boston, Durbin, Singapore, Sydney, Toronto, Wellington 1982, pp. 585—641.

DEKHUIJZEN, H. M.: Endogenous cytokinins in healthy and diseased plants. In: HEITEFUSS, R., & WILLIAMS, P. H. (Eds.): Physiological Plant Pathology. Springer, Berlin, Heidelberg, New York 1976, pp. 526—559.

DEY, R., & ALFEN, N. K. van: Influence of *Corynebacterium insidiosum* on water relations in alfalfa. Phytopathology **69** (1979): 942—946.

DINESEN, I. G.: Bacterial wilt of beans (*Corynebacterium flaccumfaciens* (Hedges) Dowson). T. Planteavl **84** (1980): 361—370.

MANIGAULT, P., & KURKDJIAN, A.: Atténuation de la virulence et changement de forme de la bactérie du crown-gall: *Agrobacterium tumefaciens* (Smith et Towns.) Conn. Zbl. Bakteriol. Parasitenkde., Infekt.-krankh. Hyg. Abt. II **124** (1970): 733—738.

NAUMANN, K.: Pektinabbau durch pflanzenpathogene Bakterien und ihre Bedeutung für die Pathogenese. Biol. Rdsch. **16** (1978): 288—302.

PEGG, G. F.: Endogenous auxins in healthy and diseased plants. In: HEITEFUSS, R., & WILLIAMS, P. H. (Eds.): Physiological Plant Pathology. Springer, Berlin, Heidelberg, New York 1976, pp. 560—581.

— Endogenous gibberellins in healthy and diseased plants. In: HEITEFUSS, R., & WILLIAMS, P. H. (Eds.): Physiological Plant Pathology. Springer, Berlin, Heidelberg, New York 1976, pp. 592—606.

— Endogenous inhibitors in healthy and diseased plants. In: HEITEFUSS, R., & WILLIAMS, P. H. (Eds.): Physiological Plant Pathology. Springer, Berlin, Heidelberg, New York 1976, pp. 607—616.

RIKER, A. J., BANFIELD, W. M., WRIGHT, W. H., KEITT, W., & SAGEN, H. E : Studies on infectious hairy root of nursery apple trees. J. agric. Res. **41** (1930): 507—540.

ROUSSAUX, J.: Etude préliminaire des modifications induites chez le pois Express Alaska par le *Corynebacterium fascians* (Tilford) Dowson. Rev. Gén. Bot. **72** (1965): 21—53.

SPENCER, J. F. T., & GORIN, P. A. J.: The occurrence in the host plant of physiologically active gums produced by *Corynebacterium sepedonicum* and *Corynebacterium insidiosum*. Canad. J. Microbiol. **7** (1961): 185 to 188.

STRASBURGER, E., NOLL, F., SCHENK, H., & SCHIMPER, A. F. W. (Begr.): Lehrbuch der Botanik für Hochschulen. 32. Aufl. Fischer, Stuttgart 1983.

STROBEL, G. A.: The biological activity of phytotoxic bacterial glycopeptides. Proc. 3rd Intern. Conf. Plant Pathog. Bacteria Wageningen 14.—21. April 1971 (1972): 69—70.

— Phytotoxic glycopeptides of *Corynebacterium* spp. In: WOOD, R. K. S., BALLIO, A., & GRANITI, A. (Eds.): Phytotoxins in Plant Diseases. Academic Press, London, New York 1972, pp. 379—381.

WALLIS, F. M.: Ultrastructural histopathology of tomato plants infected with *Corynebacterium michiganense*. Physiol. Plant Pathol. **11** (1977): 333—342.

WOOD, R. K. S.: Enzymes produced by fungi and bacteria, their role in pathogenicity. Annu. Rev. Phytopathol. **16** (1978): 127—135.

— Killing of protoplasts by plant pathogens. In: KIRÁLY, Z. (Ed.): Current Topics in Plant Pathology. Akad. Kiadó, Budapest 1977, pp. 107—115.

4. Charakterisierung der Krankheitserscheinungen und -prozesse

4.1. Symptomatologie

4.1.1. Charakterisierung bakteriell bedingter Krankheitserscheinungen

Pflanzen werden in allen Entwicklungsstadien oberflächlich (zuweilen auch innerlich) von einer Vielzahl Mikroorganismen — vor allem auch Bakterien — besiedelt. Besonders bei feuchten Bedingungen können diese epiphytisch lebenden Organismen („Residenten") leicht durch Spaltöffnungen, Hydathoden, Lenticellen oder Wunden in das Pflanzengewebe eindringen. Während sich die kompatiblen bakteriellen Erreger in den Intercellularen der Wirtspflanze ausbreiten und vermehren, ist dies den saprophytischen und pathogenen inkompatiblen Bakterienarten meist nicht möglich, da sie häufig in wenigen Stunden agglutiniert und schließlich in einem Netz fibrillärer Ausscheidungen der pflanzlichen Zellwand festgehalten bzw. durch andersartige Abwehrmechanismen der Pflanzen inaktiviert werden (Sequeira 1982). Hierauf wird unter 4.3.5. näher eingegangen.

Im folgenden sollen zunächst die cellulären, histologischen und makroskopisch erkennbaren Veränderungen behandelt werden, die pathogene Bakterien in ihren Wirtspflanzen hervorrufen können.

Sichtbare Kennzeichen einer Krankheit nennt man **Symptome**. Diese sind meist während des Krankheitsverlaufes und in den verschiedenen Entwicklungsstadien der Wirtspflanze sehr unterschiedlich ausgeprägt. Daher unterscheidet man Primär-, Haupt- und Folgesymptome.

Intensität und Art der Symptomausbildung sind hauptsächlich vom Wirt, dem Pathogen und den jeweils herrschenden Umweltbedingungen abhängig (s. 4.3.). Bakterielle Erreger können im allgemeinen folgende Typen von Krankheitserscheinungen verursachen: Chlorosen, Nekrosen, Fäulen, Welken, Abstoßen von Pflanzenorganen, Bildung oberflächlicher Beläge und teratologische Veränderungen.

Zwischen den 7 verschiedenen Erscheinungsbildern gibt es vielfache Übergänge, aber auch Abhängigkeiten. Zum Beispiel entwickeln sich Chlorosen des öfteren (vor allem bei Blattfleckenkrankheiten) zu Nekrosen. Auf nekrotisierten Bereichen erscheinen unter bestimmten Voraussetzungen oberflächliche Beläge. Durch Welken kommt es mitunter zu Formveränderungen wie Blattdeformationen oder Zwergwüchsigkeit, zu chlorotisch verfärbten Blättern, aber auch zum Abstoßen von Blüten und Früchten oder zu Blattabfall — häufig durch Nekrotisierung bestimmter Gewebspartien verursacht —, und unter feuchten Bedingungen geht das abgestorbene Gewebe stark welkekranker oder nekrotisierter Pflanzenorgane durch Sekundärbesiedlung mit saprophytischen Mikroorganismen meist in Fäulnis über.

Die Gesamtheit der verschiedenen Symptome, die für eine Krankheit kennzeichnend sind, wird als **„Syndrom"** bezeichnet. Aus den Beschreibungen der verschiedenen, im Speziellen Teil behandelten Krankheitsbilder läßt sich ersehen, wie vielfältig diese pathologischen Veränderungen sein können.

4.1.2. Kennzeichnung der einzelnen Symptomtypen

4.1.2.1. Chlorosen

Durch Chlorophylldefekte bedingte gelbe oder weißliche Verfärbungen an Pflanzenorganen werden als **Chlorosen** bezeichnet. Bei bakteriellen Erkrankungen sind sie am häufigsten im frühen Entwicklungsstadium von Blattnekrosen bzw. gelber Saum oder Hofchlorose („halo blight") um nekrotisierte Gewebebereiche zu beobachten. In vielen Fällen werden sie durch Pathovare von *Pseudomonas syringae* verursacht, so z. B. durch die pv. *tabaci* an Tabak, pv. *tomato* an Tomaten (s. a. Tafel V, 4.), pv. *phaseolicola* an *Phaseolus*-Bohnen (Abb. 3.9.) und pv. *coronafaciens* an Haferblättern (s. Tafel II, 1.). In der Regel entstehen die chlorotischen Höfe durch Einwirkung bakterieller Toxine (s. 3.4.); sie enthalten keine Erregerzellen. Als chloroseinduzierende Wirkstoffe sind vor allem Phaseolotoxin (von *Ps. syringae* pv. *phaseolicola*), Tabtoxin (von *Ps. syringae* pv. *tabaci*) und Coronatin (von *Ps. syringae* pv. *coronafaciens*) bekannt.

Über das Gefäßsystem der Pflanzen werden die Toxine mitunter auch in höher gelegene Sproßteile transportiert. So kann sich z. B. an Gartenbohnen bei frühem Befall mit *Ps. syringae* pv. *phaseolicola* eine systemische Chlorose entwickeln. Sie ist erkennbar an einer Gelbverfärbung der Intercostalfelder an den oberen, jungen Blättern, die im allgemeinen frei von Erregerzellen sind. Sie wird durch das Phaseolotoxin verursacht, welches von befallenen Primärblättern aus über das Phloem in Sproß- und Wurzelspitzen gelangt (MITCHELL & BIELESKI 1977).

Auch Adernchlorosen können durch bakterielle Erreger hervorgerufen werden. So färben sich z. B. bei Ackerbohnen nach Infektion mit *Bacillus pumilus* MEYER & GOTTHEIL 1901 die Adern der Spitzenblätter weiß, wobei der eigentliche Krankheitsherd — Blatt- und bzw. oder Stengelnekrosen — in den darunter gelegenen Pflanzenetagen lokalisiert ist (Tafel II, 2.). Mitunter kann sich eine Chlorose auch über den gesamten Sproß einer Pflanze ausbreiten. So verfärben sich z. B. bei starkem Befall von Futtergräsern mit *Xanthomonas campestris* pv. *graminis* nicht nur die Blätter, sondern auch die spärlich gebildeten Blütenstände weiß, wodurch sie als sogenannte ,,Weißköpfe" sofort im Bestand zu erkennen sind (s. Abb. 7.2.).

4.1.2.2. Nekrosen

Als **Nekrosen** werden braun oder schwarz verfärbte Gewebebereiche an Pflanzenorganen bezeichnet, die durch lokal begrenztes Absterben von Wirtsgewebe entstehen. Der Zell- bzw. Gewebetod wird hauptsächlich durch bakterielle Toxine sowie wirtseigene Phytoalexine verursacht (s. hierzu 3.4. u. 4.3.5.).

Nekrosen entstehen nicht nur nach Infektion anfälliger Wirtspflanzen, sondern auch als Folge einer Überempfindlichkeits- oder Resistenzreaktion gegen bakterielle Erreger, wodurch deren Vermehrung im inkompatiblen oder resistenten Wirt eingedämmt bzw. verhindert wird (s. 4.3.5.). Je nachdem, an welchen Organen der Pflanze sich Nekrosesymptome zeigen, bezeichnet man sie als Blatt-, Blüten-, Frucht-, Stengelmark- oder Rindennekrosen.

Am vielgestaltigsten und weitesten verbreitet sind nekrotische Blattflecke, die meist durch Vertreter der Gattungen *Pseudomonas* und *Xanthomonas* verursacht werden. Charakteristische Formen werden vor allem ausgebildet, wenn die Nekrotisierung durch Blattadern begrenzt wird, so daß eckige (s. Tafel IV, 5.) oder streifenförmige Läsionen entstehen können, wie z. B. bei der ,,Eckigen Blattflecken"-Krankheit der Gurke (Erreger: *Pseudomonas syringae* pv. *lachrymans*) oder der „Bakteriellen Streifenkrankheit" des Hafers und der Gerste (Erreger: *Ps. syringae* pv. *striafaciens*) (Tafel II, 3). Bei trockenem Wetter fallen die nekrotisierten Bereiche z. T. heraus, so daß die Blätter durchlöchert erscheinen.

Als erstes sichtbares Zeichen der Ausbildung von Nekrosen sind sehr häufig wasserdurchtränkte Flecke zu beobachten. Diese wirken mitunter wie Ölflecke, z. B. bei der „Ölfleckenkrankheit" an den Blättern der Begonie (Tafel II, 4.) oder fettfleckenähnlich, z. B. bei der „Fettfleckenkrankheit" der Bohne, wobei vor allem die auf den Hülsen entstehenden Läsionen wie Fettflecke (Tafel II, 5.) aussehen. Meist färben sich die zunächst wasserdurchsogen erscheinenden Infektionsstellen nach wenigen Tagen heller grün, werden im Zentrum braun und sind — vor allem bei Blattnekrosen — oft von einem chlorotischen Hof umgeben.

Für mehrere *Pseudomonas*- und *Xanthomonas*-Arten konnte nachgewiesen werden, daß sie extracelluläre Polysaccharide bilden, die über längere Zeit eine lokal begrenzte Wasseransammlung in den Intercellularen des Wirtsgewebes verursachen. Erst dadurch wird den bakteriellen Erregern eine Ausbreitung und Vermehrung in den normalerweise luftgefüllten Zwischenzellräumen ermöglicht (s. 4.3.3.). Nach Inokulation von Nichtwirtspflanzen oder resistenten Wirten entstehen auch häufig Nekrosen, jedoch ohne vorherige Ausbildung persistenter, wasserdurchsogener Flecke (El-Banoby & Rudolph 1979a und b).

Wie histologische und cytologische Untersuchungen während der Nekroseentwicklung an Blättern von *Phaseolus vulgaris* zeigen (Sigee & Epton 1976; Lallyett 1977), sterben innerhalb von 24 Std. nach Inokulation (= p. i.) des Blattgewebes mit *Ps. syringae* pv. *phaseolicola* die ersten Zellen ab; einige Tage später kollabiert das infizierte Gewebe und wird bronzefarbig. Der Vakuoleninhalt der abgestorbenen Zelle fließt in die Intercellularen. Von den Zellorganellen weisen nur Chloroplasten und Vakuolen deutliche Veränderungen auf. In den Chloroplasten werden große Stärkekörner gebildet, wobei jedoch die Membranen und Grana intakt bleiben. Der Chlorophyllgehalt nimmt ständig ab und ist 2 Wochen p. i. auf weniger als die Hälfte gesunken. In den Vakuolen entstehen unterschiedlich geformte, dunkel gefärbte Partikeln, die vermutlich phenolischer Natur sind. Im infizierten Blattbereich bleibt der Phenolgehalt bis zum 10. Tag p. i. unverändert; danach steigt er sehr schnell an (s. 4.3.5.).

Mitunter verläuft die Nekroseentwicklung so intensiv, daß befallene Pflanzenorgane in relativ kurzer Zeit vollständig absterben. So ist für die Stengelmarknekrose der Tomate typisch, daß der Erreger (*Ps. corrugata*) bei feucht-kühler Witterung innerhalb weniger Tage das gesamte Mark zersetzen kann (s. Tafel V, 3.), so daß selbst ausgewachsene Pflanzen ihre Stabilität verlieren und zusammenbrechen. Bei starkem Befall von Gehölzen mit *Erwinia amylovora* oder *Ps. syringae* pv. *syringae* nekrotisieren an erkrankten Zweigen und Ästen häufig alle Blüten, Blätter und Früchte, die dann wie verbrannt aussehen (s. Tafel IX und Abb. 13.9.—13.11.). Beide Erreger verursachen außerdem auch Rindennekrosen. Werden diese an verholztem Rindengewebe ausgebildet, bezeichnet man die durch Befall mit *Erwinia amylovora* (s. Abb. 13.3.) bzw. *Ps. syringae* pv. *syringae* (s. Abb. 13.8.) entstehenden eingesunkenen, braun bis schwarz verfärbten, meist lokal begrenzten Läsionen als Rindenbrand (engl. „canker").

Für Rinden- und einige Fruchtnekrosen ist charakteristisch, daß die nekrotisierten Gewebebereiche durch Ausbildung spezifischer Zellschichten vom gesunden Gewebe abgegrenzt werden. Bei Rindennekrosen wird die Ausbreitung in gesundes Rindenparenchym durch die Bildung mehrerer Korkschichten gehemmt (Shekawat et al. 1979). Kommt es in dem so abgekapselten Befallsherd erneut zu einer starken Vermehrung der Erregerzellen oder wird das Korkgewebe anderweitig mechanisch beansprucht, entstehen in dieser morphologischen Barriere Risse, so daß die Bakterien wieder in benachbarte, befallsfreie Gewebebereiche vordringen können. Dadurch ist es bei feuchtwarmer Witterung möglich, daß sich Rindennekrosen über ganze Zweige und Äste ausbreiten und in vielen Fällen sogar den gesamten Baum zum Absterben bringen können.

Eine ähnliche Abgrenzung des Befallsherdes wurde auch bei den sogenannten „Vogelaugenflecken" an Tomatenfrüchten (s. Abb. 11.13.) nachgewiesen (Ehrig & Griesbach 1985), die durch *Clavibacter michiganensis* subsp. *michiganensis* verursacht werden. Der Erreger dringt durch Öffnungen, die beim Abstoßen von Haaren entstehen (Abb. 4.1.a), in junge Früchte ein, vermehrt sich in den Zellzwischenräumen (Abb. 4.1.b) und zerstört den Gewebeverband, so daß das befallene Gewebe nekrotisiert und die Fruchtepidermis im Befallsbereich platzt bzw. sich teilweise ablöst (Abb. 4.1.c). Eine Ausbreitung des Erregers im Fruchtfleisch wird durch die Ausbildung eines ca. 20—25 Zellschichten umfassenden Wundperiderms verhindert (Abb. 4.1.d).

In ähnlicher Weise werden auch die durch *Streptomyces „scabies"* verursachten Nekrosen an Kartoffelknollen abgegrenzt. Beim Buckel- und Flachschorf setzt die Wundperidermbildung schon sehr zeitig nahe der Knollenoberfläche ein, beim Tiefschorf erst wesentlich später, so daß die Läsionen kraterförmig in das Knollenparenchym eingesenkt sind (s. 9.4.1.2.).

Abb. 4. 1. Entstehung von „Vogelaugenflecken" auf Tomatenfrüchten bei äußerlichem Befall durch *Clavibacter michiganensis* subsp. *michiganensis*. Aufnahmen F. Ehrig. a) Zentrale Öffnung (*ZÖ*) an der Basis eines abgebrochenen Haares auf der Fruchtoberfläche als Eintrittspforte für Erregerzellen; b) Bakterienzellen (*B*) innerhalb der zentralen Öffnung; c) Abgrenzung des Befallsbereichs unterhalb der Haarbasis durch Ausbildung eines Wundperiderms (*P*); d) Aufplatzen und teilweises Ablösen der nekrotisierten Fruchtepidermis im Befallsbereich. *ZN* = Zentrum der Nekrose.

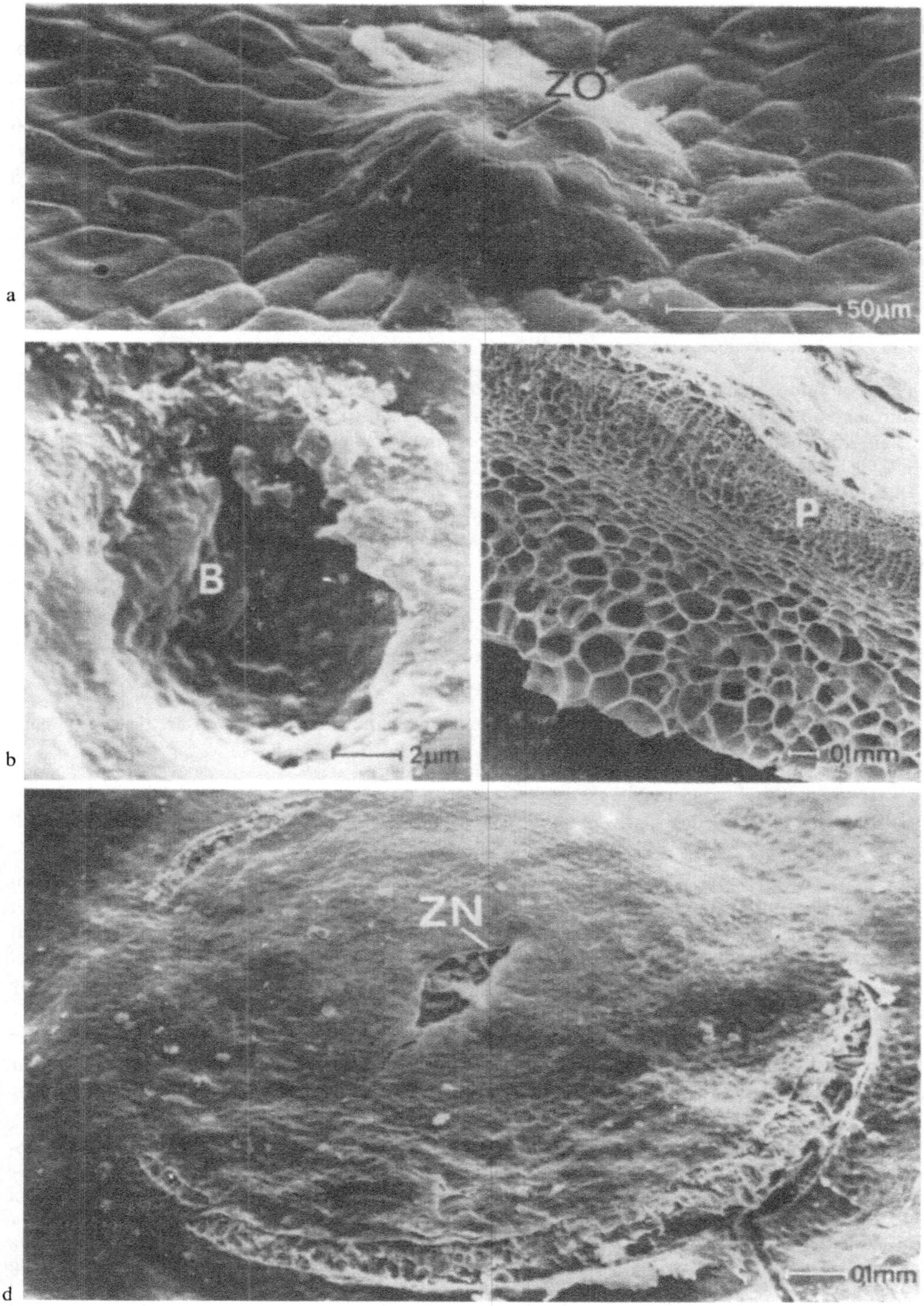
a
ZO
50µm
b
B
2µm
P
0,1mm
c
d
ZN
0,1mm

4.1.2.3. Fäulen

Fäulen können an sehr vielen Pflanzenarten und fast allen Organen entstehen. Am häufigsten werden Speicherorgane (Knollen, Zwiebeln, verdickte Wurzeln) und sehr wasserhaltige Früchte (Tomate, Paprika, Gurke u. a.) befallen, aber auch an fleischigen bzw. succulenten Stengeln (z. B. Mais, Kartoffel, Kakteenarten) sowie im Bereich dicht aneinanderliegender Blätter (Kohl, Salat, Chicorée) treten sie bevorzugt auf. Bei den durch Bakterien verursachten Fäulen handelt es sich ausschließlich um Weich- bzw. Naßfäulen. Diese beiden Arten unterscheiden sich nur hinsichtlich der Wasserkapazität des zerfallenden Gewebes. Da eine eindeutige Abgrenzung meist nicht möglich ist, wird fast nur von Naßfäulen gesprochen. Als Erreger sind vor allem *Erwinia carotovora* subsp. *atroseptica* und *E. carotovora* subsp. *carotovora* bekannt und weit verbreitet. Aber auch Pathovare von *E. chrysanthemi* sowie einige *Pseudomonas*-, *Bacillus*- und *Clostridium*-Arten können Naßfäulen verursachen (s. 3.2.).

Alle Naßfäuleerreger besitzen eine hohe pectinolytische Aktivität, die sie befähigt, Mittellamellen und primäre Zellwände aufzulösen und dadurch Zell- und Gewebeverbände zu zerstören (s. 3.2.).

Die Naßfäuleerreger dringen über Wunden in das Wirtsgewebe ein, wesentlich seltener aber durch natürliche Öffnungen. So kann z. B. *Erwinia carotovora* subsp. *atroseptica* bei hoher Bodenfeuchtigkeit Kartoffelknollen auch über Lenticellen besiedeln (Fox 1972). Im Wirtsgewebe breiten sich die Erreger in den Intercellularen aus, die durch Auflösung der Mittellamellen und Zellwände immer größer werden. Sie sind mit Massen von Bakterien sowie Rückständen der zerstörten Zellen ausgefüllt (s. Abb. 3.1.). Das befallene Gewebe verfärbt sich zunächst gelblich oder hellbraun, später meist intensiv braun, mitunter auch schwarz. Es wird allmählich weich und schließlich völlig breiig bzw. matschig.

4.1.2.4. Welken

Bei ungenügender Wasserversorgung der Pflanzen kommt es zum **Welken**.

Bakteriell bedingte Welken werden
- als Folgesymptom bestimmter Krankheiten, in deren Verlauf unter anderem auch wasserleitende Organe der Pflanze zerstört werden,
- durch Verstopfung des Gefäßsystems oder bzw. und
- die Wirkung von Enzymen und Toxinen der Erreger verursacht.

Meist liegt dem Welkesyndrom ein Komplex von mehreren auslösenden Faktoren zugrunde (s. 3.5. sowie 4.3.4.2.).

Welken, die aufgrund von Zerstörungen der wasserleitenden Pflanzenorgane entstehen, äußern sich zu Beginn meist durch reversibles Schlaffwerden (bisweilen auch Vergilben) von Sproßteilen bzw. Sprossen. Dieser Symptomtyp kann als Folge von Fäulen am Wurzelsystem bzw. Stengelgrund (z. B. durch *E. carotovora* subsp. *atroseptica* an Kartoffeln), durch Mißbildungen an der Wurzel (z. B. durch *Agrobacterium rhizogenes* bzw. *A. tumefaciens* an Gehölzen), aber auch bei Zersetzung des Stengelmarkes (durch *Ps. corrugata* an Tomaten) auftreten.

Bei den „typischen" bakteriellen Welken besiedeln die Erreger das Gefäßsystem, wodurch der Wasser- und Nährstoffstrom gehemmt oder vollständig unterbunden wird. Da die Bakterien primär in die Tracheen des Xylems eindringen, sich über das Wasserleitungssystem ausbreiten und dieses

---

Abb. 4.2. Wirkung von *Clavibacter michiganensis* subsp. *michiganensis* und seines Toxins auf die Chloroplasten der Mesophyllzellen von Tomaten. Aufnahmen U. Leistner. a) Intakte Chloroplastenstruktur mit deutlich unterscheidbaren Grana- und Stromathylakoiden bei einer gesunden Tomatenpflanze. b) Bei infizierten Pflanzen eingetretene partielle Auflösung der Chloroplastenmembran und Anschwellung der Thylakoide. c) Starke Schwellung der Thylakoidmembranen in den Chloroplasten 24 Std. nach Behandlung mit dem Toxin von *Clavibacter michiganensis* subsp. *michiganensis* (Toxinkonzentration in der Kulturlösung 2,0 mg/ml).
G Granathylakoide, *HM* Hüllmembran, *S* Stärke, *St* Stromathylakoide, *Th* Thylakoide, *V* Vacuole, *ZW* Zellwand.

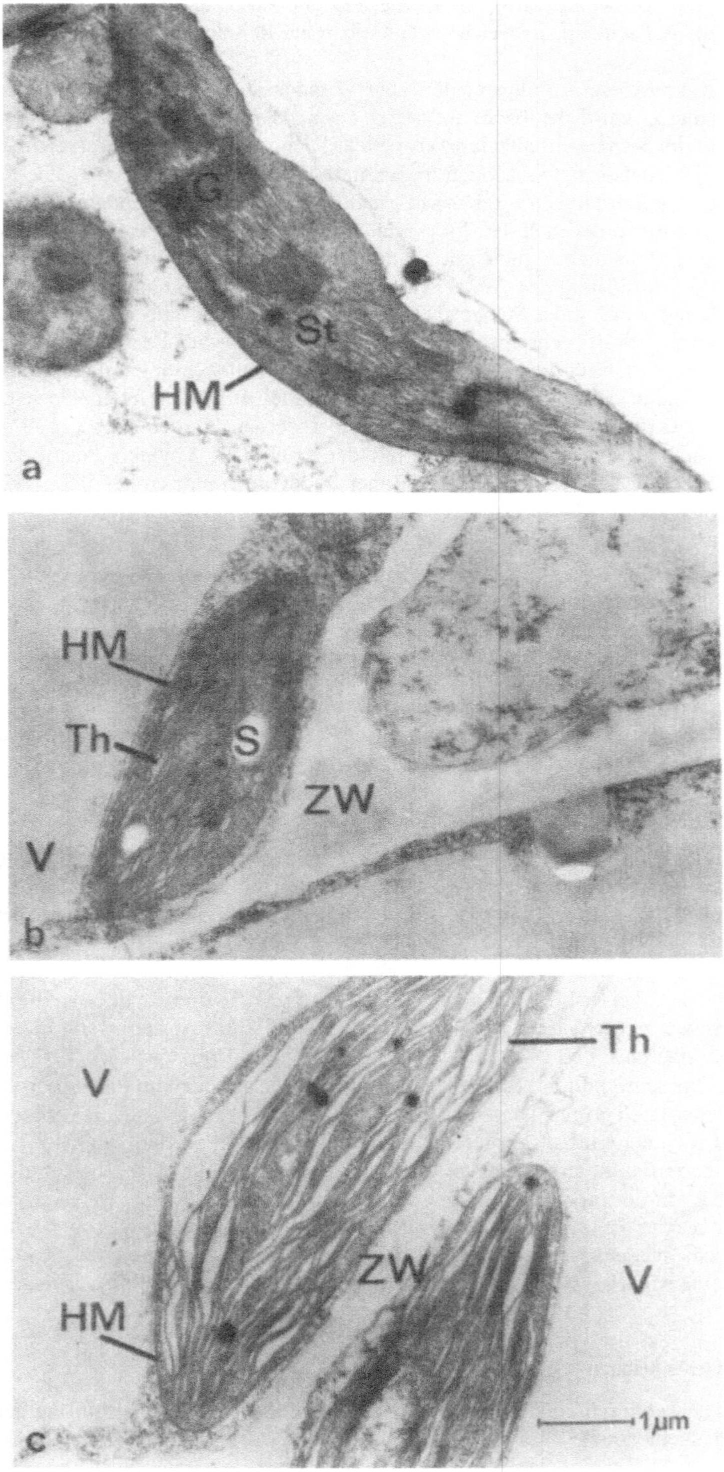
G
St
HM
a
HM
Th
S
ZW
V
b
Th
V
ZW
V
HM
1 µm
c

auch zerstören können, werden diese Welken auch als **Gefäß- oder Tracheobakteriosen** bezeichnet. Für sie ist charakteristisch, daß die Welkesymptome an Blättern und Sprossen häufig anfangs nur einseitig ausgebildet werden, je nachdem, in welchem Gefäßbereich der Befall begonnen hat (s. Abb. 11.12.).

In die Tracheen gelangen die Erreger im allgemeinen über Wunden an Wurzeln oder Sprossen. Bei der Bakteriellen Tomatenwelke wurde beobachtet, daß sich *C. michiganensis* subsp. *michiganensis* täglich 2 cm im Gefäßsystem (im Stengel vor allem in akropetaler Richtung) ausbreitet und reichlich vermehrt. Schon 48 Std. p. i. entstehen erste Ausbuchtungen an den Primärwänden von besiedelten Gefäßen, die sich in wenigen Tagen zu Thyllen vergrößern. Am 8. Tag p. i. sind die sekundären Wandverdickungen der Gefäße zerstört, so daß sich die Erregerzellen im angrenzenden Parenchym intercellulär ausbreiten und auch in Phloemelemente eindringen können, die meist schon innerhalb von 24 Std. kollabieren. Durch die Auflösung des Gewebeverbandes bilden sich im Gefäßbereich und Mark Höhlen, die sich in Längsrichtung des Stengels stark ausdehnen können und mit Bakterien, viskös-körnigen Einlagerungen (Stoffwechselprodukte des Erregers) sowie Resten von zerstörten Wirtszellen gefüllt sind. Offensichtlich spielen bei der Symptomentwicklung außerdem extracelluläre Enzyme sowie Toxine eine große Rolle (s. 3.5.), da auch in erregerfreien Gewebebereichen Gefäßwände Ausbuchtungen bilden oder völlig zerstört werden können (WALLIS 1977; MARTE 1980). Ebenso ist der partielle oder totale Zerfall der Hüll- und Thylakoidmembranstrukturen von Chloroplasten (Abb. 4.2.) sowie der Membranen von Mitochondrien auf deren Wirkung zurückzuführen (LEISTNER et al. 1984).

Ähnliche Welkeerscheinungen sind auch für die Ringfäule der Kartoffel (Erreger: *C. michiganensis* subsp. *sepedonicus*) (STROBEL & HESS 1968) und andere Krankheiten beschrieben worden.

Für die Schleimkrankheit der Tomate und Kartoffel (Erreger: *Ps. solanacearum*) ist charakteristisch, daß die Erregerzellen große Mengen extrem zähen Schleimes bilden, der die Gefäße oft vollständig ausfüllt, und daß die Bakterien vor allem in den Wurzelgefäßen in dichtgepackten Massen vorhanden sind und dort auch reichlich Thyllenbildung induzieren, wodurch der Wasserstrom teilweise oder völlig gehemmt wird. Pectinolytische und cellulolytische Enzyme dieses Erregers werden in größerem Umfang erst im späten Stadium der Pathogenese wirksam (WALLIS & TRUTER 1978).

4.1.2.5. Abstoßen von Pflanzenorganen

Bei starkem Befall mit bakteriellen Welke- und Nekroseerregern ist die Wasser- und Nährstoffversorgung mancher Pflanzenorgane nur noch unzureichend oder völlig unterbrochen. Dies führt bei bestimmten Krankheiten dazu, daß Blätter, Blüten oder bzw. und Früchte abfallen bzw. abgestoßen werden.

Häufig tritt dieses Symptom als Folge eines starken Frühbefalls mit Erregern von Tracheobakteriosen auf. So kommt es z. B. bei Kohl durch *X. campestris* pv. *campestris* und am Paprika durch *Clavibacter michiganensis* subsp. *michiganensis* zum vorzeitigen Blattfall. Das **Abwerfen von Blüten und Früchten** ist ein charakteristisches Folgesymptom bei der Bakteriellen Tomatenwelke (Erreger: *C. michiganensis* subsp. *michiganensis*). In diesem Falle sind mitunter Kelchböden und dazu korrespondierend Fruchtansatzstellen noch grüner Tomaten teilweise oder völlig nekrotisiert bzw. verkorkt (Tafel II, 6.), wodurch die Früchte ihren Halt verlieren und damit abgestoßen werden (Abb. 4.3.).

Durch Nekrose induzierende Bakterien kommt es nur relativ selten zum Abwerfen bestimmter Pflanzenorgane. So wird z. B. durch starken Befall der Gartenbohne mit *X. campestris* pv. *phaseoli*, *Ps. syringae* pv. *phaseolicola* oder *Ps. syringae* pv. *syringae* Blattfall ausgelöst. Von großer wirtschaftlicher Bedeutung ist das massenweise Abfallen von Blüten und jungen Früchten bei starkem Frühbefall von Buschtomaten mit *Ps. syringae* pv. *tomato*. Wodurch dies unmittelbar verursacht wird, ist bisher unbekannt.

4.1.2.6. Bildung von Oberflächenbelägen

Für manche Bakteriosen ist charakteristisch, daß auf bzw. an den Befallsstellen bei hoher Luftfeuchte ein aus Bakterien und Schleimsubstanzen bestehendes Exsudat abgesondert wird. Dies geschieht

Abb. 4.3. Abstoßen von Blüten und jungen Früchten bei Tomatenpflanzen nach Infektion durch *Clavibacter michiganensis* subsp. *michiganensis*.

meist in Form kleiner, wäßriger bis schleimiger Tröpfchen, die weißlich bis gelblich gefärbt sind. Wenn sie eintrocknen, bilden sie, je nach Tropfengröße, feine Häutchen, Schuppen oder festere Krusten, in denen die Erregerzellen meist über längere Zeit am Leben und infektiös bleiben.

Bakterienexsudat ist am häufigsten im Zentrum von nekrotisierten Blattflecken (meist auf der Blattunterseite) zu beobachten, z. B. an Gurkenblättern bei Befall mit *Ps. syringae* pv. *lachrymans* sowie Haferblättern nach Infektion durch *Ps. syringae* pv. *coronafaciens* als weißliche Tröpfchen bzw. Häutchen oder silberne Schuppen und an Pelargonienblättern nach dem Eindringen von *X. campestris* pv. *pelargonii* als gelbliche Tropfen bzw. trockener Belag. Für manche Krankheiten ist der austretende Schleim ein wichtiges Diagnosemerkmal. So können z. B. an Weizenblättern die Symptome der Basalen Spelzenfäule von denen der Schwarzspelzigkeit nur unterschieden werden, wenn die für den Befall mit *X. campestris* pv. *translucens* typischen milchig-grauen Exsudattröpfchen erscheinen, die bei der Trockenheit zu einer gelben Kruste eintrocknen.

Auch an Stengeln krautiger Pflanzen (z. B. bei Tomate nach Infektion mit *Ps. corrugata* bzw. bei Mais nach dem Eindringen von *E. chrysanthemi* pv. *zeae*), an Blütenschäften (z. B. bei Hyazinthe nach Befall mit *X. campestris* pv. *hyacinthi*) oder succulenten Trieben von Gehölzen (z. B. bei Infektion mit *E. amylovora*, aber nicht mit *Ps. syringae* pv. *syringae*!) erscheinen die charakteristischen Bakterienexsudate (s. Abb. 13.2., 13.5. u. 13.7.). An fettfleckenkranken oder mit Bakterienbrand befallenen Buschbohnen kann auf Läsionen der verschiedensten Organe Bakterienschleim abgesondert werden. Er ist bei *Ps. syringae* pv. *phaseolicola* weißlich und bei *X. campestris* pv. *phaseoli* gelblich gefärbt. Besonders typisch ist das Bakterienexsudat an Gladiolenknollen, die durch *Ps. gladioli* befallen sind; auf ihnen bildet sich nach dem Eintrocknen ein lackierter Belag, nach dem die Krankheit als „Lackschorf" bezeichnet wird (s. Tafel VIII, 4.).

Am intensivsten sind **Oberflächenbeläge** bei der Gelbschleimigkeit des Weizens und der Futtergräser ausgebildet. In diesen Fällen kommt es mitunter zu einer so starken Vermehrung der Bakterien (*Clavibacter rathayi* an Futtergräsern, *C. tritici* an Weizen), daß sie als gelbe, zähflüssige Schleimmassen die Infloreszenzen, Halme und z. T. auch Blätter überziehen, wodurch häufig die betroffenen Pflanzenteile miteinander verkleben bzw. Blütenstände in der Entwicklung gehemmt werden. Bei Trockenheit wird der Schleim hart und bröckelt teilweise ab.

4.1.2.7. Teratologische Veränderungen

Zahlreiche bakterielle Erreger können bei ihren Wirtspflanzen **teratologische Veränderungen**, d. h. Abweichungen von der normalen Wuchsform, auslösen. Am häufigsten kommen Wachstumshemmungen, Deformationen und Wucherungen vor.

Stark erkrankte Pflanzen sind meist im Wachstum gehemmt. An Tracheobakteriosen erkrankte Pflanzen weisen bei starkem Befall meist **Zwergwuchs** auf. Ein typisches Folgesymptom, das z. B. durch Bakteriellen Rindenbrand (Erreger: *Ps. syringae* pv. *syringae*) an Gehölzen hervorgerufen wird, ist eine Stauchung des Triebwachstums. Bei Frühbefall mit bakteriellen Erregern bilden stärker betroffene Pflanzen häufig nur wenige oder gar keine Blüten, bzw. es unterbleibt das Schossen oder Ährenschieben, wie es z. B. bei Getreide- bzw. Futtergrasarten nach Infektion durch *X. campestris* pv. *translucens* oder *X. campestris* pv. *graminis* (s. Abb. 7.2.) der Fall ist.

Deformationen sind insbesondere bei systemischen Erkrankungen zu beobachten. Man findet an solchen Pflanzen vielfach asymmetrisch ausgebildete oder gekräuselte Blätter. Eine Asymmetrie der Blattform ist beispielsweise charakteristisch für eine systemische Infektion von Kohl- oder Buschbohnenblättern mit *X. campestris* pv. *campestris* bzw. *Ps. syringae* pv. *phaseolicola*. Kräuselungen weisen z. B. sehr oft Blätter von Futtergräsern auf, wenn sie mit *X. campestris* pv. *graminis* befallen sind. Dieser Erreger verursacht außerdem Verdrehungen an den Infloreszenzen, die auch an Getreideähren nach dem Eindringen von *X. campestris* pv. *translucens* entstehen können. Früchte sind ebenfalls mitunter infolge einer bakteriellen Infektion mißgestaltet; so rufen beispielsweise *Ps. syringae* pv. *phaseolicola* und *Ps. syringae* pv. *syringae* an Bohnenhülsen häufig Verkrümmungen und Krüppelwuchs hervor. **Verbänderungen** („Fasciationen") und **Hexenbesenbildungen**, die durch Störungen im Vegetationskegel der Sproßachse entstehen, werden dagegen nur durch ganz wenige bakterielle Erreger induziert. So kommt es z. B. bei Befall von Erbsen bzw. einigen Zierpflanzen (u. a. *Asparagus*, Chrysantheme, Dahlie, Nelke) mit *Rhodococcus fascians* zu Verwachsungen und dadurch zur Ausbildung breiter, abgeflachter und z. T. bizarr geformter Sprosse oder zum Verlust der apikalen Dominanz, so daß infolge dichtgedrängter Seitentriebbildungen hexenbesen- oder blumenkohlartige Wucherungen entstehen (s. 3.3., Abb. 3.7. u. Abb. 14.2.). Derartige Symptome, häufig in Verbindung mit **Blütenmißbildungen** bzw. **-vergrünungen**, werden auch durch *Mycoplasma*-ähnliche Organismen (MLO) hervorgerufen (s. a. 5.1. u. 5.6.).

Am häufigsten werden **Wucherungen** durch *Agrobacterium*-Arten verursacht. Die bekanntesten Krankheiten sind der Wurzelkropf (Erreger: *A. tumefaciens*) (Abb. 13.13.) sowie die Haarwurzelkrankheit der Obstgehölze, die durch *A. rhizogenes* verursacht wird und durch übermäßige Wurzelhaarbildung gekennzeichnet ist (Abb. 13.14.). Wurzelkropf- bzw. Tumorbildung kann durch *A. tumefaciens* an sehr vielen Pflanzenarten (u. a. Beta-Rübe, Erbse, Tabak, Sonnenblume) hervorgerufen werden. Die bevorzugte Befallsstelle ist der Wurzelhals („crown-gall-tumors"), im Prinzip können jedoch auch alle anderen Pflanzenorgane infiziert werden. Der Erreger dringt durch Wunden in das Wirtsgewebe ein, breitet sich intercellulär aus und induziert (s. 2.3.8., 3.3. und 4.3.4.4.) an der Befallsstelle (meist im Rindenparenchym und Cambium) abnorme Gewebeproliferationen, die durch autonomes, undifferenziertes und unbegrenztes Wachstum gekennzeichnet sind.

Die **Tumorentwicklung** beginnt mit der Ausbildung eines typischen Wundperiderms. Danach kommt es zu unkoordinierten Zellteilungen, so daß ein desorganisiertes Gewebe aus parenchymatischen Gefäß- und Phloemelementen entsteht, in dem immer wieder neue „Teilungszentren" gebildet werden. Mit der Zeit werden alle Xylemgruppen im Tumor durch Stränge tracheidaler Elemente miteinander verbunden. Dieses unregelmäßig verzweigte tracheidale Netz wird schließlich auch an das normal ausgebildete Gefäßsystem der Pflanze „angeschlossen". Bei alternden Tumoren verkorken und verholzen zunächst die peripheren Zellen, später auch immer mehr die inneren, so daß die Wucherung allmählich abstirbt.

Tumorzellen sind reich an Ribosomen, Polysomen und Mitochondrien. Im Vergleich zu Normalzellen besitzen sie ein wesentlich ausgedehnteres endoplasmatisches Reticulum, aber nur wenige und kleinere Chloroplasten, die teilweise strukturelle Veränderungen und Einschlüsse aufweisen. Die sich rasch teilenden Zellen haben im allgemeinen einen Ploidiegrad von 2—8 C[1]), zuweilen vorhandene Riesenzellen können Ploidiegrade bis zu 128 C erreichen und teilen sich kaum noch (BEIDERBECK 1977).

4.1.3. Verwechslungsmöglichkeiten

Abschließend sei noch darauf hingewiesen, daß Bakteriosesymptome u. U. mit Schadbildern verwechselt werden können, die von Viren, Pilzen, tierischen Schaderregern oder durch Einwirken bestimmter Umweltfaktoren verursacht wurden. Darauf wird im Teil II bei Behandlung der einzelnen Krankheitsbilder und Diagnosemöglichkeiten näher eingegangen. Außerdem kommt es mitunter zu Mischinfektionen oder Sekundärbesiedlungen bakteriell erkrankter Pflanzen, wodurch die charakteristischen Symptome verändert bzw. überdeckt werden können. Dies macht deutlich, daß die äußerlich sichtbaren Veränderungen an einer Pflanze allein meist nicht für eine sichere Krankheitsdiagnose ausreichen.

4.2. Krankheitsübertragung

4.2.1. Voraussetzungen und Möglichkeiten der Krankheitsübertragung

Für alle pflanzlichen Infektionskrankheiten ist charakteristisch, daß die Erreger
- von Generation zu Generation bzw. Vegetationszeit zu Vegetationszeit und
- innerhalb eines Bestandes von primär erkrankten Pflanzen auf gesunde übertragen werden.

Diese Vorgänge sind zugleich die Voraussetzung für die Arterhaltung und Vermehrung des Parasiten. Dabei werden häufig aktiv oder passiv große Entfernungen bewältigt bzw. lange Zeiträume überbrückt (Abb. 4.4.). Kommt es dagegen zu einer Unterbrechung in den Übertragungsabläufen, so erlischt die Infektionskrankheit meist binnen kurzem.

Die genaue Kenntnis ihrer **Übertragungswege** und **Infektionsabläufe** ist wichtig, um Krankheitserreger möglichst wirksam bekämpfen zu können. Nicht immer muß die direkte Einwirkung auf den Parasiten die erfolgreichste Methode zu seiner Unterdrückung sein. Oft kann allein durch Beseitigung der Infektionsquelle, des primären Krankheitsherdes oder des Zwischenwirtes eine Ausbreitung der Krankheit verhindert werden. Das gilt auch für bakteriell bedingte Pflanzenkrankheiten.

Die fortgesetzte, oft in ganz festgefügten Cyclen ablaufende Übertragung eines Pathogens von Wirtspflanze zu Wirtspflanze wird allgemein als **Infektkette** bezeichnet. Findet sie ununterbrochen und unmittelbar von einem Wirt zum anderen statt, liegt eine kontinuierliche (= geschlossene) Infektkette vor. Bei einer diskontinuierlichen (= unterbrochenen) Infektkette wird die Über-

---

[1]) 1 C entspricht dem DNS-Gehalt einer haploiden Zelle in der Telophase (BEIDERBECK 1977).

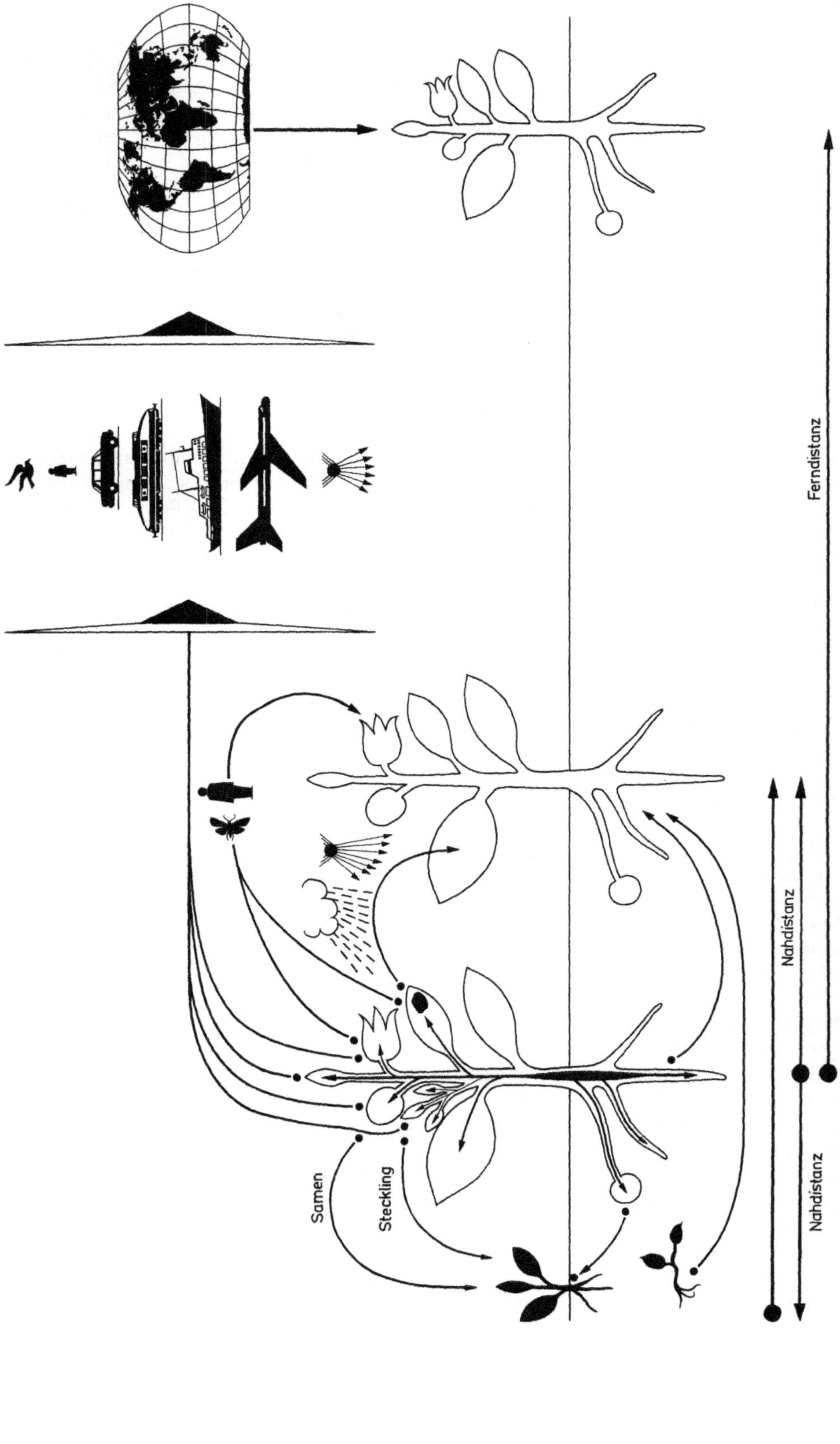

Abb. 4.4. Schema der Übertragung bakterieller Krankheitserreger in Nahdistanz und über große Entfernungen.

tragung des Erregers von Wirt zu Wirt zeitweilig durch eine saprophytische oder eine Ruhepause unterbrochen. Bleibt der Erreger im Infektionsverlauf stets an Wirtspflanzen der gleichen Art oder Gruppe von Wirtsspecies, handelt es sich um eine homogene Infektkette; heterogene Infektketten bauen sich hingegen aus Wirten verschiedener Artzugehörigkeit auf, d. h. die Erreger befallen nacheinander Wirte unterschiedlicher Artzugehörigkeit.

An diese besondere Situation der Überbrückung (Überdauerung) wirtsfreier Perioden und Räume ist die Lebensweise der Pflanzenpathogene angepaßt. Bei den pflanzenpathogenen Bakterien kommen folgende Formen der **Überdauerung** vor:

— Infektion oder Kontamination von Samen
— Infektion oder Kontamination von Pflanzgut
— Ausweichen auf mehrjährige bzw. Dauerkulturen
— Ausweichen auf Zwischenwirte
— epiphytische Besiedlung von Nichtwirtspflanzen, z. B. Unkräutern,
— Verbleib in ± schwer zersetzbaren Pflanzenrückständen
— Einwanderung und Verbleib im Boden
— Haften an Maschinen und Arbeitsmaterialien aller Art.

Dementsprechend dienen infiziertes oder kontaminiertes Saat- und Pflanzgut, verseuchter Boden, befallene Pflanzenreste, mit Erregerzellen kontaminierte Arbeitsgeräte und äußerlich mit Pathogenen besiedelte Pflanzenoberflächen (Phyllosphäre, Rhizosphäre) als die wichtigsten **Infektionsquellen** für den Neubefall gesunder Bestände.

Bakteriellen Krankheitserregern ist das **Überleben von ungünstigen Umweltbedingungen**, wie z. B. das Vorkommen in oder am Samen und die Haftung an Arbeitsgeräten, im allgemeinen nur durch eine abrupte Drosselung aller ihrer Lebensvorgänge möglich. Dazu sind allerdings nur die Zellen in der Lage, die sich in der stationären Wachstumsphase befinden. Zwischen den einzelnen Arten gibt es hinsichtlich ihrer Fähigkeit, in den Zustand einer inaktiven Überdauerung überzugehen und dabei längere Zeit am Leben zu bleiben, große, genetisch fixierte Unterschiede; außerdem hat es sich immer wieder gezeigt, daß auch die Zellen einer Population sich sehr stark unterscheiden können. In einigen Fällen wird die Überdauerung ungünstiger Perioden durch die extracelluläre Absonderung von Polysaccharidschleim begünstigt, z. B. bei *Pseudomonas solanacearum* (s. 2.1.2.). Dieser durch minimalen Wassergehalt gekennzeichnete Starrezustand führt zu folgenden physiologischen Veränderungen:

— extreme Verlangsamung der meisten Enzymaktivitäten, aller Stoffsynthesen, der dissimilatorischen Aktivitäten, der Ablagerung von Stoffwechselendprodukten und aller Gasaustausch- und Stoffwechselvorgänge mit der Umwelt
— weitgehende Ausschaltung der wechselseitigen Einflüsse (Konkurrenz) innerhalb der Zellpopulationen und
— fast vollständige Eliminierung der Wechselwirkungen mit anderen Mikroorganismen.

Anders als bei der inaktiven Überdauerung liegen die Verhältnisse dann, wenn die Pflanzenpathogene im Boden oder in Pflanzenrückständen zu einer saprophytischen Lebensweise übergehen können. Sie beteiligen sich in einem solchen Falle wie ständige Bodenbewohner aktiv an der Zersetzung der organischen Bestandteile im Boden und an deren Mineralisierung. Dabei nutzen sie teilweise das Enzymbesteck, das sie auch während der parasitischen Phase benötigen (Pectinasen, Cellulasen, Hemicellulasen, Proteasen). Zu dieser Gruppe gehören bedeutsame phytopathogene Bakterien, wie z. B. *Agrobacterium tumefaciens*, *Pseudomonas solanacearum* und *Clavibacter michiganensis* subsp. *michiganensis*. Von einigen pflanzenpathogenen Bakterien ist auch bekannt, daß sie — wenigstens für eine gewisse Zeit — im Wurzelbereich von Nichtwirtspflanzen (Rhizoplane, Rhizosphäre) saprophytisch überdauern können; Beispiele hierfür sind *X. campestris* pv. *malvacearum*, *X. campestris* pv. *vesicatoria*, *Ps. syringae* pv. *tabaci* und *Ps. corrugata*.

Eine andere Form der Überdauerung und des Wechselns von der parasitischen in die saprophytische Lebensweise stellt die Integrierung in die Epiphytenflora dar. So können bestimmte bakterielle Erreger längere Zeit (oder ständig) auf der Oberfläche der oberirdischen Organe ihrer Wirte oder auch auf Nichtwirtspflanzen, z. B. Unkräutern, als sogenannte „Residenten“ leben und bei

Vorliegen geeigneter Bedingungen ihre Wirtspflanzen wieder besiedeln bzw. infizieren. Derartige Übertragungsverhältnisse konnten z. B. bei *Ps. syringae* pv. *syringae*, *Ps. syringae* pv. *tomato*, *E. amylovora* u. a. pflanzenpathogene Bakterien vielfach nachgewiesen werden.

4.2.2. Übertragung in Form einer geschlossenen Infektkette

Bei vielen Bakterienkrankheiten findet die Übertragung der Erreger nur zwischen den einzelnen ontogenetischen Stadien einer Pflanze statt, wobei sie von der Infektionsquelle (Mutterpflanze, Samen, Pflanzgut etc.) aus aktiv oder passiv zum Infektionsort in den anderen Organen ihres Wirtes gelangen. Bei einer derartigen Form der direkten Übertragung handelt es sich also um eine sogenannte **homogene Infektkette.** Sie ist z. B. für die Naßfäuleerreger der Kartoffel (*Erwinia carotovora* subsp. *atroseptica*) typisch. Die Zellen des Parasiten gelangen dabei von der Mutterknolle aus in die austreibenden Sprosse, rufen dort das Krankheitsbild der Schwarzbeinigkeit hervor und wandern dann basipetal über die Leitungsbahnen in die Stolonen und Tochterknollen ein; ein anderer Weg führt von der befallenen Mutterknolle aus über den Boden direkt zu den Tochterknollen, in die der Erreger über die Lenticellen eindringen kann. Werden infizierte Kartoffeln ausgepflanzt, beginnt der Infektionscyclus von neuem. Auf die gleiche Weise werden *Clavibacter michiganensis* subsp. *sepedonicus* und *Pseudomonas solanacearum* übertragen.

Tabelle 4.1. Durch Saatgut übertragbare bakterielle Erkrankungen einiger wichtiger Kulturpflanzen. Nach Palti 1981.

Familie	Kulturart	Anzahl samenübertragbarer phytopathogener Bakterienarten
Apiaceae (Umbelliferae)	Sellerie	2
Asteraceae (= Compositae)	Salat	1
Brassicaceae (= Cruciferae)	*Brassica* spp.	3
	Radieschen	1
Cannabaceae	Hopfen	1
Chenopodiaceae	Zuckerrübe	2
Cucurbitaceae	Wassermelone	1
	Gurke	1
	Kürbis	1
Fabaceae (= Leguminosae)	Sojabohne	7
	Luzerne	2
	Gartenbohne	6
	Erbse	3
	Klee	4
	Wicke	1
Linaceae	Lein	1
Malvaceae	Baumwolle	1
Poaceae (= Gramineae)	Hafer	2
	Gerste	2
	Weizen	6
	Roggen	1
	Hirse	4
	Mais	7
	Reis	5
Rosaceae	Kirsche, Pflaume, Pfirsich	2
Rutaceae	*Citrus* spp.	1
Solanaceae	Pfeffer	2
	Tomate	5
	Tabak	6

Eine geschlossene Infektkette stellt auch die für **samenbürtige Bakteriosen** charakteristische Übertragungsform dar (Tab. 4.1.). Hier dringt der Erreger aus den vegetativen Organen über das Tracheensystem bis in die Samenanlage vor und gelangt so in die neu gebildeten Samen, wo er dann in eine Ruhephase übergeht (s. 4.2.1.). Hierfür gibt es eine Fülle von Beispielen; genannt seien insbesondere *Clavibacter michiganensis* subsp. *michiganensis, C. michiganensis* subsp. *insidiosus, Pseudomonas syringae* pv. *phaseolicola, Ps. syringae* pv. *lachrymans, Xanthomonas campestris* pv. *campestris* und *X. campestris* pv. *phaseoli.* Häufig haften die Erregerzellen nur der Samenschale äußerlich an. Wenn das befallene Saat- oder Pflanzgut auskeimt bzw. ausgepflanzt wird, vermehren sich die Erregerzellen, und es kommt zu einer Infektion gesunden Gewebes. Die auf diese Weise übertragbaren Bakterien bleiben meist sehr lange lebensfähig, beispielsweise kann *X. campestris* pv. *campestris* bis zu 3 Jahren in Cruciferen-Samen überdauern, ohne abzusterben. Ähnliche Verhältnisse liegen auch bei der äußerlichen Infektion von Bohnensamen durch *Ps. syringae* pv. *phaseolicola* vor.

Neben der Weiterverbreitung durch befallenes Saat- und Pflanzgut hat in der Epidemiologie bakterieller Pflanzenkrankheiten wohl die **Übertragung durch befallene Pflanzenreste** die größte Bedeutung. In diesen Infektionsquellen bleiben die Erregerkeime meist sehr lange lebens- und infektionsfähig. Werden auf dem betreffenden Standort nachfolgend wieder anfällige Wirtspflanzen angebaut, so kommt es zu einer Neuinfektion. Als typisches Beispiel gilt die bodenbürtige Übertragung von *Agrobacterium tumefaciens* auf die verschiedenen Obstarten. Gleiche Verhältnisse liegen auch bei *Ps. solanacearum*, bei *X. campestris* pv. *campestris* und *C. michiganensis* subsp. *michiganensis* vor.

Während bei den bisher geschilderten Fällen die Übertragung zwischen verschiedenen Organen oder Individuen einer Pflanzenart stattfindet, gibt es auch Beispiele für einen **Wirtswechsel** (= heterogene Infektkette). So ist das für Sojabohne pathogene Bakterium *X. campestris* pv. *glycines* auch in der Lage, auf *Brunnichia cirrhosa* auszuweichen und an dieser Unkrautpflanze längere Zeit als Parasit zu überdauern. Bei *Ps. solanacearum* sind gleichfalls Unkräuter als Zwischenwirte oder Überhälter bekannt. *Erwinia amylovora* ist ebenfalls in der Lage, neben den Obstgehölzen zahlreiche andere Rosaceen-Sträucher zu befallen und dann wieder auf Kernobst überzugehen. Ein weiteres Beispiel dafür ist *Ps. syringae* pv. *syringae*, die auf zahlreichen Wirtsarten als Pflanzenparasit lebt.

Die genannten Erreger besitzen alle einen fakultativen Wirtswechsel. Ein obligater Wechsel ist — im Gegensatz zu bestimmten Mykosen — bei phytopathogenen Bakterien bisher in keinem Fall bekannt.

4.2.3. Übertragung in Form einer unterbrochenen Infektkette

Neben dem geschlossenen Infektionscyclus der Erreger im Verlauf der Wirtsontogenese gibt es verbreitet noch eine weitere Übertragungsform, die dadurch charakterisiert ist, daß die bakteriellen Parasiten zeitweise außerhalb ihrer Wirtspflanzen vorkommen und daß häufig sogar eine saprophytische Phase eingeschaltet ist (s. 4.2.1.), ehe sie auf sehr unterschiedlichem Weg wieder einen Wirt finden.

Bei einigen Erregern verläuft die Krankheitsübertragung sowohl in Form einer kontinuierlichen als auch einer **unterbrochenen Infektkette.** Beispiele hierfür sind wiederum *Erwinia amylovora, Pseudomonas syringae* pv. *syringae, Ps. syringae* pv. *tomato* u. a., die auch als Epiphyten überdauern können (s. 4.2.1.), ferner *Agrobacterium* spp. und bakterielle Welkeerreger wie *Ps. solanacearum* und *Clavibacter michiganensis* subsp. *michiganensis*, die nicht nur durch das Saat- bzw. Pflanzgut übertragen werden, sondern zeitweise saprophytisch im Boden leben können (s. 4.2.1.).

In allen Fällen, bei denen keine geschlossene Infektkette besteht, die die Erregerübertragung von Anbauperiode zu Anbauperiode sicherstellt, hängt die Weiterverbreitung der Krankheit von verschiedenen äußeren Einflußfaktoren, insbesondere dem jeweiligen „Transportmittel" (Vehikel), ab. Das gilt übrigens sowohl für die Überbrückung größerer Distanzen und Zeiträume (etwa längerer Anbaupausen oder der Winterperiode) als auch für die Übertragung von kranken auf gesunde Pflanzen in einem Bestand. In Abhängigkeit von der Art der Krankheitsausbreitung unterscheidet man die Übertragung auf mechanischem Wege (Wind, Wasser, Arbeitsgeräte u. a.) und durch Vektoren (Tiere, Menschen).

4.2.3.1. Mechanische Übertragung

Bei nahezu allen bakteriellen Erregern ist eine **Übertragung** auf gesunde Pflanzen **auf mechanischem Wege** möglich. Dies kann auf folgende Weise geschehen:

— Berührung von infizierten und gesunden Organen oder Pflanzen (Windabrieb, Bestandespflege mit Arbeitsgeräten). Diese Übertragungsform kommt praktisch bei allen an oberirdischen Pflanzenorganen auftretenden Krankheitserregern vor. Als Beispiele hierfür seien genannt: die verschiedenen Blattflecken-Erreger (viele Pathovare) aus den Species *Pseudomonas syringae* und *Xanthomonas campestris*, ferner *Erwinia amylovora* u. a.

— Auswaschen und Verspritzen von Bakterienzellen durch Regenwasser oder künstliche Beregnung (Verschmieren von Exsudat-Tröpfchen auf gesunde Organe, Abspülen der Bakterien aus Blatt-, Stengel- und Triebläsionen auf andere oberirdische Pflanzenteile und Wurzelorgane). Das trifft z. B. wiederum für alle bakteriellen Blattflecken-Erreger aus den Gattungen *Pseudomonas* und *Xanthomonas*, aber auch für *E. amylovora* zu.

— Verbreitung durch das Nährsubstrat, vor allem bei Hydro- bzw. NFT-Kulturen im Gewächshaus, wie für *C. michiganensis* subsp. *michiganensis* nachgewiesen wurde. (NFT = Nährfilmtechnik ist ein modernes Produktionsverfahren in der Gewächshauswirtschaft).

4.2.3.2. Übertragung durch den Boden

Eine weitere häufig vorkommende Form der Krankheitsübertragung beruht auf einer **Bodenverseuchung** durch Erregerzellen. Durch mehrfachen Anbau anfälliger Kulturen bzw. derselben Fruchtart findet meist eine progressive Anreicherung von Krankheitskeimen statt, die ihrerseits zu verstärktem Befall führen. Dabei üben neben den Bodenorganismen die physikalischen Bodeneigenschaften, der Humusgehalt, die Bodenreaktion und die Feuchtigkeitsverhältnisse einen fördernden oder hemmenden Einfluß auf die Lebensfähigkeit der Erregerzellen aus. Als Beispiele für eine sehr lange Lebensfähigkeit im Boden seien *Agrobacterium tumefaciens* und *Streptomyces „scabies“* angeführt. Aber auch *Ps. solanacearum* kann im Boden bis zu 16 Monaten lebensfähig bleiben, der damit zum Infektionsreservoir bzw. zur Infektionsquelle für anfällige Nachfrüchte wird (s. S. 181).

4.2.3.3. Übertragung durch Vektoren

Erfolgt der Transport der pflanzenpathogenen Bakterien auf gesunde Pflanzen durch andere Lebewesen, so spricht man von **Vektorübertragung**. Hierbei kommt den Insekten die größte Bedeutung zu, aber auch Nematoden und andere Tiere können für eine Weitergabe bestimmter Bakteriosen sorgen. Nicht zuletzt überträgt auch der Mensch durch seine vielfältige Tätigkeit im Verlauf der Pflanzenentwicklung und beim Austausch von Saat- und Pflanzgut zahlreiche bakteriell bedingte Pflanzenkrankheiten.

Für die Infektion von Pflanzen durch pathogene Bakterien haben tierische Vektoren in zweifacher Hinsicht Bedeutung: Sie sind nicht nur als Überträger wirksam, sondern schaffen durch ihre beißende und saugende Tätigkeit zusätzliche Wunden, über die ihnen anhaftende Keime in den Wirt eindringen können.

Bekannt ist die **Beteiligung von tierischen Vektoren an der Krankheitsausbreitung** im Falle von *E. amylovora*, die durch Ameisen, Bienen, Vögel u. a. Tiere über geringe und größere Distanzen übertragen werden kann; *E. carotovora* subsp. *atroseptica* und subsp. *carotovora*, für die unter anderem *Drosophila melanogaster* L. als Überträger nachgewiesen wurde; *Ps. syringae* pv. *lachrymans*, die durch *Diabrotica* spp. auf gesunde Pflanzen verschleppt wird, und *Clavibacter tritici* sowie *C. rathayi*, die durch bestimmte Nematoden (*Anguina* spp.) verbreitet werden können (s. 7.5.2.). Ein weiteres Beispiel ist *C. michiganensis* subsp. *sepedonicus*, für dessen Weiterverbreitung auch die Larven und Imagines des Kartoffelkäfers sorgen können. Aufs engste mit der Verbreitung ihrer Vektoren ist das Auftreten der *Mycoplasma*-ähnlichen Organismen verbunden; es handelt sich dabei in erster Linie um Zikaden (s. a. 5.6.).

Bei der unmittelbaren **Übertragung durch den Menschen** spielt vor allem das Durchschneiden, Abtrennen oder Ausgeizen von infizierten Pflanzenteilen, etwa beim Schneiden von Pflanzgut, Einkürzen der Triebspitzen und Wurzeln, Ausgeizen von Seitensprossen und nachfolgender Kontakt mit gesunden Organen bzw. Pflanzen, eine wesentliche Rolle. Als Beispiele seien hier *C. michiganensis* subsp. *michiganensis*, *C. michiganensis* subsp. *sepedonicus*, *Ps. solanacearum*, *E. amylovora*, u. a. genannt.

4.2.4. Übertragung über große Entfernungen

Bestimmte bakterielle Erreger werden durch weitreichende Luftströmungen, durch Vögel oder durch kontaminiertes Verpackungsmaterial über sehr große Entfernungen verbreitet. Auch durch verseuchtes Saatgut, Baumschulmaterial und anderes Pflanzgut kann es zur **kontinentweiten Übertragung** von Bakteriosen kommen. Herausragendstes Beispiel aus jüngster Zeit ist hier wohl die Ausbreitung des Feuerbranderregers *E. amylovora* (s. 5.7. und 13.1.2.).

Ein Transport über Tausende von Kilometern mit Hilfe von Verpackungsmaterialien (Säcken, Kisten etc.), an denen der Erreger haftengeblieben ist und über längere Zeit überdauern kann, ist auch im Falle von *C. michiganensis* subsp. *sepedonicus* bekannt. In solchen Fällen kann die Krankheit — ebenso wie bei Verschleppung durch Saat- und Pflanzgut — auch erst Monate nach erfolgter Kontamination bzw. Infektion des Transportmittels zum Ausbruch kommen.

4.2.5. Abhängigkeit der Übertragung von äußeren Faktoren

Insgesamt gesehen spielen bei allen Übertragungsvarianten und Infektketten **hohe Luftfeuchtigkeit** und **höhere Temperaturen** eine wesentliche Rolle, da sie in den meisten Fällen für das Haften einer Infektion und die Vermehrung des Erregers im neu besiedelten Wirt bzw. Organ entscheidende Voraussetzungen sind. Dies gilt jedoch nicht für das Stadium der Überdauerung in der jeweiligen Infektionsquelle; in dieser Phase setzen ein höheres Feuchtigkeitsangebot und Wärme die Lebensfähigkeit der Erregerzellen gewöhnlich herab, während ein geringer Wassergehalt und niedrige Temperaturen im allgemeinen konservierend wirken und so die Überlebenschance für den Erreger erhöhen.

Zusammenfassend ist festzuhalten, daß die pflanzenpathogenen Bakterien auf sehr unterschiedliche Weise, und zwar durch befallene Samen, infizierte Pflanzenteile, verseuchte Böden, kontaminierte Maschinen, Werkzeuge, Arbeitsmaterialien und tierische Vektoren übertragen werden können, von denen dann auch der Neubefall seinen Ausgang nimmt.

4.3. Die Wirt/Pathogen-Beziehungen

4.3.1. Allgemeine Voraussetzungen und Grundlagen

Die phytopathogenen Bakterien haben im Verlauf der Evolution die Fähigkeit erworben, die höhere Pflanze als Nahrungsquelle und Lebensraum zu nutzen. Dabei sind Übergänge von einer partiell saprophytischen Lebensweise der sogenannten Schwächeparasiten über eine weitgehend parasitische Ernährungsweise bis hin zur Symbiose der Knöllchenbakterien vorhanden. Aus dem Wesen der natürlichen Selektionsprinzipien, nämlich der Erhaltung der Art, ergeben sich sowohl seitens der Parasiten (Bildung aggressiver Rassen) als auch des Wirtes (Selektion resistenter Formen) komplexe Wechselbeziehungen, die unter dem Begriff der Wirt/Pathogen-Beziehungen (W/P-Beziehungen) oder auch Wirt/Parasit-Verhältnis (W/P-Verhältnis) zusammengefaßt werden.

Die **Entstehung und der Verlauf einer Pflanzenkrankheit** (Pathogenese) kann in mehrere qualitativ und quantitativ differenzierbare Phasen untergliedert werden:

- Bildung des Inokulums
- Übertragung und Verbreitung
- Kontamination

} Voraussetzungen für das Entstehen von Epidemien (s. 4.2.)

- Infektion: Beginn physiologisch-biochemischer Beziehungen und Wechselwirkungen
- Inkubation: Vermehrung und Ausbreitung im Wirtsgewebe
- Symptomausbildung: Schädigung und Absterben des Wirtes oder von Teilen desselben.

Die eigentlichen Wirt/Pathogen-Beziehungen beginnen mit dem Eindringen des Erregers sowie dessen Vermehrung und enden mit einer ± starken Schädigung bei anfälligen Wirten oder bei resistenten Formen mit einer Abwehr des pathogenen Angriffs, verbunden mit einer Eliminierung des Pathogens. Zwischen beiden Extremen sind, abhängig von der Aggressivität und Pathogenität des Parasiten sowie vom Grad der Anfälligkeit oder Resistenz des Wirtes, viele Übergänge möglich. Die normale Reaktionsweise des Pathogens und des Wirtes sind genetisch fixierte Merkmale. Das jeweils resultierende W/P-Verhältnis wird von einer Vielzahl physiologisch-biochemischer Faktoren, in besonderem Maße aber von Umweltbedingungen beeinflußt. In der schematischen Darstellung (Abb. 4.5.) wird ein Überblick der bisher als wichtig erkannten Einflußgrößen gegeben. Das Ziel der Erforschung der Physiologie und Biochemie der W/P-Beziehungen besteht letzten Endes darin, die komplexen Wechselbeziehungen bis zur molekularen Reaktionsebene aufzuklären.

Besondere Bedeutung erlangt dabei die Aufklärung der physiologisch-biochemischen Ursachen der Resistenz. Diese Kenntnisse sind für eine gezielte Resistenzzüchtung (s. 6.4.) als der biologisch und ökonomisch wertvollsten Möglichkeit einer Krankheitsbekämpfung, aber auch zur Entwicklung

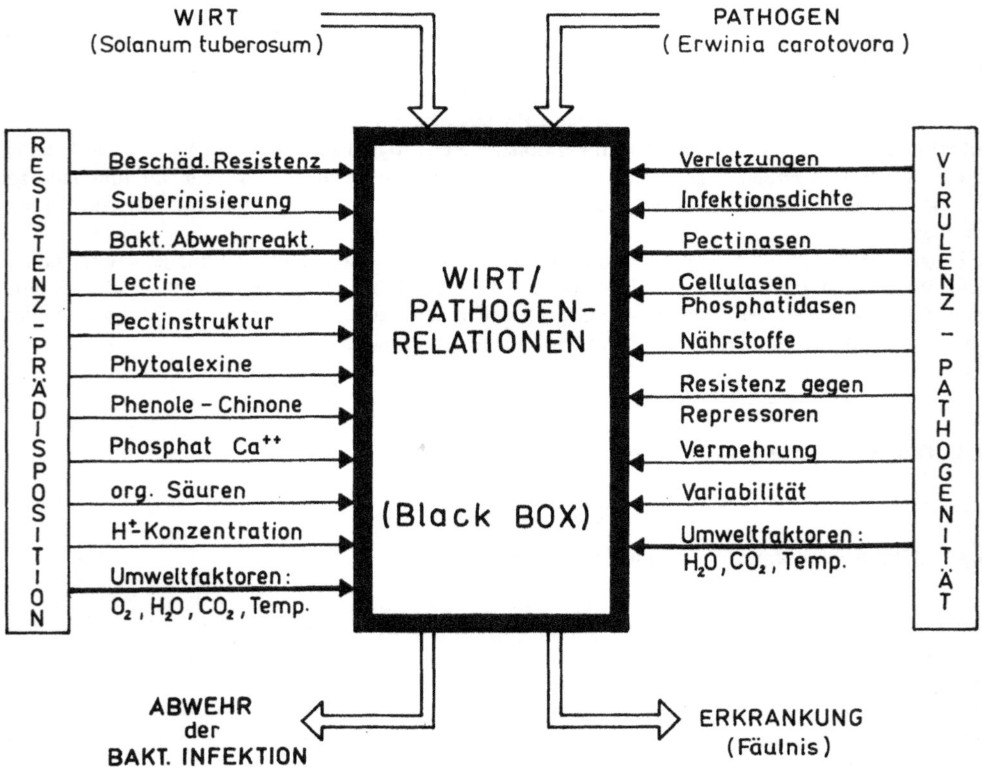

Abb. 4.5. Schematische Darstellung der auf die Wirt-Parasit-Beziehungen wirkenden Einflußfaktoren am Beispiel des Pathosystems Kartoffel/*Erwinia carotovora*.

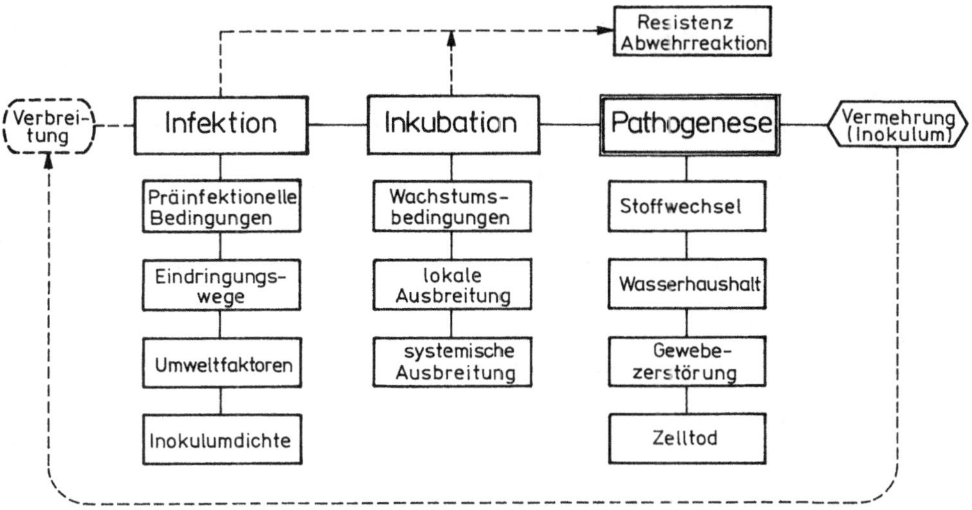

Abb. 4.6. Schematische Darstellung des Krankheitsverlaufs bei bakteriellen Pflanzenkrankheiten.

anderer Bekämpfungsverfahren (s. 6.7.) eine wichtige und unerläßliche Grundlage. Der zeitliche Verlauf der W/P-Beziehungen läßt sich in verschiedene Phasen (Abb. 4.6.) unterteilen, die in den folgenden Abschnitten näher behandelt werden sollen.

4.3.2. Der Infektionsprozeß

Die **Infektion** umfaßt den Zeitraum vom Eindringen der bakteriellen Erreger bis zum Beginn ihrer Vermehrung. Sie ist die erste Phase der W/P-Beziehungen, bei welcher es zu einem direkten biologischen Kontakt der Bakterienzelle mit dem Wirtsgewebe bzw. der Zellwand der Wirtszellen kommt. Bereits während dieses ersten Stadiums der W/P-Beziehungen wird entschieden, ob die erfolgte Kontamination mit dem eingedrungenen Mikroorganismus zum Befall und eventuell zur Erkrankung führt, oder ob bereits hier entsprechende aktive Abwehrmechanismen induziert werden oder präformierte Bedingungen dem Mikroorganismus nicht zusagend sind. Die Pflanzen besitzen potentielle Fähigkeiten, durch verschiedene Abwehrmechanismen den eingedrungenen Erreger zu eliminieren (s. 4.3.5.). Die vom Erreger induzierte Abwehrreaktion hängt davon ab, ob die Pflanze den eingedrungenen Mikroorganismus als potentielles Pathogen erkennt oder nicht. Diese Erkennungsreaktion gilt gegenwärtig als sehr wichtiger Aspekt der W/P-Beziehungen; darauf wird unter 4.3.5.4. näher eingegangen.

Um die für das Wachstum und die Vermehrung essentiellen Nährstoffe zu erhalten, müssen die phytopathogenen Bakterien in das Innere ihrer spezifischen Wirtspflanzen gelangen. Die Ansprüche der einzelnen Arten bezüglich der Zusammensetzung des Nährmediums an Grundnährstoffen, aber auch an Wirkstoffen können sehr unterschiedlich sein (s. 2.2.4.). Die Fähigkeit zum Eindringen in die Pflanze, zur Infektion, gehört daher zu den relevanten phytopathogenen Merkmalen.

Für das **Eindringen phytopathogener Mikroorganismen** in das Pflanzeninnere bestehen drei Möglichkeiten:

- der direkte Weg durch die intakte Oberfläche des Wirtes, die meist aus einer cutinisierten Epidermis besteht,
- durch natürliche Öffnungen,
- durch Wunden.

Im Gegensatz zu den bakteriellen Phytopathogenen können parasitische Pilze mittels aktiv mechanischer Kräfte, teils in Kombination mit enzymatischen Mitteln, nach der Ausbildung spezieller

Haftorgane (Appressorien) und Keimschläuche in das Gewebe eindringen und durch intracelluläre Haustorien die benötigten Nährstoffe aufnehmen. Die meisten der phytopathogenen Bakterien sind durch einen Geißelapparat gut beweglich und dringen auf diese Weise — bei Vorhandensein eines Wasserfilms — über Spaltöffnungen, Hydathoden, Lenticellen oder Wunden in ihre Wirtspflanzen ein (s. a. 4.1.1.); sie sind jedoch aufgrund ihrer Größe und Struktur nicht zur Bildung von speziellen Infektionsorganellen befähigt.

Der Infektionsprozeß spielt für die W/P-Beziehungen eine entscheidende Rolle; ihm ist jedoch nach GOODMAN (1976, 1982) — auch bei wirtschaftlich bedeutsamen Bakteriosen — bisher nicht die notwendige Aufmerksamkeit geschenkt worden, und das Wissen um die Infektionsmechanismen wird als noch sehr mangelhaft eingeschätzt.

4.3.2.1. Präinfektionelle Bedingungen

Im Zeitabschnitt zwischen der Kontamination und dem Eindringen der Bakterien müssen Bedingungen vorhanden sein, die in jedem Falle die Lebensfähigkeit erhalten. Eine **aktive Beweglichkeit** begünstigt die Bakterien beim möglichst schnellen Erreichen des Infektionsortes. Diese Fortbewegung ist nur im flüssigen Wasser möglich. Es wird aber auch angenommen, daß durch ein Zurückziehen des Wasserfilmes beim Trocknen der benetzten Blattfläche die Bakterien auch passiv in natürliche Öffnungen (Stomata) gesaugt werden können. Stämme von *Erwinia amylovora* mit einer höheren Virulenz zeigen eine schnellere Entwicklung des Geißelapparates, aber auch eine deutlich bessere Beweglichkeit als weniger virulente Stämme (HUANG 1974). Motile Stämme von *Pseudomonas syringae* pv. *phaseolicola* verursachen nach PANOPOULOS & SCHROTH (1974) 12 mal mehr Läsionen als nichtbewegliche; die beobachtete Fortbewegungsgeschwindigkeit beträgt in vitro 1,5 mm · min^{-1}. Gegenteilig berichten KELMAN & HRUSCHKA (1973) bei *Ps. solanacearum* über eine negative Korrelation zwischen Motilität und Virulenz, welche mit der Aerotaxis der motilen Formen begründet wird.

Ebenso wird einer Reihe von Verbindungen, die von der pflanzlichen Oberfläche ausgeschieden werden, eine gewisse Bedeutung hinsichtlich ihrer chemotaktischen Eigenschaften beigemessen. Als besonders attraktiv wurden Zucker, Aminosäuren, Peptide u. a. erkannt, wobei die komplexe Guttationsflüssigkeit wirksamer als die einzelnen Verbindungen war (CHET et al. 1973). Es können aber auch antimikrobiell wirksame Substanzen ausgeschieden werden, welche die präinfektionellen Bedingungen zuungunsten der bakteriellen Erreger verändern.

4.3.2.2. Eindringungsweise

Die **Stomata** (Spaltöffnungen) dienen der Regelung des Gasaustausches bei der Assimilation und Transpiration, da die Cuticula dafür weitgehend undurchlässig ist. Die **Stomata** befinden sich in großer Anzahl (50—100 pro mm^2) auf der Blattunterseite. Sie stellen die direkte Verbindung des Intercellularsystems mit der Außenwelt dar. Die Intensität des Gasaustausches, besonders die dampfförmige Wasserabgabe durch die Transpiration, wird durch die Öffnungsbewegungen der Schließzellen geregelt. Die Spaltweite ist so groß, daß die Bakterien auch bei teilgeschlossenem Spalt noch ohne weiteres eindringen können. Aus Abbildung 4.7. sind die Größenrelationen von Bakterien und Stomata deutlich zu ersehen.

Der Bau der Stomata ist bei verschiedenen Pflanzenarten, aber auch Sorten einer Kulturpflanzenart, häufig unterschiedlich und kann den Infektionserfolg beeinflussen. Bei gewissen Blattfleckenkrankheiten sind die Stomata bevorzugter oder auch alleiniger Infektionsort. Schon ROLFS (1915) stellte fest, daß durch eine Sprühinfektion der Unterseite von Birnenblättern mit *Xanthomonas campestris* pv. *pruni* 179 von 183 Blättern erkrankten, nach Besprühen der Oberseite der Blätter aber keine Infektion zustande kam.

Die Öffnungsweite der Stomata ist vom jeweiligen Bau, aber auch von den physiologischen und Umweltbedingungen abhängig. Vorbedingung für ein aktives oder passives Eindringen der bakteriellen Erreger ist, daß die Pflanzenoberfläche von einem Wasserfilm infolge Regen oder Taubildung benetzt ist. Im Innern der Spaltöffnungen, der Atemhöhle, ist meist eine sehr hohe relative Luftfeuchte von $>90\%$ vorhanden, wodurch das Überleben nach erfolgter Infektion gesichert ist.

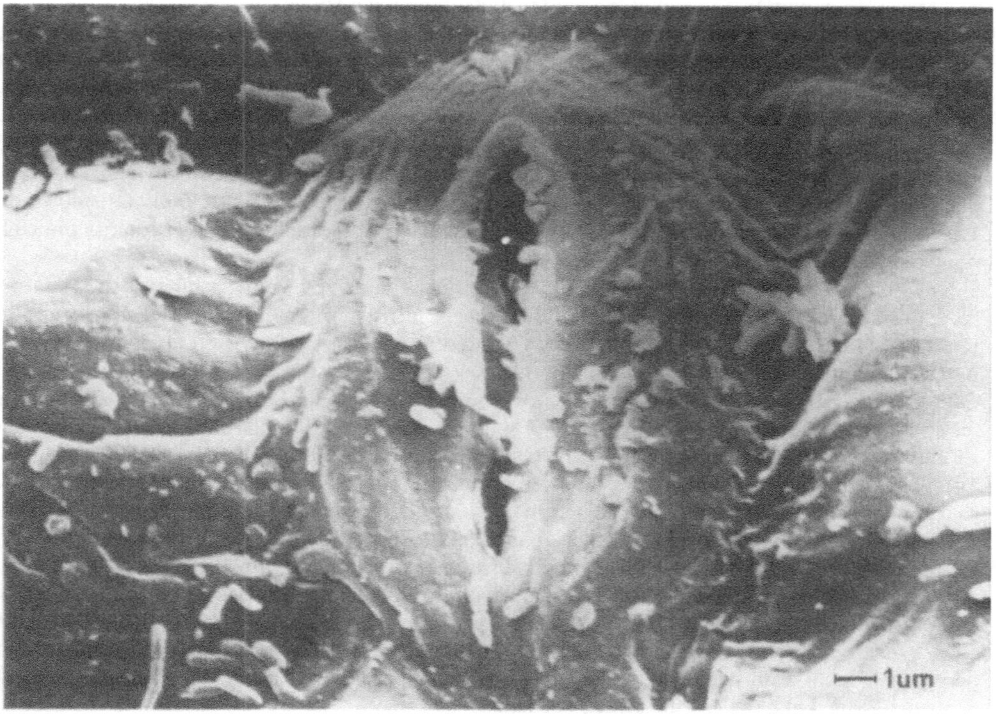

Abb. 4.7. An einer Spaltöffnung der Fruchtepidermis von Tomate haftende Zellen von *Pseudomonas syringae* pv. *tomato*, dem Erreger der Bakteriellen Blatt- und Fruchtfleckenkrankheit. Aufnahme F. Ehrig.

Ältere Pflanzenteile sind häufig wachstumsbedingt mit einer verkorkten Rindenschicht, dem Periderm, bedeckt, welches ebenfalls einen wirksamen Schutz vor dem Eindringen bakterieller Erreger bietet, aber einen Gasaustausch verhindert. Dieser wird durch eine Vielzahl von Poren, die sogenannten **Lenticellen**, gewährleistet. Sie entstehen durch eine örtlich begrenzte Zellteilung des sekundären Phellogens, wodurch das äußere Periderm durchbrochen und durch ein verkorktes, aber von vielen Intercellularen durchzogenes Füllgewebe ersetzt wird. Infolge bestimmter Umweltbedingungen, beispielsweise hoher Luftfeuchtigkeit oder Bodennässe, wuchert das Füllgewebe, und die Lenticellen werden zu einer geeigneten Eintrittspforte. Bekannt ist die Infektion der Kartoffelknolle durch *Erwinia carotovora*[1]) via Lenticellenwucherungen. Ebenfalls ist der Erreger des Kartoffelschorfes, *Streptomyces „scabies"*, auf die Lenticellen als Infektionsweg angewiesen. Aber auch *Erwinia amylovora* (Erreger des Feuerbrandes) ist in der Lage, junge Apfelzweige durch die Lenticellenöffnungen zu infizieren. Nach Goodman (1976) kann die Zerstörung der oberen ein bis zwei suberinisierten Komplementär-Zellschichten durch das Wuchern des darunter befindlichen Phellogens als Schlüssel der Lenticelleninfektion gelten.

Das Gewebe von **Narben, Nektarien** und **Hydathoden** ist nicht cutinisiert und daher auch ein potentieller Infektionsweg für bestimmte bakterielle Erreger. So wies Hildebrand (1937) nach, daß sich *E. amylovora* zuerst saprophytisch auf der Narbe ernähren kann und schließlich über die Narbenpapillen aktiv durch die Intercellularen des Griffels in das Gewebeinnere und das Gefäßsystem vordringt. In ähnlicher Weise gelangen die gleichen Erreger aktiv im Nektarsekret durch die

---

[1]) Eine Zuordnung der untersuchten Stämme zu den Subspecies *carotovora* oder *atroseptica* ist im Einzelfalle nicht vorgenommen worden.

Nektarienöffnung in die Intercellularen und Gefäße. Durch die Hydathoden wird tropfbar flüssiges Wasser nach außen abgegeben, wenn die gasförmige Transpiration durch eine sehr hohe Luftfeuchte gehemmt ist. Diese Öffnungen an den Blatträndern gelten bei *Xanthomonas campestris* pv. *campestris* als Hauptinfektionsweg. Die Einwanderung kann aktiv erfolgen, ist aber auch infolge des Zurückziehens des Wasserfilms durch Verdunsten passiv möglich. Auch die Drüsenhaare auf der Oberseite von Apfelblättern können nach LEWIS & GOODMAN (1965) vom Erreger des Feuerbrandes als Infektionsweg genutzt werden. Samenübertragbare Bakterien, wie z. B. *Pseudomonas syringae* pv. *pisi* (HARMAN 1983) oder pv. *lachrymans* (NAUMANN 1963; KOMOTO & KIMURA 1983) sind in der Lage, durch den Funiculus und die Mikropyle einzudringen und den Embryo zu kontaminieren, ohne diesen zu infizieren.

Es wird immer mehr zur Gewißheit, daß **Wunden** durch Verletzungen der schützenden Epidermis beziehungsweise des Periderms die hauptsächlichen Eintrittspforten für bakterielle Erreger sind (GOODMAN 1976). Der Befall ist nach Infektionen durch Wunden meist intensiver als nach einer durch natürliche Eintrittspforten. Dies gilt auch für kleine Verletzungen, wie sie beispielsweise bei Tomaten durch Abbrechen der Blatthaare entstehen, wodurch sich über die Basalzellen ein geeigneter Infektionsweg für *Clavibacter michiganensis* subsp. *michiganensis* in die Blattnerven auftut. Welchen Einfluß das Setzen von Wunden volkswirtschaftlich haben kann, zeigte in den letzten Jahren mit aller Deutlichkeit die Zunahme von Verlusten durch bakterielle Knollennaßfäulen infolge der Einführung voll mechanisierter Technologien in die Kartoffelproduktion und die damit verbundene Erhöhung des Beschädigungsgrades (s. dazu auch 9.2.). Auch Witterungserscheinungen, wie starke Luftbewegungen, verbunden mit Regen und Hagelschlag, rufen häufig Verletzungen der Epidermis, besonders an Blättern hervor, die zum Ausgangspunkt für einen starken Befall werden können, wie von der Wildfeuerkrankheit des Tabaks bekannt ist. Auch durch Insektenfraß und Einstichstellen sowie Nematodenbefall entstehen künstliche Eintrittsstellen für Pflanzenparasiten. Weiterhin können visuell nicht wahrnehmbare Risse und Schrunden bei abnormen Wachstumsprozessen zu Eintrittspforten bakterieller Infektionen werden.

Bei einer Infektion durch Wunden ist der Zeitraum von ihrer Entstehung bis zur Erregerkontamination ein wichtiger Faktor, da durch eine schnell einsetzende Wundheilung eine Infektion verhindert wird. Deshalb sind größere Verletzungen infolge einer verzögerten Wundheilung gefährlicher als kleinere Wunden.

Als besonders gut untersuchtes Beispiel für einen ausgesprochen obligaten Wundparasiten gilt der Infektionsvorgang bei *Agrobacterium tumefaciens*. Dieser Erreger dringt durch kleinste Verletzungen in die Wirtszelle ein und überträgt ein tumorinduzierendes Prinzip, wodurch die umgebenden Zellen zur Teilung angeregt werden und Tumoren entstehen (s. 2.3.8. u. 3.3.5.).

4.3.2.3. Prädisposition als Voraussetzung des Infektionsprozesses

Das Zustandekommen einer Infektion ist nicht nur vom Grad der Anfälligkeit bzw. der Resistenz auf seiten des Wirtes sowie der Virulenz auf seiten des Erregers abhängig, sondern wird bei Bakteriosen besonders stark von den jeweiligen **Umweltbedingungen** beeinflußt. Die Expression der genetisch fixierten Merkmale Resistenz/Anfälligkeit des Wirtes, aber auch Virulenz des Pathogens wird in erheblichem Ausmaß von exogen wirkenden Faktoren, besonders den klimatischen Einwirkungen bestimmt. Diese Abhängigkeit des Krankheitsverhaltens von den jeweiligen äußeren Umständen bezeichnet man als **„Prädisposition"**. Für diese Veränderung der Krankheitsbereitschaft hat GÄUMANN (1951) ursprünglich den Ausdruck **„Disposition"** geprägt. Die prädispositionellen Faktoren üben teilweise eine außerordentlich komplexe Wirkung aus, und es ist dann sehr schwierig zu entscheiden, ob ein bestimmter Faktor nur die Reaktionsweise des Wirtes oder auch des Pathogens beeinflußt; meist werden wohl beide Partner davon betroffen.

Für die Epidemiologie und Prognose des Auftretens und damit für den Einsatz erfolgreicher Bekämpfungsmaßnahmen ist die Kenntnis der Prädisposition einer bestimmten Wirt/Pathogen-Kombination eine sehr wichtige Grundlage. Nachfolgend werden anhand einiger Beispiele die wichtigsten Faktoren besprochen.

Feuchtigkeit: Im Gegensatz zu einer Reihe pilzlicher Pflanzenkrankheiten ist bei den Bakteriosen eine sehr hohe Luftfeuchtigkeit, meist aber tropfbar flüssiges Wasser eine unabdingbare Voraussetzung. Die Infektion über natürlich vorhandene Eindringungsöffnungen wie auch über Wunden ist sowohl bei aktiven als auch passiven Eindringungsmechanismen prinzipiell nur im flüssigen Medium möglich. Zum Wachstum ist bei allen bisher untersuchten bakteriellen Erregern ebenfalls eine hohe relative Feuchte notwendig. Das Wachstum von *Erwinia amylovora* wird bei einer relativen Feuchte von 97% völlig unterdrückt, bei 98% ist es gering und erst im Bereich von 99,0—99,9% normal (SHAW 1935). Da die überwiegende Mehrheit der phytopathogenen Bakterien generell keine trockenresistenten Sporen ausbildet, sind freiliegende Erregerzellen bis auf wenige Ausnahmen gegen Austrocknen sehr empfindlich. Nach PETT (1970) war *Erwinia carotovora* subsp. *atroseptica* nach 6stündigem Austrocknen nicht mehr lebensfähig; dieser Befund wurde durch Untersuchungen zur Überdauerung an Maschinen und Maschinenwerkstoffen von FICKE et al. (1973) unterstützt (zur Überlebensstrategie phytopathogener Bakterien s. 4.2.1.).

Durch eine hohe Luftfeuchte und extreme Nässebildung im Boden kann die Beschädigungsempfindlichkeit sowie die Struktur der natürlichen Eindringungspforten des Wirtes zu dessen Ungunsten verändert werden. Nach PÉROMBELON & LOWE (1975) verursachen Nässe und anaerobe Bedingungen Lenticellenwucherungen. Durch die flüssige Phase zwischen Lenticellen und Rinde dringen die Naßfäuleerreger in das Innere ein, und durch die verminderte Resistenz infolge des O_2-Mangels erfolgt eine schnelle Vermehrung. Trockene Lagerung unter N_2 oder feuchte Lagerung mit normaler O_2-Versorgung verhindern dagegen eine Lenticelleninfektion.

Temperatur: Von der Temperatur werden die bakteriellen Erreger vorwiegend direkt beeinflußt. Zwischen den einzelnen phytopathogenen Bakterienarten bestehen hinsichtlich des optimalen Temperaturbereiches für ihr Wachstum erhebliche Unterschiede. Dies führt zu einer Beschränkung der geographischen Verbreitung bei manchen Bakteriosen. Die Schleimkrankheit der Kartoffel (*Pseudomonas solanacearum*) tritt daher stärker schädigend nur in subtropischen Gebieten auf. Weil die Birnensorte ‚Laxton Superb' in England erst spät blüht, kann eine temperaturabhängige Infektion der Blüten durch *Erwinia amylovora* erfolgen, während die sonst als anfällig geltende ‚William' infolge ihres frühen Blühtermins befallsfrei bleibt (GOODMAN 1976). Die Sellerie-Pathogene *Pseudomonas cichorii* und *Ps. syringae* pv. *apii* wurden beide nach Florida eingeschleppt, aber nur die erste Art verursacht dort Infektionen, da sie ein Temperaturoptimum von 35 °C besitzt, während *Ps. syringae* pv. *apii* bei 35 °C auf die Dauer nicht lebensfähig ist. Ein verstärktes Auftreten des bakteriellen Bohnenbrandes ist besonders in warmen Sommern zu beobachten. Bei Temperaturen von >30 °C können auch sonst saprophytisch lebende *Bacillus* spp. und *Pseudomonas* spp. Naßfäule bei Kartoffeln oder Gemüsearten hervorrufen (LUND 1983).

Ein indirekter Temperatureinfluß ist bei Kartoffelknollen vorhanden, wenn diese bei Temperaturen von +1 °C bis 5 °C gelagert und unmittelbar anschließend aufbereitet werden, da hierdurch die Beschädigungsempfindlichkeit erhöht, die Wundheilung verlängert und damit die Eindringungsresistenz stark vermindert wird.

Ernährung und Alter des Wirtes: Der physiologische Zustand der Pflanze wird durch die Ernährung, besonders durch eine einseitige Überdüngung, aber auch durch Mangel an Nährstoffen und bestimmten Mikroelementen, beeinflußt. Generell ist die Ansicht verbreitet, daß eine reichliche N-Versorgung bei Bakteriosen infektionsbegünstigend wirkt, Kalium die Infektionsresistenz erhöht, während Phosphat einen unterschiedlichen Einfluß haben kann (s. a. 6.3.3.). Die Veränderung der infektionsbegünstigenden Prädisposition wird auf einen höheren Wassergehalt der Stomata und Intercellularräume zurückgeführt, wie verschiedentlich nach der Infektion von Tabak mit *Ps. syringae* pv. *tabaci* festgestellt wurde (GOODMAN 1976). Durch reichliche Zufuhr von NH_4NO_3 konnte THOMAS (1965) die Feldresistenz gegenüber *Xanthomonas campestris* pv. *sesami* brechen. Eine ausreichend gute Phosphatversorgung kann bei der Kartoffel eine etwas geringere Infektionsanfälligkeit gegenüber bakteriellen Fäuleerregern bewirken. Allgemein werden junge, succulente Pflanzen oder Organe eher von bakteriellen Erregern befallen und stärker in Mitleidenschaft gezogen als ausgereifte Pflanzen und Gewebe, die bereits verstärkte Suberin- und Lignineinlagerungen aufweisen. Ausgeprägt ist das z. B. beim Befall von Apfeltrieben durch *Erwinia amylovora* zu sehen (s. 13.1.). Durch hohe N-Düngung wird dieser den Befall durch pflanzenpathogene Bakterien erschwerende Alterungsprozeß bei vielen Wirtspflanzen hinausgezögert; das erklärt die erhöhte Gefährdung durch diesen Düngungsfehler.

Welchen Einfluß die **physikalische Struktur des Bodens** und dessen **Wasserstoffionen-Konzentration** auf die Prädisposition hat, ist bisher — mit Ausnahme der Infektion durch bodenbürtige bakterielle Phytopathogene — nicht bekannt (s. a. 4.2.3.2.).

Atmosphärische Faktoren: Die Zusammensetzung der Luft an O_2, N_2 und CO_2 beeinflußt im besonderen Maße die Infektionsanfälligkeit von gelagerten pflanzlichen Produkten mit einem hohen Wassergehalt wie Kartoffeln, Kohl, Möhren, Rüben u. a., da sich in Lagerstapeln durch die Stoffwechselaktivitäten die Luftzusammensetzung stark verändert. So wird die Anfälligkeit von Kartoffeln gegenüber bakteriellen Naßfäulen infolge Hemmung der Wundheilung durch O_2-Mangel wesentlich erhöht und die normale Widerstandsfähigkeit gegenüber sonst apathogenen Formen (*Clostridium* spec., *Bacillus mesentericus* u. a.) völlig aufgehoben. Von ausschlaggebender Bedeutung ist jedoch, daß durch einen steigenden CO_2-Gehalt im Lagerstapel Wunden mit einer bereits erfolgten Abheilung wieder von *E. carotovora* infiziert werden können.

Auf die Folgen der durch starke Luftbewegungen bewirkten Blattschäden wurde bereits hingewiesen. Die Einflüsse von wechselnder Lichtintensität und der Tageslänge auf die Infektionsprädisposition werden verschiedentlich beschrieben, wobei Dunkelperioden vor oder unmittelbar nach der Infektion befallshemmend wirken können. Überraschenderweise wird in den berichteten Fällen die Anfälligkeit durch höhere Lichtintensitäten verstärkt (Übersicht bei GOODMAN 1976).

4.3.2.4. Die Inokulumdichte

Bei vielen Mykosen genügt eine einzige Spore zur erfolgreichen Infektion und zur Auslösung von Krankheitserscheinungen an einer Pflanze. Wieviele Bakterien notwendig sind, um eine zur Krankheit führende Infektion zu initiieren, ist offensichtlich bei den einzelnen W/P-Kombinationen sehr unterschiedlich, und auch die Ergebnisse einzelner Autoren sind nicht immer einheitlich. Dabei spielt mit Sicherheit die Aggressivität der Erreger und auch gleichermaßen die jeweilige Prädisposition des Wirtes eine wichtige Rolle. HILDEBRAND (1937) versuchte, eine große Anzahl von Birnenblüten über die Antheren, Stigmen, Nektarien sowie auch verletzte Nektarien mit Einzelzellen von *E. amylovora* zu infizieren und konnte keine positive Reaktion feststellen; das gleiche Experiment mit Zwergäpfeln war dagegen zu 50% erfolgreich. Bei Verwendung von *Agrobacterium tumefaciens* fand der gleiche Autor (1942), daß eine Bakterienzelle zu 10—60% eine positive Infektion und Tumorbildung auslöst. ZUTRA et al. (1972) berichten, daß bereits eine Einzelzelle eines hochvirulenten Stammes von *E. carotovora* subsp. *carotovora* an Paprikafrüchten infektiös sein kann, während von weniger virulenten Stämmen 10^4—10^7 Bakterienzellen/ml notwendig sind. Die Infektion von Gurkensämlingen gelingt auch beim hochvirulenten Stamm erst mit 10^6—10^8 Bakterienzellen/ml.

Bei der Infektion über die Wunden scheint meist erst eine höhere **Inokulumdichte** zu einer positiven Infektion zu führen, wie am Beispiel von Kartoffelknollen und *E. carotovora* subsp. *atroseptica* anhand der Abbildung 4.8. demonstriert werden kann. Durch austretenden Faulbrei aus kranken

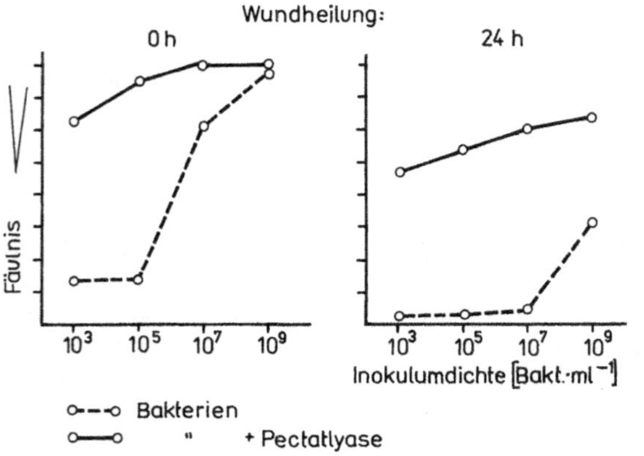

Abb. 4.8. Einfluß der Inokulumdichte und Herabsetzung der Infektionsschwelle durch das „Angriffsenzym" Pectatlyase bei der Infektion von Kartoffelknollen durch *Erwinia carotovora* subsp. *atroseptica*.

naßfaulen Knollen wird die Infektionshäufigkeit nach Pett (1968) gesteigert. Dieser Effekt beruht wahrscheinlich auf der Wirkung pectinolytischer Enzyme, die im Faulbrei in ziemlich hoher Aktivität nachweisbar sind und deren Einfluß auf die benötigte Inokulumdichte und eine bereits abgelaufene Wundheilreaktion aus Abbildung 4.8. ebenfalls hervorgeht.

4.3.3. Vermehrung und Ausbreitung nach der Infektion

Die Phase der **Vermehrung** und **Ausbreitung** bis zur deutlichen Ausbildung charakteristischer Symptome wird als **„Inkubation"** und der dafür erforderliche Zeitraum als „Inkubationszeit" bezeichnet. Sie ist bei den jeweiligen Krankheiten sehr unterschiedlich lang und wird durch prädispositionelle Faktoren und die spezifische Virulenz des Erregers erheblich variiert. Kurze Inkubationszeiten von 1—2 Tagen sind bei entsprechenden Bedingungen und hochvirulenten Stämmen von *Erwinia carotovora* (beide Subspecies) bei der Knollennaßfäule normal. Auch beim Feuerbrand der Obstgewächse (*E. amylovora*) kann sie nur 2—3 Tage betragen. Bei *Clavibacter michiganensis* subsp. *sepedonicus*, wie auch bei *C. michiganensis* subsp. *insidiosus* können dagegen mehrere Monate vergehen, bis es zu einer sichtbaren Ausbildung von Symptomen kommt. Von der Erscheinung einer langen Inkubationsdauer sollten die bei verschiedenen bakteriellen Erregern bekannten sogenannten **latenten** oder symptomlosen **Infektionen** unterschieden werden, bei denen durch bisher wenig bekannte Abwehrmechanismen des Wirtes die eingedrungenen Bakterien an der Vermehrung und einem pathogenen Angriff gehindert werden, deren Lebensfähigkeit aber über einen längeren Zeitraum erhalten bleibt. Unter bestimmten die Wirtspflanze betreffenden „Stressfaktoren" können die verbliebenen Zellen schließlich doch noch Krankheitserscheinungen hervorrufen. Bemerkenswerte Beispiele dafür sind die latenten Infektionen von Kartoffelknollen mit den *E. carotovora*-Unterarten oder *Ps. solanacearum*.

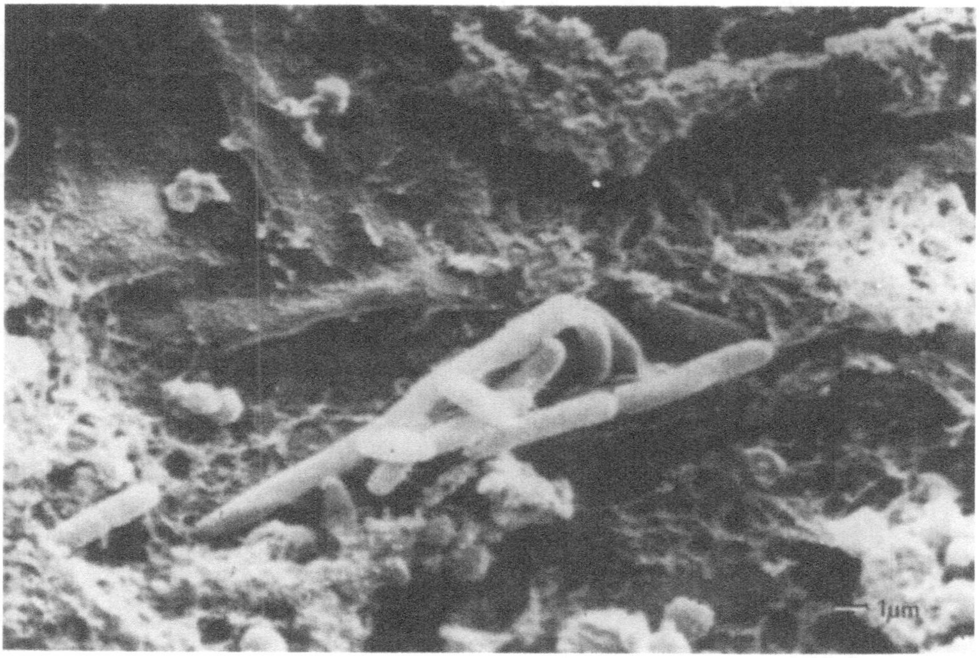

Abb. 4.9. Beginnende Koloniebildung auf der Wundoberfläche von Kartoffelknollen 4 Std. nach Infektion durch *Erwinia carotovora* subsp. *atroseptica*. Aufnahme H. B. Schmidt.

Als wesentliche Voraussetzungen zur Auslösung der Pathogenese muß unmittelbar nach dem Eindringen der Erreger in das pflanzliche Gewebe eine intensive Zellteilung und **Vermehrung** einsetzen, wie am Beispiel der beginnenden Koloniebildung in Abbildung 4.9. gezeigt wird. Dazu ist es notwendig, daß die artenspezifisch essentiellen Nährstoffe und Wirkstoffe (s. 2.2.4.) optimal verfügbar sind und ein günstiges physikalisches Milieu (H^+-Konzentration, Redoxpotential, O_2-Potential) vorhanden ist. Weiterhin müssen die phytopathogenen Bakterien ohne lange lag-Phase ihr Besteck an zellwandmacerierenden und gegebenenfalls den Zellkollaps herbeiführenden extracellulären Enzymen und eventuell auch bestimmten Phytotoxinen synthetisieren und ausscheiden. Dabei spielen wiederum spezifische Induktoren der Enzymbildung eine wichtige Rolle. Die wichtigsten gewebemacerierenden Enzyme und bakteriellen Phytotoxine wurden bereits unter 3.2. und 3.4. behandelt, auf die komplexen Wechselwirkungen wird unter 4.3.4. noch eingegangen. Die für manche Bakteriosen beschriebene hohe erforderliche Inokulumdichte ist wahrscheinlich notwendig, um in kürzester Zeit die für den pathogenen Angriff benötigten Enzyme zu bilden.

Nach vollzogenem Eindringungsvorgang geschieht die weitere Ausbreitung anfänglich fast ausschließlich in den Intercellularen (s. a. 4.1.1.). Beschränkt sich die Ausbreitung intercellulär auf die nähere und eventuell auch etwas weitere Umgebung des Infektionsortes, spricht man von einer **lokalen Infektion**. Gelangen die Erreger gleich nach der Infektion oder über die Intercellularen in das Gefäßsystem, kann eine aktiv-passive Verbreitung in relativ kurzer Zeit innerhalb der gesamten Pflanze erfolgen. Da als Folgeerscheinung die Symptome sich am Habitus der ganzen Pflanze zeigen können, hat man es hier mit einer **systemischen Infektion** beziehungsweise Ausbreitung zu tun, die mit dem anatomischen Bau und dem Wassertransport eng verbunden ist. Eine akropetale Ausbreitung kann mit dem Transpirationsstrom weitgehend passiv geschehen. Eine basipetale Ausbreitung in den wasserleitenden Gefäßen ist wahrscheinlich nur mittels eines funktionsfähigen Geißelapparates aktiv möglich und auch nur dann, wenn der Transpirationsstrom bei sehr hoher Luftfeuchtigkeit auf niedere Geschwindigkeiten absinkt. An einem Beispiel (Abb. 4.10.) wird gezeigt, daß analog den beim Krautschlagen entstehenden Verletzungen in abgeschnittenen und künstlich mit *E. carotovora* subsp. *atroseptica* infizierten Kartoffelstengeln die Naßfäulebakterien stengelabwärts über die Stolonen die Knollen besiedeln. Dieser Transportmechanismus konnte aber nur bei Pflanzen nachgewiesen werden, die sich noch im Wachstum befanden; bei beginnender Vergilbung verblieben die Bakterien im Bereich der Infektionsstelle. Für bestimmte Bakterien, die Erreger der Tracheobakteriosen und die sogenannten xylembesiedelnden Bakterien (XLB), ist das Vorkommen und die Ausbreitung in den Wasserleitungsbahnen charakteristisch.

Bei einer **systemischen Ausbreitung** der Bakterien kommt es häufig zu einer Allgemeinerkrankung der gesamten Pflanze. Beispiele dafür sind die Gefäß- oder Tracheobakteriosen mit der typischen Ausbildung von Welkesymptomen, die durch Zerstörung der Gefäße, Verstopfung durch Schleimstoffe oder Bakterienmassen und die Auswirkung von Welketoxinen zustande kommen können

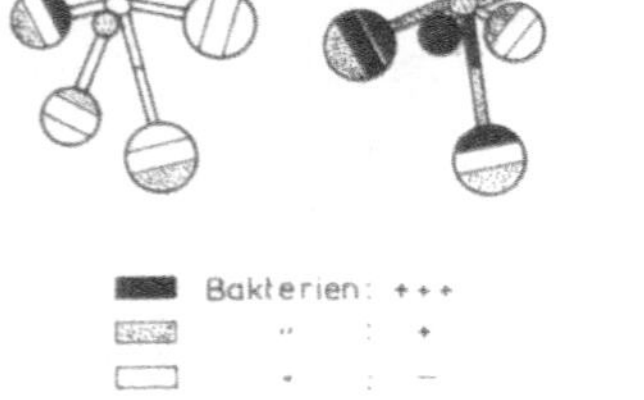

Abb. 4.10. Schema der basipetalen Ausbreitung von *Erwinia carotovora* subsp. *atroseptica* nach Inokulation des Stengelgrundes über die Stolonen in die neugebildeten Knollen.

(s. a. 4.1.2.). Eine Verbreitung über das Phloem wird im Falle des Feuerbranderregers, *Erwinia amylovora*, von LEWIS & GOODMAN (1965) nachgewiesen, obgleich dort das Wachstum und die Vermehrung relativ gering sein sollen. Für die *Mycoplasma*-artigen Organismen (MLO) ist das Vorkommen und die Ausbreitung in den Phloemelementen (Siebzellen) die ausschließliche Form der Infektion.

Zu den wichtigsten Merkmalen der phytopathogenen Bakterien gehört der Erwerb von Nährstoffen durch den Abbau pectinöser und anderer Bestandteile der Zellwand und damit eine schnell einsetzende Vermehrung und Ausbreitung. Dieser Prozeß wurde anhand der Infiltration pathogener kompatibel und inkompatibel reagierender sowie saprophytischer Bakterien von KLEMENT (1968, 1972) beschrieben und wird später unter 4.3.5.3. besprochen.

4.3.4. Der Krankheitsprozeß

An die Inkubation schließt sich die Phase der eigentlichen Erkrankung, die sogenannte Pathogenese, an. Der jeweilige Verlauf der **Pathogenese** ist entscheidend für die Stärke der auftretenden Schäden und damit für die wirtschaftliche Bedeutung. Da gravierende physiologisch-biochemische Veränderungen in der befallenen Wirtspflanze bereits vor der Ausbildung visuell diagnostizierbarer Symptome auftreten können, läßt sich eine scharfe Abgrenzung der beiden Phasen kaum durchführen. Nach dem deutlichen Einsetzen der pathogenen Phase ist bei den pflanzlichen Bakteriosen eine Abwehr oder ein Stillstand der Erkrankung generell nicht mehr möglich.

Im Vergleich zum Wissensstand der Physiologie und Biochemie der Pathogenese bei Mykosen und Viruserkrankungen liegen darüber bei den bakteriellen Pflanzenkrankheiten weniger Untersuchungsergebnisse vor. Bei letzteren ist der zeitliche und räumliche Abstand zwischen Infektion und völliger Gewebezerstörung oft sehr gering, wodurch sich methodische Schwierigkeiten ergeben. Eine Ausnahme davon bilden die Kenntnisse über den phytopathogenen Angriff der bakteriellen Erreger auf die pflanzliche Zellwand und deren völlige Zerstörung. Dieser gewebemacerierende und die Zellen abtötende, durch bakterielle Angriffsenzyme bewirkte Vorgang gehört zu den relevanten Merkmalen der meisten phytopathogenen Bakterien. Dieses komplexe Enzymsystem ist nicht nur bestimmend für den Verlauf der Pathogenese, besonders bei den Naß- und Weichfäulen, sondern trägt schon in der Infektions- und Inkubationsphase durch eine schnelle Freisetzung von Nährstoffen entscheidend für den Aufbau einer Bakterienpopulation bei (s. a. 3.2.).

4.3.4.1. Zerstörung des Wirtsgewebes

Der chemische und strukturelle Aufbau der pflanzlichen Zellwand, besonders der „Zementsubstanz", welche den Raum zwischen den gerüstbildenden Cellulosefibrillen als sogenannte Matrix ausfüllt, ist nach neueren Befunden (Zusammenfassung bei ALBERSHEIM & DARVILL 1985) wesentlich komplizierter, als bisher dargestellt wurde. Unter anderem betrifft das hauptsächlich die Induktion der bakteriellen Enzymbildung und besonders den Prozeß der **Erkennungsreaktion**, über die unter 4.3.5.4. berichtet wird.

Die Bildung und Wirkungsweise der zellwandabbauenden Enzyme ist unter 3.2. ausführlich erläutert und kann wie folgt zusammengefaßt werden: Die Synthese eines Komplexes extracellulärer Enzyme, vorwiegend Pectinasen, Cellulasen, Proteasen und eventuell auch Phosphatidasen, konnte bei fast allen phytopathogenen Bakterien nachgewiesen werden. Die Aktivität der gebildeten Enzyme ist aber nicht immer bestimmend für die Pathogenität. Synthese und Ausschüttung dieser Enzyme sind von der Zusammensetzung des Nährmediums und bestimmten physikalischen Faktoren sowie gewissen „Stressbedingungen" abhängig, wobei diese einzelnen Faktoren auf verschiedene Erreger sehr unterschiedlich wirken können. Für die Gewebemaceration ist hauptsächlich der Pectinasekomplex verantwortlich, Cellulase allein vermag die pflanzliche Zellwand nur bedingt abzubauen, im Zusammenwirken mit den pectinolytischen Enzymen wird der Abbau jedoch beschleunigt.

Die extracellulären endo-Pectatlyasen bzw. endo-Glykosidasen bewirken die Abspaltung oligomerer Uronide, während die meist nur intracellulär nachgewiesenen exo-Pectinasen monomere reduzierende Verbindungen bilden. Aufgrund ihrer Wirkungsweise, des Vorkommens und einer hohen Enzymaktivität im befallenen

Gewebe können die endo-Pectatlyasen als die wichtigsten naßfäuleinduzierenden Angriffsenzyme angesehen werden. Ihr Wirkungsmechanismus konnte inzwischen weitgehend aufgeklärt werden (BATEMAN & BASHAM 1976), ebenso die Mechanismen der Induktion und Regulation (COLLMER et al. 1982; WEBER 1986) (s. 3.2.5.).

An extracellulären Pectinasen werden von *Erwinia carotovora* subsp. *atroseptica* beispielsweise Polygalacturonasen, Pectinmethylesterasen, und in besonders großer Menge endo-Pectatlyase und außerdem noch C_x-Cellulase gebildet. Die Polygalacturonase soll zuerst gebildet werden, hat ein pH-Optimum zwischen pH 4,5—6,0 und setzt aus Bestandteilen der Zellwand Oligouronide frei. Diese Oligouronide fungieren als Signalgeber bzw. Induktoren einer verstärkten endo-Pectatlyaseausschüttung. Infolge der Aufnahme bestimmter Nährstoffe durch die Naßfäulebakterien wird die H^+-Konzentration verringert, als Lawineneffekt das Wachstum und die Pectatlyaseausschüttung weiter beschleunigt, wodurch der Gewebeabbau einen rapiden Verlauf nimmt. Schon kurze Zeit nach der Zugabe von Pectatlyasen zu lebendem Gewebe wird im elektronenmikroskopischen Bild eine deutliche Quellung der Zellwände sichtbar (Abb. 4.11.), und nach mehreren Stunden tritt der Zellkollaps ein. Infolge der Einwirkung des macerierenden Enzymkomplexes wird der Stoffwechsel der betroffenen Zellen ± stark verändert (s. 4.3.4.3.). Die Macerationswirkung durch die Pectatlyase ist vom Methylierungsgrad der Pectine abhängig, der wiederum weist — bedingt durch Art, Alter, Sortenunterschiede usw. des Gewebes — Unterschiede auf.

Ergänzend sei jedoch bemerkt, daß die Enzymaktivitäten der Polygalacturonase und der Pectatlyase durch chromatographische Trennverfahren sowie isoelektrische Fokussierung nicht getrennt werden konnten (STACK et al. 1980) und daß dieses Enzym, abhängig von der H^+-Konzentration, eine Doppelfunktion besitzt.

In planta können die von den Erregern ausgeschiedenen Enzyme allerdings erst in Aktion treten, wenn keine spezifischen oder unspezifischen Inhibitoren zugegen sind oder deren Konzentration nicht ausreicht, um alle gebildeten Enzymmoleküle zu blockieren. Als Enzyminhibitoren sind neben O_2 (3.2.5.) bestimmte Proteine oder phenolische und chinoide Verbindungen bekannt geworden. Im Reaktionsbereich vorhandene Ca^{2+}-Ionen können die endo-Polygalacturonasen hemmen; die Aktivität der Pectatlyasen ist dagegen von der Gegenwart zweiwertiger Kationen abhängig. Als unspezifische Inhibitoren für die Pectatlyase haben sich PO_4^{3-}-Ionen und bestimmte Chelatbildner

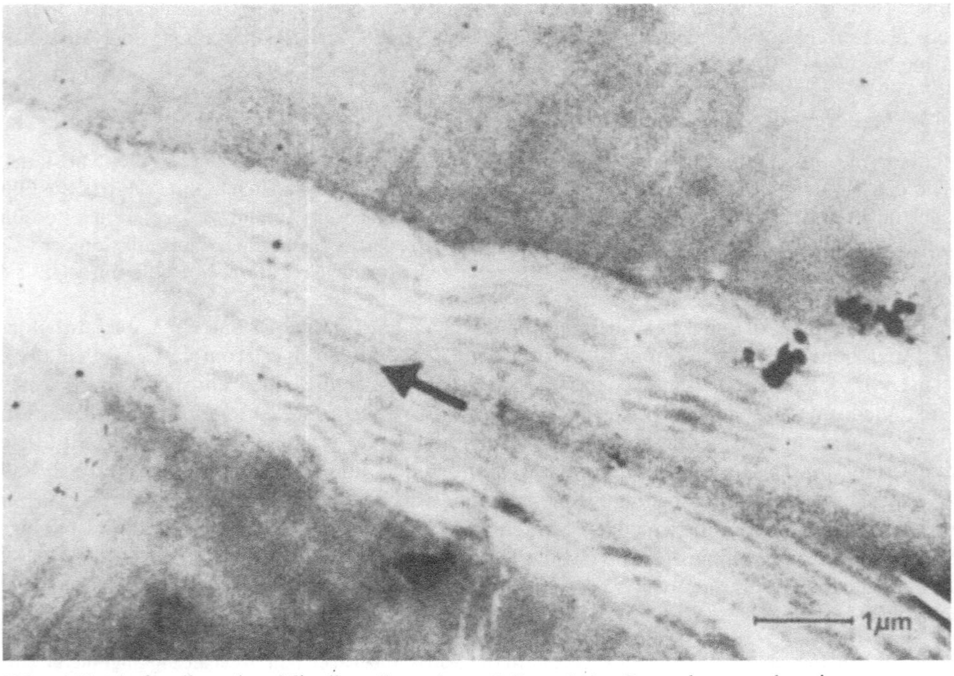

Abb. 4.11. Aufquellen der Mittellamellen einer Zellwand im Parenchymgewebe einer Kartoffelknolle nach Einwirkung von Pectatlyase. Aufnahme: H. Granzow.

(EDTA) erwiesen, wobei offenbar die für die Enzymwirkung essentiellen Ca^{2+}-Ionen gebunden werden (HENNIGER & GÖTZ 1983).

Die Fähigkeit zur Synthese und Ausscheidung zellwanddegradierender Enzyme bildet — wie bereits dargelegt — die Voraussetzung für die Auslösung pathologischer Prozesse. Aufgrund dessen wurde eine Nachweismethode für *E. carotovora* subspp. vorgeschlagen, die auf der Erfassung der im Pflanzenextrakt vorhandenen pectinolytischen Enzyme beruht. Solche Enzyme wurden aber auch bei einigen phytopathogenen Bakterienarten nachgewiesen, die keine Naßfäule auszulösen vermögen. Als Beispiele hierfür gelten *Xanthomonas campestris* pv. *carotae*, *X. campestris* pv. *campestris* und *X. campestris* pv. *malvacearum* oder *Clostridium felsineum*. Sie kommen aber auch bei rein saprophytischen Species vor, beispielsweise *Bacillus polymyxa*, *B. pumilus*, *B. subtilis* u. a. und sogar bei *Klebsiella pneumoniae* (ROMBOUTS & PILNIK 1972) (s. a. 3.2.6.). Andererseits ist bei der Bakteriellen Nelkenwelke ein Synergismus zwischen dem Pectinase-negativen primären Erreger, *Pseudomonas caryophylli*, und einer Pectinase bildenden saprophytischen *Corynebacterium* sp. nachgewiesen worden (BRATHWAITE & DICKEY 1970). Für das Merkmal Pathogenität ist die Fähigkeit zur Synthese und Ausschüttung von macerierenden extracellulären Enzymen eine wesentliche, aber nicht die einzige Voraussetzung. Ebenso ist die Aktivität beim Abbau von Polygalacturonsäure in vitro nicht immer ein Maß für die macerierende Aktivität gegenüber pflanzlichem Gewebe.

Die Bedeutung der in vitro von *E. carotovora* subspp. in großen Mengen gebildeten endo-Pectatlyase für die Entstehung des Naßfäulesyndroms ist wegen der Differenz der unterschiedlichen pH-Werte des pflanzlichen Gewebes (pH 6,0) und dem Aktivitätsoptimum in vitro (pH 8,5) noch nicht befriedigend geklärt (LANGE & KNÖSEL 1970). Jedoch konnte bezüglich dieses Enzyms bei einer vergleichsweise geprüften Kollektion von *E. carotovora* subsp. *atroseptica*-Stämmen zwischen der in vitro-Produktion und ihrer Virulenz gegenüber Kartoffelgewebe eine gute Korrelation festgestellt werden (HENNIGER & GÖTZ 1983). Für ein bestimmtes Isoenzym der endo-Pectatlyase von *E. chrysanthemi* wurde inzwischen nachgewiesen, daß neben der Gewebemaceration auch die Permeabilität der Plasmamembran erhöht wird und eine verstärkte Elektrolytausschüttung erfolgt. Dadurch entstehen bei nichtplasmolysierten Zellen irreversible Schäden, und der Zelltod tritt ein (WOOD 1978). Eine direkte Beschädigung der Membran liegt nicht vor, so daß plasmolysierte Zellen lebensfähig bleiben; die gestörte Stützinfektion der Zellwand wird als Ursache des Zellkollapses angesehen (BASHAM & BATEMAN 1975). Neuerdings konnte am Beispiel von Kürbis-Parenchymzellen wahrscheinlich gemacht werden, daß durch Enzymeinwirkung die für die Anheftung des Plasmalemmas dienenden fädigen Polysaccharid-Auswüchse geschädigt werden.

Zellwanddegradierende Enzyme sind aber nicht nur ausschlaggebend bei der Entstehung von Naßfäulen; sie spielen auch bei den Welkekrankheiten eine gewisse Rolle (s. a. 3.5.3.). Darauf deutet z. B. die hohe Pectinase-Aktivität von *X. campestris* pv. *malvacearum* hin, die Pectinmethylesterasen, Pectatlyasen und Polymethylgalacturonasen produziert. Auch der Welkeerreger *Clavibacter michiganensis* pv. *michiganensis* bildet in vivo Pectinasen. Im Falle von *Pseudomonas solanacearum* konnte eindeutig nachgewiesen werden, daß die beim Zellwandabbau entstehenden Bruchstücke an der Ablagerung von Schleimsubstanzen an den Tracheenwänden beteiligt sind und an der Gefäßverstopfung mitwirken; bei diesem Erreger kommen hierfür vor allem Cellulasen in Betracht. Über die Beteiligung von Cellulasen und Hemicellulasen am Ablauf des Krankheitsprozesses ist noch zu wenig bekannt. Bisher wurden bei den untersuchten Bakterien nur C_x-Cellulasen nachgewiesen, die kristalline Cellulose nicht anzugreifen vermögen (s. a. 3.2.4.).

Ebenso ist bisher über die Rolle von **Proteasen** bei der Naßfäuleinduktion wenig bekannt. Unter anderem könnte durch sie eine Inaktivierung im Gewebe vorhandener Protein-Enzyminhibitoren erfolgen. Bei virulenten *E. carotovora*-Isolaten konnte FRIEDMAN (1962) eine höhere proteolytische Aktivität feststellen als bei schwach pathogenen Formen. Neuerdings fanden WAAG & KELMAN (1982), daß Proteasen an der durch *Ps. fluorescens* (Biotyp A) hervorgerufenen Maceration von Kartoffelgewebe beteiligt sind. Es hat sich auch gezeigt, daß die von *E. carotovora* in vitro und auch in planta ausgeschiedene Phospholipase C und Proteinase, die in erster Linie die Plasmamembran schädigen, Gurken- und Kartoffelparenchymzellen nicht zum Absterben bringen können (BATEMAN & BASHAM 1976).

4.3.4.2. Störung des Wasserhaushaltes

Die Verfügbarkeit von Wasser und darin gelösten Nährstoffen ist in den verschiedenen Pflanzenteilen und Organen, besonders im Hauptproduktionsapparat Blatt, für ein optimales Wachstum notwendig und gehört zu den relevanten Merkmalen der Ertragsbildung. Das Wasser wird bei ausreichender Bodenfeuchtigkeit von den Wurzeln absorbiert und gelangt durch Diffusion in die Rinde, von da über die Leitungsbahnen schließlich in das Mesophyllgewebe des Blattes. Die Evaporation von den Mesophyllzellen in die Intercellularen und durch die Stomata vervollständigen den Weg des Wassertransportes. Eine **Störung des Wasserhaushaltes** zeigt sich im Symptombild der Welke, welche durch nachstehende Ursachen ausgelöst werden kann:

Wasserdefizit im Boden starke Transpiration durch Hitze	} physiologische Störungen
Wurzelinfektionen Verstopfung oder Zerstörung der Gefäße Störung der Permeabilität durch Toxine oder Enzyme	} pathogene Störungen

Welkeerscheinungen durch einen beginnenden Wassermangel sind reversibel. Eine Erhöhung der Permeabilität und die Gefäßverstopfung durch große Bakterienmassen oder deren ausgeschiedene Schleimsubstanzen führen zu irreparablen Schäden. Die Bakterien, welche überwiegend das Gefäßsystem besiedeln, rufen die Gefäß- oder **Tracheobakteriosen** hervor. Als bekannteste Erreger gelten *Pseudomonas solanacearum*, *Clavibacter michiganensis* subsp. *michiganensis*, *C. michiganensis* subsp. *sepedonicus* sowie *Erwinia tracheiphila*. An der Störung des Wasserhaushaltes in der Pflanze können unterschiedliche und z. T. mehrere Wirkungsmechanismen beteiligt sein (s. a. 3.5.3. und 4.1.2.4.):

— Welketoxine: Schädigung der Zellmembran, Erhöhung der Permeabilität
— extracelluläre Polysaccharide: Viskositätserhöhung und Verstopfung der Gefäße
— Bakterienwachstum: Gefäßverstopfung
— Thyllenbildung: Ausstülpung von Parenchymzellen in die Gefäße
— Macerationsenzyme: Zerstörung des Gefäßsystems durch enzymatische Maceration.

Die meisten Untersuchungen zur Störung des Wasserhaushaltes wurden beim Befall mit *Ps. solanacearum* vorgenommen (Übersicht bei Buddenhagen & Kelman 1964). Die Analyse der charakteristischen Beziehungen zum Wasserleitungssystem ergab folgenden Verlauf der Pathogenese:

a) Eindringen einer kleinen Anzahl von Bakterien in wenige Xylemelemente
b) Vermehrung in lokalisierten Arealen der Xylem-Tracheen durch fortschreitende systemische Ausbreitung ohne bemerkenswerte Veränderungen des angrenzenden Parenchyms oder der Phloemzellen
c) Einbeziehung des größten Teils der Tracheen durch fortschreitende Ausbreitung, Verstopfung der Gefäße durch Bakterienmassen, Erhöhung der Viskosität durch extracelluläre Polysaccharide (EPS)
d) Zerstörung der Zellwände des Xylems und benachbarter Zellen, Bildung lysogener Spalten, Invasion des Phloems und Rindengewebes.

Die Hauptrolle bei der Induktion des Welkevorganges wird dem EPS-Komplex zugeschrieben. Die pectinolytischen Enzyme haben dabei eine geringere Bedeutung, wie aus nachstehenden Fakten geschlossen werden kann:

a) In befallenen Stengelteilen bewirkte eine Reduktion des wasserleitenden Systems eine Verringerung der Saugkraft,
b) nach der Infektion mit virulenten Stämmen wurde aus dem Xylem eine welkeinduzierende Substanz isoliert,
c) diese Substanz wurde in vitro nur durch virulente Stämme synthetisiert.

Bemerkenswert war jedoch, daß die Intensität der Transpiration und Assimilation bei Bananenblättern kaum verändert, aber erheblichen Schwankungen unterworfen war.

Zusammenfassend wird angenommen, daß die sinkende Geschwindigkeit des Wasserstroms aus der zunehmenden Viskosität der extracellulären Schleimsubstanzen resultiert und eine teilweise Gefäßverstopfung durch die gebildeten Bakterienmassen erfolgt. Weitere Faktoren, wie die Macerationsenzyme, können die pathogene Wirkung verstärken, sie sind aber nicht als primäre essentielle Welkekomponenten anzusehen (s. 3.5.3.). Eine Ausnahme stellt offensichtlich die durch *E. carotovora* subsp. *atroseptica* hervorgerufene Schwarzbeinigkeit der Kartoffel dar, wobei die Welke in diesem

Falle infolge Zerstörung der Gefäße durch pectinolytische Enzyme erfolgt, was auch durch gereinigte Enzympräparate in vitro nachvollzogen werden kann.

4.3.4.3. Veränderungen des Stoffwechsels

Der Ausbildung der Krankheitssymptome und den damit verbundenen Schadwirkungen gehen oft erhebliche stoffwechselphysiologische Veränderungen voraus. Diese sind Folgen der pathogenen Einwirkung auf molekularer Ebene, welche hauptsächlich durch extracelluläre Enzyme, Toxine und Wuchsstoffe, aber als Sonderfall auch durch informationsübertragende DNS (tumorinduzierendes Prinzip) bei *Agrobacterium* spp. direkt oder indirekt den Wirtsstoffwechsel in eine spezifische Richtung umstimmen, wie schon unter 3.3.5. eingehend beschrieben wurde. Bei stoffwechselphysiologischen Untersuchungen bakterieninfizierter Gewebe ergeben sich oft methodische Schwierigkeiten, da die befallenen Gewebe meist dicht mit Bakterien besiedelt sind und deren Stoffwechselprodukte das Ergebnis verfälschen.

Energiestoffwechsel: Dazu gehören anabolische Prozesse — die Assimilation des Kohlenstoffs durch die **Photosynthese** — und die katabolischen Prozesse — die Atmung (s. 2.2.). Die Phytosynthese kann während des Krankheitsprozesses durch die Reduktion des Chlorophyllapparates, die sich symptomatologisch als Chlorose zeigt, direkt beeinflußt werden oder indirekt durch die Blockierung der Wasserleitungsbahnen und das daraus resultierende Wasserdefizit. Für ersteres gilt als klassisches Beispiel die Wildfeuerkrankheit des Tabaks. Durch das von *Ps. syringae* pv. *tabaci* gebildete Phytotoxin Tabtoxin wird die Chlorophyllsynthese gehemmt. Diese Hemmung kann durch die Zugabe der Aminosäure Methionin aufgehoben werden, da das Wildfeuertoxin aufgrund einer ähnlichen Struktur als Antagonist des Methionins wirkt (Braun 1955) (s. a. 3.4.2.). Dagegen beruht die Verminderung der Photosynthese durch den Befall mit *Ps. solanacearum* auf einem Wasserdefizit. Infolge der Turgorverringerung schließen die Stomata und reduzieren damit den Eintritt von CO_2. Bei Wiederherstellung eines normalen Turgors erreicht die Photosyntheserate wieder normale Werte (Beckman et al. 1962).

Über die Veränderung der **Atmungsintensität** liegen nur wenige Mitteilungen vor. Die Infektion von Tabakstengeln mit *Ps. syringae* pv. *tabaci* bewirkte bei einer anfälligen Sorte 6 Tage p.i. einen Anstieg der O_2-Aufnahme von 250%, während das Gewebe einer resistenten Sorte erst nach

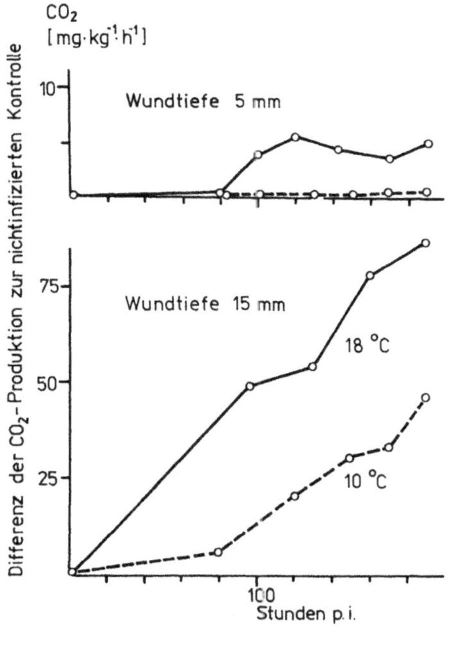

Abb. 4.12. Respiration von Kartoffelknollen nach Infektion durch *Erwinia carotovora* subsp. *atroseptica* in Abhängigkeit von der Temperatur und vom Verletzungsgrad (Wundtiefe).

10 Tagen eine geringe Steigerung aufwies. Die unterschiedlichen Oxidationsraten von Chlorogensäure (90% bei einer befallenen und 15% bei einer resistenten Sorte) lassen außerdem einen anderen Weg der Endoxidation vermuten; es wird angenommen, daß eine nichtcytochrome Metall (Cu)-Oxidase dafür verantwortlich ist. Die Infektion von Kartoffelknollen mit dem Naßfäuleerreger *E. carotovora* subsp. *atroseptica* hat ebenfalls eine beträchtliche Atmungssteigerung, gemessen als CO_2-Abgabe, zur Folge. Durch die Verletzung wurde die CO_2-Abgabe nur geringfügig erhöht, aber die verletzte und danach infizierte Knolle zeigte schon 48 Std. p.i. eine beträchtliche Respirationszunahme. Die Höhe der pathogenen Atmungssteigerung wurde außerdem durch den Verletzungsgrad und die Temperatur nachhaltig beeinflußt (Abb. 4.12.). Als indirekter Nachweis für die Erhöhung des Energiestoffwechsels durch bakterielle Infektionen kann auch die deutliche Temperaturerhöhung in der Nähe des Infektionsortes angesehen werden (Eglits 1933).

Problematischer ist die beim Wurzelkropf (Erreger: *Agrobacterium tumefaciens*) gefundene Steigerung der Atmungsintensität zu werten, da es sich zwar um ein vom Erreger induziertes aber unter Umständen nicht von ihm besiedeltes Tumorgewebe handelt. Die O_2-Aufnahme von Gallengewebe, normalem Gewebe einer infizierten Pflanze und Gewebe einer nichtinfizierten Pflanze verhielt sich wie 274:86:108 (Goodman et al. 1967). Der glykolytische Abbau war im Tumorgewebe teilweise durch den Pentosephosphat-Cyclus ersetzt.

N-Stoffwechsel: Die pathologische Physiologie des N-Stoffwechsels betrifft die Veränderung von löslichen und unlöslichen Proteinen, Proteinmustern und Fraktionen sowie von Aminosäuren und anderen N-haltigen Verbindungen. Dabei ist anzunehmen, daß diese Veränderungen meist durch eine direkte oder indirekte Aktion des Pathogens auf die für den Aufbau und Abbau zuständigen Enzyme zurückzuführen sind.

Bei der vorher erwähnten Hemmung der Chlorophyllsynthese durch das Wildfeuertoxin aus Kulturfiltraten von *Ps. syringae* pv. *tabaci* stellten Farkas & Lovrekovich (1963) fest, daß der Proteingehalt in den Blättern reduziert, aber Aminosäuren und Ammoniak um ein Vielfaches erhöht waren. Die verminderte Proteinsynthese durch die kompetitive Hemmung des Methionins konnte aber mit Kinetin aufgehoben werden. Die Infektion von Bohnenblättern mit *Ps. syringae* pv. *phaseolicola* erhöht den Gehalt an freien Aminosäuren und Amiden, besonders von Ornithin, Histidin und Methionin, im chlorotisch veränderten Gewebe, während der Proteingehalt leicht erniedrigt wird (Patel & Walker 1963). Im Gewebe von Stengeltumoren an Tomaten (*A. tumefaciens*) nimmt Protein-N erst in den späteren Entwicklungsstadien (nach 30—35 Tagen) stark zu, und löslicher Stickstoff ist nur wenig vermehrt, während im nichtinfizierten Gewebe ein leichter Abfall eintritt (Klein 1966).

Sekundäre Inhaltsstoffe: Einige Gruppen der sekundären Inhaltsstoffe, darunter besonders phenolische Verbindungen, Gykoside und Alkaloide sowie die Phytoalexine, wurden bisher hauptsächlich bezüglich ihrer Funktion als resistenzbedingende Stoffe untersucht und diskutiert; sie werden deshalb erst unter 4.3.5. behandelt.

4.3.4.4. Veränderungen der Morphogenese

Das ungewöhnliche Phänomen, daß durch bestimmte, verschiedenen Gattungen zugehörige phytopathogene Bakterien **Wuchsanomalien** und **Tumore** als augenfällige Symptome induziert werden, hat seit langem das Interesse der phytopathologischen Forschung hervorgerufen. Diese Bakterien, zum Beispiel der Wurzelkropf durch *A. tumefaciens*, verursachen nicht nur gewisse wirtschaftliche Schäden, sondern haben auch als Objekte zur Erforschung der Bildung und Wirkung von Wuchsstoffen, besonders aber im letzten Dezennium in der Gentechnologie der höheren Pflanze, große Bedeutung erlangt.

Bei den durch Wuchsstoffe bedingten morphogenetischen Veränderungen ist zwischen solchen, die direkt vom Erreger synthetisiert werden, und jenen, die vom Erreger induziert werden, zu differenzieren. Eine eingehende Darstellung des Spektrums der durch verschiedene Pathogene gebildeten Wuchsstoffe und deren Auswirkung auf die befallene Pflanze erfolgte bereits unter 3.3.

Es war eine faszinierende Entdeckung, daß beim Wurzelkropf die Induktion zur Tumorbildung sowie die Umsteuerung des Aminosäurestoffwechsels durch *A. tumefaciens* infolge direkter

Übertragung einer genetischen Information vom Erreger zum Wirt erfolgt (SCHELL 1983). Die Aufklärung dieser eng verflochtenen Wirt-Pathogen-Beziehungen ist das erste gründlich analysierte Beispiel einer natürlich vorkommenden Genmanipulation zwischen einem Bakterium und einer höheren Pflanze. Durch einen langwährenden Evolutionsprozeß hat sich der Erreger nicht nur dem Wirt angepaßt, sondern die Wirtseigenschaften spezifisch verändert, indem er einen neuen Satz von Genen in das Wirtsgenom einbringt. *A. tumefaciens* enthält ein sehr langes ringförmiges Chromosom, das für die normalen „Lebensfunktionen" des Bakteriums codiert. Daneben ist noch ein großes Plasmid (extrachromosomale DNS zum Austausch bestimmter Gene) vorhanden, welches die Tumorbildung im Pflanzengewebe induziert und als „Tumor-induzierendes Plasmid" (Ti-Plasmid) bezeichnet wird. Ein Segment des Ti-Plasmids enthält die Information zum Transfer in die Pflanzenzelle, ein weiteres, als T-DNS bezeichnetes, wird direkt in den Kern der Wirtszelle einverleibt und besitzt die Information zum Tumorwachstum. Wird dieses Plasmid aus der *Agrobacterium*-Zelle ausgeschleust, verliert sie ihre pathogenen Eigenschaften, und eine Tumorbildung unterbleibt. Wird das Plasmid in andere Bakterien übertragen, erlangen diese die Fähigkeit zur Tumorbildung (s. dazu 2.3.8.).

A. tumefaciens bzw. das Ti-Plasmid hat in der gentechnologischen Forschung der letzten Jahre eine große Bedeutung erlangt, indem bestimmte isolierte Gene in dieses Plasmid eingebaut und damit in die Zellen höherer Pflanzen transferiert werden können. Mit diesem Verfahren tun sich für die Pflanzenzüchtung mit schwierig einzukreuzenden Merkmalen neue perspektivische Möglichkeiten auf.

4.3.5. Resistenz- und Abwehrmechanismen

Phytopathogene Bakterien besitzen vielfältige Möglichkeiten zur Infektion, Ausbreitung und Vermehrung im kompatiblen Wirt. Die Fähigkeiten betreffen sowohl die Ernährung und Anpassung an das umgebende Milieu (H^+-Konzentration und Pufferkapazität), Bildung von Aggressinen (gewebemacerierende Enzyme) sowie Toxinen, Verhinderung der „Erkennung" durch den Wirt, aber auch Toleranz gegenüber antimikrobiellen sekundären Inhaltsstoffen und weitere Faktoren. Beim Fehlen eines oder mehrerer dieser Merkmale, die zusammengefaßt als Grundkompatibilität („basic compatibility" — ELLINGBOE 1976) bezeichnet werden, ist ein Befall nicht möglich. Die Pflanzen haben mannigfaltige und komplexe Abwehrsysteme entwickelt, die normalerweise eine Resistenz gegenüber dem Befall durch Mikroorganismen bewirken.

Die Frage, ob und warum eine Pflanze gegenüber einem bakteriellen potentiell pathogenen Mikroorganismus mit Anfälligkeit oder Resistenz reagiert, ist von großem wirtschaftlichem Interesse.

Die Aufklärung der **stofflichen Grundlagen der Resistenz** steht daher im Mittelpunkt vieler Untersuchungen über die Wirt/Pathogen-Beziehungen. Eine Klassifizierung der Resistenzmechanis-

Tabelle 4.2. Die wichtigsten gegen phytopathogene Bakterien wirksamen Resistenz- und Abwehrmechanismen

präformierte (konstitutive, passive) Resistenz — Axenie —	induzierte (aktive) Resistenz
1. strukturell-physikalische Barrieren	1. induzierte Schutzreaktion (normergische Reaktion)
2. antimikrobielle (baktericide und bakteriostatische) Substanzen	2. Hypersensibilitätsreaktion (hyperergische Reaktion)
3. Maskierung von Toxinen	3. Phytoalexinbildung
4. Zellwandlektine	
5. Agglutinine	
6. Freisetzung gebundener antibiotischer Substanzen	

men kann aufgrund ihrer spezifischen Reaktionsweise vorgenommen werden (s. Tab. 4.2.). Für diese Einteilung ist ausschlaggebend, ob die resistenzbedingenden physikalisch oder chemisch wirkenden Faktoren bereits vor der Infektion mit dem Erreger **(präformierte, auch passive oder konstitutive Resistenz)** vorgebildet in der Pflanze vorhanden sind oder erst als Folge einer durch die Infektion ausgelösten spezifischen Resistenzreaktion **(induzierte Resistenz)** gebildet werden. Es soll nicht unerwähnt bleiben, daß für die verschiedenen Resistenzmechanismen und Formen abweichende Bezeichnungen verwendet worden sind und bislang keine einheitliche Terminologie gebräuchlich ist.

Die Frage nach den physiologisch-biochemischen Ursachen für die Auslösung der induzierten Resistenz durch inkompatible Formen eines Pathogens bzw. deren Unterdrückung durch kompatible Pathogene, d. h. die Erkennung oder Nichterkennung des Pathogens durch die Wirtszelle, ist in den letzten Jahren zum Schlüsselproblem geworden und wird unter 4.3.5.4. gesondert behandelt.

4.3.5.1. Präformierte Resistenzmechanismen

In das System der passiven präformierten Resistenz sind sowohl strukturell-physikalische Barrieren als auch antimikrobielle oder antitoxisch wirkende chemische Verbindungen eingeschlossen.

Physikalische Barrieren: Nach der Kontamination stellt die cutinisierte Epidermis der Blätter und krautigen Stengel die erste physikalische Barriere dar, die im unverletzten Zustand einen vollständigen Schutz vor dem Eindringen bakterieller Erreger gewährleistet. Aber auch ein unter optimalen Bedingungen ausgebildetes Wundperiderm ist für bakterielle Erreger normalerweise ein undurchdringliches Hindernis. Daher kann eine unterschiedliche Geschwindigkeit der Wundheilung Abstufungen in der Anfälligkeit von Kartoffelknollen für die Naßfäule bedingen.

Natürliche Eintrittsöffnungen, wie Stomata, Nektarien usw., können zwischen verschiedenen Arten bzw. Sorten eine voneinander abweichende morphologische Struktur besitzen, womit eine Infektion verhindert oder graduell erschwert werden kann. Am Beispiel der unterschiedlichen Anfälligkeit von Mandarine und Grapefruit gegenüber *Xanthomonas campestris* pv. *citri* wurde dies bereits von McLean (1921) gefunden. Beim Apfel (*Malus silvestris*) sind die Nektarien vor einer Inokulation mit dem Feuerbranderreger besser geschützt, weil sie durch einen geschlossenen Fruchtboden den bakterienübertragenden Insekten nicht zugänglich sind. Bei unterschiedlich naßfäuleanfälligen Kartoffelsorten wird als ein Resistenzfaktor die verschiedenartige Struktur der Lenticellen angenommen (Weber 1986).

Eine zweite physikalische Barriere nach dem Eindringen der Erreger in die Intercellularräume oder in die Gefäße stellen die Zellwände dar. Die gel-netzartige Struktur der Zellwände, bestehend aus einer Matrix von teilweise sehr kompliziert zusammengesetzten Polysacchariden, in welche das Gerüst aus Cellulosefibrillen eingebettet ist, kann durch eine häufig vorhandene stark ausgeprägte Einlagerung von Suberin und Lignin einen Schutz vor der Einwirkung gewebe- und zellwandmacerierender Enzyme bilden.

Chemische Barrieren: Allgemein wird angenommen, daß eine Vielzahl von chemischen Verbindungen in der Pflanze die Bakterienentwicklung hemmen können und dadurch resistenzfördernd wirken, da bei ihnen häufig antibakterielle Eigenschaften in vitro nachgewiesen worden sind (Anderson 1982). Die sekundären Pflanzenstoffe, darunter besonders Phenole, Glykoside, Alkaloide u. a., deren physiologische Funktion im pflanzlichen Stoffwechsel oft nicht bekannt ist, sind als präformierte Resistenzfaktoren angesehen und beschrieben worden. Trotzdem wurden aber nur relativ wenige dieser Substanzen bezüglich ihrer baktericiden oder bakteriostatischen Wirkung gegenüber phytopathogenen Bakterien getestet. In Anlehnung an Wood (1967) sollten nachstehende Bedingungen erfüllt sein, bevor solche hypothetisch angenommenen Verbindungen als resistenzbedingend angesehen werden können:

- Vorhandensein im pflanzlichen Gewebe in solchen Konzentrationen, die in vitro deutlich antibakteriell wirken,
- unterschiedliche Konzentrationen in resistenten und anfälligen Pflanzen,
- differenzierte antibakterielle Wirkung gegenüber pathogenen und avirulenten Isolaten des Erregers.

Bisher wurden diese Kriterien hinsichtlich ihrer Rolle als resistenzbedingende Faktoren jedoch nur von wenigen sekundären Pflanzenstoffen erfüllt.

Die Aminosäure Homoserin wurde von HILDEBRAND (1973) als infektionsbegrenzender Faktor bei Erbsen beschrieben. Diese Aminosäure kommt in den meisten Pflanzen in geringen Mengen vor, in Erbsen steigt ihre Konzentration nach der Keimung jedoch stark an. Gegenüber 15 geprüften Vertretern der Gattung *Pseudomonas* wirkte Homoserin toxisch, während die für Erbsen pathogene *Ps. syringae* pv. *pisi* im Wachstum gefördert wurde.

Antibakterielle sekundäre Pflanzenstoffe liegen in der Pflanzenzelle häufig als inaktive Glykoside in Kompartimenten vor und können erst infolge einer Zerstörung der Zellstruktur durch Verletzungen oder Infekteinwirkung freigesetzt und mittels pflanzeneigener Glykosidasen antibakteriell funktionieren. Gewisse Unterschiede in der Blausäure (HCN)-Empfindlichkeit von *Pseudomonas*- und *Xanthomonas*-Arten, die bei cyanogenen Wirten pathogen oder nichtpathogen waren, wurden ebenfalls beschrieben.

Die genannten sekundären Pflanzenstoffe werden als präformierte Resistenzfaktoren oft in Verbindung mit entsprechenden konstitutiven Enzymen wirksam; besonders betrifft dies Phenoloxidasen und Peroxidasen. Die gebildeten Oxidationsprodukte besitzen meist eine höhere Toxizität. Dieser Mechanismus wurde bei *Erwinia amylovora* demonstriert, die durch Hydrochinon aus dem Glykosid Arbutin gehemmt wird, dessen Wirkung durch Kombination mit Oxidationsprodukten des Arbutins noch weiter verstärkt werden kann (POWELL & HILDEBRAND 1970). Die bekannte bakericide Aktivität von Senfölen aus der Gattung *Allium* und verschiedener Cruciferen konnte bisher nicht als Resistenzfaktor in planta bestätigt werden.

Eine Reihe von Substanzen mit antibakteriellen Aktivitäten sind in geringer Konzentration präformiert auch in nichtbefallenen Pflanzen vorhanden. Das betrifft unter anderem phenolische Verbindungen und ihre oxidierenden Enzyme, die aber durch eine induzierte Hypersensibilitätsreaktion eine starke Zunahme erfahren können (s. 4.3.5.3.).

Immobilisierung und Enzyminhibitoren: Eine weitere Möglichkeit, die Vermehrung und Ausbreitung eingedrungener Bakterien zu stoppen, besteht in einer Immobilisierung (Festlegung) und/oder Agglutination der Erregerzellen. Für den Immobilisierungsprozeß können präformierte Faktoren verantwortlich sein, durch deren Mechanismus die Bakterien an die Zellwand angeheftet werden oder verklumpen und die damit deren Bewegungsfähigkeit und Vermehrung inaktivieren. An Bohnen apathogene, saprophytische Bakterien der Art *Pseudomonas putida* wurden bei Infiltration schon nach der ersten Berührung der Zellwände durch wirtseigene fibrilläre Strukturen eingekapselt und festgelegt. Bei der für Bohnen pathogenen *Ps. syringae* pv. *phaseolicola* unterblieb dagegen diese Immobilisierungsreaktion, die vermutlich durch Lectine bewirkt wird (SING & SCHROTH 1977). GOODMAN et al. (1976) beschrieben die Immobilisierung von *Ps. syringae* pv. *pisi* in Tabakblättern, wobei 6 Std. p.i. im Xylem Granula auftraten, welche die Bakterien agglutinierten. Diese Immobilisierungsreaktion war jedoch mit einer Überempfindlichkeitsreaktion gekoppelt (s. 4.3.5.3.). Bakterien agglutinierende Agenzien wurden in vielen Pflanzenextrakten nachgewiesen: So enthielten z. B. Kartoffelknollenextrakte Lectine, die avirulente Zellen von *Ps. solanacearum*, aber nicht virulente Isolate agglutinieren (SEQUEIRA & GRAHAM 1977). Ein hochmolekularer Glykoproteinkomplex aus verschiedenen Pflanzen verursachte die Agglutination von mehreren saprophytischen *Pseudomonas* spp., aber nicht von pflanzenpathogenen Arten (ANDERSON & JASALAVICH 1979). Es konnte auch gezeigt werden, daß Zellen von *Erwinia carotovora* (beide Subspecies) sich nicht durch Lectinpräparate aus Kartoffelknollen agglutinieren lassen (GHANEKAR & PÉROMBELON 1980).

Über den Einfluß von präformierten wirtspflanzeneigenen spezifischen Enzyminhibitoren, die die bakteriellen Angriffsenzyme Pectinase, Cellulase u. a. hemmen oder inaktivieren, liegen bisher wenige Angaben vor; dagegen ist die unspezifische Hemmung durch polymere phenolische Verbindungen und Chinone schon seit langem bekannt.

4.3.5.2. Induzierte Schutzreaktion

Die Behandlung von Pflanzen mit apathogenen bzw. hitzeabgetöteten Bakterien oder deren subcellulären Komponenten, aber auch mit einigen abiotischen Substanzen, kann eine Infektion oder

Erkrankung durch eine nachfolgende Infektion mit virulenten Erregern verhindern (zusammenfassende Übersicht bei McIntyre (1982). Diese zuerst von Lovrekovich & Farkas (1965) anhand der Wildfeuerkrankheit des Tabaks beschriebene Schutzreaktion der Pflanze gegen Bakterienbefall wird als **„induzierte Resistenz"** oder auch (nach Klement 1972) als **„Präimmunität"** bezeichnet. Im Gegensatz zur Hypersensibilitätsreaktion, die sich als Nekrotisierung einzelner Zell- oder Gewebekomplexe makroskopisch sichtbar manifestiert, treten bei der induzierten Schutzreaktion (ISR) keine deutlichen strukturellen Veränderungen auf. Bemerkenswert ist jedoch, daß durch eine Infektion oder Infiltration von saprophytischen Bakterien generell keine ISR ausgelöst werden kann. Im Vergleich zu Virosen und Mykosen ist über die physiologisch-biochemischen Vorgänge während der von phytopathogenen Bakterien ausgelösten ISR wenig bekannt. Auch haben Erkenntnisse über die ISR bis heute noch keine Anwendung bei der praktischen Bekämpfung im Freiland gefunden; das Wissen über die Grundlagen und Ursachen der W/P-Beziehungen wurde dadurch jedoch wesentlich bereichert.

Durch eine Mischinokulation pathogener und apathogener Isolate, aber auch verschiedener Arten, kann eine Infektion verhindert, in anderen Fällen nur der Grad der Erkrankung vermindert werden. Das ist von der Inokulumdichte des eingesetzten apathogenen Bakterienstammes im Verhältnis zu derjenigen des Erregers abhängig; meist müssen die apathogenen Bakterien in großer Überzahl vorliegen. Ein aufschlußreiches Beispiel ist die Infektion des Tabaks durch avirulente und pathogene Isolate von *Ps. solanacearum* (Averre & Kelman 1964); in diesem Falle kam es zu einer Verminderung des Befallsgrades, als deren Ursache die Auslösung einer auf wenige Zellen begrenzten Hypersensibilitätsreaktion angenommen wird. Die Mischinokulation schwach oder kaum pathogener Arten kann aber auch einen gegenteiligen Effekt haben, wie an einer durch kombinierten Befall von *Ps. caryophylli* und *Corynebacterium* sp. verursachten Nelkenfäule beschrieben wurde. Dabei bildet die saprophytische *Corynebacterium* sp. eine Pectatlyase, während die Fähigkeit, im Nelkengewebe zu wachsen, von einer durch *Ps. caryophylli* verursachten Veränderung der Zellpermeabilität abhängig ist (Braithwaite & Dickey 1970).

Die zeitlichen Abstände zur Erzielung einer optimalen Wirkung zwischen der „Präimmunisierung" und nachfolgender Infektion mit dem virulenten Erreger sind bei den einzelnen W/P-Kombinationen unterschiedlich groß. Beim Apfel bestand ein Schutz gegen den Feuerbranderreger bereits 30 min p. i., der dann wieder nachließ, um schließlich nach 7 Std. voll wirksam zu werden.

Die induzierte Resistenz kann auch durch abgetötete virulente Bakterien hervorgerufen werden: Durch Erhitzen abgetötete Zellen von *Ps. syringae* pv. *tabaci* verhindern nach Infiltration im Zeitraum von 24—48 Std. eine Infektion mit lebenden virulenten Zellen des Erregers. Ähnliche Ergebnisse sind von *Agrobacterium tumefaciens* bekannt. Durch Ultraschallaufschluß erhaltene zellfreie Präparate, sowohl von pathogenen als auch von apathogenen *E. amylovora*-Stämmen, schützten vor einer Infektion mit dem virulenten Feuerbranderreger (McIntyre et al. 1973). Gereinigte DNS-Präparate besaßen die gleiche Wirkung, RNS dagegen hatte keinen Einfluß auf die Infektion. Präparate mit einem höheren Reinigungsgrad verstärkten die präimmunisierende Wirkung noch und induzierten zudem eine systemische Resistenz. Über die Natur der die ISR auslösenden Faktoren gibt es unterschiedliche und teils einander widersprechende Meinungen. Die meisten Untersuchungen wurden mit *Ps. solanacearum* vorgenommen. Nach Sequeira et al. (1972) ist eine proteinartige Substanz der induzierende Faktor. Graham et al. (1977) fanden, daß Lipopolysaccharide (LPS) eine hohe Induktoraktivität besaßen und nahmen an, daß der Lipid-A-Anteil der LPS die spezifische Wirkgruppe darstellt. Es bestehen demnach unterschiedliche Auffassungen darüber, ob Proteine, DNS oder LPS eine induzierte Resistenz auslösen können, oder ob jede dieser Verbindungen spezifisch bei bestimmten W/P-Kombinationen wirksam ist. Es hat sich aber gezeigt, daß auch die Überempfindlichkeitsreaktion durch eine Vorbehandlung mit abgetöteten virulenten sowie avirulenten Zellen bzw. deren Zellwandkomponenten (s. folgenden Abschnitt) unterdrückt werden kann.

Allgemein wird jetzt angenommen, daß an der induzierten Schutzreaktion mehrere Wirtsmechanismen beteiligt sind (McIntyre 1982):

— Die abgetöteten Zellen oder deren Komponenten besetzen Haftpunkte an der Oberfläche der Zellwände,

— durch die Präimmunisierung wird die Agglutinationsaktivität erhöht, bei manchen W/P-Kombinationen werden Lectine als Ursache für die Agglutination angesehen,
— verringertes Bakterienwachstum in den Intercellularräumen: die Intercellularflüssigkeit präimmunisierter Pflanzen hemmt das Wachstum in vitro, die aktiven Komponenten sind hitzestabil, aber keine phenolischen Verbindungen.

Bei verschiedenen Arten wurde gefunden, daß die ISR nicht nur speziell gegen einen Erreger gerichtet ist, sondern häufig auch gegen andere Pathogene wie Viren und Pilze wirkt. Beispielsweise schützt eine Präinfektion mit *Ps. syringae* pv. *lachrymans* anfällige Sorten vor Befall mit *Colletotrichum lagenarium* und umgekehrt. Diese ISR wirkt systemisch und zeitabhängig, wobei die Schutzreaktion bis zu 37 Tagen anhielt.

Über die Natur der Induzierten Schutzreaktion existieren mehrere Hypothesen. Ziemlich sicher erscheint, daß verschiedene Erreger qualitativ verschiedenartige Mechanismen zur Auslösung besitzen und auch die Wirte diesbezüglich variieren, wobei Gemeinsamkeiten nicht auszuschließen sind. Wahrscheinlich ist auch, daß jede Wirtspflanze genetisch fixierte Abwehrmechanismen besitzt, die bei einer bestehenden Anfälligkeit nicht schnell genug aktiviert werden können, so daß der eingedrungene Erreger die Oberhand behält. Durch die als zeitabhängig erkannte „Präimmunisierung" werden diese Abwehrmechanismen vor dem Angriff der potentiell pathogenen Bakterien aktiviert. Kuć (1977) sowie McIntyre et al. (1981) haben die Hypothese aufgestellt, daß vom Induktionsort ein übertragbares („translocated") Signal ausgeht, das sich in der Pflanze ausbreitet. Dieses „Signal" ist kein hemmender Metabolit, sondern aktiviert das Potential der Resistenzreaktion des Wirtes. Es ist durch Pfropfen übertragbar und wird wahrscheinlich im Phloem transportiert.

Zweifellos ist das Problem, wie die Wirtszelle eingedrungene kompatible bzw. inkompatible Bakterienzellen bzw. deren Zellbestandteile erkennt, auch eng mit der Auslösung der Überempfindlichkeitsreaktion verknüpft und damit eine zentrale, noch teilweise ungeklärte Frage der W/P-Beziehungen (s. 4.3.5.4.).

4.3.5.3. Hypersensibilitätsreaktion

Die **Hypersensibilitätsreaktion** (HSR) ist ein rasch wirksamer inkompatibler Abwehrmechanismus gegenüber phytopathogenen Mikroorganismen und Viren, der bei vielen Pflanzenarten bekannt ist. Durch eine Infektion wird bei resistenten Pflanzen oder Nichtwirtspflanzen ein rapide verlaufender Zellkollaps mit nachfolgender Nekrose induziert. Dadurch werden die Pathogene am Infektionsort lokalisiert und damit zugleich ihre Vermehrung und die weitere Pathogenese verhindert (Klement 1982). Die HSR ist als Resistenzursache bei Mykosen schon lange bekannt (Stakman 1915), bei Virosen wurde sie von Holmes (1929) beschrieben; als Resistenzmechanismus bei Bakteriosen hat man sie jedoch erst nach der Anwendung spezifischer Infektionsmethoden nachweisen können (Klement & Lovrekovich 1961). Als Grund dafür sind unter anderem die makroskopisch kaum sichtbaren Läsionen anzusehen, wie sie bei der unter natürlichen Bedingungen normalerweise geringen Inokulationsdichte gebildet werden.

Klement et al. (1964) infizierten Tabakblätter mittels einer Vakuuminfiltrationsmethode mit verschiedenen pathogenen und saprophytischen Vertretern der Gattung *Pseudomonas*:

a) **Virulent** an Tabak — *Ps. syringae* pv. *tabaci* — typische Symptome 3—5 Tage p. i., starke Vermehrung.
b) **Avirulent** an Tabak — *Ps. syringae* pv. *syringae*, pv. *phaseolicola*, pv. *mori* — Zellkollaps 9 Std. p. i., Stop der Vermehrung nach 24—48 Std.
c) **Saprophyten** — *Ps. fluorescens*, *Ps. aeruginosa* — keine sichtbare Reaktion, keine Vermehrung der Bakterien.

Die HSR kann somit nur durch lebende und potentiell phytopathogene Bakterien ausgelöst werden. Weiterhin ist bemerkenswert, daß auch die als hochvirulent bekannten Naßfäuleerreger der Gattung *Erwinia* im Gegensatz zu *Erwinia amylovora* keine HSR induzieren. Die verschiedenen Möglichkeiten der Reaktionsweise von Nichtwirts- und Wirtspflanzen gegenüber apathogenen und pathogenen Bakterien ist zusammenfassend in der Tabelle 4.3. aufgelistet.

Tabelle 4.3. Möglichkeiten der Beziehungen zwischen Bakterien und höheren Pflanzen

Reaktionstyp	Kombinationspartner		Reaktionen der Pflanze	
	Bakterium	Pflanze	HSR[1])	Symptome
A	nichtpflanzenpathogene Arten (Saprophyten)	Pflanzen generell	—	—
B	potentiell pflanzenpathogene Arten	Nichtwirtspflanzen	+	—
C	Pathogen virulent	Wirtspflanze (anfällige Sorte)	—	+
D	Pathogen avirulent	Wirtspflanze (resistente Sorte)	+	—
E	apathogene Mutante	Wirtspflanze	+(—)[2])	—
F	Naß- und Weichfäule-Erreger	Wirts- und Nichtwirtspflanzen	—(+)[2])	+(—)[2])

[1]) HSR = Hypersensibilitätsreaktion
[2]) beide Reaktionen kommen vor (der seltenere Fall in ( ))

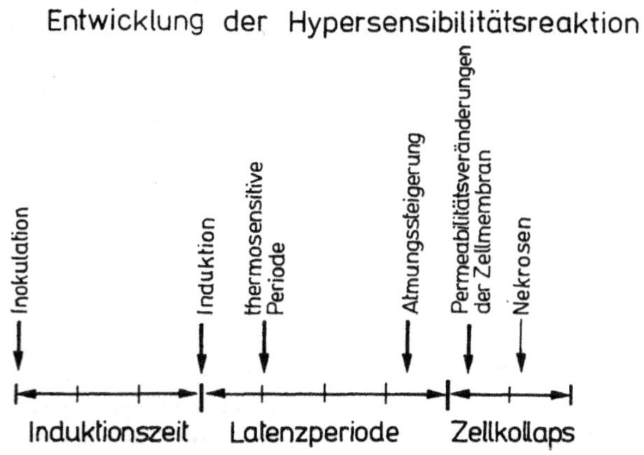

Abb. 4.13. Ablauf der Überempfindlichkeitsreaktion bei inkompatiblen Wirt/Pathogen-Kombinationen. Nach KLEMENT 1972.

Der Ablauf der HSR erfolgt differenziert in drei spezifischen Phasen, der Induktions-, Latenz- und Zellkollaps-Phase (Abb. 4.13.):

Induktionsphase: Der Zeitraum vom Eindringen des Erregers bis zum irreversiblen Ablauf des HSR-Mechanismus ist relativ kurz und vom Pathogen abhängig: bei *Ps. syringae* pv. *syringae* beträgt er 1,5—2 Std., bei *Ps. syringae* pv. *phaseolicola* dagegen 3—4 Std. Der Induktionszeitraum kann mittels Infiltration bakterizider Substanzen, z. B. von Antibiotica, exakt ermittelt werden, da nur stoffwechselaktive Bakterien die HSR auszulösen vermögen. Die Inokulumdichte hat auf die Induktion und deren Zeitraum keinen Einfluß. Zur Erzeugung des Zellkollapses ist bei *Ps. syringae* pv. *syringae* nur ein Bakterium je Wirtszelle notwendig. Höhere Bakterienkonzentrationen sind dann erforderlich, wenn deutlich sichtbare Nekrosen erzeugt werden sollen. Nach Beendigung der Induktionsphase kann der weitere Ablauf der HSR nicht mehr gestoppt werden. Die Hemmung der bakteriellen Proteinsynthese sowie die Gegenwart von Proteasen unterdrücken die Induktion und geben Anlaß zur Annahme, daß an der Interaktion von Bakterien- und Wirtszellen extracelluläre Proteine beteiligt sind. Die Induktionsphase beginnt mit einer gegenseitigen Zellkontakt-Erkennungsreaktion, die in einer Anheftung der Bakterien an die Wirtszellwand besteht (ERCOLANI

1970); nach ATKINSON et al. (1981) ist sie jedoch keine Vorbedingung. Nach anderen Mitteilungen bewirken in den Intercellularen immobilisierte Bakterien keine HSR, sondern entwickeln typische Krankheitssymptome. Über die Bedeutung eines Pathogen-Wirtszell-Kontaktes bestehen derzeit noch widersprüchliche Meinungen (s. 4.3.5.4.).

Latenzphase: Dieser Zeitraum dauert von der beendeten Induktionsphase bis zum beginnenden Zellkollaps und variiert bei den untersuchten W/P-Kombinationen zwischen 4 und 6 Std. Wie schon erwähnt, ist der Fortgang der HSR abhängig davon, ob das auslösende Pathogen noch lebensfähig ist oder nicht. Die biochemischen Prozesse sind dabei noch weitgehend unbekannt. Ungefähr 30 min vor dem Zellkollaps konnte eine Atmungssteigerung festgestellt werden, die höher war als nach der Infektion mit kompatiblen Pathogenen. Über strukturelle Veränderungen liegt eine Reihe von Mitteilungen vor, wobei meist Vorgänge an der Zellmembran untersucht wurden, die unter anderem auch zu Elektrolytverlust und Permeabilitätserhöhungen führen.

Zellkollaps: Während dieser letzten Phase, die nur 1—2 Std. dauert, erfolgen tiefgreifende Veränderungen struktureller sowie physiologisch-biochemischer Natur, die als nekrotische Symptome sichtbar werden. Es kommt zu einer vollständigen Destrukturierung der Zellmembran und aller Organellen, wie Zellkern, Tonoplast, Chloroplasten, Mitochondrien usw. Der Inhalt der Vakuolen vermischt sich mit dem Cytoplasma, und kompartimentierte Inhaltsstoffe, wie Glykoside, Phenole und andere (gegebenenfalls antimikrobielle) Substanzen, werden freigesetzt. Nach dem Turgorverlust durch den Zellkollaps beginnt nach 2—4 Std. die Nekrotisierung und danach ein Eintrocknen des betroffenen Gewebes. Bei einer geringen Inokulumdichte tritt nur eine Wasseransammlung (soaking) auf, und das geschädigte Gewebe trocknet nicht ein. Die gebildeten antimikrobiellen Stoffe diffundieren in die Intercellularräume, und um die entstandene Läsion ist eine breite bakteriostatische Hemmzone nachweisbar. Die Bildung spezifischer Phytoalexine wurde — im Gegensatz zur pilzlich induzierten HSR — bisher nur in einigen Fällen (z. B. Phaseollin, Glyceollin) festgestellt.

Die Induktion durch inkompatible Pathogene und — mit Einschränkungen — der nachfolgende Ablauf der HSR können durch verschiedene Faktoren unterdrückt werden. Die Blockierung des Bakterienstoffwechsels durch Wärmebehandlung (37 °C), Antibiotica, Phagen und andere Einwirkungen verhindert die Induktion der HSR. Wird die Wärmebehandlung erst nach vollendeter Induktionsphase vorgenommen, so werden die nachfolgenden Vorgänge bis zur Nekrotisierung nicht beeinflußt. Die Behandlung durch eine Infiltration mit abgetöteten Bakterien oder daraus isolierten Komponenten bewirkt nicht nur die ISR, sondern unterdrückt auch die Induktion der HSR; wahrscheinlich kommt es zu einer Beeinflussung des bakteriellen Wachstums oder Stoffwechsels, vielleicht auch der Erkennungsreaktion. Bei einigen Wirt/Bakterien-Kombinationen konnten durch Infiltration von Wasseragar der Zellkontakt und auch die Auslösung der HSR verhindert werden. Das Phytotoxin aus *Ps. syringae* pv. *phaseolicola* unterdrückt spezifisch die HSR, aber nur bei diesem Pathogen. Durch Infiltration von Ca^{2+}-Verbindungen wurde die HSR ebenfalls gehemmt, wahrscheinlich infolge einer Veränderung an der Zellmembran.

Die Hypersensibilitätsreaktion ist demnach ein bei Bakterien erst spät entdeckter, aber wichtiger Resistenzmechanismus. Der Reaktionsablauf und ein biochemischer Induktor für die Auslösung der HSR sind noch nicht bekannt. Die HSR kann nur von lebenden, stoffwechselaktiven, potentiell phytopathogenen Bakterien induziert werden. Die zum Studium dieses Resistenzmechanismus entwickelten Infektionsmethoden und Kriterien lassen sich mit Erfolg zur kurzfristigen Ermittlung von Pathogenitätsmerkmalen bei der Identifizierung phytopathogener Bakterien verwenden (s. 2.6.4.).

4.3.5.4. Erkennungsreaktion

Die Infektion des pflanzlichen Gewebes durch phytopathogene Mikroorganismen beginnt meistens mit einem wechselseitigen **Erkennungsvorgang** zwischen Wirtszelle und Pathogen. Erkennt die Wirtszelle den eingedrungenen Mikroorganismus als „fremd“, wird der Ablauf einer Reihe biochemischer Reaktionen induziert, welche die Infektion nicht manifest werden lassen. Für das tiefere Verständnis der W/P-Beziehungen ist die Frage, wie erkennt die Wirtspflanze das invadierte Bakterium, und vor allem, wie umgehen virulente kompatible Formen die Erkennung, von grundlegender Bedeutung (zusammenfassende Übersicht bei KEEN & HOLLIDAY 1982).

Kann ein eingedrungenes Pathogen vom Wirt nicht als solches identifiziert werden und besitzt es die sogenannte **Grundkompatibilität** (ELLINGBOE 1976), so kommt es zur Krankheitsentwicklung. Im Verlauf der Coevolution von Pathogen und Wirt hat sich beiderseitig ein hoher Spezialisierungsgrad ausgebildet, der sich uns in der Existenz von Pathovaren und speziellen Rassen des Erregers sowie anfälligen und resistenten Sorten der Kulturpflanzen darstellt. Als Grundthesen für eine Analyse des Spezialisierungskomplexes können angesehen werden:

— Die Spezialisierung ist abhängig von der Erkennung,
— der Erkennungsmechanismus beruht auf einer Interaktion komplementärer Makromoleküle, die sich an der Oberfläche der Zellwände von Pathogen und Wirtszelle befinden,
— die Erkennung oder Nichterkennung zieht eine Wirtsreaktion nach sich, welche die Vermehrung eines Erregers mit geeigneter Grundkompatibilität verhindert oder begünstigt.

Entsprechend der allgemein vertretenen Ansicht vollzieht sich die Erkennungsreaktion durch einen direkten **Kontakt** oder eine **Anheftung** der bakteriellen an die pflanzliche Zellwand; die Identifikation kann aber auch durch lösliche Bestandteile aus der Zellwand des Pathogens (bei Pilzen) erfolgen. Die Zellwand der höheren Pflanze ist eine halbstarre Hülle, die als mechanisches Stützelement das von der Zellmembran (Plasmalemma) begrenzte Cytoplasma umgibt. Die pflanzliche Zellwand besteht überwiegend aus Polysacchariden und nur zu ca. 10% aus Proteinen. Die Struktur und Funktion, besonders der Polysaccharide (s. 3.2.2. und 3.2.3.), sind nach neueren Darstellungen (ALBERSHEIM & DARVILL 1985) wesentlich komplizierter und vielschichtiger, als bisher gemeinhin angenommen wurde. An der Zusammensetzung der Polysaccharide sind neben Glucose mindestens noch 12 weitere Hexosen und Pentosen beteiligt. Als polymere Pectine und pectinartige Substanzen besitzen sie eine ausgeprägt komplizierte Struktur; sie bilden die sogenannte Matrix der Zellwand. Bestimmte Oligouronide und Oligosaccharide dieser Matrix können durch enzymatische Aktivitäten aus der Wand herausgelöst werden und fungieren als hochspezifische Elicitoren, d. h. als „Signale" bei der Auslösung der Phytoalexinbildung, wirken aber auch als hochaktive Wuchsstoffe mit spezifischen Eigenschaften.

Weitere in die Zellwandoberfläche integrierte Bestandteile sind die **Lectine**, die früher wegen ihrer blutgruppendifferenzierenden Eigenschaften als Phytohämagglutinine bezeichnet und in vielen Pflanzenarten nachgewiesen wurden. Lectine sind Proteine oder Glykoproteine mit einem spezifischen Molekülaufbau, der sie befähigt, Polysaccharide einer komplementären Konfiguration zu binden. Sie können sich dadurch an die hervorstehenden Polysaccharidgruppen der Zellwand-LPS von Bakterien anheften und damit in situ wie auch in vitro eine Agglutination der Bakterien bewirken. Da Lectine teilweise sehr spezifisch regieren, können sie zwischen verschiedenartigen Zellen differenzieren, die nur geringe Unterschiede in der Struktur der LPS aufweisen. Das weitverbreitete Vorkommen der Lectine in pflanzlichen Geweben läßt vermuten, daß auch sie an dem Mechanismus der Erkennung von fremden oder inkompatiblen Mikroorganismen beteiligt sind, wobei noch weitere Beweise bezüglich ihrer Funktion erbracht werden müssen.

Der andere komplementäre Faktor der Erkennungsreaktion ist in der Beschaffenheit der Bakterienzellwand gegeben. Bei den Gram-negativen Bakterien (die meisten phytopathogenen Arten gehören dazu) hat die äußere Schicht der Zellwand eine membranähnliche Struktur, die vorwiegend aus Lipopolysacchariden (LPS), Proteinen, Lipoproteinen, Phospholipiden und anderen Polymeren aufgebaut ist (s. 2.1.2.). Abbildung 2.34. gibt mit einer schematischen Darstellung die Anordnung dieser Komponenten komplementär zur Wirtszellwand wieder. Die spezifischen antigenen Eigenschaften der Gram-negativen Bakterien beruhen auf der jeweiligen Struktur der LPS, die auch das entscheidende Merkmal für die Lectinbindung sein soll. Die LPS (s. Abb. 2.34.) bestehen aus drei kovalent gebundenen Hauptkomponenten. Maßgebend für die Agglutination und die Erkennung ist die Struktur der O-Seitenketten an der äußeren Polysaccharid-Komponente. Diese Zuckerreste werden durch Glykosyl-Transferasen übertragen; Mutationen der diese Enzyme codierenden Gene werden mit als Ursache einer veränderten Pathogenität (Nichterkennung) angesehen.

Bei einer Reihe phytopathogener Bakterien, besonders Erregern von Gefäß- und Welkekrankheiten, ist die Zellwand von einer Schleimkapsel aus **extracellulären Polysacchariden** (EPS) umgeben

(s. a. 3.5.4.). Diese Schleimsubstanzen können sowohl den Wassertransport in den Intercellularen als auch in den Gefäßen zugunsten des Pathogens beeinflussen; außerdem sollen die EPS bei verschiedenen virulenten Formen die Erkennungsreaktion durch den fehlenden Kontakt mit der Oberfläche der Wirtszellwand verhindern.

In welcher Weise und in welchem Umfang die beschriebenen Mechanismen der Erkennungsreaktion eine HSR oder in anderen Fällen eine ISR gegenüber phytopathogenen Bakterien auslösen, ist gegenwärtig nur für wenige W/P-Kombinationen geklärt (Tabak, Bohnen). Die meisten der vorliegenden Versuchsergebnisse wurden an nur wenigen Modellbeispielen gewonnen (Tabak, Bohnen): Die aktive Bewegung und Vermehrung der Bakterien wird durch **Agglutination** oder Festlegung an die Wirtszellwand verhindert. Avirulente Zellen von *Ps. solanacearum* werden durch Zugabe von Lectinen aus Kartoffelknollen bzw. Tabakpflanzen in vitro agglutiniert (SEQUEIRA & GRAHAM 1977). Die avirulenten Stämme sind durch eine „rauhe" Kolonieform (R-Form) gekennzeichnet; sie scheiden keine Schleimkapsel und EPS aus. Die virulenten Stämme haben auf Agar eine „glatte" Kolonieform (S-Form), bilden Kapseln und EPS aus, werden jedoch durch die genannten Lectine nicht agglutiniert. Das gleiche Verhalten zeigte sich auch nach der Anwendung von zellfreier LPS. Bei *E. carotovora* (beide Unterarten) konnten GHANEKAR & PÉROMBELON (1980) keine Beziehungen zwischen Pathogenität und Agglutinationsverhalten feststellen. Außerdem hatte das Kartoffellectin keinen nachhaltigen Einfluß auf das Wachstum der Bakterien und ihre Pathogenitätseigenschaften.

Weiterhin konnte nachgewiesen werden, daß inkompatible pathogene Formen durch die Intercellularflüssigkeit verschiedener Pflanzen in vitro agglutiniert werden. Es ist deshalb nicht auszuschließen, daß inkompatible bakterielle Pathogene im Gewebe durch lösliche Lectine oder andere Agglutinine inhibiert werden und eine vorhergegangene präimmunisierende Behandlung eine Zunahme der Agglutinine hervorruft.

Nach der Infektion von Bohnenpflanzen mit *Ps. putida* (Saprophyt), *Ps. syringae* pv. *tomato* (inkompatibles Pathogen) und *Ps. syringae* pv. *phaseolicola* (kompatibles Pathogen) wurden erstere durch fibrilläre, von der Wirtszelle gebildete Strukturen an die pflanzliche Zellwand angeheftet und immobilisiert; *Ps. syringae* pv. *tomato* löste eine HSR aus, und nur die pv. *phaseolicola* rief typische Krankheitssymptome hervor (SING & SCHROTH 1977). Bei Tabak wurden von GOODMAN et al. (1976) und SEQUEIRA et al. (1977) ähnliche Ergebnisse ermittelt. HILDEBRAND et al. (1980) konnten dagegen diese Beobachtungen nicht bestätigen und nehmen an, daß die „Anheftung" durch Artefakte bedingt sind, die beim Infiltrationsvorgang entstehen.

Bei der Erforschung der physiologisch-biochemischen Ursachen der W/P-Beziehungen, und im besonderen der Resistenz, hat sich in den letzten Jahren die Frage nach der „Erkennung" als Kernproblem herausgebildet. Nach bisher vorliegenden Kenntnissen scheinen dafür Substanzen verantwortlich zu sein, die an der Oberfläche der Zellwände sowohl beim Wirt als auch beim Pathogen inseriert sind. Es ist aber noch ungewiß, ob pflanzliche Lectine oder andere Agglutinine tatsächlich als alleinige Receptoren für eine Erkennungsreaktion dienen, oder ob noch andere Mechanismen dafür in Frage kommen. Ungeklärt ist auch die Natur der HSR-Induktion, die ja nur lebenden stoffwechselaktiven Zellen eigen ist, während die der HSR oft parallel verlaufende Induktion der Phytoalexinbildung durch bestimmte Zellkomponenten, die Elicitoren, induziert wird. Bei Pilzen konnte als hochspezifischer Elicitor ein Oligosaccharid aus der Zellwand des Erregers nachgewiesen werden. Dagegen war es bei *Erwinia carotovora* ein durch pectinolytische Enzyme freigesetztes Oligosaccharid aus der Zellwand des Wirtes, das als Signal identifiziert werden konnte (ALBERSHEIM & DARVILLE 1985). Verbesserte Methoden zur Isolierung und Strukturaufklärung solcher hochwirksamer Oligosaccharide, die neuerdings als Oligosaccharine bezeichnet werden, aber auch die Identifizierung der Wirkkomponenten aus den LPS der Bakterienzellwand, lassen eine Lösung der im Hinblick auf die Erkennungsmechanismen noch offenen Fragen in den nächsten Jahren erwarten.

Die Resistenz gegenüber den naßfäuleerregenden *Erwinia*-Arten beruht allerdings auf anderen Mechanismen und läßt sich nicht in das dargestellte Schema der W/P-Beziehungen einordnen; sie soll daher gesondert besprochen werden.

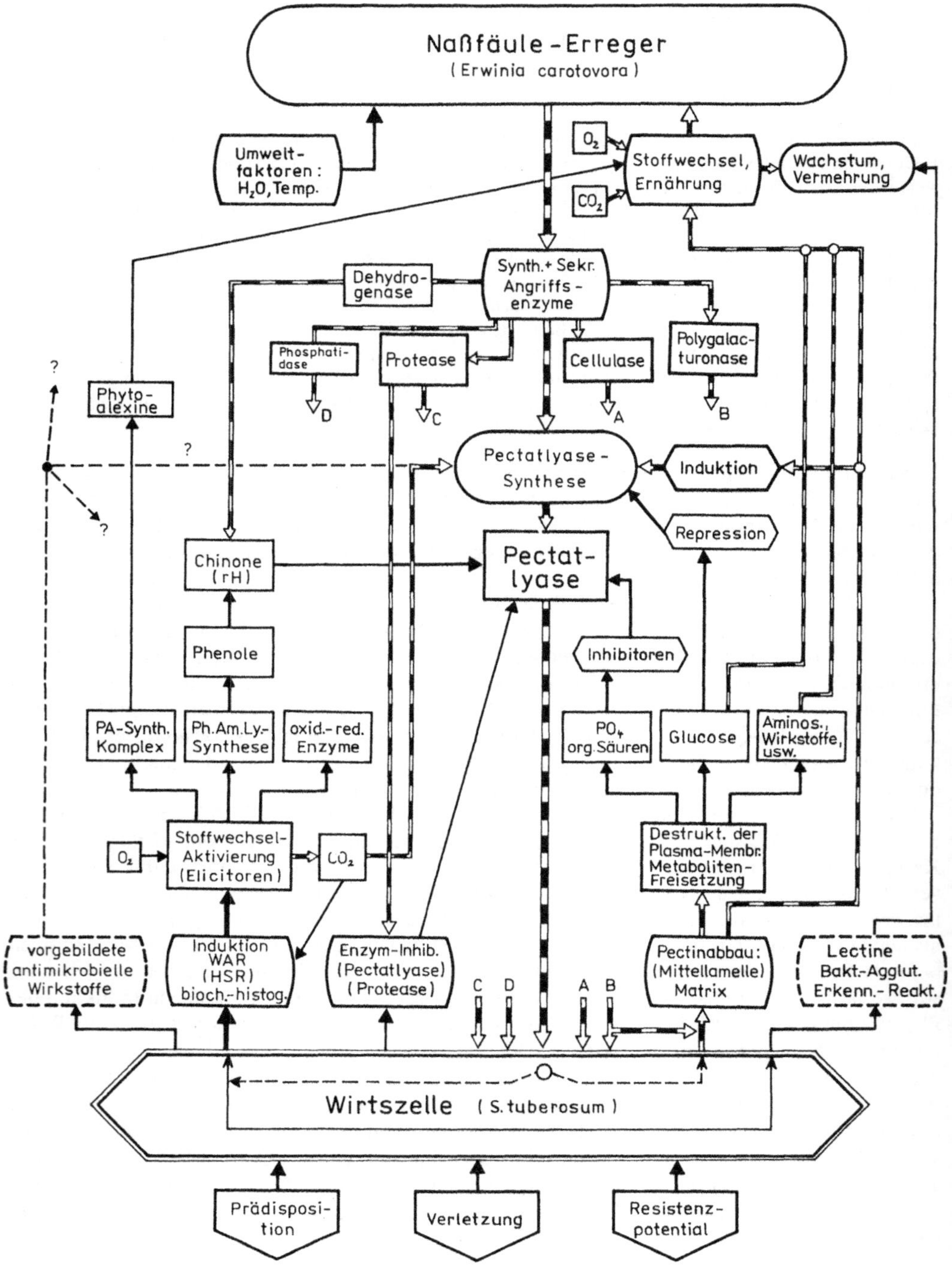

Abb. 4.14. Modell der Wirt/Pathogen-Beziehungen bei der Bakteriellen Knollennaßfäule der Kartoffel (*Erwinia carotovora*-Subspecies) unter besonderer Berücksichtigung der zentralen Stellung der Pectatlyase als dem Schlüsselenzym des pathogenen Angriffs. (Die den Erreger bzw. den Angriff auf die Wirtszelle begünstigenden Faktoren sind durch unterbrochene Linien dargestellt).

4.3.5.5. Resistenz gegenüber Naßfäuleerregern

Wie bereits unter 3.2.1. erwähnt wurde, verfügen die Erreger bakterieller Naß- und Weichfäulen über ein sehr breites Wirtsspektrum. Zu den wichtigsten pectinolytisch aktiven Bakterienarten gehören *Erwinia carotovora* subsp. *atroseptica* und subsp. *carotovora* bei Kartoffeln, *E. carotovora* subsp. *carotovora* bei Gemüse sowie Zierpflanzen und *E. chrysanthemi* vor allem bei tropischen und subtropischen Kulturarten (s. a. 3.2.6.). Aufgrund ihres Vorkommens an vielen Pflanzenarten ist mit hoher Wahrscheinlichkeit anzunehmen, daß die Naßfäuleerreger eine sehr **variable Grundkompatibilität** besitzen, über einen außerordentlich wirksamen Komplex von Angriffsenzymen, „Aggressinen" (s. 3.1.) sowie eine hohe Toleranz gegenüber antimikrobiellen Substanzen verfügen und außerdem die Fähigkeit aufweisen, die Erkennungsreaktion zu „unterlaufen", da sie offensichtlich keine Hypersensibilitätsreaktion (s. 4.3.5.3.) auslösen können. Neben dem großen Wirtspflanzenkreis ist für diese Erregergruppe das Fehlen von sortenspezifischen Rassen charakteristisch; eine zu absoluter „Befallsfreiheit" führende vertikale Resistenz einzelner Sorten innerhalb einer Wirtspflanzenart (s. 6.4.3.) kann daher nicht erwartet werden.

Die meisten Untersuchungen über die Wirt-Pathogen-Beziehungen bei bakteriellen Naßfäuleerregern und die dabei wirksamen Resistenzfaktoren wurden am Pathosystem Kartoffel/*Erwinia carotovora* subsp. *atroseptica* vorgenommen. Die an diesem Testobjekt gewonnenen Erkenntnisse sollen im folgenden dargelegt werden.

Unter einer Vielzahl von geprüften Kartoffelsorten fand Hahn (1974) keinen Fall von „absoluter" Resistenz (= vollständige Unanfälligkeit). Dagegen wurde bei verschiedenen Sorten eine **„relative" Resistenz** festgestellt, d. h. eine im Vergleich zu stark erkrankenden Standards geringere Anfälligkeit. Diese Eigenschaft ist durch mehrere Merkmale bedingt, von denen die Eindringungsresistenz und die Wundheilung u. a. bereits im Abschnitt 4.3.2. besprochen wurden. Von besonderer Bedeutung ist die bekannte Tatsache, daß die „relative" Resistenz bzw. Anfälligkeit von einer Vielzahl prädispositioneller Faktoren beeinflußt werden kann (s. 4.3.2.3.), wobei die genetisch fixierte sortenspezifische Widerstandsfähigkeit weitgehend überlagert wird. Von besonderem Einfluß ist dabei die Hemmung der Wundheilung (Wundabwehrreaktion) infolge von O_2-Mangel und die Aufhebung dieser Schutzreaktion durch eine CO_2-Behandlung, ohne daß jedoch eine Rückbildung des bereits eingelagerten Suberins eintritt (Hahn 1969), das nach anderen Autoren für diese histologische Abwehrreaktion verantwortlich ist. Neuerdings stellte Weber (1986) fest, daß die Infektionsabwehr durch O_2-Mangel zwar gehemmt wird, ein atmungsbedingter CO_2-Anstieg jedoch darauf keinen Einfluß besitzt. Gesichert ist die Erkenntnis, daß der Faktor O_2-Mangel (oder CO_2-Anreicherung) beim Erreger eine verstärkte Ausschüttung der pectinolytischen Enzyme bewirkt (s. a. 3.2.5. und 4.3.2.3.).

Der Gewebebefall manifestiert sich als eine Maceration des Zellgewebes mit nachfolgendem Zelltod durch die Einwirkung eines extracellulären Gemisches zellwandabbauender, vorwiegend pectinolytischer Enzyme (s. 3.2.1. und 4.3.4.1.), wobei die Induktion der Bildung pectinolytischer Enzyme durch Pectinabbauprodukte in Form gesättigter und ungesättigter Oligouronide ein sehr wichtiger das jeweilige Wirt-Parasit-System kennzeichnender, befallsauslösender Faktor ist (Collmer & Bateman 1982; Weber 1986).

Über die verbleibenden Ursachen der unterschiedlichen Gewebe- oder Ausbreitungsresistenz gibt es differierende Hypothesen und Meinungen. Unter der Voraussetzung, daß die pectinolytischen Enzyme — und besonders die Pectatlyase — als entscheidende Auslöser des pathogenen

◀ Die Induktion der Enzymsynthese und dessen Exkretion sowie die macerierende Wirkung auf das pflanzliche Gewebe werden durch eine Vielzahl positiv und negativ wirkender Einflußfaktoren gesteuert: So hemmt beispielsweise ein erhöhter CO_2-Gehalt die Bakterienvermehrung, fördert aber in späteren Wachstumsphasen die Pectatlyase-Synthese und -Ausschüttung. Ebenso wirkt Glucose stimulierend auf die Erregervermehrung, aber repressiv auf die Induktion der Pectatlyase-Bildung. Die gegenseitigen Wechselwirkungen, z. B. auch die Synthese von Enzyminhibitoren und die Ausschaltung dieser proteinartigen Verbindungen durch Proteasen des Erregers, sind zudem von den jeweiligen Umweltbedingungen abhängig, wodurch eine exakte Einschätzung des genetisch bedingten Resistenz- bzw. Anfälligkeitsgrades außerordentlich erschwert wird.

Angriffs (Aggressine) anzusehen sind, ist eine Einwirkung auf die Geweberesistenz durch folgende Faktoren möglich:

- Die Enzymsynthese und -sekretion werden beeinflußt durch: Nährstoffe, Wirkstoffe aller Art, Hemmstoffe (Phytoalexine), Induktoren, Repressoren sowie physikalische Faktoren (Temperatur, H^+-Ionen-Konzentration, O_2- und CO_2-Partialdruck u. a.).
- Die pectinspaltende bzw. macerierende Wirkung der Pectatlyase wird gehemmt durch: Die Struktur der Zellwandpectine (Veresterungsgrad), die Maskierung durch nichtpectinartige polymere Substanzen, induzierte Pectinveränderungen, Enzyminhibitoren (Phosphat, Chelatbildner, Phenole und Chinone, Zellwandproteine), Proteasen der Wirtszelle (Denaturierung der Pectatlyase!) und die Wasserstoffionenkonzentration (Inaktivierung im Bereich $<$ pH 5,5).

In Abbildung 4.14. wird versucht, einen Teil der bisher nachgewiesenen und der angenommenen vielfältigen Einflüsse auf das Wirt/Parasit-System am Beispiel der Pectatlyase modellmäßig darzustellen.

Ein ungelöstes Problem in der Kartoffelpathologie ist das zeitweise latente Vorkommen von *Erwinia*-Zellen in symptomfreien Kartoffelknollen. Die Bakterien sind in solchen Fällen (ob aktiv oder passiv ist unbekannt) in die Knollen eingedrungen und haben sich intercellulär im parenchymatischen Gewebe ausbreiten können, ohne daß es zu Naßfäulesymptomen kommt. Es ist bisher nicht geklärt, auf welche Weise sich dabei der Kontakt zwischen den invadierten Bakterienzellen und der Wirtszellwand vollzieht. Fest steht jedoch, daß diese Phase scheinbarer „Resistenz" eine potentielle Gefahr für den Ausbruch der Naßfäule während der Kartoffellagerung darstellt. Der eigentliche Krankheitsprozeß wird ausgelöst, wenn „Streßfaktoren" unterschiedlicher Art, z. B. Wundsetzung, beträchtliche Temperaturerhöhung u. a., auf derartig latent befallene Knollen einwirken und die bis dahin funktionierenden Abwehrmechanismen außer Kraft setzen.

4.4. Literatur

4.4.1. Verzeichnis der zitierten Literatur

Albersheim, P., & Darvill, A. G.: Oligosaccharine, Zucker als Pflanzenhormone. Spektrum der Wissenschaften 1985, H. 11: 86—93.

Anderson, Anne J.: Performed resistance mechanism. In: Mount, M. S., & Lacy, G. H. (Eds.): Phytopathogenic Procaryotes. Academic Press, New York 1982, Vol. 2, pp. 119—136.

— & Jasalavich, C.: Agglutination of pseudomonad cells by plant products. Physiol. Plant Pathol. **15** (1979): 149—159.

Atkinson, M. M., Huang, J., & Dyke, C. G. van: Adsorption of pseudomonads to tobacco cell walls and its significance to bacterium-host interactions. Physiol. Plant Pathol. **18** (1981): 1—5.

Averre, C. W., & Kelman, A.: Severity of bacterial wilt as influenced by ratio of virulent to avirulent cells of *Pseudomonas solanacearum* in inoculum. Phytopathology **54** (1964): 779—783.

Basham, H. D., & Bateman, D. F.: Killing of plant cells by pectic enzymes: the lack of direct injurious interaction between pectic enzymes or their soluble reaction products and plant cells. Phytopathology **65** (1975): 141—153.

Bateman, D. F., & Basham, H. G.: Degradation of plant cell walls and membranes by microbial enzymes. In: Heitefuss, R., & Williams, P. H. (Eds.): Physiological Plant Pathology. Springer, Berlin, New York 1976, pp. 316—355.

Beckman, C. H., Brun, W. A.. & Buddenhagen, I. W.: Water relations in banana plants infected with *Pseudomonas solanacearum*. Phytopathology **52** (1962): 1144—1148.

Beiderbeck, R.: Pflanzentumore: Ein Problem der pflanzlichen Entwicklung. Eugen Ulmer, Stuttgart 1977.

Brathwaite, C. W. D., & Dickey, R. S.: Synergism between *Pseudomonas caryophylli* and a species of *Corynebacterium*. Phytopathology **60** (1970): 1046—1051.

— — Role of cellular permeability alterations and pectic and cellulolytic enzymes in the maceration of carnation tissue by *Pseudomonas caryophylli* and *Corynebacterium* spec. Phytopathology **61** (1971): 476—483.

BRAUN, A. C.: A study on the mode of wildfire toxin. Phytopathology 45 (1955): 659—664.
BUDDENHAGEN, I., & KELMAN, A.: Biological and physiological aspects of bacterial wilt caused by *Pseudomonas solanacearum*. Annu. Rev. Phytopathol. 2 (1964): 203—230.
CHET, I., ZILBERSTEIN, Y., & HENIS, Y.: Chemotaxis of *Pseudomonas lachrymans* to plant extracts and of water droplets from leaf surfaces of resistant and susceptible plants. Physiol Plant Pathol. 3 (1973): 473—479.
COLLMER, A., & BATEMAN, D. F.: Regulation of extracellular pectate lyase in *Erwinia chrysanthemi*: evidence that reaction products of pectate lyase and exo-poly-α-D-galacturonosidase mediate induction on D-galacturonan. Physiol. Plant Pathol. 21 (1982): 127—129.
— WHALEN, C. H., BEER, S. V., & BATEMAN, D. F.: An exo-poly-α-D-galacturonoside implicated in the regulation of extracellular pectate lyase production in *Erwinia chrysanthemi*. J. Bacteriol. 149 (1982): 626 to 634.
EGLITS, M.: Der Einfluß der Infektion auf Temperatur und Kohlensäureabgabe bei Kartoffeln. Phytopath. Z. 5 (1933): 343—379.
EHRIG, F., & GRIESBACH, E.: Rasterelektronenmikroskopische Untersuchungen zur Entstehung der „Vogelaugenflecke" auf Tomatenfrüchten. Arch. Phytopathol. Pflanzenschutz 21 (1985): 419—423.
EL-BANOBY, F. E., & RUDOLPH, K.: A polysaccharid from liquid cultures of *Pseudomonas phaseolicola* which specifically induces water-soaking in bean leaves (*Phaseolus vulgaris* L.). Phytopath. Z. 95 (1979a): 38—50.
— — Induction of water soaking in plant leaves by extracellular polysaccharides from phytopathogenic Pseudomonads and Xanthomonads. Physiol. Plant Pathol. 9 (1979b): 341—349.
ELLINGBOE, A. H.: Genetics of host-parasite-interactions. In: HEITEFUSS, R., & WILLIAMS, P. H. (Eds.): Physiological Plant Pathology. Springer, Berlin, New York 1976, pp. 761—778.
ERCOLANI, G. L.: Bacterial canker of tomato. IV. The interaction between virulent and avirulent strains of *Corynebacterium michiganense* (E. F. Sm.) Jens. in vivo. Phytopath. mediterr. 9 (1970): 151—159.
FARKAS, G. L., & LOVREKOVICH, L.: Counteraction by kinetin of the toxic effect of *Pseudomonas tabaci*. Phytopath. Z. 47 (1963): 391—398.
FICKE, W., SKADOW, K., MÜLLER, H. J., NAUMANN, K., & ZIELKE, R.: Die Lebensfähigkeit von *Pectobacterium carotovorum* var. *atrosepticum* (van Hall) Dowson auf Maschinen und Maschinenwerkstoffen. Arch. Phytopathol. Pflanzenschutz 9 (1973): 371—381.
FOX, R. T. V.: The ultrastructure of potato tubers infected by the soft rot organism *Erwinia carotovora* var. *atroseptica*. In: MAAS GEESTERANUS, H. P. (Ed.): 3rd Internat. Conf. Plant Pathog. Bacteria, Wageningen 1972, pp. 95—120.
FRIEDMAN, B. A.: Physiologic differences between a virulent and weakly virulent radiation-induced strain of *Erwinia carotovora*. Phytopathology 52 (1962): 328—332.
GÄUMANN, E.: Pflanzliche Infektionslehre. Birkhäuser, Basel 1951.
GHANEKAR, A., & PÉROMBELON, M. C. M.: Interactions between potato lectin and some phytobacteria in relation to potato tuber decay caused by *Erwinia carotovora*. Phytopath. Z. 98 (1980): 137—149.
GOODMAN, R. N.: Physiological and cytological aspects of the bacterial infection process. In: HEITEFUSS, R., & WILLIAMS, P. H. (Eds.): Physiological Plant Pathology. Springer, Berlin, Heidelberg, New York 1976, pp. 172—193.
— The infection process. In: MOUNT, M. S., & LACY, G. H. (Eds.): Phytopathogenic Procaryotes. Academic Press, New York 1982, Vol. 1, pp. 31—62.
— HUANG, P. Y., & WHITE, J. A.: Ultrastructural evidence for immobilization of an incompatible bacterium, *Pseudomonas pisi*, in tobacco leaf tissue. Phytopathology 66 (1976): 754—764.
— KIRÁLY, Z., & ZAITLIN, M.: The Biochemistry and Physiology of Infectious Plant Disease. Van Nostrand Co., New York 1967.
GRAHAM, T. L., SEQUEIRA, L., & HUANG, T. S. R.: Bacterial liposaccharides as inducers of disease resistance in tobacco. Appl. Environm. Microbiol. 34 (1977): 424—432.
HAHN, W.: Untersuchungen zur Fäulnisabwehrreaktion der Kartoffelknolle gegenüber dem Erreger der Schwarzbeinigkeit und Knollennaßfäule, *Pectobacterium carotovorum* Jones (Waldee). Acta phytopathol. 4 (1969): 63—76.
— & SCHÜLER, K.: Resistenzprüfung der Kartoffelknolle gegen den Erreger der Naßfäule, *Pectobacterium carotovorum* (Jones) Waldee. 2. Mitt. Untersuchungen des Kulturkartoffel-Weltsortiments. Arch. Züchtungsforsch. 4 (1974): 169—177.
HENNIGER, H., & GÖTZ, J.: Untersuchungen zur Aufklärung der Komplexität der Wirt-Pathogen-Beziehungen bei der Bakteriellen Knollen-Naßfäule der Kartoffel (*Erwinia carotovora*). Tag.-Ber., Akad. Landwirtsch.-Wiss. DDR, Berlin Nr. 216 (1983): 365—380.
HARMAN, G. E.: Mechanism of seed infection and pathogenesis. Phytopathology 73 (1983): 326—329.

HILDEBRAND, D. C.: Tolerance of homoserin by *Pseudomonas pisi* and implications of homoserin plant resistance. Phytopathology **63** (1973): 301—302.

— ALOSI, M. C., & SCHROTH, M. N.: Physical entrapment for pseudomonads in bean leaves by films formed at airwater interfaces. Phytopathology **70** (1980): 98—109.

HILDEBRAND, E. H.: Infectivity of fireblight organism. Phytopathology **27** (1937): 850—852.

HOLMES, F. O.: Local lesions in tobacco mosaic. Bot. Gaz. **87** (1929): 39—59.

HUANG, P. Y.: Ultrastructural modifications by and pathogenicity of *Erwinia amylovora* in apple tissues. Ph. Thesis, Univ. of Missouri Columbia 1974. Zit. nach GOODMAN (1976).

KEEN, N. T., & HOLLIDAY, M. J.: Recognition of bacterial pathogens by plant. In: MOUNT, M. S., & LACY, G. H. (Eds.): Phytopathogenic Procaryotes. Academic Press, New York 1982, Vol. 2, pp. 179—216.

KELMAN, A., & HRUSCHKA, H.: The role of motility and aerostasis in the selective increase of avirulent bacteria in still broth cultures of *Pseudomonas solanacearum*. J. Gen. Microbiol. **76** (1973): 177—188.

KLEIN, R. M.: Nitrogen and phosphorus fractions, respiration, and structure of normal and crown gall tissues of tomato. Plant Physiol. **27** (1966): 335—354.

KLEMENT, Z.: Pathogenic factors in regard to relationships of phytopathogenic bacteria. Phytopathology **58** (1968): 1218—1222.

— Development of the hypersensitive reaction induced by plant pathogenic bacteria. Proc. 3rd Internat. Conf. Plant Pathog. Bacteria, Wageningen 1972, pp. 157—164.

— Hypersensitivity. In: MOUNT, M. S., & LACY, G. H. (Eds.): Phytopathogenic Procaryotes. Academic Press, New York 1982, Vol. 2, pp. 149—177.

— FARKAS, G. L., & LOVREKOVICH, L.: Hypersensitive reaction induced by phytopathogenic bacteria in the tobacco leaf. Phytopathology **54** (1964): 474—477.

— & LOVREKOVICH, L.: Defence reactions induced by phytopathogenic bacteria in bean pods. Phytopath. Z. **41** (1961): 217—227.

KOMOTO, Y., & KIMURA, T.: The process of seed transmission in angular leaf spot of cucumber. Bull. Chugoku Nat. agric. Exp. Stat., Ser. E, No 21 (1983): 1—20.

KUĆ, J.: Plant protection by the activation of latent mechanism for resistance. Netherl. J. Plant Pathol. **83** (1977): 463—471.

LALLYETTE, C. I. K.: Ultrastructural changes in trifoliate leaves of bean (*Phaseolus vulgaris*) following inoculation of monofoliate leaves with *Pseudomonas phaseolicola*. Physiol. Plant Pathol. **10** (1977): 228—236.

LANGE, E., & KNÖSEL, D.: Zur Bedeutung pektolytischer, cellulolytischer und proteolytischer Enzyme für die Virulenz phytopathogener Bakterien. Phytopath. Z. **69** (1970): 315—329.

LEISTNER, E.-U., KRÄMER, R., & SCHLEGEL, H.: Die Wirkung phytopathogener Toxine auf die Ultrastrukturen der Wirtszelle. Biol. Rdsch. **22** (1984): 289—301.

LEWIS, S. M., & GOODMAN, R. N.: Mode of penetration and movement of fireblight bacteria in apple leaf and stem tissue. Phytopathology **55** (1965): 719—723.

LOVREKOVICH, L., & FARKAS, G. L.: Induced protection against wildfire disease in tobacco leaves treated with heat-killed bacteria. Nature **205** (1965): 823—824.

LUND, Barbara: Bacterial spoilage. In: DENNIS, C. (Ed.): Postharvest Pathology of Fruits and Vegetables. Academic Press, London, New York, Paris, San Diego, San Francisco, São Paulo, Sydney, Tokyo, Toronto 1983, pp. 219—257.

MARTE, M.: Alcuni aspetti istologici e istochimici dell' infezione da *Corynebacterium michiganense* nel fusto del pomodore. Phytopath. Z. **97** (1980): 252—271.

MCINTYRE, J. L.: Induced resistance. In: MOUNT, M. S., & LACY, G. H. (Eds.): Phytopathogenic Procaryotes. Academic Press, New York 1982, Vol. 2, pp. 137—147.

— DODDS, J. A., & HARE, J. D.: Effects of localized infection of *Nicotiana tabacum* by tobacco mosaic virus on systemic resistance against diverse pathogens and an insect. Phytopathology **71** (1981): 297—301.

— KUĆ, J., & WILLIAMS, E. B.: Protection of pear against fire blight by bacteria and bacterial sonicates. Phytopathology **63** (1973): 872—877.

MCLEAN, F. T.: A study of structure of the stomata of two species of citrus in relation to citrus canker. Torr. Bot. Club Bull. **48** (1921): 101—106. Zit. nach GOODMAN (1976).

MITCHELL, R. E., & BIELESKI, R. L.: Involvement of phaseolotoxin in halo blight of beans. Transport and conversion to fungal toxin. Plant Physiol. **60** (1977): 723—729.

NAUMANN, K.: Über das Auftreten von Bakterien in Gurkensamen aus Früchten, die durch *Pseudomonas lachrymans* infiziert waren. Phytopath. Z. **48** (1963): 258—271.

PALTI, J.: Cultural Practices and Infectious Crop Diseases. J. Springer, Wien, New York 1981.

PANOPOULOS, N. J., & SCHROTH, M. N.: Role of flagellar motility in the invasion of bean leaves by *Pseudomonas phaseolicola*. Phytopathology **64** (1974): 1389—1397.

PATEL, P. N., & WALKER, J. C.: Changes in free amino acid and amide content of resistant and susceptible beans after infection with the halo blight organism. Phytopathology **53** (1953): 522—528.

PÉROMBELON, M. C. M., & LOWE, R.: Studies on the initiation of bacterial soft rot in potato tubers. Potato Res. **18** (1975): 64—82.

PETT, B.: Zur Austrocknungsresistenz von *Pectobacterium carotovorum* var. *atrosepticum* (van Hall) Dowson (Erreger der Knollennaßfäule und Schwarzbeinigkeit der Kartoffel). Ztbl. Bakteriol. Parasitenkde., Infekt.-Krankh. Hyg. Abt. II **125** (1970): 322.

— Phytopathologische Grundlagen zur Bekämpfung der Knollennaßfäule. Diss. Akad. Landwirtsch.-Wiss. DDR, Berlin 1968.

POWELL, C. C. jr., & HILDEBRAND, D. C.: Fire-blight resistance in Pyrus: involvement of arbutin oxidation. Phytopathology **60** (1970): 337—340.

ROLFS, F. M.: A bacterial disease of stone fruits. Cornell Univ. agric. Exp. Stat. Mem. **8** (1915): 377—437. Zit. nach GOODMAN (1976).

ROMBOUTS, F. M., & PILNIK, W.: Research on pectin depolymerases in the sixties. A literature review. Critical Rev. Food Technol. **3** (1972): 1—26.

SCHELL, J. S.: Leben mit fremden Genen. Natürliche und künstliche Übertragung genetischer Programme zwischen nichtverwandten Pflanzen. Naturwiss. Rdsch. **36** (1983): 254—260.

SEQUEIRA, L.: Determinants of plant response to bacterial infection. In: WOOD, R. K. S. (Ed.): Active Defense Mechanisms in Plants — Ser. A. Plenum Press, New York, London 1982, pp. 85—102.

— AIST, S., & AINSLIE, V.: Prevention of hypersensitive reaction in tobacco by proteinaceous constituents of *Pseudomonas solanacearum*. Phytopathology **62** (1972): 536—541.

— & GRAHAM, T. L.: Agglutination of avirulent strains of *Pseudomonas solanacearum* by potato lectin. Physiol. Plant Pathol. **11** (1977): 43—54.

— GAARD, G., & ZOETEN, G. A. DE: Interaction of bacteria and host cell walls: Its relation to mechanism of induced resistance. Physiol. Plant Pathol. **10** (1977): 43—50.

SHAW, L.: Intercellular humidity in relation to fire-blight susceptibility in apple and pear. Cornell Univ. agric. Exp. Stat. Mem. **181** (1935): 3—40. Zit. nach GOODMAN (1976).

SHEKAWAT, G. S., PATEL, P. N., & SINGH, R.: Histology of bacterial canker affected *Magnifera indica*. Phytopath. Z. **95** (1979): 12—23.

SIGEE, D. C., & EPTON, H. A. S.: Ultrastructural changes in resistant and susceptible varieties of *Phaseolus vulgaris* following artificial inoculation with *Pseudomonas phaseolicola*. Physiol. Plant Pathol. **9** (1976): 1—8.

SING, V. O., & SCHROTH, M. N.: Bacteria-plant cell surface interactions: Active immobilization of saprophytic bacteria in plant leaves. Science **197** (1977): 759—761.

STACK, J. P., MOUNT, M. S., BERMAN, P. M., & HUBBARD, J. P.: Pectic enzym complex from *Erwinia carotovora*: A model for degradation and assimilation of host pectic fractions. Phytopathology **70** (1980): 267—272.

STAKMAN, E. C.: Relation between *Puccinia graminis* and plants highly resistant to its attack. J. agric. Res. **4** (1915): 193—200.

STROBEL, G. A., & HESS, W. M.: Biological activity of a phytotoxin glycopeptide produced by *Corynebacterium sepedonicum*. Plant Physiol. **43** (1968): 1673—1688.

THOMAS, C. H.: Effect of photoperiod and nitrogen on reaction of sesam to *Pseudomonas sesame* and *Xanthomonas sesame*. Plant Dis. Reptr. **49** (1965): 119—120.

WAAG, J. S., & KELMAN, A.: Injury to potato tissue of *Pseudomonas fluorescens* (Biotype A). Phytopathology **72** (1982): 936.

WALLIS, F. M.: Ultrastructural histopathology of tomato plants infected with *Corynebacterium michiganense*. Physiol. Plant Pathol. **11** (1977): 333—342.

— & TRUTER, S. J.: Histopathology of tomato plants infected with *Pseudomonas solanacearum*, with emphasis on ultrastructure. Physiol. Plant Pathol. **13** (1978): 307—317.

WEBER, J.: Die Naßfäule der Kartoffel. Ökologie und Physiologie der Wirt-Pathogen-Beziehungen. Akademie der Landwirtschaftswissenschaften der DDR 1986.

WOOD, R. K. S.: Physiological Plant Pathology. Blackwell Scientific Publications, Oxford, Edinburgh 1967.

— Enzymes produced by fungi and bacteria, their role in pathogenicity. Annu. Rev. Phytopathol. **10** (1978): 127—135.

ZUTRA, D., HENIS, Y., & VOLCANI, Z.: Factors affecting the virulence of *Erwinia carotovora*. Proc. 3rd Internat. Conf. Plant Pathog. Bacteria, Wageningen 1972, pp. 317—319.

4.4.2. Weiterführende bzw. ergänzende Literatur

Billing, E.: Entry and establishment of pathogenic bacteria in plant tissues. In: Rhodes-Roberts, M. E., & Skinner, F. A. (Eds.): Bacteria and Plants. Academic Press, London 1984, pp. 51—70.

Friend, J., & Threlfall, D. R.: Biochemical Aspects of Plant Parasite Relationships. Academic Press, London, New York, San Francisco 1976.

Goodman, R. N., Király, Z., & Wood, K. R.: The Biochemistry and Physiology of Plant Disease. University of Missouri Press, Columbia 1986.

Harris, K. F., & Maromorosch, K.: Vectors of Plant Pathogens. Academic Press, New York, London, Toronto, Sydney, San Francisco 1980.

Heitefuss, R., & Williams, P. H. (Eds.): Physiological Plant Pathology. Encyclopedia of Plant Physiology, New Series, Vol. 4. Springer, Berlin, Heidelberg, New York 1976.

Klinkowski, M., Mühle, E., Reinmuth, E., & Bochow, H. (Hrsg.): Phytopathologie und Pflanzenschutz, Bd. 1. Akademie-Verlag, Berlin 1974.

Mount, M. S., & Lacy, G. H.: Phytopathogenic Procaryotes, Vol. 1 and 2. Academic Press, New York 1982.

Neergard, P.: Seed Pathology, Bd. 1. The Macmillan Press Ltd., London, Basingstoke 1979.

Sequeira, L.: Determinants of plant response to bacterial infection. In: Wood, R. K. S. (Ed.): Active Defense Mechanism in Plants. Plenum Press, New York, London 1982, pp. 85—102.

5. Wirtschaftliche Bedeutung, Verbreitung und Schadwirkung phytopathogener Prokaryoten

5.1. Zusammenhang zwischen geographischer Verbreitung und Schadwirkung

Neben phytopathogenen Pilzen und Viren gehören Vertreter verschiedener Prokaryoten-Gruppen, insbesondere zahlreiche Eubakterien, darunter auch bestimmte Spiroplasmen, *Mycoplasma*-ähnliche (MLO) und *Rickettsia*-ähnliche Organismen (RLO), mit zu den wirtschaftlich bedeutendsten Erregern von Pflanzenkrankheiten. Heute sind mehr als 400 Erkrankungen mit zum Teil erheblichen Auswirkungen bekannt, die durch Bakterien hervorgerufen werden. Davon lassen sich allein ca. 200 den Vertretern der MLO und Spiroplasmen sowie etwa 30 den RLO zuordnen.

Wenn auch die durch Prokaryoten bedingten Pflanzenkrankheiten in tropischen und subtropischen Gebieten zu besonders schwerwiegenden Verlusten führen, haben in gemäßigten Klimabereichen bakteriell bedingte Erkrankungen in den letzten Jahrzehnten hinsichtlich **Verbreitung und Schadausmaß** stetig zugenommen. Das ist vor allem veränderten Kulturmaßnahmen, den Möglichkeiten des modernen Verkehrs, wodurch Pflanzen, Schaderreger und viele Überträger schneller und leicht in bisher befallsfreie Regionen gebracht werden können, dem intensiven Handel mit Saat- und Pflanzgut sowie dem verstärkten Austausch von Ausgangsmaterial für die Pflanzenzüchtung über Ländergrenzen und Kontinente hinaus, zuzuschreiben (s. a. 4.2.). Mit der weiteren Intensivierung, Konzentration und Spezialisierung in der Pflanzenproduktion vieler Länder, mit der zunehmenden Mechanisierung der Pflege-, Ernte- und Aufbereitungsarbeiten in zahlreichen landwirtschaftlichen Kulturen und mit dem wachsenden Austausch von Saat- und Pflanzgut wird sich zukünftig bei einer Reihe dieser Erkrankungen die potentielle Gefährdung weiter erhöhen.

Die **globale wirtschaftliche Bedeutung** einer durch Prokaryoten bedingten Pflanzenkrankheit wird durch die geographische Verbreitung des Erregers und die Höhe der Schäden an der jeweiligen Wirtspflanze bestimmt. Zahlreiche phytopathogene Prokaryoten sind Kosmopoliten, d. h. sie kommen in allen oder nahezu allen Gebieten der Erde vor. Dazu gehören unter anderem *Agrobacterium tumefaciens*, beide Subspecies von *Erwinia carotovora* sowie einige Pathovare von *Pseudomonas syringae* und *Xanthomonas campestris*. Andere sind dagegen nur auf bestimmte Klimazonen oder Anbaugebiete ihrer Wirtspflanzen limitiert, z. B. *Pseudomonas syringae* pv. *savastanoi*, *Xanthomonas campestris* pv. *oryzae* und *Spiroplasma citri*.

Das in der Praxis durch Krankheiten bedingte Schadausmaß ergibt sich aus der Ertrags- oder Qualitätsminderung, die durch den Krankheitsbefall an der Einzelpflanze verursacht wird, und aus dem Anteil infizierter Pflanzen an der Gesamtzahl der im Bestand vorhandenen Individuen. Die Zahl der befallenen Pflanzen in einer Wirtspopulation kann in Abhängigkeit vom Erreger und von den äußeren Bedingungen großen Schwankungen unterliegen oder auch — in vielen Fällen klimatisch bedingt — stets gering bleiben. So treten von MLO hervorgerufene Vergrünungen und Verzwergungen in der gemäßigten Zone bei vielen Kulturen in der Regel nur sporadisch auf. Ein Beispiel dafür ist die Hexenbesenkrankheit der Kartoffel, für die in Europa maximale Befallszahlen von 1% ermittelt worden sind, während sich außerhalb unseres Kontinents auch Werte von 15—23% erkrankter Pflanzen haben nachweisen lassen (Nagaich et al. 1978).

5.2. Befallsstärke und Schadensumfang

Viele Arten phytopathogener Prokaryoten befallen ihre Wirtspflanzen in den einzelnen Vegetationsperioden in sehr unterschiedlichem Maße. Dementsprechend werden die von ihnen verursachten

Ertragsdepressionen in ihrer Höhe wesentlich durch die sich jährlich ändernden Bedingungen bestimmt. Vor allem ist der **Witterungsverlauf** entscheidend, der so wesentliche epidemieregulierende Faktoren beeinflußt, wie die Vermehrung und Übertragung der Erreger, den Infektionszeitpunkt und bestimmte Infektionsmöglichkeiten.

Im allgemeinen werden bakterielle Pflanzenkrankheiten durch feuchtwarmes Wetter, vor allem bei gleichzeitigem Wind, stark gefördert, während Trockenperioden ihre Entwicklung und Ausbreitung verhindern (s. a. 4.2.5.).

In der Regel sind **Befallsumfang und -stärke** in einem Bestand positiv mit dem Ausmaß des verursachten Schadens korreliert, worauf schon im vorangegangenen Abschnitt hingewiesen wurde. Erkrankungen von Einzelpflanzen rufen meist keine nennenswerten Verluste hervor. Das gilt z. B. für die Verbänderung der Erbse (*Rhodococcus fascians*), die generell nur sporadisch vorkommt. Besonders deutlich wird dieser Zusammenhang bei bestimmten Bakteriosen der Zuckerrübe: Während vom Wurzelkropf (*Agrobacterium tumefaciens*) nur einzelne Pflanzen eines Rübenbestandes befallen werden, sind für die Tuberkulose der Beta-Rüben (*Xanthomonas „beticola“*) (s. 8.2.) in den USA Befallsstärken von 10% und entsprechend große Ausfälle mitgeteilt worden.

In umfangreichen, in den Jahren 1969—1971 durchgeführten Erhebungen in der Praxis ermittelten ZIELKE et al. (1974) in der DDR einen Anteil von 12,5% schwarzbeiniger Kartoffelstauden. In Befallsländern kann auch der Anteil der an Kartoffelringfäule (*Clavibacter michiganensis* subsp. *sepedonicus*) erkrankten Pflanzen erheblich sein; so wurden in zentralen und nördlichen Gebieten der UdSSR 20% mit diesem Erreger sichtbar befallene Stauden festgestellt (ROŠDESTVENSKIJ 1936). Bisher gibt es allerdings nur wenige Angaben über Befalls-Schadens-Relationen bei diesem Erreger (s. unten).

Vom Bakteriellen Möhrenbrand (*Xanthomonas campestris* pv. *carotae*) sind aus der Praxis Befallszahlen von 20—30% bekannt, während der Erreger der Schwarzadrigkeit an Kohl (*Xanthomonas campestris* pv. *campestris*) unter Praxisbedingungen bis zu 90% des Bestandes verseuchen kann.

Bei der Bestimmung von Ertragsverlusten im Bestand muß der „Nachbarschaftseffekt“ berücksichtigt werden. Gesunde Nachbarpflanzen können nämlich eine nicht unerhebliche **Kompensationswirkung** ausüben. Es entstehen durch Fehlstellen oder Kümmerwuchs randähnliche Verhältnisse (verbesserte Lichteinstrahlung, vermehrter Wurzelraum). ADAMS & LAPWOOD (1983) untersuchten die kompensierende Wirkung der Kartoffelpflanzen bei Infektion mit dem Erreger der Schwarzbeinigkeit (*Erwinia carotovora* subsp. *atroseptica*) in Parzellenversuchen. In Varianten, in denen jede Pflanzknolle infiziert war, betrug der Minderertrag gegenüber der Kontrolle 12—13% bei Nabelendeninokulation und 26—40% bei Kronenendeninfektion. Wenn an den Kronenenden inokulierte und gesunde Pflanzknollen abwechselnd in der Reihe ausgelegt wurden, so brachten die erkrankten Pflanzen 23—29% weniger und die gesunden 7—24% mehr Ertrag als in den Parzellen, in denen nur krankes bzw. nur gesundes Pflanzgut zum Anbau kam. Mit Hilfe der von ihnen entwickelten mathematischen Gleichungen ermittelten sie einen Kompensationseffekt von 50%. Dies ist auch der Grund dafür, daß signifikante Ertragseinbußen erst bei einem Schwarzbeinigkeitsanteil von 15% eintreten, wie aus Angaben von MUNZERT (1986) hervorgeht.

Frühe Infektionen beeinflussen den Einzelpflanzenertrag am stärksten, in diesem Falle wirkt sich aber auch die Kompensationsfähigkeit der gesunden Nachbarpflanzen am nachhaltigsten aus. MUNZERT (1982) stellte bei seinen Versuchen mit demselben Erreger einen linearen Ertragsabfall von 0,6% je 1% Schwarzbeinigkeit fest. Nach Untersuchungen von RAEDER (1949) führt ein Pflanzgutbefall mit dem Erreger der Kartoffelringfäule (*Clavibacter michiganensis* subsp. *sepedonicus*) von 10% zu einem 10,5%igen Ertragsverlust. Eine 100%ige Verseuchung der Pflanzkartoffeln bewirkte eine etwa 75%ige Ertragsdepression. KORŠUNOVA (1960) ermittelte unter den Bedingungen des Gebietes Krasnojarsk in der UdSSR beim Auspflanzen infizierter Knollen Ernteverluste von 43—47%.

Bei Untersuchungen in der UdSSR wurden für den Erreger der Bakteriellen Tomatenwelke (*Clavibacter michiganensis* subsp. *michiganensis*) auf Schwarzerdeböden Schadenskoeffizienten zwischen 17 und 21% und auf sandigen Böden von 25% ermittelt. Bei Gewächshaustomaten ging nach einer Einzelerhebung in der DDR die Zahl der ausgebildeten Früchte an befallenen Pflanzen um 25—30% zurück, was Ertragseinbußen von ca. 1,2 kg/m² zur Folge hatte (GRIESBACH & NAUMANN).

In Parzellenversuchen wurden bei 46—62% der durch Bakterienbrand (*Pseudomonas syringae* pv. *glycinea*) befallenen Sojabohnenpflanzen Mindererträge von 18% ermittelt.

5.3. Infektionszeitpunkt und Schadensumfang

Der **Zeitpunkt des Befalls** beeinflußt bei den phytopathogenen Prokaryoten das Schadausmaß ebenfalls erheblich. Frühe Infektionen führen in der Regel zu höheren Verlusten als spätere. Da unter mitteleuropäischen Bedingungen die Infektionszeiten bei MLO-bedingten Pflanzenkrankheiten jahreszeitlich meist sehr spät liegen, wird z. B. Gemüse teilweise während der Inkubationszeit geerntet, so daß hier weder Qualitäts- noch Ertragsbeeinträchtigungen erkennbar werden.

MUNZERT (1982) stellt in einem Infektionsversuch mit *Erwinia carotovora* subsp. *atroseptica*, dem Erreger der Schwarzbeinigkeit, bei der Kartoffelsorte ‚Irmgard‘ ebenfalls eine deutliche Abhängigkeit der Einzelpflanzenerträge vom Infektionstermin fest (Tab. 5.1.). Auf Grund des bereits erörterten Kompensationseffektes wirkt sich aber der Ertragsabfall bei den Einzelpflanzen auf den Gesamtertrag eines Bestandes weniger stark aus. So lag der Ertrag in einem von 1979 bis 1981 durchgeführten Versuch bei Erkrankung am 1. 8. bei 279 dt/ha (100%), am 5. 7. bei 261 dt/ha (94%) und am 15. 6. ebenfalls bei 261 dt/ha (94%) (MUNZERT 1982).

Tabelle 5.1. Einfluß des Erkrankungstermins auf den Ertragsabfall nach Infektion mit *Erwinia carotovora* subsp. *atroseptica*. Nach MUNZERT 1982.

Zeitpunkt des Krankheitsbeginns	Anzahl Pflanzen	Ertrag/Pflanze		Knollenzahl/ Pflanze
		g	rel.	
gesunde Stauden	183	808	100	17,7
späte Erkrankung (bis 5.8.)	200	403	50	10,2
mittelfrühe Erkrankung (bis 5.7.)	200	271	34	6,9
frühe Erkrankung (bis 15.6.)	187	163	20	4,0

5.4. Resistenzverhalten und Schadwirkung

Einfluß auf das Schadausmaß hat auch die **Resistenz** bzw. **Toleranz** der Kulturpflanzen. So stellte TRIFONOV (1962) bei Befall mit dem Erreger des Besenwuchses an Apfel (apple proliferation) in der VR Bulgarien bei der Sorte ‚Kanada-Renette‘ 10,5% und bei der Sorte ‚Jonathan‘ 80,6% Ertragsverlust fest. ZAWADZKA et al. (1969) geben bei der Sorte „Mc Intosh‘ Minderungen des Gesamtertrags von 85% und bei der Sorte ‚Schöner von Booskop‘ von 27% an.

Tabelle 5.2. Einfluß der Infektion von Pflanzkartoffeln mit *Erwinia carotovora* subsp. *atroseptica* auf den Ertrag (in dt/ha) verschiedener Sorten. Nach LAPWOOD & LEGG 1983.

Sorten	Infektionsort an der Pflanzkartoffel			Kontrolle
	Kronenende	Mittelteil	Nabelende	
‚King Edward‘	90	25	161	475
‚Pentland Crown‘	103	189	307	495
‚Maris Piper‘	233	221	330	371

Den Effekt einer Pflanzkartoffelinokulation mit dem Erreger der Schwarzbeinigkeit (*Erwinia carotovora* subsp. *atroseptica*) auf die Ertragsbildung bei unterschiedlichen Sorten haben LAPWOOD & LEGG (1983) untersucht; sie konnten deutliche sortenspezifische Differenzen nachweisen (Tab. 5.2.).

Bei Äpfeln zeigte sich im Falle der Unterlagen Malus IV, Malus IX und Malus XI eine besonders große Anfälligkeit gegenüber dem Erreger des Wurzelkropfes (*Agrobacterium tumefaciens*) (BÖTTCHER 1973).

5.5. Einfluß der Produktionstechnologie auf das Schadensausmaß

Auch die angewandten Kulturverfahren wirken sich sehr auf die Höhe der verursachten Verluste aus. Mit der Einführung vollmechanisierter **Ernte- und Aufbereitungsmethoden** bei Kartoffeln stieg beispielsweise das Ausmaß des von den Wundparasiten *Erwinia carotovora* subsp. *atroseptica* und *E. carotovora* subsp. *carotovora* hervorgerufenen Naßfäulebefalls in den Kartoffellagern wesentlich an, so daß die Bakteriose in ihrer wirtschaftlichen Bedeutung an vorderer Stelle steht (s. 9.2.). Besonders in Jahren mit hohen Sommerniederschlägen und naß-kühlem Wetter während der Knollenernte treten große Verluste auf. Während diese bereits im Jahre 1902 in Holland und Deutschland beschriebene Krankheit über mehrere Jahrzehnte hinweg nur geringe ökonomische Bedeutung besaß, stieg der Naßfäulebefall in der DDR im Jahre 1968/69 auf 4,1 %, 1969/70 lag er bei 3,6 % und 1970/71 erreichte er sogar 14,1 %. Im Durchschnitt rechnet man in der DDR mit naßfäulebedingten Kartoffelverlusten während der Lagerung in Höhe von 10 %. In ungünstigen Jahren können die Ausfälle auch noch wesentlich höher liegen.

Die im Weltmaßstab durch bakterielle Naßfäuleerreger verursachten Verluste bei Kartoffeln entsprechen nach Schätzungen von PÉROMBELON & KELMAN (1980) jährlich einem Wert von 50—100 Mill $. Auch die Möhrennaßfäule, deren Erreger (*Erwinia carotovora* subsp. *carotovora*) gleichfalls nur nach Beschädigungen in den Wurzelkörper eindringen kann, hat mit der komplexen Mechanisierung eine zunehmende Bedeutung in der DDR erlangt. Im Schnitt muß mit jährlichen Lagerverlusten von 3—5 % gerechnet werden. In Abhängigkeit von den Ernte- und Aufbereitungsbedingungen können aber in einzelnen Jahren bedeutend höhere Verluste eintreten.

Eine ähnliche Zunahme in ihrer wirtschaftlichen Bedeutung haben mit der Einführung industriemäßiger Produktions- und Aufbereitungsverfahren die Bakterielle Naßfäule (*Erwinia carotovora* subsp. *carotovora*) und die Adernschwärze (*Xanthomonas campestris* pv. *campestris*) des Kohls erfahren. Durch Kohlnaßfäule allein werden in Befallsjahren Lagerverluste von 35—45 %, oft auch höhere, verursacht.

In Ländern, in denen Pflanzkartoffeln geschnitten werden (USA, Kanada, UdSSR), hat augenscheinlich die durch *Clavibacter michiganensis* subsp. *sepedonicus* hervorgerufene Kartoffelringfäule eine größere ökonomische Bedeutung als in Ländern, in denen das nicht der Fall ist (s. 9.3.1.4.). Diese Krankheit führte im Jahre 1955 in den USA zu Ausfällen in Höhe von 10—15 %. Allein in einem US-Bundesstaat wurde 1940 der Schaden auf 250000 $ geschätzt (DYKSTRA et al. 1940).

Die Bedeutung des Bakterienbrandes (*Pseudomonas syringae* pv. *syringae*) steigt im Intensivobstbau im Vergleich zur traditionellen Kern- und Steinobstkultivierung, sicher auch infolge zunehmender Anwendung von Massenschnittgeräten. Im Kirschenanbau ist diese Bakteriose in einigen Ländern bereits zum begrenzenden Faktor geworden. Bei dieser Fruchtart sind Ausfälle von

Tabelle 5.3. Abhängigkeit des Naßfäulebefalls an Chinakohl vom Aussaattermin

Aussaattermin	Anteil befallener Pflanzen (%)	Ertrag (kg/10 acre)	Einzelpflanzengewicht (kg)
15. 7.	90,0	452	0,754
5. 8.	61,5	1336	0,947
15. 8.	15,4	2859	1,132

10—20% in den Anlagen nicht ungewöhnlich, sie können aber bei sehr starkem Befall auch bis auf 75% ansteigen. In Birnenplantagen wurden bei starkem Infektionsdruck bis zu 40% weniger Jahrestriebe beobachtet.

Unter den agrotechnischen Maßnahmen hat auch der Aussaat- bzw. Pflanztermin Einfluß auf den Umfang des verursachten Schadens. Tsuboi (zit. nach Watanabe 1982) stellte in Japan bei Versuchen mit dem Erreger der Naßfäule an Chinakohl (*Erwinia carotovora* subsp. *carotovora*) eine klare Abhängigkeit des Befalls und der Schadwirkung vom Aussaattermin fest (Tab. 5.3.).

5.6. Durch Mycoplasma- und Rickettsia-ähnliche Organismen sowie Spiroplasmen ausgelöste Epidemien

Die von *Mycoplasma*-ähnlichen Organismen, Spiroplasmen und *Rickettsia*-ähnlichen Organismen verursachten Pflanzenkrankheiten treten bevorzugt in wärmeren Regionen auf und befallen wichtige tropische und subtropische Kulturen, bei denen sie beträchtliche wirtschaftliche Schäden hervorrufen können. So gilt die **Tödliche Vergilbungskrankheit der Kokosnuß (cocosnut lethal yellowing disease)**, die auf allen Westindischen Inseln und in den USA verbreitet ist, in Jamaika als bedeutendste Krankheit der Kokospalme. In einem Zeitraum von nur 2 1/4 Jahren erkrankten bzw. starben etwa 90% des Bestandes der Sorte ‚Jamaika Tall‘ (Heinze et al. 1972). Nach Romney (1972) waren 1972 bereits 1 Mill. Kokospalmen zugrundegegangen; wegen dieser epidemischen Krankheitsausbreitung wurde zum damaligen Zeitpunkt mit einer jährlichen Verlustrate von 200000 Bäumen gerechnet. Einige Jahre danach starben in Jamaika noch täglich 500 Kokospalmen ab (Waters et al. 1978). Der Totalausfall seit 1962 wird bei dieser wichtigen Kultur auf 4 Mill. Stück geschätzt.

Ähnlich verläuft die Entwicklung in Florida (USA), wo diese Krankheit seit 1972 endemisch ist. McCoy et al. (1976) registrierten in Dade County im ersten Befallsjahr etwa 2000 abgestorbene Palmen. In den beiden darauffolgenden Jahren erhöhte sich die Zahl der vernichteten Bäume auf 20000 bzw. 100000.

In den *Citrus*-Anbaugebieten des Mittelmeeres und der USA verursacht die **Eichelfrüchtigkeit (stubborn disease)** alljährlich große Verluste. Calavan (1969) ermittelte in einem Versuch mit sechsjährigen Orangebäumen, daß infizierte Bäume um 15—19% im Längenwachstum hinter gesunden zurückblieben und um 27—36% geringere Stammquerschnitte und um 44—74% verminderte Erträge erbrachten. Im Südwesten der USA sind schätzungsweise 2 Mill. *Citrus*-Bäume mit dieser Krankheit infiziert. Für die Vertreter der Gattung *Spiroplasma* sowie der *Mycoplasma*- und *Rickettsia*-ähnlichen Organismen, deren Verbreitung im Freiland unter natürlichen Bedingungen überwiegend durch Zikaden erfolgt, sind große Schwankungen in der Befallsstärke von Jahr zu Jahr charakteristisch. An die Gradation der Vektoren schließen sich Phasen der Depression an. Diesem durch Witterungsbedingungen gesteuerten **Massenwechsel der Überträger** folgt die Entwicklung der Epidemien. So verursachte die **Vergilbung des Pfirsichs (peach yellow)** in den USA während der Jahre 1791, 1806—1807, 1817—1821, 1845—1858, 1874—1878, 1886—1888 und 1920 die Vernichtung ganzer Pfirsichplantagen. Dabei schwankten die Verluste von 8—88%.

Auch die durch **Stolbur** bei Kartoffeln, Paprika, Tomaten, Tabak und Eierfrüchten in seinen Schadgebieten herbeigeführten Ertragsausfälle variieren in einem weiten Bereich. So waren 1924—1925, 1929, 1932, 1933—1934, 1947 und 1951 in der ČSR ausgesprochene „Stolburjahre“, später trat die Erkrankung nur noch in geringem Umfang auf (Bojnansky & Kosljarnova 1962). Während in den Befallsjahren in den wärmeren Gebieten der ČSSR 50—100% stolburkranke Kartoffelstauden gezählt wurden, lag deren Anteil 1959 unter 1% (Bojnansky et al. 1975). Eine ähnlich große Variabilität zeigte der Stolburbefall auch in anderen Ländern. Dabei kam es in einzelnen Jahren bei anfälligen Kulturpflanzen ebenfalls zu Ertragsverlusten bis zu 50%, wie Procenko (1973) für die UdSSR zeigen konnte.

Auch die Ausbreitung der in den USA zu starken Schäden bei Kartoffeln, Möhren, Salat, Sellerie, verschiedenen Zierpflanzen und anderen Kulturen führende Asternvergilbung (aster yellows) ist in den einzelnen Jahren sehr unterschiedlich. So lag der Anteil infizierter Möhren im Bundesstaat Wisconsin 1945 bei 66%, 1946 bei 29%, 1947 bei 6% und 1948 unter 1%. Nach diesem stetigen Rückgang stiegen die Infektionen 1949 sprunghaft bei Möhren wieder auf 95% und bei Salat auf 100% an (CHAPMAN 1974).

Starke Verluste verursacht auch der von MLO ausgelöste **Birnenverfall (pear-decline)** in allen Obstbaugebieten Amerikas, Australiens und Europas. Allein in den Jahren von 1944 bis 1947 vernichtete diese Krankheit in Italien mehr als 63000 Bäume (SHALLA & CHIARAPPA 1961). Später ging ihr epidemischer Charakter weitgehend verloren, und es kam meist nur noch zu einem chronischen Krankheitsverlauf. Seit 1949 blieb der Birnen-Verfall auf das untere Po-Tal beschränkt, wo erneut ein Massenauftreten mit akutem Befallsablauf zu verzeichnen war. In einzelnen Obstanlagen wurden 30—50% infizierter Bäume festgestellt. Ähnlich verlief die Entwicklung dieser Krankheit in Nordamerika. Im Sommer 1959 starben in Kalifornien (USA) 10000 Birnenbäume ab (NICHOLS et al. 1960). 1960 stieg diese Zahl bereits auf das Zehnfache. Bis zum Jahre 1964 waren rund 1 Mill. Bäume längs der Pazifischen Küste der USA der Krankheit zum Opfer gefallen (JENSEN et al. 1964).

Bei Stichproben in Birnenanlagen an verschiedenen Standorten der DDR wurden Befallsanteile zwischen 13 und 37% festgestellt (KEGLER 1964). In einem 3,9 ha großen Bestand gingen von 1963 bis 1970 durch Birnen-Verfall 27% der Bäume zugrunde, was einen Minderertrag und Mindererlös von jeweils 24% zur Folge hatte (SPAAR et al. 1972).

5.7. Durch zellwandbesitzende phytopathogene Bakterien verursachte Epidemien

Ausgesprochen epidemisches Auftreten ist auch für den **Erreger des Feuerbrandes an Kernobst,** *Erwinia amylovora,* charakteristisch. Am Beispiel dieser erstmals im Jahre 1794 in den USA beschriebenen Krankheit läßt sich recht gut die großräumige Ausbreitung einer Bakteriose mit katastrophalen wirtschaftlichen Auswirkungen demonstrieren (s. dazu auch 4.2.). Der Erreger muß mit infiziertem Pflanzgut oder auch kontaminierten Obstkisten Ende der 40er bzw. Anfang der 50er Jahre aus Übersee nach England eingeschleppt worden sein. Über den ersten Ausbruch der Krankheit im Jahre 1957 wurde 1958 berichtet. Die Krankheit war in Südostengland (Grafschaft Kent) an Birnenbäumen gefunden worden. Sie breitete sich danach rasch insbesondere an der Birnensorte ‚Laxton Superb' aus, die sich infolge ihrer Tendenz zur Spät- oder Nachblüte als besonders anfällig für eine Feuerbrandinfektion erwies. 1959 wurde diese Bakteriose an Birne, *Crataegus-* und *Sorbus-*Arten bereits in den südlichen Vororten Londons festgestellt. 1966 drang sie weiter in nordöstlicher, östlicher und westlicher Richtung vor, wobei mehrere tausend Bäume erfaßt wurden. Da der Erreger zahlreiche Wirtspflanzen aus der Familie der Rosaceae in Gärten und Parks des Großraums von London befallen hatte, mußte das Vorhaben aufgegeben werden, die Krankheit durch eradikative Maßnahmen wieder auszurotten.

Auf dem europäischen Festland wurde die Krankheit erstmals im Jahre 1966 in Polen und den Niederlanden festgestellt. 1968 konnte die gefährliche Bakteriose in Dänemark und 1971 in der BRD nachgewiesen werden. Im Jahre 1972 trat sie erstmalig in Frankreich und der DDR auf. Heute hat die Krankheit bereits eine große Zahl von europäischen Staaten erreicht (Tab. 5.4.).

BAKER (1971) analysierte die durch Feuerbrand verursachten Verluste in der Birnen- und Baumschulproduktion in der Zeit von 1890—1960 und wies deren Abhängigkeit von ausgesprochenen Befallsjahren nach (Abb. 5.1.). Bei epidemischem Auftreten verursacht der Feuerbrand schwere Verluste, vor allem im Birnenanbau. So war in den USA im Jahre 1936 das Aufkommen an Birnenfrüchten infolge starken Feuerbrandauftretens um 14% reduziert; das entsprach einem Verlust von 23000 t Birnen bzw. 4 Mill. $ (HSIONG 1938).

Im Durchschnitt der Jahre 1951—1960 lagen die jährlichen Ausfälle in der Birnenproduktion der USA bei 1,5 Mill. $ und in der Apfelerzeugung bei 2,5 Mill. $. In Kalifornien gingen die Einkünfte durch den Birnenanbau, die sich in normalen Jahren auf 20 Mill. $ belaufen, 1963 um 14% zurück; in der Apfelproduktion machten die Verluste in diesem Bundesstaat — bei einem durchschnittlichen Erlös von 13 Mill. $ — etwa 5% aus (nach VAN DER ZWET & KEIL 1979).

Tabelle 5.4. Europäische Länder mit Feuerbrand-Vorkommen

Land	Jahr des Erstauftretens
Großbritannien	1957
Niederlande	1966
Polen	1966
Dänemark	1968
BRD	1971
Frankreich	1972
DDR	1972
Belgien	1972
Türkei	1972
Cypern	1984
Norwegen	1986
ČSSR	1986

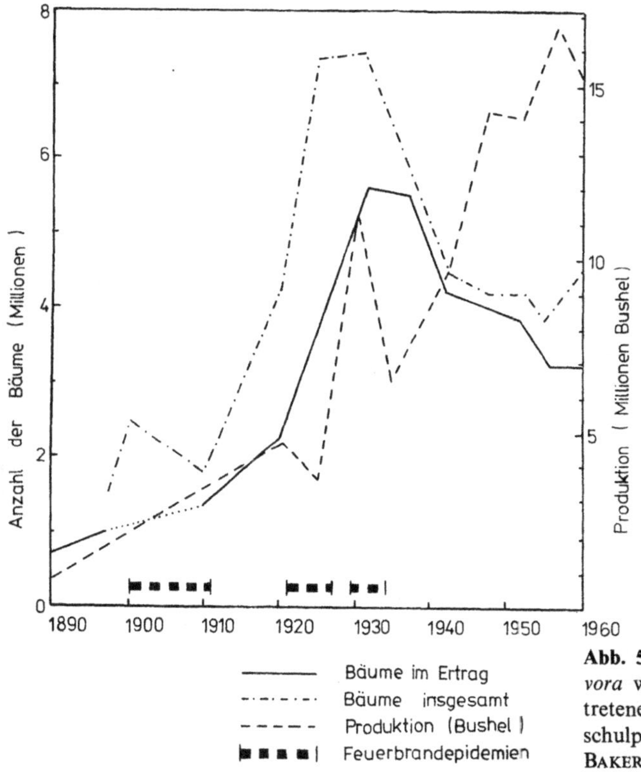

Abb. 5.1. Durch Befall mit *Erwinia amylovora* während der Jahre 1890—1960 eingetretene Verluste in der Birnen- und Baumschulproduktion am Beispiel der USA. Nach Baker 1971.

Da gegen *Erwinia amylovora* wie auch gegen den **Erreger des Citrusbrandes** (*Xanthomonas campestris* pv. *citri*) eine der wichtigsten Bekämpfungsmaßnahmen im Roden und Verbrennen erkrankter Obst-, *Citrus*- und Ziergehölze sowie im vorbeugenden Beseitigen von Überhälterpflanzen besteht, kommen zu den direkten Produktionsausfällen noch weitere Aufwendungen hinzu. So wurden nach Lelliott (1968) in Großbritannien allein von 1958—1969 20000 Birnenbäume gerodet, was einem Baumbestand von 40 ha entspricht. Dazu kamen 20000 Weißdornbüsche (*Crataegus* spp.), 15000 Zwergmispelsträucher und 2000 Feuerdornbüsche (*Pyracantha* spp.). In den Niederlanden beliefen sich 1966 und 1967 die Rodungen auf 8 ha Birnenplantagen und 21 km Weißdornhecke mit 175000

Einzelsträuchern. In der BRD wurden im Jahre 1971 etwa 18000 Gehölze gerodet. Für das Roden und Verbrennen wurden 11500 Arbeitsstunden benötigt, davon entfielen 1600 auf Baggerarbeiten und 3000 auf den Transport. Die Gesamtkosten betrugen 350000 DM. 1972 entstanden Unkosten in etwa der gleichen Höhe. In Dänemark erreichten die Schadensersatzleistungen für die Beseitigung von 42 ha Birnenanlagen und von Weißdornhecken allein im Jahre 1968 einen Wert von 2 Mill. Kronen.

Auch in der Ziergehölzproduktion sind durch den Feuerbrand große Verluste zu verzeichnen. In den Niederlanden wurden 1975 2 Mill. *Cotoneaster*-, 13000 *Pyracantha*-, 8700 *Stranvaesia*- und 4500 *Sorbus*-Gehölze in Baumschulen und Gartenzentren vernichtet. Das Exportgeschäft erlitt dadurch erhebliche Einbußen (nach VAN DER ZWET & KEIL 1979).

Während des epidemischen Auftretens des Citrusbrandes im Jahre 1920 in Florida (USA) wurden 20 Mill. Setzlinge und tragende Bäume vernichtet. Der neuerliche Nachweis seines Erregers (*Xanthomonas campestris* pv. *citri*), der in den USA Quarantäneobjekt ist, während des Sommers 1984 in einer Baumschule in Florida hat noch im selben Jahr zur Liquidierung von etwa 3 Mill. Setzlingen geführt, was etwa 21% des Baumschulbestandes in diesem Bundestaat ausmachte (SUN 1984).

Das Auftreten der **Kartoffelringfäule**, die von *Clavibacter michiganensis* subsp. *sepedonicus* ausgelöst und in vielen Ländern als Quarantänekrankheit eingestuft wird, verursacht aufgrund der erforderlichen Hygiene- und Abwehrmaßnahmen ebenfalls erhebliche finanzielle Verluste. So betrugen in Schweden die hierdurch entstandenen Kosten in den ersten beiden Jahren nach dem Erstnachweis der Krankheit bei einem Befallsumfang von nur wenigen Prozent des Gesamtbestandes 450000 Kronen (HOLMBERG 1966).

5.8. Schadensumfang im Bereich der Saat- und Pflanzgutproduktion

Erhebliche Schäden können in der **Saat- und Pflanzgutproduktion** entstehen. Da bei einer Reihe von Bakterienkrankheiten infizierte Samen oder befallenes Pflanzgut die wichtigsten Infektionsquellen darstellen, dürfen in vielen Ländern nur krankheitsfreie Bestände für die Vermehrung genutzt werden bzw. sind jeweils spezifische Befallshöchstgrenzen festgelegt, von deren Einhaltung die Anerkennung als Saat- bzw. Pflanzgut abhängig ist. Durch derartige Regelungen können bei Befall für die Vermehrungsbetriebe beträchtliche finanzielle Einbußen eintreten.

In der DDR ist z. B. bei Pflanzkartoffeln als Mängelhöchstgrenze für Naßfäule bei Vorstufenpflanzgut, Elite und Hochzucht ein Masseanteil in Höhe von 0,4% und bei Nachbau in Höhe von 0,5% vorgeschrieben. In der Feldprüfung unmittelbar vor dem Krautabtöten wird bei der Vorstufe 1 Nulltoleranz hinsichtlich schwarzbeiniger Stauden verlangt, bei den weiteren Vorstufen und der Elite sind Höchstwerte von 0,25% und bei Hochzucht und Nachbau von 0,5% zugelassen (Anonym 1974).

Bei der Einschätzung der wirtschaftlichen Bedeutung von Krankheitserregern für die Saat- und Pflanzgutproduktion müssen auch die beträchtlichen zusätzlichen Aufwendungen für die Diagnose und die Erzeugung erregerfreien Saat- und Pflanzgutes berücksichtigt werden (Kosten für den Befallsnachweis, eine evtl. Hitzetherapie oder Beizung, eine in-vitro-Kultur u. a.).

Samenübertragbare Bakterienkrankheiten sind z. B. die Basale Spelzenfäule (*Pseudomonas syringae* pv. *atrofaciens*), die Schwarzspelzigkeit des Weizens (*Xanthomonas campestris* pv. *translucens*), die Bakterielle Stengelfäule der Ackerbohne (*Pseudomonas „fabae“*), die „Eckige Blattflecken“-Krankheit der Gurke (*Ps. syringae* pv. *lachrymans*), die Fettfleckenkrankheit der Bohne (*Ps. syringae* pv. *phaseolicola*), der Bakterielle Bohnenbrand (*Xanthomonas campestris* pv. *phaseoli*), der Bakterielle Stengelbrand der Erbse (*Pseudomonas syringae* pv. *pisi*), die Bakterielle Tomatenwelke (*Clavibacter michiganensis* subsp. *michiganensis*) und das Wildfeuer des Tabaks (*Pseudomonas syringae* pv. *tabaci*) (s. a. 4.2.2.).

Mit den **Pflanzknollen** werden die Erreger der Schwarzbeinigkeit und Knollennaßfäule (*Erwinia carotovora* subsp. *atroseptica* und subsp. *carotovora*), der Bakterienringfäule (*Clavibacter michi-*

ganensis subsp. *sepedonicus*) und des Stolburs an Kartoffel sowie des Lackschorfs an Gladiole (*Pseudomonas gladioli* pv. *gladioli*) übertragen, mit Unterlagen der Wurzelkropf (*Agrobacterium tumefaciens*) und die Haarwurzelkrankheit der Obstgehölze (*A. rhizogenes*), mit **Pfropfreisern** und **Unterlagen** der Feuerbrand des Kernobstes (*Erwinia amylovora*) und der Bakterienbrand des Kern- und Steinobstes (*Pseudomonas syringae* pv. *syringae*) sowie die Erreger der Gummiholzkrankheit an Apfel und des Birnen-Verfalls. **Stecklinge** von erkrankten Mutterpflanzen sind primäre Infektionsherde für den Erreger der Ölfleckenkrankheit an Begonie (*Xanthomonas campestris* pv. *begoniae*), der Bakteriellen Pelargonienwelke (*X. campestris* pv. *pelargonii*) und der Bakteriellen Welke und Wurzelfäule der Nelke (*Pseudomonas caryophylli*). In erkrankten **Zwiebeln** überdauert der Erreger der Gelbfäule an Hyazinthe (*Xanthomonas campestris* pv. *hyacinthi*).

Schwarzbeinigkeitskranke Kartoffeln haben einen verminderten Pflanzgutwert, Samen von Gurken, die mit *Pseudomonas syringae* pv. *lachrymans* infiziert oder behaftet sind, geben schwachwüchsige Pflanzen mit geringem Ertrag, bei Befall von Weizen mit *Xanthomonas campestris* pv. *translucens* entsteht Schmachtkorn mit geringer Keimfähigkeit. Wurzelkropfkranke Kernobstsämlinge bleiben deutlich im Wachstum zurück, deshalb stellt diese Krankheit für Baumschulen eine nicht zu unterschätzende Gefahr dar.

In Jahren mit hoher Vektor-Aktivität können von MLO im Gemüse- und Zierpflanzensamenbau bedeutende Ausfälle hervorgerufen werden, da infizierte Pflanzen in der Regel keine Blüten ausbilden. Der Anteil *Mycoplasma*-bedingter Blütenvergrünungen bei Rettich, Blumenkohl, Zwiebeln und Salat war bei Untersuchungen in der DDR unterschiedlich, erreichte aber teilweise, z. B. bei Zwiebelsamenträgern, relativ hohe Werte (Kleinhempel et al. 1975). Etwa 5 % vergrünter Zwiebelsamenträger im Bestand verursachen bereits einen finanziellen Verlust von über 500 Mark/ha. Besonders negativ wirken sich solche Krankheitserscheinungen an Samenträgern aus, wenn sie an wertvollem Pflanzenmaterial, z. B. in Zuchtgärten oder hohen Anbaustufen, auftreten.

5.9. Qualitätsminderung durch Bakterienkrankheiten

Die durch prokaryotische Krankheitserreger bedingten **Qualitätsbeeinträchtigungen**, durch die der Gebrauchswert landwirtschaftlicher und gärtnerischer Erzeugnisse stark herabgesetzt wird, haben ebenfalls in vielen Fällen große wirtschaftliche Bedeutung. So kann sich ein Bakterienbefall auf den Speisewert von Früchten negativ auswirken, z. B. bei Tomaten nach Infektion mit *Clavibacter michiganensis* subsp. *michiganensis*, bei Gurken nach Befall mit *Pseudomonas syringae* pv. *lachrymans*, bei Bohnen durch das Eindringen von *Ps. syringae* pv. *phaseolicola* und *Xanthomonas campestris* pv. *phaseoli*. Stark beeinträchtigt werden der Speise- und Futterwert von Kartoffeln, Möhren, Kohl und Zwiebeln durch Naßfäulebefall. Der Erreger des Kartoffelschorfs (*Streptomyces „scabies"*), der nur in seltenen Fällen Ertragsminderungen auslöst, führt meist zu einer Qualitätsminderung des Erntegutes, da er höhere Schälverluste bewirkt.

Die *Citrus*-Eichelfrüchtigkeit verursacht neben großen Ertragseinbußen auch erhebliche Qualitätsmängel. Befallene Früchte sind um die Hälfte kleiner und schmecken bitter. Sie faulen häufig und fallen vorzeitig ab oder mumifizieren.

Bei der Besenwüchsigkeit des Apfels (apple proliferation) sinkt der Fruchtertrag in Abhängigkeit von der Sorte um 20—84 %, die Fruchtgröße verringert sich um 59 %, und der Zuckergehalt liegt um 29 % niedriger. Der Anteil der 1. Sortierung geht bei ‚Mc Intosh' um 95 % und bei ‚Red Delicious' um 31 % zurück (Seidl et al. 1963; Zawadzka et al. 1969).

Über Veränderungen im **Gehalt an qualitätsbestimmenden Inhaltsstoffen** liegen Angaben von Kohl mit Befall an Adernschwärze (*Xanthomonas campestris* pv. *campestris*) vor: Kranke Pflanzen haben geringere Trockensubstanzgehalte, enthalten weniger löslichen Zucker und sind in ihrem Ernährungswert gemindert. Die Monosaccharid-Konzentration ist in weißen Blättern des Weißkohls um etwa 36—49 % und in grünen Blättern um 2—26 % geringer als in gesunden Kontrollpflanzen. Das hat ungünstigen Einfluß auf den Säuerungsprozeß bei der Sauerkrautherstellung zur Folge. Bei Befall des Tabaks durch Wildfeuer (*Pseudomonas syringae* pv. *tabaci*) kommt es — von Ertragsverlusten, die 20—80% ausmachen können, abgesehen — bei fleckenkranken Blättern zu einer wesentlichen Qualitätsverschlechterung. Die von *Pseudomonas syringae* pv. *glycinea* verursachte Blattfleckenkrankheit der Sojabohne führt zu einer Abnahme des Proteingehalts in den Samen von 27—30% und des Ölgehalts von 29—34% (GORLENKO 1966).

Bei Befall von Baumwollpflanzen mit *Xanthomonas campestris* pv. *malvacearum*, die typische Blattläsionen hervorruft, verschlechtern sich nachweisbar die **technologischen Eigenschaften** der Fasern.

Bei Zierpflanzen schließlich kann der **Handelswert** vor allem durch Infektion mit MLO, die Vergrünungen der Blüten induzieren, vollkommen verlorengehen. So haben an der *Hydrangea*-Vergrünung („*Hydrangea* virescence") erkrankte Hortensien keinerlei Zierwert mehr, so daß der Anbauer große finanzielle Einbußen in Kauf nehmen muß. Auch bei Befall mit *Xanthomonas campestris* pv. *pelargonii* und *X. campestris* pv. *begoniae* kommt es bei Geranien bzw. Elatior-Begonien meist zu großen Ausfällen an verkaufsfähiger Ware.

5.10. Gesamtumfang der durch Bakterienkrankheiten verursachten finanziellen Verluste

Über die wirtschaftliche Bedeutung der phytopathogenen Prokaryoten liegen inzwischen einige exakte zusammenfassende Erhebungen vor. So wurde in der DDR ihr Anteil am Gesamtkomplex der durch Pflanzenkrankheiten, tierische Schaderreger und Unkräuter hervorgerufenen Verluste in den 60er Jahren auf 2% geschätzt, was einem jährlichen Ertragsausfall von 30 Mill. Mark entsprach. Gegenwärtig rechnet man mit **Mindererträgen durch Bakteriosen** in Höhe von etwa 3% der parasitär verursachten Ertragsverluste; das bedeutet finanzielle Einbußen von rund 75 Mill. M pro Jahr.

Detaillierte Angaben über bakteriell bedingte Schäden stehen aus den USA zur Verfügung. KENNEDY & ALCORN (1980) haben auf der Grundlage einer Befragung in 31 US-Staaten die durch die 14 wichtigsten Vertreter der Prokaryoten in den Jahren 1975, 1976 und 1977 zustande gekommenen Schäden zusammengestellt. Die Ergebnisse ihrer Analyse werden in Tabelle 5.5. wiedergegeben. Neben den Erregern des Bohnen- (*Xanthomonas campestris* pv. *phaseoli*) und des Feuerbrandes (*Erwinia amylovora*) sind die ersten 6 aufgeführten Bakterienarten bzw. Krankheiten auch in Europa

Tabelle 5.5. Durch Prokaryoten bei landwirtschaftlichen und obstbaulichen Kulturen in den USA in den Jahren 1975, 1976 und 1977 verursachte Verluste. Nach KENNEDY & ALCORN 1980.

Pathogen bzw. Krankheit	Verluste in Mill. US-$			Anzahl Bundesstaaten mit nachgewiesenem Befall
	1975	1976	1977	
Pseudomonas syringae pv. *glycinea*	63	64	59	8
Agrobacterium tumefaciens	21	23	2	10
Clavibacter michiganensis subsp. *insidiosus*	16	17	16	4
Pseudomonas syringae pv. *syringae*	29	18	8	13
Phony peach	17	20	1	4
Erwinia-Naßfäulen	11	14	11	16
Triebverkrümmungswachstum des Zuckerrohrs (ratoon stunt)	14	10	—	1
Pseudomonas solanacearum	8	9	10	5
Xanthomonas campestris pv. *malvacearum*	5	5	11	7
Piercesche Krankheit	1	3	10	3
Xanthomonas campestris pv. *phaseoli*	5	5	4	12
Clavibacter michiganensis subsp. *nebraskensis*	4	3	4	1
Erwinia amylovora	4	5	2	17
Tödliche Vergilbung der Kokosnuß	3	3	3	1

heimisch und teilweise von großer ökonomischer Bedeutung. Neben diesen Erregern bzw. Erkrankungen verursachten nach denselben Autoren im Jahre 1976 folgende phytopathogene Organismen in einzelnen US-Bundesstaaten Verluste in Höhe von >1 Mill. $ (Angaben in Mill. $):

Clavibacter michiganensis subsp. *sepedonicus*	— 1,8
Erwinia chrysanthemi pv. *chrysanthemi*	— 2,3
Pseudomonas syringae pv. *phaseolicola*	— 2,0
Xanthomonas campestris pv. *campestris*	— 1,0
X. campestris pv. *juglandis*	— 2,2
X. campestris pv. *pruni*	— 2,0
X. campestris pv. *translucens*	— 1,0
Birnen-Verfall (pear-decline)	— 1,6
Eichelfrüchtigkeit bei *Citrus* spp.	— 1,0.

Von den 45 erfaßten bakteriellen Erregern riefen 17 Ertragseinbußen von mehr als 1 Mill. $ hervor. Die Vertreter der MLO, der Gattung *Spiroplasma* und der RLO verursachten 1976 ebenfalls erhebliche Verluste (Tab. 5.6.).

Tabelle 5.6. Durch Vertreter der *Mycoplasma-* (MLO) und *Rickettsia*-ähnlichen Organismen (RLO) sowie durch Spiroplasmen im Jahre 1976 in den USA verursachte Verluste. Nach Kennedy & Alcorn 1980.

Krankheiten	Verluste (in Mill. US-$)	US-Bundesstaat	betroffene Kulturen
Mycoplasma-ähnliche Organismen (MLO)			
Birnen-Verfall	1,6	Kalifornien	Birne
Buckskin	0,9	Kalifornien	Kirsche
X-Krankheit des Pfirsichs	0,03	Connecticut	Pfirsich
Rosettenkrankheit des Pfirsichs	0,3	Süd-Carolina	Pfirsich
MLO-bedingte Kartoffelkrankheiten	0,1	Nord-Dakota	Kartoffeln
Bunchwilt	0,01	Louisiana	Pecan
Tödliche Vergilbung	3,0	Florida	Kokosnuß
Spiroplasma spp.			
Mais-Stauche	0,06	Mississippi	Mais
Eichelfrüchtigkeit	1,0	Arizona	*Citrus*
Astern-Vergilbung	0,2	Nord-Dakota	Flachs
Ricksettsia-ähnliche Organismen (RLO)			
Piercesche Krankheit	3,0	Kalifornien	Weinrebe
Phony peach	20,0	Georgia	Pfirsich
Triebverkrümmungswachstum des Zuckerrohrs (ratoon stunt)	10,0	Louisiana	Zuckerrohr

5.11. Verzeichnis der zitierten Literatur

Adams, M. J., & Lapwood, D. H.: The effect of *Erwinia carotovora* subsp. *atroseptica* (blackleg) on potato plants. II. Compensatory growth. Ann. appl. Biol. **103** (1983): 79—85.

Anonym: Saat- und Pflanzgut. Prüfung von Pflanzkartoffeln. Feldprüfung und Attestierung. 1974.

Baker, K. F.: Fire blight of pome fruits: The genesis of the concept that bacteria can be pathogenic to plants. Hilgardia **40** (1971): 603—633.

Böttcher, Inge: *Agrobacterium tumefaciens* Sm. et Towns. (Conn), der Erreger des Wurzelkropfes an Obstgehölzen. Schaden und Verbreitung in der DDR. Pflanzenschutz im Gartenbau. Mitt. der Arbeitsgruppe: „Pflanzenschutz im Baumschulwesen“ 1 (1973): 1—2.

Bojnansky, V., & Kosljarova, V.: Gradation of stolbur and possibilities of its prognose in the present. Plant Virology. Proc. 5th Conf. Czechosl. Plant Virol. Prague 1962, pp. 206—212.

— — & Lizakova, J.: Ekologia a prognoza stolburu zemiaka. Pol'nohospodarska veda, Seria A **2** (1975): 86.

Calavan, E. C.: Investigations of stubborn disease in California: indexing, effects on growth and production, and evidence for virus strains. Proc. 1st Internat. Citrus Symp. **3** (1969): 1403—1412.

Chapman, R. K.: Control aspects of mycoplasma diseases: aster yellows disease. Le Coll. de '1' Inst. Nat. de la Santé et de la rech. méd. Les Mycoplasmes/Mycoplasmas. INSERM **33** (1974): 251—262.

Dykstra, T. P., Gross, R. W., & Leach, J. G.: The distribution of ring rot of potatoes (*Phytomonas sepedonica*) in the United States, Plant Dis. Reptr. **24** (1940): 2—6.

Gorlenko, M. W.: Bakterialnye bolezni rastenij. (Osnovy učenia o bakteriosach rastenij). 3. Aufl. „Vyšaja škola“, Moskau 1966, S. 8.

Griesbach, Erika, & Naumann, K.: Die Übertragung der Bakteriellen Welke der Tomate durch Anwendung von Wachstumsregulatoren zur Verbesserung des Fruchtansatzes. Arch. Phytopathol. Pflanzenschutz (in Vorbereitung).

Heinze, K. G., Petzold, H., & Marwitz, R.: Beitrag zur Ätiologie der Tödlichen Vergilbung der Kokospalme (lethal yellowing disease of coconut palm). Phytopath. Z. **74** (1972): 49—52.

Holmberg, C.: Ringbakterios eller bakteriell ringröta i potatis Meddn. St. Växtst. Anst. **13**, (**105**) (1966): 261—279.

Hsiong, S. L.: Breeding for resistance to fire blight in pears. New York (Cornell) agric. Exp. Stat. Quart. Bull. **4** (1938): 2—8.

Jensen, D. D., Griggs, W. H., Gonzales, C. Q., & Schneider, H.: Pear decline virus transmission by pear psylla. Phytopathology **54** (1964): 1346—1351.

Kegler, H.: Welke und Verfall bei Birnenbäumen. Neuer Dt. Obstbau **10** (1964): 190.

Kennedy, B. W., & Alcorn, S. M.: Estimates of US. crop losses to procaryote plant pathogens. Plant Dis. **64** (1980): 674—676.

Kleinhempel, H., Müller, H. M., & Spaar, D.: Zur Frage der Übertragung mykoplasmaähnlicher Organismen durch das Saatgut infizierter Pflanzen. Arch. Phytopathol. Pflanzenschutz **11** (1975): 89—99.

Koršunova, L.: Poteri urožaja kartofelja ot kol'cevoj gnili. Trudy Krasnojarskogo sel'skochozjajstvennogo Instituta MSCH RSFSR 7, (1960).

Lapwood, D. H., & Legg, P. R.: The effect of *Erwinia carotovora* subsp. *atroseptica* (blackleg) on potato plants. I. Growth and yield of different cultivars. Ann. appl. Biol. **103** (1983): 71—78.

Lelliott, R. A.: New or uncommon plant diseases and pests; Fireblight on apple in England. Plant Pathol. **17** (1968): 48.

McCoy, R. E., Thomas, D. L., & Condo, J. K.: Lethal yellowing — why the quarantine? The Florida Nurseryman **21** (1976): 49—52.

Munzert, M.: Zum Einfluß der Schwarzbeinigkeit auf Ertrag, Stärkegehalt und Sortierung. Kartoffelbau **33** (1982): 151—154.

— Zur Auswertung des Schadens der Schwarzbeinigkeit im Kartoffelbestand. Kartoffelbau **37** (1986): 174—176.

Nagaich, B. B., Khurana, S. M., Singh, S., & Singh, V.: Studies on the potato witches' broom and phyllody diseases. Trienn. Conf. Eur. Assoc. Potato Res. **7** (1978): 289—290.

Nichols, C. W., Schneider, H., O'Reilly, H. J., Shalla, T. A., & Griggs, W. H.: Pear decline in California. Calif. State Dep. Agric., Bull. **49** (1960): 186—192.

Pérombelon, M. C. M., & Kelman, A.: Ecology of the soft rot of Erwinias. Annu. Rev. Phytopathol. **18** (1980): 361—387.

Procenko, A. E.: Distribution area of plant virus and mycoplasmas within the natural flora. Arch. Phytopathol. Pflanzenschutz **9** (1973): 347—352.

Raeder, J. M.: Ring rot of potatoes. Amer. Potato J. **26** (1949): 126—131.

Romney, D. H.: Past studies on and present status of lethal yellowing diseases of coconuts. PANS **18** (1972): 386—395.

Roždestvenskij, N. A.: O kol'zevoj gnili kartofelja. Plodooščnoe Choz. Moskva **9** (1936): 15—16.

Seidl, V., Blattny, C., & Erbenova, M.: Virova proliferace jablone. Výzkumny Ústav Ovosńóvský CZAZV Holovousich **2** (1963): 311—317.

Shalla, T. A., & Chiarappa, L.: Pear decline in Italy. Calif. State Dep. Agric., Bull. **50** (1961): 213—217.

SPAAR, D., VATER, J., & HELM, W.: Ökonomische Auswirkungen des Birnenverfalls in einer Ertragsanlage der GPG „Elbaue", Rogätz. Gartenbau **19** (1972): 161—162.

SUN, M.: The mystery of Florida's citrus canker. Science **226** (1984): 322—323.

TRIFONOV, D.: Proliferacuja (Medlovidnose) no jablkata. Rast. zašč. **10** (1962): 27—31.

WATANABE, Y.: Bacterial diseases of vegetables in Japan and their control. Japan Pesticide Inf., Tokyo **42** (1982): 3—7.

WATERS, H., EDEN-GREEN, S. J., & DABEK, A. J.: Coconut lethal yellowing and diseases of other plants associated with mycoplasma-like organisms in Jamaica. Abstr. 3rd Internat. Congr. Plant Pathol. München 1978, p. 79.

ZAWADZKA, B., MILLIKAN, D. F., & COCHRAN, L. C.: Influence of the proliferation virus upon the quality and quantity of apple fruits. Plant Dis. Rept. **53** (1969): 41—43.

ZIELKE, R., MÜLLER, H. J., FICKE, W., NAUMANN, K., & SKADOW, K.: Beziehungen zwischen dem Befallsverlauf der Schwarzbeinigkeit im Kartoffelbestand und der Knollennaßfäule im Erntegut. Arch. Phytopathol. Pflanzenschutz **10** (1974): 255—262.

ZWET, T. VAN DER, & KEIL, H. L.: Fire Blight — a Bacterial Disease of Rosaceous Plants. Agriculture Handbook Nr. 510. U.S. Dep. Agriculture, Washington 1979.

6. Bekämpfung bakterieller Pflanzenkrankheiten

6.1. Notwendigkeit und Grundlagen

Aufgrund der weiten Verbreitung und teilweise großen Schadwirkung verschiedener bakterieller Pflanzenkrankheiten (s. Kap. 5.) sind in vielen Fällen Maßnahmen zu deren Verhütung und Bekämpfung unerläßlich. Hierfür wurden im Laufe der Zeit die verschiedensten Methoden und Mittel vorgeschlagen und eingesetzt.

Für die Situation bei der Bekämpfung pflanzlicher Bakteriosen ist kennzeichnend, daß derzeit weltweit keine spezifischen Bactericide als Pflanzenschutzmittel zur Verfügung stehen (s. 6.7.). Diese Tatsache hat dazu geführt, daß für die Eindämmung phytopathogener Bakterien prophylaktische und pflanzenhygienische Maßnahmen von entscheidender Bedeutung sind. Auf diese und die Anwendung biologischer, physikalischer und chemischer Verfahren zur Bekämpfung dieser Schaderregergruppe wird im folgenden näher eingegangen.

Die Komplexität der bei den einzelnen Krankheiten anzuwendenden Gegenmaßnahmen weist die **Bekämpfung pflanzenpathogener Bakterien** als ein Beispiel für den **„integrierten Pflanzenschutz"** aus.

6.2. Quarantäne

Mit zunehmendem Austausch von Pflanzen und Pflanzenteilen über Ländergrenzen und Erdteile hinweg erhöht sich die Gefahr der Einschleppung von Krankheitserregern, und somit auch von pflanzenpathogenen Bakterien, in bisher befallsfreie Gebiete. Das trifft insbesondere für samenbürtige Bakteriosen zu und für solche Krankheiten, die mittels vegetativer Vermehrungsorgane (Knollen, Zwiebeln, Fechser) und auch ruhender Pflanzen oder Pflanzenteile (Obstgehölze, Veredlungsreiser) übertragen werden.

Mit Maßnahmen der **Außenquarantäne** soll die Verschleppung der entsprechenden Erreger aus einem Staat in den anderen verhindert werden. Bakterien, die in dem betreffenden Hoheitsgebiet bisher nicht festgestellt wurden, jedoch für die im Anbau befindlichen Kulturen eine potentielle Gefahr darstellen, werden zum Gegenstand gesetzlicher Regelungen und staatlicher Maßnahmen, die das Ein- oder Verschleppen, das Einbürgern bzw. die Ausbreitung der Erreger verhindern sollen. Die betreffenden Bakterien bzw. bakteriell bedingten Pflanzenkrankheiten werden zu Quarantäneobjekten erklärt.

Mittels Maßnahmen der Außenquarantäne ist es z. B. Australien gelungen, für lange Zeit den weltweit verbreiteten Erreger der Wildfeuer-Krankheit des Tabaks (*Pseudomonas syringae* pv. *tabaci*) abzuwehren. Für eine große Anzahl von gefährlichen Bakteriosen konnte auf diese Weise eine Ausbreitung bzw. Einbürgerung in bestimmten Staaten wirksam verhindert werden.

Die Europäische und Mittelmeerländische Pflanzenschutzorganisation (European Plant Protection Organization, EPPO) hat zwei **Quarantänelisten** erstellt, die auch eine Anzahl bakteriell bedingter Pflanzenkrankheiten einschließen. Die „Liste A 1" umfaßt bakterielle Krankheitserreger, die bislang in dem von dieser Organisation erfaßten Territorium (35 Mitgliedsländer Europas und des Mittelmeerraumes) nicht auftraten. Diese Erreger sollten von allen Mitgliedsländern zu Quarantäneobjekten erklärt und ihre Einschleppung verhindert werden. In der „Liste A 2" fanden pflanzenpathogene Bakterien Aufnahme, die in einzelnen Mitgliedsländern der EPPO bereits auftreten. Von der Pflanzenschutzorganisation wird empfohlen, diese Erreger mittels nationaler Regelungen zu Quarantäneobjekten zu erklären, sofern sie unter den jeweiligen ökologischen Bedingungen von Bedeutung sind.

Liste A 1 (EPPO)[1])

Xanthomonas citri
X. oryzae
X. oryzicola

Liste A 2 (EPPO)[1])

Aplanobacter populi
Corynebacterium flaccumfaciens
C. insidiosum
C. michiganense
C. sepedonicum
Erwinia amylovora
E. chrysanthemi
E. stewartii
Pseudomonas caryophylli
Ps. glycinea
Ps. pisi
Ps. solanacearum
Xanthomonas hyacinthi
X. phaseoli pv. *fuscans*
X. phaseoli pv. *phaseoli*
X. pruni

Zu den Aufgaben der **Binnenquarantäne** gehört die Vernichtung bzw. die Verhinderung einer Weiterverbreitung von bereits auf dem Hoheitsgebiet vorhandenen Krankheitserregern, die zu den Quarantäneobjekten zählen.

In den meisten Ländern wird die Pflanzenquarantäne durch strenge gesetzliche Bestimmungen geregelt (z. B. durch die 11. Durchführungsbestimmung vom 1. 8. 1960 zum „Gesetz zum Schutz der Kultur- und Nutzpflanzen" in der DDR und die „Pflanzenbeschauverordnung" vom 15. 3. 1982 zum „Pflanzenschutzgesetz" in der BRD).

Eine wichtige Voraussetzung für wirksame Quarantänemaßnahmen sind in jedem Falle sichere Diagnoseverfahren, die in möglichst kurzer Zeit zu eindeutigen Aussagen führen.

Sichere Diagnosen müssen sowohl auf Seiten des Produzenten bzw. Ausfuhrlandes als auch für das Einfuhrland (zumindest Stichprobenprüfungen) gefordert werden. In bestimmten Fällen werden importierte Pflanzen für einen ± langen Zeitraum unter isolierten Bedingungen gehalten und erst nach entsprechender Überprüfung mit zeitaufwendigeren Methoden durch die Quarantäne-Dienststellen freigegeben.

6.3. Weitere phytohygienische Maßnahmen

Alle Bemühungen in der Landwirtschaft und im Gartenbau sind darauf gerichtet, für die Kulturpflanzen optimale Wachstumsbedingungen zu schaffen und maximale Erträge zu erzielen. Das ist nur möglich, wenn Krankheiten und Schädlinge auf ein Minimum reduziert werden. Dabei bedient man sich vielfältiger Methoden. Zu den **Kulturmaßnahmen**, die diesen entscheidenden Aufgaben gerecht werden, gehören vor allem

— richtige Standortwahl
— optimale Fruchtfolgegestaltung
— ausgewogene Düngung
— den jeweiligen Bedingungen angepaßte Bodenbearbeitung
— Verwendung erregerfreien Saat- und Pflanzgutes
— sachgerechte Aussaat
— sorgfältige und den phytosanitären Belangen entsprechende Pflege
— dem jeweiligen Bedarf angemessene Bewässerung.

[1]) In diesen Listen werden die Erregernamen in der Originalfassung und nicht in der derzeit gültigen Form wiedergegeben.

Wird dabei speziell die Unterdrückung, Reduzierung oder Hemmung von pflanzlichen oder tierischen Schaderregern bzw. die Unterbindung einer möglichen Schadwirkung angestrebt, spricht man von phytosanitären Maßnahmen (BOCHOW & SPAAR 1982). Mit einer derartigen Zielstellung angewandte Kultivierungsverfahren stellen eine außerordentlich wichtige Komponente des „Integrierten Pflanzenschutzes" dar, der nach den heutigen Erkenntnissen am ehesten bei minimalem Aufwand und geringster ökologischer Belastung die gesunde Entwicklung der Kulturpflanzen sichert und Ernteverluste biotischen Ursprungs so weit wie möglich ausschließt.

Die Komplexität der sehr unterschiedlichen phytosanitären Maßnahmen und ihre häufig divergierenden Effekte haben in der Vergangenheit sehr oft zu deren Unterschätzung und zu einer einseitigen Bevorzugung des chemischen Pflanzenschutzes geführt.

Die pflanzenhygienischen Maßnahmen sind zu einem wesentlichen Teil darauf ausgerichtet, den Boden als entscheidendes Produktionsmittel in der Landwirtschaft möglichst frei von Schaderregern zu halten. Dabei ist zu berücksichtigen, daß der Boden mit seinen unterschiedlichen physikalischen, chemischen und biologischen Eigenschaften gleichermaßen Standraum der Kulturpflanzen und Reservoir für bestimmte Krankheitserreger ist. Ungünstige Bodeneigenschaften können mittelbar oder unmittelbar Ursache von Entwicklungsstörungen bei Pflanzen sein, ihre Prädisposition gegenüber Schadorganismen erhöhen (z. T. aber auch herabsetzen) und die Erregerpopulation nachhaltig beeinflussen (Tab. 6.1.).

Bei der Durchführung von Kulturmaßnahmen zur Förderung der Pflanzenentwicklung und Unterdrückung der Krankheitserreger muß man sich auch stets darüber im klaren sein, daß eine einzige Maßnahme (z. B. eine hohe Stickstoffdüngung) unter Umständen sehr verschiedene Auswirkungen einerseits auf das Wachstum der Bestände und andererseits auf die Schaderreger haben kann:

- Zunahme des Masseertrages, wobei die Gewebe hypertrophieren und weniger stabil werden können
- Erhöhung der Prädisposition für Krankheiten
- Verzögerung der Abreife
- Verminderung der Lagerfähigkeit des Erntegutes und dadurch hervorgerufene Steigerung der Verluste
- durch verstärkten Wuchs bedingte Vermehrung der auf dem Feld verbleibenden Ernterückstände
- Anhäufung eines größeren Erregerpotentials durch die vermehrt vorhandenen Pflanzenreste.

Ein und dieselbe Kulturmaßnahme kann sich dabei auch sehr unterschiedlich auf Erreger bakterieller Infektionskrankheiten auswirken. Zahlreiche Beispiele sind hierzu vor allem aus Düngungsversuchen bekannt. So fördert eine erhöhte **Stickstoffgabe** die Anfälligkeit der Tomate gegenüber *Clavibacter michiganensis* subsp. *michiganensis*, hemmt aber gleichzeitig einen Befall durch *Pseudomonas solanacearum*. Diese gegensätzliche Wirkung wird damit erklärt, daß Welkeerreger, die organische N-Quellen benötigen (*C. michiganensis* subsp. *michiganensis*, *C. michiganensis* subsp. *sepedonicus*, *Erwinia tracheiphila*), durch verbesserte Ernährung gefördert, dagegen Erreger, die mit anorganischem Stickstoff auskommen (*Xanthomonas campestris* pv. *campestris*, *Ps. solanacearum*)

Tabelle 6.1. Die Wirkung der Bodenreaktion auf das Auftreten einiger bakterieller Krankheitserreger

Kulturart	Erreger	Einfluß der H^+-Konzentration des Bodens auf den Befall	Literaturquelle
Kartoffel	*Streptomyces „scabies"*	Stimulation durch hohe H^+-Konzentration	SMILEY (1975)
Kartoffel	*Pseudomonas solanacearum*	Auftreten vorrangig bei $>$pH 5,0	STEVENS & STEVENS (1952)
Pfirsich	*Ps. syringae* pv. *syringae*	Befall nur bei pH 5,6—6,1 keine Prädisposition bei pH 6,6—7,2	WEAVER & WEHUNT (1975)

unter denselben Verhältnissen zurückgedrängt werden (WALKER 1957). Allerdings läßt sich diese Schlußfolgerung nicht ohne weiteres auf pilzliche Erreger (z. B. *Verticillium* spp.) übertragen.

Eine losgelöste Betrachtung von Einzelmaßnahmen innerhalb des Komplexes Pflanze-Boden-Pathogen, wie sie im folgenden vorgenommen wird, ist stets einseitig und spiegelt nur jeweils einen Aspekt aus dem Gesamtgeschehen wider. Auch sind die Wirkungsebenen einzelner Kulturmaßnahmen sehr verschieden. Während z. B. Düngungsmaßnahmen nur allein auf die Kulturpflanze ausgerichtet sind, d. h. sie anfälliger oder widerstandsfähiger machen und der Erreger meist nur mittelbar betroffen ist, beeinflussen Bodenbearbeitungen sowohl die Wirtspflanzen als auch die Erregerpopulation direkt. Demgegenüber sind die chemischen Bekämpfungsmaßnahmen unmittelbar gegen die Parasiten gerichtet, um so den Kulturpflanzen eine normale Entwicklung zu sichern.

6.3.1. Standortwahl

Sowohl Kulturpflanzen als auch Schaderreger besitzen ökologische Optima. Während Wildpflanzen an ihren Standort angepaßt sind und als Glieder von Pflanzengesellschaften einen Standort charakterisieren, erfolgt der Anbau der Kulturpflanzen zwar nach biologischen Grundsätzen, aber auch unter Berücksichtigung betriebs- und volkswirtschaftlicher Erfordernisse, meist als Reinsaat, und zwar einjährig oder als Dauerkultur.

Um die jeweils besten Erträge zu erzielen und die Bestände frei von Schaderregern zu halten, kommt der richtigen **Auswahl des Anbaustandortes** eine ganz entscheidende Bedeutung zu. Dabei müssen nicht nur die arteigenen Boden-, Licht-, Temperatur- und Feuchtigkeitsansprüche der Kulturpflanzen und ihre Stellung in der jeweiligen Fruchtfolge beachtet werden, sondern ebenso phytosanitäre Gesichtspunkte. Das betrifft beispielsweise den Anbau von Kulturen, die durch Blattkrankheiten oder Naßfäulen gefährdet sind, in Trockengebieten bzw. auf grundwasserfernen Schlägen. Niederschlagsarme Anbaugebiete, die über einen ausreichenden Wassergehalt im Boden verfügen (hoher Grundwasserstand, reichliche Niederschläge vor und zu Beginn der Vegetationszeit), haben sich z. B. zur Produktion von Gemüsesaatgut als besonders geeignet erwiesen, weil hier bakterielle und pilzliche Erkrankungen nur selten auftreten und die Samen daher kaum mit Pathogenen belastet werden. Derartige Standorte werden auch als **„Gesundheitslagen"** bezeichnet. So ist beispielsweise aus vielen europäischen Ländern die Produktion von Gemüsesämereien nach Südosteuropa, Nord- bzw. Südafrika verlagert worden. Aus gleichem Grund wird in den USA die Produktion von Bohnensaatgut mit gutem Erfolg hauptsächlich in den Trockengebieten nahe der Pazifikküste und in Idaho betrieben.

Ein anderes Beispiel sind leichte Sandstandorte, die in der Regel nur ein geringes Wasserhaltevermögen besitzen. In derartigen Gebieten, die im nördlichen und östlichen Europa eine große Ausdehnung haben, lassen sich zwar Pflanzen mit geringem Wasseranspruch oder tiefgreifenden

Tabelle 6.2. Das Auftreten der Schwarzbeinigkeit und Knollennaßfäule (Erreger: *Erwinia carotovora* subsp. *atroseptica*) in Abhängigkeit von der Bodenart ($\bar{x}$ von 3 Untersuchungsjahren)

Krankheitsbild	Bodenart						
	S	lS	SL	sL	L	Lö	T
Schwarzbeinigkeit	7,4	7,7	6,3	6,4	5,7	5,4	5,1
Knollennaßfäule	4,5	4,1	3,8	4,5	5,7	5,0	6,0

S Sand
lS lehmiger Sand
SL stark lehmiger Sand
sL sandiger Lehm
L Lehm
Lö Lößlehm
T Ton

Wurzeln (z. B. Luzerne und Lupinen) sehr gut kultivieren, ein Anbau von Kartoffeln auf diesen Standorten bringt hingegen häufig einen erhöhten Schorfbefall mit sich. Andererseits sind feuchte, kalte und wenig durchlüftete Böden für alle Kulturen, die von Naßfäuleerregern aus der Gruppe *Erwinia carotovora* befallen werden können, ungeeignet. So nimmt der Befall durch die Knollennaßfäule der Kartoffel — im Gegensatz zur Schwarzbeinigkeit — mit steigendem Feinerdeanteil erheblich zu.

Neben den großräumigen Standortunterschieden spielen lokale ökologische Gegebenheiten eine große Rolle beim Anbau landwirtschaftlicher und gärtnerischer Kulturen. Durch geeignete betriebswirtschaftliche Maßnahmen lassen sich derartige Standortdifferenzen auf kleinerem Raum im Gegensatz zu den großräumigen leichter beeinflussen und für den Anbau der einzelnen Kulturpflanzen besser ausnutzen, als das bei großräumigen Abweichungen der Fall ist. So sollte man in feuchten Lagen, Senken, Mulden, Flußauen und auf waldnahen Standorten wegen ihrer das Auftreten von Bakteriosen begünstigenden Wirkung den Anbau von Kartoffeln sowie einigen Leguminosenarten und Spezialkulturen vermeiden. Ein Anbau von Gemüsekulturen, die weniger unter Infektionskrankheiten leiden, ist hingegen auf solchen Standorten, insbesondere in trockenen Jahren, sehr zweckmäßig.

Alle Bestrebungen zugunsten einer optimalen Standortwahl lassen sich in der Praxis nur in begrenztem Umfang realisieren. Es muß daher ein Ziel der Pflanzenproduktion und der Pflanzenhygiene insgesamt sein, entweder die Standortbedingungen so zu verbessern und umzugestalten, daß sie möglichst weitgehend den Bedürfnissen der Kulturpflanzen entsprechen, die Vermehrung der Erreger hemmen und deren Schadwirkung begrenzen, oder eine für den jeweiligen Standort geeignete Fruchtart auszuwählen und anzubauen.

6.3.2. Fruchtfolgemaßnahmen

Die Auswirkungen von geregelten oder fehlerhaften **Fruchtfolgen** sind schon sehr lange bekannt. Bei ihrer Planung ist davon auszugehen, daß jede Kulturpflanze, die auf der gleichen Fläche wiederholt zum Anbau gelangt, eine Anreicherung bodenbürtiger Krankheitserreger mit sich bringen kann.

Als Ziele einer geregelten Fruchtfolge gelten:
- Verbesserung der Bodenstruktur
- Unterdrückung von Unkräutern
- Dezimierung bodenbürtiger Krankheitserreger
- Verbesserung des Wirkungsgrades von Düngemitteln und
- Optimierung des Wasserhaushaltes.

Der Einfluß von Fruchtfolgemaßnahmen sowie die Eignung verschiedener Vorfrüchte wurden insbesondere für Kartoffeln im Zusammenhang mit dem Auftreten von *Streptomyces „scabies“* untersucht. So nahm der Schorfbefall im Vergleich zur Monokultur bei 2-, 3- und 4jährigen Anbaupausen fortlaufend und signifikant ab. Dabei hat sich Weizen als die beste Vorfrucht erwiesen, aber auch Zuckerrüben und Gräser vermindern die Schorfgefährdung nachfolgend angebauter Kartoffeln. Als sehr gute Vorfrüchte gelten außerdem Luzerne, Sojabohnen und Rotklee. In diesem Zusammenhang sind auch Mischsaaten interessant. So ist bei gemeinsamem Anbau von Bohnen und Mais ein geringeres Auftreten von *Pseudomonas syringae* pv. *phaseolicola* und *Xanthomonas campestris* pv. *phaseoli* beobachtet worden als bei Reinsaaten (Rheenen et al. 1981). Auch Klee-Gras-Gemische sind gegenüber verschiedenen Krankheiten weniger anfällig als die entsprechenden Reinsaaten von Klee und Gras (Lehmann et al. 1981). Trotz dieser positiven Beispiele sind Mischsaaten nur in seltenen Fällen tatsächlich befallsmindernd wirksam (Palti 1981).

In Einzelfällen können durch den Anbau besonders geeigneter Vorfrüchte die Erregerpotentiale im Boden gezielt dezimiert werden. Solche Vorfrüchte wirken also als regelrechte „Feindpflanzen“. Ein Beispiel dafür ist die Kultivierung von Sudangras (*Sorghum sudanense*) als Vorfrucht für Tomaten, wodurch die Gefährdung durch *Pseudomonas solanacearum* stark herabgesetzt wird.

6.3.3. Düngungsmaßnahmen

Wie eingangs dieses Abschnitts bereits betont wurde, haben **Düngungsmaßnahmen** einen relativ großen Einfluß auf die aktuelle Widerstandsfähigkeit (Prädisposition) der Kulturpflanzen gegen Krankheitserreger (Tab. 6.3.). Dabei hängt die Wirkung in hohem Maße von der angewandten Düngungsart (organisch, mineralisch; N-, P-, K-, Ca-Spurenelement) oder -form (flüssig; fest; Harnstoff-, Ammoniak-, Nitratdüngung usw.) ab. Neben der angestrebten Beeinflussung des Wirtspflanzenwachstums ist auch eine direkte Stimulation des Parasiten nicht völlig auszuschließen (BOCHOW & SPAAR 1982). In der Regel werden bei der Kulturpflanze eine erhöhte Abwehrfähigkeit (Tab. 6.4.) und Verkürzung empfindlicher Wachstumsphasen sowie eine verbesserte Wasserbilanz bewirkt. Allerdings trifft die häufig vertretene Auffassung, daß eine Pflanze um so vitaler ist, je besser sie ernährt wurde, nur unter ganz bestimmten Voraussetzungen zu.

Diese günstigen, die Prädisposition der Kulturpflanzen senkenden Effekte einer optimalen Düngung konnten beispielsweise für

— die Bakterielle Schleimfäule der Tomate (*Ps. solanacearum*),
— die Adernschwärze des Kohls (*X. campestris* pv. *campestris*),
— die Blattfleckenkrankheit des Paprikas (*X. campestris* pv. *vesicatoria*),
— die Fettfleckenkrankheit der Bohne (*Ps. syringae* pv. *phaseolicola*) und
— den Bakteriellen Bohnenbrand (*X. campestris* pv. *phaseoli*)

eindeutig nachgewiesen werden.

Es gibt aber auch Fälle, in denen die Wirkung ins Gegenteil umschlägt, sobald das Optimum überschritten wird (Stengelfäule an Pelargonien, Ausbreitung des Feuerbranderregers im Gewebe von Apfelzweigen, Wurzelkropf an *Erica* spp.).

Neben dem Einfluß des Gesamternährungszustandes auf die Widerstandsfähigkeit der Kulturpflanzen gegenüber Infektionskrankheiten wurde in zahlreichen Untersuchungen auch die Wirkung einzelner Nährstoffe auf den Befall mit Bakteriosen analysiert. Hierbei ist allerdings zu bedenken, daß jede isolierte Betrachtungsweise eine „reine Abstraktion darstellt" (FUCHS & GROSSMANN 1972), da die Wirkung eines einzelnen Nährstoffs weitgehend vom Fehlen oder Vorhandensein anderer abhängt.

Tabelle 6.3. Beispiele für die Verminderung des Bakterienbefalls durch ausreichende Kalium-Versorgung

Kulturart	Erreger	Literaturquelle
Reis	*Xanthomonas campestris* pv. *oryzae*	TAGAMI (1968)
Maniok	*X. campestris* pv. *manihotis*	ADENIJI & OBIGBESAN (1976)
Limabohne	*Pseudomonas syringae* pv. *syringae*	PERRENOUD (1977)

Tabelle 6.4. Einfluß der Stickstoffdüngung auf die Zahl schwarzbeiniger Pflanzen (Erreger: *Erwinia carotovora* subsp. *atroseptica*) im Bestand. Nach BÖHMIG et al. 1975.

Jahr	N-Aufwandmengen (kg/ha)				
	0	60	150	240	330
1970	1,92	1,39	0,86	0,76	0,56
1971	4,57	4,08	3,47	3,20	3,41
1972	4,84	4,13	2,92	1,63	1,08

Am gründlichsten ist der Einfluß der **Stickstoffdüngung** auf bakterielle Krankheiten untersucht worden. Dabei hat sich herausgestellt, daß es von Bedeutung ist, in welcher Form dieser Nährstoff angeboten wird (PALTI 1981). So üben ammoniumhaltige Düngemittel bei Kartoffeln gegenüber Schorf und bei Tomate gegenüber der Bakteriellen Welke eine befallsmindernde Wirkung aus, die Nitratform steigert dagegen in diesen Fällen die Prädisposition (HUBER & WATSON 1974).

Eine gesteigerte Anfälligkeit nach erhöhten N-Gaben ist auch für *Pseudomonas* spp. an Tabak, Gurke und Limabohne, *Xanthomonas campestris*-Pathovare an Pfirsich, Reis und Kohl, für bakterielle Naßfäuleerreger aus der *Erwinia carotovora*-Gruppe an Kartoffeln und Kohl sowie für Feuerbrand an Kernobst nachgewiesen worden. Nicht unerheblich sind dabei der Düngungszeitpunkt und die Höhe der Einzelgaben: So fördert beispielsweise eine verspätete N-Ausbringung den Naßfäulebefall bei Kartoffeln und reduzieren mehrere Einzelgaben im Vergleich zu 1—2 Applikationen (bei gleicher Gesamtmenge) bei Reis den Befall durch *X. campestris* pv. *oryzae*.

Neben der Stickstoffdüngung beeinflußt auch die **Kalium-Versorgung** die Prädisposition der Wirtspflanzen sehr deutlich. Eine Erhöhung der Widerstandsfähigkeit durch eine optimale Verfügbarkeit dieses Mineralstoffes ist bei folgenden Krankheitserregern nachgewiesen worden: *Pseudomonas syringae*-Pathovare an Tabak und Gurken, *Xanthomonas campestris*-Pathovare an Kohl, Pelargonien und Pfirsich sowie *Clavibacter michiganensis* subsp. *insidiosus* an Luzerne. Sowohl ein K-Überschuß als auch dessen Fehlen setzen den Befall durch *Ps. syringae* pv. *phaseolicola* und *X. campestris* pv. *phaseoli* an Bohnen herab. Die Prädisposition von Tomaten für *X. campestris* pv. *vesicatoria* wird jedoch erst bei sehr hohen K-Gaben deutlich verringert. Andererseits fördert ein K-Überschuß die Anfälligkeit von Gurken für *E. tracheiphila*. Sehr differenziert und von der Applikationsform abhängig wirkt sich die K-Düngung auf den Befall mit *Streptomyces „scabies“* aus. Unterschiedlich reagieren Tomatenpflanzen bei fehlendem K-Angebot auf eine Infektion durch *C. michiganensis* subsp. *michiganensis*: Nur im Sommer entwickelt sich unter diesen Umständen die Krankheit verstärkt, nicht jedoch im zeitigen Frühjahr (FUCHS & GROSSMANN 1972; JAGNOW 1981).

Phosphorsäurehaltige Düngemittel wirken sich auf die Anfälligkeit für Bakterien im allgemeinen nur sehr wenig aus, obwohl in einzelnen Fällen ein deutlicher Einfluß nachgewiesen werden konnte: Eine Erhöhung der Widerstandsfähigkeit durch P-Ausbringung wird bei Tabak gegenüber *Ps. syringae* pv. *tabaci* und bei Kohl gegenüber *X. campestris* pv. *campestris* beschrieben. Im Gegensatz dazu ist eine resistenzmindernde Wirkung von P-Gaben bei Mais gegenüber *Erwinia stewartii* beobachtet worden.

Calciumhaltige Düngemittel können — je nach Wirt-Parasit-System — gleichfalls befallshemmend oder -fördernd wirken. So steigt eindeutig die Anfälligkeit von Kartoffeln für *S. „scabies“* an; resistenzfördernd wirkt eine Kalkung dagegen bei

— Luzerne gegenüber *C. michiganensis* subsp. *insidiosus*,
— Tabak gegenüber *Ps. syringae* pv. *tabaci*,
— Tomate gegenüber *E. carotovora* subsp. *atroseptica*,
— Pelargonien gegenüber *X. campestris* pv. *pelargonii* und
— Eierfrucht gegenüber der *Mycoplasma*-bedingten Kleinblättrigkeit.

Spurenelemente scheinen ganz allgemein — teils allein, teils in Kombination — die Prädisposition gegenüber bakteriellen Erregern zu vermindern. So hemmen Mangan und Kupfer bei Kartoffeln den Schorfbefall, reduziert Kupfer allein die Schwarzbeinigkeit bei Kartoffeln und Zink den Bohnenbrand.

Im Gegensatz hierzu verhindert Bormangel bei Süßkirschen und Tomaten die Wurzelkropfbildung nach einer Infektion durch *Agrobacterium tumefaciens*.

6.3.4. Bodenbearbeitungsmaßnahmen

Eine intensive **Bodenbearbeitung** erfolgt im Regelfall zwischen zwei Hauptfrüchten und in Dauerkulturen. So bewirkt eine Einarbeitung von Ernterückständen eine Verbesserung der bodenphysikalischen Eigenschaften einschließlich des Wasserhaushaltes und übt außerdem einen starken direkten Einfluß auf bakterielle Pathogene aus, die eine Bodenphase besitzen, und zwar hauptsächlich dadurch, daß die Infektionsquellen von der Erdoberfläche in tiefere Schichten eingebracht werden.

Bei einer Bearbeitung gelangen allerdings auch verseuchte Pflanzenreste wieder an die Oberfläche. Daher sind die Auswirkungen einer Bodenbearbeitung bei den einzelnen Erregern sehr differenziert zu werten, zumal sie auch stets durch andere Kultivierungsmaßnahmen beeinflußt werden. Bei Nichtbeachtung dieser Beziehungen können somit die Schadorganismen sogar begünstigt werden.

Hinweise dafür, daß eine Verringerung des Befalls mit *E. carotovora* subsp. *atroseptica* durch die Bodenbearbeitung erfolgt, liegen aus mehreren Untersuchungen vor: Durch das Einarbeiten von Pflanzenresten in Verbindung mit mineralischer und organischer Düngung findet eine schnellere Zersetzung verseuchter Ernterückstände statt als an der Erdoberfläche. Auch die Bakterielle Schleimkrankheit kann in Bananen-Kulturen durch mehrmaligen Einsatz der Scheibenegge während der Trockenperiode bekämpft werden, da dadurch das Erregerpotential stark gemindert wird (SEQUEIRA 1958).

Hingegen wurde nachgewiesen, daß der Befall mit Kartoffelschorf sich auf leichten Böden mit zunehmender Häufigkeit von Bodenbearbeitungsgängen erhöht (DAVIS et al. 1974 u. a.).

In welchem Umfang die gegenwärtig in verschiedenen Ländern praktizierten „Direkt-Aussaat-Verfahren" und die „wirtschaftliche Brache" (Anonym 1983; KÄMPF 1983) Auswirkungen auf die Überdauerung und Anreicherung phytopathogener Mikroorganismen (einschließlich bakterieller Erreger) mit sich bringen, ist z. Z. noch nicht abzusehen.

6.3.5. Verwendung erregerfreien Saat- und Pflanzgutes

Die Entwicklung eines gesunden Pflanzenbestandes und die volle Ausschöpfung aller ertragsfördernden Kulturmaßnahmen ist nur dann gegeben, wenn zur Aussaat bzw. Pflanzung hochwertiges Ausgangsmaterial verwendet wird. Das setzt aber voraus, daß bereits die **Erzeugung von Saat- und Pflanzgut** unter optimalen acker- und pflanzenbaulichen sowie pflanzenhygienischen Bedingungen durchgeführt wird. Anbaufehler oder unterlassene Pflege- und Bekämpfungsschritte haben stets ein qualitätsgemindertes Erntegut zur Folge. Von dessen Beschaffenheit (charakterisiert durch Reinheit, Größe, Keimfähigkeit, Triebkraft, Vitalität u. a. Merkmale) hängen jedoch das Wachstum, die Höhe und Güte des Ertrages und damit auch der wirtschaftliche Erfolg entscheidend ab. Geschädigtes Saat- und Pflanzgut führt nicht nur zu Mindererträgen, sondern besitzt im allgemeinen auch für pilzliche und bakterielle Erreger eine erhöhte Prädisposition. Dies trifft insgesamt für alle Kulturpflanzen und sie befallende Erreger zu.

So führt beispielsweise ein hoher Schwarzbeinigkeitsbefall in Vermehrungsbeständen zu einer stärkeren latenten Verseuchung der Pflanzkartoffeln mit *Erwinia carotovora* subsp. *atroseptica.* Dies wiederum kann zu größeren Lagerverlusten und nach dem Auspflanzen zu einem lückigen Pflanzenbestand führen. Den gleichen Übertragungsmodus besitzen auch *E. chrysanthemi* pv. *chrysanthemi*, *Pseudomonas solanacearum* und *Clavibacter michiganensis* subsp. *sepedonicus*. Ähnliche Verhältnisse liegen ferner bei

- *E. carotovora* subsp. *carotovora* und *Xanthomonas campestris* pv. *campestris* an Kohl,
- *Ps. syringae* pv. *lachrymans* an Gurken,
- *Ps. syringae* pv. *phaseolicola* an Bohnen und
- *C. michiganensis* subsp. *michiganensis* an Tomaten

u. a. Erreger-Wirt-Kombinationen vor.

Zur Verhinderung bzw. Minderung eines Befalls mit bakteriellen Erregern ist desweiteren eine sachgemäße Behandlung des Saat- bzw. Pflanzguts notwendig. Hierfür sind folgende Einzelmaßnahmen kennzeichnend:

- Lagerung bei optimaler Temperatur und Feuchtigkeit
- maschinelle oder Handauslese beschädigter oder befallener Samen bzw. Pflanzenteile (soweit dies möglich ist)
- Desinfektion der Schnittwerkzeuge beim Schneiden und Teilen von Pflanzgut, Mutterpflanzen oder Stecklingen (vgl. 6.3.7.)

— Beizung bzw. Heißwasserbehandlung von Stecklingen etc.
— Prüfung auf Keimfähigkeit, Triebkraft, Vitalität etc. vor der Aussaat
— Aussaat bzw. Pflanzung zu einem für die Kultur optimalen Termin (vgl. 6.3.6.).

Es wurde bereits hervorgehoben, daß die genannten Arbeitsgänge nur in Verbindung mit allen anderen Kulturmaßnahmen einen befallsunterbindenden bzw. -mindernden Effekt besitzen. Allerdings ist die Verwendung erregerfreien Saat- und Pflanzguts als eine besonders wesentliche Komponente der durch Kulturmaßnahmen möglichen Bekämpfung von Schaderregern anzusehen.

6.3.6. Anbaumaßnahmen

Ein direkter Einfluß auf das im Boden oder an Pflanzenmaterial vorhandene Potential an bakteriellen Erregern läßt sich auch durch **optimale Aussaat bzw. Pflanzung** der Kultur ausüben. Hierbei aufgetretene Fehler (zu frühes Ausdrillen, Auspflanzen in kalte und nasse Böden, Ablegen in nicht optimale Ausaattiefe) lassen sich bis zur Ernte häufig kaum korrigieren. Sie können in einigen Extremfällen sogar zu zusätzlichem Arbeitsaufwand oder Mehrausgaben (beispielsweise erhöhte Düngung) führen.

Nicht weniger stark wirkt sich die **Bestandesdichte** auf den Befall mit pflanzenpathogenen Bakterien aus. Dabei verändert eine erhöhte Aussatmenge nicht nur die Beschattung und das Kleinklima im Bestand, sondern zieht erhebliche physiologische Konsequenzen nach sich (Etiolierung, Entstehung eines weichen, wasserangereicherten Gewebes, vorzeitige Gewebeschwächung und -alterung) und erhöht so die Anfälligkeit für Krankheiten (Prädisposition). Den boden- und luftbürtigen Keimen wird dadurch die Ausbreitung über Wurzel- und Blattkontakte erheblich erleichtert (z. B. bei *Pseudomonas syringae* pv. *glycinea*).

Ähnlich fördernde Auswirkungen auf die Krankheitsausbreitung kann auch fehlender **Windschutz** auf größeren Flächen, speziell bei leichten Sandstandorten, haben: Durch ständige Windeinwirkung treten Beschädigungen an Blattspitzen und -rändern ein, reiben Blätter aneinander, knicken Blüten und Früchte. Quer zur Hauptwindrichtung angelegte Schutzhecken hemmen durch ihren abbremsenden Effekt diese negativen Auswirkungen und verringern damit die Gefahr einer Verbreitung von Bakterien sowohl in den Beständen als auch über größere Strecken hinweg, obwohl in ihrer unmittelbaren Nähe infolge von längerem Taufall den Krankheitserregern verbesserte Lebens- und Entwicklungsbedingungen geboten werden.

Eine sehr häufig vernachlässigte phytosanitäre Maßnahme ist die **Vermeidung des Nachbaranbaus** von Kulturpflanzen unterschiedlicher Reifegruppen (einschließlich des Zeitstufenanbaus). In der Regel kommt es auf den mit frühreifenden Sorten bestandenen Flächen zuerst zum Befall; von da aus gelangen die Erreger meist leicht auf Nachbarschläge. Dies wirkt sich besonders nachteilig dann aus, wenn dort Sorten angebaut sind, die später abreifen. Das trifft z. B. für die Gefährdung durch die Fettfleckenkrankheit der Bohne bei Zeitstufenanbau zu. Es gilt demnach der Satz „frühgebaute Feldfrüchte sind schlechte Nachbarn für spätgebaute“ (Palti 1981).

Desweiteren ist auch über die Wahl des **Erntetermins** — allerdings nur in gewissen Grenzen — eine indirekte Erregerbekämpfung möglich, selbst wenn dieser in erster Linie vom Reifezustand der Kultur abhängig ist. So sind gelegentlich zu einem vorgezogenen Termin geerntete Früchte nicht nur weniger befallen, sondern auch besser lagerfähig. Diese Gründe sind beispielsweise in den USA ausschlaggebend zur Ernteverfrühung bei Tomaten gewesen, da noch unreif geerntete Früchte gegenüber Naßfäule weniger anfällig sind (Bartz & Crill 1978). Andererseits dürfen Kartoffelknollen keinesfalls früher geerntet werden, als ihre physiologische Abreife erreicht ist, da sie sonst extrem naßfäulegefährdet sind.

6.3.7. Pflegemaßnahmen im Bestand

Um während der gesamten Anbauzeit einen Pflanzenbestand gesund zu erhalten und hohe Erträge zu erreichen, muß neben der Verwendung von erregerfreiem Saat- bzw. Pflanzgut und der Beachtung aller sonstigen ackerbaulichen und phytosanitären Voraussetzungen (s. 6.3.1.—6.3.6.) eine **intensive**

Bodenbearbeitung und Pflege im Pflanzenbestand gewährleistet sein. Das gilt für Halm- und Hackfrüchte ebenso wie für Dauerkulturen und Gewächshausbestände. Eine optimale Pflege der Kultur von der Aussaat bzw. Pflanzung bis hin zur Ernte fördert einerseits deren Wachstum und Entwicklung und unterdrückt andererseits Unkräuter, Schädlinge und Pathogene in erheblichem Umfang. Richtige Bestandesdichte, ausreichende und ausgewogene Düngung, geregelte Fruchtfolge und eine sorgfältige Bestellung erleichtern Pflegemaßnahmen und erhöhen gleichzeitig deren Wirksamkeit.

Die Bodenbearbeitung als Pflegemaßnahme soll dabei folgende Aufgaben erfüllen:

— Schaffung und Erhaltung einer guten Bodengare und die damit verbundene Krümelstruktur
— Begünstigung der Wasseraufnahme durch Lockerung der obersten Bodenschicht
— Förderung der Bodenflora und -fauna und der Mineralisierungsleistung und sonstigen biologischen Aktivität des Bodens
— Bekämpfung der Ungräser, Unkräuter und des Durchwuchses vorjähriger Kulturen.

Neben diesen den Pflanzenbestand insgesamt umfassenden Aufgaben treten bei Gewächshaus- und Dauerkulturen noch spezielle, auf die Einzelpflanze gerichtete Maßnahmen hinzu:
— Schaffung einer auf eine hohe Ertragsleistung abzielenden Pflanzenform (durch Schnitt, Ausgeizen, Köpfen etc.) und
— Beseitigung geschädigter oder abgestorbener Pflanzenteile.

Die genannten Pflegemaßnahmen sind dabei äußerst kulturpflanzenschonend durchzuführen, da bei unsachgemäßer Ausführung — entgegen der gewünschten positiven Wirkung — große Schäden entstehen können und das Auftreten von Pflanzenkrankheiten gefördert werden kann. Alle Wunden, Quetschungen und Knickstellen schaffen nämlich ihrerseits äußerst günstige Voraussetzungen für einen Neubefall durch Wundparasiten. So konnte eindeutig nachgewiesen werden, daß in den auf Kartoffelschlägen vorhandenen Fahrspuren verstärkt Schwarzbeinigkeit auftritt, die ihrerseits wiederum erhöhten Naßfäulebefall zur Folge haben kann. Gleichfalls werden durch Pflanzenbeschädigungen infolge Pflegearbeiten die Übertragung und das Eindringen unter anderem bei folgenden Erregern gefördert:
— *Pseudomonas syringae* pv. *phaseolicola* in Bohnenbeständen
— *Ps. syringae* pv. *lachrymans* auf Gurkenflächen
— *Ps. syringae* pv. *glycinea* auf Sojabohnenfeldern
— *Ps. syringae* pv. *tomato*
— *Clavibacter michiganensis* subsp. *michiganensis* in Tomatenbeständen.

Angelegte Fahrstreifen bzw. Bearbeitungsgassen innerhalb des Bestandes, wie sie in der Praxis seit einiger Zeit für empfindliche Kulturen üblich sind, verhindern weitgehend diese erregerbegünstigende Folge der Pflegemaßnahmen.

Bei verschiedenen Gewächshauskulturen und in Gehölzen sind Schnittmaßnahmen und Ausgeizen während der Vegetationszeit unerläßlich. Dabei kann es allerdings sehr leicht zur Verschleppung der Erreger von kranken Pflanzen auf gesunde kommen. Beispielsweise wird bei den notwendigen Kultivierungsarbeiten in Tomatenbeständen häufig *C. michiganensis* subsp. *michiganensis* übertragen. Zur Verhinderung einer solchen negativen Auswirkung von Pflegemaßnahmen ist es daher aus phytohygienischen Gründen notwendig, vor jedem einzelnen Abschnitt bzw. Abriß eine Desinfektion der Schnittwerkzeuge, Arbeitsgeräte und Hände vorzunehmen (s. 6.7.).

Den Pflegemaßnahmen sind auch die prophylaktischen und kurativen Maßnahmen zur **Beseitigung von Infektionsquellen** bzw. Unterbrechung der Infektkette durch Selektion bzw. Rodung von befallenen Pflanzen zuzuordnen. In der Obstproduktion erlangten gerade diese Maßnahmen (in Kombination mit einer prophylaktischen Behandlung gesunder Bäume mit chemischen Präparaten) entscheidende Bedeutung bei der Bekämpfung des Feuerbrandes (*Erwinia amylovora*) an Kernobst und des Bakterienbrandes (*Pseudomonas syringae* pv. *morsprunorum*) an Steinobst. Dazu gehören auch die Überwachung der Wirtspflanzenbestände sowie das prophylaktische Entfernen von Weißdornhecken in der Umgebung von Obstanlagen und das Roden von befallenen Birnbäumen und Ziergehölzen in einer bestimmten Frist, für die es in den einzelnen europäischen Befallsländern gesetzliche Festlegungen gibt.

Neben den in erster Linie auf die optimale Förderung des Pflanzenwachstums ausgerichteten Arbeitsgängen im Bestand gibt es eine Reihe von Kultur- und Pflegemaßnahmen, die ganz gezielt phytohygienischen Zwecken dienen. So ist die Beseitigung von Infektionsquellen im Gemüse- und Zierpflanzenbau unter Glas bei intensiven Produktionsverfahren eine wesentliche Voraussetzung zur Vermeidung eines epidemieartigen Auftretens von Pathogenen. Besonders in den oft konzentriert angebauten Tomaten-, Pelargonien-, Begonien-, Chrysanthemen- und Saintpaulien-Beständen sind eine gewissenhafte Überwachung sowie das sofortige Entfernen erkrankter und verdächtiger Pflanzen wichtige Bestandteile einer effektiven Pflanzenhygiene und damit oftmals Grundbedingung für eine rentable Produktion.

Eine bedeutsame weitere Maßnahme stellt in diesem Zusammenhang das Herausschneiden erkrankter Triebe aus sonst gesunden Bäumen dar; dabei handelt es sich um ein in der Obstproduktion sehr gebräuchliches Verfahren, das man auch als **„Gesundungsschnitt“** bezeichnet. Auf diese Weise werden in Apfelanlagen vom Feuerbrand befallene Astpartien herausgeschnitten, um so die Produktivität der Gehölze zu erhalten. Auch in diesem Falle bilden ein sachgerechter (glatter) Schnitt und eine ständige wirksame Desinfektion der Schnittwerkzeuge die entscheidende Voraussetzung, um die Infektkette zu unterbrechen und einen Neubefall der frischen Schnittwunden zu verhindern. Selektive Schnittmaßnahmen — in Verbindung mit bakteriostatisch wirkenden Kupferpräparaten — sind auch für die Gesunderhaltung von Sauerkirschbeständen bei Befall mit *Pseudomonas syringae* pv. *morsprunorum* geeignet.

Zur Vermeidung einer Verbreitung von *Agrobacterium tumefaciens* darf nur sichtbar befallsfreies Baumschulmaterial zum Anbau gelangen. Dabei wird allgemein das selektive Herausschneiden der Tumore als ausreichend angesehen. Letztlich ist auch die möglichst vollständige Beseitigung von Wurzeln bei der Rodung von alten Obstanlagen oder Baumschulquartieren als eine wirksame eradikative Maßnahme zur Beseitigung von Infektionsquellen des Wurzelkropf-Erregers anzusehen.

6.3.8. Bewässerungsmaßnahmen

Bewässerungsmaßnahmen greifen erheblich in das ökologische und biologische Gleichgewicht von Pflanzenbeständen ein und beeinflussen damit das Auftreten von Infektionskrankheiten. Sie wirken sich auf die bodenbürtigen Krankheitserreger aus, fördern aber insbesondere die Verbreitung von Blatt- und Stengelkrankheiten. Das gilt für alle Bewässerungsarten (Überflutung, Furchen-, Tröpfchenbewässerung, Beregnung). Aus pflanzenbaulicher Sicht wird die Beregnung als die günstigste Bewässerungsart angesehen, da mit diesem Verfahren genau dosierte Wassergaben verabreicht werden können und die Wasserbilanz auf der Fläche definiert zu beeinflussen ist. Vom Standpunkt der Pflanzenhygiene, auf die weiter unten näher eingegangen wird, muß man allerdings anderen Applikationsmethoden den Vorzug gegen.

Allen Bewässerungsformen ist gemeinsam, daß sie sich sowohl auf die Kulturpflanzen als auch auf die Schaderreger auswirken. So beeinflussen sie einerseits die Prädisposition der Pflanzen für Krankheiten. Überwiegend ist dies wohl als eine mittelbare Folge des veränderten Bestandesklimas (Erhöhung der Bodenfeuchte, Temperaturabsenkung, Verlängerung der Feuchtigkeitsperiode, höhere Beschattung) und der verbesserten Pflanzenentwicklung anzusehen. Dabei kommt es vielfach zu einer durch Turgorschwankungen oder fehlende Belastung des Wasserhaushaltes bedingten „Verweichlichung“ des Pflanzengewebes (Bochow & Steinbrenner 1979) (vgl. 4.3.2.3.). Andererseits werden die Parasiten selbst durch die zusätzlichen Wassergaben erheblich in ihrer Entwicklung begünstigt, wobei der Effekt der einzelnen Bewässerungsformen auf die bodenbürtigen und die an den oberirdischen Pflanzenteilen vorkommenden Krankheitserreger durchaus verschieden ist. So werden z. B. mehrere bakterielle Erkrankungen durch Beregnungsmaßnahmen deutlich gefördert bzw. durch Ausbleiben von Niederschlägen und Wassergaben gehemmt. Das ist unter anderem für

- *Pseudomonas syringae* pv. *phaseolicola* an Bohnen,
- *Ps. syringae* pv. *lachrymans* an Gurken,
- *Ps. syringae* pv. *tomato* an Tomaten,

— *Xanthomonas campestris* pv. *campestris* an Kohl,
— *Clavibacter michiganensis* subsp. *michiganensis* an Tomaten und
— *Erwinia amylovora* an Kernobst
zweifelsfrei belegt worden.

Auf der anderen Seite lassen sich in Einzelfällen bestimmte Pflanzenkrankheiten durch Beregnungsmaßnahmen unterdrücken. Ein typisches Beispiel dafür ist der auf leichten Standorten vorkommende Kartoffelschorf (vgl. 9.4.1.6.).

Aufgrund der epidemiologischen Gegebenheiten und der geschilderten Auswirkungen zusätzlicher Wassergaben auf die potentielle Gefährdung von Kulturpflanzenbeständen sollte daher bei allen Bewässerungsarten aus der Sicht des Integrierten Pflanzenschutzes darauf geachtet werden, daß
— im Boden keine Staunässe entsteht und
— die oberirdischen Pflanzenteile nicht längere Zeit von einem Wasserfilm bedeckt bleiben.
Vor allem aber muß die Beregnung in Abhängigkeit von dem zu erwartenden Befallsdruck (unter Beachtung der möglichen Infektionsquellen und der Warndienstprognosen) vorgenommen werden.

6.4. Resistenzzüchtung

6.4.1. Aufgaben und Ziele der Resistenzzüchtung

Eine weitere sehr effektive Möglichkeit zur Reduzierung bzw. Verhinderung von Ausfällen durch bakteriell bedingte Pflanzenkrankheiten besteht darin, Kulturpflanzen anzubauen, die eine geringe Anfälligkeit besitzen. In der modernen Pflanzenschutzstrategie kommt der **Nutzung von Resistenzeigenschaften** bestimmter Sorten sowohl aus Gründen der Ökonomie (Einsparung aufwendiger Behandlungen von befallenen Beständen) als auch des Umweltschutzes (Wegfall jeglicher Umweltbelastung durch Pflanzenschutzmittel) eine zentrale Bedeutung zu (Spaar 1983). Bei Krankheiten wie den Bakteriosen, die wegen des Fehlens geeigneter Präparate (s. 6.7.) chemisch kaum bekämpft werden können, bildet der Anbau resistenter Sorten — neben der Anwendung phytosanitärer Maßnahmen (s. 6.3.) — nicht selten die wichtigste Pflanzenschutzmaßnahme.

Resistenzunterschiede zwischen verschiedenen Sorten gegenüber bakteriell bedingten Pflanzenkrankheiten sind schon seit langem bekannt. Weniger anfällige Formen unter den Kulturpflanzen wurden in der Vergangenheit — zunächst sicher unbewußt — wegen ihres Selektionsvorteils bei gelegentlichen Epidemien weitervermehrt bzw. für züchterische Zwecke genutzt. Nachdem Anfang dieses Jahrhunderts die Vererbbarkeit von Resistenzmerkmalen nachgewiesen werden konnte, setzte eine planmäßige Züchtungsarbeit mit dem Ziel ein, derartige Merkmale mit anderen wertvollen Eigenschaften zu kombinieren, um so Sorten mit hohen Leistungen, aber geringer Anfälligkeit zu schaffen (Hoffmann et al. 1976). Fortschritte auf diesem Gebiet wurden dabei anfangs vor allem bei der Eindämmung bestimmter pilzlicher Erkrankungen erzielt. Erst später bezog man auch Bakteriosen in die Resistenzzüchtungsprogramme ein.

Die **Resistenzzüchtung** weist gegenüber anderen Aufgabenbereichen der Pflanzenzüchtung die besondere Schwierigkeit auf, daß in den Zuchtprozeß stets 2 biologische Objekte — die Kulturpflanze und der Krankheitserreger — integriert sind. Daraus ergeben sich spezielle Probleme, die dazu führen, daß sich das angestrebte Zuchtziel — Resistenz gegen einen bestimmten bakteriellen Schaderreger — wesentlich schwerer realisieren läßt, als das bei anderen Merkmalen der Fall ist. Das hängt vor allem mit dem Umstand zusammen, daß beide Komponenten der Erreger-Wirt-Kombination

1. genetisch sehr variabel sind und
2. stark umweltabhängig reagieren.

Erschwerend wirkt sich zudem die Tatsache aus, daß das Merkmal Resistenz nicht selten mit züchterisch unerwünschten Eigenschaften gekoppelt ist.

In der Resistenzzüchtung kann man drei wichtige Etappen unterscheiden, die sowohl als zeitliche Abfolge als auch als Integrationsstufen verstanden werden können. Es sind dies

— das Stadium der Erfassung von Anfälligkeitsunterschieden, verbunden mit der gezielten Selektion von toleranten bzw. resistenten Linien,
— die Phase der gezielten Züchtung durch Kreuzung von Resistenzträgern mit Linien, die über andere hervorragende Leistungsparameter verfügen, und
— die Stufe der Kombination von Resistenzmerkmalen, die gegen verschiedene Schaderreger (einschließlich Viren) wirken.

Für die Feststellung von Anfälligkeitsunterschieden, ebenso wie für die beiden nachfolgenden eigentlichen züchterischen Schritte, ist der exakte Nachweis von Resistenzmerkmalen eine entscheidende Voraussetzung.

6.4.2. Voraussetzungen und Verfahren der Resistenzprüfung

Für die Durchführung von **Resistenzprüfungen** ist entscheidend, daß die gewählten Testmethoden repräsentative, d. h. den natürlichen Befallsverhältnissen entsprechende Ergebnisse liefern. Resistenzscreenings können — je nach den Gegebenheiten und Anforderungen — unter Nutzung des natürlichen Befallsdrucks oder mit Hilfe von künstlichen Infektionen durchgeführt werden. Um bei Freilandtesten eine größere Aussagesicherheit zu erreichen, legt man bei manchen Wirt-Parasit-Systemen sogenannte „Provokationsfelder" (oder -parzellen) an; darunter sind durch mehrfachen Nachbau von Wirtspflanzen oder durch Kultivierung in unmittelbarer Nachbarschaft eines natürlich befallenen oder künstlich infizierten Bestandes gekennzeichnete Versuchsstandorte zu verstehen.

Resistenzprüfungen liefern nur dann zuverlässige und reproduzierbare Resultate, wenn einige wesentliche Voraussetzungen erfüllt sind. So muß bei künstlichen Infektionen stets ein standardisiertes Inokulum verwendet werden, das aus einem oder mehreren gleichbleibend virulenten Bakterienisolaten besteht; gegenwärtig wird zumeist mit Gemischen aus verschiedenen Erregerherkünften gearbeitet, da auf diese Weise eine größere Konstanz der Ergebnisse erreicht werden kann. Eine weitere Voraussetzung für eine erfolgreiche Resistenzprüfung ist die Gewährleistung gleichbleibender Prüfbedingungen. Das betrifft insbesondere die Einhaltung konstanter Temperatur- und Belichtungsparameter sowie Nährstoff- und Wassergaben. Das gilt aber ebenso auch für die Verwendung von Testpflanzen in stets gleichem Entwicklungsstadium, das sich in entsprechenden Vorversuchen als geeignet (hohe Anfälligkeit, gute Auswertbarkeit) erwiesen hatte.

Bei manchen Krankheiten reagieren verschiedene Organe einer Pflanze nicht gleichartig auf einen Befall. So ist beispielsweise die Anfälligkeit von Kartoffeltrieben für die Erreger der Schwarzbeinigkeit und Knollennaßfäule, *Erwinia carotovora* subsp. *atroseptica*, und der Bakterienringfäule, *Clavibacter michiganensis* subsp. *sepedonicus*, nicht mit der von Kartoffelknollen korreliert. Diese Tatsache muß bei der Resistenzprüfung und -züchtung entsprechend berücksichtigt werden.

Generell sind die Pflanzenzüchter daran interessiert, die Resistenzprüfung möglichst früh im Zuchtprogramm und in der ontogenetischen Entwicklung der Testpflanze vorzunehmen. Dadurch wird der erforderliche personelle und materielle Aufwand auf ein Minimum reduziert. Soll das Pflanzenmaterial auf seine Anfälligkeit für mehrere Pathogene geprüft werden, so kann der Test entweder simultan oder sukzessiv vorgenommen werden.

Immer häufiger, auch in der Resistenzzüchtung gegen bakterielle Pflanzenkrankheitserreger, setzen sich sogenannte **kombinierte Resistenzprüfverfahren** durch. Dabei wird im Sinne eines Grob- oder Vorsiebes umfangreiches Testmaterial im Labor bzw. Gewächshaus einer Vorauslese unterzogen. In einer weiteren Testung an stark eingeengtem Material unter Freilandbedingungen erfolgt dann die Hauptprüfung. So werden z. B. in der Apfelresistenzzüchtung gegen *Erwinia amylovora* Teste in den USA bereits am Kallusgewebe von Neuzüchtungen vorgenommen, an die sich in-vitro-Tests mit Amylovorin, einem vom Erreger produzierten Toxin (s. 3.5.4.), Gewächshaus- und Freilandprüfungen bei künstlicher Infektion und unter natürlichem Befallsdruck anschließen. Ähnlich wird auch bei anderen Erreger-Wirt-Systemen vorgegangen.

6.4.3. Grundlagen der Züchtung von resistenten Kulturpflanzen

Nach Behandlung der Resistenzprüfproblematik soll im folgenden näher auf die eigentliche Resistenzzüchtung und die von ihr verwendeten Verfahren eingegangen werden.

Wie bereits dargelegt wurde, steht am Beginn aller resistenzzüchterischen Arbeiten die **Analyse des** in einem beliebigen Sortiment vorhandenen **Anfälligkeitsspektrums**. Dies ist bei den einzelnen Wirt-Erreger-Systemen ganz unterschiedlich verteilt. Während bei einigen Kulturpflanzenarten große Unterschiede im Anfälligkeitsverhalten der bereits im Anbau befindlichen Sorten bestehen, reagieren in anderen Fällen fast alle Sorten einer Kulturpflanzenart annähernd einheitlich auf Befall durch einen bestimmten bakteriellen Schaderreger. So ist beispielsweise im Kartoffelsortiment eine große Variationsbreite bzgl. der Widerstandsfähigkeit gegen *Erwinia carotovora* subsp. *atroseptica* und *Clavibacter michiganensis* subsp. *sepedonicus* festzustellen. Ähnliche Verhältnisse liegen bei einer großen Zahl weiterer Erreger-Wirt-Kombinationen vor. Ein weitgehend gleichartiges Anfälligkeitsverhalten zeigen dagegen die meisten der bisher geprüften Tomatensorten gegenüber *Clavibacter michiganensis* subsp. *michiganensis* oder der größte Teil der Birnensorten gegenüber *Erwinia amylovora*.

Während die Züchter bei der erstgenannten Gruppe sehr rasch geeignete Sorten und Formen auswählen und der Praxis oder dem nachfolgenden Züchtungsprozeß zuführen können, ist bei Sortimenten mit annähernd gleich hoher Anfälligkeit der Aufbau einer Resistenzzüchtung sehr schwierig und langwierig. In solchen Fällen muß zumeist auf **resistente Wildformen** zurückgegriffen und ein vielstufiges Kreuzungs- und Rückkreuzungsprogramm in Angriff genommen werden, in dessen Verlauf Verluste von wertvollen anderen Eigenschaften eintreten und sich verschiedene sonstige Schwierigkeiten (Fertilitätseinbußen etc.) einstellen können.

Diese **Kombinationszüchtung**, die sich selbstverständlich auch bei Wirt-Parasit-Systemen mit großen Anfälligkeitsunterschieden im Sortiment anwenden läßt, kann auf rein empirischem Wege durch Kreuzung geeignet erscheinender Elter betrieben werden. Nach allgemeiner Auffassung sind aber für eine gezielte Akkumulierung von wertvollen phänotypischen Merkmalen detaillierte Kenntnisse über die Resistenzgenetik des jeweiligen Pathosystems unerläßlich. Auf diesem Gebiet konnten in der letzten Zeit beachtliche Fortschritte erreicht werden (NAUMANN 1986).

Es wurde bereits am Anfang dieses Abschnitts die spezielle Schwierigkeit hervorgehoben, daß in der Resistenzzüchtung im Verlauf des gesamten Kreuzungsprogramms das Verhalten von 2 verschiedenen Organismen mit einer beachtlichen genetischen Variationsbreite berücksichtigt werden muß. Dabei wirken sich die Besonderheiten der Informationsübermittlung bei den Prokaryoten, auf die in Abschnitt 2.3. bereits näher eingegangen wurde, sicher zusätzlich erschwerend aus. Hier sei nur daran erinnert, daß Bakterien über mehrere Rekombinationsmechanismen verfügen und nur einen einfachen (haploiden) Chromosomensatz besitzen, so daß Mutationen unmittelbare phänotypische Veränderungen bei dieser Organismengruppe auslösen, z. B. auch hinsichtlich der Pathogenitätsmerkmale, der Fähigkeit zur Toxinbildung usw.

Für die Resistenzzüchtung ist es auch von besonderer Bedeutung, daß bei einer Reihe von pflanzenpathogenen Bakterien — ähnlich wie bei vielen Pilzen — **Physiologische Rassen** vorkommen. Deren Existenz ist definitionsgemäß nur anhand unterschiedlich reagierender Wirtssorten nachweisbar. Eine Zusammenstellung der bisher bekannten Erregerarten, bei denen Rassen oder durch ihr Wirtspflanzenspektrum charakterisierte Pathotypen nachgewiesen worden sind, enthält Tabelle 6.5.

Aus dem Vorhandensein verschiedener Rassen bei einzelnen Erregern ergibt sich auch, daß man bei den Kulturpflanzen im Sinne von VANDERPLANK (1978) 2 Typen von Resistenz gegen phytopathogene Bakterien unterscheiden kann, nämlich

— die **rassenspezifische oder vertikale** und
— die **rassenunspezifische oder horizontale**

Resistenz. An verschiedenen Fällen von rassenspezifischer Resistenz ist nachgewiesen worden, daß die Gen-für-Gen-Theorie von FLOR auch für die Interaktionen zwischen pflanzenpathogenen Bakterien und ihren Wirten Gültigkeit hat.

Tabelle 6.5. Bisher beschriebene bakterielle Erregerarten mit sortenspezifischen Rassen. Modifiziert nach NAUMANN 1986

Erregerart	Anzahl beschriebener Rassen	Differentialsortiment
Pseudomonas syringae		
pv. *glycinea*	9	Sojasortiment
pv. *morsprunorum*	2	‚Roundel'
pv. *phaseolicola*	3	‚Red Mexican UI 3'; ‚Tendergreen
pv. *pisi*	4	Erbsensortiment
pv. *tabaci*	mindestens 2	‚Burley 21'
Pseudomonas solanacearum	3	Tabak, Kartoffel, Tomate, Banane, *Heliconia*, andere Solanaceen, verschiedene Unkräuter
Xanthomonas campestris		
pv. *malvacearum*	19	Sortiment von 8 Hochlandbaumwollsorten
pv. *oryzae*	2	Reissortiment
pv. *phaseoli*	6	*Vigna radiata*-Sortiment
pv. *vesicatoria*	3	Paprika-Sortiment, Tomate
pv. *vigna-unguiculata*[1])	3	*Vigna unguiculata*-Sorten

[1]) noch nicht gültig beschriebene Pathovar

Von allen Bakterienkrankheiten ist wohl das Wirt-Parasit-System Baumwolle/*Xanthomonas campestris* pv. *malvacearum* resistenzgenetisch am besten untersucht. Dabei stellte es sich unter anderem heraus, daß bei einzelnen Baumwollsorten sowohl eine vertikale, gegen bestimmte definierte Rassen wirksame Resistenz als auch eine rassenunspezifische Widerstandsfähigkeit vorkommt (BAYLES et al. 1981). Die Resistenz kann mono-, oligo- oder polygen bedingt sein, wobei der rassenspezifische Resistenztyp entweder monogen (z. B. gegen das Gen B 7) oder durch Oligogene (andere B-Gene) fixiert ist, während die horizontale Resistenz durch Polygene (minor genes) gesteuert wird. Der Erbgang selbst ist meist rezessiv, bei einigen Genotypen kann er aber auch partiell dominant sein.

Von den in Europa verbreiteten Bakteriosen ist in resistenzgenetischer Hinsicht am meisten über die Fettfleckenkrankheit der Gemüsebohne, *Pseudomonas syringae* pv. *phaseolicola*, bekannt. Auch bei diesem Pathosystem wurde das Vorkommen Physiologischer Rassen (bisher 3) und damit eine rassenspezifische Resistenz nachgewiesen. Es hat sich bei dieser Wirtspflanze auch gezeigt, daß das Resistenzverhalten der verschiedenen Pflanzenorgane unterschiedlichen genetischen Kontrollmechanismen unterliegt. Danach werden z. B. die durch das Eindringen des Erregers ausgelöste systemische Chlorosereaktion hochanfälliger Sorten einerseits und die lokale Läsionsbildung auf Blättern und Hülsen andererseits von verschiedenen Genen kontrolliert.

Ein typisches Beispiel für horizontale Resistenz — und dieser Resistenztyp ist für die Mehrheit der Bakterienkrankheiten repräsentativ, da definierte Rassen nur bei wenigen Erregerarten vorkommen, — liegt bei der Widerstandsfähigkeit der Kartoffeln gegen den Erreger der Schwarzbeinigkeit und Bakteriellen Naßfäule, *Erwinia carotovora* subsp. *atroseptica*, vor. Die einzelnen Sorten zeigen ein sehr unterschiedliches Resistenzverhalten, das von sehr anfällig bis sehr widerstandsfähig reicht. Außerdem ist die Resistenz der oberirdischen Organe nicht mit der Widerstandsfähigkeit der Knollen korreliert; es liegen also auch hier unterschiedliche genetische Verhältnisse zugrunde, die aber im einzelnen noch nicht bekannt sind.

Recht gut untersucht ist dagegen die Resistenzgenetik des Pathosystems Tomate/*Clavibacter michiganensis* subsp. *michiganensis*. Als Resistenzquellen dienen hier die Wildtomatenarten *Lycopersicon peruvianum*, *L. pimpinellifolium* und *L. hirsutum*. Inzwischen sind aus Kreuzungsexperimenten auch bereits einige weniger anfällige Sorten hervorgegangen. Die Resistenz hat sich in diesem Falle — wie für den rassenunspezifischen Typ charakteristisch — als polygen bedingt erwiesen, wobei manche Gene dominant und andere rezessiv vererbt werden (LATERROT et al. 1978).

Als weitere Beispiele für horizontale Resistenz seien noch die Wirt-Parasit-Paare Gurke/*Pseudomonas syringae* pv. *lachrymans* und Kernobst/*Erwinia amylovora* erwähnt, die seit langem intensiv züchterisch bearbeitet werden.

6.4.4. Züchtungsmethoden

Zur Gewinnung von Genotypen mit Resistenz gegen bakterielle Erreger steht dem Züchter eine Reihe von Methoden zur Verfügung. Die resistenzzüchterische Arbeit beginnt in der Regel mit der **Suche nach geeigneten Resistenzquellen**. Hierzu sind sowohl ein möglichst umfassendes Sortiment — in vielen Fällen unter Einschluß von verwandten Wildformen der jeweiligen Kulturpflanze — als auch eine repräsentative Auswahl von Erregerisolaten (s. 6.4.2.) notwendig, um eine möglichst vollständige Erfassung aller (z. B. für ein bestimmtes Anbaugebiet) benötigten und vorhandenen Resistenzmerkmale zu gewährleisten. Auf die Anforderungen, die dabei an die Resistenzprüfverfahren zu stellen sind, wurde bereits eingegangen (s. 6.4.2.).

Das jeweils am besten geeignete Züchtungsverfahren wird im wesentlichen nach folgenden Gesichtspunkten bestimmt:
- dem Zuchtziel
- der spezifischen resistenzzüchterischen Aufgabenstellung (Gewinnung toleranter oder resistenter Genotypen, Entwicklung hochgradig oder nur partiell resistenter Linien)
- dem jeweiligen Resistenztyp (vertikale, horizontale Resistenz)
- der genetischen Variabilität des Ausgangsmaterials
- der Fortpflanzungsbiologie der Wirtspflanzen
- den vorhandenen Kenntnissen über die Resistenzgenetik, die für die gewählte Erreger-Wirt-Kombination bestimmend ist.

Die in der Pflanzenzüchtung allgemein verwendeten Verfahren werden auch für die Schaffung resistenter Genotypen eingesetzt. Es handelt sich dabei im wesentlichen um folgende 3 Methoden:
- **Auslesezüchtung**, wobei es hauptsächlich um die Selektion resistenter Formen in bereits vorhandenen Sortimenten und unter Wildformen geht,
- **Kombinationszüchtung**, bei der durch Kreuzungsprogramme Resistenzgene in andere wertvolle Genome integriert werden,
- **Hybrid- und Mutationszüchtung**, die auf der Herstellung und züchterischen Verwertung von Mutanten beruht.

Tabelle 6.6. Zusammenstellung der wichtigsten Verfahren der Resistenzzüchtung gegen phytopathogene Bakterien anhand ausgewählter Beispiele

Zuchtverfahren	Wirtspflanze	Erreger
Auslesezüchtung (Massen- und Individualauslese)	Ziergehölze (Fam. Rosaceae)	*E. amylovora*
	Gemüsebohne	*Ps. syringae* pv. *phaseolicola*
	Kartoffel	*E. carotovora* subsp. *atroseptica*
Kombinationszüchtung (einschl. Rückkreuzung)	Baumwolle	*X. campestris* pv. *malvacearum*
	Kernobst	*E. amylovora*
	Gemüsebohne	*X. campestris* pv. *phaseoli*
	Tomate	*C. michiganensis* subsp. *michiganensis*
		Ps. syringae pv. *tomato*
	Gurke	*Ps. syringae* pv. *lachrymans*
Hybrid- und Mutationszüchtung	Baumwolle	*X. campestris* pv. *malvacearum*
	Reis	*X. campestris* pv. *oryzae*
	Birne	*E. amylovora*

Einen Überblick über die Anwendung dieser Verfahren in der Resistenzzüchtung gegen bakterielle Pflanzenkrankheiten vermittelt Tabelle 6.6. Die angeführten Beispiele sind zugleich mit den Erreger-Wirt-Kombinationen identisch, die in vielen Ländern der Welt intensiv resistenzzüchterisch bearbeitet werden. Das gilt vor allem für die Pathosysteme

Baumwolle/*X. campestris* pv. *malvacearum* (UdSSR, USA)

Reis/*X. campestris* pv. *oryzae* (Japan, Indien)

Kernobst/*E. amylovora* (USA, Kanada, Großbritannien, Frankreich, Niederlande, BRD, DDR)

Hierbei wurden bereits beachtliche Erfolge erreicht.

6.4.5. Schlußbemerkungen

Relativ wenig ist bisher bei bakteriellen Erkrankungen über die **Durchbrechung einer vorhandenen Resistenz** bekannt geworden. Das hängt wahrscheinlich in erster Linie mit der Tatsache zusammen, daß bei den meisten Wirt-Parasit-Paaren die Resistenz rassenunspezifisch und polygen bedingt ist und daher nur partielle Genverluste eintreten können. Übrigens hat auch die durch mehrere B-Gene kontrollierte rassenspezifische (vertikale) Resistenz von bestimmten Baumwollsorten gegen *Xanthomonas campestris* pv. *malvacearum* über 2 Jahrzehnte Bestand gehabt, ohne daß es zu einem Befall durch eine neue Erregerrasse gekommen wäre (Brinkerhoff 1970).

Auf den bisherigen Resultaten aufbauend verstärken sich gegenwärtig die Bemühungen, Resistenz gegen wichtige pflanzenpathogene Bakterien mit Widerstandsfähigkeit gegen andere bedeutende Schaderreger, insbesondere Pilze und Viren, zu kombinieren (Kegler et al. 1980). Beispiele für **Mehrfachresistenz** sind

- Neuzuchtlinien von Kartoffeln mit geringer Anfälligkeit für *Erwinia carotovora* subsp. atroseptica und Resistenz gegen verschiedene Pflanzenviren und pilzliche Fäuleerreger;
- neue Tomatenlinien mit Resistenz gegen *Clavibacter michiganensis* subsp. *michiganensis*, Tomatenmosaikvirus (ToMV), *Fusarium oxysporum* f. sp. *lycopersici* sowie *Cladosporium fulvum*;
- Apfelgenotypen mit kombinierter Widerstandsfähigkeit gegen *Erwinia amylovora* und Apfelschorf (*Venturia inaequalis* (Cooke) Wint.).

Der bisher erreichte Stand der Resistenzzüchtung läßt erwarten, daß künftig weitere Fortschritte auf diesem Gebiet erzielt werden können. Damit verbessern sich die Möglichkeiten zur Eindämmung bakterieller Pflanzenkrankheiten. Diese Entwicklung ist um so positiver zu bewerten, als es sich beim Anbau resistenter Sorten um eine besonders kostensparende und absolut umweltfreundliche Methode der Bekämpfung bzw. Verlustsenkung handelt.

6.5. Biologische Bekämpfung

6.5.1. Allgemeine Grundlagen

Unter dem Begriff Biologische Bekämpfung faßt man eine „Gruppe von Pflanzenschutzmaßnahmen" zusammen, „bei der durch Förderung oder direkten Einsatz von Organismen oder Viren Schaderreger an Kulturpflanzen vernichtet werden, mit dem Ziel, deren Populationsdichte unterhalb der Schadschwelle zu halten" (Fröhlich 1979). Sie beruht auf der bewußten Nutzung von Wechselwirkungen zwischen Parasiten (bzw. tierischen Schädlingen) und anderen Organismen in einer Mischpopulation oder von Krankheitserregern bzw. Hyperparasiten, die die Entwicklung des jeweiligen Schaderregers teilweise oder vollständig verhindern.

Der Einsatz solcher Verfahren setzt sorgfältige ökologische Analysen voraus, die es erlauben, die Folgen solcher Eingriffe in das Ökosystem abzuschätzen. Die **Biologische Bekämpfung** wirkt sich in der Regel nicht schlagartig und häufig auch nicht so radikal auf die Schaderregerpopulation aus, wie das nach der Applikation chemischer Mittel der Fall ist (s. dazu 6.7.).

Früher wurden auch Kulturmaßnahmen und sogar der Einsatz und die Züchtung resistenter Kulturpflanzen als Teil der biologischen Bekämpfung angesehen, während man diesen Begriff jetzt enger faßt und auf die Anwendung von Lebewesen zur Schaderregerbekämpfung beschränkt.

In den letzten Jahren hat die Biologische Bekämpfung allgemein wieder große Beachtung gefunden, nachdem sie zuvor durch die verbreitete Anwendung chemischer Präparate gegen die verschiedensten Krankheiten und Schädlinge in den Hintergrund getreten war. Diese sehr begrüßenswerte Entwicklung hat mehrere Ursachen. Vor allem ist das wohl auf die Erkenntnis zurückzuführen, daß der Einsatz von Pesticiden erhebliche ökologische Gefährdung mit sich bringt; ferner ist deren Applikation oft unökonomisch (vor allem, wenn es sich um prophylaktisch oder mehrfach anzuwendende Wirkstoffe handelt). Für die Bekämpfung von Bakteriosen können biologische Verfahren aus zwei weiteren Gründen einen besonderen Rang beanspruchen: es fehlen spezifische Bactericide, und es besteht keine Gefahr, daß bei häufiger Applikation von chemischen Mitteln, insbesondere Antibiotica, resistente Erregerpopulationen entstehen (s. 6.7.).

Die **Wechselwirkungen zwischen phytopathogenen Bakterien und den übrigen Mikroorganismen** des jeweiligen Habitats können auf verschiedenen Prinzipien beruhen:
— einseitige oder gegenseitige Förderung
— Parabiose bzw. Kommensalismus
— Nährstoffkonkurrenz
— Antibiosis (Ausscheidung von toxischen Stoffen, Bakteriocinen, Siderophoren) von seiten der saprophytischen Mikroorganismen
— Parasitismus.

Für die Biologische Bekämpfung sind hiervon nur die Kategorien geeignet, die zu einer Unterdrückung oder Hemmung des Parasiten führen. Hinzu kommt noch die Möglichkeit, gezielt Erreger von Krankheiten der phytopathogenen Bakterien, vor allem aus der Gruppe der Bakteriophagen, zu deren Vernichtung einzusetzen. Von den aufgezeigten denkbaren Wirkungsprinzipien für eine Biologische Bekämpfung bakteriell bedingter Pflanzenkrankheiten haben sich vor allem folgende Verfahren für die praktische Anwendung als geeignet erwiesen:
— Behandlung der Pflanzen mit antagonistisch wirksamen saprophytischen Mikroorganismen s. 2.4.8.).
— Einsatz von parasitischen Bakterien aus der Gattung *Bdellovibrio* u. a.
— Applikation von erregerspezifischen Phagen (s. 2.4.8.)

Diese Methoden eignen sich zur Bekämpfung von Bakterienkrankheiten vor allem deshalb besonders gut, weil sie umweltschonend eingesetzt werden können und eine hohe Spezifität besitzen.

6.5.2. Applikation von Antagonisten

Von den angeführten Verfahren hat allerdings bisher lediglich der **Einsatz von antagonistischen Bakterien** praktische Bedeutung erlangt. Er ist aber in der Regel auch nur dann wirksam, wenn die Behandlung mit den Antagonisten vorbeugend oder wenigstens gleichzeitig mit der möglichen Infektion erfolgt.

Sehr intensiv wurde in letzter Zeit die Wechselwirkung zwischen dem Feuerbranderreger *Erwinia amylovora* und der saprophytischen Art *E. herbicola* untersucht (Erskine & Lopatecki 1975). In Mischkulturen, die von infizierten Birnbäumen abgeschwemmt wurden, konnte eine eindeutige Dominanz von *E. herbicola* gegenüber *E. amylovora* nachgewiesen werden. Anschließende in-vitro-Untersuchungen zeigten, daß *E. herbicola* sich unter gleichen Umwelt- und Nährstoffbedingungen wesentlich schneller vermehrt als das Pathogen. In vivo konnte dieser Effekt allerdings nicht festgestellt werden. Bei gleichzeitiger Inokulation von *E. amylovora* und *E. herbicola* in grüne Birnenfruchtsegmente entwickelten sich unter optimalen Bedingungen für den Erreger die typischen Schadbilder. Die Autoren sind der Ansicht, daß eine Art Gleichgewicht zwischen beiden Bakterienarten existiert, das sich sofort zugunsten des Saprophyten verändert, wenn sich die Umweltbedingungen für den Erreger ungünstig entwickeln. Diese als Nährstoffkonkurrenz zu deutenden Wechselbeziehungen wurden bereits von Parker (1936) erkannt. Er konnte nach prophylaktischer Inokulation von Birnenblüten mit *E. herbicola* deutlich weniger *E. amylovora*-infizierte Blüten feststellen. Dieser Hemmeffekt erwies sich allerdings als stark abhängig von den jeweils herrschenden klimatischen und ökologischen Bedingungen. Das ist einer der wesentlichsten Gründe dafür, daß es gegenwärtig noch immer an praxisrelevanten Methoden zur Biologischen Bekämpfung des Feuerbrandes fehlt. Die Schwierigkeit der Handhabung von biologischen Verfahren liegt hauptsächlich darin begründet, daß die als Antagonisten des Feuerbranderregers bekannten Arten keine Bakteriocin- oder Hemmstoffbildner sind, also nicht direkt das Pathogen beeinflussen, sondern erst nach Erreichen einer gewissen kritischen Populationsdichte als ernsthafte Wachstums- bzw. Nahrungskonkurrenten wirksam werden.

6.5.3. Behandlung mit Bakteriocinbildnern

Anders als bei der Bekämpfung des Feuerbrandes haben biologische Verfahren als Pflanzenschutzmaßnahmen gegen den Erreger des Wurzelkropfes, *Agrobacterium tumefaciens*, inzwischen erhebliche praktische Bedeutung erlangt. Das Wirkprinzip beruht auf dem Einsatz eines (apathogenen) Stammes von *A. radiobacter*, der ein für den Schaderreger **toxisches Bakteriocin** produziert (s. hierzu 2.4.8.). Bereits 1970 wurde dieser Stamm in Australien zur Pflanzgutinokulation im Sinne einer Biologischen Bekämpfung praktisch eingesetzt (Kerr 1972; Kerr & Htay 1974).

In den letzten Jahren konnten auch in Europa Erfolge bei der Biologischen Bekämpfung des Wurzelkropfs an Obst- und Ziergehölzen verzeichnet werden. In Italien wird das prophylaktische Tauchen von *Prunus*- und Rosenunterlagen in einer Suspension des Stammes *Agrobacterium radiobacter* K 84 für den Praxisgebrauch empfohlen. Überraschenderweise eignet sich dieses Verfahren nicht für den Schutz von Apfelunterlagen und Chrysanthemen vor Wurzelkropfbefall (Bazzi 1983; Süle & Kollanyi 1977). Die Erfahrungen des letzten Jahrzehnts haben gezeigt, daß durch die Applikation des Bakteriocin-Produzenten K 84 eine längerfristige intensive Nutzung der Anzuchtflächen in Baumschulen mit Stein- und Beerenobst sowie in der Rosenproduktion ermöglicht wird. Widersprüchlich sind dagegen die Ergebnisse über die Wirksamkeit dieser Technik für die Wurzelkropfbekämpfung in Kernobst-Baumschulen sowie in Produktionsanlagen (Zeller 1981).

6.5.4. Einsatz von Antagonisten mit der Fähigkeit zur Nährstoffkonkurrenz und Bakteriocinbildung

Ein weiteres Beispiel für die praxisweite Anwendung von biologischen Bekämpfungsmethoden ist die prophylaktische Inokulation von Champignon-Anzuchtsubstrat mit *Pseudomonas fluorescens* als Antagonist von *Ps. tolaasii*. Im australischen Champignon-Anbau nutzt man kommerziell die „fakultative“ Bakteriocin-Produktion sowie die Nährstoffkonkurrenz von *Ps. fluorescens* gegenüber *Ps. tolaasii* (Nair & Fahy 1972).

In den letzten Jahren haben fluorescierende Pseudomonaden zunehmendes Interesse als Antagonisten von bakteriellen Schaderregern erlangt. So konnten Colin et al. (1984) zeigen, daß diese im Boden häufigen Organismen mit der Fähigkeit zur Bildung von Fluorescenzfarbstoffen unterschiedliche Hemmeffekte gegenüber *Ps. syringae* pv. *tomato*, *Erwinia carotovora* subsp. *carotovora*, *Xanthomonas campestris* pv. *vesicatoria* und *Clavibacter michiganensis* subsp. *michiganensis* ausüben. Allerdings ließ sich keine Korrelation zwischen der Stärke der Hemmwirkung und der Konzentration der gebildeten Fluorescenzfarbstoffe (Siderophore) feststellen. In Modellversuchen wurden von den Autoren die zwei aktivsten Isolate erfolgreich zum Schutz von Tomaten gegenüber Infektionen durch *Ps. syringae* pv. *tomato* eingesetzt. Über positive Erfahrungen beim Einsatz fluorescierender Pseudomonaden zur Unterdrückung von *E. carotovora* subsp. *carotovora* bei Kartoffeln berichten auch Xu & Gross (1986).

Die **praktische Anwendung biologischer Verfahren zur Bekämpfung** pflanzlicher Bakteriosen setzt die exakte Kenntnis ökologischer und epidemiologischer Vorgänge bei der Entwicklung sowohl der Pathogene als auch der Antagonisten voraus. Das ist dann besonders dringlich, wenn es sich nicht um einen Bakteriocin-Bildner wie *A. radiobacter* „K 84" handelt, sondern wenn — wie das für die Erreger des Feuerbrandes und der Braunfäule des Champignons zutrifft — die Unterdrückung der Schaderreger auf einer Nahrungskonkurrenz durch andere epiphytische Mikroorganismen beruht.

Bis zum allgemeinen Einsatz von Antagonisten zur Bekämpfung pflanzlicher Bakteriosen ist allerdings noch eine Reihe grundlegender Probleme zu klären. Wie die aufgezeigten Beispiele belegen, kann die Biologische Bekämpfung aber durchaus auf bestimmten Anwendungsgebieten eine echte Alternative für den chemischen Pflanzenschutz darstellen.

6.6. Physikalische Bekämpfungsmaßnahmen

6.6.1. Allgemeine Grundlagen

Eine direkte Bekämpfung bakterieller Schaderreger ist auch mit Hilfe einiger „physikalischer" Maßnahmen möglich. Der Einsatz derartiger Methoden ist an die Voraussetzung gebunden, daß der jeweilige Schaderreger empfindlicher reagiert als die zu schützende Pflanze. Dabei kann es sich sowohl um eine prophylaktische als auch — was häufiger der Fall ist — um eine kurative Maßnahme handeln.

Am häufigsten kommen folgende Verfahren zur Anwendung:

- Behandlung mit feuchter Wärme (incl. Heißwassertherapie)
- Anwendung trockener Hitze (Heißluft)
- Applikation von UV-Licht, Gammastrahlen u. a.
- Entnahme gesunder Pflanzenteile und deren Regeneration zu vollständigen Organismen (Meristemkultur).

Mit einer gewissen Berechtigung könnte man auch das mechanische Entfernen und Vernichten befallener Pflanzen bzw. Pflanzenorgane in diesem Zusammenhang anführen. Da diese Maßnahme aber in erster Linie in die Kategorie Phytohygiene einzuordnen sind, wurden sie unter 6.3. behandelt.

Physikalische Bekämpfungsmethoden kommen in verschiedenen Stadien der ontogenetischen Entwicklung bzw. in unterschiedlichen Abschnitten während der jeweiligen Kultur zur Anwendung. Die wichtigsten Applikationsformen und -bereiche sollen anhand einiger Beispiele dargestellt werden.

6.6.2. Saatgutbehandlung

Viele Bakteriosen werden mit dem Saatgut übertragen. Die **Saatgutdesinfektion** bietet in solchen Fällen einen wesentlichen Ansatzpunkt zur Unterbrechung der Infektkette. Vielfach wird die äußerliche Desinfektion durch eine Behandlung des Saatgutes mit geeigneten chemischen Präparaten erreicht. Auf diese Möglichkeit wird im Kapitel 6.7. näher eingegangen.

Bei einigen samenbürtigen Erkrankungen können auch Heißwasser- und Heißluftbehandlungen zur Saatgutdesinfektion genutzt werden. Grundlage für den erfolgreichen Einsatz dieser therapeutischen Maßnahme ist, daß der thermale Tötungspunkt des Erregers deutlich unter der Schädigungsgrenze für die Keimfähigkeit liegt.

Eine **Heißwasserbehandlung** von 20 min. bei 50 °C wird z. B. besonders in der UdSSR bei Blumenkohlsaatgut empfohlen, das mit *Xanthomonas campestris* pv. *campestris* infiziert ist (s. a. 11.4.1.6.).

Die Verwendung von **Heißluft** zur Saatgutdesinfektion hat sich auch bei Gewürzpflanzen bewährt. Plescher (1982) empfiehlt beispielsweise für Dillsamen eine 3tägige Heißluftgabe bei 65—70 °C. Zur Desinfektion von Koriandersaatgut ist eine Behandlung bei 62—65 °C für 72 Std. ausreichend.

6.6.3. Pflanzgutbehandlung

Die **physikalische Entseuchung** mittels Heißluft setzt man auch mit Erfolg zur prophylaktischen Bekämpfung von *Ps. gladioli* pv. *gladioli* im Gladiolenanbau ein. So führt eine Vortrocknung der Knollen über 10 Tage bei 26—35 °C und 40—50% rel. Luftfeuchte, eine Nachtrocknung bei 20—30 °C und 40—50% rel. Feuchte über 10 Tage sowie eine Endlagerung bei 8 °C und einer rel. Luftfeuchte von 50—60% zu einer wesentlichen Verminderung des Lackschorfes (Jakob 1969). Für die Hyazinthenzwiebelproduktion stellt die Heißluftbehandlung sogar die wichtigste Bekämpfungsmethode dar (Anonym 1982).

6.6.4. Entnahme gesunden Pflanzenmaterials zur Weitervermehrung über Meristemkulturen

Ausgangsbasis zur Gewinnung geeigneter Meristeme sind gesunde bzw. immer wieder zu regenerierende erregerfreie Mutterpflanzenbestände oder Einzelpflanzen. Die **Spitzenmeristemkultur** ist z. B. bei Pelargonien das wichtigste Verfahren zur Erzeugung bakterienfreier Pflanzen für die Erhaltungszüchtung und den Aufbau befallsfreier Mutterpflanzenbestände (Oertel 1978; Bröther 1981).

Das gleiche Verfahren läßt sich auch zur Erzeugung von Kartoffelpflanzen verwenden, die keinerlei bakterielle Verseuchung, etwa durch *Erwinia carotovora* var. *atroseptica*, aufweisen und auch virusfrei sind. Diese Methode wurde in den letzten Jahren in Großbritannien in großem Umfang angewandt, sie diente zur Erzeugung des sogenannten VTSC-Pflanzgutes (= „virus-tested stem cuttings").

6.6.5. Anwendung physikalischer Methoden zur Boden- und Materialdesinfektion

Zur Bekämpfung von Bakteriosen, deren Erreger im Boden bzw. in Pflanzenrückständen überdauern, ist eine **Bodendesinfektion** wirksam. Die Bodenentseuchung wird meist in Form der **Bodendämpfung** durchgeführt, bleibt aber aus ökonomischen Gründen in der Regel auf Unterglas- und Plastflächen beschränkt. In diesem Produktionsbereich ist eine solche Maßnahme ein sehr wichtiger Bestandteil der allgemeinen Pflanzenhygiene (s. a. 6.3.).

Die **Anwendung von Heißluft** wird in der Kartoffelproduktion zur Desinfektion von Maschinen, besonders jedoch zur Entseuchung der Kartoffelsäcke beim Auftreten von *Clavibacter michiganensis* subsp. *sepedonicus* empfohlen (McLachlan 1958). Bei der Anwendung trockener Hitze zur Sterilisation der Säcke sind Temperaturen von 75—110 °C für 3 Std. erforderlich, um eine sichere Abtötung anhaftender Erregerzellen zu gewährleisten.

6.7. Chemische Bekämpfungsmethoden

6.7.1. Allgemeine Grundlagen

Zur Bekämpfung der verschiedenen Schaderregergruppen wurden vor allem in den letzten Jahrzehnten spezielle Pflanzenschutzmittel entwickelt, die als Insekticide, Fungicide usw. bezeichnet werden. Gegen phytopathogene Bakterien stehen solche spezifischen Präparate — jedenfalls soweit es den Einsatz auf größeren Flächen unter Praxisbedingungen betrifft — nicht zur Verfügung. Das hat mehrere Ursachen. Die wichtigsten seien hier angeführt:

— Die Anwendung der in der Humanmedizin und Veterinärmedizin gebräuchlichen chemischen Verbindungen, speziell der auch gegen Pflanzenpathogene wirksamen Antibiotica, verbietet sich teils wegen der hohen Mittelkosten, teils aus medizinisch-toxikologischen Gründen.

Tabelle 6.7. Auswahl wichtiger bakterizid oder bakteriostatisch wirkender Verbindungen und Präparate und deren Anwendungsbereiche

wirksame chemische Verbindungen und Präparate	Anwendungsbereiche
Formaldehyd	Desinfektion
Kaliumpermanganat	Desinfektion
Benzalkoniumchlorid u. a. quaternäre Ammonium-Verbindungen	Desinfektion
Natriumhypochlorit	Desinfektion
Hydroxychinolinsulfat	Desinfektion, Saatgutbeizung
Thiram	Saatgutbeizung
Captan	Behandlung im Bestand
Maneb	Behandlung im Bestand
Mancozeb	Behandlung im Bestand
Kupferoxychlorid	Behandlung im Bestand
Kupferhydroxid u. a. Cu-haltige Präparate	Behandlung im Bestand
Bronopol	Saatgutbeizung, Behandlung im Bestand

— Solche Mittel wären in erheblich geringerem Umfang anwend- und daher absetzbar als die gegen tierische Schädlinge und Pilzkrankheiten wirksamen Präparate.
— Neue, billig herstellbare und pflanzenverträgliche bactericide Wirkstoffe, die für eine oberflächliche Applikation oder gar für einen systemischen Einsatz geeignet wären, sind bisher nicht entwickelt worden.

Es gibt freilich einige **Desinfektionsmittel** mit sehr breitem Wirkungsspektrum, z. B. Formaldehyd, quaternäre Ammoniumverbindungen, Peressigsäure u. a., die auch einen sehr starken Hemmeffekt auf phytopathogene Bakterien ausüben. Sie sind aber in der Regel sehr phytotoxisch und kommen daher für eine Anwendung in Pflanzenbeständen nicht in Betracht. Eine Zusammenstellung der gegen bakterielle Erreger häufig eingesetzten chemischen Verbindungen und Präparate enthält Tabelle 6.7.

Zur Bekämpfung bestimmter Bakterien sind in der Vergangenheit auch immer wieder verschiedene **Fungicide** eingesetzt worden, die eine antibakterielle Wirkungskomponente besitzen. Zu dieser Gruppe von Pflanzenschutzmitteln gehören vor allem verschiedene Kupferverbindungen und Mangan- bzw. Mangan- und Zink-haltige Dithiocarbamate (Maneb, Mancoceb). Sie wirken allerdings ausschließlich prophylaktisch. Dennoch stellen derartige Fungicide die gegenwärtig wichtigsten chemischen Mittel zur Bekämpfung bakterieller Schaderreger dar.

Während die Desinfektionsmittel zur Keimfreimachung von Böden, Maschinen und Geräten sowie — in bestimmtem Umfang — zur Saatgutbeizung angewandt werden, können die bakterizid wirksamen Kupfermittel und anderen Fungicide aufgrund ihrer Pflanzenverträglichkeit auch in den Beständen selbst zum Einsatz gelangen. Ihre Anwendung wird dabei von dem jeweiligen Befallsgeschehen und der Notwendigkeit bestimmt, Verluste großen Ausmaßes zu verhindern.

Eine chemische Bekämpfung bietet vor allem dann Aussicht auf Erfolg, wenn die Noxe direkt auf den Erreger einwirken kann. Dies ist in erster Linie bei den auf der Oberfläche von Samen, Pflanzgut, Knospen, Blättern oder Blüten vorhandenen Erregerzellen der Fall. Dagegen sind ins Pflanzeninnere eingedrungene Bakterien schwer zugänglich und nur mit systemisch transportierbaren Substanzen, etwa Streptomycin, zu treffen. Aus diesem Grunde lassen sich auch die meisten antibakteriell wirksamen Mittel nur oberflächlich und damit vorbeugend einsetzen.

Nach mehr als 20jähriger **Anwendung von Streptomycinpräparaten** gegen den Erreger des Feuerbrandes in Californien wurde Ende der 70er Jahre erstmals ein Absinken der Mittelwirksamkeit festgestellt, das — wie sich zeigte — auf die Entstehung einer resistenten Erregerpopulation zurückzuführen war. Dies entspricht im wesentlichen den Erfahrungen, die zuvor auch in der Humanmedizin gemacht worden sind. Man mußte im vorliegenden Falle dann zur Anwendung antibakteriell wirksamer Fungicide übergehen, um diese gefährliche Obstbakteriose wieder unter Kontrolle zu bekommen.

Wodurch die starke Vermehrung resistenter *E. amylovora*-Zellen nach langjährigem Streptomycineinsatz kausal bedingt ist, ließ sich nicht feststellen. Prinzipiell sind folgende Möglichkeiten denkbar:

- Auftreten spontaner Mutanten und deren rasche Anreicherung
- Selektion bereits in der Population vorhandener resistenter Zellen
- verstärkte Übertragung von Resistenz-codierenden Plasmiden (s. 2.3.2.).

Im 2. Teil dieses Abschnitts werden die derzeit wichtigsten Anwendungsbereiche und Applikationsformen für chemische Präparate zur Eliminierung von bakteriell bedingten Krankheiten anhand von Beispielen näher erläutert.

6.7.2. Samenbehandlung

Eine Vielzahl von Bakteriosen werden mit dem Saatgut übertragen. Als Beispiel sollen hier nur die „Eckige Blattflecken"-Krankheit der Gurke (*Ps. syringae* pv. *lachrymans*), das Wildfeuer des Tabaks (*Ps. syringae* pv. *tabaci*), die Bakterielle Tomatenwelke (*Clavibacter michiganensis* subsp. *michiganensis*) sowie die Adernschwärze des Kohls (*Xanthomonas campestris* pv. *campestris*) genannt werden (s. 4.2.2.).

Die **Saatgutdesinfektion** bietet somit bei diesen Krankheiten einen wesentlichen Ansatzpunkt für die Unterbrechung der Infektkette (s. 6.6.2.).

Als **Desinfektionsmittel** kommen neben anderen Formaldehyd (Formalin) sowie Quecksilberpräparate in Betracht, die neben der äußeren Wirkung auch einen gewissen Penetrationseffekt aufweisen. So werden z. B. zur Bekämpfung von *Ps. syringae* pv. *tabaci* an Tabaksaatgut Behandlungen mit Formalin oder Quecksilberchloridpräparaten vorgeschlagen (Stapp 1958). Stark verdünnte Quecksilberchloridlösungen (1:1000 bis 1:3000) kommen in der UdSSR bei der Desinfektion von Kohl- und Gurkensamen zur Anwendung, allerdings bestehen über die Wirksamkeit unterschiedliche Auffassungen; was wohl mit der teilweisen inneren Verseuchung dieser Samen erklärt werden kann, die sich durch diese Behandlung nicht vollständig beseitigen läßt.

Neben diesen „klassischen" Beizmitteln werden auch **Fungicide** mit einer antibakteriellen Wirkungskomponente zur Saatgut-Desinfektion eingesetzt. Die Anwendung von fungiciden Kombinationspräparaten wie Mancozeb + Kupferoxychlorid sowie Kupferchlorid + Zineb in Anwendungskonzentrationen von jeweils 0,5% führt zu einer wesentlichen Befallsminderung bei der Bakteriellen Welke an Tomatenpflanzen (Docea & Marinescu 1977).

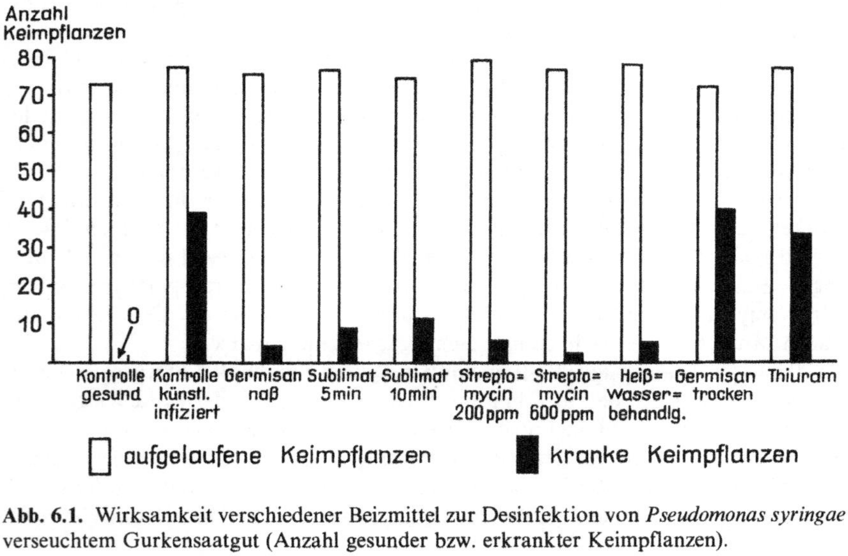

Abb. 6.1. Wirksamkeit verschiedener Beizmittel zur Desinfektion von *Pseudomonas syringae* pv. *lachrymans*-verseuchtem Gurkensaatgut (Anzahl gesunder bzw. erkrankter Keimpflanzen).

Auf ihre Wirkung als Desinfektionsmittel für Saatgut wurden aber auch **Antibiotika** geprüft (Abb. 6.1.). Dabei zeigte die Anwendung von streptomycinhaltigen Beizmitteln sehr gute Ergebnisse bei der Desinfektion von Gurkensamen gegen die „Eckige Blattflecken"-Krankheit in den USA (Ark & Wilson 1956). Ebenfalls sehr gute Bekämpfungserfolge lassen sich bei der Behandlung natürlich infizierten Tomatensaatguts mit Streptomycin-Präparaten erzielen. Die Wirksamkeit wird noch dadurch erhöht, daß bei der Applikation dieser Mittel nicht nur äußerlich anhaftende Erregerzellen der Bakteriellen Tomatenwelke getroffen werden, sondern auch die innere Verseuchung der Samen wesentlich vermindert wird (Krüger 1961).

6.7.3. Pflanzgutbehandlung

Die Anwendung von Desinfektionsmaßnahmen bei der vegetativen Vermehrung ist oftmals von entscheidender Bedeutung für die Erzeugung gesunder Pflanzenbestände. Als Beispiel hierfür kann die Gesunderhaltung von Kartoffelpflanzgut genannt werden. So führt unter anderem die **Beizung des Pflanzguts** mit streptomycinhaltigen Präparaten zur Verminderung der Bakterienringfäule (Ficke 1975). Auch die Knollennaßfäule und Schwarzbeinigkeit der Kartoffel läßt sich durch Behandlung des Pflanzguts mit antibakteriell wirksamen Substanzen bekämpfen. Dabei werden die Mittel bei der Einlagerung meist in Form einer Kombination mit Fungiciden appliziert. Die Effektivität dieser Maßnahme hängt allerdings entscheidend von einer exakten Einhaltung der Lagerbedingungen ab (s. 9.2.1.6.).

Zur **Desinfektion von Blumenzwiebeln und -knollen** eignen sich chemische Behandlungen weniger als physikalische (z. B. Hitze) (s. 6.6.3.).

6.7.4. Behandlung im Bestand

Chemische **Bekämpfungsmaßnahmen in einem Pflanzenbestand** erfordern wesentlich höhere ökonomische und technologische Aufwendungen als die chemische Behandlung des Saat- und Pflanzguts. Die chemische Bekämpfung pflanzlicher Bakteriosen sowohl im Freiland als auch im Gewächshaus ist daher meist nur als eine unterstützende Maßnahme zu anderen Bekämpfungsmethoden, z. B. allgemeine Pflanzenhygiene und eradikative Verfahren, zu betrachten. Die Vielschichtigkeit der Bekämpfungsproblematik wird noch offenkundiger, wenn man berücksichtigt, daß das Anwendungsspektrum für wirksame Mittel gegen Bakteriosen vom Feldbau über Gemüsekulturen und Zierpflanzen bis zum Obstbau reicht.

Für chemische Maßnahmen werden gegenwärtig vorrangig **antibakteriell wirkende Fungicide** eingesetzt. Besondere Bedeutung für die Bekämpfung von pflanzlichen Bakteriosen besitzen die Kupferpräparate (Abb. 6.2.). Im Tomatenanbau werden z. B. durch wöchentliche Applikationen von Kupfermitteln gute Bekämpfungserfolge gegen die Bakterielle Welke erreicht (Strider 1969; McKeen 1973). Auch gegenüber *Ps. syringae* pv. *tomato*, dem Erreger der Bakteriellen Blatt- und Fruchtfleckenkrankheit, konnte bei Anwendung kupferhaltiger Präparate im Pflanzenbestand eine deutliche Befallsminderung festgestellt werden (Upstone 1972; Hodosy & Kiss 1975).

Die befallsmindernde Bedeutung der **Kupfermittel** für die letztgenannte Bakteriose wird durch die Feststellung aus dem australischen Tomatenanbau verdeutlicht, daß der Wechsel von Kupfer- auf Dithiocarbamatmitteln eine deutliche Befallszunahme zur Folge hatte.

Zur Bekämpfung bakterieller Erkrankungen im Obstbau werden ebenfalls in breitem Umfang kupferhaltige Fungicide eingesetzt. Große Bedeutung besitzen sie bei der Bekämpfung des Feuerbrandes. Hier stellen diese Mittel eine echte Alternative zur Applikation von Antibiotica dar. Durch die Anwendung von Kupferkalkbrühe zur Behandlung der Rindenbrandstadien („Canker") des Feuerbrandes während der Vegetationsruhe konnte in den USA eine Befallsminderung von über 90% erzielt werden (Aldwinckle & Beer 1978; van der Zwet & Keil 1979). Aber auch innerhalb der Vegetationsperiode wurde eine gute Wirkung nach Applikation von Kupferkalkbrühe, bzw. auch Kupferhydroxid, in einer Spritzfolge verzeichnet (Powell 1960; van der Zwet & Keil 1979). Nach-

Abb. 6.2. Verminderung des Blattbefalls durch *Pseudomonas syringae* pv. *lachrymans* bei Gurken nach Applikation eines kupferhaltigen Mittels (Spritz-Cupral 45). Oben: unbehandelte Kontrolle.

teilig auf die Anwendung von Kupferpräparaten zur Feuerbrandbekämpfung wirken sich die Vielzahl der erforderlichen Applikationen in kurzen Abständen sowie die starken phytotoxischen Erscheinungen aus.

Nach Einsatz von Kupferoxychlorid in Sauerkirschbeständen konnte eine deutliche Befallsreduzierung beim Auftreten des Bakterienbrandes festgestellt werden (KNÖSEL et al. 1971; SCHAEFER et al. 1979).

Die **Anwendung von Antibiotica** zur chemischen Bekämpfung pflanzlicher Bakteriosen erbringt vom Wirkprinzip betrachtet den größten Effekt, ist aber — wie bereits erwähnt — wegen der toxikologischen Bedenken bei einer paramedizinischen Anwendung und wegen der oft beobachteten Resistenzerscheinungen problematisch.

Zu einer breiteren Anwendung von Antibiotica kam es bei der Bekämpfung des Feuerbrandes. In den USA konnten durch mehrmaligen Einsatz von Streptomycin anfänglich sehr gute Bekämpfungserfolge erzielt werden (SHAFFER & GOODMAN 1969; VAN DER ZWET & KEIL 1979). Das Auftreten streptomycinresistenter Bakterienstämme, hervorgerufen durch zu häufige Anwendung des Mittels, begrenzte später den Bekämpfungserfolg in starkem Maße (s. a. S. 249).

Im Gemüsebau, speziell im Tomatenanbau, konnte festgestellt werden, daß nach Applikation von Streptomycin über die Blätter oder über den Boden eine Verminderung beim Befall mit der Bakteriellen Welke eintrat (DOCEA & MARINESCU 1977). Gleich gute Bekämpfungserfolge wurden in Spritzversuchen mit Streptomycin und Oxytetracyclin gegenüber *Ps. syringae* pv. *tomato* erreicht (CONLIN & MCCARTER 1980).

Wenn auch bisher die hohen Erwartungen mit dem Einsatz von Streptomycin und weiteren Antibiotica z. B. bei der Feuerbrandbekämpfung nicht in Erfüllung gegangen sind, ergaben doch die bei mehreren Bakteriosen erzielten Resultate prinzipiell Ansatzpunkte für den Einsatz dieser Präparate. Allerdings muß durch einen häufigen Wechsel der Wirkstoffe eine Resistenzbildung vermieden werden.

6.8. Literatur

6.8.1. Verzeichnis der zitierten Literatur

Anonym: *Xanthomonas campestris* pv. *hyacinthi* (Wakker 1883) Dye 1979. EPPO list A 2, EPPO Bull. **13** (1982).

— Über neue Untersuchungen auf dem Gebiet der Bodenbearbeitung in den USA. Bjull. inostrannoj kommerčeskoj inform., Moskva **36** (1983) 144: 3. In. AdL-Leitungsinformation 3/84: 1—5.

Adeniji, M. O., & Obigbesan, G. O.: The effect of potassium nutrition on the bacterial wilt of cassava. Nigerian J. Plant Protect. **2** (1976): 1—3.

Aldwinckle, H. S., & Beer, S. V.: Fire blight and its control. Horticult. Rev. **1** (1978): 433—474.

Ark, P. A., & Wilson, E. M.: Availability of streptomycin in dust formulations. Plant Dis. Reptr. **34** (1956): 332—334.

Bartz, J. A., & Crill, J. P.: The postharvest susceptibility of green, pink, and red tomato fruit to *Erwinia carotovora* var. *atroseptica*. Plant Dis. Reptr. **62** (1978): 582—585.

Bayles, Melanie B., Johnson, W. M., & Vermalen, L. M.: Evaluation of horizontal and vertical resistance in the cotton — *Xanthomonas malvacearum* — pathogen system. Phytopathology **71** (1981): 202 (Abstr. 72th Annu. Meet. APS).

Bazzi, C.: Biological control of grown gall in Italy. Int. workshop of crown gall, *Agrobacterium tumefaciens* 1982 (1983): 1—15.

Bochow, H., & Spaar, D.: Strategische Aspekte eines umweltgerechten Pflanzenschutzes. Nachrichtenbl. Pflanzenschutz DDR **36** (1982): 133—136.

— & Steinbrenner, K.: Phytosanitäre Aspekte bei der Bewässerung in der Pflanzenproduktion. Tag.-Ber. Akad. Landwirtsch.-Wiss. Berlin **173** (1979): 31—44.

Böhmig, H.-J., Friessleben, G., Gerdes, K., Truckenbrodt, M., Janke, C., Lücke, W., & Schnieder, E.: Einfluß hoher mineralischer Stickstoffdüngung und Beregnung auf Ertrag und Qualität der Kartoffel. II. Einige Qualitätsmerkmale der Knollen, Auftreten bedeutsamer Pilz- und Bakterienkrankheiten, Lagerfähigkeit des Ernteguts sowie Erosion der Kartoffeldämme. Arch. Acker-, Pflanzenbau, Bodenkd. **19** (1975): 793—809.

Brinkerhoff, L. A.: Variation in *Xanthomonas malvacearum* and its relation to control. Annu. Rev. Phytopathol. **8** (1970): 85—110.

Bröther, H.: Die Bakterielle Pelargonienwelke (*Xanthomonas pelargonii*) und Möglichkeiten ihrer Bekämpfung. Nachrichtenbl. Pflanzenschutz DDR **35** (1981): 3—6.

Colin, J., Pussenier, L., & Diouf, A. M.: Démonstration et application de l'antagonisme dû à des *Pseudomonas* fluorescents sur des bactéries phytopathogènes. Medec. Fac. Landbouwwetensch. Rijksuniv. Gent **49** (1984): 587—596.

Conlin, K. C., & McCarter, S. M.: Effectiveness of bactericides and bactericide-fungicide combinations in inhibiting *Pseudomonas tomato* and controlling bacterial speck. Phytopathology **70** (1980): 566.

Davis, J. R., McMaster, G. M., Callihan, R. H., Garner, J. G., & McDole, R. E.: The relationship of irrigation timing and soil treatments to control potato scab. Phytopathology **64** (1974): 1404—1410.

Docea, E., & Marinescu, G.: Contribution to the control of the bacterial canker of tomato caused by *Corynebacterium michiganense* (E. F. Smith) Jensen. Acta hortic. **58** (1977): 469—474.

Erskine, J. M., & Lopatecki, L. E.: In vitro and in vivo interactions between *Erwinia amylovora* and related saprophytic bacteria. Canad. J. Microbiol. **21** (1975): 35—41.

Ficke, W.: Bakterienringfäule der Kartoffel. Fortschr.-Ber. Landwirtsch. Nahr.-güterwirtsch. **13** (1975): 1—40.

— Kleinhempel, H., Spaar, D., & Wolf, Gunhild: Bakterienkrankheiten im Intensivobstanbau in der Deutschen Demokratischen Republik. Fortschr.-Ber. Landwirtsch. Nahr.-güterwirtsch. **14** (1976): 1—56.

Fröhlich, G.: Phytopathologie und Pflanzenschutz. Wörterbuch der Biologie. Fischer, Jena 1979.

Fuchs, W. H., & Grossmann, F.: Ernährung und Resistenz von Kulturpflanzen gegenüber Krankheitserregern und Schädlingen. In: Scharrer, K., & Linser, H. (Hrsg.): Handbuch der Pflanzenernährung und Düngung. Bd. I/2. Aufl. J. Springer, Wien, New York 1972.

Hodosy, S., & Kiss, F.: Szerhatastok-összehasonlito vedekesi kiserletek eredmenyei es konzekvenciai szantoföldi paradicsomon. Zöldcegtermesztesi Kutato Intezet Bull. **10** (1975): 5—48. Ref. in: Rev. Plant Pathol. **55** (1956): 952.

Hoffmann, G. M., Nienhaus, F., Schönbeck, F., Weltzien, H. C., & Wilbert, H.: Lehrbuch der Phytomedizin. Paul Parey, Berlin, Hamburg 1976.

HUBER, D. M., & WATSON, R. D.: Nitrogen form and plant disease. Annu. Rev. Phytopathol. **12** (1974): 139—165.

JAGNOW, G.: Die ökologische und produktionsbiologische Bedeutung stickstoffbindender Mikroorganismen als Grundlage zur Bewertung ihrer Schädigung durch Umweltchemikalien. Landbauforschung Völkenrode **31** (1981): 127—138.

JAKOB, Marthe: Der Einfluß unterschiedlicher Trocknungs- und Lagerverhältnisse auf die Wirkung einer Feuchtbeizung von Gladiolenpflanzgut. Nachrichtenbl. Dt. Pflanzenschutzdienst (Berlin) NF **23** (1969): 94—98.

KÄMPF, R.: Fruchtfolge aktuell. 5. Aufl. DLG-Verlag, Frankfurt/M. 1983.

KEGLER, H., FICKE, W., VERDEREVSKAJA, T. D., KLEINHEMPEL, H., FISCHER, C., SCHAEFER, H.-J., & SCHMIDT, J.: Untersuchungen zur Resistenzprüfung von Obstgehölzen gegenüber Virosen, Mykoplasmosen und Bakteriosen. Arch. Gartenbau **28** (1980): 79—89.

KERR, A.: Biological control of crown gall: seed inoculation. J. appl. Bacteriol. **35** (1972): 495—497.

— & HTAY, K.: Biological control of crown gall through bacteriocin production. Physiol. Plant Pathol. **4** (1974): 37—44.

KNÖSEL, D., THILL, H., & KOCK, T.: Feststellung über die Sortenanfälligkeit von Sauerkirschen gegen Bakterienbrand *Pseudomonas syringae* van Hall und Ergebnisse mehrjähriger Bekämpfungsversuche. Z. Pflanzenkrankh. Pflanzenschutz **78** (1971): 329—334.

KRÜGER, W.: Das Schicksal von Antibiotika in Tomatenpflanzen II. Aufnahme, Transport und Stabilität von Antibiotika in Pflanzen. Phytopath. Z. **42** (1961): 362—374.

LATERROT, H., BRAND, R., & DAUNAY, M. C.: La resistance a *Corynebacterium michiganense* chez la tomate. Ann. Amélior. Plantes **28** (5), (1978): 579—591.

LEHMANN, J., ZIHLMANN, U., & BRINER, H. U.: Überlegungen zum Klee-Gras-Anbau. Schweiz. landw. Mh. **59** (1981): 365—381.

MCLACHLAN, D. S.: Machinery and ware house disinfection in potato control. Rev. appl. Mycol. **37** (1958): 556.

MCKEEN, C. D.: Occurrence, epidemiology, and control of bacterial canker of tomato in Southwestern Ontario. Canad. Plant Dis. Surv. **53** (1973): 127—130.

NAIR, N. G., & FAHY, P. C.: Bacteria antagonistic to *Pseudomonas tolaasii* and their control of brown blotch of the cultivated mushrooms *Agaricus bisporus*. J. appl. Bacteriol. **35** (1972): 439—442.

NAUMANN, K.: Stand der Erkenntnisse über die Genetik der Resistenz gegenüber pflanzenpathogenen Bakterien. Arch. Phytopathol. Pflanzenschutz **22** (1986): 367—388.

OERTEL, C.: Anwendung der Meristemkultur in der Erhaltungszüchtung bei Zierpflanzen. Gartenbau **25** (1978): 369—372.

PALTI, J.: Cultural Practices and Infectious Crop Diseases. J. Springer, Wien, New York 1981.

PARKER, K. G.: Fire blight: over-wintering dissemination, and control of the pathogen. New York (Cornell) Agric. Exp. Stat. Mem. **193** (1936): 1—42.

PERRENOUD, S.: Potassium and Plant Health. IPI Research Topics. Int. Potash Inst. Bern 1977.

PLESCHER, A.: Untersuchungen zur Ursache und Bekämpfungsmöglichkeiten des Doldenbrandes bei Kümmel (*Carum carvi* L.) und anderen kultivierten Arznei- und Gewürzpflanzen der Familie Umbelliferae. Diss. Humboldt-Univ., Berlin, 1982, 149 S.

POWELL, D.: Evaluation of fungicides for the control of apple disease in Illinois in 1959. Trans. III. hort. Soc. **93** (1960): 43—49.

RHEENEN, H. A. VAN, HASSELBACH, O. E., & MUIGAI, S. G. S.: The effect of growing beans together with maize on the incidence of bean diseases and pests. Netherl. J. Plant Pathol. **87** (1981): 193—199.

SCHAEFER, H.-J., FICKE, W., & KLEINHEMPEL, H.: Möglichkeiten zur Verminderung des Befalls mit *Pseudomonas syringae* van Hall bei Sauerkirschen. Gartenbau **26** (1979): 224—245.

SEQUEIRA, L.: Bacterial wilt of bananas: dissemination of the pathogen and control of the disease. Phytopathology **48** (1958): 64—69.

SHAFFER, W. H., & GOODMAN, R. N.: Effectiveness of an extended Agrimycin — 17 spray schedule against fire blight. Plant Dis. Reptr. **53** (1969): 669—672.

SMILEY, R. W.: Forms of nitrogen and the pH in the root zone and their importance to root infections. In: BRUEHL, G. W. (Ed.): Biology and Control of Soil-Borne Pathogens. American Phytopathological Society, St. Paul, Minn., 1975. pp. 52—62.

SPAAR, D.: Zur Aufgabe und Rolle der Resistenzzüchtung in einer neuen Pflanzenschutzstrategie. Saat- und Pflanzgut **24** (1983): 133—135.

STAPP, C.: Pflanzenpathogene Bakterien. Paul Parey, Berlin, Hamburg, 1958.

STEVENS, N. E., & STEVENS, R. B.: Disease in Plants. Chronica Botanica, Waltham, Mass., 1952.

STRIDER, D. L.: Foliage blight phase of bacterial canker of tomato and survival of *Corynebacterium michiganense* in toxicants and in an air-dried condition. Plant Dis. Reptr. **53** (1969): 864—868.

SÜLE, S., & KOLLANYI, L.: Biológicali védekezés a mallna agrobaktériumos gyökérgolynája ellen. Növényvédelem **13** (1977): 241—245.

TAGAMI, Y.: Epidemiology of the bacterial leaf blight of rice. Plant Protect. Res. **1** (1968): 1—14.

UPSTONE, M. E.: Control of bacterial diseases of tomatoes in Jersey. *Pseudomonas tomato* and *Corynebacterium michiganense*. Rev. Plant Pathol. **51** (1972): 385.

VANDERPLANK, J. E.: Genetic and Molecular Basis of Plant Pathogenesis. Springer, Berlin, Heidelberg, New York 1978.

WALKER, J. C.: Plant Pathology. 2. ed. McGraw-Hill, New York, Toronto, London, 1957.

WEAVER, D. J., & WEHUNT, E. J.: Effect of soil pH on susceptibility of peach to *Pseudomonas syringae*. Phytopathology **65** (1975): 984—989.

XU, G. W., & GROSS, D. C.: Selection of fluorescent pseudomonads antagonistic to *Erwinia carotovora* and suppressive of potato seed piece decay. Phytopathology **76** (1986): 414—422.

ZELLER, W.: Möglichkeiten und Grenzen der biologischen Bekämpfung des Wurzelkropfs (*A. tumefaciens*). Nachrichtenbl. Dt. Pflanzenschutzdienst **33** (1981): 119—121.

ZWET, T. VAN DER, & KEIL, H. L.: Fire Blight — a Bacterial Disease of Rosaceous Plants. Agriculture Handbook No. 510, U. S. Dep. Agriculture, Washington 1979.

6.8.2. Weiterführende Literatur

GROMYKO, E. P.: Mikrobiologičeskie processy v pochve pri različnych metodach oroženija. Izvest. Akad. Nauk SSSR, Ser. biol. **4** (1978): 652—655.

KUCKUCK, H.: Gartenbauliche Pflanzenzüchtung. 2. Aufl. Paul Parey, Berlin, Hamburg 1979.

LÜCKE, W.: Einfluß einer Zusatzberegnung und ihrer Kombination mit dem Stickstoffeinsatz auf das Auftreten wirtschaftlich bedeutsamer Kartoffelkrankheiten. Diss. Humboldt-Univ. Berlin 1974.

MILKE, H.: Phytosanitäre Aspekte für die Fruchtfolgegestaltung. Kali-Briefe **14** (1979): 459—470.

RUSSEL, G. E.: Plant Breeding for Pest and Diseases Resistance. Butterworth, London, Boston, 1978.

SIN, G., MICLAUS, D., & TUSA, C.: Efectul asolamentului asupra reducerii ata cului bolilor si daunatorilor. Prod. vegetala Cereale Plante Tehnice Bucureşti **34** (1982), 12: 15—19.

WENZL, H.: Die Bekämpfung des Kartoffelschorfes durch Kulturmaßnahmen. Z. Pflanzenkrankh. Pflanzenschutz **82** (1975): 410—440.

Teil II: Bakteriosen der Kulturpflanzen

7. Bakteriosen der Getreide- und Gräserarten

Bei Gramineen ist eine Vielzahl von Bakteriosen bekannt, von denen die meisten allerdings lediglich in den subtropischen und tropischen Regionen der Erde anzutreffen sind. Entsprechend der Aufgabenstellung dieses Buches wird im folgenden nur auf diejenigen bakteriellen Erkrankungen näher eingegangen, die in Europa vorkommen bzw. in bestimmten europäischen Ländern nennenswerte Schäden verursachen. Unberücksichtigt bleiben demnach die Bakteriosen des Zuckerrohrs, von Reis und Hirse. Aus demselben Grund werden von den zahlreichen bakteriell bedingten Maiskrankheiten auch nur die für unseren Kontinent bedeutsamen behandelt.

7.1. Schwarzspelzigkeit oder Bakterielle Streifenkrankheit des Weizens und anderer Getreide- bzw. Grasarten

(Für die Krankheit sind im deutschen Sprachraum die Namen Schwarzspelzigkeit, Spelzenbräune des Weizens oder Bakterienbrand der Gerste und des Roggens im Gebrauch. Da das für alle Gramineen typische Krankheitssymptom die Streifenbildung auf den Blättern ist, wird die o. g. Bezeichnung vorgeschlagen; black chaff and leaf streak of cereals and grasses, bacterial stripe of barley, wheat and rye; bacterial leaf blight of cereals; černyi bakterioz, polosatyj bakterioz; maladie bactérienne d l'orge; bacteriosis de los cereales, bacteriosis de la espiga)

7.1.1. Erreger

— *Xanthomonas campestris* pv. *translucens* (Jones, Johnson & Reddy 1917) Dye 1978

Syn. *Bacterium translucens* (Jones, Johnson & Reddy)
Pseudomonas translucens (Jones, Johnson & Reddy) Stapp
Phytomonas translucens (Jones, Johnson & Reddy) Bergey et al.
Xanthomonas translucens (Jones, Johnson & Reddy) Dowson

— *X. campestris* pv. *cerealis* (Hagborg 1942) Dye 1978

Syn. *X. translucens* f. sp. *cerealis* Hagborg[1])

— *X. campestris* pv. *hordei* (Hagborg 1942) Dye 1978

Syn. *X. translucens* f. sp. *hordei* Hagborg[1])

— *X. campestris* pv. *oryzicola* (Fang et al. 1957) Dye 1978

Syn. *X. translucens* f. sp. *oryzicola* (Fang et al.) Bradbury[1])

— *X. campestris* pv. *phleipratensis* (Wallin & Reddy 1945) Dye 1978

Syn. *X. translucens* f. sp. *phleipratensis* Wallin & Reddy[1])

---

[1]) Bei den aufgeführten, an Getreide vorkommenden Pathovaren von *X. campestris* wird nur der zuletzt gebräuchliche Name als Synonym wiedergegeben (s. a. Buchanan & Gibbons 1974).

— *X. campestris* pv. *secalis* (Reddy, Godkin & Johnson 1924) Dye 1978
  Syn. *X. translucens* f. sp. *secalis* (Reddy et al.) Hagborg[1])
— *X. campestris* pv. *undulosa* (Smith, Jones & Reddy 1913) Dye 1978
  Syn. *X. translucens* f. sp. *undulosa* (Smith et al.) Hagborg[1])

Die einzelnen Erreger unterscheiden sich nur hinsichtlich ihrer Wirtsspezifität (s. 7.1.5.).

Morphologie: Gram-negative Stäbchen (0,5—0,8 × 1,0—2,5 µm); 1 polare Geißel.
Kolonien auf Hefeextrakt-Dextrose-$CaCO_3$-Agar (YDC-Agar)[2]):
hellgelb, rund, schleimig, konvex, glänzend
Temperaturoptimum: 26 °C
Temperaturmaximum: 35—36 °C
Thermaler Tötungspunkt: 50 °C
Physiologische Leistungen: aerob; reduziert Nitrat nicht; bildet Säure (kein Gas) aus Glucose, Mannose und Arabinose; nutzt Citrat; H_2S-Bildung variabel; bildet kein Indol; hydrolysiert Gelatine, Casein und Tween 80, Stärke nicht; Katalase-positiv; Oxidase-negativ.

Bildet auf Glucose-haltigen Medien gelbes extracelluläres Polysaccharid (Xanthan) (Mathre 1982; Cunfer & Scolari 1982).

Der G + C-Gehalt der DNS liegt zwischen 63,5 und 69,2 Mol-%.

Als Erreger der Krankheit sind 6 Pathovare bekannt (s. 7.1.5.).

7.1.2. Krankheitsbild, Krankheitsverlauf, Übertragung

An jungen Blättern entstehen zunächst kleine, wasserdurchsogene, transparente, hellgrüne Flecke. Diese breiten sich aus und bilden lineare, gelbe Streifen, die sich über die gesamte Blattspreite ausdehnen können, später braun verfärben und nekrotisieren. Bei starkem Befall hängen die Blätter schlaff herab. Drückt man das Gewebe nach dem Abschneiden der Blattspitze leicht zusammen, tritt ein milchig-graues Bakterienexsudat aus. Bei feuchter Witterung lassen sich auf der Blattoberfläche häufig kleine Tröpfchen oder ein Feuchtigkeitsfilm beobachten; bei Trockenheit verfestigt sich dieser Bakterienschleim zu einer gelben Kruste.

Am Halm sind meist unterhalb der Knoten braune bis schwarze Streifen ausgebildet.

Vor allem bei Weizen, aber auch bei Gerste, weisen die Spelzen im oberen Teil anfangs wasserdurchtränkte, später braune bis schwarze Flecke bzw. breite Streifen auf, die sich über die gesamte Spelzenfläche ausdehnen können. Bei starkem Befall ist die Ähre einschließlich Grannen und Spindel braun verfärbt, zwergwüchsig und mitunter verkrümmt. Sie ist entweder taub oder bildet Schmachtkörner aus, die häufig an der Basis geschrumpft sind. Bei starkem Frühbefall unterbleibt das Ährenschieben.

Die Erreger werden hauptsächlich durch infiziertes Saatgut übertragen, in dem sie 3 Jahre lebensfähig bleiben. Sie können aber auch an verseuchten Pflanzenresten bis zu 10 Monaten im Boden bzw. in befallenen Ungräsern oder infiziertem Wintergetreide überdauern (Boosalis 1952).

Krankheitsentwicklung und Ausbreitung werden vor allem durch Regen bzw. hohe relative Luftfeuchte sowie Temperaturen zwischen 20 und 30 °C (Tagesmittel muß 10—15 °C betragen) begünstigt (Izrail'skij 1979). In beregneten Beständen wurde eine Ausbreitung der Erreger in 39 Tagen von einer Infektionsstelle ausgehend über 28 m² festgestellt. Seine Zellen dringen durch Stomata in das Wirtsgewebe ein, breiten sich intercellulär aus und vermehren sich dabei so reichlich, daß die Zellverbände zerreißen. Gefäße und Sclerenchym werden nicht besiedelt (Shekawat & Patel 1978).

7.1.3. Diagnose

Anhand des Krankheitsbildes ist eine sichere Diagnose nur dann möglich, wenn auf den Befallsstellen Exsudat zu beobachten ist. Von diesem können die Erreger leicht über YDC-Agar isoliert

---

[1]) s. Fußnote S. 256

[2]) Zusammensetzung s. Verzeichnis der Nährböden (Kap. 17.).

werden. Zum Nachweis von *X. campestris* pv. *translucens* in kranken Pflanzen und verseuchten Böden wurde ein Selektivmedium entwickelt, das sich folgendermaßen zusammensetzt:

Lactose	10,0 g	K_2HPO_4	0,8 g
D(+)-Trehalose	4,0 g	KH_2PO_4	0,8 g
Thiobarbitursäure	0,2 g	Difco Bacto-Agar	15,0 g
Hefeextrakt	0,03 g	Aqua dest.	1000,0 ml
NH_4Cl	1,0 g		

Nach dem Sterilisieren im Autoklaven und Abkühlen auf 50 °C werden

Cycloheximid	100 mg
Ampicillin	1 mg
Tobramycin	8 mg

(in Alkohol gelöst) zugegeben.

Zur Pathogenitätsprüfung und Identifizierung der Isolate müssen die entsprechenden Gramineenarten verwendet werden (s. 7.1.5.). Die Inokulation erfolgt am besten durch Besprühen intakter oder (durch feine Nadelstiche) verletzter Blätter junger Wirtspflanzen, die anschließend für 48 Std. in eine Nebelkammer bei 21—23 °C und danach bei 25—27 °C im Gewächshaus aufgestellt werden.

Im Unterschied zu anderen Pathovaren von *X. campestris* wächst *X. campestris* pv. *translucens* nicht auf SX-Agar (SCHAAD 1980):

lösliche Kartoffelstärke	10 g	Methylgrün	2 ml einer 1%igen Lösung
Fleischextrakt	1 g	K_2HPO_4	2 g
NH_4Cl	5 g	Agar	15 g
Methylviolett 2B	1 ml einer 1%igen Lösung in 20%igem Ethanol	Aqua dest.	1000 ml

7.1.4. Verbreitung und wirtschaftliche Bedeutung

Die Krankheit ist vor allem an Weizen und Gerste weltweit verbreitet, hat aber nur in Gebieten mit reichlichen Niederschlägen und höheren Sommertemperaturen wirtschaftliche Bedeutung. Unter diesen Bedingungen können bei der Gerste Ertragsverluste zwischen 10 und 15% auftreten (MATHRE 1982).

Die Schwarzspelzigkeit an Winterweizen kommt im europäischen Teil der UdSSR häufig vor; durch sie ist es gebietsweise zu Ertragsminderungen zwischen 15 und 90% gekommen (ŠNEJDER & ILJUCHINA 1974; IZRAIL'SKIJ 1979).

7.1.5. Wirtspflanzen

Die Bakterielle Streifenkrankheit kann an mehreren Gramineenarten auftreten. Im folgenden sind die als Erreger dieser Bakteriose beschriebenen Pathovare und die für sie typischen Wirtspflanzen aufgeführt (nach BUCHANAN & GIBBONS 1974):

davon parasitiert	**hauptsächlich auf**
X. campestris pv. *cerealis*	*Agropyron*- und *Bromus*-Arten
X. campestris pv. *hordei*	Gerste und anderen *Hordeum*-Arten sowie *Dactylis glomerata*
X. campestris pv. *oryzicola*	Reis
X. campestris pv. *phleipratensis*	*Phleum pratense*
X. campestris pv. *secalis*	Roggen
X. campestris pv. *undulosa*	Weizen und anderen *Triticum*-Arten

Die Wirtsspezifität dieser Pathovare ist teilweise sehr deutlich ausgeprägt, häufig aber auch variierend. Über das Wirtsspektrum von *X. campestris* pv. *translucens* besteht dagegen nach Cunfer & Scolari (1982) bisher noch keine Klarheit. Sie isolierten den Erreger von *Triticale*; er verursachte an Roggen und Weizen starke, an Gerste dagegen schwache Krankheitserscheinungen und erwies sich als apathogen an Hafer, *Phleum pratense* und *Bromus*-Arten.

7.1.6. Bekämpfung

Zur Bekämpfung der Krankheit sollte Saatgut nur aus gesunden Beständen gewonnen werden. Ferner wird empfohlen, die Samen anfälliger Sorten mit Tetramethylthiuramdisulfid (TMTD), Granosan, ·Chlornonisid oder Kupferhydroxid zu beizen, optimale Aussaattermine einzuhalten und eine sinnvolle Fruchtfolge durchzuführen.

Seshagiri Rao et al. (1978) setzten zur Bekämpfung von *X. campestris* pv. *oryzicola* an Reis Antagonisten ein, die sie über die Blätter versprühten, wodurch die Krankheitsentwicklung deutlich gehemmt wurde.

Außerdem sollten widerstandsfähige Sorten angebaut werden. Von Winterweizen erwiesen sich mehrere *lutescens*- und *Erythrospermum*-Linien sowie die Sorten ‚Krasnodarskaja 46', ‚Flevina', ‚Dneprovskaja 521', ‚Marquis' und ‚Mironovskaja 808' (Šnejder & Iljuchina 1974) als weniger anfällig. Cunfer & Scolari (1982) fanden einige *Triticale*-Linien, die Resistenz gegen *X. campestris* pv. *translucens* zeigten.

7.2. Basale Spelzenfäule des Weizens und anderer Getreidearten

(basal glume rot of wheat and other cereals; bazal'nyj bakterioz pšenicy; maladie bactérienne de la glume du blé)

7.2.1. Erreger

Pseudomonas syringae pv. *atrofaciens* (McCulloch 1920) Young, Dye & Wilkie 1978

Syn. *Bacterium atrofaciens* McCulloch
Phytomonas atrofaciens (McCulloch) Bergey et al.
Pseudomonas atrofaciens (McCulloch) Stevens

Morphologie: Stäbchen ($0{,}6 \times 1$—$2{,}7$ µm); Gram-negativ; 1—4 polare Geißeln.
Kolonien auf Nähragar (NA)[1]**:** anfangs weiß, später grünlich, rund, glatt, glänzend.
Temperaturoptimum: 25—28 °C
Temperaturmaximum: 36—37 °C
Thermaler Tötungspunkt: 48—49 °C
Physiologische Leistungen: aerob; reduziert Nitrat nicht; bildet Säure aus Arabinose, Xylose, Glucose, Fructose, Galactose, Mannose, Ribose, Saccharose, Melibiose, Raffinose, Rhamnose, Trehalose, Mannitol, Sorbitol, Inositol und Glycerol, dagegen nicht aus Lactose, Maltose, Melezitose, Stärke, Inulin, Dextrin, Glycogen, Adonitol, Dulcitol und Salicin; nutzt Citrat, Lactat, Malonat und Malat, aber kein Benzoat, Galacturonat, Gluconat, Oxalat, Propionat und Tartrat; verflüssigt Gelatine; bildet kein Indol oder H_2S; Stärkehydrolyse schwach bzw. variabel; schwach lipolytisch; ist Oxidase- und Arginindihydrolase-negativ; toleriert bis zu 5% NaCl.

Produziert Lävan (Wilkie 1973).

Bildet auf King's Agar B[1]) grün fluorescierenden Farbstoff.

Der G + C-Gehalt der DNS liegt zwischen 59 und 61 Mol-%.

---

[1]) Zusammensetzung s. Verzeichnis der Nährböden (Kap. 17.)

7.2.2. Krankheitsbild, Krankheitsverlauf, Übertragung

An den Spelzen unreifer Ähren sind wasserdurchsogene, dunkelgrüne bis braune Streifen oder Flecke zu beobachten. Häufig sind diese nur an der Basis und auf der Innenseite der Spelze intensiver ausgebildet. Bei starkem Befall verfärben sich fast alle Spelzen völlig braun, wodurch die gesamte Ähre braun erscheint (KOROLEVA 1975). Die Läsionen gehen dann auch auf Ährenspindel und Körner über, die am basalen Ende hellbraun bis schwarz, häufig auch runzlig werden können. VASSILEV & KAROV (1982) beobachteten, daß es bei Befall kurz vor der Milchreife zu Deformationen der Ähren kam, die dann oft steril blieben oder nur Schmachtkörner ausbildeten (Abb. 7.1.).

Abb. 7.1. Braune Verfärbungen an Spelzen und Halmen von Weizen bei Befall mit *Pseudomonas syringae* pv. *atrofaciens*. Aufnahme Paula Wilkie.

Im oberen Halmbereich entwickeln sich dunkelgrüne, wasserdurchsogene Streifen, die braun werden (Abb. 7.1.), sich seitlich ausweiten und den gesamten Halm umfassen können (WILKIE 1973). Blattsymptome sind nur selten ausgebildet. Sie erscheinen zunächst als kleine, dunkelgrüne bis braune, wasserdurchsogene Flecke, die unregelmäßig über das Blatt verstreut sind. Sie dehnen sich in Längsrichtung bis zu 10 mm aus, werden gelb, später braun, und schließlich vertrocknet das Blattgewebe.

Die wichtigste Infektionsquelle stellen die Samen dar, worin *Ps. syringae* pv. *atrofaciens* drei Jahre lebensfähig bleibt. Herrschen im Frühjahr Lufttemperaturen von >10 °C, entwickeln sich erste Symptome in Form dunkler Streifen zwischen Wurzelhals und 1. Internodium bzw. sterben die Keimpflanzen unter Fäuleerscheinungen ab. Von geringerer Bedeutung ist die Überdauerung des Erregers im Boden bzw. in kranken Pflanzenrückständen. Im Bestand findet die Übertragung vor allem durch Regen, aber auch durch Wind und Insekten statt (MATHRE 1982). Durch zu dichte Bestände oder nach zu reichlicher Düngung wird die Krankheitsentwicklung gefördert (KOROLEVA 1975).

7.2.3. Diagnose

Eine exakte Diagnose ist nur anhand bakteriologischer Untersuchungen möglich, da das Krankheitsbild mit den von *X. campestris* pv. *translucens* bzw. *Septoria* spp., *Alternaria* spp. oder durch abiotische Faktoren verursachten Symptomen verwechselt werden kann (VASSILEV & KAROV 1982).

Gewebestücke, in denen mikroskopisch sehr viele Bakterien zu beobachten sind, werden oberflächensterilisiert, in wenig sterilem Wasser maceriert, auf King's Agar B ausgestrichen und bei 27 °C inkubiert. Nach 24 Std. sind die grün fluorescierenden Kolonien zu isolieren, zu vermehren und in ‚Samsun'-Tabakblätter zu infiltrieren. Die Isolate, die Überempfindlichkeitsreaktion verursachen, inokuliert man dann in Weizensämlingsblätter oder den basalen Teil von unreifen Weizenspelzen (Nadelstich). Bei 20 °C werden in Feuchtkammern nach 4 Tagen die typischen Symptome sichtbar (WILKIE 1973).

ILJUCHINA (1974) führte den Biotest auch an Weizensamen durch, die nach Oberflächendesinfektion und Stichverletzung (neben dem Embryo) in dichte Bakteriensuspension getaucht und danach 3—4 Tage auf feuchtem Filterpapier in Petrischalen (20—22 °C) ausgelegt wurden. Bei pathogenen Isolaten kommt es zur Dunkelfärbung und Fäulnis sowie Bakterienexsudatbildung um die Infektions-Test an (s. 2.5.3.).

Serologische Techniken sind nur bedingt zur Identifizierung des Erregers anwendbar, da die Antiseren häufig relativ unspezifisch reagieren (ŠNEJDER et al. 1978). PASTUŠENKO et al. (1975) unterschieden bei ihren Isolaten von *Ps. syringae* pv. *atrofaciens* 4 serologische Gruppen. SIMONOVIČ (1976) wandte zum Nachweis des Erregers im Pflanzengewebe mit Erfolg den Ringpräzipitations-Test an.

Angaben zur Differentialdiagnose von *Ps. syringae* pv. *atrofaciens*, *Ps. syringae* pv. *syringae* van Hall 1902 und *Ps. fluorescens* Migula 1895 anhand physiologischer Leistungen sind bei KOROLEVA & SIDORENKO (1982) zu finden.

7.2.4. Verbreitung und wirtschaftliche Bedeutung

Die Basale Spelzenfäule ist in allen Weizen- und Gerstenanbaugebieten der Welt verbreitet, in denen während des Ährenschiebens bis zur Milchreife sehr reichlich Niederschläge fallen. Mit nur wenigen Ausnahmen wird ihre wirtschaftliche Bedeutung allerdings als gering eingeschätzt.

In Europa wurde die Krankheit in Bulgarien, Italien, der BRD und der UdSSR nachgewiesen. In Bulgarien hat sie von allen Getreidebakteriosen die weiteste Verbreitung (KAROV & VASSILEV 1981). VARVARO (1983) beobachtete sie in Italien an *Triticum durum*. Große wirtschaftliche Bedeutung hat sie in der UdSSR (Ukrainische und Russische Föderative SSR), wo sie an Sommerweizen (MIN'KO & KOROLEVA 1980) und Gerste (KOROLEVA 1976), vor allem aber an Winterweizen sehr weit verbreitet ist und hohe Ertrags- und Qualitätsverluste verursacht (ŠNEJDER et al. 1978).

7.2.5. Wirtspflanzen

Der Erreger befällt *Triticum*-, *Hordeum*- und mehrere Grasarten sowie Hafer; aber auch Kartoffel, Tomate und Melonen sind als Wirtspflanzen beschrieben worden.

7.2.6. Bekämpfung

Zur Bekämpfung von *Ps. syringae* pv. *atrofaciens* werden die gleichen Maßnahmen empfohlen, die auch für die Eindämmung der Schwarzspelzigkeit geeignet sind (s. 7.1.6.).

Besonderer Wert wird auf die Selektion und Züchtung resistenter Formen gelegt. Als wenig anfällig erwiesen sich

bei Winterweizen: ‚Mironovskaja 808', ‚Kavkas', ‚Južanka', ‚Odesskaja 51', ‚Zagadka 44', ‚Krasnodarskaja 46', ‚Flevina', ‚Dneprovskaja 521', ‚Pliska', ‚Tervel', ‚Vratsa', ‚Toševka' und ‚Rezo', bei Sommerweizen: ‚Bezenčukskaja 129', ‚Luganskaja 3', ‚Otrada' und ‚Jaroslavna' und bei Gerste: ‚Doneckij' 4' sowie ‚Nutans-518'.

7.3. Ovale Blattfleckigkeit bzw. Bakterielle Blattdürre des Hafers und anderer Gramineen-Arten

(halo blight of oat; buryj (krasnyj) bakterioz ovsa, oreol'nyj ožog ovsa; maladie bactérienne de l'avoine)

7.3.1. Erreger

Pseudomonas syringae pv. *coronafaciens* (Elliott 1920) Young, Dye & Wilkie 1978

Syn. *Bacterium coronafaciens* Elliott
Bacillus avenae Russel
B. avenae Manns
Pseudomonas avenae Manns
Phytomonas avenae (Manns) Bergey et al.
Pseudomonas coronafaciens (Elliott) Stevens
Nach Untersuchungen von Schaad & Cunfer (1979) sind auch
Ps. coronafaciens pv. *zeae* Ribeiro et al.
Ps. coronafaciens subsp. *atropurpurea* (Reddy & Godkin) Stapp sowie
Ps. striafaciens (Elliott) Starr & Burkholder
Synonyme des o. g. Erregers, jedoch werden einige davon noch immer als eigenständige Pathovare (*Ps. syringae* pv. *atropurpurea* (Reddy & Godkin 1923) Young, Dye & Wilkie 1978 bzw. *Ps. syringae* pv. *striafaciens* (Elliott 1927) Young, Dye & Wilkie 1978) aufgefaßt (Krieg & Holt 1984).
Morphologie: Stäbchen (0,7 × 2,0—2,4 µm); Gram-negativ; ein bis mehrere polare Geißeln.
Kolonien auf Nähragar (NA): weiß, glänzend, meist rund, flach, leicht erhabene Ränder.
Temperaturoptimum: 22—25 °C
Temperaturmaximum: 33—35 °C
Thermaler Tötungspunkt: bei 48 °C
Physiologische Leistungen: aerob; reduziert Nitrat nicht zu Nitrit; nutzt Glucose, Saccharose, Fructose und Glycerol als einzige C-Quelle; verwertet Mannitol, Betain, Inositol, Sorbitol und Erythritol, aber kein L- und D-Tartrat bzw. Lactat; hydrolysiert Lackmusmilch, nicht aber Stärke; ist nicht pectinolytisch, reagiert Oxidase- und Arginindihydrolase-negativ; produziert aber β-Glucosidase; ist Lävan-positiv.
Auf King's Agar B wird ein Fluorescenzfarbstoff synthetisiert und ausgeschieden.
Bildet Tabtoxin, ein Chlorose induzierendes Toxin.
Der G + C-Wert der DNS liegt zwischen 59 und 61 Mol-%.

7.3.2. Krankheitsbild, Krankheitsverlauf und Übertragung

Auf Blattspreiten, wesentlich seltener an Blattscheiden oder Spelzen, bilden sich anfangs kleine, hellgrüne, teilweise auch hellbraune, meist ovale, unregelmäßig über die Blattspreite verteilte Flecke mit einer zentral eingesunkenen Infektionsstelle über den Stomata, die gelegentlich von einem ölig erscheinenden Saum umgeben sind (Wilkie 1972). Die Befallsstellen vergrößern sich, ihr Zentrum verfärbt sich grau bis braun und vertrocknet allmählich. Das angrenzende Gewebe wird meist hellgrün und später gelb (Tafel II, 1.); nach Knösel & Weltzien (1959) sowie Izrail'skij (1979) entwickelt sich vielfach ein rötlich-brauner Saum. Der chlorotische Hof breitet sich relativ schnell bis auf einen Durchmesser von 1 cm und mehr aus, so daß häufig mehrere Läsionen miteinander verschmelzen. Bei starkem Befall färbt sich die gesamte Blattspreite gelb und vertrocknet schließlich vollständig. Mitunter kommt es zu Kräuselungen des Blattes im Bereich der Spitze oder der Ränder. Wilkie (1972) beobachtete in einigen Fällen kleine, silberne Schuppen von eingetrocknetem Exsudat im Zentrum der Läsionen.

Der Erreger ist samenübertragbar, kann aber auch an infizierten Pflanzenresten bis zu 4 Jahren überdauern (IZRAIL'SKIJ 1979). Krankheitssymptome werden meist während des Schossens, wesentlich seltener an sehr jungen Pflanzen ausgebildet. Der Erreger dringt durch Stomata oder Wunden in das Blattgewebe ein. Seine Ausbreitung im Bestand sowie die Krankheitsentwicklung werden durch feucht-warme Witterung im späten Frühjahr und Sommer sehr begünstigt.

7.3.3. Diagnose

Die für die Krankheit charakteristischen Blattflecke mit hellem Hof können einerseits in ihrer Ausbildung relativ variabel sein (s. 7.3.2.) und andererseits auch mit dem Schadbild anderer Pathovare von *Pseudomonas syringae* an Gramineen (s. 7.3.1.) verwechselt werden. Eine genaue Bestimmung der Erregerisolate ist nur durch vergleichende Untersuchungen des Pathogenitätsverhaltens an verschiedenen Wirtspflanzen sowie anhand spezifischer physiologischer Leistungen möglich (SCHAAD & CUNFER 1979; SCHAAD 1980).

Zur Isolierung eignet sich King's Agar B am besten, auf dem der Erreger grün fluorescierenden Farbstoff bildet. Eine schnelle Selektion der pathogenen Isolate läßt sich mit Hilfe des Tabak-Überempfindlichkeitstestes erreichen. Die Symptomausbildung an verschiedenen Wirtspflanzen kann am besten nach Stichinokulation oder Aufsprühen der Erregersuspension auf zuvor (mit Nadelstichen) verletzte, junge Blätter geprüft werden. Bei 95—100 % rel. Feuchte und 28 °C entwikkeln sich nach 1—2 Tagen die für diese Bakteriose typischen Flecke.

Zum Nachweis von *Ps. syringae* pv. *coronafaciens* kann außerdem ihr Vermögen zur Eiskern- (HIRANO et al. 1982) bzw. Tabtoxinbildung (RIBEIRO et al. 1977) genutzt werden.

7.3.4. Verbreitung und wirtschaftliche Bedeutung

Ps. syringae pv. *coronafaciens* wird am häufigsten am Hafer beobachtet und ist in den meisten Haferanbaugebieten der Welt verbreitet. Auch in vielen europäischen Ländern wurde die Ovale Blattfleckigkeit des Hafers beobachtet (KNÖSEL & WELTZIEN 1959), unter anderem in der BRD (KNÖSEL & WELTZIEN 1959) und der DDR (MÜLLER 1963/64). Die Krankheit tritt meist nur sporadisch auf und verursacht kaum Ertragsverluste.

7.3.5. Wirtspflanzen

Zwischen den von SCHAAD & CUNFER (1979) als Synonyme angesehenen Pathovaren des Erregers (s. 7.3.1.) bestehen geringe Unterschiede hinsichtlich ihrer Wirtsspezifität (s. auch RIBEIRO et al. 1977), worauf hier nicht weiter eingegangen werden kann. Bisher sind folgende Wirtspflanzen des Erregers bekannt geworden:

Hafer	*Agropyron repens*
Roggen	*Bromus inermis*
Gerste	*B. japonicus*
Weizen	*B. secalinus*
Mais	*B. tectorum*
	Phleum pratense.

7.3.6. Bekämpfung

Befallsflächen sollten nach dem Abernten tief gepflügt und anschließend nicht mit Gramineen bebaut werden; auch in unmittelbarer Nachbarschaft darf kein Getreide- oder Grasanbau erfolgen. Zur Bekämpfung von *Ps. syringae* pv. *coronafaciens* am Saatgut haben sich bisher nur Quecksilberbeizmittel (Izrail'skij 1979) und — noch besser — eine Streptomycintauchbehandlung (Griffiths & Peregrine 1960) bewährt.

Bei Resistenzprüfungen wies von mehreren *Avena*-Arten *A. byzantina* den geringsten Befall auf. Als hochresistent wurde die hexaploide Form Cc4146 (*A. sativa* × *A. ludoviciana*) beschrieben (Griffiths & Peregrine 1960). Bei umfangreichen Sortimentsprüfungen erwiesen sich unter anderem die Sorten ‚Benton', ‚Clinton', ‚Cherokeé', ‚Le Coldproof, ‚Le Conte' sowie ‚Sowjetskij' und ‚Sandy' als nur wenig anfällig.

Vermutlich wird die Resistenz monogen vererbt.

7.4. Bakterielle Streifenkrankheit des Hafers und der Gerste

(bacterial stripe blight of oat and barley; bakterial'naja polosatost' ovsa; taches foliaires jaune-brune de l'avoine)

7.4.1. Erreger

Pseudomonas syringae pv. *striafaciens* (Elliott 1927) Young, Dye & Wilkie 1978

Syn. *Bacterium striafaciens* Elliott
Phytomonas striafaciens (Elliott) Bergey et al.
Pseudomonas striafaciens (Elliott) Starr & Burkholder

Nach Schaad & Cunfer (1979) ist der Erreger identisch mit *Ps. syringae* pv. *coronafaciens* (Elliott) Young, Dye & Wilkie (s. 7.3.1.), da sich beide Pathovare in ihren morphologischen und biochemischen Merkmalen sowie in ihrem serologischen Verhalten nicht voneinander unterscheiden. Geringe Differenzen bestehen nur hinsichtlich Wirtsspezifität und Symptomausbildung.

7.4.2. Krankheitsbild, Krankheitsverlauf und Übertragung

An den Blättern erscheinen anfangs kleine, wasserdurchsogene Flecke, die häufig reihenartig angeordnet sind. Diese wachsen allmählich ineinander, so daß lange, wasserdurchsogene Streifen oder flächige Flecke entstehen, die sich mitunter über die gesamte Länge der Blattscheide und -spreite ausbreiten und von schmalen, gelben Rändern begrenzt sein können. Bei hoher Luftfeuchtigkeit, meist in den frühen Morgenstunden, treten im Bereich der Läsionen Exsudattropfen aus, die beim Eintrocknen weiße Ablagerungen bilden. Mit der Zeit werden die Flecke durchscheinend und färben sich braun, häufig rost-, zuweilen auch schwarzbraun (Tafel II, 3.). Krankheitssymptome können in allen Entwicklungsstadien der Pflanze — vor allem auf Blattspreiten, seltener auf Blattscheiden oder Spelzen — auftreten. Bei starkem Befall breiten sie sich bis in den Bereich der Haferrispen oder Gerstenähren aus, die dann mitunter absterben (Elliott 1927).

Der Erreger ist samenbürtig, kann aber auch in verseuchten Rückständen ca. 2 Jahre überdauern. Er dringt durch Spaltöffnungen in das Blattgewebe ein. Seine Ausbreitung im Bestand sowie die Krankheitsentwicklung werden durch feuchtwarmes Wetter begünstigt (Mathre 1982).

7.4.3. Diagnose

Das Krankheitsbild der Streifenkrankheit läßt sich anhand der langen, wasserdurchsogenen, streifenähnlichen Läsionen, der Absonderung von Exsudattropfen, die zu einer weißen Kruste eintrocknen, sowie des Fehlens eines chlorotischen Hofes deutlich von dem der Ovalen Blattfleckigkeit (s. 7.3.) unterscheiden (Fahy & Persley 1983).

(Weitere Diagnoseverfahren s. 7.3.3.)

7.4.4. Verbreitung und wirtschaftliche Bedeutung

An Hafer wurde die Streifenkrankheit bisher in Nordamerika, Argentinien, Australien, Indien, Japan, der DDR und UdSSR beobachtet. Im Süden der UdSSR sowie im Leningrader Gebiet ist sie ziemlich weit verbreitet, wo sie auch spürbare Ertragsverluste verursacht (Nikitina & Preobraženskaja 1977). In anderen Ländern tritt sie nur sporadisch auf, entsprechend gering ist dort ihre wirtschaftliche Bedeutung.

An Gerste kommt die Bakterielle Streifenkrankheit nur sehr selten vor; nachgewiesen ist sie aber auf allen Kontinenten mit Ausnahme von Asien.

7.4.5. Wirtspflanzen

Bisher wurde die Krankheit an Hafer, Gerste und *Avena byzantina* beobachtet. Nach künstlicher Inokulation entwickeln sich aber auch an *Briza maritima* sowie einigen *Bromus*-Arten die typischen Krankheitssymptome (Bradbury 1970).

7.4.6. Bekämpfung

Zur Verhütung der Streifenkrankheit eignen sich die gleichen Maßnahmen, die für die Bekämpfung der Ovalen Blattfleckigkeit beschrieben wurden (s. 7.3.6.). Resistente Hafer- und Gerstenformen sind bisher nicht bekannt.

7.5. Gelbschleimigkeit des Weizens und der Futtergräser

(Knaulgrasbakteriose; yellow slime disease of wheat and annual ryegrass, „tundu" disease of wheat, Rathay's disease or annual ryegrass toxicity; želtyj ili slizistyj bakterioz pšenicy; bactériose du blé; bacteriosis del jopillo de monte)

7.5.1. Erreger

— *Clavibacter rathayi* (Smith 1913) Davis, Gillaspie, Vidaver & Harris 1984

Syn. *Aplanobacter rathayi* Smith
Bacterium rathayi (Smith) Anjeszky
Phytomonas rathayi (Smith) Bergey et al.
Erwinia rathayi (Smith) Gram, Jorgensen & Rostrup
Agrobacterium rathayi (Smith) Såvulescu
Pseudobacterium rathayi (Smith) Krasil'nikov
Corynebacterium rathayi (Smith) Dowson
C. michiganense pv. *rathayi* (Smith) Dye & Kemp

— *Clavibacter tritici* (Carlson & Vidaver 1982) Davis, Gillaspie, Vidaver & Harris 1984

Syn. *Pseudomonas tritici* Hutchinson
Phytomonas tritici (Hutchinson) Bergey et al.
Bacterium tritici (Hutchinson) Elliott
Agrobacterium tritici (Hutchinson) Såvulescu
Corynebacterium tritici (Hutchinson) Burkholder
C. michiganense pv. *tritici* (Hutchinson) Dye & Kemp

— *Clavibacter iranicus* (Carlson & Vidaver 1982) Davis, Gillaspie, Vidaver & Harris 1984

— **Syn.** *Corynebacterium iranicum* (ex Scharif) Carlson & Vidaver

Die 3 Erreger verursachen gleichartige Krankheiten an Weizen bzw. an Gräsern und ähneln sich in ihren morphologischen Merkmalen und physiologischen Eigenschaften so sehr, daß häufig diskutiert wurde, ob es sich um eine identische Art (BUCHANAN & GIBBONS 1974) bzw. formae speciales einer Art (BRADBURY 1973) handelt. In jüngster Zeit werden sie aufgrund ihrer unterschiedlichen Zellproteinmuster als eindeutig getrennte Arten aufgefaßt (CARLSON & VIDAVER 1982; DAVIS et al. 1984).

Morphologie: pleomorphe Kurzstäbchen (0,5—0,75 × 0,95—1,3 µm); Gram-positiv; unbeweglich (CARLSON & VIDAVER 1982); Zellen von Kapseln umgeben (BIRD & STYNES 1977).
Kolonien auf YDC-Agar: anfangs hell-, später intensiv gelb bzw. orange (*C. tritici*), glänzend, konvex, schleimig, häufig ineinanderlaufend; langsames Wachstum.

Temperaturoptimum:		25—30 °C
Temperaturmaximum:	*C. rathayi*	29—32 °C
	C. iranicus	30 °C
	C. tritici	34 °C
Thermaler Tötungspunkt:		bei 50 °C

Physiologische Leistungen: Angaben z. T. sehr unterschiedlich (BUCHANAN & GIBBONS 1974). Nach DAVIS et al. (1984) sind die Erreger obligate Aerobier, Nitrat reduzieren sie nicht; ihre Zellwand enthält Rhamnose, aber keine Fructose; Säure wird aus Mannitol und Inulin (außer *C. rathayi*), aber nicht aus Rhamnose, Ribose, Melecitose und Sorbitol produziert; sie nutzen Citrat und Fumarat (*C. tritici* auch Acetat), aber kein Malonat, Propionat und Format; sie nutzten kein Nitrit; hydrolysieren Esculin, nicht aber Casein und Gelatine; *C. rathayi* bildet stets H_2S, die anderen beiden Erreger sind variabel; kein Stärkeabbau; Oxidase, Tyrosinase, Urease, Acetoin und Lipase werden nicht gebildet; Katalase-positiv; keine Lävanproduktion.

Alle 3 Arten produzieren ein gelbes Pigment.

In Wirtspflanzen wird Corynetoxin (Glykolipid) synthetisiert, das als Nervengift wirkt und an Weidevieh Ataxien, Krämpfe, Fettablagerungen in der Leber, Organbluten sowie Gefäßschädigungen im Kleinhirn und z. T. den Tod verursacht. Da es auch das in-vitro-Wachstum der Erreger hemmt, vermutet man, daß es sich um ein von der Wirtspflanze gebildetes Phytoalexin handeln könnte.

Der G + C-Wert der DNS von *C. rathayi* beträgt 69,8 Mol-%; für die beiden anderen Erreger liegen bisher noch keine Angaben vor.

7.5.2. Krankheitsbild, Krankheitsverlauf und Übertragung

An jungen Inflorescenzen tritt gelber, zähflüssiger, aus Massen von Bakterien bestehender Schleim aus, der häufig auch den oberen Halmbereich sowie die daran befindlichen Blätter überzieht. Bei reichlicher Schleimbildung verkleben die betroffenen Pflanzenteile miteinander, die oberen Internodien strecken sich nur unvollkommen, so daß die Entwicklung der Ährchen unterdrückt wird bzw. die Blütenstandsachsen häufig zickzackartig verkrümmt sind. Bei Trockenheit wird der Schleim schnell hart und bröckelig, die befallenen Organe vertrocknen vorzeitig. An den Samen befallener Pflanzen sind Nematodengallen zu beobachten, die entweder nur mit Bakterien oder Nematoden bzw. mit beiden besiedelt sind (BIRD et al. 1980).

Die Erreger werden vom 2. Larvenstadium der auf Weizen und Futtergräsern spezialisierten *Anguina* spp. übertragen. Für die Krankheitsausbildung sind weder die Bakterien noch die Nematoden allein verantwortlich (VIDAVER 1982). Am intensivsten ist der Krankheitskomplex am einjährigen Raygras (*Lolium rigidum*) untersucht, das von *Anguina agrostis* (Steinbruch) Filipjew und *C. rathayi* befallen wird (s. 4.2.3.3.). Das Bakterium bleibt vermutlich durch bestimmte Eigenschaften seiner Kapsel (BIRD & STYNES 1977) an der Cuticula der Nematodenlarven haften, die das Gras während der vegetativen Phase besiedeln und zu Beginn der Blütenentwicklung — vor allem im Bereich der Samenanlagen — die Gallbildungen verursachen. Bevor die Pflanzen welken und die Gallen trokken werden, haben die Nematoden innerhalb sehr kurzer Zeit ihren vollständigen Entwicklungscyclus (beginnend vom 2. Larvenstadium) im befallenen pflanzlichen Gewebe durchlaufen (STYNES & BIRD 1982).

Auch die Bakterien vermehren sich in den Gallen schnell, zersprengen z. T. deren Wand und werden als gelber Schleim sichtbar. Innerhalb der ausgetrockneten Gallen können Nematodenlarven und *Clavibacter* spp. am Saatgut mehrere Jahre bzw. bei extremen Temperaturen und Trockenheit im Boden bis zum Austreiben der neuen Saaten überdauern. Regen während des intensiven vegetativen Wachstums der Gras- bzw. Getreidebestände begünstigt die Krankheitsausbreitung (SKOU 1965).

Das Gras wird erst mit Beginn der Welke für das Weidevieh toxisch (STYNES & PETTERSON 1980). Nach Untersuchungen von BIRD et al. (1980) ist die Konzentration des Corynetoxins in der Gallenkapsel am höchsten.

7.5.3. Diagnose

Da der für die Krankheit typische gelbe Schleim bei Befall in Feldbeständen nicht immer zu beobachten ist, entwickelten STYNES & WISE (1980) eine Methode zur Untersuchung von Samenproben auf Verseuchung mit *Clavibacter* spp. Dabei erfolgt die Trennung der befallenen Körner von den gesunden mittels Flotationstechnik (durch Aufschwemmen in 20%iger Salzsäure (Weizen) bzw. Alkohol (Futtergräser) mit Hilfe eines schnell rotierenden Mixers), wobei nur die mit Gallen behafteten in der Flüssigkeit schwimmen. Diese werden abgesiebt und unter einem Lichtkasten betrachtet; die „reinen" Nematodengallen sind dunkelbraun, die mit Bakterien besiedelten erscheinen hellbraun bis gelb gefärbt. Zur Isolierung von *C. rathayi* hat sich folgendes Medium am besten bewährt (BIRD & STYNES 1977):

Saccharose	10,0 g	$MgSO_4 \times 7\,H_2O$	0,3 g
Caseinhydrolysat	8,0 g	Agar	15,0 g
Hefeextrakt	4,0 g	Aqua dest.	1000,0 ml
KH_2PO_4	2,0 g		

Eine Prüfung der Isolate an ihrem natürlichen Wirt ist auch unter Gewächshausbedingungen nur möglich, wenn die entsprechenden Nematoden bzw. Gallen mit den bakteriellen Erregern kontaminiert und mit der Wirtspflanze zusammen „ausgesät" (AMANI 1969) bzw. auf oder um diese ausgebracht werden (PRICE et al. 1979).

7.5.4. Verbreitung und wirtschaftliche Bedeutung

An Weizen ist die Gelbschleimigkeit vereinzelt in Afrika, Asien, Australien und Cypern nachgewiesen worden. An Futtergräsern kommt die Krankheit außerdem in Nordamerika und in Europa (England, Dänemark, Schweden, BRD, DDR, Österreich) vor. Sie war in Dänemark sehr verbreitet (SKOU 1965) und ist seit Mitte der 70er Jahre in Australien zu einer Problemkrankheit geworden, da sie große Weidegrasflächen verseucht und durch das in vivo gebildete Corynetoxin schon spürbare Verluste in Weideviehbeständen verursacht hat (STYNES et al. 1979; PRICE et al. 1979).

7.5.5. Wirtspflanzen

Aufgrund der Schwierigkeiten, die sich vielfach bei der Unterscheidung der verschiedenen in Frage kommenden *Clavibacter* spp. ergaben, sollen im folgenden die Wirtspflanzen zusammenfassend genannt werden. Es sind dies

Roggen	*Avena fatua*
Weizen	*Dactylis glomerata*
andere *Triticum* spp.	*Lolium multiflorum*
	L. rigidum
	Phalaris aquatica
	Ph. minor
	Ph. paradoxa.

Der Wirtspflanzenkreis wird dabei im wesentlichen durch die Vektoren bestimmt.

7.5.6. Bekämpfung

Alle Bekämpfungsmaßnahmen müssen darauf zielen, den Lebenscyclus der als Vektoren fungierenden Nematoden zu unterbrechen. In diesem Zusammenhang wird empfohlen, das Saatgut auf Gallenbesatz zu untersuchen und Befallspartien zu eliminieren. Vorbeugend wirkt ein früher Schnitt. Befallene Flächen sind abzubrennen oder mit Herbiziden zu vernichten und tief umzupflügen. Danach sollte eine mehrjährige Anbaupause für Gramineen eingehalten werden.

7.6. Bakterielle Welke der Futtergräser

(bacterial wilt of forage grasses; flétrissement bactérien des graminées fourragères)

7.6.1. Erreger

Xanthomonas campestris pv. *graminis* (Egli, Goto & Schmidt 1975) Dye 1978
Aufgrund der stark ausgeprägten wirtsspezifischen Pathogenität von Erregerisolaten unterschiedlicher Herkunft schlagen Egli & Schmidt (1982) vor, noch folgende Pathovare zu unterscheiden:

X. campestris pv. *phlei*
X. campestris pv. *poae*
X. campestris pv. *arrhenatheri*

Hinsichtlich ihrer Morphologie und physiologischen Leistungen bestehen keine Unterschiede zu *X. campestris* pv. *graminis*. Auf diesen Vorschlag wird bereits in Bergey's Manual (Krieg & Holt 1984) hingewiesen.

Morphologie: Stäbchen (nach van den Mooter et al. (1981) 0,3 × 2,5 µm); Gram-negativ; 1 polare Geißel; Zellen meist nicht aktiv beweglich (Egli et al. 1975)
Kolonien auf YDC-Agar: gelb, schleimig, rund, flach.
Temperaturoptimum: 28 °C
Temperaturmaximum: 35—39 °C
Thermaler Tötungspunkt: 49—50 °C
Physiologische Leistungen: aerob; keine Nitratreduktion; Citrat, Malat und Succinat werden in anorganischem Medium als einzige C-Quelle genutzt, Tartrat nicht; wachsen nicht auf Asparagin als einziger C- oder N-Quelle; Säurebildung aus Glucose, Saccharose, Fructose, Galactose, Xylose, Mannose, Cellobiose und Trehalose, aber nicht aus Rhamnose, Inulin, Dulcitol, Sorbitol, Inositol, Methanol und Ethanol; hydrolysieren Esculin, aber kein Arginin; verflüssigen Gelatine; bilden H_2S und Ammoniak aus Pepton; sehr schwache Amylase-Aktivität (Egli et al. 1975); Katalase- und Oxidase-positiv (nach van den Mooter et al. (1981) Oxidase-negativ).

Der G + C-Wert der DNS liegt meist bei 69,5 Mol-%.

7.6.2. Krankheitsbild, Krankheitsverlauf, Übertragung

Das charakteristische Krankheitsbild ist während des Schossens am besten zu beobachten. Befallene Pflanzen sind wesentlich schlechter entwickelt, die jungen Blätter weisen Kräuselungen auf oder welken, häufig ohne Ausbildung spezifischer Blattflecke. Nur bei kühler Witterung treten auf den jungen Blättern chlorotische Längsstreifen auf. Bei starkem Frühbefall sterben die Pflanzen vor Ausbildung der Infloreszenzen ab (Abb. 7.2.). Weniger oder später befallene Gräser bilden nur spärliche, teilweise verdrehte Blütenstände aus, die sich häufig gelb bis weiß verfärben und dann als sogenannte „Weißköpfe" deutlich im Bestand zu erkennen sind. Auf älteren Blättern entstehen, zunächst erst im Bereich der befallenen Gefäßbündel, chlorotische Streifen, die sich häufig über das ganze Blatt ausbreiten und später nekrotisch werden.

Abb. 7.2. Durch Befall mit *Xanthomonas campestris* pv. *graminis* hervorgerufene Bakterielle Welke an Futtergräsern. Aufnahme Dorothea Schmidt.

Bakterienexsudate treten im allgemeinen auf der Oberfläche befallener Pflanzenorgane nicht auf (Egli et al. 1975).

Die Einzelheiten von Überdauerung und Übertragung der Erreger-Pathovare sind bisher noch nicht aufgeklärt worden. Im Bestand können die Erreger vermutlich während des Mähens der Gräser bei feuchten Bedingungen weitflächig übertragen werden. Nach erfolgter Infektion breiten sie sich im Xylem systemisch über die gesamte Pflanze aus (Egli et al. 1975).

7.6.3. Diagnose

Da Chlorosen und Welken unter anderem auch durch Herbicide oder Düngungsfehler verursacht werden können, ist eine Diagnose im Feldbestand erst dann eindeutig, wenn im Stengelinneren stark erkrankter Pflanzen bzw. durch leichtes Quetschen abgeschnittener Halme gelbe Bakterienschleimtropfen beobachtet werden können. Schwacher Befall ist mit Hilfe des Mikroskops an Blatt-, Stengel- oder Wurzelschnitten leicht feststellbar; nach einiger Zeit treten aus dem Xylem so massenhaft Bakterien aus (Abb. 7.3.), daß dies z. T. schon makroskopisch durch weißliche Trübung des Wassertropfens erkennbar ist (Egli et al. 1975).

Die Isolierung des Erregers gelingt am besten aus oberflächlich desinfizierten Blatt- oder Stengelbasisstücken, die in wenige Milliliter steriles Leitungswasser gelegt werden, von dem nach ca. 30—60 min einige Tropfen auf

NA + 1% Glucose (Channon & Hisset 1984) oder
GYCa-Agar:

Glucose	10,0 g	Agar	20,0 g
Hefeextrakt	5,0 g	Actidion	0,1 g
$CaCO_3$	30,0 g		

(Leyns et al. 1981) ausgestrichen werden.

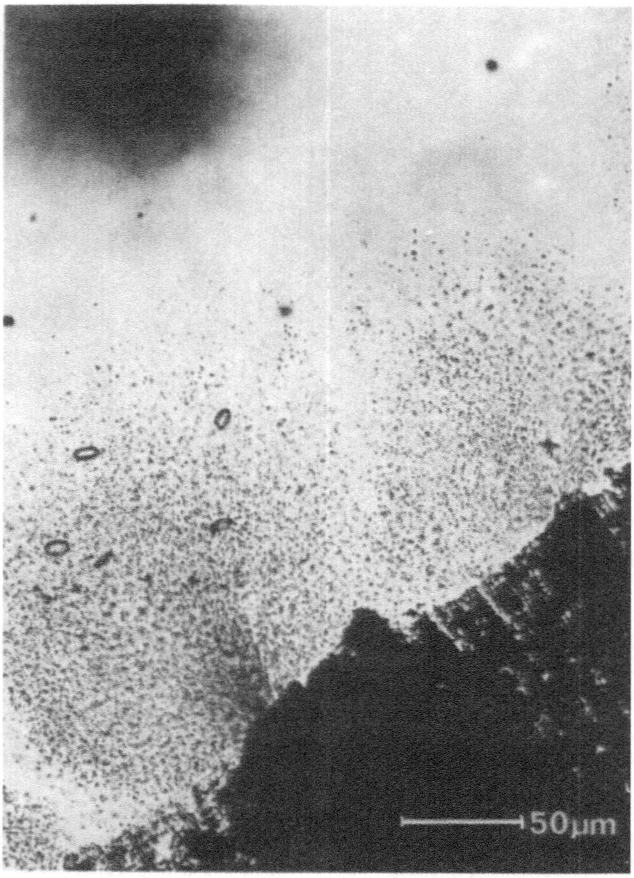

Abb. 7.3. Aus dem Gefäßbündelbereich eines quergeschnittenen, welkekranken Futtergrasblattes ausströmende Zellen von *Xanthomonas campestris* pv. *graminis* Aufnahme Dorothea Schmidt.

Die Pathogenität der Bakterienisolate stellt man durch Eintauchen frisch gestutzter Wurzeln junger Wirtspflanzen in dichte Erregersuspension oder durch Abschneiden der Blattspitzen mit einer in die Infektionsflüssigkeit getauchten Schere fest. Bei Temperaturen um 24 °C zeigen sich nach den ersten 8—10 Tagen erste Welkesymptome, 1—2 Wochen später sind die Pflanzen großteils abgestorben (EGLI et al. 1975).

7.6.4. Verbreitung und wirtschaftliche Bedeutung

X. campestris pv. *graminis* wurde erstmals 1974 in der Schweiz beobachtet (EGLI et al. 1975) und in den Folgejahren auch in Großbritannien (vor allem Schottland), Norwegen, Belgien, Frankreich, der BRD und Neuseeland festgestellt. Umfangreiche systematische Erhebungen über die Verbreitung der Welkekrankheit an Futtergräsern sind bisher im Norden Belgiens (LEYNS et al. 1981) und in 5 Provinzen im Westen Schottlands (CHANNON & HISSETT 1984) durchgeführt worden. Sie ergaben, daß in Belgien ca. 80% und in Schottland ca. 50% der untersuchten Bestände (meist *Lolium multiflorum* und *L. perenne*) Befall aufwiesen und damit die Krankheit wesentlich weiter verbreitet war, als man ursprünglich vermutete. In der Schweiz wurden von SCHMIDT & NÜESCH (1980) gebietsweise Heuertragsverluste bei anfälligen Futtergräsern von durchschnittlich 20% pro Jahr ermittelt. Dabei nehmen die Verluste bei jedem Schnitt zu und erreichen bei der letzten Ernte ca. 40%.

7.6.5. Wirtspflanzen

Von den 4 bei EGLI & SCHMIDT (1982) näher charakterisierten Erregerherkünften (s. unter 7.6.1.) besitzt *X. campestris* pv. *graminis* den größten Wirtspflanzenkreis. Sie befällt bevorzugt Arten der Gattungen *Lolium* und *Festuca*, seltener *Agropyron repens*, *Dactylis glomerata*, *Phalaris arundinacea*, *Phleum pratense* und *Trisetum flavescens*. Pathogenitätsuntersuchungen zeigten, daß der Erreger noch weitere Grasarten bzw. -gattungen zu infizieren vermag.

Das Wirtsspektrum der 3 weiteren Erregerformen umfaßt jeweils nur die Grasgattung, aus der sie isoliert wurden:

„*X. campestris* pv. *phlei*" — *Phleum* spp.,
„*X. campestris* pv. *poae*" — *Poa* spp. bzw.
„*X. campestris* pv. *arrhenatheri*" — *Arrhenatherum* spp.

EGLI & SCHMIDT (1982) wiesen nach, daß die wirtsspezifische Pathogenität ein stabiles Merkmal dieser Erreger ist und geben ein Differentialsortiment zur Differenzierung der von ihnen aufgestellten Pathovare an.

7.6.6. Bekämpfung

Bisher konzentrierten sich alle Maßnahmen zur Bekämpfung der Welkekrankheit auf die Selektion und den Anbau wenig anfälliger bzw. resistenter Futtergras-Arten und -Sorten. Dies sind

bei *Lolium multiflorum italicum*: ‚Turilo', ‚Lipo', ‚Defo', ‚Lemtal', ‚Meritra', ‚Delecta', ‚Multimo 4n', ‚Ninak 4n' und ‚Ursus',
bei *Lolium* × *hybridum*: ‚Sabel', ‚Sabrina', ‚Manawa' und ‚Dalita',
bei *Phleum pratense*: ‚Champ', ‚Landsberger', ‚Maris Polka', ‚Phlewiola' sowie ‚Bilbo',
bei *Dactylis glomerata*: die Sorte ‚Lemba R. v. P.'.

7.7. Bakterielle Stengelfäule des Maises

(bacterial stalk rot of corn; bakterial'naja steblevaja gnil' kukuruzy; pourriture bactérienne du mais)

7.7.1. Erreger

Erwinia chrysanthemi pv. *zeae* (Sabet 1954) Victoria, Arboleda & Munoz 1975[1])

Syn. *E. carotovora* f. sp. *zeae* Sabet
Pectobacterium carotovorum f. sp. *zeae* (Sabet) Dowson
P. carotovorum var. *chrysanthemi* (Burkholder et al.) Graham & Dowson
P. carotovorum f. sp. *chrysanthemi* (Burkholder et al.) Dowson
P. chrysanthemi pv. *zeae* Kelman
E. carotovora var. *chrysanthemi* (Burkholder et al.) Dye
E. chrysanthemi Burkholder, McFadden & Dimock.

Erwinia dissolvens (Rosen) Burkholder wird auch vereinzelt (USA) als Erreger der Bakteriellen Stengelfäule an Mais beschrieben und als Synonym von *E. chrysanthemi* pv. *zeae* bezeichnet. Nach SINHA & PRASAD (1977a) sind die Krankheitssymptome jedoch nicht identisch.

Morphologie: Gram-negatives Stäbchen (0,5 × 0,8—3,2 µm; durchschnittlich 0,6—1,8 µm); peritrich.
Kolonien auf Kartoffel-Dextrose-Agar (KDA)[2]): grau-weiß bis creme-weiß, rund, erhaben, schleimig; nach 4—5 Tagen deutlich gewellte Ränder.

---

[1]) s. a. 9.2.3.
[2]) Zusammensetzung s. Verzeichnis der Nährböden (Kap. 17.)

Temperaturoptimum: 27 °C
Temperaturmaximum: 38 °C
Physiologische Leistungen: alle Pathovare von *E. chrysanthemi* sind fakultativ anaerob und reduzieren Nitrat; sie bilden H_2S, hydrolysieren Stärke nicht, sind pectinolytisch; Katalase-positiv und Oxidase-negativ. Im Gegensatz zu den Subspecies von *E. carotovora* bilden sie Gas aus Glucose; außerdem sind sie Phosphatase-positiv und empfindlich gegenüber Erythromycin (15 µg) (s. a. 9.2.3.).

Charakteristisch für die pv. *zeae* sind folgende Merkmale: fehlendes Wachstum bei 39 °C, Verwertung (Säurebildung) von Inulin und D-Arabinose, teilweise auch von Melibiose und Raffinose, Na-Tartrat wird dagegen nicht abgebaut; Gelatineverflüssigung; Fähigkeit zur Indolproduktion; variable Decarboxylase- und Lecithinase-Bildung; fehlende KCN-Toleranz; hochempfindliche Reaktion gegenüber Penicillin (2 E).

Bildet auf YDC-Agar nach 5—10 Tagen oft dunkelblauen, unlöslichen Farbstoff.

Der G + C-Gehalt der DNS liegt zwischen 55,1 und 57,1 Mol-%.

7.7.2. Krankheitsbild, Krankheitsverlauf, Übertragung

Die ersten Symptome werden in unmittelbarer Nähe eines Halmknotens als grünliche, wasserdurchsogene, weiche Gewebepartien sichtbar. Im Inneren des Halmes ist das perivasculäre Parenchym anfangs leicht verfärbt und wasserdurchtränkt, bei starkem Befall schleimig, wobei der Zentralzylinder völlig verrottet (Mazzucchi 1972).

Da sich die Fäule entweder vom Basal- oder Spitzenbereich des Stengels ausgehend über die Pflanze ausbreiten kann, unterscheiden Sinha & Prasad (1977a) zwischen Basal- und Spitzenfäule.

Bei der **Basalfäule** werden alle Blätter schnell gelb, das infizierte Gewebe erscheint wasserdurchsogen und färbt sich braun. Die Fäule kann am Halm entweder auf 1—2 Internodien begrenzt bleiben oder sich bis zur Spitze hinauf ausbreiten. Mitunter tritt auf den Infektionsstellen des Stengels weißliches Bakterienexsudat aus. Bei starkem Befall knickt die Pflanze um, und an den Bruchstellen wird die Zerstörung des Parenchyms und des Gefäßbündels sichtbar. Schließlich trocknet das verfaulte Gewebe ein, das Stengelmark schrumpft zusammen, und die Rinde spleißt in Längsrichtung auf.

Bei der **Spitzenfäule** welken und vertrocknen die Spitzen der mittleren Blätter; gleichzeitig entwickelt sich im Bereich der Blattbasis am Halm eine Weichfäule. Diese breitet sich sehr schnell stengelabwärts aus, und die Spitze hängt schlaff herab. Infizierte Kolben erscheinen zunächst wasserdurchsogen, entwickeln sich oft nicht weiter und gehen in Fäulnis über. Die verfaulenden Körner haben meist einen Schleimbelag (Sinha & Prasad 1977a).

Für die Krankheitsentwicklung sind reichliche Niederschläge und Temperaturen zwischen 30 und 35 °C optimal (Bazzi & Mazzucchi 1977). Daher tritt die Bakterielle Stengelfäule häufig in beregneten Beständen auf (u. a. Samson et al. 1974). Sie wird außerdem durch hohe Stickstoffgaben wesentlich gefördert.

E. chrysanthemi pv. *zeae* kann im Boden in verseuchten Rückständen bzw. der Rhizosphäre von Unkräutern (*Portulaca oleracea*, *Amaranthus spinosus*, *Ipomoea trioba*) mehrere Monate überdauern (Divinagracia-Laysa & Exconde 1981), über Wunden Maiswurzeln infizieren und sich bis in den Sproß hinein ausbreiten (Thind & Payak 1978). Obwohl die Samen vom Erreger befallen werden können, kommen sie kaum als primäre Infektionsquellen in Betracht (Divinagracia-Laysa & Exconde 1981). Ein Eindringen in die Wirtspflanzen ist nur über Wunden möglich; dabei können alle verletzten Pflanzenorgane infiziert werden.

Als Überträger wurden mehrere Insektenarten (Dipteren und Käfer) nachgewiesen.

7.7.3. Diagnose

Stengelfäulen am Mais werden auch durch verschiedene pilzliche Erreger verursacht, deren Schadbilder Bazzi & Mazzucchi (1977) vergleichend beschreiben.

Eine erste Information über die Identität des Erregers ist anhand von mikroskopischen Untersuchungen schwach befallenen Stengelmarkgewebes bzw. durch Ausstreichen von fauligen Gewebepartien auf oberflächlich desinfizierte Kartoffel-, Möhren- oder Zwiebelscheiben möglich, auf denen *E. chrysanthemi* pv. *zeae* bei 28 °C sehr schnell eine Naßfäule verursacht. Kartoffelstengel erkranken dagegen nicht (EL-HELALY et al. 1978).

Zur Isolierung des Erregers legt man kleine Stücke befallenen Stengelmarkgewebes für ca. 15 bis 20 min in wenige Tropfen sterilen Wassers; davon werden Verdünnungsausstriche auf KDA oder Triphenyltetracolium-Agar (TTC-Agar)[1]) angefertigt und 2—3 Tage bei 26 °C bebrütet. Zur Pathogenitätsprüfung müssen die gewonnenen Isolate anschließend in das Stengelmark 4—8 Wochen alter Maispflanzen injiziert werden. Bei Temperaturen zwischen 20 °C (nachts) und 30 °C sowie 95—100% rel. Luftfeuchte zeigen sich nach 2—3 Tagen erste Symptome.

Zur exakten Unterscheidung von anderen Naßfäuleerregern der Gattung *Erwinia* ist es erforderlich, die physiologischen Leistungen der Isolate zu untersuchen (s. 7.7.1.).

7.7.4. Verbreitung und wirtschaftliche Bedeutung

Die Bakterielle Stengelfäule tritt vor allem in feucht-warmen Gebieten auf. Sie wurde bisher in Frankreich, Italien, Ungarn (*Erwinia*-Art noch nicht identifiziert; SIMON 1984), Jugoslawien, Griechenland, Israel, Ägypten, Südafrika, Indien, auf den Philippinen, in Australien, den USA, Kuba und Brasilien nachgewiesen.

Die Krankheit ist vor allem in Indien sehr weit verbreitet und verursacht während der Regenzeit große Schäden, so daß in manchen Gebieten 80—85% des Maises vernichtet werden (THIND & PAYAK 1978). In europäischen Ländern wurde sie bisher wesentlich seltener beobachtet (meist nur in beregneten Maisbeständen, in denen 2—10% der Pflanzen abstarben).

7.7.5. Wirtspflanzen

Nach DICKEY (1979) gehören zum Wirtspflanzenkreis von *E. chrysanthemi* pv. *zeae*:

Aglaonema commutatum „Treubii“	*Pelargonium capitatum*
Ananas comosus	*Philodendron selloum*
Chrysanthemum × *Multifolium*	*Ph. panduriforme* (HBK)
Cyclamen spp.	*Ph. scadens* subsp. *oxycardium*
Dieffenbachia spp.	*Ph.* spp.
Dracaena marginata	*Saintpaulia ionantha*
Ipomoea batatas	*Syngonium podophyllum*
Musa sp. Cavendish cultivars	*Zea mays*
	Z. mays var. *rugosa*.

Bei künstlicher Infektion verursachte der Erreger noch an wesentlich mehr Pflanzenarten Krankheitserscheinungen (Naßfäulen), z. B. an Kartoffel, Möhre, Zwiebel, Tomate, Gurke und mehreren Kohlarten (SINHA & PRASAD 1977a).

7.7.6. Bekämpfung

Gegenwärtig gibt es außer den allgemeinen prophylaktischen Maßnahmen kaum Möglichkeiten zur Bekämpfung der Bakteriellen Stengelfäule.

SINHA & PRASAD (1977b) fanden allerdings mehrere Antibiotica, die das Wachstum von *E. chrysanthemi* pv. *zeae* hemmten, die Fäuleentwicklung aber nur unterdrückten, wenn die Mittel sofort nach Inokulation der Pflanzen appliziert worden waren. Dabei zeigte „Sandoz seed dressing 6335“

[1]) Zusammensetzung s. Verzeichnis der Nährböden (Kap. 17.)

die beste Wirkung. Hartman & Kelman (1973) empfehlen, zur Bekämpfung der Krankheit das Beregnungswasser in Maisbeständen zu chlorieren.

Bei Resistenzprüfungen zeigte sich, daß die Maishybriden ‚Bled', ‚Morking Px 32', ‚Dedalo' und HI-C 03670, die Inzuchtlinien CM 101 und CM 110 sowie die beiden Sorten ‚Rudrapur Lokal' und ‚Basi' weniger anfällig reagieren als andere Maisformen.

7.8. Literatur

Amani, B.: Yellow slime disease of wheat caused by *Corynebacterium tritici* (Hutchinson) Burkholder. Iran. J. Plant Pathol. **5** (1969): 5—7.

Bazzi, C., & Mazzucchi, U.: Attacchi di marciume batterico al fusto di mais in coltura irrigua. Inform. Agrario **34** (1977): 27623—27625.

Bird, A. F., & Stynes, B. A.: The morphology of a *Corynebacterium sp.* parasitic on annual rye grass. Phytopathology **67** (1977): 828—830.

— — & Thomson, W. W.: A comparison of nematode and bacteria-colonized galls induced by *Anguina agrostis* in *Lolium rigidum* Gaudin. Phytopathology **70** (1980): 1104—1109.

Boosalis, M. G.: The epidemiology of *Xanthomonas translucens* (J. J. and R.) Dowson on cereals and grasses. Phytopathology **42** (1952): 387—395.

Bradbury, J. F.: *Pseudomonas striafaciens.* Descriptions of pathogenic fungi and bacteria No. 238. Commonwealth Mycol. Inst. Kew 1970.

— *Corynebacterium rathayi.* Descriptions of pathogenic fungi and bacteria No. 376. Commonwealth Mycol. Inst. Kew 1973.

Buchanan, R. E., & Gibbons, N. E. (Eds.): Bergey's Manual of Determinative Bacteriology. 8th ed. Williams and Wilkins Company, Baltimore 1974.

Carlson, R. R., & Vidaver, Anne K.: Taxonomy of *Corynebacterium* plant pathogens, including a new pathogen of wheat, based on polyacrylamide gel electrophoresis of cellular proteins. Int. J. Syst. Bacteriol. **32** (1982): 315—326.

Channon, A. G., & Hissett, R.: The incidence of bacterial wilt caused by *Xanthomonas campestris* pv. *graminis* in pasture grasses in the west of Scottland. Plant Pathol. **33** (1984): 113—121.

Cunfer, B. M., & Scolari, Barbara L.: *Xanthomonas campestris* pv. *translucens* on triticale and other small grains. Phytopathology **72** (1982): 683—686.

Davis, M. J., Gillaspie jr., A. G., Vidaver, Anne K. & Harris, R. W.: *Clavibacter*: a new genus containing some phytopathogenic coryneform bacteria, including *Clavibacter xyli* subsp. *xyli* sp. nov., subsp. nov. and *Clavibacter xyli* subsp. *cynodontis* subsp. nov., pathogens that cause ratoon stunting disease of sugarcane and Bermudagrass stunting disease. Int. J. Syst. Bacteriol. **34** (1984): 107—117.

Dickey, R. S.: *Erwinia chrysanthemi*: A comparative study of phenotypic properties of strains from several hosts and other *Erwinia* species. Phytopathology **69** (1979): 324—329.

Divinagracia-Laysa, F., & Exconde, O.: Survival and some sources of inoculum for *Erwinia carotovora* var. *chrysanthemi* Dye. Philippine Agric. **64** (1981): 323—327.

Egli, Th., Goto, M., & Schmidt, Dorothea: Bacterial wilt, a new forage grass disease. Phytopath. Z. **82** (1975): 111—121.

— & Schmidt, Dorothea: Pathogenic variation among the causal agents of bacterial wilt of forage grasses. Phytopath. Z. **104** (1982): 138—150.

El-Helaly, A. F., Abo-El-Dahab, M. K., El-Goorani, M. A., & Gabr, M. R.: Identification of *Erwinia* sp., causing stalk rot of maize in Egypt. Zbl. Bakteriol. Parasitenkde., Infekt.-Krankh. Hyg. Abt. II **133** (1978): 680—685.

Elliott, Charlotte: Bacterial stripe blight of oats. J. agric. Res. **35** (1927): 811—824.

Fahy, P. C., & Persley, J. G.: Plant Bacterial Disease — A Diagnostic Guide. Academic Press, Sidney, New York, London 1983.

Griffiths, J., & Peregrine, W. T. H.: Control of halo blight in oats. Plant Pathol. **9** (1960): 10—14.

Hartman, J. R., & Kelman, A.: An improved method for the inoculation of corn with *Erwinia* spp. Phytopathology **63** (1973): 658—663.

Hirano, Susan S., Rouse, D. J., Arny, D. C., & Upper, C. D.: Frequency with which oat seeds are infested with *Pseudomonas syringae* pv. *coronafaciens* as a predictor of halo blight disease. Phytopathology **72** (1982): 1007.

ILJUCHINA, M. K.: Metody opredelenija patogenosti vozbuditelej bakteriozov ozimoj pšenicy. Zašč. rast. **10** (1974): 52—53.

IZRAIL'SKIJ, V. P.: Bakterial'nye bolezni rastenij. Izd. 3-e pererab. i dop. Kolos, Moskva 1979.

KAROV, S., & VASSILEV, V.: Proučvanija v'rchu bakteriozite po pšenicata v B'lgarija. 1. Bazalka bakterioza. Nauč. Trud, Plovdiv **26** (1981): 85—90.

KNÖSEL, D., & WELTZIEN, H. C.: Über das erstmalige Auftreten der bakteriellen Blattdürre („halo blight") (*Pseudomonas coronafaciens* [Elliott] Stevens) an Hafer in Deutschland. Z. Pflanzenkrankh. (Pflanzenpath.) Pflanzenschutz **66** (1959): 676—680.

KOROLEVA, I. B.: K izučeniju voprosa o bakterioze ozimoj pšenicy v rajonach poles'ja i lesostepi Ukrainy. In: ZATULA, D. G. (Hrsg.): Fitopatogennye Bakterii. Izd. „Naukova dumka" Kiev 1975, S. 149—152.

— K voprosu o poraženii jačmenja *Pseudomonas atrofaciens* na Ukraine. III. Vsesojuznaja konferencija po bakterial'nym boleznjam rastenij (Tezisy dokladov) Tbilisi 1976. S. 78—79.

— & SIDORENKO, V. P.: Biologičeskie svojstva *Pseudomonas fluorescens* Migula, vydelennoj iz ozimoj pšenicy na Ukraine. Mikrobiol. Ž. **44** (1982): 15—18.

KRIEG, N. R. & HOLT, J. G.: Bergey's Manual of Systematic Bacteriology. Vol. 1. Williams & Wilkins, Baltimore, London 1984.

LEYNS, F., MOOTER, M. VAN DEN, SWINGS, J., CLEENE, M. DE., & LEY, J. DE: Distribution of *Xanthomonas campestris* pv. *graminis* in fields of forage grasses in northern Belgium. Parasitica **37** (1981): 131—133.

MATHRE, E.: Compendium of Barley Diseases. The American Phytopathol. Soc., St. Paul, Minn., 1982.

MAZZUCCHI, U.: A bacterial stalk rot of Maize (*Zea mays* L.) in Emilia. Phytopath. mediterr. **11** (1972): 1—5.

MIN'KO, N. D., & KOROLEVA, I. B.: *Pseudomonas atrofaciens* — osnovnoj vozbuditel' bakterioza jarovoi pšenicy v lesostepi Ukrainy. Mikrobiol. Ž. **42** (1980): 415—419.

MOOTER, M. VAN DEN, SWINGS, J., CLEENE, M. DE, LEYNS, F., & LEY, J. DE: Isolation and identification of *Xanthomonas campestris* pv. *graminis* from forage grasses in Belgium. Parasitica **37** (1981): 23—28.

MÜLLER, H. J.: Untersuchungen über Blattfleckenkrankheiten des Hafers. III. Bakterielle Blattfleckenerreger des Hafers (*Pseudomonas coronafaciens* [Elliott] Stevens und *P. striafaciens* [Elliott] Starr et Burkholder). Phytopath. Z. **49** (1963/64): 325—338.

NIKITINA, K. V., & PREOBRAŽENSKAJA, L. V.: Bakteriozy ovsa i ocenka kollekcii na ustojčivost' k nim. Bjull. vses. Inst. Rast. im. N. I. Vavilova, Leningrad **72** (1977): 62—66.

PASTUŠENKO, L. T., KOROLEVA, I. B., & SIDORENKO, S. S.: Identifikacija *Pseudomonas atrofaciens* (McCulloch) Stevens serologičnim metodom. Mikrobiol. Ž. **37** (1975): 373—374.

PRICE, P. C., FISHER, J. M., & KERR, A.: On *Anguina funesta* n. sp. and its association with *Corynebacterium sp.*, in infecting *Lolium rigidum*. Nematologica **25** (1979): 76—85.

RIBEIRO, R. L. D., DURBIN, R. D., ARNY, D. C., & UCHYTIL, T. F.: Characterization on the bacterium inciting chocolate spot of corn. Phytopathology **67** (1977): 1427—1431.

SAMSON, Régine, PAULIN, J. P., LACHAUD, G., CAY, J.-P., & CAMSINI, R.: La pourriture bactérienne des tiges de mais en France. Ann. Phytopath. **6** (1974): 349—352.

SCHAAD, N. W.: Laboratory Guide for Identification of Plant Pathogenic Bacteria. American Phytopathol. Soc., St. Paul, Minn., 1980.

— & CUNFER, B. M.: Synonymy of *Pseudomonas coronafaciens*, *Pseudomonas coronafaciens* pathovar *zeae*, *Pseudomonas coronafaciens* subsp. *atropurpurea* and *Pseudomonas striafaciens*. Int. J. of Syst. Bacteriol. **29** (1979): 213—221.

SCHMIDT, Dorothea, & NUESCH, B.: Resistance to bacterial wilt (*Xanthomonas graminis*) increase yield persistency of *Lolium multiflorum*. Bulletin OEPP, Paris, **10** (1980): 335—339.

SESHAGIRI RAO, C., DEVADATH, S., & PREMALATHADATH, A.: Effect of three antagonists on the development of bacterial leaf streak of rice. Canad. J. Microbiol. **24** (1978): 1010—1012.

SHEKHAWAT, G. S., & PATEL, P. N.: Histology of barley plant and rice leaf infected with *Xanthomonas translucens* f. sp. *hordei*. Phytopath. Z. **93** (1978): 105—112.

SIMON, E.: Akatok egy új kukoricabetegség, a bakteriumos szárrothadás megjelenéséröl Magyarországon. Növényvédelem **20** (1984): 20—25.

SIMONOVIC, I. D.: Serologičeskij analiz tkanej pšenicy, noražennoj bazal'nym bakteriozom. III. Vsesojuznaja konferencija po bakterial'nym boleznjam rastenij (Tezisy dokladov) Tbilisi 1976. S. 87—89.

SINHA, S. K., & PRASAD, M.: Bacterial stalk rot of maize, its symptoms and host-range. Zbl. Bakteriol. Parasitenkde., Infekt.-Krankh. Hyg. Abt. II **132** (1977a): 81—88.

— — Studies on certain aspects of chemical control of bacterial stalk rot disease of maize. Zbl. Bakteriol. Parasitenkde., Infekt.-Krankh. Hyg. Abt. II **132** (1977b): 89—92.

SKOU, J. P.: Hundegrasbakteriosen (*Corynebacterium rathayi* (Erw. F. Smith) Dowson) på hundegraes (*Dactylis glomerata* L.) i Danmark i et halvt århundrede. T. Planteavl **68** (1965): 844—857.

ŠNEJDER, Ju. I., & ILJUCHINA, M. K.: Metodika laboratornoj ocenki ustojčivosti sortov ozimoj pšenicy k bakteriozam. Selek. i semenovodstvo **38** (1974): 25—27.

— — & GERASIMOVA, K. F.: Serodiagnostika bakterial'nych zabolevanij ozimoj pšenicy. Zašč. Rast. **11** (1978): 40—41.

STYNES, B. A., PETTERSON, D. S., LLOYD, J., PAYNE, A. L., & LANIGAN, G. W.: The production of toxin in annual ryegrass, *Lolium rigidum*, infected with a nematode, *Anguina* sp., and *Corynebacterium rathayi*. Austr. J. Agric. Res. **30** (1979): 201—209.

— — Production of a neurotoxin in a cell culture of endosperm from *Lolium multiflorum* colonised by *Corynebacterium rathayi*. Physiol. Plant Pathol. **16** (1980): 163—167.

— & WISE, J. L.: The distribution and importance of annual ryegrass toxicity in Western Australia and its occurrence in relation to cropping rotations and cultural practices. Austr. J. Agric. Res. **31** (1980): 557—569.

— & BIRD, A. F.: Development of galls induced in *Lolium rigidum* by *Anguina agrostis*. Phytopathology **72** (1982): 336—346.

THIND, B. S., & PAYAK, M. M.: Epidemiological studies of bacterial stalk rot of maize (*Zea mays* L.) incited by *Erwinia chrysanthemi* Burkholder et al. corn pathotype. Phytopath. mediterr. **17** (1978): 59—62.

VARVARO, L.: Una batteriosi del frumento duro (*Triticum durum* Desf.) causata da *Pseudomonas syringae* pv. *atrofaciens* (McCulloch) Young et al. in Italia. Inform. fitopatol. **4** (1983): 49—51.

VASSILEV, V. I., & KAROV, S.: V'nšni upojavi na bazalnata bakterioza po pšenicata v B'lgarija (*Pseudomonas syringae* pv. *atrofaciens* (McCull) Young, Dye, Wilkie). Rast. nauki **19** (1982): 99—106.

VIDAVER, Anne K.: The plant pathogenic *Corynebacteria*. Annu. Rev. Microbiol. **36** (1982): 495—517.

WILKIE, J. Paula: Halo blight of oats in New Zealand. New Zealand J. Agric. Res. **15** (1972): 461—468.

— Basal glume rot of wheat in New Zealand. New Zealand J. Agric. Res. **16** (1973): 155—160.

8. Bakteriosen der Beta-Rübe

8.1. Wurzelkropf der Beta-Rübe

(crown gall of beet; rak kornja; cancer végétale de la betterave; cáncer del cuello)

8.1.1. Erreger

Agrobacterium tumefaciens (Smith & Townsend 1907) Conn 1942

Syn. *Bacterium tumefaciens* Smith & Townsend
Pseudomonas tumefaciens (Smith & Townsend) Duggar
Bacillus tumefaciens (Smith & Townsend) Israilsky
Phytomonas tumefaciens (Smith & Townsend) Bergey et al.
mögliche weitere Synonyme:
Bacillus ampelopsorae Trevisan
B. ampelopsorae Trevisan emend. Cavara

In der Gattung *Agrobacterium* wurden aufgrund von spezifischen Pathogenitätskriterien bis vor einigen Jahres 4 Species unterschieden (*Agrobacterium tumefaciens* als Typusart, *A. radiobacter* als saprophytischer Bodenbewohner, *A. rhizogenes* und *A. rubi*). Wegen der Plasmidkodierung dieser Merkmale und deren leichter Transferierbarkeit ist diese Artdifferenzierung — insbesondere die Unterscheidung von *A. tumefaciens* und *A. radiobacter* — sehr problematisch geworden.

Derzeit lassen sich innerhalb der Gattung *Agrobacterium* auf Grund chromosomal fixierter Merkmale 3 Taxa (Gruppen, Cluster) unterscheiden, die jetzt meist als Biovare eingestuft werden (Kersters & De Ley 1984). Die Zugehörigkeit zu einer dieser 3 Gruppen korrespondiert nicht mit der Ausprägung bestimmter Pathogenitätsmerkmale; die Pathogenität hängt vielmehr ausschließlich vom Vorhandensein von Ti- oder Ri-Plasmiden in den Zellen der Taxa ab.

So sind alle 3 Biovare imstande, Tumorbildung zu induzieren, wenn sie Ti-Träger sind; andererseits können Vertreter der Biovare 1 und 2 die Haarwurzelkrankheit auslösen, sofern sie das Ri-Plasmid besitzen. (Ob das auch für *A. rubi* (Biovar 3) zutrifft, konnte bisher noch nicht geklärt werden.) (s. 2.3.8.).

Plasmidfreie *Agrobacterium*-Zellen sind apathogen und leben saprophytisch.

Aufgrund dieser verwickelten Zusammenhänge schlagen Kersters & De Ley (1984) unter Berücksichtigung der festgestellten typischen Merkmalskombinationen und Pathogenitätsunterschiede folgende Einteilung innerhalb der Gattung *Agrobacterium* vor:

1. *A. tumefaciens* (Smith & Townsend 1907) Conn 1942 (Typusart): Hierzu gehören die tumorinduzierenden Stämme der Biovare 1, 2 und 3.
2. *A. radiobacter* (Beijerinck & van Delden 1902) Conn 1942: Diese Species umfaßt alle nichtpathogenen Stämme, die in die Biovare 1 und 2 gehören.
3. *A. rhizogenes* (Riker, Banfield, Wright, Keitt & Sagen 1930) Conn 1942: Zu dieser Art werden alle Haarwurzelsymptome auslösenden Stämme der Biovare 1 und 2 gestellt; meist handelt es sich allerdings um Vertreter der Biovar 2.
4. *A. rubi* (Hildebrand 1940) Starr & Weiss 1943.

Die Analyse molekularbiologischer, physiologischer und pathologischer Merkmale zeigt auch,

Tabelle 8.1. Ausgewählte Differentialmerkmale der *Agrobacterium*-Arten bzw. -Biovare. Nach Kersters & De Ley 1984.

Merkmale	*A. tumefaciens*			*A. radiobacter*		*A. rhizogenes*[2])	*A. rubi*
	Biovar 1	Biovar 2	Biovar 3	Biovar 1	Biovar 2	Biovar 2	
3-Ketolactose-Bildung	+	—	—	+	—	—	—
Säurebildung aus:							
Erythritol	—	+	—	—	+	+	+
Melezitose	+	—	—				
Dulcitol	+	+	—	+	+	+	+
Ethanol	+	—	—	+	—	—	—
Alkalibildung aus:							
L-Tartrat	—/+	+	+				
Propionat	—/+	—	—				
Oxidase-Produktion	+	—[1])	+		—[1])	—[1])	—[1])
Reaktion auf Lackmusmilch							
alkalisch	+	—	+	+	—	—	+
sauer	—	+	—	—	+	+	—
Wachstum auf 2%igem NaCl	+	—	+	+	—	—	—

—/+ Stämme reagieren unterschiedlich

[1]) Eine negative Oxidasereaktion (Methode nach Kovacs) ist nur bei Kultivierung auf glucosehaltigem Nähragar festzustellen; beim Fehlen von Glucose im Medium bilden alle *Agrobacterium* spp. Oxidase

[2]) Die Mehrheit der *A. rhizogenes*-Stämme gehört zu Biovar 2.

daß enge verwandtschaftliche Beziehungen zwischen den Gattungen *Agrobacterium* und *Rhizobium* bestehen (KERR & BRISBANE 1983).

Allen Vertretern der Gattung *Agrobacterium* sind folgende Eigenschaften gemeinsam:

Gram-negative Stäbchen, meist einzeln; beweglich durch wenige peritrich angeordnete Flagellen (ausnahmsweise kommen auch unbewegliche Zellen vor). — Stoffwechsel aerob.

Die Zugehörigkeit zu den 3 genannten bzw. 4 Biovaren/Species läßt sich aufgrund der in Tabelle 8.1. aufgeführten Merkmale bestimmen.

Für die Typusart *A. tumefaciens* sind folgende Merkmale kennzeichnend:

Morphologie: Stäbchen (0,4—0,8 × 1,0—3,0 µm); Gram-negativ; 1—5 peritriche Geißeln (ausnahmsweise auch nichtbewegliche Varianten).
Kolonien auf Agar: weiß, rund, konvex, glänzend, durchscheinend; Erreger kann in S-, R- und M (zwischen; engl. *medium*)-Form (s. 2.1.) auftreten, wobei die S-Form besonders virulent sein soll.
Flüssigkulturen: charakteristische „Sternbildung" (Zusammenlagerung der Bakterienzellen) in Medien mit hohem Kohlenhydrat- und geringem Stickstoffgehalt (STAPP 1956).
Temperaturoptimum: 25—30 °C
Temperaturmaximum: 37 °C
Thermaler Tötungspunkt: 51 °C
Physiologische Leistungen: aerob; Säure (kein Gas) wird oxidativ von Glucose, Fructose, Arabinose, Galactose, Mannitol und Salicin gebildet; Ammoniakbildung aus Arginin; Lackmusmilch wird reduziert; nicht proteolytisch; Stärke wird nicht hydrolysiert; nicht lipolytisch; nicht pectinolytisch; Bildung von β-Indolylessigsäure in tryptophanhaltigen Medien; wächst ohne Zugabe von Wachstumsfaktoren in einer Nährlösung aus Ammoniumchlorid und anderen anorganischen Salzen (Differentialdiagnose zu *A. rhizogenes*) (nach HAYWARD & WATERSTON 1965).
Die G + C-Werte der DNS variieren von 59,6—62,8 Mol-%.

8.1.2. Krankheitsbild, Krankheitsverlauf, Übertragung

Das Krankheitsbild ist durch auffällige Wucherungen (Tumoren) am Rübenkörper charakterisiert (Abb. 8.1.). Diese Wucherungen können zu beachtlicher Größe heranwachsen und in bestimmten Fällen mehr Masse als der eigentliche Rübenkörper erreichen. Der Zuckergehalt des neoplastischen Gewebes liegt gewöhnlich 1—2% niedriger als der des Rübenkörpers. Selten sind Wucherungen an den Laubblättern von Zuckerrüben zu beobachten. Der Erreger stimuliert die Parenchymzellen der Rübe zu abnormalem Wachstum. Dabei entstehen die charakteristischen, meist oberflächlich abgerundeten Auswüchse.

Einmal in Gang gesetzte Tumorbildung benötigt das aktive Bakterium nicht mehr, um normale Zellen in Tumorzellen zu verändern. Auch ohne weitere Anwesenheit des Erregers bewirkt ein DNS-Faktor autonom die Ausbildung von Tumorzellen (s. 3.3.5.).

Agrobacterium tumefaciens ist ein Wundparasit, der in der Lage ist, über längere Zeiträume saprophytisch im Boden zu überleben. In steriler Erde überdauert der Erreger 1 Jahr, während er in tätigen Böden in Abhängigkeit von Bodentyp und Feuchtigkeit mehrere Jahre virulent bleibt. Bei entsprechender Bodenfeuchte kann *A. tumefaciens* täglich eine Strecke von ca. 1 cm aktiv zurücklegen.

Die Wunden als Eintrittspforten können vielfältig bedingt sein. Die Ursachen reichen von feinsten Wurzelverletzungen im Verlaufe des Wachstums bzw. infolge von Pflegemaßnahmen bis zu Wundsetzungen durch wurzelschädigende Insekten.

8.1.3. Diagnose

Vom äußeren Schadbild ist eine Verwechslung mit der „Tuberkulose der Rübe" möglich (Differentialdiagnose s. 8.2.3.).

Zur Diagnose können Reinkulturen von *A. tumefaciens* gewonnen werden, wobei sich ein Medium folgender Zusammensetzung bewährt hat (RIEGERT 1958):

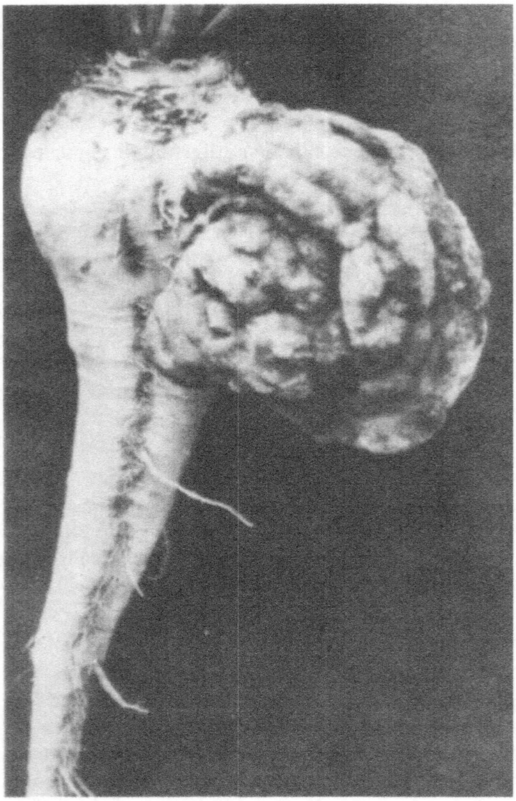

Abb. 8.1. Durch *Agrobacterium tumefaciens* hervorgerufener Wurzelkropf am Zuckerrübenkörper. Aufnahme K. Wiesner.

KH_2PO_4	0,5 g	$(NH_4)_2SO_4$	0,2 g
K_2HPO_4	0,2 g	Glucose	10 g
$MgSO_4 \cdot 7\,H_2O$	0,25 g	Berthelotsche Lösung	0,2 ml
Wasser	1000 ml		

Zur gezielten Isolierung des Erregers sind auch folgende Selektivmedien geeignet:

— Medium nach Schroth, Thompson & Hildebrand (zur Erfassung von Biovar 1):

Mannitol	10 g	nach Abkühlen zusetzen:	
$NaNO_3$	4 g	Berberin	275 ppm
$MgCl_2$	2 g	Na-selenit	100 ppm
Ca-propionat	1,2 g	Penicillin G	
$Mg_3(PO_4)_2$	0,2 g	(1625 Einh./mg)	60 ppm
$MgSO_4$	0,1 g	Streptomycinsulfat	30 ppm
$NaHCO_3$	0,075 g	Cycloheximid	250 ppm
$MgCO_3$	0,075 g	Tyrothricin	1 ppm
Agar	20 g	Bacitracin	
Aqua dest.	1000 ml	(65 Einh./mg)	100 ppm

pH 7,1 (mit 1 n HCl einstellen)

— Medium nach Kado & Heskett (zur Erfassung von Biovar 1 und 2):

Mannitol	15 g	K_2HPO_4	2 g
$NaNO_3$	5 g	$MgSO_4 \cdot 7\,H_2O$	0,2 g
LiCl	6 g	Bromthymolblau	0,1 g
$Ca(NO_3)_2 \cdot 4\,H_2O$	20 mg	Agar	15 g
		Wasser	1000 ml

— Medium nach New & Kerr (zur Erfassung von Biovar 2):

Erythritol	5 g
$NaNO_3$	2,5 g
KH_2PO_4	0,1 g
$CaCl_2$	0,2 g
NaCl	0,2 g
$MgSO_4 \cdot 7\,H_2O$	0,2 g
Fe-EDTA-Lösung (0,65%ig)	2 µl
Biotin	2 µg
Agar	18 g

nach Abkühlen zusetzen:

Cycloheximid	250 ppm
Tyrothricin	1 ppm
Bacitracin	100 ppm
Na-selenit	100 ppm
Aqua dest.	1000 ml

— Differentialmerkmale für die Artbestimmung sind der Tabelle 8.1. zu entnehmen.

Das charakteristische Krankheitsbild läßt sich durch Beimpfen gesunder Zuckerrüben mit virulenten Reinkulturen des Erregers reproduzieren. Die Verseuchung von Böden kann durch den „Möhrenscheiben-Test" (Ark & Schroth 1958) ermittelt werden. Dazu vergräbt man Möhrenscheiben in den zu prüfenden Boden, der feucht zu halten ist. Innerhalb von ca. 1 Woche erscheinen auf den Möhrenscheiben makroskopisch erkennbare Tumoren. In gleicher Weise reagieren Möhrenscheiben, die in eine Erregerkultur getaucht und anschließend in Petrischalen mit feuchtem Filterpapier inkubiert werden (s. Abb. 2.59.).

8.1.4. Verbreitung und wirtschaftliche Bedeutung

Agrobacterium tumefaciens ist weltweit verbreitet. Der Wurzelkropf der *Beta*-Rüben tritt somit in allen rübenanbauenden Ländern auf. Jungfräuliche Böden sind meist frei von *A. tumefaciens*. Häufiger kommt der Erreger in bisher baumschulisch genutzten Böden vor. Mit stärkerem Befall ist auf alkalisch reagierenden Böden zu rechnen. In der Regel werden jedoch nur Einzelpflanzen befallen, so daß die Krankheit für die Zuckerrübenproduktion keine größere wirtschaftliche Bedeutung erlangt.

8.1.5. Wirtspflanzen

Agrobacterium tumefaciens hat unter den pflanzenpathogenen Bakterien den größten Wirtskreis. Elliott (1951) beschreibt 140 Gattungen aus 61 Pflanzenfamilien als Wirte. Relativ selten werden Monocotyle infiziert; lediglich einige Liliaceae und Araceae sind als Wirtspflanzen bekannt. Unter den Kulturpflanzen werden neben Gehölzen der Familie Rosaceae und neben *Beta*-Rüben häufiger Weinrebe, Hopfen und bestimmte Zierpflanzen befallen.

8.1.6. Bekämpfung

Angesichts der geringen wirtschaftlichen Bedeutung des Wurzelkropfes der *Beta*-Rüben werden keine gezielten Bekämpfungsmaßnahmen angewandt. Gegenmaßnahmen sind ausschließlich prophylaktischer Natur. Sie können die Auswahl der Flächen bzw. den Ausschluß besonders gefährdeter Standorte nach Überprüfung mit dem „Möhrenscheiben-Test" (s. 2.6.4. und 8.1.3.) betreffen. Prinzipiell wären Bodenentseuchungsmaßnahmen unter Einsatz chemischer Mittel (z. B. Schwefel, Absenken des pH u. a.) möglich, aber aus wirtschaftlichen Gründen im Rübenbau bzw. Feldbau insgesamt nicht realisierbar. Für Unterschiede in der Sortenanfälligkeit (Resistenz) gibt es bei der Zuckerrübe keine Hinweise.

8.2. Tuberkulose der Beta-Rübe

(bacterial pocket disease of sugar beet; tuberkulëz svekly; bactériose de la betterave; bacteriosis de la remolacha)

8.2.1. Erreger

Xanthomonas „beticola“ (Smith et al. 1911) Săvulescu 1947

(Der Erreger ist nicht eindeutig beschrieben, deshalb sind seine taxonomische Position und Merkmale unklar).

8.2.2. Krankheitsbild, Krankheitsverlauf, Übertragung

Am Kopf der Rübe (seltener an Blattstielen und Wurzeln) werden zerklüftete Knötchen oder Pocken (1—3 cm Durchmesser) mit dunkler Oberfläche gebildet. Die Wucherungen können größere Ausmaße annehmen, so daß das äußere Krankheitsbild weitgehend dem des Wurzelkropfes gleichen kann. Im Gegensatz zum Wurzelkropf sind jedoch im Inneren der Wucherungen kleine wasserdurchsogene, gelblich bis braungefärbte Bereiche (Kavernen) zu erkennen. *X. „beticola“* ist als typischer Wunderreger auf Verletzungen der Epidermis beim Infektionsvorgang angewiesen. Zu stärkerem Auftreten kann es z. B. nach Hagelschlag kommen. Der Erreger überdauert im Boden und soll gegen Austrocknung widerstandsfähig sein.

8.2.3. Diagnose

Zur Differentialdiagnose gegenüber dem Wurzelkropf (*A. tumefaciens*) kann der Erreger aus den angeschnittenen Kavernen leicht isoliert werden. Auf geeigneten Nährböden (Würzeagar, Saccharoseagar) werden gelbgefärbte Kolonien ausgebildet.

8.2.4. Verbreitung und wirtschaftliche Bedeutung

Die Krankheit wurde bisher in den USA, in einigen Gebieten der UdSSR sowie vermutlich in Dänemark nachgewiesen. In Europa hat sie offenbar keine wirtschaftliche Bedeutung.

8.2.5. Wirtspflanzen

Zucker- und Futterrüben, bei künstlicher Infektion auch Rote Bete und Mangold.

8.2.6. Bekämpfung

Dem Auftreten der Krankheit soll durch ausgeglichene Düngung und Einschränkung der Gaben von leichtlöslichem Stickstoff (Salpeter) entgegenzuwirken sein.

8.3. Bakterielle Gefäßnekrose und Fäule der Zuckerrübe

(bacterial vascular necrosis and rot of sugar beet; necrosis vascular bacteriana de la remolacha)

8.3.1. Erreger

Erwinia carotovora subsp. *betavasculorum* (Thomson, Hildebrand & Schroth 1981)
Möglicherweise stellen die Erreger dieser Krankheit eine Gruppe dar, die sich von den bisher be-

schriebenen *Erwinia*-Species unterscheidet. Ähnlichkeiten ergeben sich mit *E. carotovora* subsp. *carotovora, E. carotovora* subspec. *atroseptica* und auch *E. chrysanthemi* (THOMSON et al. 1981a). *E. carotovora* subsp. *betavasculorum* unterscheidet sich von den Subspecies *carotovora* und *atroseptica* durch folgende **Merkmale** (LELLIOTT & DICKEY 1984):

- Wachstum bei 36 °C,
- Bildung reduzierender Substanzen aus Saccharose, Wachstum auf Inositol, Maltose, Glycerol und α-Methylglucosid; kein Wachstum auf Galacturonat.

Weitere physiologische Leistungen: fakultativ anaerob; Wachstum auf D-Lactat, Ethanol, L-Lysin, Palatinose und D-Asparagin; keine Gasbildung aus Glucose; kein Wachstum auf Cellobiose, Melibiose, Raffinose und Malonat. Fehlende Indol- und Phosphatasebildung; Resistenz gegen Erythromycin.

Der G + C-Mol-%-Wert (für 3 Stämme) liegt zwischen 54,4 und 54,7.

8.3.2. Krankheitsbild, Krankheitsverlauf, Übertragung

Erkrankte Zuckerrübenpflanzen zeigen — mehr oder weniger deutlich ausgeprägt — längliche, schwarze Läsionen auf den Blattstielen. Charakteristischer ist die jedoch erst in einem späteren Krankheitsstadium deutliche Nekrotisierung oder Verfärbung der Gefäßbündel im Rübenkörper, die im Querschnitt erkennbar wird. Die an die veränderten Gefäßbündel angrenzenden Gewebebereiche verfärben sich an der Luft rosa bis rötlich. Dabei können sowohl Naß- als auch Trockenfäulen der Rübenkörper auftreten. In der Regel beginnt die Infektion am Kronenende; sie kann den gesamten Rübenkörper erfassen und sich bis zur Wurzelspitze fortsetzen. Nicht selten höhlt die Fäule die äußerlich intakten Rüben völlig aus. Derartige Rübenkörper können, wenn sie in größeren Zahlen mit geerntet werden, die Verarbeitungsprozesse erheblich stören. Der Erreger ist bodenbürtig und dringt durch Verletzungen in das Pflanzengewebe ein. Bei Temperaturen < 18 °C werden unter experimentellen Bedingungen Symptome nur zögernd ausgebildet; bei höheren Temperaturen schreitet die Krankheit rasch fort und führt zum Absterben der Pflanze.

Der Krankheitserreger ist nicht samenübertragbar und überdauert offenbar in der Rhizosphäre von Pflanzen, die nicht zur Gattung *Beta* gehören (THOMSON et al. 1977).

8.3.3. Diagnose

Das diagnostisch wichtigste Symptom stellt die nekrotische Veränderung der Gefäßbündel dar. Durch Insertion von Gewebestückchen aus kranken Rüben in das Kronenende von Zuckerrübensämlingen (1 Monat alt) lassen sich bei 25—30 °C die Symptome reproduzieren; innerhalb von 3—21 Tagen sterben die meisten der inokulierten Pflanzen ab.

8.3.4. Verbreitung und wirtschaftliche Bedeutung

Definitiv wurde die Krankheit bisher nur aus den USA beschrieben; sie ließ sich in Californien in allen untersuchten Zuckerrübenbeständen nachweisen. Zu einem starken Auftreten kam es 1971 nach der Einführung neuer, offenbar anfälliger Zuckerrübenhybriden. Die Krankheit wirkt sich sowohl auf den Ertrag als auch auf den Zuckergehalt aus. Bei hohen Anteilen erkrankter Rübenkörper im Erntegut kann es zu Störungen bei der Verarbeitung kommen. Hohe Stickstoffgaben verstärken den Fäuleanteil erheblich.

8.3.5. Wirtspflanzen

Außer Zuckerrüben wurden Chrysanthemen, Kartoffeln und Tomaten als Wirte nach experimenteller Inokulation beschrieben (THOMSON et al. 1977).

8.3.6. Bekämpfung

Neben optimalen, nicht zu hohen Stickstoffgaben wirken Pflanzenabstände in der Reihe von 15—30 cm befallsmindernd (THOMSON et al. 1981 b). Resistente Zuckerrübensorten wurden in den USA selektiert. Die Resistenz gegen den Krankheitserreger wird offenbar einfach vererbt; ein einzelnes dominantes Allel ist für hochgradige Resistenz verantwortlich (LEWELLEN et al. 1978). Unter experimentellen Bedingungen erwiesen sich alle geprüften Futterrüben- sowie Zuckerrüben-Formen als anfällig. Hochresistente Wildarten, die möglicherweise als Resistenzträger züchterisch genutzt werden können, sind *Beta patellaris*, *B. procumbens* und *B. webbiana* (WHITNEY 1982).

8.4. Bakterielle Blattfleckenkrankheit der Zuckerrübe (auch Gefäßschwärzung)

(Vascular blackening of sugar beet; ennegrecimiento vascular de la remolacha)

8.4.1. Erreger

Pseudomonas syringae pv. *syringae* VAN HALL 1902

Syn. *Ps. aptata* (Brown & Jamieson) Stevens (s. 13.2.)

8.4.2. Krankheitsbild, Krankheitsverlauf, Übertragung

Pseudomonas syringae pv. *syringae* (meist als *Ps. aptata* beschrieben) kann an oberirdischen Organen und am Rübenkörper Symptome induzieren. Oberirdisch treten zuweilen Blattflecke sowie Nekrosen an Blattadern, Blattstielen und am Samenträgerspröß auf. Bedeutender ist das Schadbild am Rübenkörper. Im Querschnitt der Rübe sind ab etwa Juli einzelne oder mehrere Gefäßbündel

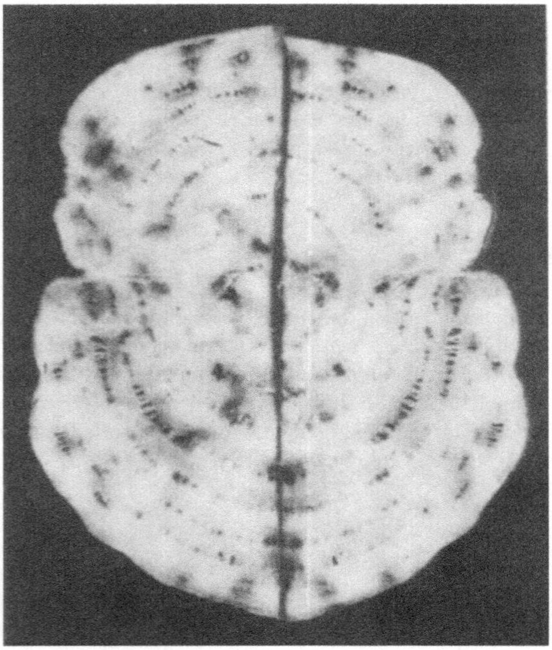

Abb. 8.2. Durch Befall mit *Pseudomonas syringae* pv. *syringae* hervorgerufene schwarzbraune Verfärbung der Gefäßbündelzone im Rübenkörper.

schwarz verfärbt (Abb. 8.2.). In bestimmten Fällen kann die Schwarzfärbung von oberflächlichen Verletzungen ausgehen. Der Erreger überdauert in Abfällen bzw. Resten, die z. B. beim „Putzen" der Zuckerrübenstecklinge oder bei der Ernte entstehen. Vom Boden aus können Sämlinge oder auch ältere Pflanzen über Verletzungen als Eintrittspforten infiziert werden. Nach ARK & LEACH (1946) soll die Krankheit auch durch das Saatgut übertragen werden.

8.4.3. Diagnose

Zur Erhärtung der nach dem Schadbild getroffenen Diagnose kann der Nachweis von Pseudomonaden im Pflanzengewebe herangezogen werden (s. 13.2.).

8.4.4. Verbreitung und wirtschaftliche Bedeutung

Die Krankheit wurde intensiver in den USA und Italien untersucht. Zu größeren Schäden kam es besonders beim Vermehrungsanbau in Italien, da erkrankte Stecklinge nach dem Aufpflanzen faulen und absterben (MAZZUCCHI 1975). Mit bisher geringer wirtschaftlicher Bedeutung tritt die Krankheit seit einigen Jahren verstärkt in verschiedenen europäischen Ländern auf.

8.4.5. Wirtspflanzen

ARK & LEACH (1946) nennen für ihr Isolat neben *Beta vulgaris* folgende Wirte:

Gartenbohne	*Solanum melongena* var. *esculentum*
Paprika	*Tropaeoum majus*
Salat	*Vicia faba.*

8.4.6. Bekämpfung

Die beim „Putzen" befallener Stecklingspartien entstehenden Abfälle sind zu vernichten, um Infektionsquellen auszuschalten. Nach ARK & LEACH (1946) läßt sich eine Saatgutübertragung durch Beizung mit quecksilberhaltigen Mitteln verhindern.

8.5. Silberblättrigkeit der Roten Bete

(silvering disease of red beet)

8.5.1. Erreger

Curtobacterium flaccumfaciens subsp. *betae* (Keyworth, Howell & Dowson 1956) Collins & Jones 1984

Morphologie: Stäbchen (0,3—0,5 × 0,8—1,6 µm): Gram-positiv, einzeln, selten paarweise vorkommend; frisch isolierte Zellen mit 3 peritrichen Geißeln.
Kolonien auf Agar: hellgelb, rund, konvex, durchscheinend.
Wachstum auf Kartoffelscheiben: senfgelb, flüssig.
Temperaturoptimum: 22,5—25 °C
Temperaturmaximum: 37—39 °C
Physiologische Leistungen: streng aerob; Nitrate werden nicht zu Nitriten reduziert; Säure (kein Gas) wird von

Glucose, Lactose, Maltose, Saccharose, Salicin und Glycerol gebildet. Gelatine wird mäßig verflüssigt, Lackmusmilch schwach peptonisiert und reduziert; weder H_2S noch Indol werden gebildet; Ammonium-Stickstoff wird nicht genutzt; Stärke wird hydrolysiert; Urease- und Kovacs-Oxidase-negativ; Katalase- und Phosphatase-positiv (Bradbury 1970).

Die G + C-Werte sind bei diesem Erreger noch nicht ermittelt worden.

Serologie: *C. flaccumfaciens* subsp. *betae* gehört zur gleichen Gruppe wie *C. flaccumfaciens* subsp. *flaccumfaciens* und subsp. *poinsettiae*.

8.5.2. Krankheitsbild, Krankheitsverlauf, Übertragung

Die Silberblättrigkeit tritt stärker nur an Roter Bete auf. Als erste systemische Symptome finden sich an 6—8 Wochen alten Sämlingen vereinzelt silberfarbene Streifen entlang den Blattadern. In der oberen Epidermis können Risse ausgebildet werden, die zu einer rauhen Beschaffenheit der Blattoberfläche führen. Die Symptome breiten sich auf weitere Blätter aus. Nach wenigen Tagen oder auch wenigen Wochen welkt die gesamte Pflanze und stirbt ab. Auf ursprünglich gesunden Nachbarpflanzen können silberfarbene Flecke (1—5 mm Durchmesser) oder Bänder bzw. Risse am Blattrand entstehen. Die Blattflecke scheinen sich nicht auszubreiten, während die Silberfärbung der Blattadern fortschreiten und das gesamte Blatt erfassen kann. Blühende Pflanzen zeigen die charakteristischen Silberfärbungen auch an den Blütenständen. — Das Symptom der Silberfärbung entsteht durch luftgefüllte Hohlräume zwischen den Epidermiszellen.

Das Pathogen wird durch den Samen infizierter Pflanzen übertragen (1—2% der Jungpflanzen zeigen Symptome). Durch Wind werden die Bakterien innerhalb des Saatbetts und zu benachbarten Beständen transportiert. Eine Übertragung ist auch durch das „Putzen" der Stecklinge vor dem Aufpflanzen mittels kontaminierter Messer möglich.

8.5.3. Diagnose

Zur Diagnose dürfte im allgemeinen das charakteristische Schadbild hinreichend sein. Eine Absicherung ist durch den mikroskopischen Nachweis Gram-positiver Bakterien möglich.

8.5.4. Verbreitung und wirtschaftliche Bedeutung

Die Krankheit tritt in Großbritannien und Irland auf. Von Bedeutung ist sie lediglich für den Samenbau, wo sie spürbare Verluste verursacht.

8.5.5. Wirtspflanzen

Stärker nur an Roter Bete und Mangold, selten an Zuckerrübe.

8.5.6. Bekämpfung

In Großbritannien wurden mit gutem Erfolg und hoher ökonomischer Effektivität Saatgutbehandlungen mit Antibiotica (Tränken des Saatgutes für 24 Std. in 200 μg/ml Erythromycin oder 400 μg/ml Streptomycin) durchgeführt.

8.6. Weitere Rüben-Bakteriosen

Neben den hier abgehandelten Bakteriosen wurden von Zuckerrübe weitere bakteriell bedingte Krankheiten beschrieben, so z. B. die „Latente Rosettenkrankheit der Zuckerrübe", die vermutlich mit *Rickettsia*-ähnlichen Erregern im Zusammenhang steht und deren Symptome nur unter Gewächshausbedingungen auftreten. *Mycoplasma*-bedingte Vergilbungskrankheiten bei Zuckerrübe sind lediglich aus Südamerika und Israel bekannt geworden. In unserem Klimagebiet kann der Rübenschorf auftreten, allerdings, ohne daß es zu gravierenden Schäden kommt. Da diese Krankheit durch denselben Erreger wie der Kartoffelschorf, durch *Streptomyces „scabies“*, hervorgerufen wird und hinsichtlich Schadbild und Bekämpfung weitgehend dem Kartoffelschorf ähnelt, sei lediglich auf Kap. 9, „Bakteriosen der Kartoffel“, verwiesen.

8.7. Literatur

ARK, P. A., & LEACH, L. D.: Seed transmission of bacterial blight of sugar beet. Phytopathology **36** (1946): 549—553.

— & SCHROTH, M. N.: Use of slices of carrot and other fleshy roots to detect crown gall bacteria in soil. Plant Dis. Reptr. **42** (1958): 1279—1281.

BRADBURY, J. F.: *Corynebacterium betae*. Descriptions of pathogenic fungi and bacteria No. 374. Commonwealth Mycol. Inst. Kew 1973.

ELLIOTT, C.: Manual of Bacterial Plant Pathogens. 2nd ed. Chronica botanica Comp. Waltham, Mass. 1951.

HAYWARD, A. C., & WATERSTON, J. M.: *Agrobacterium tumefaciens*. Descriptions of pathogenic fungi and bacteria No. 42, Commonwealth Mycol. Inst. Kew 1965.

KERR, A., & BRISBANE, P. G. *Agrobacterium*. In: FAHY, P. C., & PERSLEY, G. J. (Eds.): Plant Bacterial Diseases. A Diagnostic Guide. Academic Press, Sydney, New York, London, Paris, San Diego, San Francisco, Sao Paulo, Tokyo, Toronto 1983.

KERSTERS, K., & LEY, J. DE: Genus *Agrobacterium* Conn 1942, 359 AL In: KRIEG, N. R., & HOLT, J. G. (Eds.): Bergey's Manual of Systematic Bacteriology. Vol. 1. Williams & Wilkins, Baltimore, London 1984, pp. 244—254.

LELLIOTT, R. A., & DICKEY, R. S.: Genus VII. *Erwinia* Winslow, Broadhurst, Buchanan, Krumwiede, Rogers and Smith 1920, 209 AL. In: KRIEG, N. R., & HOLT, J. G. (Eds.): Bergey's Manual of Systematic Bacteriology. Vol. 1. Williams & Wilkins, Baltimore, London 1984, pp. 469—476.

LEWELLEN, R. T., WHITNEY, E. D. & GOULAS, C. K.: Inheritance of resistance to *Erwinia* root rot in sugar beet. Phytopathology **68** (1978) 947—950.

MAZZUCCHI, U.: Vascular blackening in sugar beet taproots caused by *Pseudomonas syringae* van Hall. Phytopath. Z. **84** (1975) 289—299.

RIEGERT, A.: Milieu de culture pour *Agrobacterium tumefaciens*. Experientia **14** (1958): 465.

STAPP, C.: Bakterielle Krankheiten. In: SORAUER, P. (Hrsg.): Handbuch der Pflanzenkrankheiten. Bd. II, 6. Aufl. Paul Parey, Berlin, Hamburg 1956.

THOMSON, S. V., HILDEBRAND, D. C., & SCHROTH, M. N.: Identification and nutritional differentiation of the *Erwinia* sugar beet pathogen from members of *Erwinia carotovora* and *Erwinia chrysanthemi*. Phytopathology **71** (1981 a): 1037—1042.

— HILLS, F. J., WHITNEY, E. D., & SCHROTH, M. N.: Sugar and root yield of sugar beets as affected by bacterial vascular necrosis and rot, nitrogen fertilization, and plant spacing. Phytopathology **71** (1981 b): 605—608.

— SCHROTH, M. N., HILLS, F. J., WHITNEY, E. D., & HILDEBRAND, D. C.: Bacterial vascular necrosis and rot of sugar beeet: General description and etiology. Phytopathology **67** (1977): 1183—1189.

WHITNEY, E. D.: The susceptibility of fodder beet and wild species of *Beta* to an *Erwinia* sp. from sugar beet. Plant Dis. **66** (1982) 664—665.

9. Bakteriosen der Kartoffel

9.1. Durch Mycoplasma-ähnliche Organismen hervorgerufene Erkrankungen

9.1.1. Stolburkrankheit der Kartoffel

(potato stolbur; stolbur kartofeljy; le stolbur de la pomme de terre; stolbur de la papa)

9.1.1.1. Erreger

In vielen Fällen wurden *Mycoplasma*-ähnliche Organismen (MLO) in erkrankten Pflanzen nachgewiesen, ihre Isolierung gelang bisher nicht (zur Charakterisierung s. 2.1.).

9.1.1.2. Krankheitsbild, Krankheitsverlauf, Übertragung

Die Stolbur gehört in die Gruppe der Vergilbungskrankheiten. Typische Symptome sind Veränderungen in der Blütenregion durch Vergrünungen, Verlaubungen, Proliferation und Mißgestaltung der reproduktiven Organe. Das Krankheitsbild tritt bei verschiedenen landwirtschaftlichen Kulturen auf und ist sehr variabel.

An Kartoffeln sind die ersten Symptome etwa 20—30 Tage nach einer Infektion sichtbar: Eine vom Blattrand her fortschreitende Gelbfärbung und löffelartiges Einrollen der oberen Blätter mit gelegentlicher Violettfärbung. Die Triebe und Blätter sind dabei steil aufgerichtet („gotischer Wuchs“).

Bei trockener Witterung beginnen die Pflanzen 7—14 Tage nach dem Auftreten der ersten Krankheitserscheinungen zu welken. Ihre Wurzeln zeigen von der Spitze zur Stengelbasis fortschreitende Symptome einer Trockenfäule. Die oberirdischen Pflanzenteile können völlig absterben. Bereits gebildete Knollen werden infolge des Wasserentzuges gummiartig weich (Gummiknollenwelke) und treiben vorzeitig mit fädig dünnen Keimen aus oder verlieren völlig ihre Keimfähigkeit. Kartoffeln aus dem Nachbau stolburkranken Pflanzgutes können hingegen wieder normal keimen.

Bei feuchtkühler Witterung verläuft der Krankheitsprozeß langsamer und bleibt auf wenige Seitentriebe beschränkt. Unter diesen Bedingungen bildet die Pflanze am Haupttrieb Anthocyangefärbte Luftknollen, Luftstolonen oder verdickte Seitentriebe.

Eine Übertragung der Stolburkrankheit erfolgt durch die Vektoren *Aphrodes bicinctus* Schr., *Euscelis plebejus* Fall., *Hyalestes obsoletus* Sign., *H. mlokosiewiczii* Sign., *Macrosteles cristatus* Rib., *M. laevis* Rib., *M. quadripunctulatus* Kirschb. und *M. sexnotatus* Fall. Sie gelingt auch über Schmarotzerpflanzen (*Cuscuta* spp., *Orobanche* spp.) und durch Pfropfung.

9.1.1.3. Diagnose

Reagiert eine Kartoffelpflanze auf die Anwendung von Tetracyclinen mit Reduzierung ihrer Symptome, so kann ein MLO-Befall vorliegen. Weitergehende elektronenoptische Untersuchungen sind jedoch für eine gesicherte Diagnose notwendig. Neuerdings gewinnen auch einfachere lichtmikroskopische Verfahren an Bedeutung:

— Autofluorescenz-Nachweis bei massiver Infektion
— Fluorescenz-Nachweis der in den Mikroorganismen enthaltenen Nucleinsäuren mittels Auramin,

Pseudoisocyaninchlorid, Berberinsulfat und DAPI (= 4′,6-Diamidino-2-phenylindol) (und deren Kombination)
— einfacher Farbtest mit dem Diachrom Gallocyanin-Chromalaun.

Zur Differenzierung der verschiedenen Stolburerkrankungen sind ferner ein breites Testpflanzensortiment (*Callistephus chinensis*, *Catharanthus roseus*, *Cyphomandra betacea*, *Nicotiana rustica*, *N. tabacum*, *Senecio vulgaris*, *Solanum melongena*, *Trifolium repens*) und zusätzlich die Vektoren notwendig.

9.1.1.4. Verbreitung und wirtschaftliche Bedeutung

Die Stolburkrankheit ist in den warmkontinental beeinflußten Gebieten Europas verbreitet. Sie tritt im Süden der UdSSR, in allen südosteuropäischen Ländern und in den klimatisch entsprechenden Gebieten der ČSSR, Schweiz und Frankreichs auf.

Die Stärke des Auftretens und somit ihre wirtschaftliche Bedeutung werden vor allem durch klimatische Einflüsse auf den Massenwechsel der Vektoren bestimmt. So kommt es im Regelfall nach dem Aufbau großer Vektorpopulationen zu Perioden der Depression.

In weiten Regionen der UdSSR verursacht die Stolburerkrankung in einzelnen Jahren an Kartoffeln, Tomaten, Paprika, Eierfrüchten, Pfeffer und Tabak bis zu 50% Ertragsausfälle.

Für die ČSSR gelten die Jahre 1924/25, 1929, 1932, 1934, 1947 und 1951 als ausgesprochene Stolburjahre. In der Zeit von 1948 bis 1955 waren in den wärmeren Gebieten 50—100% der Kartoffelstauden befallen. Danach ging der Befall drastisch zurück, so daß 1959 der Anteil stolburinfizierter Kartoffelstauden unter 1% lag. Dies über längere Zeiträume hinweg unterschiedlich starke Auftreten birgt die Gefahr in sich, daß die Bedeutung dieser Krankheit unterschätzt wird.

Ein überraschend starkes Auftreten von Stolbur in der Normandie zeigt ferner, daß diese Krankheit nicht nur in den dafür prädestinierten Klimaten zu wirtschaftlichen Schäden führt.

9.1.1.5. Wirtspflanzen

Die Stolbur befällt eine Vielzahl Vertreter sehr unterschiedlicher Pflanzenfamilien. Zu ihnen gehören sowohl landwirtschaftliche und gärtnerische Kulturen als auch zahlreiche Unkräuter.

9.1.1.6. Bekämpfung

Die Bekämpfung der Mycoplasmen ist sowohl auf indirektem (Kultivierungsmaßnahmen, Vektorenbekämpfung, Resistenzzüchtung) als auch auf direktem Wege (physikalische und chemische Behandlungen) möglich. Die bei vielen Kulturpflanzen insbesondere in der Vergangenheit durchgeführte Wärmetherapie besitzt bei Kartoffeln kaum praktisches Interesse.

Zur Bekämpfung der Mycoplasmen im Kartoffelbau haben nach Nienhaus (1979) vor allem folgende Methoden eine herausragende Bedeutung:
— Einhaltung optimaler Anbau- und Pflegemaßnahmen
— Verwendung gesunden Pflanzgutes zur Vermehrung
— Testung des Knollenmaterials vor dem Auspflanzen
— Inspektion und Selektion der Vermehrungsbestände
— Verlegung des Kartoffelanbaues in vektorarme Regionen
— Applikation von Systeminsekticiden zur Vernichtung der Vektoren
— Bekämpfung der Unkräuter
— Anbau resistenter Sorten.

Resistenzunterschiede von Kulturpflanzensorten und eine zielgerichtete Resistenzzüchtung stellen auf lange Sicht die aussichtsreichsten Bekämpfungsmaßnahmen dar. So werden die Kartoffelsorten ‚Triumph', ‚Voran', ‚Universal', ‚Kardinal', ‚Barka' und ‚Taborka' als relativ widerstandsfähig gegenüber Stolbur eingeschätzt. Auch im Wildkartoffelsortiment liegen Unterschiede in der Anfälligkeit vor. Es wird deshalb empfohlen, Sorten mit relativer Resistenz gegen Stolbur als Ausgangsmaterial für eine Kreuzung mit solchen Wildarten wie *Solanum gibberulosum* und *S. chacoense* voll zu nutzen.

9.1.2. Hexenbesenkrankheit der Kartoffel

(potato witches' broom: ved'miny metly kartofelja; balai de sorcière de la pomme de terre; escobas de bruja de la papa)

9.1.2.1. Erreger

Zahlreiche elektronenmikroskopische Untersuchungen an Kartoffelpflanzen mit typischem Hexenbesensyndrom haben zweifelsfrei belegt, daß MLO im erkrankten Phloemgewebe vorkommen. Durch Pfropfungs- und Vektorübertragungsversuche konnte gezeigt werden, daß die Hexenbesenkrankheit tatsächlich durch MLO verursacht wird. Nähere Angaben zur Charakterisierung der Mycoplasmen sind im Abschnitt 2.1. enthalten.

9.1.2.2. Krankheitsbild, Krankheitsverlauf, Übertragung

MLO rufen verschiedene Typen von Hexenbesensymptomen hervor. Bei allen diesen Formen zeigen die erkrankten Pflanzen hexenbesenartige Verzweigungen der stark geschwächten Sprosse sowie verkleinerte und überwiegend chlorotische Blätter. Die Pflanze bildet zahlreiche, aber nur sehr kleine Knollen aus, die häufig ohne Keimruhe auswachsen. Gelegentlich können in den Blattachseln auch Luftknollen entstehen.

Hochvirulente Typen rufen eine extreme Stauchung, üppige Triebausbildung und weitgehende Unterdrückung der Blüte hervor.

Die Krankheit wird durch Knollen auf den Nachbau übertragen. Als Vektoren gelten *Alebroides dravidanus* Ram et Menon, *Hyalesthes obsoletus* Sign., *Orosius albicinctus* Dist. und *Peragallis sinuta* Muls. et R. Sehr leicht gelingt eine Übertragung auch durch Pfropfung und über *Cuscuta hyalina*.

9.1.2.3. Diagnose

Neben elektronenmikroskopischen Studien liefern bei hexenbesenkranken Kartoffelpflanzen Bioteste erste orientierende Hinweise über das Vorliegen einer Mycoplasmose. So ruft die Übertragung auf *Nicotiana tabacum* eine von den Blatträndern ausgehende Gelbfärbung hervor. Außerdem werden eine Vielzahl Basissprosse mit verkleinerten Blättchen ausgebildet. An *Lycopersicon lycopersicum* kommt es zu einer Chlorose oder Gelbfärbung der Ränder jüngster Blätter. Häufig werden außerdem auch die Blattflächen reduziert, und die Blattrhachis zeigt eine starke Verkrümmung.

9.1.2.4. Verbreitung und wirtschaftliche Bedeutung

Die Krankheit wurde erstmals 1920 in Minnesota, später auch in Kanada, Japan, China, Indien und Australien festgestellt. Auf dem europäischen Kontinent liegen Beobachtungen aus Schottland, beiden deutschen Staaten, Polen, der ČSSR und der UdSSR vor.

In Europa besitzt die Krankheit nur eine untergeordnete wirtschaftliche Bedeutung; obwohl sie meist nur sporadisch auftritt, sind in einigen Jahren bis zu 1% erkrankter Pflanzen ermittelt worden. Im Gegensatz hierzu verursacht die Hexenbesenkrankheit außerhalb Europas — trotz größerer Befallsschwankungen — Ertragsminderungen von 15—23% (NAGAICH et al. 1978).

9.1.2.5. Wirtspflanzen

Die Hexenbesenkrankheit besitzt einen großen Wirtskreis, der mehrere Familien umfaßt.

9.1.2.6. Bekämpfung

Für den europäischen Raum sind bei der Hexenbesenkrankheit bisher kaum spezielle Bekämpfungsmaßnahmen notwendig gewesen. Dennoch haben die unter 9.1.1. aufgeführten Kultivierungsmaßnahmen auch für diese *Mycoplasma*-Erkrankung ihre Bedeutung.

Darüber hinaus übt die Lagertemperatur einen Einfluß auf den Befall insofern aus, als Kühllagerung die MLO inaktiviert und dadurch befallsmindernd wirkt. Eine verringerte Symptomausbildung wird auch dann erreicht, wenn Kartoffeln vor dem Auspflanzen in Tetracyclin + Benlate (500 ppm) getaucht werden. Doxypal, Oxytetracyclin und Tetracyclinhydrochlorid haben sich als wirksamer erwiesen als Ledermycin, Sulphaguanadin, Sulphadimidin, Sulphapyridin und Chlorostep.

9.1.3. Weitere durch Mycoplasma-ähnliche Organismen bedingte Krankheiten der Kartoffel

9.1.3.1. Spitzenröte und Blattrollung

(purple top roll)

Bei Befall mit der Spitzenröte kommt es zunächst zu einer Chlorose an den jungen Blättern. Im weiteren Verlauf rollen sich deren Basen an den Rändern ein. Parallel hierzu zeigt sich auf der Blattoberfläche eine Verfärbung nach rosarot bis purpurfarben. Infizierte Stauden sind stark wuchsgehemmt und bilden zahlreiche Seitensprosse aus. Häufig findet man mehrere Luftknollen in den Blattachseln. Die Tochterknollen erkrankter Pflanzen keimen sehr schnell unter Ausbildung fädigdünner Keime aus.

9.1.3.2. Blattrandvergilbung

(marginal flavescence)

Die Blattrandvergilbung ist in Berg- und Hochlandgebieten verbreitet und tritt dann verstärkt auf, wenn über eine längere Vegetationsperiode hinweg kühle Witterung die Pflanzenentwicklung hemmt. Erstes Anzeichen einer Erkrankung ist eine Randchlorose junger Kartoffelblätter. Im fortgeschrittenen Stadium rollen sich die Blätter leicht ein. Einzelne Fiederblättchen besitzen eine verringerte Blattspreite mit verlängertem Stiel und reduzierter Rhachis. Die Pflanze bildet diese Merkmale sehr deutlich aus und erzeugt eine sehr große Zahl kleiner und kleinster Knollen an stark eingekürzten Stolonen. Unter den Bedingungen einer Erdeinmietung keimen 60—64% der Knollen mit fädigdünnen Trieben aus. Die Krankheit wird mit dem Pflanzgut, aber auch durch Vektoren und Pfropfung übertragen.

Die Vergilbung ist nur über ein spezielles Tabak-Testsortiment sowie anhand ihrer Vektoren *Alebroides dravidanus* und *Seriana equata* Singh vom „purple top roll" zu unterscheiden.

9.1.3.3. Phylloidie der Kartoffel

(potato phyllody)

Diese *Mycoplasma*-Erkrankung ist durch eine schwere Chlorose und verlängerte Internodien gekennzeichnet. Die Fiederblättchen sind rauh, stark behaart, und ihr Blattrand ist meist blaßrosa verfärbt. Der Stengel zeigt morphologische Veränderungen unterschiedlicher Art. Die Blüte bildet typische Phylloidiesymptome aus.

Eine Übertragung erfolgt in erster Linie mit dem Pflanzgut.

9.1.3.4. Rundblättrigkeit der Kartoffel

(rotundifoliar disease of potato)

Die durch Samsonova (1979) in der UdSSR nachgewiesene und dort seit Jahrzehnten bekannte *Mycoplasma*-bedingte Kartoffelkrankheit ist vor allem im Wolgagebiet anzutreffen. Sie ist charakterisiert durch stark buschigen Zwergwuchs und verkleinerte Blätter. Das typische Symptom aber sind abgerundete Blätter mit gelbgefärbter Umsäumung.

9.2. Bakterielle Naßfäulen der Kartoffel

9.2.1. Schwarzbeinigkeit und Knollennaßfäule der Kartoffel

(potato black leg and bacterial soft rot; černaja nožka i mokraja gnil' kartofelja; jambe noire et pourriture molle bactérienne; pierna negra y pudrición bacteriana de la papa)

9.2.1.1. Erreger

Erwinia carotovora subsp. *atroseptica* (van Hall 1902) Dye 1969

Syn. *Bacillus atrosepticus* van Hall
Bacterium atrosepticum (van Hall) Lehmann & Neumann
Erwinia atroseptica (van Hall) Jennison
Pectobacterium atrosepticum (van Hall) Patel & Kulkarni
Bacterium carotovorum var. *atrosepticum* (van Hall) Hellmers & Dowson
Pectobacterium carotovorum var. *atrosepticum* (van Hall) Graham & Dowson
Bacillus melanogenes Pethybridge & Murphy
Bacillus phytophthorus Appel
Bacterium phytophthorum (Appel) Burgvits
Erwinia phytophthora (Appel) Bergey et al.
Pectobacterium phytophthorum (Appel) Waldee.

Morphologie: Gram-negatives, weder Sporen noch Kapseln bildendes Stäbchen von 0,5—0,8 × 1,0—2,5 µm Größe. Es kommt einzeln, paarweise oder gelegentlich in Ketten bis zu 5 Zellen vor, ist beweglich, besitzt gewöhnlich mehrere peritrich angeordnete Flagellen.
Kolonien auf Agar: auf den meisten Medien grauweiß bis cremeweiß, glatt, rund, glänzend, flach bis leicht erhaben, wächst sehr schnell.
Temperaturoptimum: 25—27 °C
Temperaturmaximum: 33 °C
Thermaler Tötungspunkt: Bei den einzelnen Stämmen schwankt er zwischen 47 und 50 °C.
Physiologische Leistungen: fakultativ anaerober Stoffwechsel; Reduktion von Nitrat; folgende Kohlenhydrate werden unter Säurebildung verwertet: Arabinose, Ribose, Xylose, Glucose, Galactose, Mannose, Fructose, Rhamnose, Saccharose, Trehalose, Cellobiose, Lactose, Maltose, Melibiose, Raffinose, Sorbitol, Mannitol, Salicin, α-Methylglucosid, β-Methylglucosid und Esculin; das Bakterium reagiert H_2S- und Indol-positiv; Acetoin-, Methylrot-positiv. Cellulose wird nicht abgebaut.
Bakteriophagen sind für diesen Erreger beschrieben worden.
Die G + C-Mol-%-Werte liegen bei 51,3 und 53,1.

Zur „*carotovora*“-Gruppe gehören noch folgende Naßfäuleerreger an Kartoffeln:
— *E. carotovora* subsp. *carotovora* (s. 9.2.2.)
— *E. chrysanthemi* pv. *chrysanthemi* (s. 9.2.3.)
— *E. rhapontici* (Millard 1924) Burkholder 1948.
Sie alle sind typische Wundparasiten.

9.2.1.2. Krankheitsbild, Krankheitsverlauf, Übertragung

Kurz nach dem Auflaufen und während der späteren Pflanzenentwicklung zeigen Einzeltriebe oder alle Sprosse einer Pflanze Vergilbungen, Welken oder Wuchsdepressionen zunehmenden Grades. Die Fiederblättchen sind häufig nach oben eingerollt, und in den warmen Mittagsstunden hängen die Blätter schlaff herunter. Mit zunehmender Krankheitsentwicklung treten an den Trieben und später auch an den Blättern Absterbeerscheinungen ein. Derartige Sprosse lassen sich leicht aus dem Boden ziehen und besitzen völlig abgestorbene Wurzeln. An der Stengelbasis kommt es zu einer typischen schwarzen Verfärbung mit unterschiedlich starker Gewebeschädigung (Abb. 9.1.). Im Innern des Sprosses ist das Gefäßsystem in weiten Bereichen verbräunt und nekrotisiert.

Im Knollengewebe breitet sich der Erreger über die Intercellularen aus. Durch die Ausschüttung von Ektoenzymen werden die Pectinlamellen der Zellwände maceriert; dabei wird die

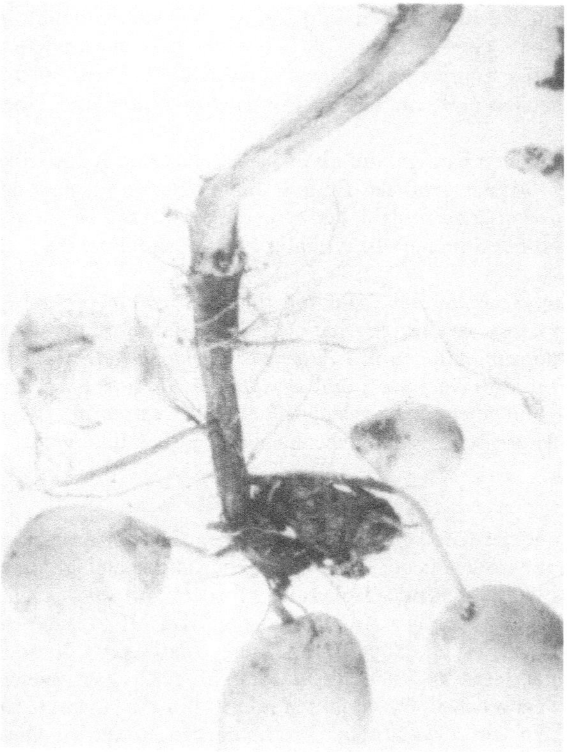

Abb. 9.1. Durch *Erwinia carotovora* subsp. *atroseptica* verursachte Schwarzbeinigkeitssymptome am Kartoffelsproß.

Lebenstätigkeit der Parenchymzellen so in Mitleidenschaft gezogen, daß sie schließlich absterben können (s. 4.3.4.).

Ausgangspunkt für einen Neubefall austreibender Sprosse ist bei geregelter Fruchtfolge in jedem Fall die Übertragung des Erregers durch kontaminiertes, latent verseuchtes, befallenes oder angefaultes Pflanzgut.

An der Knolle beginnt die Fäule vielfach am Nabelende, bei feuchtkaltem Wetter aber auch verstärkt an den Lenticellen. Bei Kartoffelknollen mit geschlossener Schale erfolgt die Infektion zumeist über Haarrisse oder andere mechanische Beschädigungen, vor allem während der Ernte, Aufbereitung und Vermarktung; auch ein vorhergegangener Schorf- oder Pilzbefall, z. B. durch den Braunfäuleerreger *Phytophthora infestans* (Mont.) de Bary, wirkt befallsfördernd. Das Fleisch ist lokal wasserdurchtränkt, entfärbt und geht in eine weißliche bis schwach rosa getönte, breiige Masse über, die nur durch die Schale zusammengehalten wird (Tafel III, 1.). Der Faulbrei verfärbt sich an der Luft dunkelbraun und nimmt insbesondere bei sekundärer Besiedlung durch Saprophyten einen stechenden Geruch an. Bei Druck auf die Knolle tritt der Faulbrei aus, wodurch benachbarte Knollen kontaminiert werden können.

Frühzeitig befallene Kartoffeln verfaulen bereits auf dem Feld und sind zur Ernte nicht mehr vorhanden. Erst teilweise erkrankte oder bei der Ernte infizierte Knollen können im Lager in Fäule übergehen.

Auf der Knollenoberfläche, in den Lenticellen, im Periderm sowie im Gefäß- und Speichergewebe kann das Bakterium vom Herbst bis zum Frühjahr überdauern, ohne daß Symptome erkennbar werden. Die Oberflächenkontamination tritt ebenso wie die Wundinfektion entweder bereits auf dem Feld oder aber erst bei Kontakt mit verseuchtem Material während der Ernte, Aufbereitung und Lagerung ein, während die latente Knollenverseuchung stets bereits im Bestand erfolgt.

Auf dem Feld werden die Naßfäuleerreger aus der *E. carotovora*-Gruppe mit Geräten, durch Wind, Regen, Insekten, aber auch durch das im feuchten Boden vorhandene Wasser verbreitet. *E. carotovora* subsp. *atroseptica* vermag sich — im Gegensatz zur subsp. *carotovora* — saprophytisch nicht längere Zeit im Boden zu halten, niedrige Temperaturen sowie organische Pflanzenreste verbessern allerdings ihre Lebenschancen erheblich und ermöglichen in manchen Jahren eine Überwinterung im Boden.

Die Schwarzbeinigkeit tritt auf sandigen Böden häufiger auf als auf lehmigen; eine gegenläufige Tendenz zeigt die Knollennaßfäule. Einen weitaus größeren Einfluß als der Boden üben jedoch Niederschläge und niedrige Temperaturen aus: Im Frühjahr und Vorsommer führen sie zu verstärktem Schwarzbeinigkeitsbefall, während des Sommers zu erhöhter Knollennaßfäule, die z. T. erst zu Beginn der Lagerung auftritt.

In der Praxis kommt es häufig zu einer kombinierten Infektion durch *E. carotovora* subsp. *atroseptica* und verschiedenen *Fusarium* spp., was zu einer sogenannten „Mischfäule" führt. Unter den Bedingungen der DDR sind diese Doppelinfektionen mit *Fusarium sulphureum* Schlecht., *F. solani* var. *coeruleum* (Sacc.) Booth, *F. avenaceum* (Fr.) Sacc. und *F. culmorum* (Smith) Sacc. sehr verbreitet (Götz & Pett 1978). Gleichzeitig mit einem dieser Pilzparasiten und *E. carotovora* subsp. *atroseptica* verseuchte Pflanzkartoffeln rufen meist schweren Schwarzbeinigkeitsbefall hervor.

9.2.1.3. Diagnose

An der Entstehung der Schwarzbeinigkeit und der Knollennaßfäule sind neben *E. carotovora* subsp. *atroseptica* häufig mehrere Bakterienarten unterschiedlicher Gattungszugehörigkeit beteiligt, deren Identifizierung spezielle Testverfahren nach vorausgehender Isolierung erfordert.

Zur Isolierung kann man — am besten nach zweimaliger Anreicherung auf Kartoffelscheiben — verschiedene Nährböden verwenden, z. B. KDA, Tryptic-Soya-Agar, Thioglycolat-Agar[1]), Kristallviolett-Pectat-Medium, Stewart-Medium u. a. (Schaad 1980; Naumann et al. 1982). Zur weiteren Charakterisierung sind die in Tabelle 9.1. angegebenen Testverfahren üblich. Für die summarische Erfassung pectinolytischer Bakterien kann auch ein enzymatischer Test herangezogen werden. Diese Methode basiert auf der Färbbarkeit der hochmolekularen Pectinsäure durch Methylenblau in Polyacrylamid-Gelen; nach enzymatischer Spaltung wird kein Farbstoff mehr absorbiert. Für die Identifizierung des Erregers haben inzwischen serologische Methoden, insbesondere der „enzymelinked immunosorbent assay" (ELISA) zunehmende Bedeutung erlangt (s. 2.5.3.).

9.2.1.4. Verbreitung und wirtschaftliche Bedeutung

Die durch *E. carotovora* subsp. *atroseptica* verursachten Krankheitserscheinungen treten in allen Ländern und Kontinenten mit Kartoffelanbau auf. Gegenwärtig stellen sie in den gemäßigten Breiten die wichtigste bakterielle Erkrankung der Kartoffeln dar.

Die Schwarzbeinigkeit wirkt sich besonders schwerwiegend in Pflanzgutbeständen aus, da nach den Richtlinien für eine Feldanerkennung nur ein sehr geringer Prozentsatz befallener Pflanzen toleriert wird. In einigen Staaten wird sogar Null-Toleranz angestrebt. Als Ursache für ihre Zunahme in den letzten Jahren wird vor allem die hochgradige Technisierung des Kartoffelbaues angesehen. Kartoffelverluste von 10—15% während der Lagerung sind keine Seltenheit, mitunter liegen sie noch wesentlich höher. Pérombelon & Kelman (1980) beziffern die insgesamt auf der Welt auftretenden jährlichen Verluste durch bakterielle Knollennaßfäulen auf 50—100 Mill. $.

9.2.1.5. Wirtspflanzen

Neben Kartoffeln werden zahlreiche andere Pflanzenarten aus verschiedenen Familien befallen. Zu ihnen zählen Ackerbohne, Gurke, verschiedene Kohlarten, Kürbis, Kresse, Möhren, Radieschen, Tabak, Tomaten, Zwiebeln, verschiedene Zierpflanzen (z. B. *Delphinium ajacis*, *Iris pallida*) u. a.

[1]) Zusammensetzung s. 9.2.4.2.

Tabelle 9.1. Testverfahren zum Nachweis von *Erwinia carotovora* subsp. *atroseptica* und Abgrenzung gegenüber anderen Naßfäuleerregern. Nach Schaad 1980.

Testverfahren	*E. carotovora* subsp. *carotovora*	*E. carotovora* subsp. *atroseptica*	*E. chrysanthemi* pv. *chrysanthemi*	*E. rhapontici*
— Empfindlichkeit gegenüber Erythromycin	—	—	+	+
— Abbau von Saccharose	—	+	+	+/—
— Wachstum auf Phosphatase-Medium	—	—	+	+/—
— Gasbildung aus Glucose	—	—	+	—
— Pectat-Abbau	+	+	+	—
— Gelatine-Verflüssigung	+	+	+/—	—
— Maceration von Kartoffelgewebe	+	+	+	+
— Säurebildung aus:				
Lactose	+	+	+/—	+
Palatinose	—	+	—	+
α-Methyl-glucosid	—	+	—	+/—

Reaktion: + = positiv
— = negativ

9.2.1.6. Bekämpfung

Die Krankheit ist zur Zeit weder durch technische bzw. chemische noch durch züchterische Maßnahmen völlig eliminierbar. Größte Bedeutung besitzen Pflanzgutauswahl, Hygiene- und Kultivierungsmaßnahmen sowie optimale Lagerbedingungen. Umfangreiche pflanzenhygienische Anforderungen stellt besonders die Pflanzguterzeugung. Zur raschen Jugendentwicklung sind gesunde, wenig beschädigte, vorgekeimte Pflanzkartoffeln und ein schonendes Auspflanzen in gut gelockerten, mäßig feuchten, doch erwärmten Boden wichtige Voraussetzungen. An Schwarzbeinigkeit erkrankte Stauden müssen aus Vermehrungsbeständen entfernt werden; bei Bekämpfung evtl. vorhandener Virusüberträger ist auch deren Ablegen in die Furchen möglich.

Die Ernte nimmt man am besten 2—3 Wochen nach vorausgegangener Krautbeseitigung und vollständiger Ausreife bei trockenem Wetter vor. Anschließend ist für eine sofortige Belüftung und rasche Abtrocknung Sorge zu tragen; dadurch wird die notwendige Wundverheilung eingeleitet, die bei ausreichender O_2-Zuführung und Temperaturen von 12—15 °C innerhalb von 1—2 Wochen abläuft (s. 4.3.2.3.).

Die chemische Beizung von Pflanzkartoffeln mit Baktericiden (z. B. Bronopol, Malonat und anderen organischen Säuren) — oft kombiniert mit Fungiciden — wird vielfach empfohlen, aber gegenwärtig aus unterschiedlichen Gründen nur in einigen Ländern praktiziert.

In den Feldbeständen zeigen sich häufig deutliche Befallsunterschiede zwischen verschiedenen Schlägen, die aber zumeist nicht auf Differenzen in der Anfälligkeit, sondern auf den Befallszustand des verwendeten Pflanzgutes zurückzuführen sind. Allerdings gibt es auch erhebliche Unterschiede im Resistenzverhalten der Sorten. Dabei hat sich gezeigt, daß die Resistenzen gegen Schwarzbeinigkeit und Knollenfäule nicht miteinander korreliert sind. Daraus wird auf eine „Resistenzbarriere“ am Stengelgrund geschlossen, die bei einigen Sorten auch nach dem Faulen der Knolle noch wirksam sein kann. Die nachweisbaren Abstufungen in der Sortenanfälligkeit für die Knollennaßfäule werden teilweise auf eine differenzierte Schalenstärke, Verletzungsempfindlichkeit und Wundkorkbildung zurückgeführt; aber auch die Inhaltsstoffe, der Nitrat- und Calciumgehalt spielen dabei eine Rolle. Generell hat sich gezeigt, daß für die Widerstandsfähigkeit einer Sorte und damit für ihre gute Lagereignung neben der Resistenz des Gewebes gegen den Angriff der Erreger und ihrer

Enzyme die Empfindlichkeit für mechanische Belastungen und ein rasches Wundheilvermögen ausschlaggebend sind (s. auch 4.3.2.3.).

Um die Übertragung von *E. carotovora* subsp. *atroseptica* zu verringern, werden in einzelnen Ländern erregerfreie Pflanzenteile als Klone zur Sortenerhaltung und Neuzüchtung steril weiter vermehrt. Als Ausgangsmaterial dienen dabei entweder bewurzelte Stengelabschnitte („stem cuttings") oder nodale Abschnitte („nodal cuttings"). Auch in der Gewinnung von somatischen Hybriden sowie in der Embryo- und Ovarienkultur werden neue Wege zur Schaffung von weniger anfälligen Neuzüchtungen gesehen. Nicht zuletzt gewinnen auch die aus erregerfreien Samen aufgebauten Populationen eine zunehmende Bedeutung bei der Bereitstellung hochwertiger und wenig anfälliger Kartoffelsorten.

Unter den Wildkartoffeln zeigen insbesondere die Arten *Solanum sucrense* und *S. leptophyes* sowie die Primitivform *S. tuberosum* subsp. *andigenum* eine nur geringe Anfälligkeit für Schwarzbeinigkeit und Knollennaßfäule.

Auch sind Anfänge einer biologischen Bekämpfung mit antagonistischen fluorescierenden Pseudomonaden bekannt.

9.2.2. Stengel- und Knollennaßfäule der Kartoffel

(potato stem rot and soft rot; gangrena del tallo y pudrición blanda bacteriana de la papa)

9.2.2.1. Erreger

Erwinia carotovora subsp. *carotovora* (Jones 1901) Bergey, Harrison, Breed, Hammer & Huntoon 1923

Syn. *Bacillus carotovorus* Jones
Bacterium carotovorum (Jones) Lehmann & Neumann
Enterobacter carotovorus (Jones) Peny
Erwinia carotovora (Jones) Bergey et al.
Pectobacterium carotovorum (Jones) Waldee
Bacillus apiovorus Wormald
Bacterium apiovorum (Wormald) Burgvits
Bacillus aroideae Townsend
Bacterium aroideae (Townsend) Stapp
Erwinia aroideae (Townsend) Bergey et al.
Pectobacterium aroideae (Townsend) Waldee
Pectobacterium carotovorum var. *aroideae* (Townsend) Graham & Dowson
Bacillus betivorus Takimoto
Bacterium betivorum (Takimoto) Burgvits
Erwinia betivora (Takimoto) Magrou
Pectobacterium betivorum (Takimoto) Patel & Kulkarni
Bacillus cepivorus Delacroix
Aplanobacter cepivorus (Delacroix) Elliott
Bacterium cepae Passalacqua
Bacterium cepivorum (Delacroix) Stapp
Erwinia cepivora (Delacroix) Oishi
Phytomonas cepivora (Delacroix) Magrou
Bacillus croci Mizusawa
Bacterium croci (Mizusawa) Burgvits
Erwinia croci (Mizusawa) Magrou
Erwinia cytolytica Chester
Chromobacterium cytolyticum (Chester) Krasil'nikov
Pectobacterium cytolyticum (Chester) Patel & Kulkarni
Bacillus dahliae Hori & Bokura
Bacterium dahliae (Hori & Bokura) Burgvits
Erwinia dahliae (Hori & Bokura) Magrou

Pectobacterium delphinii Waldee
Bacillus melonis Giddings
Bacterium melonis (Giddings) Burgvits
Erwinia melonis (Giddings) Bergey et al.
Pectobacterium melonis (Giddings) Waldee
Salmonella melonis (Giddings) Pribram
Bacillus oleraceae Harrison
Bacterium oleraceae (Harrison) Burgvits
Erwinia oleraceae (Harrison) Bergey et al.
Salmonella oleraceae (Harrison) Pribram
Bacillus omnivorus van Hall
Bacterium omnivorum (van Hall) Burgvits
Bacillus papaveris Ayyar
Bacterium papaveris (Ayyar) Burgvits
Chromobacterium papaveris (Ayyar) Krasil'nikov
Erwinia papaveris (Ayyar) Magrou
Bacillus solanisaprus Harrison
Bacterium solanisaprum (Harrison) Burgvits
Erwinia solanisapra (Harrison) Bergey et al.

Nicht bestätigte Synonyme ohne Referenzkultur sind außerdem:

Bacillus alliariae Omori
Bacterium alliariae (Omori) Krasil'nikov
Erwinia alliariae (Omori) Magrou
Erwinia carotovora var. *konjac* Nakata
Pseudomonas destructans Potter
Bacterium destructans (Potter) Nakata, Nakajima & Takimoto
Phytomonas destructans (Potter) Bergey et al.
Phytobacterium destructans (Potter) Magrou & Prevot
Bacillus hyacinthi septicus Heinz
Bacillus hyacinthi Migula
Bacterium hyacinthi septicum (Heinz) Chester
Erwinia hyacinthi septica (Heinz) Magrou
Proteus nadsonii Lobik

Morphologie: Gram-negatives, weder Sporen noch Kapseln bildendes Stäbchen von 0,5—0,8 × 1,0—3,0 µm Größe. Es kommt einzeln, paarweise oder gelegentlich in kleineren Ketten vor, ist beweglich, besitzt gewöhnlich mehrere peritrich angeordnete Flagellen.
Kolonien auf Agar: grauweiß bis cremeweiß, glatt, rund, glänzend, flach, feucht aussehende Oberfläche.
Temperaturoptimum: 27—30 °C
Temperaturmaximum: 39—40 °C
Thermaler Tötungspunkt: 48—49 °C
Physiologische Leistungen: stimmen weitgehend mit denen von *E. carotovora* subsp. *atroseptica* überein (9.2.1.). Differenzierungsmerkmale sind in Tabelle 9.1. aufgeführt. Bakteriophagen sind für den Erreger bekannt. Die G + C-Werte liegen bei 50,5—53,1 Mol-%. Anders als bei *E. carotovora* subsp. *atroseptica* sind bei der subsp. *carotovora* zahlreiche Serovare nachgewiesen worden.

9.2.2.2. Krankeitsbild, Krankheitsverlauf, Übertragung

Galt in der Vergangenheit *E. carotovora* subsp. *atroseptica* als alleiniger Erreger der Schwarzbeinigkeit, so belegen neuere Untersuchungen, daß auch *E. carotovora* subsp. *carotovora* unter bestimmten Bedingungen — vor allem bei höheren Temperaturen (> 15 °C) — Schwarzbeinigkeit und Naßfäule an Stengeln hervorrufen kann (Pérombelon & Kelman 1980). Dabei zeigt die Stengelnaßfäule kein einheitliches Erscheinungsbild. Sehr häufig sind an der Entstehung dieses Symptoms auch Pilze (*Colletotrichum* spp., *Phoma* spp. u. a.) beteiligt.

Das Krankheitsbild weist von allgemeinen Welkeerscheinungen bis zur totalen Naßfäule der Stengel alle Übergangsformen auf (Tafel III, 2.). Es ist oft schwer oder unmöglich, die Stengelnaßfäule von der typischen Schwarzbeinigkeit (vgl. 9.2.1.) exakt zu unterscheiden. Dennoch sind zwei spezifische Krankheitssymptome häufig zu beobachten:

— Verfaulen des Markgewebes, wobei äußere Symptome erst im oberen Stengeldrittel sichtbar werden, und
— Naßfäule der Stengelepidermis vom Fuß bis zum Wipfel, wodurch sich die befallenen Stengel bräunlich bis dunkelbraun verfärben. Unter trockenen Witterungsbedingungen erscheinen auf der Stengeloberfläche zunächst kleine, verbräunte Flecke, die sich bei Nässe rasch vergrößern und ineinander übergehen. Das Stengelinnere wird zunächst nicht geschädigt.

Das an der Kartoffelknolle verursachte Naßfäulesyndrom sowie der Ausbreitungsweg und die Übertragung des Erregers unterscheiden sich nur darin von den entsprechenden Gegebenheiten bei *E. carotovora* subsp. *atroseptica*, daß *E. carotovora* subsp. *carotovora* verbreitet im Boden vorkommt und infolge ihres großen Wirtspflanzenkreises (s. 9.2.2.5.) viele Infektionsquellen existieren. Da es aber offenbar seltener zu einem Befall der Stengel und einer Infektion der Tochterknollen kommt, ist dieser Erreger auch nicht so häufig in naßfaulen Knollen anzutreffen wie *E. carotovora* subsp. *atroseptica*.

9.2.2.3. Diagnose

Für eine Diagnose überträgt man befallene Pflanzenteile auf zuvor oberflächensterilisierte Kartoffeln- oder Möhrenscheiben. Nach einer 2—3tägigen Inkubation unter feuchten Bedingungen entwickelt der Erreger eine typische Naßfäule. Die Identifizierung von *E. carotovora* subsp. *carotovora* und ihre Abgrenzung gegenüber der subsp. *atroseptica* kann anhand der in Tabelle 9.1. aufgeführten Tests vorgenommen werden.

9.2.2.4. Verbreitung und wirtschaftliche Bedeutung

E. carotovora subsp. *carotovora* wie auch *E. carotovora* subsp. *atroseptica* werden zu den ubiquitären Parasiten gerechnet und sind an dem Ausbruch der Knollennaßfäule in der Regel stets gleichzeitig beteiligt. Allerdings hat die Subspecies *carotovora* meist einen geringeren Anteil an den in der Praxis auftretenden Naßfäuleerscheinungen als *E. carotovora* subsp. *atroseptica*. Hinsichtlich der wirtschaftlichen Bedeutung treffen die für *E. carotovora* subsp. *atroseptica* (9.2.1.) gemachten Ausführungen aber weitgehend auch für *E. carotovora* subsp. *carotovora* zu.

9.2.2.5. Wirtspflanzen

Der Wirtspflanzenkreis von *E. carotovora* subsp. *carotovora* ist sehr umfangreich und schließt zahlreiche Pflanzenarten ein. Zu den anfälligen landwirtschaftlichen Kulturen gehören unter anderem: Ackerbohnen, Artischocke, Eierfrucht, Erbse, Feuerbohne, Gartenbohne, Gurke, Kartoffel, Knoblauch, Kohl (Blumenkohl, Chinakohl, Kopfkohl, Rosenkohl, Indischer Senf, Wasserrübe), Kürbis, Mais, Meerrettich, Melone, Möhre, Paprika, Pastinaken, Radieschen, Rettich, Rhabarber, Salat, Sellerie, Spargel, Spinat, Süßkartoffeln, Tomate, Topinambur und Zwiebeln.

Bei den Zierpflanzen sind auszugsweise
Brassavola spp.
Caladium Schomburgkii-Hybriden
Cattleya spp.
Cymbidium aloifolium
Cypripedium spp.
Dahlia spp.
Gladiolus spp.
Hyacinthus orientalis
Iris spp.
Lilium spp.
Lockhartia spp.
Odontoglossum spp.
Oncidium spp.
Pelargonium zonale
Phalaenopsis aphrodite
Viola spp. und
Zantedeschia aethiopica
sowie
viele *Cactaceae* und andere Sukkulente
als Wirtspflanzen zu nennen.

Außerdem kommt *E. carotovora* subsp. *carotovora* noch als Krankheitserreger an

Alocasia macrorhiza
Amorphophallus simlense
Cichorium intybus
Colocasia antiquorum
C. esculenta
Mangifera indica
Nicotiana rustica
N. tabacum
Tragopogon porrifolius und
Xanthosoma sagittifolium

vor.

9.2.2.6. Bekämpfung

(s. hierzu die unter 9.2.1.6. aufgeführten Bekämpfungsmaßnahmen)

9.2.3. Durch Erwinia chrysanthemi pv. chrysanthemi hervorgerufene Knollennaßfäule

9.2.3.1. Erreger

Erwinia chrysanthemi pv. *chrysanthemi* Burkholder, McFadden & Dimock 1953[1])

Syn. *Pectobacterium chrysanthemi* (Burkholder et al.) Brenner, Steigerwalt, Miklos & Fanning
Erwinia carotovora var. *chrysanthemi* (Burkholder et al.) Dye
Pectobacterium carotovorum f. sp. *chrysanthemi* (Burkholder et al.) Dowson
Pectobacterium carotovorum var. *chrysanthemi* (Burkholder et al.) Graham & Dowson
Erwinia carotovora f. sp. *dianthicola* Bakker
Erwinia carotovora f. sp. *parthenii* Starr
Pectobacterium carotovorum var. *parthenii* (Starr) Dowson, Graham & Hellmers
Pectobacterium parthenii (Starr) Hellmers
Pectobacterium parthenii var. chrysanthemi (Burkholder et al.) Hellmers
Pectobacterium parthenii var. *dianthicola* Hellmers
Erwinia parthenii var. *dianthicola* (Hellmers) Bakker & Scholten
Pectobacterium carotovorum var. *graminarum* Dowson & Hayward
Erwinia carotovora f. sp. *zeae* Sabet
Pectobacterium carotovorum f. sp. *zeae* (Sabet) Dowson
Erwinia chrysanthemi var. *philodendri* Miller
Erwinia dieffenbachiae McFadden

Morphologie: Gram-negatives, weder Sporen noch Kapseln bildendes Stäbchen von 0,5—0,7 × 1,0—2,5 µm Größe; peritrich begeißelt.
Kolonien auf Agar: auf den meisten Medien grauweiß bis cremeweiß, glatt, rund, leicht erhaben, schleimig, nach 4 Tagen deutlich gewellter Rand.
Temperaturoptimum: 26—27 °C
Temperaturmaximum: 37—40 °C
Thermaler Tötungspunkt: 48—50 °C
Physiologische Leistungen: fakultativ anaerober Stoffwechsel; Nitrat wird reduziert; Säure wird aus folgenden Kohlenhydraten gebildet: Arabinose, Ribose, Xylose, Glucose, Galactose, Mannose, Fructose, Rhamnose, Saccharose, Cellobiose, Sorbitol, Mannitol, Salicin, β-Methylglucosid und Esculin, nicht aber aus Trehalose, Lactose, Melezitose, Glycerol, Dulcitol, Adonitol, meso-Inositol, α-Methylglucosid oder Dextrin; rasche Gelatineverflüssigung, Bildung von H_2S und Indol; keine Stärkehydrolyse; pectinolytisch, Acetoin-positiv (s. a. 7.7.); Methylrot-negativ; produziert Katalase und Phosphatase, aber keine Oxidase. Empfindlich gegenüber Erythromycin (50 µg), Aureomycin, Chloromycetin und Terramycin; resistent gegenüber Bacitracin und Penicillin. Auf YDC-Agar wird nach 5—10 Tagen oft ein dunkelblauer, unlöslicher Farbstoff gebildet. Bakteriophagen sind für diesen Erreger nicht beschrieben.
Die G + C-Mol-%-Werte liegen bei 55,1—57,1.

Die Species *E. chrysanthemi* umfaßt mehrere Pathovare, die durch ihre unterschiedlichen Wirtspflanzenkreise gekennzeichnet sind. An Kartoffeln verursacht in erster Linie die pv. *chrysanthemi* Naßfäulesymptome.

---

[1]) s. auch 7.7.

9.2.3.2. Krankheitsbild, Krankheitsverlauf, Übertragung

Diese hautsächlich in tropischen Ländern verbreitete Kartoffelkrankheit konnte — offenbar durch die relativ hohen Temperaturen während der letzten Jahre begünstigt — neuerdings in mehreren europäischen Ländern festgestellt werden. Die Krautsymptome sind von den klimatischen Bedingungen abhängig; Trockenheit und Wärme führen zur Stengelwelke (ähnlich der von *Pseudomonas solanacearum* verursachten), Kälte und Feuchtigkeit begünstigen die Ausbildung einer Stengelfäule.

E. chrysanthemi pv. *chrysanthemi* wird ebenfalls durch das Pflanzgut übertragen, die Infektions- und Ausbreitungsverhältnisse entsprechen denen von *E. carotovora* subsp. *atroseptica* und subsp. *carotovora* (Differenzierung s. Tab. 9.1.).

9.2.3.3. Diagnose

Eine erste Diagnose der Bakteriose ist durch Ausstreichen von fauligen Gewebepartien auf oberflächensterilisierte Kartoffel-, Möhren- und Zwiebelscheiben möglich, auf denen *E. chrysanthemi* pv. *chrysanthemi* bei 28 °C sehr schnell eine Naßfäule verursacht. Eine Erregeridentifizierung ist nach deren Isolierung entsprechend den in Tabelle 9.1. angegebenen Differenzierungsmerkmalen gegenüber *E. carotovora* subsp. *atroseptica* und subsp. *carotovora* möglich.

Bei der Identifizierung und Pathogenitätsprüfung ist zu beachten, daß von *E. chrysanthemi* mehrere Pathovare und wirtspflanzenspezifische, unterschiedliche Stämme bekannt sind. Diese zeigen gegenüber Kulturpflanzen ein sehr unterschiedliches pathogenes Verhalten.

9.2.3.4. Verbreitung und wirtschaftliche Bedeutung

Die Krankheit tritt in wärmeren Gebieten aller Erdteile auf. Dabei werden neben Kartoffeln zahlreiche andere Kulturpflanzen befallen (s. hierzu den nachfolgenden Abschnitt). Über Schäden im Kartoffelbau wird unter anderem aus folgenden Ländern berichtet: Kanada, den USA, Indien, Ägypten, Frankreich und Italien.

In den Befallsländern verursacht die Krankheit an den jeweiligen Kulturpflanzen erhebliche Schäden, die teilweise bis zum Totalausfall reichen können. Exakte Zahlenangaben über Ertragseinbußen im Kartoffelbau lassen sich jedoch nur sehr schwer erbringen, da meist gleichzeitig auch die bereits genannten Fäulebakterien *E. carotovora* subsp. *atroseptica* und subsp. *carotovora* am Infektionsgeschehen beteiligt sind.

9.2.3.5. Wirtspflanzen

Erwinia chrysanthemi mit ihren Pathovaren und wirtsspezifischen Herkünften befällt zahlreiche Kulturpflanzen unterschiedlichster Familienzugehörigkeit. Zu ihnen zählen:

Aechmea fasciata
Aglaonema pictum
Ananas comosus
Begonia bertini
Chrysanthemum spp.
Colocasia esculenta
Dahlia spp.
Dianthus caryophyllus
Dieffenbachia spp.
Euphorbia pulcherrima
Musa sp.
Parthenium argentatum
Philodendron spp.
Saccharum officinarum
Saintpaulia ionantha
Syngonium podophyllum
Zea mays.

Hierbei existiert teilweise eine strenge Wirtsspezifität. So sind

- *Chrysanthemum*-Isolate schwach virulent an *Philodendron* spp. und Mais, apathogen aber an *Dianthus* und *Dieffenbachia* spp.;
- *Dahlia*-Isolate können *Begonia* sp. infizieren;
- *Dianthus*-Isolate befallen *Chrysanthemum* und *Dahlia* spp.;
- *Dieffenbachia*-Isolate schädigen nur *Aglaonema pictum*, nicht aber *Chrysanthemum* spp., *Dianthus* sp., *Parthenium* sp. und *Philodendron* spp.;

— *Euphorbia pulcherrima*-Isolate infizieren *Chrysanthemum* spp., *Dahlia* spp., *Aglaonema* sp. und *Syngonium podophyllum*, aber nicht *Dianthus* sp., *Dieffenbachia* spp. und *Philodendron* spp.;
— *Parthenium*-Isolate befallen schwach *Philodendron* spp., jedoch nicht *Chrysanthemum* spp., *Dianthus* sp. und *Dieffenbachia* spp.;
— *Philodendron*-Isolate infizieren stark *Chrysanthemum* spp., sie sind nicht pathogen an *Dieffenbachia* spp., *Aglaonema* sp. und *Syngonium* sp.;
— *Saintpaulia*-Isolate rufen nur an *Chrysanthemum* spp. Befallssymptome hervor;
— *Saccharum*-Isolate schädigen auch *Pennisetum purpureum*, *Panicum maximum* und *Brachiaria mutica*, bei Inokulation rufen sie auch an Mais, Sudangras und Hirse Fäulesymptome hervor.

9.2.3.6. Bekämpfung

Über die unter 9.2.1. aufgeführten Bekämpfungsmaßnahmen hinaus ergeben sich auch für *E. chrysanthemi* pv. *chrysanthemi* keine weiteren Empfehlungen.

9.2.4. Weitere bakterielle Naßfäuleerreger der Kartoffeln

Neben *E. carotovora* subsp. *atroseptica*, *E. carotovora* subsp. *carotovora* und *E. chrysanthemi* pv. *chrysanthemi* rufen auch verschiedene Vertreter der Gattungen *Pseudomonas*, *Bacillus* und *Clostridium* bakterielle Naßfäule an Kartoffeln hervor. Diese Erreger sollen im folgenden näher charakterisiert werden.

9.2.4.1. Pectinolytische Pseudomonas spp.

Aus sehr zahlreichen Befunden (Zusammenstellung bei NAUMANN et al. 1982) aus unterschiedlichen Klimagebieten ist ersichtlich, daß auch bestimmte Stämme von *Ps. fluorescens* (vgl. 9.5.1.), *Ps. marginalis* pv. *marginalis*, *Ps. viridiflava* und *Ps. putida* an Kartoffelknollen Naßfäule verursachen können. Das Krankheitsbild ist symptomatologisch nicht von dem anderer bakterieller Naßfäulen zu differenzieren.

Ein Nachweis dieser Erregergruppe gelingt über folgendes Medium (SANDS et al. 1972):

Bacto-Proteose-Pepton	20,0 g	$MgSO_4 \cdot 7\,H_2O$	1,5 g
Citrus-Pectin	5,0 g	Agar	15,0 g
K_2HPO_4	1,5 g	Aqua dest.	1000,0 ml

pH 7,0 einstellen und Sterilisation 30 min bei 120 °C.

Nach dem Abkühlen auf 50 °C werden 10,0 ml einer frisch zubereiteten Antibiotica-Lösung zugesetzt, diese enthält:

Novobiocin	45,0 mg	Ethanol	1,0 ml
Penicillin G	17000 IE	Aqua dest.	9,0 ml
Actidion	75,0 mg		

Nach dem Beimpfen der Petrischalen mit den zu prüfenden Isolaten bzw. Faulbreiverdünnungen 48—72 Std. bebrüten, danach mit einer 1%igen Lösung von Hexadecyltrimethylammoniumbromid (Cetrimid) überschichten. Die pectinolytisch aktiven Kolonien lassen sich anhand der dabei sichtbar werdenden Lysehöfe erkennen.

Diese Erreger kommen unter anderem ständig im Boden vor und besiedeln ebenso wie *E. carotovora* subsp. *atroseptica* und subsp. *carotovora* von da aus verletztes Pflanzgut leicht. Sie sind auch in der Rhizosphäre der verschiedensten Kulturpflanzen (Bohne, Luzerne, Weizen, Gurke, Tomate, Kartoffel, Möhre, Futterrübe) anzutreffen. Eine direkte Bekämpfung ist nicht möglich, doch sind alle acker- und pflanzenbaulichen sowie pflanzenhygienischen Maßnahmen, die generell der Bekämpfung von bakteriellen Naßfäulen dienen (s. 9.2.1.), auch gegen diese Erreger wirksam (vgl. auch 6.3.).

9.2.4.2. Pectinolytische Bacillus spp.

Neben zahlreichen apathogenen *Bacillus* spp. sind in Kartoffelknollen unter anderem auch häufig die pectinolytisch aktiven Species *B. polymyxa* und *B. subtilis* nachweisbar. Unter entsprechenden Bedingungen können sie entweder allein oder gemeinsam mit anderen bakteriellen Erregern eine typische Knollennaßfäule hervorrufen (u. a. PÉROMBELON & KELMAN 1980).

Zur Isolierung und Bestimmung dieser Fäulebakterien unterwirft man den auf Kartoffelscheiben angereicherten und verdünnten Faulbrei zunächst einer gezielten Wärmebehandlung (10 min 70 bis 80 °C) (um die nicht sporenbildenden Arten abzutöten), danach streicht man die erhitzte Faulbreisuspension auf einem geeigneten Medium aus (NAUMANN et al. 1982). Bewährt hat sich hierfür ein Thioglycolat-Agar mit Pectatlage, der unter aeroben Verhältnissen (48—72 Std.) inkubiert wird. Das Medium (MERCK-Art. Nr. 8191) enthält:

pankreatisches Pepton	15,0 g	Thioglycolsäure (80%ig)	0,4 g
Hefeextrakt	5,0 g	Resacurin	1,0 mg
Glucose	5,5 g	Agar	17,0 g
L-Cystin	0,5 g	Aqua dest.	1000,0 ml
NaCl	2,5 g		

pH 7,2 einstellen und Sterilisation 30 min bei 120 °C.

Zur Herstellung der Pectatlage suspendiert man 2,0 g niederverestertes Apfel-Pectin — gelöst in 6,0 ml Ethanol mit einem Zusatz von 0,1 g Dinatriumethylen-diamintetra-essigsäure (EDTA) — in 100 ml Aqua dest.; danach stellt man das Medium auf pH 7,4 ein, anschließend wird sterilisiert.

Bacillus spp. kommen — wie *Pseudomonas* spp. — im Boden und in der Rhizosphäre der verschiedensten Kulturpflanzen (z. B. Zuckerrübe, Luzerne, Klee) vor und dringen über Wunden in das Knollengewebe ein. Dies ist insbesondere bei Belastungsbedingungen für die Knollen (vor allem höhere Temperaturen) der Fall.

Zur Bekämpfung der *Bacillus* spp. sind die gleichen Verfahren geeignet wie für die Verhütung bzw. Eindämmung der zuvor behandelten bakteriellen Fäuleerreger (s. 9.2.1.).

9.2.4.3. Pectinolytische Clostridium spp.

Unter extrem feuchten Vegetations- und Erntebedingungen verursachen auch Vertreter dieser anaeroben Sporenbildner allein oder zusammen mit anderen Fäuleerregern Knollennaßfäule. Im mitteleuropäischen Raum wurde *Clostridium* wiederholt beobachtet (NAUMANN et al. 1982), nachdem LUND & NICHOLLS (1970) zum ersten Mal über die Bedeutung dieser Erregergruppe für das Naßfäulegeschehen berichtet hatten.

Die Identifizierung erfolgt in ähnlicher Weise wie bei *Bacillus* spp. durch Isolierung über TPC-Agar mit Pectatauflage, jedoch unter anaeroben Bedingungen und mit anschließendem Katalase-Test. Als günstig erwies sich als Basallage folgende Nährbodenzusammensetzung (NAUMANN et al. 1982):

Trypton (Oxoid)	10,0 g	Cysteinhydrochlorid	0,4 g
Fleischextrakt	3,0 g	Agar	15,0 g
Hefeextrakt (Difco)	5,0 g	Aqua dest.	1000,0 ml
$CaCl_2 \cdot 6\,H_2O$	5,2 g		

pH 6,8 einstellen und Sterilisation 15 min bei 115 °C.

Diese obligat anaerob lebenden Sporenbildner kommen verbreitet im Boden vor und können von hier aus Kartoffelpflanzgut befallen und Naßfäule auslösen. Dies ist jedoch nur bei sehr niedrigem O_2-Gehalt möglich. In der Praxis ergeben sich derartige Bedingungen häufig bei stauender Nässe auf dem Feld oder in einem Erntegut mit hohem Erdbesatz. Neben Kartoffeln können auch Möhren sehr stark befallen werden (s. 11.5.3.2.).

Eine Bekämpfung der Fäuleerreger ist über die Schaffung aerober Verhältnisse (Vermeidung des Kartoffelbaus auf Standorten, die zur Staunässe neigen, schnelle Abtrocknung feuchter oder nasser

Erntepartien und gute O_2-Versorgung während der Lagerung durch Belüftungsmaßnahmen) möglich.

9.2.4.4. Sonstige bakterielle Naßfäuleerreger

Neben den genannten Bakteriengruppen sind gelegentlich noch verschiedene pectinolytisch aktive Vertreter der Gattungen *Aerobacter*, *Enterobacter*, *Klebsiella*, *Alcaligènes*, *Aeromonas* und *Flavobacterium* als Erreger von Fäuleerscheinungen an Kartoffelknollen beobachtet worden (Zusammenfassung s. NAUMANN et al. 1982).

9.3. Bakterielle Gefäßerkrankungen der Kartoffel

9.3.1. Bakterienringfäule

(potato ring rot; kol'cevaja gnil' kartofelja; bactériose annulaire de la pomme de terre; pudrición anular de la papa)

9.3.1.1. Erreger

Clavibacter michiganensis subsp. *sepedonicus* (Spieckermann & Kotthoff 1914) Davis, Gillaspie, Vidaver & Harris 1984

Syn. *Bacterium sepedonicum* Spieckermann & Kotthoff
Aplanobacter sepedonicum (Spieckmann & Kotthoff) Smith
Phytomonas sepedonica (Spieckermann & Kotthoff) Magrou
Mycobacterium sepedonicum (Spieckermann & Kotthoff) Krasil'nikov
Pseudomonas sepedonicum (sic!) (Spieckermann & Kotthoff) Krasil'nikov
Corynebacterium sepedonicum (Spieckermann & Kotthoff) Skaptason & Burkholder

Morphologie: Gram-positives, weder Sporen noch Kapseln bildendes Stäbchen von 0,4—0,6 × 0,8—1,2 µm Größe und mit einseitiger geringer Anschwellung des Polendes. Das unbegeißelte Bakterium tritt vereinzelt, in Paaren oder Verbänden bis zu 4 Stäbchen auf. Häufig ist es pleomorph.

Kolonien auf Agar: auf KDA bildet *C. michiganensis* subsp. *sepedonicus* weiße bis cremefarbene Kolonien, die sehr langsam wachsen; besser gedeiht der Erreger auf YDC-Agar und einigen anderen Medien.

Temperaturoptimum: 21—23 °C
Temperaturmaximum: 30—31 °C
Thermaler Tötungspunkt: 50 °C

Physiologische Leistungen: streng aerober Stoffwechsel; Thiamin, Biotin, Nicotinsäure, Histidin, Purine und Pyrimidine sind essentielle Wachstumsfaktoren; Nitrat wird reduziert; Saccharose, Lactose, Raffinose sind als Kohlenstoffquelle weniger günstig als Glucose, Lävulose und Galactose; unverwertbar sind Glycerol, Xylose und Glycogen. Säure wird gebildet aus Arabinose, Xylose, Glucose, Galactose, Lävulose, Saccharose, Lactose, Maltose und Mannitol, nicht aber aus Rhamnose; Gelatine wird verflüssigt, Milch coaguliert, als Stickstoffquellen werden Tyrosin, Pepton und Albumin am besten verwertet, weniger gut Asparagin, Leucin, Harnstoff, Ammoniumsalze und Nitrate; keine Stärkehydrolyse.

Bakteriophagen sind bisher nicht nachgewiesen worden. Die G + C-Mol-%-Werte liegen bei 69,8.

9.3.1.2. Krankheitsbild, Krankheitsverlauf, Übertragung

Die Krankheit ist im Feldbestand nicht oder nur schwer zu identifizieren. Sehr stark mit dem Erreger belastetes Pflanzgut zeigt ein verzögertes Auflaufen, das jedoch sehr witterungs- und sortenabhängig ist.

Erste Blattsymptome treten zu Beginn der Hauptblüte auf: In den Mittagsstunden hängen einzelne Fiederblättchen oder Blätter schlaff herunter, die sich über Nacht wieder erholen. Bei starkem Befall rollen sich einzelne Blätter ein oder klappen ihre Ränder nach oben um; manchmal zeigen sie einen asymmetrischen Wuchs (Abb. 9.2.). Der Stengel weist äußerlich keine Schädigung auf, jedoch sind

Abb. 9.2. Von einer mit *Clavibacter michiganensis* subsp. *sepedonicus* infizierten Kartoffelpflanze stammendes Blatt mit Welkesymptomen.

Verbräunungen im Gefäßinneren und der Austritt eines milchigen Bakterienexsudats beobachtet worden. In feuchten Jahren oder bei kühler Witterung werden kaum Welken sichtbar; die Krankheit bleibt dann völlig unerkannt.

Mit dem Erreger befallene Kartoffeln weisen äußerlich keinerlei Schadsymptome auf. Schneidet man aber die Knollen auf, so zeigt sich je nach Befallsgrad eine gelbliche, mitunter bräunliche Verfärbung des Gefäßringes. Eine schwache Infektion wird erst am Ende der Lagerperiode in den Frühjahrsmonaten und dann nur als eine vom Nabelende ausgehende oder lokal begrenzte, ringförmige Verfärbung oder Maceration sichtbar. Diese typischen Symptome können auch völlig fehlen; der Erreger wird in solchen Fällen — u. U. über mehrere Jahre hinweg — latent weitergegeben.

Drückt man sichtbar befallene Knollen seitlich zusammen, so tritt aus dem verfärbten Gewebebereich bakterienhaltiger, gelblicher Brei aus. Stets bleibt aber diese Faulzone im Gegensatz zur Knollennaßfäule auf den Bereich des Gefäßbündelringes begrenzt (Tafel III, 3.). Dieses charakteristische Befallsbild wird bei einem gleichzeitigen Befall mit Knollennaß-, *Fusarium*-Trocken- oder Mischfäule sehr stark maskiert und tritt dann nur selten in Erscheinung.

Der Erreger dringt über Wunden in den Wirt ein und wird über das Gefäßsystem in Triebe und Knollen transportiert. Als unmittelbare Ursachen für die beobachteten Krankheitserscheinungen werden Verstopfungen der Leitungsbahnen und Toxinausscheidung durch die Erregerzellen angesehen.

Von praktischer Bedeutung ist die von der Pflanzknolle ausgehende Gefahr. Äußerlich in der Regel nicht erkennbar, werden befallene Knollen im Frühjahr ausgepflanzt. Die Erregerkeime gelangen im Laufe der Vegetationszeit in die Tochterknollen. Bei kühlen Umweltbedingungen entwickeln sich kaum Symptome. Bodentemperaturen von $\geqq 18$ °C fördern hingegen die Krankheitsentwicklung. Sproßsymptome nehmen erst bei Temperaturen um 24 °C erheblich zu.

Die Fähigkeit des Erregers, an unbelebten Materialien längere Zeit lebensfähig zu bleiben, stellt für die industriemäßige Kartoffelproduktion eine besondere Gefahr dar; einmal verseucht, können Lagerbehälter, Maschinen, Säcke usw. monatelang wirksame Infektionsquelle sein. Die

Krankheit wird besonders leicht beim Schneiden von Pflanzgut übertragen. Ein Eindringen der Bakterien vom Boden aus in gesunde Knollen ist zwar möglich, hat aber im Vergleich zur Pflanzgutverseuchung keine wirtschaftliche Bedeutung.

9.3.1.3. Diagnose

Aufgrund der Tatsache, daß im Feldbestand erregerspezifische Symptome häufig ausbleiben, konzentrieren sich die Befallsanalysen bei diesem Quarantäneerreger auf das Pflanz- und Erntegut. Es muß hierbei jedoch stets mit einem gleichzeitigen Befall von Knollennaß- und Trockenfäule in unterschiedlicher Höhe gerechnet werden. Daher reicht die Schnittanalyse für Diagnosezwecke nicht aus. Eine zuverlässige Erfassung der Krankheit ist grundsätzlich nur mit Hilfe einer kombinierten Nachweistechnik möglich. Diese umfaßt folgende Einzelverfahren:

- Symptomanalyse
- Nachweis Gram-positiver Bakterien im Gewebe
- positive Reaktion mit geeigneten Antiseren im Doppeldiffusions-, Immunofluorescenz- oder ELISA-Test
- Symptomausbildung an hochanfälligen Testpflanzen nach Inokulation.

Die Kombination ganz unterschiedlicher Diagnoseverfahren ist notwendig, weil auch in gesunden Kartoffeln Gram-positive Bakterien anzutreffen sind und bei fast allen serologischen Methoden Kreuzreaktionen mit anderen in Kartoffelknollen vorkommenden Bakterienarten bekannt sind.

Von allen Nachweismethoden ist der biologische Test zwar der sicherste, aber auch aufwendigste. Als Indikatorpflanzen verwendet man am besten hochempfindliche Sorten von *Solanum melongena*, da hier die Anwesenheit anderer Bakterien- und Erregerarten im Inokulum nicht stört. Mit Hilfe dieses Verfahrens lassen sich extrem niedrige Keimdichten nachweisen (1×10^2 Zellen/ml), die mit keiner anderen Methode erfaßt werden.

9.3.1.4. Verbreitung und wirtschaftliche Bedeutung

Die Krankheit ist in Mittel- und Nordeuropa früher häufig beobachtet worden, ohne daß es zu ernsthaften Schäden gekommen ist. Gegenwärtig zählt die Krankheit in den meisten Ländern zu den Quarantäneobjekten. Sie kommt in Dänemark, Norwegen, Schweden, Finnland, der BRD, der ČSSR, in Polen, in der UdSSR, in Frankreich, Spanien, Italien, Jugoslawien, Rumänien, Griechenland und der Türkei vor. Sehr starkes Auftreten ist auch aus den USA, aus Kanada und Vietnam bekannt. Besonders betroffen sind vor allem Länder, in denen das Schneiden von Pflanzkartoffeln gebräuchlich ist.

Wenn der Anteil befallener Knollen oft auch nur sehr gering ist, so entstehen doch aufgrund der erforderlichen Abwehr- und Hygienemaßnahmen erhebliche indirekte Kosten. Schwere wirtschaftliche Schäden treten aber auch direkt durch Ertragsausfälle und Pflanzgutabstufungen auf. So werden für den zentralen und nördlichen Teil der UdSSR Befallszahlen von 15—20% im Feld und bis zu 60% im Kartoffellager angegeben. Das Auspflanzen infizierter Knollen rief Ertragsverluste bis zu 45% hervor. Aus den USA sind Berichte bekannt, nach denen durchgängig verseuchtes Pflanzgut zu ca. 75% Ertragsdepression führen kann.

9.3.1.5. Wirtspflanzen

Als natürlicher Wirt gelten nur *Solanum tuberosum* und *S. melongena*. Durch Inokulation konnten darüber hinaus an 28 weiteren *Solanum* spp. und zwei *Lycopersicon* spp. typische Ringfäule-Blattsymptome induziert werden. Neuerdings wurde natürlicher latenter Befall auch in Zuckerrüben festgestellt.

9.3.1.6. Bekämpfung

Die Bakterienringfäule ist in den meisten Ländern als eine Quarantänekrankheit eingestuft. Befallsfreie Staaten sind bemüht, durch ein striktes Einfuhrverbot für Kartoffeln mit Krankheitssymptomen einen sicheren Schutz vor dem Auftreten der Bakterienringfäule zu erreichen. Allerdings bietet auch diese Maßnahme keine absolute Sicherheit vor Einschleppung des Erregers.

In den Befallsländern selbst wird durch physikalisch-mechanische, biologische und chemische Verfahren sowie den Anbau und die Züchtung resistenter Sorten eine Befallsminderung und Bekämpfung angestrebt. Eine völlige Eliminierung des Erregers hat sich aber als äußerst schwierig erwiesen.

Neben der Verwendung von gesundem Pflanzgut ist die strikte Einhaltung aller sanitären Maßnahmen nach wie vor die wichtigste Voraussetzung, um einen Befallsherd zu eliminieren und eine Weiterverbreitung zu verhindern. Darunter fallen insbesondere:
— Verdämpfung aller Kartoffelpartien eines Betriebes bei vorliegendem Befall
— Desinfektion der Behältnisse, Lagerräume, Lege-, Ernte- und Transporttechnik
— Verwendung neuer Paletten und Säcke für das Pflanzgut sowie
— Einhaltung einer mehrjährigen Anbausperre für den Betrieb und die Befallsflächen.

9.3.2. Bakterielle Schleimkrankheit der Kartoffel

(potato brown rot; bakterial'noe uvjadanie kartofelja; bactériose vasculaire de la pomme de terre; marchitez bacteriano de la papa, marchitamiento bacteriano de la papa)

9.3.2.1. Erreger

Pseudomonas solanacearum (Smith 1896) Smith 1914

Syn. *Bacillus solanacearum* E. F. Smith
Bacterium solanacearum (E. F. Smith) E. F. Smith
Phytomonas solanacearum (E. F. Smith) Bergey et al.
Xanthomonas solanacearum (E. F. Smith) Dowson

Morphologie: Stäbchen (0,5—0,7 × 1,5—2,5 µm) Gram-negativ; 1—4 polare Geißeln.
Kolonien auf Agar: sind sehr variabel. Nach KHAN et al. (1979) bilden Tomaten-Isolate auf NA mattweiße, leicht erhabene Kolonien, die nach 1 Woche hellbraun gefärbt und etwas schleimig sind.
Temperaturoptimum: sehr variabel, zwischen 25—35 °C
Temperaturmaximum: 41 °C
Thermaler Tötungspunkt: 51—53 °C
Physiologische Leistungen: aufgrund unterschiedlicher physiologischer Merkmale werden 4 Biotypen unterschieden (HAYWARD 1964); die Erregerisolate von Kartoffel können zu den Biotypen II, III oder IV gehören.

Alle Stämme reagieren aerob; sie reduzieren Nitrat zu Nitrit; alle verwerten Glucose, Saccharose und Trehalose, nur ein Teil von ihnen nutzt D-Tartrat, m-Tartrat, Mannitol, Sorbitol, Lävulin sowie β-Alanin; in keinem Falle werden Cellobiose, D-Arabinose, L-Rhamnose, Benzoat und n-Propanol metabolisiert; verflüssigen Gelatine; kein Stärkeabbau; Oxidase-positiv; Arginin-dihydrolyase-negativ. Auf tyrosinhaltigen Medien wird ein dunkelbrauner Farbstoff gebildet.

Den Erreger lysierende Bakteriophagen kommen vor. Der G + C-Gehalt der DNS liegt zwischen 66,5 und 68 Mol-%.

Von dem Erreger sind — unabhängig von den oben erwähnten 4 Biotypen — aufgrund unterschiedlichen Pathogenitätsverhaltens 3 Rassen beschrieben worden (s. 9.3.2.5.).

9.3.2.2. Krankheitsbild, Krankheitsverlauf, Übertragung

Erste Anzeichen eines Befalls mit der Schleimkrankheit sind ein leichtes, reversibles Welken der oberen Blätter während der Mittagsstunden. Mit fortschreitendem Befall werden die Welkesymptome irreversibel, und schließlich kommt es zum Absterben der ganzen Pflanze (Abb. 9.3.). Beim Durchschneiden des Stengels kurz oberhalb des Erdbodens ist eine braune Verfärbung sichtbar. Sehr häufig tritt aus dem Gefäßring der Schnittstelle fadenziehender, grauweißer Schleim aus.

Im Innern kranker Knollen ist der Gefäßring deutlich braungefärbt und nekrotisiert (Tafel III, 4.). Der verfärbte Bereich kann bei sehr starkem Befall noch bis zu 5 mm über die eigentliche Gefäßzone hinaus verbreitert sein. Dieses Schadbild unterscheidet sich von dem der Bakterienringfäule vor allem dadurch, daß mit Ringfäule befallenes Gewebe hellgelb bis milchigweiß aussieht (mitunter auch dunkelgelb verfärbt ist), an Schleimfäule erkrankte Kartoffeln dagegen einen dunkelbraunen Ring aufweisen (Tab. 9.2.).

Abb. 9.3. Von einer mit *Pseudomonas solanacearum* infizierten Kartoffelpflanze stammendes Blatt mit Welkeerscheinungen.

Tabelle 9.2. Unterschiede zwischen der Schleimkrankheit und der Bakterienringfäule. Nach HOOKER 1981.

Merkmal	Schleimkrankheit	Bakterienringfäule
Erreger	*Pseudomonas solanacearum*	*Clavibacter michiganensis* subsp. *sepedonicus*
Schleimbildung		
— Beschaffenheit	tropft ohne Druck aus dem Gefäßring	quillt bei leichtem Druck aus dem Gefäßring
— Farbe	grauweiß	milchigweiß
Symptome		
— Laub	welkt durch schnellen Zusammenbruch; grüne Welke, relativ frei von Chlorosen	welkt zunächst mit einer Chlorose oder Gelbfärbung; später Nekrosen zwischen den Blattnerven
— Gefäßring	unterschiedlich braun, in der Regel im Stengel deutlich erkennbar	Verfärbung des Stengels häufig sehr unterschiedlich
— Knollen	Oberfläche überwiegend ohne Rißbildung	soweit Risse vorhanden, bleiben sie unregelmäßig verteilt
· Augen	eingetrocknete und mit Erde vermischte Exsudat-Tröpfchen	frei von anhaftender Erde

Die Übertragung des Erregers erfolgt in erster Linie mit dem Pflanzgut. Die größte Gefahr geht dabei von der in manchen Ländern üblichen Methode des Pflanzgutschneidens aus. Daneben kommt es in Befallsgebieten dadurch immer wieder zum Befall, daß Kartoffeln, ohne die erforderliche Anbaupause einzuhalten, auf verseuchten Flächen angebaut werden. Mehrfach konnte auch eine Verbreitung der Krankheitskeime durch Insekten, Nematoden und über Drainagekanäle nachgewiesen werden. Zur Ansteckung führt aber häufig auch der Kontakt mit kranken Knollen oder kontaminierten Behältnissen, Maschinen und Geräten.

9.3.2.3. Diagnose

Zur Erfassung des Erregers und zur Krankheitsdiagnose empfehlen MARTIN et al. (1982) einen Biotest mit jungen Tomaten-, Kartoffel- bzw. *Nicotiana glutinosa*-Pflanzen, die in steriler Erde angezogen und über unverletzte Wurzeln inokuliert, bei 26—32 °C und reichlicher Wässerung in wenigen Tagen Welkesymptome ausbilden. Auch eine Stengelinjektion ist zur Pathogenitätsprüfung geeignet.

Für den Nachweis des Erregers im Boden bzw. im Pflanzenmaterial und für seine Isolierung sind in letzter Zeit auch einige Selektivmedien entwickelt worden. So verwendet man z. B. TTC-Agar, auf dem sich schleimige, konvexe bis flache Kolonien mit rosa Zentrum entwickeln (KHAN et al. 1979). Durch bestimmte Zusätze kann die Selektivität noch wesentlich erhöht werden (GRANADA & SEQUEIRA 1983). CHEN & ECHANDI (1982) nutzen das Bacteriocin-Bildungsvermögen der Erreger, indem sie nach Übertragung des Untersuchungsmaterials auf TTC-Agar mit Chloramphenicol- und PCNB (Pentachlornitrobenzol)-Zusatz 2 Schichten Wasseragar aufgießen, wobei der obersten Lage bacteriocinempfindliche Indikatorstämme zugemischt werden. Anhand der Klarzonenbildung kann *Ps. solanacearum* sehr gut erkannt werden.

Zur Identifizierung der 3 Rassen (bzw. 4 Biotypen) des Erregers benötigt man verschiedene Testpflanzen (Kartoffel, Paprika, Eierfrucht, Tabak, Banane) (nähere Angaben bei LOZANO & SEQUEIRA 1970 und HOOKER 1981).

9.3.2.4. Verbreitung und wirtschaftliche Bedeutung

Die Krankheit besitzt in Mitteleuropa bisher keine Bedeutung, kommt aber seit Jahren lokal in Schweden vor und ist im Süden der UdSSR endemisch. Der Erreger tritt vor allem in den tropischen, subtropischen und gemäßigt warmen Regionen aller Kontinente auf. In diesen Befallsgebieten wird die Krankheit z. T. als begrenzender Faktor für den Kartoffelbau angesehen.

Aufgrund ihres Vorkommens an zahlreichen Wirtspflanzen, ihrer großen Verbreitung und meist erheblichen Schadwirkung wird diese Krankheit mit zu den ökonomisch bedeutsamsten von allen Bakteriosen gerechnet (vgl. 5.10.).

9.3.2.5. Wirtspflanzen

Über 200 Pflanzenarten aus mehr als 30 Familien der Mono- und Dicotylen werden von *Ps. solanacearum* befallen. Unter den Solanaceae sind als wichtigste Kulturpflanzen Kartoffel, Tomate, Paprika, Eierfrucht und Tabak zu nennen.

Aufgrund der Spezialisierung des Erregers auf verschiedene Kulturpflanzen haben sich 3 Rassen herausgebildet. Rasse 1 hat das weiteste Wirtsspektrum (meist Solanaceae und Asteraceae = Compositae); Rasse 2 ist pathogen an Bananengewächsen; Rasse 3 befällt vor allem Kartoffel und Tomate, sie ist aber an anderen Solanaceae (unter anderem an Unkräutern) nicht sehr virulent.

Die beiden Erreger-Klassifikationssysteme (Biotypen und Rassen) stimmen — mit Ausnahme der Rasse 3, die mit Biotyp II identisch ist — nicht überein (BUDDENHAGEN & KELMAN 1964).

9.3.2.6. Bekämpfung

Die Bekämpfung der Schleimkrankheit ist sehr schwierig und erfolgt überwiegend durch phytosanitäre Maßnahmen:

- Auspflanzen befallsfreier Knollen und Desinfektion aller Geräte, Maschinen und Schnittwerkzeuge
- lange Anbaupausen auf verseuchten Flächen (mindestens 5—7 Jahre)
- häufiger Pflanzgutwechsel
- Anbau von gering anfälligen Kartoffelsorten.

Der Einsatz chemischer Präparate wird derzeit in Tomatenkulturen erprobt; für den Kartoffelanbau liegen bisher noch keinerlei Erfahrungen vor.

In jüngster Zeit werden der Einsatz von Antagonisten und eine Induzierung von pflanzeneigenen Abwehrreaktionen („induzierte Resistenz") als weitere Möglichkeiten zur Bekämpfung diskutiert (unter anderem KEMPE & SEQUEIRA 1983).

Die Züchtung resistenter Sorten hat bisher kaum Fortschritte gebracht. Die Resistenz, die von *Solanum phureja* stammt, entspricht nur den Bedingungen des Andenhochlandes und nicht denen wärmerer Klimate. Bei Einkreuzungen von Resistenzmerkmalen dieser und weiterer Wildformen von *Solanum* in akzeptable Kulturformen zeigte sich nur bei ‚Snowchip', ‚Ontario', ‚Saro', ‚Green Mountain' und ‚Sebago' eine relativ hohe Widerstandsfähigkeit. In Peru sollen auch die Sorten ‚Caxamarca' und ‚Molinera' resistent gegenüber der Schleimkrankheit sein (u. a. HOOKER 1981).

9.4. Bakterielle Schorferkrankungen der Kartoffel

9.4.1. Gewöhnlicher Kartoffelschorf

(common scab; obyknovennaja parta; gale commun; sarna común)

9.4.1.1. Erreger

Streptomyces „scabies" (Thaxter 1890) Waksman & Henrici 1948[1])

Syn. *Oospora scabies* Thaxter
Actinomyces scabies (Thaxter) Güssow

Morphologie: der zur Ordnung der *Actinomycetales* gehörende Erreger bildet ein feines, unseptiertes Mycel (Durchmesser 0,7 µm). Nach Plasmateilung entstehen im Luftmycel an spiralig gedrehten Nebenästen der Sporophore endogen Sporen von Zylinderform; sie sind 0,8—1,0 × 1,1—1,3 µm groß und liegen kettenartig hintereinander (vgl. 2.1.). Der Erreger reagiert Gram-positiv und ist säurefest.

Kolonien auf Agar: Substratmycel von fester, lederartiger Konsistenz; nach einigen Tagen Auswachsen von Lufthyphen, die den Kolonien ein pulverartig trockenes Aussehen verleihen.

Temperaturoptimum: 25—30 °C

Temperaturmaximum: 33 °C

Thermaler Tötungspunkt: 90 °C (10 min)

Physiologische Leistungen: streng aerober Stoffwechsel; Reduktion von Nitrat; als Kohlenstoffquelle können Saccharose und Raffinose verwertet werden; auf Milch entwickelt sich ein dunkelbrauner Oberflächenring, ohne daß es zur Coagulation kommt; Gelatine wird verflüssigt; wachsen nicht auf harnstoffhaltigen Medien; als Stickstoffquelle eignen sich Glykocoll und Alanin am besten; Indol wird nicht gebildet; Abbau von Stärke und Cellulose. Wachstum nur im neutralen bis alkalischen pH-Bereich. Sporulierendes Luftmycel besitzt eine hellgraue, gelbgraue oder dunkelgraue Farbe. Actinophagen kommen vor und wurden isoliert.

Mehrfach sind physiologische Rassen des Erregers beschrieben worden, die sich durch unterschiedliche pH-Toleranz und Virulenz unterscheiden.

9.4.1.2. Krankheitsbild, Krankheitsverlauf, Übertragung

Der Kartoffelschorf ist vor allem eine Krankheit der Knollen, nur selten werden auch Stolonen und Wurzeln befallen. Auf die Pflanzenentwicklung wirkt sich der Befall kaum aus. Das an der Kartoffelknolle auftretende Krankheitsbild ist nicht einheitlich. Die verschiedenen Krankheitstypen führten daher zur Unterscheidung von Flach-, Tief-, Buckel- und Buckeltiefschorf.

---

[1]) Dieser Name ist bisher wegen fehlender sicherer Abgrenzung gegen *Streptomyces griseus* (Krainsky 1914) Waksman und Henrici 1948 nicht validiert worden; aus Gründen der Verständigung wurde die bisher gebräuchliche Bezeichnung beibehalten.

— Flachschorf (Tafel III, 5.)
  Auf der Knolle zeigen sich rost- bis dunkelbraune, mehrere Quadratmillimeter große Flecke, die die ganze junge Schale überziehen können. Die Oberfläche der Pusteln ist rauh, grindig oder borkig. Ihre Ränder sind oft aufgeworfen, so daß sich zwischen zwei Pusteln eine Furche bildet. Die äußeren verbräunten Auflagerungen sind abgestorbene Zellen des ursprünglichen Periderms. Die darunter liegende Wundkorkschicht grenzt die Schorfpusteln gegen das gesunde Gewebe ab.
— Tiefschorf
  Er äußert sich in Form von unregelmäßig begrenzten, nur wenige Millimeter tiefen Narben, deren Grund meist rötlich bis violett verfärbt ist. Die Ränder der Vertiefungen sind aufgeworfen und mit abgestorbenen, braun verfärbten Peridermresten gefüllt.
— Buckelschorf
  Durch verstärktes lokales Knollenwachstum werden die gebildeten Schorfpusteln über das Schalenniveau hinausgeschoben. Auf den um wenige Millimeter erhöhten Warzen sind oft Reste des abgestorbenen Periderms (wie beim Flachschorf) zu finden. Wird das erkrankte Gewebe jedoch abgestoßen, bleiben nur Gewebehöcker zurück.
— Buckeltiefschorf
  Dieser Symptomtyp stellt eine Kombination von Tief- und Buckelschorf dar. In den warzenähnlichen Erhöhungen sind ± tiefe, kraterförmige Narben zu finden.

Der Schorferreger ist ein ständiger Bodenbewohner. Er befällt die heranwachsenden Knollen über Lenticellen und Verletzungen und greift in die Wundkorkbildung ein. Ist das Knollenwachstum abgeschlossen, können keine neuen Befallsstellen mehr entstehen. Die kritische Befallsperiode liegt in den ersten 10—15 Tagen der Knollenbildung. Die unterschiedlichen Schorftypen differenzieren sich erst relativ spät.

Das Auftreten dieser Krankheit ist in starkem Maße von den Umweltbedingungen abhängig: Mit steigender Bodentemperatur und abnehmender Feuchtigkeit nimmt der Schorfbefall zu. Er tritt hauptsächlich auf leichten, gut durchlüfteten Böden und bei geringer H^+-Ionenkonzentration auf.

9.4.1.3. Diagnose

Das Krankheitsbild bietet nur selten Anlaß zu Verwechslungen mit anderen Knollenkrankheiten. Der durch *Spongospora subterranea* (Wallr.) Johns. hervorgerufene Pulverschorf ist anhand seiner Sporenballen bei mikroskopischer Kontrolle eindeutig von *S.* „*scabies*"-Befall zu unterscheiden.

Eine Artbestimmung des Erregers erfordert allerdings die Anwendung physiologisch-biochemischer Nachweismethoden. Die Unterscheidung zwischen pathogenen und saprophytisch lebenden Strahlenpilzen kann mit Hilfe des Milch- oder des Sojabohnentestes bzw. mit Spezialnährböden vorgenommen werden (unter anderem Dey & Singh 1983). *S.* „*scabies*" läßt sich auch serologisch nachweisen.

9.4.1.4. Verbreitung und wirtschaftliche Bedeutung

Die Krankheit ist über alle Kartoffelanbaugebiete verbreitet, kommt aber insbesondere auf leichten Böden vor. Ihre Wirkung auf den Ertrag ist sehr gering; direkte Ertragseinbußen sind sehr selten beschrieben worden. Der Befall führt jedoch in jedem Falle zu einer erheblichen Qualitätsminderung des Erntegutes und zu erhöhten Schälverlusten. Hohe Sekundärschäden entstehen durch eingeschränkte Lagerfähigkeit (höhere Wasserverluste und Begünstigung der Fäuleerreger). Pflanzkartoffeln sind in ihrem Wert nur dann gemindert, wenn der Schorf am Kronenende auftritt und zu einem Absterben der Keime führt.

9.4.1.5. Wirtspflanzen

Neben der Kartoffel wird eine Reihe anderer Pflanzenarten durch *S. „scabies“* befallen:

Rüben	Wasserrüben
Rote Rüben	Mangold
Rübsen	Pastinake
Radieschen	Schwarzer Nachtschatten
Rettich	Amarant.

An weiteren Arten gelangen experimentell Wurzelinokulationen (Sojabohne, Erbse, Möhre). Durch das große Wirtspflanzenspektrum ist eine Übertragung des Erregers leicht gegeben.

9.4.1.6. Bekämpfung

Es sind zahlreiche Möglichkeiten zur Schorfbekämpfung in gefährdeten Gebieten bekannt. Im Mittelpunkt stehen dabei seit Jahrzehnten vor allem folgende acker- und pflanzenbauliche Maßnahmen:

- Anbau von Kartoffeln nach Leguminosen und Weizen bzw. Vermeidung von Betarüben und perennierenden Gräsern in Vorfruchtstellung
- verstärkter Zwischenfruchtanbau mit Gründüngungspflanzen (Senf, Lupinen, Wicken, Roggen)
- Vermeidung von Stalldunggaben und der Anwendung von alkalisch wirkenden Düngemitteln zu Kartoffeln
- Verzicht auf Kalkung vor dem Auspflanzen
- bevorzugtes Ausbringen von Hüttenkalk und Mangan-Dünger.

Eine weitere Möglichkeit zur Schorfbekämpfung stellt die zielgerichtete Beregnung dar. Sie sollte mit Beginn der Knollenentwicklung (ca. 3—4 Wochen nach dem Auflaufen) einsetzen. Entscheidend für einen Erfolg ist, daß der Wassergehalt im Boden 6—8 Wochen danach (d. h. bis zur Bildung von 7 Augenanlagen oder 8 Internodien) nicht unter 60% der maximalen Wasserkapazität absinkt. Bei trockenem und warmem Wetter erfordert das einen 4—6tägigen Beregnungsrhythmus. Die erhöhte Bodenfeuchtigkeit führt zu einer Verminderung des Porenvolumens (= Verringerung des O_2-Gehaltes) und zu einer Stimulierung der gesamten Bodenmikroflora, insbesondere der Schorfantagonisten (z. B. *Bacillus subtilis*). Eine direkte Anwendung von antagonistischen Mikroorganismen zur Schorfbekämpfung ist derzeit allerdings noch keineswegs praxisreif.

Neben den Kulturmaßnahmen wird der Resistenzprüfung und -züchtung wachsendes Interesse entgegengebracht. Allerdings ist die exakte Prüfung schwierig; daher weichen die von den einzelnen Versuchsanstellern gewählten Prüfmethoden voneinander ab. Die bisher erzielten Ergebnisse sind unterschiedlich (unter anderem Gunn et al. 1983). Aus zahlreichen Prüfungen geht hervor, daß frühe Sorten in der Regel schorfanfälliger sind als späte. Auch korreliert der Anteil an reduzierenden Zuckern mit der Schorfresistenz.

Eine erfolgreiche Schorfbekämpfung ist ferner durch die Behandlung mit folgenden chemischen Präparaten erreicht worden:

- organische Phosphor- und Carbamatpesticide (Thimet, Chlorthion, Dithan M-45, Karathan)
- Daminocid
- Ethion
- 3,5-Dichlorphenoxyessigsäure
- Sorbinsäure und
- di- und tri-substituierte Benzoesäuren.

Ihrem allgemeinen Einsatz stehen allerdings bei einigen Substanzen toxikologische Bedenken entgegen.

9.4.2. Weitere schorferzeugende Bakterien

Über einen längeren Zeitraum galt *S. „scabies“* als alleiniger Schorferreger. In umfangreichen Isolierungs- und Pathogenitätsprüfungen konnten als Schorferreger an Kartoffeln inzwischen unter anderem noch folgende *Streptomyces* spp. nachgewiesen werden: *S. globisporus* (Dorožkin & Sergeev 1980), *S. atroolivaceus*, *S. cinerochromogenes*, *S. corchorusii*, *S. diastatochromogenes* und *S. lydicus* (Archuleta & Easten 1981).

9.5. Sonstige Kartoffelbakteriosen

Keimröte

(pink eye)

Die Keimröte ist eine Kartoffelbakteriose, die aller Wahrscheinlichkeit nach eine wesentlich größere Verbreitung und Bedeutung besitzt, als gegenwärtig angenommen wird.

Die Krankheit äußert sich an der Knolle durch eine oberflächige, blaßrote bis rötliche Verfärbung des Kronenendes oder einzelner Augenregionen. Sie dehnt sich nur selten in tiefere Knollenschichten aus (maximal bis 8 mm), und im späteren Krankheitsverlauf kommt es zu Verbräunungen. Das typische Symptom zeigt sich meist während der Ernte, ist aber bei hoher Bodenfeuchte schon kurz nach Beginn der Knollenbildung anzutreffen. Eine gewisse Ähnlichkeit besteht mit der Braunfäule, beide Krankheiten sind aber symptomatologisch eindeutig zu unterscheiden.

Unter trockenen Lagerbedingungen blättert die Befallsstelle schnell ab, und die Knolle erscheint gesund; dennoch kommt es häufig zu Keimschäden. Hohe Luftfeuchte und erhöhte Lagertemperatur führen sehr schnell zur Entstehung einer Naßfäule.

Im Zusammenhang mit diesem Befallsbild treten in der Regel bestimmte pilzliche Erreger auf (*Verticillium*, *Phytophthora*, *Rhizoctonia* spp.), ohne daß sie aber derartige Symptome hervorrufen können.

Wurde zunächst *Pseudomonas fluorescens* als alleiniger Erreger angesehen (unter anderem Hooker 1981), so zeigen neuere Isolierungsversuche (Murdoch et al. 1983), daß an dem Krankheitsgeschehen mehrere Bakterienarten beteiligt sein können (*Ps. fluorescens*, *Ps. putida*, *Enterobacter agglomerans*, *Bacillus*, *Erwinia* und *Arthrobacter* spp.). Unklar bleibt, unter welchen Bedingungen und in welchem Umfang die genannten Species die Symptome der Keimröte hervorrufen und wann sie zu einer Naßfäule führen können (vgl. 9.2.4.).

9.6. Literatur

9.6.1. Verzeichnis der zitierten Literatur

Archuleta, J. G., & Easten, G. D.: The cause of deep-pitted scab of potatoes. Amer. Potato J. **58** (1981): 385—392.

Buddenhagen, I. W., & Kelman, A.: Biological and physiological aspects of bacterial wilt caused by *Pseudomonas solanacearum*. Annu. Rev. Phytopathol. **2** (1964): 203—220.

Chen, W.-Y., & Echandi, E.: Bacteriocin production and semiselective medium for detection, isolation, and quantification of *Pseudomonas solanacearum* in soil. Phytopathology **72** (1982): 310—315.

Dey, S. K., & Singh, N.: Studies on variability of seven isolates of *Streptomyces* spp. causing common scab of potato in the Punjab (India). Phytopath. mediterr. **22** (1983): 59—64.

Dorožkin, N. A., & Sergeev, V. V.: Izuchenia patogennosti štammov vozbuditelej parshi obyknovennoj na osnove fitoaleksinnoj aktivnosti tkani klubnej kartofelja. Dokl. Akad. Nauk BSSR **24** (1980): 848—850.

Götz, J., & Pett, B.: Zur Isolierung und Identifizierung der wichtigsten pathogenen Fusarien an Kartoffelknollen. Tag.-Ber. Akad. Landwirtsch.-Wiss. DDR, Berlin Nr. 175 (1978): 31—41.

Granada, G. A., & Sequeira, L.: A new selective medium for *Pseudomonas solanacearum*. Plant Dis. **67** (1983): 1084—1088.

Gunn, R. E., Jellis, G. J., Webb, P. J., & Starling, N. C.: Comparison of three methods for assessing varietal differences in resistance to common scab disease (*Streptomyces scabies*) in potato. Potato Res. **26** (1983): 175—178.

HAYWARD, A. C.: Characteristics of *Pseudomonas solanacearum*. J. appl. Bacteriol. **27** (1964): 265—277.

HOOKER, W. J.: Compendium of Potato Diseases. The American Phytopathol. Soc., St. Paul, Minn., 1981.

KEMPE, J., & SEQUEIRA, L.: Biological control of bacterial wilt of potatoes: Attempts to induce resistance by treating tubers with bacteria. Plant Dis. **67** (1983): 499—503.

KHAN, A. N. A., SHETTY, K. S., & PATIL, R. B.: Occurrence of bacterial wilt of chilli in Karnataka and its relationship to the wilts of other solanaceous crops. Indian Phytopathol. **32** (1979): 507—512.

LOZANO, J. C., & SEQUEIRA, L.: Differentiation of races of *Pseudomonas solanacearum* by a leaf infiltration technique. Phytopathology **60** (1970): 833—838.

LUND, B. M., & NICHOLLS, J. C.: Factors influencing the soft rotting of potato tubers by bacteria. Potato Res. **13** (1970): 210—214.

MARTIN, C., FRENCH, E. R., & NYDEGGER, U.: Strains of *Pseudomonas solanacearum* affecting Solanaceae in the Americas. Plant Dis. **66** (1982): 458—460.

MURDOCH, C. W., POTARO, L. J., LEACH, S. S., & PLANT, N. E.: Bacteria associated with pink eye affected potato tubers. Phytopathology **73** (1983): 371 (Abstr.).

NAGAICH, B. B., KHURANA, S. M., SINGH, S., & SINGH, V.: Studies on the potato witch's broom and phyllody diseases. Trienn. Conf. Eur. Assoc. Potato Res. **7** (1978): 289—290.

NAUMANN, K., PETER, K., & ZIELKE, R.: Diagnose und Vorkommen bakterieller Naßfäuleerreger in Kartoffellagerbeständen. Zbl. Mikrobiol. **137** (1982): 280—313.

NIENHAUS, F.: Neue Erkenntnisse über primitive Mikroorganismen in Pflanzen. Mitt. Biol. Bundesanst. Land- u. Forstwirtsch. Berlin-Dahlem **191** (1979): 63—71.

PÉROMBELON, M. C. M., & KELMAN, A.: Ecology of the soft rot erwinias. Annu. Rev. Phytopathol. **18** (1980): 361—387.

SAMSONOVA, L. N.: Kryglolistnost' kartofelja. Zašč. rast. (1979) 2: 41.

SANDS, D. C., HANKIN, L., & ZUCKER, M.: A selective medium for pectolytic fluorescent pseudomonads. Phytopathology **62** (1972): 998—1000.

SCHAAD, N. W.: Laboratory Guide for Identification of Plant Pathogenic Bacteria. The American Phytopathol. Soc., St. Paul, Minn., 1980.

9.6.2. Weiterführende Literatur

NAGAICH, B. B.: Investigations on purple top roll and witches broom diseases of the potato. Plant Pathol. Div. Centr. Potato Res. Inst. Simla 1978.

SCHNICK, D., STEGEMANN, H., SIMON, U., & LANGERFELD, E.: Empfindlicher enzymatischer Nachweis bakterieller Naßfäuleerreger (*Erwinia carotovora*) an Schalen und im Saft von Kartoffelknollen. Nachrichtenbl. Dt. Pflanzenschutzdienst **34** (1982): 83—85.

SIMON, U.: Untersuchungen zur Entstehung der bakteriellen Schwarzbeinigkeit der Kartoffel, hervorgerufen durch *Erwinia carotovora* var. *atroseptica* (van Hall) Dye. Diss. 1982, Fachber. Agrarw., Univ. Göttingen.

STAPP, C.: Die bakterielle Schleimfäule und ihr Erreger *Pseudomonas solanacearum*. Eine Zusammenstellung neuerer Literatur. Zbl. Bakteriol. Parasitenkde., Infekt.-Krankh. Hyg. Abt. II **119** (1965) 166—190.

10. Bakteriosen an Futterleguminosen

10.1. Bakteriell bedingte Erkrankungen des Klees

In allen Fabaceae (Leguminosen) sind *Mycoplasma*-ähnliche Organismen (MLO) nachgewiesen worden, wobei nur die für den europäischen Raum z. Z. wichtigsten Erkrankungen am Klee vorgestellt werden können. Darüber hinausgehende Angaben und vertiefende Ausführungen über MLO sind Abschnitt 2.1., bzw. der weiterführenden Literatur zu entnehmen (unter anderem Gumarova et al. 1980; Grunewaldt-Stöcker & Nienhaus 1977; Kleinhempel et al. 1980; Nienhaus 1985).

10.1.1. Kleeverzwergung

(clover dwarf; nanisme du trèfle)

10.1.1.1. Erreger

Der Erreger konnte bisher nicht isoliert werden, jedoch liegen elektronenoptische Nachweise vor.

10.1.1.2. Krankheitsbild, Krankheitsverlauf, Übertragung

Die Krankheit ist durch Reduktion der Blätter, Verkürzung der Internodien und einen besenwuchsartigen Austrieb der Seitenknospen gekennzeichnet. Bei einer Frühinfektion unterbleibt die Blütenbildung. Später befallene Pflanzen zeigen verkleinerte Blütenstände mit reduzierten Einzelblüten, ohne daß jedoch eine Verlaubung wie bei der Phylloidie auftritt. Chlorosen können vorkommen. Häufig zeigen die Blätter auch eine durch Anthocyan bedingte Rotfärbung.

Die MLO werden durch Zikaden (*Euscelis plebejus* Fall., *Aphrodes bicinctus* Schr., *Macrosteles laevis* Rib.) und über Schmarotzerpflanzen (*Cuscuta campestris*, *C. subinclusa*) verbreitet. Experimentell kann der Erreger auch durch Pfropfung übertragen werden.

10.1.1.3. Diagnose

Eine genaue Diagnose ist nur über ein spezielles Testpflanzensortiment in Verbindung mit elektronenmikroskopischen Untersuchungen möglich. Veränderungen in den Zellen nach einem Befall werden allerdings auch lichtmikroskopisch mit Fluorescenz- und Phasenkontrastverfahren festgestellt, dafür sind jedoch spezielle Gewebebehandlungen notwendig.

10.1.1.4. Verbreitung und wirtschaftliche Bedeutung

Die Krankheit ist in Mittel- und Südeuropa verbreitet. Sie führt zu Wuchshemmungen und ruft dadurch Mindererträge hervor, genaue Ertragsanalysen liegen jedoch nicht vor.

10.1.1.5. Wirtspflanzen

Die Kleeverzwergung wurde an zahlreichen Pflanzen nachgewiesen. Zu ihnen gehören unter anderem

Erbse	*Jasione montana*
Inkarnatklee	*Senecio vulgaris*

Rotklee	*Trifolium fragiferum*
Weißklee	*T. hybridum*
	Vicia faba

und weitere 27 Arten aus 10 Familien.

10.1.1.6. Bekämpfung

Eine Wärmebehandlung der befallenen Pflanzenteile bei 40 °C über 7—10 Tage bringt nur Teilerfolge. Da häufig Segetal- und Ruderalpflanzen durch MLO befallen sind, ist die Anwendung von Insekticiden zur Vernichtung der Vektoren an Ackerrändern und in gefährdeten Samenträgerbeständen ein möglicher Weg zur Unterbrechung der Infektkette. Antibiotica (z. B. Achromycin, Aureomycin, Oxytetracyclin, Tetracyclin, Terramycin) lassen sich aus unterschiedlichen Gründen nicht in der Praxis anwenden. Neben der Vektorbekämpfung wird die Applikation selektiv wirkender Herbicide empfohlen. Außerdem kann die Infektionsgefahr dadurch vermindert werden, daß Infektionsquellen im Rahmen von Kultur- und Pflegemaßnahmen ausgeschaltet werden.

10.1.2. Kleephylloidie (Vergrünung, Verlaubung)

(clover phyllody; phyllodie du trèfle)

10.1.2.1. Erreger

Bei elektronenmikroskopischen Untersuchungen konnten MLO in erkranktem Gewebe festgestellt werden.

10.1.2.2. Krankheitsbild, Krankheitsverlauf, Übertragung

Die charakteristischen Krankheitsmerkmale sind eine auffallende Blütenvergrünung und -verlaubung, nicht selten auch ein Durchwachsen der Blüte. Die Blätter zeigen vergilbte und mitunter

Abb. 10.1. Durch *Mycoplasma*-ähnliche Organismen bedingte Kleephylloidie.

rötlich verfärbte Ränder und Adernaufhellungen. Stauchung und verstärkter Achselknospenaustrieb bewirken den buschigen Habitus der kranken Pflanze (Abb. 10.1.).

Eine Übertragung der Krankheit gelang sowohl über *Cuscuta* spp. als auch durch Pfropfung; außerdem sind *Aphrodes bicinctus* Schrank, *Euscelidius variegatus* Kirschb., *Euscelis lineolatus* Brullé, *Macrosteles cristatus* Ribaut und andere Zikaden als Vektoren bekannt.

10.1.2.3. Diagnose

Neben den bereits genannten Verfahren (s. 10.1.1.3.) werden auch verstärkt serologische Tests (z. B. ELISA-Verfahren) und elektrophoretische Methoden zur Bestimmung der Proteinmuster für die Diagnose herangezogen. Diese Verfahren haben jedoch eine Isolierung der MLO zur Voraussetzung.

10.1.2.4. Verbreitung und wirtschaftliche Bedeutung

Die Phylloidie des Klees wurde vor wenigen Jahrzehnten sowohl in Europa (als ‚strawberry green petal disease') als auch auf dem nordamerikanischen Kontinent festgestellt. Sie ist seither an zahlreichen Kultur- und Wildarten beobachtet worden. Die Stärke ihres Auftretens unterliegt großen Schwankungen. Das erklärt sich aus der Tatsache, daß ihre Verbreitung im Freiland unter natürlichen Bedingungen der Populationsdynamik der Vektoren folgt. Wirtschaftliche Schäden sind verstärkt in Jahren der Epiphytotie zu finden. Konkrete Angaben über Schadausfälle für diese MLO liegen jedoch nicht vor (Kleinhempel et al. 1980).

10.1.2.5. Wirtspflanzen

Die Krankheit der Kleephylloidie kommt an zahlreichen Pflanzenarten sehr unterschiedlicher Familienzugehörigkeit vor.

10.1.2.6. Bekämpfung

Über die unter 10.1.1.6. gemachten Angaben hinaus ergeben sich keine weiteren Bekämpfungsmaßnahmen.

10.1.3. Bakteriell bedingte Welken

In der UdSSR befällt *Clavibacter michiganensis* subsp. *insidiosus* neben Luzerne (s. 10.2.1.) auch Klee-Arten. Aus den USA (Kentucky) ist ein derartiger Fall ebenfalls bekannt geworden; eine Bestätigung liegt allerdings nicht vor.

Nach Lukezic et al. (1983) soll auch *Pseudomonas viridiflava* an Hornklee in starkem Umfang Welkeschäden hervorrufen, so daß es zu erheblichen Ertragsausfällen kommt (zu diesem Erreger s. 9.2.4.1. und vor allem 12.2.2.).

An Buschklee (*Lespedeza* spp.) wurde eine weitere Erkrankung beschrieben, die sich in Form von dunklen, wasserdurchsogenen, schnell verbräunenden Flecken äußert, wobei kranke Stellen zuweilen mit einem Bakterienexsudat überzogen sind und die Stengel aufreißen können. Eine systemische Infektion bringt die Pflanze innerhalb weniger Wochen zum Welken und Absterben. Als Ursache dieser Erkrankung gilt Befall mit *Xanthomonas campestris* pv. *lespedezae*.

10.1.4. Bakteriell bedingte Blattflecke

Durch Bakterien verursachte Blattflecke an Rot-, Weiß- und Steinklee werden aus Europa und Übersee beschrieben. Auf den Blättern kranker Pflanzen treten anfangs kleine (1—3 mm), dunkelbraune und häufig mit einem gelbglänzenden Rand versehene Läsionen auf. Im späteren Krankheitsverlauf werden die Blättchen chlorotisch und sterben schließlich ab (Gitaitis et al. 1983).

Wurden ursprünglich derartige Blattsymptome auf Befall durch *Pseudomonas „stizolobii“* zurückgeführt (dieser Name ist inzwischen ungültig geworden), so konnte später unter anderem durch GOTO & STARR (1971) dieses Bakterium als identisch mit *Ps. andropogonis* erkannt werden.

Gleichfalls sehr kleine (1—2 mm), dunkelbraune, wasserdurchtränkt erscheinende Blattflecke mit rötlichbraunem Hof fanden OXTOBY & LELLIOTT (1966) in Großbritannien; als Erreger isolierten sie *Ps. syringae* pv. *syringae.*

Weiterhin sind Blattflecke bekannt, die ursprünglich sehr klein und wasserdurchtränkt aussehen, im späteren Krankheitsverlauf aber ineinanderfließen, braun werden und eintrocknen. Diese Veränderungen werden vor allem längs der Blattrippen und an den Enden der Fiederblättchen deutlich. Der stärkste Befall tritt dabei in Vermehrungsbeständen im zweiten Standjahr auf. Als Erreger konnte *Xanthomonas campestris* pv. *alfalfae* (s. a. 10.2.2.) nachgewiesen werden.

10.1.5. Bakteriell bedingte Mischinfektionen

Umfangreiche Untersuchungen an 340 Kleesorten und -stämmen in der UdSSR ergaben, daß auf allen geprüften Standorten dreijähriger Klee stets zu 100% mit Bakterien befallen war. Die geringste Anfälligkeit zeigte die Sorte ‚Moskauer 1‘. Als Krankheitserreger wurden häufig mehrere Bakterienarten von einem Wirt isoliert. Nachgewiesen wurden folgende Species: *Bacillus „mesentericus“*[1]), *Erwinia carotovora* subsp. *atroseptica*, *E. carotovora* subsp. *carotovora* (incl. Biotyp *aroideae*), *Pseudomonas fluorescens* und *Xanthomonas „heterocea“*[1]).

10.2. Bakteriosen der Luzerne

10.2.1. Bakterielle Luzernewelke

(bacterial wilt of alfalfa; uvjadanie ljucerny; flétrissement et jaunissement de la lucerne; marchitamiento bacteriano de la alfalfa)

10.2.1.1. Erreger

Clavibacter michiganensis subsp. *insidiosus* (McCulloch 1925) Davis, Gillaspie, Vidaver & Harris 1984)

Syn. *Aplanobacter insidiosum* McCulloch
Bacterium insidiosum (McCulloch) Stapp
Phytomonas insidiosa (McCulloch) Bergey et al.
Erwinia insidiosa (McCulloch) Jensen
Mycobacterium insidiosum (McCulloch) Krasil'nikov
Burkholderiella insidiosa (McCulloch) Săvulescu
Corynebacterium insidiosum (McCulloch) Jensen

Morphologie: Stäbchen von 0,4—0,5 × 0,7—1,0 µm Größe; Gram-positiv; unbeweglich; nicht säurefest.
Kolonien auf Agar (NA): anfangs weiß, später blaßgelb, rund, glatt, schleimig, ganzrandig, flach oder leicht erhaben.
Temperaturoptimum: 21—24 °C
Temperaturmaximum: 28—31 °C
Thermaler Tötungspunkt: 51—52 °C
Physiologische Leistungen: aerober Stoffwechsel; Nitrate werden nicht reduziert; Säure (kein Gas) wird

---
[1]) Name ist nicht validiert.

gebildet aus Glucose, Saccharose, Lactose, Galactose, Glycerol; langsam ablaufende Milchcoagulation und Gelatineverflüssigung; keine H_2S- und Indolbildung; mäßige Stärkehydrolyse.

Der Erreger produziert ein stark dunkelblaues bis violettes Indigo-Pigment (Indigoidin).

Bakteriophagen sind bisher nicht nachgewiesen worden.

Die G + C-Mol-%-Werte liegen bei 78,1.

10.2.1.2. Krankheitsbild, Krankheitsverlauf, Übertragung

Das Krankheitsbild der Gefäßbakteriose tritt in der Regel erst im zweiten und dritten Standjahr der Luzerne in Erscheinung. Kranke Pflanzen erkennt man an Welkeerscheinungen (besonders an heißen Tagen), Zwergwuchs und Gelbfärbung einzelner Blätter oder der ganzen Pflanze. Die Stengel sind verkürzt, die Fiederblättchen haben eine geringere Breite, sie sind zuweilen an den Rändern gelb verfärbt und nach oben eingerollt. Nesterweise kommt es zum Absterben der Pflanzen; die Fehlstellen vergrößern sich mit jedem Schnitt.

In den Wurzeln kranker Pflanzen ist der äußere Teil des Holzes gelb, später dunkel verfärbt. Dieses typische Symptom läßt sich beim Lösen der Rinde erkennen.

Da der Erreger nur verletzte Pflanzen befallen kann, spielen Frostschäden oder Wunden beim Infektionsgeschehen eine befallsbegünstigende Rolle. Einen fördernden Einfluß üben auch Nematoden aus. Die eingedrungenen Bakterien vermehren sich in den Gefäßen und führen zu Verstopfungen, die dann die beschriebenen Symptome zur Folge haben. Der Erreger überwintert in den Wurzeln oder im Wurzelhals infizierter Pflanzen und wird durch den Schnitt auf gesunde Pflanzen übertragen. Auch eine Samenübertragung ist möglich (KŮDELA 1967).

Eine beschleunigte Ausbreitung der Krankheit durch Bewässerung ist häufig beobachtet worden. Sind Luzernepflanzen gleichzeitig mit *Fusarium oxysporum* f. sp. *medicaginis* Weimer befallen, so hemmt der Pilz durch seine Stoffausscheidungen die Ausbreitung der Bakteriose.

10.2.1.3. Diagnose

Eine gesicherte Diagnose aufgrund des Schadbildes ist nicht möglich. Sie kann nur nach Isolierung und Bestimmung des Erregers gestellt werden. Der in Kultur gebildete blaue Farbstoff ist ein relativ sicheres Indiz für das Vorliegen von *C. michiganensis* subsp. *insidiosus*. Wenn sich größere Ansammlungen Gram-positiver Bakterien im Gefäßsystem der erkrankten Pflanze nachweisen lassen, so ist das als ein weiterer wichtiger Hinweis auf einen Befall durch diesen Erreger zu werten.

10.2.1.4. Verbreitung und wirtschaftliche Bedeutung

Die Bakterielle Luzernewelke kommt in allen Anbaugebieten Kanadas und der USA bis nach Alaska vor. Als Befallsländer gelten auch Brasilien, Indien, Südafrika und Australien. Auf dem europäischen Kontinent wurde sie bisher unter anderem in Großbritannien, Polen, ČSSR, der UdSSR, Italien und Jugoslawien festgestellt.

In den betroffenen Ländern verursacht die Krankheit sehr große Schäden; jährliche Ernteverluste von 20—25% sind nicht selten, gebietsweise können bis 80% aller Schläge befallen sein. Im dritten Standjahr ist der Befall oft um ein Vielfaches höher als im ersten. Untersuchungen haben auch gezeigt, daß bei den Sorten ‚Du Puits‘ und ‚Lahotan‘ die Verseuchung von 14 bzw. 5% auf 90 bzw. 42% ansteigt, wenn ein gleichzeitiger Befall mit *Meloidogyne hapla* Chitwood vorliegt.

10.2.1.5. Wirtspflanzen

Bedeutendste Wirtspflanze ist die Luzerne. Darüber hinaus können Sichelklee und andere Luzerneformen infiziert werden. Ältere Angaben aus der UdSSR, wonach die Bakterielle Welke auch Klee und Esparsette befällt, blieben in jüngster Zeit unbestätigt.

10.2.1.6. Bekämpfung

Bekämpfungsmaßnahmen gegen die Luzernewelke sind in erster Linie prophylaktischer Natur. Vor allem sollte Saatgut nur von absolut gesunden Beständen entnommen werden.

Als weitere wichtige Vorbeugungsmaßnahme bietet sich der Anbau resistenter Sorten an. Bulgarischen Untersuchungen zufolge sind *Medicago homicycla, M. falcata, M. glutinosa* und *M. quasifalcata* der Untergattung *Falcago* hochresistent gegenüber *C. michiganensis* subsp. *insidiosus*. Relativ resistent sollen auch die Sorten ‚Vernal', ‚Maris Phoenix', ‚Hondoninka', ‚Palava' und ‚Altfranken' (*M. sativa*) sowie ‚Krasnovodopadskaja' (*M. falcata*) sein. Resistente Formen sind auch aus Übersee bekannt (unter anderem ‚Amor', ‚Apollo II', ‚Duke', ‚EPIC', ‚Maverick', ‚Weevlchek').

Für eine gezielte Resistenzzüchtung liegen spezielle Prüfmethoden vor (z. B. der Glykopeptid-Biotest) (unter anderem Elgin et al. 1983).

10.2.2. Bakterielle Blattfleckenkrankheit der Luzerne

(bacterial leaf spot of alfalfa; mancha bacteriana de la hoga de alfalfa)

10.2.2.1. Erreger

Xanthomonas campestris pv. *alfalfae* (Riker, Jones & Davis 1935) Dye 1978

Syn. *Bacterium alfalfae* Riker et al.
Phytomonas alfalfae Riker et al.
Pseudomonas alfalfae Riker et al.
Xanthomonas alfalfae (Riker et al.) Dowson
Xanthomonas phaseoli f. sp. *alfalfae* (Riker et al.) Sabet

Morphologie: aerob lebendes, bewegliches Stäbchen (0,6 × 1,0—3,0 µm) mit einer polar angeordneten Geißel; Gram-negativ; bildet weder Spore noch Kapsel.

Kolonien auf Agar: farblos bis blaßgelb, rund glatt, konvex und glattrandig.

Temperaturoptimum: 24—28 °C

Temperaturmaximum: 36 °C

Thermaler Tötungspunkt: 51 °C

Physiologische Leistungen: aerober Stoffwechsel; Nitrat wird nicht reduziert; Säure (kein Gas) wird aus Glucose, Fructose, Arabinose, Mannose, Galactose und Cellobiose gebildet, in Abhängigkeit vom Medium auch aus den C-Quellen Xylose, Maltose, Saccharose, Raffinose, Trehalose, Ribose, Melibiose, Mannitol, Erythritol und Dextrin, nicht aber aus Rhamnose, Sorbitol, Dulcitol, Inositol, Salicin, Inulin und α-Methyl-D-glycosid; bei der Peptonverwertung entstehen Ammoniak und H_2S; H_2S-Produktion auch aus Cystein und Thiosulfat. Das Bakterium synthetisiert Xylanasen und Proteasen, produziert aber keine exogenen, pectinolytisch wirksamen Enzyme; Methylrot-negativ.

In Gegenwart von 5% Glucose oder Saccharose stark lävanbildend. Auf NA werden z. T. blaßgelbe bis strohgelbe Farbpigmente produziert.

Bakteriophagen sind bisher nicht nachgewiesen worden.

Die G + C-Mol-%-Werte entsprechen der für *X. campestris*-Pathovare charakteristischen Variationsbreite (63,5—69,2).

Es konnten bisher mehrere physiologische Rassen festgestellt werden.

10.2.2.2. Krankheitsbild, Krankheitsverlauf, Übertragung

Bei einem Befall durch *X. campestris* pv. *alfalfae* treten auf den Blättern als erste Symptome sehr kleine (2 mm), wasserdurchsogene Flecke auf. Das Zentrum ist oft gelb und mit einem dunkelbraunen Rand und strohgelben Hof umgeben. Mit dem Fortschreiten der Krankheit vergrößern sich diese, bis sie schließlich ineinanderfließen können. Derartige Läsionen findet man zwischen den Blattrippen, entlang der Mittelrippe, am Stengel und an den Enden der Fiederblättchen. Die infizierten Zonen sind bei Stengelbefall braun bis schwarz gefärbt und länglich gestreckt. Sie können sich im weiter fortgeschrittenen Stadium zu großen Flecken vereinigen. Selten sind die Stengel gegürtelt, jedoch umfassen die Läsionen häufig die Hälfte bis zu zwei Drittel des Stengelumfanges. Solche stark geschädigten Stengel verlieren ihre Standfestigkeit und knicken leicht um.

Eine Ausbreitung im Bestand erfolgt durch Regentropfen und Windeinwirkung.

Da *X. campestris* pv. *alfalfae* in Heu und Pflanzenresten mehrere Jahre lebens- und infektionsfähig bleiben kann, spielen Rückstände vegetativer Pflanzenteile im Saatgut bei der Übertragung eine nicht unerhebliche Rolle. Im Boden und in verrottenden Pflanzenteilen ist die Lebensfähigkeit des Erregers zwar begrenzt, jedoch kann sie bis zu einem halben Jahr betragen.

10.2.2.3. Diagnose

Die charakteristischen Blattflecke allein sind für eine sichere Diagnose nicht ausreichend. Sie ist nur über die Isolierung der Erreger und die Bestimmung ihrer biochemischen und physiologischen Merkmale sowie ihrer Pathogenität möglich.

10.2.2.4. Verbreitung und wirtschaftliche Bedeutung

Die Bakteriose wurde erstmalig 1930 in Wisconsin (USA) an den Luzernesorten ‚Grimm‘ und ‚Turkestan‘ beobachtet. Später fand man sie in zahlreichen anderen Ländern. So gelten neben den USA Nikaragua, Indien, Japan, Australien, Rumänien und die UdSSR als Befallsländer. Die bei epidemischem Auftreten festgestellten Schäden können ein wirtschaftlich bedeutsames Ausmaß erreichen; so wurden z. B. in Kansas 1965 über 50% einjähriger Luzernepflanzen der Sorte ‚Ladak‘ vernichtet.

10.2.2.5. Wirtspflanzen

Luzerne ist der natürliche Wirt. In Rumänien wird auch Rotklee befallen. Eine Inokulation gelingt ferner bei

Erbse	*Clitoria ternatea*
Gartenbohne	*Dolichos lablab*
Inkarnatklee	*Medicago lupulina*
Rotklee	*M. trucatula*
Sojabohne	*M. scutellata*
Weißlupine	*Melilotus alba*
	M. indica
	M. officinalis
	Phaseolus mungo
	Trigonella foenum-graecum
	Vicia benghalensis
	V. sativa (unter anderem Bradbury 1981)

Die verschiedenen Wirtspflanzen-Untersuchungen haben gezeigt, daß Isolate aus unterschiedlichen Kontinenten ein differenziertes Wirtsspektrum besitzen; dieses ist wohl als Indiz für das Vorkommen von Rassen zu werten. So unterscheiden sich z. B. Isolate aus Australien von denen aus dem Sudan in ihrer Fähigkeit, *Dolichos lablab* und *Phaseolus mungo* zu infizieren. Isolate aus dem Sudan und aus Indien waren im Gegensatz zu Herkünften aus anderen Ländern nicht in der Lage, an *Glycine max* Symptome hervorzurufen. Zusammenfassende Darlegungen hierüber fehlen jedoch bisher.

10.2.2.6. Bekämpfung

Direkte Bekämpfungsmaßnahmen sind gegenwärtig nicht möglich. Jedoch wirken alle pflanzenhygienischen Maßnahmen einer Erregerausbreitung entgegen. Besonders wichtig ist die Saatguterzeugung von befallsfreien Vermehrungsbeständen.

10.2.3. Weitere Bakteriosen der Luzerne

10.2.3.1. Stengelbrand

Seit 1904 ist in den USA eine Luzernebakteriose bekannt, die gebietsweise einen Verlust bis zu 80% des ersten Schnittes verursacht. Später wurde sie auch aus der UdSSR und aus Australien gemeldet. An den Stengeln und Blattstielen befallener Pflanzen zeigen sich — meist nur auf einer Seite — gelblich bis olivgrüne, streifige, wasserdurchsogene Flecke. Im weiteren Verlauf bekommen die Stengel durch angetrocknetes Exsudat ein bernsteinfarbenes Aussehen. Als Erreger des Stengelbrandes wird *Pseudomonas „medicaginis“*[1]) angesehen.

Mit dem Stengelbrand vergleichbare Symptome können vor allem aber auch von *Ps. viridiflava* verursacht werden (s. 12.2.2.).

10.2.3.2. Wurzelbrand

Wurzelschäden an Luzerne werden nicht nur von *Clavibacter michiganensis* subsp. *insidiosus*, sondern auch durch *Erwinia*-Arten hervorgerufen. Shinde & Lukezic (1974) isolierten von verfärbten Wurzeln einen bisher unbekannten Erreger und beschrieben ihn als *E. amylovora* pv. *„alfalfae“*[1]). Ein gemeinsamer Befall dieses Erregers mit *Ps. marginalis* pv. *alfalfae* führt zu synergistischen Wirkungen, aber auch Nematoden fördern durch ihre Saugtätigkeit und die damit verbundene Wurzelverletzung einen Befall durch *Ps. marginalis* pv. *alfalfae* (Bloom & Lukezic 1982).

In der Nichtschwarzerdezone der UdSSR sind außerdem verbreitet Wurzelfäulen aufgetreten, wobei *Ps. solanacearum*, *Ps. fluorescens*, *E. carotovora* subsp. *atroseptica* und subsp. *carotovora* (incl. Biotyp *aroideae*) als Erreger festgestellt wurden.

10.2.3.3. Saatgutbefall

Kůdela (1967) konnte sehr häufig *Erwinia herbicola* und *C. michiganensis* subsp. *insidiosus* aus Luzerne-Saatgut isolieren. Dabei ließen sich *C. michiganensis* subsp. *insidiosus*-befallene Samen aufgrund von Abweichungen in der Samenschalenfarbe deutlich von solchen unterscheiden, in denen *E. herbicola* enthalten waren (s. a. 10.2.1.).

10.3. Bakteriosen der Sojabohne

10.3.1. Bakterienbrand bzw. Eckige Fleckigkeit der Sojabohne

(bacterial blight of soybean; brûlure bactérienne; tizón bacteriano da la soya)

10.3.1.1. Erreger

Pseudomonas syringae pv. *glycinea* (Coerper 1919) Young, Dye & Wilkie 1978

Syn. *Bacterium sojae* Wolf
Phytomonas sojae (Wolf) Burkholder
Pseudomonas sojae (Wolf) Stapp
Bacterium glycineum Coerper
Phytomonas glycinea (Coerper) Burkholder

Morphologie: Stäbchen 1,2—1,5 × 2,3—3,0 µm Größe; Gram-negativ; beweglich mit einer oder mehreren polar angeordneten Geißeln.
Kolonien auf Agar (NA): weiß, rund, glatt, glänzend mit glattem Rand.
Temperaturoptimum: 24—26 °C

---

[1]) Name ist nicht validiert.

Temperaturmaximum: 35 °C
Thermaler Tötungspunkt: 48—49 °C
Physiologische Leistungen: fakultativ anaerober Stoffwechsel; Nitrate werden nicht reduziert; aus Glucose und Saccharose wird Säure, aber kein Gas gebildet; Milch wird coaguliert, nicht aber peptonisiert; keine Gelatineverflüssigung; schwache Indolbildung.

Auf geeigneten Nährböden wird ein wasserlösliches, grünfluorescierendes Pigment gebildet.

Angaben über das Vorkommen von Bakteriophagen liegen bisher nicht vor.

Die G + C-Mol-%-Werte entsprechen denen von *Ps. syringae* pv. *syringae* (ca. 59—61).

Aufgrund unterschiedlicher Sortenreaktionen wurden bisher neun Physiologische Rassen identifiziert.

10.3.1.2. Krankheitsbild, Krankheitsverlauf, Übertragung

Am Rand der Keimblätter erscheinen anfangs kleine Läsionen, die an Größe zunehmen (Tafel III, 6.), sich dunkelbraun verfärben und später absterben. Die Unterseite solcher Flecke bedeckt häufig ein hellgrauer, glänzender Schleim. Unter feuchten und windigen Witterungsbedingungen greift die Krankheit schnell auf die Blätter und Stiele über. Die Blattflecke sind anfangs klein und eckig, durchscheinend, wassergetränkt und von gelber oder hellbrauner Färbung. Im weiteren Krankheitsverlauf werden sie dunkelbraun bis schwarz und undurchsichtig. Die Flecke sind in der Regel über die ganze Blattfläche verteilt, kommen aber auch in Gruppen vor und fließen häufig zusammen. Das kranke Gewebe trocknet im späteren Stadium ein und fällt heraus. Dadurch erhält das Blatt ein zerfranstes Aussehen. Auf Stengeln, Blattstielen und Früchten treten ähnliche, jedoch weniger Läsionen auf. Ein Bakterienexsudat bildet sich unter günstigen Feuchtigkeitsbedingungen auch an Blatt-, Blattstiel- und Fruchtflecken. Selbst Samen werden infiziert und können mit Bakterienschleim überzogen sein; Keimschäden sind dann die Folge.

Im befallenen Saatgut bleiben die Bakterien über zwei Jahre lebensfähig. Auch in Ernterückständen kann der Erreger längere Zeit überdauern.

Die Übertragung und Verbreitung der Krankheit im Bestand wird durch stürmisches und feuchtes Regenwetter begünstigt. Am stärksten sind stets die jüngsten, sich gerade entfaltenden Blätter gefährdet.

10.3.1.3. Diagnose

Für den Nachweis des Erregers im Saatgut sind spezielle Methoden und Selektivmedien entwickelt worden. Das Selektivmedium M 71 enthält einen Grundnährboden

Pepton	10 g	Caseinhydrolysat	1 g
Glucose	5 g	Actidion	0,005 g
Agar	20 g	Triphenyltetracoliumchlorid	0,05 g
		Aqua dest.	1000 ml,

dem Borsäure (1 g) zugesetzt wird (SCHAAD 1980).

Eine mögliche Diagnosemethode für latenten Befall besteht darin, daß die verdächtigen Samen angekeimt, die Cotyledonen verletzt und die Keimpflanzen anschließend in feuchtigkeitsgesättigter Luft kultiviert werden. Bei vorliegender Saatgutverseuchung werden danach Symptome sichtbar.

Zur Differenzierung der Rassen wird neben einem geeigneten Wirtspflanzensortiment neuerdings auch die Fähigkeit zur Bildung des Chlorose induzierenden Toxins Coronatin als Kriterium verwendet (unter anderem GNANAMANICKAM & STARRATT 1982).

10.3.1.4. Verbreitung und wirtschaftliche Bedeutung

Die Krankheit ist in Asien, Australien, Neuseeland, Südafrika und Nordamerika verbreitet. Auf dem europäischen Kontinent gibt es lokale Vorkommen in Frankreich, der DDR, in Polen, Ungarn, Rumänien, Jugoslawien und in der UdSSR. Die einzelnen Rassen von *Ps. syringae* pv. *glycinea* treten dabei überwiegend in relativ kühlen Klimaregionen auf.

Die wirtschaftliche Bedeutung dieser Bakteriose ist in Abhängigkeit von den Witterungsbedingungen großen Schwankungen unterworfen. Analysen in Versuchsparzellen ergaben z. B. 46—62% befallene Pflanzen und einen Minderertrag von ca. 18%. Im europäischen Raum sind die Verluste weniger hoch.

10.3.1.5. Wirtspflanzen

Als Wirtspflanze ist bisher nur die Sojabohne bekannt.

10.3.1.6. Bekämpfung

Erzeugung und Verwendung gesunden Saatgutes sind die wichtigsten vorbeugenden Maßnahmen zur Bekämpfung der Bakteriellen Fleckenkrankheit. Befallsmindernd wirkt auch eine Samenbeizung mit Tetramethylthiuramdisulfid, jedoch führt sie häufig zu einer Schädigung der Testa. Dieser Nachteil entfällt bei Samenbegasung (Propylenoxid, Formaldehyd, Hydrazonsäure). Eine Tauchbehandlung (5%iges Natriumhypochlorit + 95%igen Ethylalkohol im Verhältnis 1:1) mit anschließender Rücktrocknung hat zwar einen sehr guten baktericiden Effekt, ist aber aufwendig und bringt z. T. Mindererträge.

Der Einsatz des Bakterienparasiten *Bdellovibrio bacteriovorus* Stolp & Starr 1963 zur Bekämpfung der Bakteriose hat bisher aus unterschiedlichen Gründen noch keine breite praktische Anwendung erfahren.

In der UdSSR und anderen Befallsländern wurden Sorten mit resistenten Eigenschaften gegenüber *Ps. syringae* pv. *glycinea* selektiert.

10.3.2. Weitere Bakteriosen der Sojabohne

10.3.2.1. Pustelkrankheit

(bacterial pustule)

In den USA, in Kanada, Korea, Taiwan, Indien, Burma, Bulgarien und der UdSSR tritt häufig die Pustelkrankheit der Sojabohne auf, deren Erreger *Xanthomonas campestris* pv. *glycines* (Nakano 1919) Dye 1978 (= *X. phaseoli* var. *sojensis*) ist. Erste Anzeichen dieser Krankheit sind kleine, blaßgrüne oder rötlichbraune Flecke mit deutlich erhabenem Zentrum. Die Pusteln können zweimal so dick wie das Blatt selbst werden. Das kranke Gewebe kollabiert, schrumpft, und es entstehen unregelmäßige Flecke mit gelblichem Hof, die nach dem Eintrocknen herausfallen können. Die in der UdSSR auch als Cotyledonen-Bakteriose bezeichnete Krankheit wird durch befallenes Saatgut und Insekten übertragen. Auch spielen die in Sojabohnenbeständen anzutreffenden Unkrautarten *Brunnichia cirrhosa* und *Dolichos biflorus* als Wirte und Reservoire eine Rolle bei der Verbreitung im Bestand. Eine Bekämpfung kann durch pflanzenhygienische Maßnahmen, vor allem aber durch Beizung und gezielte Resistenzzüchtung vorgenommen werden.

10.3.2.2. Wildfeuer

(wildfire)

Aus zahlreichen Anbaugebieten der Sojabohne ist ein Befall durch *Pseudomonas syringae* pv. *tabaci* (Wolf & Foster 1917) Young et al. 1978, den Erreger des Wildfeuers bei Tabak, bekannt (s. 12.1.1.). Auf den Blättern entwickeln sich anfangs nadelstichgroße, hell- bis dunkelbraune, konzentrische Blattflecke, die sehr schnell an Größe gewinnen und verbräunen. Die abgestorbenen Gewebe vertrocknen und reißen ein.

Offenbar kommen bei diesem Parasiten Pathotypen vor, die neben Tabak auch Sojabohnen befallen können. Außerdem ist ein vorausgehender oder gleichzeitiger Befall durch *Xanthomonas campestris* pv. *glycines* unerläßlich.

Bei Infektionen mit Tabak-Wildfeuer an Sojabohnen können erhebliche wirtschaftliche Schäden entstehen. Der Befall der Sojabohnen mit *Ps. syringae* pv. *tabaci* setzt feucht-warmes Wetter voraus.

10.3.2.3. Verbräunung

(tan spot)

In jüngster Zeit wird aus der UdSSR und den USA berichtet, daß *Curtobacterium flaccumfaciens* subsp. *flaccumfaciens* (Hedges 1922) Collins & Jones 1984 Sojabohnenblätter befallen und stark schädigen kann. Die als „tan spot" bezeichnete Bakteriose wurde stets nur an Blättern, nie aber an Stengeln oder Hülsen beobachtet. Im USA-Staat Iowa erwies sich von 818 geprüften Sojabohnenschlägen etwa die Hälfte (51,1%) als befallen (Dunleavy 1983).

10.3.2.4. Blattfleckenkrankheit

(leaf spot disease)

Nach Beobachtungen aus Florida verursacht *Pseudomonas andropogonis* auch an Sojabohnen Blattflecke. Da Isolate von Mais und Hirse an Sojabohnen nicht pathogen waren, werden die gewonnenen Stämme als Vertreter einer eigenen Pathovar (*Ps. andropogonis* pv. „*sojae*"[1]) angesehen.

10.3.2.5. Bakteriell bedingte Welke

(bacterial wilt)

In Soja-Anbaugebieten der UdSSR (Moldauische SSR, Ukrainische SSR, Amurgebiet u. a.) tritt verstärkt die Bakterielle Welke (*Pseudomonas solanacearum*) auf. Eine hohe Resistenz gegenüber diesem Erreger weisen unter anderem die Sorten ‚Komsomolka', ‚Nepolegajuščaja 2', ‚Terezinskaja 2' und ‚Adams' auf.

Eine kombinierte Resistenz gegenüber diesem Erreger und weiteren Pathogenen besitzen nach Angaben sowjetischer Autoren folgende Sorten bzw. Linien: ‚Chernaja VU 4108' ‚Komsomolka', ‚Chernovitskaja 6', KSKHI-717, VIR-4939, VNIISK-7, (UdSSR), DV-1746, DV-2844 (China) und ‚Potch-36' (Australien).

10.3.2.6. Bakteriell bedingte Naßfäule

(bacterial soft rot)

Mehrfach wurde in der UdSSR auch eine Schädigung durch die Naßfäuleerreger *Erwinia carotovora* subsp. *atroseptica* und subsp. *carotovora* (incl. Biotyp *aroideae*) nachgewiesen.

10.3.2.7. Bakteriose der Keimblätter

(cotyledonary damage)

Zu den Bakterienarten, die häufig in Sojabohnensamen festgestellt werden und größere Keimschäden verursachen können, gehören *Bacillus subtilis* und *B.* „*mesentericus*"[1]). Eine Bekämpfung dieser Sporenbildner ist schwierig, eine Beizung bringt nur Teilerfolge.

10.4. Bakteriosen der Ackerbohne

Die Zahl der in der Literatur als Erreger von Ackerbohnenkrankheiten beschriebenen Bakterienarten ist sehr groß (unter anderem Schmidt et al. 1980). Da aber über Ackerbohnenbakteriosen seit 1970 kaum noch berichtet wird, soll im folgenden nur auf die beiden am häufigsten vorkommenden Krankheiten eingegangen werden.

---

[1]) Name ist nicht validiert.

10.4.1. Schwarzbeinigkeit der Ackerbohne

10.4.1.1. Erreger

Erwinia carotovora (Jones 1901) Bergey, Harrison, Breed, Hammer & Huntoon 1923.

Um welche Subspecies es sich dabei handelt, ist aus der bislang vorliegenden Literatur nicht ersichtlich.

Die Synonyme sowie die morphologischen und physiologischen Merkmale des Erregers wurden in Abschnitt 9.2.2. behandelt.

10.4.1.2. Krankheitsbild, Krankheitsverlauf, Übertragung

Die Keimpflanzen weisen am Stengelgrund rötliche oder braune bis schwarze Verfärbungen auf, die den ganzen Stengel umfassen können, z. T. wird der gesamte Keimling schwarz und weichfaul, häufig stirbt er ab. Tritt der Befall später auf, verholzt die Stengelbasis bei Trockenheit, unter feuchten Bedingungen ist sie schwarz verfärbt. In vielen Fällen sind auch im Stengelinneren schwarze Streifen zu beobachten, die in den Gefäßen sich über weite Teile des Stengels ausdehnen können und schließlich auch an dessen Oberfläche sichtbar werden. Im weiteren Krankheitsverlauf beginnen die Pflanzen zu welken, wobei die Blätter z. T. vertrocknen und bei anhaltend feuchter Witterung schwarzfaulig werden. Kranke Pflanzen fallen durch ihren Kümmerwuchs im Bestand auf und lassen sich infolge von Wurzelvermorschung leicht aus dem Boden ziehen.

Der Erreger ist samenübertragbar und kann auch in Pflanzenresten im Boden überdauern. Stark befallene Samen keimen gar nicht, oder der junge Keimling fault bereits in der Erde. Durch feucht-warme Witterung wird die Befallsentwicklung im Bestand begünstigt. Außerdem fördern heftige Niederschläge, Bearbeitungsgeräte und in geringem Umfang auch Insekten die Ausbreitung der Krankheit.

10.4.1.3. Diagnose

Zur Diagnose wird vor allem die pectinolytische Aktivität des Erregers genutzt. So werden oberflächensterilisierte, halbierte Kartoffeln nach 1—2 Tagen naßfaul, wenn befallenes Pflanzenmaterial zermörsert und auf die aufgerauhten Schnittflächen ausgestrichen wird.

Eine Isolierung des Erregers erfolgt am günstigsten über Stewart-Agar (Griesbach et al. 1979). Wird mit den gewonnenen Isolaten eine Inokulation in Stengel junger Ackerbohnenpflanzen bzw. in ein Blattpaar vorgenommen, ist bereits nach 12 Std. (bei 25 °C und relativ hoher Luftfeuchte) eine beginnende Schwarzfärbung zu beobachten, die sich systemisch über die Pflanze ausbreitet.

10.4.1.4. Verbreitung und wirtschaftliche Bedeutung

Über diese Bakteriose wird nur sehr vereinzelt — hauptsächlich aus der UdSSR — berichtet. Sie ist aber auch in der DDR, in Polen und in Argentinien beobachtet worden. Größere Verluste sind insbesondere aus der UdSSR bekannt. Deshalb wird sie dort zu den potentiell gefährlichsten Ackerbohnenbakteriosen gezählt.

10.4.1.5. Wirtspflanzen

(s. 9.2.1.5. und 9.2.2.5.)

10.4.1.6. Bekämpfung

Direkte Bekämpfungsmöglichkeiten sind bei dieser Bakteriose nicht gegeben. Daher sollte das Saatgut nur aus Beständen ohne sichtbaren Krankheitsbefall gewonnen werden. Da eine Überdauerung des Erregers im Boden gut möglich ist, sind Kartoffeln oder andere Wirtspflanzen des Erregers keine geeigneten Vorfrüchte für Ackerbohnen.

10.4.2. Bakterielle Stengelfäule oder Bakterieller Stengelbrand der Ackerbohne

(bacterial stem blight; bacterial'naja gnil' steblej bobov)

10.4.2.1. Erreger

Früher wurde *Pseudomonas „fabae"* (Yu) Burkholder als Erreger dieser Krankheit angesehen. Dieser Name ist allerdings nicht mehr anerkannt. Vermutlich handelt es sich um den Vertreter einer gültig beschriebenen *Pseudomonas* sp.

Auf einer Wiedergabe der ursprünglich beschriebenen Merkmale wird hier wegen der unsicheren nomenklatorischen Situation verzichtet.

10.4.2.2. Krankheitsbild, Krankheitsverlauf, Übertragung

Kranke Keimpflanzen weisen dunkelgraue bis schwarze Flecke auf. Bei späterem Befall werden die Stengel teilweise oder völlig grau bis schwarz; bei erhöhter Feuchtigkeit beginnen sie zu faulen. An den Blättern bilden sich meist graue, unregelmäßig geformte Flecke, die im Durchmesser bis zu 10 mm und größer werden können. Zuweilen sind sie entlang des Blattrandes ausgebildet und von einem schmalen, braunen Rand begrenzt. Stark befallene Pflanzen setzen kaum Hülsen an, diese enthalten dann nur wenige oder gar keine Samen. SCHMIEDEKNECHT & GÖRLITZ (1966) beobachteten an Hülsen dunkelgrüne bis schwarze Flecken, die kollabierten und lederartig verhärtet waren. Die Samen wiesen dabei dunkle, kraterförmig in die Samenschale eingesenkte, unregelmäßig gezonte Flecke auf.

Die Krankheit ist samenübertragbar. Auch an symptomlosen Samen konnte der Erreger sowohl in der Samenschale als auch im Speichergewebe der Cotyledonen nachgewiesen werden. Bei starkem Samenbefall kommt es zum Absterben der Keimlinge, bevor sie die Bodenoberfläche erreichen.

Der Erreger ist ein typischer Wundparasit. In der Pflanze breitet er sich in den Intercellularen aus, maceriert das Gewebe und befällt auch das Gefäßsystem. Zu Welkeerscheinungen kommt es infolge von Gefäßverstopfungen durch Bakterien und deren Ausscheidungsprodukte.

10.4.2.3. Diagnose

Auf Angaben zur Diagnose wird infolge der unklaren nomenklatorischen Stellung des Erregers verzichtet.

10.4.2.4. Verbreitung und wirtschaftliche Bedeutung

Die Bakterielle Stengelfäule ist bisher nur einmal in China und in der DDR, sehr häufig aber in vielen Gebieten der UdSSR nachgewiesen worden. Sehr hohe Ertragsausfälle kommen unter den Anbaubedingungen der UdSSR vor.

10.4.2.5. Wirtspflanzen

Als natürlicher Wirt ist bisher nur die Ackerbohne bekannt. Nach Inokulation konnten auch Erbsen, Esparsette, Gartenbohnen, Kichererbsen, Linsen, Lupinen, Platterbsen, Rotklee, Sojabohnen und Luzerne sowie Wicken infiziert werden.

10.4.2.6. Bekämpfung

Zur Vermeidung einer Saatgutübertragung sollten für Vermehrungszwecke nur befallsfreie Bestände herangezogen werden. Eine Beizung mit Tetramethylthiuramdisulfid (TMTD) bringt gewisse Teilerfolge, bietet aber keinen absoluten Schutz.

10.5. Bakteriosen der Lupine

10.5.1. Weiche graubraune Lupinenfäule

(greyish brown bacterial soft rot; mokraja bacterial'naja gnil'; pudricion bacteriana parda del lupino)

10.5.1.1. Erreger

Erwinia carotovora subsp. *carotovora* (Jones) Dye 1969
Die Synonyme sowie die morphologischen und physiologischen Merkmale des Erregers wurden bereits im Abschnitt 9.2.1. beschrieben.

10.5.1.2. Krankheitsbild, Krankheitsverlauf, Übertragung

Befallene Keimpflanzen sind am Stengelgrund zunächst leicht dunkel verfärbt, später grau erweicht, schließlich beginnen sie zu welken, dabei nehmen sie z. T. eine blaßgrüne Farbe an. Am Ende des Infektionsprozesses verfärbt sich der Stengel am Wurzelhals graubraun oder zimtfarben, er schnürt sich ein, und die Pflanze vertrocknet. Eine Infektion ausgewachsener Pflanzen ist seltener; diese zeigen dann aber ähnliche Symptome. Werden die Hülsen befallen, treten braune oder graue, ausgetrocknete Flecke auf, die nicht durchscheinend wirken. Eine Samenschalen- oder Sameninfektion führt zu einer wäßrigen Fäule, das befallene Saatgut nimmt dabei ein dunkelgrünes, fettiges Aussehen an. Die Krankheit schreitet z. T. sehr rasch voran und ruft in Abhängigkeit vom Befallsgrad schwache bis sehr starke Keimschäden hervor.

Befallenes Saatgut ist als Hauptursache für das Auftreten der Bakteriose in auflaufenden und jungen Beständen anzusehen. Eine Weiterverbreitung erfolgt überwiegend durch Insekten. Da eine längere Überdauerung in Pflanzenresten nachgewiesen ist, besteht auch die Gefahr einer Verschleppung mit dem Erntestroh.

10.5.1.3. Diagnose

(s. hierzu 9.2.1.3.)

10.5.1.4. Verbreitung und wirtschaftliche Bedeutung

Die Bakteriose kommt nach sowjetischen Autoren in der UdSSR verbreitet vor. Dabei erweisen sich durchschnittlich 1—12% der Pflanzen als befallen. In Abhängigkeit von der Witterung werden unterschiedlich große Schäden hervorgerufen.

Es ist trotz fehlender Angaben wahrscheinlich, daß die Krankheit auch in anderen Anbauländern anzutreffen ist (Zielke 1983).

10.5.1.5. Wirtspflanzen

E. carotovora subsp. *carotovora* kommt an zahlreichen landwirtschaftlichen und gärtnerischen Kulturen vor. An Fabaceae (Leguminosen) durchgeführte Prüfungen zeigten, daß erhebliche Anfälligkeitsunterschiede vorliegen. Bei Sameninokulation erkrankten Sojabohnen, Erbsen, Kichererbsen, Linsen und Esparsette; nur schwach befallen wurden Garten- und Ackerbohnen, Peluschken, Sommerwicken, Serradella sowie Platterbsen. An wachsenden Pflanzen von Garten-, Acker-, Sojabohnen, Erbsen, Kichererbsen, Sommerwicken, Serradella und Linsen kam es dagegen kaum zu Krankheitserscheinungen. Peluschken, Platterbsen, Klee, Esparsette, Luzerne und Winterwicken erwiesen sich als unanfällig.

10.5.1.6. Bekämpfung

Viele Autoren haben festgestellt, daß das Saatgut die Hauptinfektionsquelle darstellt. Deshalb wird in einer Saatgutbehandlung und -beizung die beste Bekämpfungsmaßnahme gesehen. Als günstig für die Samenabreife und Senkung des Bakteriosenbefalls hat sich nach sowjetischen Erfahrungen der Einsatz von Sikkationsmitteln vor der Ernte erwiesen. Es wird auch empfohlen, das Saatgut sofort nach der Ernte oder vor der Aussaat mit Ethylenquecksilberchlorid, TMTD (Tetramethylthiuramdisulfid) oder Gammexan zu beizen. Eine baktericide Wirkung ist auch von Oxinsulfat bekannt.

Auf die unterschiedliche Anfälligkeit von Lupinensorten wird mehrfach aufmerksam gemacht; z. T. wird sie mit deren Alkaloidgehalt in Zusammenhang gebracht, wobei Sorten mit niedrigem Gehalt als besonders anfällig gelten. Sowjetische Sortenprüfungen führten auch zur Selektion relativ schwach anfälliger Herkünfte und Sorten.

10.5.2. Wäßrige Lupinenfäule

(watery bacterial rot; mokraja gnil' ljupina; podredumbre húmeda bacteriana)

10.5.2.1. Erreger

Früher wurde *Pseudomonas „xanthochlora“* (Schuster) Stapp als Erreger dieser Lupinenkrankheit angesehen[1]). Dieser Name ist aber nicht validiert worden. Es ist allerdings sehr wahrscheinlich, daß es sich um einen Vertreter des Genus *Pseudomonas* handelt.

Wegen der ungeklärten Identität des Erregers wird auf die Beschreibung der morphologischen und physiologischen Merkmale an dieser Stelle verzichtet.

10.5.2.2. Krankheitsbild, Krankheitsverlauf, Übertragung

Bei einem Befall durch die Wäßrige Lupinenfäule sind die Stengel auflaufender Pflanzen im Bereich des Wurzelhalses glasig dunkelgrün. Mit der Zeit erfaßt die Fäule den oberen Stengelbereich. Wird der Keimling befallen, so dringt der Erreger auch in die Wurzel vor. An vertrocknenden Stengeln verfärbt sich die Faulstelle braun, der äußere Bereich wird pergamentartig trocken und bleibt nur als Hülle zurück.

Auf der Samenschale entwickeln sich kleine, eingesunkene, beige Flecke mit einer trockenen Oberfläche. Manchmal zeigen sich auch graue, unterschiedlich große Flecke mit hellgrünem, fettigem Rand. Die Verbreitung der Krankheit erfolgt in erster Linie über das Saatgut. In verseuchten Samen ist der Erreger mehr als fünf Jahre lebensfähig; im Boden stirbt er hingegen bereits nach 30 Tagen ab. In der Rhizosphäre seines Wirtes bleibt der Lupinenfäule-Erreger dagegen während der gesamten Vegetationsperiode lebens- und infektionsfähig. In welchem Umfang die Verbreitung im Bestand erfolgt, läßt sich gegenwärtig nicht abschätzen.

10.5.2.3. Diagnose

(s. hierzu 10.5.1.)

10.5.2.4. Verbreitung und wirtschaftliche Bedeutung

Die Wäßrige Lupinenfäule ist in der UdSSR weit verbreitet, kommt aber vermutlich auch in anderen Ländern mit Lupinenanbau vor. Der Befall schwankt in den einzelnen Jahren beträchtlich, er liegt bei Keimpflanzen zwischen 3 und 12%.

10.5.2.5. Wirtspflanzen

Hauptwirt für den Erreger ist die Lupine. Frühere Angaben über sein Auftreten an Kartoffelknollen konnten später nicht bestätigt werden. Künstliche Infektionen von Samen gelangen noch bei Gartenbohnen und Erbsen, weniger gut bei Sommerwicken, Esparsette, Sojabohnen, Kicher-

---

[1]) Syn. *Bacterium xanthochlorum* Schuster
Phytomonas xanthochlora (Schuster) Bergey et al.

erbsen, Platterbsen und Serradella. Für auflaufende Bestände von Garten-, Ackerbohnen, Erbsen und Kichererbsen erwies sich *Ps. „xanthochlora"* als schwach pathogen.

10.5.2.6. Bekämpfung

Über die unter 10.5.1. genannten Bekämpfungsmaßnahmen hinaus ergeben sich keine weiteren Hinweise.

10.6. Literatur

BLOOM, J. R., & LUKEZIC, F. L.: Interactions among selected endoparasitic nematodes and three pseudomonads on alfalfa. J. Nematol. **14** (1982): 105—109.

BRADBURY, J. F.: *Xanthomonas campestris* pv. *alfalfae*. Descriptions of pathogenic fungi and bacteria No. 698. Commonwealth Mycol. Inst. Kew 1981.

DUNLEAVY, J. M.: Bacterial tan spot, a new foliar disease of soybeans. Crop Sci. **23** (1983): 473—476.

ELGIN, J. H., MCMURTREY, J. E., HARTMANN, B. J., THYR, B. D., SORENSEN, E. L., BARNES, D. K., FROSHEISER, F. I., PEADEN, R. N., HILL, R. R., & LEATH, K. T.: Use of strain crosses in the development of multiple pest resistant alfalfa with improved field performance. Crop Sci. **23** (1983): 57—64.

GITAITIS, R. D., MILLER, J., & WELLS, H. D.: Bacterial leaf spot of white clover in Georgia. Plant Dis. **67** (1983): 913—914.

GNANAMANICKAM, S. S., & STARRATT, A. N.: Coronatine production in vitro and in vivo and its relation to symptom development in bacterial blight of soybean. Canad. J. Bot. **60** (1982): 645—650.

GOTO, M., & STARR, M. P.: A comparative study of *Pseudomonas andropogonis*, *P. stizolobii*, and *P. albopreci-pitans*. Ann. Phytopathol. Soc. **37** (1971): 233—241.

GRIESBACH, E., SCHMIDT, A., & MORITZ, S.: Isolierung, Selektion und Charakterisierung von Erregern der Ackerbohnenbakteriosen. Arch. Phytopathol. Pflanzenschutz **15** (1979): 181—196.

GRUNEWALD-STOCKER, G., & NIENHAUS, F.: *Mycoplasma*-ähnliche Organismen als Krankheitserreger in Pflanzen. Acta Phytomedica 5 (Beihefte zur Phytopath. Z.), Paul Parey, Berlin, Hamburg 1977.

GUMAROVA, K. F., GORBUNOVA, N. I., & BRYGALOVA, I. F.: Vydelenie i kul'tivirovanie Mycoplasmatales iz ljucerny s simptomami karlikovosti. In ANONYM: Virusnye bolesni sel'skochozj. kul'tur. „Kolos", Moskva 1980. S. 94—99.

KLEINHEMPEL, H., MÜLLER, H. M., & SPAAR, D.: Mykoplasmaähnliche Organismen als Erreger von Pflanzenkrankheiten. In: KLINKOWSKI, M.: Pflanzliche Virologie, Bd. I. Einführung in die allgemeinen Probleme. 3. Aufl. Akademie-Verlag Berlin 1980. S. 490—530.

KŮDELA, V.: Barva semene vojtešky jako ukazatel biologicke hodnoty a zdravotniho stavu oviva. Ochr. Rostl. **3** (1967): 151—154.

LUKEZIC, F. L., LEATH, K. T., & LEVINE, R. G.: *Pseudomonas viridiflava* associated with root and crown rot of alfalfa and wilt of birdsfoot trefoil. Plant Dis. **67** (1983): 808—811.

NIENHAUS, F.: Viren, Mycoplasmen und Rickettsien — Parasiten an der Schwelle des Lebendigen. Eugen Ulmer, Stuttgart 1985.

OXTOBY, J., & LELLIOTT, R. A.: Bacterial leaf spot of red clover, caused by *Pseudomonas syringae*, in Great Britain. Plant Pathol. **15** (1966): 129—130.

SCHAAD, N. W.: Laboratory Guide for Identification of Plant Pathogenic Bacteria. American Phytopathol. Soc., St. Paul, Minn., 1980.

SCHMIEDEKNECHT, M., & GÖRLITZ, H.: Zum Auftreten einer Bakteriose an Ackerbohnen in der Deutschen Demokratischen Republik. Nachrichtenbl. Dt. Pflanzenschutzdienst NF **20** (1966): 37—41.

SCHMIDT, H. E., GRIESBACH, E., & ZIELKE, R.: Virus- und Bakterienkrankheiten der Ackerbohne und Lupine. Fortschr.-Ber. Landwirtsch. Nahr.-güterwirtsch. **18** (1980), H. 12.

SHINDE, P. A., & LUKEZIC, F. L.: Characterization and serological comparisons of bacteria of the genus *Erwinia* associated with discolored alfalfa roots. Phytopathology **64** (1974): 871—876.

ZIELKE, R.: Bakteriosen der Lupine — Erkennung, Bedeutung und Bekämpfung. Nachrichtenbl. Pflanzenschutz DDR **37** (1983): 121—126.

11. Bakteriosen der Gemüsearten

11.1. Bakteriosen der Bohne

11.1.1. Fettfleckenkrankheit der Bohne

(halo blight of bean; uglovataja pjatnistost' list'ev fasoli; maladie de la graisse du haricot; bacteriosis de las judias, halo amerillo del frigol, grasa de las judias)

11.1.1.1. Erreger

Pseudomonas syringae pv. *phaseolicola* (Burkholder 1926) Young, Dye & Wilkie 1978

Syn. *Phytomonas medicaginis* var. *phaseolicola* Burkholder
Bacterium medicaginis var. *phaseolicola* (Burkholder) Link & Hull
Pseudomonas medicaginis var. *phaseolicola* (Burkholder) Stapp & Kotte
Pseudomonas medicaginis Sackett f. sp. *phaseolicola* (Burkholder) Dowson
Xanthomonas medicaginis var. *phaseolicola* (Burkholder)
Pseudomonas phaseolicola (Burkholder) Dowson
Bacterium puerariae Hedges
Phytomonas puerariae (Hedges) Bergey et al.

Morphologie: Stäbchen (0,7—1,3 × 1,5—3 µm); Gram-negativ; mehrere polare Geißeln.
Kolonien auf Agar (NA): weiß bis cremefarben mit bläulichem Schein, rund, glänzend, konvex; auf Nährböden mit Zusatz von 2—4% Saccharose schleimig, kommt als R- und S-Form vor.
Temperaturoptimum: 25—30 °C
Temperaturmaximum: 36—37 °C
Thermaler Tötungspunkt: 49—50 °C
Physiologische Leistungen: aerob; keine Nitratreduktion; Säure (kein Gas) wird oxidativ aus Glucose, Saccharose, Fructose, Arabinose, Galactose und Glycerol, aber nicht aus Lactose, Maltose, Cellobiose, Mannitol, Sorbitol, Dulcitol, Inositol oder Salicin gebildet; keine Stärkehydrolyse; keine Gelatineverflüssigung innerhalb von 3 Tagen; Katalase-positiv; Oxidase- und Arginindihydrolase-negativ. Die Fähigkeit zur Produktion von Fluorescenzfarbstoffen auf King's Medium B ist bei den einzelnen Isolaten unterschiedlich ausgeprägt. Bildet das extracelluläre Toxin „Phaseolotoxin" (N^{δ}-phosphosulf-amyl-ornithyl-alanyl-homoarginin) und andere phytotoxische Stoffwechselprodukte (s. 3.4.), die Blattchlorosen verursachen.

Der G + C-Wert liegt zwischen 59 und 61 Mol-%.

Von *Ps. syringae* pv. *phaseolicola* sind bisher 3 Rassen bekannt.

11.1.1.2. Krankheitsbild, Krankheitsverlauf, Übertragung

An Keimblättern sind mitunter kurz nach dem Auflaufen sehr kleine, runde, dunkelgrüne, wasserdurchsogene Flecke zu beobachten. Auf Primordial- und Folgeblättern werden anfangs unregelmäßig geformte, gelbe Läsionen ausgebildet (Tafel IV, 1.), die sich vergrößern und im Zentrum braun verfärben. Die nekrotisierten Befallsstellen weiten sich aus, werden z. T. seidenpapierartig dünn, bleiben aber meist von einem chlorotischen Hof umgeben. Bei starkem Befall vertrocknen die Blattspreiten und fallen ab. Systemisch infizierte Blätter weisen anfangs ein chlorotisches Mosaikmuster auf und werden meist völlig chlorotisch. Die Fiederblättchen sind dann häufig asymmetrisch ausgebildet. Mitunter kann man am Stengel längliche wasserdurchtränkte Flecke beobachten.

Die charakteristischen „Fettflecke" entwickeln sich an den Hülsen. Sie sind meist rund, bei grünhülsigen Bohnen dunkelgrün und wasserdurchtränkt (Tafel IV, 2.); an Wachsbohnen ähneln sie intensiv gefärbten Fettflecken, die später braun werden und z. T. in das Hülsengewebe eingesenkt sind. Unter feuchten Bedingungen werden auf den Befallsstellen in Mengen Bakterien abgesondert, die nach dem Eintrocknen ein weißliches Häutchen bilden. Werden Hülsen im frühen Entwicklungsstadium befallen, verkrüppeln oder verkümmern sie häufig.

Auf weißsamigen Bohnen sind teilweise — korrespondierend mit den Hülsensymptomen — kleine buttergelbe Läsionen auf der Samenschale ausgebildet, die auch von einem weißen Exsudathäutchen bedeckt sein können. Bei frühem und starkem Befall werden die Samen runzelig. Sehr häufig sind jedoch an befallenen Samen keine Symptome erkennbar.

Ps. syringae pv. *phaseolicola* kann sich entweder nur auf der Samenschale befinden, aber auch durch die Läsionen bis zu den Cotyledonen und zum Embryo vordringen. Während nach TAYLOR et al. (1979) Samen von symptomlosen Hülsen niemals befallen sind, können sie nach KATHERMAN et al. (1980) mitunter auch systemisch über das Xylem infiziert werden.

Samen bilden die wichtigste primäre Infektionsquelle. An bzw. in ihnen bleibt der Erreger mindestens 3 (maximal 6) Jahre lebensfähig. Stark infiziertes Saatgut keimt meist sehr schlecht. Kranke Keimlinge entwickeln sich aus Samen, die entweder keine oder nur schwache Symptome aufweisen. Bei feuchtem, kühlem Wetter kommt es zur schnellen und weiten Ausbreitung des Erregers im Bestand, meist in vorherrschender Windrichtung. Eine Epidemie kann bereits ausgelöst werden, wenn nur 5 von 10000 ausgebrachten Samen infiziert waren (HIRANO & UPPER 1983).

Ps. syringae pv. *phaseolicola* ist auch imstande, an verseuchten Pflanzenresten im Boden bzw. epiphytisch an symptomlosen Wirtspflanzen einige Zeit zu überdauern, was hauptsächlich für die sekundäre Ausbreitung von Bedeutung ist.

11.1.1.3. Diagnose

Besonders typische Symptome dieser Bakteriose stellen die auf den Hülsen entstehenden „Fettflecke" sowie die meist ausgedehnten chlorotischen Höfe bzw. Verfärbungen der Blätter dar, die bei den anderen Blattfleckenerregern nicht so ausgeprägt sind.

Der Erreger wird meist über King's Agar B isoliert und dann mit Hilfe der indirekten Immunfluorescenztechnik, der Überempfindlichkeitsreaktion an Tabak oder anhand der typischen Symptomausbildung nach Aufsprühen auf Bohnenblätter bzw. Injektion in Bohnenhülsen identifiziert (s. a. 11.1.3.3.).

Im mikrobiologischen Test mit *Escherichia coli* K 12 bildet *Ps. syringae* pv. *phaseolicola* infolge von Phaseolotoxin-Ausscheidung große Klarzonen aus (BIRCH et al. 1981).

NÉMETH et al. (1984) wenden als schnelle und zuverlässige Diagnosemethode zur Erfassung der Saatgutverseuchung die ELISA-Technik an.

11.1.1.4. Verbreitung und wirtschaftliche Bedeutung

Ps. syringae pv. *phaseolicola* ist weltweit verbreitet und einer der gefährlichsten Krankheitserreger an der Gemüsebohne. Durch die Fettfleckenkrankheit können sowohl in tropischen und subtropischen Gebieten als auch in gemäßigten Klimaten, besonders in feuchten Jahren, so große Schäden entstehen, daß stark befallene Bestände noch vor Erntebeginn untergepflügt werden müssen.

11.1.1.5. Wirtspflanzen

Neben der Gartenbohne werden noch folgende *Phaseolus* spp. befallen:

Ph. acutifolius	*Ph. macrocarpus*
Ph. atropurpureus	*Ph. multiflorus*
Ph. bracteatus	*Ph. radiatus*
Ph. coccineus	*Ph. polyanthus*
Ph. lathyroides	*Ph. polystachis.*
Ph. lunatus	

Außerdem sind als Wirtspflanzen bekannt:

Dolichos spp. *Macroptilium atropurpureum* sowie
Glycine spp. *Pueraria thunbergiana.*

Die Erregerisolate werden aufgrund ihres Pathogenitätsverhaltens gegenüber den Buschbohnensorten ‚Red Mexican UI-3‘ und ‚Tendergreen‘ 3 Rassen zugeteilt. ‚Red Mexican UI-3‘ ist gegen Rasse 1 resistent, und ‚Tendergreen‘ wird von Rasse 3 nicht befallen; beide Sorten sind aber anfällig für Rasse 2 (PATEL & WALKER 1965; SLUSARENKO & LONGLAND 1986).

11.1.1.6. Bekämpfung

Um möglichst erregerfreies Saatgut zu gewinnen, sollte die Samenvermehrung in semiariden Gebieten erfolgen. Eine Saatgutbehandlung mit trockener (2 Std., 70 °C) oder feuchter Wärme (3 Std., 50 °C) reduziert den Verseuchungsgrad wesentlich, aber nicht vollständig. Wirksamer soll sich eine Behandlung mit Lidaprim (2-Hydroxy-propyl-methan-thiosulfonat; 3000—6000 ppm), Streptomycin (2,5 g/kg Saatgut) oder Kasugamycin (0,25 g/kg Saatgut) bzw. eine Begasung mit Ethylenoxid auswirken.

Bei Bestandesbehandlungen haben sich kupferhaltige Spritzmittel (vor allem Kupferoxychlorid 0,2%), Lidaprim (700—1500 ppm) sowie Kasugamycin bewährt. Die erste Applikation sollte sofort nach dem Auflaufen erfolgen, um die primären Infektionsquellen zu bekämpfen, die weiteren sofort nach Erscheinen der ersten Symptome in 1- bis 2wöchigen Abständen.

Nasse Bestände dürfen nicht befahren bzw. bearbeitet werden!

Als wenig anfällig sind folgende Sorten beschrieben worden (unter anderem GEORGIEVA & GANEVA 1974; KŮDELA 1984): ‚Alcoma‘, ‚Caralto‘, ‚Chicobel‘, ‚Clarendon Wonder‘, ‚Colana‘, Dalgreen‘, ‚Dita‘, ‚Energie‘, ‚Gama‘, ‚Hawksbury Wonder‘, ‚Katka‘, ‚Mährische Schwefelgelbe‘, ‚Petra‘, ‚Potomac‘, ‚Richmond Wonder‘, ‚Rona‘, ‚Sanocrop‘, Slimgreen‘, ‚Stratego‘, ‚Valja‘, ‚Wachs Goldetta‘ und ‚Windsor Longpod‘. Resistenz gegen die Rassen 1 und 2 wurde bei der Wildbohne PI 150414 sowie einigen Zuchtlinien gefunden (TAYLOR et al. 1978).

11.1.2. Bakterielle Braunfleckigkeit der Bohne

(bacterial brown spot of bean; maricha bacteriana del frigol)

11.1.2.1. Erreger

Pseudomonas syringae pv. *syringae* van Hall 1902

Syn.[1]) *Bacterium vignae* Gardner & Kendrick
Phytomonas vignae (Garnder & Kendrick) Bergey et al.
Pseudomonas vignae (Garnder & Kendrick) Stapp
Phytomonas vignae var. *leguminophila* Burkholder
Pseudomonas syringae s. s. pv. *phaseoli* Rudolph

Die morphologischen und physiologischen Merkmale der Bohnenisolate stimmen mit den allgemein für *Ps. syringae* pv. *syringae* beschriebenen überein (HOITINK et al. 1968) (s. 13.2.).

11.1.2.2. Krankheitsbild, Krankheitsverlauf, Übertragung

Auf den trifoliaten, seltener auf Primärblättern, werden anfangs kleine, kastanienbraune, runde Flecke gebildet, die oft von einem schmalen, hellgrünen Rand umgeben sind. Die Läsionen werden mit der Zeit größer, hellbraun und z. T. grau, sie sind unregelmäßig geformt und oft von einem dunkelbraunen Rand abgegrenzt, um den das Blattgewebe diffus verlaufend hellgrün oder chlorotisch gelb verfärbt ist. Die Blattflecke verschmelzen häufig miteinander, das nekrotische Gewebe

---

[1]) Hierbei sind nur die an Bohnen beschriebenen Organismen berücksichtigt (weitere **Syn.** s. 13.2.)

wird brüchig, platzt auf und fällt teilweise heraus. Bei starkem Befall werden große Teile der Blattspreite nekrotisch, und die Blätter fallen ab.

An Stengeln und Blattstielen entstehen längliche (2—3 mm) braune Flecke; aber nur selten führt dies zum Absterben des darüberliegenden Sproßteils.

Befallene Hülsen sind verkrümmt oder, wenn sich mehrere Befallsstellen gebildet haben, sogar verdreht. Auf der Innenseite des Krümmungsbogens ist ein kleiner, dunkelgrüner bis brauner Fleck zu erkennen. Eine systemische Ausbreitung des Erregers wurde bisher nicht beobachtet (RUDOLPH 1979; WATSON 1980).

Ps. syringae pv. *syringae* wird hauptsächlich über das Saatgut übertragen. Sie kann aber auch im Boden bzw. in infizierten Rückständen von Pflanzen überdauern (HOITINK et al. 1968) oder an symptomlosen Unkräutern epiphytisch überwintern, wie es von ERCOLANI et al. (1974) für *Vicia villosa* nachgewiesen wurde. Unter ungünstigen Witterungsbedingungen vermehrt sich der Erreger an Knospen bzw. an Blättern von Bohnenpflanzen, ohne diese zu infizieren. Zur Krankheitsausbildung und Ausbreitung im Bestand kommt es bei feuchter Witterung, vor allem durch Regenspritzer, Beregnungswasser oder Tau. Die Infektion erfolgt über die Stomata. Bei Witterungsbedingungen, die für die Krankheitsentwicklung ungünstig sind, können befallene Bohnen allmählich gesunden (RUDOLPH 1979).

11.1.2.3. Diagnose

Anhand des Krankheitsbildes läßt sich die Braunflecken- von der Fettfleckenkrankheit dadurch unterscheiden, daß die Blattflecke bei Befall mit *Ps. syringae* pv. *syringae* niemals transparent oder wasserdurchtränkt erscheinen und die Hülsensymptome nach künstlicher Inokulation höchstens 3—5 mm (Fettflecke dagegen 10—12 mm) groß und nicht ölig, sondern dunkelgrün, bzw. später braun und trocken werden (WATSON 1980; s. a. 11.1.3.3.).

Zur Isolierung des Erregers wird King's Agar B verwendet. Für die weitere Identifizierung eignen sich der Tabak-Überempfindlichkeitstest, der Agglutinationstest sowie eine Pathogenitätsprüfung an Bohnen- und Erbsensämlingen. Letztere bilden nach Infektion mit *Ps. syringae* pv. *syringae* Symptome aus, bleiben aber nach Inokulation mit *Ps. syringae* pv. *phaseolicola* symptomlos (WATSON 1980). Eine Zusammenstellung der physiologischen Merkmale von beiden an Bohne vorkommenden Pathovaren haben BIRCH et al. (1981) publiziert.

11.1.2.4. Verbreitung und wirtschaftliche Bedeutung

Die Braunfleckenkrankheit der Bohne wurde in mehreren Ländern Afrikas und Nordamerikas, in Australien und Neuseeland beschrieben. In Europa ist sie bisher in der BRD, ČSSR, Italien, Griechenland und der Türkei nachgewiesen worden. Starke Schäden sind noch nicht aufgetreten.

11.1.2.5. Wirtspflanzen

Ps. syringae pv. *syringae* hat einen sehr großen Wirtspflanzenkreis (s. 13.2.). Bei Pathogenitätsprüfungen erwiesen sich außer der Gartenbohne auch *Phaseolus aureus*, *Ph. lunatus*, *Vicia faba* und *Vigna sinensis* als anfällig; Klee-, Lupinen- und Luzernearten wurden dagegen nicht infiziert (HOITINK et al. 1968). Erregerisolate von Birne, Kirsche und Pflaume waren bei Untersuchungen von KŮDELA (1983) auch für Gartenbohne pathogen. RUDOLPH (1979) folgerte jedoch aufgrund ähnlicher Pathogenitätsprüfungen, daß es innerhalb der Art *Ps. syringae* eine Spezialisierung für Bohnen gibt.

11.1.2.6. Bekämpfung

Zur Bekämpfung des Erregers am Saatgut sind bisher keine Untersuchungen durchgeführt worden. Im Feldbestand bewährten sich Spritzungen mit Kupferpräparaten in 7—10tägigem Abstand nach Erscheinen der ersten Symptome.

Bei Resistenzprüfungen erwiesen sich verschiedene Linien als resistent bzw. wenig anfällig (s. unter anderem KŮDELA 1984).

11.1.3. Bakterieller Bohnenbrand

(common oder fuscous blight of beans; burij bakterioz fasoli; brûlure bactérienne (bactériose) du haricot; tizon bacteriana de las judias, tizon común del frigol)

11.1.3.1. Erreger

Xanthomonas campestris pv. *phaseoli* (Smith 1897) Dye 1978

Syn. *Bacillus phaseoli* E. F. Smith
Xanthomonas phaseoli (Smith) Dowson
Pseudomonas phaseoli (E. F. Smith) E. F. Smith
Bacterium phaseoli (E. F. Smith) E. F. Smith
Phytomonas phaseoli (E. F. Smith) Bergey et al.
Phytomonas phaseoli var. *fuscans* Burkholder
Bacterium phaseoli var. *fuscans* (Burkholder) Okabe
Pseudomonas phaseoli (E. F. Smith) E. F. Smith var. *fuscans* (Burkholder) Stapp
Xanthomonas phaseoli (E. F. Smith) Dowson var. *fuscans* (Burkholder) Starr & Burkholder

Morphologie: Stäbchen (*X. campestris* pv. *phaseoli*: 0,4—0,9 × 0,6—2,6 µm; *X. phaseoli* var. *fuscans*: 0,6—1,35 × 1,35—4,0 µm); eine polare Geißel; Gram-negativ.
Kolonien auf YDC-Agar: gelb, rund, konvex, glänzend.
Bildet S- und R-Formen aus.
Temperaturoptimum: 25—30 °C
Temperaturmaximum: um 38 °C
Thermaler Tötungspunkt: 48—50 °C
Physiologische Leistungen: aerob; keine Nitratreduktion; Säure (kein Gas) wird oxidativ aus Glucose, Saccharose, Fructose, Arabinose, Galactose, Lactose, Maltose, Cellobiose und Xylose, aber nicht aus Salicin und Sorbitol gebildet; über die Verwertung von Glycerol, Inulin und Dulcitol gibt es unterschiedliche Angaben (unter anderem Schuster & Coyne 1977); Gelatine wird verflüssigt; die H_2S-Bildung ist variabel; Stärke und Esculin werden abgebaut; Hydrolyse von Casein; lipolytisch, aber nicht pectinolytisch; keine Ureaseaktivität.
X. phaseoli var. *fuscans* bildet auf Agar löslichen braunen Farbstoff.
Der G + C-Wert der DNS liegt zwischen 63,5 und 69,2 Mol-%.

11.1.3.2. Krankheitsbild, Krankheitsverlauf und Übertragung

Krankheitssymptome werden hauptsächlich an Keimpflanzen und während der generativen Phase, weniger während des intensiven Wachstums, ausgebildet (Weller & Saettler 1980). An den Primärblättern erscheinen eckige, wasserdurchsogene Flecke, am Stengel der Sämlinge schmale, wasserdurchtränkte Läsionen, die sich ausdehnen und z. T. in das Gewebe einsenken. Wenn diese Keimlinge nicht absterben, entwickeln sich nur kümmerliche Pflanzen.

Auf Blättern größerer Pflanzen bilden sich kleine, wasserdurchsogene Flecke, die sich schnell vergrößern und häufig von einem schmalen hellgrünen bis gelben Hof umgeben werden (Tafel IV, 3.). Sie verfärben sich braun, werden nekrotisch und verschmelzen z. T. miteinander (Tafel IV, 4.). Bei starkem Befall kommt es zur Frühreife und Welke sowie zum Blattfall. Systemisch infizierte Blätter weisen rotbraun verfärbte Blattadern auf, das angrenzende Gewebe erscheint wasserdurchsogen; manchmal kommt es zu Verkrümmungen der Blattspreite. An Stengeln sind rötliche Streifen zu beobachten, die sich in Längsrichtung ausdehnen. Oft entstehen darin Risse, aus denen gelbes Bakterienexsudat austreten kann. Teilweise umgürten die Läsionen den gesamten Stengel, der dann häufig umknickt.

Auf den Hülsen entstehen kleine, unregelmäßige, wasserdurchsogene, anfangs etwas erhabene Flecke, die sich vergrößern und von einem schmalen Rand rötlichbraunen oder ziegelroten Gewebes umgeben werden. Systemisch infizierte Hülsen bilden entweder wasserdurchsogene Läsionen im Bereich der Hülsennaht oder kleine haarähnliche, dunkle Streifen entlang der Außen-, häufiger der Innenseite der dorsalen Hülsennaht, die in diesem Bereich aufplatzen kann. Systemisch infizierte Samen sind am Nabel gelb bis braun verfärbt, es kann aber auch die gesamte Samenschale buttergelb und runzlig werden. Durch lokale Befallsstellen der Hülsenwand sind äußerlich verseuchte Samen häufig fleckig, mitunter ist auch eine Kruste von eingetrocknetem gelblichweißem Bakterienschleim auf der Samenschale zu beobachten. Befallene Samen können aber auch symptomlos bleiben, ebenso die Hülsen, in denen sie gebildet wurden.

X. campestris pv. *phaseoli* wird hauptsächlich durch das Saatgut übertragen, an bzw. in dem der Erreger bis zu 6 Jahren lebensfähig bleibt (Wallen & Galway 1979). Eine Überwinterung ist auch in verseuchten Pflanzenrückständen möglich (Schuster 1968). Bei der Sekundärausbreitung im Bestand spielen Nichtwirtspflanzen (*Chenopodium album* bzw. *Amaranthus retroflexus*) eine große Rolle, auf denen der Erreger, ebenso wie an *Phaseolus*-Bohnen, längere Zeit epiphytisch leben kann. Auch Insekten (*Cerotoma ruficornis* Oliv., *Chalcodermus ebeninus* Boheman, *Diaprepes abbreviata* L., *Empoasca* sp., *Nezara viridula* L.) kommen als Überträger in Frage. Starke Taubildung, hohe Tagestemperaturen und schwüles, regnerisches Wetter begünstigen die Krankheitsentwicklung und -ausbreitung.

Der Erreger dringt durch Stomata oder Wunden in den Intercellularraum ein und besiedelt das Xylem, in dem er sich schneller acro- als basipetal bewegen kann.

Die Welke wird durch Verstopfung und Zerstörung der Gefäße sowie durch Erregertoxine ausgelöst.

11.1.3.3. Diagnose

Die Symptome des Bohnenbrandes können leicht mit denen der Fettfleckenkrankheit verwechselt werden.

Zur Isolation des Erregers ist YDC-Agar am besten geeignet, auf dem relativ typische Kolonien ausgebildet werden. Zur Diagnose injiziert man Erregersuspensionen (10^7 Zellen/ml) in die Blattachseln von Primärblättern der *Phaseolus*-Bohne. Nach 5—7 Tagen werden bei Infektion mit *X. campestris* pv. *phaseoli* kleine, dunkelgrüne Flecke ausgebildet, die sich vergrößern und rotbraun verfärben; die Blätter werden schlaff, später nekrotisiert die Blattspitze. Nach Blattachselinjektion mit *Pseudomonas syringae* pv. *phaseolicola* zeigen die Spitzenblätter dagegen chlorotische Verfärbungen, bevor sie absterben (Saettler 1971).

Eine Differentialdiagnose der Blattfleckenerreger von Bohnen kann durch Inokulation frischer, reifer, abgetrennter, gewaschener Hülsen erfolgen, indem diese mit einer sterilen Nadel verletzt, die Einstichstellen mit Erregersuspension kontaminiert und anschließend mit Vaseline abgedeckt werden. In feuchter Kammer bei 25—27 °C bildet *Pseudomonas syringae* pv. *phaseolicola* an den Hülsen die typischen Fettflecke aus; bei *Ps. syringae* pv. *syringae* sind die Flecke nach 3—5 Tagen mit einem rotbraunen Rand umgeben; ihr Zentrum ist eingesenkt. *X. campestris* pv. *phaseoli* verursacht wasserdurchtränkte Läsionen, die im Zentrum gelben Bakterienschleim absondern (Fahy & Persley 1983).

Malin et al. (1983) konnten mit Hilfe der indirekten Immunfluorescenztechnik eine Saatgutverseuchung mit dem Erreger bis zu einer Grenze von 0,01 % befallener Samen nachweisen. Außerdem sind zur Identifizierung spezifische Phagen sowie der ELISA mit Erfolg angewendet worden.

11.1.3.4. Verbreitung und wirtschaftliche Bedeutung

Der Bohnenbrand hat etwa dieselbe Verbreitung wie die Fettfleckenkrankheit der Bohne. Auf dem europäischen Kontinent wurde er bisher in den Niederlanden, der BRD, der DDR, der Schweiz, Österreich, Frankreich, Spanien, Italien, Griechenland, Jugoslawien, Ungarn, Rumänien, Bulgarien, der Türkei sowie in der UdSSR nachgewiesen. Ökonomische Bedeutung hat die Krankheit in feucht-warmen Ländern bzw. Jahren. Aus der UdSSR (Moldauische SSR), Ungarn, Rumänien und Spanien wird über eine weite Verbreitung des Bohnenbrandes berichtet. Besonders hohe Verluste sind in Nordamerika zu verzeichnen; so kommt es in Befallsjahren in manchen US-Bundesstaaten zu Schäden von 1 Mill. $ bzw. jährlichen Ertragsverlusten von $>30\%$.

11.1.3.5. Wirtspflanzen

Außer Gartenbohne sind

Phaseolus aureus	*Lablab purpureus*
Ph. acutifolius	*Lupinus polyphyllus*
Ph. coccineus	*Mucuna deeringianum*
Ph. lunatus	*Strophostyles (Stizolobium) helvola* und
Glycine max	*Vigna sinensis*

als Wirtspflanzen bekannt.

11.1.3.6. Bekämpfung

Mittel und Verfahren zur Bekämpfung des Erregers am Saatgut und im Bestand sind identisch mit denen, die gegen die Fettfleckenkrankheit eingesetzt werden. Da auf diese Weise auch der Bohnenbrand nicht zufriedenstellend bekämpft werden kann, sind umfangreiche Resistenzprüfungen und -züchtungen durchgeführt worden. Dabei stellten unter anderem Coyne & Schuster (1974) fest, daß Blatt- und Hülsenresistenz durch unterschiedliche Gene kontrolliert werden. Beide Resistenzen sind in der Sorte ‚Arizona-Buff' sowie den beiden Linien PI 169 932 und Tepary Nebraska Accession von *Phaseolus acutifolius* verankert. In der UdSSR (Moldauische SSR) erwiesen sich die Sorten ‚Bomba rjabaja', ‚Kishinevskaja 5' und ‚Mestnaja stepnaja' als relativ widerstandsfähig, und in den USA bewährten sich unter anderem die weniger anfälligen Sorten ‚Black Turtle', ‚Boutiful', ‚Great Northern', ‚Greencrop', ‚Greenleeves', ‚Kentucky Wonder', ‚King Horticultural', ‚Resistant Chirokee Wax', ‚Slingreen' und ‚Wren's Egg Speckled Cranberry' im 3jährigen Anbau; ‚Dark Red Kidney' ist sehr anfällig.

11.1.4. Bakterielle Welkekrankheit der Bohne

(bacterial wilt of beans; uvjadanie bakterial'noe fasoli; flétrissement bactérien du haricot; marchitez bacteriana del frigol)

11.1.4.1. Erreger

Curtobacterium flaccumfaciens subsp. *flaccumfaciens* (Hedges 1922) Collins & Jones 1984

Syn. *Bacterium flaccumfaciens* Hedges
Phytomonas flaccumfaciens (Hedges) Bergey et al.
Pseudomonas flaccumfaciens (Hedges) Stevens
Corynebacterium flaccumfaciens (Hedges) Dowson
Corynebacterium flaccumfaciens subsp. *flaccumfaciens* (Hedges) Dowson

Teilweise wurden folgende 2 Varietäten des Erregers unterschieden:
Corynebacterium flaccumfaciens var. *aurantiacum* (Schuster & Christiansen 1957) Schuster et al. 1968
Corynebacterium flaccumfaciens var. *violaceum* Schuster et al. 1968

Des öfteren wird die „Gelbe Welke" (*C. flaccumfaciens*) von der „Orangen Welke" (*C. flaccumfaciens* var. *aurantiacum*) unterschieden (Schuster et al. 1968).

Morphologie: leicht gebogenes Stäbchen (0,35—0,50 × 1,25—1,67 μm (nach Schuster et al. 1968); bzw. 0,3—0,5 × 0,6—3,0 μm (nach Buchanan & Gibbons 1974)); Gram-positiv; bei 20 °C 1, z. T. 2 oder mehrere seitlich inserierte Geißeln, bei 24—26 °C 1 polare Geißel.
Kolonien auf Agar (NA): anfangs cremefarben bis hellgelb, später intensiv gelb, rund, schleimig, glänzend, schwach konvex. *C. flaccumfaciens* var. *aurantiacum* bildet orange Kolonien.
Temperaturoptimum: unterschiedliche Angaben, nach Hayward & Waterston (1965a) 24—27 °C
Temperaturmaximum: 37—40 °C
Thermaler Tötungspunkt: etwa 60 °C
Physiologische Leistungen: aerob; keine Nitratreduktion; bildet Säure (kein Gas) aus Glucose, Salicin, Mannitol, Ribose und Rhamnose, nicht immer aus Saccharose, Maltose und Galactose, aber in keinem Fall aus

Lactose, Sorbitol und Inulin; nutzt Acetat, Citrat und Fumarat, aber kein Malonat, Propionat und Format; hydrolysiert Gelatine, Casein und Esculin; bildet H_2S; Stärke und Cellulose werden nicht abgebaut.

Cytochromoxidase-, Tyrosinase-, Lipase- und Urease-negativ; keine Lävanbildung (Schuster et al. 1968; Davis et al. 1984).

C. flaccumfaciens var. *violaceum* produziert auf NA extracellulär einen violetten Farbstoff.

Bei mehrfachen Ermittlungen des G + C-Wertes der DNS von *C. flaccumfaciens* pv. *flaccumfaciens* wurden Werte zwischen 68,3 und 74,5 Mol-% festgestellt.

11.1.4.2. Krankheitsbild, Krankheitsverlauf, Übertragung

Befallene Keimlinge bzw. Jungpflanzen weisen an Blättern dunkel bis bläulich-grüne Verfärbungen auf, sie verlieren ihre Turgescenz und welken. Meist stirbt die gesamte Pflanze ab, bevor sich das erste Fiederblatt voll entwickelt hat. Bei späterem Befall stocken die Pflanzen im Wachstum, einzelne Triebe (seltener alle) welken, die Blätter werden schlaff, dann trocknen sie und rollen sich zusammen. Meist entwickeln sich nur wenige Hülsen, an denen eine oder beide Nähte (Raphen) braun verfärbt sein können (Dinesen 1980). An unreifen Hülsen sind gelbgrüne, teilweise wasserdurchtränkte Läsionen ausgebildet, die während der Hülsenreife braun werden. Infizierte Samen können gelb, orange (*C. flaccumfaciens* var. *aurantiacum*), purpur bis blau-violett (*C. flaccumfaciens* var. *violaceum*) verfärbt, aber auch symptomlos sein. Auf bzw. unter der Samenschale sind mitunter so viele Bakterien vorhanden, daß sie als gelbe, glänzende bzw. schleimige Schicht sichtbar werden.

Hauptsächlich wird *C. flaccumfaciens* subsp. *flaccumfaciens* durch Saatgut übertragen. Von wesentlich geringerer Bedeutung ist, daß der Erreger bis zu 10 Monaten in verseuchtem Bohnenstroh im Boden überdauern und von dort über Wunden an Wurzeln, Stengeln oder Blättern Bohnen infizieren kann. Eine Sekundärausbreitung ist weniger gefährlich. Auch an Nichtwirtspflanzen wie *Amaranthus retroflexus* und *Chenopodium album* bleiben Erregerzellen bis zu 10 Monaten virulent (Dinesen 1980).

Der Erreger breitet sich in der Pflanze über das Xylem bis in die Blätter aus. Die Welke wird durch Verstopfung und Zerstörung des Xylems induziert, nicht durch Thyllenbildung, Welketoxine oder Stoffwechselprodukte der Bakterien. Für die Krankheitsentwicklung sind Temperaturen um 28 °C optimal.

11.1.4.3. Diagnose

Um festzustellen, ob es sich um den Erreger der Bakteriellen Welke handelt, werden die erkrankten Pflanzen mikroskopisch untersucht. Zur Isolierung des Erregers wird befallenes Material oberflächlich desinfiziert, in sterilem Wasser maceriert und auf YDC-Agar ausgespatelt, auf dem er anhand der typischen Koloniefarbe und-konsistenz relativ gut zu erkennen ist. Die genaue Identifizierung ist mit Hilfe der Gramfärbung und eines Pathogenitätstestes möglich. Die hierfür geeignetste Methode besteht darin, die Erregersuspension in Stengel (2 cm über den Keimblättern) von 14 Tage alten Pflanzen zu injizieren. Bei 22 °C werden nach 10 Tagen Welkesymptome sichtbar.

11.1.4.4. Verbreitung und wirtschaftliche Bedeutung

Der Erreger ist in Australien, Nordamerika und mehreren warmen Ländern Europas, unter anderem Ungarn (Klement 1959), verbreitet. Über größere Schäden liegen bisher noch keine Berichte vor.

11.1.4.5. Wirtspflanzen

C. flaccumfaciens subsp. *flaccumfaciens* befällt außer Gartenbohne

Phaseolus angularis	*Ph. lunatus* und
Ph. coccineus	*Vigna radiata*,

nach künstlicher Infektion auch *Glycine max*.

11.1.4.6. Bekämpfung

Um das Auftreten der Krankheit zu verhindern, muß man Saatgut von gesunden Beständen gewinnen und einen Fruchtwechsel durchführen. Welketolerante Linien und Formen sind bekannt, wovon PI 165 078 und GN Emerson als resistent beschrieben werden (Zaumeyer & Meiners 1975; Halluka et al. 1978).

11.2. Bakteriosen der Erbse

11.2.1. Bakterieller Stengelbrand der Erbse

(bacterial blight of pea; bakterioz gorocha; bactériose du pois; marchitez bacteriana del garbanzo)

11.2.1.1. Erreger

Pseudomonas syringae pv. *pisi* (Sackett 1916) Young, Dye & Wilkie 1978

Syn. *Pseudomonas pisi* Sackett
Morphologie: Stäbchen (0,7—1,2 × 1,5—3,0 [und mehr] µm[1]); Gram-negativ; 1—6 polare Geißeln vorhanden.
Kolonien auf Agar: schwach erhaben, grau-weißlich mit welligem Rand, rund.
Es kommen Glatt- (S-) und Rauh- (R-)Stämme vor (Stapp 1956).
Flüssigkulturen: Nährbouillon wird getrübt, meist entwickelt sich ein Häutchen und ein schwaches Sediment.
Temperaturoptimum: 28—30 °C
Temperaturmaximum: 35,5—36,5 °C
Thermaler Tötungspunkt: 48—50 °C
Physiologische Leistungen: aerober Stoffwechsel; Nitrat wird von vielen, aber nicht allen Stämmen reduziert; Glucose, Lävulose, Saccharose, Arabinose und Xylose werden (ohne Gasbildung) verwertet; Maltose, Lactose, Salicin sowie Inulin können nicht als C-Quelle dienen; die Angaben der einzelnen Autoren über die Galactose-, Fructose-, Mannose- und Glycerolverwertung widersprechen sich; das trifft auch für die Gelatineverflüssigung zu; Milch wird alkalisiert, koaguliert und peptonisiert; Nitrat und Asparagin, aber nicht Ammoniumtartrat und Harnstoff können als N-Quellen dienen; Ammoniak wird gebildet, H_2S- und Indolproduktion sind nicht nachweisbar. Stärkehydrolyse wurde nur von einigen Autoren beobachtet; 2-Ketogluconat wird nicht gebildet; keine pectinolytische Aktivität; Lipase-negativ. Oxidase- und Arginindihydrolase-negativ; Katalase wird gebildet; Lävanbildung auf Saccharose (5%)haltigen Medien; verursacht keine Überempfindlichkeitsreaktion in Tabakblättern.
Auf Fe-armen Medien (King's Agar B) werden diffundierende fluorescierende Pigmente produziert.
Es wurden spezifische und polyvalente Bakteriophagen isoliert.
Die G + C-Werte entsprechen denen der übrigen *Ps. syringae*-Pathovare (59—61 Mol-%).

Bisher wurden 4 unterschiedliche Physiologische Rassen nachgewiesen.

11.2.1.2. Krankheitsbild, Krankheitsverlauf, Übertragung

Die Krankheit ist anhand von länglichen Läsionen, die wasserdurchtränkt-olivgrün bis braun aussehen, an den Stengeln, vor allem an den Blattansatzstellen und auf den Blättern erkennbar; zuweilen zeigen sich Verfärbungen auch entlang den Blattnerven (Stapp 1956; Cirulli & Ercolani 1969). Der Befall kann größere Teile des Stengels erfassen (Abb. 11.1.). Häufig bleiben die Spitzen der erkrankten Pflanzen trotz Schädigung der Seitenäste und des Stengels grün und blühfähig; in anderen Fällen erkranken auch die Blütenstände und Früchte.

---

[1]) Die Größenangaben variieren bei den einzelnen Autoren etwas; die hier aufgeführten Werte sind Bergey's Manual (Buchanan & Gibbons 1974) entnommen.

Abb. 11.1. Durch Befall mit *Pseudomonas syringae* pv. *pisi* hervorgerufene Symptome an Erbsenblättern und -stengeln. Aufnahme M. Cirulli.

Läsionen auf den Hülsen sehen glasig-ölartig und etwas dunkler aus als das normale Fruchtgewebe. Die Flecke sind rundlich, können aber leicht zusammenfließen, werden braun und schließlich (an ausgereiften Früchten) pergamentartig trocken.

Die Wurzeln zeigen in der Regel keine Veränderungen.

Die Krankheit erfaßt zunächst die unteren Stengelpartien und schreitet von unten nach oben fort. Bei feuchtem Wetter entsteht an Stengeln und Früchten ein schleimiges Exsudat.

Für die Übertragung im Bestand spielen Wassertropfen eine große Rolle; möglicherweise findet auch eine Ausbreitung über die Drainage statt.

Die Infektion erfolgt durch Stomata und Wunden. Nach Fruchtbefall kann der Erreger über den Funiculus auch bis in die Samen gelangen. In frostgeschädigtem Gewebe breitet er sich besonders leicht aus.

Der Erreger ist samenübertragbar, wobei eine äußere Kontamination des Saatguts allerdings für die Übertragung keine größere Bedeutung hat. *Ps. syringae* pv. *pisi* bleibt am Samen 10 Monate lebensfähig. Befallenes Saatgut zeigt häufig Deformationen, die übrigens auch nach Inokulation von *Bacillus subtilis* festgestellt wurden.

Eine Verbreitung der Krankheit kann ebenfalls mit Arbeitsgeräten erfolgen.

Die Krankheit ist auf einzelnen Bodenarten unterschiedlich stark verbreitet, bestimmte Anbaulagen (Standorte) sind besonders gefährdet.

Das Auftreten des Stengelbrandes wird durch niedrige Temperaturen, namentlich Frost, erheblich gefördert, was auf eine erhöhte Prädisposition der Wirtspflanze zurückzuführen sein dürfte. Aber auch höhere Temperaturen und Niederschläge können den Befall begünstigen (BOELEMA 1963, 1972).

11.2.1.3. Diagnose

Zur Identifizierung von *Ps. syringae* pv. *pisi* — vor allem auch am Saatgut — hat sich in letzter Zeit die serologische Technik durchgesetzt. Zur Immunisierung werden hitzestabile Antigene empfohlen (TAYLOR 1972).

Die Anwendung spezifischer Bakteriophagen, d. h. die Lysotypie, liefert allein keine genügend sicheren Befunde, kann aber zusätzlich zur Serodiagnostik in kritischen Fällen herangezogen werden.

Von HILDEBRAND (1973) wurde eine physiologische Methode zum Nachweis dieses Erregers ausgearbeitet, die auf seiner Fähigkeit zur Homoserinverwertung beruht.

11.2.1.4. Verbreitung und wirtschaftliche Bedeutung

Der Bakterielle Stengelbrand ist zweifellos die wirtschaftlich bedeutsamste Erbsenbakteriose. Sie kommt in Nord- und Südamerika (USA, Kanada, Argentinien), Australien, Neuseeland, Afrika (Tansania, Marokko, Südafrika), Indien und Europa (Großbritannien, BRD, DDR, Frankreich, Italien, Griechenland, Bulgarien, Rumänien, UdSSR) vor.

In manchen Jahren tritt die Krankheit epidemisch auf; der Befall kann dann bis zu 80% der Bestände erfassen (Kanada). In den USA ist es zu Ernteausfällen von 25—30% gekommen, für die UdSSR (Georgische SSR) werden Verluste zwischen 12 und 35% angegeben.

In einigen Ländern, z. B. in Großbritannien, gilt *Ps. syringae* pv. *pisi* als Quarantäneobjekt (TAYLOR & DYE 1972).

11.2.1.5. Wirtspflanzen

Nach Angaben in der Literatur kann der Erreger des Stengelbrandes Krankheitserscheinungen an folgenden Pflanzen hervorrufen (ELLIOTT 1951; BRADBURY 1967; SCHMIDT & NAUMANN 1981):

Gartenbohne	*Lablab niger*
Erbse	*Lathyrus odoratus*
Hafer (!)	*L. latifolius*
Luzerne	*Vicia atropurpurea*
	V. benghalensis
	V. faba
	Vigna sp.

11.2.1.6. Bekämpfung

Die beste Methode zur Verhinderung des Bakteriellen Stengelbrandes besteht in der Verwendung von gesundem Saatgut (STAPP 1956).

Befallenes Pflanzenmaterial ist umgehend zu vernichten, da es als Infektionsquelle dient. Fruchtwechsel muß unbedingt eingehalten werden.

Da Frost begünstigend wirkt, sind frostgefährdete Anbaulagen und -termine zu vermeiden bzw. frühreife Sorten zu verwenden. Eine Spätaussaat bringt allerdings keinen Vorteil, da der Erreger u. U. durch die dann auftretende Kombination von höheren Temperaturen und reichlicher Feuchtigkeit stimuliert wird.

Eine chemische Saatgutbehandlung verspricht bei einer innerlichen Verseuchung nur einen geringen Erfolg. Nach älteren Befunden ließ sich allerdings der Erreger durch Anwendung von Sublimat ($HgCl_2$; 0,2% in 70%igem Alkohol und Ansäuerung mit 3% Essigsäure) erfolgreich bekämpfen. Auch eine Schlämmbeizung mit Streptomycin (2,5 g in 10 ml Flüssigkeit/kg Saatgut) erwies sich als wirkungsvoll, vor allem bei Herbstaussaaten (TAYLOR & DYE 1976; NEERGARD 1977). Auch andere Antibiotica (Streptocyclin, Streptonox, Terramycin, Agrimycin) sowie das Fungicid Tafasan-6 W (250 ppm) hemmten den Erreger.

Durch die Behandlung von Erbsensamen mit Ascosporen von *Chaetomium globosum* Kunze ex Fr. läßt sich nach neueren Untersuchungen die Samenbesiedlung durch *Pseudomonas* spp. ebenfalls weitgehend reduzieren.

Resistenzzüchterische Maßnahmen bieten gleichfalls Aussichten zur Eindämmung der Krankheit. Man muß dabei allerdings berücksichtigen, daß aufgrund des unterschiedlichen Pathogenitätsverhaltens auf den Sorten ‚Early Onward‘ und ‚Patridge‘ verschiedene Erregerrassen nachgewiesen werden konnten. In rumänischen Untersuchungen zeigten ‚Pilicea galbana‘, ‚Minunea Americii‘, ‚Victoria Baragan‘, ‚ICAR 53/54‘ und ‚Victoria Strube‘, eine deutlich geringere Anfälligkeit als die übrigen Sorten. Andere Autoren stellten ähnliches bei ‚Vinco‘ und ‚Patridge 73‘ (maple) fest.

11.2.2. Bakterielle Fleckenkrankheit der Erbse[1])

(bacterial spot disease; taches bactériennes du pois; mancha bacteriana del garbanzo)

11.2.2.1. Erreger[1])

Pseudomonas syringae pv. *syringae* van Hall 1902
Synonyme sowie die morphologischen und physiologischen Merkmale sind der Beschreibung in Kap. 13.2. zu entnehmen.

11.2.2.2. Krankheitsbild, Krankheitsverlauf, Übertragung

Nach den Angaben in der Literatur unterscheiden sich die durch *Ps. syringae* pv. *syringae* verursachten Krankheitserscheinungen an Erbsenpflanzen praktisch nicht von den Symptomen des Bakteriellen Stengelbrands (s. 11.2.1.2.).

Dasselbe gilt auch für den Krankheitsverlauf; eine spezielle Gefährdung der Wirtspflanze bei niedrigen Temperaturen wird bisher allerdings nicht beschrieben.

Bei *Ps. syringae* pv. *syringae* kommt neben Saatgut, Pflanzenresten und Boden noch eine zusätzliche Infektionsquelle in Betracht: dieser Erreger lebt auf zahlreichen Kultur- (auch gesunden Erbsenpflanzen) und Wildpflanzen als Epiphyt und kann daher leicht auf Erbsenpflanzen übertragen werden.

11.2.2.3. Diagnose

Aufgrund morphologischer und physiologischer Merkmale ist eine Unterscheidung von *Ps. syringae* pv. *pisi* nicht möglich. Zur Isolierung verwendet man am besten King's Agar B, fluorescierende verdächtige Kolonien werden abgenommen und anhand der von Lelliott et al. (1966) beschriebenen Verfahren charakterisiert. Beide Erreger gehören in die LOPAT-Gruppe I (s. 2.6.4.). Die Zugehörigkeit der Isolate zu den in Frage kommenden Pathovaren läßt sich nur anhand ihrer unterschiedlichen Wirtspflanzenkreise feststellen. Als Testobjekte bieten sich Salat, Mais und *Syringa* spp. an, die nur für *Ps. syringae* pv. *syringae* anfällig sind, nicht aber für die pv. *pisi*.

11.2.2.4. Verbreitung und wirtschaftliche Bedeutung

Auf die weltweite Verbreitung von *Ps. syringae* pv. *syringae* wird in den Abschnitten 13.2.4. und 13.2.5. näher eingegangen. Schäden an Erbsen sind bisher nur in Übersee aufgetreten (USA, Australien), und zwar ausschließlich bei Herbstaussaaten.

Die Krankheit wurde in dieser Zusammenstellung mit berücksichtigt, da der Erreger an verschiedenen heimischen Kulturen als Schaderreger vorkommt und daher Erbsenkulturen jederzeit einer potentiellen Gefährdung ausgesetzt sind.

---

[1]) Von Guthrie et al. (1965) wurde ein ähnliches Krankheitsbild beschrieben, bei dem *Ps. syringae* pv. *phaseolicola* als Erreger identifiziert wurde. Aus Europa liegen hierzu keine Angaben vor.

11.2.2.5. Wirtspflanzen

Hinsichtlich des Wirtspflanzenkreises von *Ps. syringae* pv. *syringae* sei auf Abschnitt 13.2.5. verwiesen. Interessanterweise verursacht der Erreger nicht nur bei Erbse, sondern auch bei Gartenbohne (s. 11.1.2.) eine typische Blattfleckenkrankheit.

11.2.2.6. Bekämpfung

Hierüber gibt es in der Literatur keine Angaben. Allerdings dürften die für *Ps. syringae* pv. *pisi* aufgezeigten Möglichkeiten größtenteils auch einem Befall durch den Erreger der Fleckenkrankheit vorbeugen.

11.2.3. Wurzelkropf der Erbse

(crown gall; kornevoj rak gorocha; cancer végétale du pois; cancer del cuello, agallo del cuello)

11.2.3.1. Erreger

Agrobacterium tumefaciens (Smith & Townsend 1907) Conn 1942

Die Synonyme sowie die morphologischen und physiologischen Merkmale wurden bereits in 8.1. behandelt.

11.2.3.2. Krankheitsbild, Krankheitsverlauf, Übertragung

Der Wurzelkropf beschränkt sich in den meisten Fällen nur auf Einzelpflanzen, er ist keine epidemische Erkrankung.

Der Befall äußert sich durch kropfartige Wucherungen an Stengeln oder Wurzeln. Infektionen gelingen nur über Wunden. Die Erreger sind zuerst in den Intercellularen nachweisbar. Der Infektionserfolg hängt wesentlich von der Inokulumdichte ab, während die Expositionszeit (Kontaktdauer Erreger/Pflanze) kaum Einfluß hat. Für die Tumorinduktion ist eine Mindesterregerdichte erforderlich. (Näheres zum Ablauf des Krankheitsprozesses s. 2.3.8. und 3.3.5.)

Die Tumorbildung läßt sich durch Wuchsstoffapplikation (β-Indolyl-3-essigsäure-Cytokinin-Extrakte) fördern und erwies sich als beeinflußbar durch Lichtgaben.

Durch Inokulation mit *A. tumefaciens* wird die sonst meßbare Akkumulation von Hemmstoffen, vor allem Abscisinsäure, im Wundbereich unterbunden.

Hauptinfektionsquelle für den Wurzelkropferreger stellt auch bei Erbsen der Erdboden dar (Stapp 1956).

11.2.3.3. Diagnose

(s. hierzu 8.1.)

11.2.3.4. Verbreitung und wirtschaftliche Bedeutung

Hinsichtlich der außerordentlich weiten Verbreitung dieses Erregers sei ebenfalls auf Kapitel 8.1. verwiesen.

Über größere Schäden bei Erbsen durch Wurzelkropfbefall liegen keinerlei Angaben vor; sie sind auch nicht zu erwarten, da stets nur Einzelpflanzen betroffen sind.

Diese Erbsenbakteriose hat allerdings beträchtliche Bedeutung für die phytopathologische Grundlagenforschung und die Erregeridentifizierung, da Erbsen als Testpflanzen für den Wurzelkropferreger und die Tumorgeneseforschung Anwendung finden.

11.2.3.5. Wirtspflanzen

(s. hierzu 8.1.)

11.2.3.6. Bekämpfung

Spezielle Bekämpfungsmaßnahmen sind bei dieser Erbsenbakteriose nicht erforderlich.

11.2.4. Verbänderung der Erbse

(pea fasciation; bakterial'naja fasciacja, urodlivost'; fasciation des tiges du pois)

11.2.4.1. Erreger

Rhodococcus fascians (Tilford 1936) Goodfellow & Alderson 1983
(s. Goodfellow & Williams 1983)

Syn. *Phytomonas fascians* Tilford
Bacterium fascians (Tilford) Lacey
Pseudobacterium fascians (Tilford) Krasil'nikov
Corynebacterium fascians (Tilford) Dowson
Rh. rhodochrous (Zopf) Tsukamura emend. Goodfellow & Alderson
möglicherweise identisch mit
Nocardia asteroides (Eppinger) Blanchard und
Mycobacterium rhodochrous Gordon & Mihm

Morphologie: Stäbchen, z. T. mit einem verbreiterten Pol, dadurch keulenartig (0,5—0,9 × 1,5—4,0 µm), vielfach V-förmig oder palisadenartig angeordnet; Gram-positiv; nicht säurefest; unbeweglich.

Der Erreger kann auch filtrierbare L-Formen bilden, die aber nur zu avirulenten Normalzellen regenerieren (Bradbury 1967).

Kolonien auf Agar: klein, cremefarben, rund, später tiefgelb bis orange-lederfarben werdend (KDA) bzw. flach, glatt, glänzend, cremefarben, butterartig (NA).

Es kommen S- und R-Formen vor.

Flüssigkulturen: bei Kultivierung in Nährbouillon entsteht nur eine schwache Trübung und ein dünnes zerbrechliches Oberflächenhäutchen.

Temperaturoptimum: 25—28 °C
Temperaturmaximum: 35 °C
Thermaler Tötungspunkt: ca. 50 °C (nach anderen Angaben 55—57 °C (s. Stapp 1956))
Physiologische Leistungen: aerob; Nitrat wird reduziert; in synthetischen Medien besteht Bedarf für Thiamin; Biotin wirkt stimulierend; Glucose, Saccharose, Maltose, Arabinose, Xylose, Galactose, Mannose, Fructose, Mannitol, Glycerol und Dextrin können als C-Quelle dienen (ohne Gasbildung); Rhamnose, Raffinose und Inulin werden dagegen nicht genutzt; die Lactose-Verwertung gelingt nur einigen Stämmen; Lactat, Succinat, Oxalat, Maleat und Citrat sind geeignete C-Quellen, Acetat, Propionat, Butyrat, Glutarat und Fumarat dagegen nicht; Milch wird alkalisiert, coaguliert und peptonisiert (hier gibt es auch abweichende Befunde!); H_2S- und Ammoniak-Bildung sind nachweisbar, dagegen werden kein Indol und kein Acetylmethylcarbinol produziert; mit Mannitol als Energiequellen können Asparagin, Succinimid, Harnstoff, Uracil, DL-Valin, DL-Alanin, L(—)-Leucin, Cystein, Glycin, Nitrat und NH_3 als N-Quelle verwendet werden, Histidin, Nitrit und Indol aber nicht; L(—)-Glutamin-, L(—)-Asparaginsäure, L(—)-Prolin und L(—)-Tryptophan sind gleichzeitig als C- und N-Quellen nutzbar, die übrigen organischen N-Verbindungen entfallen dagegen; Stärkehydrolyse findet nicht statt, die pectinolytische Aktivität ist gering bis mäßig. Katalase-positiv.

Die G + C-Werte variieren in einem weiten Bereich (62,9—67,3 Mol-%).

11.2.4.2. Krankheitsbild, Krankheitsverlauf, Übertragung

Die Infektion mit *Rh. fascians* führt zu einer Unterdrückung des Hauptsproßwachstums und zur Entstehung typischer Hexenbesentriebe aus Cotyledonar- und Achselknospen (Roussaux 1965) (Abb. 2.60.). Die Befallsstärke ist von der Inokulumkonzentration abhängig. Wurzeln reagieren weniger empfindlich.

Die Inokulation gelingt im Bereich von 18—30 °C. Lichteinwirkung in den ersten 4 Std. p. i. fördert die Symptomausbildung an Primärstengeln. 3 Tage alte Sämlinge sind empfindlicher als 4—5 Tage alte.

Als Infektionsquellen können Samen (äußere Kontamination), befallene Stecklinge und der Erdboden dienen, in dem der Erreger auch zu überwintern vermag.

11.2.4.3. Diagnose

Zur Isolierung sollten befallene Pflanzenorgane (z. B. basale Knospen) nicht sterilisiert, sondern nur in sterilem Wasser gewaschen und dann zerkleinert werden. Man beläßt das Material einige Stunden in der Suspension und streicht davon dann eine kleine Menge auf NA oder YDC-Agar aus; zur Unterdrückung von Saprophyten kann man $K_2Cr_2O_7$ (1:20000) zusetzen (Bradbury 1967).

Rh. fascians läßt sich am besten mit Hilfe eines Biotestes nachweisen. Als Indikatorpflanze haben sich Zuckererbsen als besonders brauchbar erwiesen. Dazu besprüht man äußerlich sterilisierte Samen mit dem verdächtigen Bakterienisolat; danach werden die Erbsen in ein geeignetes Substrat z. B. Perlit, zum Keimen gebracht (Köhn 1972; Süle 1976).

Der Erreger ruft an den Keimpflanzen typische Verbänderungen und andere Wachstumsstörungen (hexenbesenartige Wucherungen etc.) hervor. Oduro & Munnecke (1975) geben als weiteres auffälliges Symptom an, daß bei *Rh. fascians*-kranken Sämlingen die Keimblätter sehr lange am Stengel haften.

11.2.4.4. Verbreitung und wirtschaftliche Bedeutung

Rh. fascians kommt als Krankheitserreger an Erbsen in Nordamerika (USA, Kanada), Australien und Europa (Großbritannien, Schweden, beiden deutschen Staaten und der UdSSR) vor (Stapp 1956). Experimentelle Arbeiten aus Frankreich und Ungarn lassen die Annahme zu, daß die Krankheit auch in diesen Ländern heimisch ist.

Über größere wirtschaftliche Schäden durch die Hexenbesenkrankheit liegen allerdings bisher keine Berichte vor, wohl auch deshalb, weil in der Praxis meist nur Einzelpflanzen erkranken. Dagegen findet die Erbse als Testpflanze für die Erregeridentifizierung und für die Morphogeneseforschung verbreitete Anwendung.

11.2.4.5. Wirtspflanzen

Rh. fascians hat ein sehr breites Wirtspflanzenspektrum, vor allem unter den Zierpflanzen (Elliott 1951; Stapp 1956). Anfällig sind

Erdbeere	*Althaea rosea*	*Gypsophila paniculata*
Tabak	*Asparagus sprengeri*	*Heuchera sanguinea*
Gartenbohne	*Aster frihartii*	*Lathyrus oderatus*
Erbse	*Buddleia variabilis*	*Lilium regale*
	Cardamine triloba	*Nasturtium* spp.
	Cheiranthus allioni	*Nicotiana glutinosa*
	Chrysanthemum indicum	*Pelargonium zonale*
	Ch. maximum	*Petunia hybrida*
	Cicer arietinum	*Phaseolus multiflorus*
	Crassula spp.	*Schizanthus grandiflorus*
	Cucumis melo	*S. retusus*
	Dahlia spp.	*S. pinnatus*
	Dianthus caryophyllus	*Verbascum densiflorum*
	D. barbatus	*V. vernale*
	Forsythia suspensa	*Viburnum opulus*
	Gladiolus spp.	*Vicia faba*

Es fällt auf, daß sich unter den Wirtspflanzen nur 3 Monocotyledonen (*Asparagus*, *Gladiolus*, *Lilium* spp.) befinden.

11.2.4.6. Bekämpfung

Mit *Rh. fascians* verseuchte Erbsensamen lassen sich durch Behandlung mit Sublimat ($HgCl_2$; 0,1%) oder wäßrigem Chloramin T (1%, 15 min) befallsfrei machen; anschließend muß mindestens zweimal mit sterilem Wasser gewaschen werden (JACOBS & DADD 1959). Nach älteren Untersuchungen soll auch eine Trockenbeize mit Kupfermitteln wirksam sein (STAPP 1956).

11.3. Bakteriosen der Gurke

11.3.1. Bakterielle Gurkenwelke[1])

(bacterial wilt of cucurbits; flétrissure des cucurbitacées; marchitez de la calabaza)

11.3.1.1. Erreger[1])

Erwinia tracheiphila (Smith 1895) Bergey, Harrison, Breed, Hammer & Huntoon 1923

Syn. *Bacillus tracheiphilus* Smith
B. tracheiphilus f. *cucumis* Smith
Bacterium tracheiphilum (Smith) Chester
Erwinia amylovora (Burrill) Winslow et al. var. *tracheiphila* (Smith) Dye

Morphologie: Stäbchen (0,5—0,7 × 1,2—2,5 µm); Gram-negativ; peritrich; Kapsel vorhanden.

Kolonien auf Agar: klein, glatt, grau-weiß bis cremefarben, feucht-glänzend, rund, Oberfläche zuweilen mit netzartigem Muster; Wachstumsgeschwindigkeit gering.

Flüssigkulturen: in Nährbouillon leichte Trübung, ohne Häutchen.

Temperaturoptimum: 25—30 °C
Temperaturmaximum: 34 °C
Thermaler Tötungspunkt: 43 °C

Physiologische Leistungen: fakultativ anaerob; keine Nitratreduktion; einige Isolate benötigen Nicotinsäure und Thiamin als Wachstumsfaktoren; produziert Säure (aber kein Gas) von Glucose, Fructose, Galactose, Saccharose, β-Methyl-D-glucosid, dagegen nicht von Xylose, Arabinose, Rhamnose, Sorbose, Lactose, Raffinose, Cellobiose, Melecitose, Dulcitol, Adonitol, α-Methyl-D-glucosid, Salicin, Inulin und Dextrin; in Gegenwart von Hefeextrakt und Mineralsalzen werden auch Glycerol, Mannitol, Mannose und Inositol verwertet; als C-Quellen können ferner Acetat, Furamat, Malat und Succinat dienen; kein Wachstum auf Koser's Citratagar; keine Gluconat-Verwertung (Shaw & Clark-Methode); keine Veränderung von Lackmusmilch; Gelatine wird nicht verflüssigt, Casein, Eialbumin und Blutserum werden nicht hydrolysiert; NH_3 entsteht beim Peptonabbau, H_2S wird aus Cystein, aber nicht aus Pepton produziert; keine Indolbildung; Nitrate und NH_3-Verbindungen können in synthetischen Medien nicht als N-Quellen genutzt werden; bestimmte Stämme sind imstande, Asparagin als einzige C- und N-Quelle zu verwerten; keine Stärkehydrolyse, keine Cellulose- und Pectinzersetzung; Lipase-negativ; Esculin wird nicht hydrolysiert.

Oxidase-negativ; Phenylalanin-deaminase-negativ; Katalase wird gebildet; Teste für Arginin-, Glutaminsäure-, Lysin- und Ornithin-decarboxylase negativ; NaCl-Toleranz < 5%; kein Wachstum auf Møller's KCN-Medium; Methylrot-negativ; keine Lävanbildung.

Es existieren spezifische Bakteriophagen.

Für den Erreger wird ein G + C-Wert von 56,1 Mol-% angegeben.

Ist schlecht in Dauerkultur zu halten, muß daher sehr häufig überimpft oder in Milch, zuckerhaltigem Peptonwasser über $CaCO_3$ gehalten oder bei sehr niedrigen Temperaturen (flüssig-N_2) aufbewahrt werden.

Erregerrassen wurden bisher nicht festgestellt.

11.3.1.2. Krankheitsbild, Krankheitsverlauf, Übertragung

An den unteren Blättern zeigen sich mattgrüne Streifen, die rasch in Welke übergehen, wobei bald das gesamte Blatt verwelkt; nach und nach werden davon die übrigen Blätter erfaßt (Abb. 11.2.). Die Stengel bleiben turgescent und grün, ihre Tracheen enthalten jedoch einen zähen, bakterienhaltigen Schleim.

---

[1]) In der UdSSR wurde 1972 eine weitere bakterielle Gefäßkrankheit beschrieben, deren Erreger die Bezeichnung *Erwinia „toxica“* sp. nov. erhielt (KOROBKO 1972); eine Bestätigung liegt nicht vor.

Abb. 11.2. Typische Welkesymptome an Gurkenpflanzen nach Inokulation von *Erwinia tracheiphila* in die Blattspreite.

Die Erregerausbreitung erfolgt durch das Leitungssystem. Von den Gefäßen aus werden die angrenzenden Parenchymzellen infiziert, wodurch vielfach mit Schleim gefüllte Kavernen entstehen. Es kommt dabei aber nicht zu einer Naßfäule, sondern zum Schrumpfen und Vertrocknen der befallenen Pflanzenteile.

Die Welke kann zunächst reversibel sein und sich nur an heißen, trockenen Tagen bemerkbar machen (vor allem bei weniger anfälligen Formen). Sofern die Pflanzen nicht vertrocknen, tritt Zwergwuchs, gestauchte Verzweigung und vermehrte Blütenbildung ein. Zur Welke kommt es offensichtlich vor allem durch Gefäßverstopfung; die Transpiration nimmt laufend ab, während die Atmung leicht ansteigt. In resistenten Pflanzen finden keine Erregervermehrung und kein Gefäßverschluß statt (MAIN & WALKER 1971).

Geringe Stickstoff- und Kalidüngung steigern die Anfälligkeit der Gurkenpflanzen.

Die Krankheitsübertragung kann durch Arbeitsgeräte oder mit den Händen erfolgen. Als wichtigste Vektoren treten in Amerika *Diabrotica* spp. und andere Insekten, die an Gurkenpflanzen Wunden hervorrufen können, in Erscheinung. Eine Samenübertragung ist bisher noch nicht festgestellt worden.

In Pflanzenresten kann der Erreger nur kurze Zeit überleben. Eine Überwinterung in den Vektoren (Verdauungstrakt) ist dagegen möglich, reicht aber wegen der geringen Zellkonzentration als Erklärung für das Zustandekommen einer Primärinfektion im Frühjahr kaum aus. Andere Möglichkeiten der Überwinterung sind bisher nicht bekannt.

11.3.1.3. Diagnose

Die Isolierung des Erregers aus erkrankten Pflanzen ist schwierig. Die übliche Plattenverdünnungsmethode versagt zumeist. Es wird empfohlen, entweder eine aseptische Entnahme von klebrigen Schleimfäden und eine Übertragung in Nährbouillon vorzunehmen oder eine Nadel in das befallene Gefäßsystem einzustechen und dann auf Agarplatten auszustreichen. Auch die Injektion von sterilem Wasser und das nachfolgende Entnehmen von Pflanzensaft aus dem Stiel verwelkter Blätter erwiesen sich als erfolgreich.

11.3.1.4. Verbreitung und wirtschaftliche Bedeutung

Die Krankheit ist in Nordamerika (USA, Kanada) weit verbreitet und auch verschiedentlich in Südafrika, in Zaire, in Japan, China, Neuseeland sowie in einigen europäischen Ländern (Großbritannien, Dänemark, UdSSR und möglicherweise auch Frankreich) festgestellt worden.

Über das Ausmaß der durch *E. tracheiphila* verursachten Verluste liegen keine Angaben vor.

11.3.1.5. Wirtspflanzen

Der Erreger der Bakteriellen Gurkenwelke verursacht nur an Cucurbitaceen Krankheitserscheinungen. Als Wirtspflanzen sind bekannt (Elliott 1951; Stapp 1956):

Cucumis spp.	*Benincasa* spp.
Cucurbita spp.	*Sicyus angulatus*
Citrullus spp.	

11.3.1.6. Bekämpfung

Als wichtigste Bekämpfungsmaßnahme kommen das sofortige Entfernen befallener Pflanzen aus dem Bestand und deren Vernichtung sowie der rechtzeitige Einsatz von Insekticiden gegen die tierischen Vektoren in Betracht. Sobald die Pflanzen das entsprechende Alter erreicht haben, können auch Kupferpräparate direkt gegen den Erreger eingesetzt werden. Hierfür haben sich Bordeauxbrühe und Kupferstäubemittel bewährt; für sehr junge Pflanzen ist diese Behandlung aber nicht geeignet.

Einige amerikanische und chinesische Sorten zeigten in Vergleichsprüfungen eine geringere Anfälligkeit als europäische Züchtungen. Bei einer hochresistenten Sorte aus Burma wird die Resistenz durch ein dominantes Gen induziert, wobei allerdings einige modifizierende Gene beteiligt sind. Diese Befunde lassen eine gezielte Resistenzzüchtung als aussichtsreich erscheinen. Allerdings ist zu berücksichtigen, daß das Gen M für eine vollständige Stengelausbildung eng mit dem Gen B_{10} für Resistenz gegen *E. tracheiphila* gekoppelt ist (Iezzoni & Peterson 1980).

11.3.2. „Eckige Blattflecken"-Krankheit der Gurke[1])

(angular leaf spot of cucumber; bakterioz ogurca; taches angleuses des feuilles du concombre; manchas angulosas de las hojas del pepino)

11.3.2.1. Erreger[1])

Pseudomonas syringae pv. *lachrymans* (Smith & Bryan 1915) Young, Dye & Wilkie 1978

Syn. *Bacterium lachrymans* Smith & Bryan
Bacillus lachrymans (Smith & Bryan) Holland
Phytomonas lachrymans (Smith & Bryan) Bergey et al.
Pseudomonas lachrymans (Smith & Bryan) Carsner
Bacillus burgeri Potebnia

Morphologie: Stäbchen (0,8 × 1—2 µm); Gram-negativ; beweglich durch 1—5 polare Geißeln; Kapseln vorhanden; in planta wurde eine verstärkte Entstehung von Protuberanzen auf der Zelloberfläche beobachtet (Ozaki et al. 1982).

Kolonien auf Agar: leicht erhaben, glatt, hyalin-weißlich, ganzrandig, rund.

Erreger kommt als S- und R-Form vor, die beide pathogen sind (Lucas & Grogan 1969).

Flüssigkulturen: Nährbouillon wird getrübt, weißer Niederschlag und Kristallbildung.

Temperaturoptimum: 25—27 °C
Temperaturmaximum: 35 °C
Thermaler Tötungspunkt: 49—50 °C

---

[1]) Über das Vorkommen von Blattrandsymptomen, die an Gurken durch *Ps. marginalis* pv. *marginalis* und andere *Pseudomonas* spp. hervorgerufen werden, berichten einige japanische Autoren.

Physiologische Leistungen: aerob; Nitratreduktion ist nicht nachweisbar; Säurebildung (ohne Gas!) von Glucose, Galactose, Fructose, Mannose, Arabinose, Xylose, Saccharose und Mannitol, nicht dagegen von Maltose, Rhamnose, Lactose, Raffinose, Salicin und Arbutin. Die Angaben zur Glycerolverwertung sind uneinheitlich; auch Citrat, Malat und Succinat können als C-Quelle dienen, nicht dagegen Formiat, Lactat, Tartrat und Acetat; Gelatineverflüssigung findet statt, Lackmusmilch wird hydrolysiert und ohne Coagulation peptonisiert; geringe Ammoniakbildung, keine H_2S- und Indolproduktion; Stärke und Cellulose werden nicht hydrolysiert; geringe pectinolytische Aktivität, Polygalacturonasen und Cellulasen nicht nachweisbar; keine Lipolyse; in Kultur und in planta wird Protease produziert (Keen et al. 1967).

Oxidase-positiv; toleriert 3% NaCl; Lävan-negativ.

Auf Fe-armen Substraten (King's Agar B) wird ein diffundierender fluorescierender Farbstoff gebildet.

Es existieren polyvalente Bakteriophagen, die auch *Ps. syringae* pv. *lachrymans* lysieren können; außerdem reagieren auch die Pathovare *syringae*, *phaseolicola* und *morsprunorum* von *Ps. syringae*.

Bisher ließen sich 3 Serotypen nachweisen (alle R-Formen gehören zum Serotyp III) (Lucas & Grogan 1969). Serologisch besteht Verwandtschaft mit den Pathovaren *mori*, *morsprunorum* und *tabaci* von *Ps. syringae*.

Der G + C-Wert beträgt 59—61 Mol-%.

11.3.2.2. Krankheitsbild, Krankheitsverlauf, Übertragung

An den Keimblättern sind als erste Anzeichen einer Infektion durchscheinende längliche bis rundliche dunkelgrüne bis bräunliche Flecke zu beobachten. Auf den Laubblättern entwickeln sich ölartig-durchscheinende dunkelgrüne, später chlorotisch und schließlich nekrotisch werdende eckige Läsionen, denen die Krankheit ihren Namen verdankt. Die eckige Form rührt von der Begrenzung der

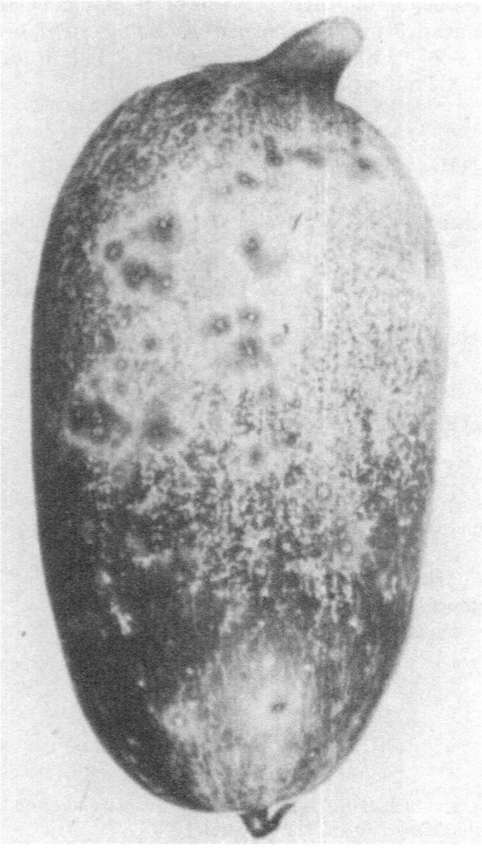

Abb. 11.3. Durch Befall mit *Pseudomonas syringae* pv. *lachrymans* entstandene runde Läsionen mit weißem Zentrum auf Gurkenfrucht.

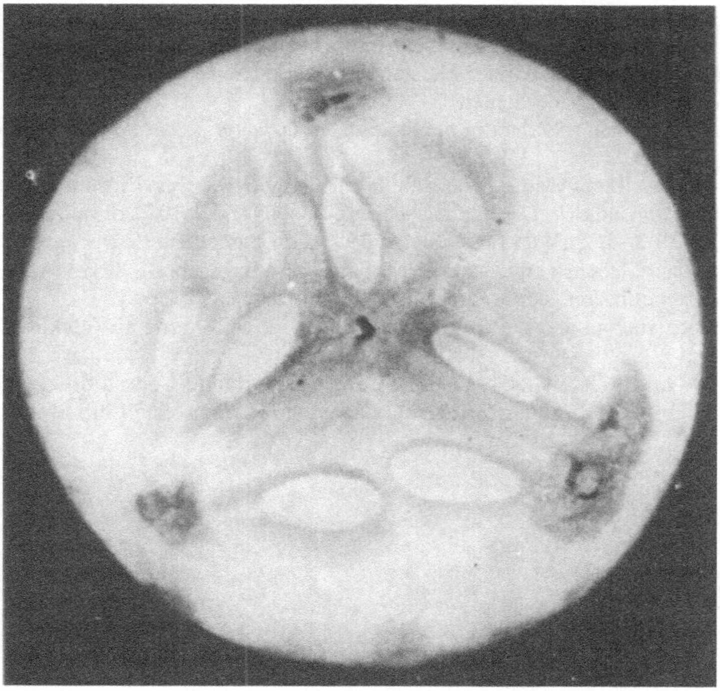

Abb. 11.4. Durch Ausbreitung von *Pseudomonas syringae* pv. *lachrymans* im Fruchtinnern hervorgerufene Infektion mit Verfärbung der Samenleisten.

Flecke durch die Blattnerven her. Die normalerweise 0,8—1 cm großen Läsionen können zusammenfließen. Unterseits bilden sich bei hoher Luftfeuchtigkeit, besonders am frühen Morgen, Tröpfchen von Bakterienschleim, die im Laufe des Tages meist zu einem dünnen Belag eintrocknen. Nach einiger Zeit — besonders bei fehlendem Niederschlag — werden die Flecke pergamentartig trocken, sie können aufreißen und auch gänzlich herausfallen (Tafel IV, 5.).

Gelegentlich werden auch die Stengel angegriffen, sie erscheinen dann wasserdurchsogen und sind mit Bakterienschleim bedeckt. Über einen systemischen Befall, der auch zu einer Infektion des Fruchtinneren führen kann, berichten Pohronezny et al. (1978).

Die auf den Früchten entstehenden Flecke sind rund, dunkelgrün bis ölartig; ihr Zentrum nimmt durch Austrocknen und Rissigwerden eine kreidig-weiße Farbe an (Abb. 11.3.). Die Läsionen können oberflächlich bleiben, in vielen Fällen breitet sich der Erreger aber durch das Fruchtfleisch bis zur Samenleiste weiter aus. Dabei verfärbt sich das infizierte Parenchym bräunlich (Abb. 11.4.). In diesem Stadium können auch bakterielle Naßfäuleerreger in die Gurkenfrucht eindringen und deren Zersetzung herbeiführen (s. 11.3.3.).

Auch Blüten werden vom Erreger kontaminiert; bei ihnen stellten Pohronezny et al. (1978) einen äußerlich offenbar nicht sichtbaren Befall von 50% fest.

Die Infektion geht über Stomata, Hydathoden oder Wunden vor sich. Der Erreger gelangt über die Atemhöhle in die Intercellularräume. Daß es durch systemische Ausbreitung zu einem Befall des Fruchtinneren kommen kann, wurde schon erwähnt. Im Regelfalle geht die Infektion der Früchte aber von außen vor sich. Der Erreger kann dabei über die Placenta und den Funiculus bis zu den Samen vordringen und in die Mikropyle gelangen; das Eindringen ins Sameninnere findet allerdings erst während des Abtrocknens der Samen statt, was zum Kollabieren des Mikropylenparenchyms und des Xylems führt und eine Öffnung entstehen läßt; der Embryo selbst wird nicht befallen (Wiles & Walker 1951; Naumann 1963; Leben 1981; Komoto & Kimura 1983).

Die Ausdehnung der „Eckigen Blattflecken"-Krankheit im Bestand geht mit tropfbar flüssigem Wasser (Taubildung, Niederschläge) vonstatten, wobei besonders Gewitter und Wind begünstigend wirken. Niedrige Temperaturen und hohe Luftfeuchtigkeit fördern die gefährliche Tropfwasserbildung auf den oberirdischen Pflanzenteilen. Dieser Umstand ist besonders beim Anbau in Foliehäusern und bei künstlicher Beregnung zu beachten.

In Nordamerika wird die Krankheit auch häufig durch Insekten (*Diabrotica vittata* und andere *Diabrotica* spp.) verschleppt.

Die Erstinfektion nimmt zumeist ihren Ausgang von befallenem Saatgut, wobei es sich zum großen Teil um eine äußere Kontamination handelt. Der natürliche Saatgutbefall liegt < 10%, die innerliche Infektion erreicht im Höchstfall 3—4% (WILES & WALKER 1952). Im Samen ist *Ps. syringae* pv. *lachrymans* wenigstens 20 Monate lebensfähig; nach 32 Monaten sind dagegen alle Erregerzellen abgestorben. Die Keimpflanzen infizieren sich während des Durchbrechens der Testa.

Neben dem Saatgut kommen auch in den Boden gelangte befallene Pflanzenreste als Infektionsquellen in Betracht (Abb. 11.5.).

Nach Angaben von VAN GUNDY & WALKER (1957) fördert eine erhöhte Stickstoffdüngung den Befall, während die Kalium- und Phosphatversorgung in weiten Grenzen ohne Einfluß ist.

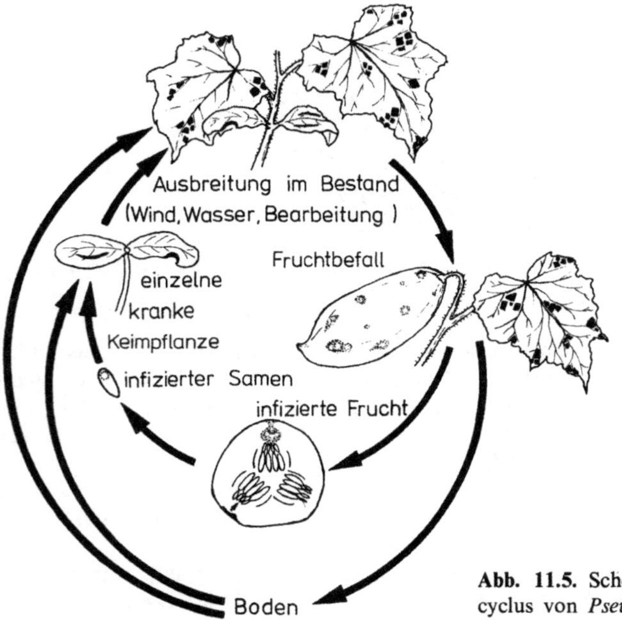

Abb. 11.5. Schematische Darstellung des Infektionscyclus von *Pseudomonas syringae* pv. *lachrymans*.

11.3.2.3. Diagnose

Der Erreger kann nach Herstellen eines Homogenisats aus dem befallenen Blatt- und Fruchtgewebe durch Ausstreichen auf King's Agar B, Kristallviolettagar nach CROSSE (1959) oder auf einem Tetracoliumchlorid-Borsäure-Medium (M 72) nach LEBEN (1983) isoliert werden. Kleine hyaline Kolonien sind zu entnehmen und auf ihre LOPAT-Merkmale hin zu untersuchen (s. 2.6.4.).

Für einen Biotest eignet sich auch die Inokulation von Gurkenkeimpflanzen (WYSZOGRODSKA & WILLIAMS 1983) oder Gurkenfrüchten (OHUCHI 1980).

11.3.2.4. Verbreitung und wirtschaftliche Bedeutung

Die Krankheit wurde zuerst in den USA beobachtet, seitdem aber auch in Kanada, Argentinien, im Iran, in Japan, Australien und Europa (Dänemark, Schweden, Großbritannien, den Niederlanden und in beiden deutschen Staaten, in Österreich, Italien, Bulgarien und der UdSSR) festgestellt. Sicher sind auch noch andere Länder betroffen.

Ihre weite Verbreitung und die durch sie verursachten Ertragseinbußen macht diese Bakteriose zu einer der gefährlichsten Gurkenkrankheiten. Aufgrund von Behandlungsversuchen müssen Verluste bis zu 40% angenommen werden (NAUMANN 1968; POHRONEZNY et al. 1977). Besonders hohe Schäden sind bei Befall von Vermehrungsbeständen zu beklagen, da bei Auftreten dieser Krankheit eine Verwertung der Früchte für die Samengewinnung aufgrund der für diese Bakteriose in vielen Ländern geltenden Null-Toleranz nicht mehr in Frage kommt.

11.3.2.5. Wirtspflanzen

Als Wirtspflanzen sind

Cucumis sativus	*Bryonopsis laciniosa*
C. melo	*Lagenaria leucantha*
C. melo var. *nodosus*	*Luffa acutangula*
C. anguria	
C. dipsaceus	
Cucurbita maxima	
C. pepo var. *condensa*	

bekannt. Es handelt sich in allen Fällen um Cucurbitaceae.

11.3.2.6. Bekämpfung

Folgende Maßnahmen sind zur Verhütung und Bekämpfung der Krankheit geeignet:
- Wahl eines geschützten Standorts
- Vermeidung einer überhöhten Stickstoffdüngung
- Verwendung befallsfreien Saatguts
- Behandlung von möglicherweise befallenen Samen mit
  Sublimat ($HgCl_2$; 0,1%; 10—40 min) oder
  Natriumhypochlorit (NaOCl; 1:20 verdünnt; 20 min) oder
  Streptomycin (400 ppm; 15 min) oder
  Milch-, Wein- und Äpfelsäure (0,4 mol; 5—10 min) oder
  Essigsäure (4,2%; 5—10 min);
  kombinierte Anwendung von baktericiden Substanzen (Weinsäure oder Calciumpropionat (3,3%) bzw. saures Kupferacetat (5%)
  und Wärme (50 °C; 20 min) (LEBEN 1981)
- bei Feststellung der ersten befallenen Pflanzen im Bestand kann durch Anwendung von kupferhaltigen Mitteln, z. B. Kupferoxychlorid (0,5%—1%), Bordeauxbrühe (1%), dreibasischem Kupfersulfat (0,4%), Kocide 101 (= 56% metallisches Cu) oder Maneb die Ausbreitung der Krankheit unterbunden werden. Zusatz von Haftmitteln zu den Kupferpräparaten steigert den Effekt. Die Kupfermittel können auch im Nebelverfahren ausgebracht werden.

Die Applikation von Streptomycin und anderen Antibiotica wirkt ebenfalls befallssenkend, deren Einsatz in der Praxis kommt aber aus medizinischen Gründen nicht in Betracht.

Vergleichende Inokulationsversuche haben gezeigt, daß bestimmte Sorten eine geringere Anfälligkeit besitzen. Das gilt beispielsweise für die Sorten: ‚Ohio MR 25', ‚Wisconsin SMR 12', ‚Pixie', ‚Fletcher', ‚Premier', ‚Poinsett', ‚Highmoor' (USA), ‚Perfection Ridge' (England), ‚Mincu' (Kanada), ‚Cherok', ‚Chipe', ‚Vladivostovskij 155', ‚Dal'nevostočnyj-6' und ‚—27', ‚Donskij 175', ‚Urožajnyj 86', ‚Voronežskij', ‚Režinskij 12' (UdSSR), ‚Nagaoka Early Green', ‚Kenmaine Fushinari', ‚Ao Ohuiuri', ‚Saitama-ochiai Nu', ‚Karina-fuchimori', ‚Sado-rissku' (Japan). Als tolerant haben sich ‚Kusume-ochiai H.' und ‚Maji-midori' (Japan) erwiesen. Aussichtsreich sind ferner die resistenten Linien PI 169 400 (= türkische Abstammung), PI 279 465 und PI 212 233, H 3559 (USA) sowie MSU 61-116 und MSU 3075 (UdSSR).

Die Resistenz gegenüber *Ps. syringae* pv. *lachrymans* ist polygen bedingt, sie wird rezessiv vererbt; eine Anreicherung von Resistenzfaktoren durch recurrente Kreuzungen und fortlaufende Selektion ist möglich (KŁOSSOWSKA 1976). Somit bietet auch die Resistenzzüchtung vielversprechende Ansätze, um die „Eckige Blattflecken"-Krankheit künftig in ihrer Bedeutung einzuschränken.

11.3.3. Naßfäule der Gurke[1])

(bacterial soft rot of cucumber; mokraja gnil' ogurca; pourriture humide du concombre; podredumbre blanda bacteriana)

11.3.3.1. Erreger[1])

Erwinia carotovora subsp. *carotovora* (Jones 1901) Bergey, Harrison, Breed, Hammer & Huntoon 1923 und

Erwinia carotovora subsp. *atroseptica* (van Hall 1902) Dye 1969.

Synonyme sowie morphologische und physiologische Merkmale werden im Abschnitt 9.2.2. abgehandelt.

11.3.3.2. Krankheitsbild, Krankheitsverlauf, Übertragung

Fruchtbefall führt zunächst zum Glasigwerden des Fruchtfleisches und schließlich zu dessen völliger Zersetzung (Abb. 11.6.). Die Frucht verliert dabei ihre Turgescenz und wird schließlich schlaff und weich. Durch Hinzutreten saprophytischer Bakterien kann es zur Entwicklung eines sehr unangenehmen Fäulnisgeruchs kommen.

Die Infektion durch *E. carotovora* (beide Unterarten) setzt das Vorhandensein einer mechanischen Beschädigung der Fruchtschale voraus. Sie kann durch Störungen während des Wachstums, Insektenstiche oder ähnliches entstanden sein oder erst bei der Ernte eintreten. Allerdings können im Innern symptomfreier Gurkenfrüchte bereits Naßfäule induzierende Bakterien vorhanden sein;

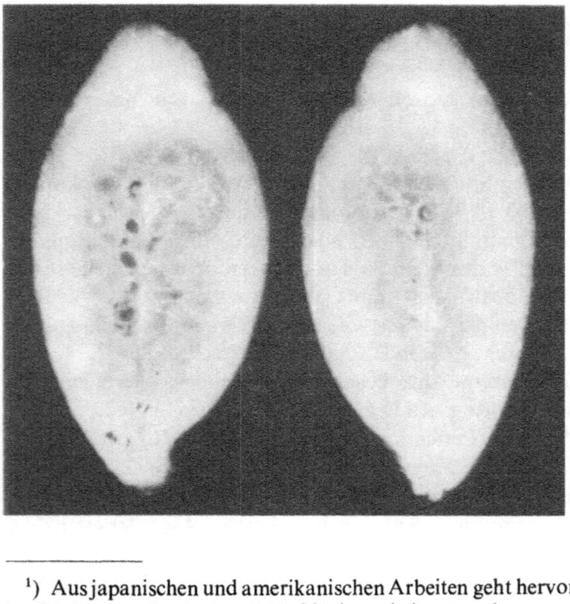

Abb. 11.6. Durch Infektion mit *Erwinia carotovora* subsp. *carotovora* entstandene Naßfäulesymptome in einer Gurkenfrucht.

[1]) Aus japanischen und amerikanischen Arbeiten geht hervor, daß auch *Ps. marginalis* pv. *marginalis* in Gurkenfrüchten vorkommt und Naßfäuleerscheinungen hervorrufen kann. Angaben darüber aus europäischen Ländern fehlen bisher (LUND 1983).

Meneley & Stanghellini (1975) fanden eine solche latente Verseuchung unter anderem durch *E. carotovora* subspp. bei 56% der untersuchten Früchte; zur akuten Naßfäule kam es in diesen Fällen erst bei höheren Temperaturen (37 °C). Auch nach Befall mit *Pythium aphanidermatum* (Edson) Fritzg. erhöht sich die Naßfäulegefährdung.

Als Infektionsquellen dienen zweifellos in erster Linie der Erdboden, in dem *E. carotovora* subsp. *carotovora* stets in ± großer Konzentration vorhanden ist, sowie die darin enthaltenen befallenen Pflanzenreste.

Die Übertragung kann durch Erdverschmutzung, Wasserspritzer oder möglicherweise auch Insekten erfolgen (s. hierzu 9.2.).

11.3.3.3. Diagnose

(s. hierzu 9.2.1.3.)

11.3.3.4. Verbreitung und wirtschaftliche Bedeutung

Bakterielle Naßfäule an Gurken ist im Bestand meist nur bei besonders ungünstigen Bedingungen, namentlich höheren Temperaturen, anzutreffen. Sie tritt vor allem nach der Ernte, beim Transport und der Vermarktung störend in Erscheinung. Ceponis & Butterfield (1974) ermittelten unter amerikanischen Verhältnissen über 4 Jahre Verluste bei Marktgurken in Höhe von 1,1%.

11.3.3.5. Wirtspflanzen

(Angaben hierzu sind ebenfalls Abschnitt 9.2.2.5. zu entnehmen)

11.3.3.6. Bekämpfung

Die wichtigsten Vorbeugungsmaßnahmen bestehen in folgendem:
— Wahl eines geeigneten Standorts
— Vermeidung des Anbaus auf Feldern, die zuvor mit anfälligen Fruchtarten bestellt waren
— möglichst beschädigungsarme Ernte und schonender Transport
— Vermeidung höherer Temperaturen während des Transports und der Vermarktung.

Eine chemische Tauchbehandlung der Früchte mit 50 ppm Oxytetracyclin führte zur Senkung von Transportverlusten; dieses Präparat war wirksamer als die Anwendung von Streptomycin oder Neomycin (Carroll et al. 1957). Für eine breite Anwendung dürfte diese Behandlungsmethode aber aufgrund medizinischer Bedenken nicht in Betracht kommen; in vielen Ländern, unter anderem in der DDR und der BRD, ist die Anwendung derartiger Antibiotica im Pflanzenschutz daher untersagt.

11.4. Bakteriosen des Kohls und kohlartiger Gewächse

11.4.1. Adernschwärze des Kohls

(black rot of cabbage; sosudistyj bakterioz kapusty; pourriture noire des crucifères)

11.4.1.1. Erreger

Xanthomonas campestris pv. *campestris* (Pammel 1895) Dowson 1939

Syn. *Bacillus campestris* Pammel
Pseudomonas campestris (Pammel) E. F. Smith
Bacterium campestris (Pammel) E. F. Smith
Bacterium campestris (Pammel) Chester
Phytomonas campestris (Pammel) Bergey et al.
Xanthomonas campestris (Pammel) Dowson

Morphologie: Stäbchen (0,4—0,5 × 0,7—3,0 μm); Gram-negativ; 1 polare Geißel.
Kolonien auf YDC-Agar: gelb, konvex, glänzend, schleimig.
Temperaturoptimum: 30—32 °C
Temperaturmaximum: 38—39 °C
Thermaler Tötungspunkt: um 51 °C
Physiologische Leistungen: aerob; keine Nitratreduktion; Säure (kein Gas) wird oxidativ von Glucose, Saccharose, Fructose, Galactose, Arabinose, Maltose und Cellobiose gebildet; bei längerer Inkubationszeit (6—20 Tage) auch aus Mannitol, Raffinose und Glycerol; keine Verwertung von Inulin, Dulcitol, meso-Inositol, Sorbitol und Salicin; Gelatine und Casein werden rasch hydrolysiert, H_2S- aber keine Indolbildung; intensiver Stärkeabbau; schwache Esculinhydrolyse; Katalase-positiv; Oxidase- und Urease-negativ (Hayward & Waterston 1965 b).

Produziert (u. U. große Mengen) extracelluläres Polysaccharid (Xanthan).

Der G + C-Wert der DNS liegt zwischen 63,5 und 69,2 Mol-%.

11.4.1.2. Krankheitsbild, Krankheitsverlauf, Übertragung

Bereits an Keimblättern können mitunter ca. 1—2 mm große, meist runde, chlorotische Flecke mit braunem Zentrum bzw. bei starkem Befall Verkrüpplungen beobachtet werden.

Am Rand der Folgeblätter entstehen gelbe, sektor (V)-förmige Verfärbungen, die sich mit der Zeit vergrößern und über die gesamte Blattspreite ausdehnen können. Diese Befallsstellen weisen meist schwarze Adern auf (Abb. 11.7.), sie vertrocknen allmählich, werden teilweise pergamentartig und fallen bei starkem Befall ab. Blatt- und Blütenstiele, Stengel oder Strunk sind äußerlich meist symptomlos. Bei Quer- oder Längsschnitten kann man erkennen, daß die Gefäßbündelringe entweder vollständig oder nur teilweise schwarz verfärbt sind (Abb. 11.8.). Besonders auffällig ist dies beim Zerlegen von Kohlrabi oder Blumenkohl zu erkennen, bei denen im Speichergewebe auch häufig

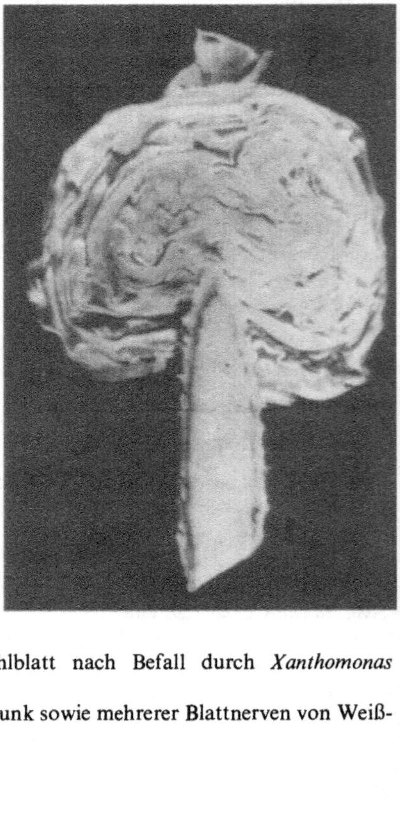

Abb. 11.7. Typische Schwarzadrigkeitssymptome am Weißkohlblatt nach Befall durch *Xanthomonas campestris* pv. *campestris*.

Abb. 11.8. Schwarze Verfärbungen des Gefäßbündelringes im Strunk sowie mehrerer Blattnerven von Weißkohl nach Befall mit *Xanthomonas campestris* pv. *campestris*.

Höhlungen entstehen. Werden Pflanzen im Jugendalter befallen, entwickeln sie sich nur kümmerlich oder sterben ab. Kopfkohl bildet mitunter keine oder nur unvollständig geschlossene Köpfe aus; im Inneren werden befallene Blätter teilweise naßfaul.

Auf Schoten sind dunkle, runzlige, unregelmäßig geformte Flecke zu erkennen; bei starkem Befall sterben sie vor der Samenreife ab. *X. campestris* pv. *campestris* dringt über das Gefäßsystem des Funiculus in das Sameninnere ein, sie kann aber auch auf der Samenschale äußerlich anhaftend übertragen werden und bleibt 3 Jahre am bzw. im Samen lebensfähig. Schon 1 verseuchter Samen unter 10000 stellt bei feucht-warmem Klima eine große Gefahr für die Krankheitsausbreitung im Bestand dar; liegt der Verseuchungsgrad bei $\geqq 0{,}05\%$, kann es bereits zu einer Epidemie kommen (SCHAAD et al. 1980b).

Eine weitere primäre Infektionsquelle ist der Boden, wo der Erreger in befallenen Rückständen in warmen, feuchten Gebieten 2 Monate, in kühlen Klimaten 2 Jahre überdauern kann. Außerdem wird er auch durch natürlich verseuchte Cruciferen-Unkrautsamen bzw. befallene perennierende Unkräuter übertragen, wobei infizierte, aber auch epiphytisch besiedelte Unkrautwirte als Überträger im Kohlbestand von Bedeutung sind.

Im Feld erfolgt die Übertragung durch Regen bzw. Beregnung. *X. campestris* pv. *campestris* dringt über Hydathoden oder Wunden, z. T. auch durch Stomata, in das Blatt ein und besiedelt das Gefäßsystem. Temperaturen >25 °C sind für die Krankheitsentwicklung besonders günstig.

11.4.1.3. Diagnose

An der Pflanze sind Schwarzfärbungen der Blattadern und des Gefäßbündelringes unverwechselbare Symptome. Daraus kann man den Erreger leicht isolieren, indem man befallene Gefäßteile herausschneidet, in sterilem Wasser zermörsert und das Macerat auf YDC-Agar ausstreicht. *X. campestris* pv. *campestris* ist anhand der gelben, schleimigen Kolonien leicht zu erkennen. Mit Hilfe des Biotests kann sie exakt identifiziert werden, indem entweder Samen für 1 Std. in dichte Suspension eingelegt und danach ausgesät bzw. junge Blumen- oder Weißkohlpflanzen tropfnaß mit Erregersuspension besprüht werden. Nach ca. 7 Tagen (25 °C und Feuchtkammer) haben sich die unter 11.4.1.2. beschriebenen typischen Symptome an Keimlingen bzw. Blättern entwickelt.

Zum Nachweis des Erregers im Boden verwenden CHUN & ALVAREZ (1983) ein Stärke-Methionin-Medium mit verschiedenen Zusätzen zur Unterdrückung saprophytischer Bodenmikroorganismen, worauf er anhand der Hydrolysezonen leicht zu erkennen ist. Zur Untersuchung der Saatgutverseuchung empfehlen RANDHAWA & SCHAAD (1984) Stärke-Cycloheximid-Nähragar bzw. Stärke-Cycloheximid-Agar mit Nitrofurantoin- und Vancomycinzusatz, um Begleitorganismen — vor allem Antagonisten — zu hemmen, da diese die Erregerkolonien bis zu 50% reduzieren können. BERGAMIN & KIMATI (1981) nutzen einen spezifischen Bakteriophagen zum Nachweis von *X. campestris* pv. *campestris* an Kohlsaatgut; eine schnelle und sichere Diagnose ist auch mit Hilfe der indirekten Immunfluorescenz- bzw. ELISA-Technik möglich (SCHAAD 1978; ALVAREZ & LOU 1982).

11.4.1.4. Verbreitung und wirtschaftliche Bedeutung

X. campestris pv. *campestris* kommt weltweit in allen Kohlanbaugebieten vor. Während die Krankheit in gemäßigten Zonen keine Bedeutung hat, gehört sie in feucht-warmen Gebieten zu den häufigsten und gefürchtetsten Krankheiten des Kohls bzw. der Cruciferen.

11.4.1.5. Wirtspflanzen

Hauptsächlich *Brassica*-Arten, einschließlich Kopf-, Blumen-, Rosen- und Chinakohl; Broccoli, Kohlrabi, Rettich, Radieschen, Futterrübe.

Natürliche Infektionen wurden außerdem an folgenden Unkräutern festgestellt:

Brassica nigra
B. geniculata
Capsella bursa-pastoris
Cardaria pubescens
Coronopus didymus
Lepidium virginicum
Raphanus raphanistrum

11.4.1.6. Bekämpfung

Größter Wert muß auf die Verwendung erregerfreien Saatguts gelegt werden. In stark gefährdeten Gebieten führt man generell Saatgutprüfungen durch, wobei die Stichproben (30000 Samen) befallsfrei sein müssen. Lange Zeit war eine Heißwasserbehandlung die einzige Möglichkeit, um den Erreger auch innerhalb des Samens abzutöten. Dadurch entstanden jedoch rel. hohe Keimverluste. Humaydan et al. (1980) erzielten beste Bekämpfungserfolge ohne Keimschäden, wenn sie Saatgut in Aureomycin-, Terramycin- oder Streptomycinlösung (je 500 µg/ml) für 2 Std. einlegten, es danach sofort abspülten und für 30 min in eine 0,5%ige Natriumhypochlorit-Lösung brachten. Schaad et al. (1980a) empfehlen, das Saatgut 20 min mit 40 °C warmer Lösung von Kupferacetat (0,5%) in 0,005 N Essigsäure zu behandeln.

Fungicide sind als Beizmittel ungeeignet, da sie die Antagonisten auf der Samenschale hemmen und den Erreger im Sameninneren nicht abtöten.

Für eine Bestandesbehandlung werden Bordeauxbrühe (0,5—1%), Kupferoxychlorid 50 WP (0,5%) sowie Dithane M-45 (0,2%) empfohlen (Németh 1983). Dabei sollten nasse bzw. feuchte Bestände nicht bearbeitet bzw. befahren werden. Zumindest für die Saatgutgewinnung muß eine Anbauphase von 3—5 Jahren eingehalten werden.

An der Züchtung resistenter Sorten vom Blumen- und Kopfkohl wird gearbeitet. Von Blumenkohl werden ‚Avans', ‚Iglori', ‚Pua Kea' und mehrere Zuchtlinien als resistent beschrieben, während ‚Snowball', ‚Erfurt' und ‚Alpha' sehr anfällig reagieren. Von den Kopfkohlarten erwiesen sich ‚Amager Winter', ‚Early Green', ‚Early Fuji', ‚Niedriger Grauer Moosgekrauster' und ‚Yellow Langendyker' als nur wenig anfällig.

11.4.2. Bakterielle Naßfäule des Kohls

(bacterial soft rot of cabbage; mokraja gnil' kapusty; pourriture bactérienne des choux; pudrición bacteriana blanda de la col)

11.4.2.1. Erreger

Bakterielle Naßfäule an Kohl wird hauptsächlich durch die folgenden Erreger verursacht:

— *Erwinia carotovora* subsp. *carotovora* (Jones 1901) Bergey, Harrison, Breed, Hammer & Huntoon 1923 einschließlich ihres Biotyps *aroideae* (Townsend) Holland

— *Erwinia carotovora* subsp. *atroseptica* (van Hall 1902) Dye 1969

(weitere Angaben zu diesen Erregern s. 9.2.1. und 9.2.2.)

11.4.2.2. Krankheitsbild, Krankheitsverlauf, Übertragung

Die Naßfäule beginnt fast ausschließlich an oberirdischen Pflanzenteilen. Oft zeigen sich zuerst stark gewellte Blätter. Besonders gut ist dies bei Weiß- und Blumenkohl zu beobachten. Erst später kommt es zu einer Gelbfärbung der Blattspitzen und -ränder.

Bei einer Infektion der Blattspreite treten eine Vielzahl kleiner, schwarzer, punktförmiger, hygroskopischer Flecke auf. Unter relativ trockenen Bedingungen schrumpfen die befallenen Stellen bzw. ganze Blätter ein; feuchtwarme Witterung führt zur raschen Vergrößerung der Flecke. Sie verschmelzen teilweise miteinander, und es entwickelt sich eine Naßfäule. Dabei wird das Gewebe zunächst glasig, wasserdurchsogen, später verliert es seine Festigkeit sehr schnell; infolge des Turgescenzverlustes knicken die betreffenden Blätter ab, schließlich gehen sie gänzlich in Fäule über.

Sehr frühzeitige Infektionen auf dem Feld können zum Absterben der Pflanze führen oder rufen Wachstumsdepressionen hervor. Die Kopfbildung kann unvollständig sein oder ganz unterbleiben. Der Krankheitsverlauf ist sortenspezifisch unterschiedlich, wobei in der Regel zwischen der Reaktion junger und älterer Pflanzen keine Korrelation besteht. Oft werden nur die äußeren, den Kopf umschließenden Blätter naßfaul (Abb. 11.9.) bzw. die Blume (Tafel IV, 6.), manchmal

Abb. 11.9. Durch Befall mit *Erwinia carotovora* subsp. *carotovora* verursachte Naßfäule im Innern eines Weißkohlkopfes.

ist der Kopf nur partiell erkrankt oder, vom Strunk ausgehend, im Inneren faul (KELLER & KNÖSEL 1980). Im letztgenannten Fall handelt es sich um ein spezielles Krankheitsbild, die sogen. Strunkfäule des Lagerkohls. Längsschnitte durch befallene Kohlköpfe zeigen, daß die Infektion über Wunden, vor allem über die Schnittstelle, oder oft auch von den Blattachseln aus erfolgt. Zunächst erkennt man eine bräunliche bis schwärzliche Verfärbung mit einhergehender Erweichung. Im weiteren Verlauf der Erkrankung wird der Gewebeverband des Strunks im typischen Fall von innen her vollends aufgelöst und breiig. Die Fäule breitet sich dann über die Blattrippen auf den gesamten Kopf aus.

Bakterielle Naßfäuleerreger wurden auch von Chinakohl (*Brassica pekinensis*) isoliert, wobei es sich in diesem Falle um einen speziellen Biotyp (*E. carotovora* subsp. *carotovora* Biotyp *aroideae*) handeln soll.

Die ersten Symptome einer Chinakohl-Erkrankung treten gewöhnlich in den Blattachseln und entlang den Mittelrippen auf. Befallene Pflanzenteile verfärben sich dunkel und werden durchscheinend. Das Gewebe wird breiig, der Zellverband ist zerstört, und die Blätter vergilben. Oft findet man nach dem Zurückschlagen der Außenblätter des Kopfes im Inneren nur noch eine breiige Masse. Die oberirdischen Pflanzenteile können auch völlig verfaulen (MEW et al. 1976).

Für die Übertragung der Bakterien haben primäre Schäden und Wunden durch Insekten große Bedeutung. Beteiligt sind hierbei vor allem Larven der Kohlfliege und verschiedene Kohlrüßler (*Ceutorrhynchus pleurostigma* Marsh., *C. quadridens* Panz., *C. rapi* Gyll., *C. assimiles* Payk., *C. picitarsis* Gyll.). Eintrittspforten schaffen auch Erdflöhe, Raupen der Kohlweißlinge, Schnecken und Nematoden.

11.4.2.3. Diagnose

Eine Identifizierung der Erreger ist auf serologischem Wege leicht möglich. Aber auch andere Verfahren werden angewandt (vgl. 9.2.1.3. und 9.2.2.3.).

11.4.2.4. Verbreitung und wirtschaftliche Bedeutung

Die Erreger der Bakteriellen Naßfäule des Kohls sind weltweit verbreitet. Während die Verluste im Freiland bei Kopfkohl in der Regel unbedeutend sind, treten starke Ausfälle im Lager, in Samenträgerbeständen sowie beim Anbau von Blumen- und Chinakohl mit großer Häufigkeit auf.

Die Lagerverluste bei Kopfkohl werden mit 35—44% angegeben, sie können jedoch auch darüber liegen. Temperaturen >20 °C und hohe Luftfeuchte wirken sich besonders befallsbegünstigend aus. Große Schäden entstehen auch an eingemieteten Samenträgern. Bei Chinakohl kommt es nicht selten zu Totalverlusten.

11.4.2.5. Wirtspflanzen

Der Wirtspflanzenkreis ist außerordentlich groß. Neben den Kohlarten werden Möhren, Zwiebeln, Kartoffeln und viele andere Kulturen befallen (vgl. a. 9.2.2.).

11.4.2.6. Bekämpfung

Bei der Bekämpfung der Bakteriellen Naßfäule an Kohlarten stehen vor allem prophylaktische Maßnahmen im Vordergrund. Dazu gehören zunächst eine ausschließliche örtlich angepaßte Verwendung geeigneter Lagersorten und eine 3—5jährige Rotation von Kohlgemüse in der Fruchtfolge. Kartoffeln sollten als Vorfrucht vermieden werden; hierfür geeignet sind vor allem Rüben, Leguminosen und Gramineen. Für die Langzeitlagerung vorgesehener Kohl ist beschädigungsarm und trocken zu ernten sowie unter günstigen Bedingungen zu lagern (—0,5 bis +1,0 °C; 85—90% rel. Luftfeuchtigkeit). Chinakohl sollte aufrecht stehend aufbewahrt werden.

Eine direkte chemische Bekämpfung bakterieller Erreger ist zur Zeit nicht realisierbar, allerdings setzen Saatgutbeizung und Insektenbekämpfung die Gefährdung durch Naßfäule herab (unter anderem Matveeva 1980).

11.4.3. Blattfleckenkrankheit des Blumenkohls

(bacterial spot disease of cauliflowers, (peppery leaf of crucifers); bakterial'naja listovaja pjatnistost' cvetnoj kapusty; taches des feuilles des choux)

11.4.3.1. Erreger

Pseudomonas syringae pv. *maculicola* (McCulloch 1911) Young, Dye & Wilkie 1978

Syn. *Bacterium maculicolum* McCulloch
Phytomonas maculicola (McCulloch) Bergey et al.
Bacterium maculicola (McC.) McCulloch
Bacterium maccullochianum (McCulloch) Burgwitz
Pseudomonas maculicola (McCulloch) Stevens

Morphologie: Stäbchen (0,8—0,9 × 1,5—3,0 µm); Gram-negativ; 1—5 polare Geißeln.
Kolonien auf Agar (NA): anfangs weiß, rund, ganzrandig, schleimig, glatt; später schmutzig-weiß, leicht runzlig, gewellte Ränder.
Temperaturoptimum: 24—25 °C
Temperaturmaximum: 29 °C
Thermaler Tötungspunkt: 46 °C
Physiologische Leistungen: aerob; keine Nitratreduktion; Säure wird aus Glucose, Saccharose, Galactose, Glycerol, Mannitol und Xylose gebildet; keine Verwertung von Lactose, Maltose und Salicin; nur langsame Gelatineverflüssigung; Milch wird peptonisiert; Ammoniak- und Indolbildung schwach; keine H_2S-Produktion; schwache Stärkehydrolyse.

Bildet grünen Fluorescenzfarbstoff auf King's Agar B.

11.4.3.2. Krankheitsbild, Krankheitsverlauf, Übertragung

An Blättern entstehen zahlreiche, kleine, meist nur 1 mm große, wasserdurchsogene Flecke. Diese werden braun bis purpurfarben, vergrößern sich bis zu 3 mm und verschmelzen dann häufig miteinander, so daß große nekrotische Flecke entstehen. Sind auch die Blattadern befallen, entwickeln sich auf der Blattspreite häufig Runzeln. Stark befallene Blätter werden gelb und fallen ab. An Stengeln und Schoten entstehen schwarze Flecke (Spaar et al. 1977). Bei hoher Luftfeuchtigkeit werden die trockenen Befallsstellen naßfaul.

Der Erreger ist samenübertragbar, kann aber auch im Boden oder in verseuchten Pflanzenresten überdauern. Im Bestand wird er durch starken Regen, Bearbeitungsmaschinen, aber auch von der Blattwanze *Euryophthalmus corvivus* Stål verbreitet. Durch Stomata kann er in das Blattgewebe eindringen. Hohe Luftfeuchtigkeit und Temperaturen zwischen 17—25 °C fördern die Krankheitsentwicklung und -ausbreitung.

11.4.3.3. Diagnose

Die Blattsprenkelung ist ein charakteristisches Krankheitssymptom.

Zur Isolierung des Erregers ist NA oder King's Agar B (Fluorescenz) geeignet.

Die Pathogenität der gewonnenen Isolate kann mit Hilfe der Tabak-Überempfindlichkeitsreaktion schnell geprüft werden. Eine genaue Identifizierung ist anhand eines Biotests an Blumenkohljungpflanzen möglich, die nach Besprühen der Blätter mit Erregersuspension bei feuchter Atmosphäre und Temperaturen von 20—25 °C nach ca. 5 Tagen die typischen Symptome zeigen.

11.4.3.4. Verbreitung und wirtschaftliche Bedeutung

Die Krankheit ist auf allen Kontinenten nachgewiesen worden, sie tritt aber sehr selten auf. Vor allem im Blumenkohlanbau kann sie jedoch große Verluste verursachen. Auch bei Kopfkohl, Broccoli und Rettich treten verschiedentlich, insbesondere in Verbindung mit Frostschädigungen bzw. bei sehr kühlem Wetter, Ertragseinbußen auf (Fahy & Persley 1983).

11.4.3.5. Wirtspflanzen

Blumen-, Weiß-, Rot-, Wirsing- und Rosenkohl, Broccoli sowie Rettich, Raps und Senf.

11.4.3.6. Bekämpfung

Zur Bekämpfung der Krankheit wird empfohlen, Saatgut nur aus befallsfreien Beständen zu gewinnen und auf Befallsflächen eine mehrjährige Anbaupause einzuhalten.

11.5. Bakteriosen der Möhre

11.5.1. Möhrennaßfäule

(soft rot of carrot; mokraja gnil' morkovi; pourriture bactérienne de la carotte)

11.5.1.1. Erreger

Erwinia carotovora subsp. *carotovora* (Jones 1901) Bergey, Harrison, Breed, Hammer & Huntoon 1923

Die Synonyme sowie die morphologischen und physiologischen Merkmale wurden bereits im Abschnitt 9.2. behandelt.

11.5.1.2. Krankheitsbild, Krankheitsverlauf, Übertragung

An geernteten Möhren sind zunächst hellgraue Läsionen zu beobachten, die häufig am Rübenkopf ihren Anfang nehmen. Beim Durchschneiden zeigen sich tief reichende, bräunliche und gegen das gesunde Gewebe scharf abgegrenzte Faulzonen im Rübenkörper. An diesen Stellen verliert das Gewebe seine feste Konsistenz, und es entwickelt sich eine typische Weichfäule (Abb. 11.10.).

Wenn im Gefolge der *E. carotovora* subsp. *carotovora*-Infektion auch andere (saprophytische) Bakterien und Pilze das erkrankte Möhrengewebe besiedeln, entwickelt sich in der Regel schnell

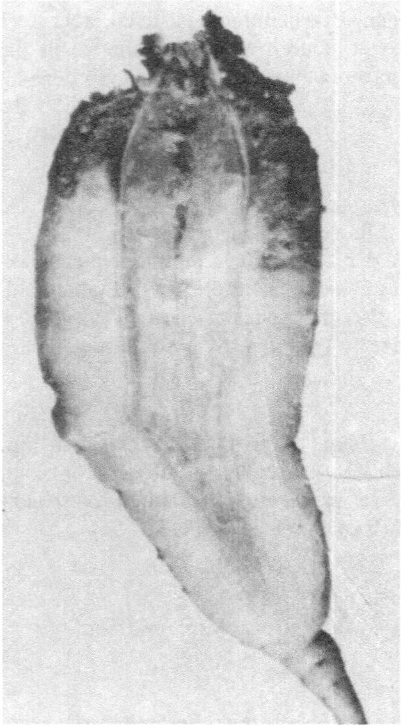

Abb. 11.10. Durch Befall mit *Erwinia carotovora* subsp. *carotovora* ausgelöste Naßfäule an einer Mohrrübe.

ein unangenehmer Fäulegeruch. Innerhalb weniger Tage kann der ganze Rübenkörper zersetzt werden.

Die Infektion erfolgt über Wunden, die im Laufe des Ernteprozesses oder bei der Einlagerung entstehen. Als Infektionsquelle kommt in erster Linie der Boden in Betracht, bei Samenträgern haften die Erregerzellen zumeist bereits auf der Oberfläche des Rübenkörpers (z. B. Årsvoll 1969).

E. carotovora subsp. *carotovora* kann durch alle saugenden und beißenden Insekten weiterverbreitet werden. Als wohl wichtigste Übertragungsmöglichkeit dürfte aber der direkte Kontakt zwischen befallenen und gesunden Möhren anzusehen sein. Eine Infektion gelingt allerdings nur, wenn dem Erreger infolge von Beschädigungen der Möhrenoberfläche ein Eindringen in den Wurzelkörper möglich ist. Mit Erregerzellen kontaminierte oder latent befallene Samenträger erkranken — geeignete Bedingungen vorausgesetzt — im Feldbestand. Durch Zerstörung des gesamten Rübenkörpers kommt es dann zu erheblichen Ertragsausfällen (Kechek & Saakayan 1961).

11.5.1.3. Diagnose

(s. hierzu 9.2.1.3.)

11.5.1.4. Verbreitung und wirtschaftliche Bedeutung

E. carotovora subsp. *carotovora* ist ein weltweit verbreiteter Erreger. Er kommt überall vor, wo seine zahlreichen Wirtspflanzen kultiviert oder gelagert werden. Die an Lagermöhren verursachten Schäden schwanken in Abhängigkeit von den Ernte- und Einlagerungsbedingungen sowie der Lagerungsart von Jahr zu Jahr. Da die Möhre aufgrund ihrer stofflichen Zusammensetzung für viele Mikroorganismen eine ideale Nährstoffquelle darstellt, treten in der Regel 3—5% Lagerverluste auf. Diese können aber bei nicht optimalen Bedingungen in Abhängigkeit von der Lagerdauer und Klimaführung bis zu 40% ansteigen. Möhren mit einem hohen Invertzuckeranteil am Gesamtzuckergehalt sind stärker fäulegefährdet als solche mit überwiegendem Anteil an Saccharose.

11.5.1.5. Wirtspflanzen

(s. hierzu 9.2.2.)

11.5.1.6. Bekämpfung

Da der Erreger ein Wundparasit ist, müssen alle Maßnahmen zur Befallsminderung darauf gerichtet sein, die Verletzungsquote so gering wie möglich zu halten. Darüber hinaus sind Bedingungen anzustreben, die den Erreger während der Wachstums- und Lagerungszeit in seiner Ausbreitung und Entwicklung hemmen (Segall & Dow 1973). Im einzelnen ist dies vor allem durch folgende Maßnahmen zu erreichen:

— eine den hygienischen Anforderungen Rechnung tragende Gestaltung der Fruchtfolge
— Einhaltung der zur Qualitätssicherung notwendigen Pflanzenschutzmaßnahmen einschließlich Insektenbekämpfung
— Sicherung einer trockenen, beschädigungsarmen Ernte und Einlagerung, wobei durch geeignete Abtrocknungsmaßnahmen und Temperaturregulierung der Wundheilprozeß unterstützt werden muß
— optimale Klimaführung in der Lagerperiode (—0,5 bis +3 °C, rel. Luftfeuchtigkeit 92—95%); dabei sind extreme und häufige Schwankungen generell zu vermeiden
— getrennte Auslagerung bzw. Beseitigung von Schwitznestern und Fäulnisherden.

Eine chemische Bekämpfung der Krankheit kommt bei eingelagerten Speisemöhren nicht in Betracht, hiergegen sprechen toxikologische Bedenken. Bei Samenträgern ist jedoch der Einsatz chemischer Präparate analog zur Pflanzenkartoffelbeizung denkbar.

Die Auslese gut lagerfähiger und gegen Fäule widerstandsfähiger Sorten ist ein weiterer möglicher Weg zur Verlustsenkung.

11.5.2. Bakterieller Möhrenbrand

(bacterial blight of carrot)

11.5.2.1. Erreger

Xanthomonas campestris pv. *carotae* (Kendrick 1934) Dye 1978

Morphologie: weder Sporen noch Kapseln bildendes Stäbchen von 0,42—0,85 × 1,38—2,75 µm Größe; Gram-negativ; 1—2 polare Geißeln.
Kolonien auf Agar (KDA): strohgelb, rund, glatt, glänzend, ganzrandig.
Temperaturoptimum: 25 °C
Temperaturmaximum: 25—30 °C
Thermaler Tötungspunkt: 49 °C
Physiologische Leistungen: aerober Stoffwechsel; keine Nitratreduktion; Säure, aber kein Gas, bildet das Bakterium aus Glucose, Saccharose, Galactose, Xylose, Mannose, Arabinose, Lactose, Raffinose, Trehalose, Mannitol und Glycerol; keine Verwertung von Maltose und Rhamnose; Gelatineverflüssigung; Milch wird nicht coaguliert, aber peptonisiert; keine Indolbildung; keine Stärkehydrolyse.

Auf KDA werden strohgelbe Pigmente produziert.

Bakteriophagen sind bisher nicht nachgewiesen worden.

Die G + C-Mol-%-Werte liegen in dem für *X. campestris*-Pathovare charakteristischen Bereich (63,5—69,2).

11.5.2.2. Krankheitsbild, Krankheitsverlauf, Übertragung

Anfangs äußert sich diese Krankheit durch sehr kleine, unregelmäßig geformte Flecke am Blattrand. Dieser verkümmert, verfärbt sich dunkelbraun, vertrocknet und wird spröde. Auf den Blättern sind gleichfalls dunkelbraune, aber mit einem scharf abgegrenzten, hellen Hof umgebene Flecke zu beobachten. Dieses sehr spezifische Merkmal tritt jedoch bei hoher Feuchtigkeit und Temperatur nicht auf. Blattstiele und Stengel werden gleichfalls befallen; vom Boden aus können auch Wurzeln angegriffen werden. Häufig treten nach einem Befall Exsudattröpfchen aus.

Obwohl die Samen erkrankter Pflanzen nicht infiziert sind, kommt eine Übertragung der Krankheit durch das Saatgut infolge anhaftender Erregerzellen vor; auch über den Boden kann der Erreger weiterverbreitet werden.

11.5.2.3. Diagnose

Für eine sichere Diagnose ist die Isolierung des Erregers unbedingt notwendig. Dafür eignet sich ein Nährboden mit folgender Zusammensetzung (Williford & Schaad 1984 u. a.):

Bacto-Agar	10,0 g	DL-Methionin	0,2 g
Blutagar	40,0 g	Aqua dest.	1000,0 ml
Hefeextrakt	0,5 g	pH 7,2	
Glucose	10,0 g		

Sterilisation: 15 min bei 115 °C.
Die Identifizierung des Bakteriums nach seiner Isolierung erfolgt über den Hugh-Leifson-Test (negative Oxidase-Reaktion; Fermentation von Glucose).

Zur Pathogenitätsprüfung werden 10—12 cm hohe Sämlinge inokuliert.

11.5.2.4. Verbreitung und wirtschaftliche Bedeutung

Die Bakteriose trat 1931 erstmalig in Kalifornien auf und wurde später auch in Australien und Kanada nachgewiesen. Berichte aus dem europäischen Kontinent liegen gegenwärtig kaum vor.

Wirtschaftliche Schäden treten in den Befallsländern in erheblichem Umfang ein. Sie sind insbesondere dadurch bedingt, daß befallene Möhrenpflanzen in ihrem Wuchs stark gehemmt werden und im Extremfall absterben. Unter günstigen Witterungsbedingungen für den Erreger können bis zu 30% aller Pflanzen in einem Bestand befallen sein. Allerdings fehlen bisher Angaben über Ertragsausfälle.

11.5.2.5. Wirtspflanzen

Der Erreger des Bakteriellen Möhrenbrandes ist wirtsspezifisch.

11.5.2.6. Bekämpfung

Neben allgemeinen bodenhygienischen Maßnahmen wird eine Warmwasserbeizung (10 min, 50 bis 52 °C) für das Saatgut zur Bekämpfung der am Samen äußerlich anhaftenden Erregerzellen empfohlen. Aus Böden, die kranke Pflanzen getragen haben, sind des weiteren alle Wurzelkörper sorgfältig abzulesen. Eine über mehrere Jahre andauernde Anbaupause verhindert in Befallslagen eine Neuinfektion. Die kurative Behandlung befallener Bestände durch wiederholte Spritzungen mit zink- und kupferhaltigen Präparaten (1,68 kg/ha) im Wochenrhythmus bringt allerdings nur Teilerfolge.

11.5.3. Weitere Bakteriosen der Möhre

11.5.3.1. Markfäule

(core rot)

Ein von der Möhrennaßfäule abweichendes Befallsbild beschreiben Towner & Beraha (1976). Die in Texas beobachtete und als Markfäule (core rot) bezeichnete Krankheit ähnelt der von Beattie (1971) gefundenen „hollow core“, äußert sich aber in einer Zersetzung und Verfärbung des Möhrenxylems. Die von der Möhrenspitze zum Rübenkopf verlaufende Erkrankung wird erst beim Aufschneiden deutlich sichtbar und bleibt auf das Mark begrenzt. Aus Gewebeuntersuchungen und Erregerisolierungen geht hervor, daß an der Maceration pectinolytische Bakterien (*E. carotovora* subsp. *atroseptica* und *E. chrysanthemi* pv. *chrysanthemi*) ursächlich beteiligt sind, jedoch im angrenzenden gesunden Gewebe stets Nematoden (mehrere Arten) vorkommen. Als Infektionsquelle dient neben befallenen Pflanzenresten vor allem der Boden, wobei die Bakterien durch saprophytisch lebende Nematoden weiterverbreitet werden.

Eine direkte Bekämpfung der Bakteriose ist nicht möglich. Optimal gestaltete Anbaubedingungen und eine sachgerechte Pflege verringern jedoch die Prädisposition der Pflanzen.

11.5.3.2. Kavernenfäule

(cavity spot)

PERRY & HARRISON (1977) berichten über eine Bakteriose, die durch kavernenartige Faulstellen (cavity spots) an wachsenden Möhren im Feldbestand gekennzeichnet ist. Auf der Oberfläche ausgegrabener, nicht voll ausgereifter Wurzeln sind ein bis mehrere Läsionen von annähernd elliptischer Form quer zur Rübenachse festzustellen. Während das über den 2—15 mm großen Flecken liegende Periderm etwas dunkel, sonst aber intakt aussieht, ist das tiefer gelegene (ab 2 mm Tiefe) Gewebe maceriert, teils nekrotisiert. Mit zunehmendem Möhrenwachstum vergrößern sich diese Faulstellen und sprengen die bisher unversehrten Peridermschichten. Nachfolgend ist dann ein ungehindertes Eindringen verschiedener bakterieller und pilzlicher Wundparasiten möglich.

Eingehende Untersuchungen an den isolierten Keimen ergaben, daß es sich bei den Erregern der Kavernenfäule um Vertreter von *Clostridium* spp. handelt.

Als Infektionsquelle dient in erster Linie der Boden, insbesondere dann, wenn Möhren nach Kartoffeln zum Anbau kommen. Dabei fördern kühle und feuchtwarme Sommermonate den Befall erheblich. Diese Kavernenfäule wird auch stets dann beobachtet, wenn durch übermäßige Niederschläge oder künstliche Beregnung in den Monaten Juli/August eine Verfestigung des Ackerbodens eingetreten ist. Gleiche Bedingungen im Oktober führen hingegen nicht zu einem derartigen Krankheitsausbruch.

Im Pflanzenbestand ist eine direkte Bekämpfung dieser Bakteriose nicht möglich. In Befallsgebieten sollte aus den genannten Gründen auf eine intensive Beregnung verzichtet bzw. durch eine wiederholte Pflege einer Bodenverdichtung vorgebeugt werden.

11.5.3.3. Möhrenschorf

(carrot scab)

Auf leichten, alkalischen Böden und insbesondere unter trockenen Bedingungen findet man häufig Rübenkörper mit korkgewebeartigem Aussehen, die sekundär sehr leicht durch Fäuleerreger zusätzlich befallen werden können. Blattsymptome fehlen selbst bei sehr starkem Schorfbefall. Die meist recht großen geschädigten Bezirke sind durch eine dunklere Färbung von dem umgebenden gesunden Gewebe zu unterscheiden. Die Krankheit wird durch *Streptomyces „scabies"*[1]) verursacht, ein auf den unterirdischen Organen zahlreicher Kulturpflanzen vorkommender Strahlenpilz, der vor allem den bekannten Kartoffelschorf hervorruft (vgl. 9.4.1.). Der Hauptschaden besteht in einer Qualitätsverschlechterung des Erntegutes; Ertragsausfälle sind kaum bekannt. Stark infizierte Wurzeln können allerdings für die Konservenindustrie und den Frischverzehr unbrauchbar sein.

Der zu den Bakterien zählende Strahlenpilz ist ein typischer bodenbürtiger Erreger leichter Sandstandorte. Insbesondere in trockenen Jahren kann es zu einem vermehrten Befall kommen. Hingegen hemmt eine Zusatzberegnung in den Monaten Mai/Juni erheblich das Auftreten dieses Erregers.

---

[1]) Name ist nicht validiert (vgl. 9.4.1.)

11.5.3.4. Wurzelkropf der Möhre

(crown gall of carrot)

Von allen sonstigen Möhren-Bakteriosen zu unterscheiden ist der durch *Agrobacterium tumefaciens* verursachte Wurzelkropf. Trotz weltweiter Verbreitung des Erregers und zahlreicher Wirte spielt diese Bakteriose an Möhren nur eine sehr untergeordnete Rolle. Das gilt auch für *A. rhizogenes* (weitere Angaben s. 8.1.).

11.6. Bakteriosen des Salats, der Endivie und des Chicorées

11.6.1. Bakterielle Blattrandkrankheit des Salats[1])

(bacterial soft rot, marginal leaf blight of lettuce; affection maculeuse de laitue)

11.6.1.1. Erreger[1])

Pseudomonas marginalis pv. *marginalis* (Brown 1918) Stevens 1925

Syn. *Bacterium marginale* Brown
Phytomonas marginalis (Brown) Bergey et al.
Pseudomonas marginalis (Brown) Stevens

Große Ähnlichkeit besteht auch mit
Ps. fluorescens Biovar II und anderen Biovaren aus der *Ps. fluorescens*- und *Ps. putida*-Gruppe (Cuppels & Kelman 1980; Lund 1983; Fahy & Persley 1983).

Morphologie: Stäbchen (0,42—1,25 × 0,83—1,66 µm); Gram-negativ; 1—3 polare Geißeln; Kapseln vorhanden.
Kolonien auf Agar: cremefarben, später gelb, glatt, rund und dünn.
Flüssigkulturen: schnelle Trübung von Nährbouillon, nach 6 Tagen grüne Verfärbung, keine Oberflächenhäutchen.
Temperaturoptimum: 25—26 °C
Temperaturmaximum: 38 °C
Thermaler Tötungspunkt: 52—53 °C
Physiologische Leistungen: Stoffwechsel aerob[2]); Nitrate werden reduziert; Glucose, Lävulose, Mannose, Arabinose, Xylose, Rhamnose, Mannitol und Glycerol werden ohne Gasbildung abgebaut, nicht dagegen Saccharose, Maltose, Lactose und Raffinose; keine Bildung von H_2S und Indol.

3 Hauptmerkmale sind für den Erreger charakteristisch: Er wirkt pectinolytisch, reagiert Oxidase-negativ und produziert Fluorescenzfarbstoffe.

Die G + C-Werte dieses Erregers liegen zwischen 59,4 und 61,3 Mol-%.

11.6.1.2. Krankheitsbild, Krankheitsverlauf, Übertragung

Die Krankheit äußert sich zunächst durch ein leichtes Welken an den Rändern etwa gleichalter Blätter. In anderen Fällen zeigt sich der Turgescenzverlust nur an kleinen punktförmigen Stellen, oder es entstehen dunkelbraune bis schwarze Flecke, die unregelmäßig begrenzt sein und mehrere Zentimeter lang werden können. Bei älteren Blättern welken die Spitzen. Die verwelkten Teile

---

[1]) In Neuseeland und Japan wurde auch *Ps. viridiflava* (s. a. 9.2.4.1. und insbesondere 12.2.2.) als Naßfäuleerreger an Salat nachgewiesen. Bei künstlicher Kultur und geeigneten Bedingungen trifft das auch für *Ps. aeruginosa* zu (Lund 1983). Ferner konnten Samson et al. (1980) in Frankreich *E. carotovora* subsp. *atroseptica* und *Ps. fluorescens* (Biovare IV und V) als Erreger einer Kragenfäule der Endivie isolieren. An Chicorée ruft auch *E. carotovora* subsp. *carotovora* Naßfäulesymptome hervor (Lund 1983).

[2]) Es sind auch fakultativ anaerobe Formen beschrieben worden.

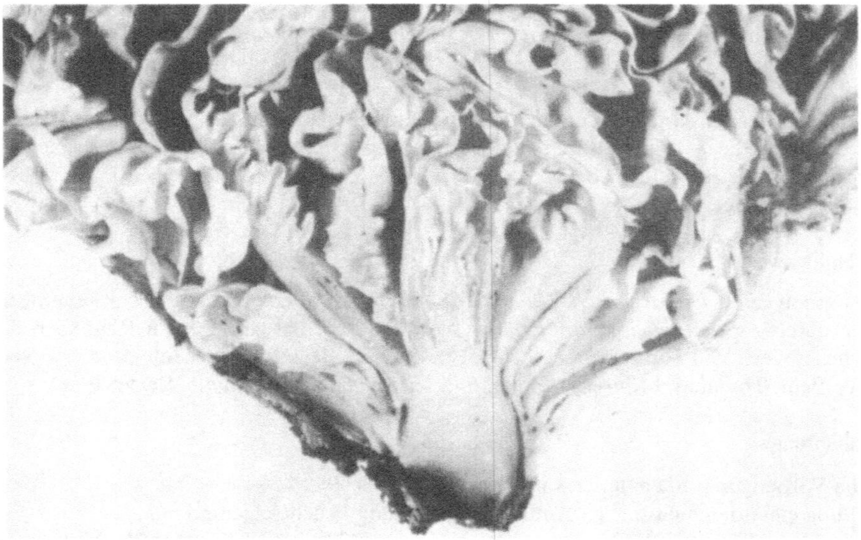

Abb. 11.11. Durch Befall mit *Pseudomonas marginalis* pv. *marginalis* verursachte Verfärbungen und Blattrandfäule am Salat. Aufnahme S. Köhn.

hängen zunächst schlaff herab und vertrocknen allmählich. Das Herz bleibt meist eine Zeitlang gesund (Abb. 11.11.). Bei feuchtem Wetter entwickelt sich die Krankheit sehr rasch. Es kann dabei u. U. zur Zersetzung des gesamten Blattgewebes kommen (KOTTE 1960). Die Gefäße sind meist bräunlich verfärbt, später werden die befallenen Blattpartien gelbbraun, rostfarben oder sogar schwarz und papierartig-trocken.

Zellfreie Kulturfiltrate des Erregers können ähnliche Symptome induzieren.

Das Krankheitsbild unterscheidet sich eindeutig von dem einer typischen Naßfäule, obgleich *Ps. marginalis* pv. *marginalis*-Zellen in vitro endo-Pectatlyase produzieren können.

An Chicoréeblättern verursacht *Ps. marginalis* pv. *marginalis* bei Temperaturen von 20—21 °C eine stärkere Naßfäule als *E. carotovora* subsp. *carotovora*, deren Wirkungsoptimum bei 24 °C liegt (LUND 1983). Ältere Pflanzen haben sich dabei als besonders anfällig erwiesen.

Der Erreger kommt nach den bisherigen Kenntnissen relativ häufig im Boden und besonders auf der Oberfläche der verschiedensten Pflanzen (Endivie, Lauch, Spinat, Grünkohl, Chicorée, Gurken, Blumenkohl), aber auch in Wasser vor; in der Rhizosphäre ist er häufiger anzutreffen als im pflanzenfreien Boden (LUND 1983). Durch diese weite Verbreitung ist eine Infektion der Salatpflanzen jederzeit möglich.

Ein spezieller Stamm von *Ps. fluorescens* Biovar I, der ein blau-schwarzes Pigment produziert, ist für eine bei witloof-Chicorée beobachtete Gefäßschwärzung verantwortlich (SELLWOOD 1981).

11.6.1.3. Diagnose

Die Isolierung des Erregers ist mit Hilfe von Selektivmedien möglich, die für die Erfassung pectinolytisch aktiver Bakterien entwickelt wurden (s. hierzu Nährboden zur Isolierung von *Erwinia carotovora*-Stämmen im Abschnitt 9.2.1.3.). Nicht geeignet ist das Medium von Stewart; Paton's Doppellagensubstrat erlaubt eine gute Differenzierung von *Ps. marginalis* pv. *marginalis*- und *E. carotovora*-Kolonien.

Verdächtige pectinolytisch aktive Isolate lassen sich anhand der Fluorescenz auf King's Agar B und der positiven Oxidase-Reaktion bestimmen. Eine genaue Identifizierung ist mit Hilfe der oben beschriebenen morphologischen und physiologischen Merkmale möglich.

11.6.1.4. Verbreitung und wirtschaftliche Bedeutung

Die Krankheit ist seit Jahrzehnten in den USA, Neuseeland, Japan und auch in Europa (Großbritannien, Belgien, BRD) verbreitet. Befallen werden sowohl Blatt- als auch Kopfsalatsorten.

Über das Ausmaß der durch diese Krankheit verursachten Schäden liegen bisher keine spezifischen Angaben vor; die Ausfälle durch Bakteriosen insgesamt (einschließlich *Ps. cichorii* und *E. carotovora* subsp. *carotovora*) beliefen sich bei dreijährigen Untersuchungen in den USA auf ca. 3% (CEPONIS 1970).

11.6.1.5. Wirtspflanzen

Neben Salat werden auch *Cichorium endivia* und *C. intybus* befallen. Krankheitserscheinungen nach Infektion durch *Ps. marginalis* pv. *marginalis* wurden ferner bei getriebenem Rhababer, an Gurken, Fenchel, Sellerie und Porree beobachtet (s. LUND 1983). Bei künstlicher Infektion erwiesen sich auch Kartoffeln, Tomaten, Möhren, Bohnen und *Vicia faba* als anfällig (s. STAPP 1956).

11.6.1.6. Bekämpfung

Als wesentliche Vorbeugungsmaßnahmen sind
— die Einhaltung einer den mehrfachen Anbau vermeidenden Fruchtfolge und
— die Beseitigung von Pflanzenresten und möglicherweise als Infektionsquelle dienender Unkräuter anzusehen.

Da der Erreger gegen Trockenheit empfindlich ist (STAPP 1956), sollte bei auftretendem Befall eine Beregnung vermieden werden.

In den 50er Jahren wurde über erfolgreiche Versuche zur Bekämpfung der Salatfäule durch Tauchbehandlung mit verschiedenen Antibiotica berichtet. Nach dem derzeitigen Stand der Erkenntnisse und der Diskussion über die Anwendung solcher mikrobiellen Hemmstoffe im Pflanzenschutz dürften derartige Verfahren wohl keine Aussicht auf Einsatz im größeren Maßstab haben.

Da es quantitativ abgestufte Anfälligkeitsunterschiede gibt (MILLER 1980), ist außerdem der Anbau weniger stark reagierender Sorten (‚Triumph‘, ‚Yatesdale‘, ‚Buttercrunch‘) zu empfehlen.

11.6.2. Bakterielle Salatkrankheit

(bacterial leaf spot and headrot of lettuce; flétrissure et pourriture des feuilles et des tiges de laitue)

11.6.2.1. Erreger

Xanthomonas campestris pv. *vitians* (Brown 1918) Dye 1978

Syn. *Bacterium vitians* Brown
Phytomonas vitians (Brown) Bergey et al.
Pseudomonas vitians (Brown) Stevens
Xanthomonas vitians (Brown) Dowson

Morphologie: Stäbchen (0,4—0,8 × 0,6—1,2 µm); Gram-negativ; nicht säurefest; 1 bis mehrere polare Geißeln vorhanden.

Kolonien auf Agar: zunächst cremefarben, dünn, glatt, rund, hell und dunkel getönt, später einheitlich cremegelb gefärbt; auf Kartoffeln dicken gelben Belag bildend.

Temperaturoptimum: 26—28 °C
Temperaturmaximum: 38 °C
Thermaler Tötungspunkt: 51—52 °C

Physiologische Leistungen: aerob; Nitrat wird nicht reduziert; verwertet werden (ohne Gasbildung) Glucose, Lävulose, Saccharose, Lactose, Arabinose, Galactose, Raffinose, Xylose und Glycerol; verflüssigt Gelatine langsam; verfärbt Lackmusmilch unter Caseinausfällung blau, dabei wird Casein teilweise gelöst; Ammoniak-, H_2S- und schwache Indolbildung sind nachweisbar; die Stärkehydrolyse ist nur gering.

Die G + C-Werte werden mit 63,5—69,2 Mol-% angegeben.

11.6.2.2. Krankheitsbild, Krankheitsverlauf, Übertragung

Kranke Pflanzen besitzen eine hellere grüne Färbung, später können an der Spitze des Kopfes und im Herz Faulstellen entstehen; auch eine allgemeine Welke mit und ohne Fleckenbildung sowie eine Fäule der Außenblätter kommen vor.

Der Stengel ist brüchig, die befallenen Köpfe lassen sich leicht abtrennen; das Stengelinnere ist anfangs blaugrün verfärbt, später braun.

Im Frühzustand infizierte Pflanzen bilden keinen Kopf.

Eine Saatgutübertragung ($<1\%$) ist wahrscheinlich. An künstlich kontaminierten Samen bleibt der Erreger wenigstens 23 Monate lebensfähig. Auch im Boden hält er sich >100 Tage, wie Versuche mit Salat als Indikatorpflanzen zeigten (Bazzi et al. 1984). *X. campestris* pv. *vitians* ist in Japan weit verbreitet, läßt sich offenbar jederzeit leicht isolieren und scheint an bestimmte Standorte bzw. Kulturformen gebunden zu sein (Ohata et al. 1979). Gegen Austrocknung und Sonneneinstrahlung ist der Erreger relativ unempfindlich.

11.6.2.3. Diagnose

Die Identifizierung des Erregers ist nur nach vorhergehender Isolierung über einen Bakteriennährboden möglich, am besten wohl über YDC-Agar. Cremefarbene bis gelbe Kolonien sind dann auf ihre Pathogenität und anschließend auf ihre morphologischen und physiologischen Merkmale hin zu überprüfen.

11.6.2.4. Verbreitung und wirtschaftliche Bedeutung

Die Krankheit ist in den USA verbreitet, kommt aber auch in Japan und Europa (UdSSR, Italien) vor.

Die unter anderem von diesem Erreger verursachten Verluste in der Salatproduktion werden als schwerwiegend angesehen (Stapp 1956). Aus europäischen Ländern liegen darüber allerdings keine Zahlen vor.

11.6.2.5. Wirtspflanzen

Salatpflanzen sind in der Regel hochanfällig. Japanische Autoren konnten durch künstliche Infektion auch Befall an verschiedenen *Brassica* spp., Wassermelonen, *Vicia faba* und einigen Unkräutern erzielen.

11.6.2.6. Bekämpfung

Zur Verhütung der Krankheit wird die Verwendung von gut verrottetem Stallmist empfohlen; nach Gründüngung müssen die Pflanzenreste erst gut zersetzt sein, ehe eine Salatpflanzung vorgenommen werden kann.

Einer weiträumigen Ausbreitung dieser Bakteriose kann durch Anbau in windgeschützter Lage bzw. Anlage von Windschutzstreifen vorgebeugt werden (Stapp 1956).

Eine Behandlung der Samen (nach künstlicher Kontamination) mit trockener Wärme (70 °C; 1—4 Tage) brachte alle Erregerzellen zum Absterben.

11.6.3. Bakterielle Fleckenkrankheit des Salats

11.6.3.1. Erreger

Pseudomonas cichorii (Swingle 1925) Stapp 1928

Syn. *Phytomonas cichorii* Swingle
Bacterium cichorii (Swingle) Elliott
Pseudomonas endiviae Kotte

Bacterium formosanum Okabe
Chlorobacter cichorii (Swingle) Patel & Kulkarni
und wahrscheinlich auch
Pseudomonas papaveris Lelliott & Wallace

Morphologie: Stäbchen (0,8 × 2,0—3,5 µm); Gram-negativ; beweglich durch zahlreiche polare Geißeln.

Kolonien auf Agar: relativ langsames Wachstum; grau-weiß mit bläulicher Tönung, erhaben, rund mit leicht unregelmäßigem Rand.

Flüssigkulturen: Nährbouillon wird rasch (36 Std.) stark getrübt, es entsteht ein dickes, zähes Häutchen.

Physiologische Leistungen: aerob; Nitrat wird nur von einem Teil der Isolate reduziert; als C-Quelle können Glucose und m-Tartrat dienen; Saccharose, β-Alanin, 2-Ketogluconat, Trehalose und Geraniol werden nicht verwertet; Gelatineverflüssigung findet nicht statt; Indolbildung und Stärkehydrolyse sind nicht nachweisbar; keine Lipolyse.

Oxidase-positiv, aber Arginindihydrolase-negativ; keine Lävanbildung.

Es wird auf King's Agar B ein diffundierender fluorescierender Farbstoff gebildet.

Der G + C-Wert der Erreger-DNS liegt bei ca. 59 Mol-%.

11.6.3.2. Krankheitsbild, Krankheitsverlauf, Übertragung

Auf den Flächen bzw. Stielen der im Innern gelegenen Blätter (die äußeren 2—3 Blätter zeigen meist keine Symptome!) erscheinen dunkelbraune, feste, glänzende nekrotische Flecke.

Der Befall wird nur nach Durchschneiden der Köpfe sichtbar.

Bisher ist die Krankheit nur in beregneten Beständen festgestellt worden. Sie kann unter entsprechenden Bedingungen epidemische Ausmaße erreichen (Bazzi & Mazzucchi 1979).

Die Anfälligkeit des Salats nimmt im Laufe der Vegetationszeit zu. Die mittleren Blätter reagieren stärker als die äußeren und die inneren. Mittelrippen und Blattstiele zeigen eine intensivere Symptomausbildung als die Blattspreite (Tafel V, 1.).

Befallen werden auch Endivie und Chicorée.

Temperaturen von 25 °C sind optimal für die Entstehung von Läsionen.

Unverletzte Blätter werden durch Stomata und über Epidermishaare infiziert. 1 Std. p. i. wurden (bei 20 °C) in den Salatblättern phytoalexinähnliche Substanzen nachgewiesen. Eine Wärmevorbehandlung der Blätter (45 °C; 10 min) hebt die vorhandene antibakterielle Resistenz auf (Shirata et al. 1982).

Der Erreger ist offenbar samenübertragbar, bei niedrigen Temperaturen (5 °C) blieb er im Samen 3 Monate lebensfähig. In befallenem Pflanzenmaterial überlebt *Ps. cichorii* ebenfalls längere Zeit (4—6 Monate), ebenso auf Blattmaterial und der Wurzeloberfläche verschiedener Unkräuter (*Senecio vulgaris*, *Capsella bursapastoris*) sowie der Rhizoplane von Salatpflanzen und *Artemisia princeps*.

Der Erreger kann auch bis zur nächsten Vegetationsperiode (> 110 Tage) im Boden überdauern und von dort aus die Salatpflanzen befallen; allerdings sinkt die Zahl der Erregerzellen in dieser Zeit unter die Nachweisgrenze ab (Bazzi et al. 1984).

11.6.3.3. Diagnose

Die wichtigsten Merkmale des Erregers, die gleichzeitig auch zur Unterscheidung von anderen Pseudomonaden und zur Identifizierung verdächtiger Isolate dienen können, sind:

— Bildung fluorescierender Farbstoffe auf King's Agar B
— Induzierung einer Hypersensibilitätsreaktion an Tabakblättern
— Oxidase-positive Reaktion
— negatives Verhalten im Arginindihydrolase-Test
— fehlende pectinolytische Aktivität.

Kürzlich wurde für diesen Erreger ein Selektivmedium beschrieben, das L-Tartrat als spezifische C-Quelle sowie verschiedene Antibiotica enthält (Uematsu et al. 1982).

11.6.3.4. Verbreitung und wirtschaftliche Bedeutung

Die Bakterielle Fleckenkrankheit des Salats kommt in Nord-, Mittel- und Südamerika vor, verursacht aber auch in Ostasien (Japan) und Europa (Italien) beachtliche Schäden.

Konkrete Angaben über Einbußen durch bakterielle Lagerkrankheiten bei Salat, die auch die Verluste durch *Ps. cichorii* einschließen, liegen aus den USA vor; sie werden mit 3% angegeben (CEPONIS 1970).

Bei einer Epidemie 1978 in Mittelasien, die die Sorte ,Kagraner' erfaßte, waren 50—60% der Salatpflanzen befallen.

11.6.3.5. Wirtspflanzen

Ps. cichorii befällt im Freiland folgende Kulturpflanzen (LUND 1983):

Salat	Kohl einschließlich Blumenkohl
Endivie	Sellerie
Chicorée	Tomate.

Außerdem erwies sie sich als pathogen für eine Reihe von Unkräutern (TSUCHIYA et al. 1982).

11.6.3.6. Bekämpfung

Eine direkte Bekämpfung der Krankheit ist nicht möglich. Aus den epidemiologischen Gegebenheiten (s. 11.6.3.2.) lassen sich folgende Vorbeugungsmaßnahmen ableiten:
— Verwendung befallsfreien bzw. genügend abgelagerten Saatguts und
— Einhaltung einer mehrmonatigen Anbaupause.
Auf gefährdeten Standorten sollte von der Beregnung nur mit Vorsicht Gebrauch gemacht werden.

11.6.4. Adernchlorose bzw. Breitadrigkeit des Salats

(aster yellows lettuce big vein; krupnye/žilki salata-latuka)

Nach neueren Erkenntnissen handelt es sich wahrscheinlich auch bei der Adernchlorose, die bisher als Virose angesehen wurde, um eine bakteriell bedingte Erkrankung. Sie wird von *Olpidium brassicae* (Woron.) Dang. übertragen. Als Erreger kommen *Rickettsia*-artige Bakterien (RLO) in Betracht (BEDLAN 1985).

Das Symptombild ist durch eine auffällige Aufhellung und Verbreiterung (vor allem an der Basis) der Adern sowie eine Verdickung und Kräuselung der Blätter gekennzeichnet. Verschiedentlich kommt es gleichzeitig auch zu Blütenvergrünungen (MÜLLER et al. 1972).

11.7. Bakteriosen der Tomate

11.7.1. Bakterielle Tomatenwelke

(bacterial canker of tomato; bakterial'nyj rak tomata; bactériose vasculaire de la tomate, chancre bactérien de la tomate; marchitez bacteriana del tomate, chancro bacteriano del tomate, bacteriosis vascular del tomate)

11.7.1.1. Erreger

Clavibacter michiganensis subsp. *michiganensis* (Smith 1910) Davis, Gillaspie, Vidaver & Harris 1984

Syn. *Bacterium michiganense* E. F. Smith
Pseudomonas michiganense (E. F. Smith) Stevens
Aplanobacter michiganense (E. F. Smith) E. F. Smith
Phytomonas michiganensis (E. F. Smith) Bergey et al.
Corynebacterium michiganense (E. F. Smith) Jensen
Corynebacterium michiganense pv. *michiganense* (Smith) Jensen

Morphologie: leicht gebogene, keulenförmige Kurzstäbchen, die in Form und Größe sehr stark variieren (meist 0,6—0,7 × 0,7—1,2 µm); Gram-positiv; unbegeißelt.

Kolonien auf YDC-Agar: anfangs hellgelb, später intensiv gelb, schleimig, rund, glattrandig, konvex; Form, Farbe und Konsistenz sehr variabel.

Temperaturoptimum: 24—27 °C; Angaben z. T. sehr unterschiedlich (STRIDER 1969)

Temperaturmaximum: 36—37 °C

Thermaler Tötungspunkt: sehr variabel, in und auf trockenen Substanzen können manche Erregerzellen für 20 min bei 125 °C überleben; in Wasser suspendiert, sterben sie bereits bei 55 °C innerhalb von 10 min ab (NAUMANN & GRIESBACH 1982).

Physiologische Leistungen: aerob; keine Nitratreduktion; Zellwand enthält Rhamnose und Fucose; Säurebildung aus Mannitol und Melecitose variabel; keine Verwertung von Rhamnose, Ribose, Sorbitol und Inulin; nutzt Citrat und Fumarat, aber keine Metabolisierung von Malonat, Propionat und Format; Acetatverwertung variabel; keine Nutzung von Nitrit; hydrolysiert Gelatine und Esculin, aber kein Casein; produziert H_2S; Stärke wird nicht abgebaut. Katalase-positiv; Oxidase-negativ; keine Bildung von Tyrosinase, Urease und Lipase.

Bildet in vitro und in planta Toxine (Glykopeptide), die an abgeschnittenen Tomatensprossen Welke induzieren (3.5.).

Der G + C-Gehalt der DNS beträgt 73 Mol-%.

11.7.1.2. Krankheitsbild, Krankheitsverlauf, Übertragung

Erste Krankheitssymptome werden meist erst dann sichtbar, wenn sich die untersten Fruchtstände entwickelt haben. Einzelne Fiederblättchen werden schlaff, färben sich fahlgrün, wölben z. T. die Ränder nach oben, vertrocknen und werden braun. Charakteristisch ist, daß meist erst eine Seite des Fiederblattes zu welken beginnt, wobei die gegenüberliegende Hälfte noch turgescent ist (Abb. 11.12.). Häufig breitet sich die Welke, anfangs nur einseitig, spitzenwärts aus; die Blätter

Abb. 11.12. Einseitig welkendes Tomatenblatt bei Befall mit *Clavibacter michiganensis* subsp. *michiganensis*.

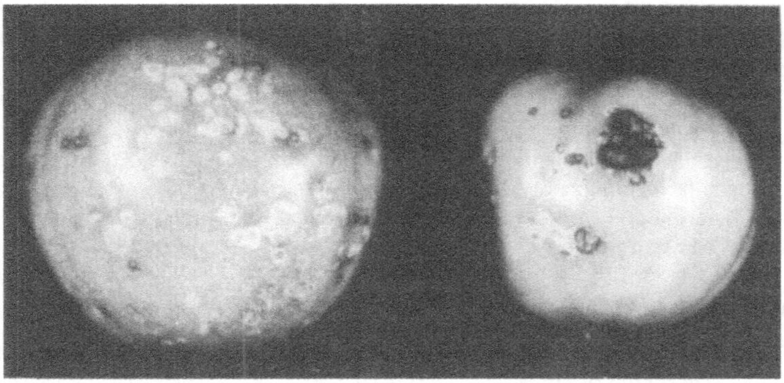

Abb. 11.13. Als Folge einer Oberflächeninfektion mit *Clavibacter michiganensis* subsp. *michiganensis* entstandene „Vogelaugenflecke" auf Tomatenfrüchten.

hängen schlaff an der Pflanze und vertrocknen, fallen aber nicht ab. Bei starkem Befall werden am Stengel, den Blattstielen und -adern gelbe Streifen ausgebildet, die braun werden und z. T. aufreißen. In diesem Befallsstadium ist der Gefäßbereich der gesamten Pflanze bis in die Früchte hinein gelb bis braun gefärbt und z. T. vermorscht. Systemisch infizierte Blüten und Früchte fallen leicht ab (s. Abb. 4.3.). Beim Aufschneiden solcher Tomaten quillt häufig aus den Adern des Fruchtfleisches ein gelber, bakterienhaltiger Schleim hervor. Äußerlich sind die Früchte oft symptomlos, sie können aber auch weißlich verfärbt sein oder eine weißnetzige Zeichnung aufweisen. Sehr selten (als Folge einer Oberflächeninfektion (s. Abb. 4.1.)) sind auf der Fruchtschale sog. „Vogelaugenflecke" ausgebildet; dabei handelt es sich um kreisrunde, bis zu 4 mm große Flecke mit einem dunklen, nekrotischen Zentrum, das von einem schmalen, weißen Saum umgeben ist (Abb. 11.13.). An Kelch und Fruchtstiel sind dann meist kleine, rundliche, nekrotische Flecke zu finden.

Tomatenpflanzen werden entweder von befallenem Saatgut aus infiziert, oder der Erreger gelangt von außen — vor allem über Wunden — in Wurzeln und Sproßteile der Pflanzen. Dort breitet er sich in den Tracheen des Xylems aus; allmählich werden die Gefäßwände aufgelöst und die angrenzenden Parenchymzellen sowie Intercellularräume besiedelt Der Erreger dringt schließlich auch in Phloemelemente ein und verursacht die Auflösung des Gewebeverbandes (s. 4.1.).

C. michiganensis subsp. *michiganensis* ist in der Lage, am bzw. im Samen, an Aufbindefäden und Gewächshausteilen sowie im Boden oder in Nährlösungen mehrere Monate, u. U. auch länger als ein Jahr, zu überdauern. Primär erkrankte Pflanzen findet man in der Regel nur sehr wenige. Hauptsächlich wird der Erreger bei Pflegemaßnahmen übertragen, die zur Entstehung von Wunden führen, was vor allem beim Ausgeizen und Ausblatten der Fall ist. Dabei sind schon 5 Erregerzellen imstande, eine Pflanze zu infizieren und Symptome auszulösen. Auch bei Blütentauchapplikationen von Wuchsstofflösungen und in Hydroponikkulturen kann der Erreger im Bestand weit verbreitet werden. Die größte Gefahr besteht darin, daß auch latent erkrankte Pflanzen als Überträger fungieren.

11.7.1.3. Diagnose

Die Welkesymptome und Gefäßverfärbungen im Stengelbereich können evtl. mit dem durch *Pseudomonas solanacearum*, *Fusarium oxysporum* Schl. f. sp. *lycopersici* (Sacc.) Snyd. et Hans. bzw. *Verticillium albo-atrum* Rke. et Berth. verursachten Krankheitsbild verwechselt werden. Spezifische Symptome sind dagegen die „Vogelaugen", gelb verfärbte Gefäße im Bereich des Kelchbodens bzw. der Fruchtansatzstelle sowie das Herausquellen von gelbem Schleim beim Quetschen angeschnittener Gefäße von Stengel- oder Blattstielstücken bzw. dem Fruchtfleisch (Tafel V, 2.). Aus dem „Schleim" läßt sich der Erreger durch Ausstreichen auf YDC-Agar fast in Reinkultur gewinnen.

Da *C. michiganensis* subsp. *michiganensis* Gram-positiv reagiert, kann der Erreger anhand von gefärbten Gewebeschnitten aus dem Gefäßbereich befallener Pflanzen relativ leicht nachgewiesen werden.

Zur Feststellung von Erregerzellen in stark verunreinigtem Material bzw. bei sehr geringen Konzentrationen ist der Biotest am besten geeignet. Dazu werden Pflanzenteile bzw. Erdproben in wenig Leitungswasser aufgeschwemmt und diese Suspensionen dann — nach Abtrennung der groben Bestandteile — mehrmals in täglichen Abständen in Blattachseln von Tomatenpflanzen im 4- bis 6-Blatt-Stadium injiziert. Bei Temperaturen um 25 °C zeigen sich nach 8—20 Tagen (je nach Erregerkonzentration) Welkesymptome.

11.7.1.4. Verbreitung und wirtschaftliche Bedeutung

C. michiganensis subsp. *michiganensis* ist weltweit verbreitet. Die Bakterielle Welke wird als eine der gefürchtetsten Krankheiten der Tomate angesehen (Strider 1969). In den wärmeren europäischen Ländern kam es gebietsweise im Freiland zu Ertragsverlusten von 40—60% (z. B. Elenkov 1965); in Mitteleuropa waren in den letzten Jahren vor allem in Gewächshausanlagen mitunter sehr hohe Ertragsausfälle zu verzeichnen.

11.7.1.5. Wirtspflanzen

Als natürliche Wirte von *C. michiganensis* subsp. *michiganensis* sind außer Tomate auch Paprika sowie 5 weitere Solanaceen bekannt. Daneben kommen 69 Pflanzenarten aus 14 Gattungen als potentielle Wirte des Erregers in Betracht (Strider 1969; Thyr 1975).

11.7.1.6. Bekämpfung

Besonders wichtig ist es, Primärinfektionen der Pflanzen soweit wie möglich zu verhindern. Zur Bekämpfung von *C. michiganensis* subsp. *michiganensis* am bzw. im Saatgut sind zahlreiche Untersuchungen durchgeführt worden; allerdings gelang es bisher nie, die Erregerzellen vollständig zu eliminieren. Daher sollte Saatgut generell aus befallsfreien Beständen gewonnen werden. Da jedoch stets die Gefahr einer latenten Verseuchung besteht, ist es notwendig, die Samen durch Ausgären zu gewinnen. Dieses Verfahren — möglichst mit einer anschließenden Wärme- und Säurebehandlung (3 Tage 70 °C; Salzsäure oder Eisessig, 0,6%ig, für 1—2 Std.) kombiniert — tötet zumindest äußerlich anhaftende Erregerzellen weitgehend ab, Weinsäure (3 %) eliminiert sie total.

Auf Freilandflächen sollte eine Anbaupause von 4—5 Jahren eingehalten werden. In Gewächshausanlagen muß nach der Herbstkultur eine Dampfsterilisation oder Formalinbehandlung der Erdsubstrate erfolgen. Auch Aufbindefäden und Gewächshauskonstruktionsteile sind zu desinfizieren.

Da gegenwärtig noch kein Präparat zur wirkungsvollen Bekämpfung der Bakteriellen Welke im Bestand zur Verfügung steht, ist es notwendig, für die Tomate optimale Kulturbedingungen zu schaffen und ein strenges Hygieneregime einzuhalten (Strider 1969; Naumann & Griesbach 1982). Die bei Pflegemaßnahmen entstehenden Wunden sollten nur klein sein und nicht berührt sowie möglichst lange trocken gehalten werden. Hände oder Schnittwerkzeuge sind in festgelegten Abständen zu desinfizieren (z. B. in 70%igem Propanol). Wachstumsregulatoren sollten bei Blütentauchapplikation nur in Verbindung mit pflanzenverträglichen Desinfektionsmitteln (z. B. Kaliumpermanganat 0,25—0,5%ig) eingesetzt werden, die den Erreger abtöten. Ebenso ist deren Anwendung beim Hydroponikverfahren zur Bekämpfung des Erregers in Nährlösungen zu empfehlen (Griesbach & Naumann 1984).

Primärherde sind entweder sofort rückstandslos zu entfernen oder deutlich abzugrenzen und generell zuletzt zu bearbeiten. Bei stärkerer Ausweitung ist der Befallsbereich unter Quarantäne zu stellen. Durch kühle Temperaturen kann die Krankheitsentwicklung gehemmt werden.

Gegenwärtig gibt es noch keine resistente Tomatensorte. Es konnten aber schon über 20 Sorten und Linien gezüchtet werden, die weniger anfällig für *C. michiganensis* subsp. *michiganensis* sind; die bekanntesten von ihnen sind: ‚Bulgaria 12‘, ‚Carette‘, ‚Hawaii 7996‘, ‚Mobonense‘, ‚Okitsu Sozai Nr. 1‘ und ‚Wrania 123‘ (Laterrot et al. 1978).

11.7.2. Stengelmarknekrose der Tomate

(tomato pith necrosis; nécrose médullaire de la tomate)

11.7.2.1. Erreger

Pseudomonas corrugata Roberts & Scarlett 1981

Morphologie: Stäbchen (0,6—1,2 × 1,8—2,4 µm); Gram-negativ; 1—3 polare Geißeln.
Kolonien auf Agar (NA): cremefarben bis grau, rund, konvex, schwach gewellter Rand, unregelmäßige Oberfläche, durchsichtig, butterartig weich, glänzend.
Temperaturoptimum: 26—28 °C
Temperaturmaximum: 37—41 °C
Thermaler Tötungspunkt: ist noch nicht ermittelt.
Physiologische Leistungen: offenbar recht variabel; aerob; reduziert Nitrat über Nitrit hinaus; Angaben zur Verwertung von Zuckern und anderen Kohlenhydraten vielfach unterschiedlich; Gelatine wird schnell hydrolysiert; kein Stärkeabbau.

Reagiert Oxidase-positiv; bildet keine Arginindihydrolase; meist Lecithinase-positiv. Unterscheidet sich in den physiologischen Merkmalen kaum von anderen nichtfluorescierenden Pseudomonaden (Differentialdiagnosen bei Scarlett et al. 1978; Lukežic 1979; Lai et al. 1983).

11.7.2.2. Krankheitsbild, Krankheitsverlauf, Übertragung

Befallene Pflanzen werden häufig zunächst im Spitzenbereich welk; ihre Blätter verfärben sich oft in wenigen Tagen chlorotisch. Meist weisen die Stengel grau- bis dunkelbraune Längsstreifen bzw. derartige Verfärbungen um ehemalige Ausgeiz- oder Ausblattwunden auf. Teilweise treten

Abb. 11.14. Charakteristische Luftwurzelbildung am Tomatenstengel nach Befall mit *Pseudomonas corrugata*.

aus diesen Befallsstellen Massen von Bakterien als weißlich-trübe Tropfen aus, die dann am Stengel herablaufen und nach dem Eintrocknen eine streifige, weißgraue Kruste bilden. Die Stengel werden rissig, es entwickeln sich oft büschelweise Adventivwurzeln (Abb. 11.14.); im weiteren Krankheitsverlauf spleißen die Haupttriebe dann häufig auf, so daß die Pflanzen ihren Halt verlieren und zusammenbrechen.

Charakteristisch ist die Verbräunung des Stengelmarks, die sich bis in den Stengelgrund bzw. die Blatt- und Fruchtstiele hinein ausdehnen kann, zunächst aber nicht auf den Gefäßbündelring übergeht. Im verbräunten Mark bilden sich häufig Kavernen; bei starkem Befall sind größere Abschnitte des Stengels völlig ausgefault bzw. hohl. Mit der Zeit vermorscht auch der Gefäßbündelring (Tafel V, 3.).

Die Krankheit wird erst kurz vor Erntebeginn sichtbar. Meist erkranken einzelne Pflanzen innerhalb weniger Tage, und ebenso plötzlich kommt die Krankheitsausbreitung meist nach 2—3 Wochen wieder zum Stillstand. In der Regel sterben stark erkrankte Pflanzen schnell ab, während schwächer befallene sich oftmals wieder erholen. Eine reihen- oder flächenweise Ausbreitung wurde bisher nicht beobachtet. Die Krankheitsentwicklung wird durch kühle, feuchte Bedingungen — vor allem lange anhaftendes Kondenswasser — und sogenanntes „weiches" Wachstum der Pflanzen sehr begünstigt, das besonders bei hohen N-Gaben zustande kommt.

Weder die Infektionsquellen noch die Übertragungsmodi von *Ps. corrugata* sind bisher bekannt. Manches deutet darauf hin, daß der Erreger längere Zeit epiphytisch sowie in der Rhizosphäre bestimmter Pflanzen leben und bei Pflegemaßnahmen im Bestand verbreitet werden kann.

11.7.2.3. Diagnose

Das Krankheitsbild kann im Anfangsstadium evtl. mit dem der Bakteriellen Welke, der Schleimkrankheit der Tomate oder auch mit den Symptomen der „*Erwinia*-Stengelfäule" verwechselt werden.

Isolate lassen sich am besten mittels NA + 1% D-Glucose gewinnen, worauf der Erreger gelbbraune Kolonien (mitunter im Zentrum grünlich gefärbt, teilweise Absonderung eines gelbbraunen Pigments in den Agar) mit z. T. runzliger Oberfläche bildet. Auf NA + 5% Saccharose entwickeln sich Kolonien mit starker Schleimbildung (Scarlett et al. 1978).

Ps. corrugata kann teilweise auch Fäulen auf Möhren-, Zwiebel- oder Kartoffelscheiben verursachen. Im Gegensatz zu *C. michiganensis* subsp. *michiganensis* bzw. Naßfäuleerregern der Gattung *Erwinia* reagiert *Ps. corrugata* im Tabak-Überempfindlichkeitstest positiv.

An jungen Tomatenpflanzen ist mehrere Wochen nach Injektion von Erregersuspension in den Stengel eine Markverbräunung zu beobachten. Sehr hohe Luftfeuchtigkeit und Temperaturen um 22 °C begünstigen die Symptomausbildung.

Fiori et al. (1983) gelang es, *Ps. corrugata* mit Hilfe der ELISA-Technik im Preßsaft künstlich infizierter Pflanzen nachzuweisen (Erregernachweisgrenze: 10^5—10^6 Zellen/ml). Differentialdiagnosen anhand der physiologischen Leistungen des Erregers erfordern sehr umfangreiche vergleichende Untersuchungen (s. 11.7.2.1.).

11.7.2.4. Verbreitung und wirtschaftliche Bedeutung

Die Krankheit wurde zuerst in Großbritannien beschrieben (Scarlett et al. 1978). Unterdessen ist sie auch in Dänemark, Schweden, in der BRD, der Schweiz, der DDR, Polen, Italien, Rumänien und den USA nachgewiesen worden.

Meist ist die Stengelmarknekrose in Gewächshauskulturen zu finden, wobei in der Regel bisher nur in wenigen Fällen hohe Ertragsausfälle zu verzeichnen waren. Es zeigt sich aber allgemein die Tendenz, daß die Krankheit immer häufiger auftritt und auch höhere Verluste verursacht als zu Beginn der 80er Jahre.

11.7.2.5. Wirtspflanzen

Ps. corrugata wurde außer an Tomate nur noch an symptomlosen Luzernewurzeln nachgewiesen (Lukežic 1979).

11.7.2.6. Bekämpfung

Alle befallsbegünstigenden Faktoren, wie hohe N-Düngung, weiches Wachstum, niedrige Temperaturen (auch nachts), verbunden mit hoher Luftfeuchte und Tropfwasserbildung, sollten unbedingt vermieden werden. Stark befallene Pflanzen muß man rückstandslos aus dem Bestand entfernen. Im übrigen sind die gleichen Hygienemaßnahmen durchzuführen wie im Falle der Bakteriellen Tomatenwelke (s. 11.7.1.).

11.7.3. Schleimkrankheit der Tomate

(bacterial wilt of tomato; uvjadanie bakterial'noe granvil'skoe, gnil' bakterial'naja buraja; flétrissement bactérien, bactériose vasculaire sur tomate; marchitamiento bacteriano del tomate)

11.7.3.1. Erreger

Pseudomonas solanacearum (Smith 1896) Smith 1914

Die morphologischen und physiologischen Merkmale sowie die Synonyme des Erregers werden in 9.3.2. beschrieben.

Isolate von Tomate gehören den Biotypen I, III oder IV an.

11.7.3.2. Krankheitsbild, Krankheitsverlauf, Übertragung

Anfangs ist die Krankheit durch leichtes Erschlaffen der Blattstiele und Sproßspitzen sowie beginnendes Welken der Fiederblätter, vor allem während der wärmsten Tageszeit, gekennzeichnet. Teilweise werden um die zentrale Blattrippe dunkle Verfärbungen bzw. am Stengel dunkle Streifen, später rillenartige Vertiefungen, sichtbar. Befallene Pflanzen können innerhalb von 2 Tagen schlagartig zusammenbrechen; die betroffenen Stengelregionen schrumpfen stark zusammen, die Blätter werden völlig welk, z. T. verfärben sie sich dunkel, und die Blattstiele sind verdreht. Entwickelt sich die Krankheit langsamer (meist bei verholzten Pflanzen), werden am Stengel eine Vielzahl von Adventivwurzeln bis zur Stengelbasis hinab gebildet; die Pflanzen stocken im Wachstum, die Blätter färben sich gelb und sterben allmählich ab. Im Inneren des Stengels (meist im Basisteil) kann das Markgewebe, z. T. auch die Rinde, braun und wasserdurchsogen sein. Vielfach ist der Gefäßbündelring dunkel verfärbt.

Der Erreger kann am Samen äußerlich anhaftend überdauern und z. T. mehrere Jahre im Boden überleben. Für Rasse 1 wurde eine echte Bodenphase nachgewiesen. *Ps. solanacearum* dringt über die Wurzel in ihren Wirt ein, gelangt in das Xylem, in dem sie sich systemisch ausbreitet und Gefäßwände sowie angrenzende Parenchymzellen zerstört, und befällt das Phloem, Rindengewebe und Mark, in dem lysogene Höhlen entstehen. Im Bestand kann der Erreger durch Pflegemaßnahmen, vor allem beim Ausgeizen, aber auch durch Insekten (*Drosophila* spp., *Polybia* spp., *Trigone* spp.) sowie *Meloidogyne incognita* (Kofoid & White) Chitwood (Buddenhagen & Kelman 1964) verbreitet werden. Symptome entwickeln sich nur bei Temperaturen >30 °C und bei sehr hoher relativer Luftfeuchtigkeit. Unter optimalen Infektionsbedingungen (37 °C, 95% rel. Luftfeuchtigkeit) bilden junge Tomatenpflanzen 2 Tage nach Wurzelinokulation Welkesymptome aus; bereits 2 Tage später sterben sie ab.

11.7.3.3. Diagnose

Vom Krankheitsbild her ist z. T. eine Verwechslung mit der Bakteriellen Tomatenwelke, vor allem aber mit der Stengelmarknekrose, möglich.

Zur Schnelldiagnose wird stets empfohlen, ein abgeschnittenes Segment vom Stengelgrund in ein Glas mit Wasser zu halten bzw. zu legen; aus der Schnittstelle sieht man nach 1 min ein milchiges Exsudat ausströmen. In einem Reagenzglas ist nach 1/2 Std. das Wasser milchig getrübt.

Weitere Möglichkeiten der Krankheitsdiagnose sind 9.3.2. zu entnehmen.

11.7.3.4. Verbreitung und wirtschaftliche Bedeutung

Ps. solanacearum ist in tropischen und subtropischen Ländern weit verbreitet, kommt aber auch in den gemäßigt-warmen Gebieten Asiens, Afrikas, Australiens, Europas sowie Nord- und Südamerikas vor. In den Tropen stellt die Schleimkrankheit eine der ökonomisch bedeutsamsten Schadursachen der Tomate dar. In den anderen Befallsgebieten sind die Verluste im allgemeinen nicht so groß.

11.7.3.5. Wirtspflanzen

(s. hierzu 9.3.2.)

11.7.3.6. Bekämpfung

Da bisher weder durch allgemeine prophylaktische Maßnahmen noch durch chemische Präparate eine wirksame Bekämpfung der Schleimkrankheit möglich ist, wird in besonders gefährdeten Gebieten die Tomate auf widerstandsfähige Unterlagen (*Solanum forvum*, resistente Tomatenlinien oder die Eierfrucht-Sorte ‚Pusa Purple Cluster') gepfropft.

Bei Resistenzuntersuchungen erwiesen sich die Sorten ‚Venus', ‚Saturn', ‚Cranita' und ‚Scorpio' als weniger anfällig. Unterdessen sind schon zahlreiche resistente Linien gezüchtet worden, von denen ‚Hawaii 7997' bisher die größte Widerstandsfähigkeit aufweist.

11.7.4. Bakterielle Blatt- und Fruchtfleckenkrankheit der Tomate

(bacterial speck; pjatnistost' tomata; moteado bacteriano del tomate)

11.7.4.1. Erreger

Pseudomonas syringae pv. *tomato* (Okabe 1933) Young, Dye & Wilkie 1978

Syn. *Pseudomonas tomato* (Okabe) Allstatt
Morphologie: Stäbchen (0,6 × 1,3—2,5 µm bzw. 0,7—1,0 × 1,8—6,8 µm (Naumann & Griesbach 1982)); Gram-negativ; mehrere monopolar sitzende Geißeln.
Kolonien auf Agar (NA): weißlich, opalescierend, rund, konvex; Oberfläche und Ränder glatt.
Temperaturoptimum: 20—25 °C
Temperaturmaximum: 33 °C
Thermaler Tötungspunkt: 51 °C
Physiologische Leistungen: aerob; keine Nitratreduktion; Säurebildung (aber kein Gas) aus Glucose, Saccharose, Mannitol und Sorbitol; keine Nutzung von Erythritol, L(+)-Tartrat sowie DL-Lactat; verwertet D(—)-Tartrat; verflüssigt Gelatine; keine Indolbildung; keine oder nur schwache Stärkehydrolyse; Abbau von Na-Polypectat bei pH 5; Oxidase- und Arginindihydrolase-negativ.

Bildung von Fluorescenzfarbstoff auf King's Agar B sehr variabel.

Der G + C-Gehalt der DNS variiert zwischen 59 und 61 Mol-%.

11.7.4.2. Krankheitsbild, Krankheitsverlauf, Übertragung

Auf Blättern anfangs kleine, meist runde, dunkelgrüne, wasserdurchsogene Flecke, die einen Durchmesser von ca. 2—5 mm haben. Sie färben sich bald braun und sind von einem schmalen, gelben Hof umgeben (Tafel V, 4.). Bei starkem Befall werden sehr viele Flecke ausgebildet, die häufig zusammenfließen und nekrotisieren, während das übrige Gewebe vergilbt. Dabei entstehen oft durchgehende Risse in den Blattspreiten, die Blätter vertrocknen und sterben ab.

An Stengeln und Blattstielen zeigen sich schmale, anfangs dunkelgrüne, später braun werdende Flecke, die sich allmählich verbreitern. Häufig sind auch am Kelch kleine dunkelbraune Läsionen zu beobachten. Bei frühem Befall werden mitunter massenweise Blüten und junge Früchte abgeworfen.

Auf der Fruchtschale sind 1—3 mm große, meist runde, leicht erhabene, schwarzbraune Flecke ausgebildet, die wie „Teerspritzer" wirken. Sie sind nicht in das Fruchtfleisch eingesenkt (Tafel V, 5.).

Ps. syringae pv. *tomato* ist samenübertragbar und konnte sogar noch an 20 Jahre gelagertem Tomatensaatgut nachgewiesen werden. Durch einige wenige, mit dem Erreger infizierte Samen kann bei bestimmten Witterungsbedingungen (s. unten) eine Epidemie im Feld ausgelöst werden.

Der Boden wird als primäre Infektionsquelle sehr unterschiedlich eingeschätzt. Einerseits konnte *Ps. syringae* pv. *tomato* ständig in der Erde eines kranken Bestandes, auch noch 1 Jahr nach dem Abernten, nachgewiesen werden (BASHAN et al. 1978). Andererseits wurde nur eine sehr kurze Lebensdauer im Boden festgestellt, die bei stark saurer bzw. alkalischer Reaktion sowie bei höheren Temperaturen nur wenige Tage betrug (BOSSHARD-HEER & VOGELSANGER 1977).

Sehr lange Zeit kann der Erreger epiphytisch an Unkräutern (z. B. *Stellaria media*, *Lamium amplexicaule* u. a.) überdauern, die somit eine wichtige primäre Infektionsquelle darstellen. Infektion und Krankheitsausbreitung sind nur bei reichlicher Feuchtigkeit möglich. Der Erreger dringt über Stomata und die Basen abgebrochener Haare in das Wirtsgewebe ein. Werden voll geöffnete Blüten infiziert, bleiben sie taub. Fruchtsymptome werden ausgebildet, wenn Erregerzellen in die Früchte eindringen, bevor diese einen Durchmesser von 3 cm erreicht haben (GETZ et al. 1983). Bei Trockenheit und hohen Temperaturen überdauert *Ps. syringae* pv. *tomato* epiphytisch auf symptomlosen Pflanzen, unter günstigen Infektionsbedingungen kommt es dann zu einem schlagartigen Ausbruch der Krankheit.

11.7.4.3. Diagnose

Die an Tomate vorkommenden Blattfleckenerreger *Xanthomonas campestris* pv. *vesicatoria*, *Pseudomonas viridiflava* und insbesondere *Ps. syringae* pv. *tomato* sowie *Ps. syringae* pv. *syringae* sind anhand ihrer Krankheitsbilder häufig sehr schwer zu unterscheiden. Eine sichere Diagnose ist mit Hilfe der in Tabelle 11.1. aufgeführten Charakteristika möglich.

Tabelle 11.1. Unterscheidungsmerkmale bakterieller Blattfleckenerreger der Tomate

Merkmale	*Pseudomonas syringae*		*Xanthomonas campestris* pv. *vesicatoria*
	pv. *tomato*	pv. *syringae*	
Krankheitsbild an			
Blättern	dunkle, runde Flecke (1—3 mm) mit gelbem Hof	dunkle, runde Flecke ohne Hof	nekrotische, runde Flecke (1—5 mm) mit gelbem Hof
Früchten	oberflächliche, schwarzbraune, leicht erhabene Flecke (1—2 mm)		grüne oder braune Bläschen (2—3 mm), später dunkle, schorfartig-rauhe, kraterförmig eingesenkte Flecke
Fluorescenz auf King's Agar B	+	+	—
gelb-schleimiges Wachstum auf Kartoffelzylindern	—	—	+
Eiskernbildung	—	+	—
Physiologische Leistungen			
Nutzung von			
Erythritol	—	+	
L-Lactat	—	+	
Syringomycinbildung	—	+	—

Legende: + positive Reaktion
— fehlende Reaktion

Der Erreger wird über King's Agar B isoliert, wobei durch bestimmte Zusätze die Selektivität erhöht werden kann (NAUMANN et al. 1986). Nach dem Aufsprühen auf junge Tomatenpflanzen bildet er bei 100% rel. Luftfeuchte und Temperaturen um 22 °C die typischen Blattsymptome aus. Wird die Erregersuspension unter Vakuum (2× bis zu 76 mm Hg, 1 und 2 min) in Blätter infiltriert, kommt es schon bei einer Dichte von nur 10 Keimen/ml zur Symptomausbildung. Diese Methode ist besonders geeignet, um den Erreger in stark verschmutztem, aufgeschwemmtem Material nachzuweisen (JONES et al. 1981).

CUPPELS (1983) verwendete spezifische Phagen, um *Ps. syringae* pv. *tomato* von anderen Pathovaren zu unterscheiden. Zum serologischen Erregernachweis eigneten sich die Mikroagglutination sowie die indirekte Immunofluorescenz am besten. JONES et al. (1983) konnten mit diesen Methoden 2 Serovarietäten unterscheiden.

11.7.4.4. Verbreitung und wirtschaftliche Bedeutung

Die Bakterielle Blatt- und Fruchtfleckenkrankheit ist weltweit verbreitet. Auf allen Kontinenten hatte sie bis Mitte der 70er Jahre kaum Bedeutung, danach wurde aus vielen Ländern von epidemieartigem Auftreten bzw. vom erstmaligen Vorkommen (u. a. DDR, Polen, ČSSR, Ungarn, Griechenland, Israel) berichtet. Besonders in den USA, in Kanada, Australien, Neuseeland und Israel sind sehr hohe Ertragsausfälle zu verzeichnen. In Ontario und in der DDR wurde die Krankheit auch an Gewächshaustomaten beobachtet, wo der Befall aber nicht so stark war wie im Freiland.

11.7.4.5. Wirtspflanzen

Natürlicher Befall wurde bisher nur bei Tomaten festgestellt. Nach künstlicher Inokulation erkrankten auch *Capsicum*-Arten sowie *Solanum melongena*. Zahlreiche Unkräuter sind als symptomlose Überhälter bekannt, so z. B. *Stellaria media*, *Lamium amplexicaule*, *Arabidopsis thaliana*, *Gnaphalium* spp., *Oenothera* spp.

11.7.4.6. Bekämpfung

Am Saatgut kann der Erreger durch das Ausgärenlassen der Pulpe, ein- oder mehrstündiges Einlegen der Samen in 0,6%ige Salz- oder Essigsäure, Warmwasserbehandlung (60 min bei 52 °C oder 30 min bei 55 °C), trockene Wärme (72 Std. 70 °C) oder Tauchen (2 min) in 1%ige Natriumhypochloritlösung großteils abgetötet werden.

Jungpflanzen müssen beim Auspflanzen gründlich kontrolliert und selektiert werden.

Im Bestand hat sich allgemein der wiederholte Einsatz von Kupfermitteln (z. B. Spritz-Cupral 45, 0,5%ig, ca. 600 l/ha) in Kombination mit Maneb oder Mancozeb am besten bewährt; eine Befallsausbreitung kann dadurch jedoch nicht vollständig unterdrückt werden.

Alle Bearbeitungsmaßnahmen sollten möglichst nur in trockenen Tomatenbeständen durchgeführt werden. Müssen Bodengeräte von befallenen in gesunde Schläge umgesetzt werden, ist eine Desinfektion mit 2—5%iger Formaldehydlösung durchzuführen.

Resistenzzüchtung wird besonders intensiv in Israel, Kanada und den USA betrieben, wobei bisher ‚Rehovot 13', ‚Rosso tovel', ‚Petomech', ‚Ontario 7710', ‚Niagara 315 VF', ‚Sweet 100' u. a. als weniger anfällige bzw. resistente Sorten entwickelt werden konnten (FALLICK et al. 1983).

11.7.5. Bakterielle Fleckenkrankheit der Tomate

(bacterial spot (scab); černaja bacterial'naja pjatnistost'; mancha bacteriana del tomate)

11.7.5.1. Erreger

Xanthomonas campestris pv. *vesicatoria* (Doidge 1920) Dye 1978

Syn. *Bacterium vesicatorium* Doidge
Pseudomonas vesicatoria (Doidge) Stevens

Phytomonas vesicatoria (Doidge) Bergey et al.
Xanthomonas vesicatoria (Doidge) Dowson

Morphologie: Stäbchen (0,6—0,7 × 1,0—1,5 µm); Gram-negativ; 1 polare Geißel.
Kolonien auf YDC-Agar: stroh- bis zitronengelb, rund, erhaben, glatt, ganzrandig, glänzend.
Temperaturoptimum: 27—30 °C
Temperaturmaximum: 40 °C
Thermaler Tötungspunkt: 56 °C
Physiologische Leistungen: aerob; keine Nitratreduktion; oxidative Säurebildung (kein Gas) aus Glucose, Mannose, Arabinose, Saccharose, Lactose, Galactose, Lävulose, Glycerol und Dextrin; langsame Gelatineverflüssigung; keine Indolbildung; Stärke wird von Tomatenherkünften hydrolysiert, von Paprikaisolaten dagegen nicht; stark lipolytisch.

Spezifische Bakteriophagen des Erregers sind bekannt.
Der G + C-Wert seiner DNS liegt zwischen 63,5—69,2 Mol-%.

Von dem Erreger werden verschiedene Rassen beschrieben (s. 11.7.5.5.).

11.7.5.2. Krankheitsbild, Krankheitsverlauf, Übertragung

Bereits auf Keimblättern können kleine, weiße, schuppige Flecke mit grünem Zentrum beobachtet werden, die teilweise zusammenfließen und zur Runzelung der Keimblätter führen (Basu 1966). An Blättern entstehen zunächst wasserdurchsogene, punktartige Läsionen, die sich schnell vergrößern (1—3 mm) und rund oder unregelmäßig gestaltet sind. Im Zentrum verfärben sie sich häufig grau bis schwarz, der Rand wird gelb bis braun. Bei stärkerem Befall werden die Blätter chlorotisch und schließlich nekrotisch.

An Blatt-, Blüten- oder Fruchtstielen bzw. am Stengel zeigen sich meist längliche Flecke, an älteren Stengeln werden die Befallsstellen schorfig bis warzig und weisen außerdem zahlreiche kleine Längsrisse auf.

Auf den Früchten entwickeln sich kleine grüne oder braune Bläschen, die mit der Zeit größer werden (6—8 mm), austrocknen, im Zentrum einsinken, eine rauhe Oberfläche bilden und schließlich aufplatzen (Tafel V, 6.). Dadurch entstehen kraterartige Vertiefungen, häufig Risse, durch die dann meist Naßfäuleerreger in das Fruchtfleisch eindringen. Unter diesen Umständen können die Früchte in wenigen Tagen verfaulen.

X. campestris pv. *vesicatoria* ist samenübertragbar, kann aber auch in verseuchten Pflanzenresten mehrere Monate im Boden überleben, als freie Zelle allerdings nur kurze Zeit. Auch perennierende Unkräuter, an denen der Erreger z. T. nur epiphytisch überdauert, können Infektionsquellen darstellen.

Der Erreger dringt durch Stomata, beschädigte Pflanzenhaare oder Epidermiszellen in Intercellularräume bzw. das Stengel- oder Fruchtgewebe ein. Hohe Luftfeuchtigkeit, reichliche Niederschläge sowie Temperaturen um 25—27 °C fördern die Infektion, Krankheitsentwicklung und -ausbreitung.

11.7.5.3. Diagnose

Das Krankheitsbild ist mit dem der Bakteriellen Blatt- und Fruchtfleckenkrankheit — vor allem hinsichtlich der Blattsymptome — leicht zu verwechseln. Anhand der in Tabelle 11.1. zusammengestellten Charakteristika können die wichtigsten bakteriellen Blattfleckenerreger der Tomate unterschieden werden.

Zur Isolierung von *X. campestris* pv. *vesicatoria* ist YDC-Agar geeignet. Die Erregerisolate können mit Hilfe des Biotests an Tomatenpflanzen identifiziert werden, wofür bereits Keimpflanzen geeignet sind. Außerdem hat sich zum Nachweis von *X. campestris* pv. *vesicatoria* der Einsatz von spezifischen Bakteriophagen, aber auch von serologischen Verfahren, wie der Mikroagglutinationstest (Morton 1965) bzw. die indirekte Immunfluorescenztechnik (Schaad 1978) bewährt.

11.7.5.4. Verbreitung und wirtschaftliche Bedeutung

X. campestris pv. *vesicatoria* ist auf allen Kontinenten verbreitet. In Europa wurde die Bakterielle Fleckenkrankheit bisher in Österreich, Ungarn, Rumänien, Bulgarien, Italien, Jugoslawien und der UdSSR (Litauische SSR) nachgewiesen.

Zu besonders hohen Ertragsausfällen kommt es in den Gebieten bzw. Jahren, in denen es sehr feucht und warm ist. Über große Verluste wird aus Südflorida und Georgia (USA), Italien, dem Sudan und anderen Ländern berichtet. Auch auf beregneten Flächen wurde z. T. sehr hoher Befall festgestellt, so z. B. in Israel und Mittelasien.

11.7.5.5. Wirtspflanzen

Eierfrucht	*Lycium chinense*
Kartoffel	*L. halimifolium*
Paprika	*L. pimpinellifolium*
Tomate	*Nicandra physaloides*
Argemone mexicana	*Nicotiana rustica*
Capsicum frutescens	*Physalis minima*
Datura stramonium	*Solanum dulcamare*
Hyoscyamus niger	*S. nigrum*
	S. rostratum

Aufgrund des Pathogenitätsverhaltens der einzelnen Wirtsherkünfte wurden bei *X. campestris* pv. *vesicatoria* bisher meist eine Tomaten- und eine Paprikarasse unterschieden. In den letzten Jahren sind von dem Erreger 3 Pathotypen (Charudattan et al. 1973) bzw. 4 Rassen beschrieben worden (Dahlbeck & Stall 1979).

11.7.5.6. Bekämpfung

Als wichtigste prophylaktische Maßnahmen werden empfohlen:
— Vermeiden einer zu starken Anbaukonzentration der Wirtspflanzen
— kein direkter Nachbau von Tomaten nach Paprika
— erhöhte Kaliumdüngung bei hohem Stickstoffniveau.

Die Samen sollten durch Ausgären der Pulpe gewonnen werden. Zur Abtötung des Erregers am Saatgut sind vor allem Tauchbehandlungen mit Salz- oder Essigsäure (10%, 15 min), Sublimat ($HgCl_2$, 50 mg/100 g Saatgut), Natriumhypochlorit, Chloramin, Kaliumpermanganat, Agrimycin oder Arenarin geeignet.

Zur Bekämpfung im Bestand werden am häufigsten wöchentliche Spritzungen mit Kupfermitteln, vor allem in Kombination mit Zineb, Maneb, Mancozeb oder auch Chinosol, empfohlen.

Bei Resistenzprüfungen und -züchtungen konnte bisher noch keine vollständig resistente Form gefunden bzw. Sorte gezüchtet werden. Als wenig anfällig werden unter anderem ‚Campbell 28', ‚Hawaii 7998', ‚Homestead 61', ‚Ohio 4013', ‚Ohio 4014', ‚Roma VF', ‚Rutgers', ‚Tropic' sowie mehrere „Heinz"-Linien beschrieben.

11.7.6. Naßfäule der Tomate

(soft rot; versinnaja gnil' plodov; pudricion blanda bacteriana)

11.7.6.1. Erreger

Diese Krankheit wird von mehreren pectinolytischen Bakterien verursacht. Nach Untersuchungen von Bartz (1980) sind daran beteiligt:

66% *Erwinia carotovora* subsp. *carotovora* (Jones 1901) Bergey, Harrison, Breed, Hammer & Huntoon 1923
17% *Pseudomonas marginalis* pv. *marginalis* (Brown 1918) Stevens 1925
17% *Pseudomonas aeruginosa* (Schroeter 1872) Migula 1900

Des öfteren ist außerdem noch

Erwinia carotovora subsp. *atroseptica* (van Hall 1902) Dye 1969

nachgewiesen worden (Barzic et al. 1976). Jeder der Erreger kann allein Naßfäule an Tomatenfrüchten verursachen; den stärksten macerierenden Effekt ruft *E. carotovora* var. *carotovora* hervor, die z. T. auch nur als einziger Erreger nachgewiesen wurde. Daß *Ps. aeruginosa* Krankheitserscheinungen bei bestimmten Pflanzen verursachen kann, ist seit längerem bekannt (s. dazu a. 11.6.1. und 11.10.5.2.).

Die morphologischen Merkmale, physiologischen Leistungen und Synonyme der übrigen Erreger sind im Abschnitt 9.2.2. ausführlich beschrieben.

11.7.6.2. Krankheitsbild, Krankheitsverlauf, Übertragung

Auf den Früchten entstehen helle bis dunkle, wasserdurchsogene, leicht eingesenkte Flecke, die sich vergrößern und miteinander verschmelzen. Das kranke Gewebe ist naßfaul und wird schließlich wäßrig. Zunächst bleibt die Fruchthaut intakt, später schrumpft sie etwas ein. Wenn Risse entstehen, fließt das völlig zersetzte Fruchtfleisch heraus (Arsenijević 1978).

Ein Befall des Stengels ist meist durch eine äußerliche leichte Verbräunung sowie Fäulnis des Markes gekennzeichnet. Die Blätter und Sprosse welken relativ plötzlich; häufig verliert der Stengel vollständig seinen Halt.

Die Fruchtfäule beginnt meist erst Ende des Sommers bzw. zum Herbstanfang (Arsenijevic 1978). Sie kann an grünen und roten Früchten auftreten. Die Erreger sind Bodenbewohner und überdauern vor allem in verseuchten Pflanzenrückständen. Durch starke Regenfälle kommt es zur Kontamination des Sprosses. Die Infektion erfolgt über Wunden und wird durch feuchtwarme Witterung begünstigt. Besonders groß ist die Übertragungsgefahr beim Waschen geernteter Tomatenfrüchte in Waschtanks, wobei die Erreger über Fruchtansatzstellen bzw. Risse in der Fruchthaut leicht eindringen können.

11.7.6.3. Diagnose

Tomaten-Fruchtfäulen können auch durch Pilze verursacht werden (Batson 1973). Eine Schnelldiagnose der bakteriellen Naßfäuleerreger ist mit Hilfe des Kartoffel- oder Möhrenscheibentests möglich. Weitere Angaben, auch zur Isolierung und Differentialdiagnose der Erreger, sind dem Abschnitt 9.2.1.3. zu entnehmen.

11.7.6.4. Verbreitung und wirtschaftliche Bedeutung

Von den Naßfäuleerregern der Tomate ist *E. carotovora* subsp. *carotovora* am weitesten verbreitet. *Ps. marginalis* pv. *marginalis* und *Ps. aeruginosa* sind bisher nur in Großbritannien und den USA nachgewiesen worden. Über sehr hohe Ertragsausfälle in warmen Klimazonen der UdSSR bzw. in Gewächshauskulturen (im Gebiet um Moskau z. T. 20%) berichtet (Izrailski (1979)). Zum Schadausmaß in den warmen Ländern Europas liegen keine konkreten Angaben vor. Die teilweise sehr hohen Ernteverluste in den USA sind häufig durch das Waschen und die anschließende Lagerung bzw. den weiten Transport des Erntegutes bedingt (Bartz 1980).

11.7.6.5. Wirtspflanzen

(s. hierzu 9.2.2.5.)

11.7.6.6. Bekämpfung

Die allgemein zu empfehlenden pflanzenbaulichen Maßnahmen werden im Kapitel 11.8.2. dargelegt. Zur Bekämpfung der Naßfäuleerreger werden beim Waschen des Erntegutes dem Tauchbad vor allem Chlorpräparate zugesetzt und Lagertemperaturen von 12,5 °C unter einer Atmosphäre von 4% O_2 und 96% N_2 empfohlen (Ibe & Grogan 1983).

Bei Resistenzprüfungen erwiesen sich ‚Homestead 24', ‚Florida-1 H-1', ‚Marglobe', ‚Jablonelistnyj', ‚Beste von allen', ‚Budennovka', ‚Altajskij rannij' u. a. als weniger anfällig.

11.8. Bakteriosen des Paprikas

11.8.1. Bakterielle Fleckenkrankheit des Paprikas

(bacterial spot (scab) of pepper; bakterial'naja pjatnistost'; taches bactériennes sur piment; mancha bacteriana del pimiento)

11.8.1.1. Erreger

Xanthomonas campestris pv. *vesicatoria* (Doidge 1920) Dye 1978
Synonyme, Morphologie und physiologische Merkmale werden im Abschnitt 11.7.5. abgehandelt.
An Paprika wurden 2 verschiedene Erregerrassen beschrieben.

11.8.1.2. Krankheitsbild, Krankheitsverlauf, Übertragung

An den Blättern erscheinen zunächst kleine, braune, wasserdurchsogene Flecke, die später rund werden und ein graues Zentrum sowie einen gelben Hof ausbilden (Tafel VI, 1.).

Auf den Früchten entstehen anfangs kleine, weißliche Flecke, die später braun und schorfartig werden und ein graues Zentrum aufweisen (Tafel VI, 2.). Bei starkem Befall der Pflanzen welken die Blätter, häufig fallen sie später ab. Meist unterbleibt dann auch die Blütenbildung, oder es werden die Blüten abgestoßen.

X. campestris pv. *vesicatoria* ist samenübertragbar und wurde noch an 10 Jahre lang gelagertem Saatgut nachgewiesen (BASHAN et al. 1982). Der Erreger haftet entweder äußerlich an den Samen oder befindet sich unter der Samenschale. Er kann auch an infizierten Pflanzenrückständen überwintern bzw. an symptomlosen Unkräutern epiphytisch überdauern. Infizierte Keimlinge weisen meist keine Krankheitssymptome auf.

Im Bestand breitet sich die Krankheit nur bei feuchtwarmem bzw. regnerischem Wetter aus.

Der Erreger dringt über Stomata in das Blattgewebe ein, zerstört die Zellen und besiedelt die Gefäße, so daß die Pflanzen auch systemisch infiziert werden können (CROSSAN & MOREHART 1964).

11.8.1.3. Diagnose

Das Krankheitsbild kann mit dem der Blatt- und Fruchtfleckenkrankheit (s. 11.8.3.) verwechselt werden. Im Gegensatz zu deren Erreger — *Clavibacter michiganensis* subsp. *michiganensis* — sind die Zellen von *X. campestris* pv. *vesicatoria* jedoch beweglich, sie reagieren Gram-negativ und rufen nach Injektion in Stengel junger Tomatenpflanzen keine Welkesymptome hervor.

Zur Isolierung des Erregers ist YDC-Agar geeignet. Für den Nachweis am bzw. im Samen empfehlen SHEKAWAT & CHAKRAVARTI (1979) einen kombinierten Bio- und Plattentest, wobei erst eine Anreicherung des Erregers im Keimling und danach über junge Paprikapflanzen erfolgt. Anhand der ausgebildeten Krankheitssymptome sowie des Bakterienauswuchses von ausgelegtem Pflanzenmaterial auf TTC-Agar lassen sich Rückschlüsse auf den Befallsgrad des Saatgutes ziehen. Zur Diagnose von Erregerisolaten werden Paprikapflanzen im 4-Blatt-Stadium tropfnaß mit einer Suspension von 10^8 Zellen/ml besprüht und anschließend für mindestens 18 Std. in eine Feuchtkammer (25—30 °C) gestellt. Die Untersuchung der beiden an Paprika vorkommenden Erregerrassen kann nach COOK & GUEVARA (1983) mit Hilfe der 3 Testpflanzen *Capsicum annuum* FLA 23-1, *C. chacoense* PI 260 435 und *Nicotiana tabacum* erfolgen.

Über die Anwendung serologischer Methoden und den Einsatz von spezifischen Bakteriophagen zur Identifizierung wurde bereits im Abschnitt 11.7.5. berichtet.

11.8.1.4. Verbreitung und wirtschaftliche Bedeutung

X. campestris pv. *vesicatoria* ist auf allen Kontinenten verbreitet (s. 11.7.5.). Bei Paprika sind besonders große Verluste in humiden Küstengebieten bzw. auf Beregnungsflächen in wärmeren Ländern zu verzeichnen.

11.8.1.5. Wirtspflanzen

(s. hierzu 11.7.5.)

11.8.1.6. Bekämpfung

Voraussetzung für eine Verhinderung des Befalls mit *X. campestris* pv. *vesicatoria* ist die Gewinnung von Saatgut aus gesunden Beständen. Die Jungpflanzen müssen stets in gedämpfter Erde angezogen werden. Erfolgt die Anzucht im Freien, sollte man möglichst Flächen verwenden, auf denen noch nie Tomaten oder Paprika kultiviert wurden. Zur Desinfektion verseuchter Böden haben sich Methylbromid-Chloropikrin (Trichlornitromethan im Verhältnis 2:1) 480 kg/ha bzw. Metham (Natrium-N-diethyldithiocarbamat) 748 l/ha bewährt (Jaworski et al. 1980).

Für die Bekämpfung des Erregers im Bestand wurden am häufigsten Kupferpräparate eingesetzt. Da sich bereits resistente Stämme herausgebildet haben, wird zur vorbeugenden Behandlung ein Kupfer-Mancozeb-Gemisch empfohlen, das erstmals 5 Tage nach dem Auspflanzen und danach nochmals 3—4 Tage später ausgebracht werden soll (Marco & Stall 1983). Auch mit Agrimycin 100 (Streptomycin + Oxytetracyclin; 200 ppm) wurden gute Bekämpfungserfolge im Bestand erzielt (Sharma et al. 1982).

Es gibt bereits einige Paprikalinien, die gegen beide Rassen resistent sind. ‚Jwale' erwies sich als nur wenig anfällig, dagegen werden ‚Hungarian Wax', ‚California Wonder' und ‚Chinese Giant' sehr stark befallen.

11.8.2. Naßfäule des Paprikas

(soft rot; veršinnaja gnil' plodov)

11.8.2.1. Erreger

Die Naßfäule des Paprikas wird, ebenso wie bei der Tomate (s. 11.7.6.), durch mehrere pectinolytische Bakterien verursacht, wobei *Erwinia carotovora* subsp. *carotovora* (Jones 1901) Bergey, Harrison, Breed, Hammer & Huntoon 1923 der dominierende Erreger ist (Vincelli & Cappellini 1984).

11.8.2.2. Krankheitsbild, Krankheitsverlauf, Übertragung

Auf den Paprikafrüchten erscheinen anfangs kleine helle bis dunkle Flecke. Sehr bald wird das Gewebe im Befallsbereich weich, bei Druck trennt es sich von der Fruchthaut ab. Wenn die Läsionen größer werden, verschmelzen sie meist miteinander, so daß sich große, naßfaule Befallsstellen bilden (Abb. 11.15.). Sehr oft fault das gesamte Fruchtfleisch, während die Epidermis zunächst noch intakt bleibt. Wenn sie aufreißt, fließt die verfaulte Pulpe als wäßrige Flüssigkeit aus; das restliche Gewebe wird trocken und mumifiziert (Arsenijević 1978). Die Naßfäule kann auch auf benachbarte Sproßteile übergehen.

Die Krankheit beginnt erst während der Reife der Früchte, im Juli/August.

Die Erreger überdauern im Boden in verseuchten Rückständen von Kartoffeln, Kohl, Tomaten und anderen Kulturpflanzen und sind unter feuchtwarmen Bedingungen auch an Wurzeln und anderen Sproßteilen symptomloser Paprikapflanzen nachzuweisen (Coplin 1980). Durch Wunden, insbesondere bei Regen oder Hagelschauern, kommt es bei höheren Temperaturen (25—30 °C) zur Infektion der Pflanzen und verheerenden Ausbreitung der Krankheit. Als Vektoren sind bisher Dipteren (Arsenijević 1978) sowie die Raupen von *Ostrinia nubilalis* Hb. (Mazzucchi & Dalli 1973) bekannt geworden.

Während der Ernte dringen die bakteriellen Erreger über Fruchtstiel und Kelchgewebe in das Fruchtinnere ein, wobei Nässe die Übertragung sehr begünstigt. Bei Wärme und hoher Feuchtigkeit kann das Erntegut innerhalb von 2—6 Tagen völlig verfault sein.

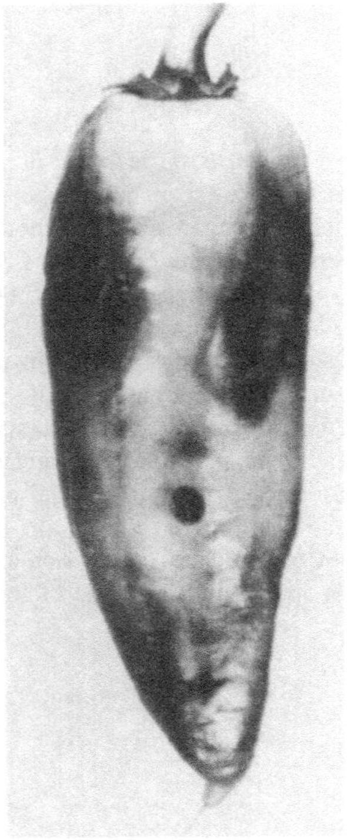

Abb. 11.15. Bakterielle Naßfäule an Paprikafrucht.

11.8.2.3. Diagnose

(s. 11.7.6.3.)

11.8.2.4. Verbreitung und wirtschaftliche Bedeutung

Bakterielle Naßfäuleerreger sind weltweit verbreitet, folglich kann die Krankheit in allen Paprika anbauenden Ländern auftreten. Berichte über hohe Verluste liegen aus Italien, Jugoslawien, den USA und anderen Ländern vor. Besonders hoch sind die Ausfälle dann, wenn Paprikafrüchte gewaschen und über sehr weite Strecken transportiert werden.

11.8.2.5. Wirtspflanzen

(s. 9.2.2.)

11.8.2.6. Bekämpfung

Da die Erreger in den Rückständen mehrerer Kulturpflanzen überdauern können, muß man der Gestaltung der Fruchtfolge besondere Aufmerksamkeit widmen. Bei Befallsgefährdung darf nicht beregnet werden. Pflegemaßnahmen und Ernte sollte man möglichst nur in trockenen Pflanzenbeständen durchführen. Durch Belassen der Fruchtstiele und sofortiges Vorkühlen des Erntegutes auf 10 °C kann die Naßfäule im Lager bzw. beim Transport verzögert, aber nicht vollständig unterdrückt werden (SHERMAN et al. 1982).

Über Unterschiede in der Anfälligkeit der einzelnen Sorten liegen bisher keine Angaben vor.

11.8.3. Blatt- und Fruchtfleckenkrankheit des Paprikas

(leaf and fruit spot disease of pepper)

11.8.3.1. Erreger

Clavibacter michiganensis subsp. *michiganensis* (Smith 1910) Davis, Gillaspie, Vidaver & Harris 1984.
Synonyme, Morphologie und physiologische Leistungen sind dem Abschnitt 11.7.1. zu entnehmen.

11.8.3.2. Krankheitsbild, Krankheitsverlauf, Übertragung

An den Blättern erscheinen zunächst kleine Bläschen oder pustelähnliche weiße Flecke, die sich mit der Zeit vergrößern (Tafel VI, 3.). Dabei werden sie im Zentrum nekrotisch und braun; meist sind sie von einem weißen Hof umgeben. Bei starkem Befall werden die Blätter abgeworfen. An den Früchten zeigen sich zuerst weiße, punktförmige, oberflächliche oder leicht erhabene Flecke. Sie erreichen eine Größe von 1—2 mm, färben sich im Zentrum braun und sind, ebenso wie die „Vogelaugenflecke" auf Tomatenfrüchten, von einem weißen Hof umgeben. Die Läsionen können zusammenfließen und eine Kruste bilden. Häufig lassen sich auf ihrer Oberfläche kleine Risse beobachten.

Die Samen infizierter Früchte sind braun verfärbt, kleiner als gesunde und keimen sehr schlecht (Lai 1976).

Niemals, auch nicht nach künstlicher Infektion, werden an Paprika Welkesymptome ausgebildet.

C. michiganensis subsp. *michiganensis* ist samenübertragbar und breitet sich im Bestand über verwundete Pflanzenorgane aus. Krankheitsentwicklung und -ausbreitung werden durch sehr hohe Luftfeuchtigkeit, Regen (Beregnung) und Temperaturen zwischen 25—30 °C gefördert. Eine Übertragung des Erregers von befallenen Tomatenpflanzen auf Paprika ist möglich (Volcani et al. 1970).

11.8.3.3. Diagnose

Krankheitssymptome auf den Blättern können mit denen, die bei Befall mit *X. campestris* pv. *vesicatoria* entstehen, verwechselt werden.

Die Erregeridentifizierung erfolgt in gleicher Weise, wie sie für *C. michiganensis* subsp. *michiganensis* an Tomate beschrieben wurde (s. 11.7.1.). Für einen Biotest sind junge Paprika- oder Tomatenpflanzen sowie Paprikaschoten geeignet. Die Erregersuspension wird entweder aufgesprüht (Paprikablätter oder Früchte), injiziert (Früchte) oder direkt auf das Gefäßsystem appliziert (unterstes Blatt von Paprika- oder Tomatenpflanzen abschneiden). Das inokulierte Material inkubiert man mehrere Tage in Feuchtkammern bei Temperaturen zwischen 25 und 30 °C. An Paprika werden die typischen Blatt- und Fruchtsymptome, aber niemals eine Welke, ausgebildet. Tomatenpflanzen reagieren nach ca. 2 Wochen mit den typischen Welkesymptomen (Lai 1976).

11.8.3.4. Verbreitung und wirtschaftliche Bedeutung

Über das natürliche Vorkommen der Krankheit wurde bisher aus Israel (Volcani et al. 1970) und Kalifornien (Lai 1976) berichtet. Stets waren zunächst nur vereinzelt kranke Pflanzen zu beobachten. 1970 kam es in Israel, vor allem in Gewächshauskulturen, zu starken Ertragsausfällen. Die Autoren vermuten, daß sich die Krankheit weiter ausbreiten und eine zunehmende Bedeutung bekommen wird.

11.8.3.5. Wirtspflanzen

(s. hierzu 11.7.1.)

11.8.3.6. Bekämpfung

Über geeignete Pflanzenschutzmaßnahmen liegen bisher keine Angaben vor. Es ist anzunehmen, daß die für die Bekämpfung des Erregers an Tomaten angewandten Methoden auch für die Ausschaltung der Krankheit in Paprikakulturen geeignet sind.

11.9. Bakteriosen der Eierfrucht

11.9.1. Kleinblättrigkeit der Eierfrucht

(little leaf disease of eggplant; erfermedad de las hojas pequenas de la berenjena)

11.9.1.1. Erreger

Die Kleinblättrigkeit wird durch einen *Mycoplasma*-ähnlichen Organismus (MLO) hervorgerufen. Elektronenmikroskopisch wurden im Phloem erkrankter Pflanzenteile MLO vielfach nachgewiesen, auch über eine erfolgreiche Isolierung der Erreger wird berichtet. Weitere Angaben über diese Erregergruppe sind im Abschnitt 9.1. enthalten.

11.9.1.2. Krankheitsbild, Krankheitsverlauf, Übertragung

Das Krankheitsbild ist durch Reduzierung der Blattgrößen, Stimulierung der in der Regel ruhenden Achselknospen und Proliferation der Axillartriebe charakterisiert. Außerdem kann es zu Wachstumshemmung, Phylloidie und Virescenz der Blütenstände kommen. Häufig wird auch eine Reduzierung der Wurzelmasse in Verbindung mit Chlorosen an den jüngsten Blättern beobachtet. Infizierte Pflanzen bilden entweder kleine Früchte aus, oder ein Fruchtansatz unterbleibt. Werden jedoch Früchte angesetzt, sind sie hart, zäh und unausgereift.

Die Übertragung erfolgt durch Zikaden.

11.9.1.3. Diagnose

Nähere Angaben zur Diagnose von MLO werden im Abschnitt 9.1. gemacht.

11.9.1.4. Verbreitung und wirtschaftliche Bedeutung

Die Krankheit tritt verbreitet im indischen Raum auf, ist aber de facto in allen Hauptanbaugebieten des Wirtes anzutreffen. Sie verursacht z. T. beachtliche Ertragsausfälle. Je frühzeitiger eine Infektion erfolgt, desto weniger Früchte können sich entwickeln. Zur Bestimmung des Verseuchungsgrades im Freiland werden zwei Methoden empfohlen:
- Erfassung der Anzahl kranker und gesunder Blätter bei infizierten Pflanzen
- Ermittlung der Anzahl gesunder Blätter bei gesunden und kranken Pflanzen.

11.9.1.5. Wirtspflanzen

Die Erreger der Kleinblättrigkeit besitzen einen sehr großen Wirtspflanzenkreis. Umfangreiche Beobachtungen und künstliche Inokulationen an zahlreichen Pflanzenarten machen deutlich, daß Kulturen aus fünf Familien (Solanaceae, Asteraceae, Apocynaceae, Fabaceae, Papaveraceae) infiziert werden können.

11.9.1.6. Bekämpfung

Die Bekämpfung der Kleinblättrigkeit an Eierfrucht ist auf folgende Weise möglich:
- Thermo- und Chemotherapie (mit verschiedenen Antibiotica)
- Analyse resistenter Sorten und Linien bzw. Resistenzzüchtung und
- Veränderung des Nährstoffangebotes.

Für eine annähernd ausreichende Wärmetherapie ist eine 10tägige Behandlungsdauer bei 44 °C erforderlich. Eine temporäre therapeutische Wirkung zeigen Achromycin, Terramycin, Aureomycin, Ledermycin, Chloromycin und Chloramphenicol sowie verschiedene Tetracycline in folgender Rangfolge: Oxytetracyclin > Tetracyclin > Dimethylchlortetracyclin > Chlortetracyclin. Gewisse Teilerfolge sind auch über eine Vektorbekämpfung zu erzielen.

Bei Pathogenitätsprüfungen erwiesen sich nur ganz wenige Sorten als resistent, ein größerer Anteil war mäßig resistent, es überwogen aber bei weitem Sorten mit einer ± hohen Anfälligkeit.

Sarkar & Joshi (1977) fanden, daß die Applikation von Phosphor, Kalium, Eisen, Schwefel und Calcium die Infektion durch MLO vermindert. Dagegen schlugen Versuche fehl, durch das Anlegen von Calluskulturen mit Sicherheit befallsfreie Pflanzen zu erhalten (Mitra et al. 1981).

11.9.2. Bakterielle Welke der Eierfrucht

(bacterial wilt of eggplant; marchitamiento bacteriano de la berenjena)

11.9.2.1. Erreger

Pseudomonas solanacearum (E. F. Smith 1896) E. F. Smith 1914
Die Synonyme sowie die morphologischen und physiologischen Merkmale werden im Abschnitt 9.3.2. behandelt.

11.9.2.2. Krankheitsbild, Krankheitsverlauf, Übertragung

Das typische Krankheitsbild zeigt sich im Juli/August mit Beginn der Blüte und des ersten Fruchtansatzes. Jungpflanzen und noch frühere Entwicklungsstadien werden unter natürlichen Infektionsbedingungen kaum befallen. Später tritt die Bakterielle Welke im Bestand sehr plötzlich auf und ist durch ein Herabhängen von Blattspitzen und Jungtrieben charakterisiert. Die befallenen Pflanzen sterben innerhalb von 3—5 Tagen nach dem Erscheinen der ersten Welkesymptome ab. Die geschädigten Blattzonen haben ein wasserdurchtränktes Aussehen und nehmen dabei eine dunkelgrüne Farbe an. Häufig sind auf den Stengeln dunkelbraune bis schwarze Streifen zu beobachten. Im weiteren Krankheitsverlauf werden diese Zonen faul, und auf der Oberfläche sind winzige Schleimtröpfchen sichtbar. Durchschneidet man den Stengel oder Wurzelabschnitte, so ist eine deutliche Gefäßverbräunung erkennbar. Werden diese Befallsabschnitte in Wasser eingelegt, tritt an der Schnittfläche ein milchig-weißer Schleim aus dem Gefäßbündelbereich aus.

Die durch Samen und den Boden übertragbare Krankheit breitet sich unter feuchten, regenreichen Witterungsbedingungen stark aus. Ihr Auftreten ist daher in den einzelnen Jahren sehr unterschiedlich. Als Infektionsquelle dient in erster Linie der Boden, da *Ps. solanacearum* in natürlich infiziertem Ackerland über zwei Jahre lebensfähig ist und außerdem sehr viele verschiedene Wirtspflanzen (s. 9.3.2.) infizieren kann.

11.9.2.3. Diagnose

(s. hierzu 9.3.2.)

11.9.2.4. Verbreitung und wirtschaftliche Bedeutung

Der Erreger ist weltweit verbreitet und kommt vor allem in tropischen und subtropischen Anbaugebieten vor (s. 9.3.2.). In den Befallsländern muß mit einer durchschnittlichen Schädigung von 15—23% abgestorbener Eierfruchtpflanzen vor dem Fruchtansatz gerechnet werden. Dieser Ausfall steigt mit zunehmender Fruchtausbildung auf >60% an. Dabei spielen Sortenunterschiede eine erhebliche Rolle.

11.9.2.5. Wirtspflanzen

(s. hierzu 9.3.2.)

11.9.2.6. Bekämpfung

Die einfachsten Bekämpfungsmaßnahmen bestehen in der Einhaltung pflanzenhygienischer Maßnahmen. In vielen außereuropäischen Anbauzentren verhindern Fruchtfolgen mit Mais, Baumwolle, Sojabohnen, Gräsern, Reis und *Mimosa invisa* eine stärkere Bodenverseuchung. Unter Gewächshausbedingungen wird zur Bekämpfung des Erregers mit Erfolg Methylbromid (135,7 g/m^2) eingesetzt. Die größte Beachtung wird in Befallslagen seit über 40 Jahren dem Anbau resistenter Sorten geschenkt. So galt unter den älteren Sorten ‚Black Beauty' als sehr anfällig im Vergleich zu ‚Puerto Rican Beauty' und ‚E 12'. Rao et al. (1976) fanden bei ‚Dingras Multiple Purple', ‚Sinampiro' und ‚Pusa Purple Cluster' eine relativ hohe Krankheitsresistenz. Untersuchungen durch Goth (1983) an Zuchtmaterial von *S. melongena* aus den USA und aus Indien zeigen, daß die Linie SM-6 eine mögliche Resistenzquelle für die Züchtung neuer Sorten mit Widerstandsfähigkeit gegen *Ps. solanacearum* Rasse 1 und 3 darstellt.

11.9.3. Weitere Bakteriosen der Eierfrucht

11.9.3.1. Bakterienringfäule

(ring rot)

Clavibacter michiganensis subsp. *sepedonicus* (vgl. 9.3.1.) ruft auch an der Eierfrucht typische Welkesymptome hervor (Abb. 11.16.). Als besonders anfällig gelten die Sorten ‚Black Beauty', ‚Black Bountiful', ‚Black King', ‚Garden Prolific', ‚New Hampshire Hybrid', ‚New York Improved' und ‚Extra Early Dwarf Purple'. In jüngster Zeit ist die Anfälligkeit weiterer Sorten geprüft worden (Zielke & Naumann 1984). Wegen ihrer starken Anfälligkeit sind junge Eierfruchtpflanzen der oben genannten Sorten als Testpflanzen für *C. michiganensis* subsp. *sepedonicus* besonders geeignet.

Abb. 11.16. Von *Clavibacter michiganensis* subsp. *sepedonicus* hervorgerufene Welkesymptome an Eierfruchtpflanze (*Solanum melongena*).

11.9.3.2. Bakteriennaßfäule

(soft rot)

Unter günstigen Infektionsbedingungen (Temperaturen > 25 °C, verbunden mit hoher Feuchtigkeit) können die Früchte von *S. melongena* auch durch *Bacillus subtilis* befallen werden. Der Erreger maceriert das Zellgewebe der Frucht, und es kommt zu einer Naßfäule, die der durch *Erwinia carotovora* subsp. *carotovora* verursachten ähnlich ist.

11.10. Bakteriosen der Zwiebel und des Porrees

11.10.1. Naßfäule der Speisezwiebel („Zwiebelrotz")

(bacterial soft rot of onion; mokraja gnil'luka; pourriture humide d'oignon; podredumbre blanda bacteriana)

11.10.1.1. Erreger

Erwinia carotovora subsp. *carotovora* (Jones 1901) Bergey, Harrison, Breed, Hammer & Huntoon 1923
Die Synonyme sowie die morphologischen und physiologischen Merkmale des Erregers werden im Abschnitt 9.2.2. näher beschrieben.

11.10.1.2. Krankheitsbild, Krankheitsverlauf, Übertragung

An Lagerzwiebeln kommt es zuweilen zur Entstehung einer typischen Bakteriellen Naßfäule. Dabei wird das Zwiebelfleisch zunächst glasig (Abb. 11.17.). Nach kurzer Zeit beginnt sich das Knollenfleisch zu zersetzen, wobei es nach und nach eine schleimige Konsistenz annimmt. Charakteristischerweise entwickelt sich dabei ein unangenehmer Faulgeruch, der höchstwahrscheinlich vor allem durch die Einwirkung saprophytischer Sekundärbesiedler ausgelöst wird.

Ausgangspunkt für eine Infektion der Zwiebeln durch *E. carotovora* subsp. *carotovora* sind stets bei der Ernte oder beim Transport eintretende Beschädigungen am Zwiebelkörper. Inwieweit es im Zusammenhang mit einer Primärinfektion durch die Zwiebelhalsfäule, *Botrytis allii* Munn., zu einem Ausbruch der Naßfäule kommen kann, ist bisher noch nicht geklärt. Nach neueren japanischen Untersuchungen ist auch eine Übertragung durch Blattkontakt möglich.

Hauptinfektionsquelle für den Befall mit *E. carotovora* subsp. *carotovora* ist der Boden, in dem der Erreger verbreitet vorkommt (s. 9.2.2.).

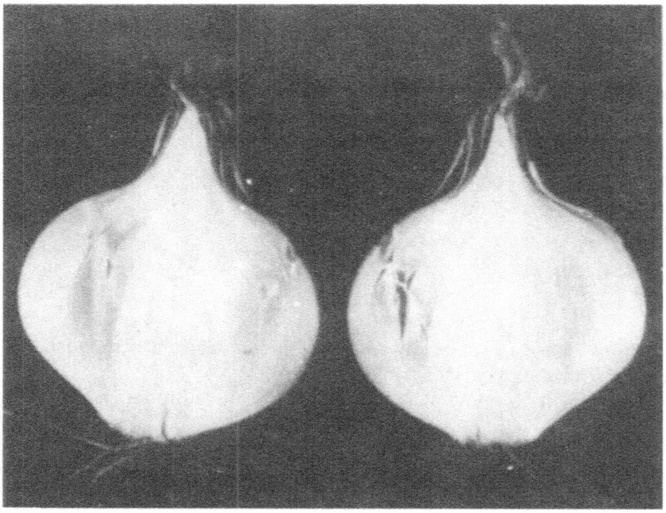

Abb. 11.17. Durch Infektion mit *Erwinia carotovora* subsp. *carotovora* nach äußerer Verletzung entstandene Naßfäulesymptome in einer Küchenzwiebel.

11.10.1.3. Diagnose

Der Erregernachweis erfolgt auf dem für pectinolytische *Erwinia* spp. üblichen Wege über Kartoffel- bzw. Zwiebelscheibentest und Selektivmedien (s. 9.2.1.3.) (LUND 1983).

11.10.1.4. Verbreitung und wirtschaftliche Bedeutung

Die Krankheit wurde erstmals Anfang dieses Jahrhunderts aus Frankreich beschrieben. Seitdem gibt es Berichte aus weiteren europäischen Ländern (BRD, Ungarn, UdSSR) und aus Japan über das Auftreten von *E. carotovora* subsp. *carotovora* an Zwiebeln. In Italien verursachte dieser Erreger bei höheren Temperaturen (> 20 °C) erhebliche Ausfälle an Porreepflanzen.

Konkrete Angaben über die Höhe der eingetretenen Verluste liegen jedoch bisher nicht vor.

11.10.1.5. Wirtspflanzen

E. carotovora subsp. *carotovora* kann bei zahlreichen Gemüsepflanzen (Kohl, Möhren u. a.) Naßfäule hervorrufen. Sie tritt aber hauptsächlich als Vorrats- und Lagerkrankheit auf (Lund 1983). (btr. Wirtspflanzenkreis s. 9.2.2.3.)

11.10.1.6. Bekämpfung

Die wichtigsten Vorbeugungsmaßnahmen bestehen in
- einer möglichst beschädigungsarmen Ernte und
- einer sofortigen Abtrocknung des Erntegutes.

Die zur Unterdrückung von pilzlichen Lagerkrankheiten übliche Wärmebehandlung (32 °C) wirkt sich offensichtlich auch vorteilhaft auf die Widerstandsfähigkeit der Zwiebeln gegen die Bakterielle Naßfäule aus. Da es nach neueren Untersuchungen erhebliche Anfälligkeitsunterschiede zwischen den Zwiebelsorten gibt, dürften künftig auch der Anbau und die Züchtung resistenter Sorten für die Lagerhaltung größere Bedeutung erlangen. Als sehr resistent haben sich die Sorten ‚Grubnyenskij', ‚Strigunovskij' und ‚Aroma' erwiesen (Füstös & Szarka 1983).

Daß die Anwendung von Thiosulfonsäureestern zur teilweisen Abtötung von bakteriellen Naßfäuleerregern an Zwiebelsamen führt, geht aus einer neueren Untersuchung in der UdSSR hervor (Sidorenko et al. 1981).

11.10.2. Bakterielle Zwiebelfäule

(bacterial rot of onion; pourriture des tiges d'oignon; podredumbre bacterial de la cebolla)

11.10.2.1. Erreger

Pseudomonas gladioli pv. *alliicola* (Burkholder 1942) Young, Dye & Wilkie 1978

Syn. *Phytomonas alliicola* Burkholder
Bacterium marginatum McCulloch
Pseudomonas marginata (McCulloch) Stapp
Ps. gladioli Severini
Ps. alliicola Starr & Burkholder

Morphologie: Stäbchen (0,7—1,4 × 1,05—2,8 μm); Gram-negativ; mehrere polare Geißeln vorhanden.
Kolonien auf Agar (KDA): weiß bis cremefarben, üppig, schleimig, rund.
Flüssigkulturen: Trübung von Nährbouillon, von oben und nach unten fortschreitende Braunfärbung, feines Häutchen vorhanden.
Temperaturoptimum: ~ 30 °C
Temperaturmaximum: 41 °C
Thermaler Tötungspunkt: 53 °C
Physiologische Leistungen: aerob; nitratreduzierend; Glucose, Maltose, Mannitol, Glycerol und Salicin werden verwertet (ohne Gasbildung); Lackmusmilch wird in 5 Tagen reduziert und peptonisiert; Gelatine wird nur langsam verflüssigt und gebräunt; H_2S und Indol werden nicht produziert; keine Stärkehydrolyse; stark lipolytisch und (zumindest ein Teil der Stämme) pectinolytisch aktiv. Oxidase-positiv, Arginindihydrolase-negativ.

Der Erreger bildet diffundierende gelbe bis gelb-grüne Pigmente, teils wird auch ein roter Farbstoff produziert.

Der G + C-Wert beträgt 68,5 Mol-%.

11.10.2.2. Krankheitsbild, Krankheitsverlauf, Übertragung

Befallene Zwiebeln sehen im Frühstadium äußerlich gesund aus. Im Innern zeigen zunächst 1—2 Schuppen ein verändertes Aussehen: sie wirken glasig-wasserdurchtränkt und haben eine weiche Konsistenz. Dieses Erscheinungsbild läßt an die Folgen einer Frosteinwirkung denken (Abb. 11.18.). Im weiteren Verlauf erfaßt die Weichfäule den gesamten Zwiebelkörper.[1])

Der Erreger kann auch Samenträger befallen und daran Fäuleerscheinungen hervorrufen.

Bei Resistenzprüfungen zeigte sich, daß eine positive Korrelation zwischen der Anfälligkeit (Läsionsgröße) und dem Trockenmassegehalt besteht (SZARKA & FÜSTÖS 1981/82). Im Pflanzeninnern werden verschiedene pectinolytische Enzyme gebildet und ausgeschieden.

Der Krankheitserreger ist samenübertragbar, wobei er von infizierten Pflanzenresten aus auf die Samen gelangt. Außerdem muß mit dem epiphytischen Vorkommen dieses pectinolytisch aktiven Erregers auf verschiedenen Gemüsearten, z. B. auch auf Porree, sowie mit einem latenten Auftreten im Innern gesunder Pflanzen (auch des Porrees) gerechnet werden (ROMBOUTS 1972; LUND 1983).

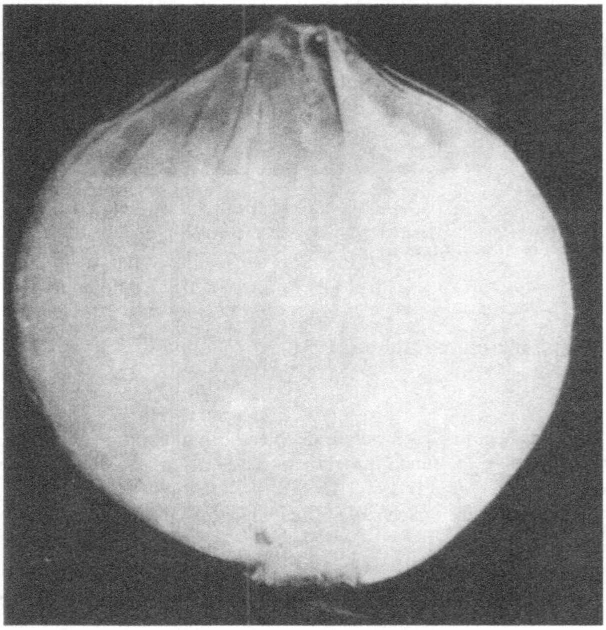

Abb. 11.18. Durch Befall von *Pseudomonas gladioli* pv. *alliicola* ausgelöste typische Fäulesymptome an einer Küchenzwiebel, speziell am Zwiebelhals. Aufnahme M. Hevesi.

11.10.2.3. Diagnose

Der Erreger kann durch Übertragung von befallenen Organteilen auf Zwiebelscheiben angereichert werden. Nach der Gewinnung von Einzelkolonien ist eine Identifizierung anhand der gebildeten Farbstoffe und der übrigen Merkmale (s. 11.10.2.1.) möglich.

11.10.2.4. Verbreitung und wirtschaftliche Bedeutung

Die Krankheit kommt in den USA, in Indien, Australien und in Europa (Bulgarien, Ungarn, UdSSR) vor.

---

[1]) Nach Angaben von GARIBALDI & TAMIETTI (1977) kann *Ps. marginalis* pv. *marginalis* an Porree ähnliche Symptome hervorrufen.

Über die durch sie verursachten Schäden lassen sich in der Literatur keine konkreten Daten finden.

11.10.2.5. Wirtspflanzen

Der Erreger kann bei künstlicher Inokulation auch Krankheitserscheinungen an Möhren sowie an Rhizomen von *Iris* spp. und Zwiebeln von *Tulipa* sp. und *Narcissus tazetta* hervorrufen (STAPP 1956).

11.10.2.6. Bekämpfung

In Bulgarien sind die geringsten Verluste dann zu verzeichnen, wenn die Ernte zum Zeitpunkt des Einziehens der Blätter vorgenommen wird (VITANOV 1976). Danach beläßt man die Pflanzen am besten 15 Tage zum Abtrocknen auf dem Feld, ehe das Kraut abgetrennt wird.

Lagerverluste können durch Aufbewahrung der Zwiebeln bei 0—2 °C vermieden werden.

Neuerdings ist die befallssenkende Wirkung von Ethyl- und Butyl-thiosulfonsäureester-Verbindungen (200—400 µg/ml) berichtet worden (SIDORENKO et al. 1981).

Während hinsichtlich der Anfälligkeit von oberirdischen Pflanzenteilen keine Sortenunterschiede nachweisbar waren, zeigten die Sorten ‚Grubnyenskij', ‚Aroma' und ‚Makoi' bei Infektion des Zwiebelkörpers deutlich geringeren Befall als der größte Teil des geprüften Sortiments (SZARKA & FÜSTÖS 1981/1982). Das deutet auf die Möglichkeit hin, daß sich die Schäden künftig auch auf dem Wege des Anbaus resistenter Sorten begrenzen lassen.

11.10.3. Sauerschaligkeit der Zwiebel

(sour skin of onion, slippery skin of onion; pelure sure d'oignon)

11.10.3.1. Erreger

Pseudomonas cepacia (ex Burkholder 1950) Palleroni & Holmes 1981

Syn. *Ps. multivorans* Stanier et al.
Ps. kingii Jonsson

Morphologie: Stäbchen (0,8 × 1,0—2,8 µm); Gram-negativ; 1—3 polare Geißeln vorhanden.

Kolonien auf Agar: auf NA bis 5 mm groß, schwefelgelb, rund; butterartig-pastös bis schwach viskos. Es kommen glatte (S-) und rauhe (R-) Formen vor.

Flüssigkulturen: bei Kultivierung in Nährbouillon bildet sich nach einiger Zeit ein gelbes Häutchen.

Temperaturoptimum: 30—35 °C

Temperaturmaximum: 42 °C

Physiologische Leistungen: aerob; Nitrat wird reduziert; Glucose, Lävulose, Saccharose, Maltose, Lactose, Arabinose, Mannitol und Glycerol werden nur langsam verwertet; Lackmusmilch zersetzt sich; H_2S- und Indolbildung ist nicht nachweisbar; Stärke wird nicht hydrolysiert; Abbau von Polypectaten und Pectinen im sauren und neutralen Bereich (pH 4,9—5,1).

Es werden nichtfluorescierende gelbe oder grüne Pigmente gebildet, die teilweise in den Agar diffundieren; Farbstoffproduktion auf KDA nur gering.

Die G + C-Werte variieren zwischen 67 und 68 Mol-%.

11.10.3.2. Krankheitsbild, Krankheitsverlauf, Übertragung

Die äußeren Zwiebelschuppen zeigen zunächst gelb aussehende Läsionen, später können sie insgesamt in eine schleimige Fäule übergehen. Die Infektion nimmt zuweilen ihren Ausgang auch von der Blattbasis her. Das Zwiebelinnere, aus dem die Blätter hervorgehen, ist meist nicht betroffen, obgleich auch das gelegentlich zu beobachten ist (COTHER & DOWLING 1985). Die Gelbfärbung kommt durch Farbstoffablagerungen pflanzlichen Ursprungs zustande. Die befallenen Schichten können einschrumpfen; beim Anfassen drückt man in diesem Zustand die inneren gesunden Teile leicht aus dem Zwiebelkörper heraus (Tafel VI, 4.).

Befallene Zwiebeln strömen einen essigartig-sauren Geruch aus, von dem der Name der Krankheit herrührt.

Diese Bakteriose wird durch mechanische Beschädigungen begünstigt, so daß bei verstärktem Einsatz von Vollerntemaschinen mit zunehmender Gefährdung gerechnet werden muß (BURKHOLDER 1950).

In infizierten Zwiebeln ist eine höhere Aktivität pectinolytischer Fermente nachweisbar, zwischen dem Enzymbildungsvermögen und der Pathogenität besteht ein Zusammenhang. Die Anfälligkeit von Zwiebelblättern wird mit zunehmendem Alter geringer. Eingedrungene Erregerzellen vermehren sich stark und breiten sich in den Intercellularen aus; nach dem Erscheinen der Symptome nimmt die Erregerkonzentration rasch ab.

Der Erreger ist im Boden weit verbreitet (LUND 1983). Er kann aber auch mit dem Saatgut übertragen werden (SZARKA 1978). Dagegen scheiden befallene Pflanzenreste als Infektionsquelle aus.

11.10.3.3. Diagnose

Eine Identifizierung des Erregers erfordert zunächst die Anreicherung mittels Zwiebelscheiben, die aufgrund seiner pectinolytischen Aktivität zersetzt werden. Ebenso wie bei *Ps. gladioli* pv. *alliicola* sind davon kleine Faulbreiproben auf geeignete Nährböden, z. B. King's Agar B oder NA, auszustreichen. Gelbe Einzelkolonien müssen ausgewählt und anhand der oben beschriebenen Merkmale (s. 11.10.3.1.) genauer identifiziert werden. Pflanzeneigene Isolate lassen sich aufgrund ihrer Fähigkeit zur Bacteriocinbildung und zur Maceration von Zwiebelscheiben und Pectatgelen von humanpathogenen *Ps. cepacia*-Stämmen unterscheiden; eine letale Wirkung auf Mäuse besitzen dagegen die pflanzen- und humanpathogenen Isolate gleichermaßen.

Vor kurzem haben BURBAGE et al. (1982) ein acelainsäure- und tryptaminhaltiges Selektivmedium für *Ps. cepacia* entwickelt, dem noch Chlorthalonil zur Unterdrückung störender Pilze hinzugefügt werden muß. WU & THOMPSON (1984) verwenden für den gleichen Zweck ein Medium mit Zusatz von 9-Chlor-9-(4-diethylaminophenyl)-10-phenylacridan und Polymyxin B-sulfat.

11.10.3.4. Verbreitung und wirtschaftliche Bedeutung

Berichte über das Auftreten der Krankheit liegen aus den USA, Australien, Ägypten, Italien und Ungarn vor.

Dabei waren Qualitätsminderungen und Ertragsausfälle zu verzeichnen (SZARKA 1978). Quantitative Angaben darüber fehlen jedoch bisher.

11.10.3.5. Wirtspflanzen

Der Erreger verursacht Krankheitserscheinungen — außer bei *Allium cepa* — an Rhizomen von *Iris* sp. Dagegen werden Kartoffelknollen, *Narcissus*-Zwiebeln und *Calla*-Rhizome nicht befallen. Hervorgehoben zu werden verdient, daß *Ps. cepacia* auch humanpathogen wirkt und besonders in Kliniken eine erhebliche Infektionsgefahr darstellt.

11.10.3.6. Bekämpfung

Die wichtigsten Maßnahmen zur Verhinderung der Sauerschaligkeit bestehen in folgendem:
- Gewinnung gesunden Saatguts (durch Überwachung der Saatbaubetriebe und Selektion der befallenen Samenträger) und
- Minimierung der mechanischen Belastung bei der Ernte und beim Transport.

Über Unterschiede in der Sortenanfälligkeit ist nichts bekannt.

Da *Ps. cepacia* — sie besitzt R-Plasmide — zur Resistenzbildung gegen chemische Noxen neigt, ist eine chemische Bekämpfung auf die Dauer nicht aussichtsreich.

Interessanterweise konnte durch Behandlung von Zwiebelsamen mit Isolaten von *Ps. cepacia* eine biologische Bekämpfung von pilzlichen Schaderregern erreicht werden, die für die Entstehung von Umfallkrankheiten verantwortlich sind. Versuche, diesen Effekt auch gegen *Fusarium oxysporum* f. sp. *cepae* Snyd. et Hans. zu nutzen, schlugen allerdings fehl.

11.10.4. Bakterielle Blattfleckenkrankheit der Zwiebel und Porree-Bakteriose

(bacterial leaf spot, bacteriosis of leeks; graisse bactérienne du poireau; bacteriosis de la cebolla, mancha bacteriana de la hoja de la cebolla)

11.10.4.1. Erreger

Pseudomonas syringae pv. *syringae* van Hall 1902
(Der Erreger wurde von den Erstbearbeitern als *Pseudomonas syringae* pv. *porri* Samson & Benjama bezeichnet und beschrieben[1])).

Synonyme sowie morphologische und physiologische Merkmale des Erregers werden in 13.2.1. behandelt.

11.10.4.2. Krankheitsbild, Krankheitsverlauf, Übertragung

Im Gegensatz zu den vorgenannten Krankheiten handelt es sich bei der Bakteriellen Blattfleckenkrankheit und der Porree-Bakteriose um eine typische Erkrankung der oberirdischen Organe. Sie äußert sich durch charakteristische streifige Läsionen auf jüngeren Blättern und durch einseitige Verkrümmung der befallenen Pflanzen (Tafel VI, 5.). Auf älteren Blättern entstehen ovale Ölflecke; auf Samenträgern, die besonders empfindlich sind, bilden sich unregelmäßige Flecke, die zusammenfließen, den Blütentrieb umgürten und die Blüte verzögern oder ganz verhindern können (Tafel VI, 6.).

Ob *Ps. syringae* pv. *syringae* samenübertragbar ist, konnte noch nicht sicher geklärt werden. Für die Weiterverbreitung im Bestand sind begünstigende klimatische Bedingungen bedeutsam; bei kühlen Temperaturen entwickelt sich die Krankheit nicht.

11.10.4.3. Diagnose

Die Isolierung und Identifizierung dieses Erregers kann mit den in 11.1.2.3. angeführten Methoden vorgenommen werden (Isolierung über King's Agar B, Prüfung der Isolate im Tabak-Hypersensibilitätstest).

Ps. syringae pv. *syringae* (sensu pv. *porri*) läßt sich allerdings auch gezielt mittels Selektivmedien und Immunfluorescenztechnik nachweisen (Samson et al. 1981).

11.10.4.4. Verbreitung und wirtschaftliche Bedeutung

Krankheitssymptome der beschriebenen Art sind bisher in Großbritannien, Frankreich, Italien, Neuseeland und Japan in Erscheinung getreten.

Zur wirtschaftlichen Bedeutung geben Samson et al. (1981) an, daß bei Auszählungen in der Anzucht bis zu >50% befallener Pflanzen festgestellt wurden, unter den Stecklingen zeigten bis zu 35% Befallssymptome.

11.10.4.5. Wirtspflanzen und 11.10.4.6. Bekämpfung

Zum Wirtspflanzenkreis und zur Bekämpfung von *Ps. syringae* pv. *syringae* sei auf die allgemeinen Ausführungen in 13.2. verwiesen. Spezifische Empfehlungen zur Bekämpfung der Krankheit an Zwiebeln fehlen bisher.

11.10.5. Weitere bakteriell bedingte Krankheitserscheinungen

11.10.5.1. Mycoplasma-ähnliche Organismen

Über das Vorkommen von *Mycoplasma*-artigen Organismen an Zwiebelpflanzen, die Symptome der Asternvergilbung aufweisen, wird von zahlreichen Autoren berichtet (Müller et al. 1972; Ruszkiewicz & Zielinska 1981 u. a.).

---

[1]) Dieser Name ist allerdings bisher noch nicht validiert.

11.10.5.2. Innere Braunfäule und „Milchkaffee"-Krankheit der Zwiebel

Es ist noch auf einen Krankheitskomplex einzugehen, bei dem noch nicht geklärt ist, ob es sich um 2 verschiedene Bakteriosen handelt, oder ob das gleiche Symptombild von 2 unterschiedlichen Erregern hervorgerufen wird. Es sind dies die Innere Braunfäule und/oder die „Milchkaffee"-Krankheit der Zwiebel.

(internal brown rot; "café au lait")

11.10.5.2.1. Erreger

— *Pseudomonas aeruginosa* (Schroeter 1872) Migula 1900

Syn. *Bacterium aeruginosum* Schroeter
B. aeruginum Cohn
Bacillus aeruginosus (Schroeter) Trevisan
Micrococcus pyocyaneus Zopf
Pseudomonas pyocyaneus (Zopf) Flügge
Ps. pyocyanea (Zopf) Migula
Bacterium pyocyaneum (Zopf) Lehmann & Neumann
wahrscheinlich auch
Pseudomonas polycolor Clara

sowie
— *Pseudomonas fluorescens* Migula 1895

Syn. *Bacillus fluorescens liquifacians* Flügge
B. fluorescens Trevisan
Bacterium fluorescens (Trevisan) Lehmann & Neumann
Liquidomonas fluorescens (Trevisan) Orla-Jensen.

Morphologie: Stäbchen (0,5—0,8 × 1,0—3,0 bzw. 0,7—0,8 × 2,3—2,8 µm); Gram-negativ; beide sind beweglich; *Ps. aeruginosa* besitzt 1 polare Geißel, *Ps. fluorescens*-Zellen tragen dagegen mehrere polare Geißeln.
Kolonien auf Agar: konvex, hyalin bis weißlich, rund.
Temperaturoptimum: 37 °C (*Ps. aeruginosa*) bzw. 25—30 °C (*Ps. fluorescens*)
Temperaturmaximum: 41 °C (*Ps. aeruginosa*) bzw. 40 °C (*Ps. fluorescens*)
Physiologische Leistungen: beide Bakterienarten sind aerob und reduzieren Nitrat; sie verwerten Glucose, 2-Ketogluconat und β-Alanin; Saccharose, Trehalose und Sorbitol stellen nur für pflanzenpathogene *Ps. fluorescens*-Isolate C-Quellen dar, nicht dagegen für *Ps. aeruginosa*-Stämme; Geraniol wird nur von *Ps. aeruginosa* abgebaut; beide Arten sind zur Gelatineverflüssigung befähigt. Sie reagieren auch beide Oxidase- und Arginindihydrolase-positiv; Lävan bildet nur *Ps. fluorescens.*

Beide Arten produzieren auf King's Agar B fluorescierende Pigmente; außerdem ist *Ps. aeruginosa* befähigt, einen intensiv blauen Farbstoff, das Pyocyanin, zu synthetisieren.

Die G + C-Werte von *Ps. aeruginosa* betragen 67 Mol-%, die von *Ps. fluorescens* liegen im Bereich von 59,4—61,3 Mol-%.

11.10.5.2.2. Krankheitsbild, Krankheitsverlauf, Übertragung

Ps. aeruginosa kann nach den Untersuchungen australischer Autoren (Cother et al. 1976; Tesoriero et al. 1982) bei reifen Zwiebeln braune Läsionen an den inneren Schuppen hervorrufen (Abb. 11.19.). Die gelbbraunen Verfärbungen an den Blattbasen haben eine feste Konsistenz; erst nach Hinzutreten sekundärer Besiedler können die befallenen Teile in Naßfäule übergehen (Lund 1983). Eine Inokulation verwundeter Blätter führt nicht zum Befall. Offensichtlich kommt es nur unter besonderen Umständen (hohe Temperaturen, hohe Feuchtigkeit, Beregnungsbedingungen) zur Infektion und Entstehung von Symptomen.

Die „Milchkaffee"-Krankheit, die nach Feststellungen französischer Autoren von einem *Ps. fluorescens*-Biotyp ausgelöst wird, ist offensichtlich durch ein ähnliches Krankheitsbild gekennzeichnet (Caubel & Samson 1984). Durch den Befall der Zwiebeln mit dem Nematoden *Ditylenchus dipsaci* (Kühn) Til. wird das Auftreten der „Milchkaffee"-Krankheit begünstigt.

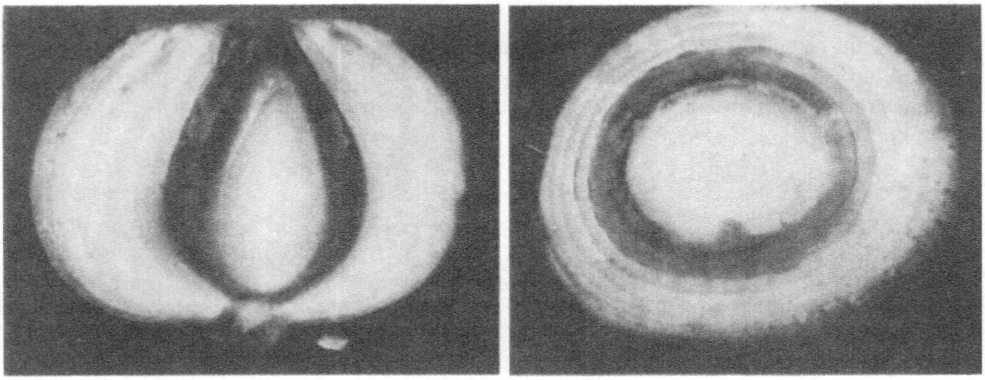

Abb. 11.19. Von *Pseudomonas aeruginosa* verursachte Verfärbung einzelner innerer Schalen einer Küchenzwiebel. Aufnahme E. J. Cother.

Ob es sich tatsächlich um 2 verschiedene Krankheiten handelt bzw. wirklich 2 unterschiedliche Bakterienarten beteiligt sind, wird die künftige Forschung zeigen müssen.

Beide Erreger sind Ubiquisten, sie kommen unter anderem in Oberflächengewässern, aber sicher auch im Boden vor. Eine Kontamination von heranwachsenden Zwiebeln ist daher jederzeit möglich.

11.10.5.2.3. Diagnose

Da beide Bakterienarten Fluorescenzfarbstoffe ausscheiden, kommt zu ihrer Isolierung aus verdächtigem Pflanzenmaterial in erster Linie King's Agar B in Betracht.

Ps. aeruginosa kann außerdem mit Hilfe von Acetamid-Agar bzw. durch Kultivierung in Malachitgrün- (nach Habs & Kirchner) oder Asparagin-Bouillon (nach Favero) selektiv angereichert werden.

Zur näheren Bestimmung sind dann die oben angeführten morphologischen und physiologischen Merkmale heranzuziehen (z. B. die unterschiedlichen Temperaturoptima und die Pyocyaninproduktion bei *Ps. aeruginosa*).

11.10.5.2.4. Verbreitung und wirtschaftliche Bedeutung

Während über die Innere Braunfäule der Zwiebel bisher nur Mitteilungen aus Australien vorliegen, wird über das Auftreten der „Milchkaffee"-Krankheit aus Frankreich berichtet.

Während eines Jahres betrugen die Verluste durch Befall mit *Ps. aeruginosa* fast 2000 t (Cother et al. 1976).

Über das Ausmaß der durch *Ps. fluorescens* eingetretenen Schäden sind bisher keine Angaben verfügbar.

11.10.5.2.5. Wirtspflanzen

Nach künstlicher Infektion mit *Ps. aeruginosa* zeigten sich Naßfäuleerscheinungen an verwundeten Salatblättern, Sellerieblattstielen und Kartoffelscheiben. Diese *Pseudomonas*-Species wurde aber auch an beachtlich vielen (17%) verdorbenen Tomatenfrüchten nachgewiesen (Lund 1983).

11.10.5.2.6. Bekämpfung

Die wesentliche Maßnahme zur Verhinderung der beiden Bakteriosen dürfte darin bestehen, daß krankheitsbegünstigende ökologische Bedingungen nach der Ernte (vor allem hohe Temperaturen und Nässe) unbedingt vermieden werden.

11.10.5.3. Unspezifische Bakterielle Lagerfäule der Zwiebel

Eine kürzlich in Großbritannien durchgeführte umfangreiche Analyse in 50 Lagerhäusern führte zu der Feststellung, daß an Lagerzwiebeln regelmäßig verschiedene saprophytische Bakterien, darunter *Erwinia herbicola* sowie *Lactobacillus*-ähnliche Organismen, vorkommen, die bei höheren Temperaturen (30—35 °C) Fäulniserscheinungen an gesunden Zwiebeln hervorrufen können. Sie sind als typische „Opportunisten" anzusehen, die nur unter derartigen extremen Bedingungen für die Lagerwirtschaft oder bei der Vermarktung gefährlich werden (MAUDE et al. 1984).

11.11. Bakteriosen des Kulturchampignons

11.11.1. Bakterielle Fleckenkrankheit des Champignons

(bacterial blotch of mushrooms)

11.11.1.1. Erreger

Pseudomonas tolaasii Paine 1919

Syn. *Bacterium tolaasi* (Paine) Elliott
Phytomonas tolaasi (Paine) Bergey et al.
Morphologie: Stäbchen (0,4—0,5 × 0,9—1,7 µm); Gram-negativ; 1—5 polare Geißeln.
Kolonien auf Agar: schmutzig, grünlich-weiß, rund, erhaben, glänzend, Ränder gelappt.
Flüssigkulturen: gut getrübt mit schwacher Pellikel und starkem Ring.
Temperaturoptimum: 25 °C
Thermaler Tötungspunkt: 49—50 °C
Physiologische Leistungen: aerob; keine Nitratreduktion; Säure (kein Gas) wird von Glucose, Xylose, Mannose, Glycerol gebildet; Gelatine wird verflüssigt; Ammoniak und Indol werden in geringen Mengen produziert; schwache Stärkehydrolyse; nicht lipolytisch.
In Kultur werden grünfluorescierende Pigmente gebildet.

11.11.1.2. Krankheitsbild, Krankheitsverlauf, Übertragung

Das Krankheitsbild ist durch eine ausgeprägte schokoladenbraune Fleckenbildung auf dem Pilzkörper bis hin zu dessen vollständiger Braunverfärbung gekennzeichnet. Die Infektion wird zuerst als kreisrunde oder unregelmäßige Läsion von schwach gelber Farbe am oder in der Nähe vom Hutrand sichtbar, wenn dieser einen Durchmesser von etwa 2,5 cm erreicht hat. Die Flecke vergrößern sich rasch und verfärben sich tief schokoladenbraun. Häufig wachsen sie zusammen, so daß u. U. der gesamte Hut sowie die Lamellen pathologisch verändert sind. Die Stiele können ebenfalls befallen werden. Die infizierten Partien sinken etwa 1—3 mm ein, das darunterliegende geschädigte Gewebe hat ein wasserdurchsogenes Aussehen und ist von grauer bis gelblich grauer Farbe. Im fortgeschrittenen Stadium der Infektion verfärben sich die Hüte völlig dunkelbraun, und an den Stielen sind große Läsionen in der gleichen Verfärbung zu finden (KLINGMAN & PENNY 1943; ELLIOTT 1951). *Pseudomonas tolaasii* ist ein Wundparasit.

Nematoden, Milben und Insekten sind die wichtigsten Überträger des Erregers.

11.11.1.3. Diagnose

Das äußere Schadbild ermöglicht eine relativ sichere Identifizierung. Eine Verwechslungsgefahr mit pilzlichen Krankheitserregern besteht kaum. Zur sicheren Unterscheidung gegenüber anderen eventuell auftretenden bakteriellen Schaderregern sollten die Reinkulturen gewonnen werden. Geeignet hierzu ist die Isolation mit Hilfe von King's Medium B; die Bakterien bilden stark fluorescierende Pigmente. Bei einem anschließenden Pathogenitätstest an Fruchtkörpern des Champignons zeigen sich die beschriebenen typischen Symptome (YOUNG 1970).

11.11.1.4. Verbreitung und wirtschaftliche Bedeutung

Pseudomonas tolaasii ist in allen Ländern Europas mit Champignonanbau allgemein verbreitet. In Spezialbetrieben mit einem strengen phytohygienischen Regime kommt es allerdings in der Regel kaum zu Ertragsverlusten. Dagegen können die Ausfälle bei Befall mit *Ps. tolaasii* in Betrieben, die Champignon nur zeitweise kultivieren (z. B. Gewächshaus- und Lageranlagen) und lediglich über unzureichende hygienische Voraussetzungen verfügen, beträchtliche Ausmaße erreichen.

11.11.1.5. Wirtspflanzen

Pseudomonas tolaasii konnte bisher an den Champignonarten *Agaricus bisporus*, *A. campestris* und *A. arvensis* festgestellt werden (Elliott 1951; Ercolani 1970; Young 1970).

11.11.1.6. Bekämpfung

Die Bekämpfungsschwerpunkte liegen im Bereich prophylaktischer Maßnahmen. Sie betreffen besonders die Desinfektion der Kulturräume und -gefäße. Günstig im Sinne der Pflanzenhygiene ist der Bezug der Brut aus anerkannten Spezialbetrieben. In den Kulturräumen sind hohe Luftfeuchten zu vermeiden. Besonders ist darauf zu achten, daß die Fruchtkörper keiner permanenten Feuchte ausgesetzt sind, schnelles Abtrocknen nach Bewässerung muß gesichert sein. Schließlich ist auch der Vektorbekämpfung über den gesamten Anbauzeitraum hinweg größte Aufmerksamkeit zu schenken. In jüngster Vergangenheit wurde über Versuche berichtet, die Antagonistenwirkung bestimmter Mikroorganismen des Kultursubstrats für eine effektive biologische Bekämpfung von *Ps. tolaasii* unter den Bedingungen der Großproduktion zu nutzen (Nair & Fahy 1976).

11.11.2. Weitere Bakteriosen des Kulturchampignons

Während der Kultur des Champignons können zuweilen Veränderungen an den Fruchtkörpern beobachtet werden, die sich vom Schadbild der Bakteriellen Fleckenkrankheit unterscheiden, aber keinem spezifischen Erreger zugeordnet werden können. Eine gewisse, wenn auch nur lokale Bedeutung hat eine Erkrankung erlangt, die als **„Mumienkrankheit des Champignons"** („mummy disease") bezeichnet wird. Sie ist aus den USA und Neuseeland bekannt und kommt auch in Großbritannien und der Schweiz vor (Klingman & Penny 1943; Schisler et al. 1968; Young 1970; Storey 1954). Über die mögliche Ursache dieser Krankheitserscheinung liegen widersprüchliche Angaben vor; das Spektrum der mutmaßlichen Schaderreger reicht von verschiedenen Pilzarten (Merek 1960) über *Pseudomonas* sp. (Schisler et al. 1968) bis zur Annahme, *Pseudomonas fluorescens* verursache die Erkrankung (Klingman & Penny 1943; Wood 1951; Gandy 1954).

Das Krankheitsbild ist im Endstadium durch eine Mumifizierung der Fruchtkörper charakterisiert. Sie sind klein und verbräunt, wachsen häufig schief nach einer Seite und besitzen harte spindelförmige Lamellen. Die Stiele sind gekrümmt, spindelförmig und runzlig. Später verfärbt sich das befallene Gewebe und wird weich. In den verfärbten Partien befindet sich häufig ein grüngrauer Bakterienschleim. Die Stielbasis ist oft geschwollen und mit einem samtenen weißen Myzel überzogen. Die Bekämpfung der „Mumienkrankheit" unterscheidet sich prinzipiell nicht von den Gegenmaßnahmen beim Auftreten von *Pseudomonas tolaasii* (s. 11.11.1.6.).

Weiterhin sind zu den Bakteriosen an Kulturchampignon die **„bacterial pit"**- und die **„drippy gill"-Krankheit** zu zählen. Über beide Erkrankungen liegen allerdings bisher nur Beobachtungen aus den USA und Neuseeland vor (Klingman & Penny 1943; Young 1970).

11.12. Literatur

Alvarez, A., & Lou, K.: Rapid field identification of a bacterial pathogen by enzym-linked immunosorbent assay (ELISA). Phytopathology **72** (1982): 947.

Arsenijević, M.: Erwinia soft rot bacteria originating from pepper and tomato fruits. Proc. 4th Intern. Conf. Plant Pathog. Bacteria, Angers 1978 Bd. **2**: 531—537.

Årsvoll, K.: Pathogens on carrots in Norway. Meld. Norges Landbrukshøgsk. **48** (1969): 1—52.

Bartz, J. A.: Causes of postharvest losses in a Florida tomato shipment. Plant Dis. **64** (1980): 934—937.

Barzic, Marie-Renée, Samson, Régine, & Trigalet, A.: Pourriture bactérienne de la tomate cultivée en serre. Ann. Phytopath. **8** (1976): 237—240.

Bashan, Y., Okon, Y., & Henis, Y.: Infection studies of *Pseudomonas tomato*, causal agent of bacterial speck of tomato. Phytoparasitica **6** (1978): 135—143.

— — — Long-term survival of *Pseudomonas syringae* pv. *tomato* and *Xanthomonas campestris* pv. *vesicatoria* in tomato and pepper seeds. Phytopathology **72** (1982): 1143—1144.

Basu, P. V.: Conditions for symptomatological differentiation of bacterial canker, spot and speck on tomato seedlings. Canad. J. Plant Sci. **46** (1966): 525—530.

Batson, W. E. jr.: Characterization and control of tomato fruit rots. Plant. Dis. Reptr. **57** (1973): 453—456.

Bazzi, C., & Mazzucchi, U.: Epidemie di *Pseudomonas cichorii* su lattuca. Inform. fitopatol. **29** (1979), 9: 3—6.

— Piazza, C., & Mazzucchi, U.: Survival in the field of *Pseudomonas cichorii* (Swingle) Stapp, causal agent of lettuce varnish spot. Phytopath. Z. **111** (1984): 251—258.

Beattie, B. M.: Growing period for processing carrots. Tasman. J. Agric. **41** (1971): 216—218.

Bedlan, G.: Die Adernchlorose (big vein) des Salats. Pflanzenschutz 1985, 1: 4—5.

Bergamin, F. A., & Kimati, H.: Studies on a bacteriophage isolated from *Xanthomonas campestris* III. Detection of *Xanthomonas campestris* in cabbage seeds by means of phages. Summa Phytopath. **7** (1981): 26—33.

Birch, R. G., Alvarez, A. M., & Patil, S. S.: A bacterial leaf spot caused in yam bean by *Pseudomonas syringae* pv. *phaseolicola*. Phytopathology **71** (1981): 1289—1293.

Boelema, B. H.: Bacterial blight of peas. Frug. in S. Africa **38** (1963), 12: 65 u. 67.

— Bacterial blight (*Pseudomonas pisi* Sackett) of peas in South Africa, with special reference to frost as a predisposing factor. Meded. Landbouwhogesch. Wageningen **72** (1972): 1—87.

Bosshard-Heer, E., & Vogelsanger, J.: Überlebensfähigkeit von *Pseudomonas tomato* (Okabe) Alstatt in verschiedenen Böden. Phytopath. Z. **90** (1977): 193—202.

Bradbury, J. F.: *Pseudomonas pisi.* Descriptions of pathogenic fungi and bacteria No. 126. Commonwealth Mycol. Inst. Kew. 1967.

Buchanan, R. E., & Gibbons, N. E. (Eds.): Bergey's Manual of Determinative Bacteriology. 8th ed. Williams & Wilkins Comp., Baltimore 1974.

Buddenhagen, I. W., & Kelman, A.: Biological and physiological aspects of bacterial wilt caused by *Pseudomonas solanacearum*. Annu. Rev. Phytopathol. **2** (1964): 203—220.

Burbage, D. A., Sasser, M., & Lumsden, N. D.: A medium selective for *Pseudomonas cepacia*. Phytopathology **72** (1982): 706.

Burkholder, W. H.: Sour skin, a bacterial rot of onion bulbs. Phytopathology **40** (1950): 115—117.

Carroll, V. J., Benedict, R. A., & Wrenshall, C. L.: Delaying vegetable spoilage with antibiotics. Food Technol. Champaign **11** (1957): 490—493.

Caubel, G., & Samson, Régine: Influence du nématode des tiges *Ditylenchus dipsaci* (Kühn) Til. dans le développement de la bacteriose „café au lait" de l'ail (*Allium sativum* L.) occasionnée par un biovar de *Pseudomonas fluorescens* Migula. Agronomie **4** (1984): 311—313.

Ceponis, M. J.: Diseases of California head lettuce on the New York market during spring and summer months. Plant Dis. Reptr. **54** (1970): 964—966.

— & Butterfield, J. E.: Market losses in Florida cucumber and bell peppers in metropolitan New York. Plant Dis. Reptr. **58** (1974): 558—560.

Charudattan, R., Stall, R. E., & Batchelor, D. L.: Serotypes of *Xanthomonas vesicatoria* unrelated to its pathotypes. Phytopathology **63** (1973): 1260—1265.

Chun, W. W. C., & Alvarez, A. M.: A starch-methionine medium for isolation of *Xanthomonas campestris* pv. *campestris* from plant debris in soil. Plant Dis. **67** (1983): 632—635.

Cirulli, M., & Ercolani, G. L.: Identificazione di *Pseudomonas pisi* Sackett in Italia. Phytopath. mediterr. VIII (1969): 234—237.

Cook, A. A., & Guevara, Y. G.: Bacterial spot on pepper. FAO Plant Protect. Bull. **30** (1983): 25.

Coplin, D. L.: *Erwinia carotovora* var. *carotovora* on bell peppers in Ohio. Plant Dis. **64** (1980): 191—194.

Cother, E. J., & Dowling, Vivienne: Association of *Pseudomonas cepacia* with internal breakdown of onion — a new record for Australia. Australasian Plant Pathol. **14** (1985): 10—12.

— Darbyshire, B., & Brewer, J.: *Pseudomonas aeruginosa*: cause of internal brown rot of onion. Phytopathology **66** (1976): 828—834.

Coyne, D. P., & Schuster, M. L.: Differential reaction of pods and foliage of beans (*Phaseolus vulgaris*) to *Xanthomonas phaseoli*. Plant. Dis. Reptr. **58** (1974): 287—282.

Crossan, D. F., & Morehart, A. L.: Isolation of *Xanthomonas vesicatoria* from tissues of *Capsicum annuum* L. Phytopathology **54** (1964): 358—359.

Crosse, J. E.: Bacterial canker of stone-fruits. IV. Investigation of a method for measuring the inoculum potential of cherry trees. Ann. appl. Biol. **47** (1959): 306—317.

Cuppels, D. A.: Isolation and characterisation of phages useful for identifying *Pseudomonas syringae* pv. *tomato*. Phytopathology **73** (1983): 1376—1381.

— & Kelman, A.: Isolation of pectolytic fluorescent pseudomonads from soil and potatoes. Phytopathology **70** (1980): 1110—1115.

Dahlbeck, D., & Stall, R. E.: Mutations for change of race in cultures of *Xanthomonas vesicatoria*. Phytopathology **69** (1979): 634—636.

Davis, M. J., Gillaspie jr., A. G., Vidaver, Anne, & Harris, R. W.: *Clavibacter*: a new genus containing some phytopathogenic coryneform bacteria, including *Clavibacter xyli* subsp. *xyli* sp. nov., subsp. nov. and *Clavibacter xyli* subsp. *cynodontis* subsp. nov., pathogens that cause ratoon stunting disease of sugarcane and Bermudagrass stunting disease. Int. J. Syst. Bacteriol. **34** (1984): 107—117.

Dinesen, I. G.: Bacterial wilt of beans (*Corynebacterium flaccumfaciens* (Hedges) Dowson). T. Planteavl **84** (1980): 361—370.

Elenkov, E.: Die Selektion von Tomaten auf Resistenz gegen die Bakterienwelke. Int. Z. Landwirtsch. **6** (1965): 594—597.

Elliott, Charlotte: Manual of Bacterial Plant Pathogens. Chronica Bot. Comp., Waltham, Mass. 1951.

Ercolani, G. L.: Primi risultati di osservaziani sulla maculature batterica dei fungi coltivati (*Agaricus bisporus* (Lange) Imbach) in Italie: identificazione die *Pseudomonas tolaasii*. Phytopath. mediterr. **9** (1970): 50—61.

Hagedorn, D. J., Kelman, A., & Rand, R. E.: Epiphytic survival of *Pseudomonas syringae* on hairy vetch in relation to epidemiology of bacterial brown spot of bean in Wisconsin. Phytopathology **64** (1974): 1330—1339.

Fahy, P. C., & Persley, G. J.: Plant Bacterial Diseases. A Diagnostic Guide. Academic Press, Sydney, New York, London, Paris, San Diego, San Francisco, Sao Paulo, Tokyo, Toronto 1983.

Fallick, E., Bashan, Y., Okon, Y., Cahaner, A., & Kedar, N.: Inheritance and sources of resistance to bacterial speck of tomato caused by *Pseudomonas syringae* pv. *tomato*. Ann. appl. Biol. **102** (1983): 365—371.

Fiori, M., Carta, C., & Franceschini, A.: Il saggio immunoenzimatico (ELISA) per la diagnosi precoce e rapida della necrosi del midello di pomodoro da *Pseudomonas corrugata* Roberts et Scarlett. Phytopath. mediterr. **22** (1983): 22—26.

Füstös, Zsuzsanna, & Szarka, J.: Vöröshagymafajták és hibridjeik *Erwinia carotovora*-val szembem reakcici. Zöldsegterm. kut. Intéz. Bull. **16** (1983): 53—57.

Gandy, D. G.: Reports Mushroom Research Station Yaxley for 1952 and 1953 (1954): 31—37.

Garibaldi, A., & Tamietti, G.: Eziologia ed alcuni aspetti epidemiologici di marciumi batterici del porro in Liguria. Phytopath. mediterr. **16** (1977): 27—29.

Georgieva, M., & Ganeva, D.: Izsledvaniya v"rkhu ustoichivostta na nyakoi introdutsirani sortove i mestni formi gradinski fasul k"m *Pseudomonas phaseolicola* (Burkholder) Dowson. Grad. Loz. Nauka **11** (1974): 57—63.

Getz, S., Stephens, C. T., & Fulbright, D. W.: Influence of developmental stage on susceptibility of tomato fruit to *Pseudomonas syringae* pv. *tomato*. Phytopathology **73** (1983): 36—38.

Goodfellow, M., & Williams, S. T.: Ecology of actinomycetes. Annu. Rev. Microbiol. **37** (1983): 189—216.

Goth, R. W.: Bacterial wilt, *Pseudomonas solanacearum* resistance in pepper and eggplant lines. Phytopathology **73** (1983): 808 (Abstr.).

Griesbach, Erika, & Naumann, K.: Über das Auftreten der Bakteriellen Welke in NFT-Tomatenanlagen. Nachrichtenbl. Pflanzenschutz DDR **38** (1984): 164—168.

Gundy, S. D. van, & Walker, J. C.: Seed transmission, overwintering, and host range of the cucurbit-angular leaf-spot pathogen. Plant Dis. Reptr. **41** (1957): 137—140.

Guthrie, J. W., Huber, D. M., & Fenwick, H. S.: Bacterial blight of peas incited by *Pseudomonas phaseolicola* (Burkh.) Dows. Plant Dis. Reptr. **49** (1965): 854.

Halluka, M., Schuster, M. L., Weihing, J. L., & Coyne, D. P.: Population trends of *Corynebacterium flaccumfaciens* strains in leaves of *Phaseolus* species. Fitopatol. Brasil. **3** (1978): 13—26.

Hayward, A. C., & Waterston, J. M.: *Corynebacterium flaccumfaciens*. Descriptions of pathogenic fungi and bacteria No. 43. Commonwealth Mycol. Inst. Kew 1965 (1965a).

— — *Xanthomonas campestris*. Descriptions of pathogenic fungi and bacteria No. 47. Commonwealth Mycol. Inst. Kew 1965 (1965b).

HILDEBRAND, D. C.: Tolerance of homoserine by *Pseudomonas pisi* and implications of homoserine in plant resistance. Phytopathology **63** (1973): 301—302.

HIRANO, Susan S., & UPPER, Christen D.: Ecology and epidemiology of foliar bacterial plant pathogens. Annu. Rev. Phytopathol. **21** (1983): 243—269.

HOITINK, H. A., HAGEDORN, D. J., & MCCOY, Elisabeth: Survival, transmission and taxonomy of *Pseudomonas syringae* van Hall, the causal organism of bacterial brown spot of bean (*Phaseolus vulgaris* L.). Canad. J. Microbiol. **14** (1968): 437—441.

HUMAYDAN, H. S., HARMAN, G. E., NEDROW, W. L., & DINITTO, L. V.: Eradication of *Xanthomonas campestris*, the causal agent of black rot, from *Brassica* seeds with antibiotics and sodium hypochlorite. Phytopathology **70** (1980): 127—131.

IBE, S. N., & GROGAN, R. G.: Effect of controlled oxygen and carbon dioxide atmospheres on bacterial growth rate and soft rot of tomato fruits caused by *Pseudomonas marginalis*. Plant Dis. **67** (1983): 1005—1008.

IEZZONI, A. F., & PETERSON, C. E.: Linkage of bacterial wilt resistance and sex expression in cucumber. Hortscience **15** (1980): 257—258.

IZRAIL'SKIJ, V. P.: Bakterial'nye bolezni rastenij. Izd. 3-e pererab. i dop. Kolos, Moskva 1979.

JACOBS, S. E., & DADD, A. H.: Antibacterial substances in seed coats and their role in the infection of sweet peas by *Corynebacterium fascians* (Tilford) Dowson. Ann. appl. Biol. **47** (1959): 666—672.

JAWORSKI, C. A., MCCARTER, S. M., & GLAZE, N. C.: Effect of soil fumigation and alternate-year seedling on weed control, bacterial spot incidence, and yield of pepper transplants. Hortscience **15** (1980): 650—652.

JONES, J. B., MCCARTER, S. M., & SMITLEY, D. R.: A vacuum inoculation technique for detecting *Pseudomonas tomato* in soil and plant tissue. Phytopathology **71** (1981): 187—190

— GITAITIS, R. D., & MCCARTER, S. M.: Evaluation of indirect immunofluorescence and ice nucleation activity as rapid tests for identifying foliar diseases of tomato transplants incited by fluorescent pseudomonads. Plant Dis. **67** (1983): 684—687.

KATHERMAN, M. J., WILKINSON, R. E., & REER, S. V.: Resistance and seed infection in three dry bean cultivars exposed to a halo blight epidemic. Plant Dis. **64** (1980): 857—859.

KECHEK, N. A., & SAAKAYAN, A. A.: Root rot of seed carrot and the elaboration of control. Izv. Min. sel'.-chozj. Armjansk. SSR 1961: 11—12, 69—75.

KEEN, N. T., WILLIAMS, P. H., & WALKER, J. C.: Characterization of a protease produced by *Pseudomonas lachrymans*. Phytopathology **57** (1967): 257—262.

KELLER, H., & KNÖSEL, D.: Untersuchungen über die bakterielle Strunkfäule des Lagerkohls. Nachrichtenbl. Dt. Pflanzenschutzdienst **32** (1980): 161—163.

KLEMENT, Z.: The occurrence of organisms causing the bacterial disease of bean in Hungary. Acta microbiol. Acad. Sci. Hung. VI (1959): 191—196.

KLINGMAN, A. M., & PENNY, J. S.: Some miscellaneous diseases of mushrooms. Phytopathology **33** (1943): 1090—1093.

KŁOSSOWSKA, E.: Studies on the inheritance and selection advance regarding resistance to angular leaf spot of cucumber (*Pseudomonas lachrymans*). Genet. Pol. **17** (1976): 181—190.

KÖHN, S.: Ein Biotest zum schnellen und routinemäßigen Nachweis von *Corynebacterium fascians*. Nachrichtenbl. Dt. Pflanzenschutzdienst, Braunschweig, **24** (1972): 51—53.

KOMOTO, Y., & KIMURA, T.: The process of seed transmission in angular leaf spot of cucumber. Bull. Chugoku Natl. Agric. Exp. Stat., Ser. E, No. 21 (1983): 1—20.

KOROBKO, O. P.: Sudynnyjbakterioz-nove zachvorjuvannja ogirkiv, vyjavlene na Ukraini. Mikrobiol. Ž. **34** (1972): 707—711.

KOTTE, W. D.: Krankheiten und Schädlinge im Gemüsebau. 3. Aufl. Paul Parey, Berlin, Hamburg 1960.

KŮDELA, V.: Reakce fazolu na inokulaci kmeny *Pseudomonas syringae* pv. *syringae* z ovocnych drevin. Ochr. Rostl. **19** (1983): 245—249.

— Rezistence odrůd fazolu k *Pseudomonas syringae* pv. *phaseolicola*. Sborn. UVHZ — Ochr. Rostl. **20** (1984): 9—14.

LAI, M.: Bacterial canker of bell pepper caused by *Corynebacterium michiganense*. Plant Dis. Reptr. **60** (1976): 339—341.

— OPGENORTH, D. C., & WHITE, J. B.: Occurrence of *Pseudomonas corrugata* on tomato in California. Plant Dis. **67** (1983): 110—112.

LATERROT, H., BRAND, R., & DAUNAY, Marie-Christine: La résistance à *Corynebacterium michiganense* chez la tomate. Ann. Amélior. Plantes **28** (1978): 579—591.

LEBEN, C.: Survival of *Pseudomonas syringae* pv. *lachrymans* with cucumber seed. Canad. J. Plant Pathol. **3** (1981): 247—249.

— Association of *Pseudomonas syringae* pv. *lachrymans* and other bacterial pathogens with roots. Phytopathology **73** (1983): 577—581.

LELLIOTT, R. A., BILLING, E., & HAYWARD, A. C.: A determinative scheme for the fluorescent plant pathogenic pseudomonads. J. appl. Bacteriol. **29** (1966): 470—489.

LUCAS, L. T., & GROGAN, R. G.: Some properties of specific antigens of *Pseudomonas lachrymans* and other *Pseudomonas* nomenspecies. Phytopathology **59** (1969): 1913—1917.

LUKEŽIC, F. L.: *Pseudomonas corrugata*, a pathogen of tomato, isolated from symptomless alfalfa roots. Phytopathology **69** (1979): 27—31.

LUND, Barbara M.: Bacterial spoilage. In: DENNIS, C.: Post-harvest Pathology of Fruits and Vegetables. Academic Press, London, New York, Paris, San Diego, San Francisco, Sao Paulo, Sydney, Tokyo, Toronto 1983.

MAIN, C. E., & WALKER, J. C.: Physiological responses of susceptible and resistant cucumber to *Erwinia tracheiphila*. Phytopathology **61** (1971): 518—522.

MALIN, Ellen M., ROTH, D. A., & BELDEN, E. L.: Indirect immunofluorescent staining for detection and identification of *Xanthomonas campestris* pv. *phaseoli* in naturally infected bean seed. Plant Dis. **87** (1983): 645—647.

MARCO, G. M., & STALL, R. E.: Control of bacterial spot of pepper initiated by strains of *Xanthomonas campestris* pv. *vesicatoria* that differ in sensitivity to copper. Plant Dis. **67** (1983): 779—781.

MATVEEVA, E. V.: Saprofitnaja faza vozbuditelej slizistogo bakterioza kapusty. Biol. Nauki **10** (1980): 837.

MAUDE, R. B., BAMBRIDGE, J. M., SPENCER, A., TAYLOR, J. B., & MUNASINGHE, H. L.: Storage rots of onions. 34th Annu. Rep. 1983, Natl. Veget. Res. Stat., Wellesbourne, Warwick (1984): 64—66.

MAZZUCCHI, U., & DALLI, A.: Marciume molle di peperoni causato da *Erwinia carotovora* var. *carotovora*. Inform. fitopatol. **23** (1973): 17—20.

MENELEY, J. C., & STANGHELLINI, M. E.: Establishment of an inactive population of *Erwinia carotovora* in healthy cucumber fruit. Phytopathology **65** (1975): 670—673.

MEREK, E. L.: A study of the mummy disease of the cultivated mushroom *Agaricus campestris* L. ex Fries. Ph. D. Thesis. Penn. State Univ. 1960.

MEW, T. W., HO, W. C., & CHU, L.: Infectivity and survival of soft rot bacteria in chinese cabbage. Phytopathology **66** (1976): 1325—1327.

MILLER, Shirley A.: Susceptibility of lettuce cultivars to marginal leaf blight caused by *Pseudomonas marginalis* (Brown 1918) Stevens 1925. New Zealand J. exp. Agric. **8** (1980): 169—171.

MITRA, D. K., GUPTA, N., & BHASKRAN, S.: Development of plantlets from brinjal (*Solanum melongena*) stem tissue infected with little leaf, a *Mycoplasma* disease. Indian J. Exp. Biol. **19** (1981): 1177—1178.

MORTON, D.: Comparisons of three serological procedures for identifying *Xanthomonas vesicatoria* in pepper leaves. Phytopathology **55** (1965): 421—424.

MÜLLER, Hanna M., KLEINHEMPEL, H., SPAAR, D., & SHUKLA, D. D.: Mykoplasmaähnliche Organismen in Gemüsekulturen. Nachrichtenbl. Pflanzenschutzdienst DDR NF **26 (52)** (1972): 214—215.

NAIR, N. G., & FAHY, P. C.: Commercial application of biological control of Mushroom bacterial blotch. Austr. J. Agric. Res. **27** (1976): 415—422.

NAUMANN, K.: Über das Auftreten von Bakterien in Gurkensamen aus Früchten, die durch *Pseudomonas lachrymans* infiziert waren. Phytopath. Z. **48** (1963): 258—271.

— Mehrjährige Untersuchungen zur Bekämpfung von *Pseudomonas lachrymans* (Sm. et Br.) Carsner in Freilandbeständen. Arch. Phytopathol. Pflanzenschutz **16** (1968): 203—214.

— & GRIESBACH, Erika: Bakterielle Tomatenkrankheiten. Fortschr.-Ber. Landwirtsch. Nahr.-güterwirtsch. **20** (1982): 7.

— KARL, Helga, GIERZ, Ellen, & GRIESBACH, Erika: Zum Nachweis des Erregers der Bakteriellen Blatt- und Fruchtfleckenkrankheit, *Pseudomonas syringae* pv. *tomato* (Okabe) Young, Dye & Wilkie an Tomatensaatgut. Zbl. Mikrobiol. **141** (1986): 301—321.

NEERGARD, P.: Seed Pathology. Mac Millan Press Ltd., London and Basingstoke 1977.

NEMETH, J.: Káposztafélék baktériumos feketeerüsége (*Xanthomonas campestris* (Pammel) Dowson 1939). Növenyvédelem **19** (1983): 391—397.

— EMÖD, L., & PACSA, S.: ELISA módszer alkalmazása a magyarorszagón babon nagyobb mértékben károsito bakteriumok kimutatására. Növenyvédelem **20** (1984): 445—450.

ODURO, K. A., & MUNNECKE, D. E.: Persistence of pea cotyledons induced by *Corynebacterium fascians*. Phytopathology **65** (1975): 1114—1116.

OHATA, K., TSUCHIYA, Y., & SHIRATA, A.: Difference in kinds of pathogenic bacteria causing head rot of lettuce of different cropping types. Ann. Phytopathol. Soc. Japan **45** (1979): 333—338.

OHUCHI, A.: A rapid method for detecting *Pseudomonas lachrymans* by ooze-exudation of inoculated cucumber fruit. Bull. Natl. Inst. Agric. Sci., Ser. C, No. 34 (1980): 29—49.

OZAKI, M., EHARA, Y., & YAMANAKA, S.: Some structural observations of *Pseudomonas syringae* pv. *lachrymans* in affected cucumber leaves. Ann. Phytopathol. Soc. Japan **48** (1982): 224—227.

PATEL, P. N., & WALKER, J. C.: Resistance in *Phaseolus* to halo blight. Phytopathology **55** (1965): 889—894.

PERRY, D. A., & HARRISON, J. G.: Cavity spot of carrots. II. The effect of soil conditions and the role of pectolytic anaerobic bacteria. Ann. appl. Biol. **93** (1979): 109—115.

POHRONEZNY, K., LARSEN, P. O., EMMATTY, D. A., & FARLEY, J. D.: Field studies of yield losses in pickling cucumber due to angular leaf-spot. Plant Dis. Reptr. **61** (1977): 386—390.

— — & LEBEN, C.: Observations on cucumber fruit invasion by *Pseudomonas lachrymans*. Plant Dis. Reptr. **62** (1978): 306—309.

RANDHAWA, P. S., & SCHAAD, N. W.: Selective isolation of *Xanthomonas campestris* pv. *campestris* from crucifer seeds. Phytopathology **74** (1984): 268—272.

RAO, M. V. B., SOHI, H. S., & VIJAY, O. P.: Reaction of some varieties of brinjal (*Solanum melongena* L.) to *Pseudomonas solanacearum* Sm. Vegetable Sci. **3** (1976): 61—64.

ROMBOUTS, F. M.: Occurrence and properties of bacterial pectate lyases. Ph. D. Thesis, Agric. Univ. Wageningen 1972.

ROUSSAUX, J.: Étude préliminaire des modifications induites chez le pois Express Alaska par le *Corynebacterium fascians* (Tilford) Brown. Rev. gén. Bot. **72** (1965): 21—53.

RUDOLPH, K.: Die Bakterielle Braunfleckenkrankheit an Buschbohnen (*Phaseolus vulgaris* L.) in Deutschland, hervorgerufen durch *Pseudomonas syringae* van Hall s. s. pathovar. *phaseoli*. Z. Pflanzenkrankh. (Pflanzenpath.) Pflanzenschutz **86** (1979): 75—85.

RUSKIEWICZ, Maria, & ZIELINSKA, Lidia: *Mycoplasma*-like organisms in onion with aster yellow symptoms. Zesz. probl. Post. Nauk rol. 1981, 224: 127—131.

SAETTLER, A. W.: Seedling injection as an aid in identifying bean blight bacteria. Plant Dis. Reptr. **55** (1971): 703—706.

SAMSON, R., POUTIER, F., & RAT, B.: Une nouvelle maladie du poireau: La graisse bactérienne à *Pseudomonas syringae*. Rev. Hort. 1981, No. 219: 20—23.

— POUTIER, F., SAILLY, M., HINGAND, L., & JOUAN, B.: Bactéries associées à une pourriture du collet de l'endivie. Ann. Phytopath. **12** (1980): 311.

SARKAR, K. R., & JUSHI, R. D.: Effect of little leaf disease on the contents of certain essential nutrient elements in brinjal. Indian Phytopathol. **30** (1977): 429—430.

SCARLETT, C. M., FLETCHER, J. T., ROBERTS, P., & LELLIOTT, R. A.: Tomato pith necrosis caused by *Pseudomonas corrugata* n. sp. Ann. appl. Biol. **88** (1978): 105—114.

SCHAAD, N. W.: Use of direct and indirect immunofluorescence tests for identification of *Xanthomonas campestris*. Phytopathology **68** (1978): 249—252.

— GABRIELSON, R. L., & MULANAX, M. W.: Hot acidified cupric acetate soaks for eradication of *Xanthomonas campestris* from crucifer seeds. Appl. Environm. Microbiol. **39** (1980a): 803—807.

— SITTERLY, W. R., & HUMAYDAN, H.: Relationship of incidence of seedborne *Xanthomonas campestris* to black rot of crucifers. Plant Dis. **64** (1980b): 91—92.

SCHISLER, L. C., SINDEN, J. W., & SIGEL, E. M.: Etiology of mummy disease of cultivated mushroom. Phytopathology **58** (1968): 944—948.

SCHMIDT, H. E., & NAUMANN, K.: Virus- und Bakterienkrankheiten der Erbse (*Pisum sativum* L.). Fortschr.-Ber. Landwirtsch. Nahr.-güterwirtsch. **19** (1981), 2: 44 S.

SCHUSTER, M. L.: Survival of bean bacterial pathogens in the field and greenhouse under different environmental conditions. Phytopathology **58** (1968): 830.

— & COYNE, D. D.: Characterization and variation of *Xanthomonas* and *Corynebacterium* incited disease of beans (*Phaseolus vulgaris* L.). Fitopatol. Brasil. **2** (1977): 199—209.

— VIDAVER, Anne K., & MANDEL, M.: A purple-pigment-producing bean wilt bacterium, *Corynebacterium flaccumfaciens* var. *violaceum*, n. var. Canad. J. Microbiol. **14** (1968): 423—427.

SEGALL, R. H., & DOW, A. T.: Effects of bacterial contamination and refrigerated storage on bacterial soft rot of carrots. Plant Dis. Reptr. **57** (1973): 896—899.

SELLWOOD, Jennifer E., EWART, J. M., & BUCKLER, Eva: Vascular blackening of chickory caused by a pectolytic isolate of *Pseudomonas fluorescens*. Plant Pathol. **30** (1981): 179—180.

SHARMA, R. R., THIND, B. S., & SINGH, N.: In vitro and in vivo evaluation of chemicals against *Xanthomonas vesicatoria*, the causal agent of bacterial leaf spot of chillies. Indian J. Mycol. Plant Pathol. **11** (1982): 178—182.

SHEKHAWAT, P. S., & CHAKRAVARTI, B. P.: Comparison of agar plate and cotyledon-methods for the detection of *Xanthomonas vesicatoria* in chilli-seeds. Phytopath. Z. **94** (1979): 80—83.

SHERMAN, M., KASMIRE, R. F., SHULER, K. D., & BOOTS, D. A.: Effect of precooling methods and pedunkle lengths on soft rot decay of bell peppers. Hortscience **17** (1982): 251—252.

SHIRATA, A., OHATA, K., SERIZAWA, S., & TSUCHIYA, Y.: Relationship between the lesion development by *Pseudomonas cichorii* and growth stage and leaf position of lettuce and its infection mechanism. Bull. Natl. Inst. Agric. Sci., Ser. C, No. 36 (1982): 61—73.

SIDORENKO, S. S., AIZENBERG, S. Z., & KULIKOVSKAJA, M. D.: Dejstvie efirov tiosul'fokislot na vozbuditelej bakteriozov luka. Mikrobiol. Ž. **43** (1981): 219—223.

SPAAR, D., KLEINHEMPEL, H., MÜLLER, H.-J., & NAUMANN, K.: Bakteriosen der Kulturpflanzen. WTB Band 146, Akademie-Verlag, Berlin 1977.

STAPP, C.: Bakterielle Krankheiten. Bakteriosen einschließlich Streptomykosen. In: SORAUER, P. (Hrg.): Handbuch der Pflanzenkrankheiten **2**, 6. Aufl., 2. Lief. Paul Parey, Berlin, Hamburg 1956.

STOREY, J. F.: Mummy disease of mushroom. Plant Pathol. **3** (1954): 49.

STRIDER, D. L.: Bacterial canker of tomato caused by *Corynebacterium michiganense*. A literature review and bibliography. North Carolina Agric. Exp. Stat. techn. Bull., Raleigh, N. C. Nr. 193, 1969.

SÜLE, S.: Bacterial fasciation of *Pelargonium hortorum* in Hungary. Acta phytopathol. Acad. Sci. Hungar. **11** (1976): 223—230.

SZARKA, J.: A vöröshagymat karosito *Pseudomonas*-fajok elöfordulasa Magyaroszagon. Növényvédelem **13** (1978): 494—498.

— & FÜSTÖS, Z.: Vöröshagymafajták (*Allium cepa* L.) és más *Allium* fajok viselkedése *Pseudomonas alliicola* bakteriummal szemben. Zöldségterm. kut. Intéz. Bull. **15** (1981—82): 23—28.

TAYLOR, J. D.: Races of *Pseudomonas pisi* and sources of resistance in field and garden peas. New Zealand J. Agric. Res. **15** (1972): 441—447.

— & DYE, D. W.: A survey of the organisms associated with bacterial blight of peas. New Zealand J. Agric. Res. **15** (1972): 432—440.

— — Evaluation of streptomycin seed treatments for the control of bacterial blight of peas (*Pseudomonas pisi* Sackett 1916). New Zealand J. Agric. Res. **19** (1976): 91—95.

— DUDLEY, C. L., & PRESLY, Lorna: Studies of haloblight seed infection and disease transmission in dwarf beans. Ann. appl. Biol. **93** (1979): 267—277.

— INNES, N. C., DUDLEY, C. L., & GRIFFITHS, W. A.: Sources and inheritance of resistance to halo-blight of *Phaseolus* beans. Ann. appl. Biol. **90** (1978): 101—110.

TESORIERO, L. A., FAHY, P. C., & GUNN, L. V.: Survival of *Rhizobium phaseoli* in coal-based legume inoculants applied to seeds. Appl. Environm. Microbiol. **45** (1982): 703—705.

THYR, B. D., SAMUEL, Marilyn, & BROWN, P. G.: New solanaceous host records for *Corynebacterium michiganense*. Plant Dis. Reptr. **59** (1975): 595—598.

TOWNER, D. B., & BERAHA, L.: Core rot: A bacterial disease of carrots. Plant Dis. Reptr. **60** (1975): 357—359.

TSUCHIYA, Y., OHATA, K., & AZEGAMI, K.: Pathogenicity of the causal bacteria of rot of lettuce, *Pseudomonas cichorii*, *P. marginalis* pv. *marginalis* and *P. viridiflava* to various weeds. Bull. Natl. Inst. Agric. Sci., Ser. C, No. 36 (1982): 41—59.

UEMATSU, T., & TAKATSU, A.: A medium for the selective isolation of *Pseudomonas cichorii*. Ann. Phytopathol. Soc. Japan **48** (1982): 425—432.

VINCELLI, P. C., & CAPPELLINI, R. A.: *Erwinia carotovora* subsp. *atroseptica* and *Pseudomonas marginalis* in soft rotted bell peppers. Plant. Dis. **68** (1984): 167.

VITANOV, M.: Vlijanie na sroka na izvaždane i uslavijataza s"khranenie na lukovicite na luka v"rkhu zaboljavaneto im ot sipkavo meko gniene (*Pseudomonas alliicola* Burk.). Grad. Loz. Nauka **13** (1976): 63—71.

VOLCANI, Zafrira, ZUTRA, D., & COHN, Ruth: A new leaf and fruit spot disease of pepper caused by *Corynebacterium michiganense*. Plant Dis. Reptr. **54** (1970): 804—806.

WALLEN, V. R., & GALWAY, D. A.: Effective management of bacterial blight of field beans in Ontario — a 10-year program. Canad. J. Plant Pathol. **1** (1979): 42—46.

WATSON, D. R. W.: Identification of bacterial brown spot of bean in New Zealand. New Zealand J. Agric. Res. **23** (1980): 267—272.

WELLER, D. M., & SAETTLER, A. W.: Colonization and distribution of *Xanthomonas phaseoli* and *Xanthomonas phaseoli* var. *fuscans* in field-grown navy beans. Phytopathology **70** (1980): 500—506.

WILES, A. B., & WALKER, J. C.: The relation of *Pseudomonas lachrymans* to cucumber fruits and seeds. Phytopathology **41** (1951): 1059—1064.

— — Epidemiology and control of angular leaf spot of cucumber. Phytopathology **42** (1952): 105—108.

WILLIFORD, R. E., & SCHAAD, N.: Agar medium for selective isolation of *Xanthomonas campestris* pv. *carotae* from carrot seeds. Phytopathology **74** (1984): 1142 (Abstr.).

WOOD, F. C.: Some organisms associated with bacterial pit disease of cultivated mushroom. Mushroom News **3** (1951): 67—72.

WU, B. J., & THOMPSON, S. T.: Selective medium for *Pseudomonas cepacia* containing 9-chlor-9-(4-diethylaminophenyl)-10-phenylacridan and polymyxin B sulfate. Appl. Environm. Microbiol. **48** (1984): 743 to 746.

WYSZOGRODZKA, A. J., & WILLIAMS, P. H.: Multiple inoculation of cucumber (*Cucumis sativus* L.) cotyledons. Phytopathology **73** (1983): 819.

YOUNG, J. M.: Drippy gill: a bacterial disease of cultivated mushrooms caused by *Pseudomonas agarici* n. sp. New Zealand J. Agric. Res. **13** (1970): 977—990.

ZAUMEYER, W. J., & MEINERS, J. P.: Disease resistance in beans. Annu. Rev. Phytopathol. **13** (1975): 313—334.

ZIELKE, R., & NAUMANN, K.: Untersuchungen zur Erfassung des latenten Befallsstadiums von *Corynebacterium sepedonicum* (Spieck. et Kotth.) Skapt. et Burkh. im Kartoffelgewebe. Zbl. Mikrobiol. **139** (1984): 267—280.

12. Bakteriosen des Tabaks und anderer Sonderkulturen

12.1. Bakteriosen des Tabaks

12.1.1. Wildfeuer des Tabaks

(wildfire; angular leaf spot, blackfire, Wisconsin leaf spot; bakterial'naja rjabucha tabaka; feu sauvage; fuego salvaje del tabaco)

12.1.1.1. Erreger

Pseudomonas syringae pv. *tabaci* (Wolf & Foster 1917) Young, Dye & Wilkie 1978

Syn. *Bacterium tobacum* Wolf & Foster
Chlorobacter tabacum (Wolf & Foster) Patel & Kulkarni
Phytomonas tobacae (Wolf & Foster) Bergey et al.
Phytomonas tabaca (Wolf & Foster) Bergey et al.

Morphologie: Stäbchen (0,5—0,7 × 1,4—2,8 µm); Gram-negativ; 1—6 polare Geißeln.
Kolonien auf Agar (NA): rund, grauweiß, glatt glänzend, mit undurchsichtigem Zentrum und durchscheinendem Rand.
Temperaturoptimum: 24—28 °C
Temperaturmaximum: 38 °C
Thermaler Tötungspunkt: 49—51 °C
Physiologische Leistungen: aerob; keine Nitratreduktion; Säure (kein Gas) wird oxidativ, oft nur in geringen Mengen, von Glucose, Galactose, Xylose, Saccharose, Mannose gebildet; Gelatineverflüssigung; aus organischen N-Quellen Ammoniak-, aber keine H_2S-Produktion; keine Stärkehydrolyse; nicht pectinolytisch; nicht lipolytisch.

Auf bestimmten Medien werden grün fluorescierende Pigmente produziert. Der Erreger ist ferner befähigt, in planta und in vitro ein Phytotoxin (Tabtoxin) zu synthetisieren und auszuscheiden (s. 3.4.).

Der G + C-Wert beträgt 59—61 Mol-%.

12.1.1.2. Krankheitsbild, Krankheitsverlauf, Übertragung

Diese Bakteriose des Tabaks ist hauptsächlich durch eine Schädigung der Blätter gekennzeichnet. Bei Krankheitsbeginn treten auf den Blättern kleine rundliche, chlorotische Stellen von 0,5—1,0 cm Durchmesser mit braunen Nekrosen im Zentrum auf. Die Flecke vergrößern sich schnell, zeigen einen wasserdurchsogenen Rand, der später chlorotisch wird, und können ein Ausmaß von 2—3 cm erreichen (Abb. 12.1.). Sie besitzen oft eine konzentrische Struktur und sind hell- bis dunkelbraun verfärbt, meist mit hellerem Zentrum. Der chlorotische Hof wird durch das vom Erreger ausgeschiedene Toxin hervorgerufen. Häufig fließen die Flecke zusammen und bilden große unregelmäßige, eingetrocknete Läsionen. Bei Niederschlägen fallen diese Partien dann meist aus. Das gesamte Blattgewebe zwischen den Blattnerven kann absterben, wobei die Adern am längsten ihre grüne Färbung behalten. Schrumpfungen oder Wellungen, aber auch Verdrehungen ganzer Blätter treten infolge ungleichmäßigen Befalls auf (Stapp 1958).

Auf den Blattstielen entwickeln sich vielfach weißliche oder hellbraune, eingesunkene Flecke mit unscharfem Hof. An befallenen Blüten und Samenkapseln zeigen sich kleine bräunliche Flecke. Tritt die Infektion bereits im Saatbeet ein, verfaulen oder welken die Blättchen der Keimpflanzen vollständig, sie verfärben sich dabei zunächst gelb bis braun und fallen schließlich ab. Die Triebknospen stark erkrankter Jungpflanzen bestehen aus schmalen, lanzettförmigen Blättchen, die zitronengelb gefärbt, meist steil aufwärts gerichtet sind und einen hochgebogenen Rand besitzen (Böning 1930).

Der Erreger ist saatgutübertragbar und gelangt mit kontaminierten Samen in die Anzuchtbeete. Als wichtigste Quelle für Primärinfektionen im Bestand müssen verseuchte Ernterückstände angesehen werden. Auch infizierte Pflanzen, die keine typischen Wirte sind, können als Überhälter dienen.

Pseudomonas syringae pv. *tabaci* dringt über Wunden oder durch die Stomata in die Intercellularen der ersten Blätter an den Keimpflanzen ein. Ein Wasserfilm, der mit der Intercellularflüssigkeit in Verbindung steht, ist dazu die Voraussetzung.

Die Verbreitung im Bestand erfolgt durch Regen und Wind; kühle, feuchte und stürmische Witterung begünstigt ein epidemieartiges Auftreten der Krankheit.

Die Krankheitserreger können auch durch kontaminierte Geräte, Kulturgefäße und -substrate sowie Insekten übertragen werden.

Abb. 12.1. Durch *Pseudomonas syringae* pv. *tabaci* an Tabakblättern hervorgerufene typische Läsionen mit Chlorosehof.

12.1.1.3. Diagnose

Für die Identifizierung des Pathogens sind die beschriebenen Symptome als ausreichend anzusehen. Eine Isolation über Agarmedien (KDA oder NA) und eine anschließende Pathogenitätsprüfung an Tabak ist ebenfalls möglich. Die Entstehung von Flecken mit der charakteristischen Toxin-Corona kann als ein sicherer Hinweis auf Befall mit dem Wildfeuer-Erreger gewertet werden.

12.1.1.4. Verbreitung und wirtschaftliche Bedeutung

Pseudomonas syringae pv. *tabaci* ist in allen tabakanbauenden Ländern verbreitet (Stapp 1958). Die größten wirtschaftlichen Schäden treten dann ein, wenn die Krankheit in den Anzuchtquartieren zum Ausbruch kommt. Werden dagegen die Produktionsflächen befallen, entstehen Qualitätsverluste durch Wertminderung der Blätter. Ertragsverluste von 50% sind dann nicht selten. Die Bedeutung, die der Krankheit zugemessen wird, ist auch aus der Tatsache ersichtlich, daß diese Bakteriose schon sehr frühzeitig wissenschaftlich intensiv bearbeitet wurde.

12.1.1.5. Wirtspflanzen

Der natürliche Wirtspflanzenkreis umfaßt folgende Arten:

Kartoffel	11 weitere *Nicotiana*-Arten, darunter
Paprika	*N. rustica,*
Tabak	*Datura stramonium*
Tomate	*Physalis grandiflora*
	Solanum melongena
	S. nigrum

Der Erreger konnte auch aus natürlich infizierten Unkräutern, wie *Ambrosia bidenta*, *Chenopodium album* und *Physalis virginiana*, sowie aus Soja, Luzerne und Bohne isoliert werden (Elliott 1951; Stapp 1958).

12.1.1.6. Bekämpfung

Die Bekämpfung des Wildfeuer-Erregers konzentriert sich vor allem auf die Anzuchtflächen, da spätere Infektionen in den Produktionsbeständen ihren Ausgang häufig von erkrankten Setzlingen nehmen. Dabei haben sich folgende Maßnahmen als nützlich erwiesen:
— Dämpfen der Kultursubstrate
— Desinfektion der Kulturgefäße
— Beizung des Saatguts
— wöchentliche Spritzungen mit Bordeauxbrühe nach dem Auflaufen (Bradbury 1967).

Die Setzlinge sind nur von gesunden Anzuchtbeeten zu verpflanzen. Bestandskontrollen und sofortiges Entfernen aller befallenen Pflanzen, bei trockner Witterung durchgeführt, stellen weitere wesentliche prophylaktische Maßnahmen dar.

Die Suche nach resistenten Formen und deren Züchtung sind ebenfalls als erfolgversprechende Möglichkeiten anzusehen, um das Tabak-Wildfeuer in seiner Bedeutung einzuschränken. Die Effektivität dieser Maßnahmen und das Resistenzverhalten des Zuchtmaterials werden unterschiedlich beurteilt (Stapp 1958).

12.1.2. Weitere Bakteriosen des Tabaks

12.1.2.1. Stengelweichfäule des Tabaks

(hollow stalk disease of tobacco)

Diese Erkrankung wird durch *Erwinia carotovora* subsp. *carotovora* (Jones 1901) Bergey, Harrison, Breed, Hammer & Huntoon 1923 hervorgerufen. Aufgrund seines sehr umfangreichen Wirtspflanzenkreises und seiner weltweiten Verbreitung ist mit einem Auftreten des Erregers in allen tabakanbauenden Ländern zu rechnen. Seine wirtschaftliche Bedeutung wird allerdings allgemein als gering eingeschätzt (McIntyre et al. 1978).

Das Krankheitsbild ist durch eine Weichfäule des Stengels und das Verrotten der Wurzeln sowie eine Schwarzbeinigkeit der Setzlinge im Anzuchtbeet charakterisiert.

Überhälter des Erregers sind — wie beim Wildfeuer — infizierte Pflanzenrückstände im Boden (Katahira et al. 1980). Die Krankheit wird allerdings vor allem durch das Saatgut übertragen. McIntyre et al. (1978) konnten *E. carotovora* subsp. *carotovora* von Samen isolieren, die 8 Monate gelagert worden waren.

Da die Krankheit nur vereinzelt auftritt, erübrigen sich gezielte Bekämpfungsmaßnahmen, sofern die allgemeinen phytohygienischen Grundsätze, die primär zur Ausschaltung des Tabak-Wildfeuers dienen, beachtet werden. In den USA wird eine zusätzliche Saatgutbehandlung mit Heißwasser (12 min, 50 °C) als effektiv angesehen (McIntyre et al. 1978).

12.1.2.2. Wurzelkropf des Tabaks

(crown gall of tobacco; kornevoj rak tabaka; cancer végétále du tabac; cancer del tobaco)

Der Erreger, *Agrobacterium tumefaciens* (Smith & Townsend 1907) Conn 1942, ist weltweit verbreitet und besitzt den größten Wirtspflanzenkreis von allen pflanzenpathogenen Bakterien (s. 8.1.). Das Erscheinungsbild des Wurzelkropfes am Tabak ist unter anderem durch Epinastie, übermäßige Bildung von Adventivwurzeln und die Entwicklung von Tumoren gekennzeichnet.

Die Krankheit besitzt nur eine geringe wirtschaftliche Bedeutung. In der Regel sind nur Einzelpflanzen betroffen. Auf vorher obstbaulich bzw. als Baumschule genutzten Flächen ist mit einem gehäuften Auftreten zu rechnen. Gezielte Bekämpfungsmaßnahmen werden angesichts der geringen ökonomischen Bedeutung der Krankheit nicht angewandt. Die Gegenmaßnahmen bestehen in erster Linie in der Beachtung pflanzenhygienischer Prinzipien.

12.1.2.3. Bakterielle Welke des Tabaks

(bacterial wilt of tobacco; marchita miento bacteriano del tabaco)

Eine weitere Bakteriose, die am Tabak vorkommen kann, ist die Bakterielle Welke. Sie wird von *Pseudomonas solanacearum* (Smith 1896) Smith 1914 hervorgerufen. Das Krankheitsbild ist durch typische Welkeerscheinungen an den Blättern charakterisiert.

Die Bakterielle Welke besitzt für Mitteleuropa keine wirtschaftliche Bedeutung, ihr Auftreten setzt höhere Temperaturen voraus; sie ist daher ausschließlich in warmen Ländern anzutreffen, unter anderem auch in Süd- und Südosteuropa.

Zu den wesentlichsten Wirtspflanzen zählen in diesen Regionen neben dem Tabak auch Tomate, Kartoffel und Aubergine (Eierfrucht). In den Südstaaten der USA wird intensiv am Auffinden resistenter Linien gearbeitet, da deren Anbau mit Sicherheit eine sehr effektive Bekämpfungsmaßnahme darstellen würde.

12.1.2.4. Anmerkungen zu einigen früher beschriebenen Bakteriosen des Tabaks

Für den Tabak wurden in der Vergangenheit noch weitere Bakteriosen beschrieben, so z. B. die Eckige Blattfleckenkrankheit *Pseudomonas „angulata“* (Fromme & Murray) Holland und die „Wisconsin-Blattflecken-Krankheit“ (*Pseudomonas „mellea“* Johnson). Hinsichtlich ihrer Identität mit dem Wildfeuer des Tabaks bestehen unterschiedliche Auffassungen. Während Elliott (1951) *Ps. „angulata“* noch als selbständige Art beschreibt mit der Einschränkung, als einziges Unterscheidungsmerkmal zu *Ps. syringae* pv. *tabaci* sei die fehlende Toxinbildung anzusehen, vertritt Stapp (1958) die Ansicht, daß keine Unterschiede zwischen *Ps. syringae* pv. *tabaci* und *Ps. „angulata“* bestehen. Ähnlich verhält sich die Problematik bei *Ps. „mellea“*. Beide Namen sind nach der neuen Bakteriennomenklatur (Approved Lists) nicht mehr gültig. Daher besteht offensichtlich keine Veranlassung, diese Krankheitsbilder als spezifische Bakteriosen des Tabaks anzusehen.

12.2. Bakteriosen der Gewürzpflanzen

12.2.1. Doldenbrand bei Kümmel, Fenchel, Dill und Koriander

(flowerstand blight and seed decay of caraway, fennel, anet, coriander)

12.2.1.1. Erreger

Pseudomonas fluorescens (Trevisan 1889) Migula 1895

Erwinia carotovora subsp. *carotovora* (Jones 1901) Bergey, Harrison, Breed, Hammer & Huntoon 1923

Xanthomonas campestris pv. *carotae* (Kendrick 1934) Dye 1978

Angaben zur Morphologie und über die physiologischen Leistungen sind 9.2.2., 11.5.2. und 11.10.5.2. zu entnehmen.

12.2.1.2. Krankheitsbild, Krankheitsverlauf, Übertragung

Das Krankheitsbild am **Kümmel** ist charakterisiert durch ein Aufweichen des Gewebes einiger Blüten- oder Doldenstiele. Die acropetal gelegenen Partien knicken ab und vertrocknen. Die Symptomausprägung erfolgt besonders im 2. Vegetationsjahr. Im frühen Stadium der Krankheitsentwicklung kann bereits eine nasse Fäule der Dolden noch in den Hüllblättern des schossenden Stengels beobachtet werden. Die betroffenen Pflanzenteile verfärben sich braun bis schwarz und sterben ab (Tafel VII, 1.). Erfolgt der Befall später, knicken die erkrankten Sproßteile um, sie hängen dann später vertrocknet an den Pflanzen. Tritt die Erkrankung gegen Ende der Blühperiode auf, ist das sclerenchymatische Gewebe bereits verfestigt, und die befallenen Fruchtstände bleiben aufrecht. Dolden II. und III. Ordnung sind häufig am meisten betroffen und verkümmern schon während der Blühphase. Bei akutem Befall kann ein nesterweises Welken der Pflanzen beobachtet werden.

Unauffälliger sind die Symptome an den Stengeln. An den unteren Stengelteilen zeigen sich schon zu Beginn des Schossens längliche, rotbraune, nekrotisierte Flecke. Im weiteren Verlauf der Erkrankung tritt an diesen Stellen bei feuchter Witterung Exsudat aus (PLESCHER 1982).

Beim **Fenchel** kommt es zu einer Braunverfärbung und zum anschließenden Vertrocknen einzelner Blüten, aber auch der gesamten Dolde (Tafel VII, 2.). Erste Symptome sind schwarze Faulstellen am jungen Blattaustrieb oder an der Dolde. An jungen Stengeln zeigen sich strich- bis spindelförmige Flecke, die rotbraun gefärbt sind. Sie können aufplatzen und sind dann stark mit Bakterien besiedelt. Häufig kommt es zum Stengelbruch (VOGELSANGER & GRIMM 1981). Vollständig geschädigte Blütenstände werden seltener beobachtet, jedoch sind Dolden II. und III. Ordnung häufig stärker befallen (PLESCHER 1982).

Das Krankheitsbild am **Dill** entspricht im wesentlichen den am Kümmel auftretenden Symptomen. Das Aufweichen der Doldenstiele führt auch hier zum Umknicken der Blütenstände. Befall wird zuerst an den Dolden sichtbar. Die erkrankten Blütenstände beginnen zu welken, an den Stengeln treten einzelne gelbbraune, pergamentartige Flecke auf. Nach der Nekrotisierung der Blütenstände sterben die Blätter von den Spitzen beginnend ab, schließlich verwelkt die gesamte Pflanze (Tafel VII, 3.).

Der Doldenbrand an **Koriander** ähnelt sehr dem für den Dill beschriebenen Krankheitsbild. Im 3- bis 6-Blatt-Stadium erkennt man an befallenen Korianderpflanzen dunkle, blaugrün gefärbte, fettfleckenähnliche Blattpartien, die unter Braunverfärbung absterben. Während des Schossens treten an den erkrankten Stengeln gelbbraune, pergamentartige Läsionen auf, die stets scharf abgegrenzt sind. Dieses auffällige Krankheitsbild wird auch als Leitsymptom bezeichnet (STACHYRA 1964; NEMETH et al. 1969; PLESCHER 1982). Im weiteren Verlauf der Erkrankung nekrotisieren und vertrocknen die Blütenstände. Bei Spätbefall verfärben sich die Früchte rotbraun, später fallen sie ab. An den apikalen Pflanzenteilen beginnend, stirbt die gesamte Pflanze nach und nach von oben her ab (Tafel VII, 4.). Im Pflanzenbestand kommt es häufig zu einem nesterweisen oder großflächigen Absterben der Pflanzen.

Die oben genannten Erreger sind Wundparasiten. Insektenstiche und mechanische Verletzungen bei der Bestandspflege bilden die wesentlichsten Eintrittspforten für die Pathogene. Eine besondere Bedeutung bei der Übertragung der Erkrankung besitzt die Fenchelwanze (*Lygus campestris* L.). Weiterhin müssen andere kultivierte und wildwachsende Umbelliferen als Erregerreservoir angesehen werden. PLESCHER (1982) sieht auch die Samenübertragung als wichtige Verbreitungsquelle an.

12.2.1.3. Diagnose

Für eine relativ sichere Identifizierung der Krankheitsursache sind die beschriebenen Symptome prinzipiell ausreichend. Zur Vermeidung von Verwechslungen mit gelegentlich auftretendem pilzlichen Sekundärbefall können Homogenisate von erkrankten Pflanzenteilen auf Kartoffelscheiben ausgestrichen werden. Bakterielle Erreger besitzen eine pectinolytische Aktivität. Ein anschließender Pathogenitätstest erhöht die Aussagesicherheit der Diagnose.

12.2.1.4. Verbreitung und wirtschaftliche Bedeutung

Die beschriebenen Erreger sind weltweit verbreitet und verursachen an verschiedenen Kulturpflanzenarten Krankheitserscheinungen (s. 9.2.2., 11.5.2. und 11.10.5.2).

Die wirtschaftliche Bedeutung des Doldenbrandes für die Gewürzpflanzen insgesamt ist sehr hoch einzuschätzen, wobei die Schäden im Bestand im Zusammenhang mit den Auswirkungen für die Weiterverarbeitung gesehen werden müssen. Gewürze und Drogen nehmen gegenüber anderen Kulturpflanzen nur einen geringen Anbauumfang ein, sind aber eine wesentliche Grundlage für die pharmazeutische und die Nahrungsgüterproduktion. Ausfälle größeren Ausmaßes, durch Krankheiten wie den Doldenbrand verursacht, führen daher zu empfindlichen Engpässen in der Rohstoffbereitstellung, die oft nur durch Importe aus anderen Ländern behoben werden können.

12.2.1.5. Wirtspflanzen

Der Erregerkomplex des Doldenbrandes besitzt einen umfangreichen Wirtskreis. Neben Kümmel, Fenchel, Dill und Koriander sind hierzu unter den Umbelliferen (Apiaceae) auch Sellerie, Petersilie, Liebstöckel und Anis sowie eine Vielzahl von Unkräutern aus dieser Pflanzenfamilie zu zählen.

12.2.1.6. Bekämpfung

Eine effektive Bekämpfung des Doldenbrandes ist nur durch komplexe Anwendung verschiedener Methoden zu erreichen. Eine wesentliche Gegenmaßnahme besteht darin, die Samenoberfläche zu desinfizieren. Nach Plescher (1982) hat sich hierfür eine Wärmebehandlung der Samen von Koriander (72 Std. bei 62—65 °C) und Dill (72 Std. bei 65—70 °C) bewährt. Für Kümmelsaatgut ist dieses Verfahren allerdings nicht anwendbar, da es zur Keimminderung führt. Eine weitere Möglichkeit der Entseuchung besteht in der Anwendung chemischer Beizmittel, z. B. einer Kombination von Chloramphenicol und Captan (Plescher 1982). Gute Ergebnisse beim Einsatz von Antibiotica zur Beizung von Koriandersamen erreichten auch bereits Taylor & Dudley (1980).

Als weitere prophylaktische Maßnahmen, besonders zur Vermeidung einer Ausbreitung im Bestand, sind die Applikation von Insekticiden zur Vektorbekämpfung und die Anwendung von Herbiciden zur Beseitigung besonders der Umbelliferen-Unkräuter als potentielles Erregerreservoir zu nennen. Eine wesentliche vorbeugende Maßnahme besteht darin, die Anbautechnologie so zu gestalten, daß eine Wundsetzung an den Pflanzen im Bestand vermieden wird.

12.2.2. Bakterielle Fleckenkrankheit des Dills

(bacterial spot of anet)

12.2.2.1. Erreger

Pseudomonas viridiflava (Burkholder 1930) Dowson 1939

Syn. *Pseudomonas viridiflava* (Burkholder) Clara
Phytomonas viridiflava Burkholder
Bacterium viridiflavum (Burkholder) Burgwitz

Morphologie: Stäbchen (0,6—1,2 × 1,35—3,6 µm); Gram-negativ; beweglich, 1—2 polare Geißeln.
Kolonien auf Agar (YDC): glatt, glänzend, besitzen cremige Konsistenz und eine grüne bis blaue Färbung.
Thermaler Tötungspunkt: 48—50 °C
Physiologische Leistungen: fakultativ anaerob; keine Nitratreduktion; Säure (kein Gas) von Dextrose, Galactose, Lävulose, Mannose, Arabinose, Xylose, Mannitol gebildet; Gelatineverflüssigung; Ammoniak-, aber nur schwache H_2S-Bildung; keine Stärkehydrolyse.

Auf bestimmten Medien werden gelbe bzw. grünfluorescierende diffundierende Pigmente produziert.
Der G + C-Wert ist nicht bekannt.

Das Krankheitsbild ist durch strichförmig angeordnete, gelb bis braun verfärbte Läsionen gekennzeichnet. Junge Früchte zeigen teilweise starke Verbräunungen und vertrocknen. Die Blätter verfärben sich an den Spitzen gelb bis braun, vergilben und welken schließlich (Köhn 1977).

Angaben zum Schadausmaß und der Bekämpfung liegen nicht vor. Zu beachten ist, daß *Pseudomonas viridiflava* einen relativ großen Wirtskreis besitzt. Nach WILKIE et al. (1973) zählen hierzu z. B. Petersilie, Chrysantheme, Tomate, Blumenkohl, Lupine, Mohn, Bohne und Erbse; nach neueren Angaben gilt das auch für Salat (s. 11.6.1.). Die dadurch gegebene Existenz vielfältiger Erregerreservoire und die damit verbundene Gefährdung benachbarter und nachfolgender Kulturen sollten bei der Flächenplanung und während des Anbaus berücksichtigt werden.

12.3. Naßfäule der Sonnenblume

(bacterial soft rot of sunflower; bakterioz pod solnečnika; pourriture bactérienne de la hélianthe; pudrición blanda bacteriana girasol)

12.3.1. Erreger

Erwinia carotovora subsp. *carotovora* (Jones 1901) Bergey, Harrison, Breed, Hammer & Huntoon 1923

Die Synonyme sowie die morphologischen und physiologischen Merkmale wurden in 9.2.2. dargestellt.

12.3.2. Krankheitsbild, Krankheitsverlauf, Übertragung

Das Krankheitsbild ist eine typische Naßfäule. Krankheitserscheinungen sind an allen Pflanzenteilen zu beobachten. Sie werden zuerst an den Stengeln in Form kleiner oder größerer, olivgrüner bis schwarzer öliger Flecke sichtbar, die eine Ausdehnung von 10—50 cm erreichen können. Das befallene Gewebe beginnt zu faulen und zeigt die typischen Symptome einer Naßfäule. Die erkrankten Stengel brechen bei Berührung sehr leicht um. Die Epidermis nimmt eine feuchte Konsistenz an, ist schleimüberzogen. Sie reißt schließlich auf und blättert ab. Das Mark betroffener Stengel ist verfärbt, schleimig und hat den typischen unangenehmen Naßfäulegeruch. Befallene Wurzeln nekrotisieren und sterben ab. Kranke Pflanzen lassen sich sehr leicht aus dem Boden ziehen.

An den Blüten- sowie den Fruchtständen sind die gleichen Krankheitserscheinungen (Aufweichen und Faulen des befallenen Gewebes) zu erkennen. An den infizierten Partien können weißliche, relativ große Exsudattropfen austreten. Dieser Bakterienschleim wird von ARSENIJEVIĆ (1970) als wesentliche Ursache für die Übertragung des Erregers im Bestand, besonders durch Dipteren, angesehen.

E. carotovora subsp. *carotovora* ist ein Wundparasit. Als Eintrittspforten kommen sehr verschiedene Verletzungen in Betracht. Wunden aller Arten im Wurzelbereich können das Eindringen ebenso ermöglichen wie Beschädigungen an den oberirdischen Pflanzenteilen, die durch Scheuerstellen bei Berührung kranker und gesunder Pflanzen oder durch Insektenfraß entstehen.

12.3.3. Diagnose

Prinzipiell ist es möglich, anhand der beschriebenen Symptome eine sichere Identifizierung des Erregers vorzunehmen. Eine Verwechslung mit pilzlichen Fäulen ist nahezu ausgeschlossen. Zur Erkennung des Erregers können aber auch befallene Pflanzenteile auf Kartoffel- oder Möhrenscheiben übertragen werden. Diese werden nach 2—3 Tagen auf Naßfäulesymptome untersucht (s. 9.2.1.3.).

12.3.4. Verbreitung und wirtschaftliche Bedeutung

Erwinia carotovora subsp. *carotovora* ist weltweit verbreitet. Über Befall an der Sonnenblume wurde bisher aus der UdSSR (BUŠKOVA & ALEKSEJEVA 1969) und aus Jugoslawien (ARSENIJEVIC

1970) berichtet. Große wirtschaftliche Bedeutung für die Futter- und Speiseölwirtschaft erlangt die Krankheit besonders bei epidemieartigem Auftreten.

12.3.5. Wirtspflanzen

Der Wirtspflanzenkreis von *E. carotovora* subsp. *carotovora* ist sehr umfangreich (s. 9.2.2.5.).

12.3.6. Bekämpfung

Eine Ausschaltung der Naßfäule im Bestand ist praktisch nicht möglich. Selektionsmaßnahmen wie beim Auftreten der Stengelfäule der Kartoffel sind nicht durchführbar. Die Krankheit kann aber durch phytosanitäre Maßnahmen weitgehend verhindert werden. Wesentliche Bedeutung hat hierbei eine geregelte Fruchtfolge unter besonderer Beachtung von vorangegangenem Naßfäulebefall. Prophylaktische Anwendung von Insekticiden zur Reduzierung der Vektorpopulationen kann ebenfalls ausbreitungsmindernd wirken.

12.4. Literatur

Arsenijević, M.: A bacterial soft rot of sunflower (*Helianthus annuus* L.). Acta phytopathol. Acad. Sci. Hung. 5 (1970): 317—326.

Böning, K.: Beiträge zur Kenntnis des parasitischen Verhaltens von *Pseudomonas tabaci* Wolf & Foster, des „Wildfeuer"-Erregers, am Tabak. Parasitenkde. **2** (1930): 645—755.

Bradbury, J. F.: *Pseudomonas tabaci*. Descriptions of pathogenic fungi and bacteria No. 129. Commonwealth Mycol. Inst. Kew 1967.

Buškova, L. N., & Aleksejeva, A. P.: Bakterioz pod solnečnika Zašč. Rast. **13** (1969) No. 6: 49—50.

Elliott, Charlotte: Manual of Bacterial Plant Pathogens. 2nd ed., Chronica Botanica Comp., Waltham, Mass., 1951.

Katahira, K., & Nakazawa, K.: Aspects of occurring of hollow stalk in the field of Burley tobacco and population density of *Erwinia carotovora* in soil. Bull. Morioka Tobacco Exp. Stat. No. 14 (1980): 51—60.

Köhn, S.: Dill *(Anethum graveolens)* eine neue Wirtspflanze für *Pseudomonas viridiflava* (Burk.) Clara. Nachrichtenbl. Dt. Pflanzenschutzdienst **29** (1977): 91—92.

McIntyre, J. L., Sands, D. C., & Taylor, G. S.: Overwintering, seed disinfestation, and pathogenicity studies of the tobacco hollow stalk pathogen, *Erwinia carotovora* var. *carotovora*. Phytopathology **68** (1978): 435—440.

Nemeth, J., Paizs, L., & Klement, Z.: The flowerstand blight and seed decay of coriander. Acta phytopathol. Acad. Sci. Hung. **4** (1969): 57—62.

Plescher, A.: Untersuchungen bei Kümmel (*Carum carvi* L.) und anderen kultivierten Arznei- und Gewürzpflanzen der Familie Umbelliferae. Diss. Humboldt-Univ. Berlin 1982.

Stachyra, T.: Fizjografia i ekologia zgorzeli kwiatostanow i opradziny nasion ziol baldaszkowatych o Polske. Prace baldawce nad zgorzeln kwiatostanow i marnieniem nasion zielarskich roslin baldaszkowatych. Instytut Przemysln zielarskiego, Poznan, 1964.

Stapp, C.: Pflanzenpathogene Bakterien. Paul Parey, Berlin, Hamburg 1958.

Taylor, J. D., & Dudley, C. L.: Bacterial disease of coriander. Plant Pathol. **29** (1980): 117—121.

Vogelsanger, J., & Grimm, R.: Bakterien als Krankheitsursache beim Samenanbau von Fenchel. Gemüse (München) **3** (1981): 80—82.

Wilkie, J. P., Dye, D. W., & Watson, D. R. W.: Further hosts of *Pseudomonas viridiflava* (Burkholder) Clara. New Zealand J. Agric. Res. **16** (1973): 315—323.

13. Bakteriosen der Obstkulturen

13.1. Feuerbrand des Kernobstes

(fire blight; bakterial'nyj ožog plodovych; le feu bactérien; tizón bacteriano)

13.1.1. Erreger

Erwinia amylovora (Burrill 1882) Winslow, Broadhurst, Buchanan, Krumwiede, Rogers & Smith 1920

Syn. *Micrococcus amylovorus* Burrill
Bacterium amylovorus (Burrill) Chester
Bacillus amylovorus (Burrill) Trevisan

Morphologie: Stäbchen (0,8—1 × 1—3 µm); Gram-negativ, beweglich mit 1—8 peritrich angeordneten Geißeln; einzeln, paarweise oder in kurzen Ketten vorkommend; Kapseln vorhanden.

Abb. 13.1. Charakteristisches Erscheinungsbild eines von *Erwinia amylovora* befallenen jungen Apfelbaums während der Wintermonate.

Kolonien auf Agar: grauweiß, rund, konvex, glänzend, granuliert.
Flüssigkulturen: Bouillon wird leicht getrübt, ein dünnes granuliertes Häutchen ist vorhanden.
Temperaturoptimum: 25—27,5 °C
Temperaturmaximum: 37,0 °C
Thermaler Tötungspunkt: 43,7 °C
Physiologische Leistungen: fakultativ anaerob; keine Nitratreduktion; Säure (kein Gas) wird gebildet aus Glucose, Arabinose, Fructose, Mannose, Saccharose, Trehalose, Glycerol, Mannitol, Sorbitol, Cellobiose, Salicin und Inositol; keine Verwertung (Säurebildung) von Lactose, Raffinose, Malonat, Glycogen, Inulin und Dextrin; keine Hydrolyse von Arginin, Casein und Lecithin; keine Bildung von Indol und H_2S; Stärke und Pectin werden nicht abgebaut. Cytochromoxidase-negativ, Katalase-positiv (nach HAYWARD & WATERSTON 1965b).

Der Erreger löst in Tabakblättern eine Hypersensibilitätsreaktion aus. Sowohl virulente als auch avirulente Stämme des Erregers kommen vor. Nach ihrem Kulturcharakter und ihrer Streptomycinempfindlichkeit können 2 Formen unterschieden werden.

Phagen von *E. amylovora* wurden nachgewiesen.

Der G + C-Mol-%-Wert variiert von 53,6—54,1.

13.1.2. Krankheitsbild, Krankheitsverlauf, Übertragung

Das Krankheitsbild ist abhängig davon, welcher Teil der Wirtspflanze befallen wird.
Blütenbrand: Die befallenen Blütenblätter färben sich unter Verlust ihrer Turgescenz braun, später schwarz.
Zweigbrand: Zunächst fahlgrün, wäßrig getränkt aussehend, wird der Trieb beim Apfel dann braun, bei der Birne schwarz. Die Triebe krümmen sich hirtenstabartig nach unten. Die rötlich-braun verfärbten Blätter welken vom Rande her, werden schwarz und bleiben in vertrocknetem Zustand am Trieb bis in die Wintermonate haften (Wintersymptome Abb. 13.1.). Bei starkem Befall entsteht der Eindruck eines Schadfeuers.

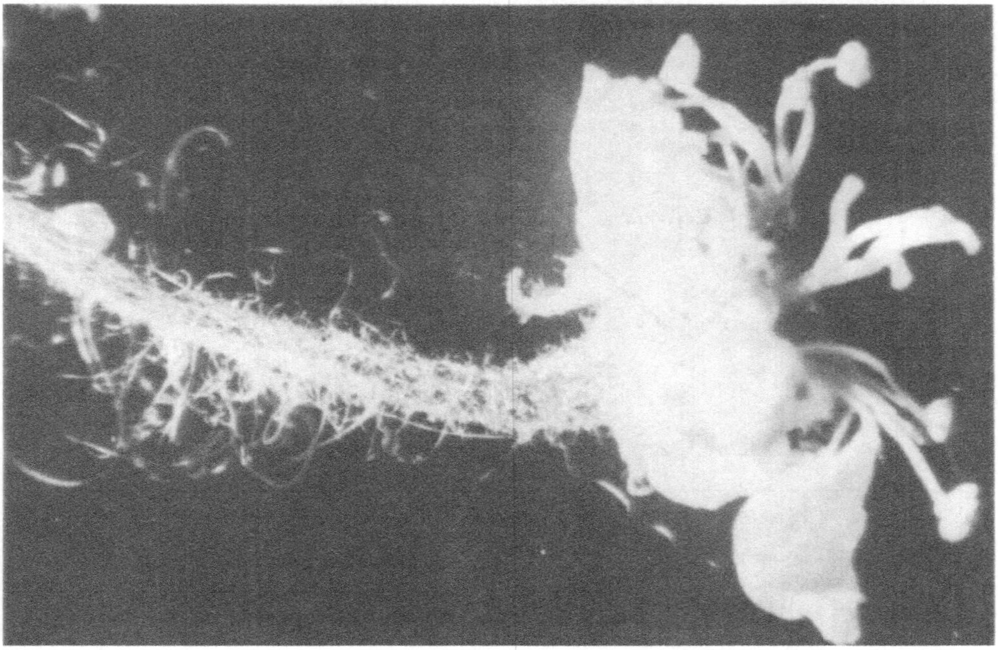

Abb. 13.2. Bakterienexsudat in Form von „Strands" (spinnfadenartige Erregeragglomerate) am Apfelblütentrieb nach Infektion durch *Erwinia amylovora*.

Für den Feuerbrand besonders charakteristisch ist das Vorkommen von zunächst milchig-weißem, dann bernsteinfarbenem und schließlich schwarzbraunem Exsudat auf den befallenen Triebpartien. Auch fadenförmig, wie Spinnwebfäden oder Haare, können Bakterienagglomerate aus den befallenen Pflanzenteilen austreten (Abb. 13.2.).

Fruchtbefall ist durch rötlich-braune, später schwarze, eingesunkene Flecke gekennzeichnet; befallene Früchte verbleiben am Baum und fallen nicht ab.

Rindenbrand: Die befallenen Ast- oder Stammteile sind dunkler und weicher als gesundes Gewebe. Die Rinde (= Borke) ist mitunter blasig, erhaben, sinkt dann aber ein und verliert ihren natürlichen Glanz. Das Holz unter der Rinde ist rotbraun verfärbt und mit klebrigem Bakterienschleim durchsetzt. Zum Vegetationsende reißt mitunter die Rinde zwischen gesundem und nekrotisiertem Gewebe auf. In dieser Grenzzone können die Bakterien überwintern (‚holdover canker') (Abb. 13.3.).

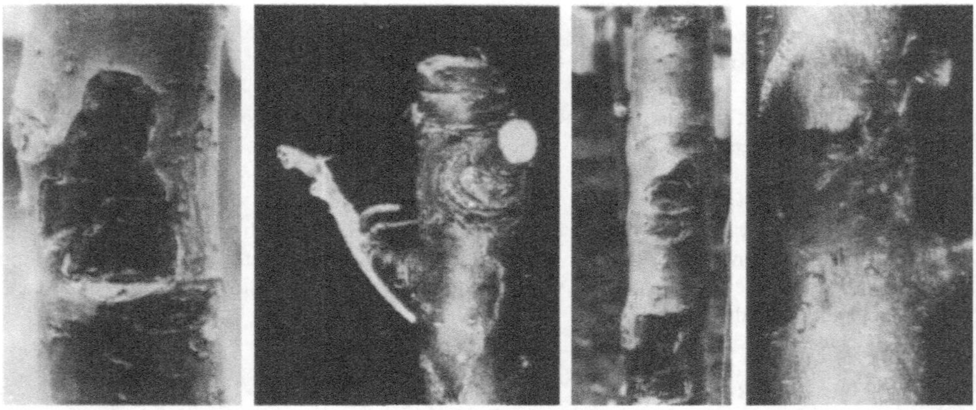

Abb. 13.3. Durch Befall mit *Erwinia amylovora* verursachte Rindenbrandsymptome an Apfeltrieben (‚holdover canker').

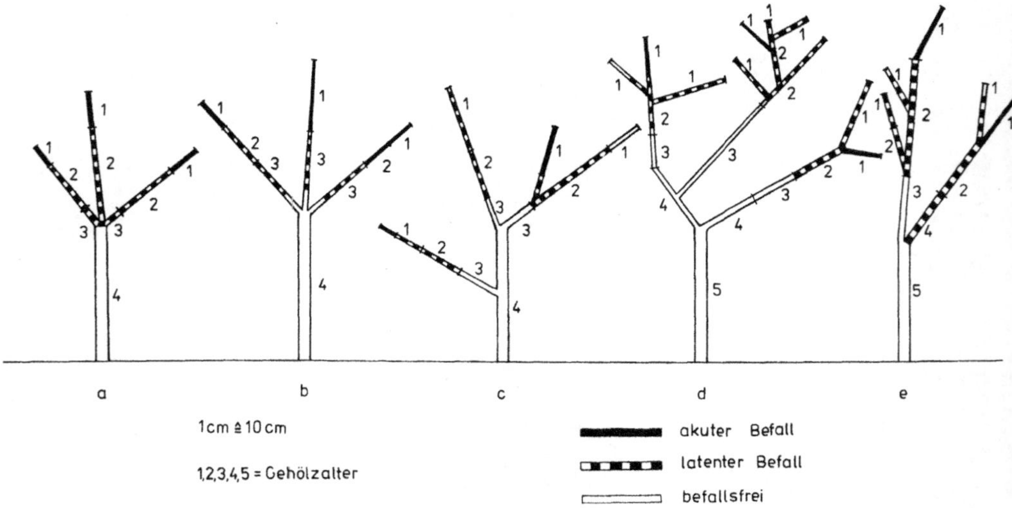

Abb. 13.4. Schema der Ausbreitung von *Erwinia amylovora* im Apfeljungbaum nach Infektion der jüngsten Triebe (a bis e: 1, 2, 3, 4 und 8 Wochen p. i.).

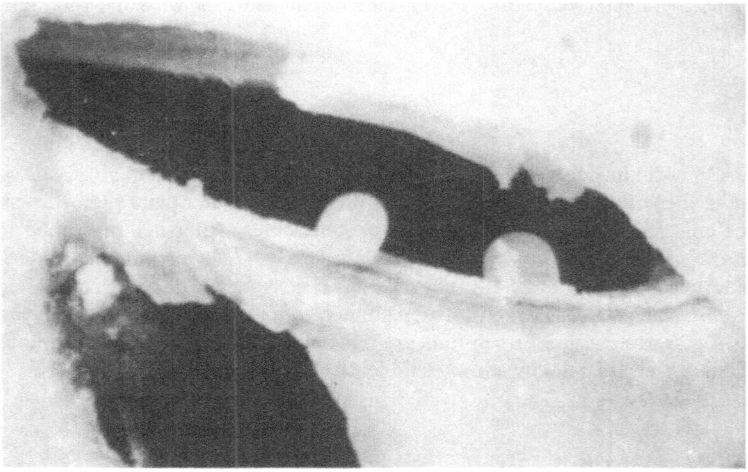

Abb. 13.5. Bakterienexsudat am Kerngehäuse einer Apfelfrucht nach Infektion durch *Erwinia amylovora*.

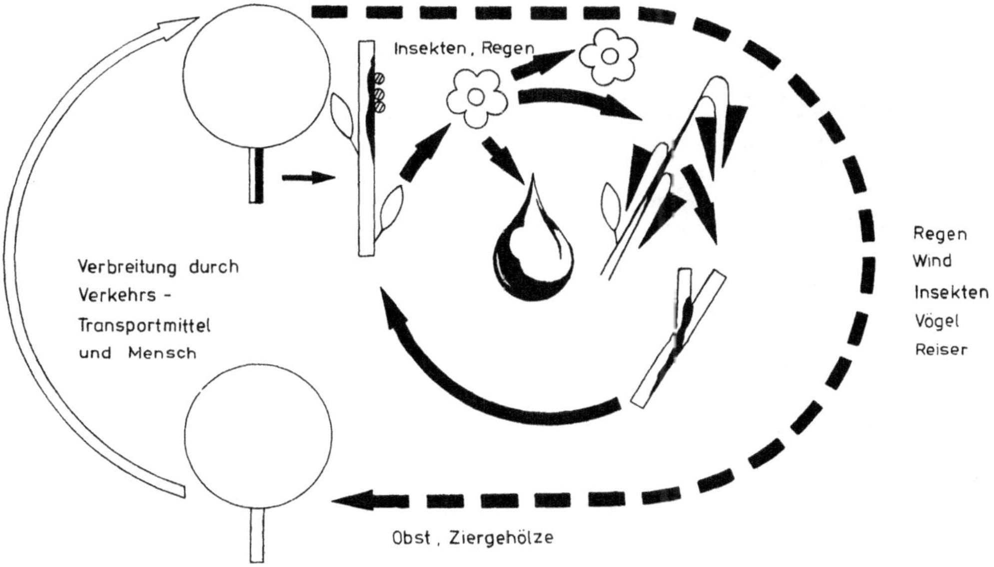

Abb. 13.6. Schematische Darstellung des Infektionscyclus von *Erwinia amylovora*.

Erwinia amylovora dringt durch Wunden und natürliche Eingangspforten (Lenticellen, Stomata, Nektarien, Hydathoden) in das Wirtsgewebe ein. Innerhalb der Wirtspflanze erfolgt die Ausbreitung im Phloem und im Xylem. Dabei wandern die Erregerzellen basipetal sehr viel schneller und weiter, als das die äußerlich sichtbaren Symptome vermuten lassen (Abb. 13.4.).

Die Lebensdauer des Feuerbranderregers ist vom Habitat abhängig. Im abgestorbenen Gewebe bleibt er ebenso wie auf infizierten Früchten (Abb. 13.5.) oder Holzpaletten über Monate lebensfähig. Die Angaben zum Vorkommen und Überdauern von *E. amylovora* als Bestandteil der Epiphytenflora auf den oberirdischen Organen der Bäume und damit die Bewertung dieser möglichen Infektionsquelle sind unterschiedlich. Generell ist aber eine Verschleppung der Krankheit sowohl über kontaminierte als auch befallene Reiser möglich. Der Krankheitscyclus wird in Abbildung 13.6. schematisch dargestellt.

13.1.3. Diagnose

Die Feuerbranddiagnose läßt sich am sichersten und zugleich am einfachsten mit dem von BILLING et al. (1960) erstmals beschriebenen und von KLEINHEMPEL et al. (1975) weiterentwickelten Birnentest durchführen. Werden mit *E. amylovora* befallene Gewebeteile einer Untersuchungsprobe in grüne, unreif geerntete Birnen implantiert, kommt es im Verlauf von 3—7 Tagen zum charakteristischen Austritt von Bakterienexsudat. Dies ist ein zuverlässiges Kriterium für das Vorhandensein von *E. amylovora* (Abb. 13.7.). Nach neueren Erkenntnissen können zum Nachweis von *E. amylovora* auch in flüssigem Stickstoff gefrostete grüne Birnen unbegrenzt verwendet werden. Darüber hinaus wurde für diesen Zweck eine Vielzahl selektiver und teilselektiver Nährböden entwickelt (HAHN 1980; MILLER & SCHROTH 1972).

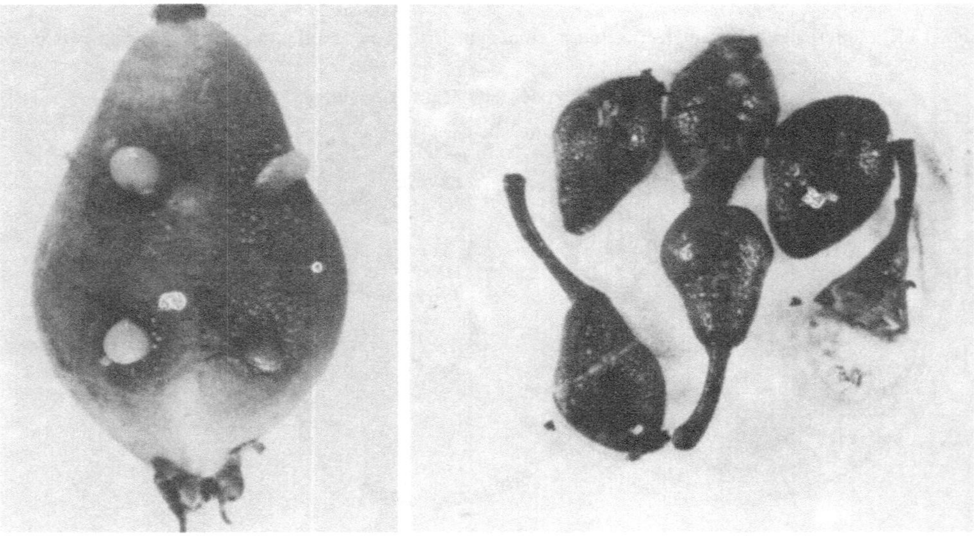

Abb. 13.7. Nach Implantation von mit *Erwinia amylovora* befallenen Gewebeproben (oder Injektion von Erregersuspensionen) in junge Birnenfrüchte eintretende starke Exsudatbildung (Aufbewahrung in Feuchtkammer) (Birnentest).

Medium nach MILLER & SCHROTH (1972)

Mannitol	10,0 g	Nitrilotriessigsäure (NTE)	10,0 ml
Nicotinsäure	0,5 g	(2%ige Lösung; neutralisiert mit	
L-Asparagin	3,0 g	0,73 g KOH je g NTE)	
$MgSO_4 \cdot 7\,H_2O$	0,2 g	Bromthymolblau (0,5% wäßrige	9,0 ml
K_2HPO_4	2,0 g	Lösung)	
Taurocholat (Difco)	2,5 g	Neutralrot (0,5% wäßrige Lösung)	2,5 ml
Tergitol 7 (Na-heptadecylsulfat)	0,1 ml	Agar	20,0 g
		Wasser	1000,0 ml

Mit 1 N NaOH (ca. 5 ml) auf pH 7,2 einstellen.

Autoklavieren bei 121 °C 15 min. Danach Actidion (50 mg) und Thalliumnitrat (1,75 ml einer 1%igen Lösung) zusetzen.

Nährboden nach HAHN (1980)

Nähragar I[1])	37 g	Aqua dest.	1000 ml
Saccharose	100 g		

Nähragar I in 250 ml Aqua dest. lösen, die Saccharose zusetzen und unter ständigem Rühren mit den restlichen 750 ml kochenden dest. Wassers mischen. Nach dem Abkühlen auf 60 °C

2,3,5-Triphenyltetracoliumchlorid-Lösung (0,5%ig)	10 ml	Crotothane	50 mg
		Benlate	50 mg
Pol-Terrafum	250 mg		

zusetzen. Anschließend 12 min bei 121 °C sterilisieren.

Auch serologische Nachweismethoden haben sich zur Identifizierung von *E. amylovora* bewährt, vor allem trifft das auch für die Indirekte Immunfluorescenztechnik und für den ELISA zu.

Am Befallsbild ist die Unterscheidung dieser Bakteriose von pilzlich bedingten Rindenbranderkrankungen oder vom Bakterienbrand nur bei Vorhandensein von Exsudat möglich.

13.1.4. Verbreitung und wirtschaftliche Bedeutung

Der Feuerbrand ist die bedeutendste bakterielle Erkrankung des Kernobstes. Unter günstigen Befallsbedingungen können z. B. ganze Birnen- und Quittenanlagen innerhalb eines Jahres absterben.

Während der Jahre 1958—1969 wurden in England 20000 Birnenbäume (ca. 45 ha), annähernd 20000 *Crataegus*-, 1500 *Cotoneaster*- sowie 2000 *Pyracantha*-Sträucher (Anonym 1969) vom Feuerbrand vernichtet. In den Niederlanden mußten 1975 z. B. über 2000000 *Cotoneaster*-, 13000 *Pyracantha*-, 8700 *Stranvaesia*- und 4500 *Sorbus*-Gehölze wegen Feuerbrandbefalls gerodet werden. Häufig übersteigen die Kosten für Rodung und Vernichtung von befallenen Pflanzen und für andere Bekämpfungsmaßnahmen den tatsächlichen Wert der aus phytosanitären Gründen beseitigten Pflanzen.

Feuerbrandbefall wurde bisher (vgl. Kap. 5.) in den USA, in Kanada, Mexico, Guatemala, China, Vietnam, Neuseeland, Jordanien, Ägypten, Südafrika, Norwegen, Großbritannien, in den Niederlanden, in der BRD, in Dänemark, Belgien, Frankreich, der DDR, der ČSSR, in Polen, der Türkei, in Cypern und Israel festgestellt.

13.1.5. Wirtspflanzen

Natürlicher Feuerbrandbefall kommt ausschließlich an Pflanzenarten aus der Familie der Rosaceae vor. Nach Angaben von VAN DER ZWET & KEIL (1979) betrifft das 131 Arten aus 37 Gattungen. Die bedeutendsten Wirtspflanzen sind:

Apfel	*Cotoneaster*-,
Birne	*Crataegus*-,
	Cydonia-,
	Pyracantha- und
	Sorbus-Arten (s. a. 15.1.)

13.1.6. Bekämpfung

Hinsichtlich der Bekämpfung von *E. amylovora* lassen sich generell folgende Grundsätze herausstellen:

— In den noch befallsfreien Ländern wird durch strenge Quarantänebestimmungen der Import von verseuchtem Pflanzen- bzw. Verpackungsmaterial verhindert.

[1]) Hersteller: Staatl. Inst. f. Immunpräparate u. Nährmedien Berlin-Weißensee

— Bei Erstbefall werden die erkrankten Bäume umgehend gerodet und vernichtet, um die Infektionsherde zu tilgen.
— Allgemein hat sich eine vorbeugende Beseitigung von Feuerbrandwirtspflanzen, z. B. *Crataegus*-Hecken oder -Einzelpflanzen, in der Umgebung von Obstanlagen durchgesetzt.

Beim Einsatz chemischer Mittel zur Verhinderung von Feuerbrandinfektionen und zur Minderung des Infektionsdruckes zeichnen sich deutlich 3 Etappen ab. Die erste Etappe war durch den Einsatz der Bordeauxbrühe (s. 6.7.) gekennzeichnet. Danach erfolgte der Einsatz von Antibiotica, insbesondere von Streptomycin. Mit dem Auftreten streptomycinresistenter *E. amylovora*-Stämme in den USA setzt man gegenwärtig wieder bei der Bekämpfung des Feuerbrandes verstärkt Kupferpräparate ein. Gleichzeitig werden Anstrengungen unternommen, um neue wirksame Präparate gegen *E. amylovora* zu finden. Besonderer Aufmerksamkeit bedürfen auch die derzeitigen Bemühungen, den Feuerbranderreger mittels geeigneter Antagonisten, wie z. B. *Erwinia herbicola*, auf biologischem Wege wirksam zu bekämpfen (Beer et al. 1984).

Ohne selektive Schnittmaßnahmen bzw. Rodung und Vernichtung befallener Pflanzen ist jedoch keine effektive Bekämpfung des Feuerbrandes möglich. Diese Schnittmaßnahmen müssen unverzüglich nach Befallsfeststellung vorgenommen werden. Dabei ist es erforderlich, die befallenen Triebe und Äste zumindest bis zur Basis zurückzuschneiden, die Schnittwerkzeuge während der Benutzung bei Schnittmaßnahmen in der Vegetationszeit zu desinfizieren und die Schnittstelle mit Wundverschlußmitteln zu behandeln.

13.1.7. Anmerkung

In der UdSSR wurde wiederholt das Vorkommen einer *Erwinia*-Art an der Birne gemeldet. Erreger einer dem Feuerbrand an Birne und Apfel ähnlichen, aber mit diesem nicht identischen Krankheit soll *Erwinia „pyri“* sein (Vasil'kova 1975). Starr et al. (1951) berichten desweiteren, daß ein Pathogen (*Erwinia amylovora* f. sp. *rubi*) eine Bakteriose der Himbeere verursacht. Künstliche Infektionen am Apfel gelangen mit dieser *forma specialis* nicht. Beide Namen sind aber bisher nicht validiert worden und daher z. Z. ungültig.

13.2. Bakterienbrand des Kern- und Steinobstes

(blossom and shoot blast, bacterial canker and blast; bakterial'nyj rakk, ožog kory; chancre bactérien; chancro bacteriano)

13.2.1. Erreger

Pseudomonas syringae pv. *syringae* van Hall 1902

Syn. *Bacterium syringae* (van Hall) E. F. Smith
Phytomonas syringae (van Hall) Bergey et al.
Pseudomonas cerasus Griffin
Bacillus cerasus (Griffin) Holland
Bacterium cerasi (Griffin) Elliott
Phytomonas cerasi (Griffin) Bergey et al.
Bacterium citrarefaciens Lee
Pseudomonas citrarefaciens (Lee) Stevens
Bacterium citriputeale C. O. Smith
Pseudomonas citriputealis (C. O. Smith) Stevens
Phytomonas citriputeale (C. O. Smith) Bergey et al.
Bacterium citriputeale C. O. Smith

Phytomonas trifoliorum (Jones et al.) Burkholder
Pseudomonas trifoliorum (Jones et al.) Stapp
Bacterium vignae Gardner & Kendrick[1])
Phytomonas vignae (Gardner & Kendrick) Bergey et al.[1])
Pseudomonas vignae (Gardner & Kendrick) Stapp[1])
Phytomonas vignae var. *leguminophila* Burkholder[1])
Bacterium viridifaciens Tisdale & Williamson
Pseudomonas viridifaciens Tisdale & Williamson
Phytomonas viridifaciens (Tisdale & Williamson) Bergey et al.
Bacterium holci Kendrick
Pseudomonas holci Kendrick
Phytomonas holci (Kendrick) Bergey et al.
Pseudomonas prunicola Wormald
Phytomonas prunicola Wormald
Pseudomonas utiformica Clara
Phytomonas utiformica Clara
Bacterium utiformica (sic!) (Clara) Burgwitz
Pseudomonas cerasi var. *prunicola* Wilson
Phytomonas cerasi var. *prunicola* (Wilson) Bergey et al.
Bacterium hibisci Nakata & Takimoto
Pseudomonas hibisci (Nakata & Takomoto) Stapp
Phytomonas hibisci (Nakata & Takimoto) Bergey et al.
Bacillus barkeri Berridge
Bacterium barkeri (Berridge) Elliott
Phytomonas barkeri (Berridge) Bergey et al.
Pseudomonas barkeri (Berridge) Clara

Mögliche weitere Synonyme:

Bacillus spongiosus Aderhold & Ruhland
Pseudomonas spongiosa (Aderhold & Ruhland) Braun
Bacterium spongiosum (Aderhold & Ruhland) Elliott
Phytomonas spongiosa (Aderhold & Ruhland) Magrou
Bacterium matthiolae Briosi & Pavarino
Phytomonas matthiolae (Briosi & Pavarino) Bergey et al.

Morphologie: Stäbchen (0,5—0,7 × 0,8—2,2 µm); Gram-negativ; einzeln oder in Ketten, beweglich mit ein bis mehreren polaren Geißeln.

Kolonien auf Agar: schwach erhaben, weißlich-grau, rund. Der Erreger bildet Kolonien vom R- und S-Typ.

Temperaturoptimum: 28 °C

Thermaler Tötungspunkt: 51 °C

Physiologische Leistungen (nach HAYWARD & WATERSTON 1965c): aerob; keine Nitritbildung aus Nitrat; Säure (kein Gas) wird oxidativ gebildet aus Glucose, Fructose, Saccharose, Galactose, Mannose, Arabinose, Xylose, Mannitol, Glycerol und Sorbitol. Gelatine wird verflüssigt, keine Indol- und H_2S-Bildung; Esculin wird innerhalb von 3—7 Tagen hydrolysiert; kein Stärkeabbau.

Einzelne Stämme bilden pectinolytische Enzyme, Oxidase-negativ.

Auf King's B-Medium synthetisiert *Ps. syringae* pv. *syringae* einen diffundierenden Fluorescenzfarbstoff.

Der G + C-Wert liegt bei 59 Mol-%.

Zwischen den einzelnen Erregerisolaten bestehen sehr große Virulenzunterschiede. Die meisten Stämme von *Ps. syringae* pv. *syringae* verursachen an Tabakblättern eine Hypersensibilitätsreaktion und sind eiskernbildend (s. 3.6.1.). Einige Herkünfte produzieren Syringomycin (s. 3.4.).

13.2.2. Krankheitsbild, Krankheitsverlauf, Übertragung

Das von *Ps. syringae* pv. *syringae* verursachte Krankheitsbild variiert erheblich in Abhängigkeit von der Art bzw. vom Organ der jeweils befallenen Wirtspflanze. Beim Apfel verursacht der Erreger primär ausschließlich einen **Rindenbrand** (Abb. 13.8.). Die befallenen Rindenpartien verfärben sich braun und werden schwammig weich. An diesen Stellen reißt die Rinde häufig auf. Die

---

[1]) s. a. 11.1.2.

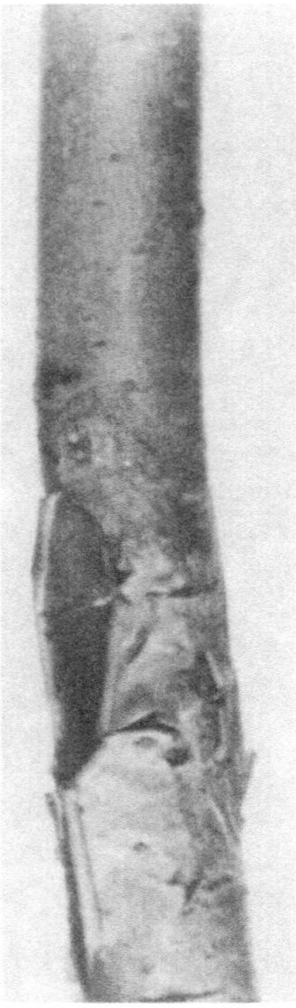

Abb. 13.8. Durch *Pseudomonas syringae* pv. *syringae* verursachter Rindenbrand am Apfeltrieb.
Abb. 13.9. Durch Befall mit *Pseudomonas syringae* pv. *syringae* an Birnenblüten hervorgerufene Absterbeerscheinungen.

Abb. 13.10. Von *Pseudomonas syringae* pv. *syringae* ausgelöste Symptome an Blättern und Früchten von Kirsche.

Abb. 13.11. Durch Befall mit *Pseudomonas syringae* pv. *syringae* verursachtes Absterben von Blütentrieben und -knospen an Kirsche.

obersten Rindenschichten heben sich pergamentähnlich ab. Umgürtet die Nekrose den Trieb, Ast oder Stamm des Baumes, sterben die acropetal gelegenen Pflanzenteile ab.

Bei der Birne führt Befall mit *Ps. syringae* pv. *syringae* auch zu einem ausgeprägten **Blütenbrand**; dieses Symptom läßt sich — fehlt das für *E. amylovora* charakteristische Bakterienexsudat — nicht vom Feuerbrandbefall unterscheiden. Neben dem Blütenbefall kommen bei der Birne auch Blatt- und Triebinfektionen vor. Die befallenen Teile färben sich schwarz und sterben ab (Abb. 13.9.).

Beim Befall des Steinobstes zeigen die Blätter ± typische rostrote Nekrosen, die später ausfallen (schrotschußähnlich), und einseitige Mißbildungen; befallene Knospen treiben nicht aus oder bleiben als Kurztriebe stecken (Abb. 13.10. und 13.11.). Mitunter kommt es zu Wuchsstauchungen oder Triebverdickungen. Infizierte Blüten nekrotisieren und sterben ab; die Blüten bleiben lange Zeit am Trieb haften. Befall an älteren Zweigen ist fast stets mit Gummifluß der Steinobstbäume verbunden (Abb. 13.12.). Am Steinobst sind die von *Ps. syringae* pv. *syringae* verursachten Symptome nicht von denen zu unterscheiden, die *Ps. syringae* pv. *morsprunorum* verursacht.

Da *Ps. syringae* pv. *syringae* zur saprophytischen Lebensweise fähig ist und auch epiphytisch auf ihren Wirtspflanzen vorkommt, besteht praktisch stets eine Infektionsgefahr für die Obstbäume, sofern Wunden vorhanden sind. Das ist insbesondere zum Zeitpunkt des Blattfalls und des Obstbaumschnittes der Fall. In dieser Phase ist die Infektionsgefahr auch deshalb groß, weil die für die Infektion nötige Feuchtigkeit dann zumeist gegeben ist. Der Befall mit *Ps. syringae* pv. *syringae* wird durch die Faktoren, die die Obstbäume in ihrer Konstitution schwächen, begünstigt. Starke Fröste erhöhen die Prädisposition der Wirtspflanze und damit die Schadwirkung des Pathogens beträchtlich. Eine gleichzeitige Infektion mit *Cytospora* spp., den Erregern der Krötenhautkrankheit des Stein-

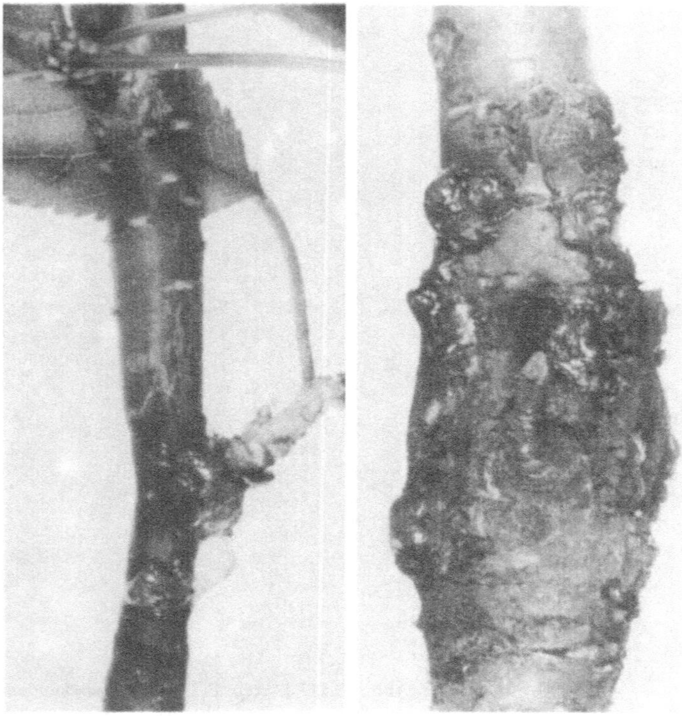

Abb. 13.12. Rindenbranderscheinungen und Gummifluß an Kirschtrieben nach Befall durch *Pseudomonas syringae* pv. *syringae*.

obstes, führt ebenfalls zu einer Steigerung des Schadausmaßes von *Ps. syringae* pv. *syringae*, wobei sogar synergistische Wirkungen eintreten.

Im Gegensatz zu den Verhältnissen beim Feuerbrand (*E. amylovora*) haben Schnittgeräte bei der Übertragung von *Ps. syringae* pv. *syringae* keine praktische Bedeutung. Auch Insekten oder Vögel sind als Vektoren des Erregers nicht bekannt geworden.

13.2.3. Diagnose

Die Diagnose des Bakterienbrandes ist problematisch. Einerseits stehen für die Isolierung dieses Erregers keine ausreichend wirksamen Selektivmedien oder Bioteste zur Verfügung, andererseits ist die Unterscheidung von *Ps. syringae* pv. *morsprunorum* sehr aufwendig und unsicher. Sie wird erschwert durch die erhebliche Variabilität der einzelnen Erregerherkünfte.

Die dringend erforderliche Differentialdiagnose gegenüber *E. amylovora* ist am sichersten mit dem Birnentest (Kleinhempel et al. 1975) realisierbar. Häufig wird zum Nachweis von *Ps. syringae* pv. *syringae* die Hypersensibilitätsreaktion an Tabakpflanzen herangezogen, die allerdings von allen *Ps. syringae*-Pathovaren und auch von *E. amylovora* ausgelöst wird.

13.2.4. Verbreitung und wirtschaftliche Bedeutung

Da *Ps. syringae* pv. *syringae* an sehr vielen verschiedenen Pflanzen Krankheitserscheinungen hervorruft (s. 13.2.5.), ist sie auf allen Kontinenten verbreitet (Stapp 1958). Entsprechend groß sind auch — insgesamt gesehen — die Verluste, die von diesem Erreger verursacht werden. Auf seine Bedeutung für die einzelnen Kulturpflanzen wird in den jeweiligen Abschnitten eingegangen.

Sehr bedeutende Schäden ruft der Erreger insbesondere am Steinobst hervor; so wurden erhebliche Ausfälle bei Süßkirschenbefall (10—20% Ausfall) sowie bei Aprikose in Kombination mit *Cytospora* spec. (Arsenijević 1980) festgestellt. Bei der Birne sind Verluste insbesondere aus England, der BRD und der UdSSR bekannt. Zu Schäden beim Apfel ist es bisher in der DDR, der ČSSR und der UdSSR gekommen.

13.2.5. Wirtspflanzen

Zu dem sehr großen Wirtspflanzenkreis von *Ps. syringae* pv. *syringae* gehören neben den Obstarten Apfel, Birne, Aprikose, Pflaume, Apfelsine, Walnuß, Zitrone, Süß- und Sauerkirsche sowie Pfirsich insbesondere auch die Vogelkirsche, der Flieder und eine Vielzahl krautiger Pflanzen (vgl. Cameron 1962).

13.2.6. Bekämpfung

Neben pflanzenhygienischen Maßnahmen, die auf einen guten Wachstumszustand der Bäume abzielen, und dem Ausschneiden befallener Pflanzenteile kommt dem Anbau von weniger anfälligen bzw. resistenten Sorten besondere Bedeutung bei der Eindämmung des Bakterienbrandes zu. Erhebliche Anfälligkeitsunterschiede bei Süß- und Sauerkirschen zeigten sich bei Resistenzprüfungen in den USA, in England (Cameron 1962), der BRD und neuerdings auch in der DDR. Diese Tatsache wird im Sortenangebot der Anbauländer berücksichtigt bzw. gezielt züchterisch genutzt. Beim Apfel sind die Anfälligkeitsunterschiede allerdings so gering, daß eine Resistenzzüchtung nicht gerechtfertigt erscheint.

Die eingangs erwähnten prophylaktischen Abwehrmaßnahmen können durch die Applikation von Kupferpräparaten (Kupferoxychlorid) zum Zeitpunkt des Blattfalls und des Knospenaustriebs bei Süß- und Sauerkirsche erfolgreich unterstützt werden.

13.3. Bakterienbrand des Steinobstes

(bacterial canker and blast; bakterial'nyj rak; chancre bactérien du cerisier)

13.3.1. Erreger

Pseudomonas syringae pv. *morsprunorum* (Wormald 1931) Young, Dye & Wilkie 1978

Syn. *Bacterium morsprunorum* (Wormald) Wormald
Phytomonas morsprunorum (Wormald) Wormald
Agrobacterium morsprunorum (Wormald) Săvulescu

Morphologie: Stäbchen (0,3—0,5 × 0,8—2,5 µm); Gram-negativ; beweglich mittels 1—5 polarer Geißeln.
Kolonien auf Agar: rund, glatt, flach, grau.
Temperaturoptimum: 25 °C
Temperaturmaximum: 35 °C
Thermaler Tötungspunkt: 46 °C
Physiologische Leistungen: aerob; keine Nitratreduktion; nach Garrett et al. (1966) von *Ps. syringae* pv. *syringae* unterscheidbar durch fehlende Leucinverwertung und Gelatineverflüssigung, Hydrolyse von Casein, Esculin und Arbutin, Fähigkeit zur Tyrosinasebildung, geringe NaCl-Toleranz und das Unvermögen, an abgetrennten unreifen Birnenfrüchten schwarze Nekrosen zu verursachen.

Auf King's Medium B wird ein fluorescierendes Pigment gebildet, keine Syringomycinproduktion.

Das Vorkommen von Rassen kann als erwiesen gelten. Ihre Typisierung erfolgt häufig durch entsprechende Phagen.

13.3.2. Krankheitsbild, Krankheitsverlauf, Übertragung

Die am Steinobst vorkommenden Symptome sind nicht von denen zu unterscheiden, die *Ps. syringae* pv. *syringae* am Steinobst verursacht (vgl. 13.2.2.).

Die Ausbreitung an Steinobst geschieht durch Wind und Regen. Im Frühsommer kommt es zunächst zu Blattinfektionen. Zum Herbst hin nimmt dann die Anfälligkeit der Triebe zu, die schließlich auch von den auf den Blättern inzwischen sehr zahlreich gewordenen Erregerzellen über Blattnarben und andere Wunden infiziert werden. Dies führt zu Rindenbrandnekrosen, die sich während des Winters bis zum Frühjahr ständig weiterentwickeln. Im Frühling kommt es wiederum zum Befall der austreibenden Knospen und Blätter. Die in den Nekrosen (Cankern) vorhandenen Erregerzellen sterben ab.

Für die weiträumige Verbreitung des Pathogens wird befallenes Pflanzgut (Baumschulmaterial) verantwortlich gemacht.

13.3.3. Diagnose

(Zur Unterscheidung von *Ps. syringae* pv. *morsprunorum* und *Ps. syringae* pv. *syringae* s. 13.2.3. bzw. 13.3.1.)

13.3.4. Verbreitung und wirtschaftliche Bedeutung

Ps. syringae pv. *morsprunorum* kommt hauptsächlich in Europa vor. Über Befall wird aus Irland, Großbritannien, Dänemark, Finnland, den Niederlanden, Frankreich, der BRD, der Schweiz, Rumänien, Italien, Jugoslawien, der UdSSR und einigen überseeischen Ländern berichtet. Das Ausmaß der durch diese Bakteriose verursachten Schäden ist sehr unterschiedlich, es reicht von leichtem Befall einzelner Bäume bis zu starken Ausfällen in den betroffenen Anlagen.

13.3.5. Wirtspflanzen

Als anfällig haben sich bisher nur die Steinobstarten (Pflaume, Süßkirsche, Sauerkirsche, Aprikose, Pfirsich) erwiesen.

13.3.6. Bekämpfung

Wie im Falle von *Ps. syringae* pv. *syringae* ist auch beim Bakterienbrand des Steinobstes — neben Schnittmaßnahmen — die prophylaktische Anwendung von Kupferpräparaten (Bordeauxbrühe, Kupferoxychlorid) zum Zeitpunkt des Austriebes zu empfehlen. Wegen der fehlenden Triebanfälligkeit wird auch die Durchführung eines Frühsommerschnittes angeraten. Ebenso wurde auch der Einsatz von Streptomycin erfolgreich praktiziert.

13.3.7. Anmerkung

Die enge Verwandtschaft zwischen *Ps. syringae* pv. *syringae* und *Ps. syringae* pv. *morsprunorum* führte dazu, daß längere Zeit keine einheitliche Auffassung darüber bestand, ob beide Erreger identisch (Cameron 1962) oder als getrennte Pathovare aufzufassen sind (Garrett et al. 1966). Inzwischen hat sich die zweite Variante, d. h. die Unterscheidung beider Pathovare, allgemein durchgesetzt.

13.4. Wurzelkropf der Obstgehölze

(crown gall; kornevoj rak (plodovych); galles de la couronnee, galle du collet, cancer végétale; agallas del cuello a gallas de la corona)

13.4.1. Erreger

Agrobacterium tumefaciens (Smith & Townsend 1907) Conn 1942.

Die Synonyme sowie die morphologischen und physiologischen Merkmale wurden bereits in 8.1. behandelt.

13.4.2. Krankheitsbild, Krankheitsverlauf, Übertragung

An Obstgehölzen, besonders an den Wurzeln, vielfach auch am Stamm und an den Zweigen von Weinreben (Mauke der Weinrebe), treten relativ oft Wucherungen auf, wie sie im Abschnitt 8.1.2. beschrieben wurden (Abb. 13.13.). Im Jugendstadium sind diese neoplastischen Bildungen, die in der Regel eine glatte Oberfläche besitzen, zunächst hell gefärbt. Mit zunehmender Größe werden sie dunkel, rissig und holzig. Zum Herbst können sie verrotten, während gleichzeitig oder nachfolgend neue Tumore entstehen. Mitunter gehen aus dem Wurzelkropfgewebe Triebe hervor, die jedoch wegen unzureichender Ernährung rasch absterben.

A. tumefaciens besitzt eine sehr lange Lebensdauer im Boden, in dem es auch saprophytisch existieren kann.

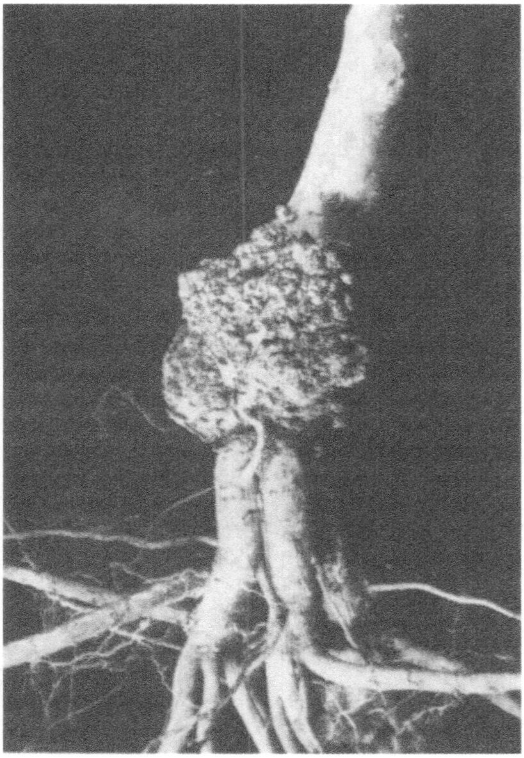

Abb. 13.13. Durch Befall mit *Agrobacterium tumefaciens* entstandener Wurzelkropf an 1jährigem Apfelsetzling.

Vor dem Auspflanzen der Sämlinge und Abrisse treten bei dem „Putzen“ viele Wunden auf, die das Eindringen des Pathogens ermöglichen. Die Übertragung erfolgt über den Boden, über Kultur- und Pflegemaßnahmen. Auch Nematoden spielen eine wichtige Rolle bei der Übertragung des Wurzelkropferregers.

13.4.3. Diagnose

Das Krankheitsbild an Obstkulturen und an Weinrebe ist so charakteristisch, daß eine Verwechslung kaum möglich ist (zur Erregeridentifizierung vgl. 8.1.3., zur Differentialdiagnose von *A. rhizogenes* 13.5.3.).

13.4.4. Verbreitung und wirtschaftliche Bedeutung

A. tumefaciens ist weltweit verbreitet. Bei der Weinrebe führt Befall mit dem Erreger in Form der als Mauke bezeichneten Krankheit zu erheblichen wirtschaftlichen Ausfällen. Beim Kern-, Stein- und Beerenobst sind die durch *A. tumefaciens* verursachten Schäden meist weniger bedeutsam.

13.4.5. Wirtspflanzen

(s. hierzu 8.1.5.)

Unter den Obstkulturen werden neben Kern- und Steinobst noch die Himbeere sowie — nach neueren Befunden von SÜLE & SASS (1977) — die Schwarze Johannisbeere befallen. Auch eine Reihe von Ziergehölzen wird durch *A. tumefaciens* mitunter stark geschädigt (s. a. 15.4.).

13.4.6. Bekämpfung

Unter Nutzung des Möhrenscheibentests (vgl. 8.1.3.) werden Baumschulflächen ausgesucht, die frei vom Erreger sind. Generell werden Versand und Vermarktung von befallenem Pflanzenmaterial abgelehnt. Derartiges Material sollte vernichtet werden. Vor Neuanlage von Baumschulen ist der Anbau von Luzerne zu empfehlen. Es wird zwar über Anfälligkeitsunterschiede bei Obstgehölzen und Unterlagen berichtet, doch gibt es keine speziellen Methoden der Resistenzprüfung und -züchtung gegen *Agrobacterium tumefaciens.*

Zur Bekämpfung von *A. tumefaciens* an Baumschulmaterial wurden die Bäumchen in früheren Jahren in quecksilber- oder kupfersulfathaltigen Lehmbrei getaucht. Bodenentseuchung, z. B. mit Chlorpikrin, hat sich in Europa nicht durchgesetzt.

Dagegen gewinnt in den letzten Jahren die biologische Bekämpfung immer mehr an Bedeutung. Es wurde festgestellt (KERR 1980), daß bestimmte Stämme von *Agrobacterium radiobacter* var. *radiobacter* (St. 84) ein Bacteriocin bilden, auf das Stämme von *A. tumefaciens* sensitiv reagieren, so daß die so vorbehandelte Wirtspflanze nicht befallen wird (s. 2.4.8. und 6.5.3.). Diese antagonistische Wirkung wird bereits mit Erfolg kommerziell genutzt.

13.5. Haarwurzelkrankheit der Obstgehölze

(hairy root; kosmaty, koren' plodovych derev'ev; racines chevelues; raiz de cabellera)

13.5.1. Erreger

Agrobacterium rhizogenes (Riker, Banfield, Wright, Keitt & Sagan 1930) Conn 1942 (s. a. 8.1.1.)

Syn. *Bacterium rhizogenes* Riker et al.
Phytomonas rhizogenes Riker et al.
Pseudomonas rhizogenes Riker et al.

Morphologie: Stäbchen (0,15—0,75 × 0,55—2,60 µm); Gram-negativ; mittels 1—4 seitlich inserierter Geißeln beweglich.
Kolonien auf Agar (KDA): weiß, fast durchsichtig.
Flüssigkulturen: stark getrübt.
Temperaturoptimum: 20—28 °C
Angaben zum Temperaturmaximum und zum Thermalen Tötungspunkt fehlen.
Physiologische Leistungen: aerobes Wachstum; keine Nitritbildung aus Nitrat; Biotin ist zum Wachstum auf synthetischen Medien nötig. Säure (aber kein Gas) wird oxidativ aus Glucose, Galactose, Fructose, Mannose, Rhamnose, Lactose und Xylose gebildet, nicht dagegen aus Arabinose, Maltose und Mannitol. Gelatine wird nicht verflüssigt, keine Indolbildung; kein Stärkeabbau.

Der G + C-Wert liegt bei 59—63 Mol-%.

Spezifische Phagen wurden nachgewiesen.

Auch das Vorkommen von Rassen kann als gesichert angesehen werden (nach Hayward & Waterston 1965a).

13.5.2. Krankheitsbild, Krankheitsverlauf, Übertragung

Im Gegensatz zu *A. tumefaciens* führt Befall mit *A. rhizogenes* nicht zur Ausbildung von krebsartigen Wucherungen, sondern zur krankhaften Entstehung zahlloser Wurzelanlagen; eine Unterscheidung beider Symptomtypen ist jedoch zu Beginn der Krankheitsentwicklung schwierig. Die befallenen Apfel- und Birnbäume weisen am Stammgrund und im Wurzelbereich sehr starke Haarwurzelbildungen auf (Abb. 13.14.). Diese neoplastisch entstandenen Wurzeln wirken zunächst fleischig und gedrungen, nehmen dann aber immer mehr eine fibröse Gestalt an. Beim Apfel bewirkt der Befall — anders als bei Infektion durch *A. tumefaciens* — eine deutliche Wuchsdepression. Bei Mischinfektionen beider Erreger entwickeln sich sowohl Geschwülste als auch Haarwurzeln. Wunden jeder Art (Insektenfraß, Frost, Nematoden, Schnittstellen) stellen auch bei *A. rhizogenes* die entscheidenden Entrittspforten dar. Die Erregerzellen befinden sich besonders an den äußeren Teilen der Mißbildungen und im Boden nahe den Haarwurzeln. Die Wurzelausscheidungen von Wirtspflanzen begünstigen die Entwicklung des Erregers.

Abb. 13.14. Durch *Agrobacterium rhizogenes* verursachte Symptome der Haarwurzelkrankheit an Sauerkirschsetzling.

Die Übertragung auch auf oberirdische Pflanzenteile erfolgt durch Kulturmaßnahmen im Bestand, z. B. Bodenbearbeitung und Schnitt.

13.5.3. Diagnose

Ist die Krankheit nicht mit Sicherheit symptomatologisch anzusprechen, kann für die Diagnose der Möhrenscheibentest nach ARK & SCHROTH (1958) herangezogen werden. Hierzu wird aus krankem Gewebe ein Macerat hergestellt und auf Möhrenscheiben ausgestrichen. Liegt Befall mit *A. tumefaciens* vor, bilden sich im Cambialbereich der Möhrenscheiben undifferenzierte Wucherungen (Gallen), bei Befall mit *A. rhizogenes* entstehen dagegen deutliche Wurzelneubildungen (s. 8.1.3.).

13.5.4. Verbreitung und wirtschaftliche Bedeutung

In den USA ist die Krankheit in Baumschulen und Obstanlagen sehr weit verbreitet. Außerdem kommt sie in Frankreich, Italien und in Bulgarien vor.

13.5.5. Wirtspflanzen

Neben Apfel, Birne und Himbeere werden auch alle *Rosa* spp. und weitere Rosaceen (22 Gattungen) befallen.

13.5.6. Bekämpfung

Zur Verhinderung der Krankheitsübertragung wird die Desinfektion der Schnitt- und Pfropfgeräte mit Quecksilber-(II)-chlorid ($HgCl_2$) empfohlen. Unterschiede in der Anfälligkeit von Apfelsorten wurden nachgewiesen, aber noch nicht im Sinne einer Verminderung des Befallsdrucks genutzt (DE CLEENE 1981).

13.6. Bakterielle Blattfleckenkrankheit des Steinobstes

(bacterial spot; mancha bacteriana)

13.6.1. Erreger

Xanthomonas campestris pv. *pruni* (E. F. Smith 1903) Dye 1978

Syn. *Bacterium pruni* E. F. Smith
Bacillus pruni (E. F. Smith) Holland
Phytomonas pruni (E. F. Smith) Bergey et al.
Morphologie: Stäbchen (0,2—0,8 × 0,8—1,7 µm); Gram-negativ; mittels einer polaren Geißel beweglich.
Kolonien auf Agar: gelb, von schleimiger Konsistenz.
Temperaturoptimum: 25 °C
Temperaturmaximum: 38 °C
Thermaler Tötungspunkt: 51 °C
Physiologische Leistungen: aerobes Wachstum; keine Nitratreduktion; für das Wachstum auf synthetischen Medien ist Nicotinsäure nötig. Säure wird oxidativ gebildet aus Glucose, Fructose, Arabinose, Raffinose, Lactose, Maltose und Glycerol; keine Verwertung von Mannitol, Inulin, Dulcitol, Sorbitol und Salicin.

Casein und Gelatine werden hydrolysiert, Stärkeabbau dagegen nur langsam und unvollständig; pectinolytische Enzyme werden nicht gebildet (Hayward & Waterston 1965d).

Sowohl Phagen als auch Physiologische Rassen des Erregers wurden nachgewiesen.

13.6.2. Krankheitsbild, Krankheitsverlauf, Übertragung

Der Erreger verursacht Blattflecke sowie Läsionen an Trieben und Früchten, die je nach Wirtspflanze verschieden aussehen. Bei der Pflaume und beim Pfirsich sind sie schwarz; sie fallen z. T. aus und bewirken so einen Schrotschußeffekt, ähnlich dem durch *Clasterosporium carpophilum* Ad. verursachten Symptom am Steinobst. Bei Befall mit *X. campestris* pv. *pruni* wird jedoch Bakterienexsudat ausgeschieden, auch sind die gebildeten Flecke unregelmäßig bis längsoval (im Gegensatz zu den runden Läsionen bei Pilzbefall). Beim Pfirsich sinken die Nekrosen am Trieb nur leicht ein; anders als bei der Pflaume umgürten sie aber die Triebe nicht vollständig. An der Pflaume entstandene Rindennekrosen können ausdauernd (perennierend) sein.

Der Erreger dringt über die Stomata in die Blätter ein. Dorthin gelangt er durch Regen und Windböen. Von den Blättern aus werden dann bei Regen auch die Früchte und Triebe infiziert.

Der primäre Blattbefall soll beim Pfirsich im Frühjahr von erkrankten Trieben ausgehen bzw. von Bakterien, die in abgestorbenen Terminalknospen überwintert haben. Die im Sommer gebildeten Triebnekrosen sind beim Pfirsich ohne Bedeutung für die weitere Krankheitsausbreitung. Für die Pflaume und die Aprikose spielen die sogenannten Sommercanker jedoch eine wichtige Rolle, da sich der Erreger bei diesen Wirtspflanzen während der Vegetationsperiode weiter ausbreiten und auch in der nachfolgenden Saison weiterentwickeln kann. Bei Pflaume soll *X. campestris* pv. *pruni* auch an Knospen und abgefallenen Blättern lebensfähig bleiben.

Der Krankheitsverlauf ist um so heftiger und wirkt sich um so schädigender aus, je feuchter und wärmer das Klima ist. Unter ariden Verhältnissen kann der Erreger nicht existieren.

13.6.3. Diagnose

(zur Unterscheidung dieser Bakteriose von der Schrotschußkrankheit s. 13.6.2.)

Bei Pflaume dürfte sich die Bakterielle Blattfleckenkrankheit aufgrund der typischen Symptome (schwärzliche Flecke) auch leicht vom Bakterienbrand (verursacht durch *Ps. syringae* pv. *syringae* oder *Ps. syringae* pv. *morsprunorum*) differenzieren lassen.

Ein Selektivmedium zur exakten Erregerdeterminierung beschreiben Civerolo et al. (1982); dabei wird die Fähigkeit zur Bildung extracellulärer Polysaccharide (EPS) ausgenutzt. Es enthält folgende Bestandteile:

— ein Mineralgrundsubstrat

KH_2PO_4	0,8 g	Agar	15 g
K_2HPO_4	0,8 g	Aqua dest.	1000 ml
$MgSO_4$	0,1 g		

— und die Zusätze

Alginsäure	2,0 g
Azaguanin	0,2 g
Nicotinsäure	2,0 mg
Cystein	3,0 mg

Diese Substanzen werden dem Basalmedium zugesetzt. Nach dem Autoklavieren fügt man noch Chlorothalonil (80 mg) und Kasugamycin (16 mg) hinzu.

13.6.4. Verbreitung und wirtschaftliche Bedeutung

Auf dem europäischen Kontinent ist *X. campestris* pv. *pruni* bisher in Italien, Rumänien und Cypern aufgetreten. Außerhalb Europas kommt der Erreger in Afrika, Asien, Nord- und Südamerika vor.

13.6.5. Wirtspflanzen

(nach Hayward & Waterstone 1965d)

Kirsche
Pfirsich
Pflaume
Prunus amygdalis
P. armeniaca
P. cerasus
P. davidania
P. japonica
P. mume
P. salicina und andere
Prunus spp.

sind als Wirtspflanzen bekannt.

13.6.6. Bekämpfung

Alle Maßnahmen, die das Wachstum der Wirtspflanzen begünstigen, mildern den Befall mit *X. campestris* pv. *pruni* entscheidend. Kräftiger Wuchs erzeugt Feldresistenz.

An chemischen Verbindungen wurden Bordeauxbrühe sowie verschiedene Antibiotica mit unterschiedlichem Erfolg eingesetzt.

13.7. Bakterieller Walnußbrand

(walnut bacterial blight; pjatnistost' list'ev plodov gereckogo orecha; maladie bactérienne du noyer)

13.7.1. Erreger

Xanthomonas campestris pv. *juglandis* (Pierce 1901) Dye 1978

Syn. *Pseudomonas juglandis* Pierce
Bacillus juglandis (Pierce) Holland
Bacterium juglandis (Pierce) E. F. Smith
Phytomonas juglandis (Pierce) Bergey et al.

Morphologie: Stäbchen (0,5—0,7 × 1,5—3,0 µm); Gram-negativ; einzeln oder in Ketten; mittels einer polaren Geißel beweglich; Kapseln vorhanden.

Kolonien auf Agar: gelb, rund, glatt, klebrig.

Temperaturoptimum: 28—32 °C
Temperaturmaximum: 37 °C
Thermaler Tötungspunkt: 53—55 °C

Physiologische Leistungen: aerob; keine Nitratreduktion; Säure (kein Gas) wird oxidativ gebildet aus Glucose, Lactose, Mannose, Maltose, Galactose und Mannitol, jedoch nicht aus Rhamnose, Arabinose, Dulcitol, Salicin und Inulin. Verwertet werden die Natriumsalze der Citronen-, Milch-, Apfel- und Bernsteinsäure als C-Quelle, nicht jedoch die der Ameisen-, Essig-, Salicyl-, Benzoe- und Weinsäure. Als N-Quellen werden Alanin, Leucin, Natriumammoniumphosphat, Allantoin, Tyrosin und Harnsäure verwertet, nicht jedoch Glutamin- und Hippursäure sowie Natriumnitrat; keine H_2S- und Indolbildung. Stärke wird hydrolysiert; kein Celluloseabbau; obwohl einige pectinolytische Enzyme produziert werden, kommt es nicht zur Verflüssigung von Pectatmedium (Bradbury 1967).

Über das Auftreten Physiologischer Rassen und das Vorkommen von Phagen liegen keine Informationen vor.

13.7.2. Krankheitsbild, Krankheitsverlauf, Übertragung

Die Krankheit nimmt ihren Ausgang von epiphytisch auf erkrankten, aber auch völlig gesunden Knospen überwinternden Erregerzellen, die im Frühjahr die Knospen, Blätter und frisch wachsenden Triebe befallen (Mulrean & Schroth 1982). Auf den Laubblättern, besonders auf den Blattadern, aber auch am Blattstiel und auf den Blattlamina, zeigen sich kleine durchscheinende Flecke, die zu großen braunen nekrotisierten Läsionen verschmelzen. Auch die frischen Triebe sterben häufig von der Spitze her ab und bleiben bis zum Folgejahr als Spitzendürre erkennbar. Die Früchte werden um so stärker geschädigt, je früher sie befallen werden; zunächst zeigen sich wäßrige Flecke, die dann schwarz werden, einsinken und mitunter bis zum Kerngehäuse reichen (Tafel VII, 5.). Häufig schrumpfen die Früchte und fallen ab. Auch die Kätzchen können bereits infiziert werden. An den Rändern der Nekrosen wird mitunter weißes bakterienhaltiges Exsudat ausgeschieden, das eine wichtige sekundäre Infektionsquelle darstellt.

Die Übertragung erfolgt durch Regenwasser, Insekten (z. B. *Chromaphis juglandicola* Kalt. und *Aceria tristriata* Nal.) und Pollen.

Die Überwinterung findet in Knospen statt, weniger in Trieben. In abgefallenen Blättern und Nüssen überdauert der Erreger nicht. Als die wichtigste Form der Überwinterung ist nach neueren Untersuchungen (Mulrean & Schroth 1982) das epiphytische Vorkommen des Erregers auf ruhenden Knospen anzusehen.

13.7.3. Diagnose

Die Krankheit kann leicht mit Pilzbefall (Anthraknose der Walnuß, verursacht durch *Gnomonia leptostyla* (Fr.) Les. & Not. (Syn. *Marssonina juglandis* (Lib.) P. Magn.) verwechselt werden. Bei diesem sind jedoch die Blattnekrosen wesentlich größer und durch die konzentrisch angeordneten Fruktifikationsorgane der Erreger gekennzeichnet.

Im Zweifelsfalle ist *X. campestris* pv. *juglandis* zu isolieren. Hierfür beschreiben Mulrean & Schroth (1981) ein Selektivmedium folgender Zusammensetzung:

Kartoffelstärke	10,00 g	L-Glutamat	0,25 g
$K_2HPO_4 \cdot 3\,H_2O$	3,00 g	Brillant-Kresolblau	0,01 g
KH_2PO_4	1,50 g	Methylen-Grün	0,01 g
$(NH_4)_2SO_4$	2,00 g	Agar	15,00 g
L-Methionin	0,25 g	Aqua dest.	1000,00 ml
Nicotinsäure	0,25 g		

pH-Wert vor dem Autoklavieren mit 8 ml 1 N NaOH auf 6,8—7,0 einstellen.

13.7.4. Verbreitung und wirtschaftliche Bedeutung

Der Walnußbrand kommt in allen Erdteilen vor, in denen *Juglans regia* zum Anbau gelangt, und ist als die bedeutendste bakterielle Erkrankung dieser Kulturpflanze anzusehen.

13.7.5. Wirtspflanzen

Als Wirtspflanzen sind *J. regia*, *J. ailantifolia*, *J. ailantifolia* var. *cordiformis*, *J. californica*, *J. cinerea*, *J. hindsii* und *J. nigra* bekannt (Bradbury 1967).

13.7.6. Bekämpfung

Das sonst für Obstbakteriosen empfehlenswerte und praktizierte Ausschneiden befallener Pflanzenteile führt beim Bakteriellen Walnußbrand offensichtlich nicht zur Befallsminderung. In Europa erwies sich das Ausbringen von Bordeauxbrühe bei Zusatz von Öl zur Minderung phytotoxischer Schäden als die erfolgreichste Bekämpfungsmaßnahme (Miller et al. 1947). In den USA wurden verschiedene Antibiotica zu diesem Zweck eingesetzt.

Resistente Sorten sind nicht bekannt, aber erhebliche Anfälligkeitsunterschiede. Die beiden amerikanischen Sorten ‚Frangette‘ und ‚Howe‘ gelten als sehr widerstandsfähig.

13.7.7. Anmerkung

In den USA werden zwei weitere Bakteriosen an Walnuß beschrieben. Es handelt sich um „Bark canker walnut", verursacht durch das Bakterium *Erwinia nigrifluens* Wilson, Starr & Berger 1957 (Bradbury 1981 a), und „Bacterial phloem canker of walnut", verursacht durch *Erwinia rubifaciens* Wilson, Zeitoun & Fredrickson 1967 (Bradbury 1981 b), über deren Auftreten in Europa bisher keine Angaben vorliegen.

13.8. Tuberkelkrankheit des Ölbaums

(olive-knot, oleander bacteriosis; rak po maslinata)

13.8.1. Erreger

Pseudomonas syringae pv. *savastanoi* (Smith 1908) Young, Dye & Wilkie 1978

Syn. *Ps. savastanoi* (Smith) Stevens
Bacterium savastanoi Smith
Ps. syringae subsp. *savastanoi* (ex Smith) Janse

Nach den Untersuchungen von Janse (1982) lassen sich innerhalb der von ihm aufgestellten Subspecies *savastanoi* aufgrund spezifischer Pathogenitätsmerkmale die pv. *fraxini*, pv. *oleae* und pv. *nerii* unterscheiden.[1]) Vom Ölbaum stammende Isolate gehören der pv. *oleae* an.

Morphologie: Stäbchen (0,3—0,7 × 1,0—1,8 μm); Gram-negativ; 1—mehrere polare Geißeln vorhanden.
Temperaturoptimum: 25—27 °C
Temperaturmaximum: 34 °C
Thermaler Tötungspunkt: 43—46 °C
Physiologische Leistungen: aerob; keine Nitratreduktion nachweisbar; Säure (kein Gas) wird gebildet von Glucose, Saccharose, Galactose, Mannose, Xylose und Glycerol. Für die Differentialdiagnose gegenüber *Ps. syringae* pv. *syringae* wichtig ist die mangelnde Fähigkeit zur Raffinoseverwertung und zur Hydrolyse von Gelatine, Casein, Arbutin und Esculin (Janse 1982).
Oxidase-negativ, Katalase-positiv.
Auf King's Medium B nur geringe Fluorescenz; einige Stämme bilden zusätzlich ein braunes Pigment.
Der G + C-Wert dürfte mit dem von *Ps. syringae* pv. *syringae* übereinstimmen.

13.8.2. Krankheitsbild, Krankheitsverlauf, Übertragung

Die Krankheit kann alle Pflanzenteile befallen. Bevorzugt kommt sie jedoch an den Zweigen, Wurzeln und am Stamm des Ölbaumes vor. Die Auswüchse (Gallen, Tumore) sind ähnlich denen des Wurzelkropfes (*Agrobacterium tumefaciens*); es handelt sich um schwammige, zum Teil eingetrocknete knollenförmige Gebilde mit rauher, zerklüfteter Oberfläche. Die befallenen Triebe weisen meist Kümmerwuchs auf und sterben häufig ab. An infizierten Bäumen entstehen laufend neue Tuberkel, in denen der Erreger überdauert. Bei feuchtem Wetter tritt mit Erregerzellen angereichertes schleimiges Exsudat aus den Auswüchsen aus, das durch Regen, Wind, Insekten, Vögel, Bearbeitungsgeräte und Werkzeuge weiterverbreitet werden kann. Zur Infektion sind Wunden, zu denen auch Blattnarben nach dem Laubfall zählen, notwendig. Über die Gefaße breiten sich die Bakterien in der Pflanze aus. Durch die Produktion und Ausscheidung von Wuchsstoffen (β-Indolylessigsäure) werden die angrenzenden meristematischen Gewebe zu undifferenziertem neoplastischem Wachstum angeregt (s. dazu 3.3.).

---

[1]) Dieser Vorschlag wurde noch nicht in Bergey's Manual (Krieg & Holt 1984) aufgenommen.

13.8.3. Diagnose

Eine exakte Determinierung des Erregers ist schwierig, insbesondere die Unterscheidung des Erregers von *Ps. syringae* pv. *syringae* und *Ps. syringae* subsp. *savastanoi* pv. *fraxini*.

13.8.4. Verbreitung und wirtschaftliche Bedeutung

In Europa kommt der Erreger in allen Ländern mit Olivenanbau (Frankreich, Portugal, Spanien, Italien, Jugoslawien) vor. Desgleichen gelten die USA, Brasilien und Argentinien als Befallsländer.

Das Schadausmaß ist je nach Verbreitungsgebiet und Witterungsverlauf in den einzelnen Jahren sehr unterschiedlich. Befallene Bäume sterben zwar nicht gänzlich ab, reagieren aber noch mit spürbarem Ertragsrückgang.

13.8.5. Wirtspflanzen

Folgt man nicht der von JANSE (1982) vorgenommenen Umstufung von *Ps. syringae* pv. *savastanoi* in eine Subspecies mit mehreren Pathovaren, dann können vom Erreger neben der Olive (Ölbaum) die nachstehenden Gattungen befallen werden:

Fraxinus	*Jasminum*
Chioanthus	*Nerium* und verschiedene
Forestiera	*Olea* spp. (STAPP 1958)
Forsythia	

13.8.6. Bekämpfung

Die wesentlichen Gegenmaßnahmen bestehen in der Vermeidung unnötiger Wundsetzung sowie dem Ausschneiden befallener Triebe und Äste. Das mit Gallen besetzte Gewebe muß verbrannt werden. Nur gesunde Bäume sind als Reiserspender geeignet. Notwendig ist ferner, daß Schnittgeräte desinfiziert und Wunden verschlossen werden.

Die mehrmalige Applikation von Bordeauxbrühe ist zu empfehlen, auch Streptomycin wurde teilweise mit Erfolg zur Bekämpfung von *Ps. syringae* pv. *savastanoi* eingesetzt.

13.9. Bakterienbrand der Weinrebe

(bacterial blight of the grapevine; maladie d'oleron; tizón bacteriano de la vid)

13.9.1. Erreger

Xanthomonas campestris pv. „*ampelina*" Panagopoulos 1969[1])

Morphologie: Stäbchen (0,6 × 2,3 µm); Gram-negativ; mittels einer polaren Geißel beweglich.
Kolonien auf Agar: gelb; auf künstlichen Medien sehr langsam wachsend; am besten eignet sich Hefeextrakt-Agar mit Zusatz von 1% Galactose und 2% $CaCO_3$.
Temperaturoptimum: 26 °C
Temperaturmaximum: 30 °C

[1]) Nicht in der Liste „Validierte Namen pflanzenpathogener Bakterien" (DYE et al. 1980; FAHY & PERSLEY 1983) enthalten.

Physiologische Leistungen: aerob; keine Nitratreduktion; Säure (kein Gas) wird aus Galactose und Arabinose produziert; keine Verwertung von Glucose, Xylose, Mannose, Saccharose, Rhamnose, Lactose, Maltose, Glycogen, Dextrin, Inulin, Salicin und Arbutin; kein Wachstum auf Simmon's Citratagar. Gelatine und Casein werden hydrolysiert; Indolbildung; Stärke- und Pectinabbau.

Oxidase-negativ, Katalase-positiv.

Der G + C-Wert beträgt 68,1—68,5 Mol-%. Wichtig zur Differenzierung von anderen *Xanthomonas* spp. sind die hohe Ureaseaktivität, das (sehr langsame) Wachstum bei niedrigen Temperaturen und die geringe NaCl-Toleranz (max. 1 %).

Die Kolonien bilden auf dem oben erwähnten Hefeextrakt-Medium ein gelbes Pigment, das in den Agar diffundieren und ihn braun verfärben kann.

Über das Vorkommen von spezifischen Phagen und Erregerrassen ist nichts bekannt.

13.9.2. Krankheitsbild, Krankheitsverlauf, Übertragung

Im Frühjahr öffnen sich infizierte Knospen nicht, die Triebe wachsen kaum bzw. sterben ab. Das cambiale Gewebe befallener Triebe weist hyperplastische Veränderungen auf, so daß die Triebe geschwollen sind und häufig längs aufreißen. Die Risse werden tiefer und länger und nehmen brandartiges Aussehen an. An jungen befallenen Trieben zeigen sich gelbgrüne Flecke an den unteren Internodien. Diese Flecke breiten sich nach oben aus, werden dunkel, brandig. Die Krankheit dringt zum Sommer hin bis in die holzigen Teile des Rebenstockes vor. Im Sommer finden sich häufig auch nur einseitig infizierte Blätter an den Trieben. Nekrosen von brandartigem Aussehen entstehen auch an den Haupt- und Sekundärblüten, sowie an Fruchtständen. Die Bakterien überwintern in den Weinbeeren, erscheinen im Frühjahr neu und infizieren die jungen Triebe. Mitunter tritt auch Gummifluß auf; das ist jedoch kein zuverlässiges und spezifisches Befallssymptom.

Die Krankheit ist noch relativ unerforscht. Die meisten Angaben beruhen auf Beobachtungen und nicht auf exakten Versuchen (Bradbury 1973).

13.9.3. Diagnose

Besondere Diagnosehinweise liegen nicht vor. Eine sichere Erkennung der Krankheitsursache anhand des Befallsbildes ist nicht möglich. Dazu bedarf es der Isolierung des Erregers und seiner exakten Identifizierung.

13.9.4. Verbreitung und wirtschaftliche Bedeutung

Die Krankheit wurde in Frankreich, Italien, Griechenland und Südafrika festgestellt.

Sehr ähnliche Symptome sind auch in der Schweiz, in Österreich, Jugoslawien, Bulgarien, Portugal, Spanien, Tunesien und Argentinien beobachtet worden, wobei allerdings als Erreger eine *Erwinia* „*vitivora*" (Baccarini) Du Plessis 1940 angegeben wird. Dieser Name ist nicht anerkannt worden, so daß sich gegenwärtig nicht entscheiden läßt, ob es sich hier um eine spezifische Bakteriose handelt oder nicht.

13.9.5. Wirtspflanzen

Befall ist bisher nur an *Vitis vinifera* festgestellt worden.

13.9.6. Bekämpfung

Die wichtigste Maßnahme zur Eindämmung der Krankheit besteht darin, daß befallene Pflanzen sofort und restlos beseitigt werden. Von befallenen Reisern dürfen selbstverständlich keine Stecklinge entnommen werden. Bei nachgewiesenem Befall sollte zur Herabsetzung der Übertragungsgefahr jede Zusatzberegnung unterlassen werden. Zur direkten Bekämpfung des Erregers werden regelmäßige Spritzungen mit Bordeauxbrühe bzw. Kupferpräparaten empfohlen.

13.9.7. Anmerkung

Nach Angaben von Wilkie et al. (1973) verursacht auch *Pseudomonas syringae* pv. *viridiflava* an Weinrebe eine Fäule der Rispen und deren Absterben (zu diesem Erreger s. 12.2.2.).

13.10. Eckige Blattfleckenkrankheit der Erdbeere

(angular leaf spot, vascular decline oder collapse of strawberry; mancha angular de la hoja de la fresa)

13.10.1. Erreger

Xanthomonas fragariae Kennedy & King 1962

Synonyme sind nicht bekannt.
Morphologie: Stäbchen (0,4 × 1,3 µm); meist unbegeißelt, seltener beweglich mit 1 kurzen polaren Geißel.
Kolonien auf Agar: auf festem Medium bei Zusatz von 1% Glucose stark schleimig orangegelbe Kolonien.
Temperaturoptimum: 24—27 °C
Temperaturmaximum: 35 °C
Physiologische Leistungen: aerob, eine Nitratreduktion ist nicht nachweisbar; Säure (kein Gas) wird aus Arabinose, Ribose, Xylose, Galactose, Rhamnose, Maltose, Raffinose, Glycerol, Salicin, Sorbitol u. a. produziert; Gelatineverflüssigung, Indol-negativ, schwache H_2S-Bildung; keine Esculinhydrolyse; Stärke wird abgebaut; Methylrot-negativ.

Oxidase-negativ, Katalase-positiv, Urease-negativ.

Toleranz für 0,5—1% NaCl (nach Bradbury 1977).

Der G + C-Wert liegt zwischen 62,6 und 63,2 Mol-%.

Über das Vorkommen von Phagen ist z. Z. nichts bekannt.

13.10.2. Krankheitsbild, Krankheitsverlauf, Übertragung

Die ersten Befallsanzeichen sind kleine wäßrig-durchtränkt erscheinende Flecke an der Blattunterseite. Sie vergrößern sich rasch, werden dunkel, auf der Blattoberfläche sichtbar und verschmelzen zu großen, unregelmäßig-eckigen nekrotisierten Läsionen (Tafel VII, 6.). Die Infektion verläuft häufig den Blattrippen entlang. Auch systemischer und latenter Befall wurde beobachtet. Dann kommt es zu Welke- und Absterbeerscheinungen ganzer Erdbeerpflanzen. Die Bakterien vermehren sich zumeist intercellulär im Gefäßbündelbereich, verstopfen die Tracheen und die Cambiumzone und führen so zur Welke bzw. zum Kollaps der Pflanzen.

Die Verbreitung des Erregers erfolgt durch Regen und Wind. Wunden sind keine Voraussetzung für Neuinfektionen. Die Erregerzellen überwintern in pflanzlichen Rückständen im Boden und überdauern über Jahre in getrocknetem Pflanzenmaterial. Als Setzlinge verwendete, latent befallene Ausläufer stellen eine große Gefahr im Hinblick auf die weiträumige Ausbreitung der Krankheit dar. Hierin ist sicherlich eine Ursache dafür zu sehen, daß die Krankheit, die seit 1962 genau bekannt und exakt beschrieben ist (Kennedy & King 1962a), trotz strenger Quarantänebestimmungen sich hat weiter ausbreiten können und heute in vielen Ländern vorkommt.

13.10.3. Diagnose

Zur Unterscheidung des Erregers von anderen *Xanthomonas*-Arten führt BRADBURY (1977) das fehlende Wachstum bei +39 °C an sowie das Unvermögen, Esculin zu hydrolysieren und aus Arabinose, Galactose, Trehalose und Cellobiose Säure zu bilden.

Selektivmedien wurden bisher nicht beschrieben.

13.10.4. Verbreitung und wirtschaftliche Bedeutung

Auf dem europäischen Kontinent ist *X. fragariae* in Frankreich, Spanien, Italien und Griechenland festgestellt worden. Die Krankheit kommt aber auch in den USA, Venezuela, Australien und Neuseeland vor.

13.10.5. Wirtspflanzen

Außer Erdbeere sind keine anderen Pflanzen als Wirte von *X. fragariae* bekannt (KENNEDY & KING 1962b). Da gegenwärtig keine praktikablen Methoden vorliegen, um Befallsfreiheit von Erdbeerpflanzgut sicher nachzuweisen, besteht jederzeit die Gefahr der Einschleppung durch Import von Setzlingen.

13.10.6. Bekämpfung

Es sollte nur erregerfreies Pflanzmaterial verwendet werden, was jedoch wegen der Möglichkeit des latenten Befalls und fehlender sicherer Nachweisverfahren in Befallsgebieten sehr schwierig zu realisieren ist. Bei Befall mit *X. fragariae* muß die Beregnung unterbleiben. Eine Reduzierung der Stickstoffgaben ist anzuraten.

13.11. Weitere Bakteriosen der Obstkulturen

An Obstkulturen ist eine Vielzahl von Krankheiten beschrieben worden, deren exakte Ursache nicht bekannt ist bzw. deren Erreger bisher noch nicht eindeutig identifiziert wurden. Hierzu zählen zunächst die derzeit als **Mycoplasmosen** eingestuften Krankheiten.

Zu den wirtschaftlich bedeutsamsten Mycoplasmosen gehört zweifellos der **Birnen-Verfall** (pear decline). Diese Krankheit tritt in zwei Befallsformen auf, nämlich als langsamer und als schneller Verfall. Beim schnellen Verfall können die Bäume innerhalb von nur wenigen Tagen welken und absterben. Unter europäischen Bedingungen herrscht der langsame Krankheitstyp vor. Bei dieser Befallsform dauert es Monate vom Erscheinen der ersten Symptome bis zum Tod des Baumes.

Der Erreger der Krankheit konnte bislang noch nicht isoliert werden, wurde jedoch in der Pflanze und im Vektor (*Psylla piricola* Foest) elektronenmikroskopisch nachgewiesen. Während der Vegetationsperiode ist die Krankheit durch Pfropfung übertragbar. Mit Sicherheit wurde in Europa die Krankheit in der DDR, der BRD, in Italien und in der UdSSR festgestellt (KLEINHEMPEL & MÜLLER 1977). Zur Bekämpfung werden die Vernichtung erkrankter Bäume, die Bekämpfung der Vektoren mit Insektiziden und die Auslese gesunder Mutterpflanzen für die Vermehrung empfohlen.

Eine andere bedeutende Mycoplasmose des Apfels stellt der Besenwuchs oder die **Apfelproliferation** (apple proliferation, apple witches'broom) dar. Die Krankheit dürfte in ganz Europa verbreitet sein. Auch bei dieser Mycoplasmose ist durch Pfropfung in der Vegetationsperiode eine Übertragung möglich. Typisch für deren Erscheinungsbild (s. Abb. 13.15.) sind die zahlreichen dünnen, aufwärts-

Abb. 13.15. Schadbild der Apfelproliferation.

gerichteten Triebe und die stark vergrößerten Nebenblättchen an den Kurztrieben bzw. der Basis von Langtrieben. Die Bäume reagieren auf Befall (je nach Sorte unterschiedlich) mit der Ausbildung sehr kleiner Früchte, so daß die Schäden erheblich werden können.

Der Erreger wurde noch nicht isoliert; ein Vektor konnte ebenfalls nicht mit Sicherheit nachgewiesen werden.

Zur Bekämpfung werden die Auswahl gesunder Reiserspender und Unterlagen sowie regelmäßige Insekticidbehandlungen in der Vegetationsperiode empfohlen (Kleinhempel & Müller 1977).

Als eine weitere Mycoplasmose der Obstkulturen ist die **Rubus-Stauche** (rubus stunt) oder **Verzwergungskrankheit der Himbeere** zu nennen. Sie kommt weitverbreitet in Europa vor. Der Erreger — er wurde bisher nicht isoliert — wird durch Zikaden (*Macropis fuscula* Zett und *M. scotti* Edwards) übertragen, die auf Himbeere oder Brombeere spezialisiert sind. Die befallenen Pflanzen weisen zahlreiche verzweigte kleinblättrige Triebe, Vergrünungserscheinungen und Durchwachsungen an Blüten und harte, ungenießbare Früchte auf. Die Sträucher sterben im Verlauf von 4—6 Jahren ab. Zur Bekämpfung werden auch hier die Auslese gesunder Mutterpflanzen und die Vektorbekämpfung empfohlen (Kleinhempel & Müller 1977).

Ebenso wie die Mycoplasmosen früher als Viruskrankheiten angesehen wurden, galten bis vor etwa 10 Jahren auch die von **Rickettsien** bzw. **Rickettsia-ähnlichen Organismen (RLO)** verursachten Krankheiten als virusbedingt. In einigen Fällen, so z. B. bei der Apfeltriebsucht, ist ein gleichzeitiges Vorkommen von Mycoplasmen und Rickettsien festgestellt worden.

Die bedeutendste, von RLO verursachte Krankheit an Obstkulturen ist zweifellos die **Piercesche Krankheit der Rebe** (DAVIS et al. 1978). In den USA hat diese Krankheit in früheren Jahren verheerende Verluste verursacht. Die von diesen Organismen befallenen Weinstöcke bleiben im Wuchs völlig zurück, verzwergen und verkümmern.

Ebenso wie bei der durch RLO verursachten **Phony disease des Pfirsichs** — auch Pflaume und Kirsche sind anfällig (WELLS et al. 1980) —, werden die Erregerzellen durch Vektoren übertragen.

Über das Vorkommen dieser Rickettsiosen — auch die **Gummiholzkrankheit des Apfels** (MINOIU & CRACIUM 1982) soll neuerdings zu diesem Krankheitstyp gehören — in Europa ist nur sehr wenig bekannt; allerdings liegen sichere Nachweise vor (PETZOLD & MARWITZ 1973).

Abschließend soll noch erwähnt werden, daß nach Untersuchungen von KEER et al. (1981) Essigsäurebakterien aus den Gattungen *Acetobacter* und *Gluconobacter* eine deutliche **Verbräunung und Fäulnis** an Apfel- und Birnenfrüchten verursachen können, ohne daß es dabei zu einer Gewebeerweichung kommt. Ihre Rolle bei der Entstehung von Lagerfäulen scheint bisher offensichtlich unterschätzt worden zu sein.

13.12. Literatur

Anonym: Fire blight of apple and pear. Ministry of Agriculture, Fisheries and Food, Advisory Leaflet 571 (1969), 10 S.

ARK, P. A., & SCHROTH, M. N.: Use of slices of carrot and other fleshy roots to detect crown gall bacteria in soil. Plant Dis. Reptr. **42** (1958): 1279—1281.

ARSENIJEVIĆ, M.: Further investigations on *Pseudomonas syringae* van Hall as pathogen of apricot in Yugoslavia. Zaštita Bilja **31** (1980): 121—127.

BEER, S. V., RUNDLE, J. R., & NORELLI, J. L.: Recent progress in the development of biological controls for fire blight. Acta Hort. **151** (1984): 195—201.

BILLING, E., CROSSE, J. E., & GARRETT, C. M. E.: Laboratory diagnosis of fire blight and bacterial blossom blight of pear. Plant Pathol. **9** (1960): 19—25.

BRADBURY, J. F.: *Xanthomonas juglandis*. Descriptions of pathogenic fungi and bacteria No. 130. Commonwealth Mycol. Inst. Kew 1967.

— *Xanthomonas ampelina*. Descriptions of pathogenic fungi and bacteria No. 378. Commonwealth Mycol. Inst. Kew 1973.

— *Xanthomonas fragariae*. Descriptions of pathogenic fungi and bacteria No. 558. Commonwealth Mycol. Inst. Kew 1977.

— *Erwinia nigrifluens*. Descriptions of pathogenic fungi and bacteria No. 692. Commonwealth Mycol. Inst. Kew 1981 a.

— *Erwinia rubrifaciens*. Descriptions of pathogenic fungi and bacteria No. 694. Commonwealth Mycol. Inst. Kew 1981 b.

CAMERON, H. R.: Disease of deciduous fruit trees incited by *Pseudomonas syringae* van Hall. Oregon agric. Exp. Stat. techn. Bull. **66** (1962): 3—64.

CIVEROLO, E. L., SASSER, M., & HELKIE, L.: Selective medium for *Xanthomonas campestris* pv. *pruni*. Plant Dis. **66** (1982): 39—43.

CLEENE, M. De: The host range of infections hairy-root. Bot. Rev. **47** (1981): 147—194.

DAVIS, M. J., PURCELL, A. H., & THOMSON, S. V.: Pierce's disease of grapevines. Isolation of the causal bacterium. Science **199** (1978): 75—77.

DYE, D. W., BRADBURY, J. F., GOTO, M., HAYWARD, A. C., LELLIOTT, R. A., & SCHROTH, M. N.: International standards for naming pathovars of phytopathogenic bacteria and a list of pathovar names and pathotype strains. Rev. Plant Pathol. **59** (1980): 153—168.

FAHY, P. C., & PERSLEY, G. J.: Plant Bacterial Diseases. Academic Press, Sydney, New York, London, Paris, San Diego, San Francisco, Sao Paulo, Tokyo, Toronto 1983.

GARRETT, C. M. E., PANAGOPOULOS, C. G., & CROSSE, J.: Comparison of plant pathogenic pseudomonads from fruit trees. J. appl. Bact. **29** (1966): 342—356.

HAHN, W.: Verbesserte Diagnose des Feuerbrandes. Arch. Phytopathol. Pflanzenschutz **16** (1980): 361—367.

HAYWARD, A. C., & WATERSTON, J.-M.: *Agrobacterium rhizogenes*. Descriptions of pathogenic fungi and bacteria No. 41. Commonwealth Mycol. Inst. Kew 1965 a.

— — *Erwinia amylovora.* Descriptions of pathogenic fungi and bacteria No. 44. Commonwealth Mycol. Inst. Kew 1965 b.

— — *Pseudomonas syringae.* Descriptions of pathogenic fungi and bacteria No. 46. Commonwealth Mycol. Inst. Kew 1965 c.

— — *Xanthomonas pruni.* Description of pathogenic fungi and bacteria No. 50. Commonwealth Mycol. Inst. Kew 1965 d.

JANSE, I. D.: *Pseudomonas syringae* subsp. *savastanoi* (ex Smith) subsp. nov., nom. rev. the bacterium causing excrescences on Oleaceae and *Nerium oleander.* I. Int. J. Syst. Bacteriol. **32** (1982): 166—169.

KEER, C. VAN, ABEELE, P. VAN DEN, SWINGS, J., GOSSELE, F., LEY, J. DE: Acetic acid bacteria as causal agents of browning and rot of apples and pears. Zbl. Bakteriol. Parasitenkunde, Infekt.-Krankh. Hyg. Abt. I, C **2** (1981): 197—204.

KENNEDY, B. W., & KING, T. H.: Angular leaf spot on strawberry caused by *Xanthomonas fragariae* sp. nov. Phytopathology **52** (1962 a): 873—875.

— — Studies on the epidemiology of bacterial angular leafspot on strawberry. Plant Dis. Reptr. **46** (1962 b): 360—363.

KERR, A.: Biological control of crown gall through production of agrocin 84. Plant Dis. **64** (1980): 25—30.

KLEINHEMPEL, H., & MÜLLER, H.: Mykoplasmen in der Phytopathologie. (Unter besonderer Berücksichtigung mykoplasmabedingter Pflanzenkrankheiten in der Deutschen Demokratischen Republik) Diss. (B), Akad. d. Landwirtschaftswiss., Aschersleben 1977.

— WOLF, G., BEYME, D., SCHAEFER, H.-J., & FICKE, W.: Methoden der Diagnose von Obstbakteriosen. Arch. Phytopathol. Pflanzenschutz **11** (1975): 19—29.

KRIEG, N. R., & HOLT, J. G. (Eds.): Bergey's Manual of Systematic Bacteriology. Vol 1. Williams & Wilkins, Baltimore, London 1984.

MILLER, P. M., & SCHROTH, M. N.: Selective medium for the isolation of *Erwinia amylovora* on pear with a selective medium. Phytopathology **62** (1972): 1175—1185.

MILLER, P. W., SCHUSTER, C. E., & STEPHENSON, R. E.: Diseases of the walnuts in the Pacific Northwest. Oregon agric. Exp. Stat. Bull. 435 (1947).

MINOIU, N., CRACIUM, C.: Elektron microscopy of apple rubbery wood pathogens and colorado — therapy of infected fruit tress. Acta Hort. **130** (1982): 313—315.

MULREAN, E. N., & SCHROTH, M. N.: A semiselective medium for the isolation of *Xanthomonas campestris* pv. *juglandis* from walnut buds and catkins. Phytopathology **71** (1981): 336—339.

— —: Ecology of *Xanthomonas campestris* pv. *juglandis* on Persian (English) Walnuts. Phytopathology **72** (1982): 434—439.

PETZOLD, H., & MARWITZ, R.: Mycoplasmen und rickettsienähnliche Bakterien als Erreger von Pflanzenkrankheiten. Mitt. Biol. Bundesanst. Land- u. Forstwirtsch. Berlin-Dahlem **151** (1973): 159—178.

STAPP, C.: Pflanzenpathogene Bakterien. Paul Parey, Berlin, Hamburg 1958.

STARR, M. P., CARDONA, C., & FOLSOM, D.: Bacterial fire blight of raspberry. Phytopathology **41** (1951): 915—919.

SÜLE, S., & SASS, B.: Crown gall on blackcurrant. Phytopath. Z. **89** (1977): 366—368.

VASIL'KOVA, A. K.: Novoe bakterialnoe zabolovanie jablonii grushi na juge Ukrainu. Ref. Žurn. Biol. **5** (1975): 1234.

WELLS, J. M., WEAVER, D. J., & RAJU, B. C.: Distribution of rickettsialike bacteria in peach, and their occurrence in plum, cherry, and some perennial weeds. Phytopathology **70** (1980): 817—820.

WILKIE, J. P., DYE, D. W., & WATSON, D. R. W.: Further hosts of *Pseudomonas viridiflava.* New Zealand J. Agric. Res. **16** (1973): 315—323.

ZWET, T. VAN DER, & KEIL, H. L.: Fire Blight a Bacterial Disease of Rosaceous Plants. Agriculture Handbook No. 510. U.S. Dep. Agriculture, Washington 1979.

14. Bakteriosen der Zierpflanzen

Eine Beschreibung der zahlreichen, an den einzelnen Species vorkommenden Bakterienkrankheiten ist im Rahmen dieser Darstellung nicht möglich. In die vorliegende Auswahl wurden daher in erster Linie Krankheiten einbezogen, die weltweit kultivierte Zierpflanzen heimsuchen bzw. besonders große ökonomische Effekte auslösen. Aus Kapazitätsgründen muß auch auf die Einzeldarstellung von Bakteriosen verzichtet werden, die unter den Zierpflanzen einen großen Wirtskreis besitzen. Das betrifft vor allem *Agrobacterium tumefaciens*, *Erwinia carotovora* subsp. *carotovora*, *E. chrysanthemi* pv. *chrysanthemi* und *Rhodococcus fascians*, die nur jeweils an einer charakteristischen Wirtspflanze behandelt werden.

A. tumefaciens kann die meisten Zierpflanzenarten — bevorzugt im Freilandanbau — befallen und Tumoren induzieren, der verursachte Schaden ist jedoch meist gering (Tafel VIII, 1.). Ökonomisch weitaus bedeutsamer kann sich das Auftreten von Weich- und Naßfäulen auswirken. Meist handelt es sich dabei um einen Befall durch *Erwinia carotovora* subsp. *carotovora* oder *E. chrysanthemi* pv. *chrysanthemi*. Betroffen sind in erster Linie Pflanzen mit Speicherorganen, die häufig im Produktionsprozeß einer Zwischenlagerung unterworfen sind. Größere wirtschaftliche Schäden kann die Krankheit beim Anbau von Hyazinthen (bes. in der Treiberei), *Iris* und Dahlien, aber auch von *Aloe*, *Cactus* spp., *Calla*, *Dieffenbachia* u. a. auslösen.

Die Verbänderung, hervorgerufen durch *Rhodococcus fascians*, erreicht in ihrem Befallsumfang und der Bedeutung zwar nicht den Rang, den die Naßfäulen einnehmen (hinsichtlich *E. carotovora* subsp. *carotovora* sei auf 9.2.2., 12.3. und 14.2.5. verwiesen), sie kann aber bei verschiedenen Zierpflanzen zu merklichen Ertragseinbußen führen (s. a. 14.2.1.2.). Zu ihren wichtigsten Wirten zählen Chrysanthemen, Pelargonien, Nelken, Petunien, Dahlien und Gladiolen (Tafel VIII, 2.).

Hinsichtlich der Symptomausprägung an den verschiedenen Wirtspflanzen bestehen bei den genannten Erregern im Prinzip kaum nennenswerte Unterschiede. *A. tumefaciens* induziert an den betroffenen Wirtspflanzen den bekannten Wurzelkropf und oberirdische Tumoren. Bei Infektion durch *Rh. fascians* entstehen die typischen Symptome einer Verbänderung und der Blattgallbildung an den erkrankten Pflanzen (s. a. 14.2.1.2.). Als Folge eines Befalls durch *E. carotovora* subsp. *carotovora* wird das infizierte Gewebe vollständig zerstört, es nimmt eine weichfaule schleimige Konsistenz an und entwickelt den typischen Naßfäulegeruch.

Bestimmte Krankheitserscheinungen an Zierpflanzen können auch durch *Mycoplasma*-ähnliche Organismen (MLO) verursacht werden. Die Erreger der verschiedenen Mycoplasmosen sind allerdings gegenwärtig nicht sicher identifiziert. Auf eine eingehende Beschreibung dieser Krankheit muß an dieser Stelle verzichtet werden. Erwähnt sei lediglich, daß die (parasitär bedingte) Vergrünung, die im Freilandanbau bei Anwesenheit von Zikaden nahezu an jeder Zierpflanze auftreten kann, die bedeutsamste *Mycoplasma*-bedingte Erkrankung darstellt (s. a. 4.1.2.7.).

14.1. Bakterienkrankheiten der Monocotyledonen

14.1.1. Gelbpocken der Tulpe

(yellow pustule of tulip bulbs and hell-fire of the leaves)

14.1.1.1. Erreger

Curtobacterium flaccumfaciens subsp. *oortii* (Saaltink & Maas Geesteranus 1969) Collins & Jones 1983

Syn. *Corynebacterium oortii* Saaltink & Maas Gesteranus
Morphologie: Stäbchen (0,5—1,1 × 1,3—2,6 µm); Gram-positiv und beweglich mit monopolarer Geißel bei Isolation aus frischem Pflanzengewebe während der Vegetation; Gram-positiv und nicht beweglich, wenn die Isolation aus lagernden Zwiebeln auf NA erfolgte.
Kolonien auf Agar (NA): schwach wachsend, hellgelb, glatt, klein, rund.
Flüssigkulturen: Nährbouillon wird leicht getrübt.
Temperaturoptimum: 25—30 °C
Temperaturmaximum: 37 °C
Physiologische Leistungen: aerob; geringe Nitratreduktion; Säure (kein Gas) wird gebildet von Glucose, Saccharose, in geringem Maße von Glycerol; keine Gelatineverflüssigung; keine H_2S- und Indol-Produktion. Stärke wird nicht hydrolysiert; lipolytisch aktiv.

14.1.1.2. Krankheitsbild, Krankheitsverlauf, Übertragung

Das Krankheitsbild ist an den Tulpenblättern und Stengeln einerseits und den Zwiebeln andererseits unterschiedlich ausgeprägt. Anfangssymptome an den Blättern sind etwa 5 mm lange, grauweiße bis silberne Streifen auf der Oberseite, meist entlang den Blattnerven. Die Blätter verfärben sich in den betroffenen Bereichen stumpf graugrün, wobei vielfach pustelartige Erhebungen gebildet werden (Tafel VIII, 3.). Das Blatt zerreißt bei geringer mechanischer Belastung, die Epidermis kann großflächig abgezogen werden. Das Parenchym unter der abgehobenen Epidermis ist als moosgrünes, desorganisiertes Gewebe erkennbar. Ältere Blätter werden häufiger befallen als jüngere, obwohl alle Pflanzenteile infiziert werden können (Bröther & Alex 1980). An den Zwiebeln zeigen sich zunächst auf der äußeren weißen Schuppe unterhalb der eingetrockneten braunen Schale kleine weißliche Pusteln. Im weiteren Befallsverlauf vereinigen sich die Flecke, sie verfärben sich dabei gelb und schwellen an. In der Nähe von Leitungsbahnen lassen transversal geschnittene Zwiebeln eine deutliche Gelbverfärbung des erkrankten Gewebes erkennen.

Die Krankheit tritt bevorzugt im Freilandanbau auf und wird durch kühles Wetter in den Frühjahrsmonaten gefördert. *C. flaccumfaciens* subsp. *oortii* ist ein typischer Wundparasit. Als Eintrittspforten sind in erster Linie durch Pflegemaßnahmen und Scheuerstellen an den Blättern hervorgerufene Beschädigungen anzusehen. Die Übertragung des Erregers geht hauptsächlich durch infizierte Zwiebeln vonstatten. Die weitere Ausbreitung von Pflanze zu Pflanze erfolgt dann durch Wind und Regen. Schmierinfektionen beim Schneiden der Blüten können ebenfalls Ursache für eine Verschleppung der Krankheit sein.

14.1.1.3. Diagnose

Die Diagnose dieser Bakteriose ist anhand der beschriebenen Symptome möglich. Werden kranke Pflanzenteile durchschnitten, so ist eine gelbe Verfärbung der Gefäßbündelbereiche als ein sicheres Indiz für einen Befall mit *C. flaccumfaciens* subsp. *oortii* zu werten. Lassen sich in diesem Gewebe zudem Gram-positive Bakterien mikroskopisch nachweisen, so besteht an der Identität des Erregers kein Zweifel. Dieses Krankheitsbild wird auch als „Höllenfeuer“ (in den Niederlanden „helsvuur“) bezeichnet. Die gelben, pustelartigen Flecke an den Zwiebeln, auch „Gelbpocken“ genannt, können dagegen leicht mit mechanischen Verletzungen verwechselt werden. Zur genauen Diagnose ist in diesem Falle eine mikroskopische Kontrolle erforderlich. Auf eine Isolierung des Erregers mittels Nährböden kann dagegen in der Regel verzichtet werden.

Erkrankte Zwiebeln schrumpfen auf dem Lager und können somit leicht von gesunden unterschieden werden.

14.1.1.4. Verbreitung und ökonomische Bedeutung

Bisher wurde das Auftreten von *C. flaccumfaciens* subsp. *oortii* in den Niederlanden, in Großbritannien (BRADBURY 1973b), sowie in der DDR (BRÖTHER & ALEX 1980) beschrieben. Es ist aber damit zu rechnen, daß diese Krankheit auch in anderen Ländern mit einem intensiven Tulpenanbau vorkommt.

Sie besitzt besonders für den Vermehrungsanbau im Freiland eine hohe ökonomische Bedeutung. Bei Befall mit *C. flaccumfaciens* subsp. *oortii* werden meist keine Blüten und kaum Tochterzwiebeln gebildet, hohe Ertragsverluste sind die Folge. Vor allem in Jahren mit niedrigen Temperaturen und Nachtfrösten während des Frühlings tritt *C. flaccumfaciens* subsp. *oortii* verstärkt auf. Dagegen ist die Krankheit in der Tulpentreiberei so gut wie unbekannt.

14.1.1.5. Wirtspflanzen

C. flaccumfaciens subsp. *oortii* reagiert wirtsspezifisch. Infiziert werden lediglich *Tulipa gesneriana* sowie die Gartentulpen.

14.1.1.6. Bekämpfung

Zur Bekämpfung der Krankheit sind in erster Linie Vorbeugungsmaßnahmen geeignet. Diese bestehen in einer optimalen Anbautechnologie und der Einhaltung pflanzenhygienischer Grundsätze. Dabei sind folgende Empfehlungen zu beachten:

- Die Ernte der Tulpenzwiebeln muß möglichst beschädigungsarm vorgenommen werden; das gleiche gilt analog für das Pflanzen.
- Beim Schneiden (Kappen) der Blüten sind Schmierinfektionen zu vermeiden.
- Von großer Bedeutung ist die konsequente Selektion erkrankter Pflanzen im Bestand und das Auslesen befallenen Pflanzgutes.

Wie BRÖTHER & ALEX (1980) berichten, schrumpfen erkrankte Zwiebeln bei einer Lagertemperatur von 20 °C stark; sie lassen sich dadurch bei einer relativ späten Pflanzung im Oktober gut erkennen. Als eine weitere effektive prophylaktische Maßnahme werden von den genannten Autoren die Tauchbehandlung der Zwiebeln im Herbst sowie die Blattspritzung im Bestand mit Captanpräparaten angesehen.

14.1.2. Gelbfäule der Hyazinthe

(yellow disease of hyacinths; žëltaja gnil' giacinta; jaunisse bactérienne de la jacinthe; clorosis bacteriana del jacinto)

14.1.2.1. Erreger

Xanthomonas campestris pv. *hyacinthi* (Wakker 1883) Dye 1978

Syn. *Bacterium hyacinthi* Wakker
Bacillus hyacinthi (Wakker) Trevisan
Pseudomonas hyacinthi (Wakker) Smith
Phytomonas hyacinthi (Wakker) Bergey et al.
Xanthomonas hyacinthi (Wakker) Dowson

Morphologie: Stäbchen (0,2—0,8 × 0,6—2,0 µm, gewöhnlich 0,4 × 1,0 µm); Gram-negativ; 1 polare Geißel.
Kolonien auf Agar: rund, meist gelb, selten cremefarben.
Temperaturoptimum: 25—27 °C
Temperaturmaximum: 35 °C
Thermaler Tötungspunkt: 47,5 °C
Physiologische Leistungen: aerob; Nitrat wird nicht reduziert; keine Säurebildung aus Rhamnose, Inulin, Dulcitol, Inositol, Salicin, Adonitol; keine Säurebildung in Lackmusmilch; Stärke wird hydrolysiert; Oxidase-negativ; Katalase-positiv. H_2S-Bildung aus Cystein (s. a. 11.4.1.)

Der G + C-Wert beträgt 63,5—69,2 Mol-%.

14.1.2.2. Krankheitsbild, Krankheitsverlauf, Übertragung

Das Krankheitsbild ist durch eine gelbe Fäule der Zwiebel, verbunden mit einem unangenehmen stechenden Geruch, charakterisiert. Früher wurde die Krankheit oft auch als „Zwiebel- oder Hyazinthenrotz" bezeichnet. An schwach befallenen Hyazinthen zeigen sich die Symptome erst bei der Blütenentfaltung. Die Blattspitzen werden gelb, später braun, längs der Blattnerven bilden sich gelbe Streifen aus. Die Leitbündel im Schaft verfärben sich gelblich. Wuchsstockungen, Abfallen der Blüten, Welkeerscheinungen, aber auch Austreten von gelbem Bakterienexsudat am Schaft, sind weitere Folgeerscheinungen. Primärinfektionen im Feldbestand äußern sich als wasserdurchsogene Flecke an Blättern und Blütenständen. Sie dehnen sich streifenförmig aus, färben sich gelb, später braun, letztlich vertrocknen die Blätter von den Spitzen her.

Der Erreger breitet sich systemisch von den Blättern bis in die Zwiebeln aus. Feuchtwarme Witterung begünstigt die Krankheitsentwicklung, Trockenheit hemmt sie.

14.1.2.3. Diagnose

Eine relativ sichere Diagnose der Krankheitsursache ist möglich, wenn ein Schnitt längs der Zwiebelachse vorgenommen wird. Gelbe Flecke am Grunde oder auf den Schuppen, häufig auch gelbgefärbte Aufwölbungen, unter denen sich mit Bakterienschleim gefüllte Kavernen befinden, sind sichere Anhaltspunkte für einen Befall mit *X. campestris* pv. *hyacinthi*. Bei einer gelb-braunen Verfärbung der Zwiebel liegt meist eine Mischinfektion mit anderen bakteriellen Erregern vor, vor allem mit *Erwinia carotovora* subsp. *carotovora*. In Fäulnis übergehende Zwiebeln entwickeln den bereits beschriebenen stechenden Geruch.

14.1.2.4. Verbreitung und wirtschaftliche Bedeutung

X. campestris pv. *hyacinthi* ist in fast allen europäischen Ländern verbreitet (Anonym 1983). Die Bakteriose hat für den Blumenzwiebelexport eine große Bedeutung. In früheren Jahren waren besonders in den Niederlanden Ertragsverluste bis 50% nicht selten. Durch verbesserte Bekämpfungsverfahren konnte in letzter Zeit ein epidemisches Auftreten der Bakteriose verhindert werden.

14.1.2.5. Wirtspflanzen

X. campestris pv. *hyacinthi* ist ausschließlich auf *Hyacinthus orientalis* spezialisiert. Dickfleischige Typen zeichnen sich allgemein durch eine höhere Anfälligkeit aus.

14.1.2.6. Bekämpfung

Die Gelbfäule der Hyazinthe kann durch eine Heißluftbehandlung der Zwiebeln erfolgreich bekämpft werden. Hierzu werden die Zwiebeln für 4—6 Wochen bei 30 °C unter intensiver Lüftung gelagert, anschließend wird die Temperatur für 2 Wochen auf 38 °C und für 3 Tage auf 44 °C gesteigert. Die Zwiebeln sind danach frei von lebensfähigen Erregerzellen. Die Behandlung sollte am besten innerhalb von 10 Wochen nach der Ernte der Zwiebeln durchgeführt werden (Anonym 1983).

Eine kurative chemische Behandlung befallener Zwiebeln und Blätter im Feldbestand mit Baktericiden oder antibakteriell wirkenden Fungiciden ist gegenwärtig nicht möglich (Kamerman 1983).

Im Feldbestand müssen erkrankte Exemplare sowie benachbarte Pflanzen entfernt werden. Vor der Einlagerung ist eine strenge Selektion befallener Zwiebeln vorzunehmen. Spontaninfektionen im Bestand lassen sich dadurch stark reduzieren, daß Pflegearbeiten bei feuchter Witterung vermieden werden (Anonym 1983).

14.1.3. Lackschorf der Gladiole

(*Gladiolus* scab; krasnovato-buraja pjatnistost' gladiolusa; maladie bactérienne de glaieul; costra del gladiolo)

14.1.3.1. Erreger

Pseudomonas gladioli pv. *gladioli* (Severini 1913) Young, Dye & Wilkie 1978

Syn. *Pseudomonas marginata* (McCulloch) Stapp
Bacterium marginatum McCulloch
Phytomonas marginata (McCulloch) Bergey et al.

Morphologie: Stäbchen (0,5—0,6 × 0,8—1,8 µm); Gram-negativ; 1—4 bipolar inserierte Geißeln.
Kolonien auf Agar: weiß, kreisrund, glatt.
Temperaturoptimum: 30—32 °C
Temperaturmaximum: 40 °C
Thermaler Tötungspunkt: >53 °C
Physiologische Leistungen: aerob; Nitrat wird reduziert; Säure (kein Gas) wird von Dextrose, Galactose, Lactose, Mannose, Xylose, Glycerol und Salicin gebildet; Gelatine wird verflüssigt; Ammoniak- und H_2S-Bildung. Stärke wird schwach hydrolysiert; lipolytisch; Oxidase-positiv. Lävan-bildend.
Produktion grünfluorescierender Pigmente.
Der G + C-Wert beträgt 68,5 Mol-%.

14.1.3.2. Krankheitsbild, Krankheitsverlauf, Übertragung

Das Krankheitsbild ist durch Läsionen an Blättern und Knollen charakterisiert. Als erstes Anzeichen einer Erkrankung erkennt man hauptsächlich am fleischigen Blattgrund zahlreiche leicht erhabene hellrotbraune Flecke. Sie fließen im weiteren Krankheitsverlauf zusammen, es entstehen große, dunkelbraun bis schwarz gefärbte Nekrosen, deren Ränder leicht erhaben und farblich stärker ausgeprägt sind. In den nekrotisierten Gewebepartien ist das Parenchym vollständig zerstört. Unter normalen Bedingungen wird das infizierte Gewebe trocken und fest. Bei hoher Feuchtigkeit erfaßt die Infektion die gesamte Blattspreite und die inneren Blätter, die dabei naßfaul werden. Die Gefäße können auch durch eine braune, gummiähnliche Substanz blockiert werden; darüber liegende Pflanzenteile sterben ab. Bei schwerem Befall knicken die betroffenen Pflanzen schließlich um.

An den Knollenschalen entwickeln sich ovale bis längliche, eingesunkene, braun bis schwarz verfärbte Läsionen. Später reißt das Gewebe in Längsrichtung auf, es nimmt dabei ein brandartiges Aussehen an. Erste Symptome an den Knollen sind mattgelbe, wasserdurchsogene kreisförmige Flecke, die sich braun bis schwarz verfärben. Diese Partien sinken leicht ein und sind mit einem schwach erhabenen Rand umgeben; sie können zusammenwachsen und bilden dann große eingesunkene Areale (Tafel VIII, 4.). Das in seiner Konsistenz hornartige oder spröde Gewebe kann leicht entfernt werden und läßt napfartige Höhlungen zurück. Dabei tritt häufig eine gummiartige Substanz aus, die nach dem Trocknen die Vertiefungen lackartig überzieht (Elliott 1951).

Als Überträger der Krankheit sind Nematoden, Wurzelmilben und bodenlebende Insekten bekannt. Während der Lagerung tragen Milben in besonderem Maße zur Verbreitung des Erregers bei (El-Goorani et al. 1974; Noble et al. 1978).

14.1.3.3. Diagnose

Die geschilderten Symptome sind für eine sichere Diagnose ausreichend; besonders das Symptom des „Lackschorfes“ auf den Knollen ist für die Bestimmung der Krankheitsursache sehr wertvoll. Eine Verwechslungsgefahr mit anderen Erkrankungen, z. B. Mykosen, besteht kaum. Im Zweifelsfall ist befallenes Material in einer feuchten Kammer aufzubewahren und danach mikroskopisch auf verdächtige pilzliche Erreger zu untersuchen.

14.1.3.4. Verbreitung und wirtschaftliche Bedeutung

Pseudomonas gladioli pv. *gladioli* wurde bisher in den Niederlanden, in Großbritannien, Frankreich, Österreich, der DDR, der ČSSR und in Italien sowie in verschiedenen überseeischen Ländern festgestellt. *Ps. gladioli* pv. *gladioli* hat im Gladiolenanbau nicht die ökonomische Bedeutung; die für verschiedene pilzliche Krankheitserreger nachgewiesen ist, kann aber bei einem starken Auftreten zu erheblichen Ertragsausfällen führen. Spezialbetriebe, die keine Möglichkeit einer weitgestellten

Fruchtfolge haben, sind im besonderen Maße gefährdet. Der Erreger bleibt im Boden mindestens ein Jahr am Leben, was vor allem auf die im Boden verbliebenen verseuchten Pflanzenrückstände zurückzuführen ist (PATEL 1929). ABO-EL-DAHAB et al. (1973) konnten in feuchten Lehmböden allerdings nur eine Lebensfähigkeit von 22 Wochen nachweisen.

Beachtenswert ist in diesem Zusammenhang auch, daß noch weitere Iridaceenarten von *Ps. gladioli* pv. *gladioli* infiziert werden können.

14.1.3.5. Wirtspflanzen

Infektionen mit *Pseudomonas gladioli* pv. *gladioli* wurden an Gladiolen, Schwertlilien und Freesien festgestellt. Nelken können ebenfalls befallen werden (ELLIOTT 1951).

14.1.3.6. Bekämpfung

Die Schwerpunkte der Bekämpfung liegen im Bereich der phytohygienischen Maßnahmen. Auf stark kalkhaltigen und auch schweren Böden sollte kein Gladiolenanbau erfolgen, da die genannten Bodenarten einen Befall mit *Ps. gladioli* pv. *gladioli* begünstigen. Für den Anbau müssen die Brutknollen aus einem gesunden Bestand gewonnen werden. Vor dem Pflanzen ist die Hülle von den Knollen zu entfernen. Dabei festgestelltes fleckiges Material ist zu verwerfen.

Sehr wesentlich auf den Bekämpfungserfolg wirkt sich das Trocknungs- und Lagerungsregime nach der Ernte aus. Bewährt hat sich eine Vortrocknung der Knollen über 10 Tage bei 26—35 °C und 50—55% rel. Feuchte, eine Nachtrocknung bei 20—30 °C und 40—50% rel. Luftfeuchtigkeit über 10 Tage sowie eine Lagerung bei 8 °C und einer rel. Luftfeuchte von 50—60%.

Vor dem Auslegen sind die Knollen einer Tauchbehandlung (30 min) in einer 0,2%igen Quecksilbernaßbeize zu unterziehen (JAKOB 1969). Eine Beizung mit organischen Quecksilberpräparaten vorausgesetzt, soll nach ABO-EL-DAHAB et al. (1973) ein Anbau von Gladiolen auf verseuchten Böden noch effektiv sein. Durch Applikation geeigneter Präparate während der Lagerung läßt sich die Verbreitung des Erregers durch Milben und Insekten vermeiden (FORSBERG 1955).

14.1.4. Bakteriose der Dieffenbachie

(bacterial stem rot of *Dieffenbachia*, bakterial'naja gnil'; pourriture bactérienne de *Dieffenbachia*)

14.1.4.1. Erreger

Erwinia chrysanthemi pv. *chrysanthemi* Burkholder, McFadden & Dimock 1953.
Synonyme sowie morphologische und physiologische Merkmale werden im Abschnitt 9.2.3. abgehandelt.

14.1.4.2. Krankheitsbild, Krankheitsverlauf, Übertragung

Das Krankheitsbild ist durch eine Welke der Blätter sowie eine Fäule am Stengelgrund charakterisiert. Krankheitserscheinungen zeigen sich zuerst an den unteren Blättern in Form einer schwachen nach unten gerichteten Krümmung der Blattstiele. Die Blätter beginnen schließlich vom Rand her zu welken, verfärben sich fahlgrün und schließlich braun (Abb. 14.1.). Am Stengelgrund entwickelt sich häufig eine wäßrige, grau- bis schwarzfarbene Faulstelle. Meist reißt das Gewebe im Bereich dieser Partien in Längsrichtung auf. Aus diesen Wunden kann ein bräunlicher Schleim austreten, der an der Luft krustenartig erstarrt. Stark befallene Pflanzen knicken am Stengelgrund um (BORTELS & SAUTHOFF 1965). Befallene Wurzeln werden glasig-weich und zerfallen.

Erwinia chrysanthemi pv. *chrysanthemi* kann von außen nur über Wunden in ihre Wirtspflanzen eindringen. Im Inneren der befallenen Organe breitet sich der Erreger dann systemisch über die Gefäßpartien aus; *E. chrysanthemi* pv. *chrysanthemi* ruft damit eine typische Tracheobakteriose hervor.

Abb. 14.1. Durch Befall mit bakterieller Naßfäule (*Erwinia* sp.) hervorgerufene grau- bis schwarzbraune Faulstellen am Stengelgrund und Mißbildungen am Blattstiel von *Dieffenbachia*.

Die Übertragung erfolgt hauptsächlich über Stecklinge von latent infizierten Pflanzen bzw. Mutterpflanzen. Ebenso bedeutsam für die Verbreitung sind kontaminierte Schnittwerkzeuge und Gefäße sowie nicht desinfizierte Kultursubstrate.

14.1.4.3. Diagnose

Eine sichere Identifizierung des Erregers ist anhand der aufgezeigten Symptome möglich. Verwechslungen mit pilzlich bedingten Erkrankungen lassen sich ausschließen, wenn im Querschnitt von befallenem Material eine von den Gefäßbündeln ausgehende Zersetzung des Stengels erkennbar ist (Bortels & Sauthoff 1965). Weiterhin kann man die hohe pectinolytische Aktivität von *E. chrysanthemi* pv. *chrysanthemi* zur Unterscheidung von pilzlichen Erregern heranziehen. Hierzu werden äußerlich sterilisierte Kartoffelknollen halbiert und die Schnittflächen mit erkranktem Material bestrichen; anschließend werden die Knollenhälften 2 Tage bei 25—28 °C in einer feuchten Kammer aufbewahrt (s. 9.2.3.3.). Liegt Befall mit *E. chrysanthemi* pv. *chrysanthemi* vor, so ist das Gewebe der Kartoffel in Fäulnis übergegangen (Griesbach & Meier 1978).

Darüber hinaus kann eine Differentialdiagnose mittels spezieller Nährböden vorgenommen werden. Geeignete Verfahren und Differentialnährmedien werden bei Munnecke (1960), Gehring (1961) und Bortels & Sauthoff (1965) beschrieben (Bradbury o. J.).

14.1.4.4. Verbreitung und wirtschaftliche Bedeutung

Erwinia chrysanthemi pv. *chrysanthemi* ist in vielen Ländern Europas verbreitet. Berichte über das Auftreten an Dieffenbachien liegen allerdings bisher nur aus der DDR und der BRD vor. Aufgrund der weiträumigen Verbreitung von *E. chrysanthemi* pv. *chrysanthemi* ist aber mit einem Vorkommen auch in den anderen Ländern zu rechnen. Dem stehen allerdings Beobachtungen von MUNNECKE (1960), MCFADDEN (1961) sowie BORTELS & SAUTHOFF (1965) gegenüber, die feststellen konnten, daß Isolate von Chrysanthemen und Nelken nicht für Dieffenbachien pathogen waren.

Eine große ökonomische Bedeutung hat das Auftreten von *E. chrysanthemi* pv. *chrysanthemi* besonders in Dieffenbachien-Spezialbetrieben. Die oft epidemieartige Ausbreitung der Erkrankung kann zum schnellen Zusammenbruch des gesamten Bestandes führen.

14.1.4.5. Wirtspflanzen

Als wichtigste Wirtspflanzen für *E. chrysanthemi* pv. *chrysanthemi* sind Chrysanthemen, Nelken und Dieffenbachien zu nennen. Darüber hinaus werden Dahlien, Begonien, Saintpaulien und Poinsettien als Zierpflanzen befallen.

E. chrysanthemi pv. *chrysanthemi*-Isolate von Dieffenbachien rufen allerdings an Chrysanthemen nur sehr schwache Symptome hervor, für Nelken sind sie nicht pathogen.

Weitere Angaben sind 9.2.3.5. zu entnehmen.

14.1.4.6. Bekämpfung

Eine effektive Bekämpfung kann nur durch pflanzenhygienische und prophylaktische Maßnahmen erfolgen. Hierzu zählen besonders die Desinfektion der Kultursubstrate und -gefäße. Bestände, in denen Befall aufgetreten war, sind von der Vermehrung auszuschließen. Weiterhin müssen kranke und verdächtige Pflanzen sofort aus dem Bestand entfernt und vernichtet werden. Wegen der hohen Infektionsgefahr ist dabei darauf zu achten, daß bei den Selektionsmaßnahmen keine Nachbarpflanzen berührt werden.

Zu den nützlichen Vorbeugungsmaßnahmen gehört ferner, daß Mutterpflanzen- und Anzuchtbestände räumlich getrennt gehalten werden. Als weitere prophylaktische Maßnahme hat sich die Desinfektion von Stammstücken vor der Bewurzelung bewährt. Dazu werden die zur Vermehrung benutzten Stengelsegmente für 15 min in eine Agrimycinlösung (200 ppm) — es handelt sich dabei um ein Handelspräparat, das Streptomycin als Wirkstoff enthält — eingestellt und anschließend einer Warmwasserbehandlung bei 49 °C (40—60 min) unterzogen. Auf diese Weise werden alle äußerlich anhaftenden Bakterien abgetötet (MUNNECKE 1960; MCFADDEN 1961).

14.2. Bakterienkrankheiten der Dicotyledonen

14.2.1. Bakterielle Erkrankungen der Pelargonie

14.2.1.1. Bakterielle Pelargonienwelke

(bacterial leaf spot of *Pelargonium*; bakterial'noe uvjadanie pelargonii; bactériose du *Pelargonium*; mancha bacteriana de la hoja del pelargonio)

14.2.1.1.1. Erreger

Xanthomonas campestris pv. *pelargonii* (Brown 1923) Dye 1978

Syn. *Bacterium pelargonii* Brown
Pseudomonas pelargonii (Brown) Stevens
Phytomonas pelargonii (Brown) Burkholder
Phytomonas geranii Burkholder
Bacterium geranii (Burkholder) Dowson
Pseudomonas geranii (Burkholder) Krasil'nikov
Xanthomonas geranii (Burkholder) Dowson

Morphologie: Stäbchen (0,5—0,7 × 1—1,5 µm); Gram-negativ; 1 polare Geißel.
Kolonien auf Agar: rund; glänzend; erst cremefarben bis hellgelb, später satt gelb.
Temperaturoptimum: 25—27 °C
Temperaturmaximum: 35 °C
Thermaler Tötungspunkt: 55—51,1 °C
Physiologische Leistungen: aerob; keine Nitratreduktion; Säure (kein Gas) wird gebildet von Glucose, Mannose, Galactose, Fructose, Lactose, Saccharose, Cellobiose; Lackmusmilch wird nicht coaguliert; Gelatine wird verflüssigt; Ammoniak- und H_2S-Bildung von Pepton; keine Stärkehydrolyse; nicht pectinolytisch; geringe Lipaseaktivität.

Der G + C-Wert beträgt 63,5—69,2 Mol-%.

14.2.1.1.2. Krankheitsbild, Krankheitsverlauf, Übertragung

Das Krankheitsbild ist durch eine Blattfleckenbildung und Welke charakterisiert. Die Symptome an den Blättern zeigen sich an der Blattunterseite in Form kleiner wasserdurchsogener, dunkelgrün gefärbter Punkte, die sich zunehmend vergrößern und dann ein braunrotes Zentrum erkennen lassen. Das erkrankte Gewebe verfärbt sich schließlich braun und nekrotisiert. Im Gegenlicht wird das sogenannte Vogelaugenfleck-Symptom sichtbar, d. h., die nekrotischen Flecke sind mit einer hellen Corona umgeben. An älteren Blättern treten häufig großflächige Gelbverfärbungen mit später vollständiger Nekrotisierung auf. Von infizierten Blättern breitet sich der Erreger systemisch acropetal und basipetal im Gefäßsystem aus. Als Folge akuten Befalls sinken die befallenen Gewebepartien ein, sie färben sich dabei grauschwarz, und die Pflanzen sterben ab (Tafel VIII, 5.).

Neben diesem akuten Krankheitsverlauf kommt nicht selten auch ein chronischer Befallstyp vor. In diesem Fall sterben die normal entwickelten Blätter erst nach Monaten ab; frisch entfaltete wachsen nicht zur vollen Größe aus, bleiben klein und graugrün. Derartige Pflanzen wirken ungesund bis kahl. In der Folge zeigen sich nach und nach an den einzelnen Pflanzenteilen Welkeerscheinungen, die zum Absterben führen; schließlich geht die gesamte Pflanze zugrunde. Pflanzenreste bzw. abgestorbene Pflanzen verrotten sehr langsam (Bröther 1981).

Xanthomonas campestris pv. *pelargonii* infiziert die Blätter meist über die Stomata. Weitere Eintrittspforten sind Wunden der verschiedensten Art, wie sie bei vegetativer Vermehrung und Pflegemaßnahmen entstehen.

Bewässerungsmaßnahmen, die eine ganzflächige Benetzung der Pflanzen bewirken, fördern die Krankheitsverbreitung. Ferner ist die Übertragung durch Insekten von Bedeutung, z. B. durch die Weiße Fliege (*Trialeurodes vaporariorum* Westw.) und verschiedene Blattlausarten (Bugbee & Anderson 1963; Heimann 1973). Die Samenübertragbarkeit spielt dagegen nur eine geringe Rolle (Heimann 1973; Bröther 1981).

14.2.1.1.3. Diagnose

Vom äußeren Schadbild der Welke her besteht die Gefahr einer Verwechslung mit Krankheitserscheinungen, die von *Pythium debaryanum* Hesse hervorgerufen werden. Mittels mikroskopischer Untersuchungen ist eine Unterscheidung zwischen bakteriell bzw. pilzlich bedingten Krankheitserscheinungen aber leicht möglich.

Ein weiteres Diagnoseverfahren besteht darin, den Befall mit *X. campestris* pv. *pelargonii* fluorescenzmikroskopisch nachzuweisen, da die erkrankten Gefäße eine starke Fluorescenz zeigen.

Reinkulturen von *X. campestris* pv. *pelargonii* können unter Verwendung von Nährmedien gewonnen werden. Hierzu ist KDA besonders geeignet, wobei sich die Rezeptur nach Hammerschlag et al. (1982) bewährt hat.

14.2.1.1.4. Verbreitung und wirtschaftliche Bedeutung

X. campestris pv. *pelargonii* ist in allen Ländern Europas verbreitet, verursacht aber auch in den USA lokal schwere Verluste. Wirtschaftliche Bedeutung erlangt die Krankheit besonders dann, wenn die Wirtspflanzen vegetativ vermehrt werden. Hier kann sie zur Problemerkrankung werden. Der Aufbau und die Erhaltung absolut gesunder Mutterpflanzenbestände erfordern deshalb einen besonders hohen Aufwand. Aus diesem Grunde werden zunehmend generative Vermehrungsverfahren bevorzugt, wobei pflanzenhygienische Grundsätze ebenfalls streng beachtet werden müssen.

14.2.1.1.5. Wirtspflanzen

Xanthomonas campestris pv. *pelargonii* ist wirtsspezifisch für Pelargonien. Befallen werden *Pelargonium domesticum, P. zonale, P. peltatum* sowie *P. grandiflorum-, P. peltatum-* und *P. zonale-*Hybriden.

P. graveolens erwies sich dagegen als nichtanfällig.

14.2.1.1.6. Bekämpfung

Die Bekämpfung dieser Pelargonienkrankheit gelingt am besten durch Anwendung von pflanzenhygienischen und anderen prophylaktischen Maßnahmen. Den Schwerpunkt bildet dabei der Aufbau gesunder Mutterpflanzenbestände, z. B. über Meristemkulturen. Weiterhin ist eine sorgfältige Desinfektion der Kultursubstrate, -behälter und Stellflächen unerläßlich. Zur Vermeidung von Infektionen sind Mutterpflanzen räumlich getrennt von Anzuchtkulturen zu halten und im Abstand von 1—2 Jahren neu aufzubauen (Bröther 1981). Werkzeuge für Pflegemaßnahmen müssen vor jeder Benutzung desinfiziert werden. Weiterhin sind stauende Nässe und Überkopfberegnung zu vermeiden, eine Einzelpflanzenbewässerung ist vorzuziehen. Befallenes Pflanzenmaterial darf nicht kompostiert werden, da es dadurch zu einer Verseuchung des Kultursubstrates kommen kann.

Prophylaktische Spritzungen mit kupferhaltigen Mitteln bewirken eine Reduzierung der epiphytisch auf der Pflanzenoberfläche lebenden Zellen von *X. campestris* pv. *pelargonii* (Heimann 1973; Digat 1978). Die Applikation von Insekticiden gegen die genannten Vektoren wirkt sich ebenfalls infektionsverhindernd aus.

14.2.1.2. Verbänderung der Pelargonie

(fasciation of Pelargonium; bakterial'naja fasciacija, urodlivost' pelargonii; fasciation des tiges du Pelargonium)

14.2.1.2.1. Erreger

Rhodococcus fascians (Tilford 1936) Goodfellow & Alderson 1983

Synonyme sowie morphologische und physiologische Merkmale sind Abschnitt 11.2.4. zu entnehmen (s. a. Bradbury 1967).

14.2.1.2.2. Krankheitsbild, Krankheitsverlauf, Übertragung

Das Krankheitsbild zeigt sich als Mißbildung in Form von kurzen, fleischigen und rückgebildeten, teilweise miteinander verwachsenen Trieben und blumenkohlartigen Wucherungen. Befallene Stengel tragen — wenn überhaupt — mißgestaltete Blätter (Abb. 14.2.). Im Unterschied zu *A. tumefaciens* werden nur selten Wucherungen an oberirdischen Pflanzenteilen beobachtet. Die Mißbildung nimmt im Normalfall ihren Ausgang am Hypocotyl und beschränkt sich im wesentlichen auf unterirdische Pflanzenteile, so daß Anfangsbefall häufig gar nicht bemerkt wird (Bröther 1979). Der Erreger lebt entweder auf der Oberfläche oder in den äußeren Schichten der befallenen Pflanzenorgane. Für das Eindringen in die Wirtspflanze sind keine Wunden erforderlich.

Die Übertragung erfolgt durch den Boden oder mit verseuchtem Pflanzenmaterial (z. B. Stecklinge); außerdem kann es zu Schmierinfektionen bei Verwendung von kontaminierten Werkzeugen kommen. Eine Überwinterung von *Rhodococcus fascians* im Boden ist möglich. Tierische Überträger wurden bisher nicht nachgewiesen.

14.2.1.2.3. Diagnose

Die charakteristischen Krankheitssymptome, die von *Rh. fascians* hervorgerufen werden, machen im allgemeinen eine spezifische Diagnose überflüssig. Bestehen Verwechslungsmöglichkeiten mit

Abb. 14.2. Typische hexenbesenartige Wucherung (Verbänderung) an Pelargonien nach Befall mit *Rhodococcus fascians*. Aufnahme H. Bröther.

anderen Krankheitserregern, z. B. *A. tumefaciens* oder pilzlichen Erkrankungen, so empfiehlt sich die Herstellung von mikroskopischen Präparaten und eine Gramfärbung der in den erkrankten Organen vorhandenen Bakterien.

14.2.1.2.4. Verbreitung und wirtschaftliche Bedeutung

Die Krankheit ist weltweit verbreitet. Ihre wirtschaftliche Bedeutung besteht vornehmlich in Wachstumsverzögerungen und Qualitätsmängeln, die Pflanzen sind nicht mehr verkaufsfähig. Tritt *Rh. fascians* auf, besteht die Gefahr, daß der Erreger auch auf andere Zierpflanzen (vor allem Chrysanthemen) übertragen wird.

14.2.1.2.5. Wirtspflanzen

Rh. fascians besitzt einen sehr umfangreichen Wirtspflanzenkreis (s. hierzu 11.2.4.5.). Stapp (1958) beschreibt 30 Gattungen aus 18 Pflanzenfamilien. Von den Zierpflanzen werden neben *Pelargonium zonale*- und *P. grandiflorum*-Hybriden unter anderem auch Chrysanthemen, Nelken und Gladiolen befallen (s. Tafel VIII, 2.).

14.2.1.2.6. Bekämpfung

Generell ist der Befall mit *Rh. fascians* an Sämlingspelargonien sowie in jungen Beständen selten. Dagegen können in älteren Mutterbeständen Einzelpflanzen erkranken.

Das Auftreten der Verbänderung kann durch strikte Beachtung der Pflanzenhygiene verhindert werden. Grundsätzlich sind dazu folgende Maßnahmen notwendig:

— bei Nutzung der vegetativen Vermehrungsmethode Entnahme von Pflanzgut ausschließlich aus gesunden Mutterbeetbeständen,
— bei Anwendung des generativen Vermehrungsverfahrens Saatgutbeizung mit quecksilber- und kupferhaltigen Präparaten,
— in beiden Fällen Entseuchung des Kultursubstrats durch Bodendämpfung und
— Desinfektion der Werkzeuge und Stellflächen (hierzu s. a. 14.2.1.1.).

14.2.1.3. Wurzelkropf der Pelargonie

(crown gall of *Pelargonium*; kornevoi rak pelargonii; cancer vegétale du *Pelargonium*; cáncer del cuello del pelargonio)

14.2.1.3.1. Erreger

Agrobacterium tumefaciens (Smith & Townsend 1907) Conn 1942

Die Synonyme sowie die morphologischen und physiologischen Merkmale wurden in Abschnitt 8.1. dargestellt, ebenso die für diesen Erreger geeigneten Nachweismethoden.

14.2.1.3.2. Krankheitsbild, Krankheitsverlauf, Übertragung

Das Krankheitsbild ist durch Wucherungen an den Wurzeln bzw. dem Wurzelhals der Pelargonien gekennzeichnet. Häufig können durch *A. tumefaciens* auch an oberirdischen Pflanzenteilen Sekundärtumoren induziert werden (s. hierzu 8.1.2.). Einen analogen Fall bei der Chrysantheme zeigt Tafel VIII, 1.

14.2.1.3.3. Diagnose

(s. hierzu 8.1.3.)

14.2.1.3.4. Verbreitung und wirtschaftliche Bedeutung

A. tumefaciens ist weltweit verbreitet. Der Wurzelkropf der Pelargonien kommt in fast allen Anbauländern vor. Meist werden jedoch nur Einzelpflanzen befallen. Häufiger erkranken Freilandpelargonien allerdings beim Anbau auf vorher baumschulisch genutzten Böden. Eine größere wirtschaftliche Bedeutung hat die Krankheit bisher jedoch nicht erlangt.

14.2.1.3.5. Wirtspflanzen

A. tumefaciens besitzt den größten Wirtspflanzenkreis unter den phytopathogenen Bakterien (s. hierzu 8.1.5.).

14.2.1.3.6. Bekämpfung

Gezielte Bekämpfungsmaßnahmen sind aufgrund der geringen wirtschaftlichen Bedeutung nicht erforderlich. Bisher baumschulisch genutzte Flächen oder Erden (s. 8.1.6.) sollten allerdings nicht für den Freilandanbau Verwendung finden. Als weitere effektive phytohygienische Maßnahme ist die Entseuchung des Kultursubstrats für die Topfkultur zu empfehlen.

14.2.2. Ölfleckenkrankheit der Begonie

(bacterial leaf spot of *Begonia*; bakterial'naja pjatnistost' list'ev begonii; taches des feuilles de *Bégonia*; mancha bacteriana de la hoja de la begonia)

14.2.2.1. Erreger

Xanthomonas campestris pv. *begoniae* (Takimoto 1934) Dye 1978

Syn. *Bacterium begoniae* Takimoto
Bacterium begoniae Buchwald
Phytomonas begoniae (Buchwald) Magrou
Phytomonas begoniae (Takimoto) Burkholder
Pseudomonas begoniae (Takimoto) Stapp
Xanthomonas begoniae (Takimoto) Dowson
Phytomonas flavabegoniae Wieringa
Aplanobacter flavabegoniae (Wieringa) Magrou
Xanthomonas flavabegoniae (Wieringa) Magrou & Prevot
Bacterium flavazonatum McCulloch
Xanthomonas flavazonata (McCulloch) Dowson
Bacterium takimoto Okabe

Morphologie: Stäbchen (0,5 × 1—2 µm); Gram-negativ; 1 polare Geißel vorhanden.
Kolonien auf Agar: gelb, rund, glatt, flach bis leicht erhaben.
Temperaturoptimum: 28—30 °C
Temperaturmaximum: 42—43 °C
Thermaler Tötungspunkt: 49—50 °C
Physiologische Leistungen: aerob; keine Nitratreduktion; Säure wird oxidativ von Arabinose, Xylose, Fructose, Glucose, Galactose, Mannose, Lactose, Maltose, Saccharose, Trehalose, Cellobiose, Glycerol und Dextrin gebildet. Ammoniak- und H_2S-Bildung aus Pepton; Stärke und Esculin werden hydrolysiert; lipolytisch; Katalase-positiv.

Kein Wachstum auf NA mit 0,02% Triphenyltetracoliumchlorid (Taylor et al. 1981).

Der G + C-Wert beträgt 63,5—69,2 Mol-%.

14.2.2.2. Krankheitsbild, Krankheitsverlauf, Übertragung

Als Symptom zeigen sich zunächst kleine glasige Flecke an der Unterseite der Blätter, die vor allem an den Rändern bzw. Blattadern konzentriert sind und sich leicht im durchscheinenden Licht feststellen lassen (Abb. 14.3.). Häufig vergrößern sich die Läsionen, sie können zusammenfließen und schließlich den größten Teil des Blattes bedecken. Die befallenen Partien welken, verfärben sich braun, die Blattadern bleiben dunkelbraun bis schwarz, Blattstiele werden braun und knicken um (Tafel VIII, 6.). Bei stärkerem Befall stirbt die gesamte Pflanze ab (Strider 1975a). Blüten und junge Stecklinge können ebenfalls Krankheitserscheinungen zeigen. Ein sehr charakteristisches Symptom der Krankheit wird sichtbar, wenn man die befallenen Triebe durchschneidet; bei leichtem Druck tritt dann aus den Schnittstellen ein gelblicher Schleim aus; die mikroskopische Untersuchung bestätigt in einem solchen Fall fast immer, daß diese gelbliche Flüssigkeit zahllose Bakterienzellen enthält.

X. campestris pv. *begoniae* dringt hauptsächlich über die Hydathoden an den Blatträndern in die Pflanze ein. In geringem Maße befällt der Erreger das Gewebe auch über die Stomata, besonders, wenn die Blätter häufig tropfnaß sind.

Vielfach wird der Erreger durch Spritzwasser beim Gießen von Pflanze zu Pflanze übertragen. Eine Weiterverbreitung ist auch durch Wurzelkontakt sowie mittels latent verseuchter Stecklinge möglich.

14.2.2.3. Diagnose

Aufgrund der typischen äußeren und inneren Symptome bereitet die Erkennung der allgemeinen Krankheitsursache keine Schwierigkeiten. Eine mikroskopische Kontrolle des hervortretenden gelb-

Abb. 14.3. Durch Befall mit *Xanthomonas campestris* pv. *begoniae* ausgelöste Fleckenbildung an Begonienblättern (Blattunterseite), insbesondere im Bereich der Blattnerven. Aufnahme H. Bröther.

lichen Schleims ist allerdings zu empfehlen, um eine etwaige Verwechslung mit Blattälchenbefall auszuschließen.

14.2.2.4. Verbreitung und wirtschaftliche Bedeutung

X. campestris pv. *begoniae* ist in vielen Ländern Europas verbreitet. Für Betriebe mit konzentriertem Begonienanbau stellt die Ölfleckenkrankheit häufig ein schwerwiegendes Pflanzenschutzproblem dar. In sehr vielen Ländern ist diese Bakteriose in die Gruppe der Quarantänekrankheiten eingestuft worden. Ihre große wirtschaftliche Bedeutung liegt vielfach darin begründet, daß der Befall meist zu spät erkannt wird. Häufig ist die Erkrankung durch eine lange Latenzphase gekennzeichnet; manchmal bleiben bei leichten Infektionen die Symptome völlig aus.

14.2.2.5. Wirtspflanzen

X. campestris pv. *begoniae* ist wirtsspezifisch. Sie befällt ausschließlich Begonien-Arten, z. B. *B. alba*, *B. gracilis*, *B. socotrana* und *B. tuberosa*. Hinzu kommt noch eine große Zahl von Gartenformen der gewöhnlichen und Knollenbegonien. Arten-, Typen- und Sortenunterschiede in der Anfälligkeit sind bekannt (Strider 1975b).

14.2.2.6. Bekämpfung

Eine effektive Bekämpfung ist nur durch eine Kombination von pflanzenhygienischen und chemischen Methoden möglich. Stecklinge sind nur von nachweislich gesunden Mutterbeetbeständen zu entnehmen. Dazu müssen die erforderlichen Werkzeuge, Kulturgefäße und Substrate gründlich sterilisiert werden. Ferner sind folgende prophylaktisch wirksame Kultur- und Pflanzenschutzmaßnahmen zu empfehlen:

— Vermeiden hoher Luftfeuchtigkeit, besonders der Überkopfberegnung
— sofortiges Entfernen aller erkrankten Pflanzen

— lockere Aufstellung der Pflanzen,
— wöchentliche Spritzungen mit kupferhaltigen Fungiciden
(STRIDER 1975a; HARRI et al. 1977).

14.2.3. Bakterielle Erkrankungen der Nelke

14.2.3.1. Bakterienstauche und -welke der Nelke

(bacterial slow wilt or stunt of carnation; bactériose vasculaire à *Erwinia* du l'oeillet; marchitamiento lento del clavel)

14.2.3.1.1. Erreger

Erwinia chrysanthemi pv. *chrysanthemi* Burkholder, McFadden & Dimock 1953
Die Synonyme sowie die morphologischen und physiologischen Merkmale werden in Abschnitt 9.2.3. näher erläutert.

14.2.3.1.2. Krankheitsbild, Krankheitsverlauf, Übertragung

Der Befall mit *Erwinia chrysanthemi* pv. *chrysanthemi* führt zu einer für Tracheobakteriosen typischen Welke sowie zu einer Triebstauchung. Erste Anzeichen der Erkrankung machen sich in der Regel durch Welkeerscheinungen an den Blättern im Bereich der Triebspitzen bemerkbar. Werden die Pflanzen bei höherer Temperatur (Gewächshaus) kultiviert, kann auch das gesamte Laub welken; die Blätter hängen dann zunächst schlaff nach unten und rollen sich schließlich korkenzieherförmig ein. In der Folge beginnen die Blätter am Stengelgrund zu vergilben; sie nehmen dabei einen bräunlichen bis schließlich gelblichen (strohfarbenen) Farbton an. Das übrige Laub verfärbt sich fahlgraugrün. Im Innern erkrankter Pflanzen finden sich Verbräunungen, vielfach von einem wäßrigen Hof umgeben. Am häufigsten sind sie am Stengelgrund zu beobachten; der Gefäßring ist dann zum größten Teil verbräunt. Die Braunverfärbungen sind unregelmäßig am Stengel verteilt. Das Wurzelsystem ist meistens schon stark befallen, wenn am Sproß die ersten Krankheitserscheinungen sichtbar werden. Später sind dann alle Wurzeln verfault.

Das Erscheinungsbild der Welke ist wesentlich häufiger zu beobachten als das der Stauche, eher trifft man noch eine Kombination beider Symptome (HANTSCHKE 1961). Bei einem akuten Befall kommt es häufig zu einem sogenannten Welkekollaps, der sich vor allem im Zeitraum des 2. Blütenschnittes einstellen kann (NELSON & DICKEY 1968).

Eintrittspforten für den Erreger sind hauptsächlich die Schnittflächen und Wunden aller Art, aber auch Lenticellen und Stomata. Die Übertragung der Krankheit erfolgt hauptsächlich durch erkrankte Stecklinge und Setzlinge. Ebenso sind kontaminierte Schnittwerkzeuge Ursache der Verbreitung. Werden Stecklinge längere Zeit vor der Pflanzung in großen Wasserbecken aufbewahrt, kann von wenigen latent verseuchten Stecklingen über das Wasser eine Weiterverbreitung ausgehen.

14.2.3.1.3. Diagnose

Allein anhand der Symptome ist eine sichere Identifizierung nicht möglich, weil die Nelken auch von pilzlichen Welkeerregern befallen werden können. Eine Isolierung der Bakterien über Nährmedien ist daher erforderlich. Nach LELLIOTT (1956) hat sich hierfür KDA bewährt, auf dem nach 4—5 Tagen bei einer Inkubationstemperatur von 27 °C die charakteristischen Kolonien sichtbar werden (s. a. 14.2.4.). Die Pathogenität ist am Tabak (Hypersensibilitätsreaktion) und vor allem an Nelkenpflanzen zu überprüfen.

14.2.3.1.4. Verbreitung und wirtschaftliche Bedeutung

Die sogenannten „Nelkenstämme" (auch als „pathotyps" bezeichnet) von *E. chrysanthemi* pv. *chrysanthemi* können als weltweit verbreitet angesehen werden. Ihre wirtschaftliche Bedeutung ist besonders in den Nelken anbauenden Ländern Westeuropas beachtlich und liegt noch über derjenigen von *Pseudomonas caryophylli.* In Betrieben, in denen Befall mit *E. chrysanthemi* pv. *chrysanthemi* an Nelken auftritt, sind Chrysanthemen und Dahlien besonders gefährdet. Hinsichtlich der Anfälligkeit der einzelnen Nelkensorten bestehen Unterschiede (NELSON & DICKEY 1968).

14.2.3.1.5. Wirtspflanzen

E. chrysanthemi pv. *chrysanthemi* besitzt einen großen Wirtspflanzenkreis. Hierzu zählen insbesondere Chrysanthemen, Nelken, Begonien, Dahlien, Dieffenbachien und Saintpaulien (s. 9.2.3.).

14.2.3.1.6. Bekämpfung

Zur Vermehrung dürfen nur Stecklinge aus völlig gesunden Mutterquartieren verwendet werden. Ferner ist es notwendig, die Messer vor jedem Schnitt zu desinfizieren; besser ist das Abbrechen der Stecklinge. Bewährt hat es sich auch, die Stecklinge vor dem Stecken 10 min in Kaliumpermanganatlösung (0,1 %) zu tauchen (PAPE 1964). Die Stecklinge sind zur Vermeidung der Übertragung nicht gemeinsam in Wasser zu stellen. Die Desinfektion des Kultursubstrates (Dämpfung bzw. chemische Präparate) sowie der Kulturgefäße ist ebenfalls unerläßlich. Befallene und befallsverdächtige Pflanzen sind sofort zu vernichten. Eine Anzucht in Einzeltöpfen als wirksame phytosanitäre Maßnahme zur Erzielung gesunder Bestände beschreibt HELLMERS (1958) (s. hierzu 14.2.3.2.6.). Als weitere vorbeugende Maßnahme sollte darauf geachtet werden, daß die Temperaturen im Gewächshaus niedrig gehalten werden. Die Bestände sind seltener, aber ausreichend zu befeuchten; dabei ist ein Überbrausen der Pflanzen möglichst zu vermeiden. Die Applikation von Insekticiden gegen tierische Schaderreger im Boden vermindert die Gefahr der Wurzelschädigung.

14.2.3.2. Bakterielle Welke und Wurzelfäule der Nelke

(bacterial wilt and stem crack of carnation; bakterial'noe uvjadanie gvozdiki; flétrissement bactérien de l'oeillet; marchitez bacteriana del clavel)

14.2.3.2.1. Erreger

Pseudomonas caryophylli (Burkholder 1942) Starr und Burkholder 1942

Syn. *Phytomonas caryophylli* Burkholder
Morphologie: gestrecktes oder leicht gekrümmtes Stäbchen (0,35—0,95 × 1,5—3,18 µm, gewöhnlich 0,6 × 2 µm); Gram-negativ; 1 bis mehrere polare Geißeln.
Kolonien auf Agar: langsam wachsend, glatt, rund, glänzend, gelbbraun bis hellviolett.
Flüssigkulturen: Nährbouillon wird getrübt, es entsteht ein weißes Sediment.
Temperaturoptimum: 30—33 °C
Temperaturmaximum: 46 °C
Thermaler Tötungspunkt: 53 °C
Physiologische Leistungen: aerob; Fähigkeit zur Nitratreduktion; Säure (kein Gas) wird aus Arabinose, Xylose, Rhamnose, Glucose, Galactose, Fructose, Mannose und Saccharose gebildet; Gelatine wird nicht hydrolysiert; keine Bildung von H_2S und Indol; kein Stärkeabbau; lipolytische Aktivität bei manchen Isolaten vorhanden.

Bildet auf Kings Agar B keine fluorescierenden Pigmente.

Der G + C-Wert beträgt 65,3 Mol-%.

14.2.3.2.2. Krankheitsbild, Krankheitsverlauf, Übertragung

Das Krankheitsbild ist durch typische Welkeerscheinungen gekennzeichnet (BRADBURY 1973a). Die Symptome sind denen der Nelkenfusariose ähnlich. Die Blätter der befallenen Pflanzen verfärben sich zunächst graugrün, später gelb, die Pflanzen beginnen zu welken und sterben schließlich ab. In den Gefäßbündeln kommt es über große Distanzen zu gelblichen bis hellbräunlichen Verfärbungen. Die Wurzeln sind häufig vollständig zersetzt. An jüngeren Pflanzen, besonders Stecklingskulturen, tritt meist der akute Typ der Erkrankung auf. Sie äußert sich zunächst in Form von

Blattkräuselungen und -krümmungen der jüngsten Blätter, denen dann die bereits geschilderten Krankheitserscheinungen folgen. Bei der chronischen Form, die meist nur bei älteren Pflanzen zu beobachten ist, treten anfänglich geringe Wachstumsverzögerungen ein; später sind an den Stengeln vielfach Längsrisse von mehreren Zentimetern Länge festzustellen. Bei beiden Krankheitstypen findet man, wenn die Pflanze aufgeschnitten wird, häufig im Bereich der Gefäßbündel von Stengeln und Wurzeln einen zähen Bakterienschleim vor.

Die Übertragung von *Ps. caryophylli* erfolgt hauptsächlich durch Stecklinge von erkrankten Mutterpflanzen. Der Erreger kann aber auch durch verseuchtes Kultursubstrat verbreitet werden. Da schwach befallene Stecklinge äußerlich meist keine Symptome zeigen, kommt es zuweilen zu einer Durchseuchung größerer Bestände. Tierische Überträger sind bisher nicht bekannt geworden.

14.2.3.2.3. Diagnose

Eine sichere Identifizierung nur anhand der äußerlich sichtbaren Symptome ist nicht möglich, da die Nelke auch von pilzlichen Welkekrankheitserregern befallen wird. Zur Erfassung der Krankheitsursache muß der Erreger daher isoliert und anhand seiner morphologischen und physiologischen Merkmale bestimmt werden. Als Isolierungsmedium hat sich KDA am besten bewährt (Hantschke 1961). Die Pathogenität der Isolate ist an Tabak (Hypersensibilitätsreaktion) und besonders an Nelkenpflanzen nachzuweisen.

14.2.3.2.4. Verbreitung und wirtschaftliche Bedeutung

Ps. caryophylli ist in allen nelkenanbauenden Ländern Europas verbreitet. Ihre wirtschaftliche Bedeutung wird unterschiedlich beurteilt. Größere Schäden treten in Gewächshäusern, in denen über längere Zeit hohe Temperaturen herrschen, sowie bei Kultivierung auf wärmeren Standorten auf.

14.2.3.2.5. Wirtspflanzen

Ps. caryophylli wurde bisher nur an Nelkenarten festgestellt. Zwischen den Nelkensorten bestehen Unterschiede in der Anfälligkeit.

14.2.3.2.6. Bekämpfung

Die Bekämpfung ist schwierig und muß sich hauptsächlich auf ein strenges Hygieneregime bei der Stecklingskultur stützen. Unerläßlich ist die Verwendung gedämpften Kultursubstrats sowie sterilisierter Gerätschaften. Die Stecklinge dürfen nur von gesunden Mutterpflanzen entnommen werden; hierfür eignet sich aus Meristemkulturen stammendes Material besonders gut. Die Schnittflächen sind in eine gesättigte Kaliumpermanganatlösung zu tauchen. Bei Anbau im Freiland müssen 3—5jährige Anbaupausen eingehalten werden. Hellmers (1958) empfiehlt die Anzucht von Pflanzen in Einzeltöpfen zur Vermeidung von gegenseitigem Kontakt. Außerdem können auf diese Weise Pflanzen, an denen sich verdächtige Krankheitserscheinungen zeigen, während der Anzucht leicht und ohne Ansteckungsgefahr selektioniert werden.

14.2.4. Bakterienstauche und -welke der Chrysantheme

(bacterial wilt or blight of chrysanthemum; bactériose vasculaire à Erwinia)

14.2.4.1. Erreger

Erwinia chrysanthemi pv. *chrysanthemi* Burkholder, McFadden & Dimock 1953
Synonyme sowie die morphologischen und physiologischen Merkmale sind Abschnitt 9.2.3. zu entnehmen.

14.2.4.2. Krankheitsbild, Krankheitsverlauf, Übertragung

E. chrysanthemi pv. *chrysanthemi* verursacht eine typische Tracheobakteriose. Das Krankheitsbild ist im wesentlichen durch Welkeerscheinungen gekennzeichnet. Erste Anzeichen einer Infektion sind graue wasserdurchsogene Flecke auf den Stengeln, häufig in der oberen Hälfte der Pflanze.

Der Stengel erscheint leicht flachgedrückt. Das Mark befallener Pflanzen ist zerstört, oberhalb und unterhalb der Befallsstellen geht es in einen gallertartigen Zustand über. Ist das Wurzelsystem infiziert, entwickeln sich große Calli, die innen hohl sind. Unter bestimmten Bedingungen kann es zum Stillstand der Krankheit kommen; dann treiben die Axialknospen unterhalb der Nekrose aus, und es bilden sich im wesentlichen normale Triebe (Burkholder et al. 1953).

Kontaminierte Werkzeuge und latent infizierte Stecklinge sind als Hauptquellen der Übertragung anzusehen. Ebenso ist eine Verbreitung durch verseuchten Boden möglich.

14.2.4.3. Diagnose

Die Krankheitsursache kann aufgrund der beschriebenen Symptome bestimmt werden. Ein weiteres charakteristisches Diagnosemerkmal ist die Fluorescenz der befallenen Stengelpartien, die sich mit Hilfe einer UV-Lampe zuverlässig feststellen läßt. Zur Überprüfung der Mutterpflanzenquartiere hinsichtlich latenten Befalls ist das Auslegen von Pflanzenproben auf KDA geeignet; bei Vorhandensein des Erregers wachsen die in 9.2.3.1. beschriebenen Kolonien aus. Für eine sichere Aussage ist allerdings ein nachfolgender Pathogenitätstest an Wirtspflanzen erforderlich.

14.2.4.4. Verbreitung und wirtschaftliche Bedeutung

E. chrysanthemi pv. *chrysanthemi* kommt — auch bedingt durch das breite Wirtspflanzenspektrum — in vielen Ländern Europas (nicht nur Südeuropas) vor. Der Befall ist allerdings wirtspflanzenspezifisch unterschiedlich:

Dianthus	— ganz Europa	*Dieffenbachia*	— BRD, DDR, Italien
Chrysanthemum	— Großbritannien, BRD, DDR, Italien	*Saintpaulia*	— Frankreich, BRD
Dahlia	— Niederlande, Rumänien	*Begonia*	— Niederlande

In den Befallsländern wird die Bakterienstauche und -welke vor allem als Problemerkrankung in den Anzuchtbeeten eingeschätzt.

14.2.4.5. Wirtspflanzen

Die wichtigsten Wirtspflanzen von *E. chrysanthemi* pv. *chrysanthemi* unter den Ziergewächsen stellen Chrysanthemen und Nelken dar. Außerdem können Dahlien, Saintpaulien, Begonien, Dieffenbachien und Poinsettien befallen werden. (Weitere Hinweise s. 9.2.3.5.).

14.2.4.6. Bekämpfung

Eine effektive Bekämpfung ist nur mit Hilfe phytosanitärer und prophylaktischer Maßnahmen möglich. Stecklinge sind grundsätzlich von völlig gesunden Mutterpflanzen zu schneiden. Dabei ist zu beachten, daß infizierte Pflanzen, wenn sie unter ariden Bedingungen und bei niedrigen Temperaturen gehalten werden, keine Symptome zeigen. Die Krankheitsentwicklung ist wesentlich an höhere Temperaturen und rel. Luftfeuchtigkeit gebunden (Burkholder et al. 1953), daher verhindert häufiges Lüften bei warmer Witterung den Ausbruch der Krankheit. Beim Bewässern ist das Überbrausen der Pflanzen zu vermeiden. Eine übermäßige Stickstoffdüngung erhöht die Prädisposition der Pflanzen. Eine andere prophylaktische Maßnahme ist die Desinfektion der Werkzeuge, Kultursubstrate und Gefäße.

Über stadiale Unterschiede in der Anfälligkeit verschiedener Chrysanthemensorten berichten Burkholder et al. (1953) sowie Pennypacker et al. (1981).

14.2.5. Naßfäule der Saintpaulie

(soft rot of *Saintpaulia*; mokraja gnil' *Saintpaulia*; maladie nouvelle sur Saint-paulia)

14.2.5.1. Erreger

Erwinia chrysanthemi pv. *chrysanthemi* Burkholder, McFadden & Dimock 1953

Synonyme sowie die morphologischen und physiologischen Merkmale sind Abschnitt 9.2.3. zu entnehmen.

14.2.5.2. Krankheitsbild, Krankheitsverlauf, Übertragung

Das Krankheitsbild zeigt sich in einer auch für Infektionen mit Naßfäuleerregern der Gruppe *E. carotovora* typischen Form. Die Stengel beginnen von der Basis her durchscheinend zu werden. Diese Flecke dehnen sich in Richtung Spreite aus. Die Gefäße werden braun, und schließlich ist die gesamte Spreite glasig. Letztlich bilden Stengel und Blattspreite eine breiige Masse. An trockener Luft nekrotisieren die befallenen Partien unter Braunverfärbung. Daneben kommt ein weiteres Schadbild vor, das zuweilen als „akutes Befallsstadium" bezeichnet wird. Hierbei werden die Blattstiele der betroffenen Pflanzen nicht glasig und weich, sondern es zeigen sich nur einseitig wasserdurchsogene Stellen, die später aufplatzen und verkorken; die Krankheitssymptome breiten sich vorübergehend nicht weiter aus. Später erscheinen dann auf den Blattspreiten glasige Flecke, die sich rasch ausdehnen, braun und weich werden. Die Blätter hängen schließlich schlaff herab, und nach kurzer Zeit stirbt die Pflanze ab. Beschränkt sich der akute Befall auf den Bereich der Sproßachse und der Wurzel, so zeigen sich die Blätter leicht welk, dunkler im Grün, und die Blattränder rollen sich ein. Die Pflanzen lassen sich leicht vom Substrat abheben, die Sproßachse ist rotbraun abgefault und weist meistens keine Wurzeln mehr auf. Derart geschädigte Pflanzen sterben schließlich ab.

Daneben ist auch ein sogenanntes „latentes Stadium" der Erkrankung bekannt. Davon betroffene Pflanzen zeigen nicht die typischen Naßfäulesymptome, sondern bleiben lediglich im Wachstum zurück und tragen dunkelgrüne bis braungrüne Blätter mit extrem starker Behaarung. Die Leitbahnen zeigen beim Durchtrennen der Sproßachse eine braune bis rotbraune Verfärbung (KÖHN 1974).

Die Übertragungsmöglichkeiten wurden bereits unter 14.2.4.2. beschrieben. Besonders bedeutsam ist die schnelle Verbreitung der Bakterien über verseuchten Boden.

14.2.5.3. Diagnose

Die sichere Diagnose — vor allem die Unterscheidung von anderen bakteriellen Naßfäuleerregern — ist nur durch genaue Identifizierung des Erregers möglich. Zu seiner Isolierung hat sich der YDC-Agar bewährt, auf dem *E. chrysanthemi* pv. *chrysanthemi* cremefarbene, flache Kolonien von schleimiger Konsistenz bildet (KÖHN 1974). Eine Ermittlung der morphologischen und physiologischen Differentialmerkmale bzw. ein Test mit spezifischen Antiseren sowie eine Pathogenitätsprüfung an Saintpaulien-Pflanzen sind anzuschließen.

14.2.5.4. Wirtschaftliche Bedeutung und Verbreitung

E. chrysanthemi pv. *chrysanthemi* wurde in Europa bisher vereinzelt in Finnland, Großbritannien, den Niederlanden, der BRD, Polen, Frankreich, Ungarn, Rumänien, Italien und Griechenland festgestellt. In den Befallsländern hat die Krankheit eine hohe ökonomische Bedeutung. Die starken Verluste resultieren hauptsächlich daraus, daß die Symptome sehr spät ausbrechen und damit praktisch verkaufsfertige Ware betroffen ist.

14.2.5.5. Wirtspflanzen

Die wichtigsten Wirtspflanzen für *E. chrysanthemi* pv. *chrysanthemi* sind Chrysanthemen und Nelken. Unter den Zierpflanzen werden zudem Dahlien, Begonien, Saintpaulien, Dieffenbachien und Poinsettien befallen (s. ferner 9.2.3.5.).

14.2.5.6. Bekämpfung

Spezielle Bekämpfungsverfahren gegen *E. chrysanthemi* pv. *chrysanthemi* an Saintpaulien sind nicht bekannt. Durch Beachtung pflanzenhygienischer Grundanforderungen läßt sich jedoch einem Befall vorbeugen. Das bedeutet insbesondere, daß Blattstecklinge zur Vermehrung grundsätzlich von gesunden Mutterpflanzen zu schneiden und kümmernde und befallene Pflanzen aus dem Bestand zu entfernen sind.

Außerdem müssen die zur Verwendung bestimmten Kultursubstrate und -gefäße desinfiziert werden. Während der Anzucht ist ein anhaltender Feuchtigkeitsfilm auf den Blättern zu vermeiden.

Innerhalb des Saintpaulien-Sortiments bestehen deutliche Anfälligkeitsunterschiede (ROBERTS 1977).

14.2.6. Schwarzfleckigkeit des Rittersporns

(blackspot of *Delphinium*; černaja pjatnistost' šivokosti; maladie nouvelle de *Delphinium*, taches noires foliaires du *Delphinium*)

14.2.6.1. Erreger

Pseudomonas syringae pv. *delphinii* (Smith 1904) Young, Dye & Wilkie 1978

Syn. *Pseudomonas delphinii* (Smith) Stapp
Bacillus delphinii Smith
Phytomonas delphinii (Smith) Bergey et al.

Morphologie: Stäbchen (0,6—0,8 × 0,5—2,0 µm); Gram-negativ; beweglich durch 6 polare Geißeln.
Kolonien auf Agar: weiß, transparent, rund, schwach erhaben, glatt, glänzend.
Flüssigkulturen: Bouillon wird getrübt; Hautbildung, leicht absinkend.
Temperaturoptimum: bei 25 °C
Temperaturmaximum: 30 °C
Thermaler Tötungspunkt: 50 °C
Physiologische Leistungen: aerob; Nitratreduktion; Säurebildung (kein Gas) aus Glucose, Lävulose, Galactose, Saccharose, Mannose, Xylose; schwache Stärkehydrolyse; Gelatine wird verflüssigt.

Auf geeigneten Medien (King's Agar B) werden fluorescierende Farbstoffe gebildet.

Der G + C-Wert beträgt 59—61 Mol-%.

14.2.6.2. Krankheitsbild, Krankheitsverlauf, Übertragung

Auf der Oberseite der Laubblätter des Rittersporns werden schwarze, unregelmäßig ausgebildete Flecke sichtbar, die auf großen Blättern einen Durchmesser von 2 cm erreichen können; unterseits sind sie braun verfärbt. Auf den Läsionen können konzentrische Ringe sichtbar werden, wie sie auch bei pilzlichen Infektionen auftreten. Die für bakterielle Erkrankungen typischen wasserdurchsogenen Ränder fehlen bei älteren Flecken, derartige Veränderungen sind nur im Anfangsstadium der Erkrankung sichtbar. Nach Infektion junger Pflanzen treten häufig Deformationen auf. Blattstiele und Stengel können ebenfalls von der Fleckenbildung betroffen sein (STAPP 1958; GARIBALDI & GULLINO 1974).

Der Erreger dringt hauptsächlich durch die Stomata und Hydathoden der unteren Blätter in die Pflanze ein.

Nach STAPP (1958) kann eine Überwinterung im Boden erfolgen. Im Frühjahr gelangen die Erregerzellen dann bei Regen mit dem Spritzwasser auf die Blätter.

14.2.6.3. Diagnose

Vom Befallsbild her ist eine Verwechslung mit pilzlichen Blattfleckenkrankheiten möglich. Zur sicheren Identifizierung des Erregers ist daher eine mikroskopische Untersuchung erforderlich; bei Befall mit *Ps. syringae* pv. *delphinii* sind in den nekrotisierten Gewebepartien große Bakterienmengen vorhanden (GARIBALDI & GULLINO 1974).

Darüber hinaus kann eine Isolierung des Erregers aus den betroffenen Partien auf NA vorgenommen werden. Auf King's Agar B bildet der Erreger fluorescierende Pigmente aus. Bei einer nachfolgenden Pathogenitätsprüfung an den Wirtspflanzen werden die beschriebenen Symptome sichtbar, wenn es sich bei den Isolaten um *Ps. syringae* pv. *delphinii* handelt.

14.2.6.4. Verbreitung und wirtschaftliche Bedeutung

Die weltweit verbreitete Krankheit tritt in Europa nur gelegentlich auf. Der Befall wurde bisher hauptsächlich in Dänemark, der BRD, Frankreich und Italien beobachtet. Die größte wirtschaftliche Bedeutung erlangte die Erkrankung in den USA. Dort führte sie zu hohen Ausfällen beim Anbau von Rittersporn. Ökonomische Auswirkungen treten vor allem bei Ausfällen in der Saatgutproduktion ein.

14.2.6.5. Wirtspflanzen

Natürliche Infektionen durch *Ps. syringae* pv. *delphinii* sind bisher nur an Rittersporn beobachtet worden. Eisenhut (*Aconitum napellus*) erwies sich bei künstlicher Infektion als anfällig.

14.2.6.6. Bekämpfung

Die Bekämpfung ist nur mit prophylaktischen Maßnahmen möglich. Alles befallene Material ist sofort zu vernichten; dabei muß ein Rückschnitt möglichst bis zur Erdoberfläche erfolgen. Danach sollte der die Pflanze umgebende Boden mit Kupferpräparaten behandelt werden; besonders wichtig ist diese Maßnahme im Frühjahr. Aus erkrankten Beständen dürfen keine Stecklinge entnommen werden. Bei leichtem oder Spätbefall ist auch das Saatgut zu verwerfen.

Es bestehen beträchtliche Sortenunterschiede in der Anfälligkeit. Eine Aufstellung darüber findet sich bei Pape (1964).

14.3. Literatur

Abo-El-Dahab, M. K., El-Goorani, M. A., & El-Banoby, F. E.: Effective control of bacterial scab of *Gladiolus*. Phytopath. mediterr. **12** (1973): 88—91.

Anonym: *Xanthomonas campestris* pv. *hyacinthi* (Wakker 1983) Dye 1979. EPPO List A2. EPPO Bull. **13** (1982), 1983.

Bortels, H., & Sauthoff, W.: Eine Bakteriose an *Dieffenbachia* Schott in Deutschland. Phytopath. Z. **54** (1965): 285—298.

Bradbury, J. F.: *Corynebacterium fascians*. Descriptions of pathogenic fungi and bacteria No. 121. Commonwealth Mycol. Inst. Kew 1967.

— *Pseudomonas caryophylli*. Descriptions of pathogenic fungi and bacteria No. 373. Commonwealth Mycol. Inst. Kew 1973a.

— *Corynebacterium oortii*. Descriptions of pathogenic fungi and bacteria No. 375. Commonwealth Mycol. Inst. Kew 1973b.

— *Erwinia chrysanthemi*. Descriptions of pathogenic fungi and bacteria No. 553. Commonwealth Mycol. Inst. Kew o. J.

Bröther, H.: Zur Rolle bakterieller Krankheitserreger an Pelargonien. Nachrichtenbl. Pflanzenschutz DDR **33** (1979): 225—228.

— Die bakterielle Pelargoniewelke (*Xanthomonas pelargonii*) und Möglichkeiten ihrer Bekämpfung. Nachrichtenbl. Pflanzenschutz DDR **35** (1981): 3—6.

— & Alex, H.: Bemerkungen zum Auftreten einer Tulpenbakteriose in der DDR. Nachrichtenbl. Pflanzenschutz DDR **34** (1980): 186—189.

Bugbee, W. M., & Anderson, N. A.: White fly transmission of *Xanthomonas pelargonii* and histological examination of leaf spot of *Pelargonium hortorum*. Phytopathology **53** (1963): 177—178.

Burkholder, W. H., McFadden, L. A., & Dimock, A. W.: A bacterial blight of Chrysanthemums. Phytopathology **43** (1953): 522—526.

Digat, B.: Mise en évidence de la latence epiphylle du *Xanthomonas pelargonii* (Brown) Starr & Burkholder chez le *Pelargonium*. Ann. Phytopath. **10** (1978): 61—68.

El-Goorani, M. A., Abo-El-Dahab, M. K., & Mehiar, F. F.: Interaction between root knot nematode and *Pseudomonas marginata* on gladiolus corms. Phytopathology **64** (1974): 271—272.

Elliott, Charlotte: Manual of Bacterial Plant Pathogens. 2nd ed. Chronica Botanica Comp., Waltham, Mass., 1951.

FORSBERG, J. L.: The use of insecticides as corm and soil treatments for control of bacterial scab of Gladiolus. Plant Dis. Reptr. **39** (1955): 106—114.

GARIBALDI, A., & GULLINO, G.: Identificazione di *Pseudomonas delphinii* come agent della maculatura bacteria dei *Delphinium* in Italia. Inform. fitopatol. **24**, H. 3 (1974): 15—16.

GEHRING, F.: Über eine einfache Nachweismethode von *Pectobacterium parthenii* (Starr) Hellmers var. *dianthicola* Hellmers und *Pseudomonas caryophylli* (Burkholder) Starr et Burkholder in Nelkenpflanzen mit Hilfe eines Selektivmediums. Nachrichtenbl. Dt. Pflanzenschutzdienst **13** (1961): 170—172.

GRIESBACH, Erika, & MEIER, F.: Eine bakterielle Erkrankung an *Dieffenbachia*. Gartenbau **25** (1978): 347.

HAMMERSCHLAG, F. A., BOTTINO, P. J., & STEWART, R. N.: Effect of culture filtrates of *Xanthomonas campestris* pv. *pelargonii* and extracts of *Geranium* stems inoculated with *X. c.* pv. *pelargonii* on *Geranium* callus and seedlings. Plant cell tissue organ. culture **1** (1982): 247—254.

HANTSCHKE, D.: Untersuchungen über Welkekrankheiten der Edelnelke in Deutschland und ihre Erreger. Phytopath. Z. **43** (1961): 113—168.

HARRI, J. A., LARSEN, P. O., & POWELL, C. C.: Bacterial leaf spot and blight of RIEGER elatior begonia: Systemic movement of the pathogen, host range, and chemical control trials. Plant Dis. Reptr. **61** (1977): 649—653.

HEIMANN, M.: Möglichkeiten und Grenzen der Bekämpfung von *Xanthomonas pelargonii* Brown. Erwerbsgärtner **27** (1973): 343—346.

HELLMERS, E.: Four wilt diseases of perpetual-flowering carnations in Denmark. Dansk Bot. Ark. **18** (1958): 1—200.

JAKOB, Marthe: Der Einfluß unterschiedlicher Trocknungs- und Lagerverhältnisse auf die Wirkung einer Feuchtbeizung von Gladiolenpflanzgut. Nachrichtenbl. Dt. Pflanzenschutzdienst (Berlin) NF **23** (1969): 94—98.

KAMERMAN, W.: Het geelziek van hyacinth (*Xanthomonas hyacinthi*) (projekt 4). Jaarversl. Lab. Bloembollenonderz. 1982 (1983): 58—59.

KÖHN, S.: Eine Naßfäule an Saintpaulien, hervorgerufen durch *Erwinia carotovora* var. *chrysanthemi* Dye (Köhn). Nachrichtenbl. Dt. Pflanzenschutzdienst **26** (1974): 161—162.

LELLIOTT, R. A.: Slow wilt of carnations caused by species *Erwinia*. Plant Pathol. **5** (1956): 19—23.

MCFADDEN, L. A.: Bacterial stem and leaf rot of *Dieffenbachia* in Florida. Phytopathology **51** (1961): 663—664.

MUNNECKE, D. E.: Bacterial stem rot of *Dieffenbachia*. Phytopathology **50** (1960): 696—700.

NELSON, P. E., & DICKEY, R. S.: Symptom expression and varietal susceptibility in carnation strain of *Erwinia chrysanthemi*. Phytopathology **58** (1968): 142—146.

NOBLE, W. E., POE, S. L., & STALL, R. E.: Surface sterilisation of bulb mites for phytopathogen transmission studies. Florida Entomologist **61** (1978): 120.

PAPE, H.: Krankheiten und Schädlinge der Zierpflanzen und ihre Bekämpfung. 5. Aufl. Paul Parey, Berlin, Hamburg, 1964.

PATEL, M. K.: Viability of certain plant pathogens in soil. Phytopathology **19** (1929): 295—300.

PENNYPACKER, B. W., DICKEY, R. S., & NELSON, P. E.: A histological comparison of the response of a *Chrysanthemum* cultivar susceptible to *Erwinia chrysanthemi* and *E. carotovora* subsp. *carotovora*. Phytopathology **71** (1981): 138—140.

ROBERTS, B. J.: Susceptibility of certain *Saintpaulia* species and cultivars to bacterial blight. Plant Dis. Reptr. **61** (1977): 1048—1050.

STAPP, C.: Pflanzenpathogene Bakterien. Paul Parey, Berlin, Hamburg 1958.

STRIDER, D. L.: Chemical control of bacterial blight of RIEGER elatior begonia caused by *Xanthomonas begoniae*. Plant Dis. Reptr. **59** (1975a): 66—70.

— Susceptibility of RIEGER elatior begonia cultivars to bacterial blight caused by *Xanthomonas begoniae*. Plant Dis. Reptr. **59** (1975b): 70—73.

TAYLOR, E. H., BRADBURY, J. F., & PREECE, T. E.: *Xanthomonas campestris* pv. *begoniae*. Descriptions of pathogenic fungi and bacteria No. 699. Commonwealth Mycol. Inst. Kew 1981.

15. Bakteriosen der Ziergehölze

15.1. Feuerbrand der Ziergehölze

15.1.1. Erreger

Erwinia amylovora (Burrill 1882) Winslow, Broadhurst, Buchanan, Krumwiede, Rogers & Smith 1920
Alle weiteren Angaben zum Erreger sind Abschnitt 13.1.1. zu entnehmen.

15.1.2. Krankheitsbild, Krankheitsverlauf, Übertragung

Beim Feuerbrandbefall an Ziergehölzen entstehen je nach der befallenen Wirtspflanzenart sehr unterschiedliche Symptome (Tafel IX, 1.—6.). So ist z. B. das Schadbild an den bodendeckenden *Cotoneaster*-Arten recht unauffällig und daher schwer zu erkennen. Befall zeigt sich in der Regel erst durch Verfärben der Blätter an. Sie werden z. B. bei *C. congestus* ‚Jürgl' braun, bei *C. horizontalis* aber leuchtend rot und bei *C. dammeri* ‚Skogsholm' rötlich-braun. Die Blätter verbleiben nicht, wie das beim Kernobst der Fall ist, an den abgestorbenen Trieben, sondern fallen ab. Dieses Befallsbild erinnert an den Herbstblattfall, weshalb auch vom „Herbstlaubsymptom" gesprochen wird. Die Blüten- und Fruchtsymptome sind bei den genannten Zierpflanzenarten häufig so unauffällig, daß sie für die Erkennung einer Feuerbrandinfektion ohne Wert sind.

Wie bei befallenem Kernobst, krümmen sich auch bei einigen Ziergehölzen (großblättrige *Cotoneaster*- sowie bestimmte *Pyracantha*-, *Crataegus*-Arten u. a.) die infizierten Spitzen nicht ausgereifter Triebe krummstabartig nach unten.

Während z. B. infizierte Sträucher von *C. horizontalis* (Tafel IX, 1.) innerhalb einer Vegetationsperiode vollständig absterben können, gehen bei erkrankten Pflanzen von *C. congestus* ‚Jürgl' — ähnlich wie beim Weißdorn — nur die oberirdischen Teile zugrunde. Der Neuaustrieb kann dann latent befallen sein und stellt ein erhebliches Infektionsreservoir dar.

Auffällig ist Feuerbrandbefall am Feuerdorn (*Pyracantha* sp.). Die infizierten Blüten und Blätter färben sich hellbraun, haften am Strauch und heben sich deutlich gegen die kräftig grünen, gesunden Pflanzenteile ab. Bei Mehlbeeren (*Sorbus aria*) kann es an den Gerüstästen zur Braunverfärbung der Rinde und zur Exsudatbildung kommen, bevor sich Krankheitserscheinungen an den Triebenden zeigen.

Im Gegensatz zu den Verhältnissen bei Feuerbrandbefall am Kernobst sind die Rindenbrandsymptome bei den Ziergehölzen ansonsten sehr unauffällig. Die zumeist schwierige Erkennbarkeit von Feuerbrandinfektionen bei vielen Ziergehölzarten ist — abgesehen davon, daß diese häufig an schwer zugänglichen Standorten wachsen (Weißdorn) — sicher mit eine Ursache für ihre wachsende epidemiologische Bedeutung (hoher Befallsdruck!) im Hinblick auf die Feuerbrandsituation in den Obstanlagen.

15.1.3. Diagnose

(s. hierzu 13.1.3.)

15.1.4. Verbreitung und wirtschaftliche Bedeutung

In nahezu allen Ländern, in denen *E. amylovora* am Kernobst vorkommt, ist Feuerbrandbefall auch an Ziergehölzen nachgewiesen worden. Deren Bedeutung für die Stadtbegrünung und die Landschaftsgestaltung ist in den letzten Jahrzehnten erheblich gestiegen. Ausfälle durch Feuerbrand bzw. die beim Auftreten dieser Bakteriose erforderlich werdenden Gegenmaßnahmen bringen daher beachtliche ökonomische und ökologische Nachteile mit sich. Das trifft sowohl für die Infektion von Einzelpflanzen in bedeutenden Parkanlagen als auch für die Durchseuchung großer Anlagen in Wohnsiedlungen oder Landschaftsparks zu, die durch Neuanpflanzungen ersetzt werden müssen.

15.1.5. Wirtspflanzen

Neben den bereits unter 15.1.5. aufgezählten Ziergehölzen aus der Familie der Rosaceen wurde natürlicher Befall mit Sicherheit noch an einigen Arten der Gattungen *Amelanchier*, *Stranvaesia* und *Chaenomeles* festgestellt. Eine ausführliche Übersicht über alle anfälligen Ziergehölz-Arten haben VAN DER ZWET & KEIL (1979) zusammengestellt (s. Tab. 15.1.).

Tabelle 15.1. Für *Erwinia amylovora* anfällige Ziergehölzarten aus der Familie der Rosaceen

Amelanchier ovalis	
Cotoneaster acutifolius	*C. salicifolius floccosus*
C. bullatus	*C. salicifolius repens*
C. congestus ‚Jürgl'	*C. watereri*
C. conspicuus dicorus	*C. watereri* hybr. *pendulus*
C. cornuba	*Crataegus carrierei*
C. dammeri	*C. monogyna*
C. dammeri ‚Skogsholm'	*C. monogyna* ‚Kermesiana plena'
C. dammeri radicans	*Cydonia vulgaris*
C. dielsianus	*Malus floribunda*
C. franchettii	*Prunus serrulata* ‚Kanzan'
C. horizontalis	*Pyracantha coccinea* ‚Orange Charme'
C. horizontalis saxatilis	*P. coccinea* ‚Bad Zwischenahn'
C. lucidus	*P. coccinea* ‚Kasan'
C. microphylla	*P. coccinea praecox*
C. microphylla melanotricha	*Pyrus salicifolius*
C. moupinensis	*Sorbus aria*
C. multiflorus	*Stranvaesia davidiana*
C. multiflorus calocarpus	
C. praecox	
C. praecox ‚de Baer'	
C. salicifolius ‚Parkteppich'	
C. salicifolius hybr. ‚Herbstfeuer'	

15.1.6. Bekämpfung

Hier treffen im wesentlichen die bereits im Abschnitt 13.1.6. gemachten Ausführungen sinngemäß zu. Auf einige spezielle Aspekte soll jedoch hingewiesen werden. So sind z. B. Blütenbehandlungen mit Kupferpräparaten bei Ziergehölzen eher möglich als beim Kernobst. Es ist auch denkbar, daß bei Ziergehölzen eine gezielte chemische Abtötung befallener Blüten und Triebe vorgenommen wird, um so die Infektionskette zu unterbrechen — eine Maßnahme, die im Obstbau unvertretbar große Ertragseinbußen mit sich brächte.

Die Auswahl und die Anpflanzung unanfälliger Arten und Sorten von Ziergehölzen (s. Tab. 15.2.) bietet ebenfalls langfristig die Möglichkeit, Feuerbrandbefall an Ziergehölzen zu unterbinden und

Tabelle 15.2. Für *Erwinia amylovora* nichtanfällige Ziergehölzarten aus der Familie der Rosaceen

Amelanchier canadensis	*P. crenulata* ‚Dart's Red'
A. laevis	*P. crenato-serrata*
Chaenomeles japonica	*P. fortuneana* ‚Graberi'
Cotoneaster adpressus	*P. koidzumi* ‚Victoryz'
C. sternianus	*P. koidzumi* ‚Butter Cup'
Crataegus coccinea	*Rosa canina*
C. phaenopyrum	*R. canina pollmeriana*
C. wattiana	*R. multiflora*
Exochorda racemosa	*R. rubiginosa*
Kerria japonica	*R. rubrifolia*
Malus baccata	*R. rugosa*
M. sieboldii	*Sorbaria sorbifolia*
M. sublobata	*Sorbus aucuparia*
Potentilla fruticosa arbuscula	*S. aucuparia* ‚Sherwater Seddling'
P. fruticosa ferriri	*S. aucuparia* ‚Xanthocarpa'
P. fruticosa ‚Hachmanns Gig.'	*S. arnoldiana* ‚Schouten'
P. fruticosa ‚Jackmanns'	*S. austriaca*
P. fruticosa ‚Manelys'	*S. intermedia*
Physocarpus opulifolius	*S. intermedia* ‚Brouwers'
Prunus cerasifera nigra	*S. latifolia*
P. avium	*S. thuringiana* ‚Fastigiata'
P. mahaleb	*Spiraea arguta*
P. padus	*S. bumalda* ‚Anthony Waterer'
P. serotina	*S. vanhouttei*
Pyracantha crenulata ‚Alexandra Pendula'	

einer weiteren flächenhaften Ausbreitung dieser Bakteriose entgegenzuwirken. In einigen Ländern wird bei einer Reihe von Ziergehölzen bereits eine gezielte Resistenzzüchtung betrieben.

15.2. Fliederseuche

(lilac blight; maladie bactérienne du lilas)

15.2.1. Erreger

Pseudomonas syringae pv. *syringae* van Hall 1902
Die Synonyme sowie die morphologischen und physiologischen Merkmale dieses Erregers werden in Abschnitt 13.2.1. behandelt.

15.2.2. Krankheitsbild, Krankheitsverlauf, Übertragung

Zu Beginn der Vegetation im April entstehen vorwiegend an den jungen Trieben braune, sich schnell vergrößernde und schwarzverfärbende Flecke. Die Zweige knicken dabei häufig um, welken bzw. schrumpfen. Befallene Blätter weisen braune Läsionen unterschiedlichen Ausmaßes (häufig verschmolzen) auf; sie sind scharf gegen das gesunde Gewebe abgegrenzt und dunkelbraun. Nicht selten verkrüppeln die Blattspreiten. Auch die Blütenstände werden befallen, verfärben sich braun und sterben teilweise ab. Das Schadbild ähnelt dem von Frostschäden. Wundcallusbildung führt zur Entstehung krebsähnlicher oder rindenbrandartiger Symptome.

Als Eintrittspforten für den Erreger dienen Spaltöffnungen und Wunden verschiedensten Ursprungs. Zu größeren Schäden kommt es dann, wenn junge wüchsige Triebe vorhanden sind (im

Frühjahr) und anhaltend feuchtes Wetter herrscht. Trockenheit führt zum Stillstand der Krankheit, der Erreger selbst kann aber auf oder in den befallenen Pflanzenorganen diese für seine Vermehrung ungünstige Periode ohne weiteres überdauern.

15.2.3. Diagnose

(Zur Erregerbestimmung s. 13.2.3.)
Blüten-, Knospen- und Rindenschäden, die den Symptomen der Fliederseuche ähneln, entstehen auch durch Befall mit *Phytophthora syringae* Kleb. Auf den Blättern ist in diesem Falle — feuchte Witterung vorausgesetzt — ein weißlicher Pilzbelag sichtbar.

15.2.4. Verbreitung und wirtschaftliche Bedeutung

Befall mit *Ps. syringae* pv. *syringae* wurde in fast allen Ländern Europas, in denen Flieder vorkommt, festgestellt. Auch aus Nordamerika, Argentinien, Afrika und Australien ist die Fliederseuche bekannt.

Wirtschaftlich bedeutsame Schäden durch *Ps. syringae* pv. *syringae* am Flieder sind allerdings relativ selten beobachtet worden.

15.2.4. Wirtspflanzen

Von den Ziergehölzen soll hier als Wirtspflanze noch die Gattung *Forsythia* genannt werden. Weitere Wirtspflanzen sind im Abschnitt 13.2.5. aufgeführt.

15.2.6. Bekämpfung

Das Entfernen und Verbrennen befallener Pflanzenteile gehören ebenso zur Bekämpfung der Fliederseuche wie sparsame Stickstoffanwendung und geeignete Frostschutzmaßnahmen.

Im Gewächshaus ist nach Feststellung der Krankheit eine Beregnung der Pflanzen nicht mehr möglich, vielmehr hat sich in diesem Falle gute Durchlüftung (trockene Luft) bewährt. Im Freiland konnte der Befall durch mehrmalige Applikation von Kupfer- oder Captanpräparaten unter Netzmittelzusatz verringert werden.

15.3. Efeukrebs

(bacterial leaf spot of ivy; maladie bactérienne du lierre)

15.3.1. Erreger

Xanthomonas campestris pv. *hederae* (Arnaud 1920) Dye 1978

Syn. *Bacterium hederae* Arnaud
Phytomonas hederae (Arnaud) Burkholder & Gutermann
Morphologie: Stäbchen (0,3—0,6 × 0,7—2,7 µm); Gram-negativ; mit einer polaren Geißel versehen.
Kolonien auf Agar: blaßgelb.
Temperaturoptimum: 20—26 °C
Temperaturmaximum: 36 °C

Thermaler Tötungspunkt: 52 °C
Physiologische Leistungen: aerobes Wachstum; Nitratreduktion kommt nur bei einigen Isolaten bzw. nicht in jedem Falle vor; Säure (kein Gas) wird aus Glucose, Saccharose, Lactose, Galactose, Xylose und Glycerol produziert, nicht dagegen aus Arabinose, Maltose, Rhamnose und Salicin; Gelatine wird langsam verflüssigt, keine Indolbildung, H_2S-Produktion ist bei manchen Stämmen nachweisbar.

15.3.2. Krankheitsbild, Krankheitsverlauf, Übertragung

Der Erreger dringt durch die auf der Blattunterseite liegenden Stomata ein. Hält man derart infizierte Blätter gegen das Licht, zeigen sich helle, wasserdurchtränkte Flecke. Allmählich nehmen diese Läsionen dunkle Färbung und eckige Form an; schließlich nekrotisieren sie, und das tote Gewebe fällt aus. Die Blattränder verfärben sich rötlich braun. Bei starkem Befall werden die Blätter zuerst gelb, später fallen sie ab. Auch die Blattstiele können infiziert werden, die Triebe welken dann und reißen längsseitig auf. An den Wundrändern kommt es zur Bildung von Wucherungen. Schließlich wird der ganze Haupttrieb von der Krankheit erfaßt. Die Rinde und acropetal liegende Teile des Triebes sterben ab. Bei feuchter Witterung kann an den aufgerissenen Stellen ein rötliches Bakterienexsudat austreten.

Die Übertragung erfolgt durch Regen, Wind, im Gewächshaus beim Gießen. Durch das Auspflanzen äußerlich gesunder, aber latent befallener Stecklinge kann diese Bakteriose ebenfalls verbreitet werden.

15.3.3. Diagnose

Spezielle Diagnosemethoden sind nicht bekannt. Zur exakten Identifizierung des Erregers sind daher die Kochschen Postulate zu erfüllen. Von pilzlichen Blattfleckenerregern, wie *Colletotrichum hedericola* Laub, *Phyllosticta hedericola* Durr. et Mont. und *Vermicularia trichella* Fries, läßt sich *X. campestris* pv. *hederae* dadurch gut unterscheiden, daß sich beim Efeukrebs keine Sporenlager auf den und unter den Blattflecken befinden, die als typische Erscheinungen bei Mykosen zu beobachten sind.

15.3.4. Verbreitung und wirtschaftliche Bedeutung

Nach Stapp (1958) wurde die Krankheit mehrmals in Frankreich, auf dem Gebiet der beiden deutschen Staaten, aber auch in Kanada nachgewiesen. Ihre wirtschaftliche Bedeutung dürfte relativ gering sein. Möglicherweise wird der Efeukrebs im Freiland als Schadensfall auch häufig übersehen.

15.3.5. Wirtspflanzen

X. campestris pv. *hederae* befällt lediglich *Hedera helix*; andere Wirtspflanzen sind nicht bekannt (Stapp 1958).

15.3.6. Bekämpfung

Empfohlen wird das Ausschneiden und Verbrennen aller befallenen Pflanzenteile. Verseuchtes Substrat ist vor der Wiederverwendung (im Gewächshaus) zu dämpfen. Durch Herabsetzung des Stickstoffaufwandes läßt sich die Prädisposition der Efeupflanzen vermindern, eine Feststellung, die besonders in gefährdeten Betrieben Beachtung verdient.

Aussichtsreich dürfte auch der Anbau von Sorten sein, die weniger anfällig für *X. campestris* pv. *hederae* sind (‚Gold Dust‘, ‚Perfection‘, ‚Sweet Heart‘, ‚Eva‘ u. a.) (Osborne & Chase 1985).

15.4. Wurzelkropf der Ziergehölze

(crown gall, kornevoj rak, galles de la couronne, gall du collet, cancer végétale; agalles del cuello a agallas de la corona)

15.4.1. Erreger

Agrobacterium tumefaciens (Smith & Townsend 1907) Conn 1942

Die Synonyme, die morphologischen und physiologischen Merkmale sowie der Wirtskreis wurden bereits im Abschnitt 8.1. behandelt.

15.4.2. Krankheitsbild, Wirtspflanzen und Bekämpfung

Zahlreiche Ziergehölze, z. B. Flieder und *Rosa* spp., sind anfällig für *Agrobacterium tumefaciens* und zeigen bei Befall das typische Krankheitsbild des Wurzelkropfs (Abb. 15.1.).

Nähere Angaben zum Krankheitsbild und zur Bekämpfung sind dem Abschnitt 13.4. zu entnehmen.

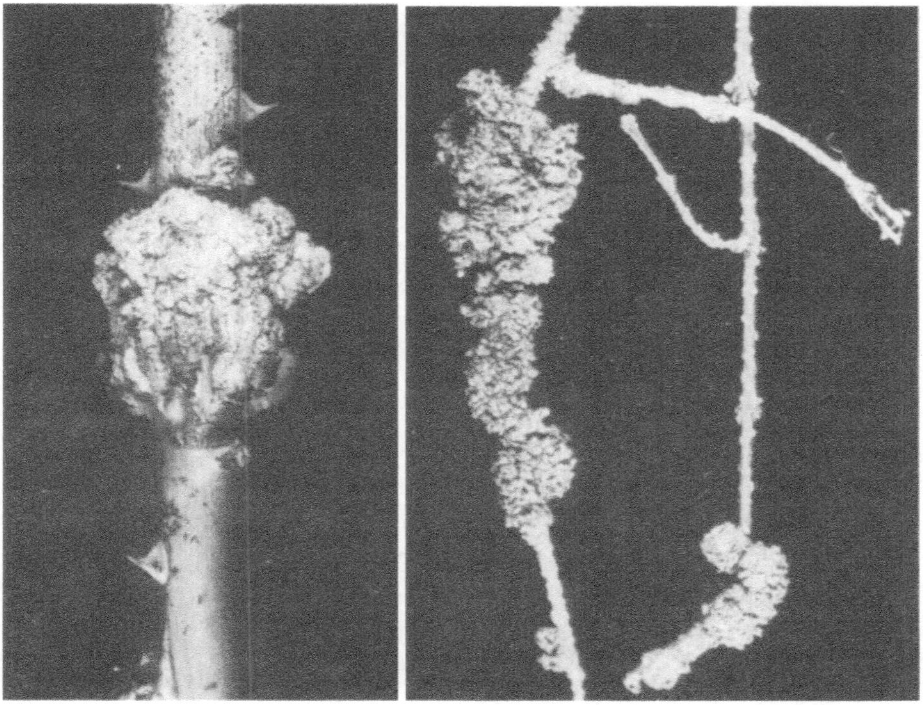

Abb. 15.1. Durch *Agrobacterium tumefaciens* an Trieben von Kletterrose (links) und *Forsythia* (rechts) hervorgerufene Wurzelkropfsymptome.

15.5. Literatur

OSBORNE, L. S., & CHASE, A. R.: Susceptibility of cultivars of English ivy to twospotted spider mite and *Xanthomonas* leaf spot. Hortscience **20** (1985): 269—271.

STAPP, C.: Pflanzenpathogene Bakterien. Paul Parey, Berlin, Hamburg 1958.

ZWET, T. VAN DER, & KEIL, H. L.: Fire Blight a Bacterial Disease of Rosaceous Plants. Agriculture Handbook Nr. 510. U.S. Dep. Agriculture, Washington 1979.

16. Zusammenstellung der validierten Namen pflanzenpathogener Bakterien

(in Anlehnung an FAHY & PERSLEY 1983 (s. S. 122))

Acetobacter[1])

Agrobacterium
A. radiobacter (Beijerinck & van Delden 1902) Conn 1942[2])
A. rhizogenes (Riker, Banfield, Wright, Keitt & Sagen 1930) Conn 1942
A. rubi (Hildebrand 1940) Starr & Weiss 1943
A. tumefaciens (Smith & Townsend 1907) Conn 1942

Arthrobacter
A. ilicis (Mandel, Guba & Litsky 1961) Collins, Jones & Kroppenstedt 1982

Bacillus
B. macerans Schardinger 1905
B. polymyxa (Prazmowski 1880) Macé 1889
B. subtilis (Ehrenberg 1835) Cohn 1872

Clavibacter
C. iranicus (Carlson & Vidaver 1982) Davis, Gillaspie, Vidaver & Harris 1984
C. michiganensis
subsp. *michiganensis* (Smith 1910) Davis, Gillaspie, Vidaver & Harris 1984
subsp. *insidiosus* (McCulloch 1925) Davis, Gillaspie, Vidaver & Harris 1984
subsp. *nebraskensis* (Vidaver & Mandel 1974) Davis, Gillaspie, Vidaver & Harris 1984
subsp. *sepedonicus* (Spieckermann & Kotthoff 1914) Davis, Gillaspie, Vidaver & Harris 1984
subsp. *tessellarius* (Carlson & Vidaver 1982) Davis, Gillaspie, Vidaver & Harris 1984
C. rathayi (Smith 1913) Davis, Gillaspie, Vidaver & Harris 1984
C. tritici (Carlson & Vidaver 1982) Davis, Gillaspie, Vidaver & Harris 1984
C. xyli
subsp. *xyli* Davis, Gillaspie, Vidaver & Harris 1984
subsp. *cynodontis* Davis, Gillaspie, Vidaver & Harris 1984

Clostridium
C. puniceum Lund, Brocklehurst & Wyatt 1981
weitere noch nicht beschriebene, an Kartoffelknollen Naßfäule verursachende *Clostridium* spp.

Corynebacterium
C. spp. (s. Register der Bakteriennamen!)

Curtobacterium
C. flaccumfaciens (Hedges 1922) Collins & Jones 1984

---

[1]) Vertreter dieser Gattung können Fruchtverbräunungen bei Apfel und Birne verursachen.
[2]) Saprophytisch lebende Ti- bzw. Ri-plasmidfreie Vertreter der Gattung *Agrobacterium*

subsp. *flaccumfaciens* (Hedges 1922) Collins & Jones 1984[1])
subsp. *betae* (Keyworth, Howell & Dowson 1956) Collins & Jones 1984[1])
subsp. *oortii* (Saaltink & Maas Geesteranus 1969) Collins & Jones 1984[1])
subsp. *poinsettiae* (Starr & Pirone 1942) Collins & Jones 1984[1])

Enterobacter
E. agglomerans Ewing & Fife 1972[2])

Erwinia
E. amylovora (Burrill 1882) Winslow, Broadhurst, Buchanan, Krumwiede, Rogers & Smith 1920
E. ananas Serrano 1928
pv. *ananas* Serrano 1928
pv. *uredovora* (Pon, Townsend, Wessman, Schmitt & Kingsolver 1954) Dye 1978
E. carnegieana Standring 1942
E. carotovora
subsp. *carotovora* (Jones 1901) Bergey, Harrison, Breed, Hammer & Huntoon 1923
subsp. *atroseptica* (van Hall 1902) Dye 1969
subsp. *betavasculorum* Thomson, Hildebrand & Schroth 1984
E. chrysanthemi Burkholder, McFadden & Dimock 1953
pv. *chrysanthemi* Burkholder, McFadden & Dimock 1953
pv. *dianthicola* (Hellmers 1958) Dickey 1979
pv. *dieffenbachiae* (McFadden 1961) Dye 1978
pv. *paradisiaca* (Victoria & Barros 1969) Dickey & Victoria 1979
pv. *parthenii* (Starr 1947) Dye 1978
pv. *zeae* (Sabet 1954) Victoria, Arboleda & Muñoz 1975
E. cypripedii (Hori 1911) Bergey, Harrison, Breed, Hammer & Huntoon 1923
E. herbicola (Löhnis 1911) Dye 1964
pv. *herbicola* (Löhnis 1911) Dye 1964
pv. *milletiae* (Kawakami & Yoshida 1920) Goto, Takahashi & Okajima 1980
E. mallotivora Goto 1976
E. nigrifluens Wilson, Starr & Berger 1957
E. quercina Hildebrand & Schroth 1967
pv. *quercina* Hildebrand & Schroth 1967
pv. *rubrifaciens* (Wilson, Zeitoun & Fredrickson 1967) Dye 1978
E. rhapontici (Millard 1924) Burkholder 1948
E. rubrifaciens Wilson, Zeitoun & Fredrickson 1967
E. salicis (Dye 1924) Chester 1939
E. stewartii (Smith 1898) Dye 1963
E. tracheiphila (Smith 1895) Bergey, Harrison, Breed, Hammer & Huntoon 1923
E. uredovora (Pon, Townsend, Wessman, Schmitt & Kingsolver 1954) Dye 1963 (s. a. *E. ananas*)

Gluconobacter
G. oxydans (Henneberg 1897) DeLey 1981

Pectobacterium
P. spp. (s. Register der Bakteriennamen!)

---

[1]) Die Neukombination der Art erfolgte entsprechend den Nomenklaturregeln. Die Unterarten wurden nicht erwähnt. Hier werden sie notwendigerweise zugeordnet.
[2]) In bestimmten Fällen als Erreger von Naßfäulen beschrieben.

Pseudomonas
Ps. aeruginosa (Schroeter 1872) Migula 1900
Ps. agarici Young 1970
Ps. amygdali Psallidas & Panagopoulos 1975
Ps. andropogonis (Smith 1911) Stapp 1928
Ps. asplenii (Ark & Tomkins 1946) Săvulescu 1947
Ps. avenae Manns 1909
Ps. betle (Ragunathan 1928) Săvulescu 1947
Ps. caricapapayae Robbs 1956
Ps. caryophylli (Burkholder 1942) Starr & Burkholder 1942
Ps. cattleyae (Pavarino 1911) Săvulescu 1947
Ps. cepacia (ex Burkholder 1950) Palleroni & Holmes 1981
Ps. cichorii (Swingle 1925) Stapp 1928
Ps. cissicola (Takimoto 1939) Burkholder 1948
Ps. corrugata Roberts & Scarlett 1981
Ps. flectens Johnson 1956
Ps. fluorescens Migula 1895
Ps. gladioli Severini 1913
  pv. *gladioli* (Severini 1913) Young, Dye & Wilkie 1978
  pv. *alliicola* (Burkholder 1942) Young, Dye & Wilkie 1978
Ps. glumae Kurita & Tabei 1967
Ps. hibiscicola Moniz 1963
Ps. marginalis (Brown 1918) Stevens 1925
  pv. *marginalis* (Brown 1918) Stevens 1925
  pv. *alfalfae* Shinde & Lukezic 1974
  pv. *pastinacae* (Burkholder 1960) Young, Dye & Wilkie 1978
Ps. pseudoalcaligenes subsp. *citrulli* Schaad, Sowell, Goth, Colwell & Webb 1978
Ps. putida (Trevisan 1889) Migula 1895[1])
Ps. rubrilineans (Lee, Purdy, Barnum & Martin 1925) Stapp 1928
Ps. rubrisubalbicans (Christopher & Edgerton 1930) Krasil'nikov 1949
Ps. solanacearum (Smith 1896) Smith 1914
Ps. syringae van Hall 1902
  pv. *syringae* van Hall 1902
  pv. *aceris* (Ark 1939) Young, Dye & Wilkie 1978
  pv. *antirrhini* (Takimoto 1920) Young, Dye & Wilkie 1978
  pv. *apii* (Jagger 1921) Young, Dye & Wilkie 1978
  pv. *aptata* (Brown & Jamieson 1913) Young, Dye & Wilkie 1978
  pv. *atrofaciens* (McCulloch 1920) Young, Dye & Wilkie 1978
  pv. *atropurpurea* (Reddy & Godkin 1923) Young, Dye & Wilkie 1978
  pv. *berberidis* (Thornberry & Anderson 1931) Young, Dye & Wilkie 1978
  pv. *cannabina* (Šutić & Dowson 1959) Young, Dye & Wilkie 1978
  pv. *ciccaronei* (Ercolani & Caldarola 1972) Young, Dye & Wilkie 1978
  pv. *coronafaciens* (Elliott 1920) Young, Dye & Wilkie 1978
  pv. *delphinii* (Smith 1904) Young, Dye & Wilkie 1978
  pv. *dysoxyli* (Hutchinson 1949) Young, Dye & Wilkie 1978
  pv. *eriobotryae* (Takimoto 1931) Young, Dye & Wilkie 1978
  pv. *garcae* (Amaral, Teixeira & Pinheiro 1956) Young, Dye & Wilkie 1978
  pv. *glycinea* (Coerper 1919) Young, Dye & Wilkie 1978
  pv. *helianthi* (Kawamura 1934) Young, Dye & Wilkie 1978

---

[1]) In bestimmten Fällen als Erreger von Naßfäulen beschrieben.

pv. *japonica* (Mukoo 1955) Dye, Bradbury, Goto, Hayward, Lelliott & Schroth 1980
(syn. *Ps. striafaciens* var. *japonica*)
pv. *lachrymans* (Smith & Bryan 1915) Young, Dye & Wilkie 1978
pv. *lapsa* (Ark 1940) Young, Dye & Wilkie 1978
pv. *maculicola* (McCulloch 1911) Young, Dye & Wilkie 1978
pv. *mellea* (Johnson 1923) Young, Dye & Wilkie 1978
pv. *mori* (Boyer & Lambert 1893) Young, Dye & Wilkie 1978
pv. *morsprunorum* (Wormald 1931) Young, Dye & Wilkie 1978
pv. *myricae* Ogimi & Higuchi 1981
pv. *panici* (Elliott 1923) Young, Dye & Wilkie 1978
pv. *papulans* (Rose 1917) Dhanvantari 1977
pv. *passiflorae* (Reid 1938) Young, Dye & Wilkie 1978
pv. *persicae* (Prunier, Luisetti & Gardan 1970) Young, Dye & Wilkie 1978
pv. *phaseolicola* (Burkholder 1926) Young, Dye & Wilkie 1978
pv. *pisi* (Sackett 1916) Young, Dye & Wilkie 1978
pv. *primulae* (Ark & Gardner 1936) Young, Dye & Wilkie 1978
pv. *ribicola* (Bohn & Maloit 1946) Young, Dye & Wilkie 1978
pv. *savastanoi* (Smith 1908) Young, Dye & Wilkie 1978
pv. *sesami* (Malkoff 1906) Young, Dye & Wilkie 1978
pv. *striafaciens* (Elliott 1927) Young, Dye & Wilkie 1978
pv. *tabaci* (Wolf & Foster 1917) Young, Dye & Wilkie 1978
pv. *tagetis* (Hellmers 1955) Young, Dye & Wilkie 1978
pv. *theae* (Hori 1915) Young, Dye & Wilkie 1978
pv. *tomato* (Okabe 1933) Young, Dye & Wilkie 1978
pv. *ulmi* (Šutić & Tesić 1958) Young, Dye & Wilkie 1978
pv. *viburni* (Thornberry & Anderson 1931) Young, Dye & Wilkie 1978
Ps. tolaasii Paine 1919
Ps. viridiflava (Burkholder 1930) Dowson 1939
Ps. woodsii (Smith 1911) Stevens 1925[1])

Rhodococcus
Rh. fascians (Tilford 1936) Goodfellow 1984

Spiroplasma
S. citri Saglio, L'hospital, Laflèche, Dupont, Bové, Tully & Freundt 1973

Streptomyces
S. atroolivaceus (Preobrashenskaya, Blinov & Ryabova 1957) Pridham, Hesseltine & Benedict 1958
S. cinerochromogenes Miyairi, Takashima, Shimizu & Sakai 1966
S. corchorusii Ahmad & Bhuiyan 1958
S. diastatochromogenes (Krainsky 1914) Waksman & Henrici 1948
S. globisporus (Krasil'nikov 1941) Waksman 1953
S. ipomoeae (Person & Martin 1940) Waksman & Henrici 1948
S. lydicus DeBoer, Dietz, Silver & Savage 1956
S. „*scabies*“ (Thaxter 1890) Waksman & Henrici 1948[2])

Xanthomonas
X. albilineans (Ashby 1929) Dowson 1943
X. ampelina Panagopoulos 1969

---

[1]) Möglicherweise syn. von *Ps. andropogonis* (s. Fahy & Persley 1983).
[2]) Bisher nicht in den „Approved Lists“ oder ihren Ergänzungen aufgeführt: nicht gültig beschrieben.

X. axonopodis Starr & Garces 1950
X. campestris (Pammel 1895) Dowson 1939
pv. *campestris* (Pammel 1895) Dowson 1939
pv. *aberrans* (Knösel 1961) Dye 1978
pv. *alangii* (Padhya & Patel 1962) Dye 1978
pv. *alfalfae* (Riker, Jones & Davis 1935) Dye 1978
pv. *amaranthicola* (Patel, Wanker & Kulkarni 1952) Dye 1978
pv. *amorphophalli* (Jindal, Patel & Singh 1972) Dye 1978
pv. *aracearum* (Berniac 1974) Dye 1978
pv. *arecae* (Rao & Mohan 1970) Dye 1978
pv. *argemones* (Srinivasan, Patel & Thirumalachar 1961) Dye 1978
pv. *armoraciae* (McCulloch 1929) Dye 1978
pv. *arracaciae* (Pereira, Paradella & Zagatto 1971) Dye 1978
pv. *azadirachtae* (Desai, Gandhi, Patel & Kotasthane 1966) Dye 1978
pv. *badrii* (Patel, Kulkarni & Dhande 1950) Dye 1978
pv. *barbareae* (Burkholder 1941) Dye 1978
pv. *bauhiniae* (Padhya, Patel & Kotasthane 1965) Dye 1978
pv. *begoniae* (Takimoto 1934) Dye 1978
pv. *betlicola* (Patel, Kulkarni & Dhande 1951) Dye 1978
pv. *biophyti* (Patel, Chauhan, Kotasthane & Desai 1969) Dye 1978
pv. *blepharidis* (Srinivasan & Patel 1956) Dye 1978
pv. *cajani* (Kulkarni, Patel & Abhyankar 1950) Dye 1978
pv. *cannabis* Severin 1978
pv. *carissae* (Moniz, Sabley & More 1964) Dye 1978
pv. *carotae* (Kendrick 1934) Dye 1978
pv. *cassavae* (Wiehe & Dowson 1953) Maraite & Weyns 1979
pv. *cassiae* (Kulkarni, Patel & Dhande 1951) Dye 1978
pv. *celebensis* (Gäumann 1923) Dye 1978
pv. *cerealis* (Hagborg 1942) Dye 1978
pv. *citri* (Hasse 1915) Dye 1978
pv. *clerondendri* (Patel, Kulkarni & Dhande 1952) Dye 1978
pv. *clitoriae* Pandit & Kulkarni 1979
pv. *convolvuli* (Nagarkoti, Banerjee & Swarup 1973) Dye 1978
pv. *coracanae* (Desai, Thirumalachar & Patel 1965) Dye 1978
pv. *coriandri* (Srinivasan, Patel & Thirumalachar 1961) Dye 1978
pv. *corylina* (Miller, Bollen, Sommons, Gross & Barss 1940) Dye 1978
pv. *cucurbitae* (Bryan 1926) Dye 1978
pv. *cyamopsidis* (Patel, Dhande & Kulkarni 1953) Dye 1978
pv. *desmodii* (Patel 1949) Dye 1978
pv. *desmodiigangetici* (Patel & Moniz 1948) Dye 1978
pv. *desmodiilaxifloris* Pant & Kulkarni 1976
pv. *desmodiirotundifolii* (Desai & Shah 1960) Dye 1978
pv. *dieffenbachiae* (McCulloch & Pirone 1939) Dye 1978
pv. *durantae* (Srinivasan & Patel 1957) Dye 1978
pv. *erythrinae* (Patel, Kulkarni & Dhande 1952) Dye 1978
pv. *esculenti* (Rangaswami & Easwaran 1962) Dye 1978
pv. *eucalypti* (Truman 1974) Dye 1978
pv. *euphorbiae* (Sabet, Ishag & Khalil 1969) Dye 1978
pv. *fascicularis* (Patel & Kotasthane 1969) Dye 1978
pv. *fici* (Cavara 1905) Dye 1978
pv. *glycines* (Nakano 1919) Dye 1978 (syn. *X. phaseoli* var. *sojensis*)
pv. *graminis* (Egli, Goto & Schmidt 1975) Dye 1978
pv. *guizotiae* (Yirgou 1964) Dye 1978

pv. *gummisudans* (McCulloch 1924) Dye 1978
pv. *hederae* (Arnaud 1920) Dye 1978
pv. *heliotropii* (Sabet, Ishag & Khalil 1969) Dye 1978
pv. *holcicola* (Elliott 1930) Dye 1978
pv. *hordei* (Hagborg 1942) Dye 1978
pv. *hyacinthi* (Wakker 1883) Dye 1978
pv. *incanae* (Kendrick & Baker 1942) Dye 1978
pv. *ionidii* (Padhya & Patel 1963) Dye 1978
pv. *juglandis* (Pierce 1901) Dye 1978
pv. *khayae* (Sabet 1959) Dye 1978
pv. *lantanae* (Srinivasan & Patel 1957) Dye 1978
pv. *laureliae* (Dye 1963) Dye 1978
pv. *lawsoniae* (Patel, Bhatt & Kulkarni 1951) Dye 1978
pv. *leeana* (Patel & Kotasthane 1969) Dye 1978
pv. *lespedezae* (Ayres, Lefebvre & Johnson 1939) Dye 1978
pv. *maculifoliigardeniae* (Ark & Barrett 1946) Dye 1978
pv. *malvacearum* (Smith 1901) Dye 1978
pv. *mangiferaeindicae* (Patel, Moniz & Kulkarni 1948) Robbs, Ribeiro & Kimura 1974
pv. *manihotis* (Berthet & Bondar 1915) Dye 1978
pv. *martyniicola* (Moniz & Patel 1958) Dye 1978
pv. *melhusii* (Patel, Kulkarni & Dhande 1952) Dye 1978
pv. *merremiae* Pant & Kulkarni 1976
pv. *musacearum* (Yirgou & Bradbury 1968) Dye 1978
pv. *nakataecorchori* (Padhya & Patel 1963) Dye 1978
pv. *nigromaculans* (Takimoto 1927) Dye 1978
pv. *olitorii* (Sabet 1957) Dye 1978
pv. *oryzae* (Ishiyama 1922) Dye 1978
pv. *oryzicola* (Feng, Ren, Chen, Chu, Faan & Wu 1957) Dye 1978
pv. *papavericola* (Bryan & McWhorter 1930) Dye 1978
pv. *passiflorae* (Pereira 1969) Dye 1978
pv. *patelii* (Desai & Shah 1959) Dye 1978
pv. *pedalii* (Patel & Jindal 1972) Dye 1978
pv. *pelargonii* (Brown 1923) Dye 1978
pv. *phaseoli* (Smith 1897) Dye 1978
pv. *phleipratensis* (Wallin & Reddy 1945) Dye 1978
pv. *phormiicola* (Takimoto 1933) Dye 1978
pv. *phyllanthi* (Sabet, Ishag & Khalil 1969) Dye 1978
pv. *physalidicola* (Goto & Okabe 1958) Dye 1978
pv. *physalidis* (Srinivasan, Patel & Thirumalachar 1962) Dye 1978
pv. *pisi* (Goto & Okabe 1958) Dye 1978
pv. *plantaginis* (Thornberry & Anderson 1937) Dye 1978
pv. *poinsettiicola* (Patel, Bhatt & Kulkarni 1951) Dye 1978
pv. *pruni* (Smith 1903) Dye 1978
pv. *punicae* (Hingorani & Singh 1959) Dye 1978
pv. *raphani* (White 1930) Dye 1978
pv. *rhynchosiae* (Sabet, Ishag & Khalil 1969) Dye 1978
pv. *ricini* (Yoshii & Takimoto 1928) Dye 1978
pv. *secalis* (Reddy, Godkin & Johnson 1924) Dye 1978
pv. *sesami* (Sabet & Dowson 1960) Dye 1978
pv. *sesbaniae* (Patel, Kulkarni & Dhande 1952) Dye 1978
pv. *spermacoces* (Srinivasan & Patel 1956) Dye 1978
pv. *tamarindi* (Patel, Bhatt & Kulkarni 1951) Dye 1978
pv. *taraxaci* (Niederhauser 1943) Dye 1978

pv. *tardicrescens* (McCulloch 1937) Dye 1978
pv. *theicola* Uehara, Arai, Nonaka & Sano 1980
pv. *thirumalacharii* (Padhya & Patel 1964) Dye 1978
pv. *translucens* (Jones, Johnson & Reddy 1917) Dye 1978
pv. *tribuli* (Srinivasan & Patel 1956) Dye 1978
pv. *trichodesmae* (Patel, Kulkarni & Dhande 1952) Dye 1978
pv. *undulosa* (Smith, Jones & Reddy 1919) Dye 1978
pv. *uppalii* (Patel 1948) Dye 1978
pv. *vasculorum* (Cobb 1893) Dye 1978
pv. *vernoniae* (Patel, Desai & Patel 1968) Dye 1978
pv. *vesicatoria* (Doidge 1920) Dye 1978
pv. *vignaeradiatae* (Sabet, Ishag & Khalil 1969) Dye 1978
pv. *vignicola* (Burkholder 1944) Dye 1978
pv. *vitians* (Brown 1918) Dye 1978
pv. *viticola* (Nayudu 1972) Dye 1978
pv. *vitiscarnosae* (Moniz & Patel 1958) Dye 1978
pv. *vitistrifoliae* (Padhya, Patel & Kotasthane 1965) Dye 1978
pv. *vitiswoodrowii* (Patel & Kulkarni 1951) Dye 1978
pv. *zantedeschiae* (Joubert & Truter 1972) Dye 1978
pv. *zinniae* (Hopkins & Dowson 1949) Dye 1978

X. fragariae Kennedy & King 1962
X. maltophilia (Hugh 1981) Swings, DeVos, van den Mooter & DeLey 1983

Bisher nicht eindeutig zu charakterisierende und klassifizierende Pflanzenpathogene

Corynebacterium
C. „hypertrophicans“ (Stahel 1933) Burkholder 1948[1])

Mycoplasma-ähnliche Organismen (MLO)

Rickettsia-ähnliche Organismen (RLO)

Gram-negative Xylem-invadierende Bakterien

Erreger folgender Krankheiten: Piercesche Krankheit der Weinrebe
Alfalfa dwarf disease (Luzerne)
Almond leaf scorch (Mandelbaum)
Periwinkle wilt (Ackerwinde)
Phony peach disease (Pfirsich)
Elm leaf scorch (Ulme)
Oak leaf scorch (Eiche)
Sycomore leaf scorch (Platane)

[1]) In „Approved Lists“ nicht validiert und bisher nicht kultivierbar.

17. Zusammenstellung der häufig genannten Nährmedien

Nähragar (NA)
(Nach HARRIGAN & MCCANCE 1966)

Fleischextrakt	10 g
Pepton	10 g
NaCl	5 g
Agar	15 g
Aqua dest.	1000 ml

Lösen durch Erhitzen im Dampftopf
pH 7,6 einstellen
bei 121 °C 15 min sterilisieren
filtrieren und auf pH 7,2 einstellen, abfüllen und dann bei 121 °C 20 min sterilisieren

Kartoffel-Dextrose-Agar (KDA)
(Nach HARRIGAN & MCCANCE 1966)

Kartoffeln, geschält und geschnitten	200 g
D-Glucose	20 g
Agar	15 g
Aqua dest.	1000 ml

Kartoffelstücke in Aqua dest. (1 l) kochen
filtrieren und auf 1 l auffüllen (mit Aqua dest.)
Glucose und Agar zusetzen und im Dampftopf lösen lassen
bei 121 °C 20 min sterilisieren

Hefeextrakt-Glucose-Calciumcarbonat-Agar (YDC-Agar)
(Nach SCHAAD 1980)

Glucose	20 g
Hefeextrakt	10 g
$CaCO_3$ (pulverisiert)	20 g
Agar	17 g
Aqua dest.	1000 ml

King's Agar B
(Nach HARRIGAN & MCCANCE 1966)

Proteose-Pepton Nr. 3 (Difco)	20 g
K_2HPO_4	1,5 g
$MgSO_4 \cdot 7\,H_2O$	1,5 g
Glycerol	10 g
Agar	15 g
Aqua dest.	1000 ml

pH 7,2
Bestandteile im Dampftopf lösen lassen
in Röhrchen oder Petrischalen abfüllen
diese dann bei 121 °C 15 min sterilisieren

Triphenyltetracoliumchlorid-Agar (TTC-Agar)

(Nach SCHAAD 1980)

Glucose	10 g
Pepton	10 g
Casamino acids (= Caseinhydrolysat)	1 g
Agar	18 g
Aqua dest.	1000 ml

Nach dem Autoklavieren (121 °C, 20 min)
in 200 ml-Portionen auf Erlenmeyerkölbchen abfüllen und mit jeweils 1 ml einer — getrennt sterilisierten — 2,3,5-Triphenyltetracoliumchlorid-Lösung (1 %ig) versetzen

Zitierte Literatur

HARRIGAN, W. F., & MCCANCE, Margaret E.: Laboratory Methods in Microbiology. Academic Press, London, New York 1966.

SCHAAD, N. W.: Laboratory Guide for Identification of Plant Pathogenic Bacteria. American Phytopathol. Soc., St. Paul, Minn., 1980.

18. Bildquellennachweis

Die folgenden Abbildungen verdanken wir der Freundlichkeit nachstehend genannter Kollegen:

Abb. 2.13. Dipl.-Biol. Ch. Matthes, Ernst-Moritz-Arndt-Universität Greifswald
Abb. 2.38. Dr. S. Klaus, Zentralinstitut für Mikrobiologie und Experimentelle Therapie Jena
Abb. 2.49 a—d, f—i. Prof. Dr. U. Taubeneck und Prof. Dr. I. Zimmermann, Zentralinstitut für Mikrobiologie und Experimentelle Therapie Jena
Abb. 2.58. Agr.-Ing. Anita Schmidt, Institut für Phytopathologie Aschersleben
Abb. 2.60. Dr. S. Köhn, Biologische Bundesanstalt für Land- und Forstwirtschaft Berlin-Dahlem
Abb. 3.1. Dr. H. B. Schmidt, Institut für Phytopathologie Aschersleben
Abb. 3.3. Dr. H. B. Schmidt, Institut für Phytopathologie Aschersleben
Abb. 4.1. Dr. F. Ehrig, Institut für Phytopathologie Aschersleben
Abb. 4.2. Dr. U. Leistner, Institut für Phytopathologie Aschersleben
Abb. 4.7. Dr. F. Ehrig, Institut für Phytopathologie Aschersleben
Abb. 4.9. Dr. H. B. Schmidt, Institut für Phytopathologie Aschersleben
Abb. 4.11. Dr. H. Granzow, Institut für Kartoffelforschung Groß Lüsewitz
Abb. 7.1. Dr. Paula Wilkie, D.S.I.O., Plant Disease Division, Auckland, Neuseeland
Abb. 7.2. Dr. Dorothea Schmidt, Eidgenössische Landwirtschaftliche Forschungsanstalt Nyon
Abb. 7.3. Dr. Dorothea Schmidt, Eidgenössische Landwirtschaftliche Forschungsanstalt Nyon
Abb. 8. 1. Dr. K. Wiesner, Institut für Rübenforschung Klein Wanzleben
Abb. 11.1. Prof. Dr. M. Cirulli, Universität Bari
Abb. 11.11. Dr. S. Köhn, Biologische Bundesanstalt für Land- und Forstwirtschaft Berlin-Dahlem
Abb. 11. 18. Dr. Mária Hevesi, Plant Protection Institute Budapest
Abb. 11.19. Dr. E. J. Cother, Agriculture Institute, Yanco, N.S.W., Australien
Abb. 14.2. Dr. H. Bröther, Zentrales Staatliches Amt für Pflanzenschutz und Pflanzenquarantäne Potsdam
Abb. 14.3. Dr. H. Bröther, Zentrales Staatliches Amt für Pflanzenschutz und Pflanzenquarantäne Potsdam
Tafel III, 6. Dr. J. Németh, Baranya Megyei Növényvédelmi és Agrokémiai Allomás Pécs
Tafel IV, 3. Dr. J. Németh, Baranya Megyei Növényvédelmi és Agrokémiai Allomás Pécs
Tafel IV, 4. Dr. J. Németh, Baranya Megyei Növényvédelmi és Agrokémiai Allomás Pécs
Tafel V, 1. Dr. Y. Tsuchiya, National Institute of Agricultural Sciences Yatabe, Japan
Tafel V, 6. Ing. Zenaida Amat, Institute of Plant Protection Research Habana, Kuba
Tafel VI, 2. Ing. Zenaida Amat, Institute of Plant Protection Research Habana, Kuba
Tafel VI, 4. Dr. E. J. Cother, Agriculture Institute, Yanco, N.S.W., Australien
Tafel VI, 5. Dr. Régine Samson, Station de Pathologie Végétale Beaucouze-Angers
Tafel VI, 6. Dr. Régine Samson, Station de Pathologie Végétale Beaucouze-Angers
Tafel VII, 1.—4. Dr. A. Plescher, Institut für Pflanzenschutzforschung Kleinmachnow
Tafel VII, 5. Ing. W. Bryner, Eidgenössische Forschungsanstalt für Obst-, Wein- und Gartenbau Wädenswil
Tafel VII, 6. Dr. J. M. Young, Plant Disease Division Auckland, Neuseeland
Tafel VIII, 2. u. 3. Dr. H. Bröther, Zentrales Staatliches Amt für Pflanzenschutz und Pflanzenquarantäne Potsdam
Tafel VIII, 4. Dr. Marthe Jakob, Humboldt-Universität Berlin
Tafel VIII, 5. u. 6. Dr. H. Bröther, Zentrales Staatliches Amt für Pflanzenschutz und Pflanzenquarantäne Potsdam

Farbtafeln

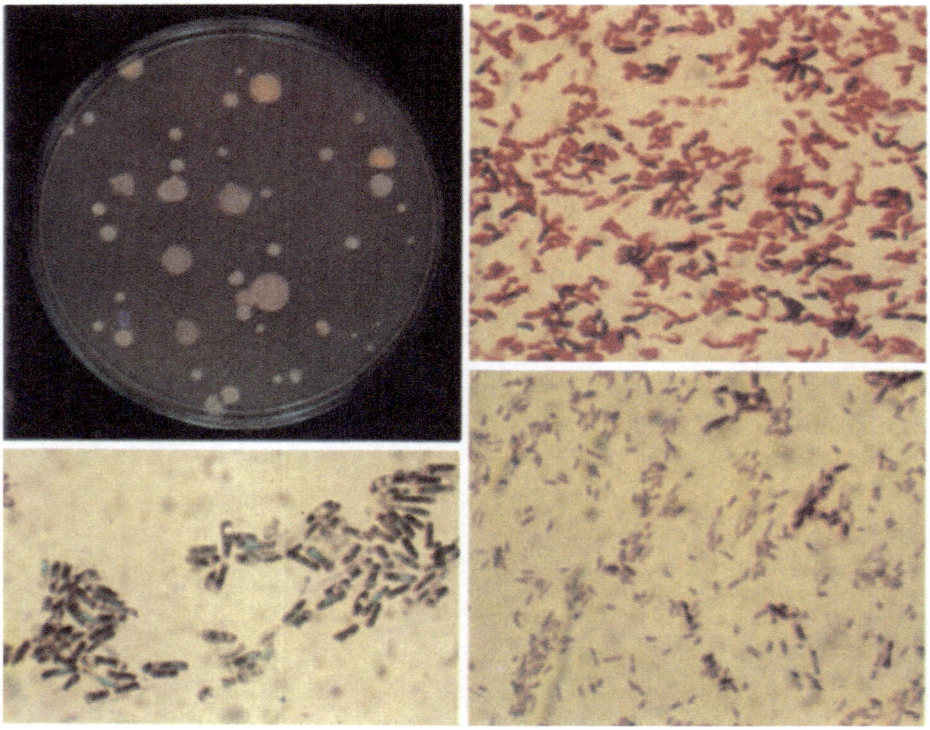

1. Kolonien von Bodenbakterien auf Nähragar.
2. Gramfärbung: *Clavibacter michiganensis* subsp. *michiganensis* (Gram-positiv = violett) und *Xanthomonas campestris* pv. *campestris* (Gram-negativ = rot). Vergr. 900 ×.
3. Sporenfärbung von *Bacillus cereus* nach Bartholomew & Mittwer mit Malachitgrün/Safranin: Sporen grün. Vergr. 900 ×.
4. Säurefest-Färbung nach Ziehl-Neelsen: *Mycobacterium phlei* (säurefest = rot) und *Xanthomonas campestris* (nicht säurefest = bläulich). Vergr. 900 ×.

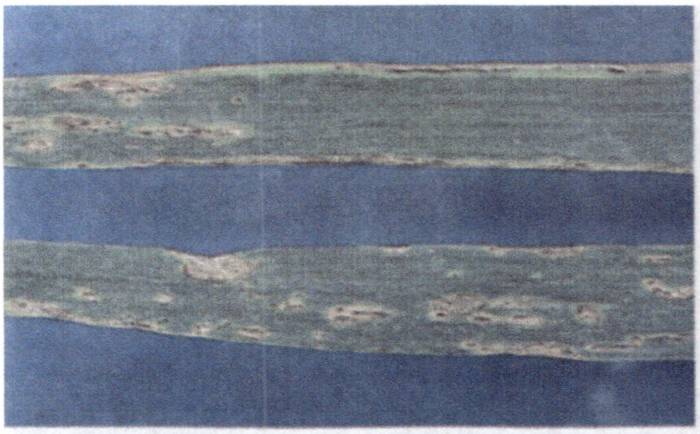

1

2

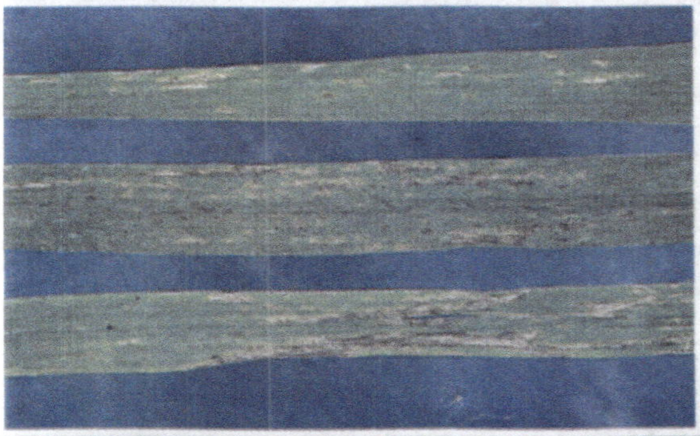

3

4

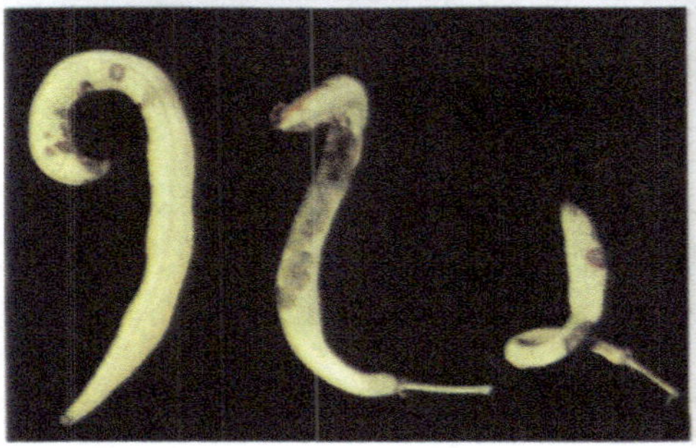

5

6

1. Symptome an Hafer-Blättern bei Befall mit *Pseudomonas syringae* pv. *coronafacians*.
2. Adernaufhellung an Spitzenblättern von jungen *Vicia faba*-Pflanzen nach Infiltration von *Bacillus pumilus* in das untere Blattpaar.
3. Durch Befall mit *Pseudomonas syringae* pv. *striafaciens* verursachte Krankheitserscheinungen an Haferblättern.
4. Durch Befall mit *Xanthomonas campestris* pv. *begoniae* verursachte Ölflecke als Vorstadien der Blattnekrosebildung an *Elatior*-Begonien.
5. Fettflecke und Deformationen an Bohnenhülsen nach Befall mit *Pseudomonas syringae* pv. *phaseolicola*.
6. Nekrotisiertes Trenngewebe am Kelchboden und an den korrespondierenden Fruchtansatzstellen bei systemischem Befall durch *Clavibacter michiganensis* subsp. *michiganensis*.

1 2 3 4 5 6

1. Bakterielle Naßfäule an einer stark befallenen Kartoffelknolle.
2. Durch bakterielle Erreger hervorgerufene Krankheitserscheinungen an Kartoffelstengeln (Bakterielle Stengelfäule).
3. Typische Symptome eines Ringfäulebefalls im Gefäßbündelbereich einer Kartoffelknolle.
4. Typische Symptome eines Schleimfäulebefalls im Gefäßbündelbereich einer Kartoffelknolle.
5. Durch *Streptomyces* „*scabies*" verursachte Schorfsymptome (Flachschorf) an einer Kartoffelknolle.
6. Eckige Fleckigkeit der Sojabohne (Erreger: *Pseudomonas syringae* pv. *glycinea*). Aufnahme J. Németh.

1

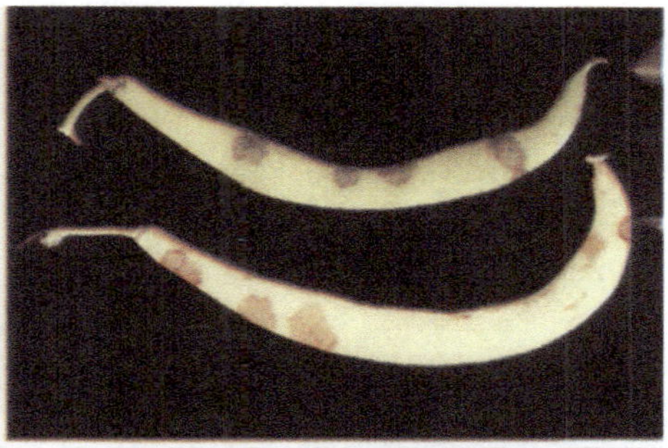
2

3

4

5

6

1. Durch Befall mit *Pseudomonas syringae* pv. *phaseolicola* verursachte typische Flecke an Blättern der Gemüsebohne.

2. Durch Befall mit *Pseudomonas syringae* pv. *phaseolicola* hervorgerufene typische Fettflecke auf Bohnenhülsen.

3. Anfangssymptome eines Befalls mit *Xanthomonas campestris* pv. *phaseoli* an Blättern der Gemüsebohne.

4. Symptome eines starken Befalls mit *Xanthomonas campestris* pv. *phaseoli* an Blättern der Gemüsebohne. Aufnahmen 3 u. 4 J. Németh.

5. Typische eckige Läsionen auf Gurkenblättern nach Befall durch *Pseudomonas syringae* pv. *lachrymans*.

6. Durch Befall mit *Erwinia carotovora* subsp. *carotovora* verursachte Naßfäule an Blumenkohlsamenträgern kurz vor Blühbeginn.

1

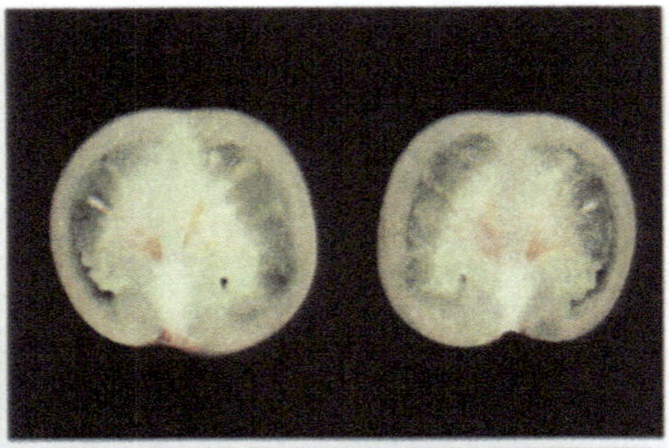
2

3
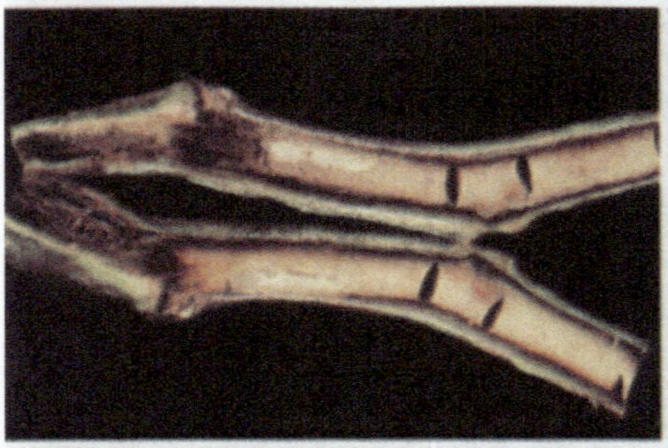

4

5

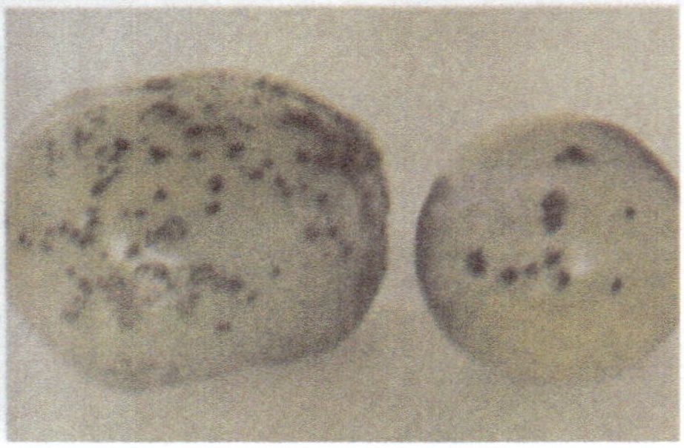
6

1. Durch Infektion mit *Pseudomonas cichorii* an Salat hervorgerufene Krankheitserscheinungen. Aufnahme Y. Tsuchiya.

2. Charakteristische gelbe Verfärbung der Gefäßbündelbereiche bei Tomaten nach Befall durch *Clavibacter michiganensis* subsp. *michiganensis*.

3. Typische Verbräunung und Vermorschung des Stengelmarks von Tomaten bei Befall mit *Pseudomonas corrugata*.

4. Durch Befall mit *Pseudomonas syringae* pv. *tomato* verursachte Blattflecke an Buschtomaten.

5. „Teerspritzer"-ähnliche Flecke auf Tomatenfrüchten als charakteristische Kennzeichen eines Befalls durch *Pseudomonas syringae* pv. *tomato*.

6. Durch Befall mit *Xanthomonas campestris* pv. *vesicatoria* entstandene typische kraterförmige grau-schwarze Flecke auf einer Tomatenfrucht. Aufnahme Zenaida Amat.

1 

 2

3 

 4

5 

 6

1. Durch Infektion mit *Xanthomonas campestris* pv. *vesicatoria* hervorgerufene Blattflecke an Paprikapflanzen.
2. Von *Xanthomonas campestris* pv. *vesicatoria* verursachte Flecke an Paprikafrüchten. Aufnahme Zenaida Amat.
3. Durch Infektion von *Clavibacter michiganensis* subsp. *michiganensis* entstandene Symptome an Paprikablättern.
4. Krankheitserscheinungen an einzelnen inneren Schalen einer Küchenzwiebel nach Befall durch *Pseudomonas cepacia*. Aufnahme E. J. Cother.
5. Verkrümmungen und breite, streifenförmige gelbe Verfärbungen an Porreeblättern nach Befall durch *Pseudomonas syringae* pv. *syringae* (sensu *porri*).
6. Durch Befall mit *Pseudomonas syringae* pv. *syringae* (sensu *porri*) verursachtes Abbrechen des Blütentriebes und Verdrehen der Blätter bei Porree. Aufnahmen 5 u. 6 Régine Samson.

Durch Bakterienbefall bedingte Doldenbrandsymptome an

1. Kümmel (*Carum carvi*)
2. Fenchel (*Foeniculum vulgare*)
3. Dill (*Anethum graveolens*)
4. Koriander (*Coriandrum sativum*).
   Alle Aufnahmen A. Plescher.
5. Durch *Xanthomonas campestris* pv. *juglandis* hervorgerufene Krankheitserscheinungen an Walnußfrüchten. Aufnahme W. Bryner.
6. Krankheitserscheinungen an älterem Erdbeerblatt nach Befall durch *Xanthomonas fragariae*. Aufnahme J. M. Young.

1

2

3, 4

6

5

1/2 3/4 5/6

1. Durch Befall mit *Agrobacterium tumefaciens* ausgelöste Tumorbildung an Chrysanthemenstengeln.
2. Typische hexenbesenartige Wucherung (Verbänderung) an Dahlie nach Befall durch *Rhodococcus fascians*.
3. Durch Befall mit *Curtobacterium flaccumfaciens* subsp. *oortii* hervorgerufene pustelartige Gewebewucherungen und Rißbildungen an Tulpenblättern.
4. Durch *Pseudomonas gladioli* pv. *gladioli* verursachter typischer Lackschorf an Gladiolenknolle. Aufnahme Marthe Jacob.
5. Von *Xanthomonas campestris* pv. *pelargonii* verursachte Symptome an Pelargonien: Absterben und Abfallen der Blätter sowie Verfärbung und Einsinken von Stengelpartien.
6. Von *Xanthomonas campestris* pv. *begoniae* induzierte glasig-ölartige Läsionen, Welkeerscheinungen und Gelb- bis Braunfärbung der befallenen Partien an Begonienblättern.

Aufnahmen 1, 3, 5 u. 6 H. Bröther.

1 2 3 4

Durch Befall mit *Erwinia amylovora* hervorgerufene Feuerbrandsymptome an verschiedenen Ziergehölzen aus der Familie Rosaceae.
1. *Cotoneaster horizontalis*, **2.** *Cotoneaster salicifolius* ‚Avendrood', **3.** *Pyracantha coccinea*, **4.** *Amelanchier ovalis*.

1

2

Durch Befall mit *Erwinia amylovora* hervorgerufene Feuerbrandsymptome an verschiedenen Ziergehölzen aus der Familie Rosaceae.
1. *Crataegus* sp., **2.** *Crataegus* sp.

19. Register

Hinweise für die Benutzung des Registers

- Die bei den einzelnen Stichworten angegebenen Nummern bedeuten Seitenzahlen.
- Mit einem * versehene Zahlen verweisen auf Seiten, die das Stichwort in einer Abbildung enthalten.
- Sind mehrere Textstellen angegeben, werden in vielen Fällen die Seiten, auf denen das jeweilige Stichwort definiert oder umfassend behandelt wird, durch halbfetten Druck hervorgehoben.
- Bei synonymen Begriffen wird durch → auf das Stichwort verwiesen, unter dem die jeweilige Textstelle zu finden ist.
- Auf Stichworte sehr ähnlichen Inhalts wird durch den Vermerk (s. a. . . .) verwiesen.

19.1. Bakteriennamen

Acetobacter 36, 108, 440, 471
Actinomyces scabies → Kartoffelschorf
Actinoplanes 36
Aerobacter 303
Aeromonas 303
Agrobacterium, -ien 80f., 92, 108, 115, 138, 140ff., 145, 160, 176, 181, 197, 277ff., 471
— *morsprunorum* 425
— *radiobacter* 93, 140, 142, 246, 277f., 471
— — B 6 160
— — K 84 141, 246f., 428
— — var. *radiobacter* 428
— *rathayi* 265
— *rhizogenes* 81, 138ff., 142, 172, 176, 223, 277ff., 364, **428**ff., 471
— *rubi* 140, 277f., 471
— *tritici* 265
— *tumefaciens* 18, 32, 80f., 93, 114*, 137ff., 153, 159f., 172, 176, 179, 181f., 188, 190, 198f., 202, 215f., 218, 223f., 234, 238, 246, **277**ff., 282, **342**ff., 364, **409**, **427**ff., 434, 442, 451, **453**, 469, 471, Tafel VIII_1
Alcaligenes 303
Aplanobacter cepivorus 296
— *flavabegoniae* 454
— *insidiosum* 317
— *michiganense* 370
— *populi* 229
— *rathayi* 266
— *sepedonicum* 303
Arthrobacter 36, 107ff., 312, 471
— *ilicis* 471
Azotobacter chroococcum 28*
— *vinelandii* 35
Bacillus 20, 26, 32, 34, 36, 108, 134, 172, 189, **301**f., 312, 471
— *aeruginosus* 395
— *alliariae* 297
— *ampelopsorae* 277
— *amylovorus* 414
— *apiovorus* 296
— *aroideae* 296
— *atrosepticus* 292
— *avenae* 262
— *barkeri* 421
— *betivorus* 296
— *burgeri* 347
— *campestris* 353
— *carotovorus* 296
— *cepivorus* 296
— *cerasus* 420
— *cereus* Tafel I_3
— *croci* 296
— *dahliae* 296
— *delphinii* 461
— *fluorescens* 395
— — *liquifascians* 395
— *hyacinthi* 297, 444
— — *septicus* 297
— *juglandis* 432
— *lachrymans* 347
— *macerans* 471
— *megaterium* 92
— *melanogenes* 292
— *melonis* 297
— *mesentericus* 190, 317, 324
— *oleraceae* 297
— *omnivorus* 297

— *papaveris* 297
— *phaseoli* 334
— *phytophthorus* 17, 292
— *polymyxa* 134, 195, 302, 471
— *pruni* 430
— *pumilus* 169, 195, Tafel II_2
— *solanacearum* 306
— *solanisaprus* 297
— *spongiosus* 421
— *subtilis* 26, 33*, 35*, **65**, 79f., 195, 302, 311, 324, 339, 388, 471
— *thuringiensis* 37
— *tracheiphilus* 345
— — f. *cucumis* 345
— *tumefaciens* 277
Bacterium aeruginosum 395
— *alfalfae* 319
— *alliariae* 297
— *amylovorus* 414
— *apiovorum* 296
— *aroideae* 296
— *atrofaciens* 259
— *atrosepticum* 292
— *barkeri* 421
— *begoniae* 454
— *betivorum* 296
— *campestris* 353
— *carotovorum* 296
— — var. *atrosepticum* 292
— *cepae* 296
— *cepivorum* 296
— *cerasi* 420
— *cichorii* 367
— *citrarefaciens* 420
— *citriputeale* 420
— *coronafaciens* 262
— *croci* 296
— *dahliae* 296
— *destructans* 297
— *fascians* 343
— *flaccumfaciens* 336
— *flavazonatum* 454
— *fluorescens* 395
— *formosanum* 368
— *geranii* 449
— *glycineum* 321
— *hederae* 467
— *hibisci* 421
— *holci* 421
— *hyacinthi* 444
— — *septicum* 297
— *insidiosum* 317
— *juglandis* 432
— *lachrymans* 345
— *macculloehianum* 358
— *maculicola* 358
— *maculicolum* 358
— *marginalis* 364
— *marginatum* 390
— *matthiolae* 421
— *medicaginis* var. *phaseolicola* 330
— *melonis* 297
— *michiganense* 370
— *morsprunorum* 425
— *oleraceae* 297
— *omnivorum* 297
— *papaveris* 297
— *pelargonii* 449
— *phaseoli* 334
— — var. *fuscans* 334
— *phytophthorum* 292
— *pruni* 430
— *puerariae* 330
— *pyocyaneum* 395
— *rathayi* 265
— *rhizogenes* 428
— *savastanoi* 434
— *sepedonicum* 303
— *sojae* 321
— *solanacearum* 306
— *solanisaprum* 297
— *spongiosum* 421
— *striafaciens* 264
— *syringae* 420
— *tabacum* 406
— *takimoto* 454
— *tolaasi* 397
— *tracheiphilum* 345
— *translucens* 256
— *trifoliorum* 421
— *tritici* 265
— *tumefaciens* 277
— *utiformica* 421
— *vesicatorium* 378
— *vignae* 332, 421
— *viridifaciens* 421
— *viridiflavum* 411
— *vitians* 366
— *xanthochlorum* 328
Bdellovibrio 245
— *bacteriovorus* 323
Bradyrhizobium japonicum 148
Burkholderiella insidiosa 317

Chlorobacter cichorii 368
— *tabacum* 406
Chromobacterium cytolyticum 296
— *papaveris* 297
Clavibacter 26, 58, 61, 92, 95, 107ff., 115, 145, 151, 153, 179, 267, 471, Tafel I_2, II_6, V_2, VI_3
— *iranicus* 159, 266, 471
— *michiganensis* subsp. *insidiosus* 59, 151ff., 159, 181, 191, 224, 234, **316**ff., 321, 471
— — subsp. *michiganensis* 92f., 116, 134, 151ff., 158f., 170ff., 174f., 181ff., 188, 195f., 216, 222f., 230, 234f., 237, 239, 241ff., 246, 250, **369**ff., 374, 382, 385f., 471
— — subsp. *nebraskensis* 92, 159, 224, 471

— — subsp. *sepedonicus* 54, 96*, 102f., 115, 134, 151ff., 159, 161*, 174, 180, 182f., 191, 196, 216, 218, 222, 225, 230, 235, 240f., 248, 303ff., 307, 388, 471
— — subsp. *tessellarius* 471
— *rathayi* 152ff., 159, 176, 182, **265**ff., 471
— *tritici* 152f., 159, 176, 182, **265**f., 471
— *xyli* 471
— — subsp. *cynodontis* 471
— — subsp. *xyli* 471
Clostridium 20, 34, 36, 107f., 134, 172, 190, 301f., 363, 471
— *felsineum* 195
— *puniceum* 471
Corynebacterium 20, 107ff., 195, 202, 471, 477
— *fascians* 343
— *flaccumfaciens* 229, 336
— — subsp. *flaccumfaciens* 336f.
— — var. *aurantiacum* 336f.
— — var. *violaceum* 336f.
— *hypertrophicans* 477
— *insidiosum* 229, 317
— *iranicum* 266
— *michiganense* 229, 370
— — pv. *michiganense* 370
— — pv. *rathayi* 265
— — pv. *tritici* 265
— *oortii* 443
— *rathayi* 265
— *sepedonicum* 229, 303
— *tritici* 266
Curtobacterium 58, 107ff., 471
— *flaccumfaciens* subsp. *betae* 159, **285**f., 471
— — subsp. *flaccumfaciens* 33*, 152f., 157ff., 286, 324, **336**f., 472
— — subsp. *oortii* 159, **443**ff., 471, Tafel VIII_3
— — subsp. *poinsettiae* 286, 471

Desulfotomaculum 34

Enterobacter 92, 303, 472
— *agglomerans* 162, 312, 472
— *carotovorus* 296
Erwinia 18, 32, 38, 47, 59, 62, 76, 80, 92, 95, 108, 115, 134, 139, 145, 203, 207, 210, 273, 283, 312, 321, 374, 389, 420, 448*, 472
— *alliariae* 297
— *amylovora* 76, 98*, 102, 115, 134, 145, 149, 153ff., 159f., 170, 175, 180ff., 186f., 189ff., 193, 201ff., 220f., 223f., 229, 237, 239ff., 243ff., 250, **414**ff., 423f., 472, **464**ff., Tafel IX, X
— — f. sp. *rubi* 420
— — pv. *alfalfae* 321
— — var. *tracheiphila* 345
— *ananas* pv. *ananas* 472
— — pv. *uredovora* 472
— *aroideae* 296
— *atroseptica* 292
— *betivora* 296
— *carnegieana* 472
— *carotovora* 102, 129, 132, 134, 139, 184*, 187, 190, 195, 207f., 232, 234, 272, 292, 294, 296, 325, 365, 460
— — f. sp. *dianthicola* 299
— — f. sp. *parthenii* 299
— — f. sp. *zeae* 271, 299
— — subsp. *atroseptica* 97*, 102, 124*, 127*, 130, 132f., 160, 172, 180, 182, 189ff., 194ff., 197f., 201, 207, 209, 215ff., 222, 231, 233ff., 240ff., 248, 283, **292**ff., 297f., 300, 317, 321, 324, 352f., 363f., 381, 472
— — subsp. *betavasculorum* **282**, 472
— — subsp. *carotovora* 102, 130, 132f., 138, 160, 172, 182, 190f., 201, 207, 209, 215, 218f., 222, 235, 244, 246, 283, 292, 294, **296**ff., 300f., 317, 321, 324, 327, 352f., 356f., **359**ff., 364f., 380f., 383f., 388ff., 408ff., 412f., 442, 445, 472, Tafel IV_6
— — subsp. *carotovora* Biotyp *aroideae* 317, 321, 324, 356f.
— — var. *chrysanthemi* 271, 299
— — var. *konjac* 297
— *cepivora* 296
— *chrysanthemi* 76, 78, 129f., 132, 134, 160, 172, 195, 209, 229, 271f., 283, 299
— — pv. *chrysanthemi* 59, 225, 235, 292, 295, **299**ff., 363, 442, 447ff., 456f., 458ff., 472
— — pv. *dianthicola* 472
— — pv. *dieffenbachiae* 472
— — pv. *paradisiaca* 472
— — pv. *parthenii* 472
— — pv. *zeae* 175, 271ff., 472
— — var. *philodendri* 299
— *croci* 296
— *cypripedii* 134, 472
— *cytolytica* 296
— *dahliae* 296
— *dieffenbachiae* 299
— *dissolvens* 271
— *herbicola* 162, 245f., 321, 397, 420, 472
— — pv. *herbicola* 472
— — pv. *milletiae* 472
— *hyacinthi septica* 297
— *insidiosa* 317
— *mallotivora* 472
— *melonis* 297
— *nigrifluens* 434, 472
— *oleraceae* 297
— *papaveris* 297
— *parthenii* var. *dianthicola* 299
— *phytophthora* 292
— „*pyri*" 420
— *quercina* 472
— — pv. *quercina* 472
— — pv. *rubrifaciens* 472
— *rathayi* 265
— *rhapontici* 292, 295, 472
— *rubrifaciens* 434, 472

— *salicis* 472
— *solanisapra* 297
— *stewartii* 153, 159, 229, 234, 472
— *toxica* spec. nov. 345
— *tracheiphila* 196, 230, 234, **345**ff., 472
— *uredovora* 472
— „*vitivora*" 436
Escherichia coli 20, 26, 30f., 59, 62*, 63, 64*, 66*, 69, 74, 76, 79, 83f., 87, 91, 147, 149
— — K-12 59, 74ff., 331
— — N4 88

Flavobacterium 58, 303
Frankia 137ff.

Gluconobacter 108, 440, 472
— *oxydans* 472

Haemophilus influenzae 79
Halococcus morrhuae 106

Klebsiella 303
— *pneumoniae* 195

Lactobacillus 397
Liquidomonas fluorescens 395

Methanosarcina methanica 106
Micrococcus 107
— *amylovorus* 17, 414
— *luteus* 148
— *pyocyaneus* 395
Mycobacterium 20, 37
— *insidiosum* 317
— *phlei* Tafel I_4
— *rhodochrous* 343
— *sepedonicum* 303
Mycoplasma → *Mycoplasma*-ähnliche Organismen
Mycoplasma-ähnliche Organismen (MLO) (s. a. *Spiroplasma*) 18, 22*, 28, 30, 84, 92, 108f., 176, 182, 193, 215, 217, **219**f., 223ff., 234, 287, **288**ff., **314**ff., 386f., 394, 439, 442, 477
Myxobacterium 20, 35

Neisseria gonorrhoeae 79
— *meningitis* 79
Nocardia asteroides 343

Oospora scabies 309

Pectobacterium 472
— *aroideae* 296
— *atrosepticum* 292
— *betivorum* 296
— *carotovorum* 296
— — f. sp. *chrysanthemi* 271, 299
— — f. sp. *zeae* 271, 299
— — var. *aroideae* 296
— — var. *atrosepticum* 292
— — var. *chrysanthemi* 271, 299
— — var. *graminarum* 299
— — var. *parthenii* 299
— *chrysanthemi* 299
— — pv. *zeae* 271
— *cytolyticum* 296
— *delphinii* 297
— *melonis* 297
— *parthenii* 299
— — var. *chrysanthemi* 299
— — var. *dianthicola* 299
— *phytophthorum* 292
Phytobacterium destructans 297
Phytomonas alfalfae 319
— *alliicola* 390
— *atrofaciens* 259
— *avenae* 262
— *barkeri* 421
— *begoniae* 454
— *campestris* 353
— *caryophylli* 457
— *cepivora* 296
— *cerasi* 420
— — var. *prunicola* 421
— *cichorii* 367
— *citriputeale* 420
— *delphinii* 461
— *destructans* 297
— *fascians* 343
— *flaccumfaciens* 336
— *flavabegoniae* 454
— *geranii* 449
— *glycinea* 321
— *hederae* 467
— *hibisci* 421
— *holci* 421
— *hyacinthi* 444
— *insidiosa* 317
— *juglandis* 432
— *lachrymans* 347
— *maculicola* 358
— *marginalis* 364
— *marginata* 446
— *matthiolae* 421
— *medicaginis* var. *phaseolicola* 330
— *michiganensis* 370
— *morsprunorum* 425
— *pelargonii* 449
— *phaseoli* 334
— — var. *fuscans* 334
— *pruni* 430
— *prunicola* 421
— *puerariae* 330
— *rathayi* 265
— *rhizogenes* 428
— *sepedonica* 303
— *sojae* 321
— *solanacearum* 306
— *spongiosa* 421

— *striafaciens* 264
— *syringae* 420
— *tabaca* 406
— *tabacae* 406
— *tolaasi* 397
— *translucens* 256
— *trifoliorum* 421
— *tritici* 265
— *tumefaciens* 277
— *utiformica* 421
— *vesicatoria* 379
— *vignae* 332, 421
— — var. *leguminophila* 332, 421
— *viridifaciens* 421
— *viridiflava* 411
— *vitans* 366
— *xanthochlora* 328
Planctomyces 107
Proteus 32
— *mirabilis* 69, 82*
— *nadsonii* 297
Pseudobacterium fascians 343
— *rathayi* 265
Pseudomonas 18, 20, 27*, 29*, 32, 57ff., 62, 81, 92, 101f., 104, 109f., 115, 117, 134, 139, 145, 161f., 169, 172, 182, 189, 201, 203, 234, 301f., 326, 328, 341, 347, 396, 398, 473
— *aeruginosa* 58, 69, 83, 203, 364, 374, 380f., 395f., 473
— — PAO 76
— *agarici* 473
— *alfalfae* 319
— *alliicola* 390
— *amygdali* 473
— *andropogonis* 317, 324, 473f.
— — pv. *sojae* 324
— „*angulata*" 409
— *aptata* 284
— *asplenii* 473
— *atrofaciens* 259
— *avenae* 262, 473
— *barkeri* 421
— *begoniae* 454
— *betle* 473
— *campestris* 353
— *caricapapayae* 473
— *caryophylli* 109, 195, 202, 223, 229, **457**f., 473
— *cattleyae* 473
— *cepacia* 109, **392**f., 473, Tafel VI_4
— *cerasi* var. *prunicola* 421
— *cerasus* 420
— *chlororaphis* 58
— *cichorii* 109, 189, **366**f., 473, Tafel V_1
— *cissicola* 473
— *citrarefaciens* 420
— *citriputealis* 420
— *coronafaciens* 262
— — pv. *zeae* 262
— — subsp. *atropurpurea* 262
— *corrugata* 170, 172, 175, 179, **373**ff., 473, Tafel V_3
— *delphinii* 451
— *destructans* 297
— *endiviae* 367
— *fabae* 222, 326
— *flaccumfaciens* 336
— *flectens* 473
— *fluorescens* 108f., 134, 162, 195, 203, 246, 261, 301, 312, 317, 321, 364f., 395f., 398, **409**, 473
— *geranii* 449
— *gladioli* 176, 390, 473, Tafel VIII_4
— — pv. *alliicola* **390**ff., 473
— — pv. *gladioli* 223, 248, **446**ff., 473
— *glumae* 473
— *glycinea* 229
— *hibisci* 421
— *hibiscicola* 473
— *holci* 421
— *hyacinthi* 444
— *juglandis* 432
— *kingii* 392
— *lachrymans* 347
— *maculicola* 358
— *marginalis* 364, 473
— — pv. *alfalfae* 321, 473
— — pv. *marginalis* 134, 301, 347, 352, **364**ff., 380f., 391, 473
— — pv. *pastinacae* 473
— *marginata* 390, 446
— *medicaginis* 321
— — f. sp. *phaseolicola* 330
— — var. *phaseolicola* 330
— „*mellea*" 409
— *michiganense* 370
— *multivorans* 392
— *papaveris* 368
— *pelargonii* 449
— *phaseoli* 334
— — var. *fuscans* 334
— *phaseolicola* 330
— *pisi* 229, 338
— *polycolor* 395
— *prunicola* 421
— *pseudoalcaligenes* 109
— — subsp. *citrulli* 473
— *putida* 201, 207, 301, 312, 364, 473
— *pyocyanea* 395
— *pyocyaneus* 395
— *rhizogenes* 428
— *rubrilineans* 473
— *rubrisubalbicans* 473
— *savastanoi* 434
— *sepedonicum* 303
— *sojae* 321
— *solanacearum* 27, 42, 80, 108f., 134, 137ff., 142, 151, 153, 158f., 174, 179ff., 186, 189, 191, 195ff., 201f., 207, 224, 229f., 232ff., 235, 242, 300, **306**ff., 321, 324, 371, 375, 387f., 409, 473

— *spongiosa* 421
— *stizolobii* 317
— *striafaciens* 262, 264
— — var. *japonica* 474
— *syringae* 56, 108f., 111, 149, 151, 162f., 169, 182, 215, 234, 263, 333, 338, 424, 473
— — pv. *aceris* 473
— — pv. *antirrhini* 473
— — pv. *apii* 189, 473
— — pv. *aptata* 473
— — pv. *atrofaciens* 147, 222, **259**ff., 473
— — pv. *atropurpurea* 144f., 262, 473
— — pv. *berberidis* 473
— — pv. *cannabina* 473
— — pv. *ciccaronei* 473
— — pv. *coronafaciens* 145f., 162, 169, 174, **262**ff., 473, Tafel II_1
— — pv. *delphinii* **461**f., 473
— — pv. *dysoxyli* 473
— — pv. *eriobotryae* 473
— — pv. *garcae* 145f., 473
— — pv. *glycinea* 93, 145, 147, 161, 217, 224, 235, 237, 242, **321**ff., 473, Tafel III_3
— — pv. *helianthi* 473
— — pv. *japonica* 474
— — pv. *lachrymans* 159, 161, 169, 175, 181f., 188, 203, 222f., 235, 237f., 243, 250, 252, **347**ff., 474, Tafel IV_5
— — pv. *lapsa* 474
— — pv. *maculicola* 358ff., 474
— — pv. *manihotis* 145, 474
— — pv. *mellea* 474
— — pv. *mori* 203, 348, 474
— — pv. *morsprunorum* 53, 92, 145, 162, 237f., 242, 348, 423f., **425**ff., 431, 474
— — pv. *myricae* 474
— — pv. *panici* 474
— — pv. *papulans* 474
— — pv. *passiflorae* 474
— — pv. *persicae* 474
— — pv. *phaseolicola* 83, 92f., 113*, 115, 143ff., 147, 149, 161, 169f., 174, 176, 181, 186, 198, 201, 203ff., 207, 222f., 225, 232ff., 237f., 242f., **330**ff., 333, 335, 341, 348, 474, Tafel II_5, IV_1, IV_2
— — pv. *pisi* 92, 161ff., 188, 201, 222, 242, **338**ff., 474
— — pv. *porri* 394
— — pv. *primulae* 474
— — pv. *ribicola* 474
— — pv. *savastanoi* 80f., 137f., 215, **434**f., 474
— — pv. *sesami* 474
— — pv. *striafaciens* 169, 262, **264**, 474, Tafel II_3
— — pv. *syringae* 78, 92f., 144f., 148f., 162, 170, 174f., 180f., 203f., 218, 223f., 230, 233, 261, 284, 317, 322, 333f., 341, 348, 377, 394, **420**ff., 431, 434f., 466f., 473, Tafel VI_5, VI_6
— — pv. *tabaci* 143, 145f., 169, 179, 189, 197f., 202f., 222f., 228, 234, 242, 250, 323, 348, **406**ff., 474
— — pv. *tagetis* 144f., 148, 474
— — pv. *theae* 474
— — pv. *tomato* 116, 126, 145, 147, 149, 161, 169, 174, 180f., 187, 207, 237f., 243, 246, 251f., **376**ff., 474, Tafel V_4, V_5
— — pv. *ulmi* 474
— — pv. *viburni* 474
— — pv. *viridiflava* 437
— — s. s. pv. *phaseoli* 332
— — subsp. *savastanoi* 434
— — subsp. *savastanoi* pv. *fraxini* 434f.
— — subsp. *savastanoi* pv. *nerii* 434
— — subsp. *savastanoi* pv. *oleae* 434
— *tolaasii* 149, 246, **397**f., 474
— *tomato* 376
— *translucens* 256
— *trifoliorum* 421
— *tritici* 265
— *tumefaciens* 277
— *utiformica* 421
— *vesicatoria* 378
— *vignae* 332, 421
— *viridifasciens* 421
— *viridiflava* 301, 316, 321, 364, 377, **411**f., 474
— *vitians* 366
— *woodsii* 474
— *xanthochlora* 328f.
Pyrodictium occultum 107

Rhizobium 20, 137f., 140, 145, 160, 279
— *japonicum* 144f.
— *meliloti* 138
— *trifolii* 138
Rhodococcus 58, 107ff., 474
— *fascians* 114*, 115, 138ff., 152f., 176, 216, **342**ff., 442, **451**ff., 474
— *rhodochrous* 343
Rickettsia-ähnliche Organismen (RLO) 18, 108, 149, 215, **219**f., 225, 286, 369, 439f., 477
Rickettsien 439

Salmonella 86, 100, 102
— *melonis* 297
— *oleraceae* 297
Serratia 18
— *marcescens* 59
Shigella 102
Spirillum, -len **20**, 32
Spiroplasma, -men 18, **22**, 108, 215, 219, 225, 474
— *citri* 84, 149, 161, 215, 474
Sporolactobacillus 34
Sporosarcina 34
Staphylococcus 20, 26
Streptococcus faecalis var. *zymogenes* (s. a. Streptokokken) 92
— *pneumoniae* (s. a. Streptokokken) 79
— *pyogenes* (s. a. Streptokokken) 82*, 84*
— *sanguis* (s. a. Streptokokken) 79
Streptomyces 20, 25, 35*, 61*, 108, 312, 474

— *albus* 82*
— *atroolivaceus* 312, 474
— *cinerochromogenes* 312, 474
— *corchorusii* 312, 474
— *diastatochromogenes* 312, 474
— *globisporus* 312, 474
— *griseus* 309
— *ipomoeae* 134, 474
— *lydicus* 312, 474
— „*scabies*" (s. a. Kartoffelschorf) 21*, 134, 137f., 170, 182, 187, 223, 230, 232, 234, 287, **309**ff., 363, 474, Tafel III_5
Streptosporangium 36

Thermoproteus 107
Thiospirillum 32

Vibrio, -nen 20

Xanthomonas 18, 32, 55, 62, 92, 108f., 115, 139, 145, 161, 169, 182, 201, 436, 438, 474
— *albilineans* 149, 474
— *alfalfae* 319
— *ampelina* 474
— *axonopodis* 475
— *begoniae* 454
— *beticola* 216, 282
— *campestris* 111, 149, 153, 161, 182, 215, 234, 258, 319, 353, 361, 475, Tafel I_4
— — pv. *aberrans* 475
— — pv. *alangii* 475
— — pv. *alfalfae* 317, **319**ff., 475
— — pv. *amaranthicola* 475
— — pv. *amorphophalli* 475
— — pv. „*ampelina*" 435ff.
— — pv. *aracearum* 475
— — pv. *arecae* 475
— — pv. *argemones* 475
— — pv. *armoraciae* 475
— — pv. *arracaciae* 475
— — pv. *arrhenatheri* 268, 271
— — pv. *azadirachtae* 475
— — pv. *badrii* 475
— — pv. *barbareae* 475
— — pv. *bauhiniae* 475
— — pv. *begoniae* 223f., **454**ff., 475, Tafel II_4, VIII_6
— — pv. *betlicola* 475
— — pv. *biophyti* 475
— — pv. *blepharidis* 475
— — pv. *cajani* 475
— — pv. *campestris* 134, 137, 159f., 174, 176, 181, 188, 195, 216, 218, 223, 225, 230, 233ff., 239, 247, 250, **353**ff., 475, Tafel I_2
— — pv. *cannabis* 475
— — pv. *carissae* 475
— — pv. *carotae* 195, 216, **361**f., **409**f., 475
— — pv. *cassavae* 475
— — pv. *cassiae* 475
— — pv. *celebensis* 475
— — pv. *cerealis* 256, 258, 475
— — pv. *citri* 134, 137f., 200, 222, 475
— — pv. *clerodendri* 475
— — pv. *clitoriae* 475
— — pv. *convolvuli* 475
— — pv. *coracanae* 475
— — pv. *coriandri* 475
— — pv. *corylina* 475
— — pv. *cucurbitae* 475
— — pv. *cyamopsidis* 475
— — pv. *desmodii* 475
— — pv. *desmodiigangetici* 475
— — pv. *desmodiilaxiflоris* 475
— — pv. *desmodiirotundifolii* 475
— — pv. *dieffenbachiae* 475
— — pv. *durantae* 475
— — pv. *erythrinae* 475
— — pv. *esculenti* 475
— — pv. *eucalypti* 475
— — pv. *euphorbiae* 475
— — pv. *fascicularis* 475
— — pv. *fici* 475
— — pv. *glycines* 160, 181, **323**, 475
— — pv. *graminis* 169, 176, **268**ff., 475
— — pv. *guizotiae* 475
— — pv. *gummisudans* 476
— — pv. *hederae* **467**f., 476
— — pv. *heliotropii* 476
— — pv. *holcicola* 476
— — pv. *hordei* 256, 258, 476
— — pv. *hyacinthi* 175, 223, **444**f., 476
— — pv. *incanae* 476
— — pv. *ionidii* 476
— — pv. *juglandis* 225, **432**ff., 476, Tafel VII_5
— — pv. *khayae* 476
— — pv. *lantanae* 476
— — pv. *laureliae* 476
— — pv. *lawsoniae* 476
— — pv. *leeana* 476
— — pv. *lespedezae* 316, 476
— — pv. *maculifoliigardeniae* 476
— — pv. *malvacearum* 134, 149, 159, 179, 195, 224, **242**ff., 476
— — pv. *mangiferaeindicae* 476
— — pv. *manihotis* 149, 153, 233, 476
— — pv. *martyniicola* 476
— — pv. *melhusii* 476
— — pv. *merremiae* 476
— — pv. *musacearum* 476
— — pv. *nakataecorchori* 476
— — pv. *nigromaculans* 476
— — pv. *olitorii* 476
— — pv. *oryzae* 153, 158f., 215, 233f., **242**ff., 476
— — pv. *oryzicola* 256, 258f., 476
— — pv. *papavericola* 476
— — pv. *passiflorae* 476
— — pv. *patelii* 476
— — pv. *pedalii* 476

— — pv. *pelargonii* 115, 175, 223f., 232ff., **449**ff., 476
— — pv. *phaseoli* 92, 116, 149, **158**ff., 174, 176, 181, 222f., 234, 242f., **334**ff., 476, Tafel IV_3, IV_4, VIII_5
— — pv. *phlei* 268, 271
— — pv. *phleipratensis* 256, 258, 476
— — pv. *phormiicola* 476
— — pv. *phyllanthi* 476
— — pv. *physalidicola* 476
— — pv. *physalidis* 476
— — pv. *pisi* 476
— — pv. *plantaginis* 476
— — pv. *poae* 268, 271
— — pv. *poinsettiicola* 476
— — pv. *pruni* 186, 225, **430**ff., 476
— — pv. *punicae* 476
— — pv. *raphani* 476
— — pv. *rhynchosiae* 476
— — pv. *ricini* 476
— — pv. *secalis* 256, 258, 476
— — pv. *sesami* 189, 476
— — pv. *sesbaniae* 476
— — pv. *spermacoces* 476
— — pv. *tamarindi* 476
— — pv. *taraxaci* 476
— — pv. *tardicrescens* 477
— — pv. *theicola* 477
— — pv. *thirumalacharii* 477
— — pv. *translucens* 175f., 222f., 225, 256, 258f., 261, 477
— — pv. *tribuli* 477
— — pv. *trichodesmae* 477
— — pv. *undulosa* 256, 258, 477
— — pv. *uppalii* 477
— — pv. *vasculorum* 161, 477
— — pv. *vernoniae* 477
— — pv. *vesicatoria* 134, 138f., 149, 179, 233f., 242, 246, 377, **378**ff., 382f., 385, 477, Tafel V_6, VI_1, VI_2
— — pv. *vignaeradiatae* 477
— — pv. *vigna-unguiculata* 242
— — pv. *vignicola* 477
— — pv. *vitians* **366**f., 477
— — pv. *viticola* 477
— — pv. *vitiscarnosae* 477
— — pv. *vitistrifoliae* 477
— — pv. *vitiswoodrowii* 477
— — pv. *zantedeschiae* 477
— — pv. *zinniae* 477
— *citri* 229
— *flavabegoniae* 454
— *flavazonata* 454
— *fragariae* **437**f., 477, Tafel VII_6
— *geranii* 449
— *heterocea* 317
— *hyacinthi* 229, 444
— *maltophilia* 477
— *medicaginis* var. *phaseolicola* 330
— *oryzae* 229
— *oryzicola* 229
— *phaseoli* 334
— — f. sp. *alfalfae* 319
— — pv. *fuscans* 229
— — pv. *phaseoli* 229
— — var. *fuscans* 334
— — var. *sojensis* 323, 475
— *pruni* 229
— *solanacearum* 306
— *translucens* 256
— — f. sp. *cerealis* 256
— — f. sp. *hordei* 256
— — f. sp. *oryzicola* 256
— — f. sp. *phleipratensis* 256
— — f. sp. *secalis* 256
— — f. sp. *undulosa* 256
— *vesicatoria* 379
— *vitians* 366
— *xanthochlora* 328f.

19.2. Sachregister

(ind. Pflanzen- und Vektornamen)

ABA → Abscisinsäure
(+)cis-ABA 138
ABA-Synthese 138
Abbau, Degradation, Destrukturierung (s. a. Verwertung) **41**ff., 47, 65ff., 125, **131**ff., 139, 179,
—, Cellulose- 131, 432
193, 198, 205, 237
—, Chlorophyll- 145
—, DNS- 92
—, enzymatischer 125, 130
—, extracellulärer 130
—, fermentativer 40, 47f.
—, Glucose- 38, 45*
—, glykolytischer → Glykolyse
—, Indolylessigsäure- 135
— kohlenstoffhaltiger Verbindungen 38, 105
—, Lactose- 67, 76
— methioninhaltiger Verbindungen 138
—, Nopalin- 81
—, Octopin- 81
—, Oligogalacturonid- 133
—, Pectat- 295
—, Pectin- (s. a. Naßfäuleentwicklung) 41f., **128**ff., 133, 392, 436
—, Pepton- 319, 345
—, phageninduzierter 87
—, Phospholipid- 132
—, Phytohormon- 135, 138
—, Polygalacturonsäure- 195
—, Protein- **42**, 50, 138
—, Stärke **42**, 136 (weitere siehe bei den einzelnen Erregern)
—, Substanz-, Substrat- 42, 47, 61
—, Zellwand- 130, 193, 195
—, Zucker- 41
Abbauprodukt 81, 124, 157
Abbauweg **41**f., 47, 59, 71
—, peripherer 41
—, Ti-Plasmid-codierter 81
Abheilung (s. a. Wundheilung) 190
Abrisse 237, 428
ABS → Abscisinsäure
Abschnürung 36
Abscisin 136
Abscinsäure (ABA, ABS) **136**ff., 342
(+)cis-Abscisinsäure → Abscisinsäure
Abscisinsynthese → Synthese, Abscisin-
Absterbeerscheinung → Symptom, Absterbeerscheinung
Absterbephase 57
Abstoßen → Abwerfen
Abtötung (s. a. Wirkung, antibakterielle) 57, 92, 164
—, chemische 465
Abwehr des pathogenen Angriffs → Resistenz
Abwehrfähigkeit 233
Abwehrmaßnahmen (s. a. Bekämpfungsmaßnahmen) 222, 305, 425
Abwehrmechanismen → Resistenzmechanismus
Abwehrreaktion → Resistenzmechanismus
—, histologische 209
Abwehrsysteme → Resistenzmechanismus
Abwerfen von Blättern 135, 137, 168, 174, 334, 423, 425
— — Blüten 168, 174f.
— — Früchten 174
— — Pflanzenorganen 168, **174**
Acceptor 39
—, Elektronen- 39f.
—, terminaler 47
H-Acceptor → Wasserstoff-Acceptor
Aceria tristriata 433
Acetaldehyd 48*, 139
Acetat 47, 48*, 55, 266, 337, 343, 345, 348, 370
Acetoacetyl-CoA 51
Acetoacetyl-Einheiten 52
Acetoin → Acetylmethylcarbinol
— negativ 266
— positiv 292, 299
Acetyl-CoA → Acetyl-Coenzym A
Acetyl-Coenzym A 40*, 42*, 45ff., 48*, 49*, 50ff.
Acetyleinheiten 50
N-Acetylglucosamin (NAG) **25**ff., 52, 54*
Acetylierung 55*, 56
Acetyllactat 48*
Acetylmethylcarbinol 48*, 343
N-Acetylmuraminsäure (NAM) **25**f., 52, 54*
N-Acetylmuraminsäuresynthese 52
Acholeplasma 18, 23*
Achromycin 315, 387
Achselknospe → Knospe
Achsialfilament 34
Ackerbohne 115, 169, 222, 285, 294, 298, 315, **324**ff., 327, 329, 333, 340, 344, 366f., Tafel II_2
Ackerwinde 477
Aconitase 46*
cis-Aconitat 46*
Aconitum napellum 462
Actidion 258, 269, 280f., 301, 322, 418
Actinomycetales 309
Actinomyceten 107ff., 310, 363
Actinophagen 309
Adaptationsvermögen 37
Adenin 49*, 50, 69
Adeninstoffwechsel 136
Adenosin 48
Adenosindiphosphat (ADP) 39*, **40**f., 43*, 44f., 48*, 49
Adenosinmonophosphat, cyclisches (cAMP) 41, 66f., 133
Adenosintriphosphat (ATP) 38, 39*, **40**f., 43*, 44f., 47, 48*, 51
Adernaufhellung → Symptom, Verfärbung
Adernchlorose → Symptom, Verfärbung
— des Salates **369**

Adernschwärze des Kohls 218, 223, 233, 250, **353** ff.
Adernverfärbung → Symptom, Verfärbung
Adonitol 259, 299, 345, 444
ADP → Adenosindiphosphat
Adsorption **86** f., 89
—, irreversible 87
—, Phagen- 86
Adsorptionsorganelle 84, **86**
Adsorptionsort 86
Adventivwurzel 374 f., 409
Adventivwurzelbildung 409
Aechmea fasciata 300
Ähre 257, 260, 266
Ährenschieben 176, 257, 261
Ährenspindel 260
Äpfelsäure 351, 432
Aerosol 163
Aerotaxis 34, 186
Ätiologie 17, 111, 445, 458 f.
Agar (s. a. Nährmedium) 22, 53, 57, 86, 95, 116, 130, 258, 267, 269, 279 ff., 292, 294, 297, 299, 301 f., 306, 308, 322, 334, 338, 343, 362, 415, 418, 431, 433, **478** f.
—, Acetamid- 396
—, Blut- 362
—, Difco Bacto- 258, 362
—, Hahn- 419
—, Hefeextrakt- 435 f.
—, Hefeextrakt-Dextrose-$CaCO_3$-(YDC-Agar) 257, 266, 268 f., 272, 299, 303, 334 f., 337, 344, 354 f., 367, 370 f., 379, 382, 411, 460, 478
—, Kado & Heskett- 280
—, Kartoffel-Dextrose-(KDA) 116, 271, 273, 294, 303, 343, 361, 390, 392, 407, 429, 450, 458 f. 478
—, KD- → Agar, Kartoffel-Dextrose-
—, King's B 259, 261 ff., 330 f., 333, 338, 341, 348, 350, 358 f., 365, 368, 376 f., 393 ff., 397, 421, 425, 434, 461, 478
—, Koser's Citrat- 345
—, Kristallviolett- 350
—, Kristallviolett-Pectat- 294
—, Miller & Schroth- 418
—, Nähr- (NA) 116, 259, 262, 269, 278, 306, 317, 319, 321, 330, 336 f., 343 f., 358 f., 374, 376, 392 f., 406 f., 419, 443, 454, 461, 478, Tafel I_1
—, New & Kerr- 281
—, Paton's Doppellagen- 365
—, Saccharose- 117, 282
—, Schroth, Thompson & Hildebrand- 280
—, selektiver 116, 258, 280, 308, 322, 365, 368, 389, 393 f., 418, 424, 431, 433, 438
—, semiselektiver 418
—, Simmon's Citrat- 436
—, Stärke-Cycloheximid- 355
—, Stärke-Cycloheximid-Nähr- 355
—, Stärke-Methionin- 355
—, Stewart- 294, 325, 365
—, SX- 258
—, Taurocholat- 418
—, Thioglycolat- 294, 302
—, TPC- 302, 382
—, Triphenyltetracoliumchlorid- (TTC-Agar) 273, 308, 322, 350, 419, 454, 479
—, Tryptic-Soya- 294
—, TTC- → Agar, Triphenyltetracoliumchlorid-
—, Wasser- 308
—, Würz- 282
—, YDC- → Agar, Hefeextrakt-Dextrose-$CaCO_3$-
Agargel-Doppeldiffusionstest (s. a. Nachweismethode, serologische) **97**, 102, 115
Agaricus arvensis → Champignon
— *bisporus* → Champignon
— *campestris* → Champignon
Agarnährmedien → Agar
Agens, -zien 90, 93, 142
—, agglutinierendes 201
—, phytopathogenes 91
Agglomerat, Bakterien- 416
Agglutination (s. a. Nachweismethode, serologische) **94** ff., 100, 102, 201, 203, 206 f.
—, Bakterien- 206 f.
—, Erregerzellen- 201
—, Mikro- 378 f.
—, Objektträger- 95 f., 115
—, Röhrchen- 96*
Agglutinationsaktivität 203
Agglutinationstest (s. a. Nachweismethode, serologische) 95 f., 100 f., 333
Agglutinationsverhalten 207
Agglutinine 199, 207
Aggregatbildung 105
Aggressine 123, 199, 209 f.
Aggressivität 184, 190
Aglaonema 301
— *commutatum* „Treubii" 273
— *pictum* 300
Agrimycin (s. a. Präparat, streptomycinhaltiges) 340, 380, 383, 449
Agrobacterium-Zellen, plasmidfreie 199, 277
Agrocin 140 f.
Agropyron (s. a. Gras) 258
— *repens* 263, 271
Akkumulation 135, 148, 342
— von Cystathion 148
Akkumulationszeit, intracelluläre 87
Aktivierung 50, 65
—, Gen- 66
Aktivität 147, 191, 194 f., 206
—, cutinolytische 126
—, dissimilatorische 179
—, macerierende 47
—, pectinolytische **115**, 117, 134, 172, 325, 338, 343, 348, 393, 410, 448
—, proteolytische 195
—, Verlangsamung 179
Alanin 49*, 50, 53, 309, 432

β-Alanin 306, 368, 395
D-Alanin 25, 54*
DL-Alanin 343
L-Alanin 54*
Albumin 303
Aldobiouronsäure 252f.
Aldolase 47
Alebroides dravidanus 290f.
Alfalfa dwarf disease 477
Alginat 56, 161, 431
Alginat-Synthese **56**, 161
Alginsäure → Alginat
Alkali-Bildung 278
Alkaloid 198, 200
Alkaloidgehalt 328
Alkohol 40, 48*, 137, 139, 258, 267f., 278, 283, 301f., 340
Alkoholbehandlung 34
Alkylierung 69
Allantoin 432
Allel → Gen, allel
Allium 201
— *cepa* → Zwiebel
Almond leaf scorch 477
Alnus glutinosa 17
Alocasia macrorhiza 299
Aloe 442
Alter des Wirtes 189f.
Alternaria 143, 261
Alterungsprozeß, -vorgang 136, 189
Althaea rosea 344
Altronat 41*
Amarant 311
Amaranthus retroflexus 335, 337
— *spinosus* 272
„ambilateral harmfulness"-Phänomen 18
Ambrosia bidenta 408
Ameisen (s. a. Insekten) 182
Ameisensäure 48*, 432
Amelanchier 465
— *canadensis* 466
— *laevis* 466
— *ovalis* 465, Tafel IX_4
Amide 198
Aminierungsreaktion 50
Aminoacyl-tRNS → tRNS, Aminoacyl-
1-Amino-cyclopropan-1-carboxylsäure 139, 147
2-Amino-2-desoxyglucose 153
Aminopurin 69
Aminosäure 30f., 38, 40*, 48, **50**, 52, 56, 65, 68, 71f., 83, 146, 186, 197f., 201
—, aromatische 50
—, freie 198
—, schwefelhaltige 34, 50, 56
—, Synthese 49*, 67
D-Aminosäure 25, 141
L-Aminosäure 25f.
Aminosäureabkömmlinge 144, 147f.
—, cyclische 147
Aminosäureaktivierung 50, 51*
Aminosäurefrequenz 65
Aminosäuresequenz 50, 65, 68
aminosäurespezifische transfer-RNS → tRNS
Aminosäurestoffwechsel 58, 135, 146, 198
Aminosäuresubstitution 52
Aminosäuresynthese → Synthese, Aminosäure-
Aminozucker 25, 52
—, alternierende 25
Ammoniak (NH_3) 146f., 198, 319, 343, 345
Ammoniak-Bildung 268, 279, 338, 343, 348, 358, 366, 397, 405, 411, 450, 454
Ammoniakdüngung 233
Ammonium 50, 56
Ammoniumchlorid (NH_4Cl) 258, 279
Ammoniumnitrat (NH_4NO_3) 189, 281
Ammoniumsalze 303
Ammonium-Stickstoff 286
Ammoniumsulfat ($(NH_4)_2SO_4$) 280, 433
Ammoniumtartrat 338
Ammoniumverbindung, quaternäre 249
Amorphophallus simlense 299
AMP → Adenosinmonophosphat
Amphibolismus (s. a. Stoffwechsel) 38
Ampicillin 61*, 258
Amplifikation 31, 73
Amylase-Aktivität 268
α-Amylase-Synthese 137
Amylovorin 145, 149, 153, 157, 160, 240
Anabolismus 38*
Analyse, konjugative 76
Analysenverfahren, biochemisches → Nachweismethode, physiologisch-biochemische
Ananas comosus 273, 300
Anbau 182, 231f., 235, 367, 375, 442
— resistenter Sorten 239, 306
Anbaugebiet, -lage 215, 231, 339f., 387
Anbaumaßnahme 182, 236, 289, 308
Anbausperre, -pause 306, 356, 362, 372, 458
Anbautechnologie 411, 444
Anethum graveolens → Dill
Anfälligkeit 91, 100f., 123, 161, 184, **188**ff., 199f., 203, 209, 218, 230, 234, 236, 239ff., 244, 289, 295, 346, 351f., 390, 392f., 426, 445, 459
Anfälligkeitsspektrum **241**, 388
Anfälligkeitsunterschiede 240f., 327, 332, 351, 366, 388, 390, 425, 428, 433, 455, 457f., 461f.
Anfälligkeitsverhalten → Anfälligkeit
Angiospermen 32
Angriff, pathogener → Infektion
Angriffsenzym — Enzyme, Angriffs-
Angriffsort 71, 148, 154, 158
Anguina (s. a. Nematoden) 266
— *agrostis* 266
Anheftung (s. a. Erkennungsreaktion) 75, 88, 195, 204, 206f.
Anis 411
Anpassung 199
—, phänotypische 65

Anreicherung 147, 393
—, Krankheitskeime 182
—, Mikroorganismen 235
Anreicherungsmedium, -substrat 115f.
Anstiegszeit 87
Antagonismus 164, 398, 428
Antagonisten 18, 91, **137**, 160, **164**, 197, 245ff., 259, 309, 311, 355f., 420
—, Applikation (s. a. Bekämpfungsverfahren, biologische) 164, **245**f.
—, Einsatz → Antagonisten, Applikation
Antagonistenwirkung → Antagonismus
Antheren 190
Anthocyan 314
Anthraknose der Walnuß 433
Antibiosis 245
Antibioticum (s. a. Präparat, streptomycinhaltiges) 27, 31f., **58**, 60, 71, 93, 117, 149, 204f., 245, 248, 251f., 273, 286, 301, 315, 340, 351, 353, 366, 368, 386, 411, 420, 432f.
—, Aminoglykosid- 58
— -Resistenz 62, 164
Anticodon 65
Antideterminante 94
Antigen (H-, K-, O-, OH-Antigen) 34, 86, **94**ff., 100f.
—, Geißel- 95
—, hitzestabiles 340
—, Kapsel- 95
—, kreuzreagierendes 100, 102
—, Lokalisation 100
—, lösliches 94, 96
—, multivalentes 94
—, Oberflächen- 95
—, partikuläres 94, 100
—, somatisches 34, 95, 102
—, thermolabiles 95
—, thermostabiles 95, 100
—, verwandtes 100f.
Antigen-Antikörper-Reaktion 94, 96*, 100
Antigencharakter 28
Antigenextrakte 95
Antigenmolekül 94, 100
Antigenspezifität 97*
Antigenstruktur 102
Antigenvergleich 97
H-Antigen-Analyse 100
0-Antigenfaktor 100
0-Antigengruppe 100
Antikörper **94**f., 100f.
—, adsorbierende 100
—, bivalente 94
—, enzymmarkierte 100
—, markierte 95, 98, 103
—, monoklonale 101, 103, 115
—, polyklonale 100
—, spezifische 100
Anti-Antikörper 100
Antikörper-Antigen-Komplex 100
Antikörperbildung 94, 101
Antikörpermolekül 94
Antiserum **94**ff., 100ff., 115, 261, 305, 345
—, adsorbierendes 100
—, agglutinierendes 95
—, Herstellung 94f.
—, polyklonales 101
—, spezifisches 95, 460
Antiserum-Titer 95
Anti-H-Seren 95
Antiterminationsprotein (s. a. Protein) 67
Apfel 190, 200, 202, 217f., 223, **415**ff., 425, 430, 438, 440, 471
—, Besenwuchs 217, 223, 438f.
Apfelanlage 238
Apfelbaum 414*, 415ff., 429
Apfelblätter 188, 415
Apfelerzeugung, -produktion 220
Apfelgenotyp 244
Apfelpectin → Pectin, Apfel-
Apfelproliferation → Apfel, Besenwuchs
Apfelresistenzzüchtung → Züchtung resistenter Kulturpflanzen
Apfelschorf 244
Apfelsine → Orange
Apfelsorte 217, 223, 430
Apfeltrieb, -zweig 149, 187, 189, 233, 416
Apfeltriebsucht 439
Apfelunterlage 218, 246
Aphrodes bicinctus 288, 314, 316
Apiaceae 180, 410f.
Apikaldominanz 135, 139
Apocynaceae 386
Apple proliferation → Apfel, Besenwuchs
Apple witches' broom → Apfel, Besenwuchs
Applikation 93f., 139, 164, 245, 249, 315, 332, 387, 447
—, Antagonisten- **245**, 259
—, Antibiotica- 251f., 351
—, Arginin- 147
—, Bordeauxbrühe- (s. a. Applikation, Kupferpräparate) 435
—, Calcium- 387
—, Captanpräparate- 467
— chemischer Mittel (Verbindungen) → Bekämpfungsmaßnahmen, chemische
—, Eisen- 387
—, Gibberellinsäure- 139
—, Herbicid- 315, 411
—, Insekticid- 289, 411, 451, 457
—, Kalium- 387
—, Kupferpräparate- (-mittel) 251, 332, 351, 425, 467
—, oberflächliche 249f.
—, Phagen- **93**, 245
—, Phosphor- 387
—, präinfektionelle 93
—, Schwefel- 387

—, Spritz-Cupral-45 (s. a. Applikation, Kupferpräparate) 252*
Applikationsbereich 247
Applikationsform, -methode 234, 238, 247, 250
Appressorien 185
Approved Lists of Bacterial Names 110, 409
Aprikose 163, 425f., 431f.
Arabidopsis thaliana 378
Arabinane 126
Arabinofuranose 127
1,5-Arabinofuranose 126
α-1,3-Arabinofuranose 126
Arabinogalacturonan 126
Arabinose 42, 109, 128, 152, 257, 259, 279, 292, 299, 303, 319, 330, 334, 338, 343, 345, 348, 354, 361, 366, 378, 392, 411, 415, 421, 429f., 432, 436ff., 454, 457, 468
D-Arabinose 272, 306
Araceae 281
Arbeitsgeräte → Geräte
Arbutin 201, 348, 425, 434, 436
Archaebakterium 28, 30, 36, **106**f.
—, halophiles 107
—, methanogenes 107
—, Phylogenie 107
—, prokaryotisches 106
—, schwefelabhängiges 107
Arenarin 380
Argemone mexicana 380
Arginin 49*, 147*, 268, 279, 415
Arginindecarboxylase-negativ 306, 345
Argininderivate 81, 141
Arginindihydrolase-negativ 306, 330, 338, 390
— -positiv 117, 259, 368, 373, 376, 395
Argininmangel 147
Argininosuccinat 147*
Aromate 40*
Arrhenatherum 271
Artemisia princeps 368
Artischocke 298
Artspezifität, serologische → Spezifität, serologische
Aschebestandteile 161
Ascosporen 341
Asparagin 268, 303, 338, 343, 345
D-Asparagin 283
L-Asparagin 418
Asparaginsäure 48, 147*
L-(—)Asparaginsäure 343
Asparagus 176, 344
— *sprengeri* 344
Aspartat 49*
Assemblierung 88
—, intracelluläre 83
Assimilation 50, 186, 196f.
Assoziation 31
Ast → Zweig
Aster frihartii 344
Aster yellows → Asternvergilbung
Asteraceae 180, 308, 386
Asternvergilbung 84, 220, 225, 394
—, Kartoffeln 220
—, Möhre 220
—, Salat 220
—, Sellerie 220
—, Zierpflanzen (s. a. einzelne Kulturarten) 220
Ataxie 266
Atemhöhle 186, 349
Atmosphäre 163
Atmung (s. a. Stoffwechsel, dissimilatorischer) 38, **40**, 47, 135, 147, 197, 346
Atmungsintensität 147f., 197f.
Atmungskette 39, 46ff., 139
Atmungskettenphosphorylierung 40
Atmungssteigerung 197f., 205
Atmungsstoffwechsel → Stoffwechsel, kataboler
ATP → Adenosintriphosphat
ATP-Bildung 39*, **40**, 47, 92
ATP-Spiegel 47
λ_{att} → Attachment-Site
Attachment-Site 77
Attenuator 66*
Attenuierung 65*, **67**
Aubergine → Eierfrucht
Aufbereitung 293
Auflösung der Mittellamellen → Naßfäule
— — Zellwände → Naßfäule
Auftreten der Krankheit → Krankheitsauftreten
Auramin 288
Aureomycin 299, 315, 356, 387
Ausbreitung 169f., 181ff., 185*, **191**ff., 199, 201, 216, 220, 236, 298, 300, 306, 367, 394, 443, 456f.
—, acropetale 192
—, basipetale 192
—, Erreger- 154, 320, 331, 416
—, großräumige 183, 220
—, Krankheits- 177, 181f., 184, 219, 236, 257, 327f., 331, 333, 355, 359, 374, 377
— im Phloem 193
—, sekundäre 335, 337
—, systemische 185, 192, 196, 333, 349
—, Verhinderung 228
Ausbreitungsresistenz → Resistenz, Ausbreitungs-
Ausbreitungsweg → Ausbreitung
Ausbuchtung 174
Ausfällung 96
Ausgären 372, 378, 380
Ausgangspopulation 164
Ausgeizen 183, 237, 371, 375
Auslesezüchtung → Züchtung, Auslese-
Ausscheidung (s a. Bakterienexsudat) 56, 130, 132, 140, 142f., 209, 318, 417*, 464
—, Auxin- 137
—, Enzym- 210
—, fibrilläre 168
—, Pectatlyase- 130, 132, 194
—, Polysaccharid- 158
—, Polysaccharidschleim- 179
—, Toxin- → Toxinausscheidung

—, Wuchsstoff- 138, 434
—, Wurzel- 429
—, Zellinhaltsstoff- 160
— zellwanddegradierender Enzyme 195
Ausscheidungsprodukt 143, 154, 160, 326
— mit pathophysiologischer Wirkung **159** f.
—, toxisches 142, 149f., 157, 159f., 245
Ausschleusung (s. a. Ausscheidung) 89, 158
Außenquarantäne → Quarantäne
Austausch von Ausgangsmaterial 215
— — Saat- und Pflanzgut 215
— — Stoffen 30
Austrocknung 28, 189
Autofluorescenz 288
Autolyse 57
Auxin, → β-Indolylessigsäure
Auxinabbau 137
Auxinaktivität 137
Auxinbildungsvermögen → Synthese, Indolylessigsäure-
Auxinbiosynthese → Synthese, Indolylessigsäure-
Auxingehalt 139
Auxinmodulator 137
Auxinsynthese → Synthese, Indolylessigsäure-
Auxinsynthesehemmung 137
Auxotrophie → Ernährung, auxotrophe
Avena 264
— *byzantina* 264f.
— *fatua* 267
— *ludoviciana* 264
— *sativa* → Hafer
Axenie 199
Axillartrieb 386
Azachinon-Struktur 59
Azaguanin 431

Bacillus, apathogener 301f.
—, pectinolytischer 301f.
— *subtilis* Phagen von 82*
— —, Phage SPP1 von 82*
Bacitracin 280f., 299
Bacterial phloem canker of walnut 434
— pit-Krankheit 398
— pustule 323
— soft rot 324
— wilt 324
Bactericide → Präparat, baktericid wirkendes
Bacteroid 20, 21*
Bacteroides-Flavobacterium-Cytophaga-Gruppe 107
Bacto-Proteose-Pepton 301
Bakanae-Krankheit 135
Bakterielle Blattdürre des Hafers 262ff.
— Blattflecken des Klees 316f.
— Blattfleckenerreger der Tomate 377
— Blattfleckenkrankheit der Luzerne 319ff.
— — — Zuckerrübe 284f.
— — — Zwiebel 394
— — des Steinobstes 430ff.
— Blattrandkrankheit des Salats 364ff.
— Blatt- und Fruchtfleckenkrankheit der Tomate 126, 187*, 251, **376**ff., 379, 382
— Braunfleckenkrankheit der Bohne 332f.
— Erkrankung der Pelargonie 449ff.
— Erkrankungen der Nelke 456f.
— Fleckenkrankheit 323, 342, 380
— — der Erbse 341ff.
— — — Tomate 378ff.
— — des Champignons 397f.
— — — Dills 811f.
— — — Paprikas 382f.
— — — Salats 367ff.
— Gefäßerkrankungen der Kartoffel 303ff.
— Gefäßnekrose und Fäule der Zuckerrübe 282ff.
— Gurkenwelke 345ff.
— Lagerfäule der Zwiebel (s. a. Lagerfäule) 397
— Luzernewelke 317ff.
— Maiswelke 153
— Mischinfektionen des Klees 317
— Naßfäule → Naßfäule
— — der Kartoffel 292ff., 301ff., Tafel III_1
— — — Sojabohne 324
— — des Kohls 356ff.
— — — Paprikas 383f.
— Nelkenwelke 195
— Pelargonienwelke 223, **449**ff.
— Salatkrankheit 366f.
— Schleimfäule 142, 233
— Schleimkrankheit der Banane 235
— — — Kartoffel 306ff.
— Schorferkrankungen der Kartoffel 309ff.
— Stengelfäule der Ackerbohne 222, 326
— — der Kartoffel Tafel III_2
— — des Maises 271ff.
— Streifenkrankheit 258
— — der Gerste 169, 264ff.
— — des Hafers 169, 264ff.
— — — Weizens 256ff.
— Tomatenwelke 174, 216, 222, 250f., **369**ff., 375
— Welke → Welke
— — der Bohne 336f.
— — — Eierfrucht 387f.
— — — Futtergräser 268ff.
— — — Gurke 345ff.
— — — Luzerne 318
— — — Nelke 223, 457f.
— — — Sojabohne 324
— — des Klees 316f.
— — — Tabaks 409
— Welkekrankheit der Bohne → Bakterielle Welke der Bohne
— Wurzelfäule der Nelke 223, 457f.
— Zwiebelfäule 390ff.
Bakterieller Bohnenbrand 160, 176, 189, 222, 224, **233**ff.
— Möhrenbrand 216, 361f.
— Rindenbrand 176
— Stengelbrand der Ackerbohne 326

— — — Erbse 222, **338** ff., 341
— Walnußbrand 432 ff.
Bakterien 20, 57 f., 65, 68 ff., 73 f., 76 ff., 81, 86, 94 f., 100, **106** ff.
—, acidophile 107
—, aerobe **38**, 56, 107
—, alkalophile 107
—, anaerobe 38, 107
—, antagonistische 245
—, autotrophe 37
—, bakteriocinogene 91
—, chemolithotrophe 30, 37
—, chemoorganotrophe 38
—, chemotrophe 37
—, coliforme → Coliforme
—, coryneforme 20, 26, 58, 61, 104, 107 ff., 145, 152
—, einzellige 20
—, eiskernaktive → eiskernaktive Bakterien
—, eurytherme 57
—, fäulnisinduzierende → Bakterien, naßfäuleinduzierende
—, Gram-negative 25 ff., 34, 52 ff., 61, 74, 76, 78 f., 95, 104, 106 ff., 163, 206, weitere siehe bei den einzelnen Erregern
—, Gram-positive 23*, 25 ff., 30, 34, 61, 74, 79, 95, **107** f., weitere siehe bei den einzelnen Erregern
—, Hauptgruppen 106
—, heterotrophe 37, 56, 107, 109
—, humanpathogene 150
—, Identifizierung 111
—, immobilisierte 205
—, inkompatible 168
—, lithoautotrophe 107
—, lithotrophe 37
—, mesophile 56, 107
—, methanophile 30
—, naßfäuleinduzierende 115*, 125, 128, 130, **132** ff., 172, 180, 189, 192, 194, 198, 203 f., 209, 218, 232, 234, 273, 292, 294 f., 302, 324, 349, 352, 357 f., 363 ff., 374, 379, 381 ff., 390, 460
—, nocardioforme 107
—, organotrophe 37
—, pectinolytische → Bakterien, naßfäuleinduzierende
—, pflanzenassoziierte 18
—, pflanzenpathogene 28, 34, 36 f., 47, 50, 52, 54 ff., 77, 80, 92, 107 ff., **123** ff., 131, 181, **183** ff., 206, 220 f., 240 ff., **471** f.
—, photoautotrophe 30, 107, 109
—, phototrophe 37, 71
—, physiologische Leistungen 37 f.
—, phytopathogene → Bakterien, pflanzenpathogene
—, samenübertragbare 102, 188
—, saprophytische 113, 193, 352, 359, 397
—, schorferzeugende 311 f.
—, stäbchenförmige 20*, 30, 32
—, streptomycinresistente 252
—, Taxonomie der coryneformen → Taxonomie coryneformer Bakterien
—, thermophile 107
—, transformierbare 79 f.
—, Urreiche 106
—, xylembesiedelnde, -invadierende 192, 477
—, zellwandbesitzende 220 ff.
—, zellwandlose 84
Bakterienätiologie → Ätiologie
Bakterienagglomerat → Agglomerat, Bakterien-
Bakterienbrand 176, 217 f., 223, 237, 252, 419, 423, 431
— bei Gerste 256
— — Kernobst 420 ff.
— — Roggen 256
— — Sojabohnen 321 ff.
— — Steinobst 223, **420** ff., 425 ff.
— — Weinreben 435 ff.
Bakterienchromosom → Chromosom, Bakterien-
—, Transfer 75 f.
Bakterienexsudat (s. a. Schleim) 161, **174** ff., 181 f., 257, 261 f., 264, 269, 272, 304, 307, 316, 321 f., 331, 334, 339, 362, 375, 387, 410, 412, 415 ff., 423, 431, 433 f., 445, 468
Bakteriengeißel → Geißel
Bakteriengen → Gen
—, Übertragung → Transfer, Bakteriengen
Bakteriengenetik → Genetik
Bakterienkrankheit → Pflanzenkrankheit, bakteriell bedingte
—, samenübertragbare → Pflanzenkrankheit, samenübertragbare
Bakterienkultur → Kultivierung, Mikroorganismen
Bakteriennährboden → Agar
Bakteriennaßfäule → Naßfäule
Bakterienparasit (s. a. Parasit) 323
Bakterienpopulation → Population, Bakterien-
Bakterienringfäule → Ringfäule
Bakterienschleim → Schleim (s. a. Bakterienexsudat)
Bakterienserologie → Serologie
Bakterienstauche der Chrysantheme 458 f.
— — Nelke 456 f.
Bakteriensymptom → Symptom
Bakterientaxa → Taxon
Bakterientoxin → Toxin, bakterielles
Bakterienviren → Phage
Bakterienwachstum → Wachstum, Bakterien
Bakterienwelke der Chrysantheme 458 f.
— — Nelke 456 f.
Bakterienwirt → Wirtsbakterien
Bakterienzelle (s. a. Zelle) **20** ff., 23*, 25 ff., 50, 57, 60, 63, 65, 68 f., 71 f., 83, 91, 112, 132, 146, 182
—, Aminosäurestoffwechsel 146
—, Größe 37
—, Inaktivierung 69
—, invadierte 210
—, Lysis 132
—, Proteine (s. a. Protein) 50

—, Stoffwechsel → Stoffwechsel
Bakterienzellwand → Zellwand
Bakteriocin 27, 32, 61, 81, **91** ff., 117, 141, 149, 245, 308, 428
—, toxisches 246
Bakteriocin-Bildner 246 f.
Bakteriocinbildung, -produktion, -synthese 32, 91, 93 f., **246** f., 308, 393
Bakteriocinbildungsvermögen 308
Bakteriocinmolekül 92
Bakteriocinpräparat 93
Bakteriocinproduzent 93
Bakteriocinproduzent K 84 246
Bakteriocin-sensitiv 92
Bakteriocintiter 92
Bakterioid → Bacteroid
Bakteriophagen → Phage
Bakteriose 57, 113, 188 f., 192, 218, 228, 232, 239, 245, 247, weitere siehe bei den einzelnen Kulturarten
— bei Ackerbohnen 324 ff.
— — Begonien 454 f.
— — Beta-Rüben 216, 277 ff.
— — Blumenkohl 358 ff.
— — Bohnen 330 ff.
— — Champignons 397 f.
— — Chicorée 364 ff.
— — Chrysanthemen 458 ff.
— — Dieffenbachien 447 ff.
— — Dill 409 ff.
— — Efeu 467 f.
— — Eierfrucht 386 ff.
— — Endivien 364 ff.
— — Erbsen 338 ff.
— — Erdbeeren 437 f.
— — Fenchel 409 ff.
— — Flieder 466 f.
— — Futterleguminosen 314 ff.
— — Getreide 256 ff.
— — Gemüsearten 330 ff.
— — Gewürzpflanzen 409 ff.
— — Gladiolen 445 ff.
— — Gräsern 256 ff.
— — Gurken 345 ff.
— — Himbeeren 420
— — Hirse 256
— — Hyazinthen 444 f.
— — Kartoffeln 287, **288** ff., 312
— — Kernobst 414 ff.
— — Klee 314 ff.
— — Knaulgras 265 ff.
— — Kohl 353 ff.
— — Kohlartigen 353 ff.
— — Koriander 409 ff.
— — Kümmel 409 ff.
— — Lupine 327 ff.
— — Luzerne 317 ff.
— — Möhren 359 ff.
— — Nelken 456 ff.
— — Obstkulturen 414 ff., 438 ff.
— — Ölbäumen 434 f.
— — Paprika 382 ff.
— — Pelargonien 449 ff.
— — Porree 389 ff., 394
— — Reis 256
— — Rittersporn 461 f.
— — Rüben → Bakteriose, Beta-Rübe
— — Saintpaulie 459 f.
— — Salat 364 ff.
— — Sojabohnen 321 ff.
— — Sonderkulturen 406 ff.
— — Sonnenblumen 412 f.
— Steinobst 420 ff., 430 ff.
— — Tabak 406 ff.
— — Tomaten 369 ff.
— — Tulpen 442 ff.
— — Walnuß 432 ff.
— — Weinreben 435 ff.
— — Ziergehölzen 464 ff.
— — Zierpflanzen 442 ff.
— — Zuckerrohr 256
— — Zwiebeln 389 ff.
—, samenbürtige → Pflanzenkrankheit, samenübertragbare
Bakteriologie 20 ff., 101
—, medizinische 95
Banane 159, 235, 242, 300, 308
Bananenblätter 196
Bananenfrüchte 139
Bark canker walnut 434
Barriere 125
—, chemische 200 f.
—, morphologische 170
—, natürliche 124
—, physikalische 199 f.
—, strukturell-physikalische 199 f.
Basalaktivität 133
Basale Spelzenfäule des Weizens 175, 222, **259** ff.
Basalfäule → Naßfäule, basale
Basalkörper der Bakteriengeißel 30, 33*, **34**
Basallage 302
Basalzelle 188
Base (s. a. Purin und Pyrimidin) 50, 63, 68 f., 106
—, falsche 69
—, komplementäre 50, 63
—, nicht komplementäre 69
—, tautomere Umlagerungen 68
Basenfolge 67
Basenpaare 30 f., 59, 106
Basenpaarung 63
—, falsche 68
Basenselektion 68
Basensequenz 65, 67 f., 71, 84, 86, 106
—, DNS 64
—, mRNS 65
—, Vergleiche 105

Basensubstitution 68
Basic compatibility 199
Batate → Süßkartoffel
Baumschulbestand 222
Baumschule 222f., 238, 246, 409, 428, 430
—, Kernobst- 246
Baumschulmaterial 142, 183, 238, 426
Baumschulproduktion 220f.
Baumschulquartiere 238
Bausteine → Monomere, → Oligomere
Baumwolle 159, 180, 224, 242ff., 388
Baumwollsorten 242, 244
Bedeutung, wirtschaftliche 124, **215**ff., weitere siehe bei den einzelnen Erregern
—, diagnostische 140
Bedingungen, aerobe 47
—, anaerobe 38, 47, 189
—, ökologische → Umweltbedingung
—, präinfektionelle 185f.
Beerenobst 246, 428
Beerenobstproduktion 246
Befall → Infektion
Befallsablauf → Infektionsmechanismen
Befallsbereich → Infektionsort
Befallsbild → Symptom
Befallsdruck → Infektionsdruck
Befallsfreiheit 438
Befallsgrad → Infektionsgrad
Befallsherd → Infektionsherd
Befallsjahre 220
Befallsminderung 252f.
Befalls-Schadens-Relation 216
Befallsstärke 143, 215f., 219
Befallsumfang 215f., 222, 442
Befund, mikroskopischer → Nachweismethode, mikroskopisch-histologische
Begasung → Bekämpfungsmaßnahmen mit gasförmigen Mitteln
Begeißelung 32
—, amphitriche 32
—, bipolar-polytriche 32
—, monopolar-lophotriche 32
—, monopolar-monotriche 32, 33*
—, monopolar-polytriche 32
—, peritriche 32, 33*
Begeißelungstyp 32
Beggiatoa 20
Begleitorganismen 355
Begonia 169, 223, 300, 449, 454ff., 457, 459f.
— *alba* 455
— *bertini* 300
—, Elatior- 224, Tafel II_4
— *gracilis* 455
— *socotrana* 455
— *tuberosa* 455
Begonienanbau 455
Begonienbestände 238
Begonienblätter 455, Tafel VIII_6
—, Fleckenbildung 455
Behandlung → Bekämpfungsmaßnahmen
Beizmittel 250, 356
—, chemische 411
—, streptomycinhaltige 251
—, Wirksamkeit 250
Beizung 32, 222, 236, 247, **249**f., 285f., 323f., 326f., 332, 340, 345, 361, 408, 411, 447
—, Pflanzgut- 250f., 295, 361
—, Saatgut- 247, 249f., 286, 327, 332, 340, 358, 408, 453
Bekämpfung → Bekämpfungsmaßnahmen
Bekämpfungsmaßnahmen, -verfahren 57, 113, 184f., 188, 220ff., **228**ff., 239, **244**ff., 251, weitere siehe bei den einzelnen Erregern
—, agrotechnische 219, 311
— bei Vektoren 289, 315, 387, 398, 411, 439
—, biologische **93**, 140, 228, 244ff., 296, 306, 393, 398, 428
—, bodenhygienische 362
—, chemische 164, 228f., 231, 244, **248**ff., 305, 362, 372, 386, 393, 408, 420, 425f., 433, 437, 439, 451, 455f., 465
— durch Beizung → Beizung
— — Dampfsterilisation 248, 372, 408, 453, 457
— — Desinfektion 235, **247**ff., 250f., 281, 306, 308, 378, 388, 398, 408, 411, 428, 430, 449, 453, 455, 457, 459
— — Pflanzgutbehandlung 249, 251, 289
— — Saatgutbehandlung → Beizung, Saatgut
— — Tauchbehandlung 246, 264, 323, 353, 366, 380, 428, 444, 447
— — Wärmebehandlung, -therapie → Bekämpfungsmaßnahmen
— — Warmwasserbehandlung (Warmwasserbeizung) → Bekämpfungsmaßnahmen, physikalische
—, eradikative 220, 238, 251
— im Bestand 249, 251, 437, 444
—, kurative 237
— mit Antibiotica 250, 420, 433
— — gasförmigen Mitteln 332
— — Insekticiden 289, 358, 361, 438f.
—, pflanzenbauliche 381
—, pflanzenhygienische → Bekämpfungsmaßnahmen, phytohygienische
—, physikalische (mechanische) 95, 205, 222, 235, **247**ff., 251, 289, 315, 332, 351, 356, 362, 367f., 372, 378, 386f., 390, 408, 411, 449
—, phytohygienische 222, **228**ff., 232, 236, 238f., 247f., 251, 295, 301, 305, 308, 323, 372, 375, 388, 398, 411, 413, 425, 445, 447, 449, 451, 453, 455, 457ff.
—, phytosanitäre → Bekämpfungsmaßnahmen, phytohygienische
—, prophylaktische 93, 228, 237, 246, 248, 273, 358, 375, 380, 390, 398, 408, 411, 425, 444, 449, 451, 459, 462
—, Quarantäne- 229

—, sanitäre → Bekämpfungsmaßnahmen, phytohygienische
—, therapeutische 247
—, vorbeugende → Bekämpfungsmaßnahmen, prophylaktische
—, Wurzelkropf- 246
Belastung, ökologische → Streßbedingung
Belüftung (s. a. Bekämpfungsmaßnahmen, physikalische) 295, 303
Benzyladenin 139
Benincasa 347
Benlate 291, 419
Benzalkoniumchlorid 249
Benzoat 42*, 259, 306
Benzoesäure 42, 311, 432
Berberin 280
Berberinsulfat 289
Beregnung (s. a. Bewässerung) **238**f., 272, 274, 311, 355, 366, 368f., 385, 395, 438, 467
—, künstliche 182, 350, 363
—, Überkopf- 451, 455
—, Zusatz- 363, 437
Beregnungsfläche 382
Beregnungsmaßnahme 238f., 274
Bernsteinsäure 432
Berthelotsche Lösung 280
Beschädigung 184, 188, 192, 198, 201, 210, 218, 279, 282, 284, 389, 411f., 423, 443
—, mechanische 142, 168, 172, 174, 176, 182, 185f., 188ff., 191*, 192, 236, 238, 263, 272, 279, 293, 302, 304, 318, 335, 337, 339, 342, 346, 349, 352, 355, 357, 360, 371f., 381, 383, 393, 407, 410, 412, 417, 426, 428f., 434f., 437, 447, 450f., 466
Beschädigungsempfindlichkeit 189, 295
Beschädigungsgrad 188, 197f.
Besenwuchs des Apfels → Apfel, Besenwuchs
Besiedlung, Sekundär- 168, 177, 389
Bestandesdichte 236f.
Bestandesklima 238
Bestimmungsmerkmale → Identifizierungsmerkmal
Beta 283
— *patellaris* 284
— *procumbens* 284
— *vulgaris* → Rübe
— *webbiana* 284
Betain 262
Beta-Rübe → Rübe
Bewässerung (s. a. Beregnung) 229, **238**f., 318, 398, 450, 459
—, Einzelpflanzen- 451
—, Furchen- 238
—, Tröpfchen- 238
—, Überflutungs- 238
Bewässerungsformen → Bewässerung
Bewässerungsmaßnahmen → Bewässerung
Beweglichkeit 105, 186
—, aktive 186
Bienen (s. a. Insekten) 182
Bifidobakterien 107
Bildungen, neoplastische → Symptom, Neu- und Mißbildung
Bindung 50
—, energiereiche 40
—, glykosidische 124
Binnenquarantäne → Quarantäne
Biochemie 18, 184, 193
— der Bakterien 37ff.
Biomasse 41
Biomassebildung 81
Biosynthese → Synthese
Biotest → Nachweismethode, biologische
Biotin 140, 281, 303, 343, 429
Biotin-Loci 90
Biotin-Region 76f., 90
Biotyp 306, 308f., 375
Biovar **111**, 277ff., 364f.
Birnen 145, 148, 163, 220, 225, 243, 333, 415ff., 425, 430, 440, 471
Birnenanbau 220
Birnenanlage 219ff., 419
Birnenbäume 220f., 237, 245, 419, 429
Birnenblätter 186
Birnenblüten 163, 190
Birnenfrüchte 220, 245f., 425, 440
Birnenplantagen → Birnenanlage
Birnenproduktion 220f.
Birnensorten 189, 219, 241
Birnentest → Nachweismethode, biologische
Birnen-Verfall 220, 223, 225, **438**
Birnenzellkultur → Zellkultur
Blatt, Blätter 135, 137, 145, 154f., 160, 170, 172, 174, 176, 186, 188, 196, 200, 236, 249, weitere siehe bei den einzelnen Erregern
—, chlorotisches → Symptom, Verfärbung
—, Verfärbung → Symptom, Verfärbung
Blattachseln 290f., 335, 357, 372
Blattadern → Blattnerven
—, Schwarzverfärbung → Symptom, Verfärbung
Blattälchenbefall → Nematodenbefall
Blattbasis 272, 392
Blattbrand am Mandelbaum 149, 169
Blattchlorose → Symptom, Verfärbung
Blattdeformation → Symptom, Kräuselung, Verkrümmung und Stauchung
Blattdürre → Symptom, Absterbeerscheinung
Blatterkrankung → Symptom
Blattfall → Abwerfen von Blättern
Blattflecken → Symptom, Läsion
Blattfleckenerreger → Erreger von Blattkrankheiten
—, pilzliche → Erreger, pilzliche
Blattfleckenkrankheit → Pflanzenkrankheit an Blättern
— der Sojabohne 224, 324
— des Blumenkohls 358ff.
— des Paprika 233
—, Eckige → Eckige Blattfleckenkrankheit der Gurke
—, pilzliche 461

Blattgallbildung → Symptom, Neu- und Mißbildung
Blattgewebe 113*, 146, 160f., 170, 263f., 359, 365, 382, 406
Blatthaare 188
Blattinfektion → Infektion von Blättern
Blattkrankheit → Pflanzenkrankheit an Blättern
Blattläsion → Symptom, Läsion
Blattläuse (s. a. Insekten) 450
Blattlamina 257, 262, 264, 291, 330, 333f., 346, 354, 356, 358, 376, 433, 446, 460, 466
Blattmikroflora, residierende → Epiphyt
Blattnekrosen → Symptom, Absterbeerscheinung
Blattnerven 154, 169, 188, 284, 286, 317, 319, 334, 338, 349, 354*, 355, 357f., 368, 371, 375, 406, 433, 437, 443, 445, 454f.
Blattoberfläche 162, 257, 286, 291, 437
Blattparenchym 161
Blattrand 188, 236, 262, 286, 288, 290f., 303, 326, 356, 361, 364, 454, 460, 468
Blattrandfäule am Salat 365
Blattrandvergilbung 291
Blattresistenz → Resistenz, Blatt-
Blattrhachis 290f.
Blattrippen → Blattnerven
Blattsalatsorten → Salatsorten
Blattschäden → Verlust
Blattscheide 262, 264
Blattspitze 236, 257, 262, 270, 335, 387, 445
Blattspreite → Blattlamina
Blattsprenkelung → Symptom, Läsion
Blattstiel 154f., 282ff., 291, 322, 333, 354, 362, 368, 371, 374ff., 379, 387, 406, 433, 460f., 468
Blattsymptom → Symptom
Blatt- und Fruchtfleckenkrankheit der Tomate → Bakterielle Blatt- und Fruchtfleckenkrankheit der Tomate
— — — des Paprikas 385f.
Blattunterseite 175
Blattwanze (s. a. Insekten) 359
Blaualgen → Cyanobakterien
Blausäure 201
Block, genetischer 71
Blockierung 71*, 148, 157, 197
— der β-Cystathionase 148
— des Bakterienstoffwechsels 205
— — Wasserstroms 157, 197
Blüte 137, 169f., 175f., 189, 246, 249, 266, 268, 286, 290, 338, 349, 371, 376f., 394, 410, 412, 423, 439, 454, 464f.
—, Durchwachsen 315
Blütenbehandlungen → Bekämpfungsmaßnahmen, chemische
Blütenbildung 136
—, Ausbleiben 223, 314
Blütenblätter 415
Blütenbrand → Symptom, Absterbeerscheinung
Blütenentwicklung 266
Blütenstände → Blüte
Blütentauchapplikation 371f.
Blütensymptom → Symptom, Absterbeerscheinung
Blütenvergrünung → Symptom, Verlaubung, Vergrünung
—, Blumenkohl 223
—, Rettich 223
—, Salat 223
—, Zwiebeln 223
Blütenverlaubung → Symptom, Verlaubung, Vergrünung
Blumenknollen 251
Blumenkohl 139, 223, 298, 354, 357, **358**ff., 365, 369, 412
Blumenkohlanbau 359
Blumenkohljungpflanzen 359
Blumenkohlpflanzen → Blumenkohl
Blumenkohlsaatgut 247
Blumenkohlsamenträger Tafel IV_6
Blumenkohlsorten 356
Blumenzwiebel → Speicherorgan
Blutserum → Antiserum
BOB′ → Chromosomenregion, BOB′-attachment
Boden 116, 179f., 182, 189, 230f., 235, 257, 279, 282, 294, 302, 308, 328, 331, 337, 341, 355, 363f., 377, 379, 389, 408, 429
—, gedämpfter 383
—, lehmiger 294, 447
—, leichter 310, 363
—, physikalische Struktur 190
—, sandiger 294
Bodenansprüche 231
Bodenart 231, 339, 447
Bodenbakterien Tafel I
Bodenbearbeitung 231, 234f., 237, 378, 430
—, angepaßte 229
Bodenbearbeitungsmaßnahme → Bodenbearbeitung
Bodenbewohner 179, 310
Bodendämpfung → Bekämpfungsmaßnahmen durch Dampfsterilisation
Bodendesinfektion → Bekämpfungsmaßnahmen durch Desinfektion
Bodeneigenschaft 182, 230
Bodenentseuchung, -entseuchungsmaßnahmen → Bekämpfungsmaßnahmen durch Desinfektion
Bodenfeuchtigkeit 187, 189, 196, 238, 279, 311f.
Bodengare 237
Bodenmikroflora → Bodenmikroorganismen
Bodenmikroorganismen 182, 237, 311, 355
Bodennässe → Bodenfeuchtigkeit
Bodenreaktion 182, 230
Bodenstruktur 232
Bodentyp 279
Bodenüberdauerung → Überdauerung im Boden
Bodenübertragung → Übertragung durch Boden
Bodenverseuchung → Infektion, Boden
Bohne 93, 113, 145ff., 149, 158f., 161, 163, 169f., 174, 176, 180, 201, 207, 222f., 232, 233ff., 238, 242f., 285, 298, 301, 320, 326ff., **330**ff., 340f., 344, 366, 408, 412, Tafel IV_1, IV_3, IV_4

Bohnenbestände 237
Bohnenblätter 115, 146, 159, 176, 198, 331
Bohnenbrand → Bakterieller Bohnenbrand
Bohnenhülsen 176, 331, 335, Tafel II_5, IV_2
Bohnenpflanzen → Bohne
Bohnensaatgut → Bohnensamen
Bohnensämlinge → Bohne
Bohnensamen 92, 116, 181, 231
Bohnensorten 332, 336
BOP' → Chromosomensequenz, BOP'
Bor 56
Bordeauxbrühe → Präparat, Bordeauxbrühe
Bormangel 234
Borsäure 322
Botrytis allii 389
Bouillon → Nährlösung
—, Asparagin- → Nährlösung, Asparaginbouillon
—, Malachitgrün- → Nährlösung, Malachitgrünbouillon
Brache, wirtschaftliche 235
Brachiaria mutica 301
Brassavola 298
Brassica, -ceae 163, 180f., 201, 298, 311, 355, 367
— *geniculata* 355
— *nigra* 355
— *pekinensis* 357
Brassinolid 137
Brassinosteroide 137
Braunfäule 312
— der Zwiebel → Innere Braunfäule der Zwiebel
— des Champignon 247
Braunfäuleerreger 293
Braunfleckenkrankheit → Bakterielle Braunfleckenkrankheit der Bohne
Braunsches Lipoprotein 27
Braunverfärbung der Rinde → Symptom, Verfärbung
Breitadrigkeit des Salats 369
Brenzkatechin 42, 58
Brillant-Kresolblau 433
Briza maritima (s. a. Gras) 265
Broccoli 355, 359
Brombeere 439
Bromthymolblau 280, 418
Bromuracil 69
Bromus (s. a. Gras) 258f., 265
— *inermis* 263
— *japonicus* 263
— *secalinus* 263
— *tectorum* 263
Bronopol 249, 295
Brunnichia cirrhosa 181, 323
Bryonopsis laciniosa 351
Buckelschorf → Kartoffelschorf
Buckeltiefschorf → Kartoffelschorf
Buckskin 225
Buddleja variabilis 344
Bunchwilt 225
Bunte Reihe → Nachweismethode, physiologisch-biochemische
Buschbohne → Bohne
Buschklee → Klee
Buschtomate → Tomate
2,3-Butandiol 48*
Butandiolbildung 47
2,3-Butandiol-Gärung → Gärung, 2,3-Butandiol-butyl-thiosulfonsäureester-Verbindungen 392
Butyrat 343
Butyryl-CoA 51

C_4-Einheiten 52
C-Quelle → Kohlenstoffquelle
—, Verwertung → Merkmal, biochemisch-physiologisches
C-Wert → Cytosin
Cactaceae 298
Cactus 442
Caladium Schomburgkii-Hybriden 298
Calcium 56, 387
Ca^{2+}-Chelatbildung 132
Ca^{2+}-Ionen 31, 127, 129, 132, 184*, 194f.
Ca-Dipicolinat 35
Calciumcarbonat ($CaCO_3$) 269, 345, 435, 478
Calciumchlorid ($CaCl_2$) 78f., 281, 302
$CaCl_2$-Behandlung 79
$CaCl_2$-Konzentration 79
Calciumdüngung 233
Calciumgehalt 34, 295
Calciumnitrat ($Ca(NO_3)_2$) 280
Calciumpropionat 280, 351
Calla 442
— -Rhizome 393
Callistephus chinensis 289
Callus 458
Callus-Kulturen 387
Cambialbereich 430
Cambium 135, 176, 437
cAMP → Adenosinmonophosphat, cyclisches
Camposan 137
canker (s. a. Symptom, Läsion) 170, 251, 426
—, holdover 416
—, Sommer- 431
Cannabaceae 180
CAP → Catabolite gene activator protein
Capsella bursa-pastoris (s. a. Unkräuter) 355, 368
Capsicum 378
— *annuum* → Paprika
— *chacoense* 382
— *frutescens* 380
Capsid 87f., 91
T4-Capsid 88
Capsidprotein → Protein, Capsid-
Captan, -präparate → Präparat, captanhaltiges
Carbamatpesticide 311
Carbamylphosphat 48, 147*
Carbenicillin 61*

Carbolfuchsin 21*
Carbowachse 155
Carboxylierungsreaktion 56
Carboxymethylcellulose → Cellulose, Carboxylmethyl-Carboxysome 37
Cardamine triloba 344
Cardariae pubescens 355
Carotinoide 58
Carrierprotein → Protein, Carrier-
Carrot scab → Möhrenschorf
Carum carvi → Kümmel
Casamino acids 479
Casein 266, 345, 366, 370, 415
—, Hydrolyse 257, 334, 337, 354, 425, 431, 434, 436
Caseinausfällung 366
Caseinhydrolysat 267, 322, 479
Cassava → Maniok
Catabolite gene activator protein (CAP) 66
Catharanthus roseus 289
Cattleya 298
Cavity spot der Möhre 363
CC-Form 60
Cellobiase 42, 131
Cellobiose 42, 127*, 131, 268, 283, 292, 299, 306, 319, 330, 334, 345, 354, 415, 438, 450, 454
—, dimere 131
Cellulase 42, 80, 125*, **131** f., 158, 179, 184*, 193 ff., 201, 348
C_1-Cellulase 131, 134
C_x-Cellulase 131 f., 134, 194 f.
Cellulose, -moleküle 40*, **42**, 125 ff., 131, 195, 292, 309, 337, 345, 348
—, amorphe 131
—, Carboxylmethyl- 131
—, kristalline 131, 195
—, native 131, 134
Celluloseabbau → Abbau, Cellulose-
Cellulosefibrillen, -mikrofibrillen 125, 127 f., 193, 200
Cellulosekette 131
Cellulosestruktur, native 131
Cerotoma ruficornis (s. a. Insekten) 335
Ceutorrhynchus assimiles (s. a. Insekten) 357
— *napi* 357
— *picitarsis* 357
— *pleurostigma* 357
— *quadridens* 357
Chaenomeles 465
— *japonica* 466
Chaetomium globosum 341
Chalcodermus ebeninus (s. a. Insekten) 335
Champignon, -arten 247, **397** f.
—, Fruchtkörper 397 f.
Champignonanbau 246, 398
Champignonanzuchtsubstrat 246
Cheiranthus allioni 344
Chelatbildner 126, 194, 210
chemical interface 150
Chemotaxis 34
Chemotaxonomie 105
Chemotherapie → Bekämpfungsmaßnahmen, chemische
Chemotypen 102
Chenopodiaceae 180
Chenopodium album (s. a. Unkräuter) 335, 337, 408
Chicorée 172, **364** ff.
Chimäre 106
Chinakohl 218 f., 298, 355, 357 f.
Chinone 201, 210
Chinosol 380
Chionanthus 435
Chloramin 344, 380
Chloramphenicol 31, 58, 60, 308, 387, 411
9-Chlor-9-(4-diethylaminophenyl)-10-phenylacridan 393
Chlornonisid 259
Chlorogensäure 58, 198
Chloromycin 299, 387
Chlorophyll 197
Chlorophyllabbau → Abbau, Chlorophyll-
Chlorophylldefekte 168
Chlorophyllgehalt 170
Chlorophyllsynthese, -bildung 147, 197 f.
—, Hemmung 147, 198, 217
Chloroplasten 148, 170 ff., 174, 177, 205
Chloroplastendefekte 150
Chloroplastenmembran 171 f.
Chloroplastenmorphologie 147
Chloroplastenstruktur 171 f.
Chlororaphin 58
Chlorose → Symptom, Verfärbung
— auslösende Toxine **142** ff., 149, 151, 153, 159, 169, 262, 322
— Gramineen 147
— induzierende Wirkstoffe → Chlorose auslösende Toxine
—, sektorartige 160
—, systemische 169
Chloroseerscheinung → Symptom, Verfärbung
Chlorosehof, chlorotische Höfe (‚halo‘) 146, 169, 262 ff., 330 f., 334, 362, 376, 406 f.
Chlorosereaktion 242
Chlorosesymptom → Symptom, Verfärbung
Chlorostep 291
Chlorothalonil 393, 431
Chlorpikrin 428
Chlorpräparat → Präparat, chlorhaltiges
Chlortetracyclin 387
Chlorthion 311
Chromaphis juglandicola 433
Chromosom 30, 59 f., 62 f., 71, 73, 75, 77, 79 f., 83, 89*, 91, 199
—, Bakterien- 59, 73, 75 ff., 149
—, einheitliches 88
—, Phagen- 88
—, Plasmid- 73

—, Recipienten- 74, 78
—, reifes 88
—, Wirtspflanzen- 90
T4-Chromosom 88
Chromosomenabschnitt → Chromosomenregion
Chromosomenkarte 59, 76
Chromosomenmobilisierung 75f.
Chromosomenregion 59, 73, 76f., 81, 106
—, Bio- 77
—, BOB'-attachment 90
—, Gal- 77
—, POP'-attachment 90
Chromosomensatz, haploider 241
Chromosomensequenz 73
— BOP' 90
— POB' 90
Chrysantheme (s. a. *Chrysanthemum*) 176, 246, 283, 412, 442, 449, 452f., 457, **458**ff.
Chrysanthemenbestände 238
Chrysanthemensorte 459
Chrysanthemenstengel Tafel VIII_1
Chrysanthemum 300f., 459
— *indicum* 344
— *maximum* 344
— x *multifolium* 273
Cicer arietinum 344
Cichorium endivia 366
— *intybus* 299, 366
Citrat 40*, 46*, 49*, 257, 259, 266, 268, 337, 343, 348, 370
Citrat-Synthetase 46*
Citrimid → Hexadecyltrimethylammoniumbromid
Citronensäure 432
Citrullin 147*
Citrullinmangel 147
Citrullus 347
Citrus 145, 148, 161, 180, 219, 221, 225, 425
Citrusanbaugebiete 219
Citrusbrand 221f.
Citrus-Eichelfrüchtigkeit 223
Citrus-Exocortis-Viroid 91
Citrus-Pectin → Pectin, Citrus-
Cladosporium fulvum 244
Clasterosporium carpophilum 431
Clitoria ternatea 320
Clostridium, pectinolytisches 302
Cluster 105, 277
Clusterstrategien 106
CO_2 → Kohlendioxid
Coagulation 309, 348
Cobalt 56
Cocosnut lethal yellowing disease 219
Code 109ff.
Codierung 65
—, chromosomale 80
Codon 50, 65ff.
—, Nonsense- 65
—, OriT- 74*, 75
—, Start- 65, 67
—, Terminator- 65, 68, 72
Coenzym 39, 48
— A 46*, 47
— Q 46*
Coevolution 206
Cointegrat 73, 75
Co-Konjugations-Häufigkeit 76
Colicin 91f.
— E2 92
— E3 91f.
— I 92
— K-Resistenz 92
Colicinproduktion 92
Coliforme 117
Coliphage 87
Coliphagen-λ 90
Colitose 53
Colletotrichum 297
— *hedericola* 468
— *lagenarium* 203
Colocasia antiquorum 299
— *esculenta* 299f.
combining sites 94
Compositae 180, 308
Computertaxonomie → Taxonomie, numerische
Concatemere 88
λ-Concatemere 88
Coniferen 163
Core rot 362
Coriandrum sativum → Koriander
Corona 450
Coronatin 80, 144f., **147**ff., 169, 322
Coronopus didymus 355
correct names 110
Cortex der Sporen 34, 35*
Coryneforme → Bakterien, coryneforme
coryneforme Genera → Bakterien, coryneforme
Corynemycolsäure 109
Corynetoxin → Toxin, Coryne-
Cotoneaster, -gehölze, -pflanzen, -sträucher 155, 222, 419, 464
— *acutifolius* 465
— *adpressus* 466
— *bullatus* 465
— *congestus* 464f.
— *conspicuus dicorus* 465
— *cornuba* 465
— *dammeri* 464f.
— — *radicans* 465
— *dielsianus* 465
— *frachettii* 465
— *horizontalis* 464f., Tafel IX_1
— — *saxatilis* 465
— *lucidus* 465
— *microphylla* 465
— — *melanotricha* 465
— *moupinensis* 465
— *multiflorus* 465
— — *calocarpus* 465

— *praecox* 465
— *salicifolius* 465, Tafel IX_2
— — *floccosus* 465
— — *repens* 465
— *sternianus* 466
— *watereri* 465
— — hybr. *pendulus* 465
Cotransferanalyse 76
Cotransferhäufigkeit 76
Cotyledonary damage → Verlust an Keimblättern
Cotyledonen 322, 324, 326, 330, 337, 344, 348, 354, 379
Cotyledonen-Bakteriose → Pustelkrankheit der Sojabohne
Crassula 344
Crataegus, -hecken, -sträucher 220f., 419f., 464, Tafel X_1, X_2
— *carieri* 465
— *coccinea* 466
— *monogyna* 465
— *phaenopyrus* 466
— *wattiana* 466
Crotothane 419
Crown gall of carrot → Wurzelkropf der Möhre
— — tumors → Tumor
Cruciferen → *Brassica*
Cruciferensamen → *Brassica*
CTP → Cytidintriphosphat
Cucumis 347
— *anguria* 351
— *dipsaceus* 351
— *melo* → Melone
— — var. *nodosus* 351
— *sativus* → Gurke
Cucurbita, -ceae 180, 347, 351
— *maxima* 351
— *pepo* var. *condensa* → Kürbis
Cuscuta 288, 316
— *campestris* 314
— *hyalina* 290
— *subinclusa* 314
Cuticula 126, 186, 266
Cutinsäure 126
Cyanobakterien 25, 106f.
Cyclamen 273
cyclisches Adenosinmonophosphat (cAMP) → Adenosinmonophosphat, cyclisches
Cycloheximid → Actidion
Cyclus 46, 89ff., 177
—, lysogener 89ff.
—, lytischer 77, 89ff.
—, Pentosephosphat- 198
Cydonia → Quitte
— *vulgaris* 465
Cymbidium aloifolium 298
Cyphomandra betacea 289
Cypripedium 298
Cystathion 148
β-Cystathionase 148
Cystein 49*, 319, 343, 345, 431, 444
L-Cystein 147
Cysteinhydrochlorid 302
Cyste 35
—, Mikro- 35
L-Cystin 302
Cytidintriphosphat (CTP) 49
Cytochrom a 46*
Cytochrom a-Oxidase 47
Cytochrom b 46*
Cytochrom c 31*, 46*
Cytochromoxidase 117
Cytochromoxidase-negativ 337, 415
Cytokinine **58**, 81, 136, 138f.
Cytologie, funktionelle 20f.
Cytoplasma 28, 50, 65, 205f.
—, eukaryotisches Nucleo- 106
Cytoplasmamembran → Membran
cytoplasmatische Membran → Membran, cytoplasmatische
— —, Aufbau → Membran, Aufbau
Cytosin, -gehalt **30**, 48, 69, 105, 117
Cytospora 423, 425
C-Wert → Cytosin

Dactylis glomerata 159, 258, 267, 271
Dämpfen der Kultursubstrate → Bekämpfungsmaßnahmen durch Dampfsterilisation
Dahlien, -pflanze 140, 176, 298, 300f., 344, 442, 449, 457, 459f., Tafel VIII_2
Daminocid 311
Dampfsterilisation → Bekämpfungsmaßnahmen durch Dampfsterilisation
DAPI → 4′,6-Diamidino-2-phenylindol
Datenbank 111
Datura 140
— *stramonium* 380, 408
Dauerkultur 179, 231, 237
Dauerorgan 34ff.
DD-Test → Nachweismethode, serologische
Decarboxylase-Bildung 272
Decarboxylierung 51
—, oxidative 46
Deformationen → Symptom, Kräuselung, Verkrümmung und Stauchung
Degradation → Abbau
Dehydrogenase 39, 105
Dehydrogenierung 39, 45ff.
Deletionen 69f., 73
Delphinium ajacis → Rittersporn
Denaturierung der Pectatlyase 210
Dendrogramm 105f.
4-Deoxy-L-threo-5-hexulose-uronsäure 129
Depression 129, 219, 289
Derepression 91
Desaminierung 69
Desinfektion, Desinfektionsmaßnahme → Bekämpfungsmaßnahmen durch Desinfektion
— Arbeitsgeräte, Werkzeuge (s. a. Desinfektion,

Schnittwerkzeuge) 235, 237f., **248**ff., 308, 430, 459
—, Blumenknollen, -zwiebeln 251
—, Gurkensamen 250
—, Hände 237
—, Kohlsamen 250
—, Kulturgefäße 408, 449, 451
—, Kultursubstrate 408, 451, 459
—, Maschinen 248, 308
—, Samenoberfläche 411
—, Schnittwerkzeuge 235, 237f., 308, 420, 430
— verseuchter Böden 383
Desinfektionsmittel (s. a. Präparat, chemisches) 249ff., 372
Desoxyketuronsäure 133
Desoxyribonucleinsäure (DNS) → DNS
—, Aufbau → DNS, Aufbau
3-Desoxy-D-glycero-2,5-hexodiulosonsäure 133*
4-Desoxy-L-threo-5-hexosuloseuronsäure 133*
4-Desoxy-L-threo-5-hexosulose-uronat-ketoisomerase 133*
Destruktion, Destrukturierung → Abbau
Determinanten 94, 123
—, antigene 94
—, freie 100
—, identische 100
—, nichttoxische 123
—, primäre 150
—, sekundäre 143, 153, 162
—, wirtseigene 123
Determinierung, genetische 59, 80
Detoxifikation 42
Dextran 55, 157*, 160
Dextrin 259, 299, 319, 343, 345, 379, 415, 436, 454
Dextrose → Glucose
Diabrotica (s. a. Insekten) 182, 346, 350
— *vittata* 350
Diachrom 289
Diagnose 18, 100f., 103, 177, 229, weitere siehe bei den einzelnen Erregern
Diagnosemerkmal → Identifizierungsmerkmal
Diagnoseverfahren, -möglichkeiten, -schritte, Diagnostik (s. a. Identifizierungsmerkmal) 18, 112, 177, 229, 305, 331, 450
4′,6-Diamidino-2-phenylindol (DAPI) 289
Diaminobuttersäure 109
L-Diaminobuttersäure 25
Diaminopimelinsäure 49*, 116
meso-Diaminopimelinsäure 25, 54*, 109
Diaminosäure 25f., 105
— des Zellwandpeptidoglykans 107, 109
L-Diaminosäure 26
Dianthus 300f., 459
— *barbatus* 344
— *caryophyllus* 300, 344
Diaprepes abbreviata 335
3,5-Dichlorphenoxyessigsäure 311
3,6-Didesoxyhexose 27
Dieffenbachia, -ie 273, 300f., 442, **447**ff., 457, 459f.
—, Naßfäulesymptome → Naßfäule, Dieffenbachie
Differentialdiagnose → Diagnose
Differentialmerkmale, Differenzierungsmerkmale → Merkmal, Unterscheidungs-
—, morphologische → Merkmal, morphologisches
—, physiologische → Merkmal, biochemisch-physiologisches
Differentialnährböden 448
Differenzierung → Identifizierung
Differenzierungsprozesse, -vorgänge 123, 135
Diffusion 196
—, laterale 29
Digalacturonsäuremolekül 129
Diglycerid 27
Dihydrophenanthren 58
2,5-Dihydrophenylalanin 149
Dihydrophytol 30
Dihydroxyaceton-phosphat 43*
Dikaliumhydrogenphosphat (K_2HPO_4) 258, 280, 301, 418, 431, 433, 478
Dill 409ff., Tafel VII_3
Dillsamen 247
Dimere (s. a. Pectinkomponenten) 69, 130, 132
—, Pyrimidin- 69
—, Thymin- 69
Dimethylchlortetracyclin → Chlortetracyclin
Dinatriumethylen-diamintetra-essigsäure → Ethylendiamintetraessigsäure
1,3-Diphosphoglycerat 39*, 43*
Diphtherietoxin 150
Diplokokken 20
Dipteren (s. a. Insekten) 272, 383, 412
Direkt-Aussaat-Verfahren 235
Disaccharid-Einheit 25
Disposition 188
Dissimilation → Stoffwechsel, kataboler
Dithane 249f., 311, 356, 378, 380
Dithiocarbamate 249, 251
—, manganhaltige 249
—, zinkhaltige 249
Ditylenchus dipsaci (s. a. Nematoden) 395
DNS (Desoxyribonucleinsäure) 30f., 37, 38*, **48**ff., 62f., 68f., 76ff., 80f., 84, 87ff., 105ff., 142, 197, 202
—, Abbau 92
—, Aufbau 49
—, bakterielle 77
—, chromosomale 31, 73ff., 77ff., 199
—, concatemere 88
—, doppelsträngige (2-DNS) 59, 72*, 79, 83, 90
—, einsträngige (1-DNS) 72*, 79, 83
—, freie, isolierte 78
—, fremde 70
—, G + C-Gehalte → Guanin, G + C-Wert
—, genetisch manipulierte 80
—, heterospezifische 79
—, Homologie 73

—, homospezifische 79
—, hybridisierte 106
—, lineare 79
—, manipulierte 80
—, Nucleoid- 59
—, Nucleotidsequenz 79
—, Phagen- 77, 86ff., 90
—, Plasmid- 79
—, Recipienten- 75
—, transduzierende 77
—, transferierte 77
—, Übertragung 32
—, Verteilung 31
—, G + C-Werte → Guanin, G + C-Wert
—, zelleigene 87
—, zerschnittene 77
—, zu klonierende, klonierte 62, 80
DNS-Abbau → Abbau, DNS-
DNS-abhängige RNS-Synthese → RNS-Synthese, DNS-abhängige
DNS-Abschnitt, -Areal, -Bereich, -Stück 30, 32, 69, 73, 76f.
DNS-Aufnahme 78f.
DNS-Bindungsprotein 31
DNS-Doppelstrang-Molekül 59, 69
DNS-Einstrang-Molekül 69
DNS-Einstrang-Stück → DNS-Fragmente, einsträngige
DNS-Einzelstrang (s. a. DNS-Strang) 63, 75
DNS-Elemente 62
DNS-Faktor 279
DNS-Fibrillen 31
DNS-Fragmente, einsträngige 69, 106
—, chromosomale 80
DNS-Gehalt 30f., 177
DNS-Hybridisierungstest 117
DNS-Injektion 87
—, polare 88
DNS-Kette 88
DNS-Matrize 88
DNS-Metabolismus 73f.
—, konjugativer 73
DNS-Molekül 30f., 49, 60, 64, 79, 88
—, Recipienten- 73
DNS-Phagen, einsträngige 88
DNS-Polymerase 48, 63, 68, 88
DNS-Präparat 202
DNS-Replikation 30f., 63, 68f., 88
DNS-Schäden 90
DNS-Sequenz 30f., 62, 73, 91
DNS-Spreizung 30
DNS-Strang, -Stränge (s. a. DNS-Einzelstrang) 49, 63, 69, 73, 75, 90
DNS-Struktur 60, 140
DNS-Synthese 63, 64*, 87
—, Hemmung 137
DNS-Transfer → Transfer, DNS-
λ-DNS 90
λ-DNS-Molekül 90
T-DNS 80f., 199
T-DNS-Genprodukt 81
Ti-DNS 81
T7-DNS 88
Doldenbrand an Dill 409ff.
— — Fenchel 409ff.
— — Koriander 409ff.
— — Kümmel 409ff.
Doldenbrandsymptom 410, Tafel VII_1, VII_2, VII_3, VII_4
Dolichos 332
— *biflorus* 323
— *lablab* 320
Dominanz 245
—, apikale 81, 176
Donator, Elektronen- 39f.
—, Wasserstoff- (H-Donator) 37
Donor 73ff., 77f., 93
F^+-Donor 75
Hfr-Donor 75f.
R68.45-Donor 76
Donor-DNS 73, 75
Donor-DNS-Fragment 79
Donor-DNS-Molekül 75
Donorgenomstück 77
Donorinformation 75
Donorkultur 75f.
Donorstatus 73, 78
Donorzelle 73, 75f.
Doppelantikörper-Sandwich-ELISA → ELISA
Doppelantikörper-Sandwich-Technik → ELISA
Doppeldiffusionstest → Nachweismethode, serologische
Doppelschichttechnik 92
Doppelstrang 50, 75, 79
Doppelstrang-Ring 60
Dormanzprozesse 137
Dormin 136
Doxypal 291
Dracaena marginata 273
Drechslera 143
Drippy gill-Krankheit des Kulturchampignon 398
Droge 60, 411
Drosophila (s. a. Insekten) 375
— *melanogaster* 182
Drüsenhaare 188
Dulcitol 259, 268, 278, 299, 319, 330, 334, 345, 354, 430, 432, 444
Düngemittel 232, 234, 311
—, calciumhaltige 234
—, phosphorsäurehaltige 234
Düngung, Düngungsmaßnahmen, Düngungsversuche 231, 233ff., 260, 282, 367
—, ausgewogene 229
—, mineralische 235, 311
—, optimale 233
—, organische 235
—, übermäßige 189
N-Düngung → Stickstoffdüngung

Düngungsart 233
Düngungsfehler 189, 269
Düngungszeitpunkt 234
Duplikation → Verdopplung

Eckige Blattfleckenkrankheit der Erdbeere 437f.
— — — Gurke 169, 222, 250f., **347**ff.
— — des Tabaks 409
— Fleckigkeit der Sojabohne 321ff., Tafel III_6
Eclipsezeit 87
EDTA → Ethylendiamintetraessigsäure
Fe-EDTA-Lösung 281
EDV-Einsatz 105
Efeu 467ff.
Efeukrebs 467f.
Efeupflanze → Efeu
Efeusorten 468
effectively published 110
Effekt → Wirkung
Effektor 47
Effizienz 75, 79
Eialbumin 345
Eiche 477
Eichelfrüchtigkeit bei *Citrus* 219, 224
Eierfrucht, -pflanze, -sorte 103, 161*, 219, 234, 289, 298, 305, 308, 376, 378, 380, **386**ff., 408f.
Eigenschaft → Merkmal
Eindringen, aktives 185ff., 200
— in die Pflanze 185, 192
—, passives 186
Eindringungsmechanismus, -weise 184, 186ff., 191f.
Eindringungsöffnungen, -pforten, Eintrittsöffnungen, -pforten, -stellen 185*, 186ff., 200, 410, 412, 429, 443, 456
Eindringungsresistenz → Resistenz, Eindringungs-
Einfrieren 57
„Ein-Gen/Ein-Polypeptid"-Beziehung 30
Einlagerung → Lagerung
Einquellmedium 116
Einschleppung von Krankheitserregern 228f.
Einschlüsse 177
Einstichstelle 188
Einstrangbruch 74
Einstrang-DNS-Moleküle → DNS-Fragmente, einsträngige
Einstufenwachstumskurve 85*
Einstufenwachstumsversuch 87
Einwanderung 188
Einzelligkeit 37
Einzelpflanzenertrag → Ertrag
Eisbildung → Eiskernbildung
—, schlagartige 162
Eisen 56, 387
Eisenhut 462
Eisessig 372
Eiskeime → Eiskernbildung
Eiskern → Eiskernbildung
eiskernaktiv, Eiskernaktivität, Eiskernbildungsaktivität 56, **162**ff., 263
eiskernaktive Bakterien (s. a. Epiphyt, eiskernaktiver) 56, 162f.
Eiskernaktivitätsinhibitor 164
Eiskernbildung 18, 56, **162**ff., 263, 377
—, Mechanismus 163f.
Eiskernentstehung, intracelluläre → Eiskernbildung, Mechanismus
Eiskristalle 162
Eiweiß → Protein
Eiweißstruktur → Struktur, Protein-
Ejakulation 87
Elatior-Begonien → *Begonia*, Elatior-
Elektrolyt 154
Elektrolytausschüttung, -abgabe, -freisetzung, -verlust 147, 158, 162, 195, 205
Elektronen 37, 39, 47
Elektronenabgabe 39
Elektronenmikroskop 111
elektronenmikroskopische Untersuchung → Nachweismethode, elektronenmikroskopische
Elektronentransport 30, 47
Elektropherogramm 106
Elektrophorese 106
Elementarmembran → Membran, Elementar-
Elemente, transposable → Transposon
Elicitor 164, 206f.
Eliminierung des Pathogens → Hemmung, Parasiten
ELISA (s. a. Nachweismethode, serologische) 98*, 99*, **100**ff., 115, 294, 305, 316, 331, 335, 355, 374, 419
ELISA-Technik → ELISA
Elm leaf scorch 477
Elongationsprozeß 65
Embryo 188, 261, 331, 349
Embryokultur 296
Empfängerzelle 34
Empfindlichkeit → Sensibilität
Empoasca 335
Endivie 364ff., 368f.
Endogeißel → Geißel, Endo-
Endo-1.4-β-Glucanase 131
Endonuclease 70*, 88
Endotoxin → Toxin, Endo-
Endoxydation 198
Energie 40, 47
—, chemische 40
Energiegewinn, -gewinnung 37ff., 47
Energiemenge 47
Energiequelle **36**ff., 41, 56, 59, 61, 71, 81, 343
—, Abbau 38
Energiestoffwechsel, -umwandlung 39ff., 197f.
—, aerober 45ff.
—, anaerober 47ff.
Energiezufuhr 38
Enolase 43*
Enol-ether-Aminosäure 148
Enter-Doudoroff-Weg 46

Enterobakterien, -iaceae 27, 47f., 74, 95, 102, 109, 117
Entrybox 65
"entry exclusion" 74
Entseuchung → Bekämpfungsmaßnahmen durch Desinfektion
Entwicklungsstadien 168
Enzyme 30, 39, 41ff., 50, 57, 59f., 63, 65f., 71*, 88, 95, 100, 117, 123, 125*, 126, **129**ff., 137, 142, 148, 150, 157, 172, 190*, 192ff., 198, 201, 206, 296, 319
—, aminosäurespezifische 65
—, anabole 50
—, Angriffs- 193, 201, 209
—, celluloseabbauende, cellulolytische 131, 174
—, chromosomal codierte 75
—, Ekto- 158, 292
—, Endo- 129, 131
—, Exo- 30, 129
—, extracelluläre 41, 55, 124, 130, 174, 192ff., 197
—, gereinigte 95
—, gewebemacerierende 42, **123**ff., 129ff., 134, 174, 179, 191ff., 195ff., 199ff., 207, 209f., 348, 391, 393, 421, 431f.
—, gewebezersetzende → Enzyme, gewebemacerierende
—, Haupt- 63, 129, 132
—, hydrolytische 56
—, intracelluläre 133*
—, Iso- 130, 140, 195
—, katabolische 129
—, macerierende → Enzyme, gewebemacerierende
—, morphogenetische 88
—, naßfäuleinduzierende Angriffs- → Enzyme, gewebemacerierende
—, oxidierende 147, 201
—, pectinabbauende, pectinolytische → Enzyme, gewebemacerierende
—, proteolytische 80, 91, 125*, **132**, 134, 179, 193, 195, 204, 209f., 319, 348
—, Replikations- 63
—, Schlüssel- 47, 128, 208*
—, Träger 30
—, Wirtspflanze 73
—, wirtscodierte 62
—, zelleigene 57
—, zellmembranzerstörende 124
—, zellstrukturzerstörende 123
—, zellwandabbauende, -degradierende, -macerierende → Enzyme, gewebemacerierende
λ-Enzym 90
Enzymaktivität 100, 132, 137, 193f.
—, Verlangsamung 179
Enzymbesteck 179, 192
Enzymbildung, -produktion, -synthese, -bildungsvermögen 67, 132ff., 192f., 209f., 393
—, Induktoren 192
Enzymeinwirkung, -wirkung 195
Enzyme-linked Immunosorbent Assay → ELISA
Enzymgift, -inhibitor 58, 146, 150, 194, 198ff., 209f.
Enzymkomplex → Enzyme
—, macerierender → Enzyme, gewebemacerierende
Enzymmenge → Enzyme
Enzymmoleküle 194
Enzymmuster 105
Enzympräparat 130, 197
Enzymprotein 24*, 27, 31, 50, 125
Enzymreaktion 56
Enzymrepression 50
Enzymsekretion 210
Enzymsubstrat 100
Enzymsystem → Enzyme
Epidemie 184, **219**ff., 239, 316, 331, 355, 377
Epidemiologie 181, 188
Epidermis 126, 170, 185, 188, 200, 282, 286, 298, 383, 412, 443
—, cutinisierte 200
Epidermishaare 368
Epidermiszellen 286, 379
Epimerisierung 55*, 56
Epinastie 409
Epiphyt 162ff., 168, 179, 181, 247, 341, 417
—, eiskernaktiver (s. a. eiskernaktive Bakterien) 163
Epiphytenflora → Epiphyt
epiphytisches Vorkommen 432
Epiphytotie → Epidemie
Epithet 110
Epitope 94
EPPO → Europäische und Mittelmeerländische Pflanzenschutzorganisation
Erbse 92, 114*, 139, 163, 176, 180, 201, 216, 222, 298, 311, 314, 320, 326ff., 333, **338**ff., 412
Erbsenbakteriose 340, 342
Erbsenkeimlinge, -sämlinge 114*, 333
Erbsenpflanze → Erbse
Erbsensamen 341, 344
Erbsensorte 242, 341
Erbsentest → Nachweismethode, biologische
Erdbeerblätter Tafel VII_6
Erdbeere 42, 344, **437**f.
Erdbeerpflanzen 437
Erdbeerpflanzgut 438
Erde, gedämpfte → Boden, gedämpfter
Erdflöhe 357
Erdsubstrat → Substrat, Erd-
Erica 233
Erkennung durch den Wirt 151, 199, 206f.
— von Mikroorganismen 206
Erkennungsreaktion, -mechanismus, -vorgang 34, 53f., 73f., 123, 160, 185, 193, **204**ff., 209
Erkennungsregion 65
Erkrankung → Pflanzenkrankheit, bakteriell bedingte
Erkrankungstermin 217
Ernährung, Ernährungsweise 56f., 189
—, auxotrophe 37, 141

—, chemoorganotrophe 38
—, chemotrophe 37
— des Wirtes 189f.
—, heterotrophe 37f.
—, lithotrophe 37
—, organotrophe 37
—, parasitäre 183
—, phototrophe 37
—, prototrophe 72, 142
Ernte 218, **236**, 293, 353, 361, 383, 389f.
Ernteausfälle, -verluste (s. a. Ertragsabfall) 216, 230, 318, 340, 381
Erntegut 235, 283, 302, 305, 310, 363, 381, 383, 390
Ernterückstände 230, 234f., 322, 407
Erreger, -population, -suspension, -zelle 136ff., 141ff., 151, 157, 161ff., 168, 177ff., 181, 185ff., 195, 200ff., 205ff., 224, 237f., 240, 246, weitere siehe bei den einzelnen Erregern
—, bakterielle 123, 125, **151**, 215ff., 224, Tafel III_2
—, bodenbürtige 238
—, coryneforme 145
—, Eindringen 184, 383
—, inkompatible 205
—, kompatible 200
— Lupinenfäule 328
—, Nekrose induzierende 174
—, pilzliche 128, 131, 143, 215, 231, 272, 294, 312, 393, 446, 448, 468
—, Quarantäne- 103, 222, 228f., 305, 340
— von Blattkrankheiten 115, 148, 161, 182, 331, 335, 377, 379
— — Welkekrankheiten → Welkeerreger
—, Wund- → Parasit, Wund-
Erregereinwirkung → Pathogenese, Verlauf
Erregeridentifizierung, -nachweis 101, 103, **114**, weitere siehe bei den einzelnen Erregern
—, Schnelltest 114ff.
Erregerkontamination → Kontamination
Erregerrassen → Rasse
Erregerreservoir 410f.
Erregerstoffwechsel → Stoffwechsel
Erregertoxin → Toxin
"error-free" 69
"error-prone" 69
Ertrag 216f., 223, 283, 310
Ertragsabfall, -ausfall, -depression, -einbuße, -minderung, -rückgang, -verlust **215**ff., 219, 223f., 235, 258, 261, 265, 289f., 300, 305, 310, 316, 326, 335, 351, 359f., 372, 374, 378, 380f., 385f., 393, 398, 407, 410ff., 442, 445f., 465
Ertragsbildung 196, 218
Erwinia-Naßfäule → Naßfäule, *Erwinia*-
Erwinia-Stengelfäule → Stengelfäule, *Erwinia*-
Erythritol 262, 278, 281, 319, 376f.
Erythromycin 272, 283, 286, 295, 299
Erythrose-4-phosphat 44*, 50
Escherichia coli, Phage-λ 82*
— —, Phage M12 82*
— —, — T4 82*
— —, Replikation 64*
— —, Tryptophan-Operon 66*
— — -Chromosom 63, 72*
— — -Plasmid pBR 322 31*, 32
— — -Phagen 87
Esculin 266, 268, 292, 299
Esculinhydrolyse 266, 334, 337, 354, 370, 421, 425, 454
—, fehlende 345, 434, 437f.
Esparsette 318, 326ff.
Essigsäure 340, 351, 356, 378, 380, 432
Essigsäurebakterien 440
Ester 37
Esterasen 105
Ethanol → Alkohol
Ethanolamin 53
Ethephon 137
Ethion 311
Ethylalkohol 323
Ethylen 136ff.
Ethylenakkumulation 139
Ethylenbildner 137
Ethylendiamintetraessigsäure (EDTA) 132, 302
Ethylengehalt 139
Ethylenoxid 332
Ethylenquecksilberchlorid 328
Ethylensynthese → Synthese, Ethylen-
Ethylenvorstufe 139, 147
Ethyl-thiosulfonsäureether-Verbindung 392
Eubakterien 25, 30, 36, **106**f., 215
—, Gram-positive 108
—, phytopathogene 107
—, schwefelabhängige 107
Eukaryoten 59, 106
Euphorbia pulcherrima 300f.
Europäische und Mittelmeerländische Pflanzenschutzorganisation (EPPO) 228
European Plant Protection Organization (EPPO) 228
Euryophthalmus corvivus 359
Euscelidius variegatus (s. a. Insekten) 316
Euscelis lineolatus (s. a. Insekten) 316
— *plebejus* 288, 314
Evaporation 196
Excision 73, 90
—, nicht präzise 73
Excisionase 90
Excisionsreparatur 69
Evolution 37, 91, 183, 199
Evolutionsstrategie 37
Exkretion → Ausscheidung
Exochorda racemosa 466
Exoenzym → Enzyme, Exo-
Exo-1.4-β-Glucanase 131
Exonuclease 79
Exonuclease V 79
Exo-Poly-α-D-Galacturonosidase 129

Exopolysaccharid 54f.
—, Synthese 55*
Exosporium 34
Expositionszeit 342
Expression 50, 90, 142, 188
Exrecipientenzelle 74
Exsudat, -tröpfchen → Bakterienexsudat
Exsudatbildung → Ausscheidung
extended host range → Wirtspflanzenspektrum
Extensin 128

Fabaceae 20, 180, 232, 311, 314, 327, 358, 386
Färbung, Färbeverfahren 32, 59, 116, 294
— mit Carbolfuchsin 21*
—, Negativ- 28*, 81*
—, Säurefest- Tafel I_4
Fäule → Naßfäule
—, Gelbe 445
Fäulebakterien → Bakterien, naßfäuleinduzierende
Fäuleentwicklung → Naßfäuleentwicklung
Fäuleerreger → Bakterien, naßfäuleinduzierende
—, pilzliche → Naßfäuleerreger, pilzliche
Fäuleprozesse → Naßfäuleentwicklung
Fäulesymptome → Naßfäule
Fäulnis → Naßfäule
Faktoren, abiotische 261
—, atmosphärische 190
—, befallsauslösende 209
—, epidemieregulierende 216
—, hypertrophieauslösende 135ff.
—, physikalische 210
—, prädispositionelle 125, 188, 191, 209
—, resistenzbedingende 201
—, Wachstumsanomalien-auslösende 135ff.
δ-Faktor 65f.
Faktorseren 100
Falcago 319
Farbpigment, gelbes 319
Farbreaktion, -test 100, 289
Farbstoff 30, 58, 266, 294, 302, 391, Tafel I_3
—, blauer 59, 318, 395
—, blaugrüner 58
—, blauschwarzer 365
—, brauner 334, 434
—, dunkelblauer 272, 299
—, dunkelbrauner 306
—, fluorescierender 58, 100, 117, 338, 348, 364, 368, 376, 395, 397, 425, 457, 461
—, gelbbrauner 374
—, gelber 58, 266, 392, 436
—, gelbgrüner 390
—, grüner 58
—, grünfluorescierender 259, 263, 322, 397, 406, 411, 446
—, Indigo- 318
—, nichtfluorescierender 117, 392
—, photosynthetischer 30
—, roter 59, 390
—, strohgelber 319, 361
—, Sudan- 36
—, Träger von photosynthetischen 30
—, violetter 337
Farbstoffablagerung 59, 392
Farbstoffproduktion, -synthese → Synthese, Farbstoff-
Fasciationen → Verbänderung
Faulzone → Naßfäule
Faulbrei, -suspension 191, 293, 301f.
Fechser 228
Fehlpaarung 68
Fehlstellen 216
Feindpflanze 232
Feinkartierung 77f.
Fe^{3+}-Ionen 149
Feldanerkennung 294
Feldresistenz → Resistenz, Feld-
Fenchel 366, **409**ff., Tafel VII_2
Fenchelwanze 410
Fermentation → Gärung
Fermente, pectinolytische → Enzyme, gewebemacerierende
Fertilitätsfaktor 32, 75
Fertilitätsfaktor F 75
Festuca 271
Fett 40*
Fettflecke → Symptom, Läsion
Fettfleckenkrankheit der Bohne 161, 169, 176, 217, 222, 233, 236, 242, **330**ff., 333, 335f.
Fettsäuren 38, 40*, 51, 126
—, gesättigte 30
—, ungesättigte 30
C_{10}-Fettsäure 53
C_{12}-Fettsäure 27, 53
C_{14}-Fettsäure 27
C_{16}-Fettsäure 27, 50
C_{18}-Fettsäure 50
—, langkettige 37
Fettsäureglycerolester 107
Fettsäuremuster 105, 117
Fettsäurereste, hydrophobe 28, 53*
Fettsäuresynthese 50f.
Fettsäurezusammensetzung → Fettsäuremuster
Feuchtigkeit, Feuchtigkeitsverhältnisse 172, 182f., 188f., 235, 238
Feuchtigkeitsansprüche 231
Feuerbohne 298
Feuerbrand 187f., 191, 220ff., 224, 233f., 237f., 246f., 249, 251f., **414**ff., 424
—, Ätiologie 17
— an Kernobst 112, 220, **414**ff.
— — Ziergehölzen 464ff.
—, Wirtspflanzen 160, 420
Feuerbrandbefall, -infektion 220f., 419, 423, 464ff.
Feuerbrandbekämpfung 252
Feuerbranddiagnose 418
Feuerbranderreger 183, 188, 193, 200, 202, 220f., 245f., 417, 420

Feuerbrandsymptome → Symptom, Absterbeerscheinung
Feuerdorn, -büsche 221, 464
Feulgen-Technik 30
Filament 20, 34
M13-Filament 89
Fimbrien 23*, 34
Fixierung, Fixierungsverfahren 95, 116
—, Osmiumsäure- 23*, 30f.
—, Ryter/Kellerberger- 27*, 35*
Fixierungsartefakte 30
Flachs → Lein
Flachschorf → Kartoffelschorf
Flagellen → Geißel
Flagellin 34
Flagellin-Untereinheiten 34
Flavoprotein 46*
Flecke → Symptom, Läsion
Fleischextrakt 258, 302, 468
Flexirubin-Struktur 58
Flieder 341, 425, **466**f., 469
Fliederseuche 466f.
Flordimex → Ethephon
Flotationstechnik 267
Flüssigkultur 279, 338, 343, 345, 347, 364, 368, 390, 392, 397, 415, 429, 443, 457, 461
Fluid-Mosaic-Modell der cytoplasmatischen Membran 29
Fluoresceinisothiocyanat 100
Fluorescenz, -verfahren 314, 359, 365, 377, 434, 450, 459
Fluorescenzfarbstoff 246, 262, 330, 358, 364, 376, 396, 421
Fluorescenzmikroskop 100
Fluorescenznachweis 288, 314, 450
Foeniculum vulgare → Fenchel
Fokussierung, isoelektrische 194
Folgeblätter 330, 354
Folgeerscheinung 158
Folgesymptome → Symptom, Folge-
Forestiera 435
Form (L-, M-, R-, S-Form) → Kolonieform
Hfr-Form → high frequency of recombination
Formaldehyd, -lösung 95, 249f., 323, 378
Formalin → Formaldehyd
Formalinbehandlung → Bekämpfungsmaßnahmen durch Desinfektion
Formiat 266, 337, 348, 370
Forsythia 435, 467f.
— *suspensa* 344
Fortbewegung 186
Fossil, inneres 106
Fraxinus 435
Freesien 447
Freilandgemüseart → Gemüse
Freilandprüfung, -testung 240
Frequenz 75f., 79
Frosteinbruch 164
Frostgefährdung 162f.
Frostresistenz → Resistenz
Frostschädigung 163, 318, 466
Frostschutz 163f.
Frucht, Früchte 170, 172, 174, 176, 216, 223, 236, 322, 338f., 349, 353, 370f., 376f., 379, 381ff., 385f., 388, 417, 431, 433, 439
—, befallene 223
—, wasserhaltige 172
Fruchtansatz 386f.
Fruchtansatzstellen 174
Fruchtbefall 416
Fruchtboden 200
Fruchtepidermis 170, 187*
—, Tomate 187*
Fruchtertrag → Ertrag
Fruchtfäule 381
—, Tomate 381
Fruchtfall 135, 137
Fruchtflecken → Symptom, Läsion
Fruchtfleisch 170, 349
Fruchtfolge 182, **231**f., 259, 293, 311, 361, 366, 384, 388, 413
—, weitgestellte 447
Fruchtfolgemaßnahmen, -gestaltung 229, **232**f., 311, 361, 384
Fruchtkörper 397f.
—, Mumifizierung 398
Fruchtreife 137
Fruchtverbräunung → Symptom, Verfärbung
Fruchtwechsel 340
Fructose 153, 259, 262, 266, 268, 279, 292, 299, 319, 330, 334, 338, 343, 345, 348, 354, 415, 421, 429f., 450, 454, 457
L-Fructose → Fructose
Fructose-diphosphat-Weg 40*, 43*, **45**, 47, 50
Fructose-1,6-diphosphat-Weg → Fructose-diphosphat-Weg
Fructose-Monomere 153
Fructose-Polymere 161
Fructose-6-phosphat 43*, 44*, 52
Fructosephosphat-Aldolase 43*
Frühreife 334
Fruktifikationsorgan 433
Fucose 53, 370
L-Fucose 55, 152f.
Fumarase 46*
Fumarat 40*, 46*, 266, 337, 343, 345, 370
Fumarsäure 147*
Fungicid 58, 248ff., 251, 295, 340, 356, 445, 456
—, antibakteriell wirksames 249, 251*
—, kupferhaltiges 251
Funiculus 188, 339, 349, 355
Fusarinsäure 151
Fusarium 294
— *avenaceum* 294
— *culmorum* 294
— *oxysporum* f. sp. *cepae* 393
— — f. sp. *lycopersici* 244, 371
— — f. sp. *medicaginis* 318

— *solani* var. *coeruleum* 294
— *sulphureum* 294
Fusarium-Trockenfäule → Trockenfäule
Futtergras, -arten, -gräser 169, 176, 266f., 269ff.
Futterrübe → Rübe
Futterwert 223

Gärung, Gärungsstoffwechsel 38, 40, 47, 362
—, alkoholische 47
—, 2,3-Butandiol- 48*
Gärungsendprodukt 47
Gärungsform, -prozesse 39, 47
Galactane 126, 128*
Galactomannan 132
β-1,4-D-Galactopyranose 126f.
Galactosamin 53
Galactose 27, 42, 53, 55, 109, 126, 128, 152f., 160, 259, 268, 279, 292, 299, 303, 318f., 330, 334, 336, 338, 343, 345, 348, 354, 358, 361, 366, 379, 406, 411, 421, 429, 432, 434ff., 446, 450, 454, 457, 461, 468
D-Galactose → Galactose
Galactose-Loci 90
Galactose-Monomere 153
Galactose-Region 76f., 90
β-Galactosidase 132
Galacturonan 126, 129f., 132f.
Galacturonan-Bindung 130
Galacturonan-Ketten 126
Galacturonat → Galacturonsäure
Galacturonoligomere 132
Galacturonsäure 41f., 126, 129f., 133*, 259, 283
—, ungesättigte 129
D-Galacturonsäure → Galacturonsäure
Galacturonsäurereste → Galacturonsäure
Galle → Symptom, Neu- und Mißbildung
Gallenbesatz 268
Gallenbildung → Symptom, Neu- und Mißbildung
Gallengewebe 198, 435
Gallenkapseln 267
Gallocyanin-Chromalaun 289
β-1-O-Galloyl-D-glucose 42
Gammastrahlen → Strahlen, Röntgen-
Gammexan 328
Gartenbohne → Bohne
Gartentulpe → Tulpe
Gas 139
Gasaustausch 179, 186f.
Gasbildung 272, 295
—, fehlende 257, 279, 282, 285, 317, 319, 322, 330, 334, 336, 338, 343, 345, 348, 354, 361, 364, 366, 376, 379, 390, 397, 406, 411, 415, 421, 429, 432, 434, 436f., 443, 446, 450, 457, 461, 468
Gasstrom 139
Gasvakuolen 37
G + C-Wert → Guanin, G + C-Wert
Gedächtnis, immunologisches 95
Gefäß 28, 154, 157, 160, 162, 169, 172, 174, 177, 180, 187, 192, 196f., 207, 257, 292f., 304, 318, 325f., 345f., 355, 365, 371, 375, 382, 437, 443, 450
—, wasserleitendes 172, 192, 197
Gefäßbakteriose → Gefäßkrankheit, bakterielle
Gefäßbündel, -bereich 172, 174f., 181, 187, 192, 196f., 268, 270, 272, 283f., 292, 295, **304**ff., 318, 326, 346, 354, 371, 374f., 385, 387, 437, 445, 448, 456ff., Tafel III_4, IV_3
—, Verfärbung (gelbe, schwarze) → Symptom, Verfärbung
Gefäßbündelring → Gefäßbündel
Gefäßbündelschwärzung der Zuckerrübe 284f.
Gefäßbündelveränderung, nekrotische 283
Gefäßerkrankung → Gefäßkrankheit
Gefäßgewebe → Gefäß
Gefäßkrankheit 157, 159, 162, 173f., 176, 192, 196, 206, 447, 456, 458
—, bakterielle 155, 157, 162, 174, 176, 192, 196, 317, 447, 456, 458
—, pilzliche 154
Gefäßlumina → Gefäß
Gefäßring → Gefäßbündel
Gefäßschwärzung → Symptom, Verfärbung
Gefäßsystem → Gefäß
Gefäßverbräunung → Symptom, Verfärbung
Gefäßverfärbung → Symptom, Verfärbung
Gefäßverstopfung 154, 157, 195f., 304, 318, 326, 335, 337, 346
— durch Schleimstoffe 192
—, Theorie der physikalischen 157
Gefäßwand 158, 174, 195, 371, 375
—, Auflösung → Naßfäule
Gefäßwandverfärbung → Symptom, Verfärbung
Gefäßzerstörung 112, 155, 157, 172ff., 196, 325, 337
Gefrierätztechnik 29*
Gefrierpunkt 56
Gehölze 170, 172, 175f., 222, 237f., 281
Geißel 23*, **32**ff., 279, weitere siehe bei den einzelnen Erregern
—, Anzahl 32
—, Aufbau 33*
—, Basalkörper 30
—, Endo- 34
—, Feinstruktur 34
—, Schub- 32
—, Zug- 32
Geißelantigene, thermolabile → Antigen, Geißel-
Geißelapparat 186, 192
Geißelbüschel 32
Geißelmotor 33*, 34
Gelatine 266, 268, 286, 345
Gelatinenährmedium → Nährmedium
Gelatineverflüssigung 257, 259, 268, 272, 295, 299, 303, 306, 309, 318, 322, 334, 337f., 348, 354, 358, 361, 366, 370, 373, 376, 379, 390, 395, 397, 406, 411, 421, 431, 436ff., 446, 450, 461, 468
—, fehlende 330, 368, 425, 429, 434, 443, 454
„Gelbe Welke" 336

Gelbfärbung → Symptom, Verfärbung
Gelbfäule der Hyazinthen 223, **444** f.
Gelbpocken der Tulpe 442 ff.
Gelbschleimigkeit der Futtergräser 176, 265 ff.
— des Weizens 176, 265 ff.
Gelbverfärbung → Symptom, Verfärbung
Geldiffusionsverfahren → Nachweismethode, serologische
Gelmedium 97
Gemüse 124, 163, 189, 209, 217, 360, 391
Gemüsebau 232, 238, 252
Gemüsebohne → Bohne
Gemüsekultur, -pflanzen → Gemüsebau
Gemüsepflanzenbau → Gemüsebau
Gemüsesaatgut 231
Gemüsesämereien → Gemüsesaatgut
Gemüsesamenbau 223, 251
Gen 30, 32, 50, 59 f., 62, 65 f., 68 ff., 72, 74 ff., 78, 80, 83, 87, 90 ff., 137, 199, 206, 242, 336
—, Aktivierung 66
—, allel 73, 77, 283
—, Bakterien- → Gen
—, chromosomales 75, 80, 91
—, codierendes 66
—, dominantes 242, 347
—, Integrase- 90
—, modifiziertes 68, 347
—, mutiertes 68, 72
—, nicht alleles 72
—, Oligo- 242
—, Phagen- 87 f.
—, Poly- 242
—, Regulator- 67
—, Repressor- 90
—, Resistenz- → Resistenzgen
—, sporulationsspezifisches 66
—, Stoffwechselweg 71
—, Struktur- 65 ff.
—, stummes 71
—, *tra*-Region 80*
—, überlappendes 91
—, *vir*-Region 80*
—, Wirtspflanze 91, 93
Gen B_7 242
Gen B_{10} 347
Gen M 347
Gen *tnp A* 62*
Gen *tnp R* 62*
B-Gen 242, 244
λ-Gen *int* 73
λ-Gen *xis* 73
RNS-Gen 72
tox^+-Gen 149
tra-Gen 74
tRNS-Gen 72
uvr-Gen 69
Genaktivität 65
cro-Genaktivität 91
Genanfang 66
Gendosis-Effekt 73
Generationszeit 22, 56
Genese 91
genetic engineering → Gentechnik
Genetik (s. a. Vererbung) 18, **59** ff., 61, **80** ff., 92, 132, 149 f.
— phytopathologischer Eigenschaften 80 ff.
Gen-für-Gen-Theorie 241
Genkarte 59, 61, 87
Genklonierung 32, 80
Genmanipulation 199
Genmutation 68
Genom 32, **59**, 62 f., 65, 72 f., 81, 83, 87, 91, 105, 117, 243
—, Gesamt- 106
—, großes 87
—, komplettes 34
—, Phagen- 77, 84
—, Recipienten- 75, 77, 78*, 79
λ-Genom 90
Genomenden 86
Genom-Separation 30
Genomteile 78
Genomtermini 86
Genotaxonomie 105 f., 109
Genotyp 242
—, resistenter 243
—, toleranter 243
Genposition 87 f.
Genprodukt 60, 62 f., 66, 68, 70 f., 74, 89 f.
—, codiertes 63
—, defektes 68
—, plasmidcodiertes 74
Gen-3-Produkt 89
Gen-5-Produkt 89
cI-Genprodukt 90
cro-Genprodukt 90
e-Genprodukt 89
recA-Genprodukt 90
T-DNS-Genprodukt 81
tra-Genprodukt 74
xis-Genprodukt 90
Gen-5-Protein 89
Gentechnik, -technologie 18, 32, 62, 198
Gentiobiase 131
Gentranskription → Transkription
Genverlust 244
Genwirkung 71, 77
Geotrichum candidum 149
Geräte 179, 182 f., 237, 294, 308, 339, 346, 407
Geranien 224
Geraniol 368, 395
Gerbsäure 32
Gerste 169, 180, 257 ff., 261 ff., 265
Gerstenähren 264
Gerstenanbaugebiete 261
Gerstenendosperm 136
Gerstensamen 136

Gerstensorten 262
Gesamtgenom → Genom, Gesamt-
Gesamtphospholipid-Gehalt → Phospholipid-Gehalt
Gesamtproteinmuster → Proteinmuster
Gesamtstoffwechsel → Stoffwechsel
Geschichte der Phytopathologie 17f.
Geschwindigkeit der Fortbewegung 186
Gesundheitslage 231
Gesundungsschnitt 238
Getreide 113, 176, 256f., 259ff., 267
Getreideähren 176
Getreideanbau 263
Getreidearten → Getreide
Getreidebestände 267
Gewächshausbestand, -kultur, -prüfung 237, 240
Gewächshaustomaten → Tomate
Gewebe 124, 129f., 139ff., 158, 160f., 168, 170, 172, 174, 176, 185, 187, 195f., 257, 293, 304, 326, 354, 357, 375, 377, 417
—, cambiales 436
—, Eintrocknen 205
—, meristematisches 114*, 434
—, neoplastisches 279, 427
—, parenchymatisches 210
—, sclerenchymatisches 410
—, Tumor- 198, 427
Gewebeabbau → Naßfäule
Gewebebefall 209
Gewebemaceration → Naßfäule
Gewebeinnere → Gewebe
Gewebeproliferation → Symptom, Neu- und Mißbildung
Geweberesistenz → Resistenz
Gewebetod → Nekroseentwicklung
Gewebetransformation → Transformation
Gewebeverband → Gewebe
—, Auflösung → Naßfäule
Gewebewucherung → Symptom, Neu- und Mißbildung
Gewebezerstörung → Naßfäule
Gewürz, -pflanzen 247, 409ff.
Gibberella fujikuroi 135
Gibberellin 135f., 138
Gibberellinsäure 139
Gibberellin-Typ 138
Giftstoff 146
Gladiole, -lus 223, 298, 344, 442, **445**ff., 452
Gladiolenanbau 248, 446f.
Gladiolenknolle 176, Tafel VIII_4
Globulintyp 94
Glucan 127, 140
β-1,4-Glucan 127*
Glucogallin 42
Glucomannan 160
Gluconat 259, 345
Glucopyranose 128
β-1,4-Glucopyranose → Glucopyranose
Glucosamin 52f.
Glucosamindisaccharid 27
Glucose 27, 36, 38*, 40ff., 43*, 44*, 45, 48*, 49*, 53, 55, 66f., 126, 130f., 133, 139, 152f., 158, 160, 206, 209, weitere siehe bei den einzelnen Erregern
D-Glucose → Glucose
α-Glucose → Glucose
α-D-Glucose → Glucose
Glucoseabbau → Glucoseverwertung
Glucoseeinheit → Glucose-Monomere
Glucosegehalt, -konzentration 67
Glucose-Heteropolymere 126
Glucose-Monomere 55, 153, 160
Glucosephosphat 40*, 43*, 44, 46
Glucose-6-phosphat → Glucosephosphat
Glucose-6-phosphat-Dehydrogenase 44*, 45*
Glucosephosphat-Isomerase 43*
Glucoseverwertung 39*, 43*, 44*, 47
—, aerobe 117
—, anaerobe 117
—, fermentative → Glucoseverwertung, anaerobe
β-Glucosidase
D-Glucosyl-Grundgerüst 55
Glucosylrest 128
Glucuronsäure 42, 55, 153, 160
D-Glucuronsäure → Glucuronsäure
Glucuronarabinoxylan 126
Glucuronopyranose 127
Glutamat 49*, 50, 433
L-Glutamat → Glutamat
Glutamin 50
Glutaminfamilie → Glutamin
Glutaminsäure 25, 54*, 343, 432
D-Glutaminsäure → Glutaminsäure
L(—)-Glutaminsäure → Glutaminsäure
Glutaminsäure-decarboxylase 345
Glutaminsynthetase-Hemmung 146
Glutaraldehyd 95
Glutarat 343
Glyceollin 205
Glyceraldehyd-3-phosphat 39*, 40, 43*, 44*, 45*
Glyceraldehydphosphat 47
Glyceraldehydphosphat-Dehydrogenase 39*, 40, 43*
Glycerin → Glycerol
Glycerol 40*, 132, 147, 259, 262, 283, 286, 299, 303, 318, 330, 334, 338, 343, 345, 348, 354, 358, 361, 364, 366, 379, 390, 392, 397, 415, 421, 430, 434, 437, 443, 446, 454, 468, 478
Glycerol-3-phosphat 51
Glycerol-Teichonsäure 26
Glycin 49*, 343
Glycine 141, 332
— *max* → Sojabohne
Glykan 25
Glykan-Stränge 25
Glykocoll 309
Glykogen 36, 259, 303, 415, 436
Glykolipid 125, 266

Glykolyse 40, 43*, 45, 137, 139, 198
Glykopeptid 54, 144, 151, 153, 155, 157, 161, 370
—, extracelluläres 158
—, welkeauslösendes → Toxin, Glykopeptidcharakter
Glykopeptid-Bildungsvermögen 158
Glykopeptid-Biotest 319
Glykopeptid-Molekül 157
Glykopeptid-Toxin → Toxin, Glykopeptidcharakter
Glykopeptid-Typ 154
Glykoprotein 125, 128, 206
Glykoprotein-Komplex 201
Glykosid 198, 200f., 205
—, inaktives 201
Glykosidase, pflanzeneigene 201
—, Endo- 193
Glykosyl-Transferase 206
D-Glykosyl-Grundgerüst 55
Gnaphalium 378
Gnomonia leptostyla 433
„gotischer Wuchs“ → Symptom, Kräuselung, Verkrümmung und Stauchung
Gradation 219
Gramfärbung, Gramfärbungs-Verhalten 105, Tafel I_2, weitere siehe bei den einzelnen Erregern
Gram-positiv, -negativ → Gramfärbung
Gramineen, -eae 147, 180, 256, 258, 262f., 268, 358
Grana 170
Granathylakoide 172
Grannen 257
Granosan 259
Granula 201
—, lipidhaltige 36
—, metachromatische 37
Grapefruit 200
Gras, Gräser (s. a. Gramineen) 145, 148, 232, 259f., 266ff., 311, 388
Grasanbau 263
Grasart 154, 256, 261, 271
Grasbestand 267
Griffel 187
Großklima → Klima, Groß-
Grünkohl 365
Grundeinheit, taxonomische 104
Grundkompatibilität → Kompatibilität, Grund-
—, variable → Kompatibilität, variable
Grundnährstoff → Nährstoff
Grundstoffwechsel → Stoffwechsel
Gruppe, apolare 28
—, serologische 261
α-Gruppe 108
β-Gruppe 108
γ-Gruppe 108
Gruppenspezifität, serologische → Spezifität, serologische
GTP → Guanosintriphosphat
Guanin 49, 105, 117
—, Alkylierung 69
—, Substitution 69
—, G + C-Wert 30, 49, **105**, 107, 117, weitere siehe bei den einzelnen Erregern
Guaningehalt 30
Guanosintriphosphat (GTP) 49, 56
Guluronsäure 55f.
Gummifluß 423f., 436
Gummiholzkrankheit des Apfels 223, 440
Gummiknollenwelke 288
Gummikrankheit 159
Gurke 159, 161, 169, 172, 180, 222f., 234f., 238, 243, 250, 252, 273, 294, 298, 301, **345**ff., 365f.
Gurkenblätter 161, 175, Tafel IV_5
Gurkenfläche 237
Gurkenfrüchte 348, 350ff.
Gurken-Parenchymzellen → Parenchymzellen
Gurkenpflanzen, -keimpflanzen 190, 346, 350
Gurkensaatgut 223, 250f.
Gurkensämlinge → Gurkenpflanzen
Gurkensamen → Gurkensaatgut
Gurkenscheibentest → Nachweismethode, biologische
Gurkensorten 351
Guttationsflüssigkeit 186
Gypsophila paniculata 344

H^+-Ionen-Konzentration → Wasserstoffionenkonzentration
H^+-Konzentration → Wasserstoffionenkonzentration
Haarrisse 293
Haarwurzel 429
Haarwurzelbildung 429
Haarwurzelkrankheit **140**ff., 176, 277
— an Obstgehölzen 176, 223, **428**ff.
— — Sauerkirschsetzlingen 429
Haarwurzelsymptom → Haarwurzelkrankheit
Haarwurzelsyndrom → Haarwurzelkrankheit
Habitate 90, 245
Hackfrucht 237
Hafer 145, 169, 180, 259, **261**ff., 340
Haferanbaugebiet 263
Haferblätter 169, 175, Tafel II_1, II_3
Haferrispe 264
Hafersorten 264
Haftmittel 351
Haftorgan 186
Haftpunkt 92, 151, 202
Halm 176, 257, 260, 268, 272
Halmbereich 260, 266
Halmfrucht 236
Halmknoten 272
halo blight → Chlorosehof
Handelswert 224
Haploidie 84
Haptene 94, 96
Harnsäure 432
Harnstoff 147*, 233, 303, 338, 343

Hauptabbauweg → Abbauweg
Hauptinfektionsquelle → Infektionsquelle
Hauptinfektionsweg → Infektionsweg
Hauptknospe → Knospe
Hauptsymptome → Symptom
Haustorien, intracelluläre 186
„headful mechanism“ 88
Hedera helix → Efeu
Hefe 37
Hefeextrakt 258, 267, 269, 302, 345, 362, 468
Heilung → Abheilung
Heißluft 247
Heißluftbehandlung → Bekämpfungsmaßnahmen, physikalische
Heißwasserbehandlung → Bekämpfungsmaßnahmen, physikalische
Heißwassertherapie → Bekämpfungsmaßnahmen, physikalische
Heliconia 242
Helminthosporium 143
helsvuur der Tulpe → Höllenfeuer der Tulpe
Hemicellulase 125*, **131**f., 134, 158, 179, 195
Hemicellulose 42, 125*, 126ff., 131
Hemicellulosefraktion 131
Hemithioketal-Verbindung 148
Hemmstoff 57, 117, 136, 147, 164, 194, 210, 342, 366
—, mikrobieller 42
Hemmstoffbildner 246
Hemmung 60, **135**ff., 139, 147, 149, 197f., 204, 246
—, Auxinsynthese 137
—, Chlorophyllbildung → —, Chlorophyllbiosynthese
—, Chlorophyllbiosynthese 145, 147
—, DNS-Synthese 137
—, Elektrolytabgabe 147
—, Glutaminsynthese- 146
—, β-Indolessigsäureoxidase 138
—, Methionin 198
—, Mitose- 137
—, Parasiten (bzw. Erreger) 177, 245
—, Proteinsynthese- 150
—, unspezifische 201
—, Wachstums- → Wachstumshemmung
—, Wundheilung → Wundheilung
Hemmungsprozesse → Hemmung
Hemmwirkung → Hemmung
Hemmzone, bakteriostatische 205
Heptose 27, 153
Herbicid 268f., 315, 411
„Herbstlaubsymptom“ 464
Heteroauxin → β-Indolylessigsäure
Heteroduplex 75, 79
Heterogenität 109
Heteropolysaccharid → Polysaccharid, Hetero-
Heteropolymere 126
Heuchera sanguinea 344
Hexadecyltrimethylammoniumbromid 301
Hexenbesenbildung 139, 176
Hexenbesenkrankheit **139**f., 215, 290f., 344
Hexenbesensymptom → Hexenbesenkrankheit
Hexenbesensyndrom → Hexenbesenkrankheit
Hexenbesentrieb 343
Hexokinase 43*, 44*, 45*
Hexose 45, 152f., 206
—, Spaltung 45
Hexosemonophosphat-Weg 45
Hfr → high frequency of recombination
HFT → high frequency of transduction
HFT-Lysat 77
Hierarchie 104
high frequency of recombination (Hfr) 75f.
high frequency of transduction (HFT) 77
Himbeere 420, 428, 430, **439**
Hippursäure 432
Hirse 180, 232, 301, 324
Histidin 49*, 149, 198, 303, 343
L-Histidin → Histidin
Histone 31
Hitzeabtötung → Bekämpfungsmaßnahmen, physikalische
Hitzebehandlung → Bekämpfungsmaßnahmen, physikalische
Hitzeeinwirkung 66
Hitzepuls 79
Hitzeresistenz 35
Hitzetherapie → Bekämpfungsmaßnahmen, physikalische
Hochspannungselektrophorese 106
Höllenfeuer der Tulpe 443
Hofchlorose → Chlorosehof
„holdover canker“ → canker, holdover
Hollow core 362
Homoduplex 75
Homogalacturonan → Galacturonan
Homogalacturonan-Ketten → Galacturonan-Ketten
Homogenisat 115
Homopolysaccharid → Polysaccharid, Homo-
Homoserin 201
Homoserinverwertung 340
Hopfen 180, 281
Hordeum 258, 261
Hormon 137
Hornklee 316
Hortensie 224
H_2S → Schwefelwasserstoff
Hüllmembran 34, 172*
Hüllmembranstruktur, Zerfall 174
Hüllproteinmolekül 89
Hülsen 169, 176, 324, 326f., 330f., 333ff., 337, 355, 358
Hülsenläsion → Hülsensymptom
Hülsenresistenz 336
Hülsensymptom 330f., 333, 339
Hugh-Leifson-Test 362
Humanmedizin 248f.
Humusgehalt 182
Hutrand 397

Hyacinthus orientalis 298, 445
Hyalestes mlokosiewiczii 288
— *obsoletus* 288, 290
Hyaluronidase-Moleküle 86
Hyaluronsäure 86
Hyazinthe 175, 223, 442, **444** f.
Hyazinthenrotz 445
Hyazinthenzwiebelproduktion 248
Hybride, somatische 296
Hybridisierung, DNS: DNS- 106
—, DNS: RNS- 106, 109
—, homologe 106
Hybridzüchtung → Züchtung, Hybrid-
Hydathoden 168, **186** ff., 349, 355, 417, 454, 461
Hydrangea virescence 224
Hydrangea-Vergrünung 224
Hydratisierung 131
Hydrazonsäure 323
Hydrierungsgrad 105
Hydrochinon 42, 201
Hydrokultur → Hydroponikkultur
Hydrolyse 86, 132
—, enzymatische 41
Hydrolysezone 355
Hydroponikkultur 182, 371
Hydroponikverfahren 372
β-Hydroxybuttersäure 36
Hydroxybutyrat 52
Hydroxychinolinsulfat 249
Hydroxyprolin 128
2-Hydroxy-propyl-methan-thiosulfonat 332
Hygienemaßnahmen → Bekämpfungsmaßnahmen, phytohygienische
Hygieneregime → Bekämpfungsmaßnahmen, phytohygienische
Hyoscyamus niger 380
Hyperparasiten 244
Hyperplasien 135
Hypersensibilität 54, 169, 199, **201** ff., 207, 368
—, Auslösung 160, 204, 207, 209
—, Induktion → Hypersensibilität, Auslösung
—, Mechanismus 203 f.
—, pilzlich induzierte 205
Hypersensibilitätsreaktion → Hypersensibilität
Hypersensibilitätstest an Tabak 115, 117, 261, 263, 331, 333, 359, 374, 394, 415, 421, 424, 458
Hypertrophien → Symptom, Neu- und Mißbildung
Hypocotyl 451
Hypoxanthin 69

Ice nucleation activity (INA) → Eiskernbildung
Icosaeder 84
Icosaederhälften 84
Identifizierung (s. a. Diagnose) 92, 95, 100, 102 ff., **111** ff., 118, 205, 207, 258, 288, 294 f., 297, 300, 305, 308, 333, 340, 362, 365, 367, 375, 381 f., 393 f., 397, 407, 412, 448, 456, 458, 461, 468
—, computergestützte 118
—, intraspezifische 92
—, serologische 101, 115, 357
—, Teilschritte 112
Identifizierungsmerkmal 111 f., 175, 459
Identifizierungsmethode → Nachweismethode
Identität 97, 115 f.
—, fehlende 97
—, partielle 97
IES → β-Indolylessigsäure
IES-Oxidase → β-Indolylessigsäure
IES-Syntheseaktivität → Synthese, Indolylessigsäure
IFT → Immunfluorescenztechnik
IgG → Immunglobulin G
Immobilisierung 201
Immobilisierungsprozeß, -reaktion 201
Immunantwort 94
Immundiffusion 97
Immunfluorescenz (s. a. Nachweismethode, serologische) 100
—, indirekte 100, 378
Immunfluorescenztechnik, -test (IFT) 98*, 102 f., 115, 305, 335, 394
—, indirekte 98*, 100, 103, 331, 355, 379, 419
Immunglobulin 94, 100, 115
—, markiertes 102
Immunglobulin G 94
Immunglobulin-Molekül 94
Immunglobulinklasse 94
Immunisierung 94, 340
—, Vor- 95, 202
Immunitätsprotein 91
Immunoassay → Nachweismethode, serologische
Immunogen 101 f.
Immunogenität 90, 94 f.
Immunstatus 90, 93
INA → Eiskernbildung
INA-Bakterien → eiskernaktive Bakterien
INA-Bakteriendichte → eiskernaktive Bakterien
Incision 70*
Indigoidin 59, 318
Indigo-Pigment → Farbstoff, Indigo
Indikatorbakterien 90, 92
Indikatorfarbstoff 117
Indikatorpflanze 116, 158, 240, 305, 308, 344, 367, 382
Indikatorrasen 84
Indischer Senf → Senf, Indischer
Indol 257, 259, 299, 309, 338, 343, 457
Indolacetaldehyd 137
Indol-3-acetaldehyd 137
Indolacetamidhydrolase 137
Indolbildung 272, 292, 322, 358, 366, 397, 436
—, fehlende 283, 286, 318, 345, 348, 354, 361, 364, 368, 376, 379, 390, 392, 415, 421, 429, 432, 437, 443, 468
Indol-3-brenztraubensäure 137
Indol-Derivate 135
Indolylessigsäure → β-Indolylessigsäure
β-Indolylessigsäure (IES) 58, 81, 135 ff., 279, 434
—, Gehalt 139

β-Indolyl-3-essigsäure-Cytokinin-Extrakt 342
β-Indolylessigsäureoxidation 135
Indolylessigsäureproduktion → Synthese, Indolylessigsäure-
Induktion 42, 61, 81, 90, 130, 132f., 193f., 203ff., 209
—, Hypersensibilitätsreaktion 205
—, Phagen- 77
—, Phytoalexinbildung 207
—, Prophagen- 92
—, Welkevorgang 196
—, Tumorbildung 61, 198
Induktionsort 203
Induktionsphase 203ff.
Induktionswirkung 132
Induktionszeitraum 204
Induktor 18, 132f., 136, 192, 194, 204, 210
—, biochemischer 205
—, Resistenz- 18
Induktoraktivität 202
Infektion (s. a. Verseuchung) 58, 93, 123, 139, 174f., 179, **182**ff., 188, 190, 192ff., 198ff., 203ff., 209f., 217, 220, 223, 416
— des Bodens 182, 388, 459
— — Wirtes 34
—, Frucht- 418
—, frühe 174, 216
—, kombinierte 294
—, Kronenende 216
—, künstliche → Inokulation
—, latente 102, 191, 293, 322, 437, 459
—, Lentizellen- 187, 189
—, lokale 192
—, Neu- 179, 181, 237, 362
—, Phagen- 28, 92
—, pilzliche (s. a. Pilzkrankheit) 461
—, Schmier- 443f., 451
—, Sprüh- 186
—, Super- 90
—, symptomlose 191
—, systemische 147, 176, 192, 316
—, temperaturabhängige 189
—, Trieb- 423
—, Virus- 92
— von Blättern 423, 426
—, Wund- 292
—, Wurzel- 196
—, Wurzelkropf- 223, 246, 342
Infektionsabläufe → Infektionsmechanismen
Infektionsabwehr → Resistenz
Infektionsanfälligkeit → Anfälligkeit
Infektionsbedingung 376f.
Infektionscyclus 180f., 350*, 417f.
Infektionsdruck 219, 239f., 420, 430, 464
Infektionsgrad, -dichte 184*, 202
Infektionshäufigkeit 191
Infektionsherd 135, 170, 177, 223, 306, 346, 372, 389, 420, 445
Infektionskrankheit → Pflanzenkrankheit
Infektionsmechanismen 83f., 87, 151, 177f., **185**ff., 219, 300, 327
Infektionsmethoden 203, 205
Infektionsmöglichkeiten 216
Infektionsmultiplizität 86, 91
Infektionsorganellen 186
Infektionsort 146, 148, 158, 169f., 180, 186, 192, 198, 203, 272
Infektionsphase 193
Infektionsprädisposition 190
Infektionsprozeß → Infektionsmechanismen
Infektionsquelle **177**ff., 182f., 222, 235, 237ff., 260, 285, 298, 304, 315, 327, 332, 340f., 344, 346, 350, 353 363, 366, 374, 379, 389, 393, 417, 464
—, Beseitigung 237f., 285, 315, 332, 366
—, primäre 330, 355, 377
—, sekundäre 433
Infektionsreservoir → Infektionsquelle
Infektionsresistenz → Resistenz, Infektions-
Infektionsschwelle 190
Infektionsstelle → Infektionsort
Infektionsverlauf → Infektionsmechanismen
Infektionsvorgang → Infektionsmechanismen
Infektionsweg 187f.
Infektionszeitpunkt 216ff.
— und Schadensumfang 216ff.
Infektkette 177ff., 237, 247
—, diskontinuierliche 177
—, geschlossene 177, 180ff.
—, heterogene 179, 181
—, homogene 179f.
—, kontinuierliche 177, 181
—, Unterbrechung 247, 250, 315, 465
—, unterbrochene 177, 181f.
Infiltration 193, 201f., 204f., 207, Tafel II_2
—, Ca^{2+}-Verbindungen 205
—, Wasseragar 205
Inflorescenzen 176, 266, 268
Information 50, 62, 67f., 75, 199
—, genetische 48, 50, 59, 61, **64**f., 68, 74, 91, 123, 199
Informationsträger 84, 91
Inhaltsstoffe 199, 295
—, kompartimentierte 205
—, qualitätsbestimmende 223
—, sekundäre 198f.
Inhibitor → Hemmstoff
—, Eiskernaktivitäts- → Eiskernaktivitätsinhibitor
Inhibitorprotein 132
Initiation 63f., 88
Initiationskomplex 65, 67
Injektion 95, 308
—, Nach- 95
Injektionsart 95
Injektionsfolge, -schema 95, 102
Inkarnatklee (s. a. Klee) 314, 320
Inkompatibilität 60f.
Inkompatibilitätsgruppe 61, 80

Inkompatibilitätsgruppe P1 76
Inkubation 184f., 191, 193
Inkubationsdauer 191
Inkubationsphase 193
Inkubationstemperatur 163
Inkubationszeit 191, 217
Innere Braunfäule der Zwiebel 395f.
Inokulation 117, 139, 170, 199f., 218, 240, 258, 273, 301, 305, 320, 325f., 333, 342, 350, 378, 386, 392
— durch Vakuuminfiltration 203, 378
—, Nabelenden- 216
—, Nadelstich- 258
—, prophylaktische 245
—, Samen- 327f.
— Stengelgrund- 192
—, Wurzel- 311, 375
Inokulationsdichte 190*, 203
Inokulum 184f., 190, 202, 240, 305
Inokulumdichte 185*, 190ff., 202, 204f., 343
—, Einfluß 190, 202
Inositol 259, 262, 268, 283, 319, 330, 345, 415, 444
meso-Inositol 299, 354
Insekten 182, 200, 260, 272, 279, 294, 307, 323, 325, 327, 335, 346, 350, 353, 357, 375, 397, 417*, 424, 433f., 447, 450
—, beißende 360
—, bodenlebende 446
—, saugende 360
Insektenbekämpfung → Bekämpfungsmaßnahmen mit Insekticiden
Insektenfraß 188, 412, 429
Insektenübertragung → Übertragung, Insekten
Insekticid 248, 289, 315, 347, 411, 413, 438, 451, 457
Insekticidbehandlung → Bekämpfungsmaßnahmen mit Insekticiden
Insertion 32, 71, 283
Insertionsmutagene 70
Insertionsmutagenese 71
Insertionsmutanten 70
Insertionsort 32
Insertionssequenz 62, 72*, 75f.
Integrase 90
Integrasegen → Gen, Integrase-
Integration 70, 73, 75
—, Prophagen- 90f.
Integrationsort 63, 75f.
Integrierter Pflanzenschutz → Pflanzenschutz, integrierter
Intensivobstbau → Obstbau
Interaktion 75, 206, 241
— von Bakterien- und Wirtszellen → Pathogenese
Intercellulare 124*, 127*, 142, 160, 162f., 168ff., 172, 186f., 189, 192, 196, 200, 202, 205, 207, 292, 326, 335, 342, 349, 371, 379, 393, 407
—, Mesophyll- 161
Intercellularflüssigkeit 203, 207, 407
Intercellularräume → Intercellulare
Intercellularsystem → Intercellulare
Intercostalfeld 169
Intermediäre → Stoffwechselprodukt, intermediäres
Intermediärmetabolit → Stoffwechselprodukt, intermediäres
Intermediärprodukt → Stoffwechselprodukt, intermediäres
Intermediärstoffwechsel → Stoffwechsel, Intermediär-
Internodien 260, 266, 311, 314, 436
—, verlängerte 291
"interrupted matings" 76
intercellulär 36
intramusculär 95
intravenös 95
Inulin 259, 266, 268, 272, 319, 334, 337f., 343, 345, 354, 370, 415, 430, 432, 436, 444
Inversion 69
"inverted repeats" 62
Invertzuckeranteil 361
in vitro-Kultur 222
in vitro-Wachstum 266
in vitro-Züchtung 240
Involutionsform 20, 21*
Ion 150
Fe^{3+}-Ion 149
K^{+}-Ion 92
—, Phosphat- 149
Ionenkanal 148f.
Ipomoea batatas → Süßkartoffel
— *triloba* 272
Iridaceen (s. a. *Iris*) 447
Iris 298, 392f., 442, 447
— *pallida* 294
Isocitrat 46*
Isocitrat-Dehydrogenase 46*
Isoenzym → Enzyme, Iso-
Isoflavonoide 58
Isoleucin 49*
Isolierung 112ff., 116f., 154, 207, 294
Isolierungsmedium 458
Isoprenoideinheit 105
Isoprenoidlipid 55*

Jasione montana 314
Jasminum 434
Jasmonsäure 136f., 139
Johannisbeere (schwarze) 428
Jonone 136
Juglans ailantifolia 433
— — var. *cordiformis* 433
— *californica* 433
— *cinerea* 433
— *hindsii* 433
— *nigra* 433
— *regia* 433

Käfer 272
Kaffeestrauch 145
Kakteenarten 172
Kalidüngung 234, 346, 350, 380
Kalilauge (KOH) 418
Kalium 56, 189, 233, 387
Kaliumbichromat ($K_2Cr_2O_7$) 344
Kaliumcyanid-Toleranz 272
Kalium-Düngung → Kalidüngung
Kaliumhydrogenphosphat (KH_2PO_4) 258, 267, 280, 431, 433
Dikaliumhydrogenphosphat (K_2HPO_4) 258, 280, 301, 418, 431, 433, 478
Kaliumpermanganat ($KMnO_4$) 249, 372, 380, 457f.
Kalium-Versorgung 233f., 350
Kalkung (s. a. Düngung) 234, 311
Kallusgewebe 240
Kanamycin 61*
Kaninchen 94
Kapazität, tumorinduzierende 80
Kapsel 23*, 27f., 54ff., 86, 207, weitere siehe bei den einzelnen Erregern
Kapselantigen → Antigen, Kapsel-
Kapselbausteine, Synthese 30
Kapselpolysaccharid → Polysaccharid, Kapsel-
Karathan 311
Kartierung 76, 79f.
— chromosomaler Gene 76
— durch Konjugation 80
— Mutationsorte 70
Kartoffel 102, 113, 124, 159, 172, 174, 180, 184, 189ff., 209, 215, 218ff., 223, 225, 230, 232, 234, 242ff., 246, 261, 273, 283, **288**ff., 298ff., 304ff., 310, 325, 358, 363, 366, 380, 383, 408f., 478
Kartoffelbau, -anbau 188, 248, 289, 294, 300, 302, 308ff.
—, Technisierung 188
Kartoffelgewebe → Gewebe
Kartoffelkäfer (s. a. Insekten) 182
Kartoffelknolle 93, 102, 132, 148, 170, 172, 180, 187, 189ff., 192, 194*, 197f., 200f., 207, 210, 228, 236, 240, 242, 292f., 298, 301ff., 305ff., 312, 328, 393, 471, Tafel III_1, III_3, III_4, III_5
—, latent befallene 210
—, Mutter- 180
—, Respiration 197
—, symptomfreie 210
—, Tochter- 180, 291, 298, 304
—, Wild- 289, 296, 309
Kartoffelkrankheiten, MLO-bedingte 225, **288**ff.
Kartoffellager, -lagerung 210, 218
Kartoffellectin 207
Kartoffelparenchym → Parenchym
Kartoffelparenchymzellen → Parenchymzellen
Kartoffelpflanze (s. a. Kartoffel) 216, 219, 248, 288f.
—, hexenbesenkranke 290
—, schwarzbeinige 216, 223
—, stolburkranke 219, 289
Kartoffelpflanzgut → Pflanzkartoffeln
Kartoffelproduktion → Kartoffelbau
Kartoffelringfäule → Ringfäule der Kartoffel
Kartoffelscheibentest 115, 117, 273, 285, 294, 298, 300, 302, 325, 374, 389, 396, 410, 412, 448
Kartoffelschläge 237
Kartoffelschorf (s. a. Streptomyces "scabies") 170, 187, 223, 232, 234ff., 239, 287, 293, **309**ff., 363, Tafel III_5
Kartoffelsorten 209, 217, 241, 289, 296, 308
—, naßfäuleanfällige 200
Kartoffelstärke 258, 433
Kartoffelstaude → Kartoffelpflanze
Kartoffelstengel, -sproß, -trieb 192, 240, 273, 292, Tafel III_2
Kartoffelverluste 218, 294
Kartoffelvorfrucht → Vorfrucht
Kasugamycin 58, 332, 431
Katabolismus 38*, 80*
Katabolitrepression → Repression, katabolische
Katalase-Aktivität 117
Katalase-positiv 257, 266, 268, 272, 286, 299, 330, 338, 343, 345, 354, 370, 415, 434, 436f., 444, 454
Katalase-Test 302
Kationen 152, 194
—, bivalente 78
Kauffmann-White-Schema 100
Kaverne 282, 346, 374, 445
Kavernenfäule 363
KCN-Toleranz → Kaliumcyanid-Toleranz
KDPG → 2-Keto-3-desoxy-6-phosphogluconat
KDPG-Weg → 2-Keto-3-desoxy-6-phosphogluconat-Weg
Keimblätter → Cotyledonen
Keimfähigkeit 93, 223, 236, 247, 288
Keimminderung 312, 324, 327, 356, 410
Keimpflanze, Keimling 260, 322, 325ff., 331, 334, 337, 350, 379, 382, 406f.
Keimröte 312
Keimschäden → Keimminderung
Keimschläuche 186
Keimung 201
Keimverlust → Keimminderung
Kelchboden 174
Kern 50
Kernregion → Kernzone
Kernäquivalent → Nucleoid
Kernmembran (s. a. Membran) 30
Kernobst 112, 159, 181, 220, 223, 234, 237, 239, 243f., **414**ff., 419, **420**ff., 428, 464ff.
Kernobst-Baumschule → Baumschule, Kernobst-
Kernobstsämling 223
Kernpolysaccharid → Polysaccharid, Kern-
Kernzone 27, 52, 53*
Kerria japonica 466
β-Ketoadipat 40*
2-Keto-3-desoxygluconat 41*, 152f., 157
2-Keto-3-desoxy-D-gluconatdehydrogenase 133*

2-Keto-3-desoxygluconsäure → 2-Keto-3-desoxygluconat
2-Keto-3-desoxy-D-gluconsäure 133*
2-Keto-desoxy-octonsäure → 2-Keto-3-desoxy-octonsäure
2-Keto-3-desoxy-octonsäure 27, 53
2-Keto-3-desoxy-6-phosphogluconat (KDPG) 40*, 41, 45*, 47
2-Keto-3-desoxy-6-phosphogluconat-Weg 40*, 41, 45*, **46**, 131
2-Ketogluconat 338, 368, 395
α-Ketoglutarat-Dehydrogenase 46*
3-Ketolactose-Bildung 278
Kettenverlängerung 51
Kichererbsen 326ff.
Kinetik → Wachstumskinetik
Kinetin 136, 139, 198
Kinetingaben 139
Kings Agar B → Agar, King's B
Kirsche 180, 225, 333f., 422*, 423, 425f., 432, 440, 466
Kirschenanbau 218
Kirschenbestand 238, 252
Kirschenblütentriebe 423*
Kirschtriebe 424*
Klassifizierung **104**ff., 116, 118
—, hierarchische 104
—, historische 126
Klee 21*, 180, 232, 289, 302, **314**ff., 318, 327, 333
Klee-Gras-Gemisch 232
Kleephylloidie 315f.
Kleesorten 317
Kleeverzwergung 314f.
Kleinblättrigkeit 386
— der Eierfrucht 234, 386f.
—, *Mycoplasma*-bedingte 234, 291f.
Kletterrose (s. a. Rose) 469*
Klima (s. a. Wetter) 163
—, Groß- 163
—, Klein- 236
Klimazone 215
Klonieren chromosomaler DNS-Fragmente → Genklonierung
Klonierung (s. a. Genklonierung) 80
Klonierungsvektor (s. a. Plasmid) 62, 80
Knaulgrasbakteriose → Bakteriose, Knaulgras
Knoblauch 298
Knöllchenbakterien 183
Knolle (nicht Kartoffelknolle) 93, 172, 228, 248, 446f.
Knollenbegonien 455
Knollenkrankheit der Kartoffel → Bakteriose, Kartoffel
Knollennaßfäule der Kartoffel → Naßfäule der Kartoffel
Knollenoberfläche 170, 293
Knollenparenchym → Parenchym
Knollenschale 446
Knollenverseuchung, latente → Verseuchung, latente
Knospe 136, 139, 249, 316, 333, 343, 386, 423, 431ff., 436
Kochsalz (NaCl) 259, 278, 281, 302, 478
Kochsalzlösung, physiologische 94f.
Kochsalz-Toleranz (NaCl-Toleranz) 117, 345, 348, 425, 436f.
Kochsche Postulate 117, 468
Kocide 351
Kohäsion, intercelluläre 126
Kohl 112, 159f., 172, 174, 190, 216, 218, 223, 233f., 239, 250, 273, 294, 298, **353**ff., 357, 369, 383, 390
Kohlanbaugebiet 355
Kohlblätter 160, 176, 354
Kohlendioxid (CO_2) 37, 39f., 47, 56, 147*, 184*, 190, 197
—, Abgabe 198
—, Abspaltung 47
—, Anreicherung 133, 209
—, Anstieg 209
—, Behandlung 209
—, Gehalt 130, 190, 209
—, Partialdruck 210
Kohlenhydrat → Polysaccharid
Kohlenhydratbestandteil 161
Kohlenhydratgehalt 279
Kohlenhydratstruktur, polymere 123
Kohlenstoff 197
Kohlenstoffgerüst 38
Kohlenstoffquelle 28, 30, **36**ff., 41, 56, 59, 61, 66, 71, 81, 105, 132, 147, 158, 262, 268, 303, 309, 319, 338, 343, 345, 348, 368, 395, 432
—, Abbau → Abbau kohlenstoffhaltiger Verbindungen
Kohlfliege 357
Kohlgemüse 358
Kohlnaßfäule → Naßfäule, Kohl
Kohlpflanzen → Kohl
Kohlrabi 354f.
Kohlrüßler 357
Kohlsaatgut, -same 250, 355
Kohlsorten 356
Kohlweißling 357
Kokken 20, 30, 104
—, Mikro- 20, 107
Kokosnuß 219, 225
Kokospalme 219
Kokospalmensorten 219
Kolben → Maiskolben
Kolonie 22*, 53, 116, weitere siehe bei den einzelnen Erregern
— auf Agar siehe bei den einzelnen Erregern
—, Mikro- 57
—, „Spiegelei"- → Kolonieform, „Spiegelei"-
—, schleimige 355
Koloniebildung 192
— auf der Wundoberfläche 191*

Koloniefarbe 116, 337
Kolonieform 22*, 25, 116, 158, 207
—, L-Form 343
—, M-Form 279
—, R-Form 25, 53f., 207, 279, 330, 334, 338, 343, 421
—, S-Form 25, 53, 207, 279, 330, 334, 338, 343, 421
—, „Spiegelei"- 23*, 25
Koloniemorphologie → Kolonieform
Kolonieoberfläche 116
Kolonietyp → Kolonieform
Kolonisierung, sekundäre 113
Kombination 73f.
Kombinationspräparat 250
Kombinationszüchtung → Züchtung, Kombinations-
Kommensalismus 245
Kompartimente 201
Kompatibilität 199
—, Grund- 199, 206
—, variable 209
Kompensationseffekt 216f.
Kompensationsfähigkeit der Nachbarpflanzen → Kompensationseffekt
Kompensationswirkung → Kompensationseffekt
Kompetenz 79
Kompetenzfaktor 79
Komplementär-Zellschicht 187
Kondensation 48, 50f.
Konfiguration 67
Konformation, circuläre 84
—, lineare 84
Konidie 36
Konjugation 59, 61, 73ff., 80
—, zeitlich begrenzte 76
Co-Konjugation 78
Hfr-Konjugation 76
Konjugations-Paar-Bildung 75
Konjugationspaarung → Konjugation
Konjugationspartner 74
Konjugationssystem → Konjugation
Konjugationsvorgang → Konjugation
Konkurrenz 179
Konservierung von Stämmen 57
Konstitution, genetische 158
Konstruktion, Stamm- 77
Kontamination 178, 183, **184**ff., 188, 200, 339, 344, 350, 367, 381, 396
—, Oberflächen- 293
Konversion, lysogene 93
Kopf → Phagenkopf
Kopfkohl → Kohl
Kopfsalatsorten → Salatsorten
Kopie 50, 60, 68, 73
Kopieanzahl 31, 60, 62, 64, 73, 80
Koriander 409ff., Tafel VII_4
Koriandersaatgut 247
Korkschicht → Periderm
Korn, Körner 260, 272
Kosmopolit 215
Kovacs-Oxidase-negativ → Oxidase-negativ
Kräuselung → Symptom, Kräuselung, Verkrümmung und Stauchung
Kragenfäule der Endivie 364
Krankheit → Pflanzenkrankheit
Krankheitsablauf → Pathogenese
Krankheitsauftreten (s. a. Infektion) 138, 150, **163**, 215, 312
Krankheitsausbreitung → Ausbreitung, Krankheit
Krankheitsbefall → Krankheitsauftreten
Krankheitsbekämpfung → Bekämpfungsmaßnahmen
Krankheitsbereitschaft 188
Krankheitsbild (s. a. Symptom) 112, 116f., 124, 143, 145, 148, 162, 168, 177, 180, weitere siehe bei den einzelnen Erregern
Krankheitscyclus → Infektionscyclus
Krankheitsdeterminanten 123, 143
—, primäre 143
Krankheitsdiagnose → Diagnose
Krankheitsentstehung → Pathogenese
Krankheitsentwicklung → Pathogenese
Krankheitserreger → Erreger
Krankheitserscheinung → Symptom
Krankheitsgeschehen → Krankheitsauftreten
Krankheitsherd, primärer → Infektionsherd
Krankheitsprozeß → Pathogenese
Krankheitssymptom → Symptom
Krankheitsübertragung → Übertragung
Krankheitsursache → Ätiologie
Krankheitsverlauf → Pathogenese
—, chronischer 220
Krautschlagen 192, 295
Krautsymptome → Symptom
Kreislauf, lysogener (Phagen) 90
—, lytischer (Phagen) 90
Kresse 294
Kreuzreaktion (s. a. Reaktion, serologische) 101, 305
Kreuzreaktivität 97, 100f.
Kreuzung 241f., 352
Kristallisationskerne → Eiskernbildung
Kristallisationspartikel → Eiskernbildung
Kristallisationspunkte → Eiskernbildung
Kristallviolett-Pectat-Medium → Agar, Kristallviolett-Pectat-
Krötenhautkrankheit 423
Kronenende 216f., 283, 310, 312
Kronenendeninfektion → Infektion, Kronenende
Krüppelwuchs → Wachstumshemmung
Küchenzwiebel → Zwiebel
—, Fäulesymptome → Naßfäule, Zwiebel
—, Naßfäulesymptome → Naßfäule, Zwiebel
—, Verfärbung → Zwiebel, Verfärbung
Kümmel 409ff., Tafel VII_1
Kümmelsaatgut 411
Kümmerwuchs → Wachstumshemmung

Kürbis 180, 195, 294, 298, 351
Kultivierung, axenische 17
—, Kern- und Steinobst 218
—, Mikroorganismen 17, 57, 72, 141
Kultivierungsmaßnahmen, -verfahren 215, 218, **229**ff., 235f., 238, 245, 289, 311, 315, 428, 430, 455
Kulturbedingungen, optimale 163, 372
Kulturfiltrat 18, 130, 155, 158, 160
Kulturmaßnahmen → Kultivierungsmaßnahmen
Kulturmedium → Agar
Kulturpflanze 163, 180*, 231, 300f., 383
—, frostempfindliche 163
Kultursubstrat 398, 451, 453, 457
Kupfer 56, 234
Kupferacetat 351, 356
Kupferchlorid 250
Kupferhydroxid 249, 251, 259
Kupferkalkbrühe 251
Kupfer-Mancozeb-Gemisch 383
Kupfermittel → Präparat, kupferhaltiges
Kupferoxichlorid 249f., 252, 332, 351, 356, 425f.
Kupferpräparat, -mittel → Präparat, kupferhaltiges
Kupferstäubemittel 347
Kupfersulfat, dreibasisches 351
Kupferverbindung 58, 249
Kurzstäbchen 370

Lablab niger 340
— *purpureus* 336
Lackmusmilch (s. a. Milch). 262, 278f., 286, 345, 348, 366, 390, 392, 444, 450
Lackschorf der Gladiole 176, 223, 248, **445**ff., Tafel VIII_4
β-Lactamase 62*, 71
β-Lactamring, threoninhaltiger 146
Lactat 48*, 259, 262, 343, 348
L-Lactat 377
D-Lactat 283
DL-Lactat 376
Lactatbildung 47
Lactonase 44*
Lactose 67, 258f., 286, 292, 295, 299, 303, 318, 330, 334, 337f., 343, 345, 348, 358, 361, 364, 366, 379, 392, 415, 429f., 432, 436, 446, 450, 454, 468
—, Abbau → Abbau, Lactose-
Lactose-Region 67
Lactylgruppe 52
Lactylrest → Lactylgruppe
Lacune 92
Längenwachstum 135
—, verstärktes 148
Läsion → Symptom, Läsion
Lävan 55, 161, 259
Lävanbildung 117
Lävan-negativ 266, 337, 345, 348, 368
Lävan-positiv 262, 338, 395, 446
Lävulin 306
Lävulose 303, 338, 364, 366, 379, 392, 411, 461
Lagenaria leucantha 351
Lagerbedingungen → Lagerung
Lagerbehälter 304
Lagerfähigkeit 295, 310
—, Verminderung 230
Lagerfäule (s. a. Naßfäule) 440
Lagergemüse → Gemüse
Lagerkrankheiten 390
—, pilzliche 390
Lagerperiode 304
Lagerung 124, 190, 200, 218, 235, 251, 293f., 303, 312, 381, 446f.
—, feuchte 189
—, trockene 189
Lagerverlust (s. a. Verluste) 218, 235, 358, 392
Lagerzwiebel → Zwiebel
Lamellen 128, 397f.
Lamium amplexicaule 377f.
Latente Rosettenkrankheit der Zuckerrübe → Rosettenkrankheit der Zuckerrübe
Latenz 85*, 86
Latenznachweis 102f.
Latenzphase 204f., 455
Latenzzeit → Latenz
Lathyrus latifolius 340
— *odoratus* 340, 344
Laub → Blatt
Laubblatt, -blätter → Blatt
Lauch 365
Lawineneffekt 194
Leader 65, 67
Lebensdauer, -fähigkeit → Überdauerung
Lebensraum → Verbreitung, geographische
Lebensweise, parasitische 179
— der Pflanzenpathogene 178
—, saprophytische 179, 183
Lecithin 415
Lecithinase-Bildung 272, 373
Lectin 150, 184, 199, 201, 203, 206f.
Lectinbildung 206
Lectinpräparat 201
Ledermycin 291, 387
Leguminosen, -sae → Fabaceae
Leguminosenart → Fabaceae
Leguminosensymbiont → Symbiont an Leguminosen
Lehmbrei, kupfersulfathaltiger 428
—, quecksilberhaltiger 428
Lein 180, 225
Leistungen, physiologische (s. a. Merkmal, biochemisch-physiologisches) siehe bei den einzelnen Erregern
Leitbündel → Gefäßbündel
Leitfähigkeit 149, 155, 158
Leitgefäße → Gefäß
Leitungsbahnen → Gefäß
Lenticelle 168, 172, 180, **186**f., 189, 200, 293, 310, 417, 456
—, Struktur 200

Lenticelleninfektion → Infektion, Lenticellen-
Lenticellenöffnung → Lenticelle
Lenticellenwucherung 187, 189
Lepidium virginicum 355
Leserahmen → Mutation, Frameshift-
Leseraster → Mutation, Frameshift-
Lespedeza 316
Letalität 71
Leucin 49*, 303, 432
L(—)-Leucin 343
Leucin-Verwertung → Verwertung, Aminosäuren
LFT → low frequency of transduction
LFT-Lysat 77
Licht 37, 69
Lichtabsorption 58
Lichtansprüche 231
Lichteinstrahlung 216
Lichtintensität 190
LiCl → Lithiumchlorid
Lidaprim 332
Liebstöckel 411
Ligase 64*, 69, 70*, 125*
Lignifizierungsprozeß 135, 189
Lignin 125*, 200
Lignineinlagerung → Lignifizierungsprozeß
Liliaceae 281
Lilium 298, 344
— *regale* 344
Limabohne 233f.
Linaceae 180
Linsen 326f.
Lipase-negativ 266, 337f., 345, 370
Lipase-positiv 450
Lipid 29, 36, 38, 48, **50**, 52*, 95, 125
—, verzweigtkettiges, ethergebundenes 107
—, zelleigenes 28
Lipid A 27, 52, 53*, 202
Lipidbausteine, -bestandteile 30, 48, 161
Lipidcarrier 52
Lipidderivat → Lipid
Lipid-Doppelmembran → Lipidmembran
Lipidmembran 148f.
Lipidmolekül 28
Lipidmolekülschicht → Lipidschicht
Lipidphase, flüssige 29
Lipidschicht 29
Lipidsynthese → Synthese, Lipid-
Lipidzusammensetzung → Lipidbausteine
Lipolyse 348, 368
Lipopolysaccharide (LPS) **27**, 50, **52**, 53*, 86, 95, 102, 105, 151, 153, 159, 161, 202, 206f.
—, zellfreie 207
—, Zellwand 206
Lipopolysaccharidstruktur 53*
Lipopolysaccharidsynthese → Synthese, Lipopolysaccharid-
Lipoprotein **27**, 52, 53*, 206
—, Braunsches 24*
Liposaccharid → Lipopolysaccharid
Lipoteichonsäure 26
Lithiumchlorid (LiCl) 280
Lockhartia 298
Lokalläsion → Symptom, Läsion
Lolium 271
— x *hybridum* 271
— x *hybridum*-Sorten 271
— *multiflorum* 147, 154, 267, 270f.
— — *italicum* 271
— — *italicum*-Sorten 271
— *perenne* 270
— *rigidum* 266f.
LOPAT-Gruppe I → Merkmal, LOPAT-
LOPAT-Merkmale → Merkmal, LOPAT-
low frequency of transduction (LFT) 77
Luffa acutangula 351
Luft 190
Luftbewegung, -strömung → Wind
Luftfeuchte, -feuchtigkeit 174, 183, 186ff., 192
Lufthyphen → Luftmycel
Luftknollen 288, 290f.
—, Anthocyan-gefärbte 288
Luftmycel 36, 309
Luftstickstoffbindung → Stickstoffbindung
Luftstolonen → Stolon
Luftwurzelbildung am Tomatenstengel → Symptom, Neu- und Mißbildung
Luftzusammensetzung 190
Lupine 232, 311, 320, **326**ff., 333, 412
Lupinenanbau 328
Lupinenfäule, wäßrige 328f.
—, weiche, graubraune 327f.
Lupinenfäule-Erreger → Erreger, Lupinenfäule
Lupinenkrankheit 328
Lupinensorten 328
Lupinus mutabilis 17
— *polyphyllus* 336
Luzerne 154f., 159, 180, 232, 234, 301f., 316, **317**ff., 326f., 333, 340, 408, 428, 477
Luzernebakteriose → Bakteriose, Luzerne
Luzernepflanze → Luzerne
Luzernesaatgut 321
Luzernesorten 318ff.
Luzernesprosse 156
Luzerneverzwergung 149
Luzernewelke 318f.
Luzernewurzeln 374
Lyase 129
Lycium chinense 380
— *halimifolium* 380
— *pimpinellifolium* 380
Lycomarasmin 151
Lycopersicon 305
— *hirsutum* 242
— *lycopersicum* → Tomate
— *peruvianum* 242
— *pimpinellifolium* 242
Lygus campestris 410
Lysat 77

HFT-Lysat 77
LFT-Lysat 77
Lysehof, -zone 86, 92, 301
Lysin 49*, 109
L-Lysin 25, 283
Lysin-decarboxylase-negativ 345
Lysinderivat 81
Lysis (s. a. Lysehof) 90, 92, 132
Lysiszone → Lysehof
Lysogenie 89, 93
Lysotypie → Phagentypisierung

Maceration → Naßfäule
Macerationsenzym → Enzyme, gewebemacerierende
Macerationsprozeß → Naßfäuleentwicklung
Macerationsvorgang → Naßfäuleentwicklung
Macerationswirkung → Naßfäule
Macropis fuscula 439
— *scotti* 439
Macroptilium atropurpureum 332
Macrosteles cristatus 288, 316
— *laevis* 288, 314
— *quadripunctulatus* 288
— *sexnotatus* 288
Magnesium 56
Magnesiumcarbonat ($MgCO_3$) 280
Magnesiumchlorid ($MgCl_2$) 280
Magnesiumphosphat ($Mg(PO_4)_2$) 280
Magnesiumsulfat ($MgSO_4$) 267, 280f., 301, 418, 431, 478
Magnetotaxis 34
Mais 145, 159, 163f., 172, 175, 180, 225, 232, 234, 256, 263, **271** ff., 298, 300f., 324, 341, 388
Maisbestand 274
Maisblatt 148
Maisform 274
Maishybride 274
Maisinzuchtlinien 274
Maiskolben 272
Maiskrankheit 256
Maispflanzen → Mais
Maissorten 274
Maisstauche 225
Maiswurzeln 272
Makroläsionen → Symptom, Läsion
Makromolekül, -element 48, 52, 54*, 56, 84, 206
—, einsträngiges 50
—, heteropolymeres 25
—, polymeres 38
Makromolekülbildung, -synthese → Synthese, Makromoleküle
—, virusbestimmte 87
Malachitgrün Tafel I_3
Malat 40*, 46*, 259, 268, 345, 348
L-Malat → Malat
Malat-Dehydrogenase 46*
Maleat 343
male-specific-phages → Phage, male-specific-
Malonat 259, 266, 283, 295, 337, 370, 415
Malonyl-CoA 51
Maltose 259, 283, 286, 292, 303, 319, 330, 334, 336, 338, 343, 348, 354, 358, 361, 364, 390, 429f., 432, 436f., 454, 468
Malus 217
— *baccata* 466
— *floribunda* 465
— *sieboldii* 466
— *silvestris* 200
— *sublobata* 466
Malvaceae 180
Mancoceb (= Dithane M 45) → Dithane
Mandarine 200
Mandelbaum 149, 163, 477
Maneb 249, 351, 378, 380
Mangan → Schwermetall
Mangelfaktoren → Nährstoffmangel und → Sauerstoffmangel
Mangold 282, 286, 311
Mangifera indica 299
Maniok 145, 233
Mannane 126
Mannitol 259, 262, 266, 279f., 292, 299, 303, 306, 319, 330, 336, 343, 345, 348, 354, 358, 361, 364, 370, 376, 390, 392, 411, 415, 418, 421, 429f., 432
Mannitol-Teichonsäure 26
Mannose 53, 55*, 126, 152f., 160, 257, 259, 268, 292, 299, 319, 338, 343, 345, 348, 361, 364, 379, 397, 406, 411, 415, 421, 429, 432, 434, 436, 446, 454, 457, 461
D-Mannose 55
Mannose-1-phosphat 55*
Mannoserest 153
Mannuronsäure 55*, 56
D-Mannuronsäure 55
marginal flavescence 291
Mark 170, 174, 298, 363, 374f., 412
Marker 32, 77, 100
—, benachbarte 77
Markfäule (s. a. Naßfäule) 362
Markierung 71, 100
—, radioaktive 30
Markverbräunung → Symptom, Verfärbung
Marssonina juglandis 433
Maschinen 179, 189, 304, 308
Massenschnittgerät → Schnittgeräte
Maßnahmen → Bekämpfungsmaßnahmen
Material, genetisches → Genom
—, —, Verpackung 88
—, nichtalleles → Gen, nicht alleles
Materialdesinfektion → Desinfektion, Arbeitsgeräte
Matrix 125*, 126, 131, 193, 200, 206
— der Zellwand 206
Maturation 88
Mauke der Weinrebe 427f.
Mechanisierung der Aufbereitungsarbeiten 215
— — Erntearbeiten 215

— — Pflegearbeiten 215
—, komplexe 218
Mechanismen, physiologisch-biochemische 37f., 123, 198
—, transeliminative → Transeliminierung
Medicago falcata 319
— *glutinosa* 319
— *homicycla* 319
— *lupulina* 320
— *quasifalcata* 319
— *sativa* → Luzerne
— *scutellata* 320
— *trucatula* 320
Medium (s. a. Agar) 301f., 406
—, Kings B → Agar, King's B
—, Kristallviolett-Pectat- → Agar, Kristallviolett-Pectat-
— nach Miller & Schroth → Agar, Miller & Schroth
—, Møller's KCN- 345
—, Phosphatase- 295
—, saccharosehaltiges → Agar, Saccharose-
—, Stärke-Methionin- → Agar, Stärke-Methionin-
—, Stewart- → Agar, Stewart-
—, Tetracoliumchlorid-Borsäure- → Agar, Triphenyltetracoliumchlorid-
—, tyrosinhaltiges 306
Medium B, King's → Agar, King's B
Meerrettich 298
Meerrettich-Peroxidase → Peroxidase, Meerrettich-
Megacin 92
Mehlbeere 464f.
Melezitose 259, 266, 278, 299, 345, 370
Melibiose 259, 272, 283, 292, 319
Melilotus alba 320
— *indica* 320
— *officinalis* 320
Meloidogyne hapla 318
— *incognita* 375
Melone 180, 261, 298, 344, 351, 367
Membran 38*, 50, 52, 58, 61, 63, 75, 89, 92, 107, 158, 170, 174, 195
—, äußere 24*, **27**f., 33*, 52, 53*, 74, 95, 129
—, Aufbau 28
—, cytoplasmatische 23*, 24*, 26f., 28ff., 31, 33*, 34, 125
—, —, Aufbau 28
—, Elementar- 28
—, innere 27, 71, 129
—, Lipid- 148
—, Wachstum 29
Membrananheftung → Anheftung (s. a. Erkennungsreaktion)
Membrananheftungsstelle 60, 63
Membranbausteine, Biosynthese → Synthese, Membranbausteine
Membran-Depolarisierung 92
Membranprotein 29, 95
—, integrales 28f.
—, integriertes 28
—, peripheres 28f.
Membranschädigung 58, 151, 155, 158
Membranstapel 30
Membranstruktur 30, 172, 174
Membranstrukturierung 87
Membran-Teichonsäure 25f.
Membranwachstum 64
Membranzerstörung → Membranschädigung
Menachinone 105
Menachinontyp 107, 109
Meristem 247f.
Meristemkultur 247f., 451, 458
Merkmal (s. a. Leistungen, physiologische) 68, 72, 78, 123ff., 188, 300
—, antigenes 115, 206
—, biochemisch-physiologisches 105, 112, 116, 277f., 320, 333, 341f., 365, 373f., 382, 387, 389, 394, 427, 447, 451, 453, 456, 458ff., 466, 469
—, chromosomal fixiertes 277
—, codiertes 61
—, klassisches 104
—, LOPAT- 117, 341, 350
—, molekularbiologisches 117f.
—, morphologisches 112, 116, weitere siehe bei den einzelnen Erregern
—, phänologisches 104f.
—, phänotypisches 80, 104f., 241
—, physiologisches → Merkmal, biochemisch-physiologisches
—, plasmidcodiertes 61
—, Resistenz- 200, 209, **217**, 239f., 242f., 295, 309, 352, 408
—, Schlüssel- 117
—, serologisches 115
—, Unterscheidungs- 111f., 377
Merkmalserfassung, -auswertung → Identifizierung
Mesophile → Bakterien, mesophile
Mesophyll (s. a. Blattgewebe) 160f., 196
Mesophyllintercellulare → Intercellulare, Mesophyll-
Mesophyllzellen 172, 196
Mesosom 23*, 30
Messenger 65, 67, 68
—, monocistronischer 65
—, polycistronischer 65, 67, 70
—, polysomaler 65
Metabolisierung → Stoffwechsel
Metabolit → Stoffwechselprodukt
Metham 383
Methanol 41, 129, 268
Methionin 49*, 137, 146, 197f.
DL-Methionin 362
L-Methionin 433
Methioninabbau → Abbau, methioninhaltiger Verbindungen
Methioninmangel 148
Methioninstoffwechsel, -syntheseweg 147f.
Methode 102
—, genetische 76
—, gentechnische 164

—, immunologische → Methode, serologische
—, molekularbiologische 60, 76
—, numerisch-taxonomische 105
—, serologische 53, 94ff., **101**ff., 294, 305, 382
Methylbromid → Bekämpfungsmaßnahmen durch Desinfektion
Methylbromid-Chloropikrin 383
Methylenblau 37, 294
Methylengrün 258, 433
α-Methylglucosid → α-Methyl-D-glucosid
β-Methylglucosid → β-Methyl-D-glucosid
α-Methyl-D-glucosid 283, 292, 295, 299, 319, 345
β-Methyl-D-glucosid 292, 299, 345
Methylierungsgrad 194
N-Methyl-N'-nitro-N-nitrosoguanidin 69
Methylrot-negativ 299, 319, 345, 437
Methylrot-positiv 292
Methylviolett 258
Mikroagglutination → Agglutination, Mikro-
Mikrocysten → Cyste, Mikro-
Mikroelemente → Nährstoff, Mikro-
Mikrofibrillen → Cellulosefibrillen
Mikrokokken → Kokken
Mikrokolonie → Kolonie, Mikro-
Mikroläsion 68
Mikroorganismen, antagonistische → Antagonisten
—, epiphytische → Epiphyt
—, phytopathogene → Erreger
—, saprophytische → Saprophyt
Mikropyle 349
Mikropylenparenchym → Mikropyle
Mikroskop 111
Mikrotitrationsplatte 100
Milben 397, 446f.
Milch (s. a. Lackmusmilch) 309, 343, 345, 358, 361
Milchcoagulation 303, 318, 322, 338
Milchkaffee-Krankheit der Zwiebel 395f.
Milchreife 260f.
Milchsäure 351, 432
3-O-D-Milchsäureether des N-Acetyl-glucosamins 25
Milchtest (s. a. Merkmal, biochemisch-physiologisches) 310
Mimosa invisa 388
Mindererträge → Ertragsabfall
Mineralisierung → Abbau
Mineralsalze → Nährstoff
Mineralsalzkonzentration → Nährstoffkonzentration
Mineralstoff → Nährstoff
Minimalaktivität 36
minimal standards 110
minor genes → Gen, Poly-
Mischfäule (s. a. Naßfäule, s. a. Trockenfäule) 294, 304
Mischinfektion 177, 445
Mischinokulation 202
Mischpopulation 116, 244
Mischsaat 232
Mißbildung → Symptom, Neu- und Mißbildung
Mitochondrien 106, 148, 174, 177, 205
Mitochondrienäquivalent 30
Mitochondrienmembran 148
Mitomycin 90
Mitosehemmung → Hemmung, Mitose-
Mittellamelle 41, 125f., 172
—, Auflösung 172
—, Aufquellen 194*
MLO → *Mycoplasma*-ähnliche Organismen
Modell des rollenden Rings 88
Modellsysteme 83
Möhre 124, 190, 220, 223, 273, 294, 298, 301f., 311, 357, **359**ff., 366, 390, 392
Möhrengewebe 359
Möhrennaßfäule → Naßfäule, Möhre
Möhrenpflanze → Möhre
Möhrenscheibentest → Nachweismethode, biologische
Möhrenschorf 363f.
Möhrenxylem 362
Mohn 412
Mohrrübe → Möhre
Molekül 27, 52, 79, 123, 125, 146, 153
—, amphipathisches 28
—, replicierendes 28
—, Tertiärstruktur 31
Mol-, Molekulargewicht 27, 58, 62, 80, 94, 125, 132, 140, 151, 153, 155, 157, 160f.
Mol.-Gewicht → Molgewicht
Molekülbereich 94
Molekülgröße 151, 157
Molekülkonfiguration → Struktur, Molekül-
Molekülmasse → Molgewicht
Molekülstruktur → Struktur, Molekül-
Molekularbiologie 18, 83
Molekularstruktur → Struktur, Molekül-
Møller's KCN-Medium → Medium, Møller's KCN-
Mollicutes 20
Molybdän 56
Monokultur 232
Monomere **38**, 42, 48, 55f., 158, 160
— von Polysacchariden 161
— — Pectinen 42
Monosaccharid → Zucker
Monosaccharid-Konzentration → Zuckergehalt
Morphogenese 198f.
Morphologie 83f., 116, weitere siehe bei den einzelnen Erregern
—, Virionen 83
—, Zelle → Zellmorphologie
Motilität → Beweglichkeit
M-Scheibe → Basalkörper der Bakteriengeißel
Mucana deeringianum 336
cis-cis-Muconat 42*
Muconolacton 42*
Mumienkrankheit des Champignons 398
Mummy disease → Mumienkrankheit des Champignons

Muraminsäureglieder 52
Muraminsäurepentapeptid 52
Murein 24*, **25** f., 33*, 52
Mureinschicht 26 f.
—, Struktur → Struktur, Murein-
Mureinmolekül → Murein
—, monomolekulare 26
Murein-Stützskelett → Struktur, Murein-
Mureinsynthese → Synthese, Murein-
Mureintyp 26
Musa → Banane
— sp. Cavendish cultivars 273
Muskelfaser 34
Mutagen 68 ff.
—, alkylierendes 69
—, chemisches 68
Mutagenbehandlung 141
mutagene Wirkung 69
Mutagenese, Transposon-bedingte 80
Mutante 68 f., 137, 141, 146, 243, 250
—, auxotrophe 71
—, avirulente 138, 147, 160
—, induzierte 71
—, konditionale 71
—, Nonsense- 68, 72
—, resistente 92
—, Resistenz- 71
—, spontane 68, 250
—, tolerante 92
recB/C-Mutanten 79 f.
ts-Mutanten 72
Mutanten-Phänotyp 71 f.
Mutantenpopulation 72
Mutantenprotein 68
Mutation (s. a. Co-Transduktion, s. a. Transformation, s. a. Transposon-Mutagenese) 53, 59, 63, **68** ff., 86, 206, 241
—, Entstehung 68 f.
—, Frameshift- 68, 91
—, negative 68
—, neutrale 68
—, polare 71
—, positive 68
—, Punkt- 68, 70
—, Rasterschub- → Mutation, Frameshift-
—, Rück- 72
—, Wirtspflanze 93
Mutationsauslösung → Mutation, Entstehung
Mutationsort 68, 70, 77
Mutationszüchtung → Züchtung, Mutations-
Mutterknolle → Kartoffelknolle
Mutterpflanze 180, 223, 235, 248
Mycel 309, 398
—, Substrat- 21*
—, vegetatives 21*, 36
Mycolsäure 105, 107, 109
Mycoplasma → *Mycoplasma*-ähnliche Organismen
Mycoplasma-ähnliche Organismen (MLO) (s. a. Spiroplasma) 18, 22*, 28, 30, 84, 92, 108 f., 176, 182, 193, 215, 217, **219** f., 223 ff., 234, 287, **288** ff., **314** ff., 386 f., 394, 439, 442, 477
— — an Zwiebelpflanzen 394
— —, Befall 288, 386
— —, Infektion → *Mycoplasma*-ähnliche Organismen, Befall
Mycoplasma-bedingte Kartoffelkrankheiten → Kartoffelkrankheiten, MLO-bedingte
Mycoplasma-Erkrankung → Mycoplasmose
Mycoplasmatales 20, 23*, 107
Mycoplasmose 287, 290, **438** f., 442
Mykose → Pilzkrankheit
Myosin 34
Myxospore 35

N_2 → Stickstoff
N-acetyl-muraminsäure (NAM) 25 f.
N-Düngung → Stickstoffdüngung
N-Quelle → Stickstoffquelle
N-Versorgung → Stickstoffdüngung
NA → Agar, Nähr-
Nabelende 217, 293, 304
Nabelendeninokulation → Inokulation, Nabelenden-
Nabelorange → Orange
Nachbarschaftseffekt 216, 236
Nachbau 240, 288
NaCl → Kochsalz
NaCl-Toleranz → Kochsalz-Toleranz
Nachinjektion → Injektion, Nach-
Nachtschatten, schwarzer 311, 380, 408
Nachweis → Identifizierung
Nachweisempfindlichkeit, -grenze 100 f.
Nachweismethode (s. a. Merkmale) 101, **112** ff., 116 f., 295, 438
—, biologische 103, 111 f., 114*, **115** ff., 139, 240, 261, 273, 281, 290, 294, 298, 300, 305, 308, 333, 344, 350, 355, 359, 372, 374, 379, 381, 385, 389, 391, 393, 412, 418, 424, 428, 430
—, elektronenmikroskopische 84, 116, 314
—, enzymatische 294
—, indirekte 100
—, LOPAT-Test → Merkmal, LOPAT-
—, mikroskopisch-histologische 113 f., 116, 170, 314
—, phagentypologische 116
—, physiologisch-biochemische 105, 116 f., 310
—, serologische 94, 98, **100** ff., 115 f., 261, 264, 305, 310, 316, 331, 340, 355, 378 f., 382, 394, 419
Nachweistechnik, kombinierte 305
Nachweisverfahren → Nachweismethode
NAD → Nicotinamidadenin-dinucleotid
NADH → Nicotinamidadenin-dinucleotid-Wasserstoff
NADP → Nicotinamidadenin-dinucleotidphosphat
NADPH → Nicotinamidadenin-dinucleotidphosphat-Wasserstoff
Nähragar → Agar, Nähr-
Nähragar I → Agar, Nähr-

Nährboden → Agar
Nährbouillon → Nährlösung
Nährfilmtechnik (= NFT-Kultur) 182
Nährlösung 57, 116, 338, 343, 345ff., 364, 368, 371f., 390, 392, 443, 457
—, Asparaginbouillon 396
—, Malachitgrünbouillon 396
—, Peptonwasser 116, 345
Nährmedium (s. a. Agar) 22, 37, 56, 116, 132, 185, 193, 450, 456, 478f.
Nährstoff 38*, 54, 56f., 78, 117, 139, 154, 184*, 185f., 193f., 196, 210, 233f., 240, 345
—, Aufnahme 28
—, essentieller 185, 192
—, Makro- 48, 52, 54*, 56, 155
—, Mikro- 56, 189
Nährstoffansprüche 56
Nährstofferschließung 42
Nährstoffhaushalt (s. a. Stoffwechsel) 140
Nährstoffkomponente, essentielle 57
Nährstoffkonkurrenz 245ff.
Nährstoffkonzentration 160
Nährstofflimitation → Nährstoffmangel
Nährstoffmangel 34, 141. 189
Nährstoffquelle 37, 174, 183, 360
Nährstoffstrom, -transport 123, 172
Nährstoffversorgung → Nährstoffquelle
Nährsubstrat (s. a. Agar, s. a. Nährlösung) 163, 182
Nässe 189
—, stauende 302, 451
NAG → N-Acetylglucosamin
Nahrungskonkurrent 245
Nahrungsquelle → Nährstoffquelle
NAM → N-Acetylmuraminsäure
Namen, korrekte 103, 110
α-Naphthylessigsäure 139
Narbe 187
Narbenpapillen 187
Narcissus tazetta 392
Narcissus-Zwiebeln 393
Naßfäule 113, 115*, 117, **124**f., 128, 130f., 134, 159, 168, 172, 174, 185*, 190, 193ff., 200, 209f., 218, 222f., 231, 234, 236f., 242, 260, 272, 283, 293, 295, 298ff., 304, 312, 324, 327, 352f., **356**ff., 364f., 384, 388ff., 392, 395f., 408, 410, 412f., 440, 442, 447f., 460, 472, Tafel III_1, IV_6
— als Wurzelfäule 223, 321
— an Blumenkohlsamenträgern Tafel IV_6
— — Chinakohl 218f.
— — Dieffenbachie 448*
— — Gemüsearten 189
— — Gurke 352f.
— — Kartoffel 17, 102, 188f., 191, 208*, 222, 231f., 240, 251, **292**ff., **296**ff., 302, 304, 471
— — Kohl 218, 356ff.
— — Möhre 218, 359ff.
— — Paprika 383f.
— — *Saintpaulia* 459f.
— — Sonnenblume 412f.
— — Speisezwiebel → Naßfäule, Zwiebel
— — Tomate 380
— — Zwiebel 389ff.
—, Ausbruch → Naßfäuleentwicklung
—, bakterielle → Naßfäule
—, basale 272
—, *Erwinia*- 224
—, gelbe 445
—, pilzliche 412
—, Salat- 366
—, schleimige 392
—, Spitzen- 272
—, Stengel- 297f., 374, 408
—, Stengelmark- 172
Naßfäulebakterien → Bakterien, naßfäuleinduzierende
Naßfäulebefall → Naßfäule
Naßfäuleentwicklung 112, 129, 132, 209f., 273, 298
Naßfäuleerreger → Bakterien, naßfäuleinduzierende
—, bakterielle → Bakterien, naßfäuleinduzierende
—, pilzliche 244
Naßfäuleerscheinung → Naßfäule
Naßfäulegefährdung → Anfälligkeit
Naßfäuleinduktion 195
Naßfäulesymptom → Naßfäule
Naßfäulesyndrom → Naßfäule
Naßfäuletest → Nachweismethode, biologische
Nasturtium 344
Natrium 56
Natriumammoniumphosphat 432
Natriumchlorid → Kochsalz
Natrium-heptadecylsulfat 418
Natriumhydrogencarbonat ($NaHCO_3$) 280
Natriumhydroxid (NaOH) 418, 433
Natriumhypochlorit 249, 323, 351, 356, 378, 380
Natrium-N-diethyldithiocarbamat 383
Natriumnitrat ($NaNO_3$) 280, 432
Natriumsalz 432
Natriumselenit 280f.
Nebelverfahren 351
Nekrose → Symptom, Absterbeerscheinung
Nekrose-auslösendes Toxin → Toxin, nekroseauslösendes
Nekroseentwicklung 168ff., 202, 205, 283, 410
Nekroseerreger → Erreger, nekroseinduzierende
Nekrose-induzierende Bakterien → Erreger, nekroseinduzierende
Nekrosesymptome → Symptom, Absterbeerscheinung
Nekrosetoxin → Toxin, nekroseauslösendes
nekrotische Bereiche → Symptom, Absterbeerscheinung
Nekrotisierung → Nekroseentwicklung
Nektarien 187, 190, 200, 417
Nektarienöffnung 188
Nektarsekret 187

Nelke 176, 202, 223, 442, 447, 449, 452, **456** ff., 460
Nelkenfäule 202
Nelkenfusariose 457
Nelkenpflanze → Nelke
Nelkensorten 457 f.
Nematoden 182, 266 ff., 307, 318, 321, 357, 363, 395, 397, 428 f., 446
Nematodenbefall 188, 455
Nematodengallen 154, 266 f.
Nematodenlarven 266 f.
Neomycin 61*, 353
Nerium 435
Nervengift → Neurotoxin
Netzmittel 467
Neuinfektion → Infektion, Neu-
Neukombination → Kombination
Neurotoxin (s. a. Toxin) 154, 266
Neutralfette 37
Neutralrot 418
Neuzüchtung → Züchtung
Nezara viridula 335
NFT-Kultur → Nährfilmtechnik
Nicandra physaloides 380
Nichtschwefelbakterien, grüne 107
Nichtwirtspflanze 170, 179, 203 f., 335, 337
Nickel 56
Nicotiana → Tabak
— *glutinosa* 308, 344
— *rustica* 289, 299, 380, 408
— *tabacum* 289, 290, 299, 382
Nicotinamidadenin-dinucleotid (NAD) 39, 41, 43*, 45*, 47, 48*
Nicotinamidadenin-dinucleotid-Wasserstoff (NADH) 39, 43*, 45*, 46*, 47, 48*
Nicotinamidadenin-dinucleotidphosphat (NADP) 39, 44*, 45 ff.
Nicotinamidadenin-dinucleotidphosphat-Wasserstoff (NADPH) 39, 44*, 45 f., 51
Nicotinsäure 303, 345, 418, 430 f., 433
Niederschlag (s. a. Wasser) 163, 182, 186, 188, 238, 260 f., 267, 272, 294, 320, 325, 333, 355, 359, 363, 379, 383, 407, 417*, 426, 434, 437, 443, 461, 468
Niederschlagsentstehung 163
Nischen, ökologische 107
Nitrat 50, 56, 262, 345
Nitratdüngung 233
Nitratgehalt 295
Nitratreduktion 272, 292, 299, 303, 306, 309, 338, 345, 364, 368, 373, 392, 395, 443, 446, 457, 461, 468
—, assimilatorische 50
—, fehlende 257, 259, 262, 266, 268, 285, 317, 319, 322, 330, 334, 336, 343, 345, 348, 354, 358, 361, 366, 370, 376, 379, 397, 406, 411, 415, 421, 425, 429 f., 432, 434, 436 f., 444, 450, 454
Nitrilotriessigsäure 418
Nitrit 69, 262, 266, 343, 370, 373, 421, 429
Nitrofurantoin 355
Nocardioforme 108
Nocardiomycolsäure 109
nodale Abschnitte 296
Nomenklatorik 103, 109 ff.
Nomenklatur 109 f.
—, Bakterien 103
—, Regeln des Internationalen Codes 102, 109
Nomenklaturcode → Nomenklatur, Regeln des Internationalen Codes
Nomenspecies 100, 102
Nonsense-Codon → Terminatorcodon
Nonsense-Mutanten → Mutante, Nonsense-
Nopalin 81, 141
—, Abbau → Abbau, Nopalin
Normalserum 95
Novobiocin 301
Noxen, chemische 249, 393
N-Stoffwechsel → Stickstoff
Nuclease 79, 88, 92
—, sequenzspezifische 88
—, Wirts- 87
—, Wirts-DNS-spaltende 88
T_1-Nuclease 105
Nucleinsäure (s. a. DNS, s. a. RNS) 38, 48, 56, 83 f., **87**, 117, 288
—, Ejakulation 87
—, Injektion 87
—, replizierende 88
Nucleinsäurebausteine 71, 91
Nucleinsäure-Fragmente → Nucleinsäurebausteine
Nucleinsäuregröße 83
Nucleinsäure-haltige Stoffe 142
Nucleinsäuresynthese → Synthese, Nucleinsäure-
Nucleinsäuretyp 83
Nucleocapsid 84, 87
Nucleo-Cytoplasma → Cytoplasma
Nucleoid 23*, 27, **30** ff., 59 f., 63 f., 68
—, makromolekulare Ultrastruktur 31
—, Struktur 31
Nucleoid-Areal 31
Nucleoid-DNS → DNS, Nucleoid-
Nucleotid 38, 48, 50, 56, 63, 65, 68 f., 87, 91 f.
—, „falsches", nicht komplementäres 63, 69
—, Oligo- 106
—, Oligonucleotidsequenz 36
—, Pyridin- 47
Nucleotidbausteine 48
Nucleotidpaare 68
Nucleotidsequenz 65, 68 f., 91
—, spezifische 79
Nucleotidsynthese → Synthese, Nucleotid-

Oak leaf scorch 477
Oberflächenantigen → Antigen, Oberflächen-
Oberflächenbelege 174 ff.
—, Bildung 168, 174 f.
Oberflächenkontamination → Kontamination, Oberflächen-

Oberflächenstruktur 74
Objektträger 100
Objektträgeragglutination → Agglutination, Objektträger-
Obstanlage 220, 237f., 420, 464
Obstart (s. a. Kernobst) 163, 176, 181, 425
Obstbäume, -gehölze, -gewächse, -kulturen (s. a. Kernobst) 176, 181, 191, 221, 228, 246, 423, 427f., **438** ff.
Obstbakteriose → Pflanzenkrankheit, bakteriell bedingte
Obstbau 218, 237f., 251, 465
Obstbaugebiet 220
Obstbaumschnitt 423
Obstproduktion → Obstbau
Octopin 81, 141
Odontoglossum 298
Öffnungen 170, 185, 188
—, natürliche 172, 185ff.
Ökosystem 244
Ölbaum 80f., 434f.
Ölflecke → Symptom, Läsion
Ölfleckenkrankheit der Begonie 169, 223, 454ff.
Ölgehalt 224
Oenothera 378
„Okazaki-Fragmente" 63, 64*
Olea → Ölbaum
Oleander 80f.
Oligogalacturonid 41*
Oligogalacturonid-Abbau → Abbau, Oligogalacturonid
Oligogalacturonidlyase 129, 133*
Oligogen → Gen, Oligo-
Oligomere aus Pectinen 38, 41, 55f., 106, 126, 130, 132f., 158
Oligonucleotid → Nucleotid, Oligo-
Oligonucleotidsequenz → Nucleotid, Oligonucleotidsequenz
Oligosaccharid (s. a. Zucker) 26f., 55, **128**, 206f.
—, gesättigtes 209
—, ungesättigtes 209
Oligosaccharine 128, 207
Oligouronide → Uronide, oligomere
Olive → Ölbaum
Olivenanbau 435
Olpidium brassicae 369
"one-step growth experiments" → Einstufenwachstumsversuch
Ontogenese → Wachstum, Pflanze
Oncidium 298
Operator 66*, 67f.
—, Regulation 66*
Operatorsequenz 90
Operon 66*, 67, 74
Lac-Operon 67
trp-Operon 66*
Opin 80*, 81
Opin-Katabolismus 80*
Opin-Synthese 81
Orange 148, 219, 425
Orangenbäume → Orange
„Orange Welke" 336
Organisation, genetische → Genetik
Organismen, autotrophe → Bakterien, autotrophe
—, heterotrophe → Bakterien, heterotrophe
—, prokaryotische → Prokaryoten
„Origin" → Initiation
oriT → Transferorigin
Ornichol 136
Ornithin 109, 147*, 198
Ornithincarbamyl-transferase (OCT) 147
Ornithin-Cyclus 147
Ornithin-decarboxylase 345
Ornithinstau 147
Orobanche 288
Orosius albicinctus 290
Oryloctan 58
Osmiumsäurefixierung → Fixierung, Osmiumsäure-
Ostrinia nubilatis 383
Ovale Blattfleckigkeit des Hafers 262ff.
Ovarienkultur 296
Oxalacetat 40*, 46*, 49*
Oxalat 259, 343
Oxalsuccinat 46*
Oxidase 266, 278
Oxidase-Aktivität 117, 278
Oxidase-negativ 257, 259, 262, 266, 268, 272, 286, 299, 330, 338, 345, 354, 364, 370, 376, 421, 434, 436f., 444
Oxidase-positiv 268, 279, 306, 348, 368, 373, 390, 395, 446
Oxidase-Produktion → Oxidase-Aktivität
Oxidasereaktion 45, 362, 365
(Cu)-Oxidase, cytochrome Metall- 198
Oxidation 39ff., 47
—, biologische 39
—, schrittweise 47
—, unvollständige 40
Oxidationsprodukt 201
Oxidationsrate 198
Oxinsulfat 328
3-Oxoadipat 42*
2-Oxoglutarat 40*, 46*, 47, 49*, 50
Oxytetracyclin 58, 252, 291, 315, 353, 383, 387

P-Quellen → Phosphorquelle
Palatinose 283, 295
Palme 219
Panicum maximum 301
Papaveraceae 386
Paprika 172, 174, 219, 233, 242, 285, 289, 298, 308, 372, 380, **382** ff., 408, Tafel VI_1
Paprikablätter 139, 149, 385, Tafel VI_3
Paprikafrüchte, -schoten 190, 383ff., Tafel VI_2
Paprikalinien 383
Paprikapflanze → Paprika
Paprikasorten 383
Parabiose 245

Parasit 135, 142, 150, 177f., 181, 183, 188, 233, 238, 323
—, fakultativer 177
—, obligat intracellulärer 81
—, Schwäche- 183
—, ubiquitärer 298
—, Wund- 188, 218, 237, 279, 282, 292, 326, 361, 363, 397, 410, 412, 443
Parasitismus 87, 245
Parenchym 124*, 170, 174, 196, 272, 349, 443, 446
—, perivasculäres 272
—, Rinden- 34, 160, 170, 176
Parenchymzellen 124*, 127*, 194*, 195, 279, 292, 346, 371, 375
—, Ausstülpung 196
—, Kürbis- 195
Parthenium 300f.
—, *argentatum* 300
Parthenokarpie 136
Partikel, mineralische 162
—, transduzierende 77, 78*
Partikelbildung 88
Pastinake 298, 311
Pathogen → Erreger
Pathogen-Wirtszell-Kontakt (s. a. Erkennungsreaktion) 205
Pathogenese 54, 112, 123f., 128, 131, 134f., 137ff., 143, 151, 153, 155, 157f., 160, 163f., **168**ff., 174, 184f., 188, 192f., 195ff., 203ff., 210, weitere siehe bei den einzelnen Erregern
—, Biochemie 193
—, Physiologie 193
—, Verlauf 157, 193f.
Pathogenität (s. a. Virulenz) 52, 59, 80, 92, 123, 140, 142f., **150**, 154, 158ff., 184, 193, 195, 206f., 277, 359, 393
—, Differenzierungsmerkmal 111
Pathogenitätseigenschaft → Pathogenitätsmerkmal
Pathogenitätsfaktor 93, 143
Pathogenitätsmerkmal 117f., **123**ff., 141, 205, 207, 241, 277, 434
—, spezifisches 115, 118
—, unspezifisches 115
Pathogenitätsnachweis, -prüfung, -test 101, 115, 117, 258, 300, 308, 333, 337, 387, 397, 407, 410, 459, 461
Pathogenitätsunterschied → Virulenz
Pathogenitätsverlust 141
Pathosystem → Wirt-Parasit-System
Pathotyp 323, 380
Pathovar 92, 102, 111, 115, 118, 147, 159, 257f., 299f., 333, 341, 378, 426
Paton's Doppellagensubstrat → Agar, Paton's Doppellagen-
PCNB → Pentachlornitrobenzol
Pear-decline → Birnen-Verfall
Peach yellow 219
Pecan 225
Pectat-Abbau → Abbau, Pectat
Pectatgel 393
Pectatlage, -auflage 302
Pectatlyase 124, 129ff., 190*, 194f., 202, 208*, 209f.
—, extracelluläre 133
endo-Pectatlyase 129, 134, 193f., 195, 365
exo-Pectatlyase 129, 134
Pectatlyase-Aktivität 130, 190, 194f.
Pectatlyase-Ausschüttung → Pectatlyase-Exkretion
Pectatlyase-Bildung → Synthese, Pectatlyase-
Pectatlyase-Einwirkung 194
Pectatlyase-Exkretion 130, 132, 194
Pectatlyase-Induktion 132, 209
Pectatlyase-Inhibitor 132
Pectatlyase-Produktion → Synthese, Pectatlyase-
Pectatlyase-Regulation 133
Pectatlyase-Sekretion → Pectatlyase-Exkretion
Pectatlyase-Synthese → Synthese, Pectatlyase-
endo-Pectatlyase-Ausschüttung (s. a. Pectatlyase-Exkretion) 194
Pectatmedium 432
Pectat-Mineralsalzlösung 116
Pectin 40*, 41, **125**ff., 129f., 132, 194, 206, 392, 415
—, Abbauweg 41*
—, Apfel- 302
—, *Citrus*- 301
—, hochverestertes 130
—, polymeres 206
—, Zellwand- → Zellwandpectin
Pectinabbau → Abbau, Pectin
Pectinabbauprodukt 209
Pectinesterase 41*, 134
Pectinkomponente → Oligomere aus Pectinen
Pectinlamelle 292
Pectinmangelkultur 133
Pectinase (s. a. Enzyme, gewebemacerierende) 42, 80, 125*, 128ff., 147, 179, 184*, 193, 195, 201
—, extracelluläre 129f., 194
—, hydrolytische 130
—, intracelluläre 129
endo-Pectinase (s. a. Enzyme, gewebemacerierende) 129
exo-Pectinase (s. a. Enzyme, gewebemacerierende) 129, 193
Pectinase-Aktivität 117, 195
Pectinasekomplex 193
Pectinasesynthese → Synthese, Pectinase-
Pectinesterase (s. a. Enzyme, gewebemacerierende) 129, 134
Pectinlyase, extracelluläre (s. a. Enzyme, gewebemacerierende) 130
Pectinmethylesterase (s. a. Enzyme, gewebemacerierende) 132, 194f.
Pectinmolekül → Pectin
Pectinpolymere 129
Pectinsäure 126, 129, 294
Pectinsäuresubstanz 128, 130
Pectinstruktur 184*

Pectinsubstrat 129f.
Pectinveränderung, induzierte → Veränderung, pectininduzierte
Pelargonie 233f., 248, 442, **449**ff., Tafel VIII_5
—, Wucherung (Verbänderung) 452*
Pelargonien-Bestand 238
Pelargonienblätter 175
Pelargonium capitatum 273
— *domesticum* 451
— *grandiflorum*-Hybride 451f.
— *graveolens* 451
— *peltatum* 451
— *peltatum*-Hybride 451
— *zonale* 298, 344, 451
— *zonale*-Blätter 115
— *zonale*-Hybride 451f.
Peluschken 327
Penetration 61, 92
Penetrationsbarriere 27, 71
Penetrationseffekt 250
Penicillin 32, 71, 272, 299
Penicillin G 280, 301
Pennisetum purpureum 301
Pentachlornitrobenzol (PCNB) 308
Pentalysyl-Rest 27
Pentapeptid 55
Pentose 46, 48, 49*, 206
Pentosephosphat 40*, 45
Pentosephosphat-Weg 40*, 42, 44*, **45**f., 50, 198
Peptid 50, 148, 151f., 186
—, cyclisches 137
—, Penta- 55
—, Teil- 68
—, Tetra- 25
—, Zellwand- → Zellwandpeptid
Peptidanteil 153
Peptidbindung 50, 52, 153
Peptidkette 50, 52, 58
Peptidkomponente 153
Peptidoglykan 24*, 25, 34, 52
—, muraminsäurehaltiges 106
—, Zellwand- 105, 107
Peptidoglykaneinheit → Peptidoglykan
Peptidoglykanschicht 52, 53*
Peptidstoffwechsel 58
Pepton 268, 303, 319, 322, 345, 450, 454, **478**f.
—, pankreatisches 302
—, Proteose- 478
Peptonabbau → Abbau, Pepton
Peptonwasser 116, 345
Peragallis sinuta 290
Peressigsäure 249
Periderm 170, 187f., 293, 310, 363
periplasmatischer Raum 27
Periwinkle wilt 477
Perlit 344
Permeabilität 135, 147, 195f., 202
—, Semi- 58
—, Störung durch Enzyme 196
—, — — Toxine 147, 196
—, Zellwand- 202
Permeabilitätsbarriere 28
Permeabilitätserhöhung 158, 196, 205
Permutation, circuläre 84, 88
Peroxidase 201
—, Meerrettich- 100
Persistenz der Phagen-DNS 90
Pesticide 245, 311
Petersilie 411f.
Petunie 442
Petunia hybrida 344
Pfeffer 180, 289
Pfirsich 163, 180, 219, 225, 230, 234, 425f., 431f., 440, 477
Pfirsichplantage 219
Pflanze 106
—, parasitische 288, 314
—, sukkulente 298
Pflanzenhormon → Wuchsstoff
Pflanzendecke 163
Pflanzengesellschaft 231
Pflanzengewebe → Gewebe
Pflanzenhaare 379
Pflanzenhygiene → Bekämpfungsmaßnahmen, phytohygienische
Pflanzenkrankheit 111, **168**, 177, 185, 191f., 219f., 224, 230, 232f., 238
— am Stengel 112, 238
— an Blättern 112, 159, 168, 186, 224, 231, 238, 324, 342
—, bakteriell bedingte 182, 224, 231, 249, 433, 461
—, Entstehung 184
— im Lager → Lagerkrankheit
—, MLO-bedingte 217
—, pilzlich bedingte 142, 188, 231, 239, 419
—, samenübertragbare 180f., 222f., 228
—, systemische 176
—, Verlauf 184
—, Welke- → Welkekrankheit
—, wirtschaftliche Bedeutung 215, weitere siehe bei den einzelnen Erregern
—, Wurzel- → Gefäßzerstörung
Pflanzenoberfläche 123, 151, 162f., 179, 186
Pflanzenparasit → Parasit
Pflanzenpathogenität → Pathogenität
Pflanzenproduktion 215, 232
Pflanzenquarantäne → Quarantäne
Pflanzenreste, -rückstände 116, 179, 230, 235, 248, 257, 260, 294, 320, 325, 327, 331, 333, 335, 341, 350, 353, 355, 363, 379, 381, 393, 447, 450
Pflanzenschutz, integrierter 228, 230, 239
Pflanzenschutzmaßnahme → Bekämpfungsmaßnahmen
Pflanzenschutzmittel → Präparat, chemisches
Pflanzenstoffe, sekundäre → Stoffwechselprodukt, sekundäres
Pflanzentumor → Tumor
Pflanzenviren → Virus

Pflanzenwachstum → Wachstum
Pflanzenzüchtung → Züchtung
Pflanzgut 179ff., 183, 215f., 220, 223, 229, **235**f., 249, 293, 295, 301, 305, 307, 426
—, Kartoffel- → Pflanzkartoffeln
—, kontaminiertes 179
—, stolburkrankes 288
—, VTSC- (virus-tested stem cuttings) 248
Pflanzgutbehandlung → Bekämpfungsmaßnahmen
Pflanzguterzeugung, -produktion 222, 294f.
Pflanzgutübertragung → Übertragung
Pflanzgutverseuchung 305
Pflanzkartoffelbeizung 361
Pflanzkartoffeln (s. a. Pflanzgut) 102, 216ff., 222, 235, 251, 294f., 300, 302f., 304, 307, 310
—, Schneiden 183, 218, 305, 307
Pflanzknollen → Pflanzkartoffeln
Pflaume 180, 333, 425f.
Pflegemaßnahme 183, **236**ff., 289, 315, 372, 375, 384, 428, 431f., 440, 443, 450f.
Pfropfen, Pfropfung 142, 203, 288, 290f., 314, 316, 438
Pfropfreiser 223
pH-Optimum → Wasserstoffionenkonzentration, Optimum
pH-Wert → Wasserstoffionenkonzentration
Phänotyp 68, 72f.
Phage 27, 62f., 70, 73, 76ff., **81**ff., 115f., 149, 190, 205, 245, 292, 297, 299, 303, 306, 318f., 322, 340, 355, 361, 379, 382, 415, 425, 429, 431f., 437
—, Charakterisierung 86
—, defekte 91
—, DNS- 87
—, erregerspezifische → Phage, spezifische
—, Evolution 91
—, Haupttyp → Phage, morphologische Typen
—, homologe 89f.
—, komplette 81
—, lysogene 76f., 89, 142
—, lytische 77
—, male-specific- 87
—, monovalente 115
—, morphologische Typen 83
—, Mutator- 63
—, Plasmid- 73
—, polyvalente 338, 348
—, RNS- 34, 86
—, spezifische 105, 245, 335, 345, 355, 378f., 385, 429, 436
—, taxonspezifische → Phage, spezifische
—, temperente → Phage, lysogene
—, transduzierende 73, 76f., 93
—, virulente 76, 89, 142
A25-Phage 84*
AP 1-Phage 141
λ-Phage 73, 76f.
M12-Phage 87
M13-Phage 83, 87, 89
O6-Phage 83
P2-Phage 77
PMZ-Phage 83
P22-Phage 77
R_{17}-Phage 83
Streptococcus-Phage 82*, 85*, 86
Streptomyces-Phage 82*
T-Phage 84, 86f.
—, geradzahlige 87, 89
T1-Phage 83
T4-Phage 83, 87f.
T5-Phage 87
T7-Phage 87f.
Φx174-Phage 83, 91
phageninduzierter Abbau → Abbau, phageninduzierter
Phagenadsorption → Adsorption, Phagen-
Phagenapplikation → Applikation, Phagen
Phagenassay → Phagentechnik
Phagen-attachment-Region (POP′) 90
Phagenbefall → Infektion, Phagen-
Phagenchromosom → Chromosom, Phagen-
Phagen-DNS 77, 87ff.
—, homologe 89
Phagen-DNS-Segment 88
Phagen-DNS-Synthese 88
Phagenentwicklung 87, 90, 93
Phagenfreisetzung 86, 88ff.
Phagengen → Gen, Phagen-
Phagengenom → Genom, Phagen-
Phagenhülle 77
Phageninduktion → Induktion, Phagen-
Phageninfektion → Infektion, Phagen-
Phagenkomponente 83
Phagenkopf 84
Phagenlöcher → Plaque
Phagenlysozym 89
Phagennachkommenschaft 86, 88
Phagenpartikel → Phage
Phagenproduktion → Phagenentwicklung
Phagenprotein → Protein, Phagen-
Phagenreifung 88f.
Phagenresistenz → Resistenz, Phagen-
Phagenschwanz 84, 86ff.
Phagensensibilität → Sensibilität, Phagen-
Phagenspecies 84
Phagensuspension → Phage
Phagentechnik, -test 86f., 90, 92, 115
Phagentiter 87, 116
—, extracellulärer 87
Phagentypisierung 53, 86, 340
Phagenvermehrung → Phagenentwicklung
Phagocytose 28
Phalaenopsis aphrodite 298
Phalaris aquatica 267
— *arundinacea* 271
— *minor* 267
— *paradoxa* 267
Phase, Anlauf- 57, 193

—, exponentielle → Wachstum, logarithmisches
—, feste 100
—, parasitische 179
—, saprophytische 181
—, stationäre → Wachstum, stationäres
lag-Phase 57, 192
Phasenkontrastverfahren 314
Phaseollin 205
Phaseolotoxin 80, 143, 145, **147**f., 169, 330
—, Angriffsort 147
—, Ausscheidung 331
—, Bildung → Synthese, Phaseolotoxin-
—, Einwirkung 147
—, Produktion → Synthese, Phaseolotoxin-
Phaseolus 331
— *acutifolius* 331, 336
— *angularis* 337
— *atropurpureus* 331
— *aureus* 333, 336
— *bracteatus* 331
— *coccineus* 331, 336f.
— *lathyroides* 331
— *lunatus* 331, 333, 336f.
— *macrocarpus* 331
— *multiflorus* 331, 344
— *mungo* 320
— *radiatus* 331
— *polyanthus* 331
— *polystachis* 331
— *vulgaris* → Bohne
Phaseolus-Bohne → Bohne
Phellogen 187
—, Wuchern 187
Phenazin-Körper 58
Phenol 184*, 200, 205, 210
Phenolgehalt 170
Phenoloxidase 201
Phenolproduktion → Synthese, Phenol-
Phenylalanin 49*
Phenylalanin-deaminase-Aktivität 117, 345
Pheromon 137
Philodendron 273, 300f.
— *panduriforme* (HBK) 273
— *scandens* subsp. *oxycardium* 273
— *selloum* 273
Phleum (s. a. Gras) 271
— *pratense* 258f., 263, 271
— *pratense*-Sorten 271
Phloem 160, 169, 193, 196, 203, 290, 375, 386, 417
Phloemelemente, -zellen 174, 177, 196, 371
Phloemgewebe → Phloem
Phoma 297
Phony disease des Pfirsichs 224f., 440, 477
Phony peach → Phony disease des Pfirsichs
— — disease → Phony disease des Pfirsichs
Phosphat 53, 56, 184*, 189, 194, 210
—, anorganisches 39*, 41, 45
Phosphatase, alkalische 100
Phosphatase-Bildung → Synthese, Phosphatase-
Phosphatase-Medium → Medium, Phosphatase-
Phosphatase-positiv 272, 286, 299
Phosphatbindung 45, 47
Phosphatdüngung 350
Phosphatgruppe 40, 45, 48, 51
—, Abspaltung 40
—, energiereiche 45
Phosphatidase 132, 134, 184*, 193
Phosphat-Ionen 149
Phosphatidylethanolamin 51f.
Phosphatmangel 37
Phosphatspeicher 37
Phosphatversorgung 189, 350
Phosphoenolpyruvat 43*, 50, 52
Phosphoenolpyruvat-Umwandlung 45
Phosphofructokinase 43*, 47
6-Phosphofructokinase → Phosphofructokinase
Phosphogluconat-Dehydrogenase 44*, 45, 47
6-Phosphogluconat 40*, 44*, 45
6-Phosphogluconolacton 44*, 46
Phosphoglycerat-Kinase 39*, 41, 43*
2-Phosphoglycerat 43*
3-Phosphoglycerat 39*, 40, 43*, 50
1,3-DL-Phosphoglycerat 41
Phosphoglyceromutase 43*
Phospho-2-keto-3-desoxygluconat-Aldolase 45*
Phospholipase 92
Phospholipase C 195
Phospholipid 50ff., 53*, 125, 132, 206
Phospholipid-Doppelschicht 28
Phospholipid-Gehalt 140
Phospholipidmuster 105
Phosphor 233f., 387
—, radioaktiv markierter 140
5-Phosphoribosylpyrophosphat 48
Phosphorpesticid → Pesticide
Phosphorquelle 38, 56
Phosphorsäure → Säure
N^{δ}-phosphosulf-amyl-ornithyl-alanyl-homoarginin 147, 330
Phosphorwolframsäure 82*
Phosphorylierung 45, 47
—, oxidative 148f.
—, Substrat- 39*, 40
Phosphorylierungsreaktion → Phosphorylierung
Phosphotransferase 62*
Photoreaktivierung 69
Photoreaktivierungsenzym 69
Photosynthese 197
—, Verminderung 197
Photosyntheserate 197
Phototaxis 34
Phylloidie (s. a. Symptom, Neu- und Mißbildung) 291, 314, 386
— an Kartoffel 291
— — Klee 316
Phylloidie-Symptom → Phylloidie
Phyllosphäre 116, 179

Phyllosticta hedericola 468
Phylogenie 104, 107
Physalis grandiflora 408
— *minima* 380
— *virginiana* 408
Physiologie der Bakterien **37**ff., 184, 193
Physocarpus opulifolius 466
Phytoalexin 58, 128, 136, 169, 184*, 198, **205**, 210, 266, 368
Phytoalexinbildung → Synthese, Phytoalexin-
Phytobakteriologie, Geschichte 17f., 94
Phytohämagglutinin 206
Phytohormon → Wuchsstoff
Phytohormonabbau → Abbau, Phytohormon
Phytohormonfreisetzung → Ausscheidung, Wuchsstoff
Phytohormongruppe → Wuchstoffklasse
Phytohormonwirkung → Wuchsstoffwirkung
Phytohygiene → Bekämpfungsmaßnahmen, phytohygienische
Phytopathogenität → Pathogenität
Phytophage → Phage
Phytophthora 312
— *infestans* 293
— *syringae* 467
Phytotoxin → Toxin
Phytotoxinforschung → Toxinforschung
Phytotoxizität 148, 160
Piercesche Krankheit der Weinrebe 149, 224f., **440**, 477
Pigment → Farbstoff
Pigmentbildung → Farbstoffproduktion
Pigmentierung → Farbstoffablagerung
F-Pili 34
Pilus, Pili 23*, **34**, 75, 79, 87
—, Geschlechts- → Pilus, Sex-
—, Sex- 34, 87
Pilusspitze 87
Pilz 36, 106, 137, 143, 177, 185, 203, 206f., 241, 244, 297, 318, 381, 393, 398
—, phytopathogener → Erreger, pilzliche
—, saprophytischer 359
Pilzart 398
Pilzbefall → Pilzkrankheit
Pilzbelag 467
Pilzkörper 397
Pilzkrankheit 142, 181, 190, 193, 202, 249, 431, 433, 446, 468
Pilzparasit → Erreger, pilzliche
Pink eye der Kartoffel 312
Placenta 349
Plaque 84*, **86**, 90, 92
Plaqueassay → Phagentechnik
Plaquebildung 89
Plaquetest, -technik → Phagentechnik
Plasmafunktion 145
Plasmalemma (s. a. Plasmamembran) 125, 148, 195, 206
Plasmamembran 89, 195
Plasmid 23*, **31**f., 59ff., 70, 72*, 73, 75ff., 80f., 90f., 141f., 148ff.
—, bacteriocinogenes 61
—, degradatives 32, 61
—, Einteilung 61*
—, genetische Karte 61*
—, großes 60f., 77, 80f., 142, 199
—, inkompatibles 61
—, integriertes 75
—, kataboles → Plasmid, degradatives
—, kleines 31, 60, 64, 79, 142
—, komplettes 79
—, konjugierendes 32, 61, 73ff.
—, konstruiertes 32
—, kryptisches 61f.
—, linearisiertes 79
—, metaboles 61
—, mobilisiertes 75
—, nichtkonjugierendes 32, 61, 75
—, Nopalin-Ti- → Ti-Plasmid
—, Prime- 73
—, F-Prime- 76
—, Resistenz- 32, 61, 76, 250
—, resistenzcodiertes → Plasmid, Resistenz-
—, tumorinduzierendes → Ti-Plasmid
—, Verteilung 60
Plasmid pBR 322 60*
Plasmid pIAA 81
Plasmid RP 4 61
Plasmid RSF 1010 61
Col-Plasmid 91
F-Plasmid 72*, 87
R-Plasmid 32, 393
R68-Plasmid 76
R68.45-Plasmid 76
Ri-Plasmid 80f., 141f., 277
Ti-Plasmid 31, 80, 141f., 199, 277
Plasmid-Chromosom → Chromosom, Plasmid-
Plasmid-Chromosom-Cointegrat 76
plasmidcodiert → Plasmidcodierung
Plasmidcodierung 32, 74, 80f., 137, 141f., 277
Plasmid-DNS → DNS, Plasmid-
Plasmidgehalt 149
Plasmid-Phage 73
Plasmid-Plasmid 73
Plasmidsequenz 73
plasmidtragende Zellen 61
Plasmidtransfer 74, 79
Plasmidtransformation → Plasmidtransfer
Plasmidtyp 60
Plastid 106
Platane 477
Platterbse 326f., 329
Ploidiegrad 177
PO_4^{3-}-Ion → Phosphat
Poa, -ceae 180, 271
POB′ → Chromosomensequenz, POB′
Poinsettien 449, 459f.
Poisson-Verteilung 81

Polarität, konstante 87
Pol-Terrafum 419
Polyacetylen 58
Polyacrylamid-Gel 294
Polybia 375
Polyester 36
Polyethylenglycol 78
Polygalacturonan 125
Polygalacturonase (s. a. Enzyme, gewebemacerierende) 41*, **129**ff., 194, 348
endo-Polygalacturonase 129, 134, 194
exo-Polygalacturonase 132, 134
exo-Polygalacturonatlyase (s. a. Enzyme, gewebemacerierende) 129
Polygalacturonase-Aktivität (s. a. Enzyme, gewebemacerierende) 130, 194
Polygalacturonid 41
Polygalacturonsäure 126, 130, 195
—, Abbau → Abbau, Polygalacturonsäure
Polygene → Gen, Poly-
β-1,4-Polyglucan 128
Polyglucan-Ketten 128
Polyglucan-Molekül 128
Polyguluronsäure 55*, 56
Poly-β-hydroxybuttersäure 36, 50, 52*, 116
C_{55}-Polyisoprenoid 52
C_{55}-Polyisoprenoidlipid-diphosphat 56
Polymannuronsäure 55*, 56
Poly-D-mannuronsäure-Monomere 161
Polymerase 64f., 69, 107
Polymerase I 63
Polymerase III 63
DNS-Polymerase 88
RNS-Polymerase 49, 88
Polymere 38, 42, 56, 125f., 206
Polymerisation → Polymerisierung
Polymerisationsgrad 127
Polymerisierung 50, 56, 63, 126
Polymethylgalacturonase (s. a. Enzyme, gewebemacerierende) 195
Polymyxin-B-sulfat 393
Polynucleotid 38*
Polyol-Monomere 26
Polypectat (s. a. Pectin) 392
Na-Polypectat 376
Polypeptid → Peptid
Polypeptidkette (s. a. Peptidkette) 58
Polyphosphat (s. a. Phosphat) 37
Polyribosom 31, 36
Polysaccharid (s. a. Cellulose, s. a. Stärke, s. a. Zukker) 18, 29, 36, 38, 40*, 42, 48, 55f., 86, 94ff., 101, 105, 124, 126, 128, 131, 145, 153, 155, 158f., 160ff., 200, 206, 279, 292, 299, 354, 373
—, extracelluläres (EPS) 17, 54, 140, 142, **151**ff., 158ff., 169, 196, 206f., 257
—, Hetero- 55f.
—, Homo- 55
—, Kapsel- 151, 153
—, Kern- 27
—, kleines 160
—, neutrales 26, 126
—, saures 26
—, spezifisches 161
—, strukturloses 28
—, toxisches 154, 161
—, welkeauslösendes 153
Polysaccharid-Anteil 95, 126, 153
Polysaccharid-Ausscheidung → Ausscheidung, Polysaccharid-
Polysaccharid-Auswüchse, fädige 195
Polysaccharid-Bildung → Synthese, Polysaccharid-
Polysaccharid-Bildungsvermögen 158
Polysaccharid-Fraktion 153, 206
Polysaccharid-Gruppe 206
Polysaccharid-Komponente → Polysaccharid-Fraktion
Polysaccharid-Molekül 155, 157
Polysaccharidmuster 105
Polysaccharid-Natur → Polysaccharid
Polysaccharid-Produktionsvermögen → Polysaccharid-Bildungsvermögen
Polysaccharidsacculi → Sacculus, Polysaccharid-
Polysaccharidschleim (s. a. Schleim) 139, 160, 179
—, Absonderung → Ausscheidung, Polysaccharidschleim-
—, Bildung → Synthese, Polysaccharid-
—, extracellulärer 160
Polysaccharid-Schleimbildung 158
Polysaccharid-Synthese → Synthese, Polysaccharid-
Polysaccharid-Toxin → Toxin, Polysaccharid-
Polysom 36, 50, 177
POP′ → Phagen-attachment-Region
Population 61, 68, 74, 179, 250
—, Bakterien- 57, 68, 162f., 179
— von Wirtszellen 91
— Zell- → Population, Bakterien-
F^+-Population 75
Populationsdichte 244, 246
Populationsdynamik 316
Populationsrückgang 163f.
Populationszunahme 57
Pore 53, 187
Porine 27, 53
Porree 365, 389ff.
Porree-Bakteriose → Bakteriose, Porree
Porreeblätter Tafel VI_5
Porreepflanze → Porree
Portulaca oleracea 272
Potato phyllody 291
— witches' broom 290f.
Potentilla fructicosa 466
— — *arbuscula* 466
— — *ferriri* 366
Prädisposition 184*, **188**ff., 230, 233ff., 238, 363
—, Erhöhung 230, 339, 423, 459
—, Verminderung 468
Präimmunität 202
Präimmunisierung 202f.

Präinfektion 203
Präparat, chemisches 228, 237, 239, 245, **247**ff., 309, 311, 376, 420, 435, 457
—, bakericid wirkendes 58, 117, **164**, 228, 245, 249, 295
—, bakteriostatisch wirkendes 249
— Bordeauxbrühe (s. a. Präparat, kupferhaltiges) 347, 351, 356, 408, 420, 426, 432f., 435, 437
—, captanhaltiges 249, 411, 444, 467
—, chlorhaltiges 381
—, Kombinations- 250, 378
—, kupferhaltiges (s. a. Präparat, Bordeauxbrühe) 238, 249, 251f., 332f., 345, 347, 351, 356, 362, 378, 380, 383, 420, 425f., 428, 437, 451, 453, 456, 462, 465, 467
—, quecksilberhaltiges 250, 263, 428, 430, 447, 453
—, säurehaltiges 34, 372
—, streptomycinhaltiges 58, 164, 249, 251f., 280, 286, 332, 340, 351, 353, 356, 383, 387, 420, 426, 449
—, Syringacin- 93
—, zinkhaltiges 362
Präzipitation 94, 96f.
Präzipitationslinie 97
Präzipitationstest (s. a. Nachweismethode, serologische) 95f., 96*, **100**, 261
Precursorprotein 88
Preßsaft 115
Pribnow-Box 65
Primärblatt 169, 332, 334f.
Primärherd → Infektionsherd
Primärläsion → Symptom, Läsion
Primärschäden → Verlust
Primärsymptom → Symptom, Läsion
Primärwand (s. a. Zellwand, primäre) 125f., 174
Primase 88
Primer 63
Primordialblätter 330
Primordialwand (s. a. Zellwand) 125
priority of publication 110
Prisma, hexagonales 84
Prodigiosin (s. a. Farbstoff) 59
Produktion, biotechnologische 18
Produktionstechnologie 218
Progenoten, hypothetische 106
Prognose 188
Prokaryoten 36f., 59, 92, 104, 106, **215**ff., 224, 241
—, phytopathogene → Erreger, bakterielle
—, zellwandlose 92
Proliferation (s. a. Symptom, Neu- und Mißbildung) 140, 288, 386
Prolin 49*
L(—)-Prolin 343
Promotor 65ff., 68, 71
Propanol 372
n-Propanol 306
Prophage (s. a. Phage) 63, 76, 90
Prophagen-Etablierung 90
Prophagen-Excision 90
Prophagen-Induktion → Induktion, Prophagen-
Prophagen-Integration → Integration, Prophagen-
Propionat 259, 266, 278, 337, 343, 370
Propionibakterien 107
Propylenoxid 323
Protamin 31
Protamin P 31
Protease → Enzyme, proteolytische
Proteinase → Enzyme, proteolytische
Protein 24*, 26, 31, 34, 38, 40*, 48, **50**, 52f., 53*, 56, 58, 60ff., 65ff., 71ff., 81ff., 91, 94f., 101, 117, 125ff., 132, 150, 163, 194, 198, 202, 206
—, allosterisches 47, 67
—, basisches 31, 88
—, Capsid- 91
—, Carrier- 51
—, catabolite gene activator (CAP) → catabolite gene activator protein
—, codiertes 81, 90
—, Enzym- → Enzymprotein
—, extracelluläres 204
—, globuläres 125
—, komplettes 72
—, Membran- → Membranprotein
—, Phagen- 89
—, ribosomales 36
—, Struktur- → Strukturprotein
—, T5-codiertes 87
—, Transmembran- → Transmembran-Protein
—, Zellwand- → Zellwandprotein
cII-Protein 90f.
Proteinabbau → Abbau, Protein
Protein-Adsorptionskomplexe 135
Proteinanteil 31, 153
Proteinase 195
Proteinausschleusung 132
Proteinbestandteil 161
Proteinbiosynthese → Proteinsynthese
Proteincharakter → Protein
Protein-Einschlußkörper 37
Protein-Enzyminhibitor 195
Proteinfaktor 59, 63, 88, 90
Proteingehalt 198, 224
—, Abnahme 224
Proteinhülle 82
Proteinmembran 37
Proteinmolekül → Protein
Proteinmuster 140, 198, 266, 316
Proteinspecies → Proteintyp
Protein-Stickstoff (Protein-N) 198
Proteinstruktur → Struktur, Protein-
Proteinsynthese **49**ff., 58, 60, 68, 83, 87, 92, 132, 135, 137, 150, 198, 204
Proteinsynthesehemmung → Hemmung, Proteinsynthese-
Proteintyp 28, 50
Proteosepepton → Pepton, Proteose-

Proteus, Phage π_1 von
Protocatechusäure 58
Protonen 39
Protoplast 30, 78, 92, 125
Prototrophie → Ernährung, prototrophe
Protuberanzen 347
Provokationsfeld 240
Prozeß, Prozesse → Stoffwechsel
—, Differenzierungs- → Differenzierungsprozesse
—, pathologischer → Pathogenese
—, Stoffwechsel- → Stoffwechsel
Prunus 246, 432
— *amygdalus* 142, 432
— *armeniaca* → Aprikose
— *avium* → Kirsche
— *cerasifera nigra* 466
— *cerasus* → Kirsche
— *davidania* 432
— *domestica* → Pflaume
— *japonica* 432
— *mahaleb* 466
— *mume* 432
— *padus* 466
— *salicina* 432
— *serotina* 466
— *serrulata* 465
Prunusunterlage 246
Pseudoisocyaninchlorid 289
Pseudomonadaceae 104, 109f.
Pseudomonadales 104
Pseudomonaden (s. a. *Pseudomonas*) 18, 41f., 45, 47, 53, 56f., 80, 285, 368
—, fluorescierende 117, 246, 296
—, nicht fluorescierende 373
—, pectinolytische (s. a. Bakterien, naßfäuleinduzierende) 301
Pseudomurein 28
Psylla piricola 438
Pterin-Abkömmling (s. a. Farbstoff)
Pueraria thunbergiana 332
Pufferkapazität 199
Pulverschorf → *Spongospora subterranea*
Punktmutation → Mutation, Punkt-
Purin 48f., 69, 303
Purinbase → Purin
Purinribonucleotidsynthese 48
Purinring → Struktur, Ring-
Purple top roll 291
Purpurbakterien (s. a. Bakterien, photoautotrophe) 59
—, photoautotrophe 107ff.
Pustelkrankheit der Sojabohne 323
Pusteln (s. a. Symptom, Neu- und Mißbildung) 310, 323, 443
Pyocyanin (s. a. Farbstoff) 58, 395
Pyocyaninproduktion → Synthese, Pyocyanin-
Pyorubin (s. a. Farbstoff) 59
Pyoverdin (s. a. Farbstoff) 58
Pyracantha 221f., 419, 464
— *coccinea* 465
— — *praecox* 465, Tafel IX_3
— *crenato-serrata* 466
— *crenulata* 466
— *fortuneana* 466
— *koidzumi* 466
Pyracantha-Gehölze, -Sträucher → *Pyracantha*
Pyridinnucleotid → Nucleotid, Pyridin-
Pyrimidin 48f., 69, 303
Pyrimidinbase → Pyrimidin
Pyrimidin-Dimer → Dimere, Pyrimidin-
Pyrimidinnucleosidtriphosphat 48
Pyrimidinribonucleotid 48
Pyrophosphat 50
Pyrrolring 59
Pyrus salicifolius 465
Pyruvat 40*, 43*, 45ff., 49*, 55, 139
—, intermediäres 45
Pyruvatdehydrogenase 46*
Pyruvatdehydrogenase-Multienzymkomplex 47
Pyruvat-Kinase 43*, 45
Pyruvatoxidation 46*
Pythium aphanidermatum 353
— *debaryanum* 450

Qualitätsbeeinträchtigung → Qualitätsverlust
Qualitätsmängel → Qualitätsverlust
Qualitätsminderung → Qualitätsverlust
Qualitätsverlust 215, 217, **223**f., 261, 310, 393, 407, 452
Qualitätsverschlechterung → Qualitätsverlust
Quarantäne 228f., 372
—, Außen- 228
—, Binnen- 229
Quarantänebestimmung 419, 437
Quarantäneerreger → Erreger, Quarantäne-
Quarantänekrankheit 222, 305, 455
Quarantäneliste → Erreger, Quarantäne-
Quarantänemaßnahme → Bekämpfungsmaßnahmen, Quarantäne-
Quarantäneobjekt → Erreger, Quarantäne-
Quecksilber 58
Quecksilberbeizmittel → Präparat, quecksilberhaltiges
Quecksilber-(II)-chlorid → Sublimat
Quecksilberchloridlösung 250
Quecksilberchloridpräparat 250
Quecksilbernaßbeize → Präparat, quecksilberhaltiges
Quecksilberpräparate → Präparat, quecksilberhaltiges
Querwandbildung → Zellwandbildung
Quitte 419
Quittenanlage 419

R-Typ (rough-Typ) → Kolonieform, R-Form
Radieschen 180, 294, 298, 311, 355
Radioaktivität 106

Raffinose 259, 272, 283, 292, 303, 309, 319, 343, 345, 348, 361, 366, 415, 430, 434, 437
Randchlorose → Symptom, Verfärbung
Raphanus raphanistrum 355
Raphe 337
Raps 359
Rasse 241f., 306, 308f., 319, 322, 332, 338, 375, 379f., 382, 388, 425, 429, 431, 436
—, aggressive 183
—, physiologische 241f., 309, 319, 322, 338, 431f.
—, sortenspezifische 204, 209, 242
Rasterschub-Mutation → Mutation, Frameshift-
Rasterverschiebung → Mutation, Frameshift-
Ratoon stunt → Triebverkrümmungswachstum des Zuckerrohrs
Raupe 357
Raygras 154, 266
Reagenzien, farbige 117
Reaktion, Antigen-Antikörper- 96
—, biochemische 205
—, enzymatische 38
—, hyperergische 160, 199
—, metabolische 41
—, normergische 199
—, positive 97
—, serologische 95
Reaktionsablauf → Stoffwechsel
Reaktionspartner 97
Reaktionstyp 204
Rearrangement 73
Rebe → Weinrebe
Rebstock → Weinrebe
Receptor 27, 34, 79, 86, **92**, 207
—, Zell- 86
T6-Receptor 92
Recipient 34, 73ff., 77ff., 93
Recipientenchromosom → Chromosom, Recipienten-
Recipienten-DNS → DNS, Recipienten-
Recipientengenom → Genom, Recipienten-
Recipienteninformation 75
Recipientenkultur → Recipient
Recipientenstamm → Recipient
Recipientenzelle → Recipient
Redoxpotential 192
Redoxsystem (s. a. Reduktions-Oxidations-Reaktion) 47
Reduktion 50, 63
— des Chlorophyllapparates 197
Reduktionsäquivalent 39, 41, 47
Reduktions-Oxidations-Reaktion (s. a. Redoxsystem) 37
Redundanz, terminale 86, 88
Reduplikation 48
Referenzserum 100
Regeln des Internationalen Codes → Code
Regen → Niederschlag
Regeneration → Regenerierung
Regenerierung 46, 247
Regenwassertropfen → Niederschlag
Region → Chromosomenregion
Regulation 37, 42, 50, 67, 88, 124, 129, 133, 194
Regulationsbereich 68
Regulationsfunktion 50
Regulationsmechanismen → Regulation
Regulatormolekül 128
Reinsaat 231f.
Reis 159, 180, 233f., 242ff., 258f., 388
Reiser 228, 418, 436, 439
Reiswelke 153
Reizübertragung 34
Rekombinante 74
Rekombinantenfrequenz 76
Rekombination 59, 63, 70*, 72*, 74f., 77, 80, 88
—, generelle 72*, 73, 75, 77
—, genetische 88
—, illegitime 73, 77
—, ortsspezifische → Rekombination, site-spezifische
—, site-spezifische 72*, 73, 77
Rekombinationsmechanismen, -prozesse, -systeme 69, 73, 241
Reparatur 31, 69, 70*
—, Dunkel- 69
— durch Rekombination 70*
— Excisions- 69, 70*
—, „mis-match-" 75, 79
—, Postreplikations- 70*
—, SOS- 69, 70*
Reparaturenzym 75
Reparaturprozeß 68f., 70*
Reparatursynthese 69, 70*
Reparatursystem 69
Replicon **60**, 63, 73, 77f., 80
—, circuläres 80
—, komplettes 77f.
Repliconcharakter 60
Replikation 31, 48, **59**ff., 61*, 64*, 68f., 70*, 73, 75, 80, 88
—, autonome 60, 83
— der DNS 59, 68, 88
— des Chromosoms 59
—, vegetative 61*, 80*
Replikationsbereich 62
Replikationsenzym → Enzyme, Replikations-
Replikationsfähigkeit 91
Replikationsintermediate 88
Replikationsphase 88
Replisom 63
Repression 130, 133
—, C-Kataboliten- 66f.
—, katabolische 41, 130, 133
Repressionsprotein 50
Repressor 66f., 90f., 184*, 210
cI-Repressor 90f.
Repressorgen → Gen, Repressor-
Repressormolekül → Repressor
Repressor-Operator-System 90

Repressorsynthese → Synthese, Repressor-
Resacurin → Farbstoff
Reservestoff → Speicherstoff
Reservestoffgranula 23*
Residenten → Epiphyt
Resistenz 27, 35, 42, 60f., 70f., 73, 123, 128, 149, 161, 184f., 188, 190, 193, 199ff., 203, 207, 209f., 217, 233f., **239**ff., 252, 259, 281, 283f., 295, 309, 324, 336, 347, 351, 388, 390
—, absolute 209
—, aktive 199
—, Ampicillin/Carbenicillin- 61*, 62*
—, antibakterielle 368
—, Antibioticum- 62, 164
—, Ausbreitungs- 209
—, Blatt- 336
—, chromosomal codierte 71
—, Durchbrechung 244
—, Eindringungs- 189, 209
—, Feld- 189, 432
— gegen ultraviolette Strahlen 34
— gegenüber Naßfäuleerregern 209f.
—, Gewebe- 209
—, Grundlagen 199f.
—, horizontale 241ff.
—, Hülsen- 336
—, induzierte 199f., 202, 309
—, Infektions- 189
—, instabile 73
—, kombinierte 244, 324
—, konstitutive 199f.
—, Mehrfach- 244
—, Neomycin/Kanamycin- 61*, 62*
—, passive 199f.
—, Phagen- 86, 93
—, präformierte 199f.
—, rassenspezifische 241f., 244
—, rassenunspezifische 241f.
—, relative 209, 289
—, scheinbare 210
—, Streptomycin- 61*, 62*, 252, 420
— Sulfonamide 61*
—, systemische 202
—, Tetracyclin- 61*
—, verminderte 189
—, vermittelte 71
—, vertikale 209, 241ff.
—, Wundabwehrreaktion → Wundheilung
—, Wundheilreaktion → Wundheilung
Resistenzbarriere 295
Resistenzbildung 252, 393
Resistenzeigenschaft → Merkmal, Resistenz-
Resistenzfaktor → Merkmal, Resistenz-
Resistenzgen 32, 73, 243
— gegen Ampicillin 61*
— — Carbenicillin 61*
— — Kanamycin 61*
— — Neomycin 61*
— — Rifampicin 107
— — Streptomycin 61*
— — Sulfonamide 61*
— — Tetracyclin 61*
Resistenzgenetik 241, 243
Resistenzinduktor 18
Resistenzmarker → Resistenzgen
Resistenzmechanismus 57, 168f., 184*, 185, 191, **199**ff., 203ff., 209f., 309
—, präformierter 200
Resistenzmerkmal → Merkmal, Resistenz-
Resistenzmutante → Mutante, Resistenz-
Resistenzplasmid → Plasmid, Resistenz-
Resistenzprüfung → Resistenzprüfverfahren
Resistenzprüfverfahren **240**f., 243, 264, 311, 333, 336, 376, 380f., 391, 425, 428
—, kombinierte 240
Resistenzquelle 242f., 388
Resistenzreaktion → Resistenzmechanismus
Resistenzscreening → Resistenzprüfverfahren
Resistenzträger 240, 284
Resistenztyp 242f.
Resistenzunterschied 239, 289
Resistenzuntersuchung → Resistenzprüfverfahren
Resistenzursache → Resistenz
Resistenzverhalten → Merkmal, Resistenz-
— und Schadwirkung 217f.
Resistenzzüchtung → Züchtung resistenter Kulturpflanzen
Resolvase, Transposon-codierte 62*, 73
Respiration → Atmung
Respirationszunahme → Atmungssteigerung
Restriktionsendonuclease 32, 87
Reticulum, endoplasmatisches 177
Rettich 223, 298, 311, 355, 359
Reversion 68, 72
Revertante 72
Rhabarber 298, 366
Rhamnogalacturonan 126, 128f.
Rhamnogalacturonan I 126
Rhamnogalacturonan II 126
Rhamnose (s. a. Zucker) 53, 126, 152f., 259, 266, 268, 292, 299, 303, 319, 336, 343, 345, 348, 361, 370, 429, 432, 436f., 444, 457, 468
L-Rhamnose 55, 306
Rhamnose-Monomere 160
Rhizobiaceae 140
Rhizobienchlorose 148
Rhizobitoxin 144f., 148
Rhizoctonia 312
Rhizom 392f.
Rhizoplane 179, 368
Rhizosphäre 154, 179, 216, 272, 283, 301f., 328, 365, 374, 412, 429
Ribitol-Teichonsäure 26
Riboflavin 140
Ribonuclease 106
T 1-Ribonuclease 36
Ribonucleosidtriphosphat 49
Ribose 152, 259, 266, 292, 299, 319, 336, 370, 437

Ribose-5-phosphat 44*
Ribosom 23*, **36**, 50, 58, 64ff., 92, 177
70 S-Ribosom 36*
Ribosomen-Bindungsort 65, 67
Ribulose-5-phosphat 44*, 46
Ribulosebiphosphat-Carboxylase 37
Ribulosephosphat-Epimerase 44*
Ribulosephosphat-Isomerase 44*
Rickettsia-ähnliche Organismen (RLO) 18, 108, 149, 215, **219**f., 225, 286, 369, 439f., 477
Rickettsien 439
Rickettsiose 440
Riesenzellen 177
Rifampicin (s. a. Resistenz gegen Rifampicin) 107
—, -sensibel 107
Rinde 189, 196, 272, 318, 375, 416, 421, 464, 468
Rindenbrand 170, 176, 251, 416, 421
— am Apfeltrieb 422
— an Kirschtrieben 424*
Rindenbranderkrankung, pilzliche → Pflanzenkrankheit, pilzlich bedingte
Rindenbrandnekrose → Symptom, Absterbeerscheinung
Rindenbrandsymptom → Symptom, Absterbeerscheinung
Rindengewebe → Gewebe
Rindennekrose → Symptom, Absterbeerscheinung
Rindenparenchym → Parenchym, Rinden-
Rindenschicht 34, 35*, 187
Rinderalbumin 157
Ringfäule der Kartoffel 174, 216, 218, 222, 240, 251, 295, **303**ff.
— — Eierfrucht 388f.
Ringfäulesymptom 305, Tafel III_3
Ringpräzipitation → Präzipitationstest
Ringpräzipitationstest → Präzipitationstest
Ringspaltung, oxidative 45
Ringstruktur → Struktur, Ring-
Risse 188, 286, 334, 436
Rittersporn 294, 461f.
RNAse → Ribonuclease
RNS (Ribonucleinsäure) 31, 38*, **48**f., 64ff., 68, 81, 84, 105, 141f., 202
—, archaebakterielle 107
—, bakterielle 36
—, Boten- → mRNS
—, doppelsträngige 83
—, einsträngige 49, 64, 83
—, Leader- 66*
—, messenger- → mRNS
—, ribosomale → rRNS
—, 16S-ribosomale → 16S-rRNS
—, Start-transfer- 65
—, Transfer- → tRNS
mRNS 32, 36, 49f., 65ff., 81, 88
—, frühe 88
—, polycistronische 67
—, späte 88
rRNS 36, 49, 64f.
S-RNS 36
16S-rRNS 36, 92, 106f., 109
tRNS 49f., 65, 68, 72
—, Aminoacyl- 50, 51*, 58
RNS-Gruppe → RNS-Typ
RNS-Metabolismus → Stoffwechsel, RNS-
RNS-Phagen → Phage, RNS-
RNS-Polymerase → Polymerase
RNS-Primer 64*
RNS-Ring → Struktur, Ring-
RNS-Segment 63, 88
RNS-Stück → RNS-Segment
RNS-Superfamilien 109
RNS-Synthese 50, 87f., 132, 137
—, DNS-abhängige 149f.
RNS-Typ 64, 68, 109
RNS-Viren 91
RNS-Zusammensetzung → RNS
mRNS-Molekül → mRNS
mRNS-Synthese 65, 88, 132
mRNS-Bindungsort 92
Roden 221, 237f.
Rodung → Roden
Röntgenstrahlen → Strahlen, Röntgen-
Roggen 180, 258f., 267, 311
Rosa 430, 469
— *canina* 466
— — *pollmeriana* 466
— *multiflora* 466
— *rubiginosa* 466
— *rubrifolia* 466
— *rugosa* 466
Rosaceen, -ceae 112, 140, 180f., 220, 243, 281, 419, 430, 465f., Tafel IX_1, IX_2, IX_3, IX_4, X_1, X_2
Rosaceen-Sträucher → Rosaceen
Rosenkohl 298, 355, 359
Rosenproduktion 246
Rosenunterlagen 246
Rosettenkrankheit des Pfirsich 225
— der Zuckerrübe 286
Rotation → Fruchtfolge
Rote Beete → Rote Rübe
— Rübe 159, 279, 282f., 286, 311
Rotklee 232, 315f., 320, 326
Rotkohl 359
Rotundifoliar disease of potato 291
Routinetest 102
Rubus-Sproß 140
Rubus-Stauche 439
Rubus stunt → Rubus-Stauche
Ruderalpflanzen 315
Rübe 160, 176, 180, 190, 216, 232, 279, **281**ff., 286f., 301f., 305, 311, 355, 358ff.
Rübenbau 281
Rübenbestand 216, 283
Rübenhybride 283
Rübenkopf → Rübe
Rübenkörper → Rübe
Rübenproduktion 281

Rübensämling 283
Rübenschorf 287
Rübensorten 284
Rübensteckling 285
Rübsen 312
Rückmutation → Mutation, Rück-
Ruheknospen 137
Ruhepause → Überdauerung
Rundblättrigkeit der Kartoffel 291
Rutaceae 180

S-Quelle → Schwefelquelle
S-Typ → Kolonieform, S-Form
Saatgut 92f., 116, 176, **179**ff., 215, 222, 229, 235f., 247, 249ff., 257, 259, 261, 266ff., 272, 286, 320, 322f., 325ff., 331, 333ff., 338ff., 349f., 362, 371f., 375, 377f., 382f., 390, 393, 462
—, befallsfreies → Saatgut, erregerfreies
—, erregerfreies 235f., 296, 332, 340, 351, 356, 369, 372, 393
—, kontaminiertes 179
—, verseuchtes 183
—, Zertifizierung 103
Saatgutbefall → Saatgutverseuchung
Saatgutbehandlung, -beizung → Beizung
Saatgutdesinfektion → Beizung
Saatguterzeugung, -gewinnung → Saatgutproduktion
Saatgutkontamination → Saatgutverseuchung
Saatgutproduktion 222, 286, 320, 323, 332, 356, 359, 383, 462
Saatgutübertragung → Übertragung, Saatgut
Saatgutuntersuchung (s. a. Nachweismethode) 116
Saatgutverseuchung 322, 327, 331, 335, 350, 355
Saccharose 259, 262, 257f., 283, 286, 292, 295, 299, 303, 306, 309, 318f., 322, 330, 334, 336, 338, 343, 345, 348, 354, 358, 361, 366, 368, 374, 376, 379, 392, 395, 406, 415, 419, 421, 434, 436, 443, 450, 454, 457, 461, 468
Saccharum 301
— *officinarum* → Zuckerrohr
Sacculus 25
—, Polysaccharid- 28
Sämling 147, 285f., 334, 343f., 362, 428
Säuger 153
Säure (s. a. Säurebildung) 47, 56f., 164, 259, 266f., 279, 285, 345, 361, 372, 378, 380, 398
—, organische 56, 152f., 184*, 295
—, salpetrige 69
Säurebehandlung → Präparat, säurehaltiges
Säurebildung (s. a. Säure) 257, 268, 272, 278, 285, 292, 295, 299, 303, 317, 319, 322, 330, 334, 336, 348, 354, 358, 370, 376, 379, 397, 406, 411, 415, 421, 429f., 432, 434, 436f., 443, 446, 450, 454, 457, 461, 468
—, fehlende 444
Säuregärung, gemischte 47, 48*
Safranin → Farbstoff
Saintpaulia 301, 449, 457, 459f.
— *ionantha* 273, 300
Saintpaulien → *Saintpaulia*
Saintpaulien-Bestände 238
Salat 172, 180, 220, 223, 285, 298, 341, **364**ff., 396, 412, Tafel V_1
Salatblätter 368, 396
Salatfäule → Naßfäule, Salat
Salatpflanze → Salat
Salatsorten 366, 369
Salicin 259, 279, 286, 292, 299, 319, 330, 334, 336, 338, 345, 348, 354, 358, 390, 415, 430, 432, 436, 444, 446, 468
Salicylsäure 432
Salze, anorganische 71, 279
Salzsäure → Säure
Samen → Saatgut
Samenanlage 181, 266
Samenbau → Saatgutproduktion
Samenbegasung 323
Samenbehandlung → Beizung
Samenbeizung → Beizung
Sameninokulation → Inokulation, Samen-
Samenleiste 349
Samenschale 181, 321, 323, 326ff., 331, 334f., 337, 350, 355f., 382, 394
Samenträger 223, 284, 315, 357f., 360f., 394
Samenübertragung → Übertragung durch Saatgut
Samenuntersuchung 116
Samenvermehrung → Saatgutproduktion
Sandoz seed dressing 6335 273
Sandstandort (s. a. Boden) 231, 236
Saprophyt 18, 168, 204, 245, 293, 344
Sarcinen 20
Sauerkirschbestände → Kirschenbestand
Sauerkirsche → Kirsche
Sauerschaligkeit der Zwiebel 392f.
Sauerstoff 37, 40f., 47, 56, 138, 184*, 190, 194, 209, 381
Sauerstoffaufnahme 197f.
Sauerstoffgehalt 302, 311
Sauerstoffmangel 133, 189f., 209
Sauerstoffpartialdruck 130, 210
Sauerstoffpotential 192
—, Verhalten gegenüber 105
Sauerstoffversorgung 189, 295, 303
Sauerstoffzuführung → Sauerstoffversorgung
Saugkraft, Verringerung 196
Schadausmaß → Verlust
—, Einfluß der Produktionstechnologie 218f.
Schadbild → Symptom
Schaden → Verlust
Schadenskoeffizient → Verlust
Schadensumfang → Verlust
Schaderreger → Erreger
—, pilzliche → Erreger, pilzliche
—, tierische → Schädlinge, tierische
Schadfaktoren, abiotische 113
—, biotische 113
Schadschwelle 244

Schadwirkung (s. a. Verluste) 197, 215ff.
Schäden, prämutative 69
Schädlinge, tierische 177, 237, 249, 457
Scheide (Phagenschwanz) 84
Scheidenbakterien 20
Schizanthus grandiflorus 344
— *retusus* 344
— *pinnatus* 344
Schlämmbeizung (s. a. Beizung) 340
Schlaffwerden, reversibles → Welke
Schleim (s. a. Bakterienexsudat) 28, 34, **54**ff., 139, 151, 160, 162, 174f., 176, 195f., 207, 257, 266f., 269, 272, 306f., 322, 335, 345f., 349, 371, 387, 398, 412, 416, 445, 447, 454f., 458
—, extracellulärer → Bakterienexsudat
Schleimbakterien → *Myxobacterium*
Schleimbelag 272
Schleimbildung → Synthese, Schleim-
Schleimbildungsfähigkeit → Synthese, Schleim-
Schleimfäulebefall → Schleimkrankheit der Kartoffel
Schleimhülle, -kapsel.23*, **27**, 28*, 54, 86, 151, 206f.
Schleimkrankheit 159, 235, 295, **306**ff., 376
— Kartoffel 174, 189, 295, Tafel III_4
— Tomate 174, 374, **375**ff.
Schleimlage → Schleimhülle
Schleimmasse → Schleim
Schleimschicht → Schleimhülle
Schleimstoff → Schleim
Schleimtröpfchen → Bakterienexsudat
Schleimsubstanz → Schleim
Schließzelle 186
Schlüsselaminosäure → Aminosäure
Schlüsselenzym → Enzyme, Schlüssel-
Schlüsselmerkmal → Merkmal, Schlüssel-
Schlüsselmetabolite → Stoffwechselprodukt, Schlüsselmetabolit
Schmachtkorn 223, 257, 260
Schmarotzerpflanze → Pflanze, parasitische
Schmierinfektion → Infektion, Schmier-
Schnecke 357
Schnellanalyse → Nachweismethode
Schnelldiagnose → Identifizierung
Schnelldiagnoseverfahren → Nachweismethode
Schnellnachweisverfahren → Nachweismethode
Schnelltest → Nachweismethode
Schnellverfahren, biologische → Nachweismethode, biologische
—, phagentypologische → Nachweismethode, phagentypologische
—, serologische → Nachweismethode, serologische
Schnittmaßnahme 237f., 420, 426
—, selektive 238, 420
Schnittgeräte, -werkzeuge 218, 235, 237f., 372, 420, 424, 448
Schorf → Kartoffelschorf
Schorfantagonisten → Antagonisten
Schorfbefall → Kartoffelschorf
Schorfpusteln 310
Schorftyp 310
Schossen 176, 263
Schoten → Hülsen
Schranke, osmotische 30
Schrotschußeffekt → Symptom, Läsion
Schrotschußkrankheit 431
Schubgeißeln → Geißel, Schub-
Schutzreaktion → Resistenzmechanismus
—, induzierte (ISR) 199, 201ff.
Schwächeparasit → Parasit, Schwäche-
Schwanz → Phagenschwanz
Schwanzkernstück → Phagenschwanz
Schwanzscheidenprotein → Phagenschwanz
Schwarzadrigkeit des Kohls 160, 216
Schwarzadrigkeitssymptom → Symptom, Verfärbung
Schwarzbeinigkeit 180, 216, 222, 232, 234f., 237, 294, 297
— der Ackerbohne 325
— — Kartoffel (s. a. Naßfäule) 17, 180, 196, 216ff., 222f., 233f., 240, 242, 251, **292**ff.
— — Setzlinge 408
— des Kohls 112
Schwarzbeinigkeitssymptom → Symptom, Verfärbung
Schwarzer Nachtschatten → Nachtschatten, schwarzer
Schwarzfleckigkeit des Rittersporns 461f.
Schwarzspelzigkeit des Weizens 175, 222, **256**, 258, 261
Schwefel 37, 281, 387
Schwefelbakterien, grüne 107
Schwefelquelle 38, 56
Schwefelwasserstoff 266, 268
Schwefelwasserstoff-Bildung 257, 259, 266, 268, 272, 292, 299, 319, 334, 337, 343, 345, 348, 354, 366, 370, 411, 437, 444, 446, 450, 454, 468
—, fehlende 286, 318, 338, 358, 364, 390, 392, 406, 415, 421, 432, 443, 457
Schwellung (Mitochondrienmembran) 148
Schwermetall 56, 58, 234, 311
Schwermetallsalz 60
Schwertlilien → *Iris*
Sclerenchym 257
Sclerotinia 142
Sedoheptulose-7-phosphat 44*
Segetalpflanze 315
Seitenkette 52f.
—, O-spezifische → O-Seitenkette
O-Seitenkette 52, 53*, 206
Seitensproß → Stengel
Sekundärbesiedlung → Besiedlung, Sekundär-
Sekundärmetabolit → Stoffwechselprodukt
Sekundärschäden → Verlust, sekundärer
Sekundärstoffwechsel → Stoffwechsel, sekundärer Pflanzenstoffe
Sekundärstruktur, alternative → Struktur, sekundäre
Sekundärtumor → Tumor, sekundärer
Sekundärwand → Zellwand, sekundäre
Sekundärwandregion → Zellwand, sekundäre

Selektion 183, 237, 240, 243, 250, 271, 289, 328, 352, 413, 449
— befallener Samenträger 393
— erkrankter Pflanzen 444
Selektionsmaßnahme → Selektion
Selektionsnachteil 68
Selektionsvorteil 151
Selektivmedium → Agar, selektiver
Selektivmedium M 71 322
Selektivsubstrat → Agar, selektiver
Sellerie 180, 189, 220, 298, 366, 369, 396, 411
Semipermeabilität → Permeabilität, Semi-
Senecio vulgaris 289, 314, 368
Senescenz 137
Senf 311, 359
—, Indischer 298
Senföl 201
Sensibilität 91, 100, 105, 115, 160, 296
—, Blausäure- 201
—, Phagen- 111
—, Streptomycin- 415
Sensitivität → Sensibilität
Septoria 261
Sequenz 48, 50, 56, 65, 73, 79, 106
—, BOP' → Chromosomensequenz BOP'
—, chromosomale → Chromosomensequenz
—, plasmidale → Plasmidsequenz
—, POB' → Chromosomensequenz POB'
Sequenzabschnitt → Chromosomenregion
Sequenzanalyse 106
— der rRNS 106
— — 16S-rRNS 109
Seriana equata 291
Serin 49*, 51
Serinfamilie 50
2-Serin-Phaseolotoxin 144, 147
2-Serin-Tabtoxin 143, 146
Serodiagnostik → Nachweismethode, serologische
serogroups → Serotyp
Serologie **94**ff., 101f., 286
serologische Spezifität → Spezifität, serologische
— Technik → Nachweismethode, serologische
Serotyp 97, 101f., 348
Serovar 97, 101f., 111, 297, 378
Serovarietät → Serovar
Serradella 327, 329
Serum → Antiserum
Sesquiterpene 58, 136
Sexualhormon, pilzliches 136
Shikimat 49*
Shine-Dalgarno-Sequenz 65, 92
Sichelklee 318
Sicyus angulatus 347
Siderophor 56, 58, 245f.
Fe^{3+}-Siderophor, -en 143f., 149
Signal 203
—, translocated 203
Signalgeber 194
Signalstoff 128
Sikkationsmittel 328
Silberblättrigkeit der Roten Bete 285f.
Silberfärbung → Symptom, Verfärbung
single bursts 86
smooth-Typ → Kolonieform, S-Form
Sojablätter → Sojabohnenblätter
Sojabohne 93, 145, 147f., 180f., 217, 224, 232, 242, 311, **320**ff., 326ff., 336f., 388, 408, Tafel III_6
Sojabohnenblätter 147, 324
Sojabohnenfelder 237
Sojabohnenpflanze → Sojabohne
Sojabohnensamen 93, 324
Sojabohnensorten 242, 324
Sojabohnentest 310
Solanaceen, -ceae 180, 242, 308, 372, 386
Solanum 305, 309
— *chacoense* 289
— *dulcamare* 380
— *forvum* 376
— *gibberulosum* 289
— *leptophyes* 296
— *melongena* → Eierfrucht
— — var. *esculentum* 285
— *nigrum* → Nachtschatten, schwarzer
— *phureja* 309
— *rostratum* 380
— *sucrense* 296
— *tuberosum* → Kartoffel
— — subsp. *andigenum* 296
Sommercanker → Canker, Sommer-
Sommerweizen → Weizen
Sommerweizensorten → Weizensorten
Sommerwicke → Wicke
Sonderkultur 406ff.
Sonnenblume 176, 412f.
Sorbaria sorbifolia 466
Sorbinsäure 311
Sorbitol 259, 262, 266, 268, 292, 299, 306, 319, 330, 334, 336, 354, 370, 376, 395, 415, 421, 430, 437
Sorbose (s. a. Zucker) 345
Sorbus 220, 222, 419
— *aria* → Mehlbeere
— *arnoldiana* 466
— *aucuparia* 466
— *austriaca* 466
— *intermedia* 466
— *latifolia* 466
— *thuringiana* 466
Sorbus-Gehölze → *Sorbus*
Sorghum sudanense → Hirse
Spaltöffnung → Stoma
Spaltung 45, 47, 129, 131
—, enzymatische 294
—, hydrolytische 129, 131
—, intradiole 45
—, nucleolytische 88
ortho-Spaltung 45
Spaltungsmechanismus 129

Spaltungsgeschwindigkeit 129
Spargel 298
Speichergewebe → Gewebe
Speicherorgan (s. a. Kartoffelknolle, s. a. Zwiebel) 113, 172, 251, 442
Speicherstoff, -substanz 36, 50, 52, 116
Speisemöhre → Möhre
Spelzen 257, 260, 262, 264
Spelzenbräune des Weizens 256
Spelzenfläche 257
Spenderzelle 34
Spezialkultur (s. a. einzelne Kulturarten) 232
Spezifität 27, 94, 100ff., 115
—, antigene (s. a. Antigen, artspezifisches)
—, serologische 27, 105
Sphäroplasten 30, 78, 87, 92
„Spiegelei"-Kolonien → Kolonieform, „Spiegelei"-
Spinat 298, 365
Spindel 257
Spiraea arguta 466
— *bumalda* 466
— *vanhouttei* 466
Spirochaeten 20*, 107
Spiroplasmataceae 92
Spitzenchlorose → Symptom, Verfärbung
Spitzendürre → Symptom, Absterbeerscheinung
Spitzenfäule → Naßfäule, Spitzen-
Spitzenmeristemkultur → Meristemkultur
Spitzenröte → Symptom, Verfärbung
— und Blattrollung der Kartoffel 291f.
Spongospora subterranea 310
Spontaninduktion 90
Sporangium 34, 36
Spore **34**ff., 189f., 309, 319, 361, Tafel I_3
—, bewegliche 36
— der Streptomyceten 36
—, endogene 20
—, thermostabile 57
Sporenballen 310
Sporenbildner (s. a. *Bacillus*, s. a. *Clostridium*) 108, 117, 302, 324
Sporenbildung → Sporulation
Sporenfärbung Tafel I_3
Sporenhülle 34
Sporenlager 468
Sporoactinomyceten 107f.
Sporophoren 309
Sporulation 30, 35*, 66
Spritz-Cupral 45 → Präparat, kupferhaltiges
Spritzmittel → Präparat
Spritzung → Bekämpfungsmaßnahmen, chemische
—, prophylaktische → Bekämpfungsmaßnahmen, prophylaktische
Sproß, Sprosse → Stengel
Sproßsymptom → Symptom, Sproß
Sproßteile → Stengel
Sprühinfektion → Infektion, Sprüh-
Spurenelement 234
Stadien, ontogenetische → Wachstum
Stäbchen (s. a. Bakterien) 20ff., weitere siehe bei den einzelnen Erregern
—, aerobe 104, 108
—, endosporenbildende → Sporenbildner
—, fakultativ anaerobe 108
—, Kurz- 370
Stamm, Stämme, avirulenter 141, 415
—, λ-lysogener 77
—, virulenter 415
—, Wild- 146
Hfr-Stamm 75f.
Stärke 36, 40*, 172*, 259, 262, 272, 279, 309, 334, 379, 432
Stärkeabbau → Abbau, Stärke
Stärkehydrolyse → Abbau, Stärke
—, fehlende 257, 299, 306, 337, 348, 370, 392, 406, 411, 421, 429, 443, 450, 457
Stärkekörner 170
Stärke-Methionin-Medium → Agar, Stärke-Methionin-
Stammbaum 105f.
Stammkonservierung → Konservierung von Stämmen
Stammkonstruktion → Konstruktion, Stamm-
Standardisierung 102
Standfestigkeit, Verringerung 155
Standort 181, 231f., 239, 302, 339, 351, 353, 369
Standortbedingung → Umweltbedingung
Standortwahl 229, 231ff., 353
Staphylokokken → *Staphylococcus*
Start 63, 65, 67
Startcodon → Codon, Start-
Startpunkt → Start
Stauchung → Symptom, Neu- und Mißbildung
Steckling 140, 223, 235f., 285, 296, 344, 394, 436, 448, 454f., 457ff., 462, 468
Steinfrucht → Steinobst
Steinklee 316
Steinobst (s. a. Pflaume, s. a. Pfirsich, s. a. Kirsche) 145, 148, 162, 223, 237, **420**ff., 425ff., 430ff.
Steinobstproduktion 246
Stellaria media 377f.
stem cuttings → Steckling
Stengel 93, 135, 145, 154ff., 160, 169, 172, 174ff., 180, 183, 196, 200, 272, 290, 292f., 296ff., 303f., 306, 316, 318f., 325ff., 330, 334, 337ff., 342f., 345, 348, 354, 358, 362, 367, 370f., 373ff., 379, 381f., 387, 410, 412, 415, 436, 448, 451, 454, 458, 460f., 464ff., 468
—, Erschlaffung 155
—, fleischige 172
—, succulente 172, 175
Stengelabschnitt → Stengel
Stengelbasis 192, 288, 292, 295, 298, 325, 327f., 374f., 447f., 456
Stengelbrand 339
—, Luzerne 321
Stengelfäule → Naßfäule, Stengel-
— bei Kartoffel 102, 296ff., 413

— — Mais 272
— — Pelargonie 233
— — Tabak 408f.
—, *Erwinia-* 374
Stengelgrund → Stengelbasis
Stengelinneres (s. a. Stengelmark) 269, 325
Stengelkrankheit → Pflanzenkrankheit, Stengel
Stengelläsion → Symptom, Läsion
Stengelmark (s. a. Stengelinneres) 172, 272f., 298
—, Zersetzung (s. a. Naßfäule) 172
Stengelmarknekrose der Tomate 170, 373ff.
Stengelnaßfäule → Naßfäule, Stengel-
— bei Kartoffel → Stengelfäule, Kartoffel
Stengelspitze 155*, 183
Stengelsymptome (s. a. Symptom, Läsion)
Stengeltumor an Tomate → Tumorbildung an Tomatenstengeln
Stengelweichfäule des Tabaks → Stengelfäule, Tabak
Stengelwelke → Welke, Stengel-
Sterilisation (s. a. Bekämpfungsmaßnahmen durch Desinfektion) 248
Sternbildung 279
Stewart-Agar → Agar, Stewart-
Stickstoff 50, 56, 189f., 198, 230, 233, 279, 282, 381
—, flüssiger 57, 418
Stickstoffbindung 32
Stickstoffdüngung 189f., 230, **233**f., 272, 283f., 346, 350f., 374f., 380, 438, 459, 467
Stickstoffgabe, erhöhte → Stickstoffdüngung
Stickstoffgehalt, -konzentration → Stickstoff
Stickstoffquelle 28, 38, 50, **56**, 59, 61, 81, 105, 147, 149, 230, weitere siehe bei den einzelnen Erregern
Stickstoffmetabolismus → Stoffwechsel, Stickstoff-
Stiel 148, 322, 397
Stigmen 190
Stimulation 147
Stimulationsprozeß 139
Stizolobium helvola 336
Stoff → Substanz
Stoffausscheidung → Ausscheidung
Stoffaustausch → Austausch von Stoffen
Stoffkreislauf 135
Stoffsynthese, Verlangsamung → Synthese, Verlangsamung
Stoffwechsel **36**ff., 47, 50, 58, 65, 68, 117, 123, 132, 135, 137ff., 148, 150, 160, 162, 179, 185*, 190, 194, 197, 200, 205, weitere siehe bei den einzelnen Erregern
—, aerober 279, 292, 303, 309, 317, 319, 322, 338, 361, 364
—, anaboler 38
—, anaerober 292, 299
—, assimilatorischer 38
—, chemoorganotropher 38
—, dissimilatorischer → Stoffwechsel, kataboler
—, DNS- 73f.
—, Grundschema 38
—, Intermediär- 38ff., 45ff., 49*
—, kataboler 39ff., 149, 197
—, Koordinierung 65
—, Ökonomie 37
—, Peptid- 58
—, replikonspezifischer 63
—, RNS- 135
—, Schlüsselmetabolismus 160
— sekundärer Pflanzenstoffe 58f., 136, 144
—, Stickstoff- 105, 198
— Wirtszelle 87
— Wuchsstoffe 135
—, Veränderungen 197f.
Stoffwechselablauf → Stoffwechsel
Stoffwechselaktivität → Stoffwechsel
Stoffwechselendprodukt → Stoffwechselprodukt
Stoffwechselleistung → Stoffwechsel
Stoffwechselprodukt 28, 57f., 105, 133, 142, 146, 148f., 154, 174, 179, 197, 203, 330, 337
—, extracelluläres 153
—, intermediäres 28, 38f., 45, 47, 50, 71, 139, 201
—, makromolekulares 151
—, niedermolekulares 58
—, phytotoxisches 144, 149
—, Schlüsselmetabolit 160
—, sekundäres 146, 200f.
—, toxisches 154
Stoffwechselprozeß → Stoffwechsel
Stoffwechselreaktion → Stoffwechsel
Stoffwechseltyp 117
Stoffwechselweg 38, 40*, 71, 138
—, dissimilatorischer → Stoffwechsel, kataboler
—, kataboler → Stoffwechsel, kataboler
Stoffwechselzwischenprodukt → Stoffwechselprodukt, intermediäres
Stolbur 219, 288f.
— bei Eierfrucht 219
— — Kartoffel 219, 223, 288f.
— — Paprika 219
— — Tabak 219
— — Tomate 219
SM-Stolbur 84
Stolburbefall → Stolbur
Stolburerkrankung → Stolbur
Stolburkrankheit → Stolbur
Stolburjahr 219, 289
Stolon 180, 192, 288, 291, 309
Stoma, -ta 168, **186**f., 189, 196f., 200, 257, 262ff., 333, 335, 339, 349, 355, 359, 368, 377, 379, 382, 407, 417, 431, 450, 454, 456, 461, 466, 468
Stomatadurchfluß 154
Stomataverschluß 139
Strahlen 68f.
—, ionisierende 69
—, nicht ionisierende 69
—, radioaktive 69
—, Röntgen- 69, 247
—, ultraviolette (uv) 69, 90, 92, 247
Strahlenpilz → Actinomyceten

„Strands“ am Apfelblütentrieb 415*
Strang → DNS-Strang
—, intakter 69
—, komplimentärer 69
Strangbruch → DNS-Strang
Strangtrennung → DNS-Strang
Stranvaesia 222, 419, 465
— *davidiana* 465
Stranvaesia-Gehölze → *Stranvaesia*
Strawberry green petal disease → Kleephylloidie
Streckungswachstum → Wachstum, Streckungs-
Streifen → Symptom, Läsion
Streptococcus pyogenes, Phage A25 → Phage, *Streptococcus-*
Streptocyclin 340
Streptokokken 20
A-Streptokokken 26
Streptolydigin 107
Streptomycetales (s. a. Actinomycetales) 59
Streptomyceten (s. a. Actinomyceten) 36, 58
—, Lufthyphen 36
Streptomyces albus, Phage S3 → Phage, *Streptomyces-*
Streptomycin → Präparat, streptomycinhaltiges
Streptomycineinsatz → Bekämpfungsmaßnahmen mit Antibiotica
Streptomycinempfindlichkeit → Sensibilität, Streptomycin-
Streptomycinpräparat → Präparat, streptomycinhaltiges
Streptomycinresistenz → Resistenz, Streptomycin-
Streptomycinsulfat → Präparat, streptomycinhaltiges
Streptomycintauchbehandlung → Bekämpfungsmaßnahmen durch Tauchbehandlung
Streptonox 340
Streßbedingung, -faktor, -situation 139, 191, 193, 210, 230, 295
Stromathylakoide 172
Strophostyles helvola 336
Struktur 30, 50, 53, 58, 64
—, autonome 75
—, chemische 105
—, dynamisch-plastische 125
—, fibrilläre 31, 201
—, genetische 63
—, komplementäre 48
—, Membran- → Membranstruktur
—, membranähnliche, membranöse 30, 206
—, Molekül- 149f., 159
—, morphologische 200
—, Murein- 52, 54*
—, proteaseempfindliche 163
—, Protein- 50, 150
—, Ring- 48, 79, 91
—, sekundäre 67
—, Träger- 62
—, Zell- 162
—, Zellwand- 125ff., 135, 141
Strukturgen → Gen, Struktur-
Strukturprotein 24*, 27, 31, 50, 65, 88, 125, 128
Strunk 354, 357
Strunkfäule (s. a. Naßfäule) 357
Stubborn disease 219
— — an *Citrus* 161
Stützelement 206
Suberin 189, 200, 209
Suberineinlagerung 184*, 189
Suberinisierung → Suberineinlagerung
Sublimat ($HgCl_2$) 340, 344, 351, 380, 430
Substanz 76, 140, 207
—, alkylierende 69, 90
—, antibakteriell wirksame (s. a. Präparat, bakterícid wirkendes) 186, 250f.
—, antibiotische (s. a. Antibioticum) 199
—, antimikrobielle (s. a. Präparat, baktericid wirkendes) 58, 199, 205, 209
—, aromatische 42
—, bactericide (s. a. Substanz, antibakteriell wirksame) 199*, 204, 351
—, bakteriostatische (s. a. Substanz, antibakteriell wirksame) 199
—, diffusible 91
—, hydrophobe 126
—, inserierte 207
—, körperfremde 94
—, nicht wirtsselektive 153
—, niedermolekulare 53
—, pectinartige (s. a. Pectin) 206
—, phenolische (s. a. Phenol) 42
—, phytoalexinähnliche 368
—, phytotoxische (s. a. Toxin) 123, 143, 146
—, polymere 210
—, postinfektionell gebildete 58
—, präinfektionell gebildete 58
—, proteinartige (s. a. Protein) 202
—, systemisch transportierbare 249
—, toxische (s. a. Toxin) 34, 71, 151, 160ff., 245
—, wachstumsregulierende 135
—, wasserunlösliche 126
—, welkeinduzierende → Toxin, Welkeauslösendes
Substrat 39, 56f., 59, 61, 67, 129ff., 133, 160f.
—, Erd- 372
—, niedermolekulares 42
—, organisches 47
—, polymeres 129
—, selektiv wirkendes 116
Substratkettenphosphorylierung → Phosphorylierung, Substrat-
Substrat-Mycel → Mycel, Substrat-
Substratphosphorylierung → Phosphorylierung, Substrat-
Substratverwertung → Abbau, Substanz
Succinat 40*, 42*, 46*, 48*, 268, 343, 345, 348
Succinat-Dehydrogenase 46*
Succinat-Thiokinase 46*
Succinimid 343

Succinyl-CoA → Coenzym A
Sudanfarbstoff → Farbstoff, Sudan-
Sudangras (s. a. Gras) 232, 301
Süßkartoffel 273, 298
Süßkirsche → Kirsche
Sukkulente → Pflanzen, sukkulente
Sulfat 50, 56
Sulfid 50
Sulfonamid 61*
Sulphadimidin 291
Sulphaguanadin 291
Sulphapyridin 291
N^{δ}(N-sulfodiphosphinyl)-L-ornithin 147
Supercoil 60
Superinfektion → Infektion, Super-
Superknäuel → Supercoil
Suppression → Hemmung
„surface exclusion" 74
Sycomore leaf scorch 477
Symbiont an Leguminosen 148
— — *Alnus glutinosa* 17
Symbiose 183
Symptom 58, 69, 78, 111ff., 123, 143, 145, 147ff., 159f., **168**ff., 172ff., 177, 190ff., 197f., 205, 207, 245, 260, 297, 303, 314, 318, 341, 377ff., 442, 454, 464, Tafel II_3, III_2, V_1, VI_3, VI_4, VII_5, VII_6
— **als Absterbeerscheinung** (Nekrose) **145**f., 149ff., 155, 159, **168**f., 172, 174, 203f., 269, 284, 292, 325, 406, 415f., 421ff., 426, 431, 433, 436f., 450, 459, 464
— — —, Blattdürre 155
— — —, Blattnekrose 169, 433, Tafel II_4
— — —, Blütenbrand 415, 423
— — —, Blütennekrose 169
— — —, Feuerbrand Tafel IX_1, IX_2, IX_3, IX_4, IX_5, IX_6
— — —, Fruchtnekrose 169f.
— — —, Rindenbrand 170, 416, 426, 431, 464, 466
— — —, Rindennekrose 169f.
— — —, Spitzendürre 433
— — —, Stengelmarknekrose 169
— — —, Stengelnekrose 169
— — —, Triebnekrose 159, 431
— — —, zweigbrand 415
—, Folge- 168, 172, 174, 176
— **als Gewebemaceration** → Naßfäule
— **als Kräuselung, Verkrümmung und Stauchung** 161*, 176, 215, 260, 262, 268, 290, 292, 334, 339, 354, 369, 394, 423, 429, 456, 458, 461, Tafel II_5
— — —, gotischer Wuchs 288
— — —, Verdrehung (Kräuselung) 168, 176, 354, Tafel VI_5
— — —, Zwergwuchs → Wachstumshemmung
— **als Läsion** (Fleckenbildung) 145f., 158, 169f., 176, 186, 203, 205, 257, 260, 262, 268, 283f., 286, 310, 316, 319, 322ff.,326, 330, 332, 335, 339, 355, 363, 368, 370, 377, 383, 385, 391, 397, 406f., 431, 443, 446, 454, 460, Tafel V_4, VI_1, VI_2
— — — an Blättern 93, 113, 158, 169, 175, 182, 242, 257, 316f., 323, 333, 347, 363, 406, 450, 461, 468
— — —, braune, bräunliche, schokoladenbraune 332f., 348, 376, 395, 397, 406, 411, 466
— — —, chlorotische 354, 406
— — —, dunkelbraune 376
— — —, durchscheinende (glasige) 433, 454, 460
— — —, eckige 169, 348, 350, Tafel IV_5
— — —, eingesunkene 328, 381, 406, 416
— — —, Fettflecken 169, 330f., 333, 335, Tafel II_5, IV_1, IV_2
— — —, Fruchtflecken 322, 327, 377, 385, 464
— — —, gelbe 330f., 392, 445
— — —, gelbgrüne 257, 436
— — — auf Gurkenfrüchten 348
— — —, hellgraue 359
— — — Hülsen- 242, 330, 333, 339
— — —, hygroskopische 356
— — —, kreisrunde, kreisförmige 330, 431, 446
— — —, lokale (Lokalläsionen) 147, 160, 242
— — — Makro- 69ff.
— — — Mikro- 379
— — —, nekrotische, nekrotisierende (s. a. Absterbeerscheinung) 168f., 175, 358, 368, 371, 204, 406, 410, 433, 437, 446, 450
— — —, ölartige, ölige 169, 394, 412, Tafel II_4, VIII_6
— — —, pergamentartige 410
— — —, Primär- 69, 168
— — —, punktartige 359, 379
— — —, Schrotschuß- 423, 431
— — —, schuppige 379
— — —, schwarz verfärbte, schwarze 326, 358, 364, 376, 431, 446, 466, Tafel V_6
— — —, silberfarbene 286
— — —, spindelförmige 410
— — —, Stengel- 113, 182, 330, 334, 387
— — —, streifenförmige 169, 256f., 260, 264, 268, 286, 334, 387, 394, 445
— — —, Teerspritzer-ähnliche 376, Tafel V_5
— — —, Trieb- 182
— — — an Tabakblättern 407*
— — —, unregelmäßige 361, 394, 397, 461
— — —, „Vogelaugenflecke" 170, 371, 385, 450
— — —, wäßrige 433, 437
— — —, wasserdurchtränkte, wasserdurchsogene 169f., 257, 260, 264, 317, 319, 321, 330, 334f., 337f., 358, 376, 382, 406, 437, 445, 458, 468
— — —, weißliche 168, 382, 385
— **als Neu- und Mißbildung** 114, 135, 137, 140, 148, 172f., 176f., 198, 279, 282, 290, 314, 342, 344, 423, 427, 430, 434f., 442, 451, 453, 456, 468
— — —, Blattgallen 442
— — —, blumenkohlartige 176, 451

— — —, gallenartige (Gallen) 80f., 266f., 430, 434
— — —, Gewebeproliferation 80, 176
— — —, hexenbesenartige 139f., 176, 344, Tafel VIII_2
— — —, krebsartige 466
— — —, Luftwurzelbildung 373*
— — —, pustelartige 443, Tafel VIII_3
— — —, Stauchung 176
— — —, Triebverdickung 423
— — —, wurzelkropfartige 114*, 342, 429
— **als Rindenbrand-ähnliche** → Symptom, Absterbeerscheinung
— **als Verbänderung** → Verbänderung
— **als Verfärbung** (Verbräunung) 145, 160, 283, 292, 312, 324, 337f., 349, 357, 371, 375, 396*, 397, 440, 456, 458, Tafel II_2
— — —, Adernchlorose, -aufhellung 169, 316, 369, Tafel II_2
— — —, Adernschwärzung 354
— — —, Blattrandvergilbung 291
— — —, Chlorose 138, 143, **145**ff., 150f., 159f., 162, 168f., 197, 269, 290f., 307, 314, 322, 330, 386
— — —, chlorotische Flecken (s. a. Chlorosehof) 290, 382, 464
— — —, Gefäß-, Gefäßbündel-, Gefäßwandverfärbung 162, 283f., 293, 304, 354*, 355, 365, 387, 443, Tafel V_2
— — —, Gelbverfärbung 169, 288, 290, 318, 356, 392, 443, 445, 450, Tafel VI_5
— — —, Fruchtverfärbung 365*, 471
— — —, Mark-, Stengelmarkverfärbung 373f., Tafel V_3
— — —, ringförmige 304
— — —, sektorartige, sektorförmige 354
— — —, Silberverfärbung 286
— — —, Spitzenchlorose („Weißköpfe") 148, 169, 268
— — —, Spitzenröte 291
— — —, Schwarzadrigkeit 354f.
— — —, Verbräunung 260, 304, 325, 387, 440, 464
— — —, Vergilbung 18, 145, 172, 192, 219, 291f.
— **als Verlaubung, Vergrünung** 176, 215, 223f., 288, **314**ff., 369, 386, 439, 442
— **als Welkeerscheinung** → Welke
— am Sproß (s. a. Symptom, Läsion) 304
—, Winter- 415
Symptomanalyse (s. a. Nachweismethode) 111ff., 305
Symptomatologie 168ff.
Symptomausbildung → Symptomentstehung
Symptombild → Symptom
Symptomentstehung, -entwicklung (s. a. Pathogenese) 93, 139, 143, 168, 174, **184**, 191, 291, 331, 442
Symptomtyp 168f., 172
Syndrom → Pflanzenkrankheit
Synergismus 195
Syngonium podophyllum 273, 300f.
Synonym siehe bei den einzelnen Erregern
Synthese (Bildung) 38f., **45**ff., 48ff., 55, 59, 65, 67f., 71, 81, 88, 91, 128, 130, 132ff., 140, 149, 193, 195, 207
—, Abscisin- 138
—, Aminosäure- 49, 67
—, Auxin- 137
—, Chlorophyll- 147, 197f.
—, Cytokinin- 31
—, DNS- 63, 64*, 87, 137
—, Enzym- → Enzymbildung
—, Ethylen- 147
—, Farbstoff- 116
—, Glutamin- 146
—, Indolylessigsäure- 81, 137f.
—, Kapselbausteine 30
—, Lävan- 117
—, Lipid- 50f.
—, Lipopolysaccharid- 56
—, Makromoleküle 56, 87, 92
—, Membranbausteine 29
—, Murein- 56
—, Nucleinsäure- 48ff., 135
—, Nucleotid- 45, 48
—, Pectatlyase- 130, 132f., 209
—, Pectinase- 42
—, Phaseolotoxin- 147, 149f.
—, Phenol- 160
—, Phosphatase- 283
—, Phytoalexin- 199, 206
—, Phytohormon- 135, 138
—, Polysaccharid- 54f., 158, 160
—, Protein- → Proteinsynthese
—, Pyocyanin- 396
—, Repressor- 91
—, RNS- → RNS-Synthese
—, mRNS- → mRNS-Synthese
—, Schleim- 153, 266, 374
—, Schwefelwasserstoff- → Schwefelwasserstoff-Bildung
—, Syringomycin- 149f., 377
—, Tabtoxin- 146
—, Toxin- 143, 145, 147ff., 154, 158, 241, 409
—, Verlangsamung 179
—, Virus-DNS- 87f.
—, Virusmakromolekül- 87f.
—, in vitro- 148
— von Zellwandbausteinen 30
— zellwanddegradierender Enzyme (s. a. Synthese, Pectatlyase) 194
Syntheseleistung, -rate 63, 91, 138
Synthesestoffwechsel → Synthese
Syntheseweg 71, 138
Synthetase 65
Syringa → Flieder
Syringacin-Präparat 93
Syringomycin 80, 144f., **148**ff., 377

Syringomycinbiosynthese → Synthese, Syringomycin-
Syringomycinproduktion → Synthese, Syringomycin-
Syringomycinsynthese → Synthese, Syringomycin-
Syringotoxin 144f., 148ff.
System 103f.
—, geschlossenes hierarchisches 104
—, klassisches 104
—, künstliches 104
—, natürliches 104
—, prokaryotisches 37
Systeminsekticid → Insekticide

Tabak 117, 138, 145, 159, 163, 169, 176, 180, 188f., 197, 202f., 207, 219, 222f., 234, 242, 250, 289, 294, 308, 323, **406**ff., 424, 456
—, Wildfeuer 146, 188, 197, 202, 222f., 228, 323, 406ff.
Tabakblatt 115, 146, 201, 203, 250, 338, 368, 407*, 415, 421
Tabakhypersensibilitätstest → Hypersensibilitätstest an Tabak
Tabakpflanze → Tabak
Tabaksaatgut → Saatgut
Tabak-Sortiment 291
Tabakstengel → Stengel
Tabak-Überempfindlichkeitstest → Hypersensibilitätstest an Tabak
Tabakwildfeuer → Tabak, Wildfeuer
Tabtoxin 138, **143**ff., 148, 169, 197f., 262f., 406
Tabtoxinin 146
Tabtoxinin-β-Lactam 146, 148
Tabtoxinproduktion → Synthese, Tabtoxin-
Tafasan-6 W 340
Tagetes 145
— *patula* 148
Tagetitoxin 144f., 148
Tan spot 324
„Target“ eines Antibioticums 71
Tartrat 259, 268, 348
D-Tartrat 262, 306
D(—)-Tartrat 376
L-Tartrat 262, 278, 368
L(+)-Tartrat 376
m-Tartrat 306, 368
Na-Tartrat 272
Tauchbehandlung → Bekämpfungsmaßnahmen durch Tauchbehandlung
Taurocholat → Agar, Taurocholat-
Taxie 34
—, negative 34
—, positive 34
Taxon, -xa 110f., 118
Taxonomie 18, 49, **103**ff.
— coryneformer Bakterien 107
—, numerische 105f., 111
—, klassische 104f.
— phytopathogener Bakterien 103ff.
taxonomische Position 108
Taxonspezifität 105
Teichonsäure 24*, 26
—, Glycerol- 26
—, Mannitol- 26
—, Membran- 26
—, Ribitol- 26
—, Zellwand- 26
Teichuronsäure 26
Teilpeptid → Peptid, Teil-
Teilsequenzanalyse → Sequenzanalyse
Teilung 57
—, Zelle 20, 30, 34, 38, 60, 63, 77, 135f., 177, 187, 192
Teilungsrate 56f.
Teilungsunfähigkeit 69
Teilungszentren 177
Telophase 177
Temperatur **56**f., 72, 183f., **189**, 197f., 210, 235, 267, 294, 337
Temperaturansprüche 231, weitere siehe bei den einzelnen Erregern
Temperaturbereich 57, 72, 189, 295
—, optimaler 189, weitere siehe bei den einzelnen Erregern
Temperatureinfluß 189, 238, 294, 361
Temperaturerhöhung 198, 210
Temperaturmaximum, -minimum, -optimum 107, 189, weitere siehe bei den einzelnen Erregern
Temperaturspektrum → Temperaturbereich
Tentoxin 151
teratologische Veränderung (s. a. Symptom, Neu- und Mißbildung) 168, 176f.
Tergitol 418
Terminalknospe → Knospe
Termination 65, 67, 70, 84, 88
Terminationssignal 67
Terminatorcodon 65, 68, 72
Terramycin 299, 315, 340, 356, 387
Testa → Samenschale
Test → Nachweismethode
Testantigen → Antigen
Testkit 117
Testmethode → Nachweismethode
Testpflanze → Indikatorpflanze
Testpflanzensortiment 289, 314
Testphage → Phage
Testung, serologische → Nachweismethode, serologische
Testverfahren → Nachweismethode
Tetracoliumchlorid-Borsäure-Medium → Agar, Triphenyltetracoliumchlorid-
Tetracyclin 32, 58, 61*, 288, 291, 314, 387
Tetracyclinhydrochlorid → Tetracyclin
Tetramethylthiuramdisulfid (TMTD) 249, 259, 323, 326, 328

Tetrapeptid → Peptid, Tetra-
Tetrose 49*
Thalliumnitrat 418
Theorie der physikalischen Verstopfung → Gefäßverstopfung, Theorie der physikalischen
Thermotherapie → Bekämpfungsmaßnahmen, physikalische
Thiamin 303, 343, 345
Thimet (s. a. Insekticid) 311
Thiobarbitursäure 258
Thioester der Acyl-S-Enzym-Bindung 41
Thioglycolsäure 302
Thiosulfat 319
Thiosulfonsäureester 390
Thiram → Tetramethylthiuramdisulfid
Threonin 49*, 153
threoninhaltiger β-Lactamring → Lactamring, threoninhaltiger
Thylakoid 23*, 30, 172
Thylakoidmembranstruktur → Membranstrukturierung
Thyllen 158, 174
Thyllenbildung 174, 196, 337
—, befallsbedingte 157
—, toxinbedingte 157
^{3}H-Thymidin 30
Thymin 49, 69
Thymin-Dimer → Dimere, Thymin-
Tiefschorf → Kartoffelschorf
Tiere 106, 182
Tierverluste 95
Timotheegras (s. a. Gras) 145
Titer 95
—, Antiserum- → Antiserum-Titer
—, Phagen- → Phagentiter
TMTD → Tetramethylthiuramdisulfid
Tobramycin 258
Tochterknolle → Kartoffelknolle, Tochter-
Tochterzelle → Zelle
Tödliche Vergilbungskrankheit der Kokosnuß → Vergilbungskrankheit, Tödliche (Kokosnuß)
Tötungspunkt, thermaler 247, weitere siehe bei den einzelnen Erregern
Toleranz 160, 199, 209, **217**
Toluidinblau (s. a. Farbstoff) 37
Tomate 116, 126, 145, 155ff., 158f., 163, 169f., 172, 174f., 180, 187f., 216, 219, 223, 230, 232ff., 238, 242f., 246, 250, 261, 273, 283, 289f., 294, 298, 301, 308f., 366, **369**ff., 380ff., 385, 408f., 412, Tafel V_2, V_3, V_4
—, Wild- 242
Tomatenanbau 251f.
Tomatenbestand 237
Tomatenfrüchte 170f., 371, 380f., 385, 396, Tafel V_5, V_6
Tomaten-Fruchtfäule → Fruchtfäule, Tomate
Tomatenlinien 244, 376
Tomatenmosaikvirus (ToMV) 244
Tomatenpflanze → Tomate
Tomatensaatgut, -samen → Saatgut
Tomatensorten 241, 372, 376, 378, 380f.
Tomatensprosse → Stengel
Tonoplast 205
Topinambur 298
Topologie 83
Totalsequenzierung → Sequenzanalyse
Toxigenität 149f.
—, Vererbung 149f.
Toxin **58**, 80, 93, 123, 137f., 142ff., **151**ff., 160ff., 169, 172, 174, 192, 196f., 199f., 205, 240, 262, 266, 322, 335, 370, 377, 406
—, Angriffsort 150, 152ff.
—, bakterielles 150ff.
—, Chlorose auslösendes 143ff.
—, *Clavibacter-* 151, 153, 157
—, *Clavibacter michiganensis* subsp. *michiganensis-* 172
—, — — subsp. *insidiosus-* 153, 155f.
—, — — subsp. *sepedonicus-* 153
—, Coryne- 153, 266f.
—, Endo- 149
—, *Erwinia amylovora-* 155
—, extracelluläres 330
—, Hauptangriffsort → Toxin, Angriffsort
—, Maskierung 199
—, Nekrose auslösendes 142ff., 150ff.
—, nichtwirtsselektives 143, 145
—, nichtwirtsspezifisches 143f.
—, niedermolekulares 144ff., 149
—, pilzliches 151
—, Polysaccharid- 153f., 161
—, selektives 143
—, spezifisches 143
— von Glykopeptidcharakter (s. a. Toxin, Welke auslösendes) 144, 154, 157f., 162
—, Welke auslösendes (s. a. Toxin von Glykopeptidcharakter) 145, **151**ff., 157, 160, 192, 196, 337
—, Wirkungsweise 151ff.
—, wirtsselektives 143
— Zellgift 142, 147
Toxinanteil 155
Toxinausbeute → Toxingehalt
Toxinausscheidung 160, 304
Toxinausstoß → Toxinausscheidung
Toxinbildner 143, 158
Toxinbildung → Synthese, Toxin-
Toxincharakter → Toxin
Toxin-Corona 407
Toxindosen → Toxingehalt
Toxineinwirkung → Toxinwirkung
Toxinforschung 151
Toxinfraktion 153
Toxingehalt 145, 147, 155f.
Toxinklasse 153
Toxinpräparat 155, 158
Toxinproduktion, -synthese → Synthese, Toxin-
Toxintheorie 142

Toxinvorstufe 160
Toxinwirkung 54, 148, 150, 154f., 157
Toxinwirkungsort → Toxin, Angriffsort
Toxizität 150, 201
tra-Bereich 74
Tracheen → Gefäß
Tracheenflüssigkeit 154
Tracheensystem → Gefäßbündel
Tracheenwände → Gefäßwand
Tracheobakteriose → Gefäßkrankheit, bakterielle
Tracheomykose → Gefäßkrankheit, pilzliche
Trägerstruktur → Struktur, Träger-
Tragopogon porrifolius 299
Transaldolase 44*
Transaminierung 50
Transduktant 77
Transduktion 72f., **76**ff., 91, 149
—, abortive 77
—, allgemeine 76
—, generelle 76ff.
—, rekombinative 77
—, spezialisierte 73, 76f.
—, vollständige 77
Co-Transduktion 78*
Transeliminase (s. a. Enzyme, gewebemacerierende) 129
Transeliminierung 130
Transfektion 87
Transfer 59, 73ff., 80, 199
— Bakterienchromosom 59, 75
— Bakteriengen 32
—, DNS- 34, 73, 76, 90
—, konjugativer 73f., 76, 80*
—, Plasmid- 74*
—, polarer 75f.
—, unproduktiver 74
Transferfähigkeit → Transferierbarkeit
Transferierbarkeit 74, 277
Transfermechanismus → Transfer
Transferminuten → Transferzeit
Transferorigin (*oriT*) 74ff.
Transferprozeß → Transfer
Transferreaktion 51*
Transfer-RNS → tRNS
Transferzeit 59, 76
Transformation 73, 78ff., 139
—, artifizielle 78ff.
— der Pflanzenzelle 81
— des Gewebes 139
—, natürliche 79
—, physiologische 78
Co-Transformation 78*
Co-Transformationsanalyse 79
Transformationsfrequenz 79
Transformationsmethode → Transformation
Transformationssysteme, natürliche → Transformation, natürliche
Transhydrogenierung 46
Transjugation 73
Transketolase 44*
Transkonjugante 74
„Transkript 2 Gene" → Gen
Transkripte 65
Transkription 31, 50, 59, 64ff., 70, 88, 90
—, Abbruch 67
—, sukzessive 88
Transkriptionsaktivität 67
Transkriptionsebene 65
Transkriptionseinheit 65, 88
Transkriptionshäufigkeit 65, 71
Transkriptions-Schleifen 23*, 31
Transkriptions-Terminations-Signal 67
Translation 50f., 59, 65f., 70, 72
Translationshäufigkeit 67
Translationsprozeß → Translation
Translations-Schleifen 23*, 31
Translokation 51*
Transmembran-Anordnung 28
Transmembran-Protein 28f.
Transpiration 135, 186, 188, 196, 346
Transpirationsstrom 160, 192
Transport 53, 137, 182f., 353
—, Nährstoffe → Nährstoffstrom
—, Wasser → Wassertransport
Transportmechanismus 192
Transportmittel 181f.
—, Infektion 182
—, Kontamination 182
Transposase 62*
Transposaseinhibitor 62*
Transposition 62*, 63, 73, 76
Transpositionshäufigkeit 62
Transpositionsprozeß → Transposition
Transposon 62, 71, 73, 76
Transposon-codierte Resolvasen → Resolvase, Transposon-codierte
Transposon-Mutagenese → Mutagenese, Transposon-bedingte
Trehalose (s. a. Zucker) 259, 268, 292, 299, 306, 319, 361, 368, 395, 415, 438, 454
D(+)-Trehalose 258
Trennverfahren, chromatographisches 194
Trialeurodes vaporariorum → Weiße Fliege
Tricarbonsäure-Cyclus 40*, 46*, 47, 50
Trichlornitromethan 383
Trieb → Stengel
Triebanfälligkeit → Anfälligkeit
Triebläsion → Symptom, Läsion
Triebnekrose → Symptom, Absterbeerscheinung
Triebstauchung → Symptom, Kräuselung, Verkrümmung und Stauchung
Triebverdickung → Symptom, Neu- und Mißbildung
Triebverkrümmungswachstum des Zuckerrohrs 224f.
Triebwelke → Welke, Stengel-
Trifolium fragiferum 315
— *hybridum* 315

— *repens* → Klee
Trigone 375
Trigonella foenum-graecum 320
Triose 49*
Triosephosphat 40*, 45
Triosephosphat-Isomerase 43*
Triphenyltetracoliumchlorid → Agar, Triphenyltetracoliumchlorid-
Triplett 30, 50, 68
Triplettsequenz 50
Trisetum flavescens 271
Triticale 259
Triticum → Weizen
— *durum* 261
Trockenbeize → Beizung
Trockenfäule (incl. Fusarium-Trockenfäule) 283, 288, 304
Trockenperiode 216
Trockensubstanz → Trockensubstanzgehalt
Trockensubstanzgehalt 48, 223, 391
Tropaeolum majus 285
Tryptamin 137
Trypton 302
Tryptophan 49*, 66*, 81, 135, 137
L(—)-Tryptophan 343
Tryptophan-Operon 66*
Tuberkel → Tumor
Tuberkelkrankheit des Ölbaums 434f.
Tuberkulose der *Beta*-Rüben 216, 282
— — Rübe 279
Tulipa → Tulpe
— *gesneriana* 444
Tulpe 159, 392, 442, 444
Tulpenanbau 443f.
Tulpenblätter 443, Tafel VIII$_3$
Tulpenzwiebel 443f.
Tumor (s. a. Symptom, Neu- und Mißbildung) 32, 61, 81, 137f., 140ff., 176f., 188, **198**, 279, 281, 427, 434, 442
—, Crown-gall- 80, 176
—, Herausschneiden 238
—, nopalinsynthetisierender 81
—, octopinsynthetisierender 81
—, Ri-plasmidinduzierter 81
—, sekundärer 142, 453
—, Ti-plasmidinduzierter 81
Tumorauslösung → Tumorinduktion
Tumorbildung 32, 81, 93, **140**ff., 160, 176f., 190, 198f., 279, 342, 409
— an Chrysanthemenstengeln Tafel VIII$_1$
— — Tomatenstengeln 141*, 198
— — Rosaceen 112
Tumorentwicklung → Tumorbildung
Tumorgewebe → Gewebe, Tumor-
tumor inducing → Tumorinduktion
Tumorinduktion 80f., 141f., 342
tumorinduzierende Fähigkeit 141
tumorinduzierendes Plasmid → Plasmid, tumorinduzierendes
tumorinduzierendes Prinzip (TIP) 142, 188, 197
tumortransferierendes Prinzip (TTP) 142
Tumorwachstum → Tumorbildung
Tumorzelle 177, 279
Turgescenz → Turgor
Turgescenzverlust → Turgorverlust
Turgor 157, 197, 337, 352, 415
Turgorschwankung 238
Turgorverlust 155, 197, 205, 356, 364
Turgorverringerung → Turgorverlust
Tween 80 257
Typus 110
Typusart 110, 277
Typusgattung 110
Typusstamm 110
Tyrosin 49*, 303, 432
Tyrosinase 266, 370, 425
Tyrosinase-negativ 337
Tyrothricin 280f.

Ubiquisten 396
UDP-N-Verbindung → Uracil-diphosphat-N-acetylglucosamin
Überdauerung 28, 61, 151, 163, 178f., **181**ff., 186f., 189, 191, 235, 260, 294, 320, 417, 433, 440, 447, 451, 461
—, Boden 36, 178, 181, 260, 325, 368, 377, 427, 437, 447
—, inaktive 178f.
—, Maschine 178, 189
—, Maschinenwerkstoffe 178, 189
—, Pflanzenrückstände, -reste 36, 178, 260, 327, 382f., 437
—, Pflanzgut 179
—, Samen 36, 178
Überdüngung → Düngung, übermäßige
Überempfindlichkeitsreaktion → Hypersensibilität
Überflutung 238
Überhälter 181, 221, 378, 407
Überhälterpflanzen → Überhälter
Überleben → Überdauerung
Überlebensstrategie → Überdauerung
Überträger, Massenwechsel **181**ff., 219, 267f., 272, 288ff., 315f., 335, 346f., 355, 383, 397, 417, 424, 438ff., 451, 458
Übertragung 177ff., 181ff., 216, 235, weitere siehe bei den einzelnen Erregern
—, Abhängigkeit von äußeren Faktoren 183
—, direkte 180
— durch befallene Pflanzenreste 181f., 391, 407f.
— — Blattkontakt 181f., 389
— — Boden 181f., 333, 387, 428
— — Insekten 182f., 346, 407, 410, 433f., 450
— — Menschen 182f.
— — Pflanzgut 291, 293, 300, 307
— — Pfropfung 438
— — Regenwasser 181f., 355, 433, 468
— — Saatgut 180ff., 250, 257, 285, 318, 323, 333,

335, 337, 346, 359, 362, 367, 387, 393, 406, 408, 410, 450
— — Vektoren 182f., 290f.
—, Erbinformation 83
— genetischer Information (s. a. Transduktion, s. a. Transformation, s. a. Transposition) 73, 199
—, kontinentweite 182f.
—, mechanische 182, 346, 371, 434, 459, 468
Übertragungsabläufe → Übertragung
Übertragungsform → Übertragung
Übertragungsverhältnisse → Übertragung
Übertragungsweg 177, 181ff.
Überwachung 237
Überwinterung → Überdauerung
— im Boden 461
Ulme 477
Ultraschall 202
—, Aufschluß von Bakterien 202
Umbelliferen, -rae → Apiaceae
Umbelliferenunkräuter → Unkraut, Umbelliferen-
Umfallkrankheit 393
Umweltbedingung (s. a. Niederschlag, s. a. Wetter, s. a. Wind) 65, 68, 163, 168, 177, 179, 184ff., **188**, 209, 232, 245, 310, 396
Umweltbelastung 239
Umwelteinfluß, -einflüsse 56f., 123
Umweltfaktor → Umweltbedingung
Umweltschutz 239
Unanfälligkeit, vollständige (= absolute Resistenz) 209
Ungräser (s. a. Gras) → Unkraut, Gramineen-
“unit membran” → Membran, Elementar-
Unkraut, -arten, Unkräuter 179, 181, 224, 232, 237, 242, 272, 289, 308, 323, 333, 355, 366ff., 369, 377f., 382, 408, 411
—, Gramineen- 237, 257
—, perennierendes 355, 379
—, Umbelliferen- 411
Unkrautpflanze → Unkraut
Unkrautwirt → Wirtspflanze, Unkrautwirt
Unterdrückung des Parasiten → Hemmung, Parasiten
Unterkühlung 163
Unterlage 223, 376, 428, 439
Unterscheidungsmerkmal → Merkmal, Unterscheidungs-
Untersuchungsmethode → Nachweismethode
Uracil 50, 69, 343
Uracil-Base 106
Uracil-diphosphat (UDP) 52
Uracil-diphosphat-N-acetylglucosamin 52
Uracil-diphosphat-muraminsäurepentapeptid 52
Uracil-triphosphat (UTP) 49, 52
Urease 266, 370
Urease-negativ 266, 286, 334, 337, 354, 437
Urease-positiv 436
Uronide, oligomere 129, 193f., 206, 209
Uronsäureteil 153
Uronsäurecarboxyl-Gruppe 126
UTP → Uracil-triphosphat
uv-Einwirkung → Strahlen, ultraviolette
uv-Licht → Strahlen, ultraviolette
uv-Resistenz → Resistenz, gegen ultraviolette Strahlen
uv-Strahlen → Strahlen, ultraviolette

Vakuole 170, 172*, 205
Vakuuminfiltrationsmethode → Inokulation durch Vakuuminfiltration
validly published 110
Valin 49*
DL-Valin 343
Vancomycin 355
Variabilität 63, 68, 102, 184*
—, Bakterien- 73
— der Antigenstruktur 102
—, genetische 18, 68, 241
—, genotypische 68
Vehikel 83, 181
Vektor → Überträger
Vektor-Aktivität 223
Vektorbekämpfung → Bekämpfungsmaßnahmen, Vektoren
Vektorpopulation 289, 413
Vektorübertragung → Übertragung, Vektoren
Venturia inaequalis 244
Veränderung, genetische → Variabilität, genetische
—, pectininduzierte 210
—, physiologische 179
Veratmung → Stoffwechsel, kataboler
Verbänderung (s. a. Symptom, Neu- und Mißbildung) 114*, 137, **139**, 176, 344, 442, 453, Tafel VIII_2
— Erbse 114*, 216, **343**ff.
— Pelargonie 451ff.
Verbänderungseffekt → Verbänderung
Verbänderungserscheinung → Verbänderung
Verbascum densiflorum 344
— *vernale* 344
Verbräunung → Symptom, Verfärbung
— der Sojabohne 324
— des Stengelmarkes → Symptom, Verfärbung
Verbreitung, geographische 181ff., 185*, 192, **215**ff., 236, 238, weitere siehe bei den einzelnen Erregern
—, Erreger 163, 189, 215, 417*, 426
—, Krankheit 215
Verbreitungsorgan 36
Verbreitungsquelle → Infektionsquelle
Verbrennen → Verbrennung
Verbrennung 47, 221
Verdopplung 69
— der DNS 63
Verdopplungszeit 56
Verdrehungen an den Inflorescenzen → Symptom, Kräuselung, Verkrümmung und Stauchung

Veredlungsreiser → Reiser
Vereisung → Eiskernbildung
Vererbung (s. a. Transduktion, s. a. Transformation, s. a. Transposition, s. a. Genetik) **59**, 73f., 81ff., 198f.
— phytopathogener Merkmale (s. a. Virulenzgen) 32, 142
—, Toxinbildungsfähigkeit 149f.
Vererbungsmodus 164
Veresterungsgrad 127, 130, 210
Verfärbung → Symptom, Verfärbung
Verfahren → Bekämpfungsmaßnahmen
Vergärung → Abbau, fermentativer
Vergilben, Vergilbung → Symptom, Verfärbung
— des Pfirsichs 219
Vergilbungserscheinung → Symptom, Verfärbung
Vergilbungskrankheit 287f.
—, Tödliche (Kokosnuß) 219, 224f.
Vergrünung → Symptom, Verlaubung, Vergrünung
Vergrünungserscheinung → Symptom, Verlaubung, Vergrünung
Verhalten, mesophiles → Bakterien, mesophile
Verknüpfung von genetischem Material 73
Verkrümmungen → Symptom, Kräuselung, Verkrümmung, Stauchung
Verkrüppelungen → Symptom, Kräuselung, Verkrümmung, Stauchung
Verlaubung → Symptom, Verlaubung, Vergrünung
Verletzung → Beschädigung
Verletzungsempfindlichkeit → Beschädigungsempfindlichkeit
Verletzungsgrad → Beschädigungsgrad
Verlust, Schaden 69, 125, 188, 190, 196, 215ff., **219**ff., 224f., 241, 270, 294, 318, 320, 323, 325, 335, 340, 357, 359, 367, 374, 376, 380, 382, 396, 424f., 490
— an Blättern 190
— an Keimblättern 324
— bei Kartoffeln 294
— bei der Lagerung 218, 235, 358, 392
— durch bakterielle Knollennaßfäulen 294
— — Erwinia amylovora 221
— — MLO 219f., 225
— — Prokaryoten 215ff., 224
— — RLO 219ff., 225
— — Spiroplasmen 225
— — Welke → Welkeschäden
—, finanzieller 224f.
—, in der Saatgutwirtschaft 222
—, sekundärer 310
—, Steigerung 188, 230
—, Turgor- → Turgorverlust
Verlustrate 219
Vermarktung 293
Vermehrung (s. a. Wachstum) 22, 65, **81**ff., 123f., 184*, 185*, **191**f., 193, 199, 201, 206, 251
—, Erreger 189, 206, 216
—, Viren → Virus
—, Zelle 57, 135
Vermehrungscyclus 86ff.
— bei Phagen 89
Vermehrungsorgan 36, 124
Vermehrungsrate → Wachstumsrate
Vermicularia tricnella 468
Vernetzung → Verknüpfung von genetischem Material
Verpackung des genetischen Materials 88
Verpackungsmaterial, kontaminiertes 182f.
Verseuchung (s. a. Infektion) 353
—, Knollen- 392
—, latente 235, 293, 353, 372
Verseuchungsgrad (s. a. Infektionsgrad) 332, 355, 386
Verstopfung → Gefäßverstopfung
Vertebraten (s. a. Tiere) 94
Verticillium 231, 312
— *albo-atrum* 371
Verwachsung → Verbänderung
Verwandtschaft 105
Verwertung (s. a. Abbau) siehe bei den einzelnen Erregern
— Aminosäuren 117, 425
— Homoserin 340
— Kohlenhydrate 117
— Lipide 117
— organischer Substanzen 117
— Peptide 117
— Proteine 117
— Zucker 117
Verzwergung → Symptom, Kräuselung, Verkrümmung und Stauchung
Verzwergungskrankheit der Himbeere 439
Veterinärmedizin 248
Viburnum opulus 344
Vicia atropurpurea 340
— *benghalensis* 320, 340
— *faba* → Ackerbohne
— *sativa* 320
— *villosa* 333
Vigna 340
— *radiata* 242, 337
— *sinensis* 333, 336
— *unguiculata* 242
Viola 298
vir-Region → Gen, *vir*-Region
Virescenz der Blütenstände → Symptom, Verlaubung, Vergrünung
Virionen 83f.
—, stäbchenförmige 84
Virionmorphologie → Morphologie, Virionen
Viroide 91
Virologie 83, 101
Virose 112, 193, 202f., 369, 439
Virulenz (s. a. Pathogenität) 54, 81, 87, 141, 143, 150, 158, 161, 184*, 186, 188, 191, 195, 306, 309, 421
—, Verlust 53

virulenzbestimmende Faktoren (s. a. Pathogenitätsmerkmal) 123
Virulenzgen (s. a. Vererbung phytopathogener Merkmale) 32, 142
Virulenzgrad 87
Virulenzunterschiede 158, 421
Virus, Viren 81, 83, 87, 91, 100f., 111, 177, 203, 215, 240, 244
Virus-DNS-Synthese → Synthese, Virus-DNS-
viruseigene RNS-Polymerase 88
Viruserkrankung → Virose
Viruskrankheit → Virose
Virusinfektion → Infektion, Virus-
Virusfunktion 87
Virusmakromolekülsynthese → Synthese, Virusmakromolekül-
Viruspartikel, komplette → Virus
—, quasi-sphärische 84
virus-tested stem cuttings → Pflanzgut, VTSC-
Virusvermehrung → Virus
Viskosität 129, 154, 158, 196
Viskositätserhöhung 196
Vitamine 56, 71, 140
B-Vitamine 56
Vitis vinifera → Weinrebe
Vögel (s. a. Tiere, s. a. Vertebraten) 182f., 424, 434
Vogelaugenfleck → Symptom, Läsion
Vogelkirsche 425
Volutinkörperchen 37
Vorbeugungsmaßnahme → Bekämpfungsmaßnahmen, prophylaktische
Vorfrucht 232, 311, 358
—, Kartoffel- 358
Vorimmunisierung → Immunisierung, Vor-
„Vorspore" → Spore
Vorkommen → Verbreitung, geographische
—, epiphytisches → epiphytisches Vorkommen
Vorratskrankheit → Lagerkrankheit
VTSC-Pflanzgut → Pflanzgut, VTSC-

Wachsablagerung 126
Wachse 37, 40*
D-Wachse → Wachse
Wachstum (s. a. Vermehrung) 22, 38, **56**ff., 71, 79f., 123ff., 126, 128, 130, 132f., 135, 137, 141f., 176, 185f., 188f., 192ff., 196f., 201f., 205, 209, 230, 233, 237f., 283, 309, 352
—, aerobes 429f., 468
—, Bakterien- 57, 196, 203
—, exponentielles → Wachstum, logarithmisches
—, lag-Phase 57
—, logarithmisches 30, 57, 79, 133
—, neoplastisches 434
—, Pflanzen- 81, 181
—, Phasen 57*
—, stationäres 57f., 60, 179
—, Streckungs- 125, 135f.
—, tumorähnliches 81
—, unkontrolliertes 81, 176
—, vegetatives 66
—, Wurzel- 81
—, Zelle 135
Wachstumsanomalien (s. a. Symptom, Neu- und Mißbildung) 135, 137f.
Wachstumscyclus 78f.
Wachstumsdepression → Wachstumshemmung
Wachstumsgeschwindigkeit 141
Wachstumsfaktor 279, 303, 342, 345
Wachstumshemmung (s. a. Symptom, Kräuselung, Verkrümmung und Stauchung) **57**f., 136, 138, 141, 143, 147, 162, 168, 176, 216, 273, 291, 318, 325, 344, 346, 356, 386, 434, 458
Wachstumskinetik 57, 85
Wachstumskonkurrent 246
Wachstumskurve → Wachstumskinetik
Wachstumsphase → Wachstum
Wachstumsprozeß → Wachstum
Wachstumsrate 37, 56, 61, 68, 89, 158
Wachstumsregulator 58, 136f., 372
Wachstumsstadium → Wachstum
Wachstumsstörung → Wachstumshemmung
Wachstumstemperatur, maximale → Temperaturmaximum
Wachstumsverlauf → Wachstumskinetik
Wachstumsverhalten → Wachstum
Wachstumsvorgang → Wachstum
Wärmebehandlung, -therapie → Bekämpfungsmaßnahmen, physikalische
Walnuß 425, 432ff.
Walnußblätter 163
Walnußbrand 433
Walnußfrucht Tafel VII_5
Warmwasserbehandlung, -beizung → Bekämpfungsmaßnahmen, physikalische
Wand, sekundäre → Zellwand, sekundäre
Wandbausteine → Zellwand
Wandkomponenten → Zellwandbausteine
Wandverdickung, sekundäre → Zellwand, sekundäre Wandverdickung
Wasser (s. a. Niederschlag) 39, 47, 54, 116, 157, 182, 184*, 186, 188, 196, 294, 350, 365
Wasserabgabe 161, 186
Wasserabspaltung 46
Wasserangebot 56, 154f., 172, 174, 238
Wasseransammlung 159, 161, 169, 205, 231
Wasseranspruch 231
Wasseraufnahme 154, 237
Wasseraustritt → Wasserabgabe
Wasserbilanz → Wasserhaushalt
Wasserbindung 127
Wasserdefizit → Wassermangel
Wasserdurchtränkung des Gewebes → Wasseransammlung
Wasserfilm 186, 188, 239, 407
Wassergehalt 151, 179, 183, 189f., 231, 311
Wasserhaltevermögen → Wasserkapazität

Wasserhaushalt 151, 154, 163, 185*, 196, 232ff., 238ff.
—, Störungen 151, 160, 196f.
Wasserkapazität 172, 231, 311
Wasserleitfähigkeit 154
Wasserleitungsbahn → Gefäß
Wasserleitsystem → Gefäß
Wasserleitvermögen → Wasserleitfähigkeit
Wasserlöslichkeit 127
Wassermangel 196f.
Wassermelone → Melone
Wasserrübe → *Brassica*
Wasserstoff 37, 39, 41, 47
Wasserstoff-Acceptor 47
Wasserstoffäquivalent 47
Wasserstoffbrücke 50, 127f.
Wasserstoff-Donator → Donator, Wasserstoff-
Wasserstoffionenkonzentration **56**, 130, 184*, 190, 192, 194f., 199, 210, 230, 281, 310
—, Optimum 194
Wasserstoff-Transportmetabolit 39
Wasserstrom → Wassertransport
Wassertransport 123, 157, 172, 174, 192, 196, 207
Wasserversorgung → Wasserangebot
Wasserzufuhr → Wasserangebot
—, Drosselung 155
Wäßrige Lupinenfäule → Lupinenfäule, wäßrige
Weiche graubraune Lupinenfäule → Lupinenfäule, weiche
Weichfäule → Naßfäule
Weichfäule-Bakterien → Bakterien, naßfäuleinduzierende
Weichfäuleerreger → Bakterien, naßfäuleinduzierende
Weidegrasfläche 267
Weinrebe 225, 281, 247f., **435**ff., 440, 477
Weinsäure 351, 432
Weißdorn 221f., 237, 464
Weißdornbüsche → Weißdorn
Weißdornhecke → Weißdorn
Weiße Fliege 450
Weißklee → Klee
„Weißköpfe" → Symptom, Verfärbung
Weißkohl → Kohl
Weißkohlpflanzen → Kohl
Weißlupine → Lupine
Weiterverbreitung → Ausbreitung
Weizen 159, 176, 180, 222f., 232, **256**ff., 261, 263, 266f., 301, 311
Weizenanbaugebiet 261
Weizenblätter 175, 261
Weizeninternodien 147
Weizensämlingsblätter → Weizenblätter
Weizensamen → Saatgut
Weizenlinien 259
Weizensorten 259, 261
Weizenspelzen 261
Welke 28, 112f., 134, 140, 144, 149, 153ff., 157ff., 162, 168, **172**ff., 192, 195f., 206, 223, 234, 250ff., 267, 270, 292, 297, 304, 306, 316, 318, 324, 326, 334, 337, 345, 364, 367, 370f., 374f., 382, 385, 387f., 409f., 437, 445, 447, 450, 456ff., Tafel VIII_6
— der Blätter 447
— — Bohne → Bakterielle Welke der Bohne
— — Eierfrucht → Bakterielle Welke der Eierfrucht
— — Futtergräser → Bakterielle Welke der Futtergräser
— — Gurke → Bakterielle Welke der Gurke
— — Luzerne → Bakterielle Welke der Luzerne
— — Nelke → Bakterielle Welke der Nelke
— des Klees → Bakterielle Welke des Klees
—, einseitige 270
—, Gelbe 336
—, Kartoffelblatt 304*, 307*
—, Orange → „Orange Welke"
—, reversible 172
—, Stengel- 159, 300
Welke auslösender Effekt → Welkeauslösung
Welkeauslösung 157f.
Welkeeffekt → Welke
Welkeerreger 154, 157, 174, 181, 195, 230
—, bakterielle 154
—, pilzliche 456, 458
Welkeerscheinung → Welke
Welkeindex 158
Welke-Kollaps 456
Welkekrankheit → Welke
—, bakterielle → Welke
—, pilzliche 157
Welkekrankheitserreger, pilzliche → Welkeerreger, pilzliche
Welkephänomen → Welke
Welkeschäden 316
Welkesymptom → Welke
Welkesyndrom → Welke
Welketoxin → Toxin, Welkeauslösendes
—, Angriffsorte bakterieller → Toxin, Angriffsort
—, bakterielles → Toxin, bakterielles
—, pilzliches → Toxin, pilzliches
—, Wirkungsort → Toxin, Angriffsort
—, Wirkungsweise bakterieller → Toxin, Wirkungsweise
Welketoxinforschung 155
Wetter (s. a. Umweltbedingung, s. a. Klima) 170, 188, 216, 219, 263f., 293, 298, 302, 304, 311, 322f., 326ff., 331, 333, 335, 339, 365, 377, 382, 387, 407, 431, 434
Wicke (s. a. *Vicia*) 180, 311
Widerstandsfähigkeit → Resistenz
Wildfeuer → Tabak, Wildfeuer
Wildfeuer-Erreger → *Pseudomonas syringae* pv. *tabaci*
Wildfeuertoxin → Tabtoxin
wildfire → Tabak, Wildfeuer
Wildform 243, 309
—, resistente 241, 243

Wildkartoffeln → Kartoffelknolle, Wild-
Wildkartoffel-Sortiment → Kartoffelknolle, Wild-
Wildpflanze 231, 341
Wildstamm → Stamm, Wild-
Wildtomatenart 242
Wind 182f., 190, 216, 260, 286, 294, 320, 350, 407, 417*, 426, 434, 443, 468
Windabrieb 182
Windschutz 236, 367
Windschutzstreifen → Windschutz
Wintergetreide → Getreide
Wintersymptome → Symptom, Winter-
Winterweizen → Weizen
Winterweizen-Linien → Weizenlinien
Winterweizensorten → Weizensorten
Winterwicke → Wicke
Wirkprinzip 142
Wirkstoff (s. a. Präparat) 192, 210, 245
—, baktericider → Präparat, baktericid wirkendes
Wirkung 151
—, antagonistische → Antagonismus
—, antibakterielle 148
—, antifungale 149
—, baktericide 200
—, bakteriostatische 200
—, Gendosis- 73
—, kompensierende 216
—, letale 150
—, osmotische 56
—, phytopathogene → Pathogenität
—, phytotoxische 160
—, präimmunisierende → Immunisierung, Vor-
—, stimulierende 160
—, synergistische 423
—, toxische → Toxinwirkung
—, Welke auslösende → Welke
—, Wuchsstoff- → Wuchsstoffwirkung
Wirkungsmechanismus 58, 124, 129, 148, 193
—, baktericider 92
—, Toxin- → Toxin, Wirkungsweise
Wirkungsort (s. a. Toxinwirkungsort) 135, 149f., 157
Wirkungsspektrum 162, 249
Wirsingkohl (s. a. Kohl) 359
Wirt (s. a. Wirtsbakterien) → Wirtspflanze
Wirt-Erreger-System → Wirt-Parasit-System
Wirt-Bakterien-Kombination → Wirt-Parasit-System
Wirt-Parasit-Erkennungsreaktion → Erkennungsreaktion
Wirt-Parasit-Kombination → Wirt-Parasit-System
Wirt-Parasit-System 132f., 135, 154f., **183**ff., 188, 190, 199, 202ff., 207ff., 210, 234, 239ff.
Wirt-Parasit-Verhältnis → Wirt-Parasit-System
Wirt-Pathogen-Beziehung → Wirt-Parasit-System
Wirt-Pathogen-Kombination → Wirt-Parasit-System
Wirtsart → Wirtspflanzenspektrum
Wirtsbakterien 60, 89, 116
Wirtschromosom → Chromosom, Wirtspflanzen-
Wirtsenzym → Enzyme, Wirtspflanze
Wirtsgene → Gen, Wirtspflanze
Wirtsgewebe → Gewebe
—, Zerstörung (s. a. Naßfäule) 193f.
Wirtsmutation → Mutation, Wirtspflanze
Wirtsontogenese → Wachstum der Pflanze
Wirtspflanze 22*, 111, 113, 117, 123, 135, 139f., 142ff., 148, 150, 158, 162, 164, 168, 170, 177ff., 185ff., 193, 199, **203**, 209, 215, 240, weitere siehe bei den einzelnen Erregern
— als Unkrautwirt 355
—, anfällige 181
—, inkompatible 169
—, resistente 169
Wirtspflanzenart → Wirtspflanze
Wirtspflanzengewebe → Gewebe
Wirtspflanzenkreis → Wirtspflanzenspektrum
Wirtspflanzensortiment → Wirtspflanze
Wirtspflanzenspektrum (s. a. Wirtspflanze) 86, 111, 124, 162, 181, 209, 259, 267, 298f., 308, 311, 320, 333, 342, 358, 386, 390, 394, 408, 452f., 459
Wirtspflanzenzelle → Zelle, Wirtspflanze
Wirtspopulation → Wirtspflanze
Wirts-RNS-Polymerase → Polymerase
Wirtsspektrum → Wirtspflanzenspektrum
Wirtsspezifität (s. a. Pathogenitätsmerkmal, spezifisches) 123, 257f., 263
Wirtsstoffwechsel → Stoffwechsel
Wirtssynthese → Synthese
Wirtswechsel 181
—, fakultativer 181
Wirtszelle → Zelle, Wirtspflanze
Wirtszellgene → Gen, Wirtspflanze
Wirtszellmetabolismus → Stoffwechsel, Wirtszelle
Wirtszellkultur → Zellkultur
Wirtsoberfläche → Zelloberfläche, Wirtszelle
Wirtszellpopulation → Population von Wirtszellen
Wirtszellwand → Zellwand
Wisconsin-Blattfleckenkrankheit des Tabaks 409
without standing in nomenclature 110
witloof Chicorée → Chicorée
Witterungsbedingungen → Wetter
Witterungsverlauf → Wetter
"wrapping-choice-mechanismus" 77
Wucherung → Symptom, Neu- und Mißbildung
Wuchsanomalien → Symptom, Neu- und Mißbildung
Wuchsdepression → Symptom, Kräuselung, Verkrümmung und Stauchung
Wuchsstauchung → Symptom, Kräuselung, Verkrümmung und Stauchung
Wuchsstoff (s. a. Indolylessigsäure, s. a. Gibberellin) 81, 135ff., 140ff., 197f., 206, 371, 434
Wuchsstoffapplikation 342
Wuchstoffausscheidung → Ausscheidung, Wuchsstoff-
Wuchsstoffbildung → Synthese, Phytohormon-

Wuchsstoffdegradation → Abbau, Phytohormon
Wuchsstoffhaushalt 135, 137
Wuchsstoffklasse 135ff.
Wuchsstofflösung → Wuchsstoff
Wuchsstoffmetabolismus → Stoffwechsel, Wuchsstoffe
Wuchsstoffwirkung 123
Wundabwehrreaktion 209
Wundabschlußreaktion → Wundheilung
Wundcallusbildung → Wundheilung
Wunde → Beschädigung, mechanische
Wunderreger → Parasit, Wund-
Wundheilreaktion → Wundheilung
Wundheilung 170, 177, 188ff., 200, 209, 295f., 310, 361, 466
—, Hemmung 190
Wundheilvermögen 296
Wundinfektion → Infektion, Wund-
Wundkorkbildung (s. a. Wundheilung) 170, 177, 200, 295, 310
Wundparasit → Parasit, Wund-
Wundperiderm → Wundkorkbildung
Wundperidermbildung → Wundkorkbildung
Wundsetzung → Beschädigung
Wundverheilung → Wundheilung
Wundverschlußmittel 420
Wurzel 81, 93, 113, 135, 142, 160, 169, 174, 182f., 196, 218, 232, 238, 282, 288, 292, 309, 318, 328, 337, 339, 342f., 360, 362f., 371, 375, 383, 386f., 408, 412, 427, 429, 434, 447, 453, 457f., 460
—, verdickte 172
Wurzelausscheidungen → Ausscheidung, Wurzel-
Wurzelbereich → Rhizosphäre
Wurzelbildung 137
Wurzelbrand der Luzerne 321
Wurzelerkrankung → Gefäßzerstörung
Wurzelfäule → Naßfäule als Wurzelfäule
Wurzelgefäße → Gefäß
Wurzelhaarbildung 176
Wurzelhals 176, 260, 318, 327f., 453
Wurzelinfektion → Infektion, Wurzel-
Wurzelinokulation → Inokulation, Wurzel-
Wurzelkörper → Wurzel
Wurzelkropf (s. a. Symptom, Neu- und Mißbildung) 112, **140**ff., 176, 198, 216, 218, 223, 233f., 246, 282, 342, 364, 434, 442, 469
an Apfelsetzling 427
— — Beta-Rübe 277ff.
— — Erbse 342ff.
— — Erika 233
— — *Forsythia* 469*
— — Kletterrose 469*
— — Möhre 364
— — Obstgehölzen 246, 427
— — Pelargonie 453
— — Tabak 409
— — Ziergehölzen 246, 467f.
— — Zuckerrübe → Wurzelkropf, Beta-Rübe
Wurzelkropfbefall → Infektion, Wurzelkropf-
Wurzelkropfbildung → Wurzelkropfentstehung
Wurzelkropfbekämpfung → Bekämpfungsmaßnahmen, Wurzelkropf-
Wurzelkropfentstehung 142, 176, 234
Wurzelkropferreger → *Agrobacterium tumefaciens*
Wurzelkropfgewebe → Gewebe, Tumor-
Wurzelmilben 446
Wurzelneubildung 135
Wurzeloberfläche 368
Wurzelproliferation → Symptom, Neu- und Mißbildung
Wurzelraum → Rhizosphäre
Wurzelsystem 172, 458
Wurzelwachstum → Wachstum, Wurzel-

X-Krankheit des Pfirsichs 225
Xanthan 55, 257, 354
Xanthomonaden 56, 58
Xanthosoma sagittifolium 299
Xylan 40*, 42, 126f.
Xylanase 42, 319
α-1,6-Xylanopyranose 127
Xylanopyranose-Kette 127
Xylem (s. a. Gefäß) 154, 172, 196, 201, 269, 331, 335, 337, 349, 371, 375, 417
xylembesiedelnde Bakterien → Bakterien, xylembesiedelnde
Xylemdruckpotential 154
Xylemelement → Xylem
Xylemgruppe 177
Xylemparenchymzelle 160
Xylemtrachee → Xylem
Xylemverstopfung → Gefäßverstopfung
Xylemzerstörung → Gefäßzerstörung
Xylobiose 42
Xyloglucan 126, 128*
Xylose (s. a. Zucker) 42, 259, 268, 299, 303, 319, 334, 338, 343, 345, 348, 358, 361, 364, 366, 397, 406, 411, 421, 429, 436f., 446, 454, 457, 461, 468
Xylose-5-phosphat 44*

Zantedeschia aethiopica 298
Zea mays → Mais
— — var. *rugosa* 273
Zeatin 136
Zeitstufenanbau 236
Zelle 20ff., 22*, 45, 48f., 52, 54, 57, 60, 62, 65, 68, 72, 74f., 77, 80, 92, 124f., 135f., 188, 195, 201, 314
—, abgestorbene 170
—, aldehydfixierte 95
—, avirulente 93, 201
—, Cytoplasma- 28
—, Differenzierungsprozesse 34
—, Enzyme 30
—, haploide 177
—, kokkoide 36
—, lebende 95

—, lysogene 90
—, lysogenisierte 90
—, mucoide 159
—, mutierte 68
—, periphere 177
—, plasmidtragende 61
—, resistente 92
—, Teilung 38
—, Vergrößerung 56
—, Vermehrung 56
—, Wirtspflanze 61, 73, 83f., 90f., 123, 142, 149, 160, 185ff., 188, 203
F-Zelle 34
Hfr-Zelle 34
Y-Zelle 20
Zellabbauprodukt 158
Zellbegrenzung → Zelloberfläche
Zellbestandteil 38, **48**ff., 59, 163, 203, 207
Zelldifferenzierung 30
Zelleib → Zelle
Zelleinschlüsse 36f.
Zellform → Zellmorphologie
Zellfragment → Zellbestandteil
Zellfusion 73
Zellgift → Toxin, Zellgift
Zellgrenzschicht → Zelloberfläche
Zellgröße 105
Zellindividuen → Zelle
Zellinhalt 34, 125
Zellinhaltsstoff 37ff., 56f., 124
Zellkern 30, 205
Zellkernäquivalent 30ff.
Zellkollaps 192, 194f., 203ff.
Zellkollaps-Phase 204
Zellkomponenten → Zellbestandteil
Zellkontakt → Erkennungsreaktion
Zellkontakt-Erkennungsreaktion → Erkennungsreaktion
Zellkultur (von Wirtszellen) 154
Zellmembran 50ff., 53*, 87f., 123, 132, 150, 154, 196, 205f.
—, äußere 123, 150, 154, 157, 163
—, innere 150, 154, 157
—, Schädigung 132, 154, 157
Zellmorphologie 105, 116
Zelloberfläche 28, 30, 50, **53***, 54, 58, 92, 347
—, Wirtszelle 123, 151
Zellpermeabilität → Permeabilität, Zellwand-
Zellpol 32, 34
Zellpopulation → Population, Bakterien-
Zellproteinmuster → Proteinmuster
Zellreceptor → Receptor, Zell-
Zellschicht, epidermale → Epidermis
Zellstruktur → Struktur, Zell-
—, Zerstörung 201
Zellsubstanz → Zellinhaltsstoff
Zellteilung → Teilung, Zelle
Zellteilungsprozeß → Teilung, Zelle
Zellteilungsvorgang → Teilung, Zelle
Zelltod (s. a. Zellysis) 89, 92, 129, 131, 145, 150, 169, 185*, 195, 209
Zellvermehrung → Vermehrung, Zelle
Zellumhüllung (s. a. Zellwand) 71, 78
Zellverband → Gewebe
Zellwachstum → Wachstum, Zelle
Zellwand (s. a. Zellumhüllung) 20, 23*, **25**, 34, 37, 38*, 50, 52, 56, 86, 92, 108, 124ff., 130f., 135, 168, 172, 185, 193, 194*, 195, 200ff., 204, **206**f., 210, 266, 292, 370
—, Anheftung (s. a. Erkennungsreaktion) 206f.
—, archaebakterielle 107
—, bakterielle 41*, 207
—, Bildung 52
—, Biochemie 125ff.
—, Festigkeit 126
—, Gram-negative 24*, 27f., 33*
—, Gram-positive 24*, 26
—, primäre 124ff., 172
—, Quellung 194
—, sekundäre 125, 127f.
—, sekundäre Wandverdickung 174
—, Struktur 125ff., 200
—, typische 126
—, Wirtszelle (pflanzliche) 206f., 210
—, Zerstörung → Zellysis
Zellwandabbau → Abbau, Zellwand
Zellwandaufbau → Zellwandbildung
Zellwandbausteine 87, 116, 125, 128, 202
—, Synthese → Zellwandbildung
Zellwandbestandteile → Zellwandbausteine
Zellwandbildung 30, 140f.
Zellwandfragmente → Zellwandbausteine
Zellwandkomponenten → Zellwandbausteine
Zellwandlectin → Lectin
Zellwand-Lipopolysaccharid → Lipopolysaccharid, Zellwand
Zellwandoberfläche → Zellwand
Zellwandpectin 130, 210
Zellwandpeptid 25
Zellwandpeptidoglykan → Peptidoglykan, Zellwand-
Zellwandpermeabilität → Permeabilität, Zellwand-
Zellwandpolysaccharidmuster → Polysaccharidmuster
Zellwandpräparat 132
Zellwandprotein 210
Zellwandstruktur 128, 135, 141
Zellwandsynthese → Zellwand, Bildung
Zellwand-Teichonsäure → Teichonsäure
Zellwandzerstörung → Naßfäule
Zellyse → Zellysis
Zellysis (s. a. Zelltod) 88f., 196
Zellzahl → Vermehrung, Zelle
Zellzwischenraum → Intercellulare
Zerstörung, Zerfall → Naßfäule
—, Membran → Membranschädigung
— wasserleitender Pflanzenorgane → Gefäßzerstörung

—, Zelle → Zellysis
—, Zellstruktur → Zellstruktur, Zerstörung
Zertifizierung → Saatgut, Zertifizierung
Ziergehölze 221, 237, 243, 246, 428, **464** ff., 469
—, *Erwinia amylovora*-anfällige 465
—, — *amylovora*-nichtanfällige 466
Ziergehölzproduktion 222
Zierpflanzen (s. a. einzelne Kulturart) 124, 176, 209, 220, 224, 251, 281, 294, 298, 344, **442** ff., 449, 452 f., 459 f.
Zierpflanzenanbau 238
Zierpflanzensamenbau 223
Zierwert 224
Zikaden (s. a. Insekten) 182, 192, 314, 316, 386, 439, 442
Zineb 250, 380
Zink 56, 234
Zinnia 148
Zinnia-Sämling 148
Zitrone → *Citrus*
Zn^{2+}-Ionen 146
Zuchtziel 239, 243
Zucker 26, 38 f., 45, 48, 56, 107, 126, 152 f., 186, 311, 373
—, Hauptabbauweg → Abbau, Zucker
—, löslicher 223
Zuckeranteil 102
Zuckerbaustein 56
Zuckerderivat, phytotoxisches 161
Zuckererbsen → Erbse
Zuckergehalt 223, 279, 283, 361
Zuckerrest 53*, 206
Zuckerrohr 143, 224 f., 300
Zuckerrohrkrankheit 162
Zuckerrübe → Rübe
Zuckerrübenbestände → Rübenbestand
Zuckerrübenhybride → Rübenhybride
Zuckerrübenpflanze → Rübe
Zuckerrübenproduktion → Rübenproduktion
Zuckerrübensämling → Rübensämling
Zuckerrübensorten → Rübensorten
Zuckerrübensteckling → Rübensteckling
Zuckerverbindung 153
Züchtung 199, 215, 239 f., 243 ff., 306, 309, 388
—, Auslese- 243
—, Hybrid- 243
—, Kombinations- 241, 243
—, Mutations- 243
— resistenter Kulturpflanzen 18, 184, **239** ff., 243, 289, 311, 319, 323, 336, 341, 347, 352, 356, 378, 380, 386, 390, 425, 428, 466
Züchtungsmethode 240, 243 f.
Züchtungsprozeß → Züchtung
Züchtungsverfahren → Züchtungsmethode
Zuggeißeln → Geißel, Zug-
Zweig (s. a. Stengel) 170, 423, 427, 434, 466
Zweigbrand → Symptom, Absterbeerscheinung
Zweiteilung → Teilung
Zwergäpfel → Apfel
Zwergmispelsträucher 220
Zwergwuchs → Wachstumshemmung
Zwergwuchssyndrom → Wachstumshemmung
Zwiebel 172, 223, 228, 273, 294, 298, 358, **389** ff., 395 f., Tafel VI_4
—, Verfärbung 396*
Zwiebelhalsfäule 389
Zwiebelkörper 389, 391 f.
Zwiebelrotz 389 f., 445
Zwiebelsamen → Saatgut
Zwiebelsamenträger 223, 391
Zwiebelscheibentest → Nachweismethode, biologische
Zwiebelschuppen 391 f.
Zwiebelsorten 390, 392
Zwischenprodukt → Stoffwechselprodukt, intermediäres
Zwischenwirt (s. a. Wirtspflanze) 177, 179, 181
Zwischenzellräume → Intercellulare

GPSR Compliance

The European Union's (EU) General Product Safety Regulation (GPSR) is a set of rules that requires consumer products to be safe and our obligations to ensure this.

If you have any concerns about our products, you can contact us on ProductSafety@springernature.com

In case Publisher is established outside the EU, the EU authorized representative is:

Springer Nature Customer Service Center GmbH
Europaplatz 3
69115 Heidelberg, Germany

Batch number: 10723365

Printed by Printforce, the Netherlands